제3판

방재학

DISASTER MANAGEMENT

한국방재학회 저

도서출판 구미서관

한국방재학회
Korean Society of Hazard Mitigation

제3판 머리말

2020년 우리나라는 코로나19를 시작으로 고성 산불, 장마전선에 따른 전국적인 호우피해뿐만 아니라 태풍 바비의 영향까지 자연재난과 사회재난이 반복적으로 발생하며 재해에 대한 중요성이 더욱 부각되고 있습니다. 과거에도 다양한 재난의 피해가 발생하였으나 최근 전 세계적인 기후변화의 영향으로 재난의 피해는 대형화, 복합화, 다양화되는 추세를 보이고 있어 국민의 안전을 위협하고 불안감을 증대시키고 있습니다.

한국방재학회는 재난 및 재해로부터 '국민의 생명과 재산 보호'라는 커다란 명제 하에 방재에 관한 학문 및 기술발전을 선도하기 위해 2000년에 설립되었습니다. 한국방재학회의 설립취지에 부응하기 위해서 방재와 관련된 내용을 총망라하여 2012년 「방재학 초판」과 2017년 일부내용를 보강하여 「방재학 2판」을 발간하게 되었습니다. 2019년 방재기사가 신설되고 다년간의 재난피해로 인한 방재학의 실용성과 활용성에 발맞추어 미세먼지와 폭염을 추가하여 「방재학 제3판」을 발간하게 되었습니다.

「방재학 제3판」은 방재일반, 자연재해, 사회재난, 재난관리 등 총4편 26개의 장으로 구성했습니다. 제1편 방재일반에서는 총론, 방재학, 방재의 역사, 방재의 분류 등 방재관련 일반적인 내용을 기술하였으며, 제2편 자연재해에서는 홍수, 가뭄, 폭염, 바람, 지진, 지반, 연안, 대설, 환경, 기후변화 등의 자연재해 특성과 대응방안에 대해 수록했습니다. 제3편 사회재난에서는 현재 사회에서 가장 큰 위험요소로 인식되고 있는 화재, 교통사고, 방사능 사고, 감염병, 미세먼지, 테러에 대한 내용을 다루었습니다. 제4편 재난관리에서는 재난관리법규와 제도, 재난위기정보, 재난구호, 재난보험, 재난심리, 재난훈련 등 다양한 재난관련 법 · 제도 등에 대한 내용을 포함시켰습니다. 방재학은 방재 관련 연구자 및 학생뿐만 아니라 행정담당자, 교육관계자 등 재난관련 연구 및 업무를 수행하는 분들이 폭넓게 활용할 수 있도록 넓은 독자층을 대상으로 집필하였습니다.

본 「방재학 제3판」은 방재관련 연구, 방재기사 그리고 방재 업무수행에 도움이 될 뿐만 아니라 일반 국민의 방재에 대한 관심을 증대시킬 수 있는 계기가 될 것으로 기대합니다. 또한, 우리나라에서 다양하게 발생하고 있는 재해에 대하여 국민의 방재수준을 한 단계 끌어올리는 지침서가 되어 재난에 안전한 사회구현에 초석이 될 것입니다.

마지막으로 본 「방재학 제3판」출간을 위해 아낌없는 노력과 정성을 기울인 집필위원과 학회관계자 및 출판에 도움을 주신 많은 분들께도 깊은 감사의 말씀을 드립니다.

2021년 2월

(사)한국방재학회 학회장

박 무 종

목차

제1편 방재일반

제2편 자연재해

제4편 재난관리(재난위기관리)

01 PART

제1편
방재일반

제 1 편 방재일반

제1장 | 총론

방재(防災)는 재해와 재난에 대비하여 재해 · 재난의 직 · 간접적 피해를 최소화하는데 그 목적이 있다. 동서고금을 막론하고 인류문명과 더불어 방재의 필요성은 충분히 인식되어 왔으며 최근에는 기후변화와 도시화로 인해 재난이 크게 확대되면서 방재의 중요성이 더욱 커지고 있다.

이러한 시점에 방재학은 우리 생활에 필수적인 융합학문으로 자리잡고 있다. 따라서 방재학은 다양한 방재기술과 사회 · 과학적 방재지식, 그리고 방재 행정 관리와 법령 등을 함께 다룰 필요가 있다. 특히, 자연적, 인적, 사회적 재해와 재난에 대하여 철저한 예방과 대응 그리고 관리를 통하여 인명과 재산의 피해를 최소화할 수 있는 과학기술을 토대로 대책을 마련할 필요가 있다.

이에 2012년에 한국방재학회에서는 다양한 방재분야 전문가의 원고를 취합하여 「방재학」을 발간하였다. 이후 방재환경의 변화와 방재안전직렬과, 방재기사의 신설로 인해 방재학에 대한 개념정립의 필요성이 대두되었다. 행정안전부의 신설로 인해 관련 법류 및 제도가 변화하게 됨에 따라 「방재학」을 개정하여 「방재학 제3판」을 발간하게 되었다.

본 「방재학 제3판」은 기존 「방재학」과 「방재학 2판」의 내용을 근간으로 스토리텔링이 되도록 목차를 재정리하였다. 최근 강화된 방재 및 재난관련 법규와 제도를 반영한 방재전문서이다. 여러 분야의 방재전문 집필진들은 지난 1년간의 개정작업을 통해 제1편 방재일반, 제2편 자연재난, 제3편 사회재난, 제4편 재난관리를 포함한 총 4편 26장을 본서에 수록하였다.

제2장 방재학

1절 재해(災害) 및 재난(災難)

1. 재해와 재난의 개념

재해 또는 재해는 인간이 가장 두려워하는 대상의 하나이다. 더구나, 예상하지 못한 재해 또는 재난은 인간에게 가장 큰 피해를 안겨줄 수 있다. 여기서 재해와 재난이란 용어는 흔히 혼동하여 사용하고 있으나, 사실은 의미상의 차이가 있다. 즉, 재해(災害)는 재앙(災殃)으로 인해 받는 피해(사람을 포함한 자연 자체가 받은 피해까지)로 정의하고 있으며, 재난(災難)은 뜻밖의 불행한 일 즉, 액화(厄禍), 화해(禍害)로서 사람 중심의 결과적인 불행한 일로 정의하고 있다.[1)]

또한, 재해와 재난은 사고, 사건, 긴급 상황, 재앙 등에 직접적으로 관련되기도 한다. 일반적으로 사건이 발생하여 충격과 피해가 확산되는 과정(순서)은 일상적 긴급상황 → 재난 → 재해 → 재앙의 순으로 되지만, 동일한 상황에서는 지역사회 대응 능력에 따라 특정사건이 각각 비상상태나 재난, 재앙과 다르게 인식될 수 있다. 또, 광의의 의미로는 재해를 "재(災)와 해(害)의 단어에 해당되는 모든 현상"으로 정의하고 있다. 여기서 '재해'라는 용어는 재난이나 사고, 사건 등의 용어들보다 더 포괄적이므로 방재학에서 일반적인 용어 사용에 더 적합할 것으로 판단된다.[2)] 그러면, 재해와 재난에 대한 각각의 정의에 대해 조금 더 상세히 알아보기로 하자.

1) 이희승, 엣센스 국어사전(국어사전상의 정의), 민중서림 참조
2) 대한국토도시계획학회(1998) 도시계획론, p. 635

우선 재해는 웹버스터 영어사전(Webster' s Dictionary)에서는 "어떠한 상황에 대응하는 기존의 자원을 넘어서는 (압도하는) 모든 상황으로 정의하고 있다. [3]

한편, 재해는 인간이 입는 피해와 규모에 의하여 사고로 구분되지만, 일반적으로 사고 또는 대규모이거나 발생 빈도가 많아 피해를 입지 않은 사람도 사고 발생에 대한 스트레스를 느낄 정도로 피해가 확대될 때 사고로 정의할수있다.[4] 다시 말하면 지진, 태풍, 수해(홍수, 호우 등), 화산, 토사붕괴, 냉해, 병충해, 화재, 기타 인간에게 금전적, 환경적, 인간적 피해를 주는 모든 사회의 상태나 현상을 의미한다.[5] 따라서, 대부분 인간에게 생명과 재산의 손실과 해를 가져다 주는 자연적 재해(natural disaster)을 포함하는 넓은 의미로 해석된다.

이에 반해, 재난(disaster)은 "일반적으로 사망과 상해, 재산피해를 가져오고 또한 일상적인 절차나 정부 차원에서 관리할 수 없는 심각하고 규모가 큰 사건이다" 라고 정의되고 있다(미국 연방재난관리청, FEMA의 정의). [6] 이러한 사건은 보통 돌발적이기 때문에 인간의 기초수요를 충족시키고 복구를 신속하게 하기 위해서는 정부와 민간부문 조직이 즉각적이고 경제적으로 효과적인 대처를 해야 하는 사건으로 규정하고 있다.

결국 재해는 주로 자연적 재해를 중심으로, 비교적 포괄적으로 다루나 이에 반해 재난은 주로 사람을 중심으로 하는 인적 재난을 주로 다룬다. 따라서, 인간의 피해나 불행을 최소화하기 위해서는 기본적으로 우선 광범위한 피해를 발생시키는 재해에 대한 올바른 이해와 대처방안이 필요하며, 그 다음 특별한 사람을 중심으로 하는 인적 재난에 대한 이해와 대처방안이 필요하다.

2. 재난 및 재해의 속성

상대적으로 예측이 거의 불가능하여 준비 기회나 경고기간이 짧고, 재해 초기단계에서는 개인(자신)의 안전 확보에 우선해야 하기 때문에 인력과 응급지원 활동이 불가능한 경우가 대부분이며, 이때, 생명과 건강, 그리고 환경을 위험한 상태에 이르게 한다. 한편, 기술자체의 한계성을 인정하여야 하며, 특히 모든 시설물이 어떤 기준에 의해서 적정수준이 필요한 기능을 발

3) 영문으로 서술하면 다음과 같다. "A disaster is any event that overwhelms existing resources to deal with the event"

4) 김철수(2008), 현대도시계획, 기문당, p.21.1

5) A natural disaster is the effect of a natural hazard (e.g. flood, tornado, volcanic eruption, earthquake, or landslide) that affects the environment, and leads to financial, environmental and/or human losses(http://www.chacha.com, 2010)

6) Federal Emergency Management Agency(FEMA)의 정의: An event that causes great loss of life, injury or damage and loss of property(http://www.geography-dictionary.org/disaster)

휘하게 하고 있으나, 설정한 기준 내에서도 얼마든지 문제(재해)가 발생할 수 있으며 기준 이상의 조건으로 될 수 있는 상황이 얼마든지 있다.

2절 방재학이란?

1. 방재의 기원

방재는 인간에게 위해(危害)를 주는 재해 또는 재난, 사고 등에 대비하는 일이다. 당연히, 그러한 대비를 충분히 하게 되면 화를 면하게 된다. 흔히 말하는 유비무환(有備無患)이 필요하며, '비오는 날에 준비하라(save something against a rainy day)' 라는 서양속담을 되새길 필요가 있다.

지금까지의 인류 역사상 재해나 재난에 대비하기 위한 노력은 기본적으로는 생존을 위하여 끊임없이 지속되어 왔다. 그러한 노력의 결과는 나아가 인류 문명에서도 큰 차이를 보여 왔다.

고대 문명에서 보면, 홍수, 가뭄, 지진, 화산폭발, 해일 등의 자연재해에 의한 피해가 엄청나게 큰 지역에서 재해나 재난의 관리의 정도에 따라 번성하거나 쇠퇴하는 경우가 많았다. 예를 들면 이집트 문명은 디양하고 적절한 방재시설과 재해관리를 통하여 비교적 오랫동안 지속되어 왔다. 그러나, 토인비(A. Toynbee)가 '문명의 역사' 에서 지적했듯이 메소포타미아 문명은 큰 재해 이후에도 그러한 방재시설이 방치된 채, 관리를 소홀한 탓으로 크게 쇠퇴해 버렸다. 우리나라와 중국, 일본에서도 홍수, 가뭄, 태풍, 해일, 화산폭발, 화재 등의 자연재해나 인적 재난에 대한 피해와 공포가 매우 컸고, 그러한 재해의 관리, 특히 치수정책은 중앙정부나 지방의 통치에 매우 큰 영향을 끼쳤다.

더욱이, 최근의 기후변화와 초특급 태풍과 해일, 지진 등의 엄청난 자연재해는 방재의 중요성을 깨우치게 하고 있다. 예를 들어, 일본 후쿠시마의 지진과 해일로 인한 핵발전소의 폭발과 방사능 오염은 1차적인 재해로 인한 2차, 3차 이상의 또 다른 재해와 재난을 막대한 피해를 야기할 수 있다. 수년전 대만에서 발생한 시간당 3,000mm 이상의 집중폭우로 인한 재산과 생명의 막대한 피해는 정치적, 사회적인 영향을 끼칠 수 있다. 그러한 부차적인 피해와 사회 전반에 끼치는 악영향을 최소화 하기 위해서는 철저한 방재계획 및 관리를 통한 기후변화에 능동적으로 대처하여야 한다.

결국, 동서고금을 막론하고 재해 및 재난의 예방과 관리는 개인적으로나 사회적으로 엄청난 피해와 불안감을 일으켰다. 이를 해소하기 위해서는 방재의 역할은 그 만큼 클 수밖에 없었다. 특히 최근에는 급속한 사회변화와 기후변화로 새로운 방재기술의 개발과 적용, 이에 걸맞는 신축성이 있는 방재정책 및 운영관리가 요구되었다. 따라서, 그러한 급속한 변화에 대응하기 위해서는 방재에 관한 학문적 기초나 새로운 기술 및 기법이 필요하고, 이를 적용하기 위한 다양한 연구가 폭넓게 이루어져야 할 것이다.

2. 방재학의 필요성

방재는 자연적 · 인적 · 사회적 재해와 재난의 요인들이 재난상황으로 발전하였을 때 재난에 대한 사회의 대처관계의 의미를 가지고 있다. 자연적 · 인적 · 사회적 환경변화는 방재대책을 세우는데 있어서 새로운 패러다임을 요구하고 있으며 인류 문명이 발달할수록 재해와 재난도 더불어 다양화 · 대형화 되어가고 있는 추세에 있어 예방 및 대책에 있어서도 고도의 과학적 기반과 전문성을 요구하고 있다.

우리나라는 예로부터 침략으로 부터나 전쟁 등으로 많은 인명과 재산 피해를 입었으나 최근에는 풍수해와 게릴라성폭우와 같은 단시간의 호우로 도시의 기능을 마비시킴과 동시에 경제 활동에 막대한 지장을 초래시키고 있다. 이러한 여러 재해로부터의 재난은 세계적으로 비슷한 경향이며 특히 자연재해는 인위적으로 회피하는 것은 어렵다. 이러한 시점에 일반시민과 대학에서 방재학문에 대하여 대한 관심이 높아가고 지식의 요구가 많이 생겨나고 있다.

최근에는 사회전반에서도 방재에 대한 관심이 높아짐에 따라 대학에 방재학 관련학과의 설치요구가 증가하는 추세에 있다. 방재학은 종합학문으로서 인문사회 자연 및 공학에 이르기까지 자연 및 사회과학에 기반을 둔 기초적 이론과 현장중심의 사례, 전문화된 교육내용으로 작성이 요구된다.

제3장 | 방재사

5000년의 재난관리 역사에서 볼 수 있듯이 각 시대에 맞는 재난의 개념과 인식 그리고 제도 및 조직을 통한 관리를 통하여 현재 혹은 미래에서의 나아갈 방향을 알 수 있을 것이다. 과거 역사 속의 극심한 대형재난은 자연재난과 사회재난으로 민심을 혼란시켜 국가의 존재 가치를 붕괴시키는 수준에 도달할 수 있다. 따라서 사회의 안녕과 국민의 신뢰를 받는 재난행정을 실시하기 위하여 다양한 관리 방안 및 제도를 도입하여 방재를 관리하여 왔다. 특히 최근에는 기후변화 등으로 인해 이상규모의 국지성 호우, 폭설, 태풍 등이 빈번하게 발생하고 있으며 동남아를 비롯한 세계 여러 곳에서 지진, 화산폭발, 폭풍 또는 지진해일 등이 발생하고 있어 지질 및 기상현상에 대한 변화의 정확한 예측, 대비, 대응, 복구 방안이 필요하다. 또한, 행정안전부의 출범이후 정책방향이 종전의 복구중심에서 예방중심으로 페러다임 전환이 이루어지고 있다고 평가하고 있다. 이러한 변화는 과거 선조들이 이용했던 향약, 향도 등과 같이 환난상휼의 정신을 이어받아 정부 및 민간단체의 사회적 네트워크를 바탕으로 발전한 것에 기인하였다. 따라서 과거 재난 발생 및 이에 대한 대처 또는 개념 변화를 면밀히 검토함으로써, 모든 발생 가능한 재난에 대한 역할을 충분히 수행할 수 있는 전문성을 가질 수 있을 것이다.

1절 방재 유래 및 인식의 변천

한반도의 기후특성은 가뭄과 태풍, 홍수 등의 자연재해는 농사와 직접적인 영향을 미치는 요인이 되어 대규모로 발생하는 경우에는 국가의 존립이 위협받는 경우도 있었다. 따라서 어느 왕조이던 재해에 대한 대책은 국가 경영에 있어 가장 중요한 요소로 인식되어 왔다.

이러한 자연재해는 오늘날에도 지속적으로 발생하고 있으며 지구온난화로 인한 이상기후와 경제성장에 따른 재해피해규모의 급증 등의 인위적 요소로 인한 재해는 점진적으로 대형화와 다양화되어 가고 있다. 따라서 삼국시대부터 시작된 자연재해대책에 대한 기록을 중심으로 현재에 이르기까지 긴 역사 속에서의 조상들이 생각하거나 추진했던 자연재해대책을 토대로 앞으로 나아가야할 방향을 제시해주고 있다.

정부의 방재에 대한 중요성은 행정안전부 출범과 더불어 체계적으로 관리하고 있으며 방재업무의 지속적인 확대, 국민의 안전 및 서비스직적 요구의 증대에 대하여 국민의 안전이라는 기본적인 업무로 확대되고 있는 추세이다. 복잡성과 다양성을 가지고 있는 재난의 범위를 행정안전부는 자연재난, 사회재난으로 재난을 분류하였으며 예방, 대비, 대응, 복구 단계로 대응을 하고 있다.

방재라는 용어는 국민의 안전 확보를 통해서 국가 안보와 복지, 경제성장의 기초를 확보라는 목적에서 사용되고 있다. 자연과 함께 더불어 국민들의 생명과 재산을 보호하며, 국가의 공공자산, 사회기반시설의 안정성과 편리성을 제공함은 국가관리에 중요한 기본이 된다.

우리나라의 재난관련 고대역사의 기록은 "삼국사기"로 전해져 내려오고 있다. 삼국시대의 가장 빈번한 재난은 가뭄으로 기술되어 있다. 그 다음으로는 지진이다. 지진은 당시 몇사람이 죽거나 다친 정도의 인명피해와 흙으로 지어진 가옥이 무너진 기록이 있다. 당시에는 과학적인 이유를 모르고 자연재해를 당하는 처지로 신의 노여움에 의해서 발생했다고 생각하였다. 큰 홍수가 나서 건물이 무너지는 것과 산사태가 나는 경우도 있었다. 조선시대에 와서 "조선왕조실록" 등에 기술되어 있는 재난에 대한 기록은 비교적 상세하게 기록되어 있다. 국가차원에서의 재난발생과 극복을 근간으로 인식하여 온갖 노력을 기울였었다. 자연재해에 대한 기록은 수해 · 가뭄을 극복하기 위한 방안과 소방제도로 화재에 대한 대비, 구휼 및 의료제도 등 재난의 발생 및 대처에 관한 내용이 기록되어 내려오고 있다.

방재안전관리는 자연과 함께 하며 국민들의 생명과 재산의 보호뿐만 아니라 국가의 공공자산을 보호하며, 사회기반시설의 안전성과 사용의 편리성 증진을 통해 국민들의 생명(생존)과 복지를 제공 및 관리하기 위한 것으로 국가관리와 지역사회, 그리고 개인이 기본적이 된다. 우리의 헌법(憲法) 34조 6항에 "국가(國家)는 재해(災害)를 예방(豫防)하고 그 위험(危險)으로부터 국민(國民)을 보호하기 위하여 노력하여야 한다."고 "재해(災害)"를 규정하고 국가의 헌법적 책무를 규정하고 있다. 방재의 목적은 국민의 생명과 재산 그리고 국가사회의 기반시설과 공공자산을 보호하고, 이를 안전하고도 효율적인 유지 · 관리를 통하여 고도로 정보화될 국민사회에서의 삶의 질을 향상시키려는 국민과 현장중심의 국가관리를 목표로 삼아야 할 것이다. 이것이 바로 복지의 기반인 것이다.

1. 삼국시대 및 통일신라시대

고대사회부터 가뭄, 홍수, 태풍과 같은 자연재해로 인한 흉년으로 많은 고통을 받게 되었다. 이러한 상황을 개선하고자 고대사회부터 구휼정책이 동원되었으며, 국가존립을 목적으로 취해진 것이라고 볼 수 있다. 씨족, 혈연적 관계에 의하여 상호부조의 형태를 이루어졌었다. 삼국시대 이후 민생구휼행정이 역사적으로 기록되어 있으며, 중국의 영향으로 각종 양로사업과 구제제도 등이 있었던 것이 기록되어 있다. 신라 3대 유리왕 5년에는 관리에게 명하여 전국도처의 환과고독과 병자 등을 위문하여 음식을 나누어주었다는 기록과 서기 15, 18, 19년에 고구려, 신라, 백제 등에서 자연재해를 당하여 기민(饑民)을 진정시키고 곡식을 내어주었다는 기록이 있었다.

삼국시대에 이러한 구휼제도 및 구황이 시행된 것은 사회 노동력의 유지와 사회불안정으로 인구이동이라는 문제의 대응으로 시행된 것으로 나타나고 있다. 백제 온조왕 37년 한수 동북에 흉년으로 1천여호의 가구가 고구려로 이주했다는 기록과 동성왕 21년 하절기에 가뭄이 들어 백성들이 기근에 허덕여 끝내 서로 잡아먹는 지경에 이르고 도적이 발생하여 신하들이 국가의 곡식을 내어 진휼할 것을 건의하였으나 왕이 받아들이지 않아 많은 사람들이 고구려로 도망갔다는 기록이 삼국사기에 전해지고 있다.

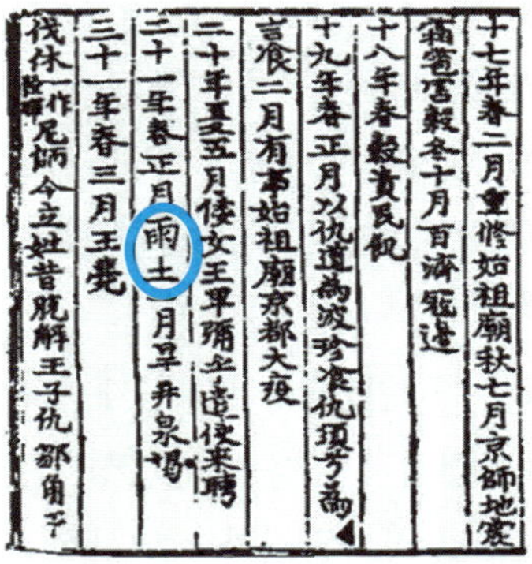
十七年春二月重修始祖廟秋七月京師地震
霜雹害穀冬十月百濟侵邊
十八年春穀貴民饑
十九年春正月以仇道爲波珍飡仇須兮爲一
吉飡二月有事始祖廟京都大疫
二十年夏五月倭女王卑彌乎遣使來聘
二十一年春正月雨土二月旱井泉竭
三十一年春三月王薨
伐休一作發暉尼師今立姓昔脫解王子仇鄒角干

〈그림 3.1〉 삼국사기 신라 아달라왕 정월 황사현상 기록

통일신라시대 역시 가장 큰 피해는 가뭄이었으며 궁궐이나 사찰 등에서 화재가 발생하여 인명피해 및 재산피해를 입은 경우도 있었다. 예로부터 한재에 대한 원인은 왕과 백성들 사이에서는 중간관리들이 잘못하거나 왕이 잘못한 결과에 의하여 사람들의 민심이 원망이나 원한이 쌓여 하늘에 영향을 미치고 그것이 가뭄으로 나타났다고 믿고 있었다. 그래서 왕들은 특히 재

난중에서 가뭄은 왕의 부덕의 소치에 의하여 발생한다고 믿고 있기도 했다.

2. 고려시대

고려시대는 문무양반의 관료체제와 봉건적 토지제도를 확립한 시기로 역대군주는 국가의 안정을 위해 불교사상과 유교주의를 근간으로 삼아 궁민구제를 국정의 기본으로 생각하였다.

고려 태조 왕건은 훈요십조를 제정하고 백성의 조세 및 부역을 경감하였다. 또한 각종 창(倉)제도를 실시하여 궁빈구휼(窮貧救恤)에 활용하였고, 재면법(災免法)을 실시하여 농사를 장려하였다. 이후 고려 역대군주들은 태조 왕건의 훈요십조를 경국제민의 원칙으로 삼아 각종 재해로부터 가난한 백성을 구제하는 한편, 농업을 중시하는 정책을 통하여 백성들을 기아에서 구제하려는 노력을 하였다. 고려시대의 가뭄 원인은 죄 없는 사람들을 많이 죽이고 대규모 토목공사를 진행시켜 "화기를 손상시켰다"고 보았다, 공민왕은 내란 · 외란도 그에 대한 책임이

	연도	주요내용
삼국시대		**고구려**
	45년 (민중왕 2년)	5월에 동쪽지방에 大水가 지고 백성들이 기근에 빠지므로 창곡을 풀어 이를 구제하였다.
	535년 (안원왕 5년)	국남지방(평양 이남지방)에 대홍수로 200여 명이 사망하였다.
		백제
	116년 (개로왕 40년)	6월에 큰 비가 10일 동안이나 내려 한강의 물이 불어 넘치고 민가가 헐어졌으므로 7월에 왕은 유사에게 명하여 수해를 입은 田地를 보수하게 하였다.
	248년 (고이왕 15년)	봄, 여름에 한재가 들고 기근이 심하므로 왕은 창고를 풀어 이를 진휼하고 1년 동안 세금을 감면시켰다.
	506년 (무녕왕 6년)	봄에 병이 들고 3월부터 5월에 이르기까지 비가 오지 않아 천택(川澤)이 모두 마르고 백성들이 굶주리므로 왕은 창곡을 풀어 이를 구제하였다.
		신라
	226년 (내해왕 31년)	한재로 인하여 백성들의 기근이 심하므로 왕은 창곡을 풀어 이를 구제하고 10월에는 내외의 감옥 죄수들을 다시 살펴 죄가 가벼운 죄수들을 석방하였다.
	492년 (소지왕 14년)	봄, 여름에 旱災가 들었다. 이에 왕은 스스로 정사를 반성하고 아울러 먹는 음식을 평소보다 감하였다.
	589년 (진평왕 11년)	7월에 국서지방에 큰 홍수가 져 민가 30,360호가 표몰되고 200여 명이 죽어 왕은 사신을 파견하여 수재민을 구하였다.
	628년 (진평왕 50년)	여름에 큰 가뭄이 들어 시장을 옮기고 용을 그려 비를 빌었다.
	707년 (성덕왕 6년)	정월에 백성들이 많이 굶어 죽어 사람들에게 하루 조곡 3말씩을 7월까지 지급하였다. 2월에 죄수들을 대사면하고 백성들에게 5곡 종자를 주었다.

왕인 자신에게 있다고 믿었을 뿐 아니라 가뭄 또한 그런 재앙의 하나로 인식하고 백성들을 위한 정치를 강력하게 주문하기도 했다. 그뿐 아니라 수해, 지진, 지반붕괴, 우박 등 여러 형태의 재난 기록도 많이 있었으나 대부분 정치적 배경에서 재난의 원인을 찾고 있었다. 또한 고려시대에는 화재를 일으켰을 때 법적 처벌을 받도록 법령체계를 갖추어 도형 3년 혹은 2천리 밖으로 내 쫓았다. 고려인들은 인간사회와 천지자연은 밀접한 관계에 있다고 생각하였으며 재난의식은 당시 상황에서의 합리성을 가지고 있었다.

1025년 4월, 대구를 중심으로 큰 지진이 발생하였다. '고려사' 에서는 4월 신미일에 영남도의 하빈, 광평 등 10개현에서 지진이 있었고 경주, 밀성, 청주, 안동, 상주 등 넓은 지역에서 지진이 발생하였다고 전해진다. 지진에 의한 피해도 자세히 적어 1001년 지진으로 '장연현에서는 논이 3결이나 침강이 되어 못을 이루었다는데 그 깊이는 헤아릴 수 없었다' 라고 기록되어 있다. 1191년 8월에 있던 지진으로 덕수현에서 땅이 침강되었는데 그 깊이가 30자나 되었다고 적혀있다.

'고려사' 에서는 고려 전 기간에 모두 176건의 지진 기록들이 전해지고 있으며 유사지진 혹은 지진이라고 간접적으로 평가될 수 있는 경우에 대한 기록들이 42건이 있다. 특히 개성지진이라 불리는 꽤나 큰 지진이 1260년 6월 개성에서 일어났다. 이는 '큰 지진이 일어나 집과 담장이 무너지고 허물어졌다. 개성에서 가장 심하게 일어났다.' 라는 기록이 있으며 1385년 7월 발생한 지진은 '군마가 달리는 소리 같았고 집과 담장이 무너졌으며 사람들이 모두 밖으로 나와 피했다 '라는 기록이 있다. 13~14세기의 재난 특히 지진기록을 살펴보면 넓은 지역에 걸쳐 큰 규모로 발생하였다고 볼 수 있다.

3. 조선시대

조선시대의 방재사는 세계문화유산인 조선왕조실록과 승정원일기에 근거하여 재난의 종류가 규정되었으며, 각종 재난 사례에 따른 인식, 피해규모, 대처방안 등이 있었다.

1대 태조(1392년)부터 25대 철종(1863년)까지 약 500년간의 조선완조실록에 기록된 자료를 근거하여 지진 100여건, 가뭄 168건, 태풍 및 홍수 737건이 발생하였다. 지속적인 재난피해로 방재에 관한 관심으로 사람들의 인식 변화로 다양한 대처방안을 확인할 수 있다.

조선전기에 자연재난을 극복하기 위한 제방을 쌓고 관개수로를 만들고 저수지를 만들어 수리시설을 확보했다. 또한 가뭄을 극복하기 위하여 기우제를 실시하기도 했다. 그뿐 아니라 유교의 왕도정치를 국왕이 스스로 솔선수범하고 구현하겠다는 차원에서 극복방안을 널리 수렴하는 구언, 군사훈련 금지, 공역정지, 반찬의 가지 수를 줄이는 감선 등 이를 행하면서 천명을 대신 나타난 재난을 왕정을 통해 구현하려는 의지를 엿볼 수 있다. 또한 조선시대 대표적인 인적재난들은 화재로 실화 및 방화에 의해서 발생한 것으로 목조건축물이 대부분인 당시의 상황에서는 당연하였고 소화 장비들이 없던 만큼 대형화재가 발생하면 대규모의 피해가 발생하였다. 때문에 태종 때에는 그 대책방안으로 기와를 공급하였다는 기록도 남아있다. 또 물을 가득 채운 독을 두고, 담장을 높이고, 좌경이라는 화재예방을 위한 경계근무를 두는 등 여러 가지의 제도를 실시하였지만, 좌경은 도리어 백성들에게 불편함을 준다고 해서 뒤에 폐지되었다.

특히 조선시대는 사회적 재난이라 불리는 역병과 기근이 여러 차례 발생했다는 기록이 남아 있는데, 역병은 대부분 홍수나 심한 가뭄이 든 해나 다음해에 발생하였다. 역병이 발생했을 때 조정에서는 역제 및 수륙재의 거행, 의원을 파견하여 약을 지어주는 등의 조치를 취했다.

조선후기에는 민간의 재난관리 참여 전통에 관하여 보면 중앙정부는 재해관리와 극복을 위해 동원 가능한 부역노동을 활용하되 민간에게는 광범위한 협조를 구했다. 준천과 같은 국가사업에는 우선 군인, 관원 등을 동원하였고 민간인을 강압적으로 동원하지는 않았다. 대신 민간인 직간접적인 수혜자들을 동원했다. 조선 초기 "경국대전" 단계부터 오가작통제는 나타났지만 국가적인 정책으로서 적극적으로 시도된 것은 조선후기부터였다. 오가작통제는 이웃끼리의 상부상조를 권장하는데, 환란, 질병 등 일상생활에 관련이 있는 제반 사항부터 제언 또는 교량보수 등 구체적인 공동노동이 필요할 경우를 상정하여 상부상조를 권장한다. 또한 후기에 자연재난을 대처하는 일련의 모습을 보면 정보화와 산업화가 이루어져 있는 현대사회에서도 쉽지만은 않은 재난극복을 위해 사회적인 체계가 마련되었다는 사실을 볼 수 있다. 병자호란, 임진왜란 등 전란이 심각했던 시기에도 전란의 피해보다 자연재난 피해가 심할 땐 1백만 명이 넘는 사망자가 발생할 정도로 심했다고 한다. 이를 극복하기 위해서 농경지 확보, 생산인구 확보에 주력을 두었다는 점을 볼 수 있다. 또한 최근 고가를 철거하여 국민들에게 휴식공간으로 돌려준 청계천 관리는 당시에도 상당히 중요한 업무임을 알 수 있었다. 청계천 주변으로 국민들이 몰려 하천의 하상이 높아지며 홍수가 범람하여 인명피해가 속출했다. 이를 막으려고 영조 때는 준천사를 설치하여 국가적 차원에서 대규모 준천사업을 벌이기도 했다. 이렇게 준천사업은 한양뿐만이 아니라 지방에서도 목민관들이 수행하는 중요한 업무로 제시되었다. 자연재난을 대비하기 위해 수리시설을 확보하거나 그 관리가 중요한데 이를 위해 제언사를 설치하기도 했다. 이것은 재난관리를 중앙정부차원에서 관리 · 감독하여 전국 단위로 수행되는 재난관리체계의 일환으로 볼 수 있다. 후기는 화재업무를 담당을 하던 금화사를 수성금화사로 통폐합했다 병조로 업무를 이관했다.

4. 일제강점기 시대

일제강점기에 와서는 내무국 토목과 치수계에서 담당토록 하여 토지조사 및 하천측량과 같은 수문조사사업에 매우 세밀한 자료를 수집 · 분석하여 홍수재해에 대한 경감대책을 수립하였다. 한해는 직접적으로 인명피해는 발생하지 않지만 기근으로 이어졌고 특히 일제강점기에 군량미 충당을 위해서 공출 등이 자행되고 있었던 터라 우리 국민들의 피해는 더욱 컸다고 볼 수 있다. 가장 큰 수해로는 1920년 등 4개년 동안 발생하였는데, 일제하에서 그 대책은 미미한 응급조치로 끝나 정부의 부재상태였다고 볼 수밖에 없었다.

일제강점기 시대의 구호사업은 행정적인 측면보다는 개인이나 사회단체에 의해서 그 사업이 활발하게 추진되어 왔다. 을축년 대홍수때 수재를 당한 상황이나 기근(飢饉)의 경우 조선일보, 동아일보 등에서 참상을 크게 보도하여 동포애를 바탕으로 의연금(義捐金)을 모집하여 구호활동을 하였다.

1924년 57일간 가뭄이 계속되어서 제주도에는 풀조차 나지 않았으며 일본으로부터 좁쌀 1,270천석을 수입하였고 1929, 1939년 전라도 지방에서 지속적인 가뭄으로 쌀 생산이 평년작의 40%가 감소하였다. 1942년 임오년 가뭄으로 주민들은 초근목피로 연명했으며, 일제도 양곡배급을 실시하였다. 또한 1920년 삼량진의 수위가 최고 8.09m에 도달하여 하천의 범람과 토지의 유실 혹은 매몰, 가옥 7,170호 유실붕괴 그리고 익사자 1,100명으로 조사되었다. 1925년 서울에서의 1차, 2차 홍수로 인하여 가옥을 잃은 이재민들이 남부여대하여 동성내로 들어와 세집과 셋방을 찾게 되었다. 이는 한강의 범람이 가장 큰 원인이 되었으며 이후 제방 축조를 통하여 홍수에 대비하게 된다.

〈그림 3.2〉 한강교량의 피해 사진

〈그림 3.3〉 신용산우체국 부근의 수해현장

5. 미군정시대

미군정 시기에는 재난관리에 관한 체계적이고 과학적인 관리시스템을 갖추지 못하여 자연치유적 접근방법으로 대응하였다. 재난관리라는 용어조차 생소하였던 미군정 시대(1946~1948년)에서 1958년 소방법 제정 이전까지의, 이 시기에는 중앙과 지방에 소방위원회(소방청, 지방소방청, 소방본부)를 설치하여 국가재난업무를 담당하는 재난안전관리체계를 마련하였다. 1960년 이전까지만 해도 자연재해를 그저 하늘의 재앙으로 여기며, 자연치유적인 접근 방식을 취한 것이 전부였을 정도로 이렇다 할 체계적이고 과학적인 사전 · 사후적 관리의 시스템을 갖추지 못했다.

미군정 시기는 1945년 9월에 조선총독부를 인수한 이후 미군정 군정청 장관 밑으로 조선 정무국을 부로 바꿨다. 또한 과 중 일부를 처로 바꾸는 등 각 부서의 명칭을 바꾸어서 미군정 통치기능을 확보하였다. 그 후 경무국의 경비과를 미군정은 소방업무와 통신 업무를 합쳐 소방과를 설치하였으며, 1945년 11월에는 소방과를 소방부로 개칭하고 도 경찰부에도 소방과를 설치하였다. 그리고 1946년엔 군정법 제66호로 소방부 및 소방위원회를 설치한 다음 소방을 경찰에서 분리해 자치화가 시작되었다. 1947년 남조선과 도정부 후에는 동 위원회를 집행기구로 소방청을 설치하였고 청장 1인과 서기장 1인을 두고 군정자문 1인을 배치하고 총무과, 소방과, 예방과를 두었다. 또한, 소방서의 증설은 일제 말기까지 서울의 경성, 용산, 성동 소방서와 인천, 부산 등 5개 소방서에서 미군정의 자치소방체제로 전환하였으며, 이후에는 소방파출소를 50여개로 증설하는 등 소방정책에 많은 관심을 보이기 시작한 시기였다.

6. 대한민국정부 수립 이후

1953년 1월 30일 부산 국제시장 화재 부산 신창동의 술집에 발생한 불이 인근 건물로 옮겨붙으며 번지기 시작해 순식간에 국제시장 전체와 신창동, 부평동 일대를 전소하였고, 이 불로 건물 4,260채가 전소하였고 이재민 수는 약 30,000명에 달하였으며, 총 피해액은 1,400여억원으로 추산된다. 1953년 11월 27일 부산시 중구의 피난민 판자촌 일대에서 발생한 화재가 당시 부산 중구 일대와 부산역으로 번진 사건은 화재로 주택 3,132채가 전소했고, 사상자 29명, 이재민이 6,000여 세대 3만여 명이 발생하였다. 피해액은 177억원이다.

1970년 4월 8일에 일어난 와우아파트 붕괴사건은 서울시 마포구 창천동에 위치한 지어진지 3개월 밖에 되지 않은 와우 아파트 15동이 폭삭 주저앉은 것이다. 이 사고로 아파트에 거주하던 입주민 등 33명 사망, 39명 중경상을 입었다. 1995년 6월 29일 서울시 서초동 소재 삼풍백화점이 붕괴하였다. 이 사고로 인한 인명피해는 사망 501명, 실종 6명, 부상 937명으로, 이는 6.25전쟁 이후로 가장 큰 인적 피해를 낸 사건이였다. 재산 피해액은 2,700여 억으로 추정된다.

1959년 9월 17일 우리나라 연중 으뜸 명절인 추석에 한반도에 상륙한 '사라'는 정부수립 이후 최다 인명피해를 낸 태풍이다. 태풍 '사라'는 사망 · 실종 849명, 부상자 2,533명, 이재민 373,459명의 인명피해를 발생하였고 선박 파손이 11,704척에 이르는 등 그 당시 1,900억 원 상당의 재산 피해를 발생하였다.

삼국시대에서 조선시대까지의 시기동안 300여 건의 가뭄에 따른 피해에 대한 기록이 있다. 이 시기 가뭄의 모습은 죽음에 대한 상세한 기록이었다. 사람을 잡아먹을 정도의 극심한 정도가 23회, 대기근 82회, 기근 199회로서, 평균 6년마다 가뭄에 대한 피해가 있었고, 20년에 한 번 정도로 대기근이 기록되어 있다.

1973년에 「화재로 인한 재배보상과 보험가입에 관한 법률」이 제정되어 일정 규모 이상의 건물은 의무적으로 보험에 가입하게 됨에 따라 대상 건물은 반드시 전체 손해배상책임 가입 조건부 화재보험을 가입하도록 되었다. 1970년 4월 8일에 일어난 와우아파트 붕괴사건은 향후 아파트 건설에 대한 감시와 감독을 강화하는 계기로 작용하게 되었다.

우리나라는 정말 빠른 고도성장을 이룩한 국가이다. 우리나라는 6.25전쟁이라는 뼈아픈 역사와 일제 강점기의 참혹한 수탈을 경험하고도 세계인들이 감탄할 만큼 빠르게 발전해왔다. 우리 국민들은 부지런히 일했고 경제 발전을 위한 많은 노력이 있었다. 하지만 때로는 너무 빠른 성장에 비해 내실을 다지지 못하고 성장제일주의로 인한 사회 곳곳에서의 부작용이 일어나기도 했다. 특히 건설부분에서 빠르게 완성을 시켜야 한다는 성급함과 압박감은 대형붕괴라는 큰 사고로 이어졌다.

1995년 4월 5일 「시설물 안전관리 특별법」을 제정해 안전관리 체계를 법제화, 또 부실 설계 및 감리자에 대해 5년 이하 징역 또는 5천만 원 이하의 벌금으로 제재를 강화하였다. 1995년 삼풍백화점 붕괴사고를 시작으로 건물들에 대한 안전 평가를 실시하게 되었고, 긴급구조구난 체계의 문제점이 발견되어 119중앙구조대가 서울, 부산, 광주에 설치되었으며, 「재난안전법」이 생겨나게 되었다. 상풍백화점 붕괴사고가 큰 인명피해를 일으키게 된 이유는 사고 당일의 진동과 붕괴의 조짐 너무 안이하게 생각하고 대처했던 경영진의 과오가 컸다. 사고에 대한 인식 부족의 태도가 낳은 재앙이다.

태풍 사라가 덮친 1959년도 당시는 6.25전쟁이 끝나고 전후 복구도 제대로 이루어지지 않고 6년 밖에 채 되지 않은 상태라 태풍의 피해 앞에 사람들은 속수무책일 수밖에 없었다. 요즘처럼 조속히 이루어지지 않는 정부차원의 구제책도 더 많은 인명피해가 발생하는 원인이 되었다. 태풍 '루사' 이후 「자연재해대책법」이 개정되어 제62조 2항의 '특별재해지역'이 신설되었다. '특별재해지역'은 재해로 인한 극심한 피해를 효과적으로 수습과 복구하기 위해 특별한 조치가 필요하다고 대통령이 선포하는 지역을 말한다. 이전에는 자연재해가 발생했을 때 '재해극심지역'을 지정했는데, 홍수나 호우에만 해당되어서 여타 다른 재해에 대한 대책이 애매한 상황이었다.

1960년대부터 정부는 가뭄에 대한 효과적인 해결책을 세우기 위해 경제개발 5개년계획의 추진에 따라 수자원 종합개발계획을 수립하였다. 또한 한해 방지를 위한 인식을 확산시키고 국민의 관심과 동참을 독려해서 가뭄에 대한 피해를 대비하였다. 한해민을 위한 전국적인 성금모금을 진행하고, 소방차 등을 동원하고, 저수지를 건설하고, 양수기를 보내는 등 한해를 극복하려는 대책과 지원운동을 아낌없이 벌였다.

또한, 근본적인 대책으로 지하수 개발과 농업용수 개발을 추진했다. 2001년 봄에 일어난 극심한 가뭄은 범정부적 대책을 세우게 되는 계기가 되었다. 급수차 확보, 관정 만들기, 양수기 확보 등이 당시 세워진 대책이다. 당시 전 국민의 성금 모금액은 164억 원에 이른다.

연도	주요내용
삼국시대 및 통일신라시대 (서기전 57년~668년)	- 삼국시대 이후 민생구휼행정이 역사적으로 기록 - 중국의 영향으로 각종 양로사업와 구제제도 등이 있었던 것이 기록 - 왕들은 가뭄, 즉 재난은 왕의 부덕의 소치로 인해서 발생한다고 믿음
고려시대 (918년~1392년)	- 국가의 안정을 위해 불교사상과 유교주의를 근간으로 삼아 궁민구제를 국정의 기본으로 생각 - 대부분 정치적 배경에서 재난의 원인을 찾음 - 고려인들은 천지자연과 인간사회는 매우 밀접한 관계에 있다고 생각하여 당시 상황에서의 나름대로 합리성을 갖고 재난의식이 치루어짐
조선시대 (1392년~1863년)	- 천명을 대신 하여 나타난 재난을 왕정을 통해 구현하려는 의지 - 조선 초기 "경국대전" 단계부터 오가작통제는 나타났지만 조선후기부터 국가적인 정책으로서 적극적으로 시도됨
일제강점기 시대 (1946년~1948년)	- 일제강점기 시대의 구호사업은 행정적인 측면보다는 개인이나 사회단체 의해서 그 사업이 활발하게 추진 - 내무국 토목과 치수계에서 담당하여 기초적인 자료수집 및 분석에서부터 대책을 수립 - 기근으로 인한 굶주림은 일본의 군량미 충당을 때문에 더욱 극심했음
미군정시대 (1948년~1952년)	- 자연재해를 하늘의 재앙으로 여기며, 자연치유적인 접근 방식을 취한 것이 전부임 - 체계적이고 과학적인 사전 · 사후적 관리를 갖추지 못한 시스템 - 소방정책에 많은 관심을 보이기 시작한 시기
대한민국정부 수립 이후 (1953년~현재)	- 와우아파트 붕괴사건은 향후 아파트 건설에 대한 감시와 감독을 강화하는 계기로 작용함 - 빠른 성장에 비해 내실을 다지지 못하고 성장제일주의로 인한 사회 곳곳에서의 부작용 빈번했음 - 태풍 '루사' 이후 「자연재해대책법」이 개정되어 제62조 2항의 '특별재해지역'이 신설

2절 방재 조직 및 제도의 변천

우리나라의 방재업무가 체계적으로 이루어진 것은 1945년 조국광복으로 정부조직에 방재기능이 신설된 때부터 시작하여 1967년 풍수해대책법이 제정이 되고 다목적댐 건설과 하천개수사업이 본격화된 때부터였다. 방재업무는 1960년대의 태동기와 7~80년대의 성장기를 거쳐 90년대 발전기를 맞이하였으나, 자연재해분야에 한정되어 있었다. 1970~80년대의 급속한 경제성장기를 거쳐 국민들의 국정참여가 폭발적으로 증가한 90년대 접어들어 안전문제를 소홀히 한 채 성장에 치중한 나머지 각종 시설물 안전기준의 미비, 무시된 안전관련 제도, 안전투자와 관심 소홀, 국민각자의 안전 불감증이 복합적으로 어우러져 심각한 부작용이 나타나기 시작하였다. 1994년 성수대교 붕괴사고 그리고 1995년 삼풍백화점 붕괴사고 등 잇따라 발생한 대형 인적재난들은 기본이 부실하면 더 많은 대가와 희생이 따른다는 교훈과 함께 지금까지 우리나라 재난관리의 문제점을 일시에 드러내는 계기가 되었다. 그 동안 자연재해에 대한 대책위주의 재난관리 정책에서 더 이상은 인적 재난사고를 방치를 할 수 없다는 국민적인 공감대가 형성되었고 이에 정부는 1995년 재난관리법을 제정하고 내무부에 종합적이고 체계적으로 재난에 대처할 수 있도록 하기 위하여 재난관리국을 신설하면서 우리나라 방재의 역사는 자연재해와 더불어 인적재난이 더해지게 되었다. 21세기 들어 안전에 대한 국민적 욕구와 관심이 증가하기 시작할 무렵인 2002년 우리나라 역사상 최악의 자연재난인 태풍 루사와 2003년 사회적으로 엄청난 충격을 주었던 대구 지하철 방화사건이 발생하였고, 이를 계기로 예방중심의 선진 재난관리시스템으로 재난관리체계를 개선해야 한다는 국민적 요구에 따라 정부는 2004년에 재난 및 안전관리 기본법을 제정하고 그해 우리 헌정사에 최초로 국가재난관리 전담기관인 소방방재청을 신설하였다. 2014년 안전과 재난의 중요성이 대두되면서 국민안전처가 신설되었으나 2017년 행정안전부가 개편되면서 재난안전관리본부로 편성되어 현재에 이르고 있다.

1. 삼국시대

우리나라 기후는 4계절이 뚜렷하기 때문에 봄과 겨울에는 수확기가 지났거나 수확을 기다리는 시점이기 때문에 일반 백성들에게는 끼니를 걱정할 수밖에 없는 시기였다. 그러나 일단 자연재해가 발생하게 되면 끼니가 아닌 생활존립자체가 곤란해지는 상황이 벌어지고 이것이 국가기반자체가 아직 제대로 완성되지 않은 고대국가 입장에서는 별다른 대책이 없었을 것이다.

고구려 서기 194년에 시행된 진대법이 최초의 재난을 관리하였던 제도라고 볼 수 있다. 방재를 위하여 백성들이 씨족단위로 서로 돕는 부조(扶助)가 유일한 해결책일 수밖에 없었던 것으로 판단되며, 이런 방식은 고려, 조선시대를 거쳐 가면서 계(契)의 형태로 발전되었을 것으로 추측된다. 그러나 재해가 심하면 상호부조방식으로 대책을 세우기 곤란했을 것이고, 도적이나 약탈이 횡행하고 게다가 다른 나라로 이주를 해버리는 백성들이 생겨나면서 국가의 기반자체를 뒤흔드는 사태가 발생되는 경우가 발생하여 일정한 형태의 제도를 도입함의 필요성이 인지되고, 이것이 고구려 시대에 들어서면서 진대제도로 발전된 것이 아닌가 추측된다.

재상 을파소(乙巴素)가 제안한 진대제도는 궁극적인 목적이 흉년에 백성을 진휼하는 것이었지만 다른 한편으로는 적은 이자이지만 국가입장에서 이윤을 낼 수 있으면서도 쌓인 재고곡식을 해결하는 동시에 그 해의 햇곡식을 확보할 수 있었다는 부분에서 국가적인 경영차원에서도 제도의 필요성이 인식되었을 것이다.

2. 고려시대

각종 재해발생에 대비하여 재해가 발생하였을 경우 빈곤한 백성들을 물질적인 방식으로 도와 구제하는 사업을 시행하였다. 진대사업(賑貸事業)은 고구려시대부터 이어져온 제도로서 춘궁 혹은 각종 재해가 발생하였을 경우에 국가가 비축한 곡식을 이재민에게 무이자 또는 저리로 대여하고, 가을에 갚도록 하거나 풍년이 되면 상환하도록 하는 대책이다. 재면사업(災免事業)은 재난시 이재민에게 부역과 조세를 감면하고 환공의 반납을 면제하여 주고 각종 경범죄를 사하여주던 제도로, 성종 7년(988년)에 재면법(災免法)으로 정한 이후 시행되었다. 병충해, 가뭄, 홍수 등의 재난을 당했을 때, 피해정도에 따라서 부역과 조세의 감면비율을 정한 것이다. 은면사업(恩免事業)은 삼국시대에도 존재하였던 제도로 역대국왕이 즉위할 때 또는 제제(帝制), 순행(巡行), 경사(慶事) 기타 적당한 시기에 백성을 전리로 귀향케 하여 농업에 정진하게 하는 제도였다.

은면지제란 난후, 즉위, 제제, 순행, 불사, 경사, 개국, 기타 적절한 시기에 왕이 베풀어주는 은전이다. 삼국시대에도 가끔씩 실시되었던 것으로 고려의 태조는 3년간의 전조를 면제하여 주고 백성들이 농상(農商)에 열중하게 하였다. 경종은 즉위한 후 결체를 탕감하고 부역자에게 조포를 감하여 주었다. 수한질요진대지제란 한해와 수제 등으로 인한 이재민에게 각종 의료와 물품, 주택 등을 제공하는 사업이다. 이 사업은 고려의 역대 진대사업 중에서도 그 실시의 범위와 빈도가 가장 많고 광범위한 것이었고, 국가재정에도 가장 많은 소비가 있었을 것으로 추정된다.

고려시대의 역대 군주들은 백성들이 지속적으로 빈한(貧寒)에 시달리거나 참화를 겪을 때에는 국가에 대한 부담인 조, 부역, 공에 대하여 정상참작 하여 감면조치를 취해 구제하였으며, 경범죄인들을 사(赦)하여 주었다고 한다.

3. 조선시대

화재로 인한 재난은 조선전기에서 방화 및 소화를 전담하는 상설기구인 "금화도감"을 만들기도 했다. 조선 중종 때에는 "멸화군"이라는 50인 정도인 상설소방대원을 두어 24시간을 대기하고 화재가 발생한다면 선봉대 역할을 해내기도 했다. 이를 위해 중앙공공기관으로 구빈행정을 수행하는 대부시(大府寺)와 구제도감(救濟都監) 등 상설기관들을 설치하고, 임시 구빈기관 또한 필요시에 따라서는 설치하여 빈공정책을 제도화하였다.

농업이 국가경제의 중심이었던 조선시대의 자연재해는 국가통치기반을 흔들 정도로 빈번하게 발생하였던 것이 기록되어 있다. 이에 따라 국가가 농민들의 재생산기반을 보장해주는 방식으로 체제안정을 기하고자 한 것이 조선시대의 대민정책 방법 중 하나였을 것으로 생각된다.

조선시대는 봉건적인 중앙집권체제가 완성되고 유교적인 사회질서가 확립됨에 따라서 빈민구제의 책임이 왕에게 대표되는 유교적 왕도주의에 입각해 종래 진휼정책을 확대 그리고 조직화하기 위해서 중앙정부는 진휼정책의 지침마련을 하고, 각 지방에 대해서 지시감독을 시행하고 구체적 운영 실무는 지방관에게 위임하는 형태로 구황순찰사, 진휼사, 진제사 등을 운영한 것으로 나타나고 있다. 자주 재해와 기근으로 인한 농민의 생존이 위협받고 있는 상황에서 구걸하며 돌아다니는 유걸(流乞)과 아사자(餓死者)가 속출하고 도적들이 성행하는 등 민심이 흉흉해지고 사회의 불안을 가중시키는 상황이 지속되었다.

재해유형으로는 수해가 103건, 지진이 96건 그리고 기아가 59건 등으로 나타나고 있다. 그 당시 수리시설이 변변치 못해서 경지는 주로 천수답이 많았고, 대규모 저수지가 턱없이 부족한 상태였다고 판단되어 산간계곡에는 보를 설치하고 농업용수를 해결할 수밖에 없는 상황으로 이러한 상태에서의 가뭄이나 홍수는 사회, 경제적으로 매우 큰 어려움을 받았다고 한다.

4. 일제강점기 시대

일제강점기에는 1910년 6월에 총독부를 설치하였고, 경무총감부를 총독부의 외청격으로 두어 일제의 무단통치에 중추적인 역할을 담당하였다. 경무총감부는 청장관방 외에 보안과, 경무과, 기밀과의 3과를 두었는데 보안과 자체에서 분장토록 하였으며 지방은 도 경무부 담당으로 하였다. 즉, 일제강점기시대의 소방정책은 경찰의 한 부분으로 치안정책 중 화재의 예방과 진압 위주정책이 펼쳐졌었다고 할 수 있다. 일제 통치하의 소방 기본조직은 소방조(消防組)로 도시발달, 인구 밀집화로 소방수요가 늘어나고 화재발생이 증감함에 따라서 상비 소방대원을 배치하여 화재를 대비하였다.

조선총독부는 우리나라의 자연상태 하천을 개수해 홍수로부터 농경지를 보호한다는 명목 하에 국비지변(支辨)치수사업을 실시했는데 이는 자국의 부족한 식량난을 해소하기 위한 산미증식(産米增殖)의 수탈계획의 일환이었다. 이를 위해 1차(1915~1928년)로 14개 직할하천, 2차(1929~1938년)로 11개 하천을 체계적으로 조사해 그 중 하천개수가 필요한 11개 하천을 선정해 공사를 시행하려 하였다. 그러나 사회적 혼란 및 재정 악화로 민심 안정과 양곡 수탈 계획이 가장 쉽고 효과적인 6개 하천 (한강, 낙동강, 만경 강, 재령강, 대동강, 용흥강)만을 실시하였다. 조선총독부 경무국 경비과 혹은 보안과, 방호과에서 담당하였으며 1910년대 서울시내 경찰관서에는 소방관들을 배치하고 그 외 주요도시에도 소방조를 편성하여 소방관을 두었다. 1922년에는 경성소방조가 경성소방소로, 1925년에는 경성소방서가 최초의 소방서로서 개서하였다. 소방조는 1910년부터 1938년까지 68개에서 1398개로 증가하였고, 1939년에는 기존 소방조와 수방단을 경방단으로 통합하였다.

5. 미군정시대

미군정시대를 보면, 조선총독부를 1945년 9월에 인수한 뒤 미군정 군정청 장관 아래로 조선 정무국을 부로 바꾸었으며, 과 중 일부를 처로 두는 등 각 부서 명칭을 바꾸어서 미군정의 통치기능을 확보하였다. 그 이후 미군정은 경무국의 경비과를 소방업무과 통신 업무를 합쳐서 소방과를 설치하였으며, 1945년 11월 소방과를 소방부로 개청함과 동시에 도 경찰부에도 소방과를 설치하였다. 이어서 1946년 군정법 제66호로 소방부 및 소방위원회를 설치하고 소방을 경찰에서 분리하여 자치화가 시작되었다. 1947년 남조선과 도정부 후에는 동 위원회를 집행기구로 소방청을 설치하고 청장 1인과 서기장 1인을 두고 군정자문 1인을 배치하여 총무과, 소방과, 예방과를 두게 하였다(신봉수, 2005: 12-13). 한편으로 소방서의 증설은 일제강점기 말기까지 서울의 성동, 용산, 경성 소방서와 부산, 인천 등 5개 소방서에서 미군정 자치소방체제로 전환되었으며, 이후 소방파출소는 50여개로 증설되는 등 소방정책에 큰 관심을 보이기 시작한 시기이다.

6. 대한민국 정부 수립이후

6.1 국토건설청(1961. 10. 2.~1962. 6. 28.)

1961년 5.16 군사혁명으로 정권을 잡은 군부는 국민경제의 부흥을 위하여 정부조직을 개편, 국무총리를 내각수반으로 개명하고 건설부를 폐지하는 대신 경제기획원과 공보부를 신설하고 경제기획원에 중앙경제위원회 및 국토건설청을 설치하는 것이 주요골자인 국가재건에 최고회의 령으로 정부조직법을 개정 및 공포 그리고 시행(법률 제660호, 1961. 7.22.)하였다. 이에 따라 경제기획원은 국민경제의 부흥개발에 관한 종합적 계획의 수립과 그 실시에 따르는 관리 및 조정에 관한 사무를 처리하고 경제기획원장 소속하에 국토건설에 관한 업무를 관장하기 위한 '국토건설청'을 신설하고 건설부 국토건설국 소관 업무는 국토건설청으로, 그 외의 사무는 경제기획원으로 이관되면서 건설부는 폐지되었다. 이어 10월 2일에는 법률 제734호로 신 정부조직법을 제정 · 공포함에 의해 내무부 토목국이 국토건설청으로 들어가게 되면서 내무부 토목국 이수과에서 담당하던 재해대책 업무는 국토건설청의 수자원국 이수과에서 관장하게 되었다.

국토건설청은 경제기획원장의 명을 받아 장기 경제개발 계획의 범위 내에서 국토 및 자연자원의 보전, 이용, 개발 및 개조의 계획 및 실시에 관한 사무를 관장하도록 하여 하부조직으로 계획국과 관리국, 2개국을 두며 특정지역의 종합개발 사업을 위해 필요한 특정지역에 지역사무소를 둘 수 있게 하는 것을 중심으로 하는 국토건설청 직제로는 각령 제58호로 1961년 7월 22일에 제정 · 공포 · 시행되었다. 이에 따라 건설부 국토건설국 소관업무를 승계하였으며, 그 해 7월 전북 남원과 경북 영주지방에 불의의 자연재해가 발생하자 임시로 영주수해복구사무소와 남원수해복구사무소를 설치하여 수해복구와 재건공사의 계획관리 및 지도감독에 관한 사무를 관장하였고 이어 10월 2일에는 신 정부조직법의 공포에 따라 국토건설청 직제를 전부 개정하여 내무부의 토목국 및 서울 · 이리 · 부산의 3개 지방건설국과 상공부 해무청 시설국, 국토건설연구소 등을 흡수하였으며 관리국과 종전 계획국 등 2개국 직제를 관리국, 수자원국, 국토계획국으로 확대하는 한편, 태백산 지역건설국을 증설하며 국토 및 자연자원의 개발 · 보전 및 개조와 주택 · 교량 · 하천 · 수도 · 항만에 이르기까지 국토건설에 관한 모든 일체의 사업을 관장하게 되었다. 1962년 6월 18일에는 건설부로 국토건설청을 확대, 개편하는 것을 주된 골자로 하는 정부조직법의 개정과 동월 29일 국토건설청을 폐지하고 건설부 직제를 제정할 때까지 국토건설청 직제는 1년 정도의 과도기적으로 운영되었다.

6.2 건설부(1962.6.29.~1991.4.22.)

국토건설청을 건설부로 확대 개편하는 것을 주요골자로 하는 정부조직법 개정(법률 제1092호, 1962.6.18, 공포 · 시행)으로 1962년 6월 29일 국토건설청 직제를 폐지하고 각령 제 854호로 건설부 직제를 제정 · 시행하였다. 건설부 직제는 정부조직법에 따라 국토 및 수자원의 보전, 이용, 개발 및 개조, 도시, 도로, 항만, 간척, 하천과 주택건축에 관련된 사항을 관장하고 하부조직으로 총무과와 계획국, 국토보전국, 수자원국과 관리국, 기획조정관 등 4개 실 · 국을 두었고 각종 재해로부터 국토를 안전하게 보전하고 국민의 재산과 생명을 보호하며 궁극적으로 복지사회건설을 지향하면서 다양한 재해의 최소화 목표로 재해발생예방과 재해발생 시 긴급 및 강건한 복구대책을 찾으러 노력함으로써 경제발전 뒷받침이 근본이념인 국가 재난관리 기능은 수자원국 이수과에서 관장하도록 하였으며 조직은 국토건설청 조직을 그대로 이관되었다고 할 수 있다.

6.3 내무부(1991.4.23.~1998.2.27.)

재난관리국의 신설되는 과정을 보면, 1994년과 1995년 2년 동안 성수대교 붕괴, 삼풍백화점 붕괴, 대구 지하철공사장 폭발 등 각종 대형사고가 발생하여 막대한 인명피해와 재산피해가 발생함에 따라 국민의 안전에 대한 욕구가 크게 증대되었다. 그동안 자연재해에 대한 대책위주의 재난관리 정책에 더 이상의 인적 재난사고를 두고 볼 수 없다는 국민적인 공감대가 형성되었고 그에 따라 주무부처인 내무부에서 1995년 7월 18일에 재난관리법을 제정 · 공포하고, 10월 19일 대통령령 제14791호로서 내무부 직제를 개정하여 재난대처의 종합적이고 체계적인 재난관리체제를 강화시키기 위하여 재난관리국을 신설하였다. 그리고 대형 또는 특수재난 사고 발생 시의 긴급구조 활동을 위해 중앙 119구조대를 설치하고 재난대책에 관련된 일부 기구와 인력을 보강하고자 민방위 재난통제본부로 민방위 본부를 확대 개편하였고 그 밑에 재난관리국을 신설하고, 재난관리국에 안전지도과 · 재난관리과 및 재난총괄과를 두었다. 이로써 우리나라 중앙정부에 처음으로 인적재난에 관한 조직이 신설되었으며 이 당시 신설된 재난관리 조직으로는 기존의 자연재해, 민방위, 그리고 소방조직은 현재의 국가재난관리 조직의 근간을 이루게 되었다.

6.4 행정자치부(1998.2.28.~2004.05.31.)

방재관리측면에서 이 시기는 1997년 말 불어 닥친 경제난으로 인하여 IMF체제 이후에는 재난관리 분야의 투자가 위축되고 1998년 초, 국민의 정부가 집권을 하고 IMF 극복을 위하여 정부조직의 개편과정에서 총무처와 내무부가 합쳐지게 되어 행정자치부로 축소되었으며, 국가 재난관리의 중요함을 인정하며 구조조정 과정에 재난관리부서가 축소 · 조정되었다. 그 당시 김대중 대통령께서 8 · 15 광복절 경축사를 통해 수해방지에 대한 강한 의지를 표명함으로 대통령비서실의 직속으로 수해방지대책기획단(연세대학교 조원철 교수, 단장)을 설치하고 그 동안의 수해대책을 평가 · 분석하고 각계의 의견을 수합하여 향후 10년간 추진할 종합대책을 마련하는데 종합대책 중 방재조직 전문화 및 연구기능 강화에 대한 후속조치로서 자연재해업무 추진체계를 개편하기 위해 방재관 밑으로 3개의 담당관을 두고 자연재해업무를 분리하여 관장하도록 하는 한편, 방재 연구기능 강화를 위하여 소속기관으로 국립방재연구소를 신설하였다. 또한 2002년 「태풍 루사(RUSA)」의 피해와 2003년 2월 발생한 「대구지하철 방화사건」 등이 계기가 되어 행정자치부에 국가재난관리시스템 기획단이 구성 · 운영되었다.

연도	주요내용
삼국시대 및 통일신라시대 (서기전 57년~668년)	– 진대법(서기 194년)은 최초의 재난을 관리하였던 제도로 씨족단위로 대응 – 재상 을파소가 제안한 진대제도는 흉년에 백성을 진휼하는 것으로 국가의 제도적 대응방안을 마련함
고려시대 (918년~1392년)	– 조선시대에는 재면사업를 도입하여 재난시 이재민에게 부역하는 조세를 감면 – 은면지제는 국가적 중요한 행사에 있어 왕이 베풀어주는 은전으로 백상들이 농사에 열중할 수 있도록 도와줌 – 수한질요진대지제는 한해, 수제 등으로 피해를 입은 이재민에 대하여 각종 의료물품과 주택 등을 제공하는 사업
조선시대 (1392년~1863년)	– 화재에 의한 재난으로부터 체계적인 국가기관인 금화도감을 만듬 – 왕도주의에 입각해 중앙정부의 진휼정책을 조직적으로 확대, 각 지방에 대하여 지시감독 및 지침을 전달
일제강점기 시대 (1946년~1948년)	– 일제 통치하의 소방 기본조직인 소방조를 두어 화재에 대응함 – 소방조는 1910년부터 1938년 1398개로 증가하였으며, 소방조와 수방단을 통합하여 경방단을 만듬
미군정시대 (1948년~1952년)	– 1945년 11월 소방과를 소방주로 개청 – 소방부 및 소방위원회 설치(1946년 군정법 제66호) – 소방을 경찰에서 분리하여 자치화
대한민국정부 수립 이후 (1953년~현재)	– 국토건설청(1961. 10.~1962. 6.) : 국민경제의 부흥을 위하여 국토건설청을 설치. 방재에 대비하여 주택, 교량, 하천 등 국토건설에 관한 일체의 사업을 관장 – 건설부(1962.6.29.~1991.4.22.) : 개발 및 개조, 도시 도로, 항만 등을 관장, 각종 재해로부터 국토를 안전하게 보전하는 복지사회건설을 지향 – 내무부(1991.4.23.~1998.2.27.) : 재난관리법(1995)을 제정하여 재난대처의 종합적이고 체계적인 관레체제를 강화. 대형 또는 특수재난 사고 발생 시의 대처할 수 있는 중앙 119구조대를 설치 – 행정자치부(1998.2.28.~2004.05.31.) : 그 동안의 수해대책을 평가 · 분석하여 10년간 추진할 종합대책을 마련하며 방재조직의 전문화를 강조 – 소방방재청(2004.06.01.~2014.11.18.) : 「재난 및 안전관리 기본법」을 기반으로 우리나라 헌정사 최초의 국가 재난관리 전담기관을 신설 – 국민안전처(2014.11.19.~2017.07.25.) : 안전 및 재난에 관한 재난안전 컨트롤 기능강화, 현장의 재난대응 역량강화, 생활 속 안전문화의 확산, 재난안전예방 인프라의 확충, 각분야별 안전관리 등의 5대 전략을 수립 – 행정자치부(2017.07.26.~현재) : 안전사고 예방 및 재난안전관리의 국가책임체제 구축과 통합적 재난관리체계 구축 및 현장 즉시대응 역량 강화를 강조

6.5 소방방재청(2004.06.01.~2014.11.18.)

소방방재청은 소방 · 방재 · 민방위운영 및 안전관리에 사무를 통합적으로 관리운영하는 중앙행정기관으로 행정자치부의 소방국을 개편하여 신설하였다. 소방방재청은 2004년 3월 11일 기존의 「재난관리법」과 「자연재해대책법」을 통합하여 「재난 및 안전관리 기본법」의 제정을 기반으로 우리나라 헌정사 최초로 국가 재난관리 전담기관이다. 소방방재청은 기존의 정부개편과는 달리 112만 개의 국민서명이 국회에 제출되어 발의되었고 설립된 중앙행정기관이다. 소방방재청은 운영지원과, 예방안전국, 소방정책국, 방재관리국 그리고 119구조구급국으로 조직을 편성하였으며 소방방재청장 소속하에는 중앙소방학교, 중앙민방위방재교육원 그리고 중앙119구조본부를 구성하여 방재와 소방에 대한 전문조직을 구성하였다.

6.6 국민안전처(2014.11.19.~2017.07.25.)

국민안전처는 국민의 안전과 국가적 재난 관리를 위한 재난안전 총괄기관, 체계적인 재난안전관리시스템 구축을 통하여 안전사고를 예방하고, 재난 시 종합적이고 신속한 대응 및 수습체계를 마련하기 위해 설립되었다. 국민안전처는 안전 및 재난에 관한 정책의 수립 · 운영 및 총괄 · 정비, 비상대비, 민방위, 방재, 소방, 해양에서의 경비 · 안전 · 오염방재 및 해상에서 발생한 사건의 수사에 관한 사무를 관장하는 중앙행정기관이다. 국민안전처는 운영지원과, 안전감찰관실, 기획조정실, 중앙재난안전상황실, 안정정책실, 재난관리실, 특수재난실 그리고 비상대비정책국으로 조직을 편성하였으며 소방방재청과 해양경찰청이 이관되면서 중앙소방본부와 해양경비안전본부를 개편하였다. 국민안전처는 재난안전 컨트롤 기능강화, 현장의 재난대응 역량강화, 생활 속 안전문화의 확산, 재난안전예방 인프라의 확충, 각분야별 안전관리 등의 5대 전략을 수립하였다. 안전 및 재난에 관한 전반적인 정책의 수립 · 운영 및 총괄 · 조정과 비상대비와 민방위에 관한 업무, 방재 및 소방에 관한 업무, 해양에서의 경비 · 안전 · 오염방제 및 해상사건 수사 등의 업무를 수행하였다.

6.7 행정안전부(2017.07.26.~현재)

행정안전부는 내무부와 총무처의 전신으로서 과거 2004년 이전의 재난관리를 담당하는 행정기관이였으며 소방방재청, 국민안전처를 거쳐 행정안전부의 재난안전관리본부로 편입되었다. 행정안전부의 재난안전관리본부는 안전 및 재난에 관한 정책의 수립 · 총괄 · 조정, 비상대비, 민방위 및 방재기능을 수행하고 있다. 재난안전관리본부는 안전정책실, 재난관리실, 재난

협력실, 중앙재난안전상황실 그리고 비상대비정책국으로 조직이 구성되었다. 행정안전부는 안전사고 예방 및 재난안전관리의 국가책임체제 구축과 통합적 재난관리체계 구축 및 현장 즉시대응 역량 강화의 전략을 통해 재난안전 산업 육성 및 기술개발, 국민안전교육 추진 및 안전문화 향상, 자연재난의 선제적 대응체계 추진, 재난 대비 · 대응 인프라 확충, 사회재난 대응 그리고 현장과 점검 중심의 안정관리의 업무를 수행하고 있다.

3절 방재 개념 및 제도의 변천

재해발생의 증가와 유형의 다양화는 최근 사회의 복잡성 증가와 다변화로 인해 각종 기상이변으로 인한 재해, 각종 재해사고, 원자력 발전, 석유, 신종 유해물질 등 새로운 재해대상물로 등장하여 방재의 범위가 폭 넓어지고 있다. 이에 따라 사회의 발전과 변화에 적응하여, 방재의 역할과 목적은 재난의 예방, 대비, 대응, 복구 4단계로 국민의 생명과 재산을 보호하고 공공의 안녕과 질서를 유지하여 국민의 복리증진으로 범위가 확장되었다.

1. 방재의 개념 및 인식 변천

삼국시대에서부터현재 행정안전부에 이르기 까지 화재, 홍수, 가뭄, 전염병 등과 같은 자연재해와 전쟁, 테러 등과 같은 사회재난은 사람들의 인식을 변화시키고 있다. 과거에는 단순히 1차원적인 재해로 받아들였다면 현재에는 복합적이고 다양한 분야에서 재해가 인식되고 있다. 지진해일이나 지진으로 발생하는 1차적 재해에서 원자력발전소의 붕괴와 같이 방사능오염과 노출로 인한 인명피해를 가져오는 2차적 재해로 이어지고 있어 국민들의 안전을 지키기 위하여 중요하게 여기지고 있다. 기후변화로 대규모화 되고 있는 자연재해의 새로운 형태의 위험이 세계적으로 대두되고 있다. 또한, 방재에 접근하는 인식도 변화하고 있으며, 미국이나 일본, IBRD(International Bank for Reconstruction and Development), 세계은행(World Bank) 등에서 설정하여 시행하는 방재경제성 개념으로 정의하고 있다. 최근 세계화로서 위험은 이제 더 이상의 어느 한 지역의 동떨어진 문제가 아니라 세계적인 문제로 인식되어지고 있다.

2. 방재의 제도 및 조직 변천

과거에서부터 다양한 제도적 관리를 통하여 재난을 대비하였으며, 일제강점기에 들어서 우리나라는 체계적인 관리조직을 설립하게 되었다. 이후 현재의 행정안전부에 이르기 까지 다양한 조직개편과 대응방안을 마련하였다. 지방정부와 중앙정부차원에서의 민 · 관 협력을 통하여 방재의 패러다임의 변화를 가져올 것으로 전망한다. 비정부시민단체, 관변적 민간단체, 민간기업간의 민관협력을 통하여 거대화, 복잡화되어가고 있는 재난에 대비해야한다.

시대	제도적 변화	인식의 변화
삼국시대 및 통일신라시대 (서기전 57년~668년)	- 최초의 재난을 관리하였던 제도 : 진대법(서기 194년) - 흉년에 백성을 진휼하는 국가의 제도적 대응방안 마련	- 민생구휼행정이 역사적으로 기록 - 중국의 영향으로 각종 양로사업과 구제제도 등이 있었음 - 왕의 부덕의 소치로 인해서 재해발생이 일어남을 믿음
고려시대 (918년~1392년)	- 은면지제로서 백성들이 농사에 열중할 수 있도록 도움 - 수한질요진대지제로서 이재민에 대하여 각종 의료물품과 주택 등을 제공	- 불교사상과 유교주의를 근간으로 국민구제를 기본으로 생각 - 정치적 배경에서 재난 분석 - 자연과 인간은 매우 밀접한 관계에 있다고 생각하여 재난의식이 치워짐
조선시대 (1392년~1863년)	- 화재로부터 체계적인 국가기관인 금화도감을 만듬 - 왕도주의에 입각해 중앙정부의 진휼정책을 확대 - 재면사업를 도입하여 이재민에게 부역하는 조세를 감면	- 천명을 대신 하여 나타난 재난을 왕정을 통해 구현하려는 의지 - 조선 초기 "경국대전" 단계부터 오가작통제는 나타났지만 조선후기부터 국가적인 정책으로서 적극적으로 시도
일제강점기 시대 (1946년~1948년)	- 일제통치하의 소방 기본조직인 소방조를 두어 화재에 대응 - 소방조와 수방단을 통합하여 경방단을 만듬	- 일제강점기 시대의 구호사업은 행정적인 측면보다는 개인이나 사회단체 의해서 그 사업이 활발하게 추진 - 내무국 토목과 치수계에서 담당하여 기초적인 자료수집 및 분석에서부터 대책을 수립 - 기근으로 인한 굶주림은 일본의 군량미 충당을 때문에 더욱 극심
미군정시대 (1948년~1952년)	- 1945년 11월 소방과를 소방주로 개청 - 소방부 및 소방위원회 설치(1946년 군정법 제66호) - 소방을 경찰과 분리, 자치화	- 자연재해를 하늘의 재앙으로 여기며 자연치유적인 접근 방식을 취함 - 체계적이고 과학적인 사전 · 사후적 관리를 갖추지 못한 시스템 - 소방정책에 많은 관심을 보이기 시작한 시기

시대	제도적 변화	인식의 변화
대한민국정부 수립 이후 (1953년~현재)	– 국토건설청(1961. 10.~1962. 6.) : 국민경제의 부흥을 위하여 국토건설청을 설치. 방재에 대비하여 주택, 교량, 하천 등 국토건설에 관한 일체의 사업을 관장 – 건설부(1962.6.29.~1991.4.22.) : 개발 및 개조, 도시 도로, 항만 등을 관장, 각종 재해로부터 국토를 안전하게 보전하는 복지사회건설을 지향 – 내무부(1991.4.23.~1998.2.27.) : 재난관리법(1995)을 제정하여 재난대처의 종합적이고 체계적인 관레체제를 강화. 대형 또는 특수재난 사고 발생 시의 대처할 수 있는 중앙 119 구조대를 설치 – 행정자치부(1998.2.28.~2004.05.31.) : 그 동안의 수해대책을 평가·분석하여 10년간 추진할 종합대책을 마련하며 방재조직의 전문화를 강조 – 소방방재청(2004.06.01.~2014.11.18.) : 「재난 및 안전관리 기본법」을 기반으로 우리나라 헌정사 최초의 국가 재난관리 전담기관을 신설 – 국민안전처(2014.11.19.~2017.07.25.) : 안전 및 재난에 관한 재난안전 컨트롤 기능강화, 현장의 재난대응 역량강화, 생활 속 안전문화의 확산, 재난안전예방 인프라의 확충, 각분야별 안전관리 등의 5대 전략을 수립 – 행정자치부(2017.07.26.~현재) : 안전사고 예방 및 재난안전관리의 국가책임체제 구축과 통합적 재난관리체계 구축 및 현장 즉시대응 역량 강화를 강조	– 와우아파트 붕괴사건은 향후 아파트 건설에 대한 감시와 감독을 강화하는 계기로 작용 – 빠른 성장에 비해 내실을 다지지 못하고 성장제일주의로 인한 사회 곳곳에서의 부작용 빈번 – 태풍 '루사' 이후「자연재해대책법」이 개정되어 제62조 2항의 '특별재해지역' 이 신설 – 집중호우에 따른 광화문, 강남역, 사당역 인근 지역의 침수피해와 우면산 산사태로 인하여 도시지역의 피해대책을 수립 – 세월호 침몰 사고로 중앙정부의 재난관리에 대한 중요성과 경각심을 일깨웠으며 재난관련 훈련이 마련되었음 – 경주지진과 포항지진으로 우리나라도 지진의 안전지대가 아니라는 위험성을 알렸으며 다양한 대책이 마련 – 신종플루, 메르스, 코로나를 통한 바이러스 감염병에 대한 위험성을 알렸으며 재난관리의 중요성의 인식이 변화

제4장 | 방재의 분류

1절 재난의 정의와 분류

1. 재난의 정의

1.1 재난의 개념

재난의 개념은 국가 간, 학자 간에 다소 차이를 보인다. 영어 Disaster의 사전적 의미는 천재(지변), 재해, 재난, 참사 등으로 해석되나 과거 우리나라에서는 자연재난을 재해, 인적 또는 인위적 재난을 재난으로 구분하여 사용하였다. 재난 및 안전관리 기본법 제정 이후 이원화된 개념을 재난으로 통합하였으나, 자연재난을 자연현상으로 인하여 발생하는 재해, 사회재난을 사고에 의한 일정 규모 이상의 피해로 정의하는 등 현재까지도 재난과 재해가 혼용되고 있다.

국어사전[1]에서는 재난(災難)을 '뜻밖에 일어난 재앙과 고난', 재해를 '재앙으로 인해 받은 피해'로 정의하고 있어 용어상으로는 재해의 설명이 보다 구체적이다. 현대사회에서 뜻밖의 불행한 사건은 전쟁과 테러까지도 포함할 수 있으므로 재난은 매우 광범위하고 포괄적인 개념이라고 볼 수 있다.

물리적 관점에서 재난은 돌발적인 대규모 사태이며 일상적인 사고와 구별된다. 또한 예측이 어렵고 해당 지역의 대응 능력만으로는 수습과 통제가 불가능하기 때문에 관리적 측면에서 일정 규모 이상의 사건을 재난으로 정의할 수 있다. 미국의 연방재난관리청(Federal Emergency Management Agency, FEMA)은 재난을 '인적 손상과 물적 피해를 초래하고, 정부의 통상적인 관리절차나 자원으로서는 대처할 수 없는 심각하고 규모가 큰 사건'으로 정

1) 국립국어원 표준국어대사전

의하고 있다. 또한 '재난은 대개 돌발적으로 발생하지만 대처 과정에서는 다수의 정부기관과 민간부문의 즉각적이며 조정된 노력을 필요로 한다.' 라고 규정하고 있다.

사회적 관점에서의 재난은 사회적 충격과 혼란 상태를 중시한다. 재난의 물리적 피해 측면 이외에 사회적 영향을 강조하고 있으며, 프릿츠(Fritz, 1961)는 재해를 '어떤 사회나 비교적 자족적인 사회구조가 심대한 피해를 입어서 그 사회구성원이나 물리적 시설의 손실로 인하여 사회구조가 교란되고, 그 사회의 본질적인 기능 수행이 장애를 받게 되는 사건이다' 라고 정의하였다. 크레프스(Kreps, 1984)는 '재해란 사회나 그 구성 조직이 물리적 피해나 손실 또는 일상적 기능의 장애를 받게 되는 사건으로서 이러한 사건의 원인과 영향은 사회 구조 및 작동 과정과 관련이 있다.' 라고 하였다.

유엔개발계획(United Nations Development Programme, UNDP)에 따르면 '재난은 사회의 기본조직 및 정상 기능을 와해시키는 갑작스러운 사건이나 큰 재난으로서 재난의 영향을 받은 사회가 외부의 도움없이 극복할 수 없고 정상적인 능력으로 처리할 수 있는 범위를 벗어나는 재산, 사회간접시설, 생활수단의 피해를 일으키는 단일 또는 일련의 사건' 이라고 정의하고 있다.

1.2 법률적 정의

우리나라의 국가 재난관리 기능은 자연재난 분야를 시작으로 체계화되었다. 지진, 화산활동 등에 의한 지질재해 비중이 작고 태풍, 홍수 등의 기상재해가 주로 발생하는 재난 특성 상 풍수해대책이 방재업무의 근간을 이루었고, 1963년 건설부 수자원국 방재과에서 재해 예방과 재해 발생 시 긴급 및 항구적 복구대책을 강구하는 업무를 관장하였다. 1967년 풍수해대책법이 공포되었으며 1995년 자연재해대책법으로 전면 개정된 후 현재까지 우리나라 자연재해대책의 근간이 되고 있다.

1960년대부터 추진된 경제개발정책으로 국가 경제는 빠르게 성장하였으나 개발위주의 정책과 급속한 도시화, 그 동안 소홀했던 안전문제 등이 결합되어 고도성장의 부작용이 발현되기 시작하였다. 1990년대 이후 대형 화재와 붕괴사고, 교통사고, 환경오염사고 등이 빈번하게 발생하였고, 1994년 성수대교 붕괴사고, 1995년 삼풍백화점 붕괴사고가 잇따라 발생하면서 자연재해 위주의 방재정책이 더 이상 안전에 대한 수요를 충족시킬 수 없다는 사회적 인식이 대두되었다. 이에 정부는 1995년 재난관리법을 제정하고 내부부에 재난관리국을 신설하여 재난에 대한 종합적이고 체계적인 대처 능력을 강화하였다.

그러나 2002년 태풍 루사, 2003년 대구지하철 방화, 2003년 태풍 매미 등 대형 재해 · 재난이 발생하면서 국가 재난관리시스템 개선이 필요하다는 지적이 대두되었으며, 정부는 2003년부터 조직과 법 · 제도 개선에 대한 준비를 시작하여 2004년 3월 우리나라 방재관련 기본법인 '재난 및 안전관리기본법' 을 공포하였다. 이 법에서는 자연재해대책법, 재난관리법에 의해 재해와 재난으로 이분되어 오던 개념을 재난으로 통합하고, 현재의 사회적 환경이나 과학기술 수준에서 예상치 못했던 새로운 유형의 재난까지도 포함하여 확대 일원화된 재난의 개념을 정립하였다.

재난 및 안전관리 기본법에서는 재난을 '국민의 생명 · 신체 · 재산과 국가에 피해를 주거나 줄 수 있는 것' 으로 정의하며 자연재난과 사회재난, 해외재난으로 구분하고 있다.

- 자연재난 : 태풍, 홍수, 호우(豪雨), 강풍, 풍랑, 해일(海溢), 대설, 한파, 낙뢰, 가뭄, 폭염, 지진, 황사(黃砂), 조류(藻類) 대발생, 조수(潮水), 화산활동, 소행성 · 유성체 등 자연우주물체의 추락 · 충돌, 그 밖에 이에 준하는 자연현상으로 인하여 발생하는 재해
- 사회재난 : 화재 · 붕괴 · 폭발 · 교통사고(항공사고 및 해상사고를 포함한다) · 화생방사고 · 환경오염사고 등으로 인하여 발생하는 대통령령으로 정하는 규모 이상의 피해와 국가핵심기반의 마비, 「감염병의 예방 및 관리에 관한 법률」에 따른 감염병 또는 「가축전염병예방법」에 따른 가축전염병의 확산, 「미세먼지 저감 및 관리에 관한 특별법」에 따른 미세먼지 등으로 인한 피해
- 해외재난 : 대한민국의 영역 밖에서 대한민국 국민의 생명 · 신체 및 재산에 피해를 주거나 줄 수 있는 재난으로서 정부차원에서 대처할 필요가 있는 재난

한편 태풍, 홍수 등 자연현상으로 인한 재난으로부터 국토를 보존하고 국민의 생명 · 신체 및 재산과 주요 기간시설(基幹施設)을 보호하기 위하여 제정된 자연재해대책법은 재난 및 안전관리 기본법의 규정을 따르고 있으나, '재난으로 인하여 발생하는 피해' 를 재해로 정의하고 있으며, '자연현상으로 인하여 발생하는 재해' 를 자연재해로 정의하고 있다.

2. 재난 발생 요인

앞에서 서술한 재난의 개념을 종합하여 보면 재난이란 인간생활을 구성하고 있는 물리적 · 비물리적 사회 시스템에 통상적으로 존재하지 않는 외력(外力)이 불시에 가하여져 인적 · 물적 피해가 발생하고 시스템의 정상적인 작동이 불가능하게 되는 상태로서 자연현상이나 인적 또

는 사회적 현상에 관계없이 인간생활과 관련된 피해규모, 그리고 지역과 사회의 대응능력 등과 관련되어 파악됨을 알 수 있다.

물리적 · 비물리적 사회 시스템에 가해지는 외력은 자연적 · 인적 · 사회적 요인을 모두 포괄하게 되는데, 외력이 가해진 환경은 충격을 흡수하여 감쇄시키거나 혹은 이를 감당하지 못하고 외부로 확산시키게 된다. 이러한 현상은 유인(誘因), 소인(素因), 확대요인(擴大要因)의 관계로 설명할 수 있으며, 재난은 이 3가지의 요인이 연쇄적으로 결합한 구조에 의해 발생한다.[2] 유인은 재난을 유발하는 직접적인 원인으로 태풍, 호우, 해일, 지진, 저온 등의 자연현상과 실화(失火)나 생산 활동에서 발생하는 인위적 현상을 말한다. 소인은 유인을 재난으로 발전시키는 피해의 근본이 되는 요인으로서 방재대책이 결여되거나 불충분함으로써 발생하는 것이며, 확대요인은 재난을 2, 3차로 파급, 복합, 연쇄시키는 요인을 의미한다.

한편 木村春彦(1997)은 재난원인의 인자로서 자연적 인자뿐만 아닌 인위적 인자를 강조하였으며[3], Tatsuki(2009)는 환경, 인간, 환경과 인간의 상호작용 및 재난위험이 한데 묶여 재난취약도를 구성한다고 논하였다. 인간과 재화가 지리적 또는 기상적 이상 현상의 영향 아래에 있지 않다면, 재난위험은 존재하지 않으며, 재난위험은 스스로 존재하는 것이 아닌 인간 및 재화와 기상, 지리, 기술 등의 조건이 조합되어 만들어 진다고 할 수 있다(Kendra, 2006).

〈표 4.1〉 재해원인의 인자분석

대분류	소분류	내용
자연적 인자	에너지적 인자	이상기온(호우, 태풍, 해일 등) 지진, 지진해일, 분화, 대규모 연소 등
	자연환경적 인자	지질불량(풍화층, 단층파쇄 등) 지형불량(급경사, 저습지 등) 식생상태의 불량
인위적 인자	기술적 인자	재해조사와 예측, 예보체제의 불충분 방재시설의 부재, 부적합, 관리불량 피해확대 억제기구의 부재(위험지의 방치 등) 피난, 구호, 구원체제의 부재
	사회적 인자	난개발(Sprawl)과 환경파괴 과밀, 과소 계급격차와 빈곤 행 · 재정의 태만, 개발규제법의 부재 재해연구 및 방재교육의 부족

자료출처 : 木村春彦(1977)

2) 佐藤武夫, "災害論", 1964

3) 木村春彦, "현대의 재해", 1977

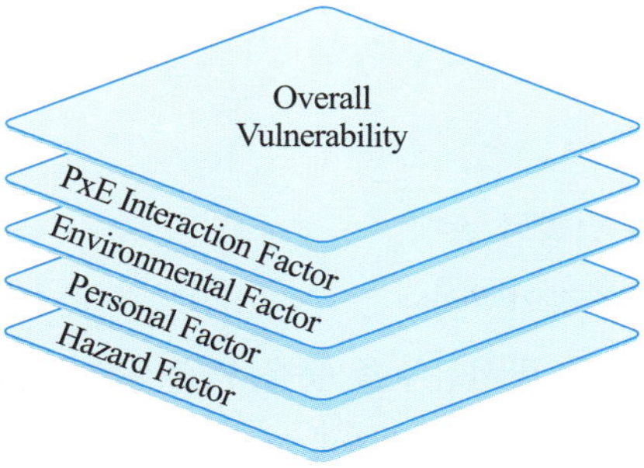

V=f(H, f(P, E))
V : 취약도(Vulnerability)
H : 재난위험(Hazard)
P : 인간(Personal)
E : 환경(Environment)

〈그림 4.1〉 재난위험 · 인간 · 환경의 관계
자료출처 : Tatsuki(2009)

3. 재난의 유형별 분류

재난의 유형은 발생 원인과 장소, 재난의 대상, 재난의 직 · 간접적 영향과 시간적 전개 등에 따라 다양하게 분류할 수 있다.

3.1 발생 원인에 의한 분류

재난 유형을 구분할 때 가장 보편적으로 수용되는 기준은 발생 원인에 의한 것으로 자연현상에 의한 것인가 혹은 인간의 활동에 의한 것인가에 따라 자연재난(natural disaster)과 인위재난(man-made disaster)으로 구분한다.

일본에서는 전자를 재해, 후자를 사고 또는 중대사건으로 칭하는 경우가 많다. 과거 우리나라에서 재난은 태풍, 홍수 등과 같은 자연재난으로 의미가 한정되었으나, 고도성장 이후 각종 사고가 대형화되면서 자연재난뿐만 아니라 인적재난도 포괄하는 개념으로 확대되었다. 최근에는 화재 · 붕괴 · 폭발 · 교통사고 · 화생방사고 · 환경오염사고 등의 인적재난에 에너지, 통신, 교통 등 국가기반체계의 마비로 인한 사회적 재난까지 포함하여 사회재난으로 통합하였으며, 현행법에 따라 재난 유형은 자연재난과 사회재난으로 구분된다.

자연재난은 자연현상에 의해 발생하는 재난으로 인간의 힘으로 근절시킬 수 없는 불가항력적 요소가 있으나, 사전 예측에 따른 예방조치와 방어시설물의 구축, 재난 발생 시 신속한 대응과 복구 등으로 피해를 경감할 수 있다. 인위재난은 기술의 활용과 시스템 실패에서 비롯되는 사고로서 인간의 실수(human error)와 조직적 요소를 포함한다.

인위재난 중

① 대규모 독극물 오염을 포함하는 것,

② 스모그 및 대기오염,

③ 전기, 가스 및 기타 에너지 배분시스템의 위험한 손상,

④ 주요한 건물, 교량, 댐 및 기타 시설의 구조적인 파손,

⑤ 석유유출, 대량수송수단의 파괴, 화재, 폭발, 방사능누출 등을 기술적 재난(technological disaster)이라고도 하였으나, 이러한 유형들은 인위재난에 포함될 수 있으므로 최근에는 거의 사용하지 않는다.[4]

자연재난과 인위재난의 구분은 인간이 자연을 대상으로 하는 행위가 증가함에 따라 경계가 모호해지고 있으며 복합적인 작용에 의해 나타나는 재난이 증가하고 있다. 또한 과학기술의 발전과 사회구조의 다변화에 따라 재난의 유형은 더욱 다양해질 것으로 예상된다.

3.2 재난의 직 · 간접적 영향에 의한 분류

재난은 연쇄 구조의 성격이 있어 하나의 사건이 원인이 되어 또 다른 재난을 유발하고 점차 피해가 확대되는 경우가 많다. 처음 재난의 영향으로 발생하는 재난을 2차 재난이라고 하는데

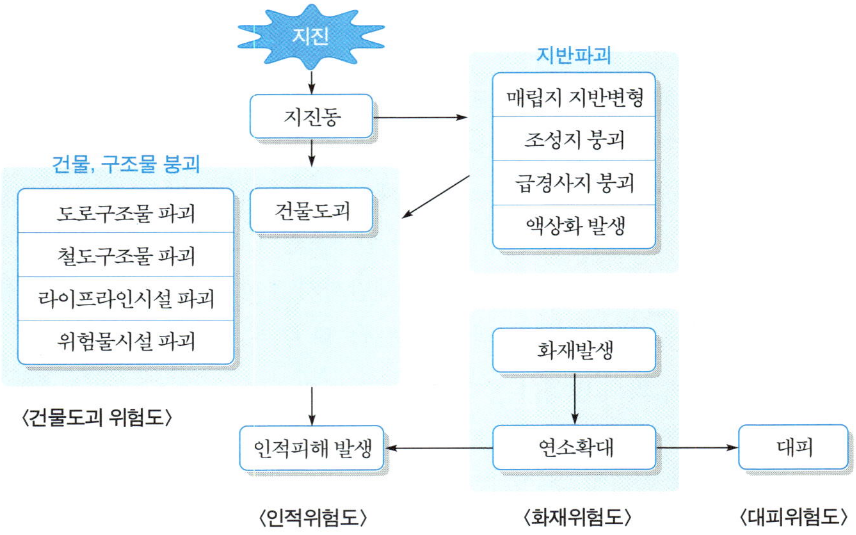

〈그림 4.2〉 지진피해와 지역위험도

4) 梶 秀樹, "都市防災學", 2007

자연재난 중 지진은 대부분 2차 재난을 수반한다. 지진에 의한 강한 진동이 지표면에 전달되어 건물과 구조물이 붕괴되는 것이 직접적 1차 재난이라면, 건물 내 화기(火氣)나 전기에 의해 발생한 화재는 2차 재난이라고 할 수 있다. 2011년 3월 11일에 발생한 규모 9.0의 동일본 대지진은 직접적 재난인 지진과 지진해일에 의해 원자력사고가 2차로 발생, 이후 다양한 3차 재난이 복합적으로 발생한 대표적인 사례이다.

3.3 발생 장소에 의한 분류

재난이 발생한 지역의 특성에 따라 도시재난이라는 용어를 사용하기도 한다. 도시재난 또는 도시방재라는 용어는 1995년 1월 17일 일본에서 발생한 한신·아와지 대지진 이후 일본을 중심으로 널리 사용되어졌다. 일본의 효고현(兵庫縣) 남부 고베시를 비롯한 한신(阪神)지역을 중심으로 발생한 규모 7.2의 대지진은 동일본 대지진이 발생하기 전까지 일본 지진관측 사상 최대의 파괴력을 지닌 직하(直下)지진으로서 대도시 중심부에서 집중적인 피해가 발생하였다. 지진과 지진에 의한 화재가 발생하면서 고베시의 수많은 건축물과 시설물, 공장 등이 파괴되었고, 고속도로·철도 등의 교통시설과 통신시설, 라이프라인 등의 기능이 정지되면서 도시 전체의 기능이 마비되었다.

도시는 인구와 시설이 밀집된 고밀도의 정주(定住)공간으로 다양한 요소가 상호 유기적으로 밀접하게 관련되어 그 기능을 유지하게 되는데, 현대 도시에서는 도시 기능의 주요 지점을 중심으로 보다 고밀하고 복합적으로 토지를 이용하는 경향이 있다. 도시 내 토지이용의 고밀·복합화는 작은 사고가 재난으로 발전하는 위협이 될 수 있으며, 재난 발생 시 피해를 양적·공간적·시간적으로 확대시키는 주요한 요인이 된다. 특히 현대도시는 고도로 발달한 시스템과 네트워크에 의해 복잡하게 그 기능이 유지되므로 재난이 발생하면 직접적인 피해, 혹은 단일 시설의 피해에 그치는 것이 아니라 이와 관련된 모든 분야에서 2차, 3차 재난이 연속적으로 발생한다. 이와 같은 복합적인 재난 발생과 연쇄적 파급, 다양한 피해 양상 등을 특징으로 도시재난이라는 용어를 사용한다. 도시재난은 건축·시설물의 파괴는 물론 라이프라인시설의 기능 정지 등 도시기능의 총체적 마비와 막대한 경제적 손실을 초래한다(김현주, 1998).

2절 재난환경 변화와 방재

1. 재난환경의 변화

1.1 자연재난

무분별한 자연훼손과 환경오염으로 재난의 발생 빈도 및 규모가 증가하고 있다. 지구온난화, 엘니뇨현상, 라니냐현상 등에 따른 기상이변으로 지역적 폭우의 발생, 가뭄현상의 장기화, 폭염 · 한파 등이 증가하고 있으며 태풍 등의 자연재난은 대형화되는 추세이다. 우리나라의 자연재난은 지정학적 위치, 지형과 지질조건, 사회 · 경제적 여건이 복합적으로 작용하여 피해가 확대되는 것이 특징이다. 반도에 위치하는 지리적 조건 때문에 하절기에는 해양성기후를, 동절기에는 대륙성기후를 보이며, 이로 인해 강우량도 계절적으로 심한 차이를 보이고 있다. 강우 분포는 연 강수량의 2/3가 6월에서 8월에 집중된다. 또한 국토의 70%가 산악지대이기 때문에 대부분 하천의 유로 연장이 짧고 급경사를 이룬다. 산지 및 산림지대의 지질 상태는 대부분 풍화된 화강암과 편마암으로 구성되어 피복토가 얇고 수분의 함유 능력이 적으며 풍화, 침식 등으로 산사태가 발생하기도 한다. 토사의 유출량이 증가함으로써 하천의 통수단면 및 통수능력이 급격히 저하되고, 집중호우는 단시간에 하천 범람 및 홍수가 되어 재해로 확대된다. 경제 · 사회적 필요에 의한 개발사업의 확산은 자연재난에 의한 피해를 가중시킨다. 도시 외곽의 저지대 또는 경사지 개발은 빗물을 그대로 지표면으로 흐르게 하여 유출량과 유수의 속도를 증가시키고 있으며, 도시의 방재기능을 방해하는 요인으로 작용한다.

1.2 사회재난

경제성장으로 도시의 외적 규모가 급속히 확대되고 사람들의 생활과 이동, 물류의 형태가 광범위해지고 있다. 토지이용은 고밀도화 되고 초고층 건축물과 지하연계 복합공간이 증가하는 등 공간이 확장되면서 도시기능 또한 복잡해지고 있다. 시설의 네트워크화, 다중이용시설 및 위험시설의 증가, 기반시설의 노후화는 인적재난의 잠재적 위험요인이 되고 있으며 재난 발생 시 사회기능 마비로 이어지는 등 재난의 연쇄적 확산이 우려된다.

최근에는 고령화, 양극화, 저성장 등 장기적 사회구조 변화에 직면하고 있어 재난에 대한 인적 · 사회적 취약성이 증대되고 있다. 정보화, 국제화 등도 신종재난의 출현과 대규모 피해를 유발하는 원인이 되고 있으며, 과학 · 기술이 발전함에 따라 기술적 재난, 복합적 재난 발생 가능성 또한 커지고 있다.

과거에는 식량문제 해결과 경제적 안정이 주요 국민적 요구사항이었으나, 압축적 성장을 거치고 안정기에 접어들면서 문화적 욕구와 더불어 안전성 확보에 대한 여론이 형성되기 시작하였고 21세기에는 안전성 확보라는 국민적 요구가 한층 더 높아지고 있다. 국민의 소득수준 및 생활수준의 향상으로 오늘날 안전에 대한 사회적 관심은 매우 높아졌으나, 그럼에도 불구하고 안전의식 결여에 따른 대형 참사는 지속적으로 발생하고 있다. 개인의 실수나 부주의가 대형사고로 연결되는 휴먼에러에 대한 관리가 필요하다.

미래사회는 고령화, 신종재난, 환경오염, 에너지 고갈 등 환경과 경제 · 사회적 변화에 따른 다양한 도전에 직면할 것으로 예상되며, 빈부격차의 심화에 따른 사회 안전, 국가 간 분쟁으로 인한 테러 또한 증가할 것으로 예상된다.

2. 현대사회의 방재

인류의 역사는 재난과 함께 해왔으며, 이를 극복하기 위한 연구와 기술개발이 계속되고 있다. 그럼에도 불구하고 우리는 반복되는 재난 또는 과거에 경험하지 못했던 새로운 재난에 직면해 있다. 산업화, 도시화 등에 따른 잠재적 재난 위험은 점점 거대해지는 추세이며, 최근에 건설되고 있는 초고층 건축물이나 지하공간 활용의 증가 또한 미래사회 안전에 대한 위협이 되고 있다.

방재대책은 발생 가능한 재난을 예측하여 사전에 관리하고 피해를 최소화하는 것을 목적으로 한다. 이러한 대책은 크게 물리적 · 비물리적 대책 또는 구조적 대책(structural solution)과 비구조적 대책(non-structural solution)으로 구분된다. 구조적 대책은 재난에 대한 과학적 예측과 공간에 대한 물리적 시스템 구축 등 재난에 강한 환경을 조성하는 것이다. 재난에 취약한 환경을 개선하고 방재시설과 방재거점을 확보하며 재난 시 필요한 장비와 물자를 비축하는 대책이며, 비구조적 대책은 법과 제도를 통한 행위의 제한과 재난에 대비하는 자세를 강조한다. 공학적 기술에 기반을 두는 구조적 대책은 국가나 조직이 경제적으로 여유가 생기면서 해결하여 가는 경향을 보이나, 사회공학적 접근 방식인 비구조적 대책은 그렇지 못한 경우가 많다. 현대 사회에서 효율적이고 능동적으로 재난에 대처하기 위해서는 구조적 대책만으로는 한계가 있으며 비구조적 대책이 중요하다는 것이 세계적으로 공통된 인식이다.

3. 방재계획의 새로운 접근

재난관리는 재난의 주기에 따라 예방 · 경감, 대비 또는 준비, 대응, 복구의 4단계 과정으로 분류되며 각 단계별로 고유한 활동이 수반된다.

① 예방 · 경감(prevention and mitigation) : 재난이 발생하기 전에 미리 예방하거나 발생 가능성을 줄이는 것으로 도시방재의 모든 단계에서 지속적으로 강구되어야 한다. 재난의 예측 및 위험성 분석, 법 · 제도 및 기준의 제정과 정비, 토지이용 등 각종 행위의 규제, 보험, 중장기 법정계획 및 관련 사업계획의 수립 등이 요구된다.

② 대비(preparedness) : 재난대처계획(EOP)이나 재난훈련과 같이 재난에 대비하여 미리 준비하는 것으로 지역에 위치한 환경, 시설, 서비스를 보호(protection)하는 기능이 강조된다. 예 · 경보 등 정보전달체계 구축, 재난대응비상자원 확보, 재난대응지원체계 구축, 교육 및 훈련, 홍보 등의 활동이 중요하다.

③ 대응(response) : 재난이 발생하는 순간부터 소멸하는 순간까지 재난에 직접적으로 대처하는 것으로 재난현장정보의 공유, 긴급대응 및 수습, 구조 · 구난, 의료활동, 응급지원체계 구축 등의 활동이 요구된다.

④ 복구(recovery) : 재난상황이 종료된 후에 원래의 상태로 회귀하려는 것으로 시설복구, 피해보상, 이재민 지원 및 재해구호, 복구계획수립 및 시행 등의 활동이 이루어지며, 재난대응 전 과정에 대한 종합적 평가를 통한 환류가 중요하다.

기후변화, 사회구조변화 등 재난환경의 불확실성 속에서 재난 유형은 점차 다양해지고 그 영향의 크기도 증대되고 있다. 더불어 새로운 방재시스템에 대한 지속적인 패러다임 변화가 요구되고 있다. 유형별 재난관리에 초점을 두는 우리나라와는 달리 영국, 호주 등에서는 도시나 지역사회의 재난취약성 평가 및 적응, 회복 능력을 강조하고 있다. 이하에서는 최근 방재계획 분야에서 중시되고 있는 일부 논의에 대해 간단히 소개한다.

3.1 위험 인지와 경감

재난관리의 기본은 위험에 대한 정확한 인지이다. 지역의 특성과 지역에 존재하는 위험요소를 사전에 조사해 둠으로써 재난을 유발하는 요인을 관리하고 위험을 최소화할 수 있다. 재난발생과 밀접하게 관련된 자연적 요인은 기후, 지형, 지질, 토양, 식생, 수문 등이며 그 밖에 건축 환경, 주민들의 의식, 지역의 재난발생 이력, 기후변화 및 토지이용 변화와 같은 장기적 관점에서의 잠재적 위험도 고려한다.

조사는 지형, 시가지 구조, 건축 · 구조물의 형태와 분포 등 공간적 특성 뿐 아니라 사회 · 경제적 안정, 방재행정, 양호한 커뮤니티 등 사회적 특성도 포함한다. 정성적 · 정량적 방법을 사용하여 재난발생 확률과 예상 손실 정도를 예측한 후 해당 위험요소에 대해 인구, 지역 및 시설 등 기반구조가 취약한 영역과 정도를 식별하여 관리의 우선순위를 결정한다. 결과는 방재계획에 반영되어야 하며 자연과의 공생, 기본적인 도시시설의 정비, 공간적 여유를 확보하는 것과 인공적 시스템에 과도하게 의존하지 않을 것 등을 유념한다.

재난으로부터의 위험도는 자연적 · 인위적 현상에 의한 위해(hazard)와 재난의 영향을 받는 대상의 노출(exposure), 지역 또는 사회의 물리적 · 사회적 · 경제적 · 환경적 요소의 취약성(vulnerability)에 영향을 받는다. 따라서 인구와 주요 자산을 위해로부터 보호하여 노출을 회피하고 취약성을 줄이는 대책을 통해 위험을 경감할 수 있으며, 이를 위해서는 위험요인에 대한 정확한 파악과 위험성 평가가 중요하다.

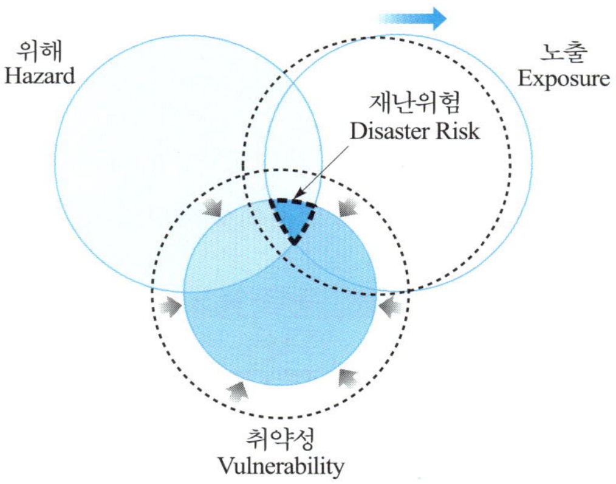

〈그림 4.3〉 재난경감 메커니즘

3.2 위험관리와 토지이용 연계

호주의 재난관리원칙에 대한 총 44개의 긴급상황매뉴얼시리즈(Australian Emergency Manuals Series) 중 매뉴얼7[5]은 보다 안전한 커뮤니티 계획(Planning Safer Communities)으로서 자연재난을 고려한 토지이용계획(Land Use Planning for Natural Hazards)에 해당한다. 이 매뉴얼은 재난의 결과보다는 재난을 유발하는 위험요소관리에 주목하고 있다. 즉, 위해(hazards), 커뮤니티(communities), 환경(environment) 세 요소의 상호작용에 의해 재난이 발생한다는 관점에서 위험경감과 토지이용계획의 연계를 시도하고 있다(Emergency

5) Emergency Management Australia, Planning Safer Communities – Land Use Planning for Natural Hazards, 2002

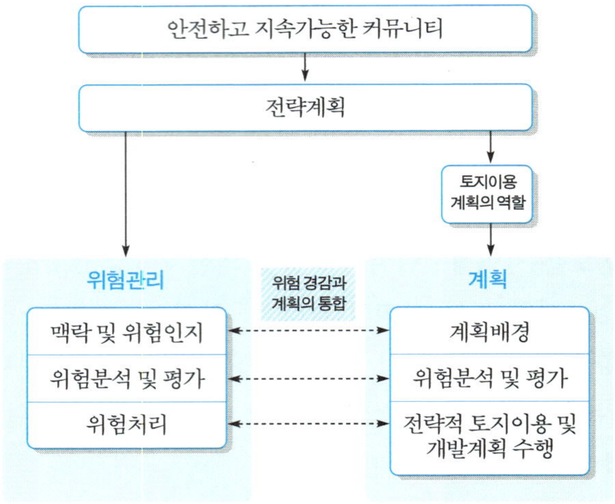

〈그림 4.4〉 위험관리와 토지이용계획 절차의 연계

자료출처 : Emergency Management Australia, 2002: 11

Management Australia, 2002).

재난위험지역에서의 개발 억제, 개발로 인한 재난 취약성 최소화, 계획지역 내에서의 위험경감전략 및 자원이용 통합 등 위험경감전략을 토지이용계획과 통합하는 접근은 최근 도시방재의 주요한 패러다임이 되고 있다.

3.3 지역과 사회기능의 회복

재난의 발생을 원천적으로 예방하는 것은 현실적으로 불가능하지만 도시의 물리적 환경과 개인 · 지역사회가 방재력(resilience)을 갖추게 되면 재난으로 인한 손실을 줄일 수 있다. 리질리언스(resilience)는 'to jump back' 의 뜻을 가진 라틴어 'resiliere' 를 어원으로 하며 종종 'bouncing back' 과 동의어로 사용된다. 이는 이전 상태로 되돌아가는 능력을 의미한다. 그러나 이러한 용어 정의는 현실적인 재난 경험과 그 자체의 충분한 의미를 담지 못한다. 사람들이 이전 상태로 돌아가기를 원한다고 할지라도 재난으로부터 발산되는 사회생활의 물리적 · 사회적 · 심리적 현실에 대한 변화는 이를 유지할 수 없게 할 수 있다. 그것은 재난 후 현실이 지역사회 구성원들에게 새로운 현실을 가져다 줄 수 있고, 그것이 재난 자체로부터의 변화이든 사회적 대응의 결과이든 사람들이 적응해야 하는 변화된 현실이다. 'bouncing back' 의 개념은 이러한 현실을 담지 못할 뿐 만 아니라 재난으로부터 형성된 변화로 인한 새로운 가능성을 포함하지 못한다[6]. 리질리언스는 복원력으로도 번역되고 있으며, UNISDR(The United

Nations Office for Disaster Risk Reduction)에서는 재난위험 경감을 위해 '복원력이 강한 도시(Resilient City)' 글로벌 캠페인을 추진하고 있다. 그러나 정상 상태로의 복원 보다 더 포괄적이면서 재난관리와 관련하여 근접한 의미를 부여한다면 '방재력' 이라는 표현이 적절할 수도 있다.

재난분야에서 방재력은 물리적 · 생태적 · 사회적 분야 및 도시, 지역사회(community), 개인 등 다양한 수준에서 정의되고 있고 대부분의 정의들은 혼란, 스트레스, 역경에 직면했을 때의 성공적인 적응 능력을 강조하고 있다[7]. 도시 수준에서 보면 Campanella[8]는 '도시 방재력(urban resilience)' 을 도시가 파괴로부터 되돌아가는 능력이라고 정의하였고, Godschalk[9]은 재난에 강한 도시(resilient city)를 물리적 시스템과 인적 커뮤니티의 지속가능한 네트워크라고 정의하였다.

방재력이 확보된 시스템은 피해발생 확률을 감소시켜 사망, 손상, 경제 · 사회적 피해와 복구에 소요되는 시간을 감소시키는 시스템으로 볼 수 있다. 이러한 관점에서 시스템의 방재력은 재난 이후의 기반시설체계 가동 능력과 재난 이전의 수준으로 복구하는데 걸리는 시간으로 계량화가 가능하다. 〈그림 4.5〉는 기반시설체계가 재난으로 인해 손상을 입은 후의 가동능력을 예시한 것으로 삼각형은 손상과 혼란으로 인한 가동 능력의 손실과 시간에 따른 회복 및 복구의 관계를 보여준다. 시스템의 방재력 강화를 위한 방안은 세로축의 가동률을 향상시키고, 가로축의 회복에 소요되는 시간을 감소시켜 삼각형의 크기를 줄이는 것을 목표로 한다.

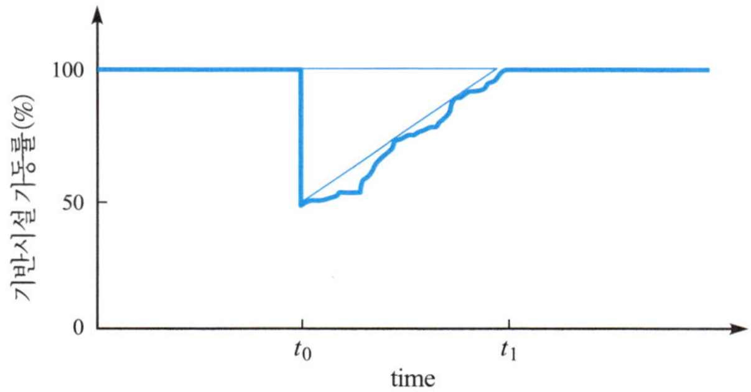

〈그림 4.5〉 방재력 삼각형

자료출처 : Tierney & Bruneau, 2007

6) D. Paton and D. Johnston, "Disaster Resilience: An Integrated Approach", 2006

7) F. Norris, S. Stevens, B. Pfefferbaum, K. Wyche, R. Pfefferbaum, "Community Resilience as a Metaphor, Theory, Set of Capacities, and Strategy for Disaster Readiness", 2008

8) T. Campanella, "Urban Resilience and the Recovery of New Orleans", 2006

9) D. Godschalk, "Urban Hazard Mitigation: Creating Resilient Cities", 2003

기반시설의 방재력에 영향을 주는 요소들을 이해하기 위한 개념적인 분석틀로서 McDaniels 등[10]은 시스템 기능이 유지되는 범위를 뜻하는 내구성(robustness)과 시스템 운영 및 생산성이 모두 회복되는 데에 필요한 시간인 신속성(rapidity)의 두 차원에서 다음과 같은 그림을 제시하였다. 〈그림 4.6〉은 재난 전 위험저감활동과 재난 후 대응활동에 대한 의사결정에 따라 내구성과 신속성이 향상될 수 있음을 나타내고 있다.

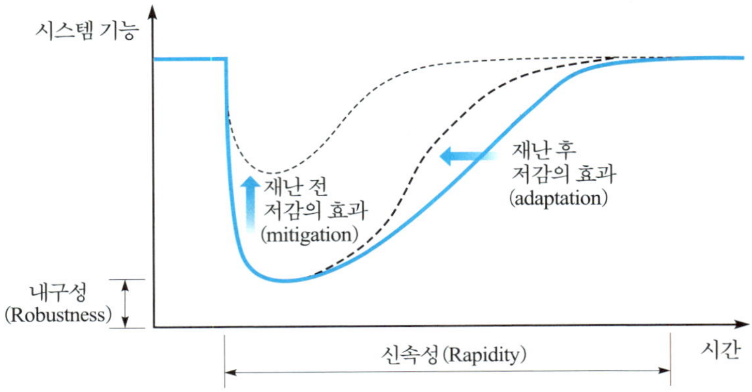

〈그림 4.6〉 의사결정이 방재력에 미치는 영향

자료출처 : McDaniels et al., 2008

3.4 과학적 재난원인 조사

현대사회에서 우리가 경험하고 있는 재난은 과거의 재난 발생 양상과는 매우 다르다. 특정 유형의 재난이 개별적으로 나타나기보다는 복합적이고 대규모적인 양상으로 발전하고 있는데, 재난 환경이 불확실해지면서 피해 양상도 다양해지고 있다. 이와 같은 변화에 적응하기 위해서는 재난의 특성을 이해하고 재난이 확대되어 가는 과정과 구조(mechanism)를 정확히 인지하는 과정, 재난이 발생한 근본적인 원인과 요인간의 인과 관계를 분석하는 작업이 필요하며 이를 통해 재난의 잠재적 위험과 진행, 피해의 확산을 예측할 수 있다.

또한 과학적이고 체계적인 조사를 통해 재난발생 원인을 객관적·종합적으로 규명함으로써 책임자 처벌 위주가 아닌 근원적인 문제 해결에 도달할 수 있다. 최근의 재난관리는 공학과 사회공학을 넘어 법과학, 인지공학, 심리학 등 다양한 학문 분야에서 융합적으로 발전하고 있으며, 과학적인 재난원인조사도 그 중 한 예라고 할 수 있다. 재난 사건별로 발생에서 복구단계

10) T. McDaniels, S. Chang, D. Cole, J. Mikawoz, H. Longstaff, "Fostering resilience to extreme events within infrastructure systems: Characterizing decision contexts for mitigation and adaptation," , 2008

까지 전 과정에 대한 다학제적 분석을 통해 재난이 발생한 근본적인 원인을 찾고, 이에 대한 개선대책을 수립함은 물론 재난프로파일 자료를 지속적으로 관리함으로써 유사재난의 반복적 발생을 미연에 방지할 수 있을 것이다.

02 PART

제2편
자연재해

제5장 | 홍수방재

1절 홍수재해의 특성

1. 홍수의 정의 및 종류

1.1 홍수의 정의

홍수(flood)는 '큰 물 또는 강물이 넘쳐흐르는 자연현상'으로 일반적으로는 과도한 강우 등에 의해 하천이 제방으로부터 월류하여 주변 지역에 피해를 입히는 자연재해를 말한다. 지난 10년간(2009~2018년) 우리나라에서 발생한 홍수 피해액(호우, 태풍)은 같은 기간 전체 자연재해 피해액 3조 6,280억 중 약 88%에 해당하는 3조 2,036억 원으로 매우 위협적인 자연재해이다.

홍수는 대체로 단기간의 집중호우나 장기간 지속되는 강수에 의해 유출량이 증가하여 하천의 통수능을 넘어설 때 제방을 월류하여 발생하게 된다. 하늘로부터 물이 비나 눈의 형태로 내려오고, 물의 일부는 토양이나 식물에 의해서 흡수되고, 일부는 증발하게 되며, 나머지는 하천에 도달하게 된다. 최근에 과도한 토지개발 등에 의한 도시개발의 영향으로 불투수면적이 급격하게 증가하여 토양이나 식물에 흡수되는 물의 양과 증발되는 물의 양이 급격히 저감하여 하천에 도달하는 물의 양이 늘어나서 홍수가 빈번히 발생한다. 또한, 용수이용의 편의성 및 조경 등의 이유로 하천변 저지대의 개발이 급속도로 진행되고 있어, 홍수발생시 피해가 가중되는 요인이 되고 있다.

비에 의한 홍수뿐만 아니라 다양한 자연현상에 의해서도 홍수는 발생할 수 있다. 적설량이 많은 고위도 지역에서는 봄에 기온이 급격히 상승하거나, 봄비 등에 의해 겨울에 쌓였던 눈이 빠르게 녹으면서 홍수가 발생하기도 한다. 또한, 화산과 관련된 홍수는 용암이 분출될 때 열에 의해 눈과 얼음이 녹아 발생하는데, 화산분출에 의해 발생하는 홍수는 많은 양의 암석부스러기와 유사 및 이류 때문에 더욱 큰 피해를 유발하기도 한다.

1.2 홍수의 종류

홍수는 발생 원인에 따라 크게 하천홍수(River Flooding), 돌발홍수(Flash Flooding), 해안홍수(Coastal Flooding), 도시홍수(Urban Flooding)로 구분되어진다.

하천홍수는 강으로부터 월류하는 물에 의해 발생하는 홍수이며, 우리나라의 경우 일반적으로 장마철인 6월 말부터 7월 말 사이에 빈번하게 발생한다. 하천홍수는 얼음이나 부유물들이 유출통로를 막아 하천의 통수능력을 저하시킬 때 발생하기도 한다.

돌발홍수는 일반적으로 폭우에 의해 발생한다. 돌발홍수는 보통 산악지역에서 자주 발생하는 형태이지만 경사가 급한 하천지역에서도 발생하기도 한다. 모든 홍수가 기상조건, 지형, 토양조건, 지표면 상태에 영향을 받지만, 돌발홍수의 경우 기후 및 지형적 여건에 더욱 민감하게 반응하는 편이다. 돌발홍수는 하천홍수와 마찬가지로 강한 폭우뿐만 아니라 봄철의 눈 녹음 등에 의해서 발생할 수 있으며, 침투률이 낮은 토양 또는 포화된 토양, 불투수성 지표면, 빠른 홍수파를 야기하는 급한 경사 등은 돌발홍수를 발생시킬 수 있는 주요 요인이 된다. 돌발홍수는 주로 경사가 급한 계곡에서, 높은 지대에 모인 빗물이 순식간에 저지대로 흘러가면서 발생하기 때문에 흐르는 물의 속도가 매우 빨라, 흙, 나무, 바위 등이 같이 휩쓸려 내려가고 경계를 내릴 시간적 여유가 별로 없기 때문에 위험성이 매우 높다.

해안홍수는 태풍, 집중호우뿐만 아니라 쓰나미처럼 지진과 화산폭발 등에 의한 해일에 의해 바닷물이 육지로 올라와서 발생하는 홍수를 말한다. 우리나라에서 발생하는 해안홍수는 여름철 태풍에 의해 주로 발생한다. 태풍과 같은 낮은 대기압력은 국부적으로 해안의 저지대 높이보다 바닷물의 높이를 높여 해일을 발생시킨다. 해일 등에 의한 바닷물 상승은 강 하구에 영향을 미쳐 하천의 수위를 상승시키게 되어 하구역 주변의 하천범람을 유발하거나 도시의 내수배제를 원활하게 하지 못해 내수침수 피해지역을 확장시킬 수 있다. 특히, 집중호우와 만조시기가 일치할 경우에는 해안도시의 침수피해는 매우 심각할 수 있다.

도시홍수는 도시화의 진전에 따른 강우 유출 특성의 변화와 도시 지역의 장소 특성이 결합되어 발생하는 홍수이다. 도시를 포함한 인근 지역의 토지이용 변화 때문에 유역의 보수·유수기능이 저하되고 유출량의 증대, 유출시간의 단축이 도시홍수의 발생을 초래한다. 도시내 거미줄처럼 형성된 도로는 강우 발생 시 물길이 되어 물을 빠른 속도로 하천 및 저지대로 유출시키는 역할을 하며, 높아진 하천수위는 원활한 배수를 지연시키게 되어 하천범람 위험을 가중시킨다. 저지대의 도시지역에서 자연배수와 펌프 배수가 불충분한 경우에 발생하는 내수범람(양수를 배제 못해 생기는 범람)은 도시홍수의 전형적인 예이다. 또한, 도시홍수 발생 시에는 도시내 설치된 많은 지하시설물의 피해는 증가하며, 도로, 철도 등의 라인형 교통인프라와 가스, 전기, 수도 등의 확산라이프라인에서 발생하는 피해는 막대한 2차 피해로 연결될 수 있다.

(a) 하천홍수

(b) 돌발홍수

(c) 해안홍수

(d) 도시홍수

〈그림 5.1〉 홍수의 종류

자료출처 : - 하천홍수 : http://www.weather.gov/dmx/preparefloodintro
- 돌발홍수 : http://www.nssl.noaa.gov/education/svrwx101/floods/
- 해안홍수 : http://www.nwclimate.org/news/floods-because-of-global-warming/
- 도시홍수 : http://www.dailymail.co.uk/news/article-2177773/Floods-kill.html

1.3 강수의 유형

비 등 강수에 의해서 물이 유출되고, 지형적 특성에 따라 홍수재해가 발생하게 되며, 홍수가 발생하는 지역의 사회 · 경제적 특성에 따라 홍수재해 피해특성이 달라지게 된다. 이러한 홍수를 유발시키는 가장 우선적인 조건은 강수라는 자연현상으로, 강수에는 다양한 유형이 있다.

강수의 유형을 알려면 기단(Air Mass) 및 전선(Front) 등에 대해서 먼저 아는 것이 필요하다. 기단은 수평방향으로 기온, 습도 등의 대기 상태가 거의 같은 성질을 가진 공기덩어리를 말하며, 전선은 온도, 습도, 밀도 등 물리적 성질이 서로 다른 기단이 만나는 경계면이 지면과 만나는 선을 말한다. 찬 공기가 더운 공기를 대체하면 한랭전선(Cold Front)이 형성되고, 따뜻한 공기가 찬 공기를 밀고 오면 온난전선(Warm Front)이 형성된다. 두 경우 모두 따뜻한 공기가 상승하며 냉각되어 강수가 발생하게 된다. 강수의 유형은 공기기단의 상승과 관련하여 다음과 같이 분류할 수 있다.

1.3.1 대류강수(Convective Precipitation)

대류강수는 한낮에 집중적으로 내리쬐는 태양에너지에 의해 뜨거워진 땅 위의 고온 다습한 공기가 상승하면서 응결하여 내리는 강수를 말한다. 대기 하부층의 공기는 주로 지표면의 복사열로 가열되는데, 가열 속도는 지점마다 다르게 나타난다. 주위의 공기보다 빨리 가열되어 불안정해진 공기는 상승하기 시작하고, 이슬점 온도 이하로 냉각되어 응결이 시작되며, 그 결과 적운이 발생하게 된다. 우리나라의 여름철 소나기와 적도 부근의 열대 밀림에서 내리는 스콜이 대표적인 대류강수이다.

1.3.2 지형강수(Orographic Precipitation)

지형강수는 지형에 의해 기류가 상승하여 내리는 비를 말한다. 습윤공기가 해상으로부터 육지로 불어올 때 산이 있으면 그 경사면을 따라 상승하여 단열팽창으로 냉각되어 강수 현상이 일어난다. 지형 강수가 내리는 범위는 풍상 측 산으로부터 조금 떨어진 곳에서 시작되어 산의 경사면에 많고, 산을 넘어선 풍하 측의 산꼭대기에 가까운 경사면까지도 내린다. 육지나 산의 경사면이 불어오는 기류보다 고온인 경우나 산의 높이가 낮은 경우에는 강수가 일어나기 어렵다. 지형강수는 집중호우와 뇌우를 동반할 때가 많으며, 특히 바다에서 불어오는 고온 다습한 바람이 해안지방의 높은 산지로 불어 올라가는 경우에 자주 발생한다.

1.3.3 전선강수(Frontal Precipitation)

우리나라가 속해 있는 중위도 지역에서는 고위도에서 내려오는 차가운 공기덩어리와 저위도에서 올라온 따뜻한 공기덩어리가 빈번히 만나게 된다. 이때 두 공기덩어리의 경계에는 전선이 발달하면서 비가 많이 내리게 되는데, 이를 전선강수라고 한다. 한랭전선에서는 찬 공기가 더운 공기 밑으로 파고 들기 때문에 더운 공기가 강제로 상승하며 소나기성 비가 짧은 시간 동안에 발생하고, 온난전선에서는 더운 공기가 찬 공기 위로 타고 올라가기 때문에 넓은 구역에 오랫동안 비가 온다.

특히, 우리나라 홍수에 많은 영향을 미치는 장마전선(Changma Front)은 북태평양 고기압과 오호츠크해 고기압 또는 북태평양 고기압과 대륙 고기압 사이에 형성된 정체전선으로 많은 비를 수반하고 있다. 장마전선은 북태평양 고기압의 확장 세력이 약한 6월 중순경에는 일본 남쪽 해상에 머물러 있으나, 북태평양 고기압의 세력이 강화됨에 따라 점차 북상하여 7월 중순이 되면 오호츠크해 고기압(또는 대륙 고기압)의 세력이 약해져 우리나라 중부 지방까지 북상한다. 이처럼 장마전선은 양쪽 고기압의 세력에 따라 남북으로 움직인다.

1.3.4 저기압성 강수(Cyclonic Precipitation)

열대 및 온대 이동성 저기압의 중심부에서 상승기류가 발생하면서 내리는 비를 말한다. 남북위 5~20° 사이의 열대기후에 속하는 따뜻한 바다 위에서는 고온 다습한 공기가 상승하는 열대저기압이 빈번히 발생한다. 열대저기압은 따뜻한 바다 위를 빠른 속도로 이동하는 과정에서 점점 커지면서 강한 바람과 많은 수증기를 머금고 있어 저기압성 강수가 발생한다. 저기압성 강수는 단기간에 상당히 많은 강수량을 포함하기 때문에 집중호우를 유발한다. 열대저기압은 육지를 지나거나 차가운 바다 위를 지나면서 약화되어 사라진다.

〈그림 5.2〉 강수의 유형

자료출처 : 네이버 지식백과

2. 태풍의 특성

2.1 태풍의 정의 및 발생

태풍(Typhoon)이란 중 · 저위도 지방의 따뜻한 공기가 바다로부터 다량의 수증기를 공급받으면서 강한 바람과 많은 비를 동반하며 고위도로 이동하는 기상 현상을 말한다. 태양열은 지구의 날씨를 변화시키는 주된 원인이다. 지구는 자전과 공전을 하기 때문에 지역마다 태양으로부터 받는 태양열에는 차이가 발생하게 된다. 이러한 지역 간 태양열량에 대한 불균형의 영향으로 태풍, 바람, 비 등과 같은 날씨의 변화가 생기게 된다.

태풍은 적도 부근의 태평양 및 대서양, 또는 인도양의 따뜻한 습기를 가진 대기에서 형성된 열대성 저기압으로부터 시작된다. 여름에 온도가 높아져 바다표면에서 빠르게 증발현상이 시작되고, 물이 증발함에 따라 대규모의 가열된 습한 공기는 대기 높게 올라가서 회전하기 시작한다. 이때 바람은 대규모의 회오리바람과도 같이 북반구에서는 반시계방향으로 원운동을 하게 된다. 태풍이 형성되기 위해서는 공기의 회전운동이 발생해야 하므로 적도 부근(북위 5°~남위 5°)에서는 태풍이 잘 발생하지 않는다.

태풍은 〈그림 5.3〉의 태풍 모식도에서 보는 것처럼 중심 주위에 나선모양의 구름띠가 줄지어 있고, 태풍의 눈인 중심부는 맑게 개어 있다. 공기의 큰 소용돌이에 의해 만들어진 태풍은 높이가 십여 km, 반경은 수백 km에 달하게 된다. 구름이 없는 태풍의 눈 주위에는 구름벽으로 둘러싸여 있으며, 그 바깥쪽에는 여러 개의 나선 모양의 구름띠가 있다. 구름의 높이는 12~20km 정도이며, 태풍의 중심에 가까울수록 키가 큰 구름들이 존재한다. 바람은 태풍의 하층에서는 반시계 방향으로 중심을 향하여 불어 들어와 구름 꼭대기 부근에서 바깥쪽을 향해 시계방향으로 불어 나간다. 일반적으로 바람은 태풍 중심으로부터 반경 40~100km 부근에서 가장 강하게 분다. 하지만, 태풍의 눈에서는 바람이 약하고 맑은 하늘을 볼 수 있다.

태풍 눈 부근의 구름벽이나, 나선 모양의 구름띠에서는 강한 소나기성 비가 내리고, 그 사이에서는 층운형 구름에서 약한 비가 지속적으로 내린다. 강우분포는 태풍 진행방향의 오른쪽에서 더 많은 비가 내리며, 구름벽과 나선모양의 구름띠는 시간에 따라 급격하게 변화한다. 구름벽은 똑바로 서 있는 것도 있지만, 높이에 따라 바깥쪽으로 기울어져 깔때기 모양을 한 것도 있다. 구름은 처음에 높은 구름인 권운, 권층운, 다음은 중층운인 고층운, 고적운, 그리고 거대한 적운 순으로 나타난다. 태풍이 통과할 때 내리는 강수량은 태풍의 이동속도, 발달상태, 지형 등에 영향을 받아 달라진다. 거대한 적운으로 이루어진 나선 모양의 구름띠가 강한 비를 뿌리며 통과하고 난 후에는 기압이 급강하기 시작한다.

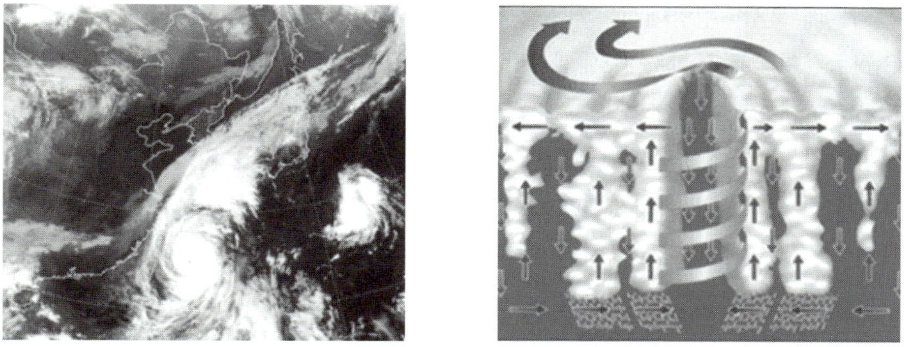

(a) 태풍매미 위성영상　　　　　　　　　　(b) 태풍 모식도

〈그림 5.3〉 **태풍 매미 위성영상 및 모식도**

자료출처 : – 태풍매미 위성영상 : 네이버 지구과학 산책(http://navercast.naver.com/contents.nhn?rid=116&contents_id=37964)
– 태풍 모식도 : 국가태풍센터 홈페이지

태풍은 발생지역 부근에서는 매우 천천히 이동하며 짧은 기간동안 정체되어 머물기도 한다. 일반적으로 초기 이동속도는 24km/h 또는 그 이하이다. 태풍이 발생지역으로부터 멀리 이동할수록 이동속도는 증가한다. 일부 중위도 지역에서는 극단적인 경우 태풍의 이동속도가 80km/h를 초과하는 경우가 발생하기도 한다. 큰 태풍은 응축된 수증기로부터 방출되는 열과 외부의 역학적인 힘에 의해 움직여지며, 일단 따뜻한 대양으로부터 격리되어 육지로 이동함에 따라 물과 열에너지 부족과 육지와의 마찰에 의해 태풍은 소멸하기 시작한다.

그 외에 우리나라에 영향을 미치는 태풍의 일반적인 특징을 종합해보면 아래와 같다.

– 해수면온도가 27°C 이상인 열대 해역에서 일반적으로 태풍이 발생
– 공기의 소용돌이가 있어야 하므로 적도 부근에서는 발생하지 않고 남 · 북위 5° 이상에서 발생
– 태풍의 수명은 발생부터 소멸까지 보통 1주일에서 10일 정도
– 태풍눈은 고요하지만, 태풍눈 부근에는 강한 비바람을 동반
– 태풍 진행방향의 오른쪽 반원이 왼쪽 반원에 비해 풍속이 강함
– 온대저기압은 일반적으로 전선(Front)을 동반하지만, 태풍은 전선을 동반하지 않음
– 일반적으로 발생 초기에는 서북서진하다가 점차 북상하여 편서풍을 타고 북동진으로 이동

2.2 태풍의 분류 및 이름

열대저기압은 전 세계적으로 일년에 약 80개 정도가 발생하고 있으며, 지역에 따라 다른 이

름으로 불리는데 북서태평양에서는 태풍, 북중미에서는 허리케인(Hurricane), 인도양에서는 사이클론(Cyclone)이라고 불리운다. 세계기상기구(WMO)는 열대저기압 중에서 중심 부근의 최대풍속이 33m/s 이상인 것을 태풍(TY), 25~32m/s인 것을 강한 열대폭풍(STS), 17~24m/s인 것을 열대폭풍(TS), 17m/s 미만인 것을 열대저압부(TD)로 분류한다. 우리나라와 일본도 세계기상기구처럼 열대성저기압의 최대풍속에 따라 분류는 하지만, 일반적으로는 최대풍속이 17m/s 이상인 열대저기압 모두를 태풍이라고 부른다.

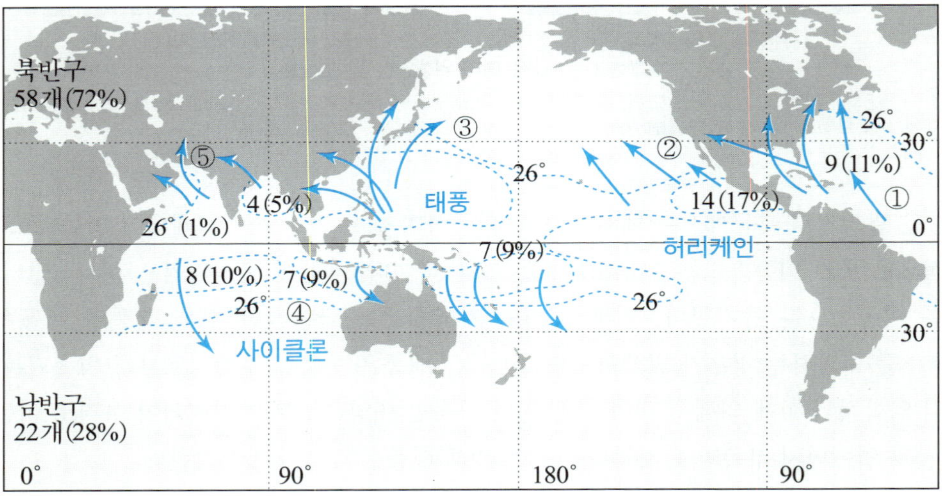

〈그림 5.4〉 열대저기압의 발생장소에 따른 명칭

자료출처 : 국가태풍센터, 2011

〈표 5.1〉 열대성 저기압의 분류

중심부근 최대풍속		17m/s(34Knots) 미 만	17~24m/s (34~47Knots)	25~32m/s (48~63Knots)	33m/s(64Knots) 이 상
구분	세계기상기구	열대성저기압 Tropical Depression (TD)	열대성 폭풍 Tropical Storm (TS)	강한 열대성 폭풍 Severe Tropical Storm (STS)	태 풍 Hurricane Typhoon Cyclone (TY)
	한국 및 일본	열대성저기압	태 풍		

우리나라와 일본의 경우 최대풍속 17m/s 이상의 열대성 저기압을 모두 태풍이라고 부르지만, 최대풍속에 따라 태풍을 약, 중, 강, 매우강으로 강도에 따라 분류하고 있다.

〈표 5.2〉 최대풍속 강도에 따른 태풍분류

강도에 따른 태풍 분류	최대풍속
약	17m/s(34knots) 이상~25m/s(48knots) 미만
중	25m/s(48knots) 이상~33m/s(64knots) 미만
강	33m/s(64knots) 이상~44m/s(85knots) 미만
매우강	44m/s(85knots) 이상

또한, 태풍 중심으로부터 15m/s의 바람이 부는 반경(강풍반경)에 따라 태풍의 크기를 소형, 중형, 대형, 초대형으로 구분하고 있다.

〈표 5.3〉 반경에 따른 태풍분류

크기에 따른 태풍 분류	풍속 15m/s 이상의 반경
소형	300km 미만
중형	300km 이상~500km 미만
대형	500km 이상~800km 미만
초대형	800km 이상

태풍의 피해 규모를 쉽게 예측하기 위한 태풍분류도 있는데, 일반적으로 많이 쓰이는 방식은 샤퍼-심슨(Saffir-Simpson) 방법이다. 샤퍼-심슨방법에 의한 태풍분류는 풍속(mph)에 따라 태풍 위험을 다섯가지 범주로 분류하고 있다. 범주 1은 약한 태풍을, 범주 5는 최악의 태풍을 의미한다.

〈표 5.4〉 샤퍼-심슨(Saffir-Simpson) 태풍규모 및 예

범주	풍속(mph)	피해	영 향	예
1	74~75	미미	건물에는 피해가 없다. 주로 고정되지 않은 이동주택, 관목 및 나무피해. 일부 해안가 도로의 침수와 교각의 작은 피해	Florence(1988) LA, Charley(1988) NC
2	96~110	보통	일부 건물의 지붕, 문, 창문의 피해. 식물, 이동주택, 교각의 상당한 피해, 해안과 저지대의 대피로가 태풍의 중심도달 2-4시간 전에 침수. 보호되지 않은 정박지의 작은 선박은 계선이 부서짐.	Kate(1985), Bob(1991)
3	111~130	심함	작은 거주지와 공공건물에 외벽의 일부손상과 함께 구조적 피해. 이동주택 파괴. 해안근처의 침수로 작은 구조물파괴 및 부유물에 의한 큰 구조물 피해.	Alicia(1983) TX
4	131~155	극심	작은 거주지의 지붕의 완전한 파괴와 함께 외벽의 심한 손상. 해변의 대규모 침식. 해안 근처의 건물의 저층의 피해.	Andrew(1992) FL, Hugo(1989) NC
5	155이상	재난	많은 거주지와 도시건물의 지붕 완전파괴. 작은 공공건물의 날아감과 함께 일부건물의 완전파괴.	Camille(1969) MS, Labor Day Hurricane (1935) Fl Keys

태풍은 일주일 이상 지속되고, 동시에 같은 지역에서 하나 이상의 태풍이 발생할 수 있기 때문에, 태풍 예보 시 혼동을 피하기 위해 각 태풍에 고유이름을 붙이고 있다. 북서태평양에서 발생한 태풍의 이름은 1999년까지 괌에 위치한 미국 태풍합동경보센터에서 정한 이름을 사용했다. 그러나 2000년부터는 태풍위원회에서 아시아-태평양지역 국민들에게 태풍에 대한 관심을 높이고 태풍경계를 강화하기 위해 태풍 이름을 영문식 이름을 사용하지 않고 태풍위원회 회원국에서 각 나라언어로 된 고유한 이름을 제시하고 이를 사용하도록 변경하고 있다. 태풍 이름은 각 국가별로 10개씩 제출한 총 140개의 태풍 이름을 각 조 28개씩 5개조로 구성하고, 1조부터 5조까지 순차적으로 사용한다. 140개를 모두 사용하고 나면 1번부터 다시 사용하기로 정했다. 북서태평양에서는 태풍이 연평균 약 30개쯤 발생하기 때문에 전체의 이름이 다 사용되려면 약 4~5년이 소요될 것이다. 현재, 우리나라에서는 '개미', '나리', '장미', '미리내', '노루', '제비', '너구리', '고니', '메기', '독수리' 등의 태풍 이름을 제출했고, 북한에서도 '기러기' 등 10개의 이름을 제출했으므로 한글 이름의 태풍은 20개에 이른다.

〈표 5.5〉 2019년 개정된 태풍이름(2019.3.20. 현재)

국가명	1조	2조	3조	4조	5조
캄보디아	담레이 DAMREY	콩레이 KONG-REY	나크리 NAKRI	크로반 KROVANH	트라세 TRASES
중국	하이쿠이 HAIKUI	위투 YUTU	펑선 FENGSHEN	두쥐안 DUJUAN	무란 MULAN
북한	기러기 KIROGI	도라지 TORAJI	갈매기 KALMAEGI	수리개 SURIGAE	메아리 MEARI
홍콩	윈욍 YUN-YEUNG	마니 MAN-YI	풍웡 FUNG-WONG	초이완 CHOI-WAN	망온 MA-ON
일본	고이누 KOINU	우사기 USAGI	간무리 KAMMURI	고구마 KOGUMA	도카게 TOKAGE
라오스	볼라벤 BOLAVEN	파북 PABUK	판폰 PHANFONE	참피 CHAMPI	힌남노 HINNAMNOR
마카오	산바 SANBA	우딥 WUTIP	봉퐁 VONGFONG	인파 IN-FA	무이파 MUIFA
말레이시아	즐라왓 JELAWAT	스팟 SEPAT	누리 NURI	츰파카 CEMPAKA	므르복 MERBOK
미크로네시아	에위니아 EWINIAR	문 MUN	실라코 SINLAKU	네파탁 NEPARTAK	난마돌 NANMADOL
필리핀	말릭시 MALIKSI	다나스 DANAS	하구핏 HAGUPIT	루핏 LUPIT	탈라스 TALAS

〈표 5.5〉 2019년 개정된 태풍이름(2019.3.20. 현재) (계속)

국가명	1조	2조	3조	4조	5조
한국	개미 GAEMI	나리 NARI	장미 JANGMI	미리내 MIRINAE	노루 NORU
태 국	쁘라삐룬 PRAPIROON	위파 WIPHA	메칼라 MEKKHALA	니다 NIDA	꿀랍 KULAP
미 국	마리아 MARIA	프란시스코 FRANCISCO	히고스 HIGOS	오마이스 OMAIS	로키 ROKE
베트남	손띤 SON-TINH	레끼마 LEKIMA	바비 BAVI	꼰선 CONSON	선까 SONCA
캄보디아	암필 AMPIL	크로사 KROSA	마이삭 MAYSAK	찬투 CHANTHU	네삿 NESAT
중 국	우쿵 WUKONG	바이루 BAILU	하이선 HAISHEN	뎬무 DIANMU	하이탕 HAITANG
북 한	종다리 JONGDARI	버들 PODUL	노을 NOUL	민들레 MINDULLE	날개 NALGAE
홍 콩	산산 SHANSHAN	링링 LINGLING	돌핀 DOLPHIN	라이언록 LIONROCK	바냔 BANYAN
일 본	야기 YAGI	가지키 KAJIKI	구지라 KUJIRA	곤파스 KOMPASU	야마네코 YAMANEKO
라오스	리피 LEEPI	파사이 FAXAI	찬홈 CHAN-HOM	남테운 NAMTHEUN	파카르 PAKHAR
마카오	버빙카 BEBINCA	페이파 PEIPAH	린파 LINFA	말로 MALOU	상우 SANVU
말레이시아	룸비아 RUMBIA	타파 TAPAH	낭카 NANGKA	냐토 NYATOH	마와르 MAWAR
미크로네시아	솔릭 SOULIK	미탁 MITAG	사우델 SAUDEL	라이 RAI	구촐 GUCHOL
필리핀	시마론 CIMARON	하기비스 HAGIBIS	몰라베 MOLAVE	말라카스 MALAKAS	탈림 TALIM
한 국	제비 JEBI	너구리 NEOGURI	고니 GONI	메기 MEGI	독수리 DOKSURI
태 국	망쿳 MANGKHUT	부알로이 BUALOI	앗사니 ATSANI	차바 CHABA	카눈 KHANUN
미 국	바리자트 BARIJAT	마트모 MATMO	아타우 ETAU	에어리 AERE	란 LAN
베트남	짜미 TRAMI	할롱 HALONG	밤꼬 VAMCO	송다 SONGDA	사올라 SAOLA

2.3 태풍관련 재해

2.3.1 홍수

태풍의 가장 큰 위험요소 중에 하나는 강한 폭우에 의한 홍수위험이라고 할 수 있다. 태풍이 내륙으로 이동함에 따라 급격히 세력이 감소함에도 불구하고 태풍은 지나가는 경로에 150~300mm 이상의 폭우를 뿌리고 폭우에 의한 홍수로 막대한 재산 및 인명손실 피해가 발생한다. 우리나라에서 발생한 많은 홍수피해는 태풍에 의한 집중호우에 의해서 발생했다. 태풍 통과 시 일최대강수량을 기록한 태풍은 2002년 발생한 루사(RUSA)이며, 2002년 8월 31일 강릉지역에서는 태풍 루사에 의해 870.5mm의 일강수량이 발생했다.

2.3.2 폭풍해일

홍수가 내륙지역에서 태풍에 의해 발생하는 가장 위험한 재해 중에 하나라면, 해안지역에서는 태풍에 의한 해일피해가 가장 위험한 재해 중에 하나라고 이야기 할 수 있다. 해일은 크게 태풍 및 폭풍에 의해서 발생하는 폭풍해일(Storm Surge)과 지진이나 화산폭발로 일어나는 지진해일(쓰나미)로 구분된다. 폭풍해일은 조석현상과 밀접한 관계를 가지며, 태풍이나 폭풍과 같은 강한 저기압 영향으로 해수면이 비정상적으로 높아지는 현상을 의미한다. 해일의 높이는 관측 해수면과 예측 해수면의 차로 정의된다.

폭풍해일은 태풍의 눈이 상륙하는 지역 근처의 해안선을 따라 발생하며, 폭이 80km 정도가 될 때도 있는 거대한 물기둥이 발생하여 태풍경로에 막대한 피해를 유발시킨다. 태풍의 세기가 크고, 해안의 수심이 낮을수록 폭풍해일은 더욱 높게 발생하게 되어, 해변에 인접한 지역을 따라 발생하는 폭풍해일은 인명과 재산피해의 가장 큰 위협으로 나타나고 있다. 만일 폭풍해일이 만조(High tide)와 같은 시간에 도달하게 되면, 폭풍해일의 높이는 더욱 높아져서 위험은 더욱 가중되게 된다.

폭풍해일 피해는 인명피해, 항만시설과 제방파괴, 선박피해, 해안근처의 농경지 침수 및 양식장 피해 등으로 나타난다. 우리나라의 폭풍해일 피해는 남해안이 가장 크게 발생하고, 그 다음은 동해안에서 피해가 크게 나타나며, 태풍이 접근 및 통과시에 폭풍해일 피해가 가장 크게 나타난다.

2.3.3 강풍

태풍에 의한 또 다른 피해는 바람에 의한 강풍피해이다. 태풍의 바람은 시간당 120km (33.3m/s) 이상의 속도로 불게 되어 매우 위험하다. 바람은 구조물을 파괴시킬 정도로 매우 강하며, 일부 태풍은 가공할 위력을 가진 회오리바람(Tornadoes)을 유발시키기도 한다. 신호등과 같은 간판조각, 지붕재료, 판자 및 외부의 작은 물건들은 태풍으로 인해 미사일같이 날아가 인명 및 재산피해를 유발시킨다. 회오리바람은 태풍의 중심에서 상당히 멀리 떨어진 지점에서 강우대를 포함하는 뇌우에서 자주 발생하지만, 태풍의 눈벽 근처에서도 발생하기도 한다. 태풍에 의해 발생한 우리나라 일 최대순간풍속은 2003년 매미에 의해 제주도에서 60m/s의 강풍으로 기록되어 있다.

2.4 우리나라에 영향을 미치는 태풍특성

우리나라를 내습하는 태풍의 경로는 주로 북태평양의 서부인 필리핀 동쪽의 넓은 해상에서 발생하여 서서히 세력을 증가하면서 이동하다가 동지나해 부근에 이르면 진로를 바꾸어 북동쪽으로 대략 포물선을 그리면서 이동하는 것이 일반적이다.

지난 115년(1904~2018년) 동안 우리나라를 내습한 태풍의 수는 총 354개(연평균 3.1개)이며, 태풍이 도달한 날은 대체로 6월부터 9월 사이이다. 강수량이 높은 여름철(7, 8월)에 우리나라를 내습하는 태풍의 비율은 약 67% 정도로, 우리나라는 장마 및 태풍으로 여름철에는 홍수피해가 더욱 가중되고 있다. 계절에 따른 태풍의 발생위치 변화를 보면, 봄부터 초여름까지는 북위 10°~20°N 부근에서 많이 발생하고, 7~8월에는 북위 20°~30°N 부근으로 발생위치가 북상하게 되며, 10~12월에는 다시 반대로 저위도로 태풍 발생위치가 남하하게 된다.

〈표 5.6〉 우리나라에 영향을 준 태풍수(1904~2018)

월	1	2	3	4	5	6	7	8	9	10	11	12	합계	평균
횟수	–	–	–	–	3	32	115	128	70	6	–	–	354	3.1

〈그림 5.5〉은 2018년도에 태평양 부근에서 발생한 태풍의 진로도이다. 2018년도에는 태평양에서 29개의 태풍이 발생했으며, 이중에 5개의 태풍이 우리나라를 내습했다. 하지만 태풍의 발생지점과 이동경로가 항상 정해진 것이 아니라 계절에 따라 변하며 때로는 전혀 예상치 않은 경로로 이동하는 경우가 많이 있다.

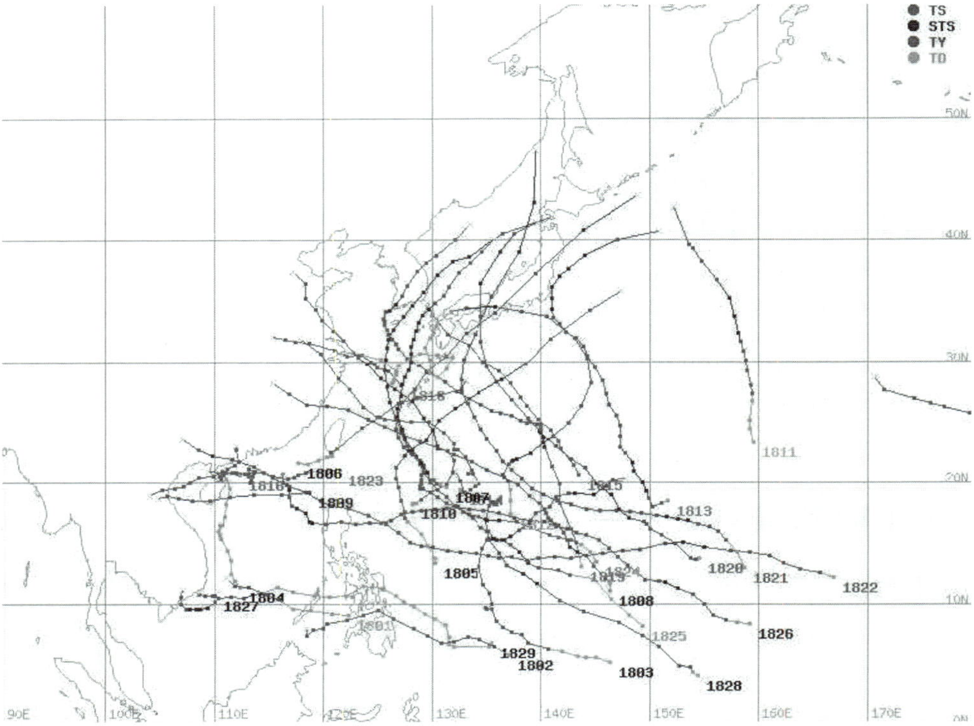

〈그림 5.5〉 2018년도 태풍 진로도

자료출처 : 국가태풍센터 홈페이지

우리나라를 내습하는 태풍 중 정상경로의 태풍은 발생기에는 북태평양고기압의 연변을 따라 서진 또는 북서진하며, 북위 25°N 부근에 도달한 다음 전향하면서 최고 전성기에 달하며, 그 이후에는 포물선을 그리며 북동진하여 쇠약기에 접어들게 된다. 월별 정상경로를 보면 7월에는 서해안을 따라 북상하며 중북부지방을 통과하고, 8월에는 7월보다 남하하여 군산, 청주, 강릉지방을 연결하는 중부지방을 대각선 방향으로 통과하며, 9월에 발생하는 태풍은 주로 남해안 지역을 거쳐 통과하는 경향을 보인다. 이상경로 태풍은 정상경로처럼 포물선 형태로 이동하지 않고, 고리나 갈지자형태로 이동하는 태풍을 말한다. 우리나라를 내습한 태풍의 약 90%는 정상경로를 따라 이동하지만, 10% 정도의 태풍은 이상경로로 이동하는 경향이 있다. 이상경로로 이동하는 태풍의 경우에는 지역별로 태풍에 대한 대책을 세우기 전에 내습하는 경우가 많아 큰 피해를 유발시키기도 한다.

2절 국내 · 외 주요 홍수피해 현황

홍수는 집중호우 및 태풍 등의 기상현상과 더불어 하천 및 유역 특성뿐만 아니라 도시의 사회 · 경제적 특성이 종합하여 발생하는 재해이다. 본 절에서는 우리나라의 홍수재해 특성을 알아보기 위해 주요 하천 및 유역의 특성과 재해에 취약한 국내 현황 등에 대해서 먼저 알아보도록 한다. 또한, 국내 · 외에서 발생한 주요 홍수재해 사례를 검토해 보도록 한다.

1. 우리나라의 하천 및 홍수취약 특성

1.1 우리나라 주요 하천 및 유역특성

1.1.1 한강유역

한강은 한반도의 중앙지역인 북위 36° 30′ ~38° 55′, 동경 126° 24′ ~129° 02′ 에 위치하고 있으며, 유역면적은 26,018km²(북한지역 포함시 34,473km²)이다. 한강의 유로연장(하천 시작점부터 유역 출구까지의 본류하천의 길이)은 494.44km이며 국가하천 14개소(총 연장 813.70km), 지방하천 690개소(총 연장 6,297.73km) 등 총 704개의 법정하천으로 구성되어 있다. 한강의 발원지는 강원도 태백시 창죽동 대덕산 남쪽의 금대봉 검룡소이며, 발원지에서 남서류하다 정선부근에서 오대천 및 송천이 합류하여 하류로 내려오면서 평창강, 제천천, 달천, 섬강, 청미천, 복하천 및 경안천 등의 큰 지류들과 합류한다. 경기도 남양주시 부근에서 북한강과 합류하여 한강 본류를 형성하면서 서울을 관통하고 경기도 파주시 탄현면에서 임진강과 합류하고 서해에 유입된다.

한강 유역의 지형은 크게 팔당댐 상류 유역과 북한강 유역으로 구분된다. 북한강이 합류하는 팔당댐 직상류에서 한강과 임진강의 합류점까지 약 106.7km 구간은 표고가 200~700m로 대부분 계곡 사이의 평탄한 저지대에 위치하고 있다. 팔달댐 상류 유역의 상류부는 고산지대로 V자형의 협곡으로 되어 있으며, 넓은 준평원 지대로 이루어져 있다. 이 지역의 평균 하폭은 약 600m이며, 하천 구배(상류에서 하류에 이르는 하천 바닥 경사)는 0.8~4.3m/km이며 상류로 올라갈수록 급격히 증가한다. 북한강 유역은 이북에 있는 단발령에서 발원하여 북한지역의 산악을 따라 흐르다가 설악산 남서쪽을 지나 여러 대소 지천들과 합류하여 유역을 이룬다. 북한강 유역은 한강과 합류하기 전까지 춘천시, 가평군 등 일부 평탄한 지역을 제외하면 거의 산악지대로 구성되어 있다.

한강유역의 토지이용 현황(2011년도 WAMIS 자료)을 보면 산림면적이 18,901km²(71.36%)로 가장 넓고, 시가화지역 2,113km²(7.98%), 농경지 3,824km²(14.44%)로 구성되어 있다. 한강유역에 거주하는 인구는 1960년대 중반 700여만 명에서 현재(2014년)는 27,359,771명으로 증가하였고, 수도권 등 인구밀집 지역을 중심으로 시가화 지역이 증가하고, 임야면적이 감소하는 추세를 보이고 있다.

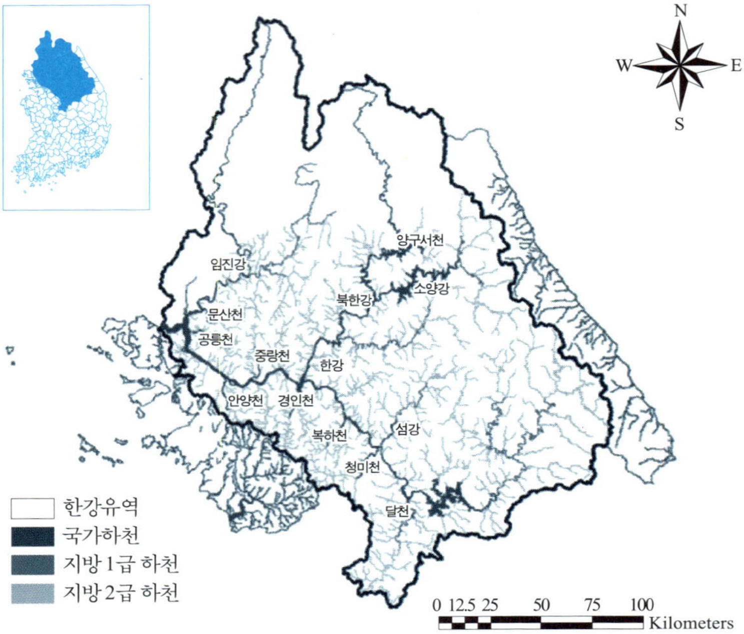

〈그림 5.6〉 한강 유역도

1.1.2 낙동강유역

낙동강 유역은 한강 유역 다음으로 우리나라에서 두 번째로 큰 유역이다. 낙동강 유역은 한반도의 남동부인 동경 127° 29′ ~129° 18′, 북위 35° 03′ ~37° 13′ 사이에 위치하고 있으며, 유역면적은 우리나라 면적의 약 25%인 23,384.21km^2, 유로연장은 510.36km이다. 낙동강 유역은 국가하천 11개소(총연장 835.43km), 지방하천 770개소(총연장 6,469.95km) 등 총 781개의 법정하천으로 구성되어 있다.

낙동강의 본류는 거의 유역 중심부를 관류하고 있지만, 산악지형의 영향으로 최단거리로 흘러내리지 못하고 유향을 4차례나 바꾸면서 우회하여 바다로 흘러나간다. 강원도 태백시 화전동 황지에서 발원하여 남쪽으로 흐르던 유향은 안동댐을 지나 안동에서 반변천을 비롯한 여러 지류와 합류하여 서쪽으로 흐르다가, 문경에서 내성천, 영강 등 지류들을 받아들이고 남쪽으로 방향을 바꾼다. 상주에서 병성천, 위천이, 선산에서는 감천이 유입되며, 대구에서 금호강이 유입되면서 강의 위세는 더욱 커진다. 합천에서 황강, 남지에서 남강을 합류한 후 유향을 동쪽으로 바꾼 뒤 삼랑진에서 밀양강과 합류하고 동남향으로 흐르던 강은 양산천을 합류하면서 유향을 남쪽으로 바꾸어 부산광역시 하단에서 하구둑에 이르러 남해로 유입된다. 낙동강은 하구둑이 건설되기 이전까지는 하구가 넓고 깊어 강변의 항구가 발달하였고, 하구 주변의 간만의 차이가 커서 밀물때는 물길이 하구에서 약 80km 상류에 있는 남강 합류점까지 도달하였다.

낙동강 유역의 토지이용 현황(2011년)을 보면, 산림이 차지하는 면적은 약 16,431km^2 (68.66%), 시가화지역이 1,547km^2(6.46%), 농경지면적 4,274km^2(17.86%)로 구성되어 있다. 낙동강 유역에 거주하는 인구는 1960년대 776만 명에서 현재(2014년) 13,226,429명으로 급격히 증가하였고, 도시화가 빠르게 진행되고 있다.

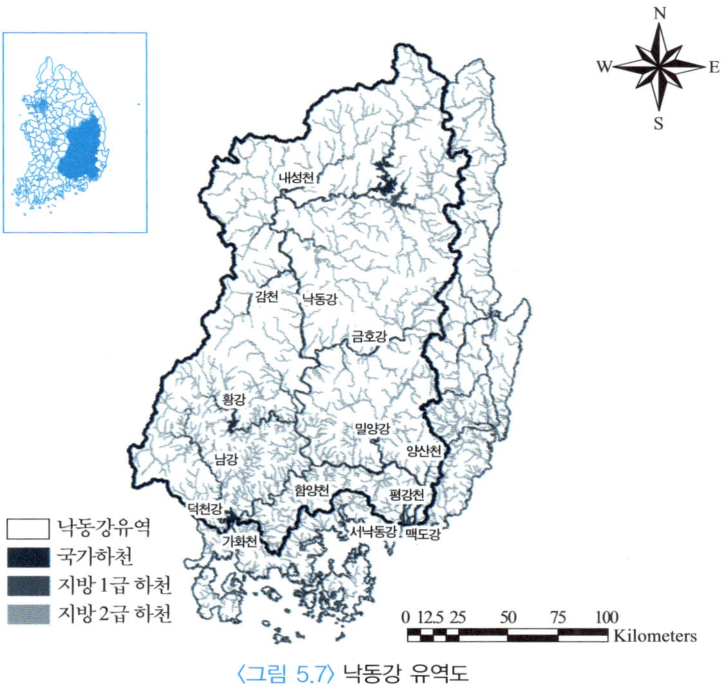

〈그림 5.7〉 낙동강 유역도

1.1.3 금강유역

금강유역의 전체 면적은 9,912.15km^{2}로 우리나라에서 3번째로 큰 유역이며 한반도 중서부(동경 126° 40′ ~128° 03′ , 북위 35° 34′ ~37° 03′)에 위치하고 있다. 금강유역의 북쪽은 차령산맥을 경계로 한강유역과 접해 있으며, 동쪽은 소백산맥을 경계로 낙동강 유역과 접하고 있고, 남쪽은 섬진강 및 만경강 유역과 접하고 있다. 금강유역의 유로연장은 397.79km이며, 국가하천 7개소(481.50km), 지방하천 461개소(3,279.54km) 등 총 468개의 법정하천으로 구성되어 있다.

금강의 발원지는 전라북도 장수군 장수읍 신무산이며, 북쪽으로 흐르다가 장수, 무주, 영동 부근의 산지부를 거쳐 옥천 부근에서 노령산맥으로 들어가며 대청댐 수몰지점에 이르기까지 심한 사행현상(수로가 굽어있는 곳에서 물의 흐름에 의해 바깥쪽은 침식되고 안쪽은 퇴적되어 곡류가 점점 더 심화되는 현상)이 나타나고 있다. 주요 지류인 무주 남대천, 영동천, 초강, 보청천 등이 금강의 우측으로 합류되고, 보청천과 합류한 이후에는 북서로 사행하면서 소옥천, 회인천, 주원천, 품곡천 등과 차례로 합류해 대청댐을 지난다. 대청댐을 지나 남서쪽으로 흘러 역조정지댐을 지나 신탄진 부근에서 갑천과 합류한 뒤 북서쪽으로 흘러 부강을 지나서 미호천과 합류하고 남서쪽으로 방향을 바꾼다. 그 이후 금강의 유향은 남동쪽으로 크게 바뀌어 강경까지 흐르다가 논산천과 합류한 후 다시 남서쪽으로 유향을 바꿔 금강 하구둑을 지나 서해로 흘러 들어 간다. 금강유역의 지형적 여건을 보면 차령산맥과 소백산맥, 노령산맥으로 이어지는 산악지대가 유역의 북부와 북동부의 경계를 형성하고 있으며, 중하류는 저지대로 구성되어 있다.

금강유역의 토지이용 현황(2011년)은 산림면적이 6,162km^2(62.20%)로 가장 높은 비중을 차

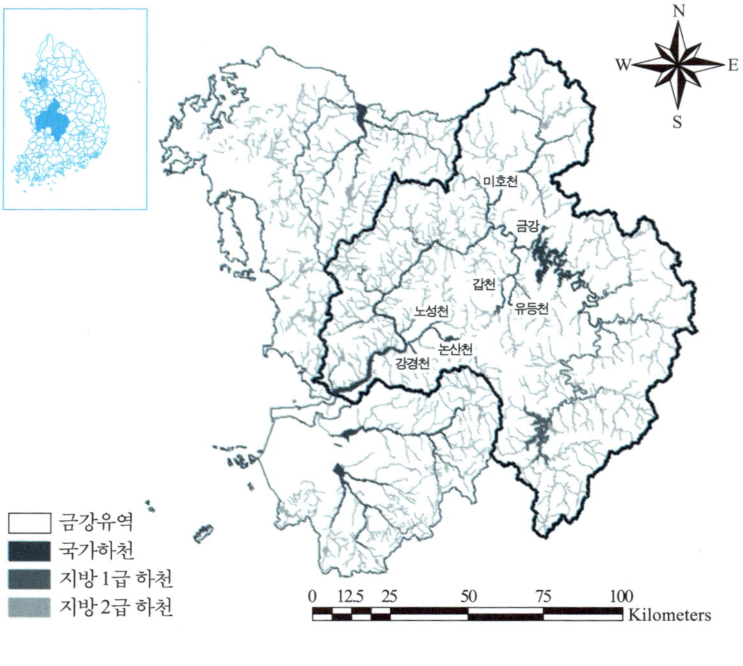

〈그림 5.8〉 금강 유역도

지했고, 농경지면적은 2,178km²(22.01%), 시가화지역은 817km²(8.25%) 등으로 구성되어 있다. 금강유역에 거주하는 인구는 1966년 387만 명에서 2011년 620만 명으로 크게 증가했다.

1.1.4 영산강유역

영산강유역의 면적은 3,467.83km², 유로연장 129.5km이며 한반도 남서부(동경 126° 26′ ~127° 06′, 북위 34° 40′ ~35° 29′)에 위치하고 있다. 영산강은 섬진강보다 길이와 면적이 작지만, 유역이 우리나라 서남부의 핵심 지역을 포함하고 있기 때문에 우리나라의 4대강으로 취급한다. 유역의 경사는 비교적 완만하고 하천에 인접하여 농경지가 발달했다. 영산강 유역은 영산강, 황룡강, 지석천, 고막원천, 함평천 등 국가하천 6개소(225.85km)와 지방하천 164개소(1,078km) 등 총 170개의 법정하천으로 구성되어 있다. 영산강은 담양군 용면 용추봉에서 발원하여 담양, 광주, 나주, 영암 등을 지나 영산강 하구둑을 통해 황해로 흘러간다.

영산강 유역의 토지이용 현황(2011년)을 보면 산림이 1,742km²(49.87%)로 가장 넓지만, 다른 유역에 비해서 농경지의 비율이 29.64%(1,035km²), 시가화 지역의 비율도 10.99%(383km²)로 높게 나타났다. 영산강 유역에 거주하는 인구는 1966년 181만 명에서 2011년 242만 명으로 증가했다.

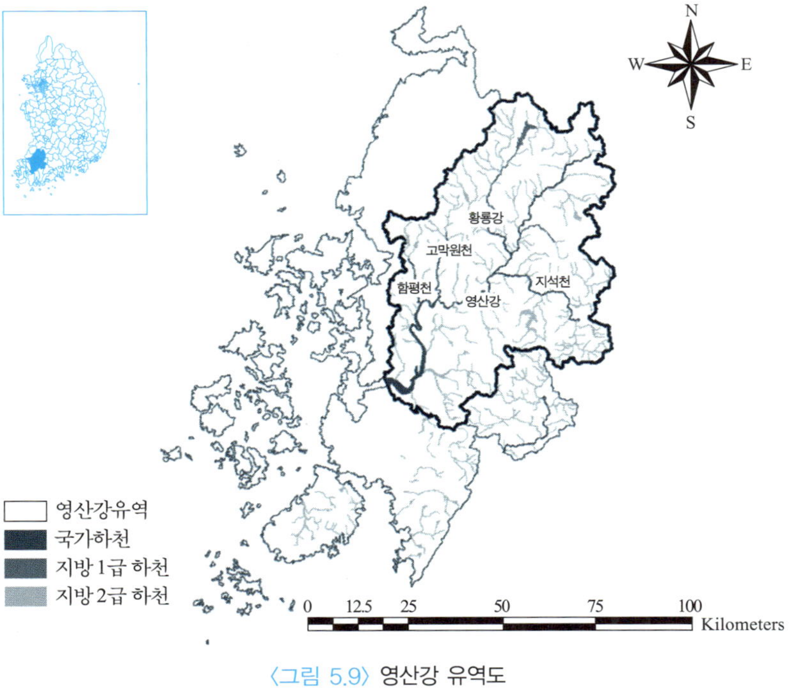

〈그림 5.9〉 영산강 유역도

1.2 우리나라의 홍수재해 취약특성

우리나라의 홍수재해 취약특성을 여름철 집중호우와 태풍내습과 같은 기상적 요인, 산악지대 등의 지형적 요인, 도시화 및 인구집중과 같은 사회 · 경제적 요인으로 구분하여 각각에 대해서 알아보도록 한다.

1.2.1 기상적 요인

우리나라는 3면이 바다로 둘러싸인 몬순기후에 속하는 지리적 여건으로 인해 계절별, 지역별 강수량의 편차가 심한 편이다. 우리나라의 연강수량은 825.6~2,007.3mm의 분포를 보이고 있으며, 강수량이 가장 높은 곳은 경상남도 거제로 2,007.3mm, 가장 적은 곳은 인천광역시의 백령도로 825.6mm이다. 연중 지역별 강수량은 중부지방이 1,200~1,500mm, 남부지방이 1,000~1,800mm이며, 제주도 지방은 1,500~1,900mm 정도를 나타낸다.

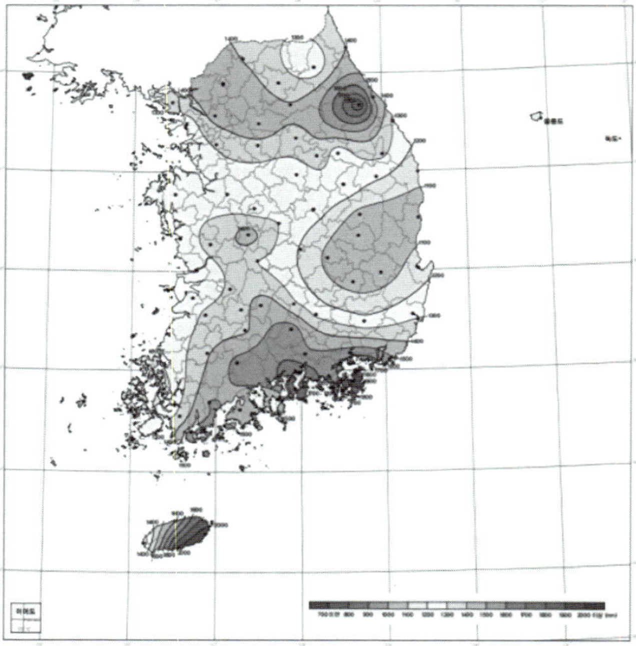

〈그림 5.10〉 지역별 연평균 강수량(1981~2010)

자료출처 : 기상청, 2010 한국기후도

우리나라의 전국 연평균 강수량은 1,307.7mm이고, 계절별 강수량은 여름철이 723.2mm로 연평균 강수량의 약 55%를 차지하고 있으며, 가을철이 259.7mm(20%), 봄철이 236.6mm(18%), 겨울철이 88.2mm(7%)이다. 지역별로 호우 발생빈도가 높은 지역은 제주도 지역, 남해안, 지리산 부근의 산청지방과 강화도를 중심으로 한 경기북부지방, 대관령 부근의 산간지방 등이다. 1시간 이내 강수량의 최대값은 보통 저기압과 전선에 의해 발생되나, 1일 이상의 강수량 최대값은 주로 태풍과 장마전선에 의해 발생되고 있는 것이 우리나라의 호우 특성이다.

연강수량 중 여름철에 강우가 집중될 뿐만 아니라 홍수재해에 밀접한 관련이 있는 집중호우 발생도 기후변화 등의 영향으로 꾸준히 증가하는 추세이다. 최근 10년간(1999~2008년) 우리나라에서 1일 100mm 이상의 호우가 발생한 빈도는 385회로, 지난 70~80년대 222회에 비해 약 1.7배 증가하였다. 집중호우는 짧은 시간에 좁은 지역에서 많은 양의 비가 내리는 현상을 말하며, 집중호우 용어 자체는 학문적으로 유래되었다기보다는 기상청 보도 관계자들에 의해 유래된 것이지만, 현재는 거의 공식적인 기상용어로 많이 사용되고 있다. 집중호우에 대한 명확한 정의는 학문적으로 정해져 있지는 않지만, 일반적으로 시우량 30mm 이상이나 하루에 80mm 이상의 비가 내릴 때, 또는 연강수량의 10%에 상당하는 비가 하루에 내리는 경우를 말한다. 집중호우는 지속 시간이 수십 분에서 수 시간 정도이며, 비교적 좁은 지역(보통 반경 10~20km 정도)에 집중적으로 내리며, 천둥 · 번개를 동반하기도 한다. 하지만, 태풍, 장마전선, 저기압 수렴대 등 주변 기상여건에 따라 집중호우가 2~3일 동안 지속되기도 한다. 집중호우는 주로 강한 상승기류에 의해 형성되는 적란운(뇌운)에 의해 발생한다. 적란운의 크기는 보통 수평 방향으로 수~수십km, 연직 방향으로는 대류권의 꼭대기 부분인 권계면(고도 10~15km)에 달한다. 발달한 적란운은 약 1,000~1,500만 톤의 물을 포함하고 있는 거대한 하늘의 저수지라고 볼 수 있다. 이 구름이 한 곳에 정체하여 계속 비가 내릴 때 집중호우가 발생하게 된다. 적란운의 수명은 대략 1~2시간 정도밖에 되지 않으나, 주변의 기상 조건이 맞으면 생성하고 소멸하는 과정이 수없이 반복되면서 며칠 동안 집중호우가 발생할 때도 있다.

집중호우와 더불어 우리나라 홍수재해에 가장 크게 영향을 미치는 것이 태풍이다. 우리나라를 내습하는 태풍은 연 평균 3.1개이며, 주로 6~9월 중에 우리나라를 내습하고 있다. 우리나라를 내습하는 태풍 중 약 10%가 일반적인 정상경로가 아닌 이상경로로 진행하고 있어, 충분한 대비 부족 등으로 많은 홍수재해가 발생하기도 한다.

1.2.2 지형적 요인

지형적 요인은 기상적 요인과 더불어 홍수재해 발생에 큰 영향을 미친다. 우리나라는 전체 국토면적 중 약 70%가 산지로 구분되어 있으며, 산지를 끼고 있는 대부분의 중소하천은 급류가 심하게 형성되어 있다. 또한, 산지의 대부분은 화강암과 편마암 등으로 구성되어 있기 때문에 피복토가 얇고 수분함유 능력이 적어 대량의 토사나 암석이 밀려와 산사태와 토사유출도 빈번히 발생하는 편이다. 이러한 지형적 특성으로 산지 및 계곡 등에서 돌발홍수가 빈번하게 발생하고 있다. 산지에서 발생하는 돌발홍수의 경우 산사태와 토사유출 등을 유발하고, 유속이 매우 빨라 예 · 경보할 시간이 짧기 때문에 많은 인명 및 재산피해를 유발한다. 또한, 대부분의 하천유역이 작고 경사가 높기 때문에 홍수도달시간이 짧아 홍수위험이 가중되고 있다.

1.2.3 사회 · 경제적 요인

사회 · 경제적 요인은 홍수발생시 홍수피해액과 밀접한 관련이 있다. 우리나라는 산업화와 도시화로 인해 토지이용이 고도화됨에 따라 홍수피해 위험은 증가하고 있는 실정이다. 실제로 다양한 수방재 대책이 이루어지고 있어 침수면적은 과거에 비해 점차 저감하는 경향이지만, 오히려 침수면적당 재산피해액은 증가하고 있는 실정이다.

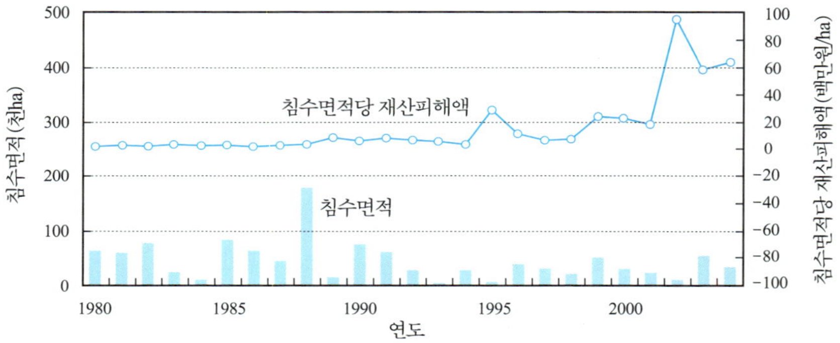

〈그림 5.11〉 침수면적당 재산피해액 추이

자료출처 : 행정안전부, 2008, 재해연보 2007

2014년 기준으로 우리나라의 도시화율 비율은 91.7%로 전 세계 도시화율 평균 54%에 비해 상당히 높다. 도시화율은 분야별로 다양하게 정의되고 있지만, 여기서 도시화율은 전체 인구대비 도시지역 인구비율을 나타내는 용어로 전국 인구대비 용도지역상 도시지역 및 행정구역상 읍급 이상 지역에 거주하는 인구비율을 나타낸다.

홍수측면에서 도시화에 따른 부작용은 인구밀도와 불투수면적 증가가 있다. 우리나라의 대표적인 대도시인 서울의 경우 지난 1962년 298만 명에 불과했던 서울의 인구는 꾸준히 증가하여 2010년에는 1,057만 명에 달했다. 서울의 불투수율의 경우 1962년 7.8%에 불과했지만, 2010년의 경우 47.8%에 달하고 있다. 서울의 경우 우리나라 대부분의 다른 도시와 마찬가지로 도시 외곽은 산림 등 투수면적으로 구성되어 있는 점을 고려하면, 시가지의 불투수율은 거의 85%에 육박한다고 볼 수 있다.

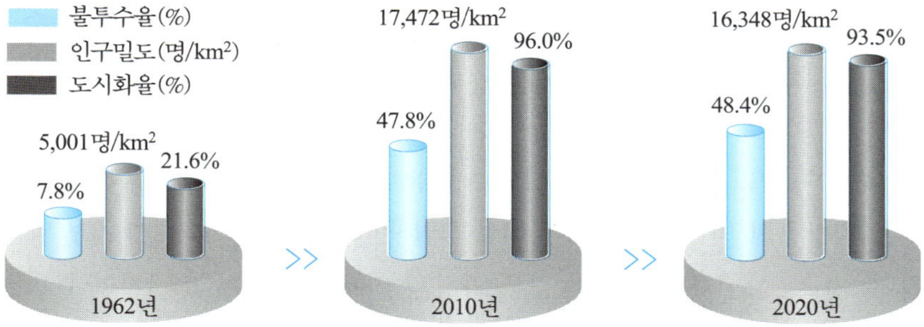

〈그림 5.12〉 서울시 도시화율 변화

자료출처 : 김영란, 2010 워터피디아, Part 01. 도시화가 물순환에 미치는 영향과 서울시 현황

수문학적 측면에서 도시화에 따른 불투수율 증가는 강우 발생 시 침투 및 증발산량을 감소시키고, 유출량을 증가시키며, 홍수도달시간을 짧게 만든다. 지형, 피복, 지면상태 등에 따라 다소 차이가 있겠지만, 자연상태의 피복인 경우 전체 강우의 약 10% 내외만 유출이 된다. 하지만, 서울시처럼 불투수율이 50% 또는 서울 도심처럼 불투수율이 85%인 경우 강우 발생 시 유출량은 전체 강우량의 30~55% 이상에 달하게 된다. 이처럼 도시지역의 높은 유출량 및 홍수도달시간 감소 등은 하수도 및 펌프장과 같은 도시내 홍수방재시설의 용량을 초과시켜 내수침수에 따른 홍수피해를 유발시킬 수 있다.

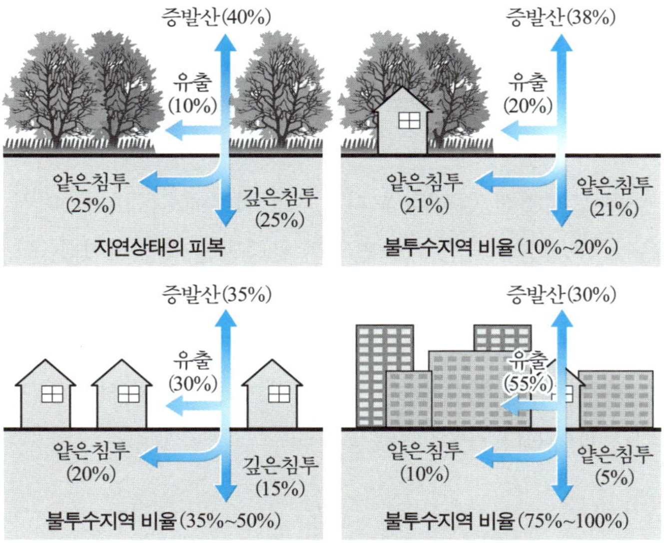

〈그림 5.13〉 도시화에 따른 물순환 변화

많은 인구가 도시로 집중되는 현상이 지속되는 가운데, 도시로 유입되는 인구의 수요를 충족시키기 위해서 많은 하천이 직강화되었으며, 하천변 저지대 및 급경사지 등 전형적인 홍수재해 위험지역의 개발도 급격하게 진행되고 있다. 또한, 공업 및 산업단지 등은 용수공급의 용이성 및 교통편이 등으로 하천변을 따라 개발되고 있는 실정이다. 하천 직강화, 하천변 저지대 개발 등 도시화의 결과로 우리나라의 많은 도시가 하천의 계획홍수위보다 낮은 지반고에 위치하고 있다. 특히, 인구 및 산업시설이 밀집되어 있는 도시지역의 경우 계획홍수위보다 낮은 지반고의 개발은 제방붕괴 및 월류 등 하천홍수가 발생할 시 엄청난 피해가 유발될 수 있다. 철도, 도로, 전력, 가스, 상 · 하수도 등과 같은 확장형 인프라 시설이 도시지역에 밀집되어 있기 때문에, 한 지역의 피해는 막대한 2차 피해로 연결될 수 있다. 도시화가 진행됨에 따라 지하철, 지하상가 등 많은 지하시설물 활용이 증대되고 있는데, 이는 도시의 홍수취약성을 가중시키는 요인으로 작용하고 있다.

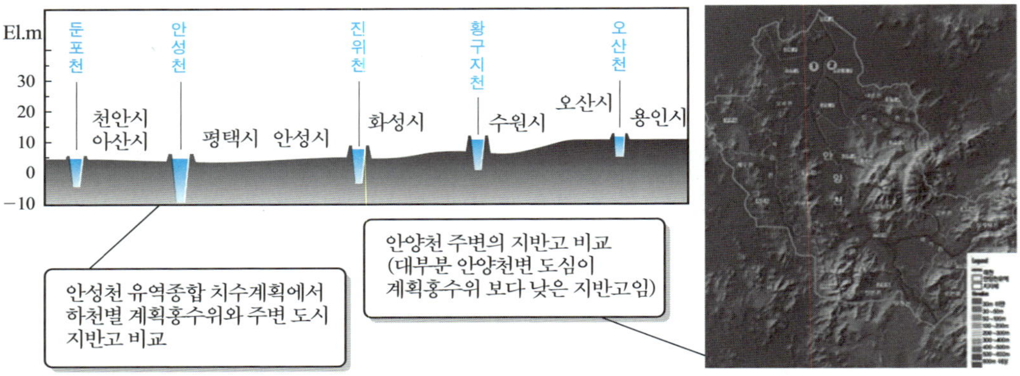

〈그림 5.14〉 안성천 주변의 지반고

자료출처 : 국토해양부, 2005, 안성천수계 유역종합치수계획

또한, 도시화에 따른 도시열섬 현상은 도시지역의 기후에도 영향을 미친다. 도시열섬 현상 등으로 도시의 기온이 상승하게 되면 지표면의 수분증발을 촉진시킨다. 도심 위에 열이 축적되면서 데워진 공기는 도심의 위로 상승하게 되며, 도시 공기 중에 다량 함유된 매연입자들은 응결핵 역할을 하기 때문에 비구름을 만들게 된다. 결과적으로 도시화의 영향으로 도시지역에서는 여름철에 홍수재해를 유발할 수 있는 적란운의 형성이 용이하게 되기 때문에, 홍수재해의 발생 가능성은 더욱 높아진다.

2. 국내 주요 홍수발생 현황

우리나라의 홍수재해는 장마 및 태풍 등에 의한 집중호우에 의해서 여름철에 주로 발생한다. 이번 절에서는 최근 우리나라에서 발생했던 주요 장마 및 태풍 등에 의한 홍수피해에 대해서 알아보도록 한다.

2.1 장마에 의한 홍수피해

2.1.1 2011년 수도권 집중호우(우면산 산사태)

2011년도에는 우면산 산사태로 잘 알려진 집중호우가 발생하여 서울을 포함한 경기도 지역에 많은 피해가 발생했다. 2011년도 집중호우의 원인은 〈그림 5.15〉처럼 남·동 중국해에서 올라오는 따뜻한 수증기를 머금고 있는 하층의 제트기류와 중국 내륙 상층 저기압으로부터 내려오는 건조한 찬 공기가 한반도 중부지방에서 만나면서 비구름대가 급격하게 발달하여 집중호우가 발생했다. 우리나라 북동쪽 사할린 부근에 지상에서 상층까지 잘 발달한 키가 큰 고기압으로 인해 기압계의 흐름이 정체되면서 한반도 중부지역에 집중적으로 강한 호우가 발생하게 되었다. 한반도 중부지역 중 서울 및 경기북부 지역을 중심으로 비가 집중된 주요 원인은 관악산 북쪽에서 광주산맥(경기도) 북쪽으로 강한 남서류가 유입되는 등 지형적 요인이 영향을 미친 것으로 분석되고 있다.

(a) 우면산 호우발생 모식도(2011.7.26.~28)

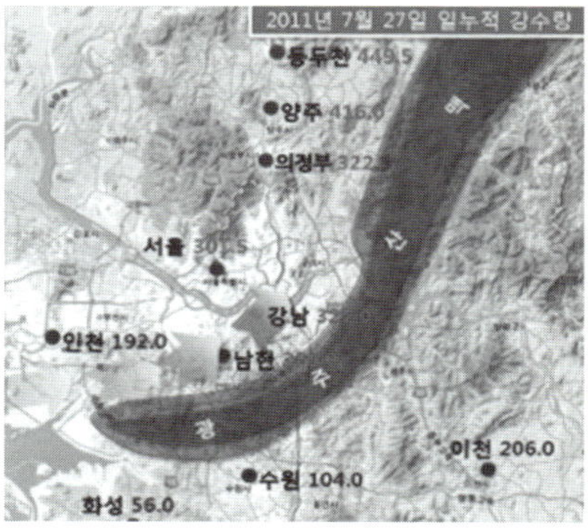

(b) 서울지역 집중호우 모식도

〈그림 5.15〉 2011년도 수도권 집중호우 발생원인

자료출처 : 기상청 2012

서울은 2011년 1월 1일부터 우면산 산사태가 발생한 7월까지 발생한 누적 강수량이 1,751.6mm를 기록하면서 서울 연평균 강수량(1,450.5mm)을 초과하는 등 2011년 강우량은

상당히 높았다. 특히 장마기간인 6월 22일부터 7월 17일까지 27일간 총 802.5mm의 강수량이 발생했으며, 우면산 산사태가 발생하기 직전후인 7월 26일부터 29일 4일간 누적 강수량은 595.0mm로 집중호우가 발생했다.

〈표 5.7〉 2011년도 서울지역 강수현황

평년 연강수량 (1981~2010)	2011년 7월까지 누적 강수량	2011 장마기간 (6.22~7.17)	우면산산사태 직전후 (7.26~7.29)
1,450.5mm	1,751.6mm	802.5mm	595.0mm
평년 연강수량 대비	120.80%	55.30%	41.00%

우면산 산사태는 2011년 긴 장마기간 동안의 강우에 의해 표면 유수에 의한 침식, 흙의 포화로 인한 단위면적당 중량의 증가 등이 주원인이 되어 사면붕괴를 유발시켜 발생했다. 또한, 산사태가 발생하기 직전의 물폭탄 같은 집중호우가 우면산 산사태를 유발시키는 결정적 요인이 되었다.

우면산 산사태 등 서울지역 집중호우에 의한 피해는 사망자 62명, 실종자 9명이 발생했으며, 주택 침수나 산사태로 약 3,050여 명의 이재민이 발생했다. 주택 만 여채와 농경지 9.78km²가 침수피해를 입었으며, 80곳에서 산사태가 발생했다. 또한, 고속도로와 국도 등 도로 261곳과 철로 18곳 유실, 2천여 가구 정전 및 2만 5천여 가구의 단수 등 막대한 2차 피해가 발생하기도 했다. 우면산 산사태가 발생한 서초구의 경우 168억 원의 재산피해가 발생하여 특별재난지역으로 선포되기도 했다.

(a) 강변북로

(b) 우면산 산사태에 휩쓸려 주택에 박혀있는 차량

〈그림 5.16〉 2011년 장마에 의한 홍수피해

자료출처 : 연합뉴스

2.1.2 2010년 도시홍수

2010년 추석연휴기간인 9월 21일 서울, 경기도 지방에 집중호우가 발생하여 서울의 랜드마

크인 광화문 광장이 물에 잠겼다. 이날 서울에 내린 누적 강수량은 259.5mm로 서울의 9월 평균 강수량인 170mm의 약 1.5배에 달하며, 9월 하순 일 강수량으로는 1907년 관측 시작이래 가장 많은 비가 내린 것으로 기록되었다. 가을장마가 발생한 원인은 몽골지방에서 발달한 대륙고기압이 우리나라로 남하하고, 남쪽 해상에서 북태평양 고기압이 정체하면서 북쪽의 찬 기단과 남쪽의 따뜻한 기단 사이에서 좁고 강한 정체전선이 형성되어서 발생했다. 또한, 괌 북쪽 해상에서 북서진하는 제12호 태풍 말라카스의 영향으로 많은 수증기가 북태평양 고기압 가장자리를 따라 수도권으로 유입되면서 집중호우가 발생하게 되었다.

9월 21일 전국 강수량 분포도를 보면 알 수 있듯이, 집중호우는 서울을 포함한 수도권에 집중되어 발생했다. 좁은 지역에 집중호우가 발생한 주요 원인은 지역별 큰 기온차이가 주요 원인이었다. 21일 15시 정체전선의 북쪽에 위치한 백령도의 온도는 17.2°C였지만, 남쪽에 위치한 전주는 32.0°C를 기록했다. 이로 인해 활성화된 정체전선이 서울을 포함한 수도권에 위치하고 기압계가 정체된 상황에서 강한 비 구름대가 집중되어, 강수 폭이 좁고 지역적으로 강수량 편차가 매우 크게 나타났다. 서울 강서구 화곡동의 경우 시간당 100.5mm(오후 2시 04분 기준)의 강수가 발생했으며, 3시간 누적 강수량(오후 1시~4시)은 224.0mm에 달하는 집중호우가 발생했다.

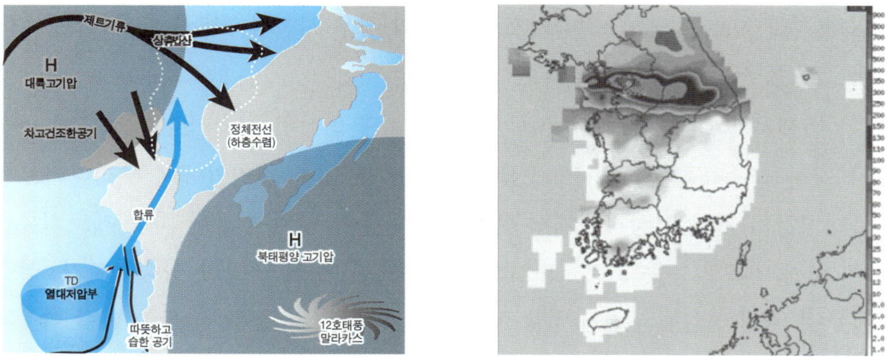

(a) 3차원으로 본 서울 추석 호우 발생 모식도 (b) 전국 강수량 분포도(2010.9.21.)

〈그림 5.17〉 2010년 가을장마 원인

자료출처 : 기상청 2012

집중호우로 인한 피해는 사망 2명, 이재민 19,479명이 발생했다. 재산피해는 2,700여 세대의 정전피해가 일어났으며, 16,498가구의 침수피해, 1,316개소의 상가 및 공장의 침수피해, 4.35km^{2}의 농지 피해를 입었으며, 지하철 4개 노선이 통제되었고, 47개소의 교통통제가 발생했다. 특히, 서울의 중심부인 광화문거리가 물에 잠기기도 했다. 주택파손, 차량침수, 정전 등으로 약 1천 1백억 원의 재산피해가 발생했다. 2010년 가을장마는 도시홍수에 대한 대책마련의 필요성을 야기시키는 중요한 계기가 되었다.

(a) 물에 잠긴 '수도 서울의 랜드마크' 광화문 사거리

(b) 지하철 침수

〈그림 5.18〉 2010년 가을장마 피해현황

자료출처 : 연합뉴스

2.1.3 1998년 지리산 집중호우

1998년 7월 31일~8월 1일 새벽 사이 지리산 일대에 시간당 100mm 내외의 집중호우가 발생하여 계곡물이 급격히 불어나 야영객들이 미처 대피하지 못하면서 많은 인명피해를 야기시켰던 홍수재해가 발생했다. 당시, 전라남도 순천시의 경우 시간당 145.0mm의 집중호우가 발생하여 최대 시우량 기록을 경신하기도 했다.

집중호우가 발생한 원인은 북태평양 고기압과 서쪽에 위치한 저기압으로 합류된 남풍이 지리산을 만나 강한 상승류를 만들어 발생했다. 중국에 위치한 저기압에서 우리나라로 향하는 남서류와 북태평양 고기압 가장자리에서 북상하던 남풍이 합쳐져 강한 하층 제트기류를 발생시켰으며, 이 하층 제트기류는 고온 · 다습한 공기로서 지리산을 만나 상승하다가, 상층에 위치한 제트기류에 의해 형성된 발산구역을 따라 수직으로 발달한 호우구름을 만나 폭우가 발생했다. 새벽시간대는 북쪽과 남쪽의 기온차가 더욱 커지는 경향이 있어 강한 불안정에 의한 집중호우가 빈번하게 발생한다. 또한, 많은 양의 수증기를 가지고 이동하는 하층제트기류는 새벽에 지표부근 대기가 안정화되면서 마찰력이 감소하고 풍속이 강해져서 낮보다 강한 집중호우가 발생하기 쉬운 경향이 있다.

지리산 집중호우는 상대적으로 재해대응이 늦은 새벽시간대에 발생하여 324명의 인명피해와 1조 2,500억 원의 재산피해 등 막대한 피해를 유발시켰다. 이처럼 많은 인명 및 재산피해가 발생한 이유는 집중호우라는 강우조건뿐만 아니라 지리산 계곡이라는 지리적 특성과 새벽이라는 시간적 영향도 매우 컸다. 계곡에서 집중호우가 새벽에 발생하면서 급격하게 계곡물이 불어나 야영객의 대피가 지연되었으며, 소하천이 범람하면서 도로, 제방붕괴 등도 동시에 일어나서 막대한 인명 및 재산피해가 발생했다.

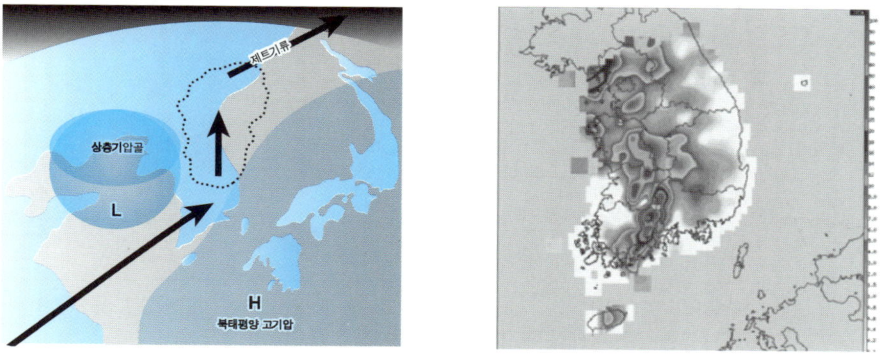

(a) 3차원으로 본 지리산 호우 발생 모식도 (1998.07.31.~08.01)

(b) 1시간 강수량 (1998.7.31. 오후11~12시)

〈그림 5.19〉 지리산 집중호우 원인

자료출처 : 기상청 2012

2.2 태풍에 의한 홍수피해

우리나라에서 발생하는 홍수피해의 대부분은 태풍과 직 · 간접적으로 영향이 있다. 우리나라를 내습했던 태풍 중에서 최대 재산피해를 발생시킨 태풍 루사, 제주도에 집중호우를 발생시킨 태풍 나리에 대해서 알아보도록 한다.

2.2.1 태풍 루사

제 15호 태풍 루사는 2002년 8월 31일부터 9월 1일 사이에 한반도를 강타해서 가장 큰 피해를 유발시킨 태풍이다. 태풍 루사는 2002년 8월 23일 09시경 괌(Guam)섬 북동쪽 약 1,800km 부근해상에서 발생했다. 이후 루사는 서서히 북진하다가 8월 30일 9시경에 일본 가고시마 남서쪽 300km 해상에서 방향을 북쪽으로 바꿔 북상하기 시작했다. 루사는 8월 31일 정오경 제주도를 통과한 후 남해상으로 북상하면서 약간씩 동쪽으로 전향하기 시작했다.

태풍 루사는 최대 일강우량 및 최대 재산피해 등 많은 기록을 갱신했다. 8월 31일 강릉의 일강수량은 870.5mm 발생했는데, 역대 2위(305.5mm, 1921년 9월 24일) 기록을 3배 갱신했고, 대관령(712.5mm) 일강수량은 역대 2위(349.0mm, 1993년 8월 10일) 기록을 2배 갱신했다. 또한, 인명피해는 246명, 총 재산피해는 5조 1,479억 원으로 역대 최대 피해액을 기록했다.

(a) 태풍 루사의 경로도

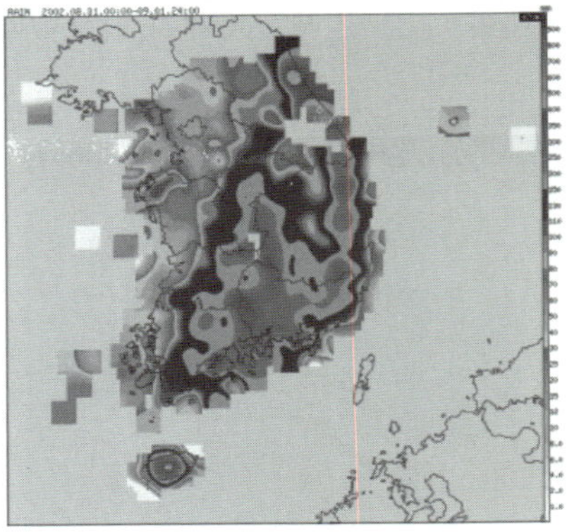

(b) 전국 강수량 분포도(2002.8.31.~9.1)

〈그림 5.20〉 태풍 루사의 경로도 및 전국 강수량 분포도

자료출처 : 기상청 2012

〈표 5.8〉 시간경과에 따른 태풍 루사의 상태와 진행상황

일시	8.23 09시	8.29 09시	8.31 03시	8.31 15시	9.1 03시	9.1 09시
위치	16.5N, 161.0E	27.6N, 131.5E	31.6N, 127.6E	34.4N, 127.7E	36.4N, 127.9E	37.5N, 128.3E
중심기압	1,000	950	955	960	985	990
진행방향	서북서진	서북서진	북진	북진	북북동진	북북동진
진행속도	7.2m/s	6.7m/s	3.1m/s	8.3m/s	5.6m/s	6.4m/s
최대풍속	18m/s	41m/s	36m/s	36m/s	21m/s	18m/s
강도	약	강	강	강	약	약
크기	소형	대형	대형	대형	소형	소형
비고	최초발생	가장발달	북진시작	전남고흥반도 상륙	강도약해짐	-

자료출처 : 기상청

태풍 루사는 태풍의 강한 세력과 느린 이동속도, 지형적 영향의 3요소가 결합되어 사상 최대의 집중호우를 발생시켰다. 태풍 루사는 31일 06시 제주도 서귀포 남동쪽 약 165km 해상에 위치하여 시속 11km의 매우 느린 속도로 북진했고, 8월 31일 15시경 전남 고흥반도 해안에 상륙하여 9월 1일 15시 강원도 속초 해상에서 열대저압부로 약화될 때까지 20km/h 내외의 느린 이동속도로 이동하면서 한반도 내륙에 약 18시간동안 머물렀다. 태풍에 동반된 많은 수증기가 산악지역에 지속적으로 유입되어 최대 기록을 갱신할 정도로 대형 집중호우가 강원도 일대에 발생했다.

〈그림 5.21〉 태풍 루사의 피해현황

자료출처 : 연합뉴스

2.2.2 태풍 나리

제11호 태풍 나리는 2007년 9월 13일 발생하여 9월 17일 소멸했으며, 특히 제주도 및 남해 지역에 많은 피해를 야기했다. 태풍 나리가 된 열대저압부는 2007년 9월 11일 일본 오키나와 섬 남동쪽 먼 해상에서 나타났고, 9월 13일 '나리'는 태풍급으로 세력이 발달되었다. 발생 초기에는 북서쪽으로 이동하다가 점차 북쪽으로 방향을 틀어 우리나라 남해상으로 진출하였지만, 초기 예상은 중심기압이 990hPA 정도의 강도 '약'의 태풍으로 우리나라에 크게 영향을 미치지 않을 것으로 예상했다. 하지만, 초창기 예보와는 달리 태풍은 서북쪽으로 이동하면서 발생 24시간 만에 중심기압 960hPa(강도 '강')의 태풍으로 급속도로 발달했다.

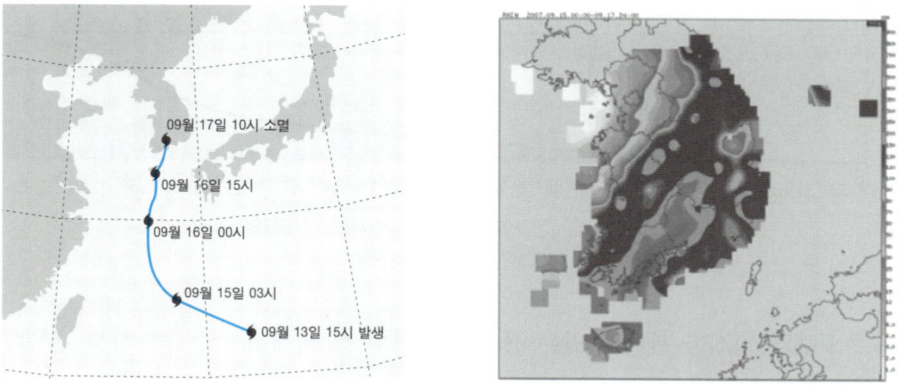

(a) 제11호 태풍 나리의 경로도 (b) 전국 강수량 분포도(2007.9.15.~17)

〈그림 5.22〉 태풍 나리의 경로도 및 전국 강수량 분포도

자료출처 : 기상청 2012

태풍 나리가 제주 동부지역을 통과할 때 강한 북동풍이 발생했고, 이 북동풍이 한라산에 부

덮치면서 강한 상승운동으로 두꺼운 호우구름이 발생하여 제주시쪽으로 많은 집중호우가 발생했다. 태풍 나리가 제주도를 강타한 3일 동안 누적 강수량은 제주 성판악이 659.0mm, 제주시에서는 510.0mm 등 집중호우가 발생했다. 특히 16일에는 일 강수량 420.0mm의 집중호우가 발생하여 제주에서 관측 이래 최대 일 강수량을 기록했다. 태풍 나리는 제주도, 지리산 및 전남 남해안 일대를 강타하면서 인명피해 16명, 재산피해 1,592억 원의 막대한 피해를 야기했다.

3. 국외 주요 홍수재해 현황

3.1 국외 홍수재해 발생 특성 및 추세

최근 전 세계적으로 기후변화와 도시개발 등에 의해 대규모 자연재해가 빈번하게 발생하고 있다. 자연재해의 피해액은 70년대에 비해 최근 10년간 약 10배 이상이 증가했으며, 개발로 도시화 된 지역에서는 인구, 산업, 중요 시설물 등이 밀집되어 있어 재해발생 시 1차 피해뿐만 아니라 2차 피해도 심각하게 발생할 우려가 있다.

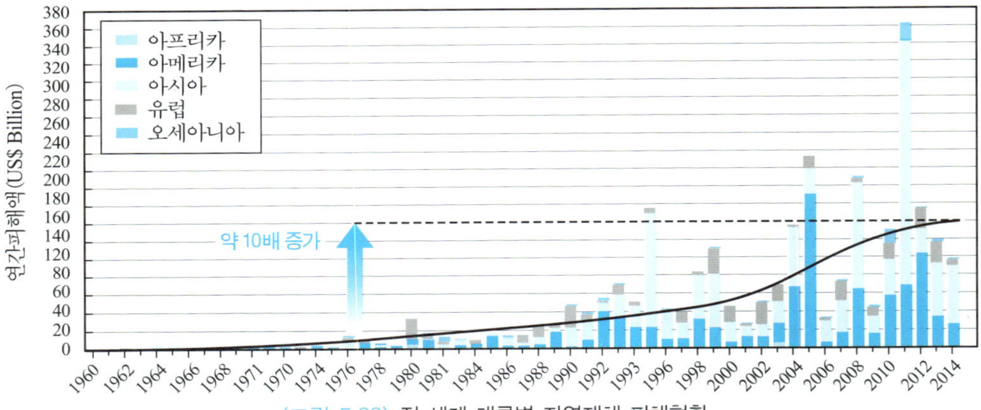

〈그림 5.23〉 전 세계 대륙별 자연재해 피해현황

자료출처 : EM-DAT, 2015

특히, 홍수재해와 밀접한 관련이 있는 강수량의 경우 전 세계적으로 증가하는 추세이며, 일부 지역에서는 집중호우의 발생빈도 및 강도도 증가하고 있어 홍수위험은 가중되는 추세이다. 지난 100여 년간 홍수피해 현황을 보면, 아시아 지역에서 홍수피해액이 가장 크게 나타나고 아메리카 및 유럽도 홍수피해액이 높게 발생하는 경향을 보이고 있다. 향후 기후변화 영향으로 집중호우 및 대형 태풍 발생 가능성이 높아지고 있으며, 도시화가 가속되어 홍수위험은 더욱 가중될 것으로 전망되고 있다.

〈표 5.9〉 대륙별 홍수발생 종류 및 피해관련 사항(1900년-2016년 기준)

대륙	홍수 종류	발생건수	총 사망자	총 이재민	피해액(백만불)
아시아	-	565	2,366,716	871,567,803	46,698,442
	연안침수	40	2,060	18,174,201	8,472,384
	돌발홍수	311	27,723	167,257,964	28,413,670
	하천침수	982	4,411,305	2,397,438,417	340,740,977
	합계	1,898	6,807,804	3,454,438,385	424,325,473
아메리카	-	368	57,031	29,281,320	22,997,497
	연안침수	19	1,081	1,263,768	1,212,720
	돌발홍수	76	32,728	3,084,945	9,358,870
	하천침수	600	14,062	57,704,490	79,544,355
	합계	1,063	104,902	91,334,523	113,113,442
아프리카	-	238	7,079	15,101,645	990,007
	연안침수	7	169	1,202,829	42,750
	돌발홍수	102	3,262	2,346,490	521,086
	하천침수	571	16,786	53,093,263	6,445,880
	합계	918	27,296	71,744,227	7,999,723
유럽	-	134	3,291	4,267,369	24,260,105
	연안침수	7	2,028	615,531	342,622
	돌발홍수	71	1,877	607,910	19,287,710
	하천침수	363	2,127	11,130,353	93,424,249
	합계	575	9,323	16,621,163	137,314,686
오세아니아	-	48	220	452,493	680,021
	연안침수	12	14	78,610	252,500
	돌발홍수	21	143	93,775	2,316,100
	하천침수	57	185	656,265	11,923,754
	합계	138	562	1,281,143	15,172,375
합계		4,592	6,949,887	3,635,419,441	697,925,699

자료출처 : EM-DAT(2016)

3.2 국외의 주요 홍수재해 발생현황

3.2.1 허리케인 카트리나(2005)

허리케인 카트리나(Hurricane Katrina)는 2005년 8월 23일 발생하여 2005년 8월 30일 소멸한 허리케인이다. 허리케인 카트리나는 최저기압 902hPa, 최대풍속 75m/s, 최대크기(직경) 1,350km의 초대형 허리케인으로 북대서양에서 발생한 허리케인 중 6번째로 강한 태풍으로 기록되고 있다. 허리케인 카트리나는 플로리다주 나소군 동쪽 약 280km 지점에서 열대성

저기압으로 발생했으며, 마이애미 데이드/브로워드 군의 육지에 상륙하기 전에 1등급 허리케인으로 발달했다. 허리케인 카트리나는 플로리다를 횡단하여 남서쪽으로 진행하다가 멕시코만으로 빠져나갔다.

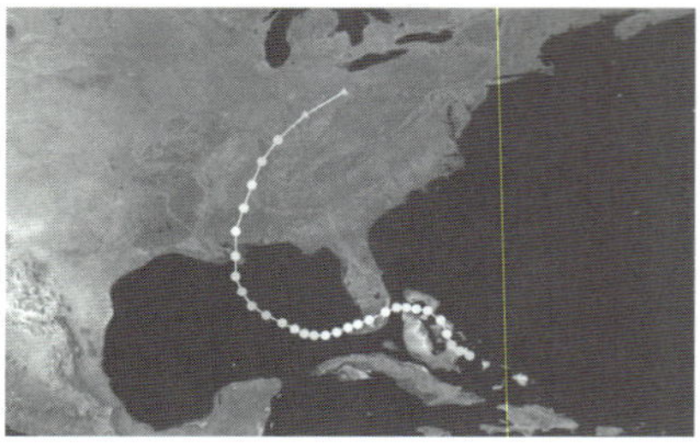

(a) 허리케인 카트리나 이동경로

(b) 허리케인 카트리나 위성사진

〈그림 5.24〉 허리케인 카트리나의 이동경로 및 위성사진

자료출처 : NOAA 홈페이지

허리케인 카트리나에 의한 피해는 인명피해(사망 및 실종) 2,541명, 810억 달러 상당의 재산피해가 발생할 정도로 매우 컸다. 특히, 뉴올리언즈시의 경우 150만 명의 이재민이 발생하고 6만 개 이상의 가옥 완파, 도시의 80%가 침수하는 막대한 피해가 발생했다. 허리케인 카트리나가 내습할 당시 뉴올리언즈 저지대는 약 7~8m 깊이의 침수피해가 발생했으며, 홍수발생 후 4주 이상 물이 빠지지 않았다. 강력한 허리케인 외에도 지형 및 도시화에 따른 문제점이 피해를 가중시키는 원인이 되었다.

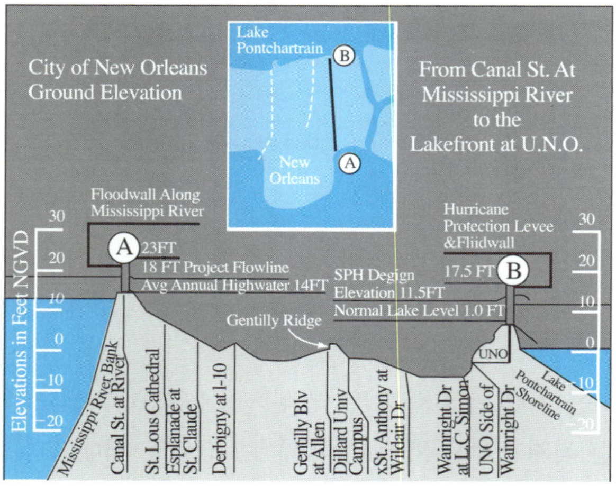

(a) 뉴올리언즈의 지형

(b) 허리케인 카트리나로 인한 피해상황

〈그림 5.25〉 뉴올리언즈 지형 및 피해상황

자료출처 : 위키피디아, Irwin Thompson, 2012

뉴올리언즈는 1800년대 후반 간척 및 도시화가 되기 이전에는 습지들이 해수면과 비슷하거나 조금 높은 해발고도를 유지했지만, 간척지의 활용을 위해 사용된 제방과 펌프 시스템은 강의 수면을 상승시켰으며, 제방으로 인해 토사공급이 막히고 지하수가 빠져나가 현재에는 도시 자체가 해수면보다 최대 3~4m 낮아졌다. 또한, 도시화로 인해 바람과 해일을 막아주던 모래섬과 방풍림 등이 사라졌고, 그 자체로서 방파제 역할을 하던 습지가 없어져 자연방재시스템이 파괴된 것도 피해가 커진 원인 중에 하나로 파악되고 있다. 허리케인 카트리나 이후에 미국에서는 기후변화와 도시화 문제가 심각하게 대두되었으며, 전반적인 방재정책 개선의 필요성이 강조되어 왔다.

3.2.2 허리케인 샌디(2012)

허리케인 샌디(Hurricane Sandy)는 2012년 10월 22일 발생했고 10월 30일 소멸한 허리케인으로 자메이카와 쿠바, 미국 동부 해안에 많은 피해를 유발했다. 허리케인 샌디는 최저기압 940hPa, 최대풍속 50m/s에 이르는 강력한 허리케인이며, 특히 폭풍직경은 최대 1,520km로 종전 기록인 허리케인 이고르의 폭풍직경(1,480km)을 갱신한 사상 최대 규모의 허리케인으로 기록되었다.

허리케인 샌디는 10월 19일 카리브 해 동부에서 열대파동으로 시작해서 점차 세력을 키워 10월 22일 허리케인 샌디로 발달했다. 10월 24일 오후 7시에는 자메이카 킹스턴, 10월 25일에는 쿠바에 상륙했고, 북동진하면서 발달하여 한때 폭풍직경이 1,520km까지 커져 가장 큰 허리케인으로 기록되면서 미국 동부 지역을 강타하여 많은 피해를 유발했다.

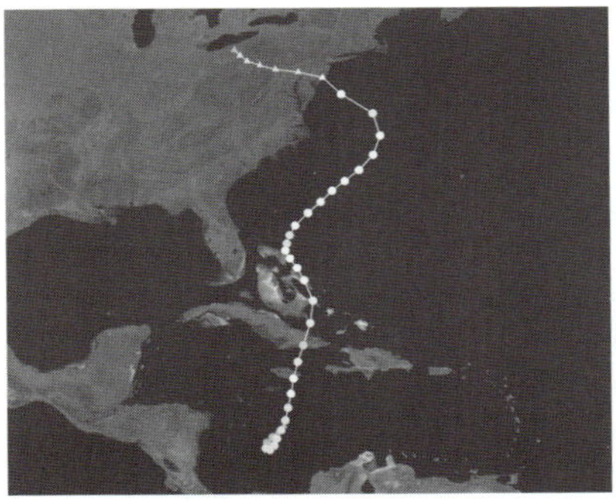

(a) 허리케인 샌디 경로

(b) 허리케인 샌디 위성사진(10월8일오후5시50분UTC)

〈그림 5.26〉 허리케인 샌디의 이동경로 및 위성사진

자료출처 : NOAA 홈페이지

허리케인 샌디는 카리브 해 지역과 미국, 캐나다 지역 등에서 268명의 인명피해(사망 253명, 실종 15명)와 655억 달러(미국)의 재산피해를 유발시켰다. 특히 미국 22개 주에 영향을 주었으며 미국에서의 피해는 630억 달러에 이를 정도로 막대한 피해를 유발시켰다. 특히 워싱턴 D.C.와 뉴욕시와 같은 대도시의 경우 허리케인 샌디에 의해 지하철 침수, 정전, 통신두절 피해 등으로 인해 막대한 2차 피해도 발생했다.

허리케인 샌디 이후 미국의 방재정책에는 복원력(Resilience) 개념이 본격적으로 도입되기 시작했다. 재해 전담부서인 미국 연방재난관리청(FEMA, Federal Emergency Management Agency)뿐만 아니라 주택도시개발부(HUD, U.S. Department of Housing and Urban Development) 등 다양한 부서가 협력하여 '10억 달러 국가재해 복원력 경쟁대회($1 billion National Disaster Resilience Competition)', '미국의 기후 복원력 툴킷(U.S. Climate Resilience Toolkit)' 등 다양한 복원력 강화정책 및 기술이 활발하게 연구 · 적용되는 계기가 되었다.

3.2.3 태풍 모라꼿(2009)

태풍 모라꼿(Typhoon Morakot)은 북서태평양에서 2009년 8월 4일 발생했고, 8월 11일 소멸했으며, 최저 기압 945hPa, 최대 풍속(10분 평균) 41m/s, 최대크기(직경) 1,310km의 1등급 태풍(SSHS)이다. 태풍 모라꼿은 8월 2일 필리핀 동쪽 해상에서 열대저기압으로 시작해 발달하면서 8월 4일에는 태풍으로 발전했다. 태풍 모라꼿은 발생 후 대만을 지나 중국 내륙 쪽으로 북진하다가 8월 10일 오후 9시에 중국 상하이 서남쪽 약 230km 부근 육상에서 열대저압부로 세력이 약화되다가 11일 소멸되었다.

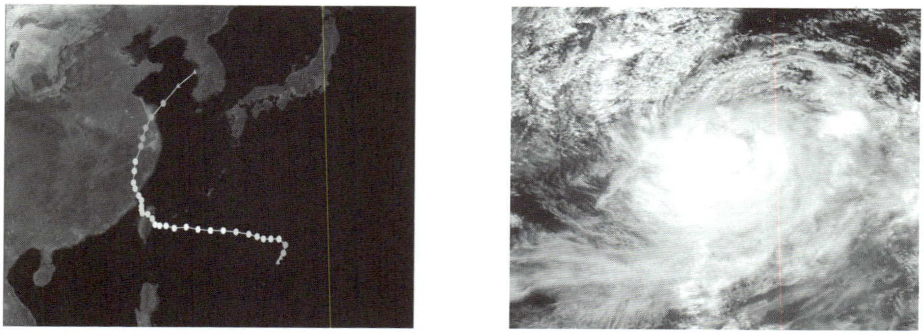

(a) 태풍 모라꼿의 이동경로 (b) 태풍 모라꼿 위성사진(8월 7일)

〈그림 5.27〉 태풍 모라꼿의 이동경로 및 위성사진

자료출처 : NOAA 홈페이지

태풍 모라꼿은 789명의 인명피해와 62억 달러(미국 2009년 기준)의 재산피해를 발생시켰다. 특히 태풍 모라꼿이 직접 강타한 대만의 피해는 엄청났다. 대만 전체면적의 약 50%가 재해지역으로 선정되었으며, 아리산의 경우 2,965mm의 3일 누적 강수량이 발생하여 홍수로 인해 49만 명의 이재민, 2만여 명의 산사태 피해자, 699명의 사망 및 실종자 등 총 51만 명의 인명피해가 발생했다.

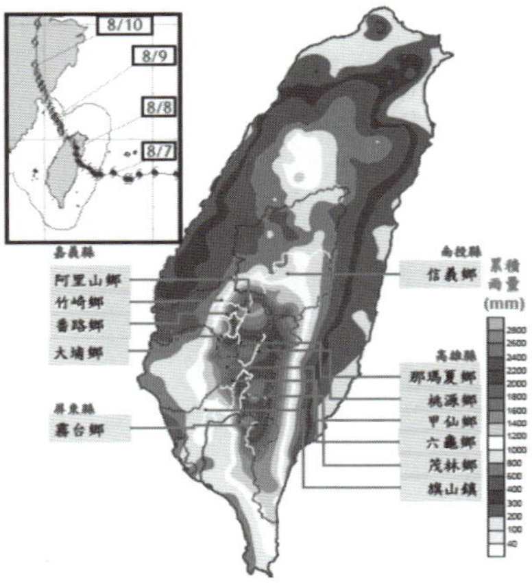

(a) 태풍 모라꼿 발생시 대만 강수량

(b) 태풍 모라꼿에 의한 건물 붕괴

〈그림 5-28〉 **태풍 모라꼿 강수량 및 피해현황**

자료출처 : Environmental Protection Administration Executive Yuan, R.O.C(TAIWAN), 2009, https://7plaguesofgod.wordpress.com/200913-flash-flood-taiwan-china/

3절 홍수재해 피해저감 대책

홍수재해 피해저감 대책은 크게 방재시설물 등을 활용하는 구조적 대책과 계획수립, 지식공유, 방재정책 등의 비구조적 대책으로 구분된다. 본 절에서는 구조적 대책과 비구조적 대책에 대해서 알아보도록 한다.

1. 구조적 대책

구조적 대책은 가능성 있는 위험의 영향을 감소 또는 회피하기 위한 물리적 구조물 또는 구조물이나 시스템에 위험 저항력과 회복력을 위한 공학적 기술을 적용한 대책을 말한다. 홍수재해 저감을 위한 구조적 대책 중에서 일반적으로 가장 많이 활용되고 있는 제방/하천개수, 하수도/배수펌프장, 댐 및 유수지/저류지 등에 대해서 알아보도록 한다.

1.1 제방 및 하천개수

홍수에 의한 피해를 최소화하고 하천주변 토지 활용 등을 위해 하천을 관리 및 통제할 필요가 있다. 가장 일반적으로 활용되는 방법은 제방이다. 제방은 하천으로부터 물이 범람하는 것을 방지하고 주하도로 흐르도록 하여 홍수를 예방하는 방법으로 예전부터 널리 사용되었던 구조물이다. 제방은 좁은 의미로 유수가 하천 외로 유출되는 것을 막기 위해 유로를 따라 설치된 성토구조를 원칙으로 하는 하천구조물이지만, 넓은 의미로는 하천의 유수를 제어하는 구조물로 여기에는 도류제(Training levee)[1], 윤중제(Ring levee)[2], 월류제(Overflow levee)[3] 등도 포함된다.

예전에는 하천제방을 홍수터 상부지역에 설치하였으나 점차 하천과 가깝게 설치하게 되고 더욱 높아지고 있는 추세이다. 제방은 홍수방지의 가장 직접적인 수단을 제공하고는 있지만, 과도한 제방시스템은 홍수하도를 차단하고 통수능을 감소시켜, 홍수위를 증가시키는 경향이 있다. 또한 제방의 설치는 본래 홍수터로 사용하던 자연적인 저류공간을 파괴시켜 유출의 집중을 촉진하고 하류의 첨두홍수량을 증가시키기도 한다.

우리나라의 하천제방 정비 현황을 보면 전체 구간 중 제방정비가 완료된 구간은 16,931.29km

1) 하천 합류점 등으로 토사 퇴적에 의한 하천의 폐색이나 국소 세굴을 방지하고 흐름을 이끄는 제방 구조물

2) 어느 특정구역을 홍수범람으로부터 보호하기 위해 그 주위를 둘러싸서 축조된 제방

3) 홍수조절을 목적으로 하도주변 또는 합류점 부근에 제방으로 둘러싸여 설치되는 조절지에서 홍수 시에 하도에서 조절지로 자연 월류하도록 설계한 둑 구조물

<표 5.10> 하천정비(제방) 현황(2014년 12월 기준)

구분	하천정비(제방) 현황						
	합계 (km)	제방정비 완료구간[4]		제방보강 필요구간[5]		제방신설 필요구간[6]	
		(km)	(%)	(km)	(%)	(km)	(%)
합계	32,748.64	16,931.29	51.70	8,177.42	24.97	7,639.93	23.33
국가	3,189.77	2,574.57	80.71	492.89	15.45	122.31	3.84
지방	29,558.81	14,356.12	48.57	7,684.53	26.00	7,517.62	25.43

자료출처 : 국토교통부, 2014년 한국하천일람

로 전체 구간 중 51.7%이며, 이 중 국가하천은 80.71%(2,574.57km), 지방하천은 48.57%(14,356.12km)가 완료된 상태이다.

하천개수는 하도의 직선화, 지름길의 설치, 식물 제거, 하도 폭을 넓힘과 동시에 깊게하여 자연 하도의 통수능력을 증대시키는 사업이며, 수로개량이라고도 한다. 하천개수는 홍수위를 감소시켜 홍수피해를 저감시키는 효과는 있지만 자연지형적 제약 및 막대한 비용을 필요로 한다. 또한, 하천개수 공사를 수행하면, 하천 생태계에도 영향을 미칠 수 있다. 2013년을 기준으로 전국 하천개수율은 76.92%이며, 국가하천은 96.25%, 지방하천은 74.76%이다.

1.2 하수도 및 배수펌프장

하수도는 일상생활이나 사업에서 기인하거나 부수되는 오수 또는 우천 시 발생하는 빗물 등을 모아 처리하기 위해 설치되는 도관, 기타 시설물을 총칭하며, 하수도관, 종말처리장, 유수지, 배수펌프장 등으로 구성된다. 도시 내에서 내수침수 피해 저감을 위해 하수도의 역할은 매우 중요하다고 할 수 있다.

하수도는 크게 분류식과 합류식이 있는데, 분류식은 오수와 빗물을 각각 다른 하수관으로 흘러가게 하는 방식을 말하며, 합류식은 오수와 빗물을 하나의 하수관을 통하여 함께 흘러가게 하는 방식을 말한다. 분류식의 경우 오수관거의 크기가 대체로 작고, 오수를 하천에 직접 방류하지 않아 환경오염이 상대적으로 적다는 장점이 있는 반면 우천 초기에 도로와 공기중의 오염물질이 하천에 방류되어 하수오염 등의 문제를 야기할 수 있는 문제점이 있다. 합류식은 분

4) 완성제방(계획홍수량에 대한 구조적 안정성이 확보된 제방)으로 하천기본계획에서 정한 여유고와 단면을 만족하거나 그 계획에 따라 하천공사를 실시한 제방의 연장과 비율

5) 제방은 있으나 완성제방에 미달하여 단면의 보강이 필요한 제방의 연장과 비율

6) 향후 제방을 설치하여야 할 필요가 있는 구간의 연장과 비율

류식에 비해 공사가 쉬운 이점이 있는 반면에 우천 시 하수처리장의 수질이 불규칙하다는 단점이 있다. 기존에는 예산 등의 문제로 합류식 하수도를 주로 설치했지만, 최근 신도시를 중심으로 분류식 하수도가 확대 도입되고 있는 상황이다. 하수관거의 크기는 지역의 특성, 강우량 등을 고려한 계획 우수량에 따라 설치되고 있다. 현재 전국에 설치된 하수관로 총 시설연장은 132,664km에 달한다.

도시의 많은 부분이 계획홍수위보다 낮게 위치하고 있으며, 집중호우 등에 의해 하천의 수위가 높아지면 원활한 배수가 되지 않아 내수침수가 발생하게 된다. 계획홍수위보다 낮은 지역의 우수를 배제하기 위해 빗물펌프장을 설치한다. 빗물펌프장은 우천 시 관거를 통해 유입된 배수구역 내의 빗물을 부근의 하천 등 공공수역에 방류하기 위해 설치된 펌프장을 말한다.

1.3 댐 및 유수지/저류지

댐은 수력발전, 관개, 상수도, 공업용수 등의 이수와 홍수조절 및 사방 등의 치수, 치산을 목적으로 저수지를 설치하기 위해 하천 또는 계곡을 횡단하여 축조한 구조물을 말한다. 댐은 사용 목적에 따라 크게 저수댐, 취수댐, 사방댐, 홍수조절댐 등으로 구분되고 있다. 저수댐은 상류로부터 유입량이 사용수량에 크게 영향을 미치지 않을 만큼 규모가 크며, 관개, 상수도, 공업용수, 발전 등의 용수공급, 홍수조절, 어류양식 등 다양한 용도로 활용된다. 저수댐에서 한 가지 목적으로만 사용되는 것을 전용댐이라고 하며, 두 가지 용도 이상으로 사용되는 댐을 다목적댐이라고 한다. 소양강댐, 안동댐, 대청댐, 충주댐 등 대체로 큰 규모의 댐은 다목적댐으로 운영되고 있다. 취수댐은 수로식 발전소의 취수 등 하천에서 물을 댈 목적으로 취입지점에서 물을 저수하기 위해 만든 댐을 말하며, 사방댐은 하천의 흐름과 함께 산지에서 흘러들어오는 다량의 유출토사를 막기 위해 하천의 상류부에 설치하는 낮은 댐을 말한다. 홍수조절댐은 홍수의 일부 또는 전부를 저수하여 수해나 토사의 유출에 따른 재해를 방지하기 위해 만들어진 댐을 말한다.

유량제어방법에 따라서 댐은 고정댐(Fixed Dam)과 가동댐(Movable Dam)으로 분류할 수 있다. 고정댐은 댐마루에 수문을 설치하고 이를 통해 수위조절하는 월류형댐과 별도로 홍수여수로(Flood Spilway)를 설치하여 댐마루에서 월류를 시키지 않는 비월류형 댐이 있다. 가동댐은 수위 조절용 수문에 의해 홍수를 인위적으로 조절하는 댐인데, 많은 댐들이 가동댐으로 운영되고 있다. 댐을 구축하는 재료에 따라서는 콘크리트댐, 록필댐(Rock Fill Dam), 흙댐(Earth Dam), 철재댐(Steel Dam) 등으로 분류하며 역학적 구조에 따라서는 중력댐(Gravity Dam), 아치댐(Arch Dam), 중공댐(Buttress Dam) 등으로 분류하고 있다.

유수지(Retarding Basin)는 저수지와 같이 홍수량의 일부를 일시에 저류하여 하류의 최대 유량을 저감시키기 위해 이용되는 지역을 말한다. 하천상류부의 범람구역은 모두 천연 유수지로 간주한다. 하천부근의 저습지를 선택하여 인공적으로 유수지로 만들기도 하는데, 제방의 일부에 월류제를 만들고 배수는 배수문으로 향하게 축조한다.

저류지 또는 저류시설(Detention Facility)은 하천연안의 호소, 유수지, 평지, 넓은 하도 안의 고수부지에 일시적으로 홍수량의 일부를 저수하는 곳이다. 우천 시 도심지가 침수하는 것을 예방하고 조절하기 위해서 일정한 집수구역내에서 가장 낮은 곳에 인공적으로 못을 조성하여 시가지 내의 지표수를 유입시키는 한편, 유입된 물을 펌프시설을 이용하여 배수시키는 도시계획 시설을 말한다. 저류지 또는 저류시설은 하천유역에 대규모의 개발이 일어나는 경우 개발에 따른 홍수유출량의 증가에 의한 수해의 위험성을 방지함과 동시에 하천의 친수 안전도 향상을 주목적으로 「자연재해대책법」에 의거 설치하는 시설을 말하며, 본 하천을 월류시켜 평상시는 건조상태로 공원 등으로 중복하여 사용하는 Off-line System과 하천의 본류에 제방을 축조하여 설치하는 On-line System 등 두 종류의 저류지가 있다.

2. 비구조적 대책

비구조적 대책은 위험도와 영향감소를 위한 지식, 연습, 정책과 법률, 대중의식 고취, 교육과 훈련이 요구되는 물리적인 구조물이 포함되지 않는 대책을 말한다. 본 절에서는 현재 우리나라에서 수행되고 있는 다양한 비구조적 대책 중에서 주요 홍수방재 관련 계획, 재해분석 및 관리와 풍수해보험 및 예 · 경보 등을 소개한다.

2.1 홍수방재 관련 계획

2.1.1 수자원장기종합계획

수자원장기종합계획은 「하천법」 제23조에 따라 수립되는 수자원관련 국가 최상위 계획을 말한다. 수자원장기종합계획은 수자원의 안정적인 확보와 하천의 효율적인 이용 · 개발 및 보전을 위해 20년 단위로 수립되고 있으며, 1999년 하천법 전면 개정에 따라 법정계획으로 수행되고 있다.

수자원장기종합계획은 1965년 최초 계획을 포함해서 총 4차례의 본 계획과 3차례의 수정계획을 수립하여 시행되고 있으며, 계획 기조 및 기본목표는 이수 및 치수 위주의 수자원 개발 중심에서 하천환경을 포함한 지속가능한 물관리로 전환되고 있는 추세이다.

〈표 5.11〉 수자원장기종합계획 수립 연혁

구분	계획기간	수립년도	계획기조
수자원종합개발10개년계획(1차)	1966-1975	1965	다목적댐 개발
수자원장기종합개발계획(2차)	1981-2001	1980	댐 개발 및 치수사업
수자원장기종합계획(3차)	1991-2011	1990	수자원 개발 및 관리
수자원장기종합계획(3차-1차 수정)	1997-2011	1996	환경친화적 수자원 개발 및 관리
수자원장기종합계획(4차)	2001-2020	2001	건전한 물 활용과 안전하고 친근한 물 환경 조성
수자원장기종합계획(4차-1차 수정)	2006-2020	2006	사람과 자연이 바라는 지속가능한 물관리
수자원장기종합계획(4차-2차 수정)	2011-2020	2011	녹색국토를 위한 물강국 실천

2011년도에 2차 수정된 수자원장기종합계획은 기후변화, 저탄소녹색성장 개념에 의한 물관리 패러다임 변화, 하천의 어메니티 창조, 해외 물관련 시장의 급속한 성장 등을 고려하여 수정 · 보완 되었으며, 물이용, 치수, 하천환경 종합계획과 수자원 조사 · 연구 및 기술개발 계획, 수자원 미래과제 대응 전략 수립 등의 내용을 포함하고 있다.

2.1.2 자연재해저감 종합계획

자연재해저감 종합계획은 「자연재해대책법」 제16조에 근거하여 이미 노출되어 있거나 잠재되어 있는 풍수해를 예측하고 전 지역별로 풍수해를 저감시킬 목적으로 수립하는 중장기 법정계획이다. 시장 · 군수는 10년마다 시 · 군 자연재해저감 종합계획을 수립하고, 시 · 도지사는 시 · 군 종합계획을 기초로 시 · 도 자연재해저감 종합계획을 수립하여 행정안전부장관의 승인을 받도록 되어 있다. 시장 · 군수 및 시 · 도지사는 각각 시 · 군 종합계획 및 시 · 도 종합계획을 수립한 날부터 5년이 지난 경우 그 타당성 여부를 검토하여 필요한 경우에는 그 계획을 변경할 수 있다. 자연재해저감 종합계획에 포함되는 재해대상은 태풍, 홍수, 호우, 강풍, 풍랑, 해일, 조수, 대설 및 그 밖에 이에 준하는 자연현상을 모두 포괄하도록 되어 있다. 자연재해저감 종합계획은 풍수해 위험요소를 찾아내는 각종 조사 및 분석과정을 거쳐 선정된 풍수해 위험지구에 대한 저감대책을 수립하는 내용을 포함하고 있다. 또한, 실효성 강화를 위해 풍수해를 저감하기 위한 정책적 · 행정적 유도기능과 정비사업에 대한 내용을 구체적으로 제시하도록 되어 있다. 최근 방재계획과 도시계획의 연계성 확보의 중요성이 강조되면서 2012년에는 「국토의 계획 및 이용에 관한 법률」을 개정하여 자연재해저감 종합계획을 도시계획에 반영하는 것을 의무화하고 있다.

2.1.3 유역종합치수계획

유역종합치수계획은 「하천법」 제24조 및 시행령 제20조에 근거하는 법정계획으로 홍수유출을 억제할 수 있는 자연과 인공 시설물들을 유역 전반에 걸쳐 연계 이용함으로써 유역의 홍수저감능력을 극대화하는 계획이다. 따라서, 유역종합치수계획은 유역이 지니고 있는 치수기능을 최대한 살릴 수 있는 면 개념의 치수대책으로서 유역내 다목적댐, 치수전용댐, 제방, 유수지 등 각종 홍수방어시설을 활용한 구조적 대책과 홍수터 관리, 홍수 예 · 경보 및 유역내 상 · 하류 수방시설 간의 최적연계운영 등의 비구조적 대책을 종합적으로 활용한 치수대책을 수립하는 것을 목표로 한다는 점에서 기존의 제방과 배수펌프장에만 의존한 일차원적인 하천 중심의 치수대책과는 차별화된다.

유역종합치수계획은 10년 단위로 계획을 수립하고 매 5년마다 타당성 여부를 검토 및 변경할 수 있다. 유역종합치수계획을 수립해야 하는 대상은 한강, 안성천, 삽교천, 금강, 만경강, 동진강, 영산강, 탐진강, 섬진강, 낙동강, 태화강 및 형산강이다. 또한, 그 밖에 2개 이상의 시 · 군 · 구를 관류하거나 인접하여 흐르는 하천으로서 국토교통부장관이 국가계획 수립 등을 위하여 유역종합치수계획의 수립이 필요하다고 인정되는 하천에 대해서도 수립해야 한다. 유역종합치수계획에 포함되는 사항은 국토계획 등 각종 개발계획과의 연관성에 관한 사항, 도로 · 철도 등 사회기반시설과의 연관성에 관한 사항, 하천유역의 주요 지점별 홍수량 할당에 관한 사항, 그 밖에 유역종합치수계획의 수립에 필요한 사항 등이 있다.

2.1.4 하천기본계획

하천기본계획은 「하천법」 제25조 및 동법 시행령 제24조의 규정에 따라 하천의 효율적인 이용과 일관된 개수계획을 수립하기 위하여 수행되는 사업으로 하천의 관리, 이용, 개발 및 치수경제에 관련된 사항을 종합적으로 일관성 있게 조사 · 분석하여 하천에 대한 기본계획을 수립함으로서 수자원 종합개발지침으로 활용하기 위해 수행된다. 각 하천관리청은 하천의 이용 및 자연친화적 관리에 필요한 기본적인 사항 등을 내용으로 10년 단위의 하천기본계획을 수립하여야 하며, 유역치수계획 등과 연계가 필요하다고 인정되는 경우에는 시 · 도지사가 관리청인 하천에 대하여 하천기본계획을 수립할 수 있다. 하천관리청은 하천기본계획이 수립된 날부터 5년마다 그 타당성 여부를 검토하고 필요한 경우 수정하여야 한다.

하천기본계획은 하천유역의 국토계획 및 도시계획 등에 대한 변동사항을 고려하여 공통유역도를 기본으로 권역별로 수립하여야 하며, 하천의 개황에 관한 사항, 제방 · 댐 · 저류지 · 홍수

조절지 · 방수로 등 홍수방어시설의 홍수방어계획, 하천공사의 시행에 관한 사항, 하천구역 · 하천예정지 및 홍수관리구역의 결정을 위한 기초자료의 제공에 관한 사항, 자연친화적 하천 조성에 관한 사항, 그 밖에 하천의 환경보전과 적절한 이용에 관한 사항 등을 포함한다.

2.2 재해분석 및 관리

2.2.1 지역안전지수

지역안전지수란 안전에 관한 국가 주요통계를 활용하여 지자체 안전수준을 분야별(화재, 교통사고, 자연재해, 범죄, 안전사고, 자살, 감염병)로 계량화한 수치로, 위해지표(사망자수 또는 사고발생건수), 취약지표(위해지표를 가중), 경감지표(위해지표를 경감)로 구분되어 산출식에 따라 계산한다.

「재난 및 안전관리 기본법」 제66조의 규정에 의거하여 행정안전부 장관은 지역안전지수를 개발 · 조사하여 공표하여야 하며, 지자체별 안전지수를 산출 · 공개함으로써 지자체와 지역사회가 스스로의 안전수준을 확인하고 다양한 사업과 투자를 확대해 나갈 수 있도록 지원하는 것을 목적으로 한다. 지역안전지수는 시 · 도, 시 · 군 · 구 등 지역 유형별로 그룹을 지어 최고 1에서 최저 5까지 등급으로 나눠지고 국민들은 행정안전부 홈페이지와 생활안전지도 홈페이지를 통해 전국 지자체의 안전등급을 확인할 수 있다.

2.2.2 재난관리실태점검

재난관리실태점검은 「재난 및 안전관리 기본법」제33조의 2 및 동법 시행령 제42조에 근거하고 있다. 재난관리실태점검의 주요 목적은 재난관리행정에 대한 실태점검 과정을 통해 재난관리 역량을 제고하고 기관별 자율과 책임행정 강화와 재난관리책임기관에서 추진하는 재난관리 업무를 점검하고 그 결과를 환류하여 업무의 효율성 증대 및 선진재난관리체계 구축을 목적으로 하고 있다. 점검대상은 지방자치단체(광역시도 17, 시군구 226)를 대상으로 하고 있으며, 점검방법은 시 · 군 · 구 자체점검 결과 토대로 시도에서 30개 우수 및 노력 시 · 군 · 구를 추천하고 시 · 도(17개) 및 우수 시 · 군 · 구(30개), 노력기관(20개)에 대해서는 중앙합동점검단 현지 확인을 통해 우수지자체에 대해서는 행정 및 재정 인센티브를 지원해 준다.

최근 기후변화 및 도시화에 따라 대형화되는 재해에 대응하기 위해서, 재난관리실태점검에서는 UN-ISDR에서 수행하고 있는 기후변화 및 재해에 강한 도시만들기 캠페인(MCR 캠페인, Make Cities Resilient)과 연계하여 복원력(Resilience) 강화를 유도하고 있다.

2.2.3 도시 기후변화 재해취약성분석

「국토의 계획 및 이용에 관한 법률」제20조 제2항 및 제27조 제3항에 따라 도시·군기본계획을 수립·변경하거나 도시·군관리계획을 입안하는 경우 도시 기후변화에 따른 재해 취약성에 관한 분석(이하 "재해취약성분석"이라 한다)을 실시하도록 의무화되어 있다. 재해취약성분석은 기후변화에 따라 대형화·다양화되고 있는 재해에 효율적으로 대응하기 위하여 기존의 전통적인 방재대책과 함께 도시의 토지이용, 기반시설 등을 고려하여 재해취약지역을 분석하고 그 결과를 토대로 실효성 있는 재해저감 대책을 마련함으로써 도시·군기본계획을 수립·변경하거나 도시·군관리계획을 입안하는 경우에 체계적인 판단 근거를 제공하기 위해 실시하는 기초조사이다. 재해취약성분석의 대상범위는 특별시·광역시·특별자치시·특별자치도·시 또는 군에 대하여 실시하며 분석하는 재해 대상은 폭우, 폭염, 폭설, 가뭄, 강풍, 해수면상승 등 6개 재해로 한다.

2.3 기타

2.3.1 풍수해보험

풍수해보험은 「풍수해보험법」에 의거 운영되는 정부의 정책보험으로 주택, 비닐하우스 등이 태풍, 홍수, 호우, 대설로 인하여 풍수해를 당하는 경우에 보상하는 보험이다. 풍수해보험은 재산피해가 발생되면 신속하게 실질적인 피해복구가 될 수 있도록 피해지원제도를 개선한 제도로 풍수해로 인한 정부의 재난지원금 지원제도를 보완하고 국민의 자율적 재난관리 책임의식 고취를 위한 정책보험으로 개발되었다. 풍수해 대상은 「자연재해대책법」에 의한 태풍·홍수·호우·강풍·풍랑·해일·조수·대설·가뭄·지진(지진해일 포함)·황사 그 밖에 이에 준하는 자연현상을 대상으로 하며, 자연재해에 따른 주택, 온실(비닐하우스 포함), 축사 등의 피해를 보상해준다.

풍수해보험은 민간보험사를 통해 판매·운영되나 보험사업 전반에 대해서는 행정안전부가 관장하며 금융위원회에서 감독을 하는 시스템으로 주택, 온실, 축사 등을 소유하고 있는 사람은 누구나 보험에 가입할 수 있다. 보험료의 일부(55~86%)를 정부에서 지원함으로써, 보험가입자의 부담을 최소화하여 보험가입을 촉진하고 저렴한 보험료로 풍수해에 대해 스스로 대처할 수 있도록 하는 선진국형 재난관리제도이다.

2.3.2 기상예보

기상예보는 시간대 혹은 며칠 후의 일기를 추정 예시하는 것을 말한다. 기상예보에는 시간에 따라 초단기예보, 단기예보, 중기예보, 장기예보 등이 있으며, 기상이 악화될 때 발령되는 특보 등이 있다.

〈표 5.12〉 기상예보의 종류 및 내용

구분	명칭	내용
초단기예보	3시간예보	오늘과 내일의 3시간별 예보(일 8회 Internet 발표)
단기예보	일일예보	3일간의 일별 예보(일 4회 발표)
중기예보	중기예보	10일간의 일별 예보(매일발표)
장기예보	1개월 전망	매월 3, 13, 23일경 발표되며 발표일 다음 첫 번째 순부터 세 번째 순까지 1개월간의 순별 날씨, 기온, 강수량 전망
	3개월 전망	매월 23일경 발표되며 발표일 다음 월부터 3개월간 월별 기온, 강수량 전망
	기후전망	매년 2, 5, 8, 11월 23일경 발표되며 발표일 다음 다음 계절 전망
정보특보	기상정보	악기상 발생이 예상될 때
	예비특보	기상특보 발표 가능성이 있을 때
	기상특보	악기상으로 인한 재해가 예상될 때(주의보, 경보)

특히, 홍수재해와 관련이 높은 기상특보에는 호우, 폭풍해일 및 태풍 관련 기상특보가 있으며, 기상특보에는 주의보와 경보가 있다. 주의보 및 경보의 기준은 아래와 같다.

〈표 5.13〉 기상청 기상특보 발표기준

종류	주의보	경보
호우	3시간 강우량이 60mm 이상 예상되거나 12시간 강우량이 110mm 이상 예상될 때	3시간 강우량이 90mm 이상 예상되거나 12시간 강우량이 180mm 이상 예상될 때
폭풍해일	천문조, 폭풍, 저기압 등의 복합적인 영향으로 해수면이 상승하여 발효기준값 이상이 예상될 때. 다만, 발효기준값은 지역별로 별도지정	천문조, 폭풍, 저기압 등의 복합적인 영향으로 해수면이 상승하여 발효기준값 이상이 예상될 때. 다만, 발효기준값은 지역별로 별도지정
태풍	태풍으로 인하여 강풍, 풍랑, 호우, 폭풍해일 현상 등이 주의보 기준에 도달할 것으로 예상될 때	태풍으로 인하여 다음 중 어느 하나에 해당하는 경우 ① 강풍(또는 풍랑) 경보 기준에 도달할 것으로 예상될 때 ② 총 강우량이 200mm 이상 예상될 때 ③ 폭풍해일 경보 기준에 도달할 것으로 예상될 때

제6장 | 가뭄방재

1절 가뭄의 정의 및 분류

1. 가뭄의 정의

가뭄(drought)은 인간 사회 또는 자연 생태계에 필요한 물 공급에 영향을 줄 정도로 물수지에 심각한 불균형을 초래하는 비정상적으로 건조한 날씨가 오랫동안 지속되는 상태를 의미한다. 이러한 가뭄은 오랜 기간에 걸쳐 비가 적게 내리고 건조한 날씨에 의해 증발산이 커질 경우 발생하는데, 이러한 상태가 장기간 지속될 경우, 저장된 물이 고갈되거나 사용 가능한 물이 부족해진다. 그러나 자연재해로서의 가뭄은 물 부족과는 구분되어야 한다. 즉, 가뭄은 평균(average) 또는 정상상태(normal condition)와 비교하여 상대적으로 물이 부족해지는 것을 의미하고, 물 부족은 필요한 수요량에 대한 가용 수자원의 부족을 의미한다. 따라서 가뭄은 상대적인 개념으로 대부분의 기후대에서 발생하는 현상이며, 강수량이 항상 적은 건조(dryness) 기후와는 구분되어야 한다. 즉, 가뭄은 일반적으로 비가 오랫동안 오지 않거나 적게 오는 기간이 지속되어 평년보다 물이 부족한 현상으로부터 시작된다. 가뭄은 특정 지역에서의 강수와 증발산량 간의 균형을 통해 파악할 수 있으며, 정상상태와의 차이로 특징지어질 수 있다.

가뭄의 정의에는 개념적(conceptual) 정의와 운영적(operational) 정의가 있다. 개념적 정의는 사전적인 의미로 일반적인 용어를 통해 표현된다. 예를 들어, 미국 기상청(U.S Weather Service)에서는 가뭄을 “어느 지역의 동식물 생육에 저해를 가져올 수 있을 정도로 강수의 부족이 매우 심각하게 장기간 지속되는 상태이거나 생활용수와 수력발전에 필요한 용수를 정상적으로 확보하지 못한 상태”로 정의하고 있다.

운영적 정의는 강수량, 유량, 토양수분량 등 수문기상학적 인자들이 예년치, 즉 과거의 평균과 비교함으로써 가뭄의 시작과 종료, 그리고 가뭄의 크기와 지속기간 등을 정량적으로 평가하기 위해 사용된다. 운영적 정의를 통해 결정되는 가뭄사상(drought event)의 결정은 가뭄 분석의 가장 첫 번째 단계이며, 그 방법에 따라 상이한 결과가 도출되기 때문에 매우 중요하다.

가뭄사상은 절단수준(truncation level)을 이용하여 수문기상학적 변수의 시계열에 대한 연속분석(runs analysis)을 통하여 가뭄의 시작과 종료 시점을 결정함으로써 결정될 수 있다. 절단수준은 지역 또는 유역의 수문기상학적 특성을 고려하여 결정된다. 수문변수와 절단수준이 하향교차(down-crossing)하는 순간이 가뭄의 시작 시점이며, 음의 사상이 지속되다가 다시 상향교차(up-crossing)가 발생하는 시점이 가뭄의 종료 시점이 된다. 가뭄사상이 결정되면 가뭄의 규모(magnitude) 및 지속기간(duration) 등과 같은 가뭄의 특성을 정량화할 수 있으며, 가뭄에 대한 판단과 피해 저감대책 및 가뭄계획 수립에 유용하게 사용될 수 있다.

2. 가뭄의 분류

Dracup et al.(1980)은 가뭄을 정의하는데 있어 관심 사항에 대한 명확한 구분이 필요하다고 강조한 바 있다. 수자원 측면에서 보면 물의 주요 공급원인 하천유출과 저수지 저수량의 부족 현상이 주된 인자가 되며, 수문학적 관점에서 보면 강수량 부족과 그로 인한 유출량 부족을 가뭄의 지표로 삼게 된다. 농업 및 임업 등 관개측면에서 보면 토양수분 부족과 식물의 한계생장조건 등이 주된 인자가 된다. 또한 용수의 수요 및 공급의 불균형에 의한 용수부족이 발생할 경우에도 가뭄현상으로 취급하게 된다.

가뭄에 대한 정의 및 분류는 과거에서부터 다양하게 제시되었지만, 대부분은 판단 기준이 다분히 임의적이기 때문에 모든 분야에 일괄적으로 적용되지는 못한다. 가뭄에 대한 정의가 하나로 통일되지 못하는 이유는 기상, 수자원, 농업 및 사회 · 경제 각 분야의 관심 사항이 서로 다르기 때문이다. 1980년대 초반 연구에서 밝힌 가뭄의 정의만 150개 이상이며, Wilhite and Glants(1985)는 가뭄의 정의와 관련된 문헌들을 조사하여 기상학적 가뭄, 농업적 가뭄, 수문학적 가뭄, 그리고 사회경제적 가뭄 등 4가지로 분류하였다.

2.1 기상학적 가뭄

기상학적 가뭄(meteorological drought)은 일반적으로 정상상태 또는 평균적인 수준과 비교하여 건조한 정도와 건조한 상태의 지속기간을 바탕으로 정의된다. 기상학적 가뭄의 정의에서 강우의 부족을 초래하는 대기상태는 지역에 따라 편차가 있기 때문에 지역의 기상학적 특성이 고려되어야 한다. 예를 들어, 특정 강우량보다 작은 강우가 지속된 일수를 바탕으로 기상학적 가뭄을 정의할 수 있다. 이러한 정의는 마나우스(브라질), 뉴올리언스와 루이지애나(미국), 런던(영국)과 같이 강우가 일 년 내내 지속적으로 내리는 열대강우림, 습한 아열대 기후 또는 습한 중위도 기후 지역에 대해서 적절하다. 그러나 오마하와 네브래스카(미국), 포탈레자(브라질), 다윈과 북부지역(호주)과 같이 장기간 동안 강우가 내리지 않는 지역에서는 이러한 정의는 비현실적이다. 이런 지역은 오히려 월, 계절, 년 시간 단위의 강우 평균치에 대한 실제 강우와의 차이로 정의하는 방법이 더 적절하다.

2.2 농업적 가뭄

농업적 가뭄(agricultural drought)은 기상학적 또는 수문학적 요인 등으로 인해 발생되는 토양수분의 부족으로 농작물에 피해가 생긴 경우를 의미한다. 농작물의 물 수요는 기후상태, 식물의 생물학적 특성 및 성장단계, 토양의 물리적 및 생물학적 특성에 따라 변화한다. 씨를 뿌릴 때 토양 상부층에서의 수분 부족은 발아를 방해하고 단위면적당 작물밀도를 낮아지게 하여 생산량을 감소시킨다. 하지만 성장 초기단계에서 토양 상부층에서의 수분이 충분하고, 성장기에 수분이 공급되거나 농작물에 필요한 강우가 내린다면, 지표면 아래층에서의 수분 부족은 최종 생산량에는 영향을 미치지 않는다. 농업적 가뭄의 적절한 정의는 발아에서 수확까지 농작물이 성장하는 여러 단계 동안 농작물의 물에 대한 다양한 민감성을 충분히 고려할 수 있어야 한다. 따라서 일반적으로 직접적인 농작물 생산에 영향을 주는 강우 부족량, 실제 증발산량과 잠재 증발산량 간의 차이, 토양수분 부족, 저수지 또는 지하수위의 저하 등에 초점을 맞추어 정의된다.

2.3 수문학적 가뭄

수문학적(hydrological drought) 가뭄은 댐이나 저수지 그리고 하천에 물이 부족해지는 것으로, 지표나 지표하 수분(하천유출, 저수지나 호수 수위, 지하수)을 공급하는 강우(강설도 포함)의 부족기간을 고려하여 정의된다. 따라서 수문학적 가뭄의 빈도 및 심도는 유역단위의 규모로 정의된다. 비록 모든 형태의 가뭄이 강우 부족으로부터 기인하지만, 이러한 강우 부족이 수문시스템에 영향을 주어 수문학적 가뭄으로 전개되는 과정을 밝히는 것이 중요하다. 일반적으로 강우 부족이 토양수분, 하천유출, 지하수와 저수지 수위와 같은 수문시스템에 영향을 미치기까지는 어느 정도의 시간이 소요된다. 따라서 수문학적 가뭄은 주로 기상학적 및 농업적 가뭄이 발생한 이후에 시작된다.

기상학적 요소가 수문학적 가뭄의 주된 원인으로 작용하지만, 유역개발 및 토지이용 변화, 그리고 이에 따른 산림훼손, 토지침식, 댐 건설과 같은 요인도 유역의 수문학적 특성에 영향을 미친다. 여러 지역이 수문시스템에 의해 서로 연결되어 있기 때문에 기상학적 가뭄의 영향은 지역의 경계를 넘어 확장될 수 있다. 예를 들어, 상류에서의 토지이용의 변화는 침투, 유출율과 같은 수문학적 특성을 변화시키고 하천유출을 더욱 변화시킨다. 이는 하류에서 수문학적 가뭄이 발생할 가능성을 높인다. 실제로 방글라데시는 인접국의 토지이용 변화에 따라 최근 물 부족이 빈번히 발생하고 있다. 이러한 사례는 기상학적 가뭄의 발생빈도에 변화가 없었음에도 불구하고 인간활동이 수문학적 가뭄에 영향을 주는 사례라고 볼 수 있다.

2.4 사회경제적 가뭄

사회경제적 가뭄(socioeconomic drought)은 기상학적 가뭄과 수문학적 가뭄의 영향으로 물 공급의 감소 또는 인구증가와 낙후된 수자원 관리기술 등과 같은 인간이 유발하는 요인의 결과로 인해 사회 · 경제적 재화의 수요가 공급을 초과할 때 또는 공급이 수요를 충족하지 못할 때 발생한다(Tallaksen and van Lanen, 2004). 수자원, 목초, 식량, 어업 그리고 발전(發電) 등과 같은 경제재의 공급은 기상과 깊은 상관관계가 있다. 기후의 자연적인 변화로 인해 어떤 해에는 물의 공급이 충분한 반면 어떤 해에는 수요량에 미치지 못하게 된다. 따라서 사회경제적 가뭄은 물부족으로 인해 상품 생산에 필요한 물의 수요에 비해 공급이 미치지 못할 때 발생한다. 예를 들어 1988-1989년 우루과이에서는 극심한 가뭄으로 인해 전력 생산의 많은 부분을 담당하는 수력발전에 차질을 빚었는데, 이 결과 전력 수요를 충당하기 위해 보다 많은 원유를 수입해야 했다.

대부분의 경우 인구가 증가하고 일인당 소비량이 늘어날수록 상품의 수요도 증가한다. 공급 역시 생산효율, 기술발전 및 신규댐 건설 등으로 증가한다. 만약 공급과 수요가 동시에 증가할 경우 중요한 변수는 상대변화율이다. 수요가 공급보다 더 급격히 증가한다면 점차 가뭄에 취약해지고 있음을 의미한다.

3. 가뭄의 영향 전이

가뭄은 주로 강수의 부족으로 시작되지만, 장기간의 강수 부족 외에도 높은 온도, 강한 바람, 낮은 상대습도, 많은 일조량과 구름의 감소 등의 기상학적 요인 등으로 증발산량이 증가함에 따라 기상학적 가뭄이 발생할 수 있다. 기상학적 가뭄이 지속되면 토양 수분이 감소하며, 토양 내 수분함량이 작물 생산에 영향을 미치면서 농업적 가뭄으로 발전한다. 여기서 가뭄이 더욱 지속되면 하천유출량이 감소되고 저수지, 호수, 연못 등의 수위가 낮아져 수문학적 가뭄으로 발전된다. 이러한 가뭄상황으로 인해 발생되는 물 부족은 사회 및 경제 전반적인 분야에 크나큰 손실을 가져올 뿐만 아니라 하천과 습지 주변에 서식하고 있는 야생동물에게도 영향을 미치므로 생태계 피해를 동반하게 된다.

강우가 평년치를 회복하고 기상학적 가뭄이 해갈될 때 지표수와 지하수 공급의 회복은 가뭄 진행상황과 반대로 진행된다. 호우사상이 발생하면 토양수가 먼저 회복되고, 이어서 하천유출, 저수지와 호수 그리고 지하수가 함양된다. 농업부분에서는 토양수분의 의존성 때문에 가뭄의 영향으로부터 빠르게 회복되지만, 지표수나 지하수에 의존하는 다른 분야에서는 가뭄의 영향이 수개월 또는 수년 동안 지속될 수 있다. 가뭄의 영향을 가장 늦게 받는 지하수의 경우 가뭄이 끝나도 지하수의 수위가 정상상태로 돌아오는 데에 오랜 시간이 필요하다. 회복에 필요한 시간은 가뭄의 강도, 지속기간, 가뭄이 끝나는 시점의 강수량의 함수로 정의될 수 있다. 〈그림 6.1〉은 가뭄영향의 순서도를 도시한 것이다.

수자원은 서로 다른 분야에서 사용되고 수자원 공급원이 각각 다르기 때문에 서로 다른 분야에 미치는 가뭄의 영향은 서로 다르다. 예를 들어, 강우 부족의 발생으로 야기되는 토양수분의 감소는 농업 종사자들이 거의 즉각적으로 인식할 수 있지만, 저수위에 있어서 이러한 강우 부족의 영향은 수개월 동안 수력발전 등에 영향을 주지 않을 수도 있다. 또한 수자원시스템에서

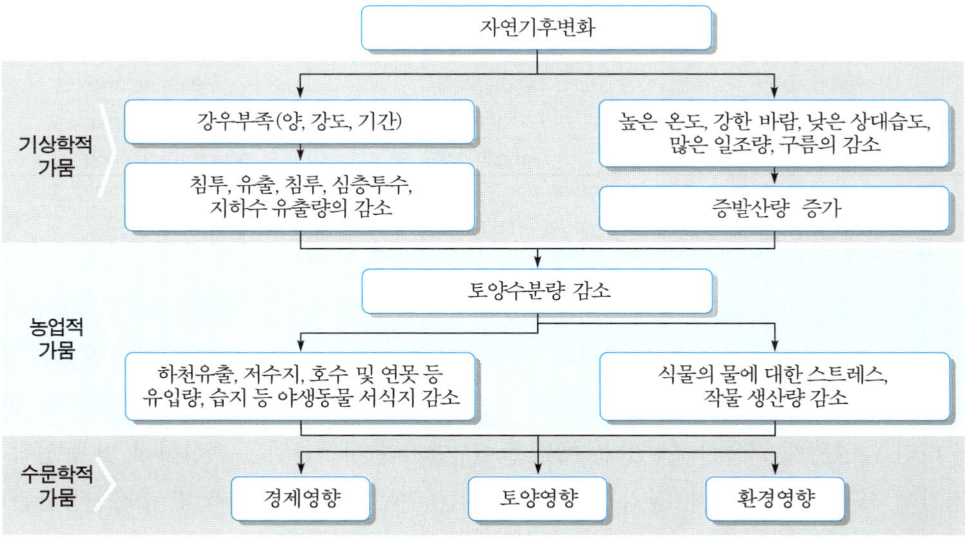

〈그림 6.1〉 가뭄 영향의 전이과정

의 물은 관개, 여가, 주운, 수력발전 등의 다양한 목적으로 사용되므로 영향의 순서와 피해의 크기를 더욱 복잡하게 한다. 가뭄은 수자원시스템에 있어서 환경적, 경제적 피해를 줄 뿐만 아니라 물 사용자들 사이의 갈등을 증가시켜 사회적 혼란을 야기할 수 있으므로, 가뭄의 진행상황에 따른 영향 및 피해의 매커니즘을 파악하는 것이 매우 중요하다.

4. 가뭄지수

4.1 기상학적 가뭄지수

4.1.1 십분위(Deciles of Normal Precipitation, Deciles)

십분위 가뭄지수는 Gibbs and Maher(1967)에 의해 제안되었으며, 월 강수량 자료를 십분위수(Decile)로 환산한 것이다. 즉, 장기간의 강수량 자료를 통해 발생시킨 분포를 각각 10%씩으로 나눈 것이다. 따라서 첫 번째 십분위수는 강수 발생빈도가 가장 낮은 10%를 초과하지 않는 강수량이 되며, 두 번째 십분위수는 20%를 초과하지 않는 강수량이 된다. 이들 십분위수들은 강수자료 중 가장 큰 강수량이 되는 열 번째 십분위수까지 연속적으로 계산된다. 이 지수는 강수량의 정확한 통계적 측정치를 제공한다는 점에서 효율적이지만, 신뢰성을 확보하기 위해 장기간의 강우량 자료가 필요하다는 단점이 있다.

〈표 6.1〉 십분위(Deciles)에 의한 가뭄 분류

범위	수분상태	
Deciles 1~2	lowest 20%	much below normal
Deciles 3~4	next lowest 20%	below normal
Deciles 5~6	middle 20%	nearly normal
Deciles 7~8	next highest 20%	above normal
Deciles 9~10	highest 20%	much above normal

4.1.2 표준강수지수(Standardized Precipitation Index, SPI)

표준강수지수(SPI)는 McKee et al.(1993)이 개발한 가뭄지수로 강수량을 이용하여 가뭄심도를 산정한다. SPI는 3, 6, 9, 12개월과 같이 계산 시간단위를 설정하고 시간단위별로 강수부족량을 산정하여 표준화시킨 것으로, 특정 시간단위로 산정된 SPI는 각 시간단위별로 관심분야에 따라 다양하게 적용할 수 있다. 예를 들어, 단기간 시간단위는 기상학적 및 농업적 가뭄의 평가에 적용될 수 있으며, 장기간의 시간단위는 수문학적 가뭄 평가 및 수자원공급관리 등에 이용될 수 있다. 표준강수지수는 전 세계적으로 보편적으로 사용되는 가뭄지수로 활용성이

높고, 단기간 시간단위를 사용할 경우 가뭄을 조기에 인지할 수 있는 장점이 있다. 그러나 신뢰성을 확보하기 위해서는 장기간의 강우량 자료가 필요하다.

〈표 6.2〉 SPI에 의한 가뭄의 분류

범위	수분상태	범위	수분상태
2.0 이상	extremely wet	-0.99~0.99	nearly normal
1.5~1.99	very wet	-1.0~-1.49	moderately dry
1.0~1.49	moderately wet	-1.5~-1.99	severe dry
-0.99~0.99	nearly normal	-2.0 이하	extremely dry

4.1.3 파머가뭄지수(Palmer Drought Severity Index, PDSI)

파머가뭄지수(PDSI)는 물수지 방정식의 수요-공급 개념을 바탕으로 하여 Palmer(1965)에 의해 개발되었다. PDSI 산정을 위한 입력 자료는 강수량, 기온 및 유효토양수분량(AWC: Available Water Content)으로 매우 단순하다. 이러한 입력자료로부터 증발산량, 함양량, 유출량 및 손실량 그리고 잠재 증발산량(PE: Potential Evapotranspiration), 잠재 함양량(PR: Potential Recharge), 잠재 유출량(PRO: Potential Runoff) 및 잠재 손실량(PL: Potential Loss)을 포함한 물수지 방정식의 기본 항목들을 결정한다. 물수지 분석을 통해 기후적으로 필요한 강수량을 계산하고 실제 강수량과의 차인 수분편차를 산정한 후, 다른 지역들과 다른 월들 간의 수분 편차를 비교하여 동일한 기준이 되도록 수분편차를 보정하여 가뭄지수를 결정한다. PDSI는 미국 전역에 걸쳐 여러 분야에 널리 적용되고 있으나 적설 등을 고려하지 못하는 점과 물수지 모형의 단순화에 따르는 한계가 있다.

〈표 6.3〉 PDSI에 의한 가뭄의 분류

범위	수분상태	범위	수분상태
-0.5~0.5	nearly normal	4.0 이상	extremely wet
-1.0~-0.5	incipient drought	3.0~4.0	very wet
-2.0~-1.0	mild drought	2.0~3.0	moderately wet
-3.0~-2.0	moderate drought	1.0~2.0	slightly wet
-4.0~-3.0	severe drought	0.5~1.0	incipient wet spell
-4.0 이하	extreme drought	-0.5~0.5	nearly normal

4.2 농업적 가뭄 지수

4.2.1 과우일수(Number of Consecutive Dry Days)

과우(寡雨)의 '과'는 '적다'는 뜻으로 평균 강우량에 비해 비가 적게 왔을 때를 의미한다. 과우일수는 농업적 가뭄의 정도를 나타내는 여러 방법 중 하나로, 우리나라에서는 5, 6, 7, 8월의 일강우량 자료로부터 단독 1일 동안이나 연속된 2일 동안에 5mm 이하인 경우를 무강우로 취급한다. 누가강우량이 50mm, 60mm, 70mm 등의 기준치에 도달할 때까지의 날짜를 계산한다. 〈표 6.4〉는 7.0mm를 기준으로 과거의 강우기록을 분석하여 가뭄빈도를 산정한 것이다. 그러나 과우일수가 아무리 길더라도 저수지의 저류량에 여유가 있다면 가뭄이라고 판단할 수 없으므로 저수지의 시설능력을 함께 고려해야 한다.

〈표 6.4〉 주요 관측소의 빈도별 과우일수

빈도별	서울	춘천	청주	대전	대구	전주	광주	부산	진주
평년	39	40	41	39	42	39	40	36	35
3년	44	44	45	43	47	43	45	40	39
5년	49	49	50	47	53	48	51	44	44
10년	56	55	56	53	61	55	58	50	50
20년	62	60	62	58	68	61	65	55	56

4.2.2 토양수분지수(Soil Moisture Deficit Index, SMDI)

토양수분지수(SMDI)는 강수량, 기온, 습도, 풍속 등의 기상자료 및 토양의 물리적 특성 자료(토지용수량, 유효토층)를 이용하여 토양 내에서의 물의 유입 및 유출량을 나타나는 물수지 방정식으로부터 토양별 토양수분을 추정할 수 있도록 개발되었다. 가뭄의 시작은 농작물의 생산량이 감소되는 것을 기준으로 유효수분 백분율이 50% 이하로 내려가는 시점이며, 가뭄의 종료는 강우에 의해 충분한 수분이 공급되어 유효수분 백분율이 50% 이상이 되는 시점으로 정의된다. 가뭄강도는 유효수분 백분율 50% 이하일 경우의 기간과 유효수분 백분율 50%에서 현재의 토양수분함량을 뺀 값의 곱으로 정의할 수 있다. SMDI는 지속기간과 강도의 측면에서 농업적 가뭄을 모니터링할 수 있어 여러 작물에 대해 적용이 가능하지만, 실측값이 아닌 SWAT 모형의 결과를 바탕으로 산정되기 때문에 결과의 신뢰성이 SWAT 모형의 신뢰성과 크게 관련되어 있다.

〈표 6.5〉 SMI에 의한 가뭄의 분류

심도	확률	SMI	수분상태
543 이하	0.96 이상	−1	mild drought
543~1,106	0.68~0.96	−2	moderate drought
1,106~2,338	0.32~0.68	−3	severe drought
2,338~5,734	0.04~0.32	−4	extreme drought

4.2.3 작물수분지수(Crop Moisture Index, CMI)

작물수분지수(CMI)는 PDSI가 농업적 가뭄 판단에 적합하지 않은 단점을 보완하기 위해 Palmer(1968)에 의해 개발되었다. CMI의 산정방법은 기본적으로 PDSI와 같지만 PDSI가 장기간의 기상학적 습윤과 건조기간을 감시하는데 비해 CMI는 주요 작물재배지역의 단기간의 수분조건을 평가한다. 이것은 작물의 성장상태를 감시하기 위한 기상학적 접근방법으로 주요 작물 생산 지역에 걸친 단기간의 수분공급량을 반영하는 것이다. CMI는 수분의 변화 상태에 빠르게 반응하고 시공간적 관측을 통해 서로 다른 지역에서의 수분상태를 비교하는데 활용될 수 있다. 그러나 CMI는 성장하는 곡물에 영향을 주는 단기간 수분상태를 관측하기 위해 제안되었기 때문에 장기가뭄 모니터링에는 적합하지 않으며, 특정 작물의 초기 재배단계에서는 적용될 수 없는 단점이 있다.

〈표 6.6〉 CMI에 의한 가뭄의 분류

범위	수분상태	범위	수분상태
3.0 이상	excessively wet	−0.9~0.9	nearly normal
2.0~2.9	wet	−1.0~−1.9	moderately dry
1.0~1.9	abnormally moist	−2.0~−2.9	excessively dry
−0.9~0.9	nearly normal	−3.0 이하	severely dry

4.3 수문학적 가뭄 지수

4.3.1 지표수공급지수(Surface Water Supply Index, SWSI)

지표수공급지수(SWSI)는 토양수분조건이 지형적으로 변화가 심한 산악지역에서 융설을 고려하지 못하는 PDSI의 한계를 보완하는 과정에서 Shafer and Dezman(1982)에 의해 개발된 것으로 미국 콜로라도 유역에 최초로 적용되었다. SWSI는 가뭄에 영향을 미치는 수문인자는 표면유출인자(강수, 적설, 하천유출, 저수지 저수량)라고 가정하고, 각 인자를 통계학적으로 해석하여 각각의 기여도에 따른 가중치를 적용하여 유역의 수분상황을 대표하는 하나의 지수로 표현한 것이다.

SWSI는 각 수문인자들의 비초과확률을 사용하여 다른 지역에서의 용수공급능력과 비교가 가능하다. 이와 같은 특성을 갖는 SWSI는 PDSI에 비해 많은 수문인자를 고려하기 때문에 수문학적 가뭄에 대한 상세한 지표를 제공할 수 있으며, PDSI와 같이 가뭄의 종료 및 시작에 대한 확률을 고려하지 않아도 되는 장점이 있다. 그러나 자료가 추가되는 등의 변화가 있을 경우, 해당 수문인자에 대해 새로운 확률분포를 결정하여 지수를 다시 산정해야하기 때문에 동질한 시계열을 구축하기가 어렵다.

〈표 6.7〉 SWSI에 의한 가뭄의 분류

범위	수분상태
3.0~4.0	abundant supply
1.0~3.0	above normal supply
-1.0~1.0	nearly normal supply
-3.0~-1.0	moderate drought
-4.0~3.0	severe drought

4.3.2 보정 지표수공급지수(Modified Surface Water Supply Index, MSWSI)

2005년 한국수자원공사에서는 SWSI의 적설인자(snowpack component) 대신 지하수위인자(groundwater component)를 추가하여 지표 및 지표하 수문 특성을 반영할 수 있는 보정 지표수공급지수(MSWSI)를 개발하였다. MSWSI는 가뭄에 영향을 미치는 강수, 적설, 하천유출, 저수지 저수량으로 구성되어 있으며, 각 인자를 통계학적으로 해석하고 각 인자의 유역 기여도를 가중치로 사용함으로써 유역을 대표하는 하나의 지수를 얻게 된다. PDSI와 SPI는 기상학적 특성을 반영하고 있으나 SWSI나 MSWSI는 기상학적 특성과 수문학적 특성을 통합하며, 각 유역의 독특한 물공급조건을 반영할 수 있는 장점이 있다.

4.3.3 미국 개척국가뭄지수(Reclamation Drought Index, RDI)

개척국가뭄지수(RDI)는 1988년에 개발된 것으로, SWSI와 마찬가지로 적설량, 하천 유출량, 강수량, 저수지 저류량을 공급 요소로 하고 기온에 따른 수요요소와 지속기간을 고려하여 계산된다. 유역 단위로 산정되고 입력 자료가 강수량, 융설량, 하천유출량, 저수지 수위 등 공급량 관련 항목들이라는 점에서 SWSI와 차이가 있다. 이 지수의 장점은 기온 항목이 포함됨으로써 증발산에 대한 계산이 수행되고 물공급 요소를 모두 고려한다는 점이다. 그러나 지수가 각 유역마다 고유한 값을 가지므로 SWSI와 마찬가지로 유역간 비교가 제한된다는 한계점이 있다.

〈표 6.8〉 RDI에 의한 가뭄의 분류

범위	수분상태
4.0 ≤	extremely wet
1.5~4.0	moderately wet
0.0~1.5	normal to mild wetness
-1.5~0.0	normal to mild drought
-4.0~-1.5	moderate drought
-4.0 ≥	extreme drought

〈표 6.9〉 각종 가뭄지수의 가용자료 및 장단점

분류	가뭄지수	가용자료	장점	단점
기상학적 가뭄	십분위수 (Deciles)	- 강수량	- 강우 발생빈도에 대한 정확한 자료 제공	- 정확한 계산을 위해 장기 강우자료 필요
	파머가뭄지수 (PDSI)	- 강수량 - 기온 - 토양수분량	- 지역의 기후적 상이성 고려 가능	- 가뭄 발생 시기가 지체되어 산정될 수 있음 - 주 · 월 단위의 지속기간에 국한
	표준강수지수 (SPI)	- 강수량	- 다양한 지속기간 고려 가능 - 가뭄 모니터링 및 조기 경보 가능	- 강수량만 고려 - 자료연한에 따른 값의 변동이 발생할 수 있음
농업적 가뭄	과우일수	- 강우일수	- 간단한 산정방법	- 저수지 시설능력 반영 필요
	토양수분지수 (SMDI)	- 토양수분량 (SWAT)	- 다양한 측면에서의 가뭄 모니터링 가능	- SWAT 모형의 결과에 의존
	작물수분지수(CMI)	- 강수량 - 기온	- 토양수분 변화에 빠르게 반응 - 잠재적인 농업가뭄 정의	- 단기가뭄 모니터링에만 적합
수문학적 가뭄	지표수공급지수 (SWSI)	- 강수량 - 유량 - 강설량 - 저수량	- 다양한 수문인자 고려 - 유역 고유의 물공급조건 반영 가능	- 자료가 변화할 경우 재산정 필요 - 지역간 비교 어려움
	보정 지표수공급지수 (MSWSI)	- 강수량 - 유량 - 지하수위 - 저수량	- 지표 및 지표하 수문특성을 포함한 물공급조건 반영	- 자료 변동시 재산정 필요 - 지역간 비교 어려움
	미국 개척국 가뭄지수 (RDI)	- 강수량 - 기온 - 유량 - 강설량 - 저수량	- 기온 및 증발산량을 포함한 물공급요소 모두 고려 가능	- 지역간 비교 어려움

2절 가뭄특성 및 피해사례

1. 우리나라 가뭄 발생 특성

1.1 우리나라 수자원 현황

강수량의 70%가 여름철에 집중되는 기후특성으로 인하여 우리나라는 6-9월에 내린 강수가 수자원의 주요 공급원이 된다. 물 공급을 위한 주요 취수원은 한강, 낙동강, 금강, 영산강, 섬진강의 5대 하천과 전국의 댐 및 저수지이다. 연간 수자원 총량 1,298억m^3 중 이용 가능한 수자원 총량은 753억m^3이다. 우리나라의 연평균 강수량은 세계 평균의 1.6배에 해당하는 1,281mm(1973~2013년 평균)임에도 불구하고, 강수의 계절적, 지역적 편중이 심하여 수자원 관리에 많은 어려움이 있다. 또한 우리나라는 유역면적이 작고 유역경사가 급하며 유로연장이 짧은 지형적 특성과 여름철 집중호우에 의해 일시에 대량 유출되는 수문특성으로 인해 가뭄에 취약한 조건을 갖고 있다.

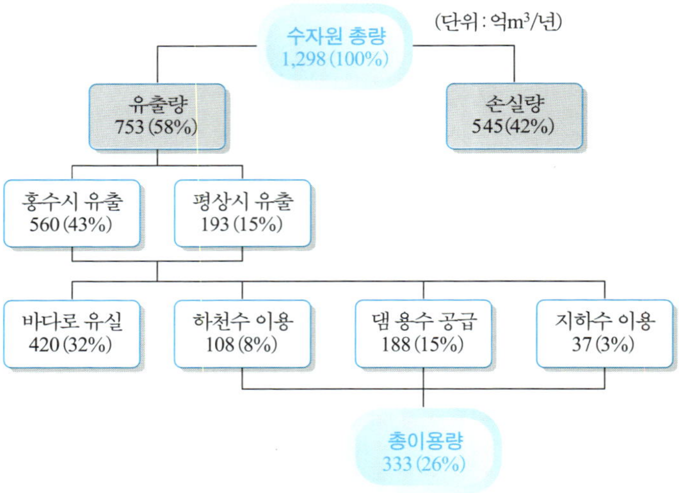

〈그림 6.2〉 수자원 이용현황

자료출처 : 국토교통부, 2016

〈그림 6.2〉에 나타낸 바와 같이 2007년 기준 우리나라의 총 수자원 이용량은 333억m^3로 수자원 총량 대비 26%를 이용하고 있다. 이는 평상시 유출량의 1.7배 수준으로 여름철 홍수시의 유출량을 댐 등의 저류시설을 통해 저장하여 사용하는 것이다. 총 이용량 중 생활, 공업, 농업용수 이용량은 255억m^3/년으로, 하천(108억m^3), 댐(188억m^3), 지하수(37억m^3) 등의 취수원을 통해 공급하고 있다. 우리나라는 여름철에 집중적으로 강우가 내리고, 겨울과 봄철에는 강우

량이 적기 때문에 일 년 내내 안정적으로 용수를 공급하기 위해서는 여름철에 충분한 양의 강우량을 저장하여 수자원을 확보해야 한다. 2014-2015년 가뭄과 같이 5-7월의 강수량이 평년보다 크게 감소하면, 이듬해 봄의 농업용수 부족을 시작으로 용수부족 및 수질오염의 문제가 발생하게 된다.

우리나라의 1인당 사용이 가능한 수자원양은 전체 147개국 중 하위권이며, 최근 10년간 가뭄으로 인한 재산 피해액도 21조 원에 이른다. 국제인구행동연구소(Population Action International, PAI)가 2003년 발표한 자료에 따르면 우리나라의 1인당 연간 재생가능 수자원량은 1,453m^{3}로 세계 153개국 중 129위로 물 스트레스국가로 분류되어 있다. 영국 생태환경 및 수문학센터(Centre for Ecology and Hydrology, CEH)에서 개발한 물 빈곤지수(Water Poverty Index, WPI)의 우리나라 순위는 2002년 당시 전체 147개국 중 43위이지만, 이는 OECD 국가 29개국 중 20위에 해당하는 것으로 선진국 중 매우 낮은 순위이다.

1.2 우리나라 가뭄 발생 현황

가뭄은 여러 가지 요인에 의해 복합적으로 발생하는 현상이므로 가뭄발생의 근본적 원인을 파악하기는 불가능하지만 일반적으로 자연적 원인과 인위적 원인으로 구분할 수 있다. 우리나라의 기후학적 특성상 여름철에 태평양 고기압 발달의 시기가 빠르거나 또는 평년보다 강하면 장마기간이 짧아져 자연적인 원인에 의해 가뭄이 발생하게 된다. 인위적 원인은 주로 수자원 시설의 용량 부족과 용수 수요 및 공급 체계의 관리 미흡에서 찾을 수 있다.

예로부터 농업이 중요한 비중을 차지했던 우리나라에서는 물 부족으로 인한 피해는 농업용수 부족에 의해 발생되는 것이 대부분이었다. 따라서 시대를 막론하고 가뭄이 발생하면 농업용수의 확보가 가장 큰 관심 사항이었다. 근대 이후에도 가뭄은 주로 봄과 여름철 등 관개시기의 농업용수 부족 여부에 크게 좌우되어 왔으므로 농업용수의 특성상 강우량 부족에 따라 가뭄이 결정되는 경향이 있었다.

우리나라에서는 근대적인 방법으로 강수량 관측을 시작한 1940년 이후 2000년까지 연강수량이 상대적으로 적었던 시기는 25회였으며, 관개기의 강수량이 적어 농업용수 부족으로 인한 농작물 피해가 발생한 시기는 35회나 되었다(농림부, 2001). 이는 연강수량이 상대적으로 부족하지 않더라도 관개기 강수량이 부족할 경우 농업적 가뭄이 발생한다는 것을 보여준다. 따라서 강수량의 절대적인 양뿐만이 아니라 강수 발생 시기도 가뭄 발생의 중요한 요인임을 알 수 있다.

1960년 이전은 대부분 농업용수 및 발전용수 부족에 의해 발생되는 가뭄이 대부분이었다. 그러나 1960년을 기점으로 그 이후부터는 발전용수 관련 사항이 급감한 반면, 서울을 중심으로 대도시 지역의 생활용수에 대한 요구가 증가하면서 식수난이 발생하고 1967년 가뭄 기간에는 제한급수를 실시하기도 했다. 1990년대부터는 생활, 농업 및 공업용수뿐만 아니라 갈수로 인한 수질악화를 우려하는 인식이 높아지면서 생태에 관련된 하천유지용수에 대한 관심이 증대되었다.

〈표 6.10〉 우리나라 주요 가뭄 발생 현황 및 대책(한국수자원공사, 2002; 한국환경정책 · 평가연구원, 2013)

년대	가뭄 발생 현황	가뭄 대책	대표적 가뭄기간
1920년대	• 대부분 농업용수관련 피해 • 일부 식수부족 발생	• 재해지 세금 면세 • 재해지 토목공사 실시	1927~1928
1930년대	• 주로 농업용수 관련 피해 • 가뭄에 의한 물가 불안 • 미미한 식수 부족 우려	• 가뭄협의를 위해 각 도에 기술자 파견 • 무강우에 대비한 선후대책 강구 • 허드렛물은 우물물 이용 권장	1937~1939
1940년대	• 발전용수 관련 사항 급증 • 단전으로 인한 생산공장의 가동 중지 우려	–	1942~1944
1950년대	• 주로 농업용수 관련 피해 • 발전용수 관련사항 증가 • 수력발전소 가동 중단(1958년) • 서울지역 극도의 식수난 발생(1958년)	• 항구대책 조속히 수행토록 예산안 수정 • 발전시설확장 10개년 계획안 작성 • 시간배수제(제한급수) 실수 • 군장병 동원 모내기	1958~1959
1960년대	• 발전용수 관련 사항 급감 • 생활용수 관련 급증 • 서울 등 대도시 지역 식수난 심각 • 가뭄으로 인한 이농사태 발생(1967년)	• 제한급수 • 가뭄지역에 양수기 동원과 농자금 지원 • 상수도시설 전면개혁 정부계획	1967~1968
1970년대	• 주로 농업용수 및 생활용수 관련 피해 • 발전용수를 식수로 전용 • 가뭄으로 인한 물가 상승 • 종합적인 가뭄대책 필요성 대두	• 양수기 무상대여, 간이 용수원 개발 • 제한급수, 가뭄상습지 용수 시설 예산 투입	1973 1976~1978
1980년대	• 저수지 및 하천 고갈 • 도시용수 부족 • 수세 반발 농민 데모 발생	• 제한급수 • 저수지, 소류지 적극 개발	1981~1982 1988
1990년대	• 생활용수 관련사항 증대 • 수질 악화 우려 • 생태 등 하천유지용수 관심 증대	• 해수담수화 등 대체수자원 개발로 다각적인 가뭄 대처 방안 모색	1994~1995
2000년대	• 태백권 지역개발사업에 따른 물소비량 증가로 인한 극심한 생활용수 부족	• 가뭄정보시스템을 통한 가뭄정보 제공 • 각 부처 및 지방자체단체와의 협력을 통한 유기적 가뭄 대응방안 마련	2001 2008~2009

2. 우리나라 피해사례

2.1 1994~1995년 가뭄피해 사례

1994~1995년 가뭄으로 인하여 2개 광역시와 8개 도에 걸쳐 32개 시 54개 군에서 제한급수, 격일제 급수, 급수중단 등 생활용수관련 피해가 발생하였다(〈그림 6.3〉). 또한 가뭄으로 인한 피해 인원은 일반 상수도 지역이 1,965,670명, 간이 상수도 지역이 256,741명으로 총 2,222,411명이 생활용수와 관련된 피해를 겪었다(〈표 6.11〉).

가뭄으로 인한 논 피해는 1994년에 145,969ha, 1995년에 20,370ha였다. 밭 피해는 69,814ha이며, 닭, 돼지, 소 등의 가축 피해는 1,531,101 마리이며, 그 피해는 6,697,282천 원으로 조사되었다.

〈표 6.11〉 1994~1995년 가뭄피해 인원(건설교통부, 1995)

시 · 군	일반 상수도 지역	간이 상수도 지역	계
전 국	1,965,670	256,741	2,222,411
인천광역시	13,496	2,892	16,388
대구광역시	-	1,339	1,339
경기도	3,025	5,356	8,381
강원도	296,325	3,256	299,581
충청북도	2,245	34,615	36,860
충청남도	18,335	18,314	36,649
전라북도	201,840	36,045	237,885
전라남도	108,874	39,074	147,948
경상북도	453,043	29,757	482,800
경상남도	868,487	86,093	954,580

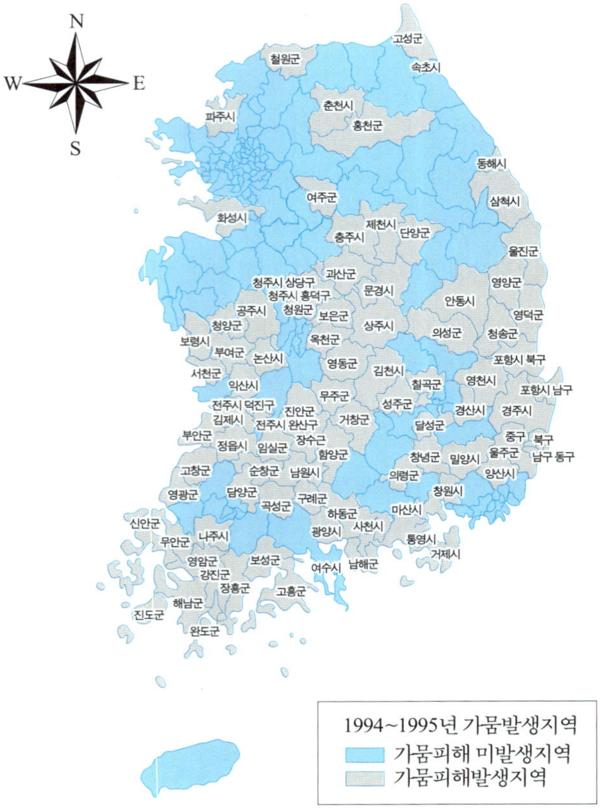

〈그림 6.3〉 1994~1995년 가뭄피해 발생지역(건설교통부, 1995)

2.2 2001년 가뭄피해 사례

2001년 3월에서 6월 중순까지 극심한 가뭄이 발생하였다. 수도권 지역과 남부 지역에 가뭄으로 인하여 비상급수를 실시하였으며(〈표 6.12〉), 경기도, 강원도, 충청남북도, 전라남도, 경상남북도 지역에 제한급수를 실시하였다(〈표 6.13〉). 6월 중순부터 강원도 및 충청도 지역에 소나기를 시작으로 대부분의 지역에 150mm 이상의 비가 내려 가뭄이 해갈되었다.

2.3 2014~2015년 가뭄피해 사례

2014년부터 2015년까지 발생했던 가뭄으로 인해 강원 영동과 영서, 경기도 지역의 강수량이 2015년 6월을 기준으로 각각 예년의 39%, 64%, 55%에 불과하였다(〈그림 6.4〉). 이로 인하여 국민생활에 큰 피해가 발생하였으며, 국가 및 생활경제에도 큰 영향을 주었다. 극심한 가뭄으로 인하여 보령댐의 수위가 역대 최저(18.9%, 2015년 11월 6일 기준)를 기록하였으며, 충남 서부지역에 '물공급 중단 위기' 가 발생하였으나, 급수체계 조정, 누수 저감 사업, 보령댐 도수로 사업, 절수지원금 시행, 물절약 홍보 등의 선제적 대책으로 가뭄에 대응하였다.

〈표 6.12〉 생활용수 비상급수 현황(건설교통부, 2002)

지역(시 · 군)	읍 · 면	세대수	인구(명)
경기(12)	62	5,582	19,679
강원(12)	28	17,748	68,971
충북(11)	53	2,715	8,077
전북(9)	25	1,672	4,876
전남(19)	96	16,029	48,334
경북(14)	81	30,354	94,985
경남(9)	36	19,562	59,874
합계(86)	381	93,615	304,815

〈표 6.13〉 시군별 제한급수 일수(건설교통부, 2002)

시도	시군	제한급수(일)	시도	시군	제한급수(일)
경기도	양평군	32	전라남도	여수시	32
	동두천	17		완도읍	56
강원도	철원군	32	경상남도	남해군	56
	영월군	18		마산시	56
	춘천시	18		통영시	56
충청북도	제천시	18	경상북도	문경시	11
	충주시	11		의성군	18
	천주시	18		안동시	11
	보은군	18		울진군	18
충청남도	천안시	14			

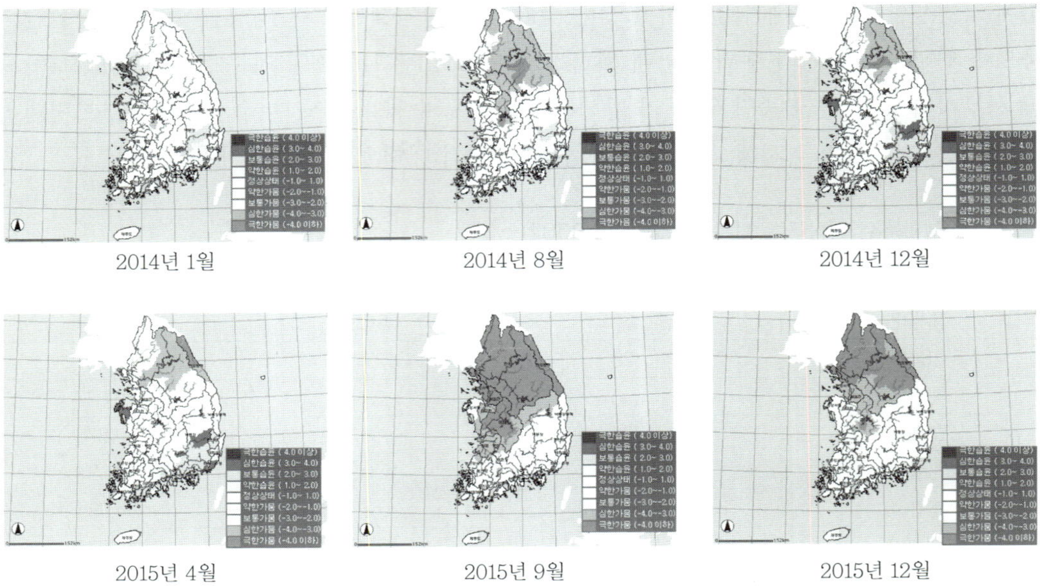

〈그림 6.4〉 1994~1995년 가뭄 상황(한국수자원공사, 2016a)

2015년 용수공급 피해 인원은 1월부터 증가하여 6월에 최고조에 이르렀으며, 11~12월에 소폭 증가하였다(〈표 6.14〉). 용수공급으로 인한 피해가 가장 심각했던 시점은 2015년 6월로 26개 시·군·구, 51,241세대, 117,472명인 것으로 조사되었다. 이 중 속초시는 36,100세대 80,500명을 대상으로 9일간(2015.6.17~6.25) 하루 8시간(22:00~06:00) 급수 제한을 시행

〈표 6.14〉 용수공급 피해 현황(한국수자원공사, 2016a)

시기	피해지역	피해인원
2015년 1월	인천시 중구, 옹진군, 경기도 가평군, 강원도 춘천시, 평창군, 화천군 등 6개 시·군·구	3,371
2015년 2월	인천시 중구, 옹진군, 강화군, 강원도 춘천시, 평창군, 화천군 등 6개 시·군·구	4,143
2015년 3월	인천시 중구, 옹진군, 강화군, 강원도 춘천시, 평창군 등 5개 시·군·구	4,281
2015년 4월	인천시 중구, 옹진군, 강화군, 강원도 춘천시, 원주시, 화천군 등 6개 시·군·구	4,658
2015년 6월	강원도 속초시, 강릉시, 평창군, 울진군, 봉화군 등 26개 시·군·구	117,472
2015년 7월	인천시 중구, 옹진군, 강화군, 강원도 화천군, 인제군, 경기도 광주시, 가평군 등 7개 시·군·구	11,527
2015년 9월	인천시 옹진군, 강화군 등 3개 군·구	5,040
2015년 10월	인천시 중구, 옹진군, 강화군, 강원도 영월군, 충북 청주시, 제천시, 단양군, 경북 봉화군, 전북 임실군 등 9개 시·군·구	4,108
2015년 11월	인천시 중구, 옹진군, 충북 청주시, 제천시, 단양군, 강원도 영월군, 경북 봉화군, 전북 임실군, 전남 신안군 등 9개 시·군·구	11,810
2015년 12월	인천시 옹진군, 강화군, 충북 제천시, 전남 신안군 등 4개 시·군	15,402

하여 지자체 중 가장 큰 피해를 입은 것으로 나타났다.

한국수자원공사(2016a)에서 기상학적 가뭄지수를 활용하여 남한지역의 가뭄규모를 분석한 결과, 2014~2015년의 가뭄규모는 1994~1995년, 1988~1989년에 이어 3번째인 것으로 나타났다. 2014~2015년 가뭄 규모가 크게 나타났음에도 불구하고 피해가 크게 발생하지 않은 이유는 가뭄 극복을 위한 대책이 선제적으로 잘 실행되었기 때문이다. 충남 서부지역을 중심으로 가뭄 극복 대책을 살펴보면, 보령댐 용수 사용량 절감을 위해 급수체계 조정을 실시하였으며, 절약한 수돗물에 대해 K-water가 절수지원금을 지급하였고, 긴급누수사업, 보령댐 도수로 건설, 물차 및 물병 지원, 물절약 홍보 등 다양한 방법을 통하여 가뭄을 극복하였다.

3. 해외 피해사례

해외에서 발생되는 대표적인 가뭄 피해는 〈표 6.15〉와 같다. 우리나라 가뭄피해 사례와 비교하면 해외에서는 오랜 기간과 넓은 지역에 걸친 대규모 가뭄 피해가 발생한 바 있으며, 이러한 가뭄들은 발생 당시에는 이전 과거에는 발생하지 않았던 극심한 가뭄들이다. 이는 우리나라에서도 몇 년에 걸친 대규모 가뭄이 발생할 가능성이 있다는 것을 의미한다. 특히 최근에는 기후변화의 영향으로 이전과 비교할 수 없을 정도로 큰 가뭄이 발생하면서 가뭄으로 인한 피해가 전 세계적으로 증가하고 있다.

3.1 2015년 미국 캘리포니아 가뭄

미국 캘리포니아 지역은 기후조건과 사회경제적 조건으로 가뭄이 빈번하게 발생하며, 현재의 가뭄상황은 2012년부터 2016년까지 지속되고 있다. 미국의 가뭄 대응은 주정부를 중심으로 이루어지며, 주별 가뭄계획(Drought plan)을 수립하여 자체적으로 가뭄에 대응하고 있다. 캘리포니아의 경우, 가뭄이 심화됨에 따라 2013년 5월 주지사의 물 사용 제한에 대한 시행명령이 공표되었으며, 2014년 1월부터는 심각한 가뭄상황으로 비상가뭄상황을 선포하여 물 부족에 대한 적극적인 대응을 시작하였다. 가뭄상황은 악화되어 2015년도 4월에는 주지사가 강제 절수 행정명령을 공표하였으며, 수도위원회에서는 도시별 절수비율을 할당하였다. 가뭄비상상황이 선포된 2015년도의 농업분야에서의 경제적 피해액은 2.7억 달러로 추정된다(Howitte et al., 2015). 2016년 6월 캘리포니아 정부는 지속되는 가뭄에 물 사용을 절약할 것을 명령하였으며, 2016년 현재까지 캘리포니아는 가뭄이 종결되지 않은 상태이다.

〈표 6.15〉 해외 가뭄 피해 현황

기간	국가 및 지역	피해 현황
1977~1978	일본 (오사카, 후쿠오카)	• 오사카 : 28개시 7정 1단체 급수 제한 및 단수 • 후쿠오카 : 강우량은 기상 관측 이래 100년간 가장 적음, 10개월간 제한 급수, 5개 정수장 완전 단수 상태
1987~1992	미국 (캘리포니아)	• 물공급 프로젝트 구역 내 농업용수 공급 중단 • 도시구역 소요수량 30% 공급 • 수력발전 감소로 5억달러 주민 부담 • 생태교란, 산림고사, 어류산란율 감소 • 주지사 시행령 및 가뭄극복 실행팀 구성 • 가뭄이 심각한 지역으로 재해지역 비상상태 선포
1993~1994	일본	• 니키다현, 나가노현, 와카야마현, 시로시마현, 사가현, 나가사키현, 쿠마모토현, 오미하현 외 8개 지역의 가뭄 피해 • 1993년 6월 강수량 부족으로 7, 8월 극심한 가뭄 • 취수제한율(10~90%) • 제한급수 및 비상용수 공급 • 열사병(폭염)으로 14명 사망 • 피해면적 629,000ha 및 추정피해액 1,409억 엔
2006	유럽	• 예년보다 강수량 30~70% 감소, 기온 2~5도 상승 • 농작물 생산량 평균의 17% 이하로 약 6조 1000억 원 이상의 피해 • 하천수위 감소로 수력 및 원자력 전력량 감소
2009	중국	• 허베이성, 산시성, 안후이성, 장쑤성, 허난성, 산둥성, 산시성, 간쑤성을 중심으로 가뭄 피해 발생 • 지난 40년간의 가뭄 중 가장 심각한 가뭄 • 가뭄 피해 면적은 약 20만km^2으로 남한면적의 2배 이상
1997~2009	호주	• 연강우량이 20세기 평균 강우의 12.5% 이하로 발생되었으며, 대부분의 댐의 저수량이 40% 아래
2010~2012	영국	• 과거 100년의 기록 중에 최악의 가뭄 상황 • 2010년 잉글랜드 북서지역을 중심으로 발생하여, 2011년 잉글랜드 동부, 센트럴로 확장되어, 2012년 남부지역까지 확대됨
2012	브라질 (북동부)	• 북동부 지역 9개 주의 1,794개 시 가운데 907개 시에 비상사태 선포 • 농작물 가뭄 피해액 약 6조 8천억 원
2013	뉴질랜드	• 50년만의 최악의 가뭄 • 약 8,802억 원의 경제적 손실
2012~2015	미국 (캘리포니아)	• 2013년 3월 주지사의 물 사용 제한에 대한 시행명령 • 2014년 1월 약 85% 지역이 극심한 가뭄 상태 • 심각한 가뭄상태로 비상가뭄상황 선포 • 2015년 1월 주지사의 강제 절수 행정명령

자료출처 : 가뭄 · 황사 · 한파 · 폭염 · 산불재난 피해액 산정기준 등 제도화 방안 연구(행정안전부, 2009), 한국수자원공사(www.kwater.or.kr) 홈페이지

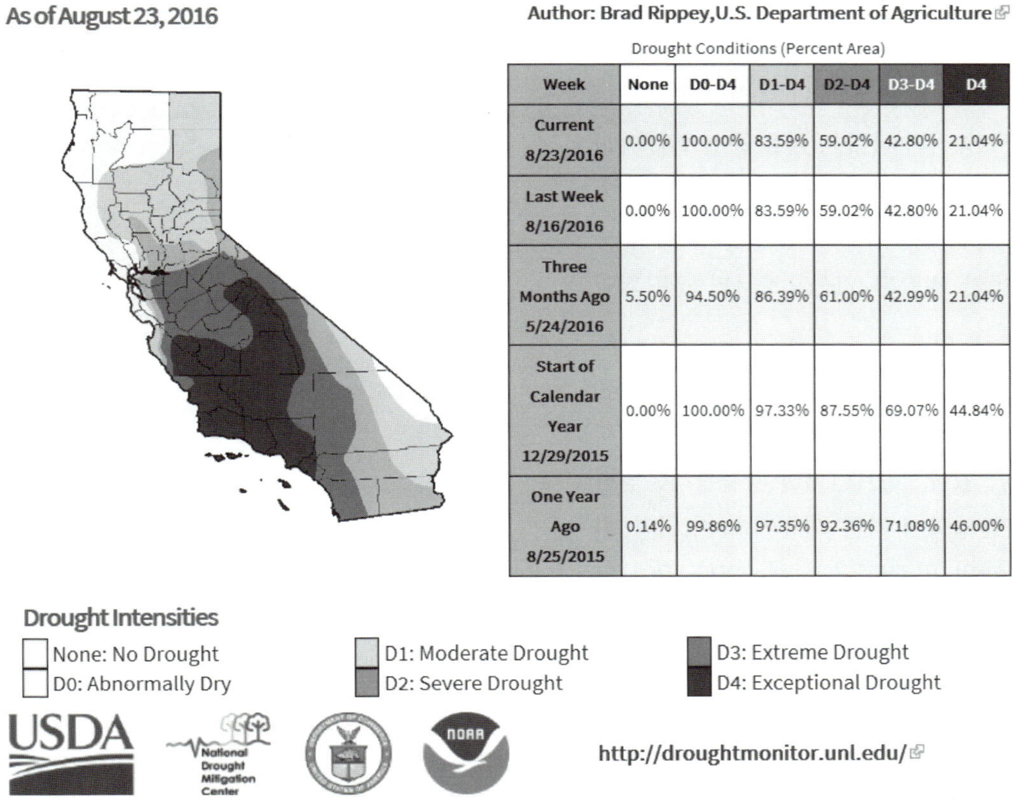

Week	None	D0-D4	D1-D4	D2-D4	D3-D4	D4
Current 8/23/2016	0.00%	100.00%	83.59%	59.02%	42.80%	21.04%
Last Week 8/16/2016	0.00%	100.00%	83.59%	59.02%	42.80%	21.04%
Three Months Ago 5/24/2016	5.50%	94.50%	86.39%	61.00%	42.99%	21.04%
Start of Calendar Year 12/29/2015	0.00%	100.00%	97.33%	87.55%	69.07%	44.84%
One Year Ago 8/25/2015	0.14%	99.86%	97.35%	92.36%	71.08%	46.00%

〈그림 6.5〉 미국 캘리포니아 2016년 8월 가뭄 상황

자료출처 : https://www.drought.gov/

3.2 2010~2012년 영국 가뭄

영국의 잉글랜드(England)와 웨일즈(Wales) 지역에서는 2009년 겨울부터 2012년 봄까지 평균 이하의 강우가 지속되어 과거 100년의 기록 중에 최악의 가뭄 상황이 발생하였다. 영국의 가뭄상황 판단은 정부(환경청, 환경식량농업부)의 주도 하에 결정되며, 물관리 및 가뭄대응 조치는 환경청과 물회사의 협력으로 이루어진다.

2010년 1월부터 잉글랜드 북서지역을 중심으로 시작된 가뭄은 저류량을 감소시켰으며, 이로 인해 600만 명의 소비자들에게 호스 사용금지가 시행되었다. 2011년 봄부터는 동부지역 중심으로 가뭄이 심화되어, 농작물 생산에 심각한 영향을 미쳤으며, 산불을 유발하기도 하였다. 2011년 6월초부터 잉글랜드 동부, 센트럴 지역을 중심으로 가뭄상황이 선언되었다. 2011년 여름부터는 가뭄이 잠시 완화되는 듯 보였으나, 건조한 가을과 겨울이 시작되면서 봄에 발생된 가뭄의 피해가 농작물 생산량 감소로 나타나 가뭄으로 인한 피해는 더 심화되었다. 다음 해인 2012년 봄철부터는 잉글랜드 중심과 남쪽 지역을 중심으로 가뭄이 확대되었다. 2012년 4월부터 6월까지 내린 강우량으로 영국 전 지역이 오랫동안 지속된 가뭄으로부터 해갈되었다.

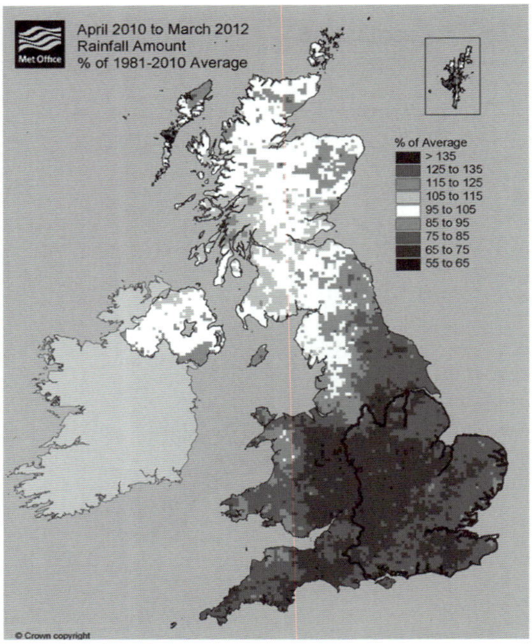

〈그림 6.6〉 가뭄기간(2010~2012년)의 강우량의 평년치에 대한 비율

자료출처 : http://www.metoffice.gov.uk

영국 앵글리안 지역에서의 가뭄 대응 방법은 Anglian Water(2014)에 제시되어 있다. 2011년 6월 가뭄관리운영팀을 운영하여 가뭄 대응에 앞서 가뭄 현황 파악 및 전망을 수행하였다. 2011년 7월 최근 6개월 동안의 강우량을 기준으로 앵글리안 지역이 가뭄상태 지역으로 선언되었으며, 환경청에서는 가뭄상황이 앞으로 더욱 심각해질 것으로 예상하였다. 2011년 12월 앵글리안 물회사의 요청으로 환경청에서 "겨울가뭄허가(Winter Drought Permits)" 대응을 허가하였으며, 이러한 상황은 2012년 4월까지 지속되었다. 2012년 2월 심각해진 가뭄 상황에 대응하기 위하여 앵글리안 물회사를 중심으로 환경청, 환경식량농업부, 국가가뭄연합, 영국관계협회 등이 참여하는 국가가뭄그룹(National Drought Group, NDG)이 구성되어 가뭄대응을 수행하였다. 2012년 4월부터 앵글리안 물회사는 20년만에 처음으로 일시적인 물사용 제한을 실시하였다. 이후 발생된 강우로 6월 물사용 제한을 해제하면서 가뭄이 종료되었다.

영국에서 과거 100년 동안 발생하였던 다년도 가뭄 사상과 비교했을 때, 2010~2012년도 가뭄은 영국의 건조기간인 봄, 가을, 겨울을 중심으로 24개월간 지속되었기 때문에, 과거의 가뭄보다 심각한 가뭄으로 평가되었다.

3.3 1997~2009년 호주 가뭄

호주는 일부지역을 제외하고는 연강수량이 500~600mm 사이로 건조한 지역이 많아 가뭄에 매우 취약하다. 이 때문에 1992년 제정된 국가가뭄정책법(National Drought Policy)을 기반으로 농민들이 지역적 가뭄에 자립적으로 대응하게 되었으며, 예외적인 극한가뭄이 발생할 경우에는 연방정부가 재정적인 지원을 제공한다.

1996년부터 2010년까지 호주 남동부 지역에서는 밀레니엄 가뭄(Millennium Drought)이라 불리는 극심한 가뭄이 발생되었다. 해당 기간 동안 연강우량은 20세기 평균 강우의 12.5% 이하였으며, 대부분의 댐의 저수량이 40% 아래로 내려갔다. 밀레니엄 가뭄은 1900년대 이후 호주에서 발생한 가장 오랜 기간 지속된 심각한 가뭄이었으며, 기후변화 시나리오의 가장 심각한 가뭄 상황인 2050년의 가뭄과 유사한 규모로 관측되었다. 밀레니엄 가뭄이 발생한 지역은 호주 남부지역의 농축산업 지역과 머레이-달링(Murray-Darling) 유역이 포함되어 있어, 호주의 농업 생산량이 80~90% 이하로 감소하여 가뭄으로 인한 피해가 막대하였다. 머레이-달링 유역은 5개의 주(뉴사우스웨일스, 빅토리아, 사우스오스트레일리아, 퀸즐랜드, 오스트레일리아 수도 특별지역)에 걸쳐서 위치한 대하천 유역으로, 주정부 사이의 합의에 따라 머레이-달링 유역위원회에서 관리하고 있었다. 그러나 2006년부터 심화된 가뭄으로 인해 2007년 8월부터는 유입량이 0%가 되어, 유역 내 주정부 사이의 물 분쟁이 대두되기 시작하였다. 이에 따라 호주 연방정부에서는 머레이-달링 유역의 물 관리를 위하여 수법(Water Act, 2007)을 개정하여 연방정부 산하의 머레이-달링 유역관리청에서 물관리를 수행하도록 하였다.

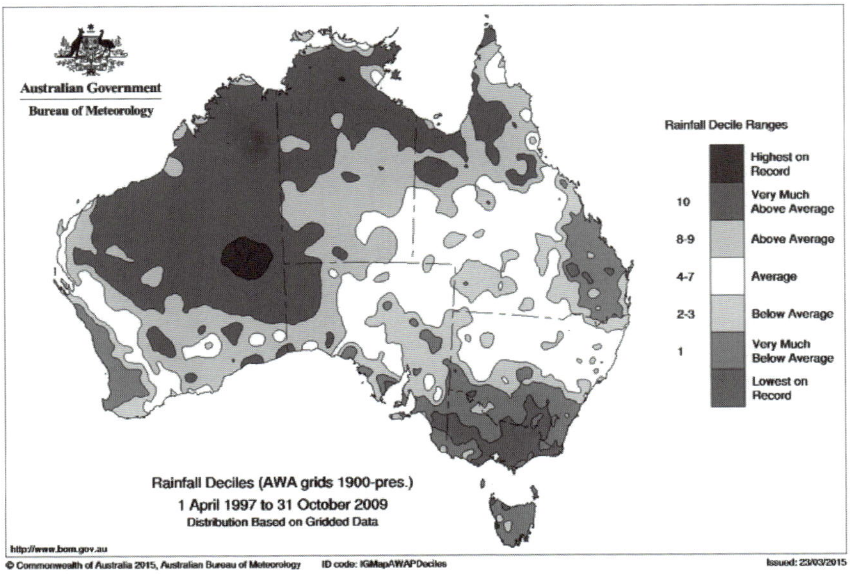

〈그림 6.7〉 1997~2009년 동안 호주의 강우 부족량

자료출처 : Bureau of Meteorology, http://www.bom.gov.au/

3절 가뭄 모니터링 및 가뭄피해 저감 대책

1. 가뭄 모니터링 시스템

1.1 외국의 가뭄 모니터링 현황

1.1.1 미국의 가뭄 모니터링

미국 국립가뭄완화센터(National Drought Mitigation Center, NDMC)는 미국 전역의 가뭄 발달과정 및 심도 등의 가뭄정보를 미국 가뭄포털(US Drought Portal, www.drought.gov/drought/)을 통해서 〈그림 6.8〉과 같이 제공하고 있다. NDMC는 SPI, PDSI, PNP, SMI, DS(Daily Streamflow), SVHI(Satellite Vegetation Health Index)의 6가지 가뭄지수를 바탕으로 가뭄상황을 5단계로 구분한다. 또한, 국립해양대기청(National Ocean and Atmospheric Administration, NOAA)의 기후예측센터(Climate Prediction Center, CPC)는 〈그림 6.9〉와 같이 월별, 계절별 가뭄전망 정보가 생산하여 NDMC에 제공한다.

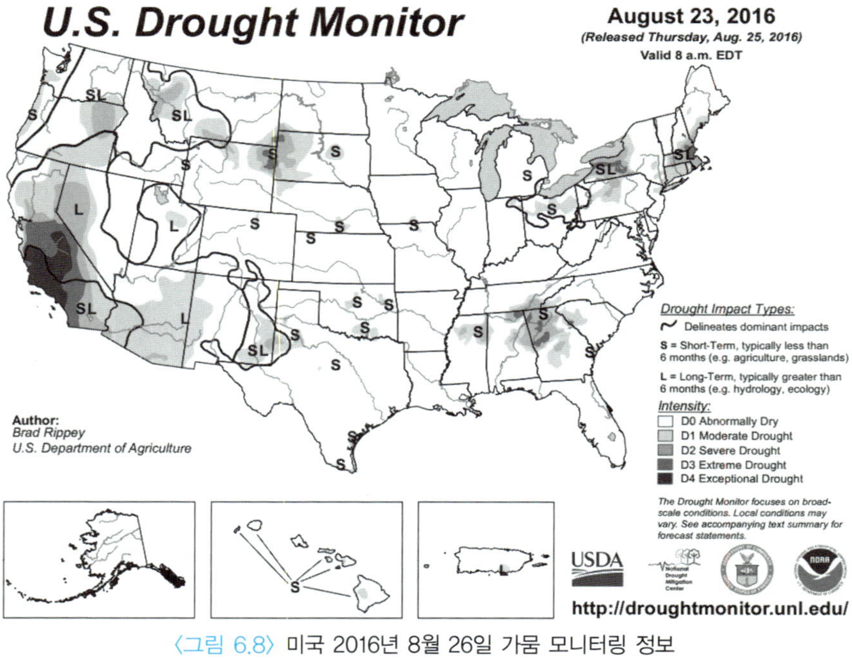

〈그림 6.8〉 미국 2016년 8월 26일 가뭄 모니터링 정보

자료출처 : http://droughtmonitor.unl.edu/

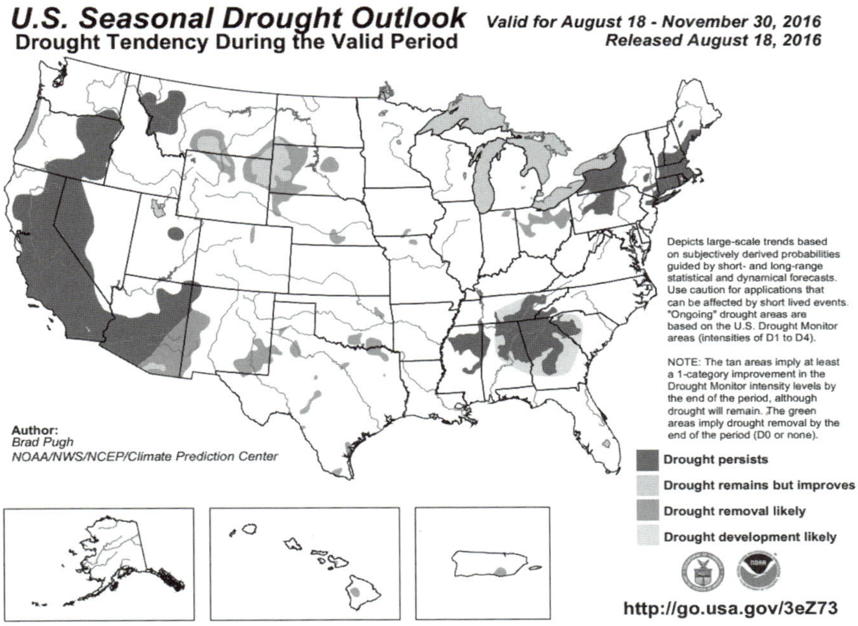

〈그림 6.9〉 미국 2016년 8~11월 계절 가뭄 전망

자료출처 : http://www.cpc.ncep.noaa.gov/

1.1.2 유럽의 가뭄 모니터링

유럽 연합의 공동연구센터는 유럽 가뭄 관측시스템(European Drought Observatory, EDO)을 개발하여 유럽지역의 가뭄 정보를 웹사이트(http://edo.jrc.ec.europa.eu/)를 통해서 제공한다. 유럽의 가뭄상황은 SPI, 토양수분, 흡수광합성유효방사(The Fraction of Absorbed Photosynthetically Active Radiation, FAPAR)를 종합적으로 고려하여 개발된 CDI(Combined Drought Indicator)를 기준으로 5가지 단계(Watch, Warning, Alert, Partial recovery, Full recovery)로 나누어 〈그림 6.10〉과 같이 제공된다.

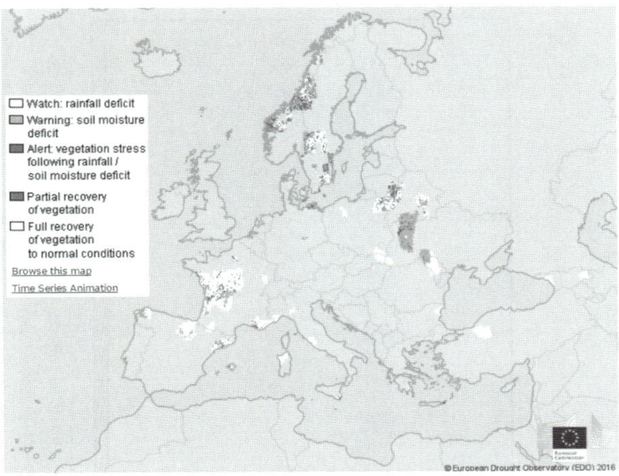

〈그림 6.10〉 2016년 8월 EDO 가뭄 관측 정보

자료출처 : http://edo.jrc.ec.europa.eu/

1.2 우리나라 가뭄 모니터링 시스템

1.2.1 기상청 가뭄 정보

우리나라 기상청은 매일 전날까지의 관측자료를 바탕으로 1년 누적 강수량, 1년 누적 강수량 평년비, 6개월 지속기간 표준강수지수(SPI6), 파머가뭄지수(PDSI)를 기상청 홈페이지(http://www.kma.go.kr/)를 통하여 〈그림 6.11〉과 같이 제공한다.

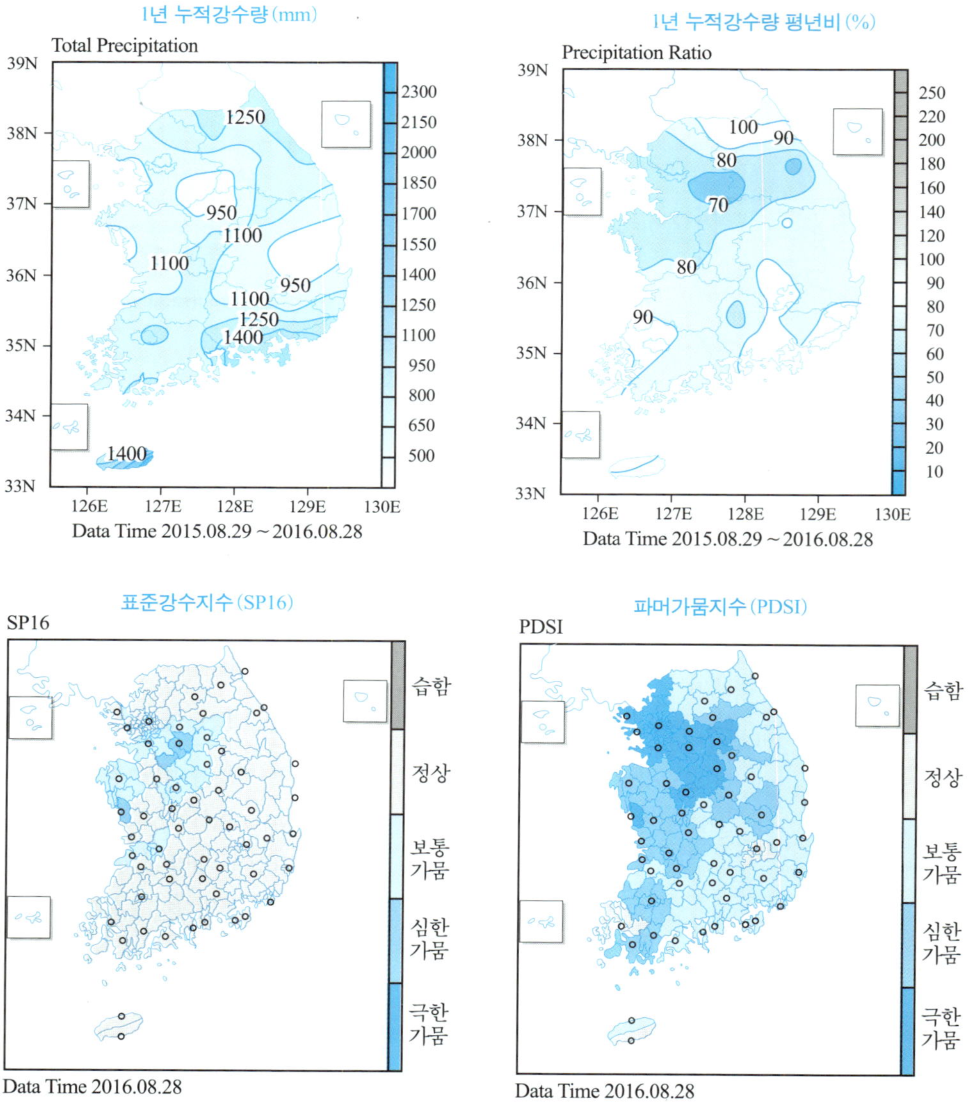

〈그림 6.11〉 2016년 8월 28일 기상청 가뭄 정보

자료출처 : http://www.kma.go.kr/

1.2.2 K-water 국가가뭄정보분석센터

K-water의 국가가뭄정보분석센터는 행정안전부 주관 관계부처(국토교통부, 농림축산식품부, 환경부, 기상청) 합동으로 판단한 가뭄현황 및 1, 3개월 전망 정보를 제공한다. 가뭄정보는 기상, 생활 및 공업용수, 농업용수 가뭄지도로 구분되어 〈그림 6.12〉와 같이 제공된다. 우리나라의 가뭄상황은 관심, 주의, 경계, 심각으로 나누어 〈표 6.16〉과 같이 구분되며, 〈표 6.17〉과 같이 가뭄 대응이 이루어진다(행정안전부, 2015).

〈그림 6.12〉 가뭄 현황도(2016년 9월 12일 기준)

자료출처 : http://drought2.kwater.or.kr

〈표 6.16〉 가뭄 판단기준(행정안전부, 2015)

구분	판단기준	비 고
관심 (Blue)	• 최근 2개월 해당지역 누적 강수량이 평년대비 80% 미만이고, 다음 분야별 기준에 1개 이상 해당할 경우 – 생활용수 : 해당지역 지방상수도 공급량의 10~30% 미만 감량 공급 – 농업용수 : 해당지역 저수지 저수율이 평년의 80~71% 또는 밭 토양 유효수분율 80~61% • 댐용수 : 용수 실수요량으로 감축 공급	징후 감시활동
주의 (Yellow)	• 최근 2개월 해당지역 누적 강수량이 평년대비 70% 미만이고, 다음 분야별 기준에 1개 이상 해당시 – 생활용수 : 해당지역 지방상수도 공급량의 30~50% 미만 감량 공급 – 농업용수 : 해당지역 저수지 저수율이 평년의 70~61% 또는 밭 토양 유효수분율 60~41% • 댐용수 : 하천유지용수 추가감량 공급	협조체계 가동 대비태세 점검
경계 (Orange)	• 최근 2개월 해당지역 누적 강수량이 평년대비 60% 미만이고, 다음 분야별 기준에 1개 이상 해당시 – 생활용수 : 해당지역 지방상수도 공급량의 50% 이상 감량 공급 – 농업용수 : 해당지역 저수지 저수율이 평년의 60% 이하 또는 밭 토양 유효수분율 40% 이하인 상황에서 가뭄피해가 발생하였을 경우 • 댐용수 : 농업용수, 생 · 공용수 추가 감량 공급	대응태세 돌입
심각 (Red)	• 전국적인 대규모 가뭄피해가 발생하였거나, 발생 우려가 있는 경우	대응조치 강화

〈표 6.17〉 가뭄 단계별 조치사항(행정안전부, 2015)

단계		조치내용
예방(관심)·대비(주의)	가뭄 상황 감시 활동	• 자치단체 등을 통해 수시로 가뭄 정보 수집 · 분석 • 관련기관 간 핫라인 유지(농림축산식품부, 환경부, 국토교통부, 자치단체) • 기상정보 및 가뭄상황 상시 파악 · 전파 • 상습가뭄재해지역 상황 지속 관리
	가뭄 대응 준비 · 점검	• 가뭄상황에 따라 관계부처 대책 회의 • 상습가뭄재해지역 소방관서 지정 · 관리용 다목적 관정 개발 지속 추진 • 민방위 비상급수시설 점검 • 물 절약 홍보 추진 • 관련기관, 자치단체 준비태세 점검 – 가뭄대책 장비 점검 · 정비, 갈수기 수질오염사고 대책 등
대응(경계 심각)	가뭄 상황 접수 · 전파	• 접수 : 관련부처 및 자치단체로부터 상황 접수 • 전파 : 보고 및 관계부서 · 유관기관(소속기관, 지자체 등)
	가뭄 대응	• 가뭄대책 추진상황 총괄관리 – 제한(운반) 급수 실태, 댐 · 저수지 저수율 현황, 농작물 가뭄상황 등 • 물 절약 홍보 지속 추진 • 관련부처 간 상호 업무분담 및 협조체제 유지 • 가뭄상황에 따라 해당지역에 현장상황관리관 파견 • 필요시 관계부처 및 유관기관 회의 개최 • 가뭄대책관련 예산 조기집행 및 관정 개발, 폐공 원상복구 지시
	비상급수 지원	• 유관기관, 기업체 및 군부대 등에 인력 및 장비 지원 요청 • 식 · 용수 비상공급을 위한 소방차 활용 지시 • 민방위 비상급수시설 이용 조치 • 식 · 용수 비상공급 시 국민 질서유지 협조 요청
복구	복구지원	• 재난구호 및 재난복구비용 부담기준에 관한 규정에 의한 지원 – 수원확보 및 공급을 위한 소요사업비, 양수 및 급수장비 구입비
가뭄극복 후		• 가뭄극복대책 성과보고서 작성 · 배포 • 물 절약 홍보 지속 추진 • 관계부처, 자치단체, 민간참여, 군 지원 활동 등 우수사례 발굴 · 전파

2. 가뭄피해 저감대책

2.1 단기 가뭄대책

2.1.1 물절약을 위한 홍보 및 교육

가뭄극복을 위해 단기적으로 우선 추진하는 대책 중의 하나는 홍보와 교육이다. 미디어와 각종 매체를 통하여 가뭄에 대한 상황을 알리고 물절약의 필요성을 호소하여 물 사용량을 절감할 수 있게 하는 방법이다. 미국과 호주에서도 다양한 프로그램과 제도를 통하여 물 사용량을 절감하였다.

〈표 6.18〉 캘리포니아 물 절약 프로그램 사례(Santa Clara Valley Water District, 2008)

적용 대상	세부 항목	해당 BMP(Best Mauagement Practice) 프로그램	비용 ($/acre-feet)	B/C 비율	절감량 (2030, acre-feet)
단일 세대 가구	절수형 기기 지원 제도	기타 절수 기기 지원 제도 (Water-sense specifications for residential development)	533	1.17	3,369
	세탁기 보조금 지원 제도	절수형 세탁기 지원 제도 (High efficiency clothes washer program)	1,220	0.48	1,061
	물 절약형 조경 보조금 제도	조경 현황 실태 조사 (Landscape survey program)	1,710	0.34	644
	조경 현황 조사 및 지원		4,622	0.12	58
	기존 조경관련 관개설비 교체 지원		157	3.65	1,233
	신규 조경 관련 관개 설비 지원		564	1.02	236
다세대 가구	공용 세탁기 보조금 지원 제도	절수형 세탁기 지원 제도 (High efficiency clothes washer program)	1,083	0.54	83
	절수형 기기 지원 제도	기타 절수 기기 지원 제도 (Water-sense specifications for residential development)	381	1.63	2,165
	물 절약형 조경 보조금 제도	조경 현황 실태 조사 (Landscape survey program)	1,328	0.43	339
	개별 검침기 설치(기존 건물)	물 손실 통제 (Water loss control)	398	1.61	1,292
	개별 검침기 설치(신규 건물)		285	2.23	94
	개별 검침기 설치(모바일홈)		124	4.53	140
상공 기관	절수형 기기 지원 제도		933	0.66	450
	사업용 세탁기 보조금 지원 제도	상공 용수 절감 제도 (Reduce baseline water use by 10% in 10 years)	508	1.16	607
	물 절약형 조경 보조금 제도		1,326	0.43	95
	절수형 살균 및 소독 장치		134	4.59	140
	절수형 음식용 찜기		1,003	0.59	76
	조경 현황 조사 및 지원		1,015	0.57	66
	기존 조경관련 관개설비 교체 지원		158	3.63	1,409
	혼합형 검침기 설치		9	71.14	5,121
	전용 검침기 설치		14	46.75	4,843
	누수 점검 및 보수		238	2.58	1,731
총 계			369	1.66	27,598

〈표 6.19〉 호주의 보조금 제도 현황(DEWHA, 2008)

대상지역	제도	운영기관	보조금
SA	Rebate Scheme	SA Water	- 샤워헤드 : $30 - 듀얼 양변기로 교체 : $150 - 세탁기 : $200
NT	NT Waterwise Central Australia Rebate Scheme	NT 자연환경문화국	- 샤워헤드, 양변기, 세탁기 : $50
WA	Waterwise Rebate Program	WA 수도국	- 세탁기 : $150
빅토리아	Water Smart Gardens & Homes Rebate Scheme	VIC 지속가능환경국	- 양변기 : $50 - 샤워헤드 : $10~$20
퀸즈랜드	Home Water Wise Rebate Scheme	퀸즈랜드 주정부	- 세탁기 : $200 - 듀얼 양변기로 교체 : $150
NSW (시드니)	Washing Machine Rebate	Sydney Water	- 세탁기 : $150
태즈매니아	Rebate Scheme	호버트 시의회	- 듀얼 양변기로 교체 : $50 - 샤워헤드 : $12 - 수도꼭지 : $12 - 세탁기 : $105 - 식기세탁기 : $105

2.1.2 물수요 관리 요금제도

가뭄이 지속될수록 물 공급에 비해 수요가 증가하게 되고 가뭄을 해결하기 위해 가뭄의 수요를 조절할 수 있는 물수요 관리 정책이 필요하게 된다. 물 수요를 줄이는 정책으로 물요금 조정을 통한 수요 관리가 있으며, 이를 통하여 소비자가 자발적으로 수요관리를 할 수 있게 한다.

〈표 6.20〉 물 수요 관리형 요금제도

요금제도	내용
가뭄 할증 요금제도	가뭄이 발생하면, 상대적으로 높아진 수요를 조절하기 위해 평상시보다 높은 가뭄 할증 요금 제도를 도입하여 수요 조절
절수 인센티브	단기적으로 자발적인 절수를 유도하기 위해 물 절수에 따른 인센티브 제공, 할증형 요금제와 달리 주민의 부담을 줄이고 자발적 절수 유도 가능
절수기준 마련 및 패널티 부과제	가뭄의 심화에 따른 능동적인 대처를 위해 절수계획 및 기준 공시를 통한 사회적 대응 체계 필요

2.2 중장기 가뭄대책

2.2.1 유수율 제고 사업

가뭄이 지속되면 용수공급량의 부족이 발생하게 된다. 이를 해결하기 위한 정부 및 지자체의 노력에도 불구하고 낮은 유수율로 인하여 공급과정에서 누수로 인한 물의 손실은 무시할 수 없는 수준이다. 우리나라의 지방상수도 유수율은 지자체별로 편차가 크며, 2013년 기준으로 특 · 광역시(세종특별자치시 제외)는 90% 전 · 후이나 강원도의 경우 66.1%로 가장 낮은 실정이다. 따라서 자자체의 수도시설 개선 및 수압관리 등 누수량 저감대책 시행을 통하여 가뭄으로 인한 불안정한 물공급에 대응할 필요가 있다.

〈표 6.21〉 지방상수도, 지자체별 유수율 현황(환경부, 2014)

지방상수도 유수율 현황			
전국 평균	특 · 광역시	시	군
84.2	91.8	80.6	63.9

지자체별 유수율 관리 현황				
50% 미만	50~60%	60~70%	70~80%	80% 이상
10	30	38	34	49

2.2.2 유역간 물 공급시설 연계운영

우리나라에서 발생하는 가뭄은 지역적으로 편차가 크게 발생한다. 이를 해결하기 위해 수계 내의 물공급시설(댐, 보, 저수지)의 연결사업을 통하여 기존 수자원 시설의 최적 활용을 통한 비상공급체계를 구축함으로써 안정적인 용수공급을 시행할 수 있다(〈그림 6.13〉). 수자원의 연계사업은 지자체나 지역주민의 분쟁을 야기할 수 있는 단점이 있지만, 수자원 간의 연계를 통하여 지역별, 유역별로 균형잡힌 용수공급을 효과적으로 할 수 있는 방법 중의 하나이다.

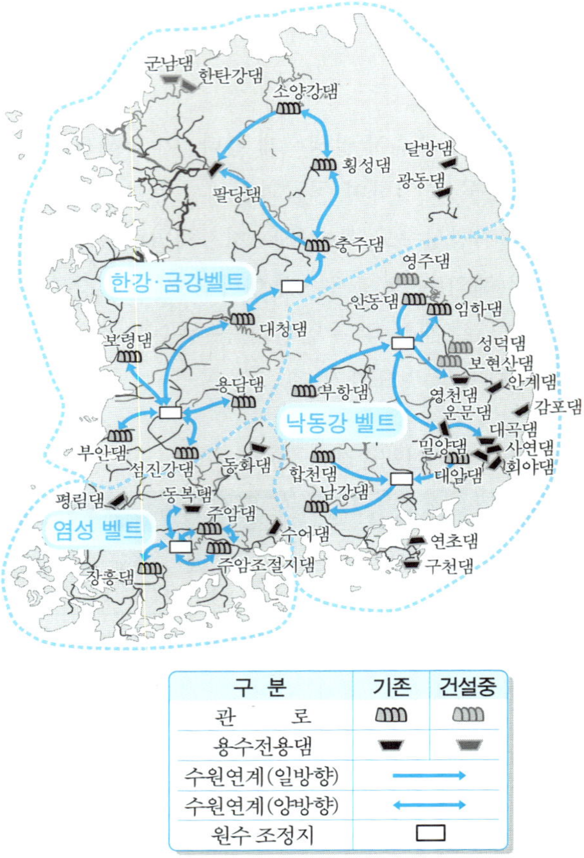

〈그림 6.13〉 수계별 네트워크(Belt化) 계획 수립(안)

자료출처 : 국토교통부, 2015

2.2.3 지하수 댐

기후변화의 영향으로 가뭄의 심도와 발생 빈도가 증가함에 따라 안정적인 취수원 확보의 중요성이 대두되고 있다. 특히 물소외 지역인 도서, 산간 지역에 지하수댐 개발을 통하여 안정적인 수자원의 확보를 기대하고 있다. 지하수댐은 〈그림 6.14〉에 나타나 있듯이 지하수를 대수층 내에 저류 및 저장시키고 관정 등의 시설을 통하여 취수하는 대용량 지하수 확보 시설이다.

지하수 댐은 일반 저수지와 달리 증발에 의한 수자원 손실이 없고, 수몰면적이 적어 지상댐에 비해 건설비용이 저렴하며, 하천수보다 수질이 양호하다는 장점을 지니고 있다. 2014년 현재 국내에 6개의 지하수댐이 설치되어 일평균 약 15만m³의 공급능력을 갖추고 있다(〈표 6.22〉). 따라서 용수확보가 어려운 도서, 산간 지역에 물 부족을 해결할 수 있는 효율적인 방안이다.

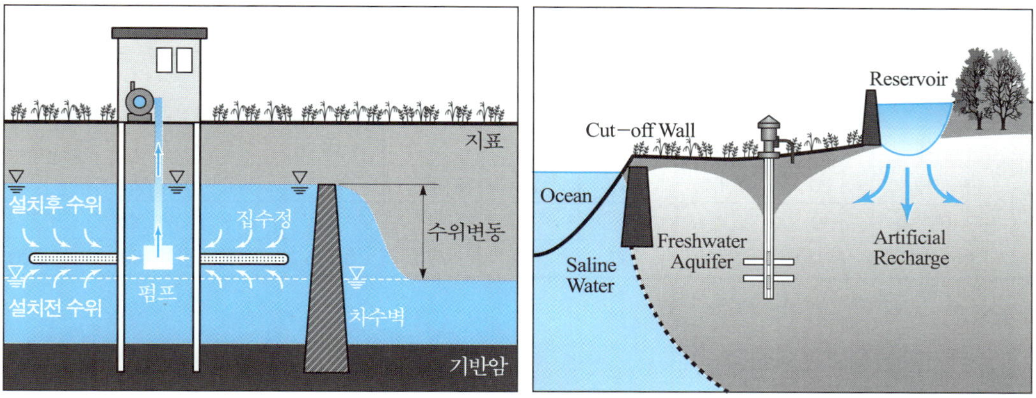

〈그림 6.14〉 지하수 댐 개념도

〈표 6.22〉 국내 지하수 댐 개발 현황(한국수자원공사, 2016b)

구분	쌍천	이안	남송	옥성	고천	우일
위치 (하천명)	강원 속초 (쌍천)	경북 상주 (이안천)	경북 포항 (곡강천)	충남 공주 (유구천)	전북 정읍 (용호천)	전북 정읍 (한교천)
유역면적(km^2)	65.3	21.3	153.0	275.0	27.0	22.0
공급능력(m^3/일)	33,000	24,000	23,600	27,900	25,110	16,200
용도	생활용수	농업용수	농업용수	농업용수	농업용수	농업용수
준공년도	1998	1983	1986	1986	1986	1986
물막이벽길이(m)	800	230	89	482	192	778

2.2.4 해수담수화

정부와 지자체의 다양한 노력에도 불구하고 수자원이 고갈되면 용수공급에 한계가 발생하게 된다. 이러한 문제점에 대비하여 무한 자원인 해수를 이용한 대체수자원을 개발함으로써 항구적 물 안보를 확보할 수 있다.

기후변화로 인해 극심한 가뭄을 겪었던 미국과 호주는 해수담수화 사업을 통하여 물부족을 해결하고 있으며, 우리나라의 경우도 현재 109개 해수담수화 시설(총 시설용량은 8,333m^3/일)을 K-water와 지자체에서 운영 중이며, 생산된 용수는 주로 섬 지역에 공급하고 있다(〈표 6.23〉).

〈표 6.23〉 우리나라 해수담수화 시설 현황(환경부, 2014)

구분		지역별								
		계	인천	경기	충남	전북	전남	경북	경남	제주
시설수 (개소)	계	109	3	3	23	7	61	1	7	4
	가동	90	1	3	22	6	51	1	3	3
	미가동	19	2	–	1	1	10	–	4	1
용량(m^3/일)		8,333	340	390	770	470	3,985	28	150	2,200

2.2.5 국가가뭄정보분석센터

지금까지 우리나라의 가뭄관리는 사후 대응을 중심으로 실행되었다. 가뭄대응 및 모니터링, 예·경보 시행을 위한 각 기관 간의 물 정보 연계 및 통합이 필요하나 자료의 공유가 제한되어 있어 가뭄을 예측하고 피해를 절감하기 위한 선제적 대응이 어려운 실정이었다. 따라서 가뭄 에 대한 선제적 대응과 가뭄피해 최소화를 위하여 전국의 물정보를 통합하여 관리할 수 있는 가뭄정보분석센터를 2015년 11월에 설립하였다. 가뭄정보분석센터는 2016년 1월 국가가뭄정보분석 시범시스템 구축 및 운영을 시작으로 가뭄 예·경보 시행, 일별 가뭄현황 및 전망분석을 통해 2017년 4월 국가가뭄정보분석시스템(국가가뭄정보포털, http://www.drought.go.kr/main.do)을 대국민에게 오픈하고 현재까지 운영하고 있다.

가뭄정보분석센터는 실시간 가뭄정보를 수집하고 분석하여 모니터링을 실시하여, 모니터링 결과를 정부 및 공공기관과 지자체에 제공하여 신속한 대응이 이루어지도록 해야 한다. 또한 가뭄 피해 및 직·간접적인 영향을 평가하고 효과적인 지역 맞춤형 가뭄대응대책을 개발 및 지원함으로써 가뭄발생시 효과적이고 선제적인 가뭄대응을 할 수 있도록 해야 한다.

2.2.6 물절약 홍보

우리나라에 지속적으로 가뭄이 발생하였으나 물사용에 대한 불편함이 발생하지 않아 국민적인 관심이 부족하였다. 따라서 절수캠페인, 물절약 홍보 등을 통해서 지역 주민들에게 가뭄의 심각성을 널리 알리고 경각심을 높여 자발적인 절수 참여를 유도할 필요가 있다. 절수캠페인 전개로 지역 주민 대상 가뭄의 심각성을 전파하고, 절수기기 및 리플렛 배포로 가뭄극복 필요성에 대한 주민 공감대를 형성할 수 있다. 또한 아파트 등 대수용가 대상 절수 지원제 안내 및 절수 동참 요청을 호소할 수도 있다.

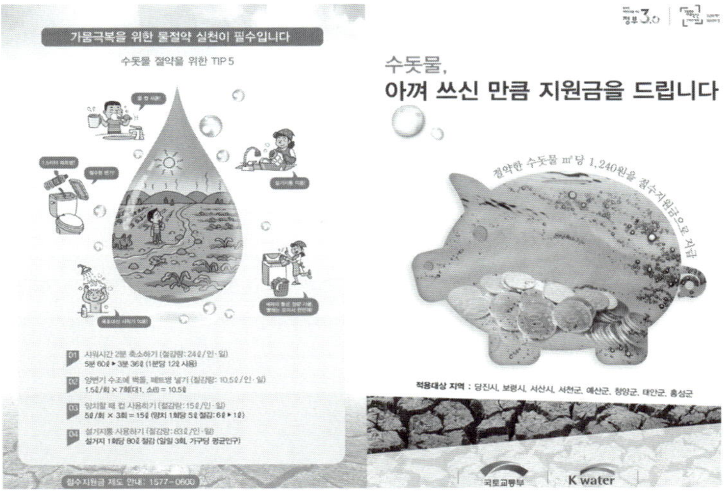

(a) 수용가 배포 절수안내 리플렛

(b) 절수안내 현수막 게시

〈그림 6.15〉 절수 홍보 현황

자료출처 : 한국수자원공사, 2016b

제 2 편 자연재해

제7장 바람방재

1절 바람재해

1. 바람재해의 정의

바람재해는 태풍 · 강풍 등에 의해 인명 피해나 공공시설 및 사유 시설의 경제적 손실을 발생시키는 재해를 말하며 대부분이 자연현상에 의해 발생되므로 자연재난에 속한다.

주로 발생하는 바람재해는 태풍, 강풍, 풍랑 등이 있으며, 특히 강우가 동반되는 현상인 태풍은 단기간에 광범위한 지역에 영향을 미치는 자연재난이다. 2002년과 2003년의 태풍 루사와 매미가 각각 4조 원 이상의 경제적인 손실을 발생시킨 바 있다.

〈그림 7.1〉 우리나라에 큰 피해를 입혔던 태풍 매미(2003)

2. 바람재해의 종류

2.1 태풍

태풍(typhoon)은 적도해양 상에서 발생하는 열대성 저기압의 한 형태이며 매우 낮은 기압의 중심부위인 태풍의 눈을 중심으로 약 30~50km에 걸쳐 있는 원형대에서 매우 낮은 기압의 중심주위를 공기가 큰 규모로 소용돌이치는 구조로 이루어져 있다. 이 소용돌이 바람은 북반구에서는 반시계방향 남반구에서는 시계방향으로 회전하는 특성을 지닌다. 중심 부근에서 태풍의 바람은 시간당 300km보다 큰 돌풍일 때도 있으며, 이러한 격렬한 태풍은 이동 경로에 위치한 해안선과 내륙에 매년 피해를 주고 있다.

한편, 〈그림 7.2〉와 같이 태풍이 빠르게 회전하는 힘 때문에 중심부근의 뜨거운 공기가 빠져나가고 고공의 차가운 공기가 중심으로 쏟아져 내리면서 태풍의 중심은 국지적인 고기압 상태가 된다. 이렇게 형성된 태풍의 중심을 '태풍의 눈' 이라 하는데, 주변의 저기압부의 영향을 받지 않아 맑은 날씨의 무풍지대를 형성하는 것이 특징이다.

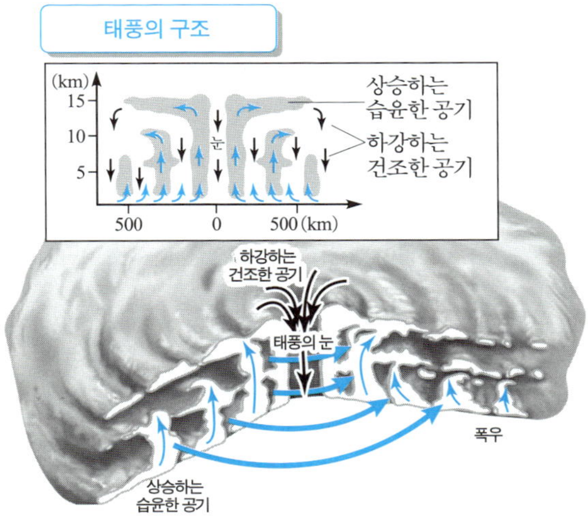

〈그림 7.2〉 태풍의 구조

태풍은 풍속에 따라 〈표 7.1〉과 같이 종류가 구분된다. 세계기상기구는 열대저기압 중에서 중심 부근의 최대풍속이 33m/s 이상인 것을 태풍, 25~32m/s인 경우는 열대폭풍, 그리고 17m/s 미만인 것을 열대저기압으로 정의하고 있다. 우리나라에서도 이를 채택하여 열대저기압을 구분하고 있지만, 일반적으로는 중심풍속이 17m/s 이상인 열대저기압 모두를 통틀어서 태풍이라고 한다. 열대성 저기압은 지역에 따라 다른 이름으로 불린다. 북서태평양의 경우 태풍(typhoon), 북중미에선 허리케인(hurricane), 인도양에서는 사이클론(cyclone)이라고 한다.

〈표 7.1〉 열대성 저기압(태풍)의 분류

중심부근 최대풍속		17m/s(34Kts) 미 만	17~24m/s (34~47Kts)	25~32m/s (48~63Kts)	33m/s(64Kts) 이 상
구분	세계기상기구	열대성저기압 Tropical Depression (TD)	열대성 폭풍 Tropical Storm (TS)	강한 열대성 폭풍 Severe Tropical Storm (STS)	태 풍 Hurricane Typhoon Cyclone (TY)
	한국 및 일본	열대성저기압	태 풍		

태풍 주위의 바람은 태풍의 눈을 중심으로 우측부분이 좌측부분보다 강하게 분다. 이는 반시계방향으로 도는 형태에 기인한다. 우측부분은 태풍을 진행시키는 상층풍과 풍향이 합성되어 바람이 세지는 반면, 좌측부분은 상층풍과 반대방향이어서 서로 상쇄되어 바람이 다소 약해지는 것이다. 이에 태풍의 우측부분을 위험반원, 좌측부분을 가항반원이라 부른다.

2.2 강풍

바람은 두 지점 간 온도 및 기압의 차이로 인해 공기가 이동하는 현상이다. 이러한 온도와 기압 차이가 커지게 될 경우 바람의 세기 또한 증가하게 된다. 따라서 강풍피해는 기압, 온도의 차가 커지는 시기에 자주 발생하는 특징이 있다. 이러한 피해를 막기 위해 강풍주의보를 발령하는데, 이를 위한 최저 기준이 되는 풍속을 초과하면 강풍으로 분류하여 피해예방을 위한 조치를 하도록 한다. 우리나라의 기상청에서는 강풍특보의 기준을 강풍주의보와 강풍 경보로 구분하고 있다. 강풍 주의보는 육상에서 풍속 50.4km/h(14m/s) 이상 또는 순간풍속 72km/h(20m/s) 이상, 다만 산지는 풍속 61.2km/h(17m/s) 이상 또는 순간풍속 90km/h(25m/s) 이상이 예상될 때이다. 강풍 경보는 육상에서 풍속 75.6km/h(21m/s) 이상 또는 순간풍속 93.6km/h(26m/s) 이상, 다만 산지는 풍속 24m/s(86.4km/h) 이상 또는 순간풍속 30m/s(108km/h) 이상이 예상될 때 이다. 반면, 전 세계적으로 사용되는 뷰포트 풍력 계급도에서는 평균풍속이 14m/s 이상인 경우를 강풍으로 분류하고 있다.

우리나라에서 강풍피해를 입히고 있는 바람은 태풍, 전선풍, 그리고 겨울철 계절풍이 있다. 태풍은 열대성 저기압에 의해 공기가 강한 소용돌이 형태로 회전하면서 바람을 일으키는 현상이다. 전선풍은 봄이 시작되는 시기에 많이 일어나며 온난기단과 한랭기단이 만나 서로 위아래로 밀어내면서 전선이 형성되어 발생하는 강풍이다. 겨울철 계절풍은 겨울에 북서쪽으로부터 크게 발달한 시베리아고기압이 한반도로 내려오면서 발생한다.

2.3 풍랑

해상에서 바람에 의해 일어나는 파도이다. 바람이 없이 멀리서부터 전해져 오는 파도인 너울과 비교되는데, 풍랑의 마루가 뾰족하고 주기가 더 짧은 편이다. 보통 풍속이 1~2m/s 이상이 되면 풍랑이라고 하는 중력파가 발생된다. 그러다 풍속이 3~5m/s가 되면 마루가 깨져서 백파(白波)가 되며, 풍속이 10m/s 이상이 되면 비교적 큰 파는 깨지고 해면에 거품조각이 나타나고 거품에 줄이 생긴다. 또한 풍속이 매초 20m 이상이 되면 조그만 산과 같은 파의 마루로부터 찢겨진 물안개가 일면에 펼쳐진다.

〈그림 7.3〉 풍랑 사진

3 바람재해의 발생원인

3.1 태풍의 발생원인

적도에서는 태양일사에 의한 열에너지가 풍부하고, 반면에 극지방과 같은 지역에는 열에너지의 결핍이 발생한다. 이처럼 불균형한 태양열의 공급에 따른 열적 불균형을 해소하기 위해 저위도 지방의 따뜻한 공기가 고위도로 올라가게 된다. 고위도로 상승하는 공기덩어리는 바다로부터 수증기를 공급받으면서 성장하고, 이 과정은 갈수록 더욱 가속화된다. 공급받은 수증기는 강우를 발생시키고 상승하는 공기덩어리는 반시계 방향으로 소용돌이를 일으켜 강한 바람을 동반하는 태풍이 된다.

태풍은 적도 근처의 대양의 따뜻한 습기를 가진 대기에서 형성된 열대성 저기압으로부터 시작된다. 해수면 온도는 26℃ 이상으로 더운 상태가 유지되어야 한다. 이러한 상태에서 열대 지방에서 뜨거워진 고온다습한 공기가 높은 고도로 상승하여 적란운을 발생시키고 생성된 적란운은 강한 스콜을 동반하게 된다. 이 스콜로 인해 공기의 작은 소용돌이가 생성되고 수렴기류로 인해 적도부근으로 한데 모여 세력이 강해진다. 이렇게 수렴된 공기의 소용돌이가 성장하여 태풍이 되는 것이다.

3.2 강풍의 발생원인

지구의 표면은 태양으로부터 열에너지를 받아 지표면 상태의 차에 의하여 온도차가 발생한다. 온도가 높은 곳에서는 공기가 뜨거워져 팽창하여 저기압을 형성하고, 온도가 낮은 곳에서는 반대로 고기압이 형성된다. 그리하여 공기는 기압이 높은 곳에서 낮은 곳으로 이동하게 되는데 이러한 현상이 바람이다. 이렇게 생성된 바람이 강해지면 강풍이 된다. 강풍의 주 원인으로는 열대저기압과 온대저기압이 있다. 저기압은 온난전선과 한랭전선을 동반하게 된다. 여기서, 기온이 급변하고 강풍을 발생시키는 것은 한랭전선이 통과하는 경우이다. 한랭전선은 찬 공기가 더운 공기 밑으로 잠입하여 밀어내면서 생기는 공기의 경계가 지표면, 해면과 접하는 선이다. 이 한랭전선이 통과하면 기온이 급강하고 풍향이 급변하며 풍속이 증가하게 된다. 우리나라의 경우 봄에 이러한 현상이 발생하여 강풍피해가 잦은 편이다.

한편, 겨울의 강풍은 시베리아에서부터 발생된 계절풍이 원인이다. 겨울이 되면 대륙의 고위도 지방이 매우 차가워져 시베리아 고기압이 형성된다. 이 고기압은 비교적 저기압인 해양 방향으로 이동하게 된다. 그 때문에 우리나라에서는 북서풍이 불게 되는데, 육지와 해양의 온도차가 커지는 겨울의 특성상 그만큼 기압의 차도 커져 바람이 평소보다 훨씬 강해진다.

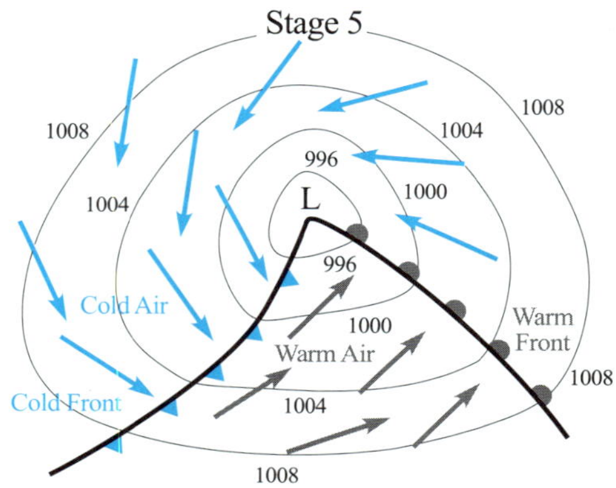

〈그림 7.4〉 온대저기압에서의 전선

3.3 풍랑의 발생원인

해상에서의 강한 바람이 불어 수면에 파장을 일으키면 발생한다. 태풍 또는 강풍이 해상에서 발생하는 경우 큰 파도가 생성되어 해안가에 피해를 입히는 경우가 많다.

이론상 가능한 최소의 잔물결은 파장 1.72cm, 파속 23.1cm/sec, 파고 0.022cm이다. 풍속이 1~2m/sec 이상으로 보다 빨라지면 중력파로 변하여 이랑이 깊어지고, 파도의 봉우리가 뾰족해진다. 3~5m/sec 이상의 바람이 불면 파도가 부서져 흰 파도가 발견된다. 따라서 거품이 수면에 늘어나고 거품의 줄기나 덩어리가 해면에 보이게 되며, 바람이 10m/sec 이상이 되면 파도는 작은 산과 같이 높고, 20m/sec 이상이 되면 해면은 휘몰아쳐서 덮쳐진다.

2절 국내외 바람재해의 특성과 주요 피해사례

1. 국내 바람재해의 특성 및 주요 피해사례

1.1. 한반도 바람재해 특성

전 지구적으로 이상 기후가 진행되는 가운데, 최근 들어 한반도에 영향을 주는 태풍의 강도가 점차 강해지는 추세에 있다. 또한 한반도 주변 해수면 온도의 상승 등 자연적 요인으로 우리나라는 강력한 태풍의 영향을 받을 가능성을 충분히 내재하고 있다. 특히 2002년도 태풍 '루사' 의 극심한 피해로 인하여 건축물의 내풍 설계에 대한 중요성이 부각되었고, 2003년 제14호 태풍 '매미' 가 우리나라에 다가왔을 때, 부산항에 설치되어 있는 거대한 타워크레인이 붕괴한 것과 같은 현상은 일상적 기상조건에서의 피해가 아니라 재해적 기상 상황에서 나타난 대규모 인적, 물적 피해의 대표적인 사례 중 하나이다.

1.2 바람재해로 인한 피해발생 가능지역

강풍에 취약한 사유 시설물에 매년 반복적으로 발생하는 피해를 경감함으로써 국민 경제 안정은 물론, 국가 경제 발전에 기여하기 위한 방법론의 요구가 증가하고 있다. 바람 재해로 인해 피해가 발생할 수 있는 지역은 다음과 같다.

1) 과거 피해가 발생한 이력이 있는 지역
2) 지자체 담당자 및 주민에 대한 탐문 · 설문 조사에 의하여 위험 요인이 존재하고 있는 것으로 판단된 지역
3) 법에 따른 내풍 설계 대상 시설물이 위치한 지역
4) 지형적 특성으로 인한 국지적 강풍 발생 우려 지역
5) 도심지의 건물군 배치 특성으로 인한 국지적 난류 발생 우려 지역
6) 인구 밀집 지역 및 비산 위험물이 적치된 지역
7) 도심지의 고층 건물 빌딩풍 우려 지역
8) 과거 태풍 내습 지역을 반영한 위험 지구 선정 지역
9) '재난 및 안전 관리법' 제27조에 따라 관리 중인 바람 재해 특정 관리 대상 시설(스키장, 삭도 · 궤도, 유원 시설, 대형 광고 시설물, 옥상 철탑, 옥외 강구조물 등) 시설 상태 평가 기준으로 D · E 등급인 재난 위험 시설물
10) 노후 송전탑, 피해가 예상되는 비닐하우스 및 그 밖의 내풍 관련 법규가 적용되는 시설물 중 반복 피해가 우려되는 시설물

1.3 국내 바람재해 주요 피해사례

1.3.1 바람재해 피해상황 및 통계

최근 10년간(2009~2018년)의 재해원인별 피해액 현황을 〈표 7.2〉에 나타내었다. 평균 합계는 344,124백만 원으로 집계되었으며 바람재해에 해당하는 피해액 평균은 태풍 150,218백만 원, 호우 151,462백만 원, 풍랑 4,639백만 원으로 전체원인별 피해액 평균대비 1.35%를 차지하였다. 또한 최근 10년간(2009~2018년) 특별재난지역 선포지역 중 바람재해에 의한 주요 피해지역을 〈표 7.3〉에 나타내었다.

국내에서 발생한 바람재해 중 인명 피해가 가장 많이 발생했던 재해는 1936년 8월의 태풍(이름없음)으로 사망·실종자 1,232명, 부상자 1,646명이 발생한 재해이고 두 번째는 1959년 9월에 발생한 태풍 '사라(SARAH)'로 사망·실종자 849명, 부상자 2,533명을 기록한 재해이다.

가장 많은 비를 뿌린 태풍은 2002년 8월에 발생한 '루사(RUSA)'로 8월 31일 하루 동안 강릉에 871mm의 집중호우를 내렸다. 또한 2003년 9월에 발생한 태풍 '매미(MAEMI)'는 최저기압 950hPa로 역대 태풍 중 규모로 사상 최고, 최대 순간 풍속 역시 최고 기록인 초속 60m로 가장 강한 바람을 몰고 왔던 태풍으로 기록 되었다.

가장 큰 재산 피해를 준 태풍은 2002년 8월 발생한 태풍 '루사(RUSA)'로 8월31일~9월1일 한반도를 강타한 루사의 집중호우로 인한 재산피해는 5조 4,696억 원, 사망실종자는 246명이었으며 2003년 9월에 발생한 '매미(MAEMI)'는 4조 2,000억 원의 재산 피해를 발생하였다. 그리고 1987년 7월 피해를 준 태풍 '셀마(THELMA)'는 4,960여억 원의 손실을 가져오며 태풍의 바람만으로 가장 큰 피해를 준 태풍으로 기록되었다(행정안전부 재해연보, 2015).

〈표 7.2〉 최근 10년간 원인별 피해액 현황 (단위: 백만원)

구분	2009	2010	2011	2012	2013	2014	2015	2016	2017	2018	평균
호우	276,735	189,041	517,080	37,404	156,409	141,414	1,256	37,867	103,613	53,800	151,462
대설	13,873	69,339	47,018	19,808	11,219	32,239	13,489	19,720	85	14,032	24,082
풍랑	26,152	7,359	293		44		345	8,761	617	2,823	4,639
강풍	7,638	182		25,999	922	94	4,031			7	3,887
태풍			213,956	976,906	1,671	5,262	13,886	226,301		64,200	150,218
지진								11,628	86,713		9,834
기타										7	0.7
계	324,398	265,921	778,347	1,060,117	170,265	179,009	33,007	304,277	191,028	134,869	344,124

2018년도 환산가격 기준

〈표 7.3〉 최근 10년간 특별재난지역 선포현황(2002~2018)

(단위 : 명/억 원)

연 도	기 간	재해명	선포 일자	선포지역
2002	8.30~9.1	제15호 태풍 루사	09.16	16개시도 203개시군(전국 일원)
2003	9.12~13	제14호 태풍 매미	09.22	14개시도 156개시군구(전국 일원)
2004	3.4~5	대설피해	03.10	10개시도 82개시군구(전국 일원)
2005	12.3~24	대설피해	12.29	9개시도 57개시군구(전국 일원)
2006	7.9~29	제3호 태풍 에위니아	07.18 08.10	7개시도 39개시군
2006	10.22~24	10.22~24 호우 · 강풍 · 풍랑	11.15	강원 강릉 · 동해 · 속초 · 삼척 · 고성 · 양양
2007	8.4~15	8.4~15 집중호우	09.11	강원 양구
2007	9.13~16	제11호 태풍 나리	09.20 10.08	제주, 전남 고흥, 보성, 화순, 완도
2008	7.23~26	7.23~26 호우	08.01	경북 봉화
2009	7.11~16	7.11~16 호우	07.31	양평, 홍천, 제천, 금산, 완주, 광양, 김해, 하동
2009	12.4~6	12.4~6 강풍 · 풍랑	12.24	충남 서천
2010	7.16~18, 23~24	7월 호우	08.11	경남 합천, 충남 보령 · 부여
2010	8.13~18	8.13~18 호우	09.03	전북 남원 · 익산 · 완주 · 임실 · 장수 · 진안, 전남 곡성
2010	9.1~3	제7호 태풍 곤파스	09.16	경기 화성, 충남 서산 · 홍성 · 예산 · 태안 · 당진, 전남 신안
2010	12.29~1.4	12.29~1.4 대설	01.24	전남 영암
2011	2.11~14	2.11~14 대설	03.03	강원 강릉 · 삼척, 경북 울진
2011	7.7~14	7.7~14 호우	08.02	전북 완주, 경북 청도, 경남 밀양 · 하동 · 산청
2011	7.26~29	7.26~29 호우	08.08 08.19	경기 동두천 · 남양주 · 파주 · 광주 · 양주 · 포천 · 연천 · 가평, 강원 춘천, 서울 서초, 경기 양평, 강원 화천
2011	8.6~10	제9호 태풍 무이파 및 호우	08.19 09.02	전북 정읍 · 임실 · 고창, 전남 광양 · 구례 · 진도 · 신안, 경남 하동 · 산청 · 함양, 전북 남원 · 부안, 전남 완도
2012	8.25~30	제14, 15호 태풍 덴빈, 볼라벤	09.03	전남 장흥, 강진, 해남, 영광, 신안
			09.04	전남 고흥, 영암, 완도, 진도
			09.05	광주 남구, 전북 정읍, 남원, 완주, 고창, 부안, 전남 순천, 나주, 곡성, 보성, 무안, 장성, 제주
			09.13	충북 괴산, 충남 부여, 전북 김제, 전남 목 포, 여수, 구례, 화순, 함평
2012	9.16~17	제16호 태풍 산바	09.26	경북 포항, 경주, 김천, 고령, 성주, 경남 통영, 밀양, 거제, 남해, 산청, 함양, 거창, 합천, 전남 여수, 고흥(15개 지역)
2013	7.11~15, 18	7.11~15, 7.18 호우	07.27	경기 가평, 강원 춘천 · 홍천 · 평창 · 인제
2013	7.22~23	7.22~23 호우	08.09	경기 이천 · 여주
2014	8.25	8.25 호우	09.05	부산 북, 금정, 기장, 경남 창원, 고성
2016	9.12	9.12 지진	09.22	경북 경주
2016	10.3~6	제18호 태풍 차바	10.10	울산 북구, 울주군
			10.17	부산 사하구, 경북 경주시, 경남 거제시, 통영시, 양산시, 제주도
2017	7.14~16	7월 호우	07.27	충북 청주, 괴산, 충남 천안

〈표 7.3〉 최근 10년간 특별재난지역 선포현황(2002~2018)(계속)

(단위 : 명/억 원)

연 도	기 간	재해명	선포 일자	선포지역
2017	11.15	11.15 지진	11.20	경북 포항시
2018	6.26~7.4	6.26~7.4 태풍, 호우	07.18	전남 보성군 보성읍, 회천면
2018	8.23~24, 8.26~9.1	제19호 태풍 솔릭, 8.26~9.1 호우	09.26	전남 완도 (보길면),경기 연천 (신서면 · 중 면 · 왕징면 · 장남면), 경남 함양 (함양읍 · 병곡면)
2018	10.4~7	제25호 태풍 콩레이	10.24	전남 고흥 (동일면), 완도 (청산면, 소안면) 경북 영덕군, 경주 (외동읍,양북면) 경남 거제 (일운면, 남부면)

〈표 7.4〉 인명 및 재산피해 순위(1904-2015년)

순위	인 명			재 산		
	발생일	태풍명	사망 · 실종(명)	발생일	태풍명	재산피해액(억 원)
1	'36.8.20~28	3693호	1,232	'02.8.30~9.1	RUSA	51,479
2	'23.8.11~14	2353호	1,157	'03.9.12.~9.13	MAEMI	42,225
3	'59.9.15~18	SARAH	849	'99.7.23~8.4	OLGA	10,490
4	'72.8.19~20	BETTY	550	'12.8.25~30	BOLAVEN&TEMBIN	6,365
5	'25.7.15~18	2560호	516	'95.8.19~30	JANIS	4,563
6	'14.9.7~13	1428호	432	'87.7.15~16	THELMA	3,913
7	'33.8.3~5	3383호	415	'12.9.15~17	SANBA	3,657
8	'87.7.15-16	THELMA	345	'98.9.29~10.1	YANNI	2,749
9	'34.7.20~24	3486호	265	'00.8.23~9.1	PRAPIROON	2,520
10	'02.8.30~9.1	RUSA	246	'04.8.17~19	MEGI	2,508

※ 이 자료는 행정안전부 통계자료를 이용했으며, 재산피해액은 당해연도 가격 기준임.

– 1995년 태풍 재니스(JANIS), 1999년 태풍 올가(OLGA), 2000년 태풍 쁘라삐룬(PRAPIROON)의 피해액은 호우와 태풍의 중복 피해액임.

– 2012년 볼라벤(BOLAVEN)과 덴빈(TEMBIN)은 연이어 발생하여 피해액이 중복되었음.

〈표 7.5〉 태풍 내습시 관측된 최대 풍속(1904-2016년)

순위	태풍 번호	태풍 이름	최대 풍속	관측 연월일	관측 장소
1위	314	MAEMI	51.1m/s	2003-09-12	고산
2위	1618	CHABA	49.0m/s	2016-10-05	고산
3위	12	PRAPIROON	47.4m/s	2000-08-31	흑산도
4위	5412	JUNE	45.0m/s	1954-09-14	울릉도
5위	215	RUSA	43.7m/s	2002-08-31	고산
6위	711	NARI	43.0m/s	2007-09-16	고산
7위	1904년태풍	-	42.4m/s	1904-08-18	목포
8위	1905년태풍	-	42.3m/s	1905-09-02	목포
9위	5115	RUTH	39.8m/s	1951-10-14	포항
10위	314	MAEMI	39.5m/s	2003-09-12	제주
10위	4008	-	39.5m/s	1940-07-23	목포
12위	5412	JUNE	38.0m/s	1954-09-13	울릉도

〈표 7.6〉 태풍 내습시 관측된 최대 순간 풍속(1938-2016년)

순위	태풍 번호	태풍 이름	최대 순간 풍속	관측 연월일	관측 장소
1위	314	MAEMI	60.0m/s	2003-09-12	제주
1위	314	MAEMI	60.0m/s	2003-09-12	고산
3위	12	PRAPIROON	58.3m/s	2000-08-31	흑산도
4위	215	RUSA	56.7m/s	2002-08-31	고산
5위	1618	CHABA	56.5m/s	2016-10-05	고산
6위	711	NARI	52.4m/s	2007-09-17	울릉도
7위	711	NARI	52.0m/s	2007-09-16	고산
8위	1215	BOLAVEN	51.8m/s	2012-08-28	완도
9위	9219	TED	51.0m/s	1992-09-25	울릉도
10위	215	RUSA	50.2m/s	2002-08-31	흑산도
11위	314	MAEMI	49.2m/s	2003-09-12	여수
12위	8613	VERA	49.0m/s	1986-08-28	울진
13위	514	NABI	47.3m/s	2005-09-07	울릉도
14위	1618	CHABA	47.0m/s	2016-10-05	제주
15위	5914	SARAH	46.9m/s	1959-09-17	제주

1.3.2 태풍 '루사'

국내 발생한 태풍 중 가장 큰 재산피해를 발생시킨 '루사(RUSA)'는 2002년 8월 23일 09시경 괌섬 동북동쪽 약 1,800km 부근해상에서 발생하여 일본 남쪽 해상을 거쳐 30일 제주도 남남동쪽 해상으로 느린 속도로 북상하여 31일 15시 30분경에 전라남도 고흥반도 남쪽해안으로 상륙하여 순천, 남원, 무주 지방을 지나 9월 1일 03시경에 충청북도 보은부근을 거쳐 09시경 강원도 평창부근에서에서 북동진하여 인제, 속초부근을 거쳐 9월 1일 15시경에 강원도 속초 북동쪽 약 130km 부근해상에서 약화되어 소멸하였다.

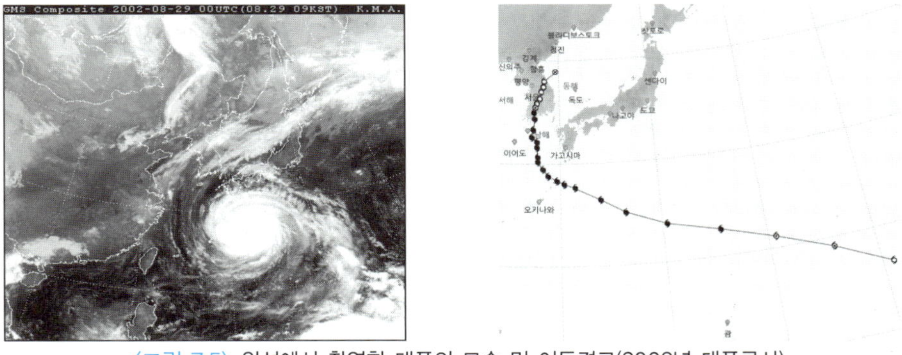

〈그림 7.5〉 위성에서 촬영한 태풍의 모습 및 이동경로(2002년 태풍루사)

태풍 '루사(RUSA)'가 남해안에 상륙하여 내륙으로 통과하면서 전국적으로 강한 바람과 많은 비를 내렸으며 태풍의 영향을 받기 시작한 8월 30일부터 9월 1일 11시까지 내린 강수량은 제주도 산간지방은 400~700mm, 남해안 지방은 200~400mm, 강원도 영동지방은 350~900mm이며 그 밖의 지방은 20~200mm를 나타내었다. 특히, 강릉에 8월 31일 하루에 내린 강수량은 897.5mm로 전국 관측기록 중 1위를 기록했으며, 제주 고산지방에서는 최대순간풍속 56.7m/s의 강풍이 기록되었다.

태풍이 우리나라까지 올라와서도 강력한 힘을 잃지 않았던 원인은 우리나라 동서로 북태평양 고기압이 놓여 있고 상층 편서풍이 약해 상층 기압골의 이동이 늦어 태풍의 이동속도와 전향이 늦고, 남해상의 해수면 온도가 평년보다 높아 강한 태풍을 유지하고 있었기 때문이다.

〈그림 7.6〉 태풍 루사에 의한 피해(강릉시 강남동일대)

1.3.3 태풍 '매미'

태풍 '매미(MAEMI)'는 최대순간풍속과 위력 등에서 역대 기록을 경신하였다. 최대순간풍속은 2003년 9월 12일 오후 4시 10분경 제주 수월봉 풍속계에서 측정된 초속 60m, 1904년 기상관측 이래 최대치였다. 최저 중심기압은 950hPa로 1959년 사라가 세웠던 기록(951.5hPa)을 능가했다.

태풍 "매미"는 9월 6일 15시경 괌섬 북서쪽 약 400km 부근 해상(16.0N, 141.5E)에서 발생하여 느리게 북서진 후, 9일 09시경에 태풍으로 발달한 후 11일 09시경에 중심기압이 910hPa로 가장 낮아졌으며 12일 18시경 제주도 성산포 동쪽 부근해상을 거처 12일 20시경에 경상남도 사천시 부근 해안으로 상륙한 태풍은 북북동진하여 경남 함안을 거쳐 9월 13일 02시 30분경에 울진 부근 해안을 통해 동해상으로 진출하였다.

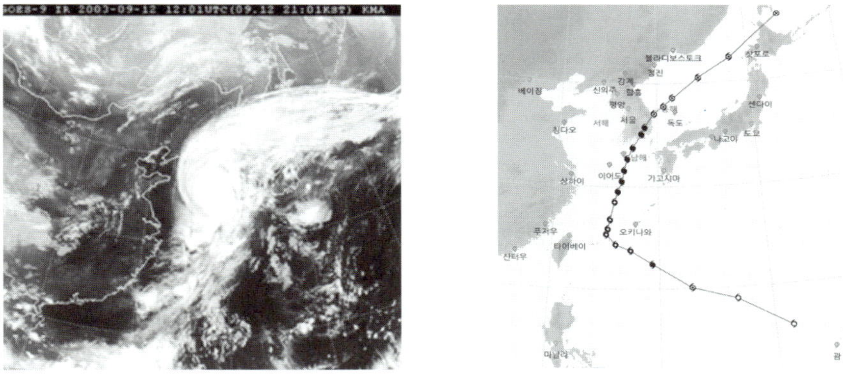

〈그림 7.7〉 위성에서 촬영한 태풍의 모습 및 이동경로(2003년 태풍매미)

〈표 7.7〉 우리나라 상륙 이후 태풍진로(2003년 9월)

12일 20시	12일 21시	12일 23시	13일 00시	13일 01시	13일 02시	13일 02시30분
경남 사천시 부근 상륙	경남 함안군 부근	대구 남서쪽 20km 부근	대구 북동쪽 35km 부근	경북 청송군 부근	경북 울진군 부근	동해안 진출

태풍 '매미'가 북상할 때 우리나라 북쪽으로는 대륙고기압이, 동쪽에는 북태평양고기압이 위치하여 태풍이 발생한 후 속도가 느리게 진행하였고, 우리나라 남해상 부근의 해수면 온도가 28℃정도로 높아 태풍의 세력을 계속 유지하면서 북상하여 북위 30도 부근에서도 태풍의 중심기압이 940hPa이었으며, 육상으로 상륙해서도 중심기압이 950hPa로 태풍의 위력이 강하였다. 태풍 '매미'가 우리나라 관측 이래 최대순간풍속 극값을 경신한 주된 원인은 우리나라를 통과한 태풍 중 중심기압이 가장 낮았으며, 우리나라를 중심으로 북쪽에는 찬 성질을 가진 대륙 고기압이 위치하고 남쪽에는 발달한 열대저기압인 태풍이 위치하여 고기압과 태풍간의 대기압력 공간격차에 의하여 나타나는 힘인 기압경도력이 강했기 때문이다. 태풍이 경남 사천시 부근 해안에 상륙할 때의 중심기압은 950hPa로 분석되며, 중심부근 최대풍속

〈그림 7.8〉 태풍 매미에 의한 피해

40m/s이었고, 풍속 15m/s 이상의 태풍중심반경이 약 330km 이내로, 태풍의 강도는 '강', 크기는 '중형' 이었다.

1.3.4 태풍 '나리'

태풍 '나리(NARI)' 는 발생 초기에 발표된 예보에서는 북서쪽으로 이동하다가 점차 북쪽으로 방향을 틀면서 대한민국 남해상으로 진출할 것으로 예상했고, 세력은 남해에 진출했을 때 중심 기압 990hPa(강도 '약') 정도로 그리 크게 발달하지 못할 것으로 예상했다. 그러나 예보와는 달리 태풍은 서북서쪽으로 이동하면서 발생 24시간 만에 중심 기압 960hPa, 강도 '강' 의 태풍으로 급속도로 발달했다.

태풍은 2007년 9월 14일 오후 9시에 일본 오키나와 섬 남서쪽 약 70km 부근 해상에 위치했는데, 이때 이 태풍의 세력은 중심 기압 935hPa, 중심 부근 최대 풍속 50m/s(100kt) 로 해석되어, 활동 기간 중 최고를 기록했다. 이러한 기록은 2003년 큰 피해를 발생시킨 태풍 매미에 버금가는 기록이다. 이후 이 태풍은 북쪽으로 이동하기 시작하면서 9월 16일 정오에는 서귀포 남쪽 20km 부근 해상을 중심 기압 960hPa, 중심 부근 최대 풍속 40m/s의 강도 '강' 의 세력으로 통과했다. 같은 날 저녁 전라남도 고흥군에 상륙하여 한반도 남부 내륙 지역을 관통하고 9월 17일 소멸되었다.

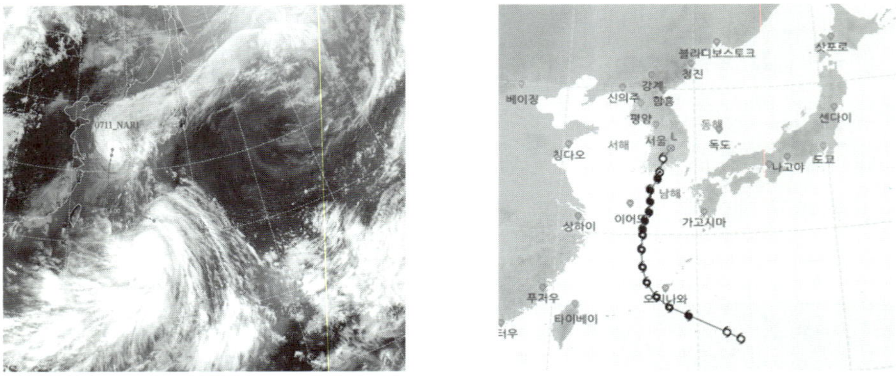

〈그림 7.9〉 위성에서 촬영한 태풍의 모습 및 이동경로(2007년 태풍나리)

태풍 나리에 의한 피해는 제주도와 전라남도에 집중되었다. 특히 제주도에는 태풍이 통과하며 시간당 100mm 이상의 폭우를 뿌린 곳도 있으며 16일 하루 동안 한라산 윗세오름에는 563.5mm, 제주시에는 420mm, 서귀포시에는 265.5mm의 비가 내렸는데, 이는 1959년 내습한 태풍 사라의 제주도 1일 최대 강수량 267.5mm를 훌쩍 뛰어넘는 기록이다. 이러한 유례없는 폭우 탓에 제주시의 4대 하천들은 모두 범람했고 인명 피해 사망 13명, 부상 1명 재산 피해 1,600억여 원의 큰 피해를 불러왔다.

〈그림 7.10〉 태풍 나리에 의한 피해(제주 성산읍생활체육관)

2.2 국외 바람재해의 특성 및 주요 피해사례

2.2.1 허리케인 피해순위

국외 바람재해 중 많은 인명피해와 재산피해를 남긴 미국의 허리케인 피해사례 몇 가지를 소개하고자 한다.

〈표 7.8〉 미국의 허리케인 피해액 순위

Rank	Hurricane	Season	Damage
1	Katrina	2005	$108 billion
2	Sandy	2012	$71.4 billion
3	Ike	2008	$29.5 billion
4	Andrew	1992	$26.5 billion
5	Wilma	2005	$21 billion
6	Ivan	2004	$18.8 billion
7	Irene	2011	$15.6 billion
8	Charley	2004	$15.1 billion
9	Rita	2005	$12 billion
10	Frances	2004	$9.51 billion

자료출처 : National Hurricane Center

2.2.2 허리케인 '카트리나(Katrina)'

허리케인 카트리나는 2005년 8월 24일 1등급 규모로 플로리다를 상륙한 다음 멕시코만 서쪽으로 진출하여, 8월 28일 최대규모 5등급에 도달하였다. 이 때 고온(캐리비안해수)의 멕시코만류가 뉴올리언스 방향으로 순환영역이 확대되어 카트리나의 위력을 증대시켰다. 8월 29일 오전 6:10시 4등급 규모로 루이지애나 Buras-Triumph 지역에 재상륙하여 8월 31일 23:00시경 캐나다 남동부 지역에서 소멸되었다. 허리케인 "카트리나"는 상륙당시 최저중심기압 920hPa, 최대순간풍속 90m/s로 최저중심기압 측면에서 북대서양에서 발생한 허리케인 중에서 역대 4위에 해당하는 강력한 허리케인이었다. 이로 인해 루이지애나, 미시시피, 앨라배마, 플로리다 해역에서 6~9m의 해일이 발생하였고, 특히 미시시피주 Biloxi에서는 9m를 상회하는 해일로 막대한 피해를 초래하였다.

허리케인 "카트리나"로 인해 큰 피해가 발생한 지역으로는 플로리다, 루이지애나 주, 미시시피 주, 앨라배마 주, 조지아 주 등으로 피해면적은 약 235,500km^{2}에 달하며, 특히 도시의 약 80%가 침수된 뉴올리언스시와 대규모 해일이 발생한 미시시피 남부해안의 피해가 극심하였다. 인명피해는 7개주에서 사망 및 실종 2,541명, 이재민 약 250만 세대가 발생한 것으로 조사되었으며, 재산피해의 경우 1,080억 달러 이상 발생한 것으로 집계되었다.

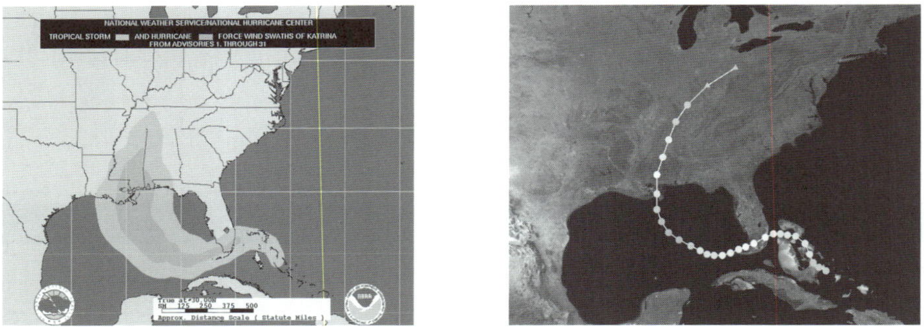

〈그림 7.11〉 허리케인 카트리나의 진행 경로

〈그림 7.12〉 카트리나 피해현장(미국 뉴올리언즈, 2005.8.29.)

2.2.3 허리케인 '샌디(sandy)'

허리케인 '샌디(sandy)'는 2012년 10월 29일과 30일, 카리브해를 거쳐 미국 동부 연안과 북동부를 강타했다. 미국에서만 사망자가 106명 발생했고, 수백 만의 가구가 오랜 기간 정전 피해를 겪어야 했다. 대중 교통시스템은 마비되었고, 산업 설비들은 서비스 단절과 연료 부족에 시달렸다. 이에 미 정부당국은 피해예상 지역에 허리케인 경보와 주의보를 발령했고, 저지대 및 위험지대에 있는 주민들을 대피시켰다.

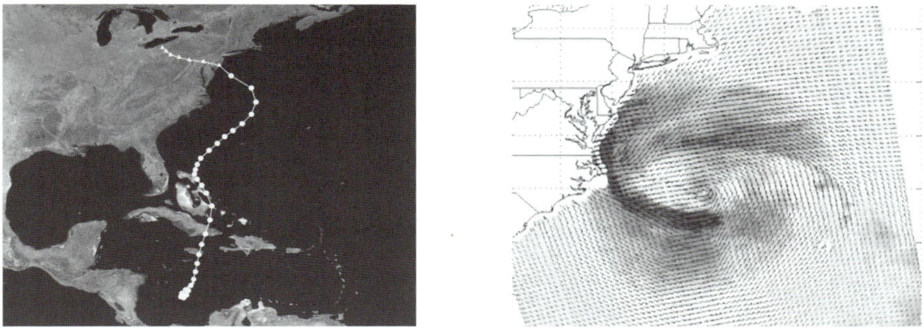

〈그림 7.13〉 허리케인 샌디의 진행 경로

미국정부는 Sandy 피해액에 대한 추정치는 기관별로 상당히 다양하지만, 최소 100억에서 최대 500억 달러에 달할 것으로 예상되고 있다. CNN과 CNBC 등은 100억~200억 달러로 추정하고 블룸버그는 최소 200억 달러, ABC는 350억~450억 달러에 달할 것으로 전망했다. 무디스의 경우는 허리케인 Sandy에 따른 주택붕괴, 차량 파괴, 도로파손 등 직접적인 피해액 300억 달러로 추정했으며 허리케인 피해에 따른 비즈니스 활동 위축으로 인한 손실액 200억 달러라고 말했다. 전체 500억 달러에 달하는 피해액 중 뉴욕시의 피해액만 120억 달러에 달할 것으로 보여 뉴욕시를 가장 큰 피해를 입은 지역으로 나타냈다.

〈그림 7.14〉 허리케인 샌디 피해현장(미국 뉴욕, 2012.9.30)

2.2.4 허리케인 '아이린(Irene)'

허리케인 '아이린(Hurricane Irene)'은 2011년에 북대서양에서 발생한 9번째 열대성 저기압임에 동시에 1번째 허리케인과 1번째 메이저(대규모) 허리케인이다. 아이린이 지나간 카리브해와 미국 북동부 해안, 캐나다에서 홍수와 함께 심각한 피해가 일어났다.

허리케인 아이린은 제1등급의 세력으로 미국 노스캐롤라이나 주 해안에 풍속 140km/h (85mph)의 세력으로 상륙했다. 아이린은 높은 파도가 극남부 플로리다 주에서 북부 메인 주의 해안가를 덮쳤고 강풍과 폭우는 내륙으로 들어가 뉴욕 주, 펜실베이니아 주, 메릴랜드 주와 버몬트 주까지 영향을 미쳤다. 또한 정전으로 인해 740만 가구와 회사가 피해를 입었고 8월 30일, 상륙한지 3일이 지난 후에도 330만 명의 전기 공급이 중단은 계속되었다. 아이린으로 인해 미국 동부 전역에서 토네이도가 발생해 심대한 피해를 입혔고 북동부 지역의 10개 강은 모두 범람 수준까지 차올랐고 그 중 6개는 100년 만의 홍수를 일으킬 높이까지 물의 높이가 높아졌다. 허리케인 아이린으로 인해 미국에서는 70억 달러에 이르는 재산피해가 발생했고 47명이 숨졌다.

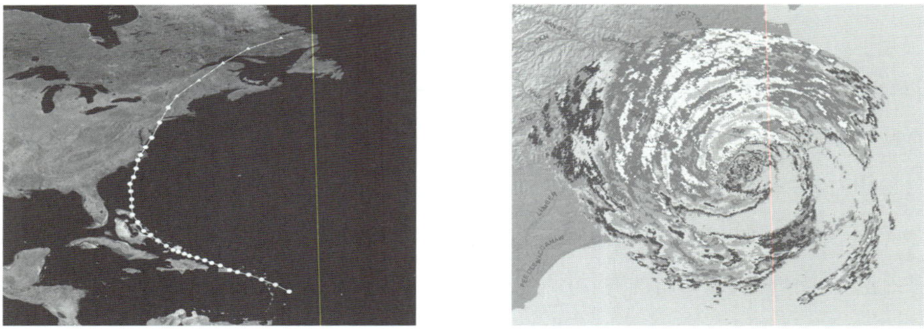

〈그림 7.15〉 허리케인 아이린의 진행 경로

〈그림 7.16〉 아이린 피해현장(미국)

3절 바람관측 및 바람재해 저감대책

1. 바람측정 및 분석방법

1.1 바람측정

1.1.1 개요

바람을 측정하기 위해 사용되는 풍측기(wind measuring instrument)는 풍속 · 풍향 · 풍압 등을 측정하는 측기를 통틀어 일컫는 말이다. 기상관측에서는 풍속계 · 풍향계 · 풍압계 · 풍력계라고 하고, 광산에서는 갱내의 통기를 측정하는 데 쓰이는 기계를 의미한다.

바람(wind)은 풍향(wind direction)과 풍속(wind speed)에 의해 속도와 방향을 가지는 벡터(vector)량으로 나타낼 수 있다. 바람의 방향 즉 풍향은 바람이 불어오는 방향으로 그 명칭을 붙이게 된다. 예를 들면, 북풍은 북쪽에서 불어와 남쪽으로 불어가는 바람이고 동풍은 동쪽에서 불어와 서쪽으로 부는 바람을 말한다. 바람이 불어오는 쪽을 풍상측(windward)이라 하고, 불어나가는 쪽을 풍하측(leeward)이라고 한다. 즉 바람의 방향은 풍상측(풍상)을 의미한다.

풍향은 통상 나침반의 16개 방향 북(N), 북북동(NNE), 북동(NE), 동북동(ENE) 등으로 나타내는 것이 보통이지만, 개략의 풍향을 나타나는 데에는 북(N), 북동(NE), 동(E) 등 8방위에 의하는 경우도 있다. 또한 기상전보에서는 각을 10° 간격으로 나누어 36방위를 이용하는 일이 많다.

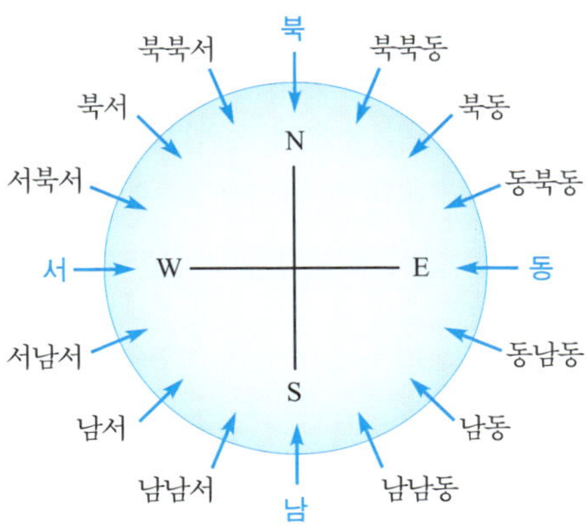

〈그림 7.17〉 풍향도

풍속은 m/s로 나타내는 것이 보통이다. 기상전보에서는 노트(knot, 1시간당의 해리, 1해리는 약 1,852m 기호는 kt)가 주로 이용된다. 각 단위에 따른 환산 값은 다음 식과 같다.

$$
\begin{aligned}
1\,\text{kt} &= \frac{\text{해리}}{\text{시간}} = \frac{1{,}852\,\text{m}}{1\,\text{h}} = \frac{1{,}852\,\text{m}}{3{,}600\,\text{s}} \\
&= 0.514\,\text{m/s} \fallingdotseq 0.5\,\text{m/s} \\
1\,\text{m/s} &\fallingdotseq 2\,\text{kt} \qquad (7.1)
\end{aligned}
$$

즉 m/s로 나타낸 값을 2배하면, 노트에 의한 풍속의 개략값이 된다. 예를 들면, 7m/s는 14 kt이다. 정확한 환산치로는 3% 정도의 차가 있지만 실용상으로는 지장이 없다.

풍속은 같은 장소에서도 지면으로부터 높이에 따라 다르다. 일반적으로 높은 곳일수록 바람이 강하며 지면 부근에 수목이나 건물 등이 있으면 이 경향은 더욱 뚜렷이 나타난다. 예를 들면 소나무가 듬성듬성한 숲 속에서 지상 4m 높이의 풍속은 3m/s에 지나지 않는데, 나뭇가지 끝보다 높은 30m 높이의 풍속은 9m/s나 되는 일도 있다.

이와 같은 영향이 있기 때문에 대표성이 좋은 바람의 관측치를 얻기 위해서는 수목이나 건물 등 장해물이 없는 넓은 장소를 선택해서 지면에서부터 상당히 높은 곳에 풍향계와 풍속계를 설치해야 한다. 풍측기는 지상으로부터 10m 높이로 설치하는 것이 기준이지만, 풍측기와 장해물과의 거리가 장해물의 높이의 적어도 10배 되는 곳, 이상적으로는 20배 이상의 거리에 설치하는 것이 좋다.

1.1.2 풍측기의 종류 및 원리

풍속계(anemometer)의 종류는 풍차형 풍속계, 풍압형 풍속계, 초음파 풍속계 등 측정 방법 및 원리의 차이에 의한 것과 측정하는 바람의 범위에 의해 강풍속용, 미풍속용 등으로 분류 할 수 있다. 또한 풍측기로 부터 신호를 뽑아내는 방법에 의한 것 등 많은 종류와 기종이 있다.

가. 회전체에 작용하는 동압력을 이용

1) 풍차형 풍속계

풍차형 풍속계(wind mill anemometer, propeller anemometer)는 풍차의 회전속도가 풍속에 비례하는 것을 이용한 풍속계이다. 비람(biram)형, 풍차(propeller)형 풍속계가 있다. 풍차형은 1750년대에 고안되었고, 비람이 고안한 비람형 풍속계는 15m/s 정도까지의 미풍속계로 사용되고 있다.

2) 풍배형 풍속계

대표적인 풍배형 풍속계(cup anemometer)는 로번스(아일랜드)가 1850년에 고안하였다. 풍배형풍속계는 회전하는 연직의 축에 4개의 풍배를 붙인 풍속계로, 풍배의 오목한 면과 볼록한 면이 받는 풍압의 차이에 의해 회전력을 발생시키고 회전속도는 풍향과는 관계없이 풍속에만 비례하는 것을 이용하고 있다. 현재에는 강풍속역까지 특성이 좋은 3배식을 대부분 사용하고 있다.

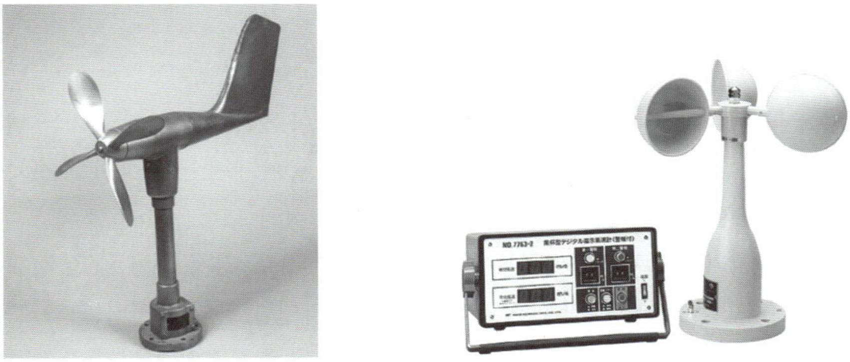

(a) 풍차형 (b) 풍배형

〈그림 7.18〉 풍향풍속계의 종류

나. 풍압을 이용하는 풍압형 풍속계

풍압형 풍속계(wind pressure anemometer)는 다인스자기풍압계, 피토관(pito tube), 풍압판형 풍속계, 구형 풍속계와 같이 물체에 바람이 닿으면 풍속의 제곱에 비례하는 압력이 생기는 것을 이용하고, 이 압력을 측정해서 풍속을 구하는 풍속계이다.

다. 가열체의 냉각에 의한 것

1) 열선풍속계

열선풍속계(hot wire anemometer)는 가열된 물체에 닿은 공기량이 커지면 공기 중에서 잃어버리는 열량이 많아지는 특성을 이용한 것으로, 가열물체로는 주로 백금선이 사용되고 미풍속 측정에는 현재도 사용되고 있다.

라. 초음파를 이용하는 것

1) 초음파 풍속계

초음파 풍속계(ultra(super)sonic anemometer)는 음파가 공기 중에 있어서 전반속도가 풍속에 좌우된다고 하는 것을 이용한 것으로, 송수파기를 일정한 거리에 놓고 마주보게 2조 설치하면 설치축방향의 풍속의 영향으로 2조의 송수파기 사이의 초음파의 도달시간에 차가 생긴다. 이 시간차에서 풍속을 구하는 것이다.

1.2 풍동실험

1.2.1 개요

풍동(wind tunnel)이란 공기가 흐르는 현상이나 공기의 흐름이 물체에 미치는 힘 또는 흐름 속에 있는 물체의 운동 등을 조사하기 위해 인공적으로 공기가 흐르도록 만든 장치이다. 풍동실험은 실물을 사용하여 직접 측정하는 것에 비하여 소형의 모형을 사용할 경우에는 모형을 계통적으로 변화시켜 측정결과를 해석할 수 있으므로 비용이 적게 들어 매우 경제적이며, 쉽고 안전하게 실험할 수 있을 뿐만이 아니라 단시간에 막대한 양의 데이터를 축적할 수 있다. 그러나 모형과 실물 사이의 크기의 차, 속도의 차 등 여러 측정량의 차이가 측정결과에 큰 영향을 미치기 때문에 이를 극복하기 위해 다양한 상사법칙들을 이용하여 모델 축소 비율에 따른 공기 유동특성을 보정하여 사용하고 있다.

1.2.2 특징

일반적인 풍동실험 방법은 풍동 내에 실험하고자 하는 지역의 바람을 인공적으로 재현시키고 대상 구조물의 축척모형을 설정한 뒤, 구조물 모형의 외부 또는 구조물 모형의 주변에 풍압, 풍속, 풍력 등을 계측할 수 있는 장치를 배치하여 수행한다. 풍동이란 〈그림 7.19〉와 같이 인공적으로 바람을 발생시키는 장치이며 송풍기에 의해 덕트(관로)안에 바람을 발생시킬 수 있는 구조로 되어 있다. 구조물의 축척모형은 풍동실험의 목적에 따라서 필요한 상사법칙을 만족하도록 제작된다.

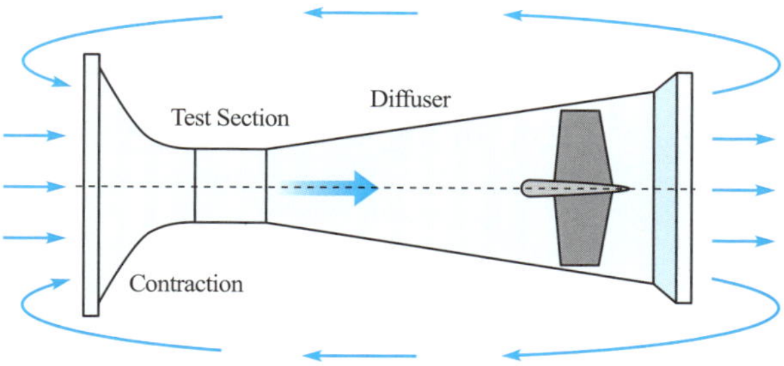

〈그림 7.19〉 풍동실험장치의 개념도

〈그림 7.20〉 축척모형

실제현상과 풍동실험에서 일치해야 하는 상사법칙(similarity rule)과 자연풍의 특성인 난류를 풍동 내에 재현시키는 방법, 그리고 풍동실험의 결과계측방법에 대해서 〈표 7.9〉~〈표 7.11〉에 각각 나타내었다.

〈표 7.9〉 풍동실험에서 요구되는 상사조건

종류	내용
기하학적 상사조건	실험하는 구조물 모형이 기하학적 형상을 실물과 일치
운동학적 상사조건	실구조물에 작용하는 자연풍과 같은 성질을 갖는 풍을 풍동 내 모형에 적용
역학적 상사조건	실물과 풍동실험에서 현상을 지배하는 힘의 평형상태를 유지(상호작용)

〈표 7.10〉 풍동내 난류의 재현 방법

종류		발생방법
균등질 난류	측정단면에서 연직방향으로 평균풍속분포가 일정하고 동일한 변동특성을 가지는 기류	격자에 의한 방법 능동적 방법
경계층 난류	평균류 방향의 표면조도의 영향을 받아 풍속이 표면에 가까울수록 낮아져, 전단층으로 형상하는 난류	표면조도에 의한 방법
특수풍 난류	통상의 난류와 달리, 풍동 내에 급속히 풍속을 증가시키거나, 실험목적에 따라 정현파 형상의 풍속변화를 가지는 난류	능동적 방법

〈표 7.11〉 풍동실험의 결과계측

종류	계측도구
풍속	피토관, 열선풍속계, 초음파풍속계, LDV, PIV 등
풍압	피토관, 모형의 표면에 뚫은 압력공, 전자식 다점풍압계 등
풍력	로드셀 등
진동	광학식변위계, 비접촉식레이저센서 등

1.2.3 풍동실험의 종류

풍동실험의 목적은 바람으로부터 받는 힘의 문제, 정적인 하중작용으로서의 바람하중에 관한 문제와 바람에 의한 진동문제로 크게 구분할 수 있으며, 이러한 목적에 따라서 풍동실험의 종류가 다음과 같이 나누어진다.

가. 풍압실험(wind pressure test)

풍압실험은 모형에 작용하는 풍압력을 풍압계에 의하여 측정하는 실험이다. 이 실험은 건축물의 외장재용 풍하중을 평가하는 것이 목적이다. 〈그림 7.20〉과 같이 밀폐된 건축물인 경우에는 외벽면에 작용하는 풍압을 평가하고, 〈그림 7.21〉과 같이 개방된 구조물인 경우에는 외장재 윗면과 아랫면에 작용하는 풍압력의 차에 의한 풍압력의 합을 평가하여 궁극적으로는 〈그림 7.22〉, 〈그림 7.23〉과 같이 외장재용 풍하중을 제시한다.

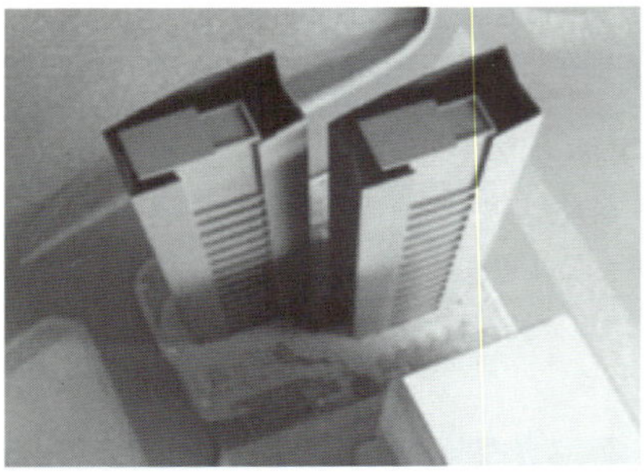

〈그림 7.21〉 밀폐된 건축물의 풍압모형

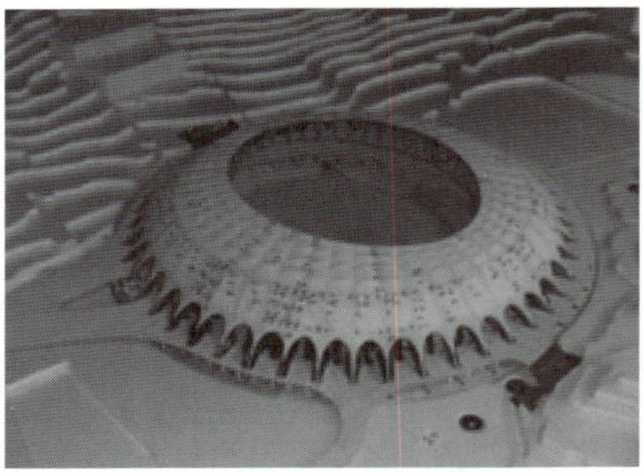

〈그림 7.22〉 개방된 건축물의 풍압모형

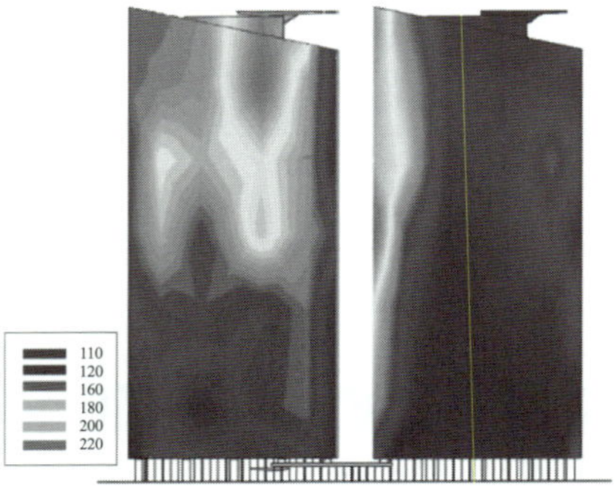

〈그림 7.23〉 외벽의 풍압분포도
(단위: kgf/m²)

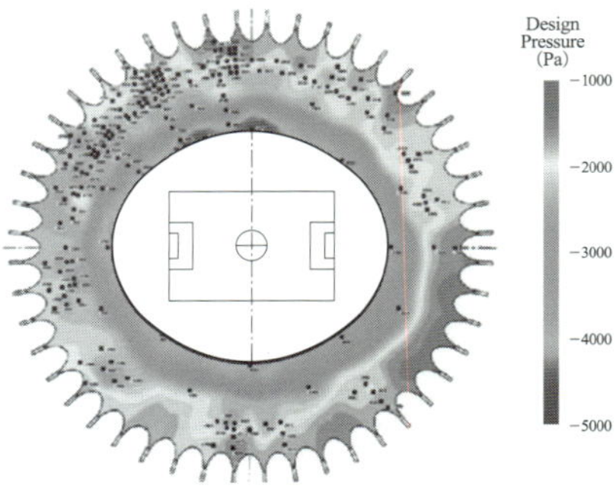

〈그림 7.24〉 막지붕의 풍압분포도
(단위: Pa)

나. 풍력실험(wind force test)

풍력실험은 건축물 또는 부재 등의 전체에 작용하는 풍하중을 평가하기 위하여 행해지며, 설계대상 건축물의 구조골조용 설계자료인 건축물 주축에 대한 풍력, 전도모멘트 및 수직축에 대한 비틀림모멘트를 구하는 것이 주목적이다. 또한, 자려진동(self-excited vibration) 등으로 인하여 대변형이 발생할 우려가 없는 건축물인 경우에는 선형응답의 범위 내에서 변동풍력의 시계열 데이터로부터 얻어진 변동풍력의 파워스펙트럼을 이용하여 건축물의 응답변위 및 응답가속도를 해석적 방법인 스펙트럼모드해석법(spectral modal analysis)으로 구하여 거주자의 사용성을 평가하거나, 변동풍력의 파워스펙트럼으로부터 시계열 데이터를 발생시켜 제진장치의 효과를 검토할 수도 있다.

실험은 〈그림 7.25〉에 나타낸 것과 같이 대상 건축물의 모형을 풍동의 턴테이블 하부에 설치된 측정기기(주로, 6분력천칭, 6 component force balance) 위에 고정시키고, 고정된 모형 전체에 작용하는 풍력(항력, 양력, 전도모멘트)을 측정한다. 모형은 풍력에 의해 발생하는 풍력만을 정확하게 측정하기 위해 진동하지 않는 강체모형(stiffened motel)을 이용한다.

실험으로부터 측정한 풍력에 의하여 건축물에 작용하는 풍하중(층전단력, 층전도모멘트, 층비틀림모멘트)을 산정할 수 있고, 측정한 풍력이 건축물에 작용한 경우의 응답변위, 응답가속도의 해석도 가능하다. 그러나, 바람에 의하여 건축물이 진동하고 그 때문에 생기는 부가적인 공기력의 효과는 풍력실험으로 예측할 수 없다. 따라서, 부가적 공기력의 효과를 무시할 수 없는 건축물(예를 들면, 극히 가볍고 세장한 탑상형의 건축물)인 경우에는 다음 항에서 기술하는 공력진동실험에 의하여야 한다. 〈그림 7.26〉은 42층인 건물에 대해 풍력실험결과에 의거하여 평가한 풍하중을 나타낸 것이다.

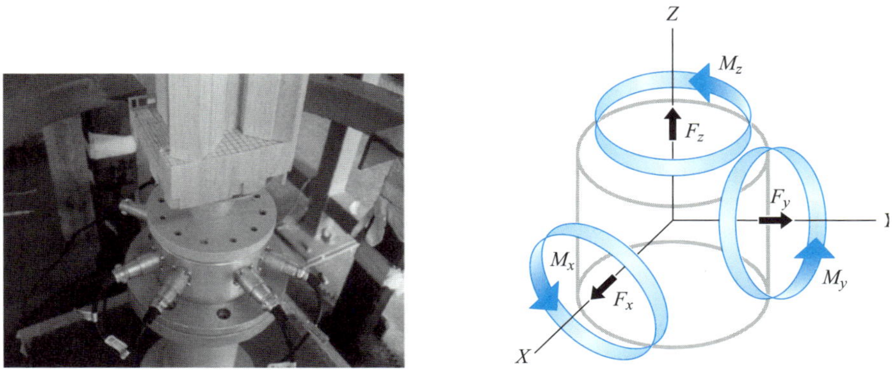

〈그림 7.25〉 분력천칭과 모형의 체결 및 좌표축의 정의

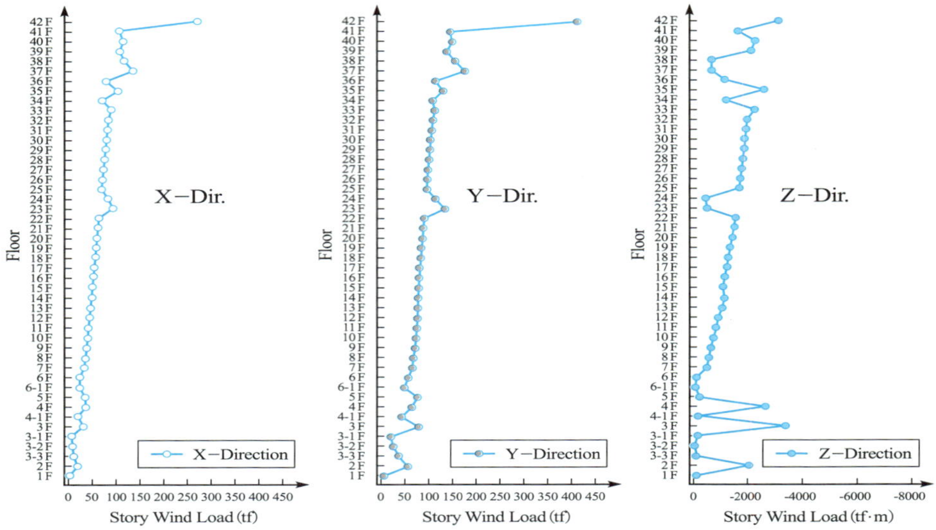

〈그림 7.26〉 건물 각층의 층하중(단위: tf)

다. 공력진동실험(aerodynamic test)

공력진동실험은 세장한 초고층건축물, 기념비, 타워 등과 같이 바람에 의하여 진동하기 쉬운 건축물에 대해 진동에 의하여 발생하는 부가적인 공기력(건축물의 진동이 주변기류에 새로운 운동을 발생시켜 양자의 상호작용에 의해 발생하는 공기력)도 외력으로 고려하여 풍력, 진동특성, 공력안정성을 직접 조사하는 실험이다. 특히, 공력적인 불안정진동이 발생하는가의 여부는 이 실험방법으로 검정하는 경우가 많다.

실험은 모형에 진동의 자유도를 부여하는 〈그림 7.27〉과 같은 짐발(Gimbal)장치 위에 모형을 고정시킨 후, 바람에 의하여 발생하는 모형의 거동을 직접 레이저 변위계에 의하여 측정한다. 공력진동실험에 사용되는 모형은 건축물의 동적 특성도 모형화하여 제작하여야 하기 때문에 주의하여야 한다. 또한, 모형의 동적 거동을 직접 측정하기 때문에 풍동이 가동됨으로서 발생하는 진동이나 기타 외부로부터 발생한 진동이 모형에 전달되지 않도록 짐발장치 하부의 가대는 무겁고 강한 것으로 구성되어야 한다.

공력진동실험 결과에 의거하여 구조골조용 풍하중을 산정할 수도 있으나, 이 방법은 거의 이용하지 않으며, 동적 거동이 극히 중요한 건축물인 경우에 한하여 동적인 거동만을 검토하기 위하여 주로 사용된다. 〈그림 7.28〉은 높이 175m, 폭과 깊이가 각각 35m, 고유진동수가 0.29Hz, 감쇠비가 1%인 사각형건물을 1/500으로 축소하여 실험풍속 7m/s의 조건에서 실험한 경우 건물최상층의 X축과 Y축 변위에 대한 리사주(Lissajous)를 나타낸 것이다. 바람은 X축 방향으로 불었는데 변위는 그와 직각되는 Y축(풍직각방향)으로 2배 이상 크게 발생한다는 것을 알 수 있다.

〈그림 7.27〉 공력진동측정장치(Gimbal)

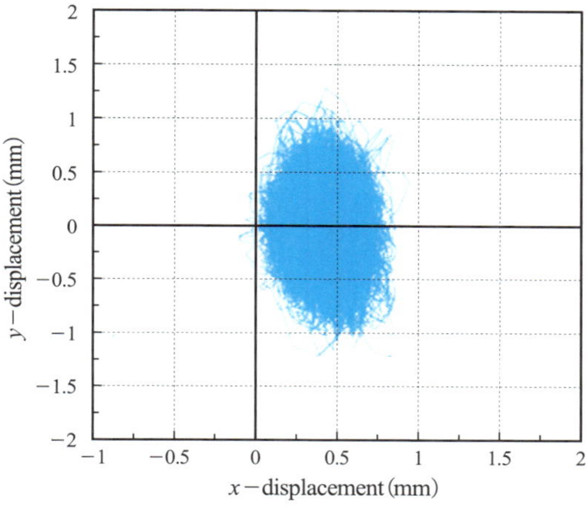

〈그림 7.28〉 건물 최상층의 리사주

〈그림 7.30〉은 〈그림 7.29〉의 정형적인 단면형상과 그것의 모서리부를 절개시킨 경우 풍직각방향의 응답변위가 어떻게 변화하는지를 실험에 의하여 비교 분석한 결과를 나타낸 것이다. 이 그림으로부터 정형적인 단면의 모서리부를 절개시키면 풍속이 증가할수록 변위가 크게 줄어드는 것을 명확하게 알 수 있다. 즉, 모서리를 절개시키면 풍직각방향의 진동을 억제하는데 효과적인 것을 이 실험 결과로부터 알 수 있다. 이처럼 공력진동실험은 건축물의 진동현상을 직접 검토할 때 주로 활용된다.

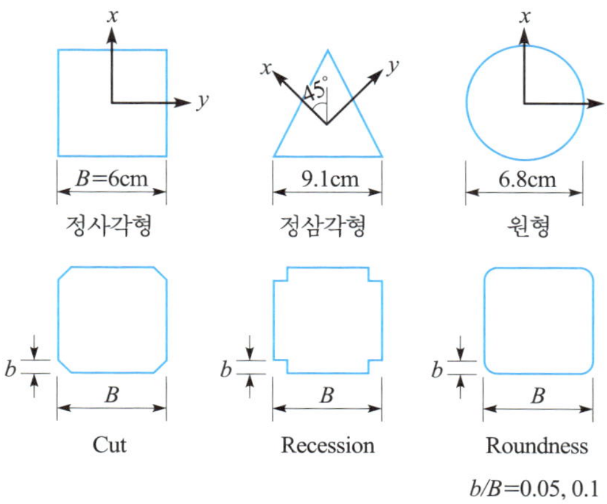

〈그림 7.29〉 모형의 단면형상

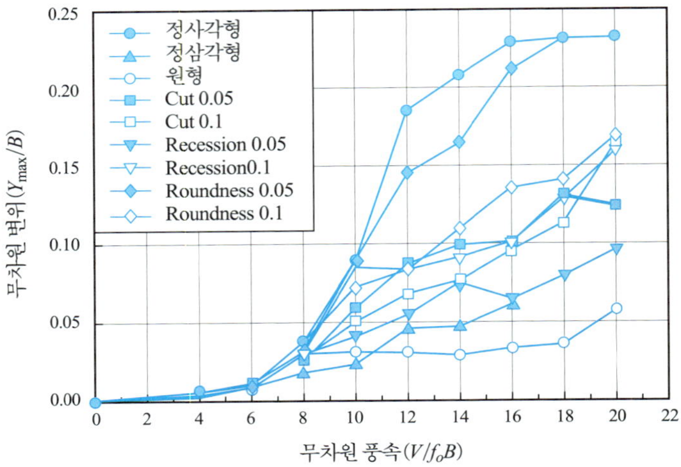

〈그림 7.30〉 각종 단면의 풍직각방향 응답곡선

1.2.4 풍동실험의 응용

풍동실험은 건축, 항공, 자동차, 기계분야에서 많이 사용되고 있다. 풍동은 각 분야의 실험목적에 따라 다음과 같이 구분할 수 있다.

가. 항공풍동

초기 대부분의 풍동실험은 항공분야 연구를 위해서 사용되도록 설계되었다. 초음속 비행기 개발 등을 위하여 음속 이상의 풍속을 구현할 수 있으며 비행기뿐만 아니라 유도체, 헬리콥터의 안정성을 위한 항공분야 응용을 위해서 사용되고 있다.

나. 자동차 풍동

자동차의 주행성능에 영향을 미치는 공기역학적 인자를 추출하기 위한 실험용 풍동이다. 핸들링, 엔진냉각, 브레이크냉각, 공기에 의해 유발되는 자동차 내 · 외부 소음평가 등에 사용되며 축소모형 또는 실물크기의 자동차가 실험대상이다. 항공분야와 달리 실 스케일의 모형에 대한 실험이 이루어질 수 있도록 풍동실험단면을 가지는 것이 대부분이다.

다. 대기경계층 풍동

지표면의 조도와 고도에 따라 시 · 공간적으로 변하는 기류를 구현하기 위하여 고안된 풍동이다. 주로 건축, 토목구조물에 작용하는 풍하중을 산정하는데 사용되며, 오염 물질의 확산, 토양의 침식, 적설형태를 예측하는 데에도 사용된다.

한편, 풍동은 풍속에 따라 아음속풍동(subsonic wind tunnel), 천음속풍동(transonic wind tunnel), 초음속풍동(supersonic wind tunnel)으로 구분된다. 건축구조물의 내풍설계에 사용되는 풍동풍속은 저속 풍속대이므로 아음속풍동에 속한다.

1.3 전산풍공학

1.3.1 개요

1980년대 이후 급속도로 발전한 전산기의 연산 및 저장장치는 수치 해법에 의한 대기 유동장 해석이라는 새로운 방법을 풍공학에 적용할 수 있도록 하였다. 즉 유체역학의 기본 이론인 비선형 편미분 방정식의 해를 얻기 위한 방법으로 개발된 다양한 수치해법을 대기 유동장에 적용하고 구조물 주위의 바람장 해석에 응용하기 시작하였다. 이러한 분야는 전산풍공학(computational wind engineering)으로 분류되어 기존의 실험에 의존하던 풍공학의 방법론에 새로운 지평을 제시하였다. 2000년대 이후에는 실제 건물이나 교량의 풍하중 산정에 폭넓게 활용되어 풍동실험과 상호 보완적 역할을 수행하는 단계에 이르고 있다.

1.3.2 특징

전산풍공학(CWE)은 바람과 관련된 공학적 문제들을 전산유체역학(CFD, Computational Fluid Dynamics)과 같은 수치해석기법을 사용하여 구조물 표면에 작용하는 풍압의 해석, 풍환경평가, 대기오염 확산 평가, 실내 환기기능평가 등 다양한 분야에서 활용되고 있다.

전산풍공학의 수치해석기법으로는 크게 유한차분법(finite difference method), 유한체적법(finite volume method), 유한요소법(finite element method)으로 나눌 수 있다〈표 7.12〉.

각각의 방법들은 적용된 개념에 따라 장단점을 가지고 있다. 유한차분법은 정렬된 격자를 구성해야 하는 전제조건으로 인하여 복잡한 경계조건을 가지는 해석의 경우, 격자의 구성에 많은 어려움을 가지게 된다. 유한차분법의 일종인 유한체적법 역시 비슷한 단점을 가지고 있으나 최근에는 비직교 좌표계, 경계밀착 좌표계, 비구조 격자법 등이 도입되어서 많은 부분에서 이를 극복하고 있다. 유한차분법에 비해 유동해석에 대한 역사가 짧은 유한요소법은 자유로운 체눈형성으로 복잡한 형상을 표현하기 쉬우나, 안정성을 확보하기가 까다롭고 상대적으로 계산시간을 많이 필요로 한다. 따라서, 보다 효율적인 해석을 위해서 변절점요소를 이용한 적응적 체눈세분화 기법 등의 해석알고리즘이 개발되고 있다.

〈표 7.12〉 전산풍공학 수치해석기법 비교

종류		특징
유한 차분법 (FDM)	방법	유동장을 규칙적인 격자로 분할, 대상미분방정식을 다양한 차분방법을 이용하여 표현
	장점	가장 기본적이고 표준적인 해법, 적용범위가 넓음
	단점	유동장을 구성하는 노드들을 구조적 격자형태로 구성 바람-구조물 상호작용에 대한 모델링이 어려움
	상용프로그램	PHOENICS
유한 체적법 (FVM)	방법	유한차분법의 일종, 유한요소법의 변형 대상미분방정식을 적분하고 난 뒤 이산화
	장점	보존법칙을 확실히 만족함, 경계조건 취급이 용이함
	단점	바람-구조물 상호작용에 대한 모델링이 어려움
	상용프로그램	FLUENT, STAR_CD, FLOW-3D
유한 요소법 (FBM)	방법	미지수를 근사함수로 표현하고, 그 계수의 크기를 가중잔차법 등을 이용하여 미소영역마다 결정
	장점	자유로운 체눈형성으로 복잡한 형상의 경계에 적합함 바람-구조물 상호작용에 대한 모델링이 유리함
	단점	상대적으로 큰 계산시간, 높은 레이놀즈수에서 해석의 안정성문제
	상용프로그램	FIDAP, FLOTRAN
기타		이산와법(discrete vortex method) 등

전산풍공학은 일반적인 전산역학(computational mechanics)의 접근방법과 같이, 대기 유동장의 이산화(discretization), 지배방정식의 수치해석, 결과 처리의 3단계로 구성된다〈그림 7.31〉. 〈그림 7.32〉는 지배방정식의 수치해석 단계인 CFD해석의 절차 및 과정을 도시화하여 나타낸 것이다. 먼저 대상 건축물에 대한 지리적, 형태적 정보를 파악하여 AUTOCAD, SOLID WORK, CATIA, ICEM 등의 CAD프로그램 및 CFD해석 프로그램의 PRE-PROCESS를 이용하여 3차원 솔리드 모델 및 Mesh를 생성한다. 이후 CFD SOLVER를 구동하여 해석을 수행하고, 해석결과를 분석한다. 〈그림 7.33〉, 〈그림 7.34〉는 범용 CFD해석 프로그램인 STAR-CD(www.kr.cd-adapco.com)를 사용하여 나타낸 CFD 해석 결과의 예시를 나타낸 것이다.

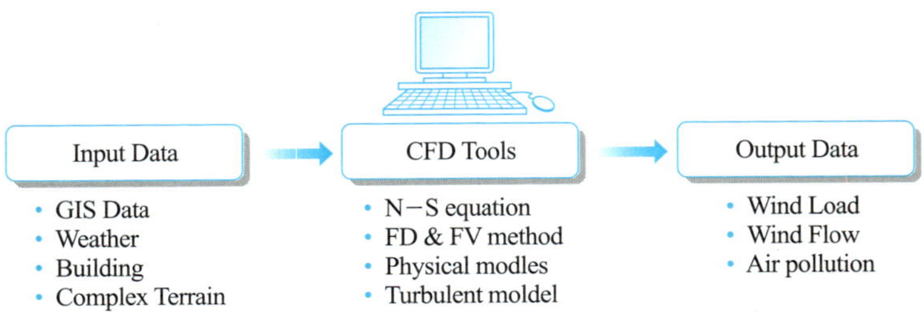

〈그림 7.31〉 전산풍공학의 절차

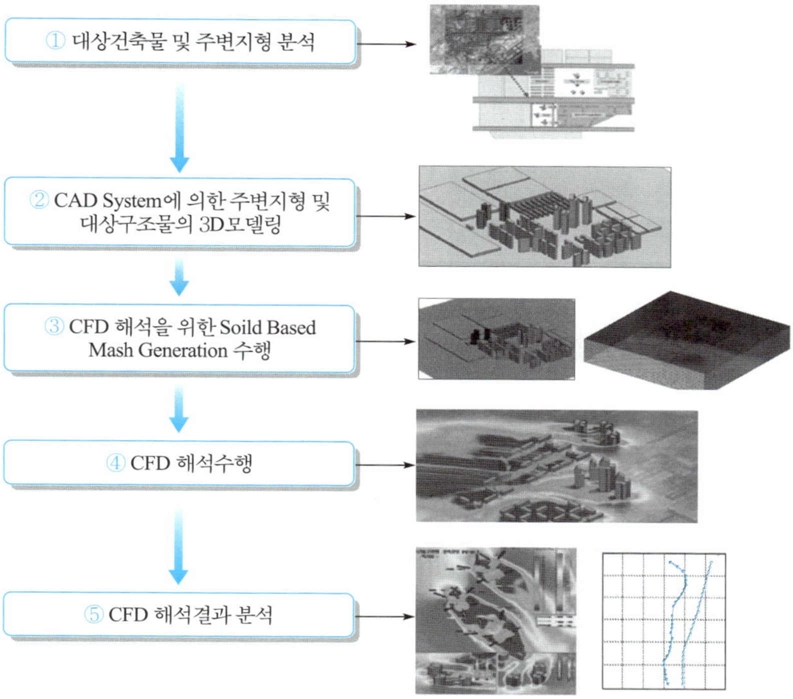

〈그림 7.32〉 CFD해석 절차

〈그림 7.33〉 정형 건축물의 CFD해석 결과

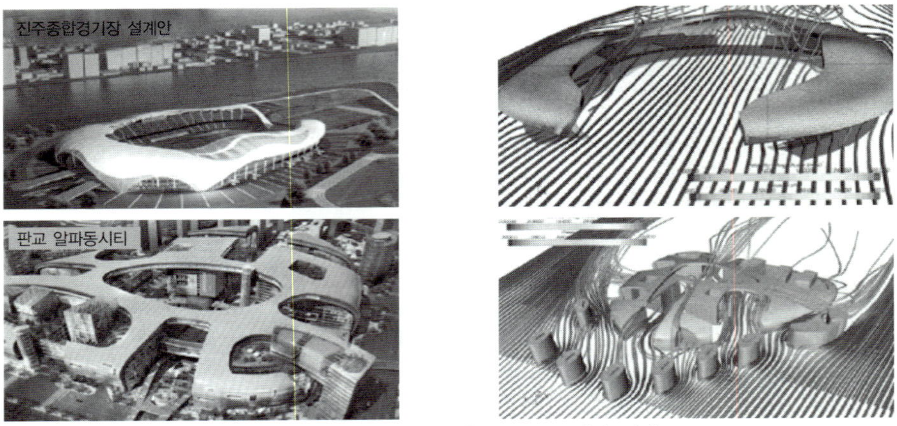

〈그림 7.34〉 비정형 건축물의 CFD해석 결과

1.3.3 전산풍공학과 풍동실험의 비교

전산풍공학과 풍동실험의 특성을 고려하여 각각의 장단점을 정확성과 경제성 측면으로 나누어 〈표 7.13〉에 나타내었다.

풍동실험의 큰 장점은 바람의 영향을 평가하는 대부분의 경우, 가장 실제와 유사한 결과를 보인다는 것이다. 그러나 각종 상사법칙을 정확히 맞추거나 풍동의 단면전체에서 풍속 및 난류강도 등을 일정하게 유지하기가 매우 까다롭고 어렵다. 보고자 하는 내용에 따라서 계측자체가 매우 어려운 경우도 많고, 계측오차로 인하여 부정확한 결과를 도출하기도 한다. 또한 풍동의 크기가 제한되어있기 때문에 유동장의 특성을 결정짓는 가장 중요한 요소 중의 하나인 레이놀즈수를 상사할 수 없다. 따라서 이러한 미묘한 점들에 대한 공학적인 판단을 수행할 Know-how를 갖춘 전문가가 필요하게 된다. 풍동실험은 경제성 측면에서 많은 문제점이 있다. 우선 풍동의 제작과 고가의 측정 장비로 초기투자가 크며, 각종 사상조건을 맞추어야 하는 모형제작에도 매번 많은 시간과 비용이 필요하게 된다. 결과적으로 내풍 안정성을 고려한 구조물의 설계를 수행하여 설계단면의 제원을 바꾸어야 할 필요성이 있을 때, 수정된 설계단면에 대해서 매번 풍동실험을 수행하기에는 공기와 비용의 부하가 너무 크게 된다.

전산풍공학을 이용하면 상대적으로 비용이 적게 들지만, 아직까지는 바람에 의한 구조물의 진동현상에 대한 해석과 난류에 대한 정확한 해석 등 복잡한 해석에 대한 검증이 미진하며 해석결과에 대한 신뢰성을 주기가 어렵다. 그러나 풍동실험에서는 현실적으로 불가능한 레이놀즈수에 대한 상사와 환경/에너지를 고려한 복합적인 해석이 가능하다. 또한 시간과 공간의 제약을 받지 않고 해석범위에 있는 모든 부위의 측정값을 계산하거나 구현이 가능하여 해석결과

〈표 7.13〉 전산풍공학과 풍동실험의 장단점 비교

구분	전산풍공학	풍동실험
장점	[정확성] 레이놀즈수의 상사 가능 해석범위의 크기에 구애받지 않음 해석범위의 모든 측정값을 계산/구현 가능 환경/에너지를 고려한 복합적인 해석 가능 [경제성] 시간 및 공간의 제약을 받지 않음 정보의 저장과 처리가 용이함 개발기간이 짧고 경비도 적게 듦 설계시간 단축 및 비용의 축소	[정확성] 가장 실제와 유사한 결과
단점	[정확성] 상대적으로 낮은 해석결과의 신뢰성 복잡한 해석(3D, 진동, 난류)에 대한 검증 미진 수치오차 존재 [경제성] 막대한 계산시간을 요구	[정확성] 레이놀즈수를 상사 불가능 상사법칙 유지 및 환산 문제 측정점의 제약, 계측오차 존재 실험풍동의 발생과 유지가 어려움 비정상 3 차원 유동 전모의 충분한 파악불가 [경제성] 모형제작에 시간과 비용이 많이 듦 고가의 풍동과 측정장비로 초기투자가 큼 Know-how를 갖춘 전문가 필요 설계단면의 수정에 공기/비용의 부하가 큼

에 대한 상세하고 포괄적인 이해 역시 가능하다. 최대 단점인 막대한 계산시간은 컴퓨터의 급속한 하드웨어적인 발달과 각종 해석기법 개발 등 소프트웨어의 발달로 단축이 예상된다.

2. 태풍 피해 저감대책

2.1 국내의 태풍 · 풍랑(풍수해) 피해 저감대책

2.1.1 우리나라의 재난관리표준체계 및 재난관리 절차

우리나라는 자연재해대책법, 재난 및 안전관리기본법의 법령을 기준으로 체계적인 재난 관리를 위해 다음 〈그림 7.35〉와 같은 상황관리 체계를 갖추고 국가안전관리 기본계획에 따라 재난상황에 대비하여 각 담당부서별 재난대책을 갖추고 있다.

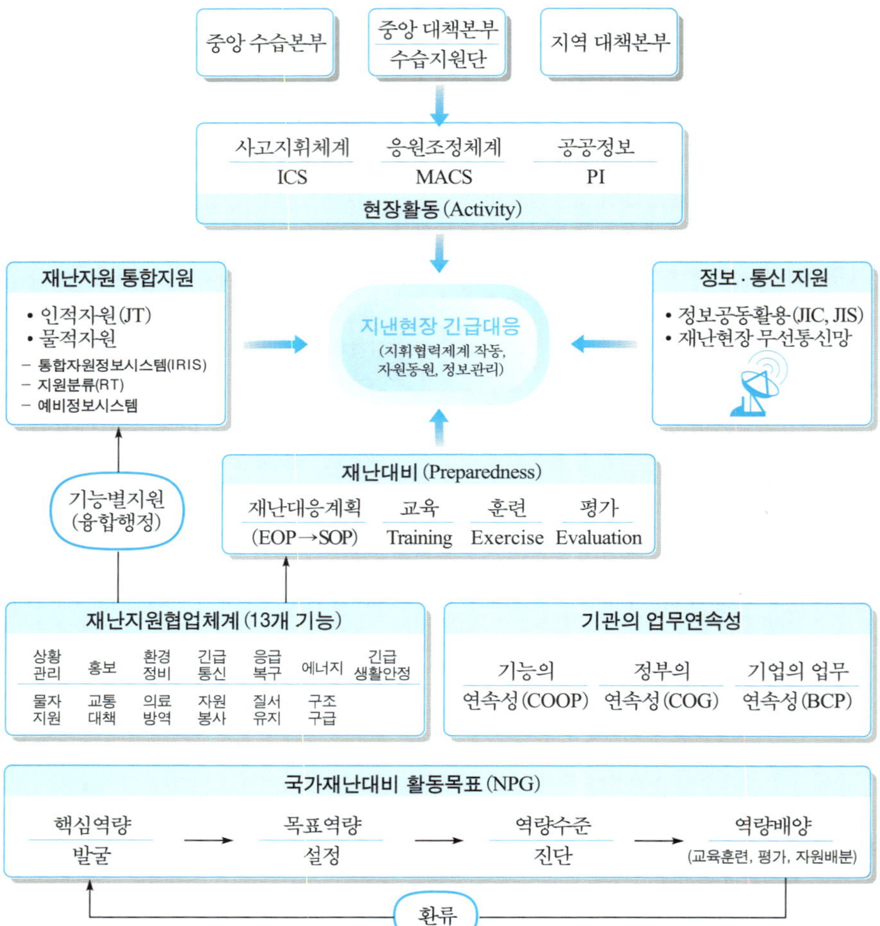

〈그림 7.35〉 국가재난관리 표준체계

각 재난 상황별 자연재난대비 표준행동 매뉴얼에 따라 행정안전부 장관이 수립한 재난대비 훈련 기본계획에 따라 재난관리책임기관의 장은 소관분야별 자체계획을 수립하여야 하며, 재난대비훈련을 실시하여야한다. 재난현장에서 긴급대응기관과 중앙대책본부 등 지원기관간의 지휘 · 명령, 조정 · 지원 등의 재난관리 표준절차는 다음 〈그림 7.36〉과 같다.

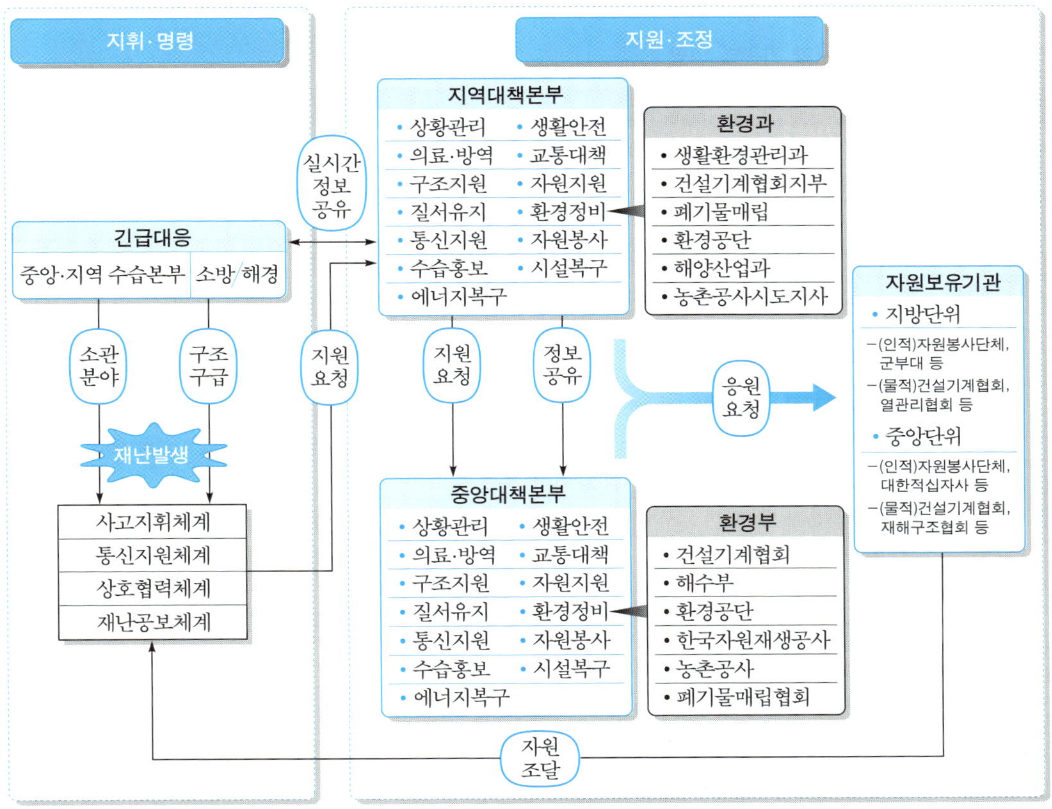

〈그림 7.36〉 재난관리 표준 절차도

2.1.2 우리나라의 풍수해 대책의 목적

1) 태풍의 대형화 및 국지성 · 게릴라성 집중호우 등으로 인하여 가중되고 있는 풍수해에 대한 근원적 예방대책 및 체계적 복구대책 강구

2) 현장중심의 철저한 사전대비로 재해위험요인을 사전에 점검 · 정비하고, 신속한 상황대응 능력 강화로 인명 · 재산피해 최소화 추진

3) 특히, 기후변화의 영향으로 점차 대형화 · 빈발화 추세인 산사태 피해 최소화, 에너지의 안정적 수급, 주요기반시설의 피해발생 최소화 등을 위해 실효성 있는 안전확보 대책을 수립 · 실행

2.1.3 재해관리 기관과 기관별 역할

〈표 7.14〉 재해관리 기관과 기관별 역할

기 관	주 요 기 능
행정안전부	재난대응총괄, 풍수해저감종합대책
산림청	산사태예방대책 강구, 임산물 · 임목 피해방지 대책
기상청	태풍 관련 기상정보의 유관기관 전파
과학기술정보통신부	통신두절에 따른 소통대책 강구 및 지역재난대책본부–방송사간 사전 협조체계 구축
교육부	응급 수업대책 및 학생안전대책 수립과 학교 휴업 및 등 · 하교 시간 조정 기준 마련
산업통상자원부	소관 산업 · 에너지 관련 시설 등 대규모 정전사태 발생사태 발생에 대비한 광역지원체계 구축
국방부	긴급 방재, 물자 등 구축
농림축산식품부	농경지 및 수리시설, 비닐하우스, 축사, 인삼재배시설 등 관리
환경부	상 · 하수도 시설 및 재해쓰레기(폐기물) 처리 등 재해대책 강구, 국립 공원지역 시설물 관리
보건복지부	긴급의료지원대책 및 재해지역 방역대책 추진
국토교통부	도로통제 발생대비 협조체계 구축, 홍수대책 상황실 운영, 지하철 · 철도 운행중단 대비 대체교통수단 확보
해양수산부	선박 · 항만, 수산 중 · 양식 시설, 어선 · 어항시설 관리 등
경찰청	교통통제상황 발생 대비 도로관리청과 신속한 통제를 위한 사전협조체계 구축, 사회질서 유지
지방자치단체	광역 시 · 도별로 지역방송사에 재난방송을 요청할 수 있는 통보시스템 구축
문화재청	여름철 풍수해 특별 재난대책기간 운용(6월~9월), 징후 감시활동 및 피해우려 · 위험개소 일제 정비 · 보수 지원
농촌진흥청	농촌지역 대피 · 구호체계 개선

2.1.4 재난관리 주요대책

1) 재난예방을 위한 단계적 관리체계 구축 : 사전재해영향성협의제도 운영, 재해위험지역 및 소하천 정비, 우수저류시설 설치, 자연재해예측 및 저감 연구개발, 풍수해저감 종합계획 수립 등

2) 유관기관 간 연계체계 확립을 통한 효율적 재난대응 대책 추진 : 지역자율방재역량 강화, 재해사전예측시스템 구축, 유형별 표준운영절차 개발 및 매뉴얼 개정, 자연재해 원인 조사 · 분석, 선전형 풍수해 피해예측 시스템 개발, 재해상황분석 판단시스템 운영 등

3) 신속한 복구의사 결정과 피해재발 방지를 위한 복구체계 개선 : 풍수해보험, 재난구호 및 재난심리안정 지원, 사유재산피해 재난지원금 통합지원시스템 운영 및 간접지원 원스톱 서비스 제공, 재난유형별 복구 계획 절차개발, 피해주민 간접지원 및 민관협업을 통한 이재민 구호서비스
4) 수방방재대책 및 사전점검 : 하수처리시설 침수방지 점검, 공공하수도의 우수 관리기능 강화, 식 · 용수분야 매뉴얼 개정 등 지자체 및 유관기관 등 현장 대응체계의 실효성 확보
5) 공공하수도 우수 배제 · 저류능력 확대 : 하수범람으로 침수피해가 발생하거나 발생할 우려가 있는 지역에 하수도 인프라 설치 등 침수예방대책 수립 · 추진
6) 국립공원내 재난취약지구와 노후 예 · 경보시설 정비 등 선제적 예방사업, 위기대응 교육훈련, 산행안전지수 제공 및 탐방객 안전교육 확대 등
7) 호우 대비 하천 · 하수구나 수중에 침적되어 있는 쓰레기 사전수거, 중 · 하류 유역의 부유쓰레기 수거시스템(차단막, 수거장비 등) 구축 등
8) 풍수해 · 설해 및 충해 · 재선충병 등에 의한 문화재피해 긴급보수
9) 산사태취약지역의 사방서업, 사전점검 · 정비 및 주민대피체계 구축, 재해방지조림, 재해예방 · 관리를 위한 임도 구조개량, 산사태예측 시스템 개선
10) 내재해형 임산품종 및 냉해예방시설 지원, 임목도복 피해 최소화, 기상이변에 대비한 수목 · 시설물 관리 도로 및 보도이용자의 안전 확보
11) 노후 항만시설 보수 · 보강, 연안정비기본계획 수립 및 시행
12) 농촌지역 재해분석 및 취약지역 관리시스템 등 농촌지역 맞춤형 재난 대피기반 기술, 주민친화형 농촌지역 재난복구 기술 개발
13) 에너지시설 피해를 최소화하기 위한 대책수립 및 안정적 에너지 공급체계 유지
14) 도로, 하천, 공항, 댐, 상수도에 대한 우기대비 취약시설 사전점검 및 우기전 보수 · 보강, 홍수기 위기경보 수준별 비상근무 실시 및 피해발생 · 확산 방지
15) 태풍 · 풍랑에 따른 단계별 다중이용선박 통제 및 조업선 대피 유도

2.1.5 우리나라의 풍수해 예방 · 대비 · 대응 · 복구 대책

가. 예방대책

1) 재해취약성 사전조사, 재해 위험도 평가 후 재해 위험지구 정비계획 수립 · 시행 및 재해 위험지구별 행동매뉴얼 마련 등 재해위험지구 체계적 관리
2) 자연재해위험개선지구의 지정 · 관리, 급경사지 붕괴위험지역 지정 · 정비 등 재난취약

시설의 점검 · 정비 강화

3) 재난예방 및 환경개선과 수질보전 등을 위한 소하천정비종합계획 수립
4) 도시계획과 연계하여 지역별 여건에 맞는 방재계획 및 풍수해 저감 종합 대책의 수립, 시행을 위한 필요 인력, 예산, 장비의 확보
5) 대규모 시설물에 대해 수방기준 및 내풍 설계기준 검토 · 보완, 우수유출 저감시설 설치, 지하공간의 침수 방지, 재난관리 책임기관별 비상대처(추진)계획수립 등 태풍 피해 저감을 위한 지속적인 제도 개선
6) 재난대책본부–방송사간 사전협조로 효과적 재난방송실시, 공보창구의 단일화 등 재난 발생시 실시간 정확한 정보 제공

나. 대비 대책

1) 중앙부처 · 지자체 · 유관기관 간 비상소집체제 및 정보 수집 · 전달수단 확보, 응급대응을 위한 표준행동요령 작성, 정기적 훈련 등 응급대응체계 정비
2) 정보의 수집 · 전달, 구원요청 등 기동력 있는 광역단위의 실천적 방재훈련
3) 예 · 경보 시스템 작동상태 점검, 자연재난 취약지역 예 · 경보 시스템 확대 · 구축
4) 상시현장정보 수집 · 분석을 위한 모니터링시스템을 구축하고 야간 · 휴일 등 행정 사각 시간대 대응체제 확립 및 피해현장 정보수집의 신속화 · 체계화

다. 대응 대책

1) (재난발생 직전) 비상근무 및 재난대책본부 운영 등 대응체제, 기상 · 재난상황 대국민 홍보, 침수 · 고립 · 산사태 · 저수지붕괴위험 등 재난위험지역에 대한 주민대피 조치 및 안전대책 강구, 홍수 예상 시 댐, 배수펌프장 등의 사전조치
2) (재난발생 직후) 지역본부의 현장의 신속한 상황파악, 현장상황관리관과 중앙 수습지원단을 활용한 현장상황관리 등 중앙 · 지방간 상황 공동관리제 운영
3) (재난정보) 통신수단 확보, 피해상황 조치파악 활동
4) (교통소통) 도로침수 · 낙석 · 토사유실 등 교통두절지역 응급복구, 도로관련기관과 협조체제 유지 및 대규모 재난시 군부대 지원요청, 사전 우회도로 지정

라. 복구 대책

1) 공공시설관리자의 의견을 수렴하여 기능복원과 개선복구의 기본방향 결정, 지자체에서

주민의견을 수렴하여 적절한 복구방안 강구(정부는 이를 지원)

2) 중앙합동조사단의 피해조사 및 피해원인분석 재난복구계획(안) 마련, 재난원인분석조사단(민간)을 통해 재난원인분석 · 평가 기술 검토와 자문
3) 재난발생으로 생활기반 상실 등 극심한 피해의 수습 · 복구를 위하여 국가적 차원의 특별한 조치가 필요하다고 인정되는 경우 특별재난지역의 선포
4) 이재민 구호 및 재난복구사업 등 복구비 지원
(5) 선진기술을 접목한 피해조사장비 현대화, 피해 조사시 민원 청취제도 도입 등
(6) 국민 스스로가 개인이 소유한 보험가입 대상시설에 대해 위험관리를 실천 하는 풍수해 보험제도 운영 활성화

우리나라는 각 지자체별로 재난을 예방 · 대비 · 대응 · 복구 단계로 구분하여 재난유형 및 단계별 행동요령을 구축하여 운영하고 있으며 아래의 〈표 7.15〉는 부산시의 〈2016년 자연재난대비 표준행동 매뉴얼〉의 태풍에 대한 대책단계이다. 기상청의 예보에 따라 예비특보가 발령되면 상황판단회를 거쳐 재난의 예측이나 위험요인분석 및 대처계획에 대한 협의를 거치게 되며 각 부처별 근무단계 결정, 대책회의(지역본부장 주재), 재난대비 조치 지시 등의 내용을 결정하게 된다.

2.1.6 태풍의 전개 양상

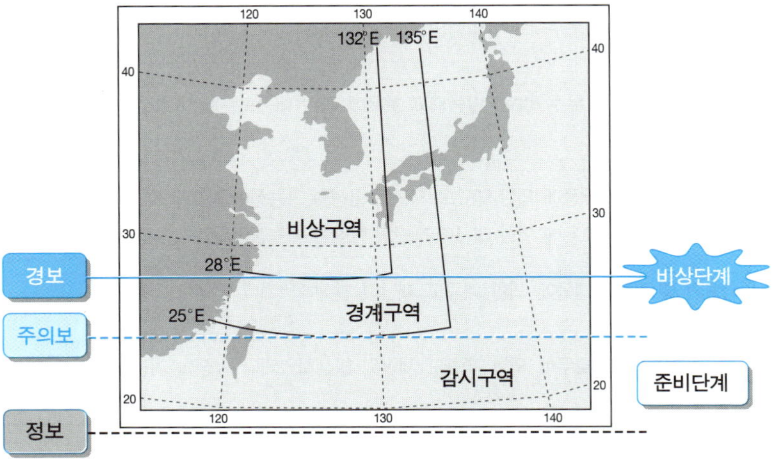

〈그림 7.37〉 태풍의 전개 위치별 단계

〈표 7.15〉 기상상황에 따른 단계별 태풍구역

단계별	기상상황	태풍위치	태풍구역
준비단계	태풍정보	16.0 N, 141.5 E	감시구역
	태풍주의보(최대풍속 14m/s 이상)	25.0 N, 135.0 E	경계구역
비상단계	태풍경보(최대풍속 21m/s 이상)	28.0 N, 132.0 E	비상구역
수습단계	태풍통과	동해 진출	-

우리나라에 접근하는 태풍을 위치에 따라 주의보 · 경보로 구분하여 감시하고 태풍의 전개 양상을 주시하여 상황을 예측하고 단계별 활동을 실시한다.

2.1.7 위기경보 발령기준

재난관리 주관기관인 행정안전부가 상황판단회의(자체위기평가회의)를 통해 〈표7.16〉과 같이 경보 단계를 결정하여 각 기관에 전파하며, 전국적 또는 지역적으로도 발령이 가능하다. 하지만 이 발령기준은 재난에 대한 경보 발령을 위한 기준제시이며, 실제 경보발령은 상황의 전개속도, 파급효과 등을 감안하여 발령하게 된다.

〈표 7.16〉 위기경보 발령 기준

구분	판단기준	비고
관심 (BLue)	- 태풍 빈발 시기 - 우리나라에 영향을 끼칠 수 있는 태풍의 발생 - 호우 빈발시기	- 징후 감시활동 - 상황반 구성 · 운영
주의 (Yellow)	- 태풍 예비특보 또는 태풍주의보가 발령되고 태풍에 의한 대규모 재난이 발생할 가능성이 나타날 때 - 호우 예비특보 또는 호우주의보가 발령되고 호우에 의한 대규모 재난이 발생할 가능성이 나타날 때	- 협조체제 가동 - 필요시 초기대응반 또는 사고대책본부 설치 검토
경계 (Orange)	- 태풍경보가 발령되고 태풍에 의한 대규모 재난이 발생할 가능성이 농후할 때 - 호우경보가 발령되고 호우에 의한 대규모 재난이 발생할 가능성이 농후할 때	- 대비계획 점검 - 필요시 위기대응반 또는 사고대책본부 설치 검토
심각 (Red)	- 태풍경보가 발령되고 태풍에 의한 대규모 재난이 발생하였거나 발생할 가능성이 확실 할 때 - 호우경보가 발령되고 호우에 의한 대규모 재난이 발생하였거나 발생할 가능성이 활실 할 때	- 즉각 대응태세 돌입 - 필요시 사고대책본부 설치 · 운영

이후 기상특보가 발령되면 상황판단회의를 거쳐 각 부처별 비상근무체제를 가동, 피해상황

에 대한 조치사항 추진, 지역 본부장 브리핑, 피해가 극심할 경우나 예상될 시 재난사태선포건의를 검토하는 형태의 〈그림 7.38〉과 같은 표준대응 절차를 구축하고 있다.

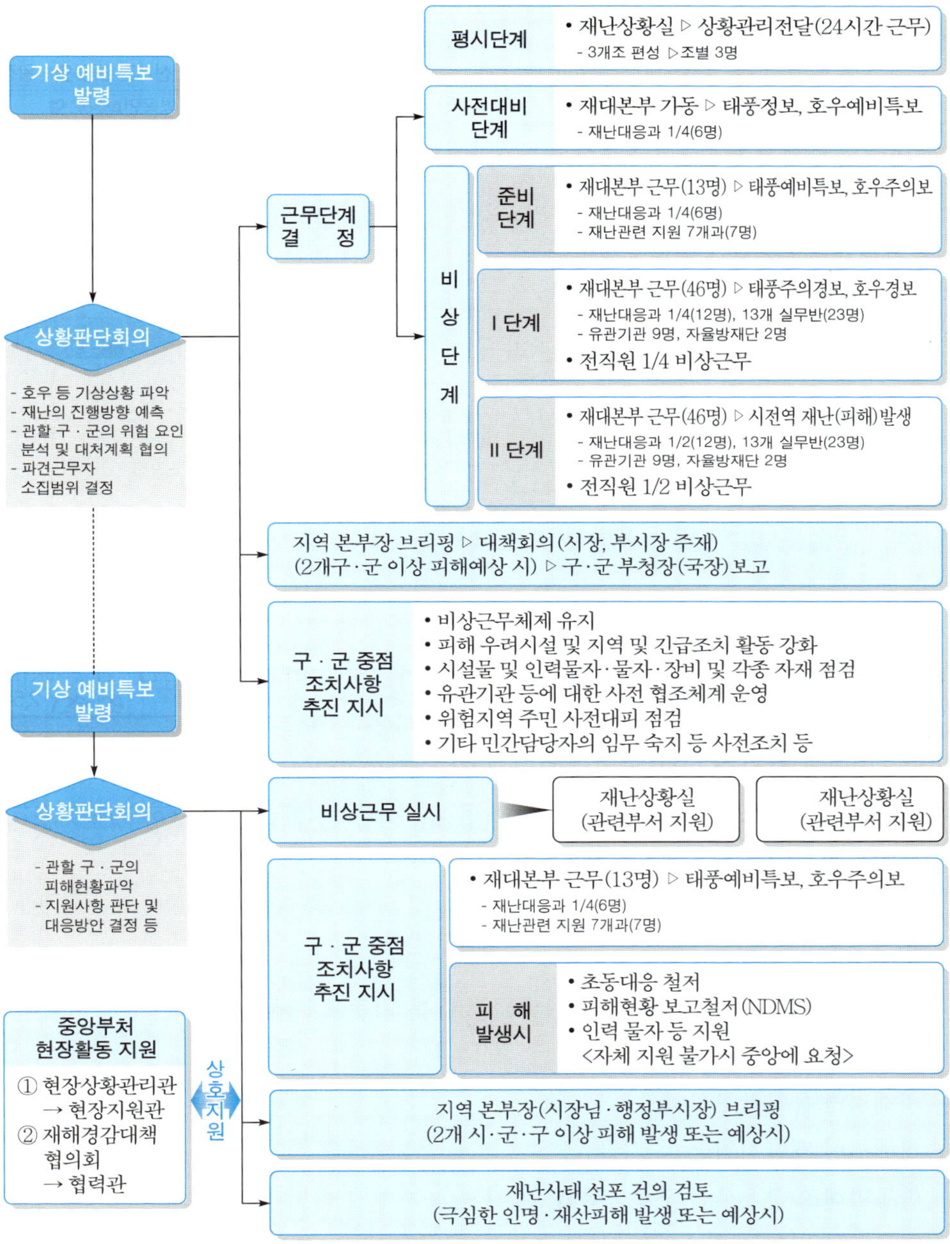

〈그림 7.38〉 태풍 · 호우 등 재난 표준대응 절차(2016년 자연재난대비 표준행동매뉴얼(부산))

가. 예방 단계

1) 피해저감을 위한 관련제도 개선
2) 각종시설물 및 취약지역에 대한 방재대책 추진

나. 대비 단계

1) 재난상황실 운영
2) 재난 취약시설 점검 및 정비
  - 재해예방사업 추진
  - 자연재해위험지구 지정 · 관리
  - 방재시설물 점검 · 정비
  - 저지대 및 상습침수지역 점검 · 관리
  - 해안시설, 어선 등 점검 · 정비
3) 방재물자 확보 · 비축 및 동원장비 등 지정관리
4) 봉사단체 및 유관기관 협조체제 구축
5) 재난상황 홍보방안 및 자율방재 의식 고취

다. 대응단계

대응단계에서는 기상의 상황에 따라 대응절차가 달라지며 다음과 같다. 태풍예비특보와 태풍주의보, 태풍경보상황이 대응단계에 속하며 태풍주의보는 태풍으로 인하여 강풍, 풍랑, 호우, 해일현상 등이 주의보 기준에 도달할 것으로 예상될 시, 태풍경보는 태풍으로 인하여 강풍경보기준 도달 예상 시, 총 강우량이 200mm 이상 예상 시, 폭풍해일 경보기준 도달 예상 시가 이에 해당한다.

라. 복구단계

복구단계로 전환하는 구분은 '기상특보 종료'를 기준으로 하며 복구단계에서의 추진내용은 다음과 같다.

- 피해지역 응급복구실시
- 피해주민 재난지원금 등 지급
- 합동피해조사단 사전 구성 · 투입
- 항구복구 계획 수립 등 복구사업 추진
- 피해 조사 결과 필요시 특별재난구역 선포 건의

2.2 해외의 태풍피해 저감대책

2.2.1 미국의 재난관리 체계

미국은 1979년 카터 대통령이 총체적 재난관리개념을 도입하여 분산된 권한과 인원을 연방위기관리청(FEMA)로 통합하고 재난·재해의 관리를 담당하는 기관으로 설립되었다. 이후 1988년에 제정된 Stanfford법을 시작으로 재난관련 법률이 정비되었다. 이 법은 연방정부가 재난의 결과로 발생하는 고통과 피해를 감소시키는 대응을 수행하는 주정부나 지역정부에 체계적이고 지속적인 도움을 주려는 목적으로 정비되었다. 이러한 Stanfford법은 재난관리에 있어 주정부와 지역정부의 책임규정을 명확하게 하고 있으며 Stanfford법을 실행하는 기관으로 FEMA가 활동중에 있으며 FEMA는 중앙과 지역의 재난관리센터 역할을 수행하게 된다. FEMA는 재난관리 총괄기관이긴 하지만 자치단체인 시·정부가 재난안전책임기관이고 주정부는 이를 지원한다. 또한 재해재난관리를 유형별이 아닌 통합관리체계로 전담기구에서 관리하고 각 부처의 역할을 명기한 연방대응계획을 운영하고 있으며, 연방조정관 제도를 두어 재난현장에서 대통령의 대리인으로 활동하며 대응과 복구지휘를 담당하여 강력하고 전문적인 현장지휘체계를 구축하고 있다.

2.2.2 일본의 재난관리 체계

일본의 재난관리체계는 1961년 제정된 재해대책기본법을 기본으로 하여 재해예방단계, 재해응급대책관계, 재해복구·부흥·재정금융조치관계, 조직관계 등의 법령이 존재하고 있다. 이러한 법적근거에 따라 재해 유형별로 재난관리체계가 구축되어 있으며 국가·지방공공단체 및 기타 공공기관의 방재역할을 명시하고, 방재와 관련된 책임소재를 명확히 하고 있다. 종합적인 방재행정을 위해 재해대책을 조정, 결정하는 기관으로서 중앙방재회의가 있고 재해발생 시 대응하기 위한 각급 재해대책본부를 지자체에 두고 있다. 중앙방재회의는 국가방재대책의 종합성, 계획성을 확보하기 위해 설치된 행정조직으로 방재기본계획·기본방침의 작성과 실시 및 방재시책 조정, 비상재해에 대한 조치 등에 관하여 총리대신을 자문하는 내각부의 부속기관으로 속해있다.

3. 강풍 피해 저감대책

강풍은 10분간 평균풍속이 14m/s 이상인 바람을 말한다. 이러한 풍속은 〈표 7.17〉과 같이 보퍼트 풍력 계급표에 따라 7 이상의 계급으로, 나무전체가 흔들리고 걷기가 힘들며 해상의 물

마루가 부서지는 정도를 의미한다. 이 풍속은 기상청에서 발표하는 폭풍주의보의 최저기준 풍속에 해당한다.

〈표 7.17〉 보퍼트의 풍력 계급

계급	명칭	지표면의 특징 및 풍속(m/s)
0	고요	연기가 곧게 위로 올라감(0.0~0.2)
1	실바람	연기가 풀려서 오르고 해면은 물고기 비늘 모양의 잔물결이 일어남(0.3~1.5)
2	남실바람	바람이 얼굴에 느껴지고 나뭇잎이 흔들리며 풍향계가 움직임(1.6~3.3)
3	산들바람	나뭇잎과 잔가지가 일정하게 흔들리고 깃발이 가볍게 휘날림(3.4~5.4)
4	건들바람	먼지가 일고 종잇조각이 날리며 나무의 잔가지가 움직임(5.5~7.9)
5	흔들바람	작은 나무 전체가 흔들리며 작은 물결이 호수에 생김(8.0~10.7)
6	된바람	큰 나뭇가지가 흔들리고 우산 쓰기가 힘들며, 큰 물결이 일기 시작함(10.8~13.8)
7	센바람	나무 전체가 흔들리고 걷기가 힘들며 해상의 물마루가 부서짐(13.9~17.1)
8	큰바람	잔가지가 꺾이고 걷기 힘들며 해상의 풍랑이 높아지고 물보라가 일(17.2~20.7)
9	큰센바람	건축물에 약간 피해가 있으며, 물보라가 소용돌이침(20.8~24.4)
10	노대바람	나무가 뽑히고 건축물에 상당한 피해가 있음(24.5~28.4)
11	왕바람	건축물에 큰 피해가 있음(28.5~32.6)
12	싹슬바람	매우 큰 피해가 발생하며 배의 침몰이 염려됨(32.7 이상)

3.1 강풍 기상특보 발표기준

강풍은 다음 〈표 7.18〉과 같은 기준을 가지고 강풍주의보 · 경보를 구분하여 발표 한다.

〈표 7.18〉 강풍 기상특보 발표기준

구분	기준
강풍 주의보	육상에서 풍속 14m/s 이상 또는 순간풍속 20m/s 이상이 예상될 때 산지는 풍속 17m/s 이상 또는 순간풍속 25m/s 이상이 예상될 때
강풍 경보	육상에서 풍속 21m/s 이상 또는 순간풍속 26m/s 이상이 예상될 때 산지는 풍속 24m/s 이상 또는 순간풍속 30m/s 이상이 예상될 때

3.2 강풍주의보에 따른 방재기관 조치사항

3.2.1 강풍 주의보

1) 산하기관 및 유관기관에 기상특보 전파
2) 평시 재해대책요원으로 근무강화
3) 수방단 및 예비군 연락망 점검

4) 각종 전달체계에 의한 대민홍보
5) 비닐하우스, 수산 증 · 양식시설 보호조치
6) 노후 간판을 정비하고 지붕, 옥상 등에 바람에 날릴 수 있는 물건 제거
7) 만일에 대비하여 대피장소를 정하고 대피경로를 실제 도보로 확인
8) 사전조치사항 보고

3.2.2 강풍경보

1) 산하기관 및 유관기관에 기상특보 전파
2) 재해대책본부 비상근무 강화
3) 해당 지역방송국에 경보발표 및 경계대책 보도
4) 각종 피해 및 사전조치사항 보고
5) 이재민 구호 및 사전조치사항 보고
6) 이재민 구호 및 수용실시
7) 재해 발생 시 보유 장비 및 인원의 신속한 동원
8) 노후 간판을 정비하고 지붕, 옥상 등에 바람에 날릴 수 있는 물건 제거
9) 만일에 대비하여 대피장소를 정하고 대피경로를 실제 도보로 확인
10) 비닐하우스, 수산 증 · 양식시설 보호조치 강화

4. 풍랑 피해 저감대책

해상에서 바람에 의해 일어나는 파도를 풍랑이라고 한다. 비슷한 현상으로는 너울이 있으며 너울과 풍랑의 차이점은 너울은 바람 없이 멀리서 전해져온다. 또, 풍랑은 마루가 뾰족하고 파장과 주기가 비교적 짧은 편이다.

4.1 풍랑의 기상특보 발표기준

풍랑은 다음 〈표 7.19〉와 같은 기준에 의해 풍랑주의보 · 경보를 구분하여 발표한다.

〈표 7.19〉 풍랑 기상특보 발표기준

구분	기준
풍랑 주의보	해상에서 풍속 14m/s 이상이 3시간 이상 지속되거나 유의파고가 3m 이상이 예상될 때
풍랑 경보	해상에서 풍속 21m/s 이상이 3시간 이상 지속되거나 유의파고가 5m 이상이 예상될 때

4.2 풍랑주의보 · 경보에 따른 방재기관 조치사항

4.2.1 풍랑 주의보

1) 산하기관 및 유관기관에 기상특보 전파
2) 평시 재해대책요원으로 근무강화
3) 각종 전달체계에 의한 대민홍보

4.2.2 풍랑 경보

1) 산하기관 및 유관기관에 기상특보 전파
2) 재해대책본부 비상근무 강화
3) 해당 지역방송국에 경보발표 및 경계대책 보도
4) 각종 피해 및 사전조치사항 보고

제8장 | 폭염방재

1절 폭염의 특성

1. 폭염의 정의와 경보체계

1.1 폭염의 정의

최근 기후변화 등의 영향에 따라 폭염 빈도와 강도가 증가되고 있으며, 국내에서는 이와 같은 상황을 반영하여 2018년 폭염을 자연재난의 범주에 포함하였다. 폭염은 일정 기준 이상의 기온상승으로 인해 인명 및 재산 피해를 유발하는 재해로 정의된다.

〈표 8.1〉 재난 및 안전관리 기본법에서의 폭염

재난 및 안전관리 기본법 제3조
제3조(정의) 이 법에서 사용하는 용어의 뜻은 다음과 같다. 〈개정 2009. 12. 29., 2011. 3. 29., 2012. 2. 22., 2013. 3. 23., 2013. 8. 6., 2014. 11. 19., 2014. 12. 30., 2015. 7. 24., 2016. 1. 7., 2017. 1. 17., 2017. 7. 26., 2018. 9. 18., 2019. 3. 26., 2019. 12. 3.〉
1. "재난"이란 국민의 생명 · 신체 · 재산과 국가에 피해를 주거나 줄 수 있는 것으로서 다음 각 목의 것을 말한다.
가. 자연재난: 태풍, 홍수, 호우(豪雨), 강풍, 풍랑, 해일(海溢), 대설, 한파, 낙뢰, 가뭄, 폭염, 지진, 황사(黃砂), 조류(藻類) 대발생, 조수(潮水), 화산활동, 소행성 · 유성체 등 자연우주물체의 추락 · 충돌, 그 밖에 이에 준하는 자연현상으로 인하여 발생하는 재해
나. 사회재난: 화재 · 붕괴 · 폭발 · 교통사고(항공사고 및 해상사고를 포함한다) · 화생방사고 · 환경오염사고 등으로 인하여 발생하는 대통령령으로 정하는 규모 이상의 피해와 국가핵심기반의 마비, 「감염병의 예방 및 관리에 관한 법률」에 따른 감염병 또는 「가축전염병예방법」에 따른 가축전염병의 확산, 「미세먼지 저감 및 관리에 관한 특별법」에 따른 미세먼지 등으로 인한 피해

폭염에 대한 전 세계적으로 통일된 정의는 존재하지 않으며, 국가마다 그 지역 기후와 국민의 더위에 대한 적응도를 반영하여 서로 다르게 폭염에 대한 기준을 선정하고 있다. 〈표 6.2〉와 같이 현재 우리나라의 폭염 주의보(경보)는 33℃(35℃) 이상의 최고기온이 2일 연속 예상될 때 발효된다.*2020년 행정안전부와 기상청은 폭염 특보 기준을 '일 최고기온'에서 '일 최고 체감온도(기온과 습도를 고려한 체감온도(습도 50%를 기준으로 10% 증감에 따라 약 1℃ 증감)'로 변경하는 등 국민이 체감할 수 있는 특보체계로 개선을 추진 중)

〈표 8.2〉 폭염특보 발효 판단 기준

구분	판단 기준
폭염주의보	일 최고기온이 33℃ 이상인 상태가 2일 이상 지속될 것으로 예상될 때
폭염경보	일 최고기온이 35℃ 이상인 상태가 2일 이상 지속될 것으로 예상될 때

〈표 8.3〉은 세계 각국의 폭염특보 발효 기준을 나타내고 있다. 대부분의 국가에서 우리나라와 유사 한 수준인 32~33℃를 특보 발효 기준으로 활용하고 있으며, 그리스는 38℃, 프랑스는 36℃, 그리고 중국 상해의 경우 35℃와 같이 상대적으로 높은 기온을 기준으로 정하고 있으며, 이 기온이 3-4일 지속될 경우 특보가 발효된다.

〈표 8.3〉 세계 각국의 폭염특보 발효 기준

국가	기준온도	기준의 특성
체코	33℃	최고온도
그리스	38℃	최고온도, 3일 이상 지속
프랑스	36℃	최고온도, 4일 이상 지속
포르투갈	32℃	최고온도
중국(상해)	35℃	최고온도, 3일 이상 지속
한국	33℃	최고온도, 2일 이상 지속

자료출처 : 우리나라 폭염 대응체계 및 제도 개선방안(국립재난안전연구원, 2012)

1.2 국외 폭염경보체계

1.2.1 미국

미국의 해양대기청NOAA, National Oceanic and Atmospheric Administration)은 미국 기상청(NWS, National Weather Service)에서 제시하는 HI(Heat Index)를 바탕으로 폭염상황을 판단하여 공표한다〈그림 8.1〉. HI에 따른 신체의 영향정도는 〈표 8.4〉와 같으며, 미국기상청의 지역 사무소에서는 지역단위로 폭염의 정도에 따라서 폭염관심(Excessive Heat

Watches), 폭염주의보(Heat Advisories), 그리고 폭염경고(Heat Advisories) 3단계로 구분하여 발표한다.

NWS Heat Index

Temperature(˚F)

Relative Humidity(%)	80	82	84	86	88	90	92	94	96	98	100	102	104	106	108	110
40	80	81	83	85	88	91	94	97	101	105	109	114	119	124	130	136
45	80	82	84	87	89	93	96	100	104	109	114	119	124	130	137	
50	81	83	84	88	91	95	99	103	108	113	118	12	131	137		
55	81	84	85	89	93	97	101	106	112	117	124	130	137			
60	82	84	88	91	95	100	105	110	116	123	129	137				
65	2	85	89	93	98	103	108	114	121	128	139					
70	83	86	90	95	100	105	112	119	126	134						
75	84	88	92	97	103	109	116	124	132							
80	84	89	94	100	106	113	121	129								
85	85	90	96	102	110	117	126	135								
90	86	91	98	105	113	122	131									
95	86	93	100	108	117	127										
100	87	95	103	112	121	132										

Likelihood of Head Disorders with Prolonged Exposure or Strenuous Activity

Caution　Extreme Caution　Danger　Extreme Danger

〈그림 8.1〉 Heat Index 차트

자료출처 : https://www.weather.gov/ama/heatindex

〈표 8.4〉 Heat Index에 따른 신체의 영향정도

구분	Heat Index	신체의 영향
Caution	80˚F ~ 90˚F	장기간 노출 및 / 또는 신체 활동으로 인한 피로
Extreme Caution	90˚F ~ 103˚F	장기간 노출 및 / 또는 신체 활동으로 인한 열사병, 열 경련 또는 열사병
Danger	103˚F ~ 124˚F	열 경련 또는 열사병 가능성이 높으며 장기간 노출 및 / 또는 신체 활동으로 인한 열사병 가능성
Extreme Danger	125˚F or higher	열사병 가능성이 매우 높음

〈표 8.5〉 미국의 폭염경보 발령 단계

경보 발령 단계	세부내용
폭염 주의보 (Heat Advisories)	2시간 이상 지속되는 104˚F 이하(펜실베니아의 폭염 주의보 발령 열지수(heat index) 기준은 100~104˚F, 뉴욕의 경우 95~104˚F) 열지소가 예측되는 경우, 해당 카운티 내의 모든 위치가 기준에 도달 할 것으로 예상되는 경우 카운티에서 발령
폭염 경고 (Excessive Heat Warnings)	2시간 이상 지속되는 105˚F 이상의 열지수(heat index)가 예측되는 경우 (캐나다, 유럽 및 미국의 연구에 따르면 열이 증가하거나 열지수 104˚F 이상으로 유지됨에 따라 사망률이 기하 급수적으로 증가하기 시작)
폭염 관심 (Excessive Heat Watches)	폭염 경고(Heat Warning criteria)의 발효 확률이(50-79%) 나타난다고 예측되기 1~2일전에 발령

1.2.2 영국

영국의 국가기상서비스기관인 Met Office에서 폭염관련 경보 및 단계 발령을 수행한다. 영국에서는 일최대온도가 연속 3일 동안 임계값을 초과하는 경우 폭염경보가 발령된다. 폭염경보를 위한 임계값은 〈그림 8.2〉와 같이 지역에 따라 25-28℃ 범위로 제시되며, 영국 카운티마다 다르며 2019년에 기준이 최신화되었다. 그레이터 런던은 영국에서 임계값이 28℃인 유일한 지역이며, 남동부의 24개 카운티의 임계값은 27℃이고 주변을 둘러싼 12개 카운티의 임계값은 26℃이다. 대부분의 웨일스와 스코틀랜드 및 북아일랜드 전체를 포함한 나머지 영국의 임계값은 25℃이다.

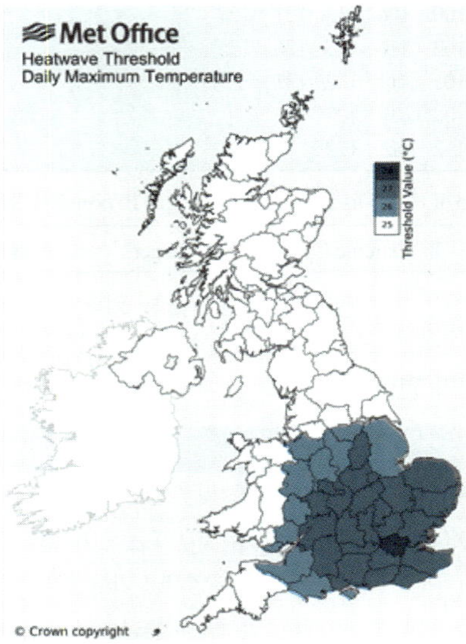

〈그림 8.2〉 일일최고온도에 대한 영국 폭염 임계값

자료출처 : https://www.metoffice.gov.uk/

Heat-health watch service는 폭염 대응을 위한 단계별 대응기준을 제시하는 것으로, 여름철 이전 준비 및 계획단계를 나타내는 Level 0에서 국가비상사태를 표현하는 Level 4까지 총 5단계로 〈표 8.6〉과 같이 구분된다.

〈표 8.6〉 영국의 폭염경보 발령 단계

폭염단계	세부 내용
Level-0 장기적응 계획	폭염의 위험을 줄이기 위한 장기 계획수립 및 이행을 하는 단계로, 기후 변화의 영향을 줄이고 폭염으로 인한 피해를 줄이기 위한 최대한의 적응을 보장하기 위한 연중 공동 작업이 포함. 이 수준은 준비를 보장하기 위해 여름철 이전에 계획 할 필요성을 당국에 상기시키는 역할
Level-1 여름 대비 및 장기 계획	이것은 여름 동안의 최소 경계 상태. 이 기간 동안 사회 및 의료 서비스는 모든 인식 및 배경 준비 작업이 진행되도록 보장
Level-2 경고 및 준비	최소 2일 연속 하나 이상의 지역에서 임계 온도에 도달하는 위험이 60% 이상인 상황 발생시 발령. 이것은 잠재적 폭염으로 인한 피해를 줄이기 위해 준비 상태와 신속한 조치를 보장하기 위해 노력할 사회 및 의료 서비스에 중요한 단계
Level-3 폭염 대응 행동	기상청이 2일 연속 한 지역 이상에 대해 임계 온도에 도달하고 다음 날의 예측된 낮 임계 온도가 기준(신뢰수준이 90% 이상)을 충족할 것이라고 판단될 경우. 이 단계에서는 고위험 그룹의 특정 행동을 목표로 하는 사회 및 의료 서비스가 필요
Level-4 국가 비상 사태	폭염이 너무 심하거나 연장되어 그 영향이 보건 및 사회 복지 시스템 외부로 확장 될 때 도달. 이 수준에서 질병과 사망은 고위험 그룹뿐만 아니라 건강한 사람들 사이에서도 발생

자료출처 : https://www.metoffice.gov.uk/

1.2.3 일본

일본 환경성에서는 더위 지수인 WBGT(Wet Bulb Globe Temperature)를 사용하여 폭염 경보를 발령한다. WBGT는 열사병을 예방하는 것을 목적으로 1954년에 미국에서 제안 된 지표로, 단위는 온도와 같은 섭씨(℃)로 표시되지만 그 값은 온도와는 다르다. WBGT는 인체와 외기와의 열 교환(열수지)에 주목 한 지표로 인체의 열 균형에 미치는 영향이 큰 ① 습도, ② 일사 · 복사복제) 등 주변의 열 환경, ③ 기온을 고려하여 산정한다. WBGT는 노동 환경과 운동 환경 지침으로 유효하다고 인정, ISO 등 국제적으로 규격화되어있는 지표이다. 이를 기준으로 일본 환경성에서는 〈표 8.7〉 및 〈표 8.8〉과 같이 일상생활과 운동활동으로 구분하여 폭염경보 단계를 구분하여 제시하고 있다.

〈표 8.7〉 일본 환경성의 일상생활에 관한 폭염경보 관련 지침

온도기준 (WBGT)	주의해야 할 생활 활동의 기준	주의 사항
위험 (31℃ 이상)	모든 생활 활동으로 일어나는 위험	고령자에서는 안정 상태에서도 발생할 위험이 크다. 외출은 가급적 피하고 서늘한 실내로 이동한다.
엄중 경계 (28 ~ 31℃)		외출시에는 불볕 더위를 피해 실내에서 온도 상승에 주의한다.
경계 (25 ~ 28℃)	중등도 이상의 생활 활동으로 일어나는 위험	운동이나 격렬한 작업을 할 때는 정기적으로 충분히 휴식을 도입한다.
주의 (25℃ 이하)	강한 생활 활동으로 일어나는 위험	일반적으로 위험은 적지 만 심한 운동이나 중노동시 발생하는 위험이 있다.

자료출처 : https://www.wbgt.env.go.jp/wbgt.php

〈표 8.8〉 운동에 관한 폭염경보 관련 지침

기온 (참고)	더위 지수 (WBGT)	열사병 예방 운동 지침	
35℃ 이상	31℃ 이상	운동은 원칙적 중단	특별한 경우를 제외하고는 운동을 중지 특히 어린이의 경우에는 반드시 중지
31~35℃	28~31℃	엄중 경계 (심한 운동은 중단)	열사병의 위험이 높기 때문에 심한 운동 등 체온이 상승하기 쉬운 운동은 피해야 함 10~20분 간격으로 휴식을 취하고 수분 염분의 보급을 실시 더위에 약한 사람은 운동을 줄이거나 중단
28~31℃	25~28℃	경계 (적극적으로 휴식)	열사병의 위험이 증가하므로 적극적으로 휴식을 취하고 적절히 수분 · 염분을 보급 격렬한 운동은 30분 간격 정도 휴식
24~28℃	21~25℃	주의 (적극적으로 수분)	열사병에 의한 사망 사고가 발생할 가능성 열사병의 징후에 주의하고, 운동 사이에 적극적으로 수분 염분을 보충
24℃ 미만	21℃ 미만	거의 안전 (적절한 수분)	일반적으로 열사병의 위험은 작지만 적절한 수분, 염분의 보급 필요

자료출처 : https://www.wbgt.env.go.jp/wbgt.php

2. 폭염 현황 및 사례

2.1 폭염의 영향과 피해특성

폭염은 비정상적인 고온 현상이 수일간 지속되며 막대한 인명 및 재산 피해를 가져오는 자연재난이다. 폭염의 기준이 되는 기온 및 지속기간 등이 국가별로 다른 것은 폭염이 단순한 기상현상의 비정상적인 상황을 넘어, 인체, 자연 생태계, 그리고 국가의 사회경제에 미치는 영향을 직간접적으로 함께 고려해야 한다는 것을 의미한다.

폭염은 인적 피해와 물적 피해를 동시에 일으키는 태풍, 호우, 폭설 등의 자연재난과는 달리, 피해가 인간의 건강 및 생명과 직간접적으로 연관된다. 태풍, 호우, 폭설에 의한 인명피해는 주로 강풍, 홍수, 그리고 시설파괴 등의 외력에 의해 주로 발생하지만, 폭염으로 인한 인명피해는 고온으로 인한 질병열사병, 일사병 등)과 질병악화(심장질환, 신경질환 등) 등 의해 발생한다(국립재난안전연구원, 2012).

〈표 8.9〉 폭염 재난의 피해유형

구분	내용
인명피해	• 폭염 사망자 증가 • 온열질환자 급증 • 감염병 급증
재산피해	• 가축 폐사, 가뭄으로 인한 농작물 일소 및 고사 현상 • 수산(어류) 피해, 적조현상 • 산불 발생
산업피해	• 사업장 휴폐업, 근로자 인명피해 • 건설 분야, 산업계 작업 중단
기반시설피해	• 도로 파손(소성변형, 늘어짐 현상) • 철도레일 휘어짐, 늘어짐 • 전력수급 급증, 정전 • 식수사용 급증, 단수, 소화전의 인위적 파손, 녹조현상
사회적피해	• 집단적 폭동, 약탈 • 범죄 증가

폭염에 의한 1차적인 피해 특성은 개인적인 건강문제로 발현된다. 햇볕에 의한 피부화상 및 자외선에 의한 피부 노화 촉진, 일사병, 열경련, 열에 의한 피로, 뇌일혈, 냉방병 등 보통 습도에서 25℃ 이상이면 무더위를 느끼고 이로 인한 질병이 발생할 가능성이 있으며, 기온이 30~32℃일 때 사망자가 급격히 증가하며 36℃가 되면 30℃일 때보다 50% 증가된다고 알려진바 있다. 특히 고령자, 노약자 및 어린이 등 취약계층은 기상환경 변화에 따른 적응력이 상대적으로 낮기 때문에 피해가 상대적으로 크며 사망률이 증가하게 된다. 또한 불면증, 불쾌감, 피로감 증대 및 탈진 등의 증상이 발생하여 실제로 확인 가능한 질병에 의한 피해보다 간접적인 피해와 국민의 불편이 커지게 된다. 미국의 경우, 수면 장애로 인한 개인과 사회적 손실을 연간 약 150억 달러로 추정하기도 하였으며 열대야로 인한 생체리듬 이상 등이 발생하게 되어 업무에 끼치는 손실도 막대하다.

농어업 및 경제적 측면을 검토하면 고온으로 인한 벼의 잎도열병, 이삭도열병 등의 발생으로 벼의 성장에 직접적인 영향을 미쳐 이것은 수확량 감소로 이어질 수 있다. 또한 어업분야의 경우 해수 온도 상승으로 인한 적조 발생으로 수산업에 직접적인 피해가 발생된다. 특히 폭염은 닭, 소, 돼지 등 가축의 폐사 등으로 인한 양계장, 목축업, 임업 등 1차 산업의 생산량을 감소를 가져온다. 사회 전반적으로는 전술한 생산량 감소로 물품의 품귀 현상 발생 및 가격 급등이 우려 되며, 이에 따라 가계 부담 증가로 경제난이 가중될 수 있다. 결국 이와 같은 농수산물과 생활필수품 등의 수급 차질은 국민들의 생활 불편이 가중된다. 2, 3차 산업에서는 여름철 전력과 부하로 인한 정전사태 발생가능성 증대, 기온 상승에 따른 집중력 감소, 업무능률 저하로 인한 생산성의 감소가 발생된다. 특히, 야외 작업의 중단으로 인한 공정 차질의 우려가 있고, 사무실이나 작업장의 적정한 기온 유지를 위한 에너지 비용이 증가 등의 문제가 수반된다.

폭염이 장기간 지속될 경우 상승한 기온으로 관광지, 휴양지에 예상치 못한 많은 사람들이 일시에 몰려 교통체증, 무질서 발생의 우려가 있다. 또한, 열대야로 강변 등 야외 시민공원에서 수면을 하는 사람이 늘어남에 따라 피로가 누적되고, 밤 시간에 쇼핑이 늘어나게 되어 다음날 생활에 악 영향을 미칠 수 있으며, 이러한 추세로 사회적 생체리듬 상실이 만연하여 이로 인한 후유증 발생이 우려된다. 불쾌지수가 높아지면서 짜증이 자주 나고 사소한 일로 싸움을 할 가능성이 높아지며, 우발적 범죄 사고도 증가할 우려가 있다. 이와 같은 사회전반의 기강해이, 무기력감 확산으로 사고발생부터 일반 업무에 이르기까지 다양한 사회적 손실이 증가할 수 있다. 보건 문제를 보면 곤충을 매개체로 한 전염병의 증가가 우려되며, 음용수로 인한 수인성 질환과 음식물 매개 질환이 증대될 우려가 높아지고, 예상치 못한 각종 전염병 발병 가능성이 증대되는 동시에 이에 대한 대처 능력은 떨어지게 되어 다수의 보건문제의 병렬적 발생 가능성이 높아진다(소방방재청, 2009).

폭염의 피해는 서서히 나타나며, 정확한 원인 규명 역시 쉽지 않기 때문에 타 자연재난에 비해 피해상황 집계가 매우 어렵다. 현재까지 세계적으로 표준화된 폭염의 피해진단 방법은 없으며, 나라마다 지역마다 상이한 통계치를 이용하여 폭염 피해를 정량화하고 있는 실정이다. 각국에서 폭염의 피해를 정량적으로 추정하기 위해 사용되는 방법은 크게 두 가지로 구분될 수 있다〈표 8.10〉. 첫 번째는 폭염 초과사망자 수(heat wave excess mortality)이다. 이는 특

〈표 8.10〉 **폭염 사망자 지표의 두 종류**

초과사망자수	
장점	단점
① 전 국민적 피해가 집계 ② 직 · 간접적인 피해를 모두 고려 ③ 사망자 수 집계가 이루어지는 모든 나라에서 사용가능	① 계산방법 및 통계기간에 따라 결과가 달라짐 ② 고온 노출뿐만 아니라 각종 질병 및 사고에 의한 사망까지 포함 ③ 더위로 인한 사망자 발생시기 앞당김 현상이 통계 결과에 포함 ④ 폭염일 발생하지 않은 연도에는 음의 사망자 수 값을 가짐
폭염에 의한 사망자 수	
장점	단점
① 폭염의 직접적인 영향으로 인한 피해 집계	① 진단자에 따라 사망원인이 다르게 진단될 수 있음

자료출처 : 우리나라 폭염 대응체계 및 제도 개선방안(국립재난안전연구원, 2012)

정기간 동안 평균적으로 기대되는 사망자 수를 초과하여 실제로 발생한 사망자 수를 의미한다. 두 번째는 폭염에 의한 사망자 수(heat wave related mortality)의 집계로, 이것은 사망자 중 진단자(의사 및 보건전문가)가 폭염을 직접적인 사망원인으로 진단한 경우를 나타낸다.

이 두 가지 통계치는 지표의 개념과 집계 방법이 전혀 다르기 때문에 분명한 구분이 필요하다. 한 예로 2003년 폭염 당시 스페인에서는 4,200여명의 초과사망자가 발생하였지만, 실제로 여름 후 폭염이 직접적인 사인으로 진단된 사례는 불과 59명뿐이었다(WHO, 2008). 하지만 많은 언론매체 및 연구들에서 이 두 가지 통계치를 모두 폭염에 의한 사망자 수라 표현하고 있어 폭염피해에 대한 인식 혼란을 초래하고 있다(국립재난안전연구원, 2012).

2.2 국내 폭염 현황

1973년에서 2019년까지의 자료를 살펴보면, 일최고기온과 폭염일수는 지속적으로 증가 추세에 있다. 1973년에서 2019년까지 일최고기온 극값은 1.5℃, 폭염일수는 6.9일이 증가하였으며, 기후변화에 의해 폭염일수는 21세기 후반기(2071년~2100년)에 22일로 증가 될 전망(관계부처합동(2020), 「2020년 폭염 종합대책」)이다.

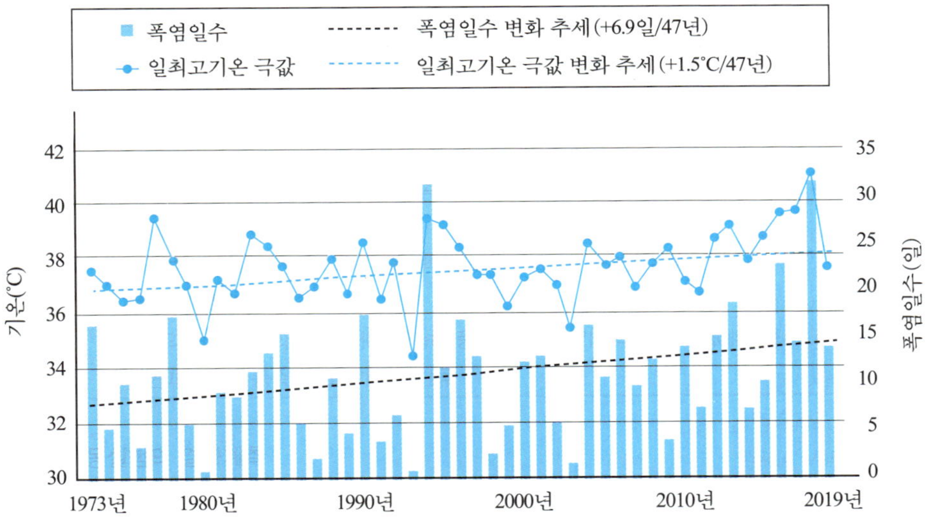

〈그림 8.3〉 연도별 폭염 발생 빈도와 강도

자료출처 : 2020 폭염영향 보고서(환경정책 · 평가연구원) 기후변화리스크연구단, 2020

특히, 2018년에는 기상관측 이래 최고기온이 경신되었으며, 최다 폭염일이 발생된 바 있다. 2018년 8월 1일 홍천에서 관측 사상 최고기온(41℃)이 나타났고, 서울, 춘천, 수원, 대전 등에서 지역 내 최고기온이 발생하였다. 폭염일수는 전국 평균 31.5일로 기존 최고 기록(1994년, 31.1일)을 경신하고 평년 수준(10.1일) 대비 3배 이상 더 많이 발생한 바 있다.

폭염이 발생되게 되면, 온열질환자 및 사망자가 증가하게 된다. 2014년부터 2019년까지의 폭염에 의한 부문별 피해현황은 〈표 8.11〉과 같으며, 특히 2018년의 온열질환자는 44,094명(국민건강보험공단 DB)과 4,526명(온열질환 감시체계)으로 집계된 바 있으며, 사망자는 2018년 145명(통계청 사망원인통계)/48명(온열질환감시체계)으로 집계되어 폭염의 정도와 지속성에 따라 온열질환자와 사망자가 급격히 증가함을 확인할 수 있다. 2018년 지역별 최고기온 발생 및 주요 피해를 그림으로 나타내면 〈그림 8.4〉와 같다.

〈표 8.11〉 폭염에 의한 부문별 피해 현황

구분	피해유형		2014년	2015년	2016년	2017년	2018년	2019년	단위
보건	온열 질환자	온열질환 감시체계	556	1,056	2,125	1,574	4,526	1,841	명
		국민건강 보험공단DB	18,004	21,398	30,602	27,032	44,094	–	명
	온열 질환 사망자	온열질환 감시체계	1	11	17	11	48	11	명
		통계청 사망원인통계	6	39	67	35	145	–	명
축산	닭 폐사		–	2,572.7	5,771.7	6,425.7	5,390.5	–	천마리
	오리 폐사		–	80.4	195.9	265.2	139.0	–	천마리
	돼지 폐사		–	4.8	38.2	70.5	40.1	–	천마리
수산양식	넙치 폐사 피해액		–	–	–	3,603.5	5,170.6	259.1	백만원
	조피볼락 폐사 피해액		–	–	–	1,872.8	6,027.7	111.2	백만원
	강도다리 폐사 피해액		–	–	–	706.1	952.9	93.6	백만원
	주요 수산물 10종 피해액		–	–	–	9,157.5	25,017.2	463.9	백만원
	폭염일수		7.4	10.1	22.4	14.4	31.5	13.8	일

자료출처 : 2020 폭염영향 보고서 (환경정책 · 평가연구원 기후변화리스크연구단, 2020)
온열질환감시체계 통계는 감시체계 운영기간 기준이며, 국민건강보험공단과 통계청 통계는 여름철(6–8월) 기간이 기준임.

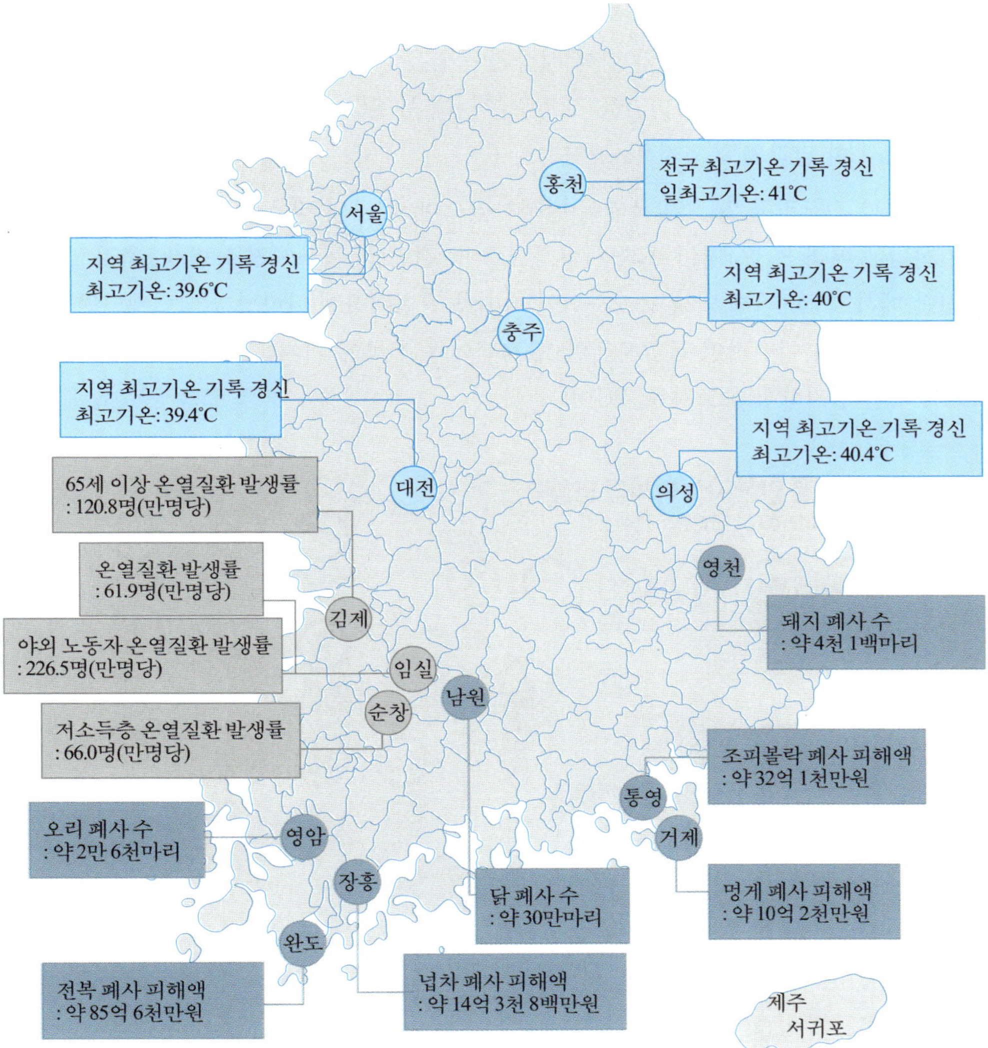

〈그림 8.4〉 2018년 지역별 최고기온 발생 및 주요 피해

자료출처 : 2020 폭염영향 보고서환경정책 · 평가연구원) 기후변화리스크연구단, 2020

2.2.1 1994년 폭염가뭄과 이른 폭염)

1994년 당시 기준으로 공식적인 통계는 발표된 바 없으나, 국내에서는 1994년 여름 유례없는 무더위로 폭염피해가 가중된 바 있다. 1994년의 경우 6월 22일(남부)부터 장마가 시작되어 7월 16일(중부)에 종료되었으나, 전국적으로 장마강수량이 130.4mm(평년대비 36.6%)에 그쳤다. 마른장마로 인해 7월 중순부터 폭염이 시작되어 전국적으로 폭염이 30일 동안 지속되었

다. 1994년 경우 8월 10일~11일 13호 태풍 '더그'와 8월 15일~17일 14호 태풍 '엘리'의 연속적인 영향이 없었다면, 마른장마와 함께 시작된 폭염은 8월 중순 이후까지 연속되어 전국적으로 폭염이 일주일 이상 더 지속되었을 것으로 추정해 볼 수 있다(국립재난안전연구원, Future Safety Issue '한 달간의 폭염지옥', 2014)

1994년 여름 전국평균 26.2일 폭염이 발생하였으며, 대구의 경우 총 38일 발생하였다. 폭염이 장기화됨에 따라 3,384명이 초과 사망하였으며, 전력난, 녹조 · 적조 발생, 축사, 양식장 등에서 집단 폐사, 가뭄 피해 발생 등 2차적인 피해가 광범위하게 나타났다(국립재난안전연구원, 2012). 우리나라의 이례적인 폭염사례인 1994년에는 전국에 거쳐 총 3,384명이 초과 사망한 것으로 추정된다(기상청 보도자료, 2012).

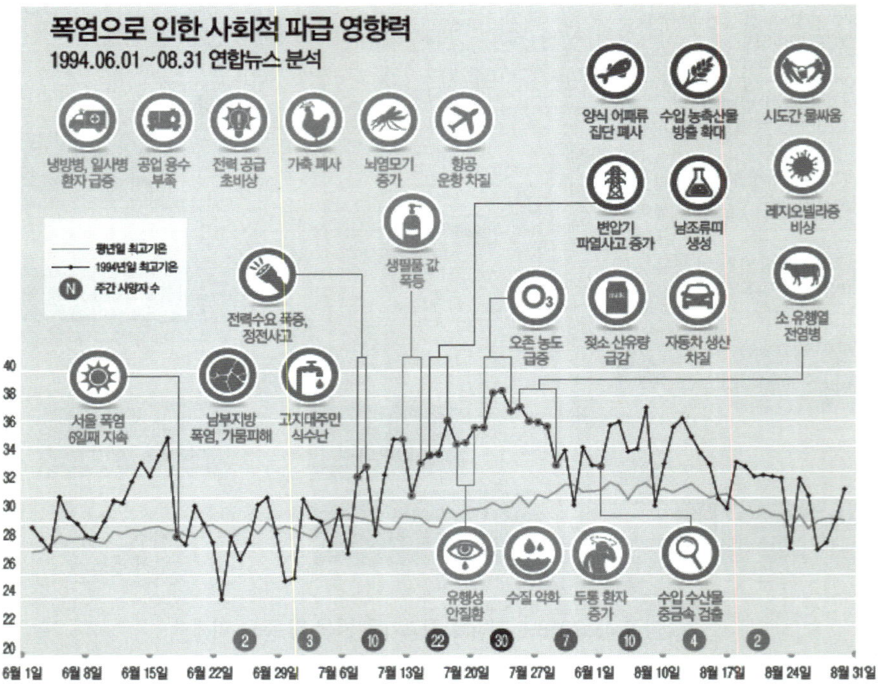

〈그림 8.5〉 1994년 폭염기간 동안의 사회적 파급 영향 사례

자료출처 : 국립재난안전연구원, Future Safety Issue '한 달간의 폭염지옥', 2014

〈그림 8.5〉는 1994년 폭염기간 동안의 사회적 파급영향 사례를 기사자료를 기반으로 설명하고 있다. 1994년 7월에는 무더위 고지대 식수난, 여천공단 남해화학 등 공업용수 부족사태, 그리고 대구 수돗물 생산 차질과 같은 상황이 발생되었으며, 이것은 소규모 정전에서 대규모 전력공급 비상에까지 이를 정도의 전력수요예측 실패로 이어질 수 있으며, 공업용수 부족은

발전소 냉각수 부담까지 가중된다.

그리고 폭염으로 초래되는 가축 폐사, 농식품의 수확 급감은 생필품 가격 및 내수물가 상승의 직접적인 원인이 되며, 노동효율성 측면에서 평균기온 대비 6~7℃ 이상이 상승하는 경우, 온열환자 등 인명피해가 속출하고 노동력 및 효율저하를 유발하여 자동차 등 산업 생산에 큰 영향을 미치게 된다. 그리고 우라나라의 경우 폭염은 7, 8월에 주로 발생하게 되므로, 가뭄과 고온현상이 지속되면 인명 및 농축산물의 직접적 피해 급증으로 추석이 있는 9~10월까지 경제적 부분에 있어 악영향을 끼치게 된다.

2.2.2 2018년 폭염

2018년과 1994년 모두 우리나라 주변 대기상층에 티벳 고기압이, 대기중 · 하층에는 북태평양고기압이 평년보다 강하게 발달하여 덥고 습한 공기가 유입된 가운데, 맑은 날씨로 인한 강한 일사효과까지 더해져 무더운 날씨가 이어졌다. 특히, 2018년은 1994년과 비교하여 티벳 고기압과 북태평양고기압의 세력이 더욱 강하고, 보다 폭넓게 발달한 특징을 보였다. 또한, 장마 종료 후 강수현상이 매우 적었기 때문에 뜨거운 열기가 식지 못하고 지속적으로 누적되면서 폭염과 열대야가 더욱 강화되는 특징을 보였다.

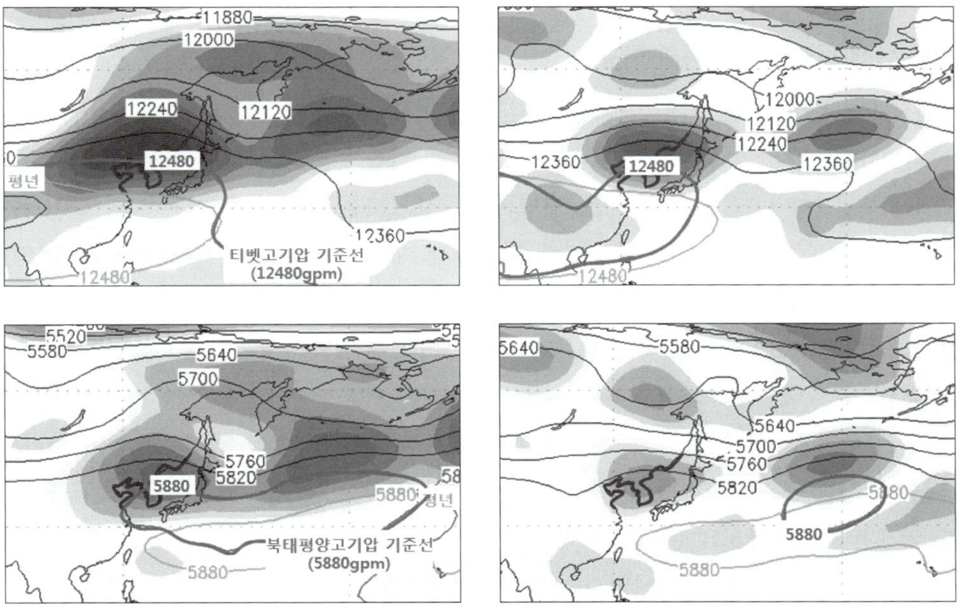

2018년 1994년

〈그림 8.6〉 7월(위) 200hPa와아래) 500hPa 고도 편차

자료출처 : 기상청, 2018년과 1994년 폭염 비교2018)

2018년 폭염으로 온열질환으로 인한 사망자 수는 전국적으로 48명으로 과거 7년간 연평균 10.7명의 4.5배에 달했다. 연도별 온열질환 사망자는 2011년 6명, 2012년 15명, 2013년 14명, 2014년 1명, 2015년 11명, 2016년 17명, 2017년 11명이었다.

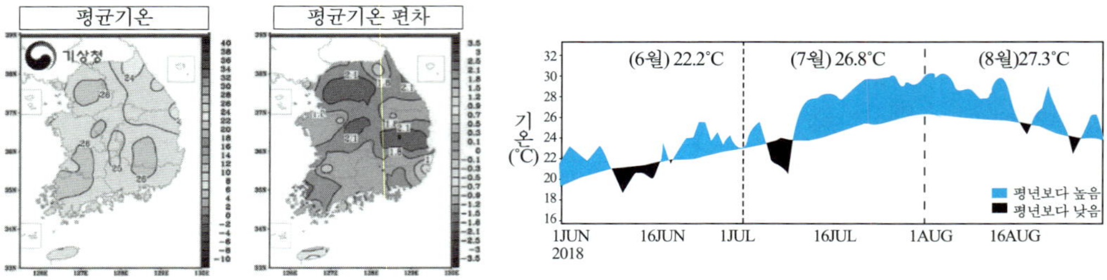

〈그림 8.7〉 2018년 전국 45개 지점 여름철(왼쪽) 평균기온과 편차 분포도

자료출처 : 기상청, 2019년 이상기후 보고서2020)

2.3 국외 폭염 사례

연도별 전 지구 연평균 기온은 1880년 기상관측 이후 최근 5년(2015년~2019년)이 상위 5위권을 차지하고 있으며, 2019년은 2016년에 이어 역대 두 번째로 기온이 높았던 해로 기록되었다. 따라서 기온의 증가는 전 세계적인 폭염 피해 발생을 유발하였다. 〈표 8.12〉는 2018년과 2019년에 발생한 전지구적 폭염 현황을 정리한 것이다.

미국에서 발생한 폭염에 의한 연도별 폭염 사망자 수는 〈그림 8.8〉과 같다. 1980년대부터 2003년까지 10억 달러 이상의 경제적 피해를 일으킨 기상재난 중 폭염과 가뭄에 의한 재해 건수는 17.8%로 적은 비율을 차지하지만, 인명피해는 91.6%를 차지하고 있다. 이와 같이 폭염은 태풍, 지진, 홍수 등과 같은 주로 단기간에 발생되는 재난에 비해 인적피해와 2,3차적 영향이 매우 크다고 할 수 있다. 미국 시카고에서는 1995년 7월 12일부터 16일까지 일 최고기온이 41.0℃에 이르는 등 1928년 관측 이후 유례없는 무더위로 해당지영계서만 700명 이상의 사망자가 발생된 바 있다. 특히 Commonwealth Edison 전력 회사에서는 7월 12에서 14일까지 이례적인 전기 수요량을 기록하였으며, 몇몇 지역에서는 높은 전력 소모로 정전이 되기도 하였다. 다음으로, 1999년 미국 동부지역에 502명이 사망하는 등 최악의 가뭄과 폭염을 경험하였으며, 약 10억 달러 규모의 손실을 초래하였다. 또한 2006년 발생한 폭염으로 253명이 사망하였으며, 2011년에는 206명이 사망하는 등 폭염으로 인한 인적 피해는 심각하다(대전 세종연구원, 2016).

〈표 8.12〉 2018-2019년 기간의 전 지구적 폭염 발생 현황

국가	폭염 현황
스웨덴	2018년 7월 최고기온 34.6℃, 100년만의 폭염 기록
노르웨이	2018년 7월 최고기온 33.5℃, 최저기온 25.2℃, 국가최고 · 최저기온 기록 경신
핀란드	2018년 7월 최고기온 33.4℃, 7월 기온 관측 사상 최고 기록
영국	2019년 7월 최고기온 38.7℃, 관측 사상 최고기온 기록 경신
독일	2019년 7월 최고기온 42.6℃, 관측 사상 최고 기록
네덜란드	2019년 7월 최고기온 40.7℃, 사상 최초로 40℃ 초과
프랑스	2019년 6월 최고기온 46℃, 국가최고기온 기록 경신 사상 최초로 45℃ 초과
스페인	2018년 8월 최고기온 44℃, 40개 주 폭염 경보
러시아	2018년 7월 서시베리아 최고기온 30℃, 평년대비 +7℃ 기록 2019년 6월 모스크바 최고기온 31℃, 1999년 이후 최고 기록
알제리	2018년 7월 최고기온 51.3℃, 관측 사상 최고기온 기록 경신
모로코	2018년 7월 최고기온 43.4℃, 관측 사상 최고기온 기록 경신
이스라엘	2019년 5월 최고기온 49.9℃, 1942년 이후 최고기온 기록 경신
미국 알래스카	2019년 7월 최고기온 32.2℃, 1952년 관측 이래 최고기온 기록
오만	2018년 7월 최저기온 42.6℃, 최저기온 세계 최고 기록 경신
파키스탄	2018년 4월 최고기온 50.2℃, 관측 이래 가장 높은 4월 기온 기록
인도	2019년 6월 최고기온 50.6℃
중국	2018년 7월 동북부 최고기온 37.3℃, 20일 연속 고온경보 발령
호주	2019년 1월 최고기온 49.5℃, 2019년 12월 평균 최고기온 41.9℃로 관측 사상 가장 높은 기온 기록
일본	2018년 7월 최고기온 41.1℃, 관측 사상 최고 기록 2019년 5월 후카이도 지역 최고기온 39.5℃, 5월 기온 중 관측 사상 최고 기록
미국	2018년 7월 로스앤젤레스 최고기온 48.9℃, 데스밸리 지역 52℃, 93년만의 최고기온 기록 2019년 7월 애리조나주 최고기온 46℃
캐나다	2018년 7월 퀘벡, 최고기온 37℃ (여름 평년기온 21℃)
브라질	2019년 1월 리우데자네이루 지역 최고기온 37.4℃
칠레	2019년 1월 산티아고 지역 최고기온 38.3℃

자료출처 : 2020 폭염영향 보고서 (환경정책 · 평가연구원) 기후변화리스크연구단, 2020

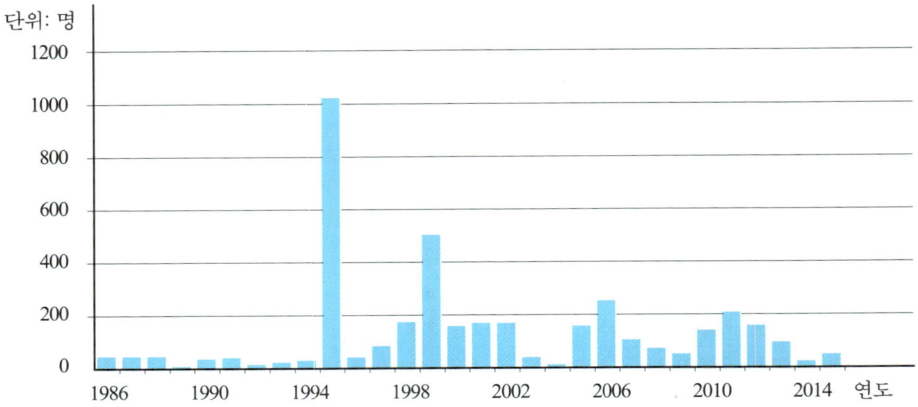

〈그림 8.8〉 미국의 연도별 폭염 사망자 수

자료출처 : 대전세종연구원, 환경재난형 폭염에 관한 기초연구2016)

유럽의 경우 2003년에 500년간 가장 뜨거운 폭염이 유럽전역에 발생하였다. 그 가운데 영국은 전역에서 폭염에 대한 강력한 영향력이 나타났으며, 7월에는 최고 온도인 32℃를 돌파하였으며, 38.5℃는 지금까지도 최고 기온값으로 기록되고 있다. 2003년 영국의 모든 지역에서 8월 2주간 2,091명의 사망자가 집계되었으며 시망자의 대부분이 75세 이상의 노인들 피해가 취약계층에 집중되었다.

일본은 2010년에 56,119명이 열사병으로 이송되어 171명이 사망한 것으로 기록된 바 있다. 2010년 폭염 당시 일본 정부에서는 매주 화요일마다 폭염에 의한 사망자수를 방송하기도 하였으며, 일본의 북부현과 도쿄에서는 35℃에 이르는 전례 없는 8일간의 폭염이 지속되었다(대전세종연구원, 2016).

2절 폭염 대책

1. 폭염 종합대책

1.1 폭염종합대책과 추진체계

폭염 종합대책은 2005년에 소방방재청에 의해 처음 수립되었으며, 현재 18개 중앙 부처 및 전국 17개 시 · 도와 함께 발표하는 풍수해 · 폭염 종합대책 수립 형태로 발전하였다. 〈그림 8.9〉는 관계부처 합동 폭염종합대책수립 관련 추진체계를 나타내고 있으며, 종합적 폭염대응대책이 수립되면 이를 기반으로 하여 각 지자체는 지자체 별 특성에 맞는 폭염종합대책을 수립하게 된다. 폭염관계기관 별 주요역할은 〈표 8.13〉과 같으며, 폭염은 국민 전체의 생활과 산업전반에 큰 영향을 미치므로 정부 및 지자체 모든기관의 협력과 공유체계가 매우 중요하다 할 수 있다.

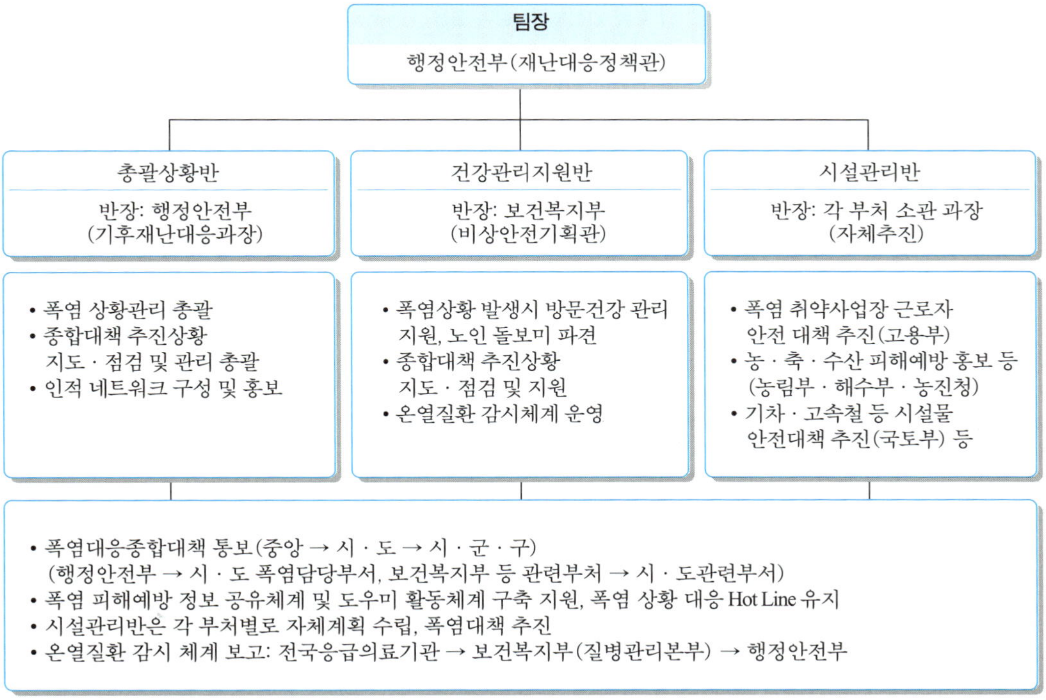

〈그림 8.9〉 폭염종합대책 관계부처와 추진체계

자료출처 : 관계부처합동(2020), 「2020년 폭염 종합대책」

〈표 8.13〉 폭염관계 기관별 주요 역할

구분	주요역할
행정안전부	• 폭염종합대책 수립 총괄 및 상황관리체계 운영 • 폭염특보, 행동요령 홍보(긴급재난문자, 재난방송, 주간안전사고 예보 등)
국무조정실	• 부처 간 업무조정 및 지원
보건복지부	• 독거노인, 노숙인 등 취약계층 보호대책 추진 • 방문건강관리 전문인력 활용 폭염대비 건강관리 교육, 홍보 • 전국 응급실 운영 의료기관 기반, 온열질환 감시체계 운영
소방청	• 폭염대비 현장밀착형 응급구급체계 운영 • 온열질환자 치료가능 병원 현황 관리, 공유
교육부	• 유치원, 초중고, 대학교 학생 폭염 피해 예방, 교육홍보 • 폭염 정도에 따른 단축수업 및 휴업 등 검토
고용노동부	• 건설현장 등 폭염 취약사업장 근로자 안전관리, 교육, 홍보 • 온열질환 예방 3대 수칙 홍보(물, 그늘, 휴식) • 민간재해예방기관 협력 및 안전보건지킴이 활용
농림축산식품부 해양수산부	• 농축, 수산분야 피해예방 및 관리대책추진 • 농축, 수산 폭염 피해 복구비 지원 • 재해보험 가입확대 독려 및 홍보 등 지원강화
국토교통부	• 국토부 소관 건설현장 근로자 안전관리, 교육, 홍보 • 기차, 지하철, 고속철 등 시설물 안전 대책 마련
환경부	• 광역, 기초지자체의 폭염 등 기후변화 취약성 정보제공 • 취약계층 폭염지원사업 추진
산업통상자원부	• 하계 전력수급 안정대책 수립 및 전력수급대책본부 운영 • 하절기 에너지절전 규제 추진시 무더위 쉼터 제외
방송통신위원회 과학기술정보통신부 문화체육관광부	• 폭염 대응 대국민 행동요령 홍보
국방부	• 폭염시 군사교육, 훈련, 작업통제 등 군장병 안전대책 추진
기상청	• 폭염특보 발표 및 기상감시, 분석, 상황 등 정보전파 • 여름철 생활기상지수 등 대국민 기상정보 서비스
경찰청	• 지역경찰 활용 농어촌 영농작업장 순찰활동 전개 • 폭염 관련 피해자 응급처치요령 등 교육 실시
지자체	• 폭염특보 시 마을엠프, 가두방송 등 대국민 홍보 • 무더위쉼터 지정, 운영 및 냉방비 지원 • 건설현장 등 폭염 취약사업장 근로자 안전관리, 교육, 홍보

1.2 관계부처합동 폭염 종합대책 사례2020년)

정부는 폭염으로 인한 인명과 재산피해를 최소화하고자 중앙 부처 및 전국 17개 시 · 도와 함께 폭염 종합대책을 발표(관계부처합동, 2020)한 바 있다. 폭염에 대비한 피해 최소화 주요 대책으로는 1) 관계부처 협력을 통한 폭염 대응체계 강화, 2) 취약계층을 위한 밀착형 폭염 대책 추진, 그리고 3) 폭염 피해 저감시설 확충으로 구분될 수 있으며 각 항목에 대한 주요 내용은 다음 〈표 8.14〉와 같으며, 개선사항 별 세부용은 〈표 8.15〉와 같다.

〈표 8.14〉 관계부처합동 폭염 종합대책 개선사항 (2020년 기준)

현행	개선('20년)
• 폭염기간 내 무더위쉼터 등 폭염 저감시설 운영 확대	• 코로나-19 장기화에 따른 감염 방지대책 병행 추진 (무더위쉼터 임시 휴관, 양산쓰기 운동 확대, 취약계층 방문시 비대면 권장 등)
• 개별 시스템을 통한 폭염관련 정보 안내 (기상정보시스템, 온열질환감시시스템)	• GIS상황관리시스템을 통한 폭염정보 통합안내 실시 (폭염특보, 인명피해 현황 등)
• 일최고기온"을 기준으로 폭염특보 발령	• 일최고체감온도" 기준으로 폭염특보 시범운영
• 지자체 임의로 폭염피해 저감시설 설치	• 열분포도 등을 활용하여 폭염취약지역 분석 및 저감시설 설치
• 차량을 이용한 폭염피해 예찰활동	• 폭염피해 예찰활동 드론 추가 활용

폭염에 대비한 피해 최소화 주요 대책으로는 첫째, 관계부처 협력을 통해 폭염 대응체계를 강화하는 것이다. 특히 폭염대책기간 기간의5.20.~9.30.) 상황관리를 강화하고 GIS 상황관리 시스템을 통해 폭염 특보 등 주요 정보들을 지자체와 공동으로 활용한다. 폭염 특보 기준을 '일 최고기온' 에서 '일 최고체감온도(*기온과 습도를 고려한 체감온도(습도 50%를 기준으로 10% 증감에 따라 약 1℃ 증감)' 로 변경하는 등 국민이 체감할 수 있는 특보체계로 개선을 추진하며, 온열질환자 응급실 감시체계 운영으로 현황 모니터링을 강화하고 사망자 발생 빈도가 높은 논 · 밭을 중심으로 드론을 활용하여 피해 예방 활동을 펼친다. 2020년은 코로나 19 감염병이 전세계적으로 발생된 상황이므로, 코로나-19가 확산될 경우 무더위 쉼터 임시휴관, 물안개 분사 장치 사용 자제, 취약계층 방문 시 비대면 · 비접촉 등 감염 방지대책을 병행 추진한다.

둘째, 취약계층을 위한 밀착형 폭염 대책을 추진한다. 취약계층 안전관리를 위해 생활지원사 등 재난도우미를 활용하여 안전을 확인하고, 어린이놀이터에 화상 주의문구 부착 등 관리를 강화하고 옥외노동자 보호를 위한 지침도 마련하여 배포한다.

셋째, 폭염 피해 저감시설을 확충한다. 폭염피해 저감을 위해 유동인구가 많은 횡단보도와 교차로를 중심으로 그늘막을 확대 설치하고, 도로살수장치, 물안개분사장치, 벽면녹화 등 폭염대응사업과 도심지 열섬현상 완화를 위한 도시숲 조성사업도 추진한다. 아울러, 위성영상을 통해 관측된 지역별 열 분포도 및 무더위 쉼터와 그늘막 위치, 노인 인구 밀집도 등을 분석하여 폭염피해 저감시설을 적재적소에 설치할 수 있도록 한다.

〈표 8.15〉 2020년 신설/확대 주요 폭염대책 및 세부사항

구분		주요내용
범정부 폭염 대응체계확립	총괄관리	• GIS 상황관리시스템을 통한 폭염정보 총괄관리 및 지원 • 코로나-19 장기화에 따른 감염 방지대책 병행 추진
	피해지원 및 관리	• 드론을 활용한 폭염피해 예방활동 강화 • 폭염 인명피해 판단지침 개정을 통한 피해지원 개선 • 폭염 인명피해 집계체계 개선을 통한 통계관리 및 지원 강화
	제도정비	• 체감온도 기반의 폭염특보 기준 개선 시범운영 • 서울시 특보구역을 단일구역에서 4개 구역으로 세분화 추진 • 폭염피해 예방 위한 관계법령 개정 • 폭염단계에 따른 분야별 폭염 영향예보 서비스 개선
	담당자 교육	• 방문건강관리 전문인력 교육과정에 폭염교육 추가
국민생활 밀착형 대책	어린이 및 교육시설	• 어린이 놀이터 화상주의 문구 부착 및 안내 강화 • 놀이동산 등 유원시설 종사자 및 이용자 행동지침 마련
	건설 사업장 등	• 옥외노동자 보호 위한 열사병 예방 가이드 개선 • 야외공연 안전관리 지침 안내 및 홍보 강화
저감시설 확충 등	저감시설	• 폭염피해 예방 위한 그늘목 식재 지원사업 등 추진 • 그늘막 설치 · 관리지침 개정 및 그늘막 관리시스템 구축 • 폭염피해 저감 위한 무더위쉼터 지정 · 운영 관리지침 개정 • 열분포도를 활용한 폭염 취약지역 분석지도 제작 · 배포
	농축산업 및 어업	• 농작물 피해 대비 노지채소 중심으로 보험품목 확대 • 가축 밀집사육 방지 위한 적정 사육두수 기준 마련 • 환기 · 송풍팬 설치 등 축사시설 현대화 사업 추진 • 액화산소공급기, 저층해수 공급장치 등 고수온 대응장비 지원 확대 • 스마트폰을 활용한 실시간 수온알림시스템 개선
미래 폭염재난 대비	홍보	• 부모님께 안부전화 드리기 캠페인 등 홍보 확대
	연구 · 기술개발	• 폭염저감기술 효과성 분석 등을 통한 폭염저감기술 최적화 연구 • 폭염피해자에 대한 사회 · 환경적 원인 분석을 통한 재발방지 대책 연구 • 폭염대응 농작물 및 가축 생산성 향상 연구 · 기술 개발 추진 • 폭염대처 우수사례 공유 등을 통한 미래 폭염대응방안 발굴

자료출처 : 관계부처합동(2020), 「2020년 폭염 종합대책」

1.3 경기도 폭염종합대책 사례2020년)

경기도는 폭염 피해 최소화 및 도민불편 최소화를 위한 2020년 폭염종합대책을 마련하여 추진한다. 주요 추진전략과 중점과제는 〈표 8.16〉과 같다.

〈표 8.16〉 경기도 폭염종합대책 주요내용 (2020년 기준)

추진전략	중점과제
체계적 폭염대응 체계구축, 운영	• 폭염대응 상황관리 체계 구축, 운영 • 신속한 피해상황 확인, 지원 및 현장 구급체계 운영 • 코로나 장기화에 따른 감염 방지대책 병행추진 • 사전교육을 통한 현장대처 역량 제고 및 제도정비
도민 체감형 폭염대책 추진	• 독거노인, 노숙인 등 폭염취약계층 집중 관리 • 집재원 등 이동노동자 쉼터조성, 운영 • 옥외 건설사업장 등 안전관리 강화
폭염 저감시설 확충 및 폭염피해 최소화	• 폭염 저감시설 확충 및 관리강화 • 농어업 및 축산업 피해예방 대책 추진 • 시설물(철도, 도로) 폭염 피해 최소화 추진
홍보강화	• 폭염대응 홍보활동 강화 • 도민 참여형 에너지절약운동 추진

자료출처 : 경기도(2020), 「2020년 폭염 종합대책」

2020년 경기도 폭염종합대책은 1) 체계적 폭염 대응체계 구축 · 운영, 2) 도민 체감형 폭염대책 추진, 3) 폭염 저감시설 확충 및 폭염피해 최소화, 그리고 4) 홍보 강화 등 4개 추진전략과 이에 대한 중점과제들로 구성된다. 이에 따라 도는 그늘막, 그늘나무 등 생활 밀착형 폭염 저감시설을 지난해 3,610개소에서 올해 5,615개소로 확대하기로 했다. 또한 폭염 현황 실시간 모니터링 및 적기 대응을 위한 '폭염 위기경보 판단지원 시스템'을 구축 · 운영한다. 특히 코로나-19 발생 장기화에 따라 감염 방지대책을 추진하는 한편, 시군에서 무더위쉼터(체육관 등)에 필요물자를 요청 시 광역방재거점센터 및 방재비축 창고 비축물자를 지원하고, 취약 독거노인에는 냉방기기(에어컨) 설치, 여름철 전기요금(3개월) 등을 지원한다. 2018년 경기도에서는 937명의 온열질환자가 발생해 5명이 사망한 것으로 집계된 바 있다. 지난해에는 온열질환자 338명 발생했고 사망자는 없었으며, 567개 농가에서 닭, 돼지 등 34만1천여 마리를 폐사하는 가축피해가 발생하는 등 폭염에 의한 지속적인 피해가 발생되고 있다.

① 체계적 폭염 대응체계 구축 · 운영

경기도는 폭염대책기간 기간의5.20.~9.30.) 상황관리를 강화하고, 평상시 및 주의 · 경계 단계에서 폭염 상황관리 T/F팀을 운영한다. T/F팀은 ▲상황총괄반(폭염대응 상황 총괄, 일일상황보고서 작성) ▲복지분야대책반(폭염취약계층 보호 및 지원) ▲건강관리지원반(온열질환자 파악 및 폭염취약계층 방문건강관리) ▲농 · 축 · 수산물대책반(농 · 축 · 수산물 피해 예방 및 관리대책 추진) ▲구조 · 구급반(온열질환자 응급처치 및 긴급 이송 추진) ▲홍보반(대국민행동요령 전파 및 각종 매체를 통한 홍보) 등으로 구성된다.

지역적으로 일 최고기온 35℃ 이상인 상태가 3일 이상 지속될 것으로 예상되는 심각 단계부터는 경기도지사를 본부장으로 하는 재난안전대책본부가 운영돼 상황총괄, 현장대응, 자원지원, 대민지원 등에 나선다.

두 번째로 신속한 피해상황 확인 · 지원 및 현장 구급체계가 운영된다. 이를 통해 '온열질환 응급실 감시체계' 운영을 통한 온열질환자 모니터링, 119 폭염구급대 운영, 온열응급환자 신속 응급처치 및 병원이송 체계 운영, 폭염피해 예방활동 강화 등이 시행된다. 코로나 장기화에 따른 감염 방지를 위해서는 무더위쉼터 임시 휴관을 권고하고, 필요시 개방된 실외장소나 대형 체육관 위주로 대체 운영한다. 쿨링포그, 바닥분수 등 바이러스가 쉽게 전파될 수 있는 시설 사용은 자제하기로 했다. 이 밖에도 폭염 취약계층 집중관리를 위한 재난도우미(자율방재단, 생활지원사 등) 및 온열질환 보고 현장 담당자(응급의료기관, 보건소)를 대상으로 교육을 실시해 현장대처 역량을 높인다. 시 · 군 폭염대책 수립의무, 폭염피해 저감시설 관리지침 근거 마련 등의 제도 정비도 추진한다.

② 도민 체감형 폭염 대책 추진

경기도는 ▲독거노인, 노숙인 등 폭염 취약계층 집중 관리 ▲집배원 등 이동노동자 쉼터 조성 · 운영 ▲옥외 건설사업장 등 안전관리 강화 등 도민이 체감할 수 있는 폭염대책을 마련하여 추진한다. 먼저 폭염특보가 발령되면 생활지원사 등 수행인력 3,900여 명이 도내 취약노인 5만2,000명을 대상으로 전화나 직접 방문을 통해 안전을 확인한다. 또한 노숙인 밀집지역 순찰, 건강상태 확인 및 긴급 구호물품(응급의약품, 식수 등) 제공 등 노숙인 보호 현장활동 및 피서공간 확보를 통해 안전사고를 예방한다. 경기도, 소방서, 산하공공기관 등 245개소에는 오는 6월 20일부터 집배원 등 이동노동자들을 위한 쉼터가 운영된다. 이곳은 냉방기를 가동하고 음료수와 샤워시설(가능 시)을 제공해 집배원, 택배기사, 퀵서비스, 대리기사 등 이동노동자들이 이용할 수 있도록 한다.

옥외 건설사업장 등에 대한 안전관리도 강화한다. 도는 옥외 노동자 보호를 위한 '열사병 예방 3대 기본수칙 이행가이드'를 개정하고, 폭염이 심한 14시부터 17시 사이에는 작업 중지를 권고하기로 했다. 아울러 옥외 근로자 건강관리 대책을 수립하고 교육 및 홍보활동도 실시한다.

③ 폭염 저감시설 확충 및 폭염 피해 최소화

그늘막, 그늘나무 등 폭염저감시설은 지난해 3,610개소에서 올해 5,615개소로 확대된다. 이와 함께 '관리자 외 작동금지' 안내표기 부착 등의 내용을 담은 '그늘막 설치 · 관리 지침' 개정 및 재난관리업무포털(NDMS) 그늘막 등록을 통해 체계적인 관리를 수행한다. 무더위쉼터도 2019년 7,031개소에서 2020년 7,407개소로 늘어난다. 농어업 및 축산업 피해예방을 위해서는 축사시설 개선, 가축 면역증강제(7,500포) 공급, 가축재해보험 홍보, 작물별 · 생육 단계별 맞춤형 대응요령 및 농작물 재해보험 가입 홍보 등의 사업을 추진한다. 고수온 양식업 피해 최소화를 위한 양식장 차광막 설치, 통풍 · 환기시설 개보수, 수산물 재해보험 가입 홍보 등도 지속적으로 병행한다. 경기도는 동원 가능한 살수차량(임대포함)을 확보해 도로 취약구간에 집중 살수하고, 폭염에 취약한 교량 신축이음 점검 및 소성변형 신속 보수에도 주력할 방침이다. 철도에 대해서는 폭염특보 발표 시 선로 · 시설 · 차량 취약개소 특별 안전점검을 실시한다.

④ 대도민 홍보 및 인식개선

경기도는 신문, 방송, 라디오, 경기넷, 경기G뉴스, SNS(트위터, 페이스북 등), 유튜브, 경기도민 기자단, G버스 TV 동영상, 의왕TG 및 청내외 문자전광판(8개소) 등을 이용해 폭염피해 예방을 위한 신속한 상황 전파 및 주민행동요령 홍보를 진행한다. 또한 농 · 어촌 등 취약지역에는 폭염 시 마을이장, 자율방재단 등이 마을방송 시스템 및 차량을 이용해 가두방송을 실시하고, 매일 2회 이상 현장 중심의 예찰 및 계도를 실시하는 등 정보전달 및 예찰활동을 강화한다.

이밖에도 경기도는 도민참여형 에너지절약 운동을 함께 추진한다. 이는 시민들의 자발적인 절전운동 참여를 유도해 에너지절약문화를 확산하기 위한 것으로, 여름철(7~9월) 절전 캠페인 시행 및 에너지의 날(8.22) 행사 개최, 공공기관의 부분 조명소등 및 실내온도 준수(28℃ 이상), '문 열고 냉방영업 안돼요!' 계도 · 홍보 등이 추진된다.

2. 폭염 대응 방향

폭염은 일정기간 지속될 경우 온열질환자 및 사망자 발생, 가축 폐사, 수질 악화, 에너지 문제 등 사회 전 부문에 직간접적으로 영향을 미치게 된다. 우리나라는 2018년 폭염으로 인해 온열질환자 요양급여 비용 약 39억원, 사망자 발생에 따른 약 410억원, 업무효율 저하로 하루 8시간 근무 기준 약 3,539억원의 경제적 손실액이 발생한 바 있다. 이와 같은 비용은 직접적인 피해만을 산정한 것으로 농업, 축산, 수자원 피해 및 간접 영향을 고려하면 피해는 더욱 클 것으로 판단된다.

이와 같은 폭염에 의한 직간접적인 피해를 저감하기 위해서는 우선 폭염 영향에 근거한 수요자 맞춤형 대응이 필요하다 할 수 있다. 현재 범부처 폭염종합대책이 수립되어 매년 이행 중이며, 행정안전부, 보건복지부, 주요 부문별 관계부처는 총괄상황반, 건강관리지원반, 시설관리반으로 구성된 T/F팀을 구성하여 폭염에 대응하고, 광역 및 기초 지자체는 정부 대책과 연계한 자체 대책 추진, 폭염 상황관리, 행동요령 홍보 등을 수행하는 형태로 진행 중이다. 그러나 현재 우리나라의 폭염대책은 2020년 체감온도에 기반한 폭염 특보를 처음 도입한바 있으나 지금까지는 온도에 기반한 기상청의 폭염 특보 기준으로 일괄적인 대책이 대부분이며, 취약계층 등 수요자 특성이나 지역적 특성을 고려한 맞춤형, 입체적 대책의 수립이 필요하다.

특히 이와 같은 관점에서 저소득층, 1인가구, 야외노동자, 고령층 등 폭염취약계층은 코로나19 등 감염병, 한파, 홍수 등 다른 재난에도 취약하다. 따라서, 폭염 대응 대책의 실효성 확보를 위해서는 기온에 대한 노출뿐만 아니라 부문별, 지역별 여건을 고려한 체감 영향을 우선적으로 고려할 필요가 있다. 따라서 중장기적으로 폭염 등 기후변화 리스크 저감을 위해서는 단편적 영향에 대한 대책 외에도 중장기적으로 대응 역량을 강화하는 사회전반적인 대응책의 마련이 필요하다 할 수 있다. 그리고, 매년 반복되는 폭염 영향의 저감을 위해 무더위쉼터 운영, 그늘막 설치 등 일시적 노출 저감을 위한 대책 외에도 취약 계층의 주거환경 여건 개선, 노동여건 개선 등 근본적 역량 강화 대책이 필요하다.

현재 폭염의 주관부처는 행정안전부이며, 폭염재난과 관련하여 종합대책 수립하고 추진상황 점검, 상황관리 등의 역할 등을 한다. 온열질환감시체계는 보건복지부가 운영하고 있지만, 취약계층 지원과 관련해서는 보건복지부, 산업부, 지자체 등 여러 부처가 참여하여 지원하고 있으며, 가축 및 가뭄피해에 대해서는 농축산부가 담당, 고수온피해 등에 대해서는 해수부가 담당하고 있다. 여름철 전력수급, 정전 문제에 대해서는 산업통상자원부가 담당하고 있다. 따라서 폭염 위기관리 매뉴얼은 위기관리 단계별(관심-주의-경계-심각) 부처별 대응방안이 별도로 세부적으로 마련되어 제시될 필요가 있다.

제9장 | 지진방재

1절 지진과 지진재해

1. 지진의 이해

1.1 지진

지진이란 지구 내부 특히 지각에서 장시간 쌓여진 에너지가 순간적으로 방출되면서 그 에너지의 일부가 지진파의 형태로 사방으로 전파되는 자연현상이다. 학술적으로는 탄성 에너지원으로부터 지진파가 전파되면서 일으키는 지구의 진동을 말한다. 지진은 암석권에 있는 판의 움직임으로 인해 직접적으로 발생하기도 하고, 다른 형태의 지진 에너지원을 제공하기도 한다. 판구조론(Plate Tectonics)는 1960년대 제창된 이론으로 지진대의 문제가 이 이론에 의해 간단히 설명되었다. 전 지구의 표면이 두께 대략 100km정도의 조각들이 판으로 나누어져 있으며 이 판들이 그 하부의 맨틀에서 발생하는 대류현상에 의해 매년 수 cm 정도로 대규모 수평이동을 할 때 판의 경계에서 판들의 상대운동에 의하여 지층이 변형되다가 깨어지며 지진들이 발생하게 된다는 이론으로 판들의 경계가 지진대를 이루게 된다.

결과적으로 지진의 발생은 지각에 축적된 에너지가 임계치에 도달하면 지각의 가장 약한 부분인 단층활동을 일으켜 에너지를 소산시키는 과정이기도 하다. 따라서 판경계부에서는 활발한 지각활동으로 인하여 에너지의 공급이 왕성하여 대부분의 지진활동이 판경계에서 일어나게 되는 것이다. 그러나 판의 내부에서는 지각에 에너지가 축적되기 위해서 많은 시간이 소요되어 지진활동이 간헐적으로 일어난다.

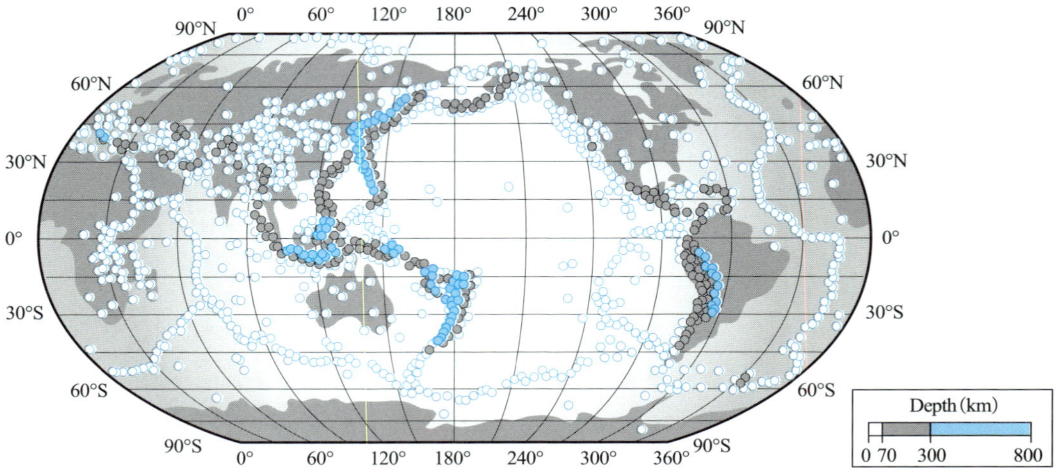

〈그림 9.1〉 세계의 지진활동 분포

자료출처 : B. Romanowicz, Using seismic waves to image Earth's internal structure, 2008, Nature, 451, pp. 266-268

1.1.1 진앙과 진원

진앙(epicenter)은 지진을 발생시키기 위하여 깨어진 암석이 있는 곳 위의 지표상의 위치이다. 처음에 깨어지거나 파열되는 지구내부의 지점은 지진의 진원(focus 또는 hypocenter)이다.

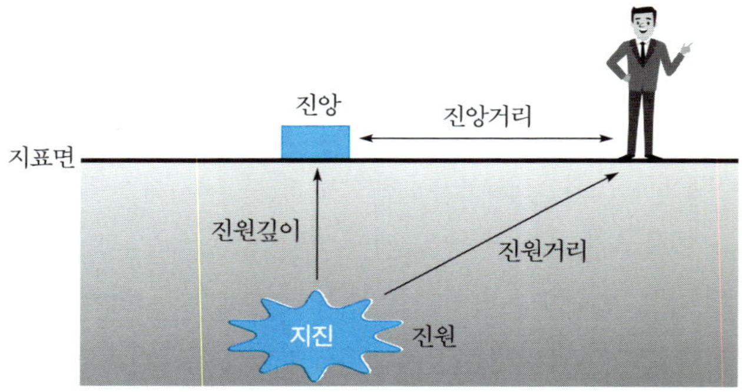

〈그림 9.2〉 진앙과 진원

자료출처 : 국가재난정보센터

1.1.2 지진의 종류

- 발생 원인에 따라
  - 단층지진(Dislocation Earthquake): 지각변동으로 지반에 축적된 힘이 단층이 생길 때 발산되어 일으키는 지진으로 대규모 지진은 대부분 단층지진이다.
  - 화산지진(Volcanic Earthquake): 지구 내부에 있는 고온의 마그마가 지표로 이동하면

서 생기는 화산 폭발시의 진동에 의한 지진
- 함몰지진(Downfall Earthquake): 지하의 큰 공동(석회동굴 등)이 무너지면서 생기는 지진
- 인공지진(Man-made Earthquake): 땅속에서 화약을 폭발시키거나 지하 핵실험 등으로 지진과 유사한 현상이 일어남으로써 생기는 지진

• 진원의 깊이에 따라
- 천발지진 : 진원의 깊이가 70km 이하인 지진
- 중발지진 : 진원의 깊이가 70~300km인 지진
- 심발지진 : 진원의 깊이가 300km 이상인 지진

1.1.3 지진파

단층이 파열될 때 암석은 지진파의 형태로 에너지를 발산하면서 갑자기 심하게 깨진다. 이러한 파는 연못에 돌을 던져 물결이 퍼져나가는 것과 같이 진원으로부터 방사상으로 전파되어 나간다. 비록 지진이란 용어는 파를 발생시키는 단층의 파열도 언급하지만, 우리가 지진으로 감지하는 것은 지반을 통한 이러한 파들의 통과이다. 단층의 파열에 의해 만들어진 어떤 지진파들은 지구의 실체를 통해 전파가 되고 다른 파들은 표면을 따라 전파된다. 실체파에는 P파와 S파 두 가지 형태가 있다〈그림 9.3〉. 압축(compressional) 또는 선두파(primary wave)라고도 불리는 P파(P wave)는 지진파들 중에 가장 빠르다. 이 파는 고체, 액체, 기체를 통과할 수 있다. P파는 액체보다는 고체를 통해 더욱 빠르게 전파된다. 지각을 통한 P파의 평균속도는 초속 6km이고 물을 통해서는 초속 1.5km이다. 전단(shear) 또는 2차파(secondary wave)라고도 불리는 S파(S wave)는 고체물질을 통해서만 전파될 수 있다. 이 파는 P파보다 더 느리게 전파되며 지각을 통한 평균속도는 초속 3km이다. S파는 파가 진행되는 방향에 대해 직각으로 상하 운동을 한다. 이 운동은 운동장에서 두 사람이 큰 줄넘기 줄을 잡고 앞뒤로 매진하는 것과 유사하다. 액체는 횡의 전단력을 받았을 때 복귀될 수 없기 때문에 S파가 액상을 통과하지 못하는 것이다. P파와 S파가 지표에 도달하면 복잡한 표면파(surface wave)가 형성되어 지표면을 따라 이동하게 된다. 이 파들은 P파나 S파보다 더 천천히 전파되며, 이들은 진앙 근처에 많은 피해를 주게 된다. 표면파는 복잡한 수평과 수직의 지반운동 또는 회전운동을 하기 때문에 이들은 건물, 교량 그리고 도로의 벽과 기초를 깨뜨린다. 표면파의 한 형태인 러브파(Love wave)는 기초에 치명적인 피해를 주는 수평의 진동을 일으킨다.

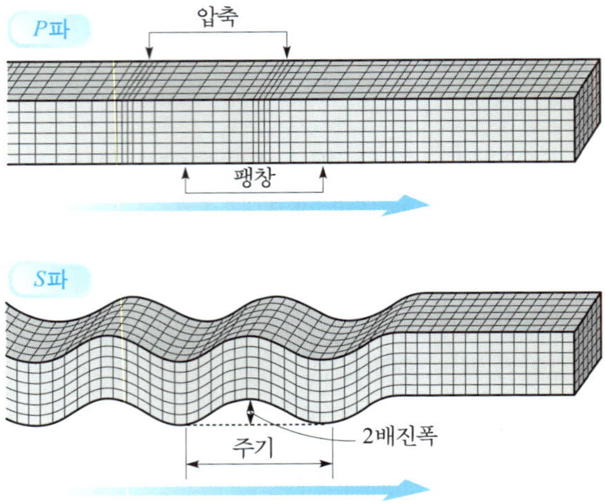

〈그림 9.3〉 P파와 S파
자료출처 : 두산백과사전

1.2 규모와 진도

세계적으로 발생하는 지진은 1년에 백만 개 정도가 넘는다. 그러나 이들 지진들 중 몇몇만이 그들의 기원지에서 멀리까지 알려지고, 더 적은 숫자만이 주요한 지진으로 고려된다. 지진의 효과를 이해하기 위하여 어떻게 지진이 측정되고 다른 것들과 비교될 수 있는지를 알 필요가 있다. 지진은 방출되는 에너지의 양에 의한 규모(Magnitude)와 사람과 건물에 대한 지진동의 효과에 의한 진도(Intensity)에 의해 비교된다.

1.2.1 규모

지진에 대한 뉴스보도는 일반적으로 지진이 발생한 위치와 지진의 크기를 언급한다. 특히 지진의 크기는 소수점 단위의 모멘트 규모(moment magnitude)로 표시하는데, 이는 지진 동안 단층면을 따라 파열된 추정 면적, 단층을 따른 미끄러짐 또는 운동량 그리고 진원 근처에서의 암석의 강도로 결정된다. 지진학자들은 모멘트 규모의 사용 이전에 미국의 유명한 지진학자인 찰스 리히터(Charles F. Richter)에 의해 개발된 단위로 지진에너지를 기재했었다. 리히터는 지진의 크기를 1에서 9 이하의 숫자로 나타내기 위하여 연구하였고, 1935년 최초로 규모(magnitude)라는 개념을 도입하여 지진의 크기를 나타내었다. 이것을 리히터 규모(Richter scale, 크기)라고 부른다. 리히터 규모 1의 세기는 1kgf의 폭약(TNT)의 힘에 해당한다. 이것은 너무나 미소하기 때문에 오직 지진계로만 탐지될 수 있다. 그리고 리히터 규모 2는 규모 1의

약 31배의 강도를 갖게 되며, 리히터 규모가 1씩 증가할 때마다 31배의 강도(세기)가 증가하게 된다. 1906년 샌프란시스코 대지진과 1960년 칠레의 지진의 경우 두 지진 모두 리히터 규모 8.3으로 기록되었다. 그러나 실제로 단층분리(fault rupture) 현상이 일어난 지역의 범위와 정도에서 후자는 전자의 열 배 이상이었다. 이와 같이 같은 규모의 지진에서도 지진에너지와 직접적인 연관이 있는 지진모멘트에 따라 그 실질적 의미를 달리한다. 특히 규모 7.5 이상의 강진은 흔히 모멘트 규모(Mw)라는 별도의 값으로 표현할 때가 많다. 식으로 표현하면 다음과 같다.

$$M_w = (\log M_0 / 1.5) - 10.7 \quad (9.1)$$

여기서, 지진 모멘트는 $M_0 = \mu \bar{U} S$로 나타내는데, 여기서 μ는 강성(rigidity), $\bar{U}$는 평균 변위량, S는 단층 면적이다. 모멘트 규모로 샌프란시스코 대지진과 칠레 지진은 각각 7.9와 9.5를 기록하였다. 역사상 가장 큰 지진인 칠레 지진은 전단 파괴된 단층의 총 길이가 약 600km이었고 샌프란시스코 대지진 때 전단 파괴된 단층의 총 길이는 약 320km이었다. 구조물에 구조적 피해를 초래하는 지진의 규모는 5.0 이상인 것으로 알려져 있다. 채석장에서 터뜨리는 폭발력은 규모 2.0~3.0에 해당하며, 규모 4.0~5.0은 원자탄의 폭발력과 맞먹을 정도다. 또 규모 6.0~7.0은 수소폭탄의 폭발력에, 규모 8.0의 경우는 큰 수소폭탄 30개를 한꺼번에 터뜨릴 때 나오는 에너지에 해당한다.

1.2.2 진도

규모는 물리적 현상인 지진의 크기를 평가하는 절대적인 척도이므로, 관측점에 따라서 달라지지 않는다. 진원 지역의 단층면에서 발생한 지진파는 공간적으로 확산, 전파하면서 그 세기는 감소하게 된다. 따라서, 진원으로부터 먼 거리에 있는 지역에 도달한 지진파는 세기가 미약하게 되고, 땅의 흔들림의 정도도 낮아지게 된다. 규모가 큰 지진이라도 진앙 거리 또는 진원 거리가 멀면 그 영향은 감소하게 되고, 지반 흔들림의 세기도 약해진다. 그러나, 규모가 작은 지진이라도 진앙 거리 또는 진원 거리가 가까우면 지반이 강하게 흔들릴 수 있고, 많은 지진 피해를 초래할 수 있다.

지진피해는 구조물이 위치한 곳에서 지반 흔들림의 세기에 주로 의존하므로, 지반 흔들림의 세기는 구조물의 지진 피해 가능성에 대한 좋은 지표가 될 수 있다. 지반의 흔들림의 세기와 동적 특성에 따라서 구조물에 작용하는 지진 하중의 크기와 특성이 결정된다. 그러므로 구조물의 내진 설계를 위해서는 지반의 흔들림의 세기와 그 특성이 정량적으로 표현되어야 한다. 정량적인 지표의 대표적인 예는 최대 지반 가속도(PGA, Peak Ground Acceleration)가 있다. 지진 가속도계가 없거나 지반 가속도가 측정이 되지 않았을 경우 또는 광범위한 지역에서의 지반의 흔들림의 세기를 나타내기 위해서 서술적이고 정성적인 지표, 즉, 진도(Intensity)가 도입되었다.

진도는 일반적으로 동일한 지진에 대해 거리에 따라 느껴지는 정도 또는 지진이 인간에게 얼마만큼의 피해를 주었는가를 나타내는 지표를 말하는데, 지진이 발생하였을 때 어떤 장소에서 사람이 느끼는 정도와 물체, 구조물 또는 자연에 미치는 영향정도에 따라 정해놓은 상대적인 개념의 지진크기로 각 나라의 사회적 여건과 구조물의 차이를 고려해 설정하는 것이다. 미국과 우리나라를 포함하여 국제적으로 널리 사용되는 진도는 크기를 I~XII등급으로 분류한 개정된 메르칼리 진도계급(MMI, Modified Mercalli Intensity)이고, 과거 우리나라에서 사용되었던 진도는 일본기상청이 정한 JMA계급(Japan Meteorological Agency Intensity)으로 지진의 크기를 0~VII까지 8등급으로 분류한다. 그 외에 유럽의 로시-포렐(Rossi-Forel) 진도계급(I~X등급)과 동유럽에서 러시아를 중심으로 발달한 MSK(Medvedev-Sponheuer-Karnik) 진도계급(I~XII등급) 등이 있다. 진도의 표시는 로마숫자의 정수로 표기한다. 따라서 진도(I)는 발생지점과의 거리에 따라 다르게 되고 그 영향도 달라지지만 규모(M)는 변하지 않는 것이다. JMA 진도등급과 MM등급의 관계는 다음의 식과 같이 나타낼 수 있다.

$$I(MM) = 1.5I(JMA) + 0.5 \tag{9.2}$$

오늘날 지진의 진도에 관한 연구를 할 때는 〈표 9.1〉에 있는 설명과 관련된 질문서가 지진에 영향을 받은 지역의 많은 주민들에게 나누어진다. 이런 질문서의 응답에 근거를 두어 진도의 분포를 표시한 등진도도를 그릴 수 있다. 등진도의 지역은 등진도의 윤곽선에 의해서 표시된다. 그 결과로서 등진도도는 진원으로부터 멀리 있는 지진동의 분포에 관해서 조잡하지만 가치 있는 정보를 제공해 주며, 또한 하부에 있는 지질암석층과 지표토양이 진도에 미치는 영향을 제시해 주기도 한다. 심각한 지진에서 가장 큰 과제 중의 하나는 어디에서 피해가 가장 심각한가를 신속하게 결정하는 것이다. 미국 서부의 경우 이러한 정보는 현재 높은 수준의 조밀한 지진관측망이 설치된 캘리포니아, 퍼시픽 노스웨스트 그리고 유타의 일부 지역에서 획득 가능하다. 이러한 관측망은 진동이 멈추면 바로 지반진동의 직접적인 측정값을 전달한다. 계기진도(instrumental intensity)라고 알려진 이러한 정보는 즉시 진동의 감지

〈표 9.1〉 개정된 메르칼리 진도계급과 규모의 관계

MMI	현상 및 내용	규모
I	지진계만이 느낄 정도의 지진으로 특별히 좋은 상태에서 극소수의 민감한 사람을 제외하고는 전혀 느낄 수 없다	2.9 미만
II	빌딩의 상층에 가만히 정지하고 있는 소수의 사람만이 느낄 정도의 지진. 섬세하게 매달린 물체는 흔들린다	3.0~3.9
III	실내에서 현저하게 느끼게 되는데, 특히 빌딩상층의 옥내에서 현저히 느껴진다. 그러나 많은 사람들은 그것이 지진이라고 인식하지 못한다. 멈춰있는 자동차는 약간 흔들린다. 트럭이 지나가는 것과 같은 진동을 느낄 수 있다	
IV	지진 동안 실내에 있는 많은 사람들이 느낄 수 있으나 옥외에서는 거의 느낄 수 없다. 밤에는 잠을 깨운다. 접시, 창문, 문 등이 흔들리고 벽이 갈라지는 소리를 낸다. 대형 트럭이 벽을 받는 느낌을 준다. 멈춰있는 자동차가 움직인다	4.0~4.9
V	거의 모든 사람에게 느껴지고 많은 사람이 잠을 깬다. 약간의 그릇과 창문 등이 깨지고 어떤 곳에서는 벽토에 금이 간다. 불안정한 물체는 뒤집어진다. 나무, 전신주 등 높은 물체의 교란이 심하다. 추시계가 멈춘다	
VI	모든 사람에게 느껴지고 많은 사람들이 놀라서 집 밖으로 뛰쳐나온다. 무거운 가구가 움직인다. 떨어진 벽토와 피해를 입은 굴뚝이 약간 있다	5.0~5.9
VII	거의 모든 사람이 집 밖으로 뛰쳐나온다. 구조적으로 잘 설계된 건축물에서는 피해가 무시될 정도이나, 보통 건축물에는 약간 피해가 있으며, 부실하게 설계된 건축물은 아주 크게 피해를 입는다. 굴뚝이 무너진다. 운전하고 있는 사람들이 느낄 수 있다	
VIII	특별히 설계된 구조물에는 약간 피해가 있고 보통 건축물에는 부분적인 붕괴와 더불어 상당한 피해를 일으키며, 부실하게 설계된 건축물에는 아주 심하게 피해를 준다. 창틀로부터 창벽, 굴뚝, 공장, 재고품, 기둥, 기념비, 벽돌이 무너진다. 무거운 가구가 뒤집어진다. 모래와 진흙이 소량으로 분출된다. 우물물의 변화가 있고, 운전자가 방해를 받는다	6.0~6.9
IX	특별히 설계된 구조물에도 상당한 피해를 준다. 잘 설계된 구조물이 기울어진다. 일반 구조물에는 큰 피해를 주며, 부분적인 붕괴가 일어난다. 건물은 기초에서 벗어난다. 땅에는 금이 명백하게 간다. 지하 파이프가 부러진다	
X	잘 지어진 목조 구조물이 파괴된다. 대개의 석조 건물과 그 구조물이 기초와 함께 무너진다. 땅에 심하게 금이 간다. 철도가 휘어진다. 산사태가 강둑이나 경사면에서 생기며 모래와 진흙이 이동된다. 물이 솟아오르며, 둑을 넘어 쏟아진다	7.0 이상
XI	남아 있는 건물은 거의 없다. 교량이 부서지고, 땅에 넓은 균열이 간다. 지하 파이프가 완전히 파괴된다. 연약한 땅이 푹 꺼지고 지층이 어긋난다. 기차 선로가 심하게 휘어진다	
XII	모든 것이 파괴된다. 지표면에서는 파형이 보이고 모든 것이 공중으로 내던져 진다. 시야와 수평선이 뒤틀린다	

와 피해가능성을 보여주는 지도를 만들기 위해 사용된다. 진동도(Shake Map)라고 알려진 이 지도는 건물이 붕괴된 곳에 배치되어 사람을 구조하여야 하는 응급구조팀에게는 매우 유용하다. 계기진도는 또한 어디에서 가스관과 다른 시설들이 피해를 입을 것인지를 표시하는데 도움이 된다.

지진의 진도와 규모의 표기법과 의미에 대해서 잘못 사용되고 있는 경우가 있다. 국제적으로 '규모'는 소수 첫째 자리의 아라비아 숫자로 표기하고 '진도'는 정수 단위의 로마 숫자로 표기하는 것이 관례이다. 예를 들면 '규모 5.6'과 '진도 Ⅳ'와 같은 식이다. 때에 따라서는 진도를 아라비아 숫자로 표기하는 경우도 있으나, 틀린 것은 아니다. 하지만 '리히터지진계로 진도 5.6의 지진'은 틀린 표현이며 '리히터스케일' 혹은 '리히터 규모 5.6의 지진', 아니면 단순히 '규모 5.6의 지진'이라고 표현해야 한다. 리히터지진계라는 기계는 존재하지 않는다. 한편, '진도 5.6'은 틀린 표현이며 '규모 5.6'이라 표현하는 것이 옳은 표기법이다. '강도'라는 표현은 지진학에서 사용하지 않는 용어이다.

1.3 세계의 지진활동

자연재해를 이해하는 데 있어서 기본적인 원리는 그것이 반복적으로 일어난다는 것이다. 따라서 그것이 일어난 기록을 공부하는 것이 방재계획에 가장 필수적이다. 어떤 지역에서 일어났던 역사 기록과 최근의 지질 역사는 지진재해를 이해하고 평가하는데 없어서는 안 될 자료이다. 예를 들어 특정 지역의 지진 기록을 알려면 우선 역사, 선사시대에 일어났던 모든 지진들을 확인해야 한다. 항공사진과 지도를 분석하여 옛날 기록에 대한 중요한 정보를 최대한 얻는다. 이와 같이 자연재해에 대한 선사시대의 흔적을 정확히 파악하는 것이 지질학자들의 역할이다.

지진은 여러 개의 판으로 이루어진 지각에서 〈그림 9.4〉와 같이 움직여 각 판들의 충돌과 응력의 집중으로 판경계에서 주로 발생하며 또한 화산활동도 활발하게 된다. 따라서 이들 경계를 조산대, 화산대, 지진대로 부르며 대표적인 지진대로는 태평양을 중심으로 일본과 러시아 동부, 미국대륙의 서해안이 둥그런 원형을 띠고 있는 환태평양 지진대가 있다. 환태평양 지진대에서는 매년 1500만 회 정도의 지진이 발생하고 있는데 이 중 강진(규모 6.0~9.0)이 100회 이상이며 중진(규모4.0~6.0)이 15,000회 정도이고 나머지가 미진(규모 0~4.0)이다. 세계적으로는 1931년에서 1980년까지 50년 동안 규모 7.0 이상의 천발지진이 490여 차례 발생하였고, 그중 규모 8.0 이상은 18회 발생하였다. 과거 100년 동안 기록된 최대 규모의 지진은 1960년 칠레에서 발생한 규모 9.5의 지진이며 이 지진의 지진역의 길이는 1,000km에 달할 정도로 광범위하였으며, 이 지진으로 인한 쓰나미가 태평양 전체에 파급된 것으로 알려져 있다. 최근 2004년 인도네시아에서 발생한 규모 9.0의 지진도 인도양 전역에 쓰나미를 발생시켜 대규모의 지진피해를 입힌 바 있다. 20세기에 전 세계적으로 발생한 주요 지진들 중 대량의 인명피해를 유발한 지진들과 그에 따른 인명피해는 〈표 9.2〉와 같다.

〈그림 9.4〉 지각판의 분포와 운동방향

자료출처 : 과학기술 2005.6

1.4 우리나라의 지진활동

한반도는 유라시아 암판 내부에 위치하기 때문에 미국이나 일본과 같은 나라들에 비해 지진 발생이 아주 적다. 그러나 발생빈도가 낮을 뿐이지 지진활동으로부터 완전히 벗어나 있는 것은 아니다. 지진에 관한 자료는 크게 분류해서 둘로 나눌 수 있는데, 하나는 역사적 문헌에서 찾아 볼 수 있는 역사지진이고, 다른 하나는 현대 지진계에 의해서 탐지되어 지진기록지에 기록되는 계기지진이다. 역사기록에 의하면 우리나라에서는 삼국시태 이래 인명 및 구조물 피해를 수반한 강진이 약 40회 이상 발생하였고, 특히 15~17세기 기간에는 지진활동이 매우 활발하였다. 그 후 지진활동이 다소 감소하였으나, 최근에는 홍성(1978년), 백령도(1995년), 영월(1996년), 오대산(2007년) 지진과 같은 중소규모의 지진 활동이 다시 증가하는 경향에 있으며, 중국이나 일본에서 발생한 지진으로 인한 피해기록 등을 비추어 볼 때 인명과 사회경제 시스템에 큰 피해를 초래할 수 있는 대형 지진재난 발생의 가능성을 배제할 수 없다.

〈표 9.2〉 20세기의 주요 지진과 사망자 수

일시	위치	규모	사망자 수(실종)
1906년 4월 18일	미국, 샌프란시스코	7.8	800
1908년 12월 8일	이탈리아, Messina	7.5	83,000
1923년 9월 1일	일본, 도쿄	7.9	142,807
1927년 5월 22일	중국, Nan-Shan	8.3	200,000
1935년 5월 31일	인도, Quetta	7.5	30,000~60,000
1939년 1월 24일	칠레, Chillan	8.3	28,000
1939년 12월 26일	터키, Erzincan	7.9	30,000
1949년 8월 5일	에콰도르, Pelileo	6.8	6,000
1956년 6월 10일	N. 아프가니스탄	7.7	2,000
1957년 12월 4일	외몽고, Gobi-Altai	8.6	1,200
1960년 2월 29일	모로코, Agadir	5.6	12,000
1962년 9월 1일	이란 북서부	7.1	12,230
1963년 7월 26일	유고슬라비아, Skopje	6.0	1,100
1970년 5월 31일	페루 북부	7.8	66,794
1972년 12월 23일	니카라과	6.2	5,000
1974년 12월 28일	파키스탄	6.2	5,300
1976년 2월 4일	과테말라	7.5	23,000
1976년 7월 28일	중국, Tangshan	7.9	245,000~655,000
1976년 8월 17일	필리핀, Mindanao	7.9	8,000
1977년 5월 4일	루마니아, Bucharest	7.2	1,500
1978년 9월 16일	이란 북동부	7.7	25,000
1980년 10월 10일	알제리	7.2	3,000
1985년 9월 19일	멕시코, Mexico City	8.1	9,500~30,000
1995년 1월 10일	일본, 고베	6.9	5,500
1999년 8월 17일	터키, Koeceli	7.4	17,439
1999년 9월 20일	대만, Chi-Chi	7.6	2,400
2000년 1월 26일	인도, 카치	7.9	20,252
2004년 12월 24일	인도, 수마트라	9.1	230,210 이상
2005년 10월 8일	파키스탄, 무자라파바드	7.6	73,338
2007년 8월 15일	페루	8.0	519
2008년 5월 12일	중국, 스촨성	8.0	87,475
2009년 4월 6일	이탈리아, 라퀼라	6.2	297
2010년 1월 12일	아이티, 포르토프랭스	7.0	316,000
2010년 2월 27일	칠레, 산티아고	8.8	711
2011년 3월 11일	일본, 센다이	7.0	19,326

자료출처 : Steinbrugge(1982), NEIC 웹페이지, Wikipedia 웹페이지, 지진방재(행정안전부)

1.4.1 우리나라의 역사지진

한반도 지진활동은 1905년 인천에 최초로 지진계가 설치되기 이전 발생한 지진을 역사지진활동, 이후 발생한 지진을 계기지진활동으로 나눈다. 역사지진은 우리나라 고대 문학이나 중앙 행정의 문헌에서 발견된 것으로 일본의 지질학자 와다 쓰시나로와 긴기치가 각기 1912년과 1949년에 처음으로 이 작업을 하였다. 이들 두 학자는 모두 우리나라의 고대 문헌에서 실제로 지진 발생기록을 찾아 그 내용을 발표하였다. 그들이 이용한 지진 기록문헌은 〈표 9.3〉과 같다. 그 후 여러 국내외 학자들에 의해 수정 및 보완이 이루어져 왔지만, 평가자에 따라 지진발생 위치와 진도 등을 다르게 해석하여 차이를 보이고 있다(김건득 외 1977; 김소구 외 1979; 정봉일 외 1980; 엄상호 외 1983; 이기화 외 1990).

〈표 9.3〉 지진이 기록된 고대문헌(김소구, 2007)

서명	권수	서명	권수
삼 국 사 기	50	승정원일기	3067
증보문헌비고	250	일 성 록	2277
고 려 사	137	기 상 보 고	–
국 조 보 감	90	해 동 잡 록	1
풍 운 기	62	난 중 잡 록	1
천계초출승록	112	패 사 잡 기	1
이조열성실록	1177	서 운 관 지	4

삼국사기, 고려사, 조선왕조실록, 일성록, 동국문헌비고와 같은 사서의 기록에 의하면, 삼국시대 102회, 고려시대 169회의 지진발생기록이 나온다. 조선시대엔 지진에 관한 사료가 풍부해 1,500회 이상 지진이 발생한 것으로 기록되어 있다. 이들 문헌을 분석한 자료에 의하면 우리나라의 지진은 300~400년을 사이로 많아졌다 적어졌다 하는 주기성을 보여 고려시대인 10세기에 7회로 가장 낮은 수치를 보이다가 점차 증가하여 14세기에 85회, 15세기에 228회로 늘어났고 이어 16세기에는 690회로 절정을 이루다가 다시 17세기 358회, 18세기 206회로 줄었으며 19세기에는 단 14회에 불과했다. 이들 기록을 현대의 MM진도로 환산하여 추정한 연구결과에 의하면 진도V이상의 지진이 약 400여회 발생하였으며, 특히 인명과 재산피해를 유발한 MM진도 VII이상의 지진이 약 40회 정도 발생하였다. 역사기록이 존재하는 기간을 2000년으로 추정할 때 이들 피해지진은 약 50년에 1회 발생한 것으로 생각할 수 있다.

지역별로는 북부(393회)보다 남부(782회)와 중부(960회)쪽에서 지진이 많이 발생했으며 동

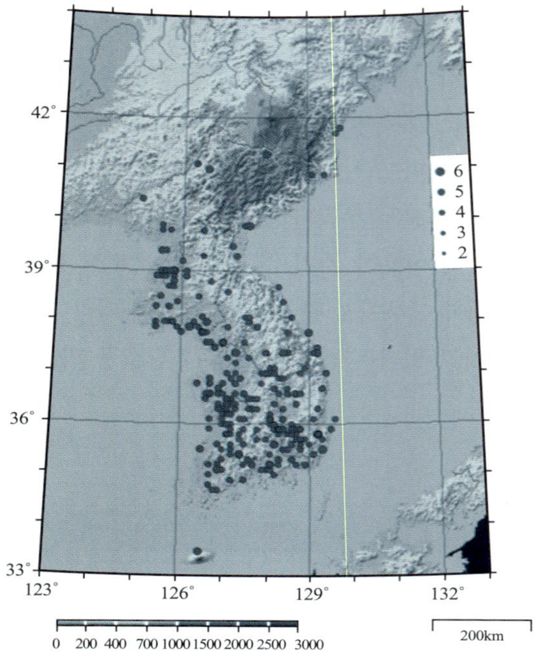

〈그림 9.5〉 역사지진의 진앙분포도
자료출처 : 한국지질자원연구원 지진연구센터

해안지역(636회)보다 서해안지역(1,353회) 특히 평야지대에서 지진이 많이 발생하였으며 경기도의 한강, 임진강 하류유역과 황해도의 예성강 중 · 하류지역, 서울 부근, 황해도 백천지역 등이 강진이 발생했던 지역으로 나타나고 있다.

역사지진 중 전국에 걸쳐 지진기록이 나타난 지진은 1518년 7월 서울에서 발생한 지진과 1681년 6월 양양에서 발생한 지진으로 기록되었으며, 최대 피해를 수반한 지진으로는 중부문헌비고에 기록된 신라 해공왕 3년(779년) 경주에서 발생한 지진으로 민가가 부서지고 100여 명이 사망했다고 기록되어 있다. 〈그림 9.5〉는 역사지진의 지역적 분포와 추정된 규모를 지도에 표시한 것이다. 옛날에는 통신의 주된 매개체가 진안지역에 살고 있는 일반 대중의 소문이었기 때문에, 인구 밀도의 분포 상태는 정확한 진앙을 결정하는데 매우 큰 영향을 주므로 인구밀도가 높은 수도 지역에서 더 많은 지진의 기록이 탐지된다는 것은 독자들도 이해할 것이다. 또한, 당시 지진의 진도를 결정하는 것은 더욱 어려운 작업인데, 그 이유는 당시 건축물의 구조가 현대 건축물에 비해서 매우 약했기 때문에, 같은 진도의 지진에도 더 크게 흔들렸을 것이나, 그것이 어느 정도인지를 가늠하기가 쉽지 않기 때문이다. 역사지진 자료를 분석하는데 또 한 가지 어려운 점은 같은 날에 두 개 이상의 지진이 각각 다른 지역에서 발생하였을 때 이것들이 같은 지진으로 기술되어 있는 것이 종종 발견된다는 사실이다. 이것은 당시의 지역적인 피해 상황의 정도에 의해서 진앙지를 결정할 수 있다. 우리나라의 주요 역사지진자료를 〈표 9.4〉에 정리하였다.

약 2000년 동안 기록된 문헌의 양이 방대하여 완벽한 자료 수집 및 체계적인 자료정리에 많은 시간과 노력이 필요하다. 또한 역사지진자료의 분석을 위해서는 지진학자 뿐만 아니라 역사학자, 토목 및 건축학자 등 관련분야의 많은 전문가들이 함께 참여하여 해결하여야 할 과제이다. 현재 삼국사기, 고려사, 조선왕조실록 등 많은 역사문헌들이 번역 및 데이터베이스화 되고 있어 역사지진의 재평가 작업에 많은 도움을 주고 있다.

〈표 9.4〉 우리나라의 주요 역사지진 기록(*자료출처 : 김소구, 2007*)

연(월.일)	지역	진도	규모	역사기록
27	경기도(광주)	8	6.3	집들이 모두 무너졌다.
34	경주	8~9	6.7	땅이 벌어져 찢어지고 금이 가고, 샘이 솟아올랐다.
89	경기도(광주)	8	6.3	땅이 흔들려 갈라지고 집들이 빠짐으로써, 죽은 사람이 많았다.
304	경주	8	6.3	가옥이 파괴되고 백성들 가운데 죽는 자가 있었다.
372	북한산 서울부근	8~9	6.7	땅이 벌어지고 찢어지고 갈라졌는데 깊이가 5척, 옆 넓이가 3장이었으며 3일 만에 다시 제자리로 아물었다.
471	경주	8~9	6.7	땅이 갈라졌는데 그 넓이가 20장이 되고 흙탕물이 솟아올랐다.
768	경주	7	5.7	경주 황룡사 남쪽에 지진이 있었는데 소리가 우레 같았고 샘과 우물이 모두 말랐다.
779	경주	8	6.3	백성들 집이 파괴되고 죽은 자가 백여 명 있었다. 주거지 구조물이 빈약하다고 본다.
1036(7.23)	경주지방	9	7.0	관내의 고을에서 큰 집과 술집들이 많이 파괴되었는데 동경에서는 3일 만에 그쳤다. 두 번의 지진이 있었다.
1226(11.5)	개성	7	5.7	집의 기왓장이 다 떨어졌다.
1298(3.6)	개성	8~9	6.7	땅이 터지고 열리면서 수녕궁 문 밖에서 샘이 솟구쳐 그 높이가 수척이나 되고 샘물이 11시~13시 사이에 솟기 시작하여 오후 5~7시 경에 멈췄다.
1338(6.28)	황해도 백천	6	5.0	황해도 백천의 등압사에서 큰 지진이 있었다.
1385(9.1)	개성	8	6.3	마차가 빨리 달리는 소리 같았고 담과 가옥이 허물어지고 무너져 사람들이 모두 피했고 송악산 서쪽 영의 돌이 무너졌다.
1408(5.19)	서울 부근	8~9	6.3	한강변에서 말을 먹이는 땅에 금이 가고 벌어져서 길이가 24척, 너비가 5척이었다.
1518(7.2)	서울	8~9	6.7	대지가 대략 3번 진동했는데 그 소리가 분노한 우레와 같이 크고 요란하였다. 사람과 말들이 놀라서 물러나고, 담과 가옥이 엎어져서 무너지고 성과 성벽이 떨어져 도읍에 사는 사람들이 모두 놀라서 당황하고 얼굴빛이 변해 몸 둘 곳을 몰랐다.
1527(7.21)	횡성 평창	6	5.0	소리가 우레와 같았고, 집들이 다 움직였다.
1546(5.23)	서울	7	5.7	서울의 동쪽에서부터 서쪽으로 꽤 오래 진동하다가 이내 그쳤는데, 그 처음 소리가 미미한 우레 같았으며 이제 그 진동으로 집들이 모두 움직이고, 담과 벽이 모두 흔들려 떨어졌으며 오후 5~7시에 또 한차례 진동이 있었다.
1594 (7.20)	충청도 홍성 전라도 전주		7.0	충청도의 서에서 동으로 우레 같은 소리가 나면서 땅위의 만물이 움직이지 않는 것이 없었다.(충청도 홍성)집들이 번쩍 위로 솟으며 움직이고, 창과 문이 저절로 열리고 동문의 성간이 무너졌다. 남에서 북으로 진동하고 그 소리가 요란한 벼락 소리 같았고 집들이 모두 움직였다(전라도 전주).

〈표 9.4〉 우리나라의 주요 역사지진 기록(*자료출처 : 김소구, 2007*) (계속)

연(월.일)	지역	진도	규모	역사기록
1597(10.8)	함경도 삼수	7	5.7	성이 기울어 무너지고, 고을의 와암 조각이 기울어 무너졌다. 여진이 잇달았다.
1613(7.16)	서울 부근	8	6.3	새벽에 지진이 있어 그 소리가 큰 우레 같았고 담과 집이 많이 무너졌다. 서북에서 동남으로 우레 같은 소리가 있었고 집과 기와가 다 움직였다.
1643(4.23)	경상도 합천	8~9	6.7	합천에서 바위가 무너져 두 사람이 깔려 죽었고, 오랫동안 말랐던 샘에서 탁한 물이 용솟음쳐 나왔다. 관아의 문 앞길이 10여 길이나 갈라졌다.
1668(7.25)	조선서해 서부	12	8.5	평양과 철산에서는 집의 기와가 흔들려 기울어졌고, 사람들이 놀라 엎드렸으며, 큰 해일이 일어났다. 같은 날에 경상도, 전라도 지방에서도 지진이 일어났다.
1670(10.4)	화순 광주	8	6.3	집들이 흔들려 거의 기울어 쓰러지고 담장과 벽이 기울어 무너지고 집의 기와가 땅에 떨어지고 소와 말이 고정해 설 수가 없고, 길가는 사람의 다리를 고정할 수 없으며, 당황하고 놀라서 엎드리고 뒤집혀 넘어졌다.
1681(6.26)	삼척	8	6.3	소리가 우레와 같았고, 담벽이 무너지고 기울어졌고, 집의 기와가 나부껴 떨어졌다. 10여 차례나 여진이 있었다.
1713(3.8)	장수산 부근	8	6.3	오전 4시경에 해주에서 땅이 많이 터지고 벌어졌다. 서울, 평안도, 황해도 지방에서 각각 두 개의 지진이 일어났다고 본다.
1713(3.27)	평안도 평양	6	5.0	집들이 번쩍 들려서 움직이고 우레와 같이 북치는 요란한 소리가 났다.
1734(4.19)	충청도 온양	6	5.0	집들이 들썩들썩 움직이며 우레 같은 소리가 있었는데 때가 지나자 이내 멈추었다.

1.4.2 우리나라의 계기지진

우리나라의 계기지진은 20세기 전반부의 초기 계기지진자료와 1950년대 이후의 계기지진 자료로 구분된다. 초기 계기지진의 경우 최근의 자료와는 그 정확도와 신뢰도의 차이가 매우 크다. 20세기 전반의 초기 계기지진자료는 기술 방식이 역사지진과 유사하여 진앙의 위치 및 규모의 정확도가 비교적 낮다. 본격적인 지진관측은 1978년 이후 기상청에서 시작되었으며, 1980년대 중반부터 한국지질자원연구원에서도 지진발생 원인 등 연구목적의 지진관측을 시작하였다. 1905년 인천에 지진계 설치 이후 기록되고 있는 계기지진 기록을 살펴보면 1978년부터 2004년까지 총 641회 지진이 발생하여 연평균 약 24회 기록되고 있으며, 이 중 규모 3.0이상의 지진은 총 242회로 연평균 약 9회 발생하고 있고, 유감지진은 총 187회로 연평균 약 7회 발생하고 있다. 1936년 쌍계사지진(규모 5.0), 1978년 홍성지진(규모 5.0), 1996년 영월지진(규모 4.5) 등이 주요 지진으로 기록되고 있으며 가장 최근에는 2007년 오대산지진(규모 4.8)이 발생하였고, 특히, 오대산지진은 한반도가 지진 안전지대라고 믿었던 우리에게 큰 충격을 주었다. 〈그림 9.8〉은 국내 지진발생 추이를 1978년부터 2011년까지 표시하고 있다. 여기서 주목해야 할 것은 지진발생횟수가 꾸준히 증가한다는 점이고, 이는 우리가 지진에 대한 대책을 마련하지 않으면 안 된다는 점을 시사한다.

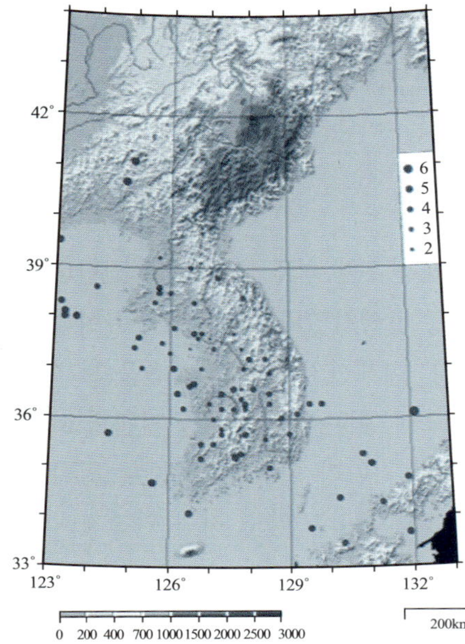

〈그림 9.6〉 초기 계기지진 분포도
자료출처 : 한국지질자원연구원 지진연구센터

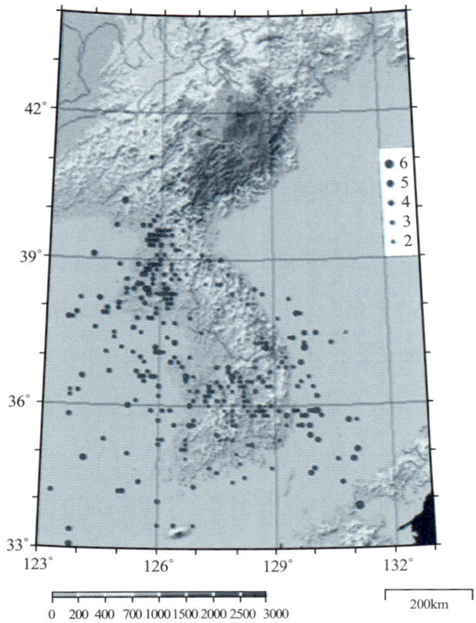

〈그림 9.7〉 1978년 이후 계기지진 분포도
자료출처 : 한국지질자원연구원 지진연구센터

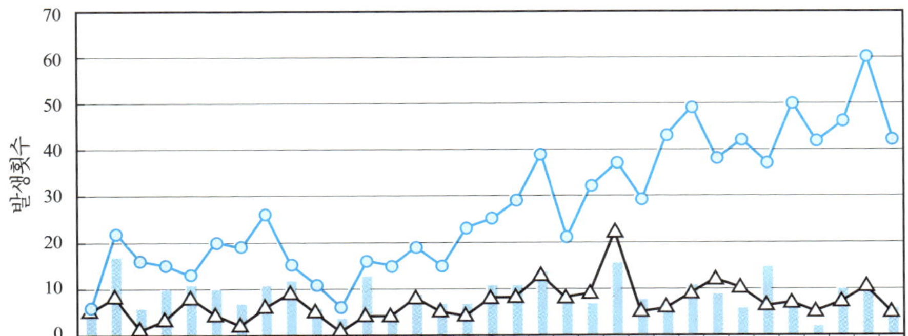

	78	79	80	81	82	83	84	85	86	87	88	89	90	91	92	93	94	95	96	97	98	99	00	01	02	03	04	05	06	07	08	09	10
규모3이상	5	17	6	10	11	10	7	11	12	4	4	13	3	7	7	7	11	11	14	8	7	16	8	7	11	9	6	15	7	2	10	10	5
유감지진	5	8	1	3	8	4	2	6	9	5	1	4	4	8	5	4	8	8	13	8	8	22	5	6	9	12	10	6	7	5	7	10	5
총횟수	6	22	16	15	13	20	19	26	15	11	6	16	15	19	15	23	29	29	39	21	32	37	29	43	49	38	42	37	50	42	46	60	42

〈그림 9.8〉 국내 지진발생 추이
자료출처 : 기상청

2. 지진재해

전 세계적으로 큰 규모의 지진이 빈번하게 발생하고 있는 상황에서 2000년부터 현재까지 규모 4.0 이상의 지진이 년 평균 11,605회 가량 발생하고 있다. 또한 심각한 피해를 유발할 수 있는 규모 7.0이상의 지진의 경우 년 평균 14회 정도 발생하며, 지진으로 년 평균 51,480명이 목숨을 잃는 것으로 보고되고 있다(USGS, United States Geological Survey).

2.1 세계의 지진재해

1900년대 이후 발생한 지진 발생 사례를 살펴보면, 76년 7월 중국 하북성 당산(唐山)에서 발생한 규모 7.5의 지진으로 사망자가 무려 24만 명 이상 발생하였다. 10년 1월, 아이티에서 발생한 지진은 규모 7.0으로 22만 명 이상이 사망하였다. 현재까지 발생한 지진을 토대로 많은 인명피해가 있었던 지진의 현황은 다음 〈표 9.5〉와 같으며, 이는 사망자수를 기준으로 하고 있다. 인명피해가 많이 발생한 상위 10대 지진 중 5건이 우리나라 인접국가(일본, 중국)에서 발생하였으며, 2000년대 이후 발생한 지진은 4건이나 있어 우리나라도 지진 안전지대라고 할 수 없다.

〈표 9.5〉 지진으로 인한 인명피해 상위 10대 순위

순위	발생일자	지역, 국가	사망자(명)	규모(M)
1	2010. 1.12.	아이티	316,0001)	7.0
2	1976. 7.28.	중국 하북성 당산(唐山)	242,7692)	7.5
3	1920.12.16.	중국 간쑤(甘肅)성	235,502	7.8
4	2004.12.26.	인도 수마트라(쓰나미)	230,210 이상	9.1
5	1923. 9. 1.	일본 간토(關東)	142,800	7.9
6	1908.12.28.	이탈리아 시칠리아, 메시나	123,000	7.1
7	1948.10. 6.	(구)소련/투르크메니스탄	110,000	7.3
8	2008. 5.12.	중국 스촨성	87,475	7.9
9	2005.10. 8.	파키스탄 무자파라바드	73,338	7.6
10	1970.5. 30.	페루 침보테	70,00	7.9

자료출처 : http://en.wikipedia.org/wiki/List_of_earthquakes
자료출처 : 1556.1.23, 중국 Shaanxi, 820,000~830,000명 사망 추정, 규모 8.0
1) Magnitude 7.0 – HAITI REGION, USGS, 2012. 3. 26 수정
2) Earthquakes with 50,000 or More Deaths, USGS

2011년 발생한 일본동북부 지진의 피해액은 약 3,090억 달러로 추정되고 있으며, 이는 1995년 고베지진 당시의 피해액인 1,000억 달러와 비교하여 3배 이상 많은 피해가 발생하였

다. 이는 역대 지진중에서 가장 큰 피해액이 발생한 지진으로 기록된다. 일본 동북부 지진의 규모는 9.0으로 역대 발생한 지진의 규모로는 4번째로 큰 규모로 역대 지진의 피해액별·규모별 순위는 다음 〈표 9.6〉과 같다.

역대 발생한 지진 중 재산피해를 기준으로 한 순위에서는 동북부 대지진에 이어 일본에서 발생한 고베지진이 재산피해가 큰 것으로 나타났다. 또한, 2007년 7월에 발생한 일본 니가타 지진의 경우도 피해액 280억 달러로 많은 재산상의 피해가 발생한 것을 알 수 있다. 지진규모별 순위의 경우 이번 동북부 지진이 인도네시아 수마트라 지진과 러시아 캄챠카반도 지진과 함께 세계에서 4번째로 큰 규모의 지진임을 알 수 있다.

〈표 9.6〉 피해액별 및 규모별 지진 순위

구분	피해액별 순위(단위 : $)		지진규모별 순위		
1	일본동북부지진	3,090억	2004.12	칠레	M 9.5
2	일본 Kobe 지진	1,000억	1976.07	미국 알래스카	M 9.2
3	미국 Northridge 지진	440억	1920.12	미국 알래스카	M 9.1
4	일본 Niigata 지진	280억	1923.09	인도네시아 수마트라	M 9.0
5	아르메니아 Spitak 지진	140억	2011.03	일본 동북지방	M 9.0
6	타이완 Nantou 지진	140억	1932.12	러시아 캄챠카반도	M 9.0
7	터키 Izmit 지진	120억	1970.05	에콰도르	M 8.8
8	이탈리아 Irpinia 지진	118억	1935.05	인도네시아 수마트라	M 8.7
9	인도네시아 Sumatra 지진	100억	1990.06	미국 알래스카	M 8.7
10	미국 Loma Prieta 지진	100억	2003.12	티벳	M 8.6

1990~2009년 동안 규모 7.0 이상의 지진은 매년 약 14개씩 발생하고 있다.(USGS, United States Geological Survey) 2008년 스촨성 지진, 2010년 칠레 지진, 2011년 일본 동북부 지진을 비롯하여 규모 8.0 이상의 지진이 발생하고 있으며 이는 지진의 발생 빈도와 규모가 증가하고 있음을 의미한다. 〈표 9.7〉과 〈표 9.8〉은 세계 주요 지진을 정리한 표이다.

〈표 9.7〉 세계 주요지진비교(1)

구분	탕산지진	고베지진	스촨성지진
발생시기	1976년 7월28일	1995년 1월17일	2008년 5월12일
발생지	탕산직하	아와지섬	스촨성
규 모	7.8	7.2	8.0
피해지역	-탕산 지역 주변 50km추정	-고베 -오사카시 -나시노미야시 -아시야시	- 원촨 - 베이촨
인명피해	-사망자 24만 (비공식60~80만으로 추정)	-사망 6,310명 -부상 43,188명 -이재민 29만 명	-사망 67,183명 -실종 20,790명
경제적 피해	-68만 개 건물 파괴 -도로 280여 Km의 파손 -교량, 교각 배수로가 함몰/붕괴	-10조 엔 (당시 일본 GDP의 2.5%에 해당)	-건물 완파 546,190 -반파 593,230
특 징	-언론 통제시간이 지난 후 공개 -일정 부분 지진의 예측 대비미흡	-지진 발생 시간(5:46분)피해가중 -사망자의 78% 건물붕괴로 질식사	-사망/실종자 중 9천 명이 학생, 교사 (전체 사망/실종자의 10.2%에 해당)

〈표 9.8〉 세계 주요지진비교(2)

구분	아이티 지진	칠레	일본 동북부지진
발생시기	2010년 1월12일	2010년 2월27일	2011년 3월11일
발생지	포르토프랭스 남서쪽 15Km	칠레 산티아고 남서쪽 325km	센다이 동쪽 130km, 후쿠시마 동북동쪽 178km 지점 지하 24.4km
규 모	7.0	8.8	9.0
피해 지역	-아이티 전국가적 -피해 발생	-마울레 주 -비오비오 주	-이와테현 -미야기현 -후쿠시마 -이바라키현
인명 피해	-사망 22만 명 -부상 30만 명	-사망 802명	-사망 14,000명 -실종 13,000명
경제적 피해	-79억 달러(아이티 총 생산의 120%)	-150억~300억 달러	-3090억 달러(원화 : 334조) 완파 : 14,456동, 반파 : 3,974동 일부 : 79,865동
특 징	-라이프라인 시설 신속 복구 비상 체계 수립	-학교와 가정에서 대응훈련 생활화, 지역 단위로 조직화, 지진 전문가 세계 최고의 수준	-지진의 피해 뿐만 아니라 쓰나미 원자력 발전소의 피해로 발전되는 양상을 보임 -지진의 규모 세계 4위

2.1.1 일본 동북부 지진으로 인한 피해

일본 동북부 지진은 2011년 3월 11일 금요일 오후 2시 46분 23초경(현지시간)에 발생하였다. 이는 일본 혼수 센다이 동쪽 130km, 후쿠시마 동북동쪽 178km 지점 지하 24.4km 지점에서 발생한 규모 9.0의 지진으로 세계에서 4번째로 큰 강진이였다. 일본 지질연구소는 이 지진의 경우 태평양판과 북미판이 만나는 경계에서 길이 약 500km, 폭 200km의 거대한 단층이 20m 정도 이동하면서 발생한 것으로 이와테현에서 이바키현까지 판 경계가 크게 움직였다고 발표하였다. 이 지진의 경우 9.0의 지진 발생 후 4시간 이내 규모 5~7이상의 여진이 발생하여 그 피해가 증가 되었다. 지진으로 인한 피해가 발생 후 지진해일로 이어지면서 피해의 수치가 천문학적으로 증가하게 되었다. 지진 발생 후 미야기현의 시즈카와의 경우 높이 15.87m의 지진해일이 발생 하였다. 또한 미야기 현의 이시마키시의 경우 약 15~20분 사이에 지진해일이 육지로 도달하여 지진해일 경보 방송 후 대피까지의 시간을 확보하는 데에도 어려움이 있어 인명피해가 증가하였다(朝日新聞出版: "AREA 臨時増刊 東日本大震災 レンズが震えた 世界のフォトグラファーの決定版写真集").

이 지진으로 인한 피해는 사망자 및 행방불명자를 포함 2만 6,000명 이상 발생했으며 이재민은 14만 명으로 추산되었다. 본 지진에 대한 개요, 피해상황 그리고 응급구호 등의 활동을 종합적으로 정리하면 다음과 같다.

〈표 9.9〉 일본 동북부 지진피해 개요

구분		내용
지진개요	진원지	일본 센다이 동쪽 130km 지점의 해저 25km
	규 모	규모 9.0
지진피해 개요	인명피해	26,547명(사망자 1만 3130명, 실종자 1만 3718명)
		이재민 14만 5565명
	재산피해	25조 엔(약 333조 5천억 원)

자료출처 : 1995년 고베 대지진 피해액 9조 6000억 엔의 2.5배

2.2 지진으로 인한 피해

지진에 의해 발생하는 재해는 지진활동 중 발생하는 〈그림 9.9〉에서 〈그림 9.11〉까지에서 보는 바와 같이 주택, 건물, 교량 등과 같은 구조물의 붕괴로 인한 인명피해 및 재산손실과 같은 직접적인 피해와 〈그림 9.12〉에서 〈그림 9.17〉까지에서 보는 바와 같이 화재, 가스 및 유해물질의 유출, 교통, 통신두절로 인해 유발되는 2차적인 피해의 형태로 나타난다(Japan National Committee for International Decade for Natural Disaster Reduction, "1995. 1. 17 Pictures of Disasters in the Great Hanshin-Awaji Earthquake", 1995)). 특히 2차적인 피해는 사회경제활동을 마비시키는 대규모의 재해를 유발하는 특징을 가지고 있다.

〈그림 9.9〉 일본 고베시 주택가의 지진피해

〈그림 9.10〉 한신고속도로의 붕괴

〈그림 9.11〉 일본 구 고베시청의 지진피해

〈그림 9.12〉 고베지진 발생 직후 시가지에서의 화재

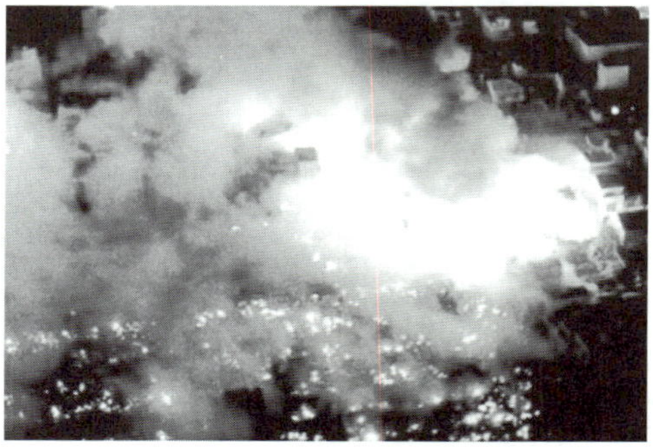

〈그림 9.13〉 지진 발생 당일 밤의 화재

〈그림 9.14〉 사면붕괴 및 도로파손

〈그림 9.15〉 단수로 인한 식수를 공급받는 모습

〈그림 9.16〉 통신두절을 해소하기 위한 임시공중전화 운영

〈그림 9.17〉 대중교통 수단의 마비

〈표 9.10〉 주요지진 피해 사례 및 교훈

주요지진	발생시기	규모	특징	교훈
멕시코 지진 Mexico	1985. 9	8.1	약 10,000명 사망 약 200동 이상의 고층건물 붕괴 원인 : 연약지반의 영향	※ 지반특성의 중요성 부각
아르메니아 지진 Armenia	1988.12	6.8	약 60,000명 사망 및 실종 70억 불 이상의 경제 손실 원인 : 급속한 도시화 내진설계 무시와 부실시공으로 인한 구조물 피해	※ 내진설계의 중요성
미국 로마프리에타 지진 Loma Prieta	1989.10	7.1	62명 사망 약 83억 불의 재산손실 원인 : 초기 화재진압 실패 사회기반시설 파괴(2차재해)	※ 내진설계의 중요성 ※ 2차 재해에 대한 인식
미국 노스리지 지진 Northridge	1994. 1	6.8	58명 사망 미국 역사상 최대 경제손실 원인 : 진원이 도심예상을 초과한 지반운동 사회기반시설 파괴(2차재해)	※ 사회기반시설의 내진설계 ※ 라이프라인의 내진설계 ※ 기존 구조물의 내진성능향상

〈표 9.10〉 주요지진 피해 사례 및 교훈(계속)

주요지진	발생시기	규모	특징	교훈
일본 고베 지진 Kobe	1995. 1	7.2	5,502명 사망 일본 역사상 최대 경제손실 원인 : 도시직하형 지진예상을 초과한 지반운동, 사회기반시설 파괴(2차재해) 특징 : 1989년 개정된 시방서에 의해 설계된 구조물의 피해 경미	※ 내진설계 및 지진재해에 대한 대응방안의 변화필요 ※ 역사적 지진재해기록에 대한 철저한 분석
터키 이즈미트 지진 Izmit	1999. 8	7.4	약 15,000명 사망, 30,000명 실종 막대한 구조물 피해와 재산손실 원인 : 내진설계 무시와 부실시공 시민들의 안전불감증 정부 및 공무원의 부패, 지진 대응 시스템 부재	※ 내진설계의 중요성 ※ 지진재해 대응방안 확립 ※ 국민들의 의식변화
대만 치치 지진 Chichi	1999. 9	7.6	약 2,500명 사망 주요 구조물 및 시설물의 붕괴 원인 : 도심에 근접한 진원 내진규정의 재정비 미완료, 도시기능의 마비(2차재해)	※ 지진재해 대응방안 확립 ※ 국민들의 방재의식 고취
인도 카치 지진	2001. 1	7.9	20,005명 사망, 247명 실종 약 50억 불의 재산손실 전통주거도시의 경우 90%이상 건물피해 원인: 85%이상이 조적조이며, 내진관련 표준기준이 있지만, 법적 구속력이 없음	※ 내진설계의 중요성 및 법적 구속력 강화
남아시아 지진해일	2004. 12	9.1	165,708명 사망 지진해일로 역사상 가장 큰 인명피해 원인: 재해정보 전달체계 취약성, 체계적인 현장대응체제 미흡, 낮은 경제력으로 인한 방재부문 투자 미흡	※ 국제정보교류 협조체계 강화 및 관측시설 보강 ※ 신속한 피해정보 수집 및 정보제공 시스템 마련
파키스탄 무자라파바드 지진	2005. 10	7.6	73,338명 사망 학교건물의 붕괴로 많은 학생 사망 원인: 교육시설에 대한 내진대책 부재, 급 경 사 지 산사태로 인한 사면 건축물 붕괴	※ 학교 건물의 내진등급 조정 ※ 기존 학교 건물의 내진보강
페루 지진	2007. 8	8.0	519명 사망 조적조 주택, 병원, 성당 피해 발생 원인: 기존 지진으로 조적조 건축물에 심각한 피해가 발생했음에도 불구하고 제도적인 뒷받침 미비	※ 기존 저층 건축물에 대한 내진대책 마련
중국 스촨성 지진	2005. 5	8.0	87,475명 사망 7,000동 이상의 학교 건물 붕괴 원인: 통신시설과 도로 붕괴로 초기 대응 어려움, 내진설계 미적용, 부실시공에 따른 건축물 대규모 붕괴 특징: 대지진으로 형성된 자연호수(언색호) 발생	※ 공공서비스 제공 시설에 대한 지진대책 강화 ※ 초기 신속한 지원을 위한 피해정보 수집 능력 강화 ※ 2차 피해예방 및 복합재해에 대한 사전대책 마련

〈표 9.10〉 주요지진 피해 사례 및 교훈(계속)

주요지진	발생시기	규모	특징	교훈
아이티 포르토프랭스 지진	2010. 1	7.0	222,570명 사망 사회기반시설 붕괴로 도시기능 상실 원인: 경제적 낙후로 내진대책 전무 특징: 교도소 건물 붕괴로 4천여 명의 죄수 탈주	※ 사회기반시설에 대한 내진대책 강화 ※ 지진 시 치안 강화
칠레 산티아고 지진	2010. 2	8.8	802명 사망 원인: 메가스러스트라고 불리는 강력하고 파괴적인 지진 특징: 칠레정부의 정부의 효과적인 대응으로 피해 최소화	※ 내진설계 및 시공에 대한 엄격한 시행 ※ 지진재해 훈련 강화
동일본 대지진	2011. 3	9.0	19,326명 사망 경제피해 1위, 지진규모 4위의 지진 후쿠시마 원자력발전소 사고발생 원인: 예상보다 더 큰 지진 및 복합적인 재난 발생	※ 내진대책 강화 ※ 지진해일대응 훈련 강화 ※ 대규모 복합재난에 대한 다각적 대응시나리오 마련

최근에 세계각국에서 발생한 중요한 지진들의 규모와 피해정도를 비교하면 〈표 9.10〉과 같다.(국립방재연구소, "내진설계 제도 및 기준에 관한 연구II", 1998.) 〈표 9.10〉에서 보는 바와 같이 지진재해는 지진에 대한 사회 전체의 준비 태세와 내진 설계 기술의 수준 및 시공의 정밀도에 따라서 큰 차이가 있음을 알 수 있다. 1999년 8월 터키 Izmit지진(규모 7.4)과 동년 9월 대만 Chichi지진(규모 7.6)은 지진의 규모면에서 서로 큰 차이가 없으나 지진으로 인한 사망 및 실종자의 수는 4만여 명과 2천여 명으로 엄청난 차이가 있다. 이는 비교적 충실하게 내진설계를 실시하고, 지진재해에 대비한 활동을 꾸준히 전개하여왔던 대만의 사회분위기에 비하여 터키에서는 급속한 도시화 과정에서 내진설계를 무시하고, 정부와 시민 모두가 지진에 대하여 무방비 상태였던 것이 큰 원인이었다.

1985년 Mexico지진(규모 8.1), 1989년 Loma Prieta지진(규모 7.1) 및 1995년 고베지진(규모 7.2)으로부터 발생한 지진재해는 지진재해가 지반의 특성에 매우 민감함을 알 수 있게 하였다. Mexico 지진의 경우에는 지진이 Mexico City의 대규모 연약지반을 통과하면서 진동성분이 장주기로 변환되어 비교적 지진 시 붕괴위험이 적은 장주기를 갖는 구조물의 붕괴를 유발하였다. 특히 매립지역에서의 액상화현상은 지진재해를 크게 증가시키는 요인임을 알 수 있었다.

현대사회는 산업화가 진행됨에 따라 도시로 인구가 집중되고 경제활동의 규모가 대형화되고 밀집되면서 그 기능이 복잡하면서도 정교해지고 있다. 따라서 고도 산업사회의 사회경제 체제를 유지하기 위해서는 교통, 수도, 가스, 전기 및 통신시설을 비롯한 라이프라인 시스템이 잘 정비되어 있어야 하고 그 기능이 원활하게 수행되어야 한다. 이와 같은 산업화 사회현상은 대도시화를 유발하고 그로 인하여 도로, 공항 및 라이프라인시설 등의 사회기반시설물의 고밀도 집접화하도록 하는 현상이 대다수의 국가에서의 공통 특징이라 말할 수 있다.

최근 미국(1989년 Loma Prieta 지진, 1994년 Northridge 지진)과 일본(1995년 고베지진), 대만(1999년 Chichi지진)의 대도시에 발생한 지진으로 인해서 라이프라인 시설이 큰 피해를 입었고, 그 때문에 도시의 사회 · 경제 활동의 기능이 장기간 마비되었다. 이러한 경험으로부터 지진 발생 시 인명 피해와 구조물파괴라는 직접적인 피해를 방지하는 것도 중요하지만 사회경제 체제의 기능을 보존하는 것이 매우 중요하다고 하겠다. 이와 같이 통신단절로 인한 사태파악의 어려움, 교통두절로 인한 접근의 장애, 화재의 초기진압 불가, 가스와 유해물질의 누출로 인한 2차 피해발생 등으로 엄청난 피해를 가져올 수 밖에 없는 것이 현대사회에서의 지진재해의 또 하나의 특성이라고 할 수 있다.

이상에서 정리하여 살펴본 바와 같이 지진재해는 국가적인 차원에서의 방재정책과 지진재해 대비 · 대응능력, 지역적 특성을 효과적으로 고려한 내진설계 수준과 기술능력 뿐만 아니라 국민들의 의식수준 및 훈련정도에 따라 큰 차이가 나타남을 알 수 있다.

2.3 우리나라에서 지진으로 인한 피해

최근 국내에서는 지진이 자주 발생하고 있지 않아 역사지진을 제외한 계기지진으로 인한 지진피해의 기록이 많지 않다. 20세기에 국내에서 발생한 지진으로 인한 피해를 간략히 정리하면 다음과 같다.

〈그림 9.18〉 쌍계사 전경(현재)

〈그림 9.19〉 쌍계사 지진의 피해사진

2.3.1 쌍계사 지진

1936년 7월 4일 지리산 쌍계사 지역에서 규모 5.0의 지진이 발생하였다. 이로 인해 부상 4명, 가옥파괴 113동, 쌍계사 건물, 문화재 파손, 산사태, 낙석, 도로붕괴가 발생하였다. 〈그림 9.18〉은 쌍계사의 전경(현재)을 보여주고, 〈그림 9.19〉는 지진발생 당시 쌍계사의 피해사진을 보여준다.

2.3.2 홍성 지진

1978년 10월 7일 오후 6시 21분 충청남도 홍성지역에서 규모 5.0의 지진이 발생하였다. 이로 인한 피해상황을 정리하면 다음과 같다. 홍성읍에는 건물 2,840여 동이 균열이 생겼다. 파손된 건물이 118동, 학교교실 149개소가 파손되었고, 주로 조적조, 농촌주택, 토담집에 피해가 집중되었다. 문화재로 지정된 사적 231호 홍주성곽이 무너지고 홍성군청 등 12개 공공기관의 유리창 500여 장이 파손되는 등 피해가 심각했다. 2명이 지진으로 부상을 입었고 추산 피해액은 3억 원에 이르렀다. 이 밖에도 전국에서 진동을 느꼈다. 〈그림 9.20〉~〈그림 9.23〉은 홍성지진에 의한 피해사진을 보여준다.

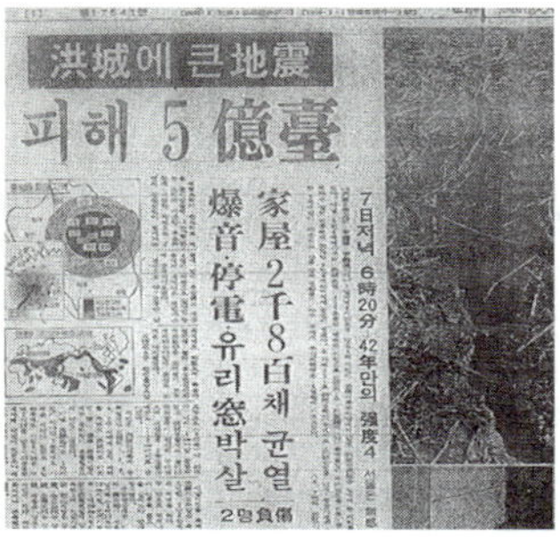
洪城에 큰地震
피해 5億臺
家屋 2千8百채 균열
爆音·停電·유리窓박살
7日저녁 6時20分 42年만의 強度4
2명負傷

〈그림 9.20〉 홍성지진의 신문보도

〈그림 9.21〉 복구된 후의 홍주성곽

〈그림 9.22〉 지붕이 무너짐(홍성지진)

〈그림 9.23〉 주택의 벽체 균열(홍성지진)

2.3.3 영월 지진

1996년 12월 13일 오후 1시 10분 강원도 영월 동남쪽 약 20km에서 규모 4.5의 지진이 발생하였다. 소규모의 여진이 다섯 차례나 잇따라 발생하였다. 전국적으로 지진에 의한 지진동을 느낄 수 있었으며, 지진 감지범위는 반경 450km 가량이었다. 지진으로 영월군에서는 대형 유리가 깨지고 건물 벽 등에 균열이 발생하였고, 창문과 장롱이 심하게 흔들리고 선반에 놓인 그릇이 떨어져 안에 있던 사람들이 집 밖으로 피신하였다. 정선지역에서는 신동읍 사무소 2층에 근무 중이던 직원 모두가 놀라 황급히 밖으로 뛰쳐나갈 정도였으며, 2층 건물, 지하 보일러실 내벽 등 10여 곳에 균열이 생기고 건물 외벽 타일 일부가 떨어져 나가는 피해와 일부 가옥에서는 담장이 무너지는 피해가 있었다. 이 밖에 춘천, 강릉, 홍천, 인제, 울진, 울산 등은 건물이 크게 흔들렸으며, 대전, 부여, 추풍령, 아산 등은 건물과 창문이 2~3초간 흔들렸으며, 서울, 고양, 일산, 안산, 부천, 수원 등 경기 일원은 10초 정도 건물이 흔들리고 꽃병이 넘어지자 사람들이 건물 밖으로 대피하는 소동이 벌어졌다. 진앙이 내륙이고 진원의 깊이가 낮아 이례적으로 제주를 포함한 한반도 전역에서 진동을 느꼈으며, 규모에 비해 지진의 감지범위가 넓었다. 규모 4~5의 중진인 경우 감지범위가 보통 100km에 불과한데 반하여 450km를 넘은 것을 이례적인 것으로, 일반적으로 진앙의 깊이는 40~60km인데, 영월 지진은 20km 정도에 불과하여, 지진동이 전달되는 과정에서 장애물의 영향을 비교적 덜 받았기 때문으로 한반도 전체가 진동을 느낄 수 있었다.

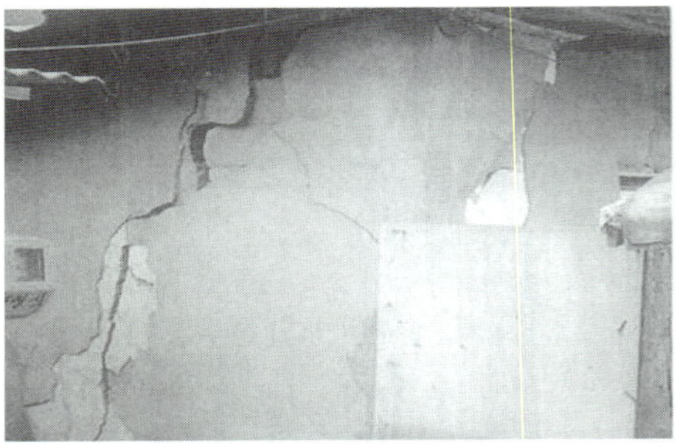

〈그림 9.24〉 주택 벽체에 균열(영월지진)

〈그림 9.25〉 건물 피해(영월지진)

2.3.4 오대산 지진(강릉–평창 지진)

2007년 1월 20일 강원도 평창군 도암면-진부면. 평창-강릉 사이의 단층대에서 규모 4.8의 지진이 발생하였다. 경계지역에는 건물에 균열이 발생했고, 강릉, 평창에서 거의 모든 사람이 느낀 것은 물론이고 서울 등 수도권에서도 지진동을 느꼈다고 한다. 이 지진이 발생한 후에 규모 1.3, 1.2, 1.6, 1.1의 4차례 소규모 여진이 있었다. 강릉, 평창 지역에서는 건물이 심하게 흔들리고, 액자가 떨어졌으며, 장식장의 물건 파손될 정도로 진동이 있었으나 심각한 구조물 피해는 보고된 바 없다. 용평리조트에서는 지진이 발생한 시간에 18개 리프트 가운데 한 슬로프의 리프트가 갑자기 멈춰섰으며, 스키장측은 긴급 안전점검을 실시하여 5분 만에 다시 가동시켰으며, 여진이 우려되자 22시경 시작되는 심야스키를 전면 중단했다.

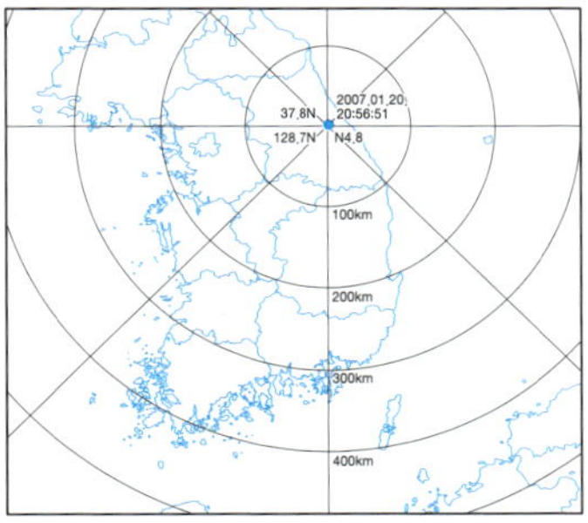

〈그림 9.26〉 오대산 지진의 발생위치

〈그림 9.27〉 벽체의 균열(오대산 지진)

2.3.5 경주

2016년 경주 지진은 2016년 9월 12일 대한민국 경상북도 경주시 남남서쪽 8km 지역에서 발생한 지진이다. 미국 지질조사국 집계 기준으로 전진 규모는 4.9Mw이었으며, 본진의 규모

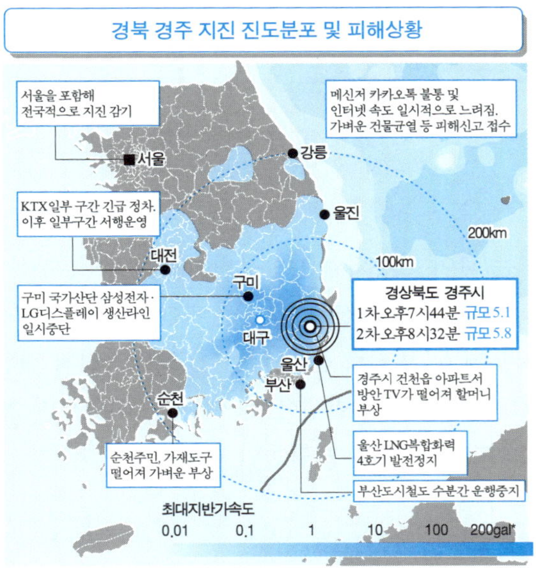

〈그림 9.28〉 경주지진 분포 및 피해상황

는 5.4Mw이었다. 전진의 최대 진도는 V, 본진의 최대 진도는 VI였다. 본 지진은 1978년 대한민국 지진 관측 이래 역대 최강의 지진이다. 대한민국 내 육상지진으로는 1978년 충청북도 속리산에서 규모 5.2, 충청남도 홍성군에서 규모 5.0의 지진 발생 후 38년 만의 대형지진이다. 한반도에서는 1980년 평안북도 의주-삭주-구성 지역에서 규모 5.3의 지진 발생후 36년 만의 대형지진이다.

2.3.6 포항

2017년 포항 지진은 2017년 11월 5일 경상북도 포항시 북구 북쪽 7.5km 지역에서 발생한 지진이다. 포항 지진의 본진은 5.4Mw이며 진원의 깊이가 약 7km로 2016년 경주 지진(15km)보다는 상대적으로 얕은 깊이에서 발생하였다.

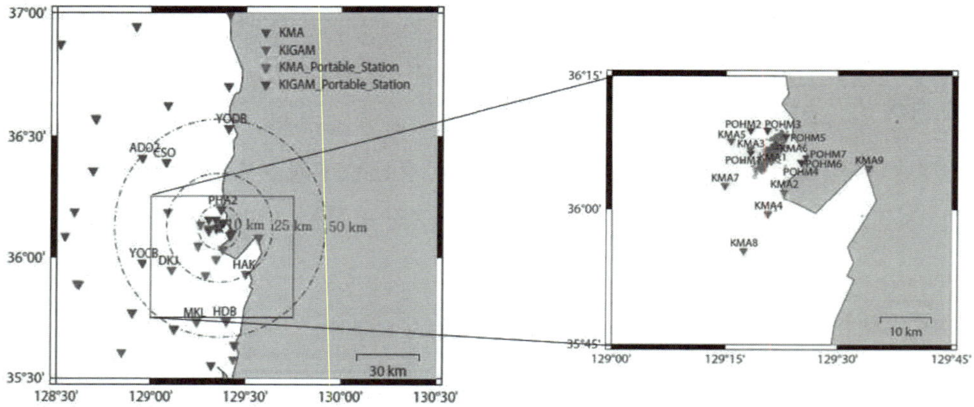

〈그림 9.29〉 포항지진 발생상황

자료출처 : 포항지진분석보고서(2018), 기상청

포항 지진의 최대 진도는 Ⅵ이 기록되었으며 강원, 경남, 대구, 부산, 울산, 충북 지역에서는 진도 Ⅳ의 진동이 감지되었다. 포항 지진은 1978년 대한민국의 지진 관측이래 2016년 9월 12일 경주 지진(5.8Mw) 이후에 두 번째로 큰 지진이다. 포항지진의 전진과 여진을 포함한 일련의 지진은 2018년 5월 21일까지 618회 발생한 것으로 관측되었으며 2017년 11월 30일까지 전체 여진의 약 70%인 432회가 본진 이후 보름동안 발생하였다.

2.3.7 우리나라의 쓰나미 피해 사례

1900년 이후 우리나라에서 관측된 쓰나미는 총 4회이고, 일본의 서북쪽 해역에서 발생한 지진으로 인한 쓰나미가 우리나라에 전파된 것이다. 이 중 동해안 지역에 쓰나미 피해를 유발한 경우는 1983년과 1993년 2회 발생하였다.

1983년 5월 26일 일본 아키다 현 서쪽 해역에서 규모 7.7의 지진으로 인한 쓰나미는 우리나라 동해안 임원항에 피해를 집중시켰다. 사망자 1명, 실종자가 다수 발생하였으며, 배파괴 81척, 건물피해 44동의 피해를 발생시켰다. 한편 1993년 7월 12일 일본 홋카이도 북서해역에서 발생한 규모 7.8의 지진으로 인한 쓰나미는 동해안에 최대높이 1~2.5m 파고를 형성하여 배파괴 35척의 피해를 가져왔었다.

(a) 바닷물이 입수된 상태의 임원항

(b) 바닷물이 빠진 상태의 임원항

〈그림 9.30〉 1983년 임원항의 쓰나미 피해

2.4 건축구조물의 지진피해

2.4.1 목조건축물의 지진피해

목조건축물의 구조형식은 용도와 형태에 따라 다양한 종류를 갖고 있으며, 각 지역의 지반조건에 따른 지진동의 특성에 차이가 있는 경우에는 그에 따른 피해도 매우 다양하게 나타나는 특징을 보이고 있다. 2011년 3월에 발생한 일본 동북지방 태평양 연안 지진에 의한 지진동으로 인해 목조건축물의 지진피해상황을 정리하면 다음과 같다.

가. 미야기 현 구리하라 시의 피해상황

동북지방 태평양 연안 지진에 의해서 진도 7의 지진이 발생한 미야기현의 북부지방에 위치한 구리하라 시 일대의 지반은 퇴적층으로 깊이 30m까지가 연약지반이다. 구리하라 시는 건축년수 30년에서 40년 이상의 노후화된 목조주택이 많이 있어서 지진에 의한 피해도 비교적 많이 발생하였다. 지반이 양호했던 구리하라 시청 부근은 피해가 다소 적었으나, 그 밖에 지반이 좋지 않은 대부분의 지역에서는 많은 피해가 발생하였다. 모래지반의 액상화현상이 다수 발견되었고, 지반변형으로 인한 목조건물의 파손 및 붕괴도 다수 발견되었다.

〈그림 9.31〉 지반변형으로 붕괴된 주택

〈그림 9.32〉 경사진 시가지의 상가주택

〈그림 9.33〉 붕괴위험이 있는 신사

〈그림 9.34〉 2층이 붕괴된 학교부속건물

〈그림 9.35〉 외장재가 탈락된 주택

〈그림 9.36〉 붕괴된 창고의 지붕

나. 미야기 현 센다이 시의 피해상황

진도 6의 지진이 발생한 센다이 시의 목조주택 피해유형은 지반변형으로 인한 옹벽파괴, 산사태, 주택붕괴 등을 들 수 있다. 1960년대부터 1990년대까지 센다이 시 교외 지역에서는 활발하게 택지개발이 이루어졌다. 그 가운데 교외의 산간지역에 개발된 몇몇 주택지에서는 이번 지진으로 큰 피해가 발생하였다. 한편, 노후된 목조주택의 경우는 부식된 구조부재로 인해서 피해가 확대된 예도 있었다.

〈그림 9.37〉 옹벽이 파괴된 주택

〈그림 9.38〉 기초지반이 침하된 주택

〈그림 9.39〉 지반변형으로 파괴된 도로

〈그림 9.40〉 외장재가 탈락된 상가주택

다. 후쿠시마현 스카가와 시의 피해상황

진도 6을 기록한 후쿠시마 현 스카가와 시 미나미가미마치지구에서는 택지 내 지반침하(약50cm)에 의해 많은 목조주택에서 피해가 발생하였으며, 그 밖의 지역에서는 건축년수가 오래된 목조주택에서 많은 피해가 발생하였다. 스카가와 시는 예전부터 상업이 발달된 도시로서 오래된 목조흙벽의 창고건물이 많이 있으며 이번 지진으로 인해 창고건물에는 큰 피해가 발생하였다.

〈그림 9.41〉 상가건물 외벽재의 탈락

〈그림 9.42〉 창고 지붕의 붕괴

〈그림 9.43〉 블럭조 담의 붕괴 및 주택의 붕괴

〈그림 9.44〉 주택 외장재의 탈락

2.4.2 철골조 건축물의 지진피해

일본 동북지방 태평양 연안 지진에 의해 진도 6 이상의 지진이 발생했던 후쿠시마 시와 센다이 시의 철골조 건축물의 지진피해를 정리하였다. 철골조건축물의 지진에 의한 구조부재의 피해는 기둥-보 접합부의 손상, 브레이스의 좌굴, 브레이스 접합부의 변형 및 파단, 주각콘크리트의 균열, 앵커볼트의 소성변형 및 파단이 발생하였다. 한편, 비구조부재의 피해는 청정마감재와 내외벽의 손상 및 낙하 등으로 마감재용 경량철골상부에 시공된 건식공법의 피해가 다수 발생하였다.

가. 기둥–보 접합부의 피해

1998년 고베 지진 시 다수 발생하였던 기둥-보 접합부의 취성파괴는 발생하지 않았다. 좌측의 사진은 비교적 오래된 건축물에서 박스형태로 빌트업 용접된 기둥부재로, 기둥-보 접합부의 소성화로 인해 기둥도장이 박리되어 있다. 우측의 사진은 대형쇼핑몰의 주차장 슬로프부분의 기둥-보 접합부로, 보 단부 하부 프랜지 부분의 소성화로 인해 도장이 박리되어 있다.

〈그림 9.45〉 박스기둥 커버플레이트의 소성화

〈그림 9.46〉 하부 플랜지 부분의 소성화

나. 브레이스 부재 및 접합부의 피해

브레이스 부재의 좌굴, 볼트구멍의 단면결손부의 파단, 접합부의 변형 파단 등이 발생하였다. 건축년수가 오래된 건물의 앵글형 강브레이스가 좌굴되고 브레이스의 볼트구멍결손부에서 파단되었다. 반면, 폐쇄단면인 강관을 사용한 브레이스의 경우는 가셋플레이트의 면외 휨변형 및 파단이 발생하였다. 가셋플레이트의 면외 휨변형은 지진의 반복하중에 의한 것으로 판단된다.

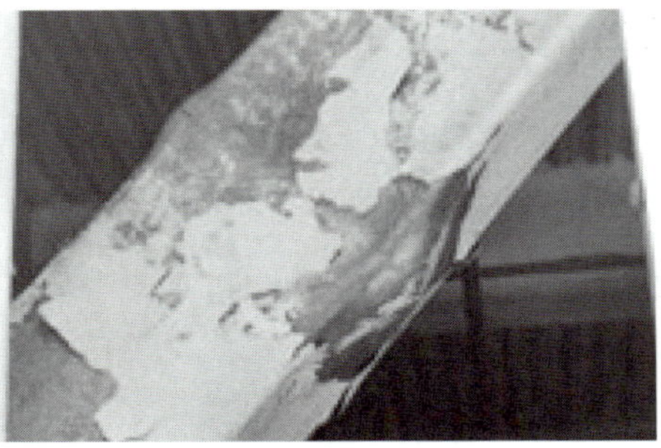

〈그림 9.47〉 브레이스의 국부좌굴

〈그림 9.48〉 브레이스의 좌굴

〈그림 9.49〉 가셋플레이트의 파단

〈그림 9.50〉 브레이스접합부의 소성화

다. 노출형 주각 및 매립형 주각의 피해

규모가 작은 건물에는 노출형 주각이 많이 사용되었으며, 이에 따른 노출형주각의 피해가 다수 발생하였다. 앵커볼트가 소성변형하여 파단이 되지 않은 경우는 건물의 피해가 크지 않았으나, 앵커볼트가 파단된 경우는 기둥의 이동하고 건물이 경사지는 대규모의 피해가 발생하였다.

〈그림 9.51〉 노출형 주각부 콘크리트의 파괴

〈그림 9.52〉 매립형 주각부 콘크리트의 파괴

라. 비구조부재의 피해

ALC판넬 등 건식 시공된 외장재의 탈락이 각지에서 발견되었다. 저층인 건물도 ALC판넬과 같은 무거운 외장재가 떨어지면 매우 위험하므로, 외장재의 내진설계 및 낙하방지대책이 필요하다고 판단된다.

〈그림 9.53〉 외장재의 탈락

〈그림 9.54〉 외장재의 박리

〈그림 9.55〉 모르타르 마감재의 탈락

〈그림 9.56〉 주차장 외장재의 탈락

〈그림 9.57〉 창고 외장재의 탈락

〈그림 9.58〉 공장 외장재의 탈락

2.4.2 철근콘크리트조 건축물의 지진피해

일본 동북지방 태평양 연안 지진으로 인해 진도 6 이상의 지진이 발생했던 센다이 시와 후쿠시마 시의 도심부에 위치한 철근콘크리트조 건축물을 대상으로 피해상황을 정리하였다. 구조부재의 피해로는 층붕괴, 기둥 및 내력벽의 전단파괴, 기둥주각 및 내력벽주각의 파괴 등이 확인되었으며, 비구조부재의 피해로는 비구조벽의 파손, 외장재의 파손 및 낙하, 외부돌출물의 경사 및 낙하, 담벽의 전도 등이 확인되었다.

가. 층붕괴

단순평면형태의 사무실 건물로 1층이 완전히 붕괴되고 2층 기둥도 전단파괴되어 축변형이 발생되었다. 기둥의 주근은 좌굴되고 기둥의 전단보강근이 파단되었으며 주근은 이형철근이었으나 전단보강근은 원형철근이었다.

〈그림 9.59〉 1층 붕괴

〈그림 9.60〉 2층 단주의 파괴

단순평면형태의 사무실건물로 중간층이 붕괴되어 있다. 건물 2층의 좌측에만 개구부가 있어서 지진 발생 시 변형이 집중되어 뒤틀림현상이 발생되고, 개구부 주위의 처마벽 및 허리벽에 의해 단주가 된 2층 기둥이 전단파괴된 것으로 판단된다. 또한, 2층의 붕괴로 인해 3층의 장주도 전단파괴되었다. 1층의 기둥 및 보에는 손상이 없었으며 비구조벽에는 전단균열이 발생되었다. 기둥의 주근은 이형철근이었으나 기둥의 전단보강근은 원형철근이었다.

〈그림 9.61〉 2층붕괴

〈그림 9.62〉 2층 단주 전단파괴

〈그림 9.63〉 3층 장주의 전단파괴

나. 기둥 및 내력벽의 전단파괴

단순평면형태의 사무실 건물로 1층에서 단주 3개가 전단파괴되었다. 단주의 압축변형으로 인해서 기둥의 주근이 좌굴되고 기둥의 전단보강근이 파단되었다. 건물 뒷쪽의 벽에는 개구부가 적고 앞쪽에는 개구부가 많아서 지진 발생 시 건물의 뒤틀림변형이 크게 발생되었다. 그 결과 앞쪽의 기둥이 큰 손상된 것으로 판단된다.

〈그림 9.64〉 1층 기둥의 파단

〈그림 9.65〉 단주의 전단파괴

단순평면형태의 3층 건물로 1층의 도로 쪽에는 상가가 위치하여 벽체가 적게 설계되어 있어서 지진 발생 시 뒤틀림변형이 발생되었다고 판단된다. 그 결과 1층 도로 쪽의 기둥이 크게 파손되었다.

〈그림 9.66〉 모서리기둥의 전단파괴

〈그림 9.67〉 내력벽의 전단파괴

다. 기둥 주각 및 내력벽 주각의 파괴

〈그림 9.68〉 기둥주각의 파괴

〈그림 9.69〉 내력벽 주각의 파괴

〈그림 9.70〉 기둥주각 및 내력벽주각의 파괴

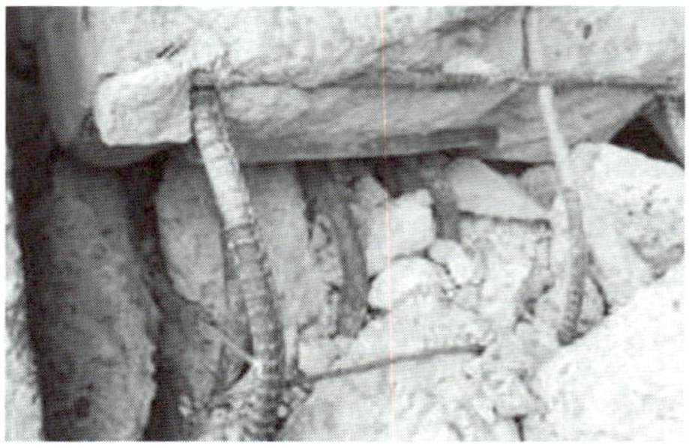
〈그림 9.71〉 철근의 휨변형

라. 비내력벽의 파손

〈그림 9.72〉 창호주위 비내력벽의 파손

〈그림 9.73〉 기둥 및 비내력벽의 파손

〈그림 9.74〉 창호 주위 비내력벽의 전단파손

〈그림 9.75〉 현관 주위 비내력벽의 파손

마. 외장재의 파손 및 낙하

〈그림 9.76〉 ALC 판넬의 낙하

〈그림 9.77〉 외벽 타일의 탈락

바. 옥외 돌출물의 파손 및 낙하

〈그림 9.78〉 옥외 돌출물의 파손

〈그림 9.79〉 펜트하우스의 파손

2.5 토목구조물의 지진피해

지진에 의한 구조물의 피해는 교량과 건축물을 포함한 사회기반시설물에 모두 발생할 수 있으나, 그 피해 유형과 원인은 구조물의 종류에 따라 다르게 나타난다. 교량구조물에서의 지진피해를 유형별로 분류하여 정리하고, 그 원인을 간략히 정리하면 다음과 같다.

2.5.1 지진피해의 유형

교량구조물의 지진피해의 유형은 교각, 교대, 상부구조, 교좌장치 및 지반의 변화 등으로 분류할 수 있다.

가. 교각(〈그림 9.80〉~〈그림 9.83〉)

지진 시 철근콘크리트 교각의 피해는 주로 휨과 전단에 의한 파괴로 나타나며, 교각의 파괴는 교량의 붕괴와 직접적인 관계를 가진다. 따라서 횡방향철근(나선철근 또는 띠철근)의 역할이 매우 중요하다. 소성영역에서의 횡방향철근은 지진 시 종방향철근의 좌굴과 콘크리트의 압축강도저하를 방지하며, 전단보강철근으로도 중요한 역할을 하여 교각의 전단강도를 증가시킨다. 지진 시 교각의 충분한 연성을 확보하기 위해서는 철근 배근상세가 매우 중요한데, 축방향 철근의 정착길이 부족과 겹이음부의 존재여부가 교각파괴의 주요한 요인이 된다.

〈그림 9.80〉 1971년 San Fernando 지진 – 불충분한 횡방향 철근양으로 인한 피해

〈그림 9.81〉 1995년 고베 지진 – 교각의 전단파괴

〈그림 9.82〉 1995년 고베지진 –
겹이음 철근 부위의 파괴

〈그림 9.83〉 1971년 San Fernado 지진 –
축방향철근이 뽑히며 발생한 교량붕괴

나. 교대(〈그림 9.84〉~〈그림 9.85〉)

지진 시 교대의 파괴는 보통 교량의 전체적인 붕괴를 유발하지는 않는 것으로 평가되고 있으나, 교대피해는 교량접근로가 상실되는 피해를 가져온다. 따라서 교대 뒷채움토의 특성과 교대의 형식, 그리고 지하수의 위치 등에 의해 그 피해 정도가 달라진다.

〈그림 9.84〉 1994년 Northridge 지진 –
교대 뒷채움토 침하로 인한 교량접근로의 폐쇄

〈그림 9.85〉 1994년 Northridge 지진 –
교대 뒷채움토 침하로 인한 교량의 피해

다. 상부구조(〈그림 9.86〉~〈그림 9.94〉)

상부구조의 지진에 의한 피해는 주로 과다한 수평변위(교축방향 또는 교축직각방향)로 인하여 상판의 낙교나 주형의 좌굴, 신축이음부의 파괴, 인접경간과의 충돌 등의 형태로 나타난다.

〈그림 9.86〉 1976년 Guatemala 지진– 교좌부의 받침길이 미확보로 인한 상부구조의 낙교

〈그림 9.87〉 1994년 Northridge지진 – 교량신축이음부의 파괴

〈그림 9.88〉 995년 고베지진 – 상부구조의 과다한 횡방향 이동으로 인한 주형의 좌굴

〈그림 9.89〉 1995년 고베지진 – 상부구조의 변위로 인한 좌굴피해

〈그림 9.90〉 1995년 고베지진 – 과다한 상부구조의 횡방향 이동

〈그림 9.91〉 1995년 고베지진 – 연단지지길이 부족으로 인한 상부구조의 낙교

〈그림 9.92〉 1999년 터키지진 – 낙교

〈그림 9.93〉 1999년 타이완지진 – 상부구조의 낙교

〈그림 9.94〉 1999년 타이완지진– 지지길이 부족으로 인한 낙교

이동단의 교좌부에서는 받침길이가 충분하지 않을 경우에 상부구조의 낙교현상이 발생하거나 과다한 수평변위로 교량의 기능이 마비된다. 또한 고정단의 경우에서는 교좌장치의 파괴로 인한 과다한 상부구조의 변위가 발생하던지 아니면 교좌장치가 파괴되지 않는 경우 주형의 심각한 변형을 유발하게 된다.

라. 교좌장치 및 연결장치(〈그림 9.95〉~〈그림 9.98〉)

교좌장치는 상부구조와 하부구조 사이에서 지진 시 발생하는 수평력을 전달하게 된다. 따라서 과다한 수평력이 작용하면 교좌장치가 파괴되고, 연단거리가 충분히 확보되지 않은 단순교의 경우에는 교좌장치의 파괴로 상판의 낙교로 이어지게 된다. 상부구조의 낙교를 방지하기 위해 사용되는 전단키 등을 포함한 낙교방지용 수평연결장치도 교좌장치와 마찬가지로 수평력을 견뎌야 하므로, 지진 시 연결장치의 파괴나 좌굴현상이 발생한다.

〈그림 9.95〉 1995년 고베지진 -
과다한 수평력에 의한 교좌장치 파손

〈그림 9.96〉 Northridge지진 -
로커 교좌장치의 파괴

〈그림 9.97〉 1995년 고베지진 -
내부힌지의 지진피해

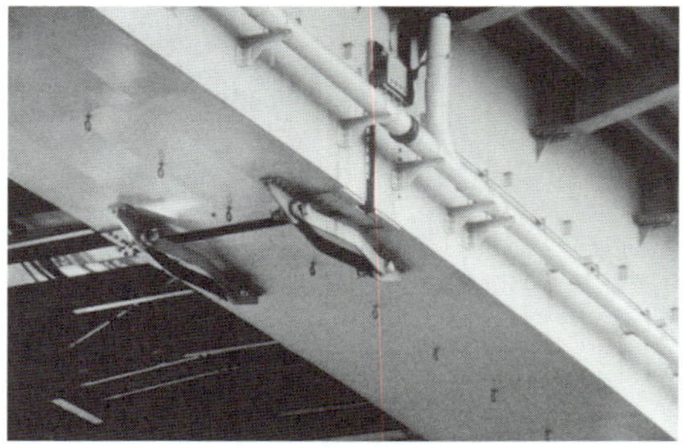

〈그림 9.98〉 1999년 고베지진 -
낙교방지용 연결장치의 좌굴

〈그림 9.99〉 1964년 Niigata지진 -
지반액상화에 기인한
상부구조 붕괴

〈그림 9.100〉 1995년 고베지진 -
아치교인 고베대교가
전체적으로 교축방향 이동

〈그림 9.101〉 1999년 타이완지진 -
지반융기로 교각붕괴
및 상판손실

〈그림 9.102〉 1999년 타이완지진
지반변화로 인한 낙교

〈그림 9.103〉 1995년 고베지진 –
지반액상화로 인한 상부구조의 낙교

마. 지반파괴(그림 99~그림 103)

지진 시 교량구조물에 주는 지반의 파괴형상으로는 지반액상화, 산사태 및 단층파괴 등이 있으나, 이 중에서 지반액상화로 인한 지반의 불안정화가 가장 위험한 파괴형상이다. 특히 연속교량이 아닌 경우나 교량의 하부구조에 연성이 불충분한 교량에 있어 지반액상화는 심각한 피해를 초래한다고 알려지고 있다.

2.5.2 교량구조물에 있어서 지진피해의 원인

앞에서 본 바와 같이 지진 재해 시 교량구조물의 피해는 교량의 전반적인 붕괴와 부분적인 기능손실로 크게 나누어 분류할 수 있으며, 그 원인은 대체적으로 다음과 같다.

① 과다한 수평력
② 과다한 수평변위
③ 지반액상화
④ 철근 배근 상세

지진에 의해 발생되는 수평력은 교좌장치 및 낙교방지용 연결장치등의 파괴에 직접적인 원인을 제공할 뿐만 아니라 교각으로 전달된 수평력은 교각의 휨파괴나 전단파괴를 유발한다. 따라서 내진설계 시 산정하는 수평력과 교각에서의 휨모멘트 및 전단력은 이상의 파괴를 방지하기 위한 노력이고, 따라서 내진성능이 우수한 교량이 되기 위해서는 지진 시 발생되는 수평력의 크기가 작은 교량이 되도록 계획하여야 한다. 즉, 교량의 고유주기가 긴 교량을 계획할수록 내진성능이 우수하다고 볼 수 있다. 한편, 과다한 수평변위는 상부구조의 낙교를 유발하거나 인접구간과의 충돌 또는 상부구조와 교대와 충돌로 인한 파손을 유발하여, 교량의 전반적인 붕괴를 초래하거나 부분적인 기능손실을 가져온다. 따라서 충분한 연단거리를 확보하여 낙교를 방지하여야 한다. 지반액상화를 포함한 지반파괴는 교량의 부등침하를 유발하고, 구조적으로 충분히 지진에 대해 안전하다고 하여도 교량전체의 전도나 활동을 유발하여 교량의 붕괴나 기능손실을 가져오게 된다. 그러므로 구조물이 위치할 지역의 토질상태를 면밀히 검토하여야 한다. 또한, 교각의 충분한 연성을 확보하기 위해서는 횡방향철근의 역할이 중요하며, 철근배근에 주의를 기울여야 한다.

2절 구조물의 내진설계

1. 내진설계의 역사

국내에서는 1960년대부터 원자로 및 발전소를 내진설계기준에 맞추어 건설하였고, 1988년부터 건축물의 내진설계 개념이 적용되어 본격적으로 시설물에 대한 내진설계 개념을 도입하게 되었다. 1997년 건설교통부에서 발간한 「내진설계기준연구 II」에서는 우리나라 모든 시설물의 내진설계기준에 대한 상위개념을 정립하여 하위개념인 시설물별 내진설계기준이 정립되는 계기가 되었다.

이 기준에서는 외국의 내진설계개념을 검토, 분석하여 지진 발생 시 시설물이 특정한 성능을 보이도록 설계하는 성능기반설계의 개념을 일부 도입하였는데, 이 결과 구조물이 두 단계의 성능, 즉 기능수행과 붕괴방지 성능수준을 만족하도록 하였다. 기능수행수준은 구조물에 심각한 구조적 손상이 발생하지 않고 지진 시나 지진 경과 후에도 시설과 구조물의 기능은 정상적으로 유지할 수 있는 성능수준을 말하고, 붕괴방지수준은 구조물에 상당한 정도의 손상이 발생하는 것은 허용하나 구조물이 붕괴되어 대규모 인명손실이나 재산피해가 초래되는 것은 방지할 수 있는 성능수준을 의미한다. 이들 두 단계의 성능수준의 구체적인 정의는 해당 시설물에서 규정하도록 하였다.

건축구조설계기준이나 교량설계를 규정하는 도로교설계기준 등 일부 구조물의 설계기준은 「내진설계기준연구 II」에서 제시하는 두 단계의 성능수준을 만족하도록 규정하고 있지만, 터널, 철도, 매립지 등 그 외 시설물의 설계기준은 실제로 붕괴방지수준으로만 설계할 수 있도록 규정한다. 그 이유 중의 하나는 다음과 같이 설명된다. 일반적으로 붕괴방지수준은 구조물의 손상을 어느 정도 허용하여 충분한 비선형거동을 하도록 하고, 기능수행수준은 구조물이 탄성범위에 머물도록 하는 것인데, 터널, 철도 등의 시설물은 붕괴방지수준을 거의 탄성수준으로 설계하여 기능수행수준은 자동으로 만족되기 때문이다.

〈표 9.11〉은 행정안전부에서 2018년 12월에 시설물 내진 설계기준 현황에 대하여 정리한 것을 나타낸 것이다. 시설물별 내진설계기준 현황은 소관부처별 대상시설에 대해 적용되는 설계기준을 제시하고 있다.

〈표 9.11〉 시설물별 내진설계기준 현황

소관부처	대상시설	설계기준	소관부서
국토교통부 (9개)	건축물	건축구조기준	건축정책과
	공항시설	공항시설 내진설계기준	공항안전 환경과
	수문(국가하천)	하천설계기준	하천계획과
	도로시설물	도로교 설계기준, 터널 설계기준	간선도로과
	도시철도	도시철도 내진설계기준	광역도시 철도과
	철도시설	철도설계기준	철도건설과
	고속철도		
	공동구	공동구 설계기준	도시정책과
	궤도시설	궤도시설의 건설에 관한 설비기준	철도시설 안전과
산업통상자원부 (5개)	가스공급시설, 고압가스저장소, 액화석유가스 저장시설	가스시설 내진설계 기준 가스배관 내진설계 기준	에너지안전과
	석유정제 · 비축 및 저장시설	API 650	석유산업과
	송유관	송유관설치공사의 내진설계기술기준	에너지안전과
	발전용 수력 · 화력설비, 송전 · 배전 · 변전설비	전기설비 기술기준 송변전설비 내진설계지침	전력산업과
환경부 (5개)	산업단지 공공폐수 처리시설	폐수종말처리시설 설치 및 운영관리지침 (하수도 시설기준 준용)	수질관리과
	수도시설	상수도시설기준	수도정책과
	폐기물매립시설	폐기물 매립시설 내진설계기준	폐자원관리과
	공공하수처리시설	하수도시설기준	생활하수과
	다목적댐	댐 설계기준	수자원개발과
	일반댐		
고용노동부 (1개)	압력용기	위험기계 · 기구 의무안전 인증고시	산업안전과
	크레인		
	리프트		

〈표 9.11〉 시설물별 내진설계기준 현황(계속)

소관부처	대상시설	설계기준	소관부서
농림축산식품부 (2개)	배수갑문	해면간척 방조제 설계	농업기반과
	농업생산기반시설	농업용 필댐 설계	
해양수산부 (1개)	어항시설	항만 및 어항 설계기준	항만 기술안전과
	항만시설		
교육부 (1개)	학교시설	학교시설 내진설계기준	교육시설과
문화체육관광부 (1개)	유기시설	유기시설 · 유기기구 안전성검사의 기준 및 절차	관광산업정책과
과학기술정보통신부(1개)	방송통신설비	방송통신설비의 안전성 · 신뢰성 및 통신규약에 대한 기술기준에 관한 규정	기술기준과
원자력안전위원회	원자로 및 관계 시설	원자로시설의 위치에 관한 기술기준 고시	원자력 심사과
보건복지부	종합병원, 병원, 요양병원	※ 건축구조기준 준용	의료기관 정책과

2. 내진설계의 개념

- 내진설계 : 구조물의 동적 특성, 지진의 특성 및 지반의 특성을 고려하여, 지진에 안전할 수 있도록 구조물을 설계
- 내진설계 기본개념
  - 구조물의 예상수명기간 내에 발생 가능한 중간 정도의 지진을 설계지진으로 채택한다. 심각한 구조적인 피해를 입지 않도록 방지하여야 하며, 경미한 구조적 피해는 쉽게 복구할 수 있어야 한다(기능수행수준).
  - 구조물의 예상 수명기간 내에 발생 가능성이 없는 강한 지진으로, 심각한 구조적인 피해를 입더라도 붕괴되지 않아 인명피해를 극소화하여야 한다(붕괴방지수준).
- 경제성과 인명피해 최소화
- 내진설계의 극대화(optimization)
  - 구조물의 연성(ductility) 증가
  - 구조물의 비선형거동에 의한 진동에너지 소산

3. 내진설계의 절차

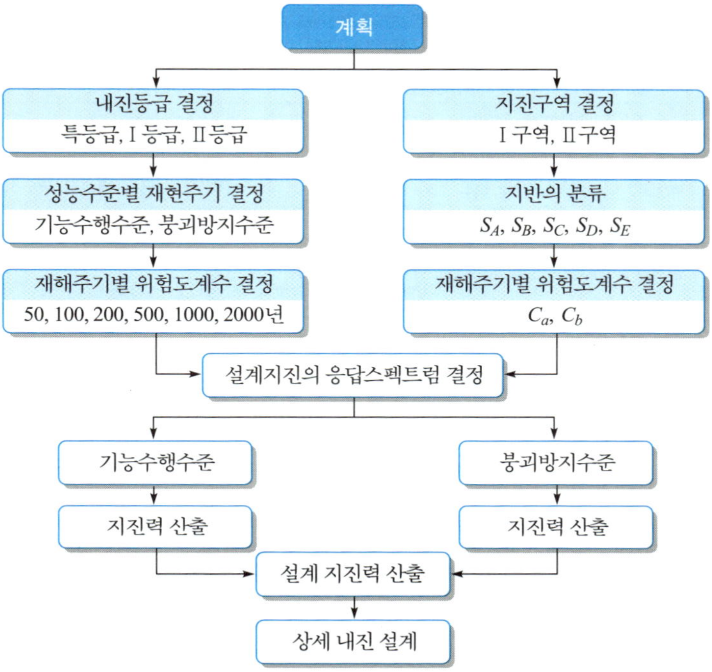

〈그림 9.104〉 내진설계 성능기준의 일반적인 절차

3.1. 지진구역계수와 가속도계수

국내의 지진구역은 1997년 건설교통부에서 발간한 「내진설계기준연구 II」를 통하여 〈표 9.12〉와 같이 구분하였으며, 각 지진구역의 재현주기 500년에 해당하는 지진가속도계수를 구역계수로 정의한다. 구역계수는 〈표 9.13〉과 같다. 위험도계수는 재현주기 500년을 기준으로 재현주기변화에 따른 증폭계수로 〈표 9.14〉와 같다. 그러므로 각 구역에서 발생 가능한 지진가속도계수는 구역계수와 위험도계수의 곱으로 정의된다.

〈표 9.12〉 지진구역

지진구역	행정구역(5)	
I	시	서울특별시, 인천광역시, 대전광역시, 부산광역시, 대구광역시, 울산광역시, 광주광역시
	도	경기도, 강원도 남부(1), 충청북도, 충청남도, 경상북도, 경상남도, 전라북도, 전라남도 북동부(2)
II	도	강원도 북부(3), 전라남도 남서부(4), 제주도

자료출처 : (1) 강원도 남부(군, 시) : 영월, 정선, 삼척시, 강릉시, 동해시, 원주시, 태백시
(2) 전라남도 북동부(군, 시) : 장성, 담양, 곡성, 구례, 장흥, 보성, 여천, 화순, 광양시, 나주시, 여천시, 여수시, 순천시
(3) 강원도 북부(군, 시) : 홍천, 철원, 화천, 횡성, 평창, 양구, 인제, 고성, 양양, 춘천시, 속초시
(4) 전라남도 남서부(군, 시) : 무안, 신안, 완도, 영광, 진도, 해남, 영암, 강진, 고흥, 함평, 목포시
(5) 행정구역의 경계를 통과하는 교량의 경우에는 구역계수가 큰 값을 적용한다.

〈표 9.13〉 지진구역계수(재현주기 500년)

지진구역	I	II
구역계수	0.11	0.07

〈표 9.14〉 위험도계수

재현주기(년)	50	100	200	500	1000	2400
위험도계수, I	0.4	0.57	0.73	1	1.4	2

3.2. 지반계수와 탄성지진응답계수

지진연구에서 대표적으로 사용되는 지반가속도 이력곡선에 이에 따른 지진가속도 응답스펙트럼은 〈그림 9.105〉와 같으며, 이를 통하여 지진응답에 구조물의 고유진동수뿐만 아니라 구조물이 위치한 지반의 특성이 얼마나 중요한지를 알 수 있다. 따라서 내진설계기준에서는 지반종류를 4가지로 구분하여 증폭계수를 〈표 9.15〉와 같이 지반계수로 정의하고 있다.

따라서 탄성지진응답계수는 다음과 같은 식으로 정의된다. 여기서 T는 구조물의 고유진동수(s)이다.

$$\mathrm{Cs} = \frac{1.2AS}{T^{\frac{2}{3}}} \leq 2.5A \tag{9.3}$$

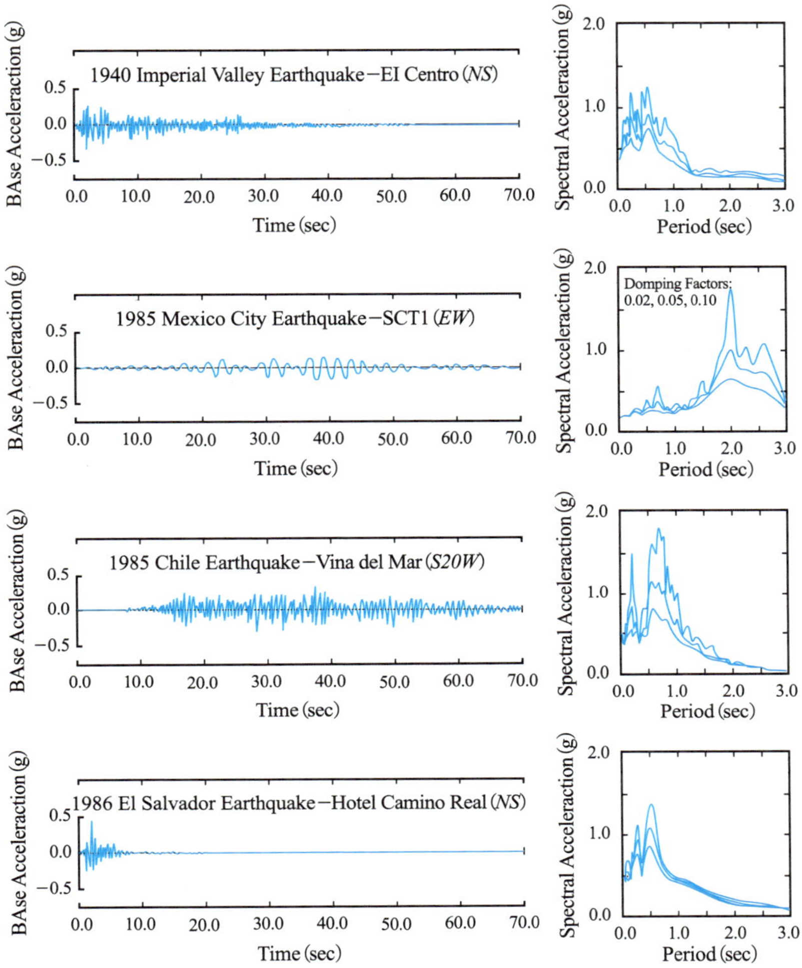

〈그림 9.105〉 대표적인 지진과 가속도응답스펙트럼

〈표 9.15〉 지반계수

지반계수	지반종류			
	I	II	III	IV
S	1.0	1.2	1.5	2.0

3.3. 탄성지진력과 설계지진력

구조물은 〈그림 9.106〉과 같은 힘과 변위관계를 갖는 것이 일반적이다. 연성을 확보한 구조물은 구조물에 상당한 소성변형이 발생해도 파괴가 되지 않도록 하는 것을 의미하므로, 지진과 같이 자주 발생하지 않은 하중조건에 대하여 탄성설계를 수행하면 과다한 설계가 이루어질 수 있다. 따라서 설계기준에서는 구조물의 연성능력을 고려하여 탄성지진력(FE)을 구조물의 반응수정계수(R)로 나누어 설계지진력(FD)을 산정한다.

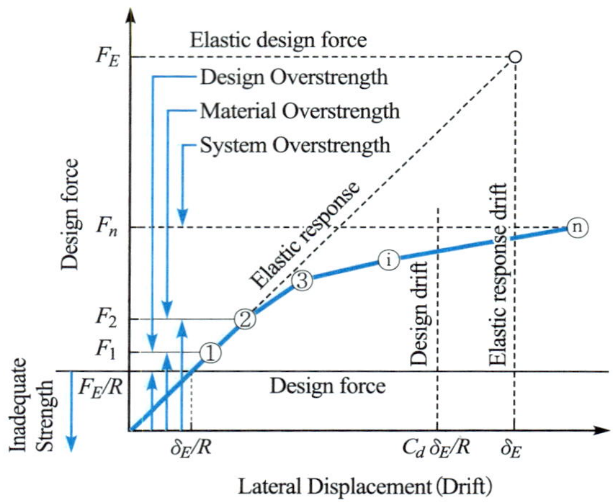

〈그림 9.106〉 구조물의 힘-변위 관계

3절 건축구조물의 내진성능 평가

1. 내진성능 평가기술의 필요성

지진에 대한 대비의 중요성은 2001년 1월 26일 인도의 구자라트를 강타한 지진(M7.7)으로 18,602명 이상의 사상자, 166,836명의 부상자, 건물 완전파괴 332,000동, 반 정도 파괴 751,000동의 피해를 보인데 비해, 같은 해 2월 28일 미국 시애틀 지진(M6.8)과 3월 24일 일본 히로시마 지진(M6.4)에서는 인명피해 및 건물의 피해가 거의 없었던 예를 통해 확인할 수 있다. 미국과 일본에서 발생한 지진 규모가 인도에서 발생한 지진 규모보다는 작기는 했지만, 강진이었음에도 불구하고 인명피해 및 건물의 피해가 인도의 경우보다 크지 않았던 이유는 수십 년 전부터 적극적인 지진 대비를 해왔기 때문이다.

한반도는 판 경계선에 있는 대만, 일본과는 달리 유라시아 대륙 위에 있어 대형 참사로 이어지는 지진의 직접 영향권에는 놓여 있지 않으나, 최근 한반도에서 일어났던 지진 통계와 옛날

문헌에 나오는 지진에 대한 연구결과를 살펴보면, '한반도가 지진 안전지대'라는 기존 학설은 전면 재검토되어야 할 것이다.

〈그림 9.107〉은 국내 내진설계의 역사를 나타낸다. 〈그림 9.107〉에서 보는 바와 같이 1988년부터 일정 규모 이상의 건물에 내진설계가 의무화되었으나, 기존 건축물의 내진성능 평가방법, 지진피해 예측에 근거한 보강건물의 합리적인 선정방법, 그리고 내진보강방법 등의 내진기술을 정립하기 위한 연구는 초보적인 단계이다. 또한 개정된 기준은 새로 지어질 건물들에 적용되어야 하지만, 개정되기 전에 지어진 건물들에도 보강 근거를 제시하여야 한다. 내진 설계가 의무화된 이후 국내 건축물의 내진 성능은 많이 향상되었으나 내진 설계 도입 이전에 건설된 건축물은 지진 발생 시 그 안전성이 의문시되며 여러 종류의 피해가 예상된다. 물론, 우리나라의 지진하중 특성상 건물의 붕괴까지는 이르지 않는다 하더라도 주요 구조부재의 파손은 충분히 예상되므로 지진피해가 발생할 것을 대비하여 신속하고 적절한 내진 보수·보강공법이 요구된다.

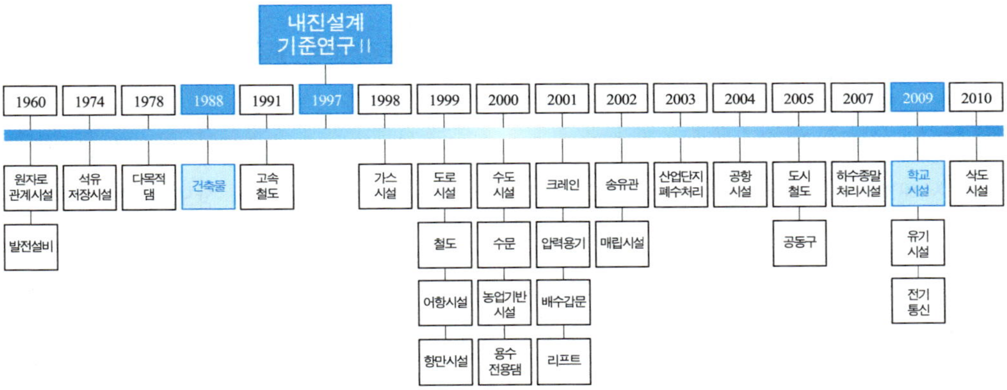

〈그림 9.107〉 국내 내진설계의 역사

2. 내진성능 평가기술의 개념

기존 건물에 내진보강을 하기 위해서는 먼저 건물이 어느 정도의 내진성능을 확보하고 있는가에 대한 평가가 필요하다. 그 결과에 따라 내진 보강의 필요여부가 결정되기 때문이다. 이러한 개념을 〈그림 9.108〉에 나타내었는데 건물은 준공 후 시간의 경과에 따라 물리적으로 그 성능이 열화하게 된다. 그러나 건물의 성능에 대한 사회적 요구는 점점 높아지게 되어 일정 시간 경과 후 신축건물에 비해 기존건물이 상대적으로 성능이 열화된 결과를 초래하게 되며, 이러한 성능열화를 사회적 열화라고 한다.

물리적 혹은 사회적 열화가 일정 수준 이상으로 진행되게 되면 건축물은 리모델링을 필요로 하는데 리모델링 시 물리적 열화를 회복시켜 준공 시 건물의 성능레벨까지 회복시키는 것을 보수라고 하고, 사회적 열화 및 리모델링 시의 사회적 요구성능 이상을 확보하는 것을 보강이라고 한다.

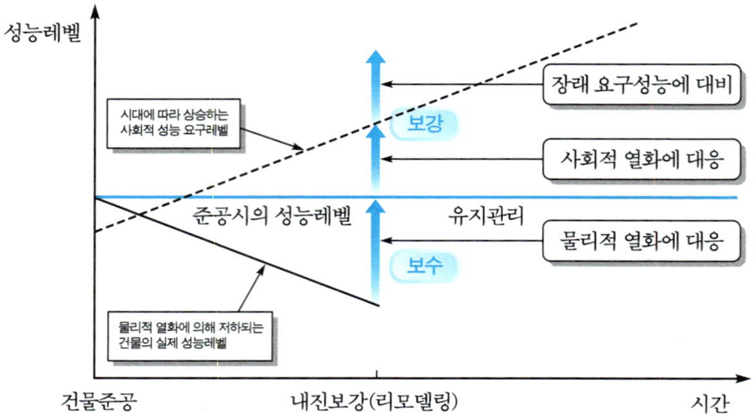

〈그림 9.108〉 **내진성능 평가 및 보강시점의 개념**

이러한 건물의 보수 및 보강을 위해서는 기존의 건물에 어느 정도 열화가 발생하였는가 하는 평가가 선행되어야 보수 및 보강의 시점을 결정할 수 있다. 또한 보강의 정도를 결정하기 위해서는 내진성능이 정량적으로 제시되어야 한다. 따라서 장차 발생할 지진에 대해 건물의 내진 안전성을 확보하기 위해서는 건물의 내진성능을 판정하고, 필요에 따라 내진보강 등의 대책을 강구해야한다. 내진성능 및 보강여부의 판정에 필요한 일반적인 순서는 다음과 같다.

① 건물의 내진성능의 평가
② 필요로 하는 내진성능의 설정
③ 보강여부의 판정
④ 내진보강 공법의 결정
⑤ 보강요소와 기존 골조의 접합상세 결정
⑥ 보강건물의 내진성능의 확인
(④~⑥은 보강이 필요하다고 판정된 경우)

3. 국내 · 외 내진성능 평가기준

3.1 미국의 내진진단법

미국의 내진성능 평가법은 내진성능평가(Seismic Evaluation)와 내진보강(Seismic Rehabilitation)으로 구분할 수 있으며 이는 〈그림 9.109〉와 같다.

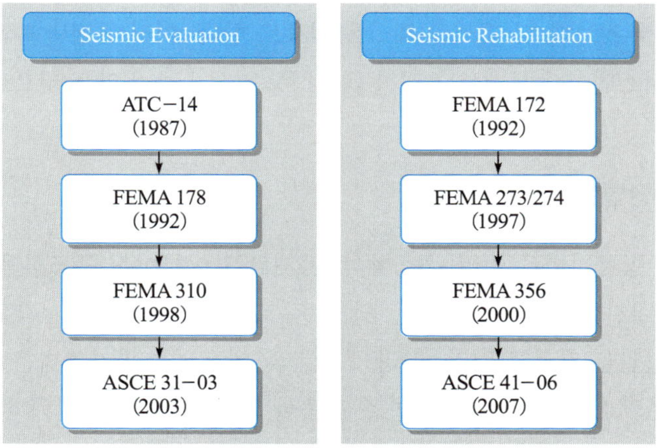

〈그림 9.109〉 미국의 내진성능평가법

두 진단법의 기본개념은 동일하지만 내진성능평가인 ASCE 31−03은 평가를 위한 Handbook의 성격으로 간략화되어 있으며 평가를 위한 체크리스트를 제공하고 있다. 성능목표의 경우, ASCE 41−06에서는 BSE−1 지진 시 Ls, BSE−2 지진 시 Cp의 만족여부가 성능목표이고, ASCE 31−03에서는 BSE−1 지진 시 일반건물은 Ls, 중요도가 높은 건물은 Io의 만족여부가 성능목표이다. 일반적으로 ASCE 41−06은 보강을 위한 설계법의 개념을 지녀 ASCE 31−03보다 엄격하게 규정되어 있으며, ASCE 31−03은 입력지진하중에 대한 부재능력의 허용치가 높게 설정되어 있으며 비선형 해석을 통한 평가의 경우 입력지진하중의 크기를 75%로 저감하여 평가한다.

이와 같은 미국의 내진성능 평가기법은 기존 건축물 또는 신축 건축물의 지진으로 인해 예상되는 건축물의 피해 정도를 예측하기 위해 사용되며, 일반적인 건축물인 경우 현행규준인 475년 재현주기를 가진 지진에 대하여 건축물이 인명안전을 보장해야 한다는 것을 기초로 하고 있다. 따라서 내진설계기준에서 제시한 정도의 지진에 대하여 인명안전을 보장할 정도의 내진성능을 보유하고 있는지를 평가하여야 한다. 이 평가방법은 지진 발생 시 예상되는 건축물의 피해에 의한 인명위험요소를 제시하고 있다.

건축물의 내진성능 평가 시 인명안전 위험을 평가하는 절차는 대상건축물이 존재하는 동안 발생할 수 있는 지진에 대해 건축물에 발생할 위험정도를 결정한다. 따라서 미국의 내진성능 평가방법은 구조체 또는 그 구성부재의 파괴를 유발하는 구조체의 취약부를 어떻게 결정하는지 평가자에게 제시하고 있다. 특히, ASCE/SEI 31-03과 FEMA 356에서 제시한 내진진단 절차에서는 모든 내용을 항목별로 정리하여 평가항목들을 빌딩시스템, 주요 구조부재들에 대하여 제시하고 있다. 평가항목은 '적절' 과 '부적절' 로 결정하도록 되어 있는데, '부적절' 하다고 판명된 항목은 항목표에서 요구하는 것보다 더 자세한 해석을 필요로 한다. 이러한 정밀해석에서도 '부적절' 하다고 판명된 해당 시스템이나 부재는 적절한 내진성능을 보유하지 않은 것으로 결론내린다.

3.2 일본의 내진진단법

일본의 내진성능 평가기법은 여러 구조형식 및 재료로 이루어진 구조물을 하나의 기준에 전부 포함한 미국의 내진성능 평가기법과는 달리, 구조체를 이루고 있는 각 구성재료별로 서로 다른 형태의 평가기법을 가지고 있다. 따라서 일본의 내진성능 평가기법은 철근콘크리트조 건축물, 철골 · 철근콘크리트조 건축물, 철골조 건축물, 목조 건축물에 대해 서로 다른 개념과 방법에 의해 진단법이 따로 제정되어 있다. 이러한 형식의 내진성능 평가기법은 각 구성재료별 구조물의 특징을 최대한 상세히 파악하여 내진성능을 평가할 수 있는 장점을 가지고 있으나, 각 구조 형식에 대해 서로 다른 형태와 방법에 의해 진단이 진행됨으로써 내진 진단법을 이해하기 어렵고 동질성이 결여되어 혼란을 가져올 우려가 있다.

3.2.1 철근 콘크리트 건물 내진진단 기준

일본의 철근 콘크리트 건물 내진진단법은 기존 중 · 저층 철근 콘크리트 건물의 내진성능을 약산적으로 평가하는 수법으로 약산의 수준이 다른 3단계의 내진진단법, 즉 제1차 진단, 제2차 진단 및 제3차 진단법으로 구성되어 있다. 각 단계별 진단법의 차수가 높을수록 산정법은 상세하게 되며, 그것에 따른 결과의 신뢰성이 높아지는 성질을 가지고 있다. 가장 기본적인 구조체 부분의 내진성능은 식(9.4)와 같이 정의되는 구조내진지표(I_s)의 값으로 나타낸다.

$$I_s = E_0 \times S_D \times T \geq Is_0 \tag{9.4}$$

여기서, E_0 : 보유성능 기본지표($C \times F$) C : 강도지표

F : 인성지표 S_D : 형상지표

T: 경년지표

보유성능 기본지표(E_0)는 가장 기본적인 내진성능을 나타내는 지표로서, 건물이 보유하는 내력을 전단력계수의 형식으로 나타내는 강도지표(C)와 변형능력을 나타내는 인성지표(F)의 곱으로 산정한다. 이것은 건물이 지진을 받았을 때 안전하기 위해서는 벽이 많은 건물에서는 인성이 작기 때문에 상당한 강도가 필요한 반면, 벽체가 적은 건물(라멘구조)에서는 강도의 여유가 적기 때문에 인성이 있는 구조여야만 한다는 것을 고려한 것으로 벽체가 많은 건물과 라멘구조의 건물에 공통의 내진성능 척도를 설정하기 위한 목적으로 정한 것이다. 그리고 형상지표(S_D) 및 경년지표(T)는 각각 건물의 정형성, 건설 후의 연수에 따라 보유성능 기본지표(E_0)를 보정하는 1.0을 기준치로 한 계수이다.

3.2.2 철골 · 철근 콘크리트 건물의 내진진단 기준

이 내진진단 기준은 기본적으로 철근콘크리트 건물의 내진진단 기준과 같다. 즉, 격자형의 철골부재를 구성하는 형강의 현재를 철근의 주근으로, 띠판을 기둥에서는 띠철근으로, 보에서는 스터럽으로 각각 철근의 단면적에 상당하는 것으로 치환하고, 철골 현재와 콘크리트의 부착 작용을 포함한 철근 콘크리트 부재로서 취급하고 있다. 따라서, SRC 내진진단 기준은 RC 내진진단 기준을 준용하고 있으므로 보유성능 기본지표(E_0)의 산정 내용을 제외하면, 그 외의 지반지표(G), 형상지표(S_D), 경년지표(T)의 평가는 그대로 적용하고 있다. 즉, SRC조 건물을 구성하는 부재가 RC 부재를 구성하는 부재보다도 변형능력이 뛰어난 것으로 평가하고 있다. 실제로 RC 내진진단 기준에서 이용한 보유성능지표를 산정할 때의 지수를 단순히 높게 평가하고 있을 뿐이며, E_0값을 산출하는 산정식은 거의 변함이 없다.

3.2.3 철골 건물의 내진진단 기준

철골 건물의 내진진단 기준은 철근콘크리트 건물의 내진진단 기준과 비교하여 다소 차이가 있다. 이 진단의 경우 건물이 지진력을 받아서 붕괴에 이르기까지 비선형 거동을 하면서 외부에너지(지진력)를 흡수할 수 있는 에너지 한계가 지진 입력 에너지보다 크게 되면 내진성이 있는 것으로 평가하는 소위 에너지양의 크기에 의한 평가방법이다. 즉, 구조내진지표 VR을 구하여, 지진에 의해 구조골조 전체에 입력되는 에너지양을 기본으로 한 지진입력지표 VI와 비교하여 식(9.5)를 만족할 경우 구조체는 안전으로 판정한다.

$$VR \geqq VI \tag{9.5}$$

평가는 철근 콘크리트 건물의 내진진단의 경우 가속도 레벨에서 평가하고 있으나, 철골 건물의 경우는 속도레벨에서 평가하고 있으므로 실제의 적용에 있어 다소 어려운 점이 있다.

3.2.4 목조 건물의 내진진단 기준

목조 건물은 대부분 주택이 주를 이루고 있으며, 내진진단의 대상이 되는 주택은 보통 몇 년 이상 경과하여 노후화된 것이 많다. 또한, 목조 건물의 내진진단을 실시할 때에는 일반적으로 설계도서가 준비되지 않는 경우가 많다. 이러한 사정들을 반영하여 목조 건물에 대해서는 일본방재협회와 일본건축사협회가 편집하고 건설성 주택국이 감수한 '자가 진단법'을 제시하고 있는데, 자가 진단법을 이용하여 일반인들도 채점이 가능하도록 하고 있다.

3.3 한국의 내진진단법

한국의 내진진단법 현황은 〈표 9.16〉과 같으며, 각 연구기관 및 연구단체에서 개별적으로 개발하고 있는 실정이다. 또한 내진진단 대상에 대한 법제화가 미흡한 실정이다. 따라서 내진진단법에 대한 기존의 연구결과를 종합적으로 평가하여 국내 실정에 맞는 내진진단법을 개발하고, 내진진단 대상 건축물 및 내진진단 후의 내진 보수 및 보강을 포함한 내진진단 및 내진 보수 · 보강에 대한 법제화가 필요하다.

〈표 9.16〉에 나타낸 내진진단법의 특징을 요약하면 다음과 같다. '한국 철근콘크리트 건물의 내진진단법 개발에 관한 연구'는 2001년 2월에 광운대학교에서 수행한 연구결과로서 제안되었다. 평가방법은 일본의 기존 철근 콘크리트 건물에 대한 내진성능 평가방법인 내진진단법을 기초로 하고 있다. 기존 철근콘크리트 건물에 대하여 일본의 내진진단법에서 사용하고 있

〈표 9.16〉 국내의 내진진단법 현황

내진진단법	발표기관	발표년도
한국 철근콘크리트 건물의 내진진단법 개발에 관한 연구(수정내진진단법)	광운대학교	2001
구조 내진성능평가에 관한 기술지침(안)	포항산업과학연구원 동경대학교 동경공업대학교 광운대학교	2002
조적조 건축물의 내력도 평가	광운대학교	2002
기존 건축물의 내진성능 평가 및 향상 요령	시설안전기술공단 한국지진공학회	2004
학교 건축물의 내진화 우선도 평가법	한국교육환경연구원	2008
기존 건축물의 내진성능 평가 및 향상 요령 개정(안)	한국시설안전공단	2010

는 강도지표용 강도식과 평균 전단응력도를 우리나라의 실정에 맞게 재평가한 평가방법이다(이하, 수정내진진단법).

수정내진진단법은 일본의 내진진단법 중에서 철근콘크리트 건물 내진진단 기준에 의하여 평가하며, 일본의 내진진단법의 구조내진성능지표(I_S)를 구성하는 각종 지표가운데 가장 기본적인 극한 휨 및 전단강도식, 즉 강도지표를 중심으로 수정 및 제안하였다.

'구조 내진성능평가에 관한 기술지침(안)' 은 2002년 3월에 포항산업과학연구원과 동경대학교, 동경공업대학교 및 광운대학교의 공동연구 결과로서 제안되었다. 기본적인 평가방법은 대상건축물에 대해 예비조사 · 기본조사 등을 거쳐 내진성능 평가에 필요한 제반수치를 설정한 후 내진성능 평가를 실시하는 방식으로 수행되어진다. 내진성능의 평가는 건축물이 가지고 있는 내진성능과 건축물에 요구되어지는 요구성능을 비교하여 평가한다.

'조적조 건축물의 내력도 평가' 는 2002년 12월에 광운대학교의 연구 결과로서 제안되었다. 기본적인 평가방법은 체크리스트 형식으로 구조내력에 대해서 100점 만점, 보존도에 대해서 100점 만점, 외력조건에 대해서 1점 만점의 평점을 산출하여 그 곱으로써 10,000점 만점의 평점으로 내력도를 평가하도록 되어 있다.

'기존 건축물의 내진성능 평가 및 향상 요령' 은 2000년 11월에 시설안전기술공단과 한국지진공학회에서 수행한 연구결과로써 제안되었다. 기본적인 평가방법은 내진성능 예비평가, 1단계 내진평가, 2단계 내진평가의 3단계로 나누어 수행하도록 되어 있다.

'학교건축물의 내진화 우선도 평가법' 은 2008년 11월에 한국교육환경연구원에서 수행한 '학교시설 개축 및 내진성능 판정을 위한 가이드라인 연구' 의 연구결과의 일부로서 비선형 지진응답해석을 실시하여 효율적으로 RC 건축물의 내진성능을 단시간 내에 평가하는 평가법이다.

'기존 건축물의 내진성능 평가 및 향상 요령 개정(안)' 은 2000년 11월에 시설안전기술공단과 한국지진공학회에서 수행한 연구결과로서 제안한 '기존 건축물의 내진성능 평가 및 향상 요령' 의 개정안으로 2010년 12월에 한국시설안전공단에 의해 개정되었다.

4. 건축구조물의 지진피해 예측

4.1 현존 철근콘크리트 건물의 구조적 특징

국내의 현존 철근콘크리트 건물 26개 동의 도면으로부터 얻은 기둥 및 벽체에 관한 자료를 통계 · 분석하여 국내 현존 철근콘크리트 건물의 일반적인 구조적 특징을 조사하였다.

4.2 대상건물의 개요

국내 현존 철근콘크리트 공공건물 14개 동의 구조적 특징을 조사하였으며, 〈표 9.17〉에 본 연구에서 내진성능을 평가할 대상건물의 개요를 나타내었다. 〈그림 9.110〉에는 대상건물의 1층의 장변(X)방향 및 단변(Y)방향의 기둥율 및 벽율을 나타냈고, 대상건물의 구조형식은 순 라멘구조 또는 그것에 가까운 구조이다.

〈표 9.17〉 대상건물의 개요

건물명	층수	지간(m)		사용재료		대표적인 기둥단면 (cm)
		장변방향	단변방향	F_c[1)]	σ_y[2)] σ_{wy}[(3)]	
건물-1	3	7@4.5	2.5+7.5	15	240(240)	① 40×40(8-D19, hoop: D10@28)
건물-2	3	15@4.5	2.5+7.5	18	240(240)	② 40×40(8-D19, hoop: D10@33)
건물-3	3	7@6.0	3@6.0	21	400(240)	③ 40×50(8-D22, hoop: D10@30)
건물-4	3	11@6.0	6.3+6.6+6.6	21	400(240)	④ 40×40(8-D22, hoop: D10@30)
건물-5	4	14@4.5	2.5+7.5	15	240(240)	⑤ 45×40(8-D19, hoop: D10@25)
건물-6	4	12@4.5	2.5+7.5	18	240(240)	⑥ 40×40(8-D19, hoop: D10@33)
건물-7	4	13@4.5	2.5+7.5	18	240(240)	⑦ 40×40(8-D19, hoop: D10@34)
건물-8	4	14@4.5	2.5+7.5	18	240(240)	⑧ 40×40(8-D19, hoop: D10@30)
건물-9	4	8@4.4	9.9	21	400(240)	⑨ 40×40(8-D19, hoop: D10@33)
건물-10	4	8.0+10@4.0	4.2+2.4+8.1	21	400(240)	⑩ 40×40(16-D22, hoop: D10@30)
건물-11	4	19@4.5	2.4+3.6+3.9	21	400(240)	⑪ 40×40(8-D19, hoop: D10@40)
건물-12	5	11@8.8	3@7.5+2.7	21	400(240)	⑫ 50×50(16-D22, hoop: D10@30)
건물-13	5	22@4.4	4.0+9.9	21	400(240)	⑬ 40×50(14-D25, hoop: D10@25)
건물-14	5	10@8.1	6.0+3.3+8.4	24	400(240)	⑭ 50×50(12-D25, hoop: D10@30)

자료출처 : 1) 콘크리트의 설계기준강도, 2) 주근의 항복강도, 3) 전단보강근의 항복강도(단위 : MPa)

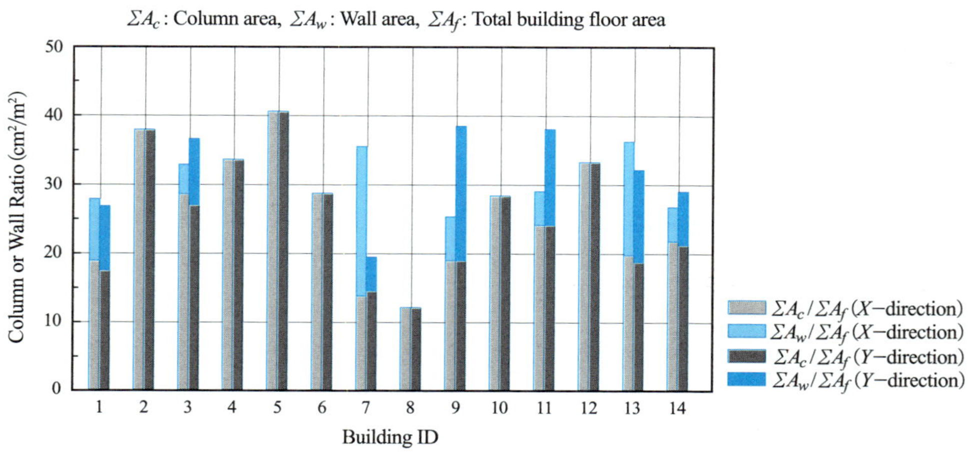

〈그림 9.110 대상건물의 1층 기둥율 및 벽율

4.3 기둥의 구조적 특징

국내 현존 철근콘크리트 건물의 일반적인 구조적 특징으로 기둥의 인장철근 단면적, 인장철근비, 횡 보강근비, 단면 폭, 축방향 응력도 및 전단스팬비의 분포에 대하여 조사하였다(<그림 9.111>~<그림 9.116>).

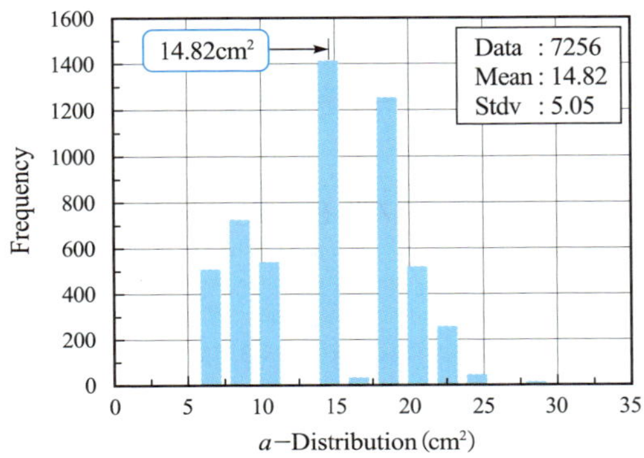

<그림 9.111> 기둥 인장철근 단면적 분포

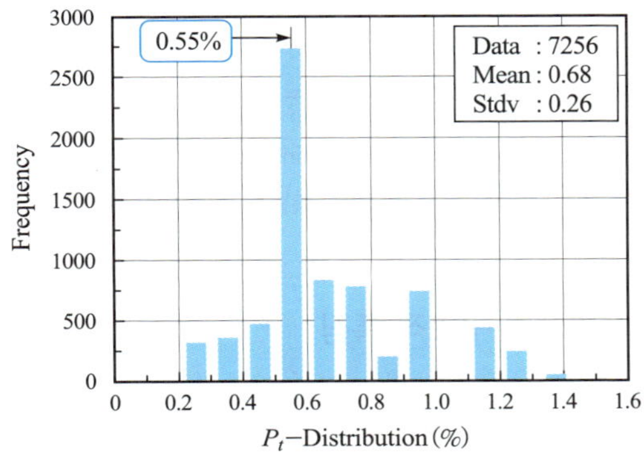

<그림 9.112> 인장철근비 분포

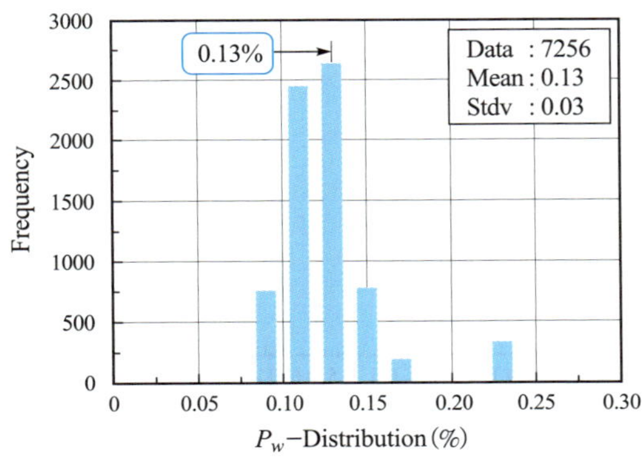

<그림 9.113> 기둥 횡보강근비 분포

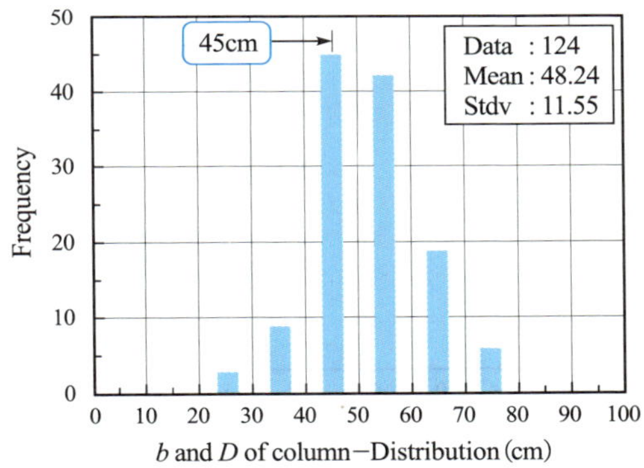

<그림 9.114> 기둥 단면폭 분포

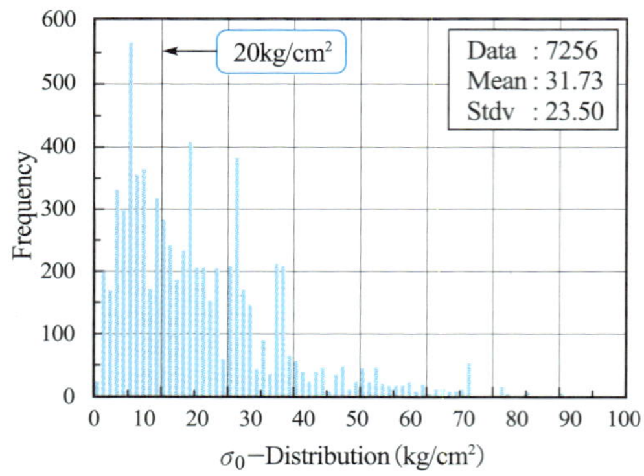

〈그림 9.115〉 기둥 축방향 응력도 분포

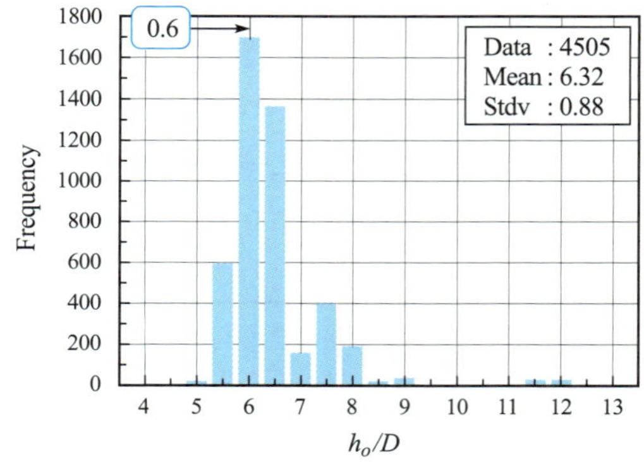

〈그림 9.116〉 기둥 전단스팬비 분포

4.4 벽체의 구조적 특징

국내 현존 철근콘크리트 건물의 일반적인 구조적 특징으로 벽체의 인장철근비, 횡보강근비의 분포에 대하여 조사하였다(〈그림 9.117〉~〈그림 9.118〉).

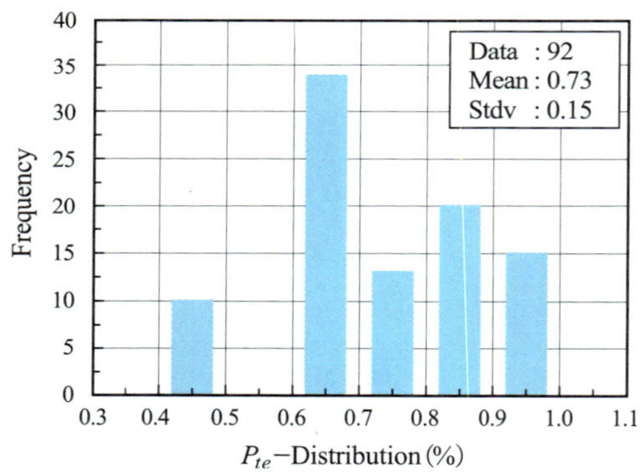

〈그림 9.117〉 벽체 인장철근비 분포

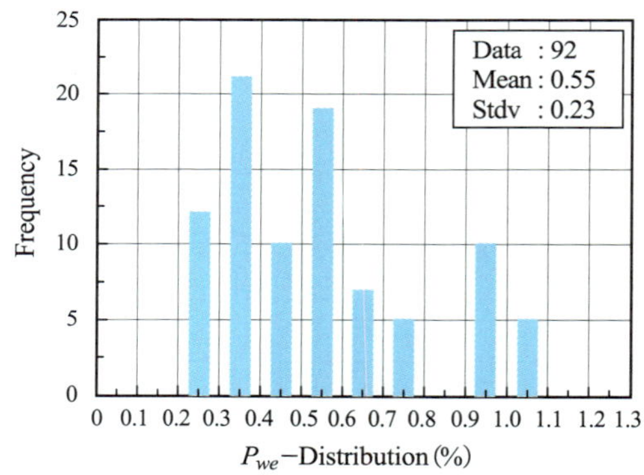

〈그림 9.118〉 벽체 횡보강근비 분포

4.5 지진피해의 예측방법

건물군의 I_S의 확률밀도함수를$P_{I_S}(x)$, 하중효과(E_T)의 확률밀도함수를 $P_{E_T}(x)$라고 가정한다. 상기의 E_T는 입력지진동의 레벨을 I_S로 환산한 것으로서, 즉 입력지진동의 레벨에 대하여 안전하기 위해 필요한 I_S로서, 입력지진동에 의하여 E_T가 확률양이 되는 것으로 가정한다. 여기서, 「전 건물에 대한 피해건물수의 비율」을 「피해율 V」라고 정의하면, 그 피해율 V는 식(9.6)과 같고, 피해건물의 I_S분포 $v(x)$는 식(9.7)과 같다.

$$V = \int_0^{\infty} P_{I_S}(x) \cdot \left[1 - \int_0^x P_{E_T}(r)dr\right] dx \tag{9.6}$$

여기서, $x = I_S$ 또는 E_T

$$v(x) = P_{I_S}(x) \cdot \left[1 - \int_0^x P_{E_T}(r)dr\right] \tag{9.7}$$

국내 현존 철근콘크리트 건물군 및 조적조 건물군의 I_S의 확률밀도함수 $P_{I_S}(x)$는 〈그림 9.119〉 및 〈그림 9.120〉에 나타낸 정규분포곡선, 즉 식(9.8)를 사용하였고, E_T의 확률밀도함수 $P_{E_T}(x)$는 시즈오카켄(静岡縣)의 피해상정시 사용한 분포를 사용하여 국내의 현존 철근 콘크리트 건물의 지진피해율을 상정하였다. 한편, E_T는 특정지진[1968년 토카치오키(十勝沖)지진 및 1978년 미야기켄오키(宮城縣沖)지진]을 대상으로 한 하중효과(피해정도는 중파이상이고, 지진가속도레벨은 0.23g)이고, 또한 입력지진동의 지반에 의한 편중의 영향은 없는 것으로 가정하여 빈도분포를 식(9.9)에 나타내는 정규분포곡선으로 근사시킨 것이다.

$$P_{I_S}(x) = \frac{1}{\sqrt{2\pi}\,\sigma} exp\left[-\frac{1}{2}\left(\frac{x-\mu}{\sigma}\right)^2\right] \tag{9.8}$$

여기서, $x = I_S$, $\mu = 0.4$, $\sigma = 0.135$

$$P_{E_T}(x) = \frac{1}{\sqrt{2\pi}\,\sigma} exp\left[-\frac{1}{2} \cdot \left(\frac{x-\mu}{\sigma}\right)^2\right] \tag{9.9}$$

여기서, $x = E_T$, $\mu = 0.399$, $\sigma = 0.085$

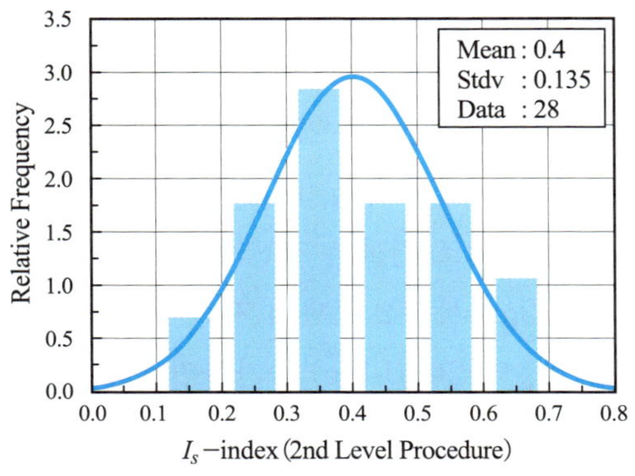

〈그림 9.119〉 국내 현존 철근콘크리트 건물의 내진성능 분포

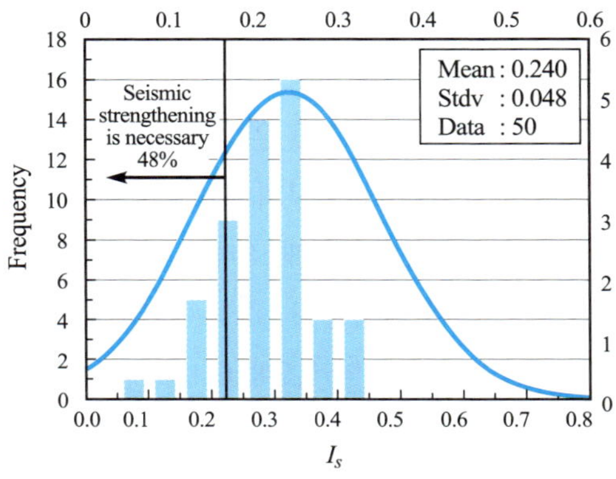

〈그림 9.120〉 국내 현존 조적조 건물의 내진성능 분포

4.6 지진피해율의 예측결과

〈그림 9.121〉 및 〈그림 9.122〉에 국내 철근콘크리트 건물 및 조적조 건물의 I_S와 지진피해율과의 관계를 나타내었다. 또한, 1968년 토카치오키지진 및 1978년 미야기켄오키지진에 의한 탁월주기 0.4초의 지반에 있는 건물에 입력되어지는 지진가속도 레벨을 0.23g로 설정하고 있지만, 〈그림 9.121〉 및 〈그림 9.122〉에는 입력지진가속도레벨이 0.08g, 0.12g, 0.15g로 변화할 경우에 있어서의 피해율 V 및 피해건물의 I_S분포 $v(x)$를 산정하였다.

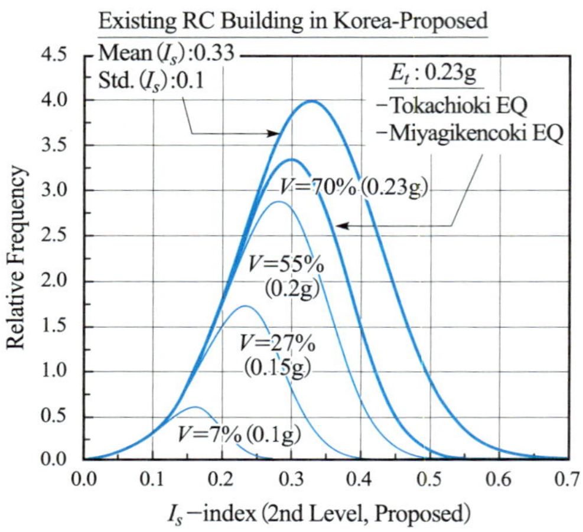

〈그림 9.121〉 국내 철근콘크리트 건물의 Is값과 지진피해율의 분포

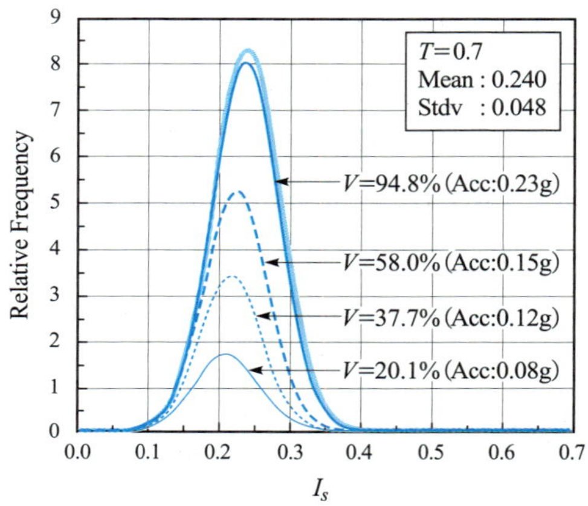

〈그림 9.122〉 국내 조적조 건물의 Is값과 지진피해율의 분포

이것은 계(系)의 허용소성률과 요구내력비(지진응답량과 허용소성률의 한계에서 받아들일 수 있기에 필요한 내력과 입력레벨의 비)를 결정하면, 필요한 I_S가 입력지진가속도에 비례해서 결정된다는 관계가 성립하기 때문에 평균치만 각각 0.08/0.23배, 0.12/0.23배, 0.15/0.23배로 하여 피해율 V 및 피해건물의 Is분포 $v(x)$를 상정하였다.

국내 철근콘크리트 건물은 지진가속도 0.1g에서는 7%, 0.15g에서 27%, 0.2g에서는 55%, 0.23g에서는 70%의 지진피해율이 추정되었으며, 입력가속도가 0.1g, 0.15g, 0.2g로 증가함에 따라 지진피해율은 4배, 8배로 증가하고 있다. 한편 조적조 건물은 지진가속도 0.08g에서는 20.1%, 0.12g에서는 37.4%, 0.15g에서는 58%, 0.23g에서는 94.8%의 지진피해율이 추정되었으며, 지진동이 약 1.5배(0.12g) 증가하면 약 1.9배, 약 2배(0.15g) 증가하면 2.9배, 약 3배(0.23g) 증가하면 4.7배로 지진피해율이 증가하고 있다.

4절 토목구조물의 내진성능 평가

1. 내진성능 평가기술의 필요성

최신 내진설계기준은 해당 시설물이 내진성능을 확보하도록 보장한다. 반면에, 내진설계가 되어 있지 않거나 최신판으로 개정되기 이전의 내진설계기준으로 설계된 시설물은 내진성능을 보장할 수 없다. 2008년 제정된 지진재해대책법은 이와 같은 시설물들을 '기존시설물'로 정의하고, 해당 시설물들에 대한 내진보강을 의무화하고 있다. 여기서 오해하지 말아야 할 것은, 이들 기존시설물들이 무조건 지진에 취약하지는 않다는 점이다. 시설물 혹은 구조물들은 자체적으로 어느 정도의 내진성능을 보유하고 있어, 이를 최신판 내진설계기준과 비교하여 그 성능수준을 확인해야 할 필요가 있을 뿐이다. 예를 들어 상부구조의 질량이 다른 형식의 교량에 비해 상대적으로 작고 교각의 강성이 매우 큰 라멘교의 경우, 내진설계를 하지 않아도 상당한 수준의 내진성능을 보유하고 있는 것으로 알려져 있다. 하지만, 분명한 것은 최신판 내진설계기준으로 설계되고 시공된 시설물이 아니라면, 반드시 내진성능평가를 통하여 현재 보유하고 있는 내진성능이 현행기준에 비해 어느 정도의 수준에 있는지를 확인해야 하고, 부족한 만큼의 성능은 내진보강을 통해서 향상시켜야 한다.

2. 내진성능 평가기술의 개념

내진성능(seismic performance)은 시설물의 종류와 중요도, 시설물이 위치하는 주변의 지반조건과 지진재해도 등을 고려하여 설정된다. 각 시설물을 구성하는 구조물은 다양한 종류로 구분되고(예를 들어, 공항시설은 활주로, 관제탑, 터미널 등으로 구성됨), 구조물의 종류에 따라 내진성능을 설정하는 방법이 달라진다. 이는 시설물의 구조적인 특징에 따라서 변위성능 및 강도성능이 달라지기 때문이다.

시설물의 중요도는 해당 시설물의 설계지진력을 산정하는데 영향을 미친다. 설계지반운동의 수준은 주로 평균재현주기로 표현되는데, 예를 들면 '평균재현주기 2400년 지진지반운동'과 같은 식이다. 이는 다른 표현으로 일정 기간 내의 초과확률로도 표현되는데, 평균재현주기 2400년 지진지반운동은 250년 내 초과확률 10%인 지진지반운동과 같다고 볼 수 있다.

시설물의 중요도와 더불어 시설물의 설계지진력을 결정하는 요인은 지진재해도에 의한 지반운동수준이다. 「내진설계기준연구 II」에서는 지진재해도에 의한 지진구역을 두 가지로 나누고, 해당 구역에 대한 구역계수를 구분하여 지반가속도를 달리 적용하도록 하였다. 이는 행정구역상 중요도와 지질학적인 지진발생빈도 등을 고려한 결과이다.

같은 지진구역에 위치한 시설물이라도 국지적인 토질조건, 지질조건과 지표 및 지하 지형에 의해 지반운동수준이 달라질 수 있고, 이를 설계에 반영하기 위해 지반을 5가지로 구분하여 지반가속도를 결정하도록 한다. 이와 같이 지반조건을 고려하면 같은 지진구역에 위치한 시설물이라도 지반가속도의 크기가 최대 4배 이상 차이가 날 수도 있다.

내진성능평가라 함은 시설물이 최신 내진설계에서 규정하는 내진성능에 비해 어느 정도의 내진성능을 보유하고 있는지에 대한 평가를 말한다. 앞서 언급한 바와 같이, 국내에서 내진성능이라 함은 설계기준에서 만족하도록 규정하고 있는 붕괴방지수준의 성능과 기증수행수준의 성능을 일컫는다. 단, 붕괴방지수준으로만 설계하도록 허용하고 있는 일부 설계기준에 의한 성능평가는 붕괴방지수준의 성능만을 내진성능으로 한다.

3. 내진성능 평가기준

3.1 내진성능 평가방법 및 절차

앞서 기술한 바와 같이, 구조물의 내진성능 평가는 현행 내진설계기준이 규정하는 수준 대비 평가대상인 구조물의 보유성능을 평가하는 것이다. 내진설계기준에서는 구조물을 구성하는 부재들이 가해진 하중에 대해 저항할 수 있도록 규정하므로, 평가대상인 구조물이 하중에 대해 얼마나 저항할 수 있는지를 평가하게 된다. 여기서 저항한다는 개념은 강도성능과 변형성능을 모두 포함하여야 하므로, 강도와 변형을 별도로 평가해야 한다.

기본적으로 성능평가는 합리적인 구조물의 지진해석을 통해서 이루어진다. 즉, 내진설계기준에서 요구하는 지진하중에 대한 기존구조물의 거동을 해석하여 강도와 변형에 대한 요구량을 예측하고, 이를 구조물의 부재들이 보유하고 있는 강도와 변형에 대한 능력을 비교한다. 이때, 요구되는 강도보다 부재의 강도능력이 크면 강도에 대한 내진성능이 확보된 것으로 평가되고, 요구되는 변형보다 부재의 변형능력이 크면 변형에 대한 내진성능이 확보된 것으로 평가된다. 물론, 강도와 변형 두 가지 범주를 모두 만족할 때만 내진성능이 확보된 것으로 평가할 수 있다. 만일 부재의 강도나 변형능력 중 적어도 한 범주에서 강도나 변형 요구량보다 작은 경우가 있으면, 그 만큼 내진성능이 부족한 것으로 평가된다.

이러한 지진해석은 진동수영역해석법, 시간영역해석법, 응답스펙트럼해석법 및 능력스펙트럼해석법 등 다양한 방법이 이용되는데, 대부분 구조공학의 지식이 있는 전문가만이 수행할 수 있다. 뿐만 아니라, 이러한 해석은 시간과 비용이 많이 소요된다. 따라서 내진성능평가의 대상이 많고, 제한된 시간 안에서 수행해야 하는 경우에는, 내진성능을 우선적으로 확보해야 하거나 구조적으로 문제가 많아 보여 시급히 내진성능을 보강해야 하는 시설물을 판별하는 과정이 필요하다. 이러한 과정을 내진성능 예비평가라고 할 수 있고, 이와 구분하기 위해 구조해석을 통한 내진성능평가 과정을 내진성능 상세평가라라고 한다. 여기서 확실히 해야 할 것은 내진성능 예비평가는 여러 시설물들을 대상으로 할 때 상세평가에 대한 우선순위를 결정하기 위한 방법일 뿐, 해당 시설물의 실제 내진성능을 평가할 수는 없다는 점이다.

3.2 내진보강 우선순위 결정

여러 개의 시설물들을 대상으로 내진성능평가를 실시해야 하는 경우, 예비평가를 통해서 내진성능 상세평가의 우선평가대상을 판별하는 것이 효율적이다. 상세평가는 구조해석을 통해서 구조부재의 능력을 평가해야 하므로 구조물의 부재단면치수, 철근의 배치, 재료의 성질 등의 기술적인 정보가 필요하다. 반면에 예비평가는 이와 같은 기술적인 정보를 전혀 사용하지 않고, 시설물의 사회적 · 역사적 중요도, 시설물이 위치한 지역의 지진학적 특성, 구조물의 형식이나 준공연도 등의 기본적인 시설물 정보 등을 이용하여 평가한다. 예비평가에 필요한 주요인자들은 다음에 자세하게 설명한다.

사회적 · 역사적 중요도가 높은 시설물은 그렇지 않은 시설물보다 우선적으로 내진성능을 확보해야 한다. 이를 평가하기 위한 지수를 중요도(Importance)라고도 한다. 사회적 중요도는 시설물이 지진으로 피해를 입어 기능을 상실했을 때 사회에 미치는 영향을 나타낸다. 역사적 중요도는 시설물의 역사적인 가치를 상대적으로 평가하여 그 시설물이 지진의 피해를 입었을 경우의 손실되는 가치를 나타낸다.

시설물이 위치한 지역의 지진학적 특성은 시설물에 작용하는 지진하중을 결정하는 중요한 요소가 된다. 같은 종류의 시설물이라도 지진이 발생할 확률이 높은 지역에 위치한 시설물이 지진의 위험에 더 많이 노출되어 있다는 논리이다. 또한, 지진이 발생할 확률이 같은 지역에 위치하더라도 지반조건에 따라서 지진의 증폭효과가 달라 결과적으로 구조물에 전달되는 지진력(지반가속도)의 크기가 달라진다. 이와 같은 지진학적 특징들은 시설물의 구조적 특징이나 사회 · 역사적 가치와는 무관한 인자로 지진도(Seismicity) 혹은 지진위험도라고도 한다.

구조물의 형식이나 준공연도 등에 따라서 구조물의 내진등급을 어느 정도 추정할 수 있다. 예를 들어, 같은 형식의 시설물이 서로 준공연도가 다르다면 오래된 시설물의 내진등급이 다른 시설물에 비해서 낮게 평가될 것이라는 추정을 할 수 있다. 같은 시설물이라도 그 시설물을 구성하는 구조물의 형식이나 배치에 따라서 기본적인 내진성능의 차이가 발생할 수도 있다.

예를 들면, 일반적으로 지간이 짧고 상부구조의 질량이 작은 라멘교가 지간이 길고 상부구조의 질량이 상대적으로 큰 PC교량에 비해 내진성능이 좋을 것이라는 추정을 할 수도 있다. 이와 같은 구조물의 형식이나 준공연도 등의 정보로 평가되는 시설물의 등급을 평가하는 지수를 취약도(Vulnerability)라고도 한다.

정리하면, 대상 시설물이 많은 경우의 내진성능평가는 중요도, 지진도, 취약도를 바탕으로 평가하는 예비평가 단계를 거쳐 내진성능 상세평가의 우선순위를 결정하고, 정해진 순서에 따라 내진성능 상세평가를 실시하고, 내진성능이 부족한 시설물에 대해서는 추가로 내진보강에 대한 계획을 세우게 된다.

4. 내진보수보강

4.1 내진보강의 법적 근거

정부에서는 2004년 12월 26일 인도네시아 수마트라 해역에서 발생한 규모 9.0의 강진으로 인하여 막대한 인명피해가 발생하는 등 지진에 대한 사회적인 관심이 증대되면서 국무총리의 범정부적인 지진방재종합개선대책 마련 지시에 따라 2005년 5월에 지진방재종합개선지원단을 발족하여 지진재해경감대책법(안)을 마련하고, 지난 2008년 3월 28일에 지진재해대책법이 제정 · 공포되었다. 지진재해대책법 제4장 내진대책의 제14조에는 31개 법정시설을 내진설계 대상으로 설정하여 내진설계를 시행할 것을 규정하고 있으며, 이들 31개 법정시설물은 다음과 같다.

(1) 「건축법」에 따른 건축물
(2) 「공유수면매립법」과 「방조제관리법」 등 관계 법령에 따라 설치 · 관리하고 있는 배수갑문(排水閘門)
(3) 「항공법」에 따른 공항시설
(4) 「하천법」에 따른 국가하천의 수문
(5) 「농어촌정비법」에 따른 농업생산기반시설
(6) 「댐건설 및 주변지역 지원 등에 관한 법률」에 따른 다목적댐
(7) 「댐건설 및 주변지역 지원 등에 관한 법률」 외의 다른 법률에 따른 댐
(8) 「도로법」에 따른 도로시설물
(9) 「도시가스사업법」, 「고압가스 안전관리법」 및 「액화석유가스의 안전관리 및 사업법」에 따른 가스공급시설, 고압가스저장소 및 액화석유가스의 저장시설

(10) 「도시철도법」에 따른 도시철도
(11) 「산업안전보건법」에 따른 압력용기 · 크레인 및 리프트
(12) 「석유 및 석유대체연료 사업법」에 따른 석유정제시설 · 석유비축시설 및 석유저장시설
(13) 「송유관안전관리법」에 따른 송유관
(14) 「수질 및 수생태계 보전에 관한 법률」에 따른 폐수종말처리시설 중 산업단지폐수종말처리시설
(15) 「수도법」에 따른 수도시설
(16) 「어촌 · 어항법」에 따른 어항시설
(17) 「원자력법」에 따른 원자로 및 관계시설
(18) 「전기사업법」에 따른 발전용 수력설비 및 화력설비, 송전설비, 배전설비, 변전설비
(19) 「철도산업발전 기본법」에 따른 철도시설
(20) 「폐기물관리법」에 따른 매립시설
(21) 「하수도법」에 따른 하수종말처리시설
(22) 「철도건설법」에 따른 고속철도
(23) 「항만법」에 따른 항만시설
(24) 「국토의 계획 및 이용에 관한 법률」에 따른 공동구(共同溝)
(25) 「학교시설사업 촉진법」에 따른 학교시설
(26) 「삭도 · 궤도법」에 따른 삭도 및 궤도
(27) 「관광진흥법」에 따른 유기시설(遊技施設)
(28) 「의료법」에 따른 종합병원 · 병원 및 요양병원
(29) 「전기통신기본법」에 따른 전기통신설비
(30) 그 밖에 대통령령으로 정하는 시설

이들 중 '(30) 대통령령으로 정하는 시설' 을 제외한 시설물들을 개별 시설물별로 분류하면 모두 31가지로 분류할 수 있다. 또한, 지진재해대책법 제15조에는 동법 제14조에 따른 31개 내진설계 대상 시설물 중 관련 법령이 제정되기 전에 설치된 공공시설물이나 관계 법령의 제정 이후 내진설계기준이 강화된 공공시설물(이하 "기존시설물"이라 한다)의 내진성능 향상을 위하여 5년마다 기존시설물 내진보강기본계획을 수립하도록 내진보강을 추진하도록 명문화하였다.

4.2. 내진성능보강개념

내진성능의 보강개념은 다음과 같다. 내진성능보강의 목표는 기존시설물의 내진성능을 신규 시방서의 수준으로 보강함을 원칙으로 한다. 이는 다음과 같은 두 가지 이유 때문이다. 첫째, 신규시방서 수준으로의 보강경비와 최소한도의 보강 경비에 큰 차이가 없다. 둘째, 최소한도의 보강 시 차후 상황변화에 따라 또 다른 성능보강이 필요할 수 있다. 기존교량의 성능평가 및 보강여부의 결정은 공학적인 필요성 뿐만 아니라 공학 외적인(정치, 경제, 사회, 가용예산 등) 요인을 동시에 고려하여 이루어져야 한다. 내진보강은 다음의 세 단계로 구성된다.

- 대상교량의 선별 및 우선순위 결정
- 선정된 교량의 내진성능평가 및 보강여부 결정
- 보강이 필요한 교량에 대한 보강 방법 제시

이상과 같은 절차에 따라 결정된 최종 보강내용은 어떠한 경우에도 기존 구조물의 다른 구조 요소에 손상을 주어서는 안 되며, 보강 후 교량의 수명기간 동안 원래의 기능을 유지할 수 있도록 유지, 관리되어야 한다.

4.3. 내진성능 보강방법

내진성능에 있어서 신설교량은 지진 발생 시 구조물에 작용하는 하중이 적절히 분배되도록 교량계획 시부터 구조체계를 합리적으로 계획할 수 있으나, 기존 건설되어 공용중인 교량은 대규모적인 구조물 체계의 변경이 어렵기 때문에 기존 구조물을 활용하면서 효과있고 현실성 있는 내진성능 보강방안을 찾는 것이 중요하다. 이러한 보강방안을 찾기 위해서는 먼저 내진성능보강을 고려하고 있는 다른 교량이나 인접 신설교량과의 형평과 보강비용, 보강의 시급성 등의 일반적이고 상대적인 여건에 대해 문제가 없는가에 대해 먼저 고찰하는 것이 중요하며 이러한 문제들의 고찰된 내용을 기본으로 교량을 어느 수준까지 어떠한 개념으로 보강하여야 할 것인가를 결정해야 한다. 현재 제시된 내진 교량등급과 설계지반운동 구분과 지진 시 최소 성능수준구분(기능수행, 붕괴방지)에 준하여 기본적으로 내진성능보강의 기준을 결정할 수 있고, 내진성능평가에 의해 보강이 필요한 부분이 어느 정도 제시되나 실제로 상세한 보강설계를 위해서는 어떠한 부분의 파손이나 파괴가 허용되는지 구체적인 설정이 필요하다.

특히 내진성 확보를 위한 보강개념은 기본적으로 작용하는 지진력을 저항할 수 있도록 구조물에 직접적인 구속을 주거나 강성을 증가시키는 방안과 외부지진력이 구조물에 주는 영향이 작아지도록 별도의 장치 등을 사용하는 방안으로 구분할 수 있다. 또 이들 방안에 대한 세부방법은 상당히 다양하므로 현재의 구조물상태를 분석하여 최적의 방법을 강구할 수 있는 관련전문가의 판단이 매우 중요하다. 또한 기존 교량의 보강은 비선형거동이나 합성구조, 특수장치의 사용이 발생하므로 이를 해석하고 설계할 수 있는 방법과 기준이 있어야 하므로 구체적인 해석방법 및 설계기준 등이 확립되어 있는가를 고려해야 한다.

4.3.1 내진성능보강의 대상

교량의 내진성은 교량의 전체적인 기하학적 형상과 지점조건, 상하부 구조 간의 연결형식, 교각과 기초 간의 연결형식, 각 부재의 연결상태 및 강성상태, 내진관련 장치의 적용과 부분적인 상세처리 등으로 결정된다. 구체적으로 지진 시 최소성능수준 확보를 위하여 다음 사항을 내진성능보강의 기본 대상으로 한다.

- 상부거더의 탈락방지
- 교량위치에서의 액상화나 교대의 과도한 이동방지
- 교각기둥의 파괴방지
- 교각 두부 연결보(cap beam)의 휨이나 전단파괴방지
- 교각 두부 연결보와 교각의 연결부 파괴방지
- 교각과 확대기초의 연결부 파괴방지
- 확대기초의 파괴방지

4.3.2 내진성능 보강방안

내진성능 향상을 위한 보강방안으로는 구조물에 작용하는 지진력을 저항할 수 있도록 구속을 주거나 단면의 강성을 증가시키는 일반적인 보강방안과 외부 지진력이 구조물에 주는 영향이 작아지도록 하는 지진력감소로 대별할 수 있으며 이러한 보강방안의 원리를 명확히 이해하여 적절한 보강방안의 방향을 구체적으로 검토하는 것이 필요하며 때로는 필요성능수준을 확보하기 위해서 두 방법이 혼용되기도 하므로 현재의 구조시스템과 여러 여건을 종합 분석하여 가장 적합한 방안을 선택한다.

특히 지진분리장치 및 감쇠장치는 지진력을 감소시키는 데 효과적이나 실제 장치의 내구성 등의 신뢰도 검증과 구체적인 해석 및 설계방법의 확립이 필요하며 능동제어장치는 고가의 정밀장치 및 계측장비가 병행하므로 특수교량이나 장대교에 적용이 가능하나 아직 본격적으로

실용화되고 있지 않다.

일반적으로 지진에 대해 보강하는 방안은 직접 구속을 주거나 강성을 증대시키는 것으로 낙교방지, 교좌장치 재배치, 기둥 및 기초 단면증대 등 다양하며 취약부위에 따라 여러 방법이 혼용되는 것이 보통이다.

■ 낙교방지

지진 시의 종횡방향 이동에 대한 교량 상부의 탈락 및 낙교를 방지하기 위한 방안으로 최소의 비용으로 효과적으로 보강할 수 있으며 다음과 같은 방법이 있다. 이 중 구속장치나 전단키를 사용할 때에는 하부교각에 지진수평력이 전달되므로 이에 대한 검토가 필요하다.

- 받침부의 확대
- 주형과 하부구조와 연결케이블 등의 구속장치 사용
- 전단키 사용

■ 교좌장치의 재배치

상부주형의 관성력을 하부구조 중 안정된 교각이나 교대부에 고정단을 이동시켜 배치하거나 내진성능이 우수한 받침으로 교체하는 방법으로 하부구조의 형상과 구조적 용량을 동시에 고려해야 한다.

■ 교각기둥단면의 확대나 보강

지진에 의한 수평력에 의하여 교각하단에 발생하는 압축파괴나 전단파괴, 휨인장 파괴에 저항할 수 있도록 보강하는 것으로 압축파괴나 전단파괴보다 휨인장파괴가 먼저 발생하도록 보강하는 것을 원칙으로 하며 단면을 확대하는 방법이나 재료에 따라 다음과 같은 방법이 있다.

- 용접철망이나 용접띠철근 감싸기
- 강판을 이용한 교각단면 확대
- 철근콘크리트로 교각단면 확대
- PC로 교각단면 확대
- 섬유강화플라스틱(FRP)이나 탄소섬유보강

■ 교각기둥의 증설이나 벽식교각으로 변환

교각기둥의 단면을 확대하기 어렵거나 확대하여도 소정의 안전율을 확보하기 어려운 경우 교각기둥을 증설하거나 벽식교각으로 변환하는 방법으로 확대기초와 지반의 병행검토가 요구된다.

■ 기초의 보강

지진력에 의해 교각에 작용하는 모멘트 및 전단력에 따라 지반지지력이 부족하거나 기초판 자체의 단면이 부족한 경우에 적용하는 방법으로 다음과 같은 방법이 있다.

- 기초판의 확대 및 증대
- 말뚝의 증설
- 지중연속벽이나 지중보연결로 기초판 간의 하중분담
- 어스앵커에 의한 하중분담

■ 교량상판 강성증대

지진해석에 의하여 주형의 단면이 부족한 경우에 적용하는 방법으로 강판 등을 접착하여 강성을 증가시키거나 세로보나 가로보의 개수를 증가시켜 교량상판의 강성을 증가시키는 방법으로 보통 교량의 횡방향강성을 증가시킬 필요가 있을 때 사용한다.

4.3.3 장치를 이용한 내진보강

적은 비용으로 외부지진력이 구조물에 주는 영향이 작아지도록 하여 효과적인 보강이 가능하도록 하는 방법으로는 지진격리장치(seismic isolator), 감쇠장치(damper), 충격전달장치(shock transmission units), 능동제어장치(active control units)를 적용하는 방법이 있다.

■ 지진격리장치

보통 기초의 지진력을 상부에 적게 전달되도록 고탄성받침이나 장치를 사용하는 방법으로 구조물의 고유주기가 길어지게 함으로써 응답변위를 증가시키는 대신에 응답가속도를 현저히 감소시켜 지진력의 크기를 줄이는 방법이다. 이 경우 과도한 변위에 의한 사용성 확보 및 낙교나 이탈방지를 위한 대비가 강구되어야 한다.

■ 감쇠장치

구조물의 감쇠율을 증가시키기 위하여 인위적인 감쇠장치를 사용하는 방법으로 구조물의 고유주기 변화는 작지만 구조물의 감쇠율을 증가시켜 응답변위와 응답가속도를 동시에 감소시켜 지진력의 크기를 줄이는 방법이다. 이 경우는 감쇠장치의 효과가 구조해석에 의해 확실히 검증되는 경우에 적용되며 감쇠장치 자체의 사용성, 내구성 등에 대한 검토가 필요하다.

■ 충격전달장치

온도 등에 의한 천천히 발생하는 변위에는 저항하지 않지만 지진 등의 급속한 변위에는 고정단의 역할을 하는 장치로 여러 교각에 설치하여 지진력을 분산시켜 교각에 작용하는 수평력을 감소시키기 위해 사용된다. 평시와 지진 시 고정단의 위치가 변화하므로 이 점을 고려하여 설계하여야 한다.

■ 능동제어장치

제어 케이블이나 진동자를 발생하는 진동의 역방향으로 인위적으로 제어하여 진동가속도 및 변위를 감소시키는 방법으로 고가의 정밀장치 및 계측장비가 병행하므로 특수교량이나 장대교에 적용가능하다.

4.4 내진보강 계획 수립의 어려움

2008년에 지진재해대책법이 31종 시설물에 대한 내진설계를 의무화하였고, 대부분의 시설물들에 대한 내진설계기준은 이미 그 이전에 마련되어 있었다. 하지만, 설계자들이 얼마나 내진설계기준을 이해하고 있으며, 내진설계기준이 실제로 얼마나 엄격하게 구조설계에 적용되고 있는지는 미지수이다. 이러한 여건을 고려하면, 우리나라의 내진보강 설계기술이나 시공기술이 미국이나 일본과 같은 지진공학 선진국들에 비해 많이 뒤처져 있는 것은 당연한 일이라고 할 수 있다. 이 절에서는 내진보강 계획을 수립하는 과정에서 발견된 문제점들과 향후 내진보강 사업의 추진을 위해 필요한 점들을 제시한다.

4.4.1 내진설계 현황 조사

기존 시설물에 대한 내진설계 현황이 보다 자세한 수준으로 조사되어야 한다. 현재의 데이터베이스에서 가장 절실하게 필요한 것은 개별 시설물에 적용된 내진설계기준이 어느 해 제정된 기준이냐 하는 것이다. 내진설계기준은 최초로 제정된 이후에 일정 기간을 주기로 개정되는 것이 일반적이므로, 내진설계기준이 개정되면, 이전의 기준으로 설계된 시설물의 내진성능은 상대적으로 떨어지게 된다. 시설물의 내진설계기준 연도에 대한 데이터베이스는 내진보강의 우선순위를 결정하는데 유용하게 사용될 수 있다.

4.4.2 내진성능평가 방법

시설물의 내진성능평가는 최신 내진설계기준 대비 어느 정도의 내진성능을 보유하고 있는 것인지를 판단하는 것이다. 내진성능평가는 내진보강설계의 기반이 되기 때문에 성능평가가 부정확하게 이루어지면, 보강설계가 과다하게 되어 비경제적인 설계가 되거나, 보강설계가 실제보다 부족하게 되어 지진 발생 시 시설물이 큰 손상을 입을 수도 있다. 따라서 내진성능평가 방법은 현행 내진설계기준 대비 부족한 내진성능을 정확하게 파악할 수 있도록 구성되어야 한다.

하지만, 현재 우리나라에서는 2004년 한국시설안전공단에서 제작한 일부 시설물의 내진성능 향상요령 이외에는 내진성능평가 방법에 대한 기준이나 지침이 거의 없는 상태이다. 게다가, 한국시설안전공단의 요령집이 발간된 이후에 내진성능평가 기술이 많이 개발되었으므로, 이 요령집에 대한 개정작업도 필요한 실정이다. 따라서 내진성능평가 방법에 대한 연구개발 투자를 통한 국내 내진설계기준에 부합하는 내진성능평가 방법을 개발하여 효율적인 내진보강설계가 이루어지도록 해야 한다.

4.4.3 내진보강 비용산정

지진재해대책법은 5년 주기로 시설물에 대한 내진보강 계획을 수립하도록 규정하고 있고, 기본계획의 중요 항목 중의 하나는 소요예산이다. 현재 내진보강에 소요되는 비용을 산정하는데 있어 가장 어려운 점은 근거가 될 만한 사례가 없다는 점이다. 현재까지 건축물과 교량에 대한 내진보강이 일부 추진된 사례가 있으나, 신뢰도 높은 보강비용 단가를 산출하기에는 자료의 양이 부족하다. 게다가 건축물과 교량을 제외한 나머지 시설물들은 사례가 전무하다. 따라서 내진보강 사업을 추진해가면서 자료를 축적하여 보강비용 단가를 보정해 나아가야 한다.

내진보강의 소요비용을 산정할 때 또 하나의 어려움은 시설물의 유지보수 및 보강과 내진보강을 뚜렷하게 구분하기가 어렵다는 점이다. 건축물의 예를 들면, 내진성능과 관련 없는 리모델링이 종종 이루어지는데, 내진보강을 추진하게 되는 경우, 리모델링과 연계하여 내진보강 설계 및 시공을 하는 것이 합리적이다. 이와 같이 비내진보강과 내진보강이 혼재된 경우, 내진보강에만 소요되는 인건비, 재료비, 설계비 등을 분리할 수 없게 된다.

'시설물 안전관리에 관한 특별법' (이하 시특법)에 의하면 특정 시설물에 대해 정기적인 안전점검 및 정밀안전진단을 수행하도록 규정하고 있고 정밀안전진단에는 내진성능평가 및 보강을 포함할 수 있도록 하고 있다. 시특법과 지진재해대책법에서 각각 시설물의 비내진 및 내진 보강을 의무화하고 있으므로, 이들 두 개의 법이 규정하는 범위를 단일화하는 것이 효율적으로 시설물을 관리하고 보수 및 보강비용을 절감하는 방안이 될 수 있다.

4.4.4 내진보강 기술 개발

해외에서는 수요가 가장 많은 건축물과 교량을 중심으로 내진보강 기술이 발전해 왔고, 우리나라도 그러한 방향을 따르고 있다. 하지만, 지진재해대책법에 의해 31종 시설물에 대한 내진보강수요가 급증할 수 있는 점을 고려하면, 기타 시설물들에 대한 보강기술을 시급히 개발할 필요가 있다. 특히, 개착터널, 관로, 매립시설 등과 같은 지중구조물이나 항만과 관련된 수중구조물에 대한 보강기술은 해외에서도 찾아보기 힘들다. 이와 같은 시설물들의 경우, 신설시공과 보강시공의 시공환경에 차이가 많아, 내진보강 기술 개발 시 시공여건을 고려해야 한다. 예를 들어, 개착터널의 주터널의 벽체를 보강해야 하는 경우, 터널의 안쪽으로부터의 접근만이 가능하고, 터널의 바깥쪽은 매설되어 있어 접근이 불가능하다는 점을 보강설계 시 고려해야 한다.

5절 지진방재

1. 지진의 사회 · 경제적 영향

1.1. 지진의 사회적인 영향

지진이 인류에게 주는 가장 큰 위협은 물론 인명피해, 즉 사망이나 부상이다. Steinbrugge (1982)의 연구에 의하면, 단일 지진으로 인류 역사상 가장 큰 인명피해를 일으킨 지진은 1556년 1월 24일로 기록된 중국의 Shaanxi 지진으로 사망자가 830,000명에 이른다. 지진 발생 시 인명피해의 규모는 지진의 규모, 발생위치 등에 따라서 변동의 폭이 매우 크고, 심지어 비슷한 규모의 지진에 의한 피해도 크게 다를 수 있다. 이는 〈표 9.2〉에서 보여주는 것과 같이 20세기에 발생한 26개의 지진에 대한 인명피해 규모를 비교해 보면 잘 알 수 있다. 이 표에 제시된 지진들은 전 세계 24개국에 걸쳐 발생한 규모 6.0~8.6의 지진과 관련된 기록을 정리한 것이다. 여기서 대부분의 사망자는 보강이 잘 되지 않은 벽돌건물이나 흙벽돌로 지어진 건물이 붕괴되면서 목숨을 잃었다. 이와 같은 구조물은 무게가 무거운 반면 재료적 강도가 약해서 지진에 매우 취약한 특성을 가지고 있다. 하지만, 재료비와 시공비가 적게 들기 때문에 예전의 중국, 인도와 중동지방에서 많이 사용되던 구조물 형식이다.

지진이 인류에게 가져다주는 물리적인 영향은 일반적으로 다음의 두 가지로 구분된다.

- 사망이나 부상
- 주거 및 생활환경 파괴

이들 물리적인 영향은 다시 사회적 · 경제적 영향으로 생각할 수 있다.

- 인명피해의 규모
- 실업
- 인재 혹은 기술자/기술 손실
- 손상된 재료비용
- 업무(생산)의 중단
- 새로운 재료와 에너지 소비
- 거시경제적 효과(부정적인 그리고 긍정적인)

이와 같이 물리적이면서 사회 · 경제적인 영향은 지진에 대비하는 시스템을 설계하기 전에 반드시 고려되어야 하고, 구체적으로는 허용할 수 있는 손상/손실의 범위를 정해야 한다. 만일 지진이 발생한다면, 우리는 재정적으로 그리고 기술적으로 그 영향을 최소화할 수 있을 뿐이다. 기본적인 계획(planning)의 목표는 지진으로 인한 지반의 운동이 많이 발생하거나 지반의 파괴가 심하게 일어날 것으로 예상되는 지역을 피하는 것이다. 이런 지역의 대표적인 예는 단층지역, 산사태나 지반액상화가 발생 가능한 지역 등이다. 한편, 기본적인 설계(design)의 목표는 건물의 직접적인 붕괴이던 또는 이차적인 피해, 즉 화재나 건물 부속물들의 낙하이던 인명피해, 특히 사망자의 수를 최소화하는 것으로 삼아야 하고, 건물이나 구조물 자체의 손상을 최소화하는 것으로 삼아야 한다. 물론 여러 가지 시설물들 중에 어떤 시설물들은 다른 시설물들에 비해 지진에 대해 보다 높은 수준의 보호를 요구하는데, 이런 시설물들은 사회 · 경제적으로 중요하다고 판단되기 때문이다. 뉴질랜드와 같은 국가에서는 공공건물에 대한 중요성을 인식하여 공공기관이 사용하는 건물의 설계는 다른 용도로 사용되는 건물들에 비해 더 높은 지진력에 대해 설계하도록 법으로 규정하고 있다. 많은 나라에서 공통적으로 인식하고 있는 중요한 시설물들은 댐, 병원, 소방서, 경찰서, 정부 혹은 지자체 청사, 교량, 통신설비, 학교, 에너지 생산설비 등으로 요약하면 대량의 인명피해가 예상되거나 시설물의 손상 시에 그 파급

효과가 매우 큰 시설물들이다. 따라서 이와 같은 시설물들은 매우 파괴적인 지진이 발생해도 어느 정도 그 기능을 수행할 수 있도록 설계되어야 한다.

하지만 현실은 이와 조금 달라서, 건물주나 관리주체가 이와 같은 기능적 중요성을 인식하면서도 기술적으로 특별한 조치를 취하지 않는 경우가 종종 있다. 단적인 예로 지진의 위험을 항상 인지하고 있는 미국 캘리포니아 지역의 법 규정을 들 수 있는데, 1971년 San Fernando 지진이 발생하여 병원 세 곳의 건물들이 붕괴되고 중요한 교량 몇 개가 붕괴된 이후에서야 교량, 병원 등과 같이 중요도가 높은 시설물에 대한 내진설계를 강화하도록 법 규정을 개정하였다. 지진의 위협에 항상 노출되어 있는 일본도 이와 비슷해서, 마지막으로 일본에 큰 충격을 주었던 1995년 한신 대지진이 발생한 직후부터 10년 정도의 기간 동안에 지진공학과 내진설계 분야의 연구개발에 막대한 정부예산을 투입하였으나, 10여 년이 지난 지금은 지진공학과 관련된 연구개발 예산이 대폭 축소된 실정이다.

구조물의 붕괴 자체로 인명에 위협을 가하는 시설물들과는 별도로, 위험물질이나 공정을 포함하고 있는 시설물들이 지진에 의해 손상을 입는 경우는 다른 범주로 고려해야 한다. 대표적인 예로 액화석유가스 저장시설, 원자력 발전소, 핵무기 개발시설, 정유시설 등을 들 수 있으며, 이와 같은 시설물들이 지진에 의해 손상을 입으면 화재나 폭발의 가능성이 매우 높고 독성물질이나 오염물질 등을 배출하는 문제를 야기할 수 있다. 영국에서는 원자력 발전소에 대한 일반 시민들의 걱정을 반영하여, 1970년대 이후부터는 모든 원자력 발전시설에 내진설계를 의무화하도록 규정하였는데, 영국은 대표적인 약진지역으로 대부분의 건물에 내진설계가 의무화되어 있지 않은 점을 고려하면 이는 시설물의 중요도와 그 사회적인 영향을 신중하게 고려하여 시민들의 정서적인 불안감을 해소하고자 하는 노력의 결과로 볼 수 있다

1960년대부터, 전 세계적으로 오래된 건물들이 지진의 위협에 쉽게 노출되어 있다는 인식이 퍼지면서 이들 노후화된 건물들을 보강하거나 재건축하는 프로그램을 계획하여 운영하게 되었다. 특히 내진설계기준이 정립되기 전에 설계된 건물들이 그 대상이 되었는데, 이들은 대부분 무보강 조적조이거나 최소한의 보강만 고려된 조적조 건물들이었다. 물론 이와 같은 건물들이 지진의 피해를 입으면 그 경제적인 충격이 매우 크겠지만, 이들을 보강해야 한다는 인식은 사실 사회적인 원인에 기인한다. 즉, 인명피해를 우선적으로 막아야 한다는 인식이 보편화되었고 게다가 유럽의 오래된 건물들은 역사적인 문화적인 가치도 매우 컸기 때문이다.

특정한 건물, 시설물의 소유주나 관리주체 그리고 설계자들은 그들이 구상하는 시설물이 지진피해를 입을 경우 발생하는 구체적인 인명피해, 경제적 손실 등의 파급효과를 당연히 고려하겠지만, 특정 지진에 의한 사회 전반적인 영향은 공동체 전반에 걸쳐 주목을 끌기 시작했다.

정부나 에너지 공급업체, 보험회사 등이 특히 관심을 많이 갖게 되었는데, 이들은 큰 규모의 지진이 특정 장소에 발생했을 때의 전반적인 물리적인 재정적인 영향을 생각하였다. 보험회사의 경우, 재난이 될 정도의 큰 지진이 발생했을 때 발생되는 손실들을 여러 각도로 계산하여 정확히 예측하는 것이 필수적일 것이다. 그래야 지진의 위험에 과다하게 노출된 경우에도 재보험을 통해 무리없이 회사를 운영할 수 있을 것이다. 정부의 입장에서는 지진에 의해 교통, 수도, 전력망 등 소위 라이프라인이 끊어지면 응급복구나 구호활동이 크게 지연된다는 것을 인식하고 있어야 한다.

1.2. 지진의 경제적인 영향

Munich Reinsurance의 Smolka(2000)는 1950년대부터 2000년까지 세계 각지에서 발생한 지진에 의한 물질적인 피해액을 조사하였다. 같은 기간에 발생한 인명피해의 경향이 매우 무작위적이었던 것과 비슷하게, 물질적인 피해액의 추이 역시 특정한 경향을 보이지 않고 무작위적인 것으로 분석되었다. 하지만 인명피해와 물질적인 피해액 사이에도 특별한 관계가 발견되지 않았다. 또 한 가지 발견된 점은 인구증가를 고려하면 지진의 피해액이 시간에 따라 특별히 증가하지 않았다는 것이다. 지진의 경제적인 영향은 지진이 발생하기 전과 후에 모두 영향을 주는 것으로 분석되었는데, 지진이 발생하기 전에는 지진에 대비하기 위해 구조물을 보강하거나 교체하는데 비용이 발생하고, 보험에 가입하는데 추가비용이 발생하는 것으로 조사되었다. 보험회사들도 예상보다 큰 지진이 올 경우에 대비하여 재보험에 가입해야 했다. 지진 발생 이후의 경제적인 영향은 다음과 같다.

- 사망과 부상에 대한 비용
- 시설물 손상에 대한 비용
- 산업생산물의 손실과 시장손실에 대한 비용
- 보험료

시설물 손상에 대한 비용은 시설물의 특징, 내진설계의 수준, 지진동의 강도 등에 의해 좌우되어 상황에 따라 매우 다르게 나타난다. 시설물을 설계하여 그 소유주나 관리주체에게 설명하고 예산에 대해 논의하는 과정에서 지진에 대비하는데 드는 비용을 직 · 간접적으로 고려해야 한다. 특히 노후화된 건물을 개선하는 경우라면 명시적으로 논의를 해야 할 사항이다. 이때 지진에 대비하는 비용은 프로젝트의 종류, 시설물이 위치하는 지반 및 지역적 조건, 구조물의 형식, 지진의 발생가능성과 규모, 법에서 규정하는 내진설계의 수준 등에 따라 결정된다. 최종적인 설계는 주어진 예산과 소유주나 관리주체가 가지고 있는 지진의 영향에 대한 인식, 그리고 보험의 세 가지 사항들을 종합하여 결정된다. 안타깝게도, 어느 정도의 비용이 지진대비에 적절한 수준인지에 대한 일반적인 가이드라인을 제시하는 것은 불가능하다. 하지만 캘리포니아나 뉴질랜드의 경우를 예로 들어 보면, 이들 지역의 내진설계기준에 따를 경우 최대한 전체비용의 10% 정도, 평균적으로 전체비용의 5% 정도가 내진설계비용으로 사용된다. 이들 지역이 강진지역이고 설계기준도 상당히 안전한 측면으로 마련되어 있다는 점을 고려하면, 다른 지역에서 발생하는 내진비용을 대략 추산할 수 있을 것이다.

오래된 건물의 내진성능을 보강하는 경우에는 건물을 새로 짓는 것과 비교하여 작게는 10% 내외부터 100% 이상이 필요한 경우도 있다. 이는 기존 건축물의 형식, 지진하중의 크기, 비구조요소(벽, 천장, 유리창, 공조설비, 수도설비 등 구조물을 지탱하는 구조요소를 제외한 모든 건물의 요소)의 보강정도 등에 의해 결정되기 때문이다. 불행하게도 적은 비용을 내진보강을 하여 개선할 수 있는 오래된 건물들을 더 많은 비용을 투자하여 재건축하는 사례들이 종종 있는데, 이는 사회 · 경제적으로 비효율적인 현상으로 볼 수 있다.

건물의 소유주나 관리주체는 기술자가 아니기 때문에 내진설계 기준을 만족하는 최소한의 비용에만 관심이 있고, 설계자가 제시하는 구체적인 구조형식의 종류와 새로운 재료를 이용한 비용–효율적인 설계 내용에는 별로 흥미가 없다. 따라서, 설계자가 다양한 설계의 선택사양을 제시한다면 오히려 경제적인 설계를 결정하는데 방해가 될 소지가 있는 것이 현실이다.

때에 따라서는 구체적인 설계방법의 연구보다는 좀 더 넓은 범주에서 경제적인 설계를 이끌어낼 수도 있다. 여기에는 확률적인 방법에 근간을 둔 접근법을 사용할 수 있는데, 내진보강에 지출할 수 있는 예산의 범위와 지진 발생 시 피해복구에 드는 비용, 수입의 감소, 보험료 등과의 관계를 동시에 고려하는 비용–효율해석을 수행하는 것이다.

예를 들면, Elms와 Silvester(1978)는 내진설계를 하지 않거나 최소한으로 수행함으로써 절감되는 비용과 지진 발생 시 내진설계를 하지 않음으로서 추가적으로 발생하는 비용을 비교하였다. 뉴질랜드 내에서는 특정한 기간 동안에 전자가 후자보다 크게 계산되어, 결과적으로 내진설계를 하지 않거나 최소한으로 수행하는 것이 경제적이라는 것을 알아내었다. 하지만 여기서 말하는 '특정한 기간' 의 길이가 얼마나 짧아야 또는 지진의 발생빈도가 어느 정도 이하여야 위의 결론이 유지되는지는 명확히 밝히지 못했다. 또한 이렇게 지진이 자주 발생하는 지역에서 지진보험에 가입하 수 있는지의 여부도 계산에 포함되어야 한다.

Hollings(1971)는 몇 가지 건축 프로젝트를 대상으로 하여 지진의 경제학을 연구했다. 16층

짜리 연성 철근콘크리트 건물의 경우, 지진 시 건물의 붕괴와 그에 따른 인명피해를 방지하는 수준의 내진설계와 시공에 건물가치의 1.4% 만큼의 비용이 들고, 지진에 의한 그 외의 피해를 방지하는데 추가로 5.0%가 들어, 전체적으로 6.4%의 비용이 필요한 것으로 분석하였다. 이 건물의 보험료는 사망에 대해 건물가치의 4.5%, 건물손상에 대해 0.7%, 합하여 5.2%로 산정되었다. 이 경우 비용절감을 목표로 삼고 있는 건물 소유주라면 사망에 대한 보험료보다는 건물손상에 대한 보험료를 올리는 것에 관심이 많을 것이다. 그런 경우라면 지진에 의한 건물의 손상을 보험료로 처리할 수도 있을 것으로 믿을 것이다.

앞의 예에서는 건물을 사용할 수 없게 되어 발생하는 수입의 감소를 고려하지 않았으나, Hollings가 철도교량 프로젝트에 대해 연구한 결과, 교량 가치의 18%까지 철도운영이 중지되는 것을 막는데 필요한 보험료로 지불할 것으로 예측하였다.

건축물이나 시설물의 내진설계와 비용을 산정하는 과정에서 무엇보다도 중요한 점은 소유주와 설계자가 논의를 시작하는 초반에 설계의 장점과 그에 따른 위험도를 충분히 이해하는 것이다.

2. 지진 대비

지진은 예고 없이 발생하기 때문에 다른 자연재해에 비해 그 충격이 더욱 크고 사람들을 매우 당혹스럽게 하게 마련이다. 따라서 평소에 이에 대한 대비심을 지니고 있으면 그만큼 충격을 줄일 수 있고 또한 보다 차분히 대처함으로써 지진에 의한 피해를 극소화할 수 있다.

2.1. 개인적 대비

지진의 피해에 대하여 정부와 사회단체의 구호대책에 전적으로 의존하려는 것은 현명하지 않을 뿐 아니라 위험하기까지 한 사고방식이라 할 수 있다. 응급상황이 발생하여 전화를 걸어야 할 때 전화가 불통될 수 있고, 화재가 발생하여 소방차가 출동하였으나 건물 또는 교량 등의 파손으로 진입로가 막히거나, 수돗물이 끊길 수 있는 등의 이유로 각 개인과 가정은 적어도 3일간 자급자족할 수 있는 생존계획을 갖추고 있어야 한다.

지진에 대비하여 각 가정은 우선 지진대비 비상키트(emergency kit)를 마련하고 있어야 한다. 여기에 포함되는 준비물은 비상식수, 비상음식(통조림과 같이 부패하지 않는 것), 비상의약품, 지진비상통제본부의 안내 방송을 청취할 수 있는 휴대용 라디오, 휴대용 전등, 비상용 소화기 등이 필수품이다.

2.2. 정부의 대비

정부는 지진 비상통제본부 운영의 주체가 되며 평상시 각급 학교 및 기업체 단위의 지진 대비훈련이 정기적으로 실시되도록 감독하여야 한다. 특히 비상 소방용수와 비상 식수를 안전하고 충분히 확보해 두어야 한다. 1906년 샌프란시스코 대지진의 화재와 마찬가지로 1972년 니카라과 수도 마나과에서 지진에 의하여 화재가 발생하였는데 주요 용수조(water tank)의 파괴로 소방용수가 부족하여 도심지역이 일주일 동안이나 화염에 휩싸이는 대재난을 겪은 적이 있다. 지진은 또한 많은 사고와 그에 따른 사상자를 수반하는 경우가 많으므로 응급 의료시설 및 비상 구급대의 예비에 만전을 기해야 한다.

2.3. 지진보험

지진에 대한 보험은 미국과 일본 등 지진이 많이 발생하는 나라에서 유용하나 개인에 대한 피해를 보전하기 위해서는 다소 제한적이다. 지진은 미국이 직면한 가장 큰 재해 중의 하나이며, 대략 7천만 명의 미국시민이 심한 위협에 노출되어 있고 1억2천만 명의 사람들이 일반적인 재해에 노출되어 있다. 미국은 1,000억 달러 이상의 손실을 발생시킬 수 있는 고베지진과 같은 규모의 지진이 발생할 가능성이 있다. 이런 이유로, 캘리포니아주의 개인보험 가입자들은 캘리포니아 지진당국의 설치와 더불어 정부에 원조를 구했다. 비록 많은 나라에서 정부의 지원체계가 도입되고 있지만, 현재 지진으로부터 노출된 위협의 대부분은 사실상 보험에 의한 혜택을 받지 못하는 데 있다. 대부분의 정책은 주민들의 재산보다는 상업적, 산업적인 부분과 관계가 있다. 하지만 개인적인 건축물의 재건축은 대부분 지진의 복구 프로그램 중 비용이 가장 많이 드는 부분이다. 예를 들면 노스리지 지진 후에 추정된 보험에 의한 손실은 총 125억 달러였는데, 이 중에서 2/3는 주민들의 요구분이었다. 1989년 로마 프리에타 지진 때에 캘리포니아 주민의 20%가 보험혜택을 받았다. 이런 상태는 도시 해안지역에서는 40%, 주의 내륙지역에서는 30%가 증가했지만 대부분의 주민들은 보험에 들지 않았었다.

대부분 지진보험 정책은 작은 손실보다는 큰 재앙을 해결하려는 데 있다. 결과적으로 지진보험 정책은 보험에 가입된 비용 또는 고정된 현금 중 일부비율을 공제할 수 있도록 하고 있다. 집 소유자에게 있어서 공제액은 보통 보험료의 5% 정도인데, 이는 보험에 가입하는데 장애가 되는 요인이다. 캘리포니아에서의 보험비용은 위치, 건물의 유형, 지반조건에 따라 평가된다. 예컨대 목재건물은 할증비율이 작지만 보강재가 없는 석조건물로 갈수록 할증률은 더욱 증가하고 있다. 또한, 흙으로 채워진 토지 내 건물은 25%의 추가 요금을 내야한다. 제한적인 할증률이 주어지고, 이를 많은 재산 소유자가 기꺼이 지불하며 지진과 관련된 피해에서 비용을 증가시킨다면, 상업적인 보험 관리자들은 개인영역과 공동책임 사이의 실행 가능한 균형에 동의하고 있는 정부와 공동협력을 통해 마찰 없이 많은 문제를 해결할 수 있을 것이다.

3. 지진 발생 시 대피요령

지진이 발생하면 절대로 당황하여 뛰지 않는다. 우선 책상이나 침대 밑과 같은 은신처를 찾아 몸을 숨겨야 한다. 특히 신체에서 가장 중요한 부분인 머리를 보호하도록 신경을 써야 한다. 미처 그와 같은 은신처를 발견하지 못했을 경우에는 실내의 가운데를 피하여 기둥이 있는 방의 모서리 부위에 은신하는 것이 좋다. 왜냐하면 방의 가운데에서는 천정에 매달린 전등이 떨어지거나 심한 경우 천장이 무너져 내릴 가능성이 있기 때문이다.

지진의 진동이 멎은 것으로 느껴지면 밖으로 나와 가스 밸브를 잠그고 전원과 수도를 끈다. 화재 발생을 예방하고 곧이어 올지 모르는 여진(aftershock)에 대비하기 위해서이다. 닫혀 있는 문들은 재빨리 열어 놓는 것이 좋다. 시간이 지나면서 지진의 충격으로 문틀의 변형이 증가하여 문짝을 옥죔으로써 나중에는 인력으로 문을 열 수 없을 수 있기 때문이다. 이것은 화재 발생 시 탈출을 불가능하게 하므로 매우 위험한 상황을 초래할 수 있다. 다음은 휴대용 라디오를 켜고 지진비상대책본부의 지시를 따른다. 건물의 심한 손상이 발견되면 빠른 시일 내에 구조안전진단을 받아 긴급 보수공사를 하도록 한다.

지진이 발생했을 때 자동차 안에 있다면 대체로 안전한 편이다. 특히 평지에서 운행하고 있을 때는 비록 차가 흔들리더라고 전복될 위험은 거의 없다. 지진이 발생하면 우선 조심스럽게 속도를 낮추고 전선, 전신주 또는 교량을 피하여 도로 가장자리에 멈춘 후 안전벨트를 착용한 상태로 침착히 앉아 상황을 주시한다. 교량을 통과하고 있을 때에는 천천히 교량을 완전 통과한 후 멈추도록 한다. 이 때 주의할 것은 뒤에 오는 차량들도 완전히 통과할 수 있도록 충분한 거리를 두고 정차하여야 한다. 섣불리 자기만 먼저 정차하면 뒤 따라 오는 차량이 미처 교량을 빠져 나오지 못하여 위험한 상황에 놓일 수가 있다.

4. 지진피해 대응

심각한 피해를 야기한 지진이 지나간 후에 취해야 할 두 가지의 급선무는 부상자를 돌보는 일과 화재 예방 또는 소방작업이라고 할 수 있다. 만일 어떤 장소에 부상을 입지 않은 두 사람의 성인이 있다면 한 사람은 부상자 처리에, 다른 한 사람은 화재 점검에 나서야 한다. 또 두 사람 이상 여러 명이 있을 때에는 조를 짜고 구역을 나누어서 마찬가지의 임무를 수행함이 옳다. 각 직장에서는 사전에 조직된 화재비상대책반을 이용하는 것이 좋다. 위기에 처했을 때 우리는 이웃과 동료들을 서로 보살필 인간적인 의무가 있다. 위기 대처의 경험이 있는 사람이 처음 당하는 사람들을 리드하는 것이 좋다. 이러한 경험자는 타인에게 지시하는 것을 주저해서는 안 된다.

4.1. 부상자 처리

우선 자신의 부상 여부를 확인하고 응급처치를 한다. 그리고 신발과 장갑을 착용한다. 안전모가 있으면 더욱 좋다. 그런 후에 주위 사람들의 부상 상태를 점검한다. 이때 너무 성급히 서두르면 안 된다. 피해자가 숨을 쉬고 있는지 또는 과도한 출혈이 있는지를 확인한다. 출혈 과다의 경우는 물론 긴급대처가 필요하다. 만약 피해자가 숨을 쉬지 않고 있을 때는 통풍구를 열어 공기가 잘 통하도록 하고 심장 박동을 점검한다. 숨도 안 쉬고 심장 박동이 느껴지지 않을 경우에는 응급심폐소생술(CPR)을 시도해야 하는데 경험이 있는 자가 해야 한다. 심장 박동은 아직은 그치지 않았을 때는 응급경구(mouth to mouth) 호흡술을 시도하여 피해자가 다시 숨쉬도록 노력한다.

부상 종류에 따라서는 움직이는 것이 상태를 더 악화시킬 수도 있다. 근처에 당장 화재가 접근하는 등의 절박한 상황이 아닌 한 부상자를 절대로 움직이게 해서는 안 된다. 부상자가 위치한 건물이 당장은 안전하다고 판단되면 대부분의 부상자들로 하여금 그 자리에 그대로 있게 하고 부상 정도가 극심한 사람에 대해서는 긴급히 전문 의료진의 도움을 청한다.

과도한 출혈이 억제되고 호흡과 심장 박동에 이상이 없음을 확인한 후에는 육안으로 관찰하거나 조심스럽게 만져보면서 골절 여부를 알아본다. 동시에 부상자의 안색을 살핀다. 얼굴이 창백하거나 핏기가 없는지, 땀을 많이 흘리는지 아니면 피부가 매우 건조한지, 의식이 있는지, 졸음이 오는지, 물음에 답할 능력이 있는지, 안구의 크기와 반응상태 등을 관찰한다.

부상자들에게는 침착하고 의연한 인상을 주어야 한다. 상황이 좋지 않더라도 내식을 해서는 안 된다. 환자의 상태는 시시각각으로 변할 수 있으므로 계속해서 부상상태와 정신상태를 면밀히 관찰해야 한다.

4.2. 화재 예방과 소방 작업

우선 꼭 기억해야 할 것은 절대로 성냥을 켜거나 촛불을 사용해서는 안 된다는 것이다. 지진 후에는 가스가 새고 있을 가능성이 매우 높기 때문이다. 가스냄새가 나거나 가스유출이 의심스러울 때는 지체 없이 가스미터 옆에 설치된 외부 가스밸브를 잠근다. 가스회사의 기술자가 와서 점검할 때까지는 밸브를 잠근 채로 두어야 한다. 가스미터와 밸브가 파괴되어 가스 차단이 불가능하면 그 곳에서 대피하는 것이 안전하다. 이 때 가능하면 소방차를 미리 부르는 것이 좋다. 전기합선 등이 발생하였을 때는 개개의 스위치 및 총괄 스위치를 모두 끈다. 파손된 수도관에서 물이 새면 주 수도관의 밸브를 잠근다. 이미 화재가 발생하였다면 소방서에 연락하고 건물로부터 대피한다. 동시에 가능한 범위 내에서 불을 끄거나 번지는 것을 막는다.

전화가 불통이거나 지진 때문에 소방서가 파괴되었거나 또는 다른 여러 곳에서도 화재가 발생하여 소방차의 도착이 불가능하거나 지연될 수도 있다. 따라서 최악의 상황을 막기 위해서는 평소에 비상소화전을 비치해 두는 것이 필요하다.

4.3. 여진 대비

대부분의 중진 이상의 지진은 주진(main shock) 이후에 규모가 이보다 작은 복수의 여진이 뒤따르는 것이 보통이다. 중진 규모의 지진은 여진의 규모가 더 큰 경우도 있다. 지진이 났다고 생각되는 순간 이것이 주진인지 아니면 예진(foreshock)인지를 판단하기는 거의 불가능하다. 그러나 대부분의 경우 큰 규모의 지진 뒤에는 그보다 작은 여진이 발생하거나 가끔 소규모의 예진이 선행하는 것이 보통이다. 주진이냐 예진이냐는 사후에 과학자들의 분석에 의하여 판정되는 것이다. 그러므로 중진 규모의 지진이 발생하였을 때 뒤따라 올 지진의 규모가 더 크거나 혹은 작거나를 알 수는 없다.

일반적으로 첫 번째 지진이 닥치면 얼마 후에 또 다른 지진이 발생할 것을 예상하고 이에 대비하는 것이 가장 건전하고 합리적인 자세일 것이다. 첫 번째 지진을 무사히 넘기고 다시 제정신을 가다듬은 후에는 가까운 곳의 안전한 대피처를 확보하여 여진이 발생하면 민첩하게 몸을 숨길 수 있는 준비를 하는 것이 최상책이라고 할 수 있다.

5. 지진피해 복구

5.1. 식량과 식수의 확보

수일 동안의 생존을 위하여 가장 소중한 것은 역시 먹을 것과 마실 물이다. 이 중 식수의 확보가 더 필수적이다. 수돗물이 끊겼을 때는 병에 남아 있는 물이거나, 과일 통조림 속의 과즙이건 마실 수 있는 액체라면 모두 소중히 간직한다. 심지어 화장실 변기의 세척수도 버리지 말고 나중에 끓여서 식수로 사용한다. 식수는 한 번에 한 사람당 꼭 필요한 만큼의 최소량만 마시도록 한다. 전기가 끊겨 냉장고가 작동되지 않을 때는 우선 냉장실에 있는 음식부터 처분한다. 냉동실에 있는 음식은 비교적 오랫동안 부패하지 않으므로 최종적으로 사용한다. 음식조리는 밖에서 하고 연료를 아끼기 위하여 이웃과 공동으로 취사하는 것이 좋다.

5.2. 감정 회복

무서운 지진이 지나간 뒤의 얼마 동안은 모두에게 괴롭고 어려운 시간이다. 사람들의 신경은 날카로워지고 여진이 닥치면 긴장감은 극에 달한다. 하지만 서로의 신경을 자극하지 않고 부드럽고 친절히 대하는 것이 좋다. 생명을 위협받는 무서운 경험으로부터 평상의 감정을 회복하는 데는 시간이 필요하다. 죽거나 다친 사람에 대한 슬픔과 살아남은 사람의 안도감은 극명한 대조를 이룬다. 지진 후에 평시의 감정으로 되돌아 오는 데는 충격의 크기에 따라 수주, 수개월 또는 몇 년이 걸릴 수도 있다. 잠을 제대로 자지 못하는 것은 아주 흔한 현상이다. 악몽에 시달리거나 잠에서 갑자기 깨어나는 등은 정신의학적으로 모두 정상적인 반응이다. 또 하늘에서 헬리콥터가 날거나 트럭이 지나가는 소음이 들리면 과거의 악몽이 되살아나고 조그만 부스럭거림에도 쉽게 놀라곤 한다. 하지만, 이러한 현상이 계속되고, 사회생활에 지장이 초래될 경우에는 신경정신과 의사의 도움이 필요하다. 지진의 충격을 비교적 빠른 시일 내에 벗어나기 위해서는 매일 충분한 휴식을 취하고 편안한 옷을 입으며 가능한 한 규칙적으로 먹고 마시는 것이 좋다고 한다.

6. 지진재해의 저감

지진이 큰 피해와 생명의 손실을 일으키는 하나의 중요한 이유는 그들이 종종 경고 없이 발생하기 때문이다. 이것 때문에 많은 연구가 지진의 예견에 투자되었다. 현재 우리가 할 수 있는 최선은 특정한 지역이나 단층의 특정한 분절에서 지진이 일어날 가능성을 예측하는 것이다. 이러한 예측은 그 위험을 결정하기 위하여 확률론적 방법을 사용한다. 예측은 지진이 특정한 기간 동안 특정한 지역이나 단층의 분절에서 주어진 규모나 진도가 발생할 확률을 알려줄 것이다. 그러나 장기예측은 특정한 지진이 예상되고 준비되어야 하는 지진학적으로 활성적인 지역에 사는 거주자들에게는 별 도움이 되지 않는다. 지진의 시간과 장소를 실질적으로 명확하게 예보하는 것이 더욱 유용하지만 그러한 예보를 하기 위한 능력은 우리에게 인지되지 않아다. 지진의 예보는 지진에 앞서서 지구에서 관찰되는 자연현상이나 변화에 크게 의존한다.

6.1. 지진재해 저감프로그램의 필요성

미국에서는 미국 지질조사소와 대학 그리고 과학자들이 국립 지진재해 저감 프로그램을 개발하였다. 이 프로그램의 주요 목표는 다음과 같다.

- 지진원의 이해를 발전시킴 : 이 목표는 단층의 물리적 특성과 역학적 작용에 대한 정보를 얻고 지진의 물리적 과정에 대한 정량적 모델을 개발하는 것을 요구한다.
- 지진 잠재성의 결정: 이 목표는 고지진성을 결정하고, 활성단층의 인지하고, 변형속도를 결정하기 위하여 지진학적으로 활동적인 지역의 자세한 연구를 필요로 한다. 이러한 정보는 확률론적 예측을 계산하고 중단기적인 지진의 예보를 위한 방법을 개발하기 위하여 사용될 것이다.
- 지진의 효과 예보: 이 목표는 지반의 파열과 진동 그리고 건물과 다른 구조물에 대한 지진의 효과를 예보하기 위해 필요한 정보를 얻는 것을 요구한다. 이러한 정도는 지진재해와 관련된 손실을 평가하는 데 사용될 것이다.
- 연구결과의 적용: 이 프로그램은 지진재해에 대해 개인, 단체, 주정부 그리고 국가를 교육시킬 것이다. 이것의 목표는 지진에 대해 더 나은 계획과 생명과 재산의 손실을 줄일 수 있는 방법을 찾는 것이다.

6.2. 지진위험도 평가

지진위험도를 논하기 위하여 어려 가지 형태의 재해지도가 사용된다. 가장 간단한 지도는 다양한 규모의 역사지진에 대한 진앙의 위치를 표시함으로써 상대적인 재해를 표시한다. 더 많은 정보의 지도는 특정한 지진의 가능성 또는 발생할 진동의 양을 나타낸다. 지역적인 지진재해도는 토지이용제한과 보험료의 결정에 도움이 된다. 그러나 이 지도를 완성하기 위해서는 훨씬 더 많은 자료가 필요하다.

우리나라에서도 지진재해도가 만들어지고, 도시별 혹은 특수시설물(핵발전소나 가스생산기지 등) 별로 지진재해평가를 실시하고 있다. 이는 주로 미국의 HAZUS라는 프로그램의 원리를 이용한 것으로, 신뢰성 있는 평가를 수행하거나 재해도를 만들려면 구조공학의 수준 높은 이해도와 많은 지질학적 자료가 필요하다.

6.3. 단기예보

지진의 단기예보는 활동적인 연구영역 중의 하나이다. 예보는 주지진의 이전에 발생하는 사건이나 변화, 즉 전조에 의존한다. 예측과는 달리 진정한 지진의 예보는 그것이 일어날 것인지, 그 지진에 대한 추정되는 규모, 상대적으로 제한된 지역 그리고 그것의 발생가능성을 상대적으로 짧은 기간(몇 초에서 몇 주)으로 한정한다.

일본의 지진학자들은 매우 작은 미소지진(M<2)의 횟수, 지면의 기울기를 감지하기 위한 반복된 조사 그리고 지구의 지역적이 s자기장 변화의 측정을 이용하여 지진예보를 하기 위한 첫 번째 시도를 하였다. 그들이 연구한 지역에서의 지진은 거의 항상 주지진 이전 수개월 간 미소지진군을 수반하였다. 이에 더하여 그들은 지반이 기울어지는 것이 지진활동과 강하게 연관되어 있음을 발견하였다.

중국의 과학자들은 1975년에 주요한 지진(M7.0)을 예보하여 수천 명의 생명을 구하였다. 중국의 과학자들이 많은 예보에 실패했고, 또한 연속된 주요한 지진의 예보에서도 실패하여 비록 이 예보가 우연히 성공한 것으로 보는 견해도 많지만, 그 결과는 매우 유익하였다. 그 예보된 지진은 중국의 하이청에 있는 건물의 거의 90%를 파괴시키거나 피해를 주었다. 그 시의 9,000명의 시민 대부분이 잠재적으로 안전하지 못한 가옥으로부터 대규모로 대피를 하였기 때문에 생명을 건질 수 있었다. 이 단기예보는 기본적으로 주지진의 4일 전에 시작된 연속적인 많은 전진들의 연속에 기초하여 이루어졌다.

불행하게도 전진은 대부분의 큰 지진에 앞서 발생하지 않고 다른 지진과 전진을 구별할 수 있는 방법이 없다. 1976년에 역사에 기록된 가장 치명적인 지진 중의 하나(M7.5)가 광산촌인 중국의 탄샨 근처에서 발생하여 240,000명이 넘는 사람이 목숨을 잃었다. 그곳에서는 전진이 없었다. 전진에 더하여 많은 현상들이 지진의 전조로 제안이 되었다. 그들은 달의 조력으로부터 비정상적인 동물의 행위까지 다양하다. 동물의 행동에 대한 보고는 개의 비정상적인 짖음, 닭이 알을 낳는 것을 거부하고, 말과 소가 원을 그리며 빙빙 돌고, 쥐가 전선줄 위로 올라가며 뱀이 겨울에 집에서 나와 얼어 죽는 것 등을 포함한다. 현재까지 어떠한 과학적인 연구도 비정상적인 동물의 행동 또는 조력과 지진의 연관성을 보여주지 못했다. 지진의 예보는 여전히 복잡한 문제이다. 비록 믿을 만한 전조가 알려진다 하더라고 신뢰할 수 있는 단기적인 예보는 수십 년이 걸릴 것이다.

6.4. 지진경보체계

기술적으로 수백 킬로미터 떨어진 곳에서의 지진으로부터의 피해를 줄 만한 지진파의 도착 이전에 약 1분 정도까지의 경보를 로스앤젤레스 지역에 제공할 수 있는 지진경보시스템을 개발하는 것은 가능하다. 그러한 시스템은 라디오파가 지진파보다 더 빠르게 전파된다는 원리에 기초한다. 일본에서는 그러한 시스템을 신칸센에 대한 지진경보를 제공하는 데 거의 20년 가까이 사용해 왔다. 캘리포니아를 위해 제안된 시스템은 산안드레아스 단층을 따른 지진계와 송신기들의 치밀한 연결을 포함한다. 이러한 시스템은 처음으로 큰 지진과 관련된 운동을 감지하고 로스앤젤레스에 경보를 보낸다. 그리고 그 경보를 주요 시설, 학교 그리고 일반사람들에게 전달할 것이다. 이 경보시간은 진앙의 위치에 따라 짧게는 15초에서 길게는 1분까지의 범위이다. 이 기간은 많은 사람들에게 기계와 컴퓨터를 중지시키고 대피하는 데 충분한 시간일 수도 있다.

제10장 | 지반방재

1절 지반지해의 이해

1. 개요

전 세계적으로 인구가 증가함에 따라 유용 토지의 한계와 도시 교통 문제 등을 해결하기 위하여 지반을 이용한 대규모 구조물을 축조하게 되었다. 도시의 확충에 따른 지반구조물의 증대와 생활공간의 밀집 등에 의하여 지반방재에 대한 인식 및 필요성이 고조되고 있다. 또한 자연의 산물인 지반은 자연 그 자체가 안정성을 회복하기 위하여 진화를 하게 되며, 이 과정에서 불가피한 자연 재해를 발생시키기도 한다.

최근 지구온난화에 따른 기상이변에 의하여 예상치 못한 집중강우, 폭설, 태풍, 쯔나미 등의 발생이 증가하였으며 이로 인하여 국내에서도 대규모의 지반재해가 증가하고 있는 추세이다. 지반과 연관된 재해는 재해의 특성상 많은 물적, 인적 피해를 발생시키므로 지반재해를 최소화시키기 위해서는 지반방재에 대한 이해가 필수적이다. 본 장에서는 지반방재에 대한 기본 개념과 사면, 터널, 댐, 지반침하 등 지반과 관련된 재해들에 대한 특성, 조사 및 평가 방법, 방재 대책 등에 대한 내용을 다루고자 한다.

2. 지반재해의 유형

지반재해는 지반을 구성하고 있는 흙이나 암석에서 발생되는 재해를 의미하며 발생 원인에 따라 자연적 재해와 인위적 재해로 구별된다. 지반방재 관련 주요 구조물은 인간생활과 밀접한 관계를 가지는 것으로 사면, 터널, 지반침하, 댐 등의 구조물을 들 수 있으며 이들의 붕괴는 엄청난 인명 및 재산피해를 유발시킨다.

사면붕괴는 여름철 집중강우 시 매년 반복적으로 발생하고 있고 특히 2011년 7월에 발생한 우면산 산사태는 16명의 인명피해를 초래하였으나 국가차원의 대처방안은 아직 미흡한 실정이다. 국내 사면의 지반특성을 인지하고 이에 대한 대책을 강구하는 것이 사면붕괴에 의한 피해를 최소화하기 위하여 필요하다.

터널의 경우 대부분 시공 중에 붕괴가 발생하여 피해를 가중시키고 있으며 최근 터널을 포함한 지하공간 활용의 증가로 인하여 터널과 관련된 지반재해가 증가되는 추세에 있으므로 재해예방에 만전을 기해야 할 것이다.

댐의 경우 구조물의 거대화에 맞추어 만일 붕괴가 발생하면 그 피해는 상상을 초월할 정도로 엄청날 것으로 예상된다. 댐의 유형 특성에 따라 붕괴 형태도 달라지고, 양상도 달라지므로 댐의 유형별 특성을 충분히 인지하여 사전에 재해를 예방할 필요가 있다.

지반침하의 경우 지반 자체가 연약화되어 있어 침하가 발생할 수 있고, 주변 지하수의 무분별한 사용이나 지하공동 발생으로 인하여 주변지반의 침하가 발생할 수 있다. 지반침하에 의한 피해는 발생 규모에 따라 달라지지만 건물 붕괴에 의한 인명 피해 등 대규모 손실을 발생시킬 수 있다. 특히 지진발생에 의한 액상화작용은 일본의 고베지진에서 경험한 대로 매우 큰 피해를 유발한다.

3. 지반재해 발생원인

3.1 지질적 측면

지반재해는 지구를 구성하는 지반을 대상으로 이루어지는 것으로, 지반을 구성하는 암과 흙의 특성을 충분히 고려하여 구조물을 축조하여야 하나 상기 재료들의 특성을 충분히 인지하는데 기술적 한계가 있는 것이 사실이다.

흙의 기원은 기반암인 모암이 오랜시간 풍화되면서 생성된 풍화잔류물로써 모암의 생성기원에 따라 풍화암 및 풍화잔류토 등의 물리적 성질은 서로 다르게 나타낸다. 이는 지반을 대상으로 하는 대부분의 지반재해는 대상지역의 모암에서 출현하는 풍화암 및 풍화잔류토에 대한 물리적 특성을 충분히 검토하여야 한다.

특히, 지반의 특성을 충분히 인지하여 지반 자체뿐 아니라 지반을 기초로 인간생활과 밀접한 구조물의 거동을 이해함으로 지반재해에 대한 대처방안을 수립할 수 있다.

3.2 물리적 측면

지반재해는 재해가 발생하는 원인으로 크게 내적 요인과 외적 요인의 두 가지로 나눌 수 있다. 내적 요인으로는 토질, 지반구조, 지형 등의 취약성과 같은 잠재적 요인을, 외적 요인으로는 강우, 융설, 풍화, 지하수, 하천해안의 침식, 지진 등과 같은 자연적 요인과 절토 등과 같은 인위적 요인을 들 수 있으며 그 내용은 다음과 같다.

- 토질 및 구조상의 취약성 : 토층내에 불연속면이 발달되어 있거나 입자간의 결합력이 약하고 토질이 불량한 상태에 있을 경우 재해가 발생되기 쉽다.
- 우수나 융설수의 침식 작용 : 지중에 침투된 물은 사면의 활동력 증가 혹은 저항력을 감소시키게 된다.
- 하천해안의 침식 작용 : 유수에 의해 사면의 하부가 세굴되어 지층의 불안정을 초래하게 된다.
- 비탈면의 풍화 작용 : 비탈면이 공기 중에 노출되면 풍화작용을 받게 된다.
- 지하수위의 상승 : 강우나 태풍 시의 집중강우로 인해 지하수위가 상승하게 되면 사면 지반은 상당히 포화상태에 이르게 된다. 따라서 활동토체의 중량이 증가하게 되어 활동력(활동모멘트)이 증가하게 되며, 동시에 간극수압의 상승으로 지반의 저항력(저항모멘트)이 감소하게 되므로 사면안전율이 급속도로 저하되게 된다.
- 동하중 : 지진이나 폭파 등으로 인한 동하중은 자연사면, 성토사면, 흙댐, 굴착사면 등의 안정에 저해요인으로 작용하여 사면의 파괴나 지반내 큰 변위를 일으킨다.

이상과 같은 재해발생 가능성으로부터 지반재해 측면에서 다양한 형태의 내적, 외적요인에 대한 취약성으로부터 재해에 강한 구조적 대책의 수립이 필요하다.

2절 지반재해의 종류 및 대응

1. 사면재해

1.1 사면재해의 원인

사면의 분류는 다음 〈그림 10.1〉에 나타난 것에 의하면 인공사면과 자연사면으로 분류하는 것이 일반적이다. 일반적으로 사면은 토공에 의해 인공적으로 형성된 성토비탈면, 절토비탈면을 소위 「비탈」이라 부르고 능선사면, 계곡사면 등의 자연사면을 「사면」이라 부르고 있다. 붕괴형태를 고려한 경우 절토비탈면과 자연사면과는 거의 동일하게 보는 것이라 할 수 있고, 절토 비탈면으로 고려하는 경우도 있다.

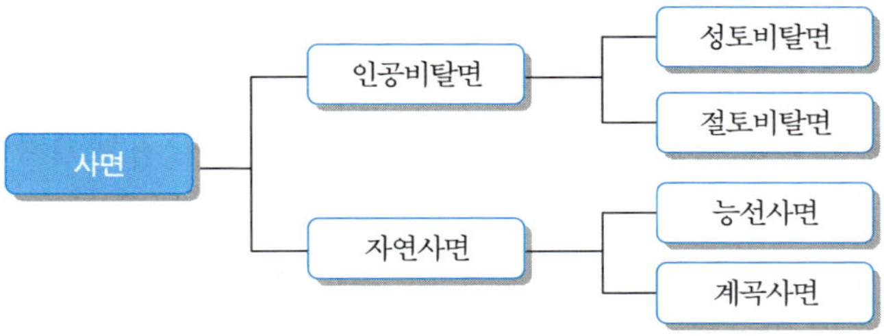

〈그림 10.1〉 사면의 분류

집중호우 시에 빈번하게 발생하는 사면재해는 재산피해, 시설물의 파손뿐만 아니라 인명피해 까지 초래한다. 이러한 사면 재해는 지반조건, 지형조건, 강우 및 지하수 조건 등 여러 가지 원인에 의해 발생한다.

1.2 사면재해의 유형

1.2.1 활동면 심도별 붕괴유형

일반적으로 비탈면붕괴를 규모에 따라 붕괴와 슬라이딩으로 나눌 수 있는데 붕괴를 다시 세분화 하면, 비탈면붕괴, 낙석으로 나눌 수 있다. 붕괴와 슬라이딩의 차이는 명확하지 않으나 붕괴의 특징으로는 이동속도가 빠르고 낙석은 암반의 균열(암반 중에 발달한 절리, 편리, 층리 등의 균열)이 확대되어 암괴나 작은 암석이 떨어지거나 급경사의 붕적토 퇴적물, 화산쇄설물, 고결도가 낮은 사력층에 포함되는 암괴 또는 암석이 비탈면에서 낙하하는 현상을 말한다.

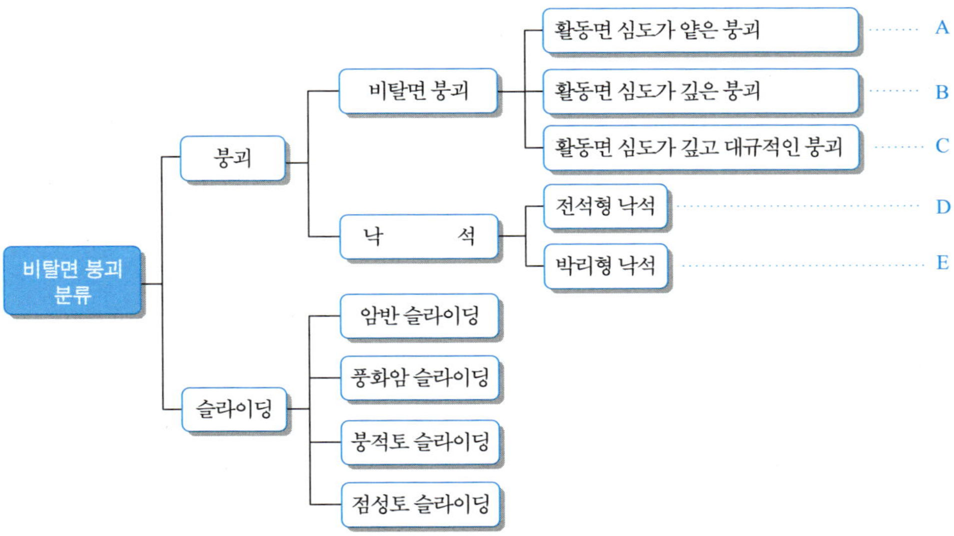

〈그림 10.2〉 절토비탈면 붕괴규모별에 따른 분류

자료출처 : 日本道路公團, 1986

비탈면 붕괴는 낙석과 정확한 구분은 없지만 편의상 낙석이란 소량의 것을 말하고 붕괴란 규모가 대량의 것을 말한다. 슬라이딩은 암괴의 이동속도가 대체로 느린 경우를 말하나 붕괴와 엄밀히 구분할 수 없는 경우도 많으며 슬라이딩성 붕괴나 붕괴성 슬라이딩과 같은 개념적인 호칭을 사용할 때도 있다.

활동면 심도별 붕괴의 발생형태는 활동면 심도가 얕은 경우와 활동면 심도가 깊은 경우, 그리고 붕괴규모가 광범위한 경우로 나눌 수 있는데 그 발생에는 지질구조나 암종에 따라 차이를 보인다.

가. 활동면 심도가 얕은 붕괴유형(A)

- 토층과 풍화대층으로 덮인 급한 경사를 가진 비탈면은 토층과 풍화대층, 암반층이 활동면으로써 토층부의 활락이 발생하기 쉬운데 이 형태의 붕괴는 지표수나 침투수에 의해 발생하기 때문에 집중호우 시에 많이 발생한다.
- 토층이나 모래, 풍화토 등으로 구성된 비탈면의 굴착 시는 절토에 의한 절토면의 풍화로 인해 비탈면침식이나 국부적으로 붕괴하는 경우가 종종 발생한다.
- 파쇄가 진행된 암석과 균열이 많은 암석 또는 풍화되기 쉬운 암석을 절토하는 경우, 작업에 따르는 진동, 절토에 의한 응력해방과 풍화 등에 영향을 주어 비탈면이 부분적으로 활동하는 경우가 있다. 이러한 비탈면의 표층 부분에 생기는 붕괴는 비탈면의 굴착작업 중, 또는 그 직후에 발생하는 수가 많다.
- 투수성과 침식에 대한 저항이 다른 지층으로 구성된 비탈면에서는 차별침식으로 침식되지 않은 층이 활락하는 경우가 있다.

나. 활동면의 심도가 깊은 붕괴(B)

- 편마암의 엽리와 사암 셰일의 교대층을 이루는 암반에서 층리방향이 비탈면방향과 유사한 경우 또는 파쇄대를 동반한 단층과 큰 지질구조선 등이 비탈면방향으로 경사져 있는 경우에 대규모의 붕괴가 발생되는 경우가 많다. 특히 지질구조선을 따라 점토화가 진전된 장소를 절토하는 경우에 많다.
- 붕적토 퇴적물이 두껍게 덮여 있는 지반을 절토하는 경우도 하부의 암반층을 활동면으로 퇴적물이 활동하는 경우가 있다. 이러한 붕괴는 그 징후의 예측이 어려우며 순간적으로 일어나는 경우가 많다.

이 유형의 붕괴발생에는 지하수의 영향이 큰 경우도 많아서 집중호우 시뿐만 아니라 호우 종료 후에 발생하는 것도 있다. 붕괴가 발생하면 도로시설에 큰 피해를 미치기 때문에 주의해야 한다.

다. 깊고 광범위하게 미치는 붕괴(C)

- 대규모 급경사의 붕적토 퇴적물, 두꺼운 풍화대층, 단층파쇄대, 점토가 충전된 층리를 가진 비탈면을 절토할 경우, 비탈면의 넓은 지역에 걸쳐 대규모의 붕괴를 일으키는 경우가 있다.
- 비탈면 방향으로 경사진 점토질 토층을 절토한 경우도 강우에 의한 지하수위의 상승으로 대규모의 붕괴가 발생하는 수가 있다.

이상의 붕괴는 상당히 명확한 활동면을 따라 천천히 진행되는 경우가 많고 비탈면상에 발생한 균열로 붕괴범위와 방향 등을 초기에 예지할 수 있다. 따라서 붕괴는 규모상 대규모적이지만 대책검토를 할 시간적 여유가 충분한 경우가 많다.

1.2.2 낙석의 발생형태

낙석의 발생형태는 전석형 낙석과 박리형 낙석의 두 가지로 나누어진다. 이들은 각각의 발생구조와 원인이 다르기 때문에 이들의 구분은 낙석의 위험성을 판단하는데 사용되거나 대책공을 계획하기 위한 기본이 된다.

가. 전석형 낙석(D)

- 토층이 강우 또는 지표수에 의해 침식되고 암괴 또는 암석이 표면에서 노출되기 시작하여 암석이 탈락하며 발생한다.
- 붕적토 퇴적물은 일반적으로 경사가 완만한 비탈면을 형성하기 때문에 자연적인 상태에서는 낙석이 되는 경우가 드물지만 절토하여 급경사 비탈면을 형성시키게 되면, 낙석이 되는 경우가 많다.

나. 박리형 낙석(E)

박리형 낙석은 균열이 많은 경암 비탈면에서 발생하는 것과 단단한 암석과 풍화되기 쉬운 암석이 호층으로 구성된 비탈면에서 발생하는 것이 있다.

- 균열(단층 포함)이 발달한 암석의 경우로 지표수가 침투하기도 하고 지하수가 용출하면 시간이 지남에 따라 균열의 결합력이 약해지고 동결에 의해 균열이 확대되며 블록형태로 암석이 박리해 낙석이 되는 유형으로 거의 대부분의 암석에서 흔히 발생된다.
- 암석강도가 다른 지층이 호층으로 구성된 경우, 지층에 따라 풍화침식의 내구성이 다르기 때문에 풍화되지 않는 부분의 돌출암괴가 떨어지는 유형이다. 이 경우는 처음부터 균

〈표 10.1〉 절토비탈면의 활동면 심도별 붕괴형태 분류

붕괴종류	해설	모식도	대표지질	비고
A. 활동면심도가 얕은 절토붕괴	① 표면부에서 토층이 활동한다.	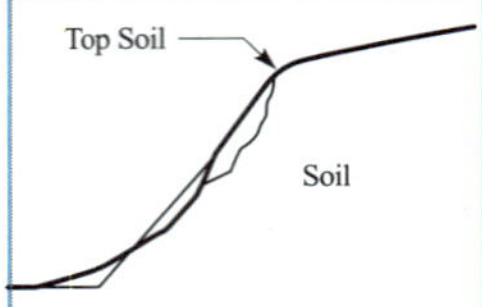 Soil sliding mainly due to Rainfall	지질과 특히 관련은 없으나 점착력이 적은 지반에 주로 발생	절토로 인해 느슨해진 토층에서 강우에 의해 활동이 발생된다.
	② 하부에 단단한 기반 암층이 있어 강우에 의해 토층이 활동한다.	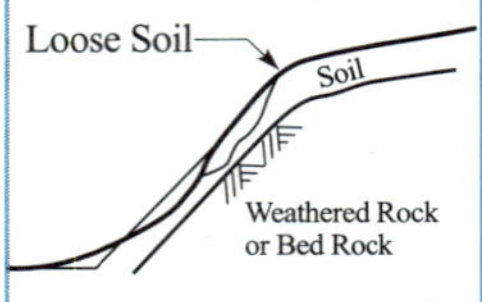 Soil sliding mainly due to Rainfall	암종과 무관하게 발생	무한비탈면의 붕괴유형을 보이며 표면에는 식생되어 식물뿌리 이하의 깊이에서 주로 발생한다.
	③ 급한 경사를 갖는 비탈면의 상부 토층 또는 표토가 붕락한다.	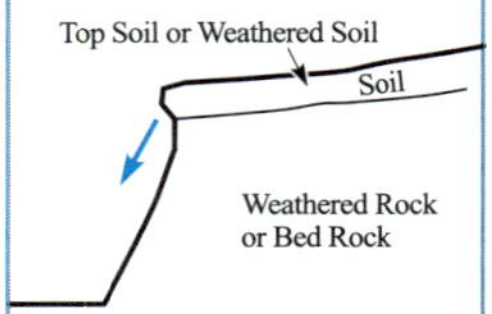 Soil Failure of upper part of slope	토층이 얇은 화성암 계통 특히 화강암 및 화산각력암, 반암 등	상부 토층이 1m이내의 비탈면에서 흔하게 나타난다.
	④ 단층파쇄대층이 발달하여 건습, 동결, 침식에 의한 골이 생겨 계속적으로 깊은 절토붕괴로 진행되는 수가 있다.	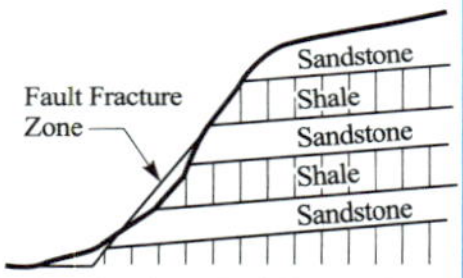 Scouring due to Fault Fracture Zone 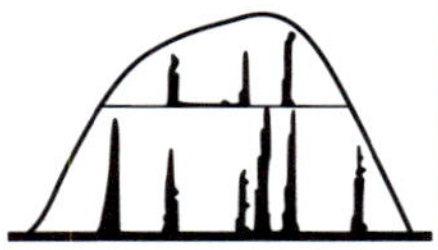	단층 파쇄대가 발달하는 셰일, 사암, 편마암 등	주로 단층파쇄면에서 세굴이 되어 점차적으로 깊고 넓은 붕괴로 이어지므로 발생초기에 조치를 강구하는 것이 안정성에 도움이 된다.
	⑤ 강도가 낮은 지층이나 암석에서도 절토에 의해 급속히 풍화가 진전되면 표층의 유실로 떨어진다.	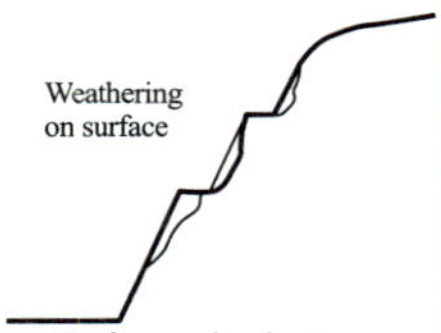 Surface erosion due to Low Rock Strength	셰일, 이암, 미결층, 응회암, 편암, 파쇄된 편마암, 열수변질작용을 받은 화강암 등	절토로 인해 암반이 지표에 노출돼 응력이완이 되면서 표면이 풍화를 받는다.
	⑥ 암반 중에 절리에 따라 떨어진다. 절리의 조합에 의해 붕괴상태는 다르지만 쐐기 형상으로 떨어지는 것이 많다.	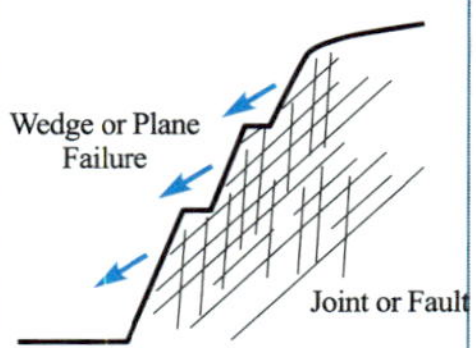 Failure due to discontinuities	절리가 발달된 모든 암석에서 흔히 존재	불연속면들의 방향과 비탈면 방향과의 상호조합에 의해 발생한다.

붕괴종류	해설	모식도	대표지질	비고
A. 활동면심도가 얕은 절토붕괴	⑦ 절리가 무수히 발달한 암반비탈면의 표층에서 활동된다.	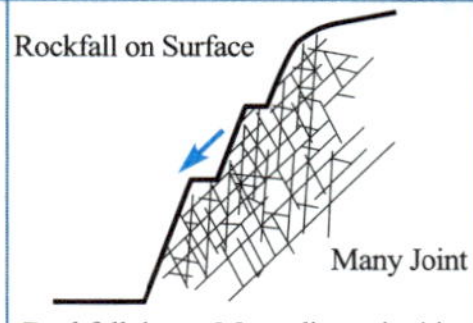 Rockfall due to Many discontinuities	파쇄가 심하게 발달하는 대부분 암종, 주로 편마암, 일부 화강암과 반암, 풍화된 셰일 등	절리의 무수한 조합으로 인해 작은 암편화 되어 있으므로 원형파괴의 양상을 보인다.
	⑧ 비탈면안의 용수로 하부의 암질이 불량한층을 침식시켜 상부암괴가 붕락된다.	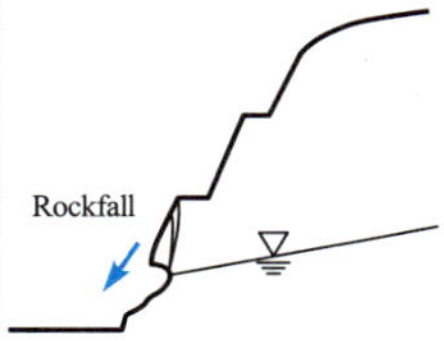 Rockfall due to Water Flow	흔히 지하수의 통로가 될 수 있는 불연속면은 단층파쇄대, seam, 층리 등이 될수 있으며 이는 변성암에서 많으나 지형특성에 크게 좌우된다.	수직절리가 흔한 비탈면에서 붕괴가능성이 크다.
B. 활동면 심도가 깊은붕괴	① 고결도, 투수성이 아주 다른 층 사이에서 상부층이 빗물과 지하수의 투수에 의해 경계면에 따라 활동한다.	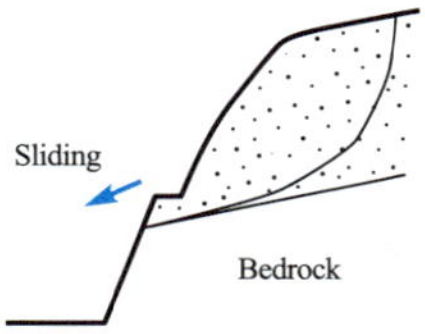 Sliding due to Loose Soil	암반 위에 talus층, 붕적토, 모래자갈층 등이 두껍게 퇴적해 있는 지역을 절토한 경우	지하수가 많은 비탈면인 경우에 이 유형의 붕괴가 많다. 토질과 지형조건에 따라 대규모 붕괴가 되는 경우가 있다.
	② 비탈면내에 단층파쇄대 또는 점토층이 있어 강우가 침투되어 붕괴한다.	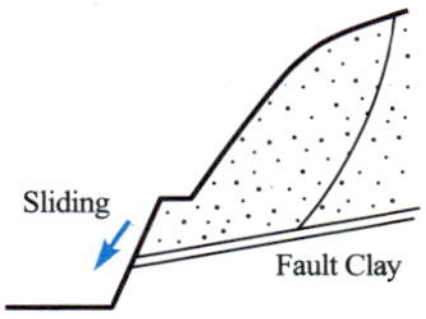 Sliding due to Fault Clay	주로 편마암, 중 · 고생대의 퇴적암(사암, 셰일, 이암과 이들 호층) 등	비탈면내에 전단강도가 매우 낮은 층의 존재로 상부 풍화토층이나 토층이 낮은 경사각에서도 활동된다.
C. 깊고 광범위하게 미치는 붕괴	① 단층, 풍화암과 암반 경계면이나 매우 약한 층을 면으로 비탈면의 깊은 부분에서 암괴가 일체가 되어 활동한다.	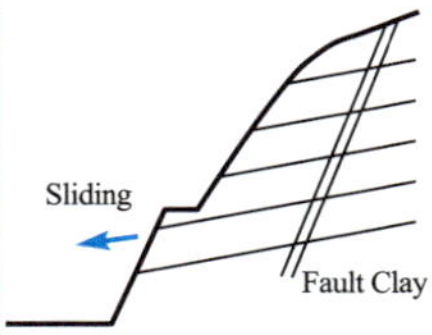 Sliding due to Fault Clay	어떤 토질의 경우에도 일어나지만, 단층빈도가 높은 편마암에서 특히 많다.	단층파쇄대, 단층 점토는 물이 침수할 수 있는 통로역할을 하며 비탈면 방향을 경사진 절리면이 활동면으로 작용된다.
	② 비탈면방향으로 경사진 불연속면이 발달한 암반에서 불연속면을 따라 이동한다.	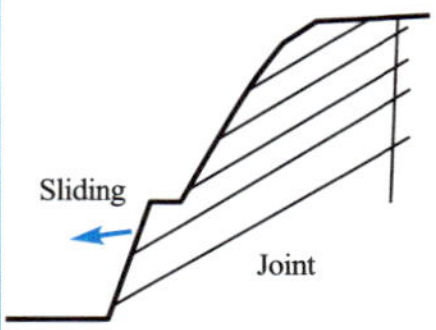 Sliding due to Bedding. Foilation etc.	절리방향에 좌우되나 특히 뚜렷한 방향을 보이는 층리, 편리, seem 등이 비탈면방향으로 경사지게 발달한 곳에서 흔하게 발생한다. 사암, 셰일호층, 편마암 등	주로 절리면의 전단강도(절리면 거칠기, 충전물질)에 크게 좌우된다.

붕괴종류	해설	모식도	대표지질	비고
D. 전석형 낙석	① 급경사 붕적토 퇴적물 중에서 빗물에 의해 토층이 침식되면서 암괴가 빠지는 타입	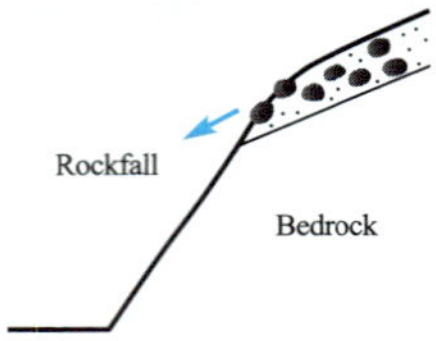	붕적토 퇴적물 Talus 퇴적물	산지의 계곡부나 과거에 밭을 경작한 두꺼운 퇴적물이 있는 지역을 절토하는 경우에 흔히 발생된다.(둥근형-각진 크고 작은 암괴 등 매우 다양)
	② 풍화되어 토층화된 화강암 중 핵석형의 암괴가 잔존하여 암괴가 빠지는 낙석의 형상	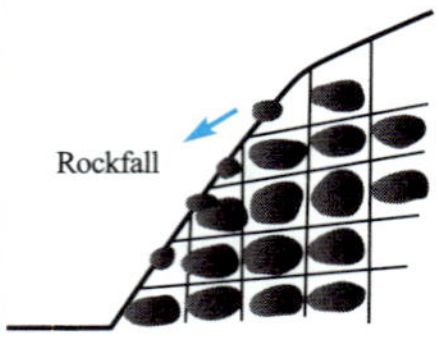	풍화 화강암류, 수직절리가 우세하게 발달한 층리화된 사암 등	수직절리 및 판상절리를 따라 풍화를 받아 둥근 암괴를 형성하고 주변의 사질의 풍화토가 침식되면서 붕락한다.
E. 박리형 낙석	① 절리 · 균열이 발달해 암석에서 떨어지는 유형(낙석형태)	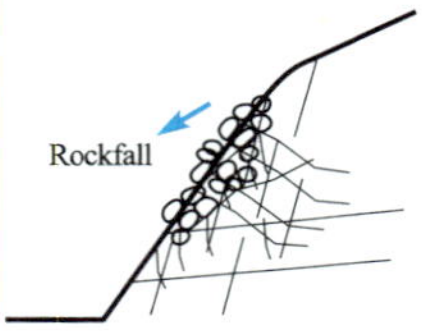 Rockfall due to illagular Joint	선캠브리아기 편마암, 편암 등	무수히 많고 불규칙한 절리가 발달하고 풍화를 받아 일부는 토층화되어 암괴가 표면에 떠서 암괴가 붕락한다.
	② 층리 · 균열이 발달한 암석에서 박리한 타입	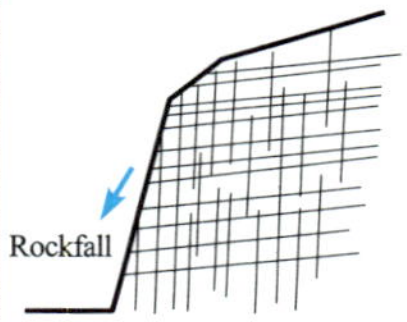 Rockfall due to Vertical Joint	사암, 화강암, 섬록암, 편마암 등	수직절리나 절리의 패턴을 가지고 있는 비탈면에서 표면에 붙어 있는 암괴가 낙석 된다.
	③ 차별적인 풍화로 암석의 호층에서 약한 부분이 침식되고, 남은 단단한 부분이 떨어지는 유형	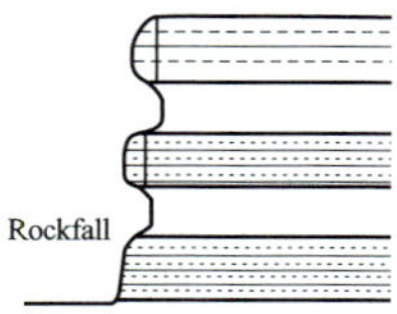 Rockfall due to Differential Weather	사암과 셰일호층, 사암, 이암호층 등	셰일, 이암층은 비교적 풍화에 약해 지표노출 및 물리적 풍화에 급속하게 풍화된다.

열이 없어도 새로운 인장균열이 발생하여 낙석이 되는 경우가 많다. 본 유형은 중생대 백악기층의 셰일, 사암층과 하부에 단층파쇄대가 존재하는 편마암층에서 침식에서 흔히 발생된다.

1.2.3 암종별 붕괴유형

가. 암반비탈면의 일반적인 붕괴유형

Hoek & Bray(1981)에 의하면 암반비탈면은 평면파괴, 쐐기파괴, 전도파괴, 원형파괴의 네 가지 붕괴유형을 갖는데 이는 퇴적암, 화성암 및 변성암에 따라 발달하는 불연속면의 특성에 차이를 보이므로 비탈면을 형성하는 암종과 매우 밀접한 관계를 갖는다.

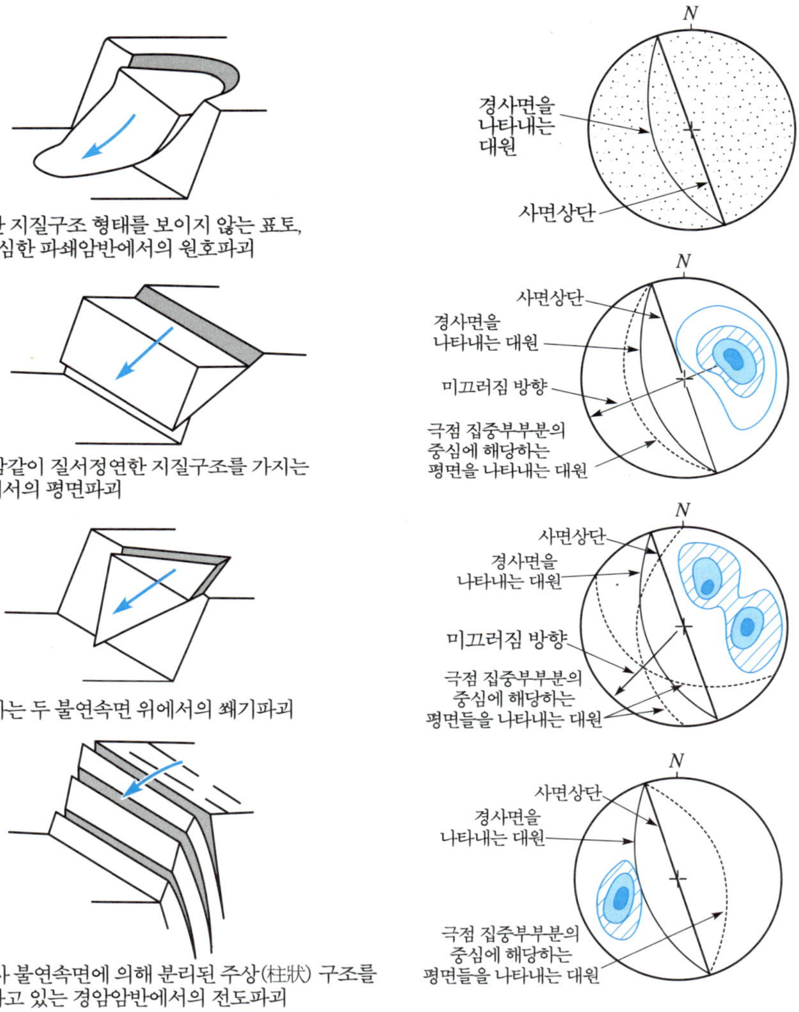

〈그림 10.3〉 암반비탈면의 일반적인 파괴유형의 절리의 극점분포

자료출처 : Hoek & Bray,1981

나. 암종별 붕괴유형

■ 화성암으로 이루어진 비탈면

화성암으로 이루어진 비탈면의 불연속면 발달특성으로는 지형과 유사하게 발달하는 판상절리와 수직절리가 규칙적으로 우세하게 발달하여 직육면체의 암괴블록을 형성한다.

그래서 화성암에서의 붕괴유형 중 우세한 것이 판상절리에 의한 평면파괴 가능성이 있으며 수직절리에 의해 전도파괴의 가능성이 있다. 그리고 상부 토층의 경우는 석영이 많이 혼입된 자갈 내지 모래질로 이루어져 빗물에 의해 유실가능성이 크다. 특히 화강암에서는 핵석형의 풍화로 인해 토층 유실에 의한 암괴가 빠져 낙석이 되고 토층이 얕고 수직으로 비탈면이 형성된 경우는 상부 토층이 붕락되는 경우도 많이 발생하고 있다.

화성암으로 이루어진 비탈면은 비교적 안정된 비탈면이 많아 붕괴빈도가 퇴적암이나 변성암에 비하여 적었으며 붕괴형태는 비교적 다양한 붕괴형태로 나타나나, 평면파괴와 낙석 또는 유실에 의한 파괴가 전체의 약 68%를 차지하여 화성암에서의 주된 붕괴요인으로 파악된다.

■ 퇴적암으로 이루어진 비탈면

국내 분포하는 퇴적암층은 중생대 백악기층의 퇴적암과 고생대 퇴적암층으로 분류(Lee, 1988)할 수 있으며 중생대 퇴적암에서는 지질구조선에 의한 붕괴와 풍화로 인한 붕괴를 대별할 수 있다. 평면파괴 유형이 가장 높은 빈도를 보이고 셰일이 풍화로 의해 암면화의 낙석, 차별적인 풍화로 인한 낙석, 세굴문제, 풍화에 표면부에서의 원형파괴 양상이 우세하다.

퇴적암으로 이루어진 비탈면의 붕괴유형은 쐐기파괴나 전도파괴 및 원형파괴형태에 비하여 평면파괴 형태의 붕괴유형이 월등히 많은 것으로 조사되었으며, 낙석이나 유실에 의한 붕괴형태를 제외하면, 퇴적암에서의 전체 붕괴의 약 63%를 차지하여 평면파괴형태의 붕괴가 퇴적암에서의 주된 붕괴유형임을 알 수 있었다.

중생대 퇴적암으로 이루어진 비탈면의 붕괴양상은 남동방향의 경사방향으로 놓여진 비탈면의 경우, 층리경사방향이 도로 쪽으로 향해 비탈면안정의 문제가 발생되고 있으며, 특히 층리면에 점토질이 충전되어 있는 경우가 빈번하여 대규모적인 비탈면 상부로부터의 평면파괴가 주를 이룬다. 그러나 진주일대의 비탈면은 셰일층과 사암이 교호되어 셰일이 차별적인 풍화를 받아 사암이 붕락되는 유형의 붕괴양상을 보이며 칠곡일대 및 왜관일대의 경우는 층리면의 점토층에 의한 대규모적인 평면파괴 형태가 발생하는 사례가 많았고 풍화에 약한 적색셰일이 발달하여 셰일층이 풍화를 받아 원형파괴를 보인다. 또한 단층파쇄대가 지나는 구간에서 셰일 및 사암이 세굴이 심하게 발생되는 양상을 보인다.

고생대 퇴적암 중 사암, 셰일은 층리방향이 뚜렷한 양상을 보이지는 않고 상당히 지역적으로 변화하는 양상을 보여 층리면의 방향에 따라 붕괴양상에 커다란 차이를 보인다. 그러나 고생대 퇴적암이 우세하게 분포하는 지역으로 강원도 태백, 정선, 삼척, 동해일대는 퇴적층에 함유된 탄층에 의해 대규모의 비탈면 붕괴가 발생되고 있다. 그리고 석회암의 경우는 잘 발달된 층리에 의해 평면파괴가 발생되며 공동에 대한 문제가 심각하다.

■ 변성암으로 이루어진 비탈면

대부분 선캠브리아기의 고기에 형성된 암석으로 복잡한 지질구조가 발달하여 조사시 세심한 주의를 요하며 특히, 비탈면 내에 단층파쇄대, 단층점토 등의 약선대의 존재여부를 주의 깊게 판단하여야 한다. 변성암 중 가장 많은 비탈면 안정 문제가 발생되는 비탈면으로는 편마암으로 이루어진 비탈면으로 편마암은 평면파괴, 쐐기파괴, 원형파괴 등의 다양한 붕괴양상을 보인다.

변성암으로 이루어진 비탈면 역시 평면파괴 형태의 붕괴빈도가 가장 높으며 낙석이나 유실을 제외할 경우 전체 붕괴의 약 55%를 차지하여 변성암에서의 주된 붕괴형태로 판단된다.

1.2.4 사면재해의 대응기술

사면안정 대책공법은 크게 억제공과 억지공으로 대별된다. 억제공은 지형, 지하수 등의 자연조건을 개량하여 활동을 안정화시키려는 공법으로 장기적 안정을 유지하는 공법이고, 억지공은 인공구조물에 의해 활동력에 대항하려고 하는 공법으로 억제공보다 높은 안전율이

〈표 10.2〉 안전율을 고려한 사면보호공 및 대책공의 종류

분류기준			기간		공법 각종 대책 공법
방침	수단				
안전율 유지 공법	배수에 의한 억제		배수 공법		표면 배수공, 지하 배수공
	표면 보호에 의한 억제공법	식생보호	식생 공법	파종 공법	종자뿜기공, 식생반공, 객토식생공 등
				식재 공법	줄잔디공, 잔디입히기공 등
		인공재료 보호	피복 공법		네트공, 매트공, 플라스틱 소일 시멘트공 등
			뿜어 붙이기 공법		몰탈 뿜기공, 콘크리트 뿜기공
			붙임 공법		돌붙임공, 콘크리트블럭 붙임공, P.E붙임공
			격자 공법		콘크리트블럭 격자공, 현장타설, 철근콘크리트 격자공
			낙석방호 공법		낙석방지망공, 낙석 방지책공 등
	단면 변경에 의한 억제		구배 완화 공법		배토공, 소단공
안전율 증가 공법	힘의 균형에 의한 억제 공법		압성토 공법		압성토 공법
			옹벽 공법	쌓기 옹벽	돌쌓기 옹벽공, 블록쌓기 옹벽공 등
				격자틀 옹벽	정자형 조립공
				중력식 옹벽	중력식 콘크리트 옹벽공
	흙의 보강에 의한 억지 공법		보강토공법		성토 보강공, 보강토, 옹벽공 등
	사면의 다짐이나 엮음에 의한 억지 공법		억지말뚝공법		산사태 방지 옹벽공
			앵커 공법		어스앵커공, 록볼트공, 네일링공
	화학응용 보호공과 엮음에 의한 억제 공법		주입 공법		몰탈주입공, 약액주입공

요구되며 안정성을 증가시키는 공법이다. 사면안정 보호공 및 대책공법의 세부 공법 종류는 다음 〈그림 10.4〉와 같다.

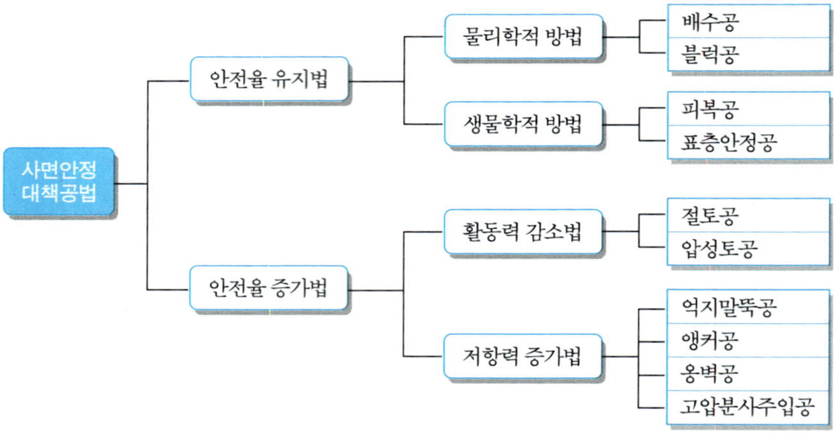

〈그림 10.4〉 사면안정 대책공법의 종류

〈표 10.3〉 사면보호공 및 대책공의 종류

공법의 종류	적용 기준
경사각을 낮추는 방법	• 풍화대나 붕적층 등 인위적 방법으로 전단력을 증대시키기 곤란한 경우 • 중요한 시설물의 사면으로 영구적인 안정성이 필요한 경우
배수원리에 의한 방법 • 표면 배수공 • 지하 배수공	• 지하수의 유입이나 지하수 변동이 심한 경우 • 불연속면의 수압만 제거하여도 안정성에 지장이 없는 경우 • 다른 목적의 배수시설을 이용할 수 있을 경우
Rock Bolt/Nail 또는 Cable에 의한 방법	• 암반의 상태가 양호하나 불연속면의 전단력이 문제될 경우 • 판상절리나 주상절리와 같이 불연속면의 발달이 비교적 규칙적인 경우 • 주변여건상 타공법 적용이 곤란한 경우 • Wedge Failure 나 Toppling Failure와 같이 부분적으로 불안한 사면
철망공에 의한 방법 • 철망공 • Wire Mesh공	• 사면의 안정성에는 큰 문제가 없으나 도로변과 같이 지반진동이 있을 경우 • 지표면에서 소규모 붕괴가 예상되는 경우 • 사면상부에서 부분적인 붕괴로 암괴나 암편의 탈락이 예상되는 경우
옹벽에 의한 방법	• 사면의 높이가 비교적 낮고 상부에 식생공이나 석공 등이 필요한 경우 • 암반굴착량을 줄이기 위해 사면의 구배를 급하게 조절할 필요가 있을 경우
기타공법 • 식생공 • 석공 • 콘크리트뿜어붙이기공	• 풍화가 많이 됐거나 불규칙한 절리가 발달되어 표면을 전반적으로 보강할 필요가 있을 경우 • 지표수의 유입을 방지할 필요가 있을 경우
기압 네일 보강 그라우팅에 의한 방법	• 풍화암, 연암파쇄대, 단층파쇄대 등 인위적으로 전단력을 증대시키기 곤란한 경우 • 절리, 단층 등 불연속면의 발달이 매우 불규칙적이고 open 절리들이 발달하여 주변여건상 타 공법 적용이 곤란한 경우 • 보강재의 부식이나 영구적인 사면보강이 필요한 경우

사면보호공은 토사 및 암반사면에 적용하는 공법으로 지질조건, 시공여건 및 경제성 등을 고려하여 대상사면에 적합한 공법을 사용하여야 한다. 일반적으로 어떤 한 가지 공법만 사용되나 경우에 따라서는 여러 가지 공법이 같이 사용되기도 한다.

따라서, 최적의 사면보호공을 선정한다는 것은 어려운 일이며 일률적으로 어떤 기준을 적용한다는 것은 곤란한 경우가 많다. 사면의 용도, 토질 및 암반특성을 고려한 지반여건. 미관, 유지보수 및 현장 상황에 따라 보호공을 선정하여야 한다. 이들 공법들은 토층 및 암반사면에 적용하는 공법으로서 조건과 시공여건 및 경제성 등을 고려하여 대상사면에 합당한 공법을 적용하여야 한다.

2. 산지재해

2.1 산지재해의 원인

산지재해는 기후적, 지형 · 지질적, 인위적 원인으로 인하여 주로 발생한다. 다른 외부조건이 동일하다면 강우가 자주 발생하는 지역에 있는 사면에서 산지재해 발생확률이 더 높다. 강우가 발생할 때 다량의 물이 토양으로 침투하여 포화시키며, 포화된 토양의 간극은 서로 연결되어 소량의 물이 간극에 존재할 때 보다 강도는 상대적으로 저하된다. 특히 경사면에 지표수가 흘러 들어가면 지하수위가 상승하게 되어 결국 지하에 있는 간극내의 수압을 상승시킨다. 이로 인해 산지재해가 발생한다.

토양과 같은 느슨한 재료는 특성상 연약할 수밖에 없다. 점토(clay)나 셰일(shale)과 같은 퇴적재료나 아직 고화되지 못한 느슨한 퇴적물들로 이루어진 지반은 미끄러지기 쉬운 반면 화강암, 현무암, 석회암 등 단단한 암석들은 강도도 크고 산사태비율도 낮다. 예외가 있다면 퇴적층 또는 변성암에서 발견되는 서로 평행한 방향성을 가지고 발달한 운모(mica), 아주 심한 파쇄대 등 암반내부에 연약층이 존재할 경우는 활동이 발생할 수도 있을 것이다. 특히, 이러한 연약층이 경사면과 평행하게 존재할 경우 산지재해로 진행될 가능성이 더욱 커진다.

일반적으로 어떤 사면이 지질학적으로 긴 시간동안 구조적으로 안정화되어 있다면 지역적 환경인 사면 구성성분, 기후, 함수비 등에 의해 현재는 평형을 유지하고 있다고 봐야 한다. 하천이나 도로건설로 인한 사면하부의 침식, 건설로 인한 사면상부의 하중 증가, 다양한 이유로 인한 지하수위 상승, 식생의 제거 등 사면에 영향을 주는 외부요인이 변화하면 이러한 평형이 교란되어 산지재해가 발생할 수 있다.

이러한 원인 이외에도 점토의 거동, 지진에 의한 액상화, 퀵클레이, 불연속면 등 다양한 원인에 의해 복합적으로 산지재해가 발생한다.

2.2 산지재해의 유형

산지재해의 유형을 분류하는 방법에는 일반적으로 사면을 이루는 구성재료, 사면 움직임의 종류, 그리고 이동속도를 기준으로 한다. 지반재료는 단단한 기반암, 2mm보다 굵은 토석, 그리고 2mm보다 가는 토질 등으로 구분하며 물의 작용이 중요하다. 운동의 종류는 낙석(rockfall), 활동 또는 사태(slide), 측방유동(lateral spread), 그리고 흐름(flow) 등으로 나눌 수 있다. 이런 운동은 암석, 토석 및 잡석(debris), 토질 또는 흙(soil) 등 다양한 지반재료와 연계될 수 있다. 지반재료와 활동특징 사이의 정확한 구분이 어려울 수 있으며 하부로 운동하면서 다른 형태로 변화 할 수 있다.

〈표 10.4〉 사면운동의 분류

종류	지반재료		
	암석 또는 암반 (rock)	토석 또는 잡석 (debris, 보통2mm)	흙 또는 토질 (soil, 보통2mm)
낙하(fall)	낙석	토석 낙하	토질 낙하
전도(topple)	암반 전도	토석 전도	토질 전도
회전 활동 또는 사태 (rotational slide)	슬럼프	토석 활동	흙 사태
병진 활동 또는 사태 (translational slide)	암석사태	토석 활동	흙 사태
	블록(block) 사태		
측방유도 (lateral spreading)	암반 유동	토석 유동	흙 유동
흐름(flow)	암반 흐름	토석류	흙 흐름

〈표 10.5〉 산사태 및 기타 하부방향 지반이동의 일반적 종류

기작	형태	특징
낙하	낙석	개별암석이 공기 중으로 낙하하여 애추형태로 쌓일 수 있음
활동	슬럼프	점착성이 있는 연약한 지반재료가 원형으로 파괴됨. 회전형 급경사지 붕괴라고도 함
	흙 사태	토질이나 기타 풍화 지반재료가 경사진 기반암이나 점착력이 있는 퇴적층을 따라 파괴됨. 토석사례라고도 함
	암석 사태	퇴적암이나 변성암의 평면을 따라 기반암이 붕괴됨
흐름	사태	눈, 얼음, 유기물질, 느슨한 암석이나 토질 등 입상의 재료들이 하부로 빠른 속도로 이동함
	포행	암석이나 토질이 아주 느린 속도로 하부로 이동
	흙 흐름	점착성이 있는 젖은 토질이나 풍화암이 내부적으로 변형을 일으켜 발생
	토석류	암석, 모래, 점토, 흙 등이 섞여 급경사지 붕괴와 홍수 중간 정도의 밀도를 가지며 이동
복합		활동, 흐름, 낙석 등이 복합적으로 나타나는 현상으로 하부로 이동하면서 형태를 변화시킴

2.2.1 낙석 및 암석사태

낙석은 수직절리나 기타 연약층이 존재하는 암반절벽 등에서 발생한다. 오랜 시간동안 발달한 절리면을 따라 해빙기에 물이 녹으면서 발생한다. 각각의 낙석은 낙하 후 먼 거리를 구르거나 튀어 이동할 수 있고 특히 덩어리가 큰 낙석은 사면하부까지 쉽게 이동가능하다. 이는 심각한 낙석피해로 이어진다.

2.2.2 토석 산사태

토석 산사태는 낙석으로 출발하여 주위의 공기와 물을 유입, 시속 100~300km의 매우 빠른 속도로 이동한다. 이동되는 재료 중 건물만한 크기의 덩어리도 있으며 이동거리는 낙석 크기에 비례하는데 큰 낙석은 수직낙하거리의 5~20배 까지 이동한다. 토석 산사태는 이동할 때 강이 흐르듯 유동체로 움직이며, 이러한 현상을 유동화 혹은 유체화라고 한다. 토석 산사태가 이동할 때 낙석재료 사이에 있는 공기가 빠져나올 수 없는, 짧은 시간이 존재할 것이며 이때 낙석이 잘 흐를 수 있도록 윤활작용을 할 수 있는 것으로 생각할 수 있다.

2.2.3 토석류

토석류(debris flow)는 우리나라 장마철에도 매년 발생하여 인명피해를 유발시키며, 경고 없이 다양한 지역에서 빠른 속도로 발생하여 엄청난 피해를 유발시킨다. 일반 하천의 흐름과 토석류는 흐르는 고체 입자의 밀도 차이로 구분된다. 물에 비해 바위는 약 2.7배 더 밀도가 높으며 홍수 시 흐르는 강물에 비해 물과 섞여 흐르는 바위는 약 2배가량 밀도가 높다.

토석류는 내부에서 전단이 발생, 층별로 이동속도가 다를 수 있으며 젖은 콘크리트가 레미콘 트럭에서 내려오는 듯한 형상으로 이동한다. 눈사태에 빠진 사람처럼 파도치듯 떠밀려온 큰 덩어리들은 좌우와 앞쪽으로 밀려난다. 큰 표석(boulder)들은 토석류 상부에 떠다니며 좌우로 밀려나 토석류 발생이 끝나면 자연적인 제방을 형성하게 된다.

토석류 선단과 옆에서 물이 빠져나가면 토석류의 이동속도는 감소하며 크기가 작은 지반재료 사이에서는 물이 빠져나가는 속도가 늦기 때문에 상대적으로 긴 거리를 이동한다.

2.2.4 눈사태

눈사태(snow avalanche)는 눈이나 얼음이, 때로는 바위나 토양, 나무 등을 포함하여 사면

하부로 빠르게 이동하는 것이다. 눈사태와 연계된 주요 요소는 사면의 경사도, 쌓인 눈의 안정성, 날씨 3가지가 있다. 일반적으로 눈사태는 경사 25° 이상에서 발생한다. 가장 가파른 경사로 눈이나 기타 알갱이 재료들이 안정성을 가지면서 쌓여 있을 수 있는 최대각도를 안식각(angle of repose)이라 한다. 눈의 경우 이 안식각은 온도와 수분 정도, 그리고 눈 결정의 형태 등에 영향을 받기 때문에 눈사태는 보통 35~40° 정도의 사면에서 발생한다. 50~60° 이상의 사면에서는 눈이 쌓이지 못하고 지속적으로 떨어지게 된다. 바람이 부는 방향으로 눈이 쌓인 지역에서 눈이 갑자기 내리거나 온도가 상승하여 젖은 눈으로 변하면 눈사태가 발생하기 쉽다.

2.3 산지재해의 대응기술

자연사면에서의 사방공사는 크게 산복사방, 계간사방, 야계사방으로 구분된다. 산복사방은 황폐되거나 밀린 형상, 붕괴지 등이 나타내는 산지의 산복부에서 산림식생을 복구, 보전하여 산림 황폐나 밀리는 형상에 따른 재해를 방지하기 위하여 산지에 시행하는 사방공법이다. 계간사방은 황폐계류 바닥의 종횡침식을 방지하고 산각을 고정하여 산복을 보전하며 하류로의 유송토사를 억제하고 조정하는 사방공법이다. 야계사방은 산간이나 산록에 접한 계천으로 평상시에는 유량이 적으나 비가 많이 오면 계천이 범람하여 도로 및 농경지가 유실되는 등 피해가 심한 황폐성 계류(Wild torrent)에 계상 및 계안 구조물을 설치하여 계천의 종횡침식을 방지하고 산각을 고정하여 계류의 안전유출을 기하는 사방공법이다.

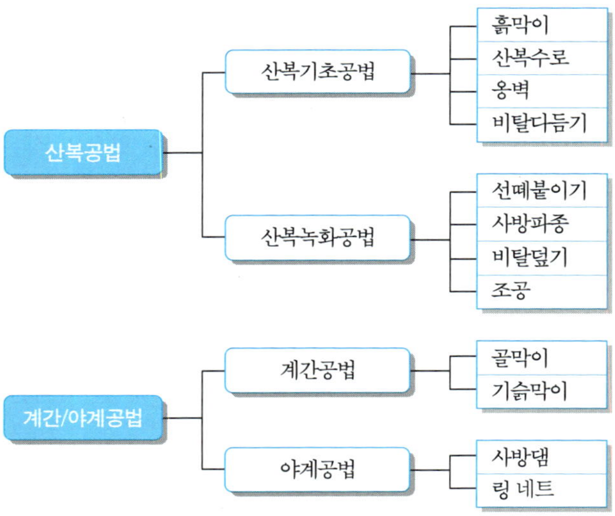

〈그림 10.5〉 자연사면에서의 급경사지재해

2.3.1 산복사방공법

가. 산복기초공법

산복기초공법은 기본적인 형상의 배치 및 설계를 하기 위해 터를 잡거나 기초 구조물을 설치하는 작업을 말한다.

① 비탈다듬기

비탈다듬기는 불규칙한 사면 또는 사면의 불안정한 토층을 완화하여 안정된 비탈면을 조성할 목적으로 시공하는 방법이다. 사면의 경사가 심한 비탈면을 일정한 경사도로 유지하도록 땅깎기를 하며 깊은 곳은 메우기도 한다. 일반적으로 비탈다듬기 기울기는 토사의 안식각(Angle of repose)을 한계점으로 하는 것이 안전하다. 이 공법은 기복이 심한 산복비탈 또는 땅깎기, 흙쌓기 비탈면(절, 성토사면), 암반 절개면을 중심으로 실시된다.

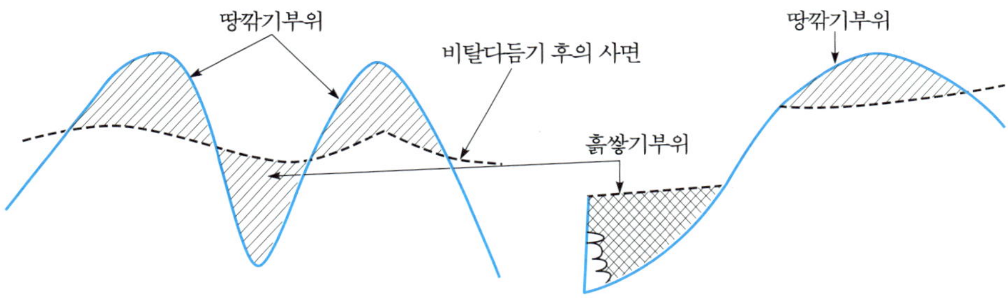

〈그림 10.6〉 비탈다듬기

② 흙막이

흙이 무너지거나 흘러내림을 막는 공법으로서 사면기울기의 완화, 표면 유하수의 분산 및 수로공사의 기초 등을 목적으로 구축하는 것이다. 사용재료에 따라서 콘크리트, 돌, 돌망태, 콘크리트판(PNC판), 흙포대, 통나무, 콘크리트 기둥틀, 폐타이어, 바자, 앵글클리망 흙막이 등으로 구분된다. 시공위치로는 사면이 붕괴위험성이 있거나 비탈다듬기 및 단끊기로 생기는 토사가 유치되는 곳을 중심으로 한다. 콘크리트 흙막이(Concrete soil arresting structures)는 토층의 이동 위험성이 있고 토압이 커서 다른 흙막이구조물로서 안정을 기대할 수 없는 경우에 시공한다.

③ 산비탈수로내기

산비탈수로내기는 빗물에 의한 비탈면 침식을 방지하고 시공구조물이 파괴되지 않도록 일정한 장소에 유수를 모아 배수시키는 방법이다. 산비탈수로내기는 사용재료에 따라 떼, 돌, 콘크리트, 블록판, 벤치플룸관, 반원관, 파식수로내기 등으로 구분되며, 수로의 모양에 따라 반달꼴, U자형과 사다리꼴로 구분된다. 시공위치는 주로 유수가 집수되는 곡부를 중심으로 행해지며, 시공에 있어서 수로단면은 집수구역면적에 따라 크기를 달리해야 하지만 돌흙막이나 콘크리트흙막이와 같은 수평대구조물에 의하여 구분되어지는 구간(Span)에서는 같은 크기의 단면을 사용한다.

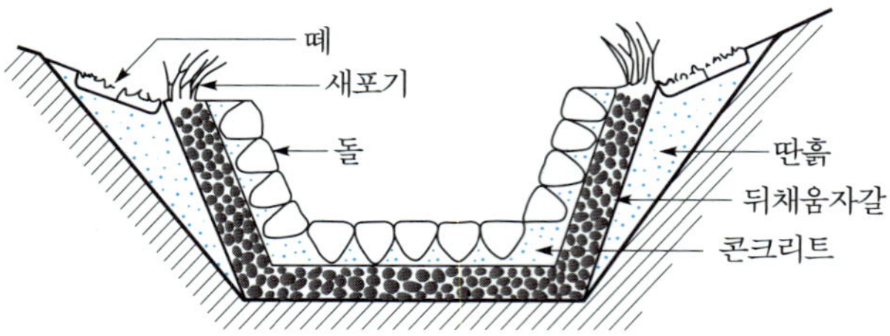

(a) 설치개략도

(b) 시공완료후 모습

〈그림 10.7〉 산비탈수로내기

④ 옹벽

산사태 지역이나 우려지역에 토압을 고정하여 산사태를 방지하기 위하여 시공하는 공법이다. 사용재료에 따라 돌, 콘크리트, 콘크리트블록, 지오웨브, 돌망태 축대벽 등으로 구분된다. 시공위치는 주로 붕괴위험지 하부 등 토압이 커서 다른 구조물로서 안정을 기대할 수 없는 지역이며, 시공에 있어서 옹벽은 전도와 미끄러짐에 안전하고 기초지반에 작용하는 최대압력이 지반의 허용 지지력을 초과하지 않아야 한다. 기초지반이 연약하여 부등침하가 예상되는 경우에는 말뚝기초나 콘크리트기초 등의 방법으로 보강해야 한다.

나. 산복녹화공법

산복녹화공법은 산복기초공사를 마친 후 혹은 단독으로 황폐지 및 나대지의 안정을 도모하기 위해 행해지는 공법이다.

① 선떼붙이기

비탈다듬기에서 생산된 부토를 고정하고, 식생을 조성하기 위하여 파식상을 설치하는데 필요한 기본 구조물이다. 산복비탈면에 계단을 끊고 계단전면에 떼를 쌓거나 붙인 후 그 뒤쪽에 흙으로 채우고 수초를 파식한다. 이 공법은 수평계단에 의해서 지표유하수를 분산하여 침식 방지와 수토보전을 도모하기 위하여 계획 시공하는 비탈녹화공으로 떼붙이기의 사용매수에 따라 1–9급으로 구분하며 기초에 돌을 쌓아 보강하는 경우에는 밑돌선 떼붙이기라 한다. 시공위치는 경사가 비교적 급하고 지질이 단단한 지역에서 행해진다.

② 조공

황폐사면(각종 붕괴지, 절 · 성토사면)에 나무와 풀을 파식하기 위하여 산복비탈면에 수평으로 계단을 끊고 앞면에는 떼, 새포기, 잡석 등으로 낮게 쌓아 계단을 보호하면 뒷면에는 흙을 채워서 파식상을 조성한 후 파식하는 공법이다. 사용재료에 따라 떼, 돌, 새, 싸리, 통나무, 섶과 같은 자연녹화재를 이용한 공법과 식생반, 식생자루, 식생대, 식생구멍 및 식생매트 덮기와 같은 인공 녹화재를 이용한 공법이 있다. 시공위치는 비교적 완경사지의 녹화대상지를 대상으로 행해지며, 계단 간 수직 높이는 1.0~1.2m, 계단 너비는 50~60cm의 계단을 수평으로 설치한다.

③ 비탈덮기

비탈덮기는 계단 사이의 급경사 사면을 피복하여 강수에 의한 표토의 유출방지 및 식생을 조성 녹화하는 공법으로 재료에 따라 짚, 거적, 섶, 망, 합성재 덮기가 있다. 시공위치는 강우, 동상과 서릿발 등에 의하여 사면 침식이 우려되는 급경사 절성토사면 또는 기층이 노출된 급경사면으로 종자유실이 우려되는 사면에서 행해진다.

④ 씨뿌리기

씨뿌리기는 초본류와 목본류의 종자를 산복 비탈면과 계단에 직접 파종하는 방법이다. 씨뿌리는 방법에 따라서 줄(씨)뿌리기(사면조파공, Strip seeding), 흩어(씨)뿌리기(사면산파공, Broadcast seeding), 점(씨)뿌리기(사면조파공, Spot seeding) 공법이 있다. 또한 직접 인력에 의한 인력 파종공법과 기계에 의한 분사식 씨뿌리기 공법, 항공파종공법(Aerial seeding)이 있다.

2.3.2 계간/야계사방공법

가. 계간공법

① 골막이

골막이는 황폐소계류(Gully)를 가로질러 반수면 만을 축조하고 개울비탈면을 완화시켜 수세를 줄이므로 산각을 고정하고 토사유출 및 사면붕괴를 방지하기 위한 공법이다. 〈그림 10.8〉

은 골막이 시공단면도 및 평면도를 나타낸 것이다. 사용재료에 따라 돌, 흙(떼), 바자, 돌망태, 콘크리트 블록, 통나무, PNC(Pipe net concrete)판 골막이 등으로 구분된다. 시공위치는 계상과 계안의 침식이 활발하고 토사유하량이 많은 장소로서 시공은 바닥파기에서 견지반까지 충분히 하여야 한다. 계류의 만곡부를 가능한 한 피하고 직선부에 설치하고 설치방향은 유심선에 직각이 되도록 하며, 계상비탈이 급한 곳에서는 계통적으로 설치한다. 이외에도 댐마루 부위는 부득이한 경우 이외에는 방수로를 설치하지 않는 대신 중앙부를 낮게 반달꼴로 만들고, 쌓기 비탈은 대체적으로 1:0.3으로 하고 견고를 요하는 개소는 돌 또는 콘크리트로 설계 시공한다. 물받이는 막논돌로 하고 석재가 귀하고 떼 뜨기가 용이한 곳은 흙을 100-150%로 쌓아서 댐마루와 반수면에만 떼를 입히고 대수면은 토사로 채운다. 석재 또는 떼가 귀한 대신 편책재료가 풍부하고, 토층이 깊고 암반노출이 없는 곳에서는 산복공사 산얽기 요령에 의하여 바자골막이를 설치한다. 찰쌓기를 할 때에는 m²당 1개 정도의 물구멍을 설치한다.

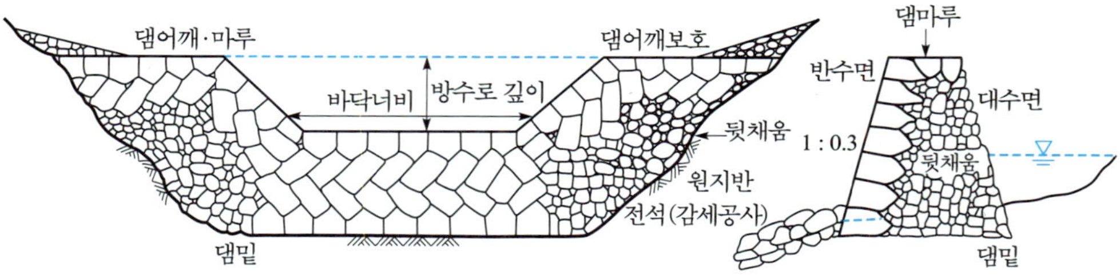

〈그림 10.8〉 골막이 시공단면도 및 평면도

② 기슭막이

기슭막이는 황폐계천에서 유수에 의한 계안의 횡침식을 방지하고 산각의 안정을 도모하기 위하여 계류흐름방향을 따라 설치하는 계천 사방공법이다. 사용재료에 따라 돌, 콘크리트, 콘크리트 블록, 돌망태, 바자, 폐타이어, 통나무 기슭막이 등으로 구분된다. 이 공법은 유로의 만곡에 의하여 물의 충격을 받는 수충부나 요철 또는 붕괴위험성이 있는 수로변에 설치하며, 침식이 심하고 유수의 충돌이 심한 곳에서는 돌, 콘크리트블록 기슭막이를 채택한다. 시공 시 충분히 바닥파기를 하는 것이 원칙이나 바닥막이의 하부 천단보다 다소 낮게 설치하는 것이 안전하며 비탈은 1:0.3-0.5로한다. 계폭이 비교적 넓고 계안비탈이 완하여 유수가 적고 수위가 낮게 흐르는 개소는 1:1.0-1.5의 비탈로 돌붙임 기슭막이를 시공한다. 모래나 자갈 유출이 적은 소계류에서는 바자기슭막이를 산복공사 바자얽기에 준하여 시공한다. 기슭막이 기초부의 세굴을 피하여야 하며, 기슭막이 반대편의 계안에 새로운 세굴이 발생하지 않도록 주의해야 한다. 기슭막이 둑마루 두께는 0.3-0.5m, 둑마루 기울기는 원칙적으로 계획계상기울기에 일치하도록 한다. 기슭막이 높이는 계획홍수위(계획고수위) 이상으로 하여 홍수 시에도 넘치지 않도록 해야 한다. 일반적으로 계획홍수위보다 0.5-0.7m 높게 설치하며 계류 완곡부에서는 수위가 상승하므로 높이를 더 높게 시공한다. 사방댐, 골막이 및 바닥막이의 양 안쪽마루와 같은 높이로 하거나 또는 그 이상의 높이로 설정해야하며 특히 계획기울기에 따라 상류부를 높게 해야 한다. 보호하는 구간의 전 길이에 적합하게 충분한 길이를 가져야 하며 구조물 양 끝에 접속부는 계안의 둑 속으로 끼워들도록 시공한다. 기슭막이 뒷채움 자갈의 두께는 0.3m정도를 표준으로 한다. 기슭막이 기초의 밑넣기 깊이는 계획계상기울기, 계상의 상황 등을 고려해서 세굴되지 않는 안전한 깊이로 하여야 하며 유수에 의해서 세굴의 위험성이 있는 곳에서는 밑막이, 바닥막이, 수제 등을 설치하여 피해를 방지하도록 하여야 한다.

나. 야계공법

① 사방댐

사방댐은 황폐계류상에서 종횡침식으로 인한 돌, 자갈, 모래, 흙 등과 같은 침식 및 붕괴물질을 억제하여 산사태로 인한 토석류 피해를 저지하기 위하여 계류를 횡단하여 설치하는 공법이다. 사방댐은 계상기울기를 완화하고 종침식을 방지하는 작용, 산각을 고정하여 붕괴를 방지하는 작용과 계상이 퇴적한 불안정한 토사의 유동을 방지하여 양안의 산각을 고정하는 작용 등 3가지의 기능을 지니고 있다.

구축재료에 따라 돌댐(Stone dam), 콘크리트댐(Concrete dam), 철근콘트리트댐(Reinforced concrete dam), 강제댐(Steel dam), 돌망태댐(Gabion dam), 통나무댐(Timber dam), 흙댐(Earth dam), 혼합쌓기댐(Mixed masonry dam) 등으로 구분된다. 돌댐은 콘크리트나 모르타르(mortar) 사용에 따라 메쌓기댐(Dry masonry dam)과 찰쌓기댐(Wet-masonry dma)으로 구분되며 전석을 이용하였을 경우에는 전석댐이라고 한다.

사방댐의 형식은 직선중력댐(Gravity dam), 아치댐(Arch dam), 3차원 댐(Three-dimensional dam), 부력댐(Butteress dam) 등으로 구분한다. 사방댐 중에서 가장 많이 이용되고 있는 것은 중력식 콘크리트댐이나 근래에는 환경친화적인 전석댐과 흙댐을 시공하는 추세에 있다. 이 공법의 시공은 상류유역의 산지가 안정되었거나 계간과 산각이 불안정하여 호우 시마다 풍화토층의 침식붕괴와 산사태 등의 발생으로 토사, 석력이 유하 퇴적함으로써 하류의 시설물 등에 피해가 있거나, 예상되는 황폐계간을 대상으로 한다. 그리고 계상의 양안에 암반이 있는 지역에 설치하며, 상류부의 계폭이 넓고 경사가 완만하여 저사 효과가 큰 장소나 지류의 합류점 부근에서는 합류점의 하류부에 설치한다.

② 링네트 공법

링네트 공법은 이완된 암괴, 경사면에 쌓인 테일러스, 산사태로 인한 사태물질 등이 경사면을 따라 이동할 때 최적의 위치에서 운동에너지를 흡수할 수 있도록 설치하여 산사태 및 낙석에 의한 피해를 최소화시키는 것이다. 링네트 공법에서 토석류 및 낙석으로 인한 충격에너지는 링부분에 직접적으로 가해지게 되며, 이러한 충격에너지는 링의 탄소성 변형에 의한 유연성의 원리에 의해 분산 흡수하게 된다.

3. 지반침하

3.1 지반침하의 원인

지반침하란 지하 암석이 용해(dissolution)되거나 지하공동(underground cavity)이 붕괴되어 지반이 원기둥이나 깔때기 모양으로 가라앉는 현상을 말한다. 여기서 암석의 용해란 지표수가 이산화탄소를 흡수하는 과정과 식물의 대사 작용에 참여하는 과정을 통해 산성화가 되는데, 이 산성화된 지표수가 기반암으로 흘러가면 암석의 구조적 결속력(structural integrity)을 약화시킨다. 특히, 기반암이 석회석이나 탄산염암석과 같은 부드러운 광물로 이루어졌을 때 이런 현상이 두드러지게 나타난다. 〈그림 10.9〉는 지반침하의 발생 개념도를 나타낸 것이다. 이러한 현상의 주요원인에는 두 가지가 있는데 하나는 지하수위의 저하이고, 다른 하나는 지표수 흐름의 변화라고 보고되고 있다.

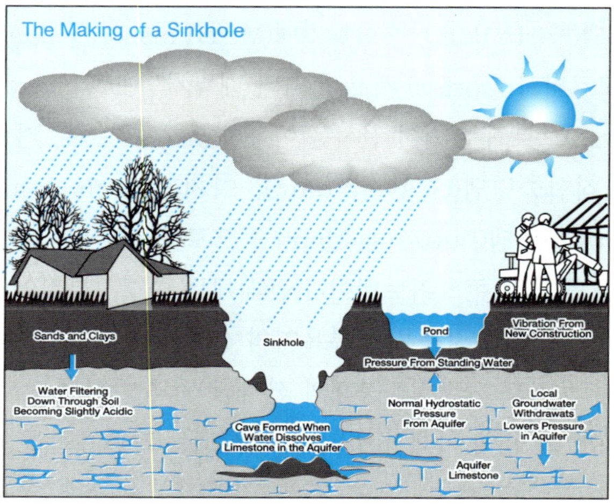

〈그림 10.9〉 지반침하의 발생 개념도

3.2 지반침하의 유형

3.2.1 자연발생적 지반침하

주로 용해가 잘 되는 석회암 지역에서 발생하는데 오랜 기간 동안 흐르는 지하수에 의해 석회암이 녹게 되고 이러한 현상이 지속되면 지하수 길이 점점 커지며 결국 큰 공동이 형성된다. 땅속으로 2.5m 깊이 들어갈 때마다 1기압 씩 압력이 증가하므로, 깊이 25m의 암반층에는 10기압이, 250m 지점에는 100기압의 압력을 받는데, 이러한 힘을 지하수가 버티고 있다가, 어느 순간 지하수위가 저하되면 물로 가득 차 있던 공동이 비어있는 상태가 되고 지하수로 인해 존재하던 수압이 사라지게 되면서, 결국 상부 하중(overburden pressure)을 견디지 못한 공동이 무너지며 침하가 발생하게 되는 것이다. 이러한 자연현상으로 말들어지는 지반침하는 세 가지로 분류할 수 있다.

가. 지표붕괴형 지반침하(Cover-collapse sinkhole)

이 형태의 지반침하는 상부 퇴적물이 점토같이 부드러운 물질로 되어있을 때 발생한다. 지하공동이 기반암 아래에 생겨 상부퇴적물의 일부가 공동에 의해 만들어진 빈 공간으로 떨어져 들어가 표토층을 점차 약하게 만들어진다. 결국은 약해진 상부퇴적물이 함몰되며 붕괴가 일어난다. 대부분 대규모의 싱크홀이 생기면 매우 오랜 시간이 걸리지만 붕괴는 갑작이 일어나기 때문에 피해가 매우 심각하다.

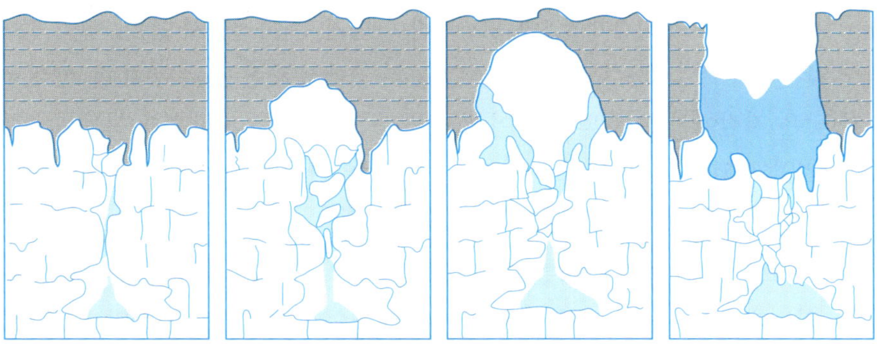

〈그림 10.10〉 지표붕괴형 지반침하의 발생 개념도

나. 지표침하형 지반침하(Cover-subsidence sinkhole)

이 형태의 지반침하는 작은 규모로 발생한다. 표층이 사질토인 경우가 많으며 동시에 지하수가 지표에 가까울 경우 주로 발생한다. 점진적으로 가라앉는 것이 특징이며 대부분의 경우 주택의 정원 내에서 발생하기도 한다.

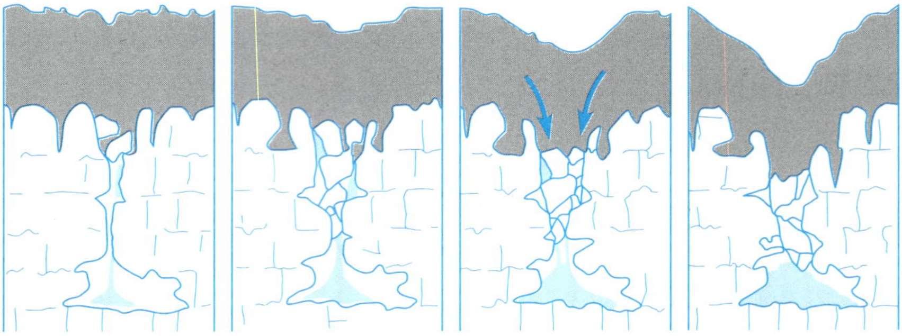

〈그림 10.11〉 지표침하형 지반침하의 발생 개념도

다. 지표용해형 지반침하(dissolution sinkhole)

이 형태의 지반침하는 가시적으로 침하되지 않는 경우가 많으며, 지표수 흐름의 변화로 인해 얕은 지표층의 융해가 급속도로 진행되어 결국에는 기반암까지 침식되어 파이는 현상이다.

3.2.2 인공적 지반침하(지반함몰)

도심에 생기는 지반침하는 지하수 네트워크에 이상이 생기면서 만들어진 것인데, 지하수를 너무 많이 끌어다 쓰면 지하수위가 낮아지면서 지하수가 감당하던 압력을 땅 속 공간이 고스란히 받게 되고, 그 결과로 지표가 무너져 지반침하가 만들어진다. 지하수를 대량으로 양수(pumping)할 경우(대규모 식수개발, 대규모 지하 터파기, 지하철공사 등)에 멀리 떨어진 곳의 지반도 내려앉는데, 이는 지하수도 지표수처럼 높은 곳에서 낮은 곳(수두차)을 향해 흐르므로, 지하수위가 낮은 지점에서 물을 많이 끌어 쓰면 높은 곳에 있는 지하수가 이동해 공동이 생기면서 땅이 내려앉게 되는 것이다. 2005년 6월 전남 무안과 2008년 5월 충북 음성에서 발생한 지반침하도 이와 같은 원인으로 발생한 것으로 밝혀졌다.

또한, 이 밖에도 지표수 물길을 다른 곳으로 돌릴 경우 그동안 물이 많지 않았던 흙에 물이 가득해질 수 있는데, 평소 물이 많지 않던 지반에 지표수가 유입되면 지반의 유효응력이 감소하게 되고 이로 인해 상재 하중을 견디지 못한 지반이 무너져 내리게 되기도 한다. 또한 공장에 쓸 저수지를 모래가 많은 지표층 위에 만들거나 도시 상하수관이 새면서 주변 흙에 물이 많이 스며들어도 지반침하가 생길 수도 있다.

인공적인 지반침하 발생 원인을 정리하면 다음과 같다.

- Life Line(상하수도, 전력통신구 및 가스관로) 중 상하수도 지하 매설관 노후로 인한 누수

발생 후 주변 지반의 급속한 동공화

- 상하수도 지하 매설관로 부실 접합부분의 누수로 인한 주변지반의 급속한 동공화
- 조립토(실트질 지반 일부) 지반 내에 개착공법으로 시공된 지하차도 하부의 지하수이동에 의한 국부적인 동공화로 인한 지표면 침하 발생
- 조립토(실트질 지반 일부) 지반 내에 대규모 건축물 기초터파기 공사 시 양수를 목적으로 하는 무분별한 지하수 방출로 인한 주변 지반의 지하수 흐름의 급변으로 인한 지반침하 발생
- 조립토(실트질 지반 일부) 지반 내에 대규모 건축물 기초터파기 공사 중 암반 내 피압대수층(Confined Aquifer)을 교란시켜 다량의 대수층의 지하수를 양수하게 됨으로써 지표층의 대수층 유입을 유도하게 되어 발생하는 침하 현상
- 조립토(실트질 지반 일부) 지반 내에 지하구조물 건설 시 막장면 관리 부실로 다량의 지하수 유입으로 인한 상부 지표면 동공 발생
- 조립토(실트질 지반 일부) 지반 내 건설된 지하구조물의 공법차이로 인한 구조물 접합부 지하수 누수 현상발생으로 인한 상부 지반의 동공화 발생

3.3 지반침하의 대응기술

인구밀도가 높은 도심지에서 갑자기 거대한 지반침하가 발생할 경우 많은 인명 피해가 우려된다. 국내에서도 2012년 인천의 지하철 공사 현장 인근에서 발생한 지반침하로 인해 인명 피해까지 발생하였다. 도심지 지반침하 발생으로 인한 피해를 예방하기 위한 대처방안을 다음과 같이 모색할 수 있다.

- 도심지 내 건설공사 수행 시 계획단계에서부터 지형의 변화나 지하수의 흐름에 대한 철저한 지반 조사가 수행하도록 의무화해야 한다. 특히, 지반침하 발생 가능성이 높은 강변 및 사질토 퇴적층 지역에서의 공사를 위해서는 이들 지역을 '침하가능지역' 으로 지정 · 관리가 필요하다.
- 우선 관 발주 공사 시 수행하는 지반조사보고서를 DB화하는 작업을 실시하고 추후 민간 발주 공사 지반 보고서 의무적으로 DB화하도록 한다.
- 이렇게 과학적이고 체계화된 지반조사 DB를 통합하고 분석 처리할 연구센터를 조속하게 구축해야 한다.
- 이를 이용해서 필요한 모든 국민이 사용할 수 있는 "지반지도"를 구축하고 상용화 시킬 수 있도록 해야 한다.
- 해외 사례를 들면, 미국 항공우주국(NASA)은 공중 레이더와 위성으로 지형자료를 분석해

지반침하를 예견하는 연구를 진행 중에 있다. 국내에서는 아직 지반침하에 대한 연구가 본격적으로 추진되지 않고 있는 바, 우선적으로 지반 침하 · 붕괴로 인해 재해가 예상되는 지역에 대해 재해 위험 지도를 작성해야 하며, 또한 이들 지역에서 건설공사가 착공되거나 진행될 경우 특별관리 대상으로 지정해 계측 · 모니터링을 강화해 침하 · 붕괴 위험에 대비해야 할 것이다.

4. 터널재해

4.1 터널재해의 원인

터널 설계에서 허용되는 굴착한계선을 초과하여 터널의 안전성에 영향을 미칠 수 있는 통상 5.0m^3 이상의 낙반이 발생한 경우와 터널내부에서 발생한 과대여굴이나 붕락이 지표면까지 연결되어 과대한 함몰이 발생한 경우를 “붕락”이라 정의한다.

터널 붕괴/붕락에 영향을 미치는 주요 인자는 터널환산단면적, 터널환산심도비, 지반조건(암종, RQD/N치, 지반막장 풍화도), 불연속면의 상태, 불연속면의 기하학적 특성, 지하수 유입량, 지하수위, 굴착방법, 굴착성능, 지보패턴 수준, 보조공법의 유무 등의 인자들의 복합적 작용으로 인해 붕괴가 발생된다.

붕괴사고의 원인은 예상하지 못한 지질학적 원인, 계획과 시방조건의 미비, 계산과 수치해석의 오류, 시공상의 오류 및 경영과 관리의 오류 등 5가지 항목으로 구분할 수 있다.

4.1.1 예상하지 못한 지질학적 원인에 의한 사고

- 수압을 가진 모래, 자갈층의 급작스런 출현(미고결함수 지반의 진행성 파괴)
- 시공 중 연속적으로 지층상태를 파악할 수 있는 수평 시추조사의 미수
- 전문가에 의한 막장관찰 기록, 분석 및 조치의 미비

4.1.2 계획과 시방조건의 미비에 의한 사고

- 터널의 안정성을 확보할 수 있는 암토피의 미확보
- 지반조건 분류기준의 오류로 보강공법의 부적절한 선택
- 부적합한 시공자재의 사용과 허용오차 선정의 오류
- 문제 발생 시 긴급조치 계획의 부적합

4.1.3 계산과 수치해석의 오류에 의한 사고

- 설계 입력자료의 오류
- 지하수의 영향을 충분히 고려하지 못한 경우
- 부적합한 재료모델 및 컴퓨터 프로그램의 사용
- 계측자료에 대한 정확한 분석 미비

4.1.4 시공상의 오류에 의한 사고

- 1, 2차 숏크리트 두께가 시방서와 다른 경우
- 록볼트와 강지보의 잘못된 시공
- 콘크리트라이닝 시공불량
- 설계시방과 다른 시공단계 적용

4.1.5 경영과 관리의 오류에 의한 사고

- 경험이 충분하지 않은 설계자와 현장관리인의 선정
- 시공사례의 장 · 단점을 충분히 인지하지 못한 현장관리인의 선정
- 능력과 경험이 풍부하지 않은 시공업체의 선정
- 불충분한 감리제도 도입
- 현장 계측관리에 따른 시공의 적용이 즉시 이루어지지 않은 경우

4.2 터널재해의 유형

터널굴착에서 가장 기본적인 요구사항은 지보재를 설치하는 동안 터널을 지탱할 수 있는 잠재력의 확보인데 굴착으로 인하여 터널 주변지반의 이완 형태뿐만 아니라 원지반의 높은 초기응력으로 인한 박편 및 갑작스러운 파괴 등과 같은 현상이 터널 붕괴 시 발생할 수 있다. 따라서 이러한 터널의 붕괴형태는 시공순서에 따라 상이하게 발생되며 시공단계별 3가지 붕괴 형태로 분류할 수 있다.

- 굴착(발파)직후 무지보 상태의 붕괴
- 1차 지보재(숏크리트 등) 타설 후 붕괴
- 콘크리트라이닝 타설 후 붕괴

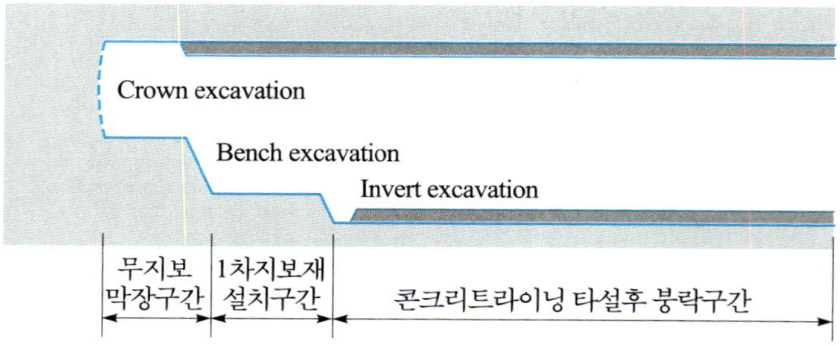

〈그림 10.12〉 시공순서에 따른 터널의 붕괴 형태

4.2.1 굴착(발파)직후 무지보 상태의 붕괴

① 벤치부 파괴(Bench Failure)

벤치부분에서 굴착 후 절리 등 불연속면의 발달에 의하여 미끄러짐 형상의 파괴

② 천장부 파괴(Crown Failure)

터널 천장부에 형성된 절리군이 블록을 형성하여 발생하는 쐐기형 파괴

③ 막장부 파괴(Face Failure)

천장부 파괴와 마찬가지로 발파 후 불연속면에 의한 막장부의 국부적 암반 블록이 붕락하는 경우의 파괴

④ 전막장 파괴(Full Face Failure)

터널 막장 전체가 연약층으로 형성되어 있는 경우 굴착으로 인하여 시간이 경과함에 따라 주변 지반의 지지력이 허용한계를 초과하여 막장면 전체에서 붕락이 발생하는 파괴

⑤ 연약대 파괴(Weakness Strata Failure)

대규모 및 소규모의 연약대가 터널 막장부의 굴진방향에 대해서 수직 또는 경사져서 발달되어 있는 지반조건의 경우 연약대를 따라 슬라이딩 형태의 파괴 발생

⑥ 표토층 파괴(Overburden Failure)

터널규모에 비하여 표토층이 너무 얇아 발파진동 등에 기인하여 터널 막장 표토층의 함몰이 일어나는 형태의 파괴

4.2.2 1차 지보재(숏크리트) 타설 후 붕괴

굴착 후 숏크리트를 타설한 경우 숏크리트가 경화되지 못한 상태에서 주변지반의 거동으로 1차 지보재가 한계강도에 도달하면 크리프 파괴(Creep failure)형태로 터널의 붕괴를 초래한다. 숏크리트 타설 후 강지보재의 설치 및 굴착소곤의 조절로 지반의 안정성을 향상 시킬 수 있다.

1차 숏크리트 타설 후 터널의 붕괴형태를 분류하면 다음과 같다.

• 상반 굴착 직후 지지력 부족에 의한 인버트에서의 침하 및 전단파괴
• 터널 주변 지반의 측압으로 인한 바닥부의 부풀림 현상
• 터널 측벽부 콘크리트라이닝에서의 측압에 의한 파괴

4.2.3 콘크리트라이닝 타설 후 붕괴

터널 붕괴 확률이 작으며 모든 지보재를 타설한 후 붕괴가 발생하는 경우로 이는 터널 설계의 오류 등으로 인하여 터널의 구조적인 문제와 터널 시공 시 품질관리 불량 및 이에 따른 터널 시공 후 유지관리의 소홀로 대부분 일어난다.

• 전단파괴(Shear Failure)
• 압축파괴(Compression Failure)
• 휨과 단층의 조합파괴(Combined Bending and Thrust)
• 국부파괴(Punching Failure)

4.3 터널재해의 대응기술

4.3.1 취약지반조건에서 보강공법의 종류 및 특징

보강공법은 굴착 시 지반의 상황이나 용수에 의해 시공이 곤란해지거나, 지보효과가 저하되는 경우 안전하고 효율적으로 시공하기 위해 터널의 지보재(숏크리트, 록볼트, 철망, 강지보재 등)과 병용하여 사용되는 공법이다. 연약한 지반에서 터널 시공 시 안정성 확보를 위해 터널막장이나 천단부 및 주변 지반을 보강해야 한다.

터널보강의 적용대상으로는 다음과 같다.

• 토피가 작은 경우
• 지반이 연약하여 지반의 자립성이 낮은 경우
• 터널 인접구조물 보호를 위하여 지표나 지중변위를 억제하여야 할 경우
• 용수로 인한 지반의 열화 및 이완이 진행될 수 있어 터널의 안정성 확보가 필요한 경우
• 편토압, 심한 이방성(High Anisotropy)지반이거나 특수조건에서 터널을 시공할 경우

가. 보강공법의 종류

터널굴착과 동시에 터널 내 · 외부에서 주변 지반이나 굴착 시 자립의 안정을 도우는 것으로 보강목적으로는 천단부와 막장 안정을 위한 지반강화 및 구조적 보강과 차수 및 배수를 위한 보강공법은 다음과 같다.

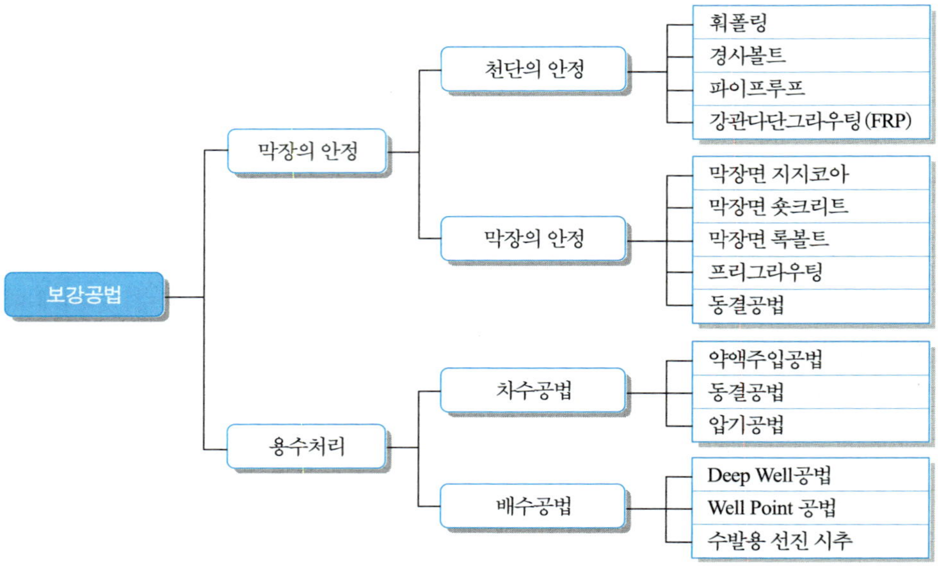

〈그림 10.13〉 보강공법의 목적별 분류

〈표 10.6〉 지반조건별 보강공법 분류

대책	목적	공법	원지반 조건			비고
막장의 안정대책	천단안정	파이프 루프		△	△	
		경사 록볼트		△	△	
		훠폴링		△	○	철근, 강봉 강관 등 사용
		강관보강형 다단 (1단 또는 2단) 그라우팅		△	○	
		약액주입공법			○	
	막장면/바닥면	막장면 숏크리트		△	△	
		막장면 록볼트		△	△	
		코어 핵		△		Ring Cut
		약액주입공법		△		
		가인버트		△	○	
용수대책	지수/배수	약액주입공법	△		○	
		물비기공	△		○	월포인트, 딥 철공법 포함
		월포인트공		○		
		딥 월공법		○		

※ ○: *비교적 자주 사용되는 공법*, △ : *보통 사용되는 공법*

〈표 10.7〉 천단 및 지반보강을 목적으로 활용되는 보강 공법 분류

공법 / 내용	천단 및 지반보강 공법		
	훠폴링 공법	FRP(강관) 다단 그라우팅 공법 대구경 강관	다단그라우팅 공법
공법개요	불량한 지반 조건의 구간에서 터널을 굴착하기 전에 굴착 자유면의 길이를 감소시키고 지반변형을 방지하여 국부적인 막장 붕락을 막기 위하여 강관 또는 철근을 터널 막장에 관입하는 보조 공법	터널 굴착 전에 고강도 FRP관(강관)을 우산형태로 적절히 배열, 설치하고 주입재에 의한 지반고결로 보강재와 주변 지반을 일체화시켜 Beam Arch를 형성하는 공법으로 자추 및 보강효과를 동시에 얻을 수 있는 공법	굴착면 전방에 우산모양의 구조체를 형성하여 굴착 시 구조적인 안전성을 도모 유지하는 공법으로 주입방식 및 목적에 따라 다단주입, 케이싱 헤드방식 및 수평 JET 방식의 3가지 형태의 시공이 가능함
주입재료	시멘트	시멘트 + 규산소다 + 혼화제	마이크로 실리카시멘트 + 규산소다
주입방법	1.0 Shot 방식의 단관주입	Air Packer System을 이용한 다단주입	Air Packer System을 이용한 다단 주입
적용목적	여굴 및 붕락방지	여굴 및 붕락방지 차수 및 지반보강	여굴 및 붕락방지 차수 및 지반보강
적용토질	풍화암 및 연암	ML(SC) 이상의 토질, 풍화암(연암), 파쇄대 및 단층대	SC 이상의 토질토사, 풍화암, 연암, 파쇄대 및 단층대
장점	1. 시공이 용이함 2. 공정이 간단함 3. 소규모 붕락방지에 효과적임	1. FRP 중량이 가벼워 취급이 용이함(강관은 제작이 용이하고 재료비가 저렴함) 2. 내부식성이 좋아 영구적인 보강재로 가능함 3. FRP 주입관과 간격재가 일체화되게 특수 제작되어 고부밴드를 보호하여 그라우팅 품질 향상이 기대되고 시공 신뢰도가 높음 4. FRP관의 표면이 거칠어 그라우트재와 부착강도가 증가됨	1. 전용장비시공으로 시공 정밀도가 양호하고 180° 보강이 가능 2. 강도발현 및 내구성이 우수 3. 지반조건 및 주입재의 특성에 맞는 주입방법(1.5 or 2.0 shot) 시공 가능 4. 강관을 이용한 직천공이 가능하므로 천공홀의 붕괴에 의한 시공성의 저하를 방지 할수 있음
단점	1. 막장면 지지 불량 2. 막장굴착길이가 길어질수록 지지효과가 감소 3. 지하수 누출부나 천단부 보강효과가 떨어짐	1. 재료비가 고가 2. 신공법 시공실적 부족 3. 강관 중량이 커서 시공성이 저하, 부식으로 인한 영구 보강재료 부적합	1. 전용장비가 고가 2. 시공비가 고가

① 훠폴링(Fore Poling)

훠폴링은 일시적 지보재로서 굴착 전 터널 천단부에 종방향으로 설치하여 굴착천단부의 안정을 도모하고 막장전반의 지반보강 및 느슨함을 방지한다.

• 규격 및 설치조건
  - 재질 : 철근, 강관, 강지보 말뚝
  - 길이 : 2~4m, 굴진창의 2~3배 정도
  - 횡방향 설치간격 : 30~60cm
  - 종방향 설치각도 : 0°~15°(갱구부 저각 가능)
• 지반에 강지보를 밀착시켜 2점 지지가 되도록 하여 터널 막장전방에 빔을 형성시킴
• 매막장 또는 2막장마다 설치하여 상호 중첩을 통한 강성 증대
• 천공면은 몰탈 그라우팅 등으로 여굴 및 느슨함 방지

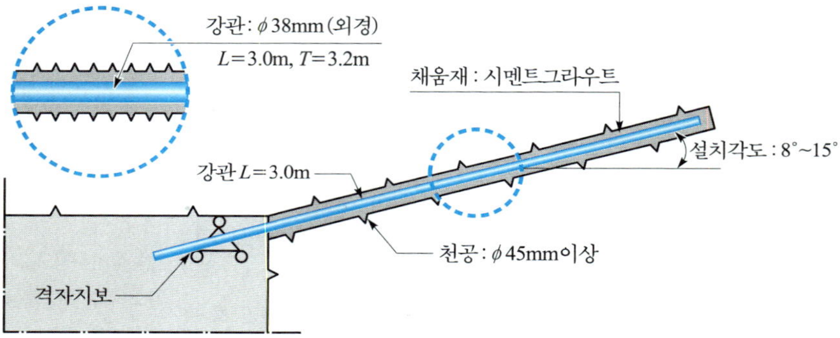

〈그림 10.14〉 훠폴링 모식도

② 파이프 루프/강관(FRP)다단 그라우팅

파이프 루프/강관(FRP)다단 그라우팅 공법은 터널 굴착에 따른 변위를 최대한 억제하고 상부 시설물 보호 및 터널의 안정성 확보를 위해 적용하는 공법으로 규격 및 설치조건은 다음과 같다.

  - 재질 : 강관, FRP
  - 길치 : 6m 이상
  - 횡방향 설치범위 : 90°~180°
  - 종방향 설치각도 : 0°~15°(갱구부 저각 가능)
• 중량에 비해 휨강성이 크고 취급이 용이
• 시멘트 주입 횟수에 따라 1회(일단) 주입 시는 파이프루프, 다단 주입 시는 강관(FRP) 다단그라우팅 공법으로 구분

- 점착력이 작은 토사 지반에도 고강효과가 탁월
- 고각으로 설치할 경우 굴착면 여굴 방지를 위해 훠폴링과 함께 적용 가능

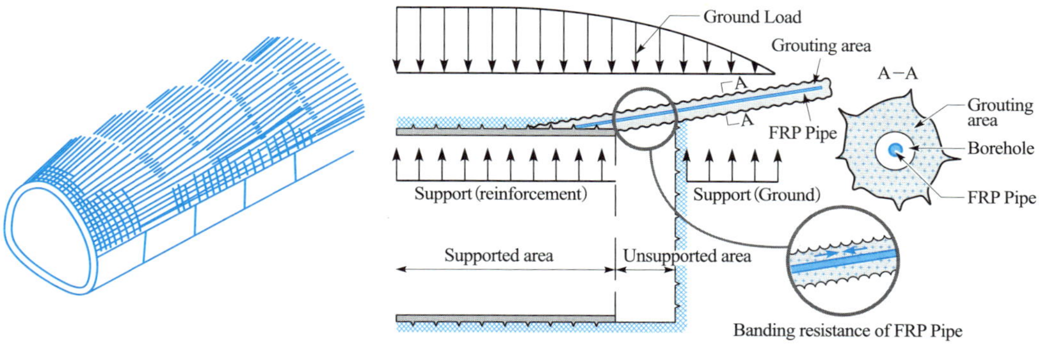

〈그림 10.15〉 강관(FRP)다단 그라우팅 공법 개념도

③ 막장면 자립 공법

연약한 지반에 위치하는 막장면이 밀어냄이나 붕괴에 저항할 수 있도록 도와주는 공법으로 다음 〈그림 10.16〉과 같이 세부적으로 분류할 수 있다.

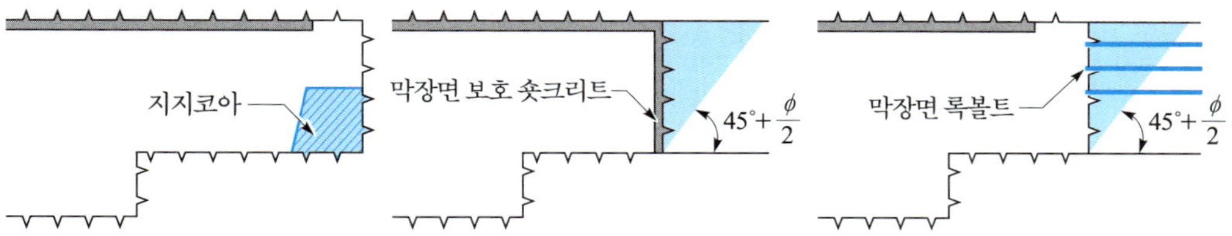

(a) 지지코아 설치 (b) 막장면 숏크리트 타설 (c) 막장면 록볼트 설치

〈그림 10.16〉 막장면 자립 공법

– 지지코아 설치

- 막장면 중앙부에 지지코아를 남겨두고 굴착한 후 지보 설치
- 토사지반에서는 필수적임
- 지지코아의 크기 및 후속 작업공정의 원활한 수행이 가능하도록 결정

– 막장면 숏크리트 타설

- 미고결 지반이나 팽창성 지반이 1 사이클 사이에 현저히 열화하여 작은 붕락으로부터 큰 붕괴로의 연결이 예상될 경우 3cm 이상(최소 5cm 추천)의 숏크리트를 막장면에 타설
- 장기간 공사중지 시 필수적

• 시공이 용이하고 효과가 빠름
– 막장 록볼트
• 길이는 굴진장의 3배 이상
• 연약지반은 막장 숏크리트와 병용하면 효과 증대
• 절단이 용이한 록볼트 적용 요구
• 베어링 플레이트를 설치하여 록볼트 정착
• 천공홀은 모르터나 시멘트그라우트로 충전 필요

〈표 10.8〉 차수 및 지반보강 그라우팅

구분	MSG 공법 (Micro Silica Grouting)	SGR 공법 (Space Grouting Rocket System)	LW 공법 (Cement Milk Grouting)
시공개요	이중관 주입 롯드에 특수주입 장치 장착, 이중 팻커를 이용하여 주입	이중관 주입롯드에 특수 선단장치를 합하여 대상지반에 유도공간을 확보 후 복합 주입	맨젯튜브나 파이프 삽입 후 이중 팻커를 설치하여 주입
주입방법	1.5 또는 2.0 Shot 방식	2.0 Shot 방식, 복합주입	1.0 또는 1.5 Shot
주재료	마이크로 실리카(시멘트) 규산소다	겔타임 조절 약액 시멘트, 규산소다	시멘트, 규산소다, 벤토나이트
일축압축강도 (kgf/cm²)	20~30	6~10	6~15
차수효과 k(cm/sec)	10^{-6}~10^{-7}	10^{-5}~10^{-6}	10^{-4}~10^{-5}
개량범위(m)	1.0~1.5	0.8~1.2	0.8~1.0
장점	• 겔타임 조절이 용이(급경, 완결) • 주입재료의 입경이 작아(3.7~10 ㎛) 미세한 암반 크랙까지 주입재의 침투가 가능 • 지하수에 의한 주입재의 용탈현상을 억제시키는 실리카졸계 활성규산이 사용되므로 내구성이 크고 영구적임 • 환경 및 지하수 오염에 대한 안정성 확보	• 겔타임 조절이 용이(급경, 완결) • 유도공간을 이용한 저압주입으로 지반의 교란이 적음 • 시공경험이 풍부 • 마이크로 시멘트 사용 시 미세틈의 주입이 가능	• 장비가 소규모로 작업이 단순 • 공사비가 경제적 • 시공경험이 풍부 • 공극이 다소 큰 지반에 지반보강 효과 양호
단점	• 주입재료의 공사비가 고가 • 시공 실적이 적음	• 지하수에 의한 약액의 용탈 및 용해로 인해 내구성이 미약 • 암반층의 시공효과 불량 • 미세 균열에는 충전 불가(암반층 절리 0.5mm 이하)	• 지하수에 의한 약액의 용탈 및 용해로 인해 내구성이 미약 • 차수효과가 낮음 • 지하수에 의한 용탈현상 높음 • 환경오염 우려

④ 그라우팅 공법

그라우팅 공법은 주입재를 지반에 주입시켜 지반의 강도증진, 지수정 증진, 변위억제 등을 유도하여 구조물을 보호하고 시공의 용이성, 안정성을 도모하는 공법으로서 상세한 내용은 다음과 같다.

- 적용목적
- 지반의 강도 증진, 기초지반의 지지력 증대, 터널 굴착 시 주변 지반 붕괴방지, 인접구조물 보호, 토압의 경감 등
- 지반의 지수성 증진
- 터널 굴착 시의 용수방지 및 지하수위 저하방지
- 지반의 변위 억제

- 그라우팅에 영향을 미치는 요인
- 대상 지반이 불균질성, 균열, 투수성과 주입재의 종류에 따른 점성, 겔타입, 화학적 성질 및 주입압력, 시공방법
- 겔 반응 종료와 동시에 고강도를 발휘할 것
- 겔화 또는 고화한 주입재는 수축 등을 일으키지 않고 지반을 불투수 성화할 것
- 환경 오염 문제를 일으키지 않을 것
- 취급, 조합 등이 간단하고 겔타임 조정이 용이할 것
- 고화 및 겔화 시 지반의 물리 화학적 성질에 대해 영향을 적게 받을 것

5. 댐 및 제방재해

5.1 댐 및 제방재해의 원인

일반적으로 댐 및 제방 붕괴 원인은 크게 월류, 침식, 제체(堤體) 불안정 및 하천 구조물에 의한 붕괴 등으로 구분할 수 있다. 따라서 제방 붕괴 원인별 유형 분류를 크게 제방 월류에 의한 파괴, 과대한 유속과 소류력에 의한 제방 침식 파괴, 제방 단면부실 및 연약 기초지반에 의한 누수 및 침하에 의한 파괴, 하천 구조물과의 접합부에서의 파괴 등으로 구분될 수 있다.

5.2 댐 및 제방재해의 유형

일반적으로 홍수 시 제방 붕괴 원인은 크게 월류, 침식, 제체(堤體) 불안정 및 하천구조물에 의한 붕괴 등 4가지로 구분할 수 있다. 월류는 하도의 통수능을 초과하는 홍수 유출이나 토사

나 유목 등에 의해 통수능이 저하될 때 발생하며, 침식은 하천의 급경사, 급격한 만곡 부분에서 과대한 유속과 소류력이 작용하여 제방 비탈면이나 하단부가 세굴됨으로써 발생한다. 제체 불안정은 성토재료의 불량과 제체 및 지반누수에 의한 파이핑(piping) 등에 의한 것을 말하며, 하천 구조물에 의한 붕괴는 하천횡단구조물이 붕괴되면서 제방이 붕괴되는 경우나 제방과 이질 재료로 건설된 구조물 접촉면의 붕괴 등을 들 수 있다. 침투에 의한 제방붕괴는 크게 활동과 누수에 의한 붕괴로 구분할 수 있으며, 누수는 제체누수와 지반누수가 있다. 제방 침식은 하안이 깎이는 측방침식과 제방 비탈면의 직접 침식으로 구분할 수 있다. 이와 같이 침식으로 제방이 붕괴되는 것은 호안과 부속시설의 침식에 의해 발생한다.

계획규모 이상의 홍수가 발생하여 홍수위가 제방고보다 높을 때 월류에 의한 제방붕괴로 이어진다. 제체 재료가 주로 흙으로 구성되기 때문에 월류 시 제외지측 비탈면 및 비탈끝이 세굴됨으로써 제방이 붕괴되는 것으로 알려져 있다.

제방과 구조물 접합부에서는 이질적인 재료에 의해 부등 침하나 공극이 형성되는 공동(空洞)현상으로 인해 제방이 붕괴되고 있는 것으로 알려져 있다. 우리나라에서도 최근 배수구조물에 의한 붕괴가 다수 발생한 바 있으며, 공통적으로 배수구조물을 지지하는데 말뚝기초를 사용하였다.

1987년~2003년까지의 제방붕괴 원인을 분석한 결과는 〈표 10.9〉에 나타낸 바와 같다. 전체 제방붕괴 사례 758건 중 월류가 300건(39.6%)으로 가장 많은 비율을 차지하고 있으며, 침식 295건(38.9%), 제체 불안정에 의한 붕괴 87건(11.5%), 그리고 구조물에 의한 붕괴 76건(10.0%)으로 나타났다. 세부적인 붕괴원인을 보면, 월류는 주로 수리 단면적 부족에 의해서 발생하였으며, 침식은 하도가 급경사이거나 급격한 만곡인 지점에서 주로 발생하였다. 제체 불안정에 의한 붕괴 유형 중 파이핑 현상이나 제체 표준단면적 부족으로 인한 붕괴가 60% 정도를 차지했으며, 시공 중 붕괴나 성토재료의 불량 및 제방기초의 침하에 의한 피해도 있는 것으로 나타났다. 구조물에 의한 붕괴는 주로 배수통문의 접합부에서 발생한 것으로 조사되었다.

5.3 댐 및 제방재해의 대응기술

국내에서 하천제방공사에 사용되고 있는 차수공법은 널말뚝공법, 주입공법, 심층혼합처리공법, 고압분사교반공법, 지중연속공법 등이 사용되고 있으며 주요 공법을 소개하면 아래와 같다.

① 널말뚝공법

② 주입공법

- 일반주입(Cement Mortar Grouting)공법
- 약액주입공법

〈표 10.9〉 제방붕괴 유형 분석(1987~2003)〉

구분	제방붕괴 유형	건수	비율(%)
월류	수리단면적 부족	211	70.3
	토석류 및 유목에 의한 통수능 저하	78	26.0
	교량에 의한 통수능 저수	11	3.7
침식	급경사 및 급격한 만곡	288	97.6
	제방하단부 세굴	4	1.4
	협소해지는 하폭	3	1.0
제체 불안정	파이핑 현상	30	34.5
	제체표준 단면적 부족	22	25.3
	시공 중이거나 불안정한 상태	15	17.2
	성토재료의 불량	11	12.6
	제방기초의 침하	9	10.3
하천 구조물 접합부	하천구조물 접합부	48	63.2
	보 설치 지점	16	21.0
	교량 파괴	12	15.8
	합 계	758	100.0

- 비약액주입공법

③ 심층혼합처리공법

④ 고압분사교반(Jet Grouting)공법

⑤ 지중연속공법

5.3.1 널말뚝공법

널말뚝공은 공장에서 사전에 제작된 널말뚝의 이음부를 물리게 하여 진동해머, Water Jet 등을 이용하여 지중에 타입하여 연속벽(차수벽)을 형성하는 공법으로 원자재 자체가 불투수성이고 품질관리가 간단한 특성을 가지고 있어 토류벽, 차수벽 등 가시설 공법으로 많이 사용되어온 방법이다.

시공경험이 풍부하고 설치 후 신뢰도가 높으며 내구성이 우수하여 제체 위로 중차량으로 인한 제방보강 작업이 가능하나 시공 항타 시 자갈층 및 전석층 관입이 어렵고 지하매설물 주변 시공이 불량하며 소음 진동이 크고 제체 균열 또는 이완이 예상될 수 있다. 특히 본 공법은 설치 후 여건변화로 차수벽 길이를 연장 또는 짧게 조정할 필요성이 대두될 경우 타 공법에 비해 적은 경비로 시공이 가능한 장점이 있으며 완전 차수가 필요할 경우 연결부에 지수제를 도막 처리하는 방법이 있다.

〈표 10.10〉 일반적인 차수공법의 비교

구분	널말뚝공법	주입공법	심층혼합처리공법	고압분사교반공법
공법 개요	공장 제작된 널말뚝의 이음부를 물리게하여 Water jet, 진동해머 등 을 이용하여 지중에 타입하여 연속벽을 형성 하는 방법	지반을 천공한 후 케이싱이나 Rod를 이용하여 응결재와 첨가물을 주입하여 지반을 고결시키는 공법	Earth Auger로 지반을 천공한 후 개량재를 주입하여 강제적으로 원래 토사와 교반혼합하여 소일시멘트 연속벽체를 형성하는 방법	공기를 동반한 초고압수를 지반 중에 회전분사시켜 지반을 절삭해 그 슬라임을 지표에 배출시키고 경화재를 동시 충진시켜 원주상의 고결체를 조성하는 방법
신뢰성	• 벽체강성 및 내구성이 우수함 • 이음매부에서 누수의 가능성이 있고, 길이가 긴 널말뚝타설은 이음매부의 이탈 가능성 있음 • 기설구조물과의 접합부 지수가 어려움(주입공법의 병용)	• 저압주입으로 주입재의 침투가 용이하고 또 반복 주입에 의해 지반의 균일화 • 피압상태에서 시공은 외관주위로의 실주입 등에 의해 방지할 수 있음 • 약액주입은 알카리용 탈작용으로 영구 구조물에서 신뢰도 낮음	• 벽체강성 및 내구성이 양호함 • 시공심도가 20m 이상으로 깊고 1열 시공이 되는 경우는 시공 정밀도 등 조성말뚝 연결부에 다소 불안함 • 피압상태하에서 시공은 토사와 시멘트의 혼합재 비중이 크므로 시공은 가능함	• 벽체강성 및 내구성이 양호함 • 시공심도가 35m이상으로 깊고 1열시공이 되는 경우는 시공 정밀도 등 조성말뚝 연결부에 다소 불안함 • 피압상태하에서 경화재가 피압수와 같이 배출되어서, 지반이 굳혀지지 않는 일이 있음
환경성	• 바이브로, 젯트 병용공법이므로 소음 · 진동은 적음 • 수질오염 우려가 없음	• 소음 · 진동이 적음 • 수중 시공 시 지하수 유동으로 수질오염 가능성 있음	• 슬라임 발생되며 모두 산업 폐기물임 • 수중 시공 시 지하수 유동으로 수질오염 가능성 있음	• 슬라임이 대량으로 배출되며 모두 산업 폐기물임 • 수중 시공의 경우는 지하수 유동으로 수질오염 가능성 있음
장비 사용성	• 작업공간이 작아 제방위 또는 고수부지에서 시공 가능	• 작업공간이 작아 대부분 제방 위에서 시공 가능	• 넓은 작업공간이 필요하며 기존제방 절취량이 많음	• 넓은 작업공간이 필요하며 기존제방 절취량이 많음
시공성	• 길이가 길고 N값은 50 이상의 모래층은 젯트수 병용에 서의 타설이 되는데 시험 시공에 의한 확인이 필요함 • 자갈 및 호박돌층에서 시공이 곤란하며, T-4 등 보조 장비 필요	• 장비가 소형으로 좁은 공간에서 작업 가능함 • 플랜트 설비는 다른공법에 비해서 소규모임 • 대부분 토질에서 시공가능하며, 자갈 · 호박돌층에서 시공성 높음	• 시공설비 및 플랜트 설비가 크고 장비의 작업 공간이 크다. • 자갈 · 호박돌층에서 시공성 낮음	• 선행삭공과 조성공이 분리된 작업이 되므로 시공성은 좋음 • 플랜트 설비는 비교적 크게 된다. • 자갈 · 호박돌층에서 시공 가능함

일반적으로 토질조건, 지층의 두께, 현장상황, 차수벽 심도 등에 따라 다르나 널말뚝의 사용규격은 현장조건별 사용규격과 같이 적용한다. 경험적으로 볼 때 강널말뚝의 시공은 N치와 자갈 · 호박돌의 크기에 따라 결정되며, 일반항타의 시공가능 범위는 N<50이며, N>50이고 호박돌의 크기가 ø25cm이하에서는 Water Jet 항타 또는 Auger 천공 후 항타로 시공이 가능하며, 호박돌의 크기가 ø25cm이상인 지반에서는 Barber Drill, PRD+Auger, T-4 등의 장비로 천공한 후 관입이 가능한 것으로 알려져있다.

따라서 공법 선정 시에는 시공성, 환경성, 경제성 등 종합적으로 고려하여야 하지만 시공성 측면에서 볼 때 토층의 변화가 심하거나 사력층, 호박돌층에서는 반드시 추가시추를 하고 시험시공을 실시하여, 시공방법, 장비의 선정, 시공심도 등 변경을 최소화할 수 있게 하여야 한다.

5.3.2 주입공법

주입공법은 개량이 필요한 대상지반에 천공한 후 케이싱이나 Rod을 이용하여 응결재인 시멘트, 점토(Bentonite), 규산소다, 첨가물을 강제로 주입시켜 지반을 고결시키는 공법으로 일반적으로 Grouting이라 부른다.

국내에서의 주입공법은 초기에 댐이나 제방의 차수 및 지반보강의 목적으로 Cement Milk Grouting을 적용하였으나 70년대 후반에 LW공법이 도입 되었고 80년대 초에 SGR공법이 도입되면서 용액형 그라우팅이 처음으로 도입되었다. 이후 SGR공법은 현탁액뿐만 아니라 종래의 시멘트를 Micro 시멘트화 하여 침투효과를 증대시킬 수 있는 계기를 만들었다. 주입재의 종류에 따라 약액과 비약액으로 구분되며 차수와 지반강화를 위해 주로 사용되고 있으며 투수계수는 일반적으로 1×10^{-6}cm/sec이하를 얻을 수 있다.

주입공법은 주입형태에 따라 충전, 맥상, 경계, 침투주입으로 분류하고, 주입관 설치방법에 따라서는 Rod 주입, Strainer 주입, 이중관 Doubble Packer주입, 이중관 Rod주입, 이중관 복합주입공법으로 구분된다. 혼합방식은 1Shot, 1.5Shot, 2Shot으로 구분되고, 주입원리에 따라 주입제인 현탁액과 약액을 침투만으로 흙의 간극을 채워 고결되면서 지반의 특성을 개선하는 침투주입법, 슬럼프가 대단히 적은 시멘트풀, 몰탈을 주입압에 의하여 변위를 유발하면서 지반의 체적압축 효과와 주입고결 효과를 기대하는 변위주입, 석회슬러리 또는 시멘트에 화학약품을 첨가하여 공극이 큰 지반에서 주입재가 느슨한 지반을 둘러쌓도록 주입하는 캡슐주입으로 구분되며 주입형식은 상향식, 하향식, 상 · 하향절충식으로 구분된다.

5.3.3 심층혼합처리공법

심층혼합처리공법은 Earth Auger로 지반을 천공한 후 개량재(시멘트, 벤토나이트 등)를 주입한 후 강제적으로 원래 토사와 교반 혼합하여 지반강도와 지수성을 향상시킨 연속벽체를 형성하는 공법이다.

심층혼합처리공법의 특징은 벽체강성이 양호하며 소음, 진동이 적고 차수성도 우수하며 국내 시공경험도 풍부한 장점을 갖고 있으나 시공 장비가 대형이어서 넓은 작업공간이 필요하고 슬라임이 발생되어 환경적인 측면에서 불리하나 투수계수는 일반적으로 $1\times10^{-6}\sim10^{-7}$cm/sec를 얻을 수 있고 최근에 빠르게 보급된 공법이다.

심층혼합처리공법의 개량원리는 지반개량제와 물의 수화반응 및 수화에 따른 생성물과 흙과의 화학반응에 의한 경화체의 형성에 있으며, 각 세분류된 공법은 SCW공법을 기본으로 하고 있어 크게 볼 때 성능이나 시공성에서 유사한 공법으로 교반장비 및 시공품질관리 장치 등을 개량하여 첨가물로 개발한 고화재 또는 경화재를 사용하기도 한다.

심층혼합처리공법 선정 시 주의 사항은 토질조건에 따른 시공가능 여부와 작업공간, 고화재의 종류와 배합비 및 환경적인 문제 등을 고려하여야 한다. 심층혼합처리공법의 시공 능력은 자갈·호박돌의 크기에 따라 결정되며, 일반적인 시공가능 범위는 사력층에서 최대 입경이 ø10cm이하에서는 시공이 가능한 것으로 알려져 있으나 최근에는 Auger날개를 개량하여 자갈층, 전석층, 풍화암층에서도 보조장비 없이 시공 가능하게 개발한 공법과 장비운영을 위한 작업공간으로 폭 8.5m~10.5m이상이 필요하나 횡방향 3축 Auger를 종방향으로 개량하여 5m 정도의 좁은 지역에서도 시공이 가능하도록 개선한 공법도 있다.

SCW의 경우 주재료는 시멘트와 벤토나이트로 되어 있으나 최근 개발된 고화재의 경우 경화촉진을 위해 첨가된 혼화재는 환경적인 문제와 토질조건에 따른 적정배합, 고화재 주입량, 주입속도 등을 검토하여야 한다. 지하수 유동이 심한 지반에서 양생기간 중 고화재가 유실되어 지하수를 오염시킬 수 있으므로 우물, 양어장 인근에서 시공 시에는 주의하여야 한다.

5.3.4 고압분사 교반방법

고압분사 교반공법은 심층 지반을 개량하는 것으로서 지반 중에 주입관을 관입하여 수평방향으로 200kgf/cm^2 이상 고압으로 경화재(Cement Paste)와 Air Jet를 분사하여 주입관을 회전 인발시킴에 따라 파괴된 토립자와 경화재를 혼합 및 교반하여 원주상 고결체를 형성하는 공법으로 Jet Grouting공법으로 불린다.

1965년경 일본에서 CCP(Chemical Churing Pile) 공법으로 실용화하여 여기서 Air Jet를

병행시켜 개발한 것이 JSP(Jumbo Special Pattern)공법이고 기계공학의 발전으로 400~700kgf/cm² 정도의 초고압펌프를 개발하여 초대형 직경(D=2~3m)의 고결체를 조성할 수 있게 개발된 것이 RJP(Rodin Jet Pile)공법이다. 신뢰할 수 있는 고결체를 형성할 수 있고 내구성이 우수하여 차수, 기초Pile, 지반개량 등 목적으로 다양하게 적용할 수 있는 공법이나 지하수 유동이 큰 자갈 전석층에서 적용성이 낮으며 장비가 크고 공사비가 다소 고가이다.

5.3.5 지중연속공법

지중연속공법은 벤토나이트의 안정액으로 공벽의 안정을 유지하고 굴착 후 콘크리트로 벽체를 조성하는 공법으로 1950년경 유럽에서 개발 실용화되었으며 유럽에서는 Concrete Diaphram Wall, Slurry-Wall이라 하며 우리나라에서는 지중연속공법 또는 지하연속공법이라 한다.

건축구조물의 지하실, 차수벽, 방호벽, 호안, 흙막이벽 등 다양하게 이용되고 있으며, 굴착방식으로는 버킷식, 회전식, 충격식이 있고, 형태로는 벽식, 주열식, 조합식이 있다.

무소음 무진동으로 벽체강성이 커서 본체의 벽체나 기초구조로 사용가능하며, 차수성이 우수하고 어떠한 지반이라도 시공이 가능하며 주변구조물에 영향이 적은 장점을 갖고 있으나, 공사비가 고가이고 굴착 시 공벽의 붕괴 가능성과 굴착토사 및 안정액 등 폐기물 발생이 많고 고도의 기술과 경험이 필요하며 이음부가 차수의 취약점이 될 수도 있는 단점을 갖고 있다.

6. 옹벽붕괴

6.1 옹벽붕괴의 원인

옹벽은 한정된 부지의 효율적인 이용을 위하여 대단위 택지조성, 공업단지조성, 도로, 철도 등의 국가기간시설 공사현장으로부터 소규모의 민간공사에 이르기까지 가장 일반화되어 시공되고 있는 구조물 중의 하나이다. 옹벽의 분류는 그 설치목적과 환경조건을 기본으로 적용 범위에 따라 절토 또는 성토옹벽으로 대별할 수 있다. 사용목적에 따라 도로 및 철도 옹벽, 부지옹벽, 수리시설옹벽 등으로 나눌 수 있으며, 이는 다시 역학적 특성에 따라 연성옹벽과 강성옹벽, 주요부재의 재료에 따라 콘크리트옹벽, 보강토옹벽, 석축옹벽, 개비온옹벽 및 기타 특수옹벽으로 분류할 수 있다.

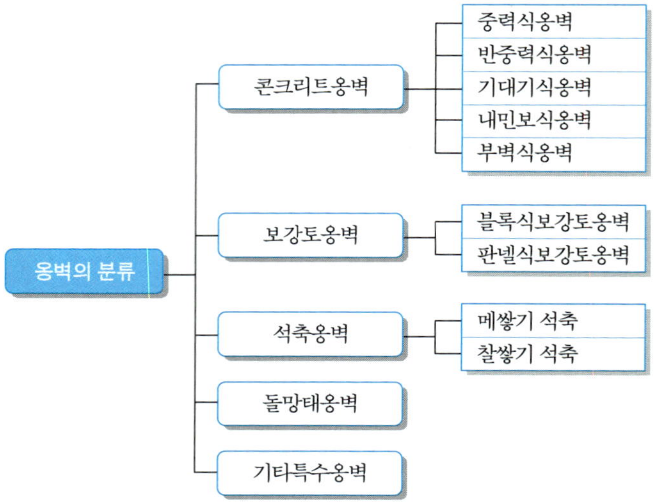

〈그림 10.17〉 옹벽의 분류

집중호우 시나 해빙기에 발생하고 있는 재해에는 옹벽의 붕괴로 인한 피해가 매년 반복하여 발생하고 있으며, 이로 인하여 많은 재산손실과 인명피해를 초래하고 있는 재해 다발 구조물 중의 하나로 볼 수 있다. 이러한 원인으로는 옹벽 구조물이 다른 구조물에 비해서 생활권 내에서 많은 시공이 이루어지기 때문이라고 볼 수 있지만, 다른 한편으로는 인간의 생명과 안전에 밀접하게 위치하고 있는 구조물임에도 불구하고 구조적인 중요성을 등한시하고 있기 때문에 발생하는 경우도 많다고 할 수 있다.

옹벽의 붕괴원인들은 여러 복합요소들이 있지만, 크게 구분해보면 기초지반 지지력 부족, 배수공의 부족 및 막힘, 뒷채움부의 상·하수도관의 누수, 뒷채움재 불량 및 다짐불량, 시공불량에 따른 강도부족, 노후에 따른 강도부족 등을 들 수 있다.

■ 기초지반 지지력 부족

구조물의 하중을 지질할 수 없는 연약한 기초지반에 옹벽을 축조하여 옹벽구조물의 침하나 붕괴가 발생하는 경우가 많으며, 이는 옹벽 구조물의 설계 및 시공 시 통상적으로 지반조사를 시행하지 않아서 발생한다.

■ 배수공의 부족 및 막힘

석축이나 옹벽의 배수공은 옹벽 배면 뒤채움부에 유입하는 물을 신속하게 전면으로 배수하여 옹벽체에 수압이 작용하지 않도록 설치하고 있으나, 배수공의 수량이 부족하거나 막히는 경우에는 공극수압의 증가로 인하여 과도한 토압 발생으로 옹벽의 붕괴가 발생한다.

■ 뒷채움부의 상 · 하수도관의 누수

옹벽 배면에 위치하는 상 · 하수도관의 누수 또는 파괴는 옹벽체에 작용하는 공극수압의 증가로 인하여 붕괴로 이루어지게 되는데 집중호우 시는 지표수의 지중 침투와 더불어 일시적으로 공극수압의 상승으로 옹벽의 붕괴가 발생하게 되는 경우가 많다.

■ 뒷채움재 불량 및 다짐불량

뒤채움재는 지중 또는 지표면으로부터 유입하는 물을 신속하게 배출하기 위해서 투수성이 좋은 사질토층을 사용하여야 하나, 유입수의 원활한 투수가 이루어지지 않는 투수성이 불량한 재료를 사용 시에는 공극수압의 증가로 옹벽의 안정성을 위협하게 된다. 또한 뒤채움재 다짐불량의 경우에는 석축옹벽의 함몰붕괴를 발생시키거나 옹벽 배면의 지반이 가라앉는 현상이 발생하게 된다.

■ 시공불량에 따른 강도부족

시공불량에 의한 옹벽의 단면부족 또는 콘크리트의 강도가 부족하여 붕괴가 발생하는 경우가 있으며, 철근 배근과 활동방지벽의 시공불량으로 전도 및 활동파괴가 발생하는 경우가 있다.

■ 노후에 따른 강도부족

오래된 옹벽은 구조물의 노후화로 인하여 강도 감소 및 배수공의 폐쇄 등의 요인으로 붕괴가 발생하게 되는데 특히 오래된 석축의 경우는 결빙과 해빙이 반복됨으로 인해 석축에 사용된 견치석이나 콘크리트의 부식으로 인해 견치석이 빠지게 되는 부분파손에서 확대되어 붕괴로 진행되는 경우도 있다.

위와 같이 실질적으로 안정성에 문제가 발생한 경우를 조사 분석해 보면 현장조건이 고려되지 않은 형식적인 안정성 검토에 의한 설계와 기본적인 옹벽의 역학적 개념이 무시된 적절치 못한 시공, 유지관리의 미비함으로 인해 발생하고 있음을 많은 경우에서 확인할 수 있다.

6.2 옹벽붕괴의 유형

옹벽 구조물에서 발생되는 손상 정도에 따라 전반손상, 국부손상, 배수공 불량, 염화물 함유, 세굴 등으로 구분해볼 수 있다. 여기서 전반손상은 침하, 계획선형오차(전도/경사), 활동으로 구분되며, 국부손상은 파손, 충격손상, 균열, 박리 등이 이에 해당한다. 이에 대한 각각에 대한 사항은 다음과 같다.

■ 전반손상

– 침하

콘크리트 옹벽 구조물이 시공위치에서 수직방향으로 가라앉은 현상으로 침하가 부분적으로 발생할 경우에는 인접한 블록간의 단차로 확인할 수 있다. 침하의 주원인은 기초지반의 압밀침하, 부등침하, 기초의 세굴 등이며 옹벽 하단 기초지반의 전단파괴에 의하여 발생할 수 있다. 침하가 발생하면 구조물의 본래 사용목적에 영향을 미칠 수 있으며 구조물 전체의 안정성이 저하될 수 있으므로 지속적인 관찰이 필요하다.

– 계획선형오차(전도/경사)

콘크리트 옹벽이 준공 시 또는 설계 시보다 기울어지는 현상으로 경사는 일반적으로 침하를 동반하여 발생하며 경사가 심해지면 옹벽의 전도에 대한 구조적인 안정성에 문제가 발생할 수 있다. 경사는 지반의 침하, 기초의 세굴, 뒤채움 토사에 의한 토압, 과중한 상재하중, 기초 마운드의 산란이나 옹벽하단의 전단파괴 등으로 주로 발생한다. 경사가 발생하면 구조물의 안정성 및 사용성의 저하가 초래되어 심각할 경우에는 옹벽 구조물 전체의 안정성에 문제가 되므로 침하와 마찬가지로 지속적인 관찰이 필요하다.

– 활동

옹벽 구조물에 작용하는 토압의 수평분력에 의해서 옹벽은 수평방향으로 활동하려는 특성을 가진다. 이 경우 기초저면지반의 저항력(자중+마찰력)이 부족하면 옹벽은 전체적 또는 부분적으로 이동이 발생하며, 그 정도가 심각할 경우에는 붕괴가 발생한다. 따라서 활동의 정도가 심각하면 옹벽 구조물의 안전에 영향을 초래할 수 있으므로 발생 및 진행상황에 따라 적정한 대책이 필요하다.

■ 국부손상

– 파손

지속적인 충격이나 과도한 충격에 의해 발생하는 결함으로 구조부재의 주요부가 깨지거나 파손되는 등 눈에 띄는 형상의 변화를 수반한다. 이에 따라 구조부재의 안정성과 사용성을 심각하게 저하시키며 구조적인 기능을 회복시키기 위해서는 근본적인 보강이 필요하다. 파손으로 분류될 수 있는 결함의 형태는 옹벽 구조물의 전면부 깨어짐, 철근이 휘거나 부러짐 등의 경우이다. 파손의 크기는 영향 부위의 최대치수(깊이, 폭, 변위 등)로 표시한다. 파손은 구조물의 안정성에 영향을 미치고 붕괴의 원인이 될 수 있으므로 정밀조사가 요구되며 필요에 따라 보수될 때까지 사용을 제한시켜야 한다.

– 충격손상

충격손상은 콘크리트 부위가 유실되었으나 철근의 노출 없이 콘크리트 덮개의 손상만 발생한 현상이다. 이 결함은 콘크리트 표면이 충격으로 거칠어진 상태에 있는 것으로 구분할 수 있다. 이의 발생원인으로는 낙석 및 기타 구조물의 충돌 등이다. 구조적 영향은 크지 않으나 콘크리트 덮개의 감소로 인해 철근 부식이 촉진될 수 있다.

- 과응력 균열

과도한 외적하중이 작용한 결과로 발생하는 균열로 과응력 균열은 건조수축이나 온도변화에 의한 균열과는 달리 보통 직선으로 발생한다. 가장 신뢰할 수 있는 판별방법으로는 가능한 과하중의 양상과 그 결과를 분석해보는 것이다. 이의 발생원인은 파손에 대한 것과 동일하며, 그 이외에도 시공 중 과하중 또는 설계오류나 상세 설계의 잘못으로 발생할 수도 있다. 과응력 균열이 발생하는 위치도 파손의 경우와 동일하다. 과응력 균열의 크기는 길이와 폭으로 나타내고, 즉각적인 구조물의 파괴로 이어지지는 않지만 신속한 조치를 취하여야 한다.

- 부식균열

부식균열은 철근의 부식과 같은 화학작용에 의한 부식철근의 팽창으로 콘크리트가 쪼개지는 균열이다. 부식된 철근을 따라 주로 발생하는데 균열폭은 최대 부식 위치에서 가장 크고 끝으로 갈수록 폭이 줄어지면서 사라진다. 균열 위치에서 적색, 주황색 또는 갈색의 부식 부산물이 종종 관찰되며 이의 크기는 균열의 길이와 폭으로 나타낸다.

- 일반균열

일반균열은 다양한 원인으로 발생하며 경우에 따라 다르나 원인이 불분명한 것들이 많으며, 철근배근 오류, 건조수축, 온도변화, 기후작용 및 화학작용 등으로 발생한다. 균열폭은 0.5mm보다 작으며, 온도에 따라 변한다. 이의 크기는 균열의 길이 및 폭으로 나타낸다. 일반균열로 인해 발생할 수 있는 구조적인 영향은 크게 심각하지는 않으나 구조물의 내구성 저하를 발생시킬 수 있다.

- 완전박리

부식균열이 더욱 진전하여 콘크리트 덮개 조각이 완전히 탈락되고 철근이 완전히 노출되는 현상이다. 완전박리는 철근의 부식으로 콘크리트 덮개의 조각이 완전히 분리되어 탈락하는 단계이다. 이러한 현상은 철근부식이 발생하는 곳이면 어디에서나 발생할 수 있다. 완전박리의 크기는 박리된 표면적, 박리 깊이, 영향 부위의 최대 치수로 나타낼 수 있다. 이러한 부식으로 인해 철근단면의 손실로 구조적인 기능 저하를 일으키며 철근이 노출되어 있는 부식을 더욱 촉진시킨다.

- 부분박리

부분박리는 부식균열이 발생했으나, 콘크리트 덮개가 완전히 탈락하지는 않은 경우이다. 부식균열에 의하여 콘크리트 균열면이 원호를 이루면서 약간 솟아올라 부분적으로 박리가 발생한 현상으로 철근은 노출되어 있지 않은 상태이다. 이는 철근의 부식에 의하여 콘크리트 덮개의 조각이 완전히 분리되어 가는 중간 단계로서 철근의 부식이 일어나는 곳이면 어디에서나 발생할 수 있다. 부분박리의 크기는 박리된 표면적, 균열폭, 박리깊이, 영향받은 영역의 최대 치수로 결정한다. 콘크리트 덮개의 부분 탈락은 심각한 구조적인 문제가 되지는 않으나 철근의 단면 손실을 의미하므로 구조적인 기능의 저하를 유발하며 표면균열은 부식을 촉진시킨다.

■ **배수공 불량**

옹벽 구조물의 배수공 상태불량으로 인해 배면부의 토압 증가를 야기하여 옹벽의 안전성에 영향을 주는 경우가 있다. 지하수위가 상승했을 경우의 토압은 지하수가 없을 경우의 토압과 비교해 약 2배 가까이 증가하는 것으로 배면지반의 지하수 배출의 중요성은 매우 높다. 옹벽 구조물의 배수공 상태 불량 유형은 뒤채움 흙의 유출이 없는 아주 양호한 상태, 뒤채움 흙의 유출이 부분적으로 일어나 배수의 원활한 흐름에 영향을 주는 보통의 상태, 뒤채움 흙의 유출로 인해 배수공이 완전히 막혀 옹벽 배면부에 과도한 수압 증가를 초래하여 옹벽의 안전성에 큰 영향을 주는 불량한 상태로 구분할 수 있다.

■ **염화물 함유**

염화물에 의하여 발생하는 콘크리트의 염해는 크게 해사 사용 등에 의한 내부 염해와 해안환경, 제설용 염화물 살포 등에 의한 외부염해로 구분되며, 해사 중에는 염화나트륨이 포함되어 있는데, 이를 세척하지 않고 콘크리트에 사용할 경우 강재 부식과 콘크리트의 백태 등 구조물에 심각한 문제를 일으킬 수 있다. 또한 해안환경의 경우, 해안에서 200m 이내는 염해지역, 200~1,000m는 준염해지역이므로 이들 지역 내에 있는 콘크리트 구조물의 내구성 평가 시 염해에 대한 평가가 필요하다.

■ **세굴**

기초지반이 유실되는 현상으로 발생원인이 명확하지는 않지만 주로 배수로를 설치하지 않을 경우 우수에 의한 발생과 주변 환경변화에 의해 발생된다. 특히, 하천 옹벽의 경우 장마나 홍수시 급류로 인해 하천바닥의 유실 발생이 빈번하게 나타나므로 주의와 관찰이 필요하다.

6.3 옹벽붕괴의 대응기술

결함이 발생한 구조물에 대한 보수 · 보강은 손상구조물의 영향정도, 구조물의 중요도, 사용

환경조건 및 경제성 등에 따라서 그 방법 및 수준을 정하여야 한다.

보수는 구조물에 작용한 위해요인에 의해 발생된 구조물의 결함에 대해 손질하여 고치는 것을 의미하며, 보강은 설계하중 이상의 하중 등 위해요인에 대해 구조물이 안전하도록 하기 위하여 구조물의 내하력 등을 회복 또는 증진시키는 것을 의미한다.

따라서, 보수를 목적으로 할 경우에는 상태평가 결과 등을 제시하여야 하며, 보강을 목적으로 할 경우에는 안정성 평가 결과 등을 상세히 검토하여 보수 · 보강의 필요성, 방법 및 그 수준을 제시하여야 한다.

■ 옹벽 구조물의 보수 · 보강

- 필요성 및 수준

보수의 필요성은 발생된 손상(균열 등)이 어느 정도까지 허용되는가의 판단에 의하여야 하며, 이를 위해 각종 지침 및 기준(표준시방서 등)을 참조하여야 한다.

보강의 경우는 안전율을 각종 기준에서 정하는 수치 이상으로 하기 위하여 어느 정도까지 저항력을 증가시켜야 하는지를 판단하여야 한다. 이를 위한 수준은 현재의 위험도, 경제성, 시공성 등을 고려하여 현상유지(진행 억제), 사용상 지장이 없는 성능까지 회복, 초기 수준 이상으로 개선, 개축 등을 고려할 수 있다.

■ 옹벽 구조물 보수 · 보강공법의 선정

- 철근부식에 대한 보수공법

  철근이 부식되어 있는 부분이 노출되도록 콘크리트를 파취하고, 철근이 부식된 부분의 녹을 제거하여 철근에 방청처리한 후, 콘크리트에 프라이머 도포를 행한 이후에 플리머 시멘트 모르터(PCM) 등의 재료로 충전 보수한다.

- 누수에 대한 보수공법

  콘크리트의 누수는 구조물의 기능장애와 노후화의 원인이 되므로, 누수방지 및 방수대책의 수립이 필요하다.

- 콘크리트 중성화 부위 보수공법

  중성화가 20~30mm 정도 진행된 경우에는 중성화된 콘크리트를 제거한 후 단면복구용 모르터로 부수하는 것이 원칙이나, 이러한 경우 공사비용이 과다하기 때문에 현실적으로 불가능하다는 지적이 있다. 따라서 구조체의 경우 중성화를 방지할 수 있는 콘크리트 중성화 아지용 밀폐형 기밀 도료칠을 한다.

- 침하에 대한 보수 · 보강공법
- 고압분사 교반공법

〈표 10.11〉 옹벽에 영향을 미치는 현상과 요인

역학적 거동과 원인			자연요인				인위적 요인			
역학적 거동		원인	특수 지형	특수 지질	저온	기타	설계 불량	배수 불량	시공 불량	기타
하중증가	토압증대	편토압, 사면활동 등	○	○						
		배면지반 하중증가						○		○
	수압증대	지표수 유입				○		○	○	
		배수불량, 지하수 차단		○			○	○		
		인접시설(상 · 하수도)누수					○	○	○	
	기타	재하(載荷), 제하(除荷), 근접시공								○
		지진				○	○			
기초지반 지내력 저하	침하, 활동	근접시공(굴착)					○			○
		지진				○				
		지하수위 상승	○				○			
옹벽의 지내력 저하	구조노후화	균열, 박리, 단면변형				○	○			
	재료노후화	중성화				○				
		저온, 습윤			○		○	○		
		배합불량								
	기타	지진			○					
		화재, 충격(차량 및 낙석충돌 등)								○

물과 공기를 혼합한 초고압 분류체가 갖고 있는 운동에너지를 이용하여 지반의 조직구성을 파쇄하고, 파괴된 토립자와 경화재를 혼합 교반하여 초대형의 원주상 고결체를 조성하는 공법이다.

제11장 연안방재

1절 연안재해

연안은 바다와 육지가 접해 있어 서로 밀접한 영향을 끼치는 지역을 뜻한다. 삼면이 바다인 우리나라는 내륙에 접해 있는 나라들과는 달리 연안이 많이 발달되어 있어, 예로부터 중요한 삶의 터전이었다.

1.1 연안재해의 정의

연안재해는 연안에서 발생할 수 있는 모든 재해를 가리키며, 주 대상은 폭풍해일, 지진해일, 이상파랑, 연안침식 등 재해의 원인과 종류에 따라 다양한 형태로 나타난다.

1.2 연안재해의 종류

1.2.1 폭풍해일(storm surge)

해면은 천체의 운동에 의해 발생하는 천문조(astronomical tide)에 의해서 규칙적으로 변화하며, 강풍과 기압의 급변 등과 같은 기상적인 요인에 의해서 변화하기도 하는데 이를 기상조(meteorological tide)라 한다. 기상조 가운데 해면이 평균보다 극심하게 상승하는 경우가 폭풍해일(storm surge)이다. 우리나라에서는 여름철 태풍의 영향으로 폭풍해일이 발생하는 경우가 많다(행정안전부, 2002).

1.2.2 지진해일(tsunami)

지진해일은 지진, 해저 화산폭발 등으로 발생하는 파장이 긴 파도이다. 지진에 의해 바다 밑으로 솟아오르거나 가라앉으면 바로 위의 바닷물이 갑자기 상승 또는 하강하게 된다. 이 영향으로 지진해일파가 빠른 속도록 퍼져나가 해안가에 엄청난 위험과 파괴를 일으킬 수 있다.(기상청, 2010). 지진해일은 국제 공용어로는 Tsunami라 불리고 있는데, 이 용어는 일본어에서 유래되었다(행정안전부, 1998). 우리나라의 경우 지진해일에 의한 피해사례가 많지 않아 관심을 받지 못했지만, 2004년 동남아시아 지진해일과, 2011년 동일본 대지진에 의한 지진해일의 막대한 파괴력을 확인한 후 관심이 커지게 되었다.

1.2.3 이상파랑(unpredicted high wave and swell)

이상파랑은 갑작스런 해수면의 큰 진동으로 인한 해안범람이 특징으로, 최근의 기후변화와 관련해서 발생하는 문제가 아니고, 이미 오래전부터 발생하고 있는 현상이다. 이상파랑은 아직까지 원인이 명확하게 밝혀지지 않았고, 용어도 정의되어 있지 않다. 국립재난안전연구원에서는 이상파랑은 풍랑이나 너울처럼 어떤 특정한 메카니즘을 갖는 파의 한 종류가 아니고, 그 발생 원일을 명확하게 설명할 수 없는 파로 정의하였다(국립재난안전연구원, 2009). 우리나라에서는 2007년 법성포와 2008년 보령에서 이상파랑에 의해 인명피해가 발생한 후 관심을 갖기 시작하였다.

1.2.4 연안침식(shore erosion)

연안침식은 주로 파랑과 해류의 영향으로 연안의 모래가 침식되어 해안선이 육지 쪽으로 후퇴하여 해빈폭이 감소되는 현상이다. 현재 우리나라 연안 곳곳에서 발생하고 있는 심각한 재해현상 중 하나이다. 연안은 태풍 발생 시 태풍이 육지에 미치는 세력 감소 및 환경적으로 유익한 기능을 갖고 있기 때문에 방재적, 생태적 측면에서 중요한 역할을 한다. 최근 들어 연안침식에 의해 연안이 지속적으로 감소하고 있기 때문에 심각한 사회문제 중 하나라고 할 수 있다.

1.3 연안재해의 발생원인

1.3.1 폭풍해일(고조)

폭풍해일은 천문조에 의해 매일 발생하는 해면의 규칙적인 승강과 기상현상에 따른 기상조가 중첩되어 발생하는 해면의 비정상적인 상승이다. 일반적으로는 기상력이 천문력에 비해서 작기 때문에 천문조가 우세하고, 평상시에는 해면의 상승이 규칙적으로 나타난다.

그러나, 태풍과 같이 발달한 저기압이 통과하게 되면 폭풍이나 기압강하에 의해 주변해면의 상승이 발생하게 되는데 이와 같이 비정상적인 기상현상에 의해 해면이 상승하는 현상을 폭풍해일이라 한다. 폭풍해일의 주원인은 폭풍과 저기압에 따른 기압강하이다. 조위가 일상적이라면 폭풍해일의 영향은 적지만, 만약에 조석의 만조시와 중첩되게 되면 폭풍해일에 의한 수위상승은 해안구조물의 설계기준을 초과하게 되어, 항만 및 연안시설의 파괴, 인명 손실 등의 막대한 피해를 발생시키게 된다.

폭풍해일의 발생원인 세분해서 살펴보면 다음과 같다.

① 기압저하에 의한 수위상승 : 태풍이 정상기압(1013mbar)에 비해 낮기 때문에 주변부에 수면을 누르는 힘이 작용하게 되고 태풍이 접근함에 따라 그 지역에서는 수위상승이 일어난다.

② 태풍에 의한 바람의 분포 : 태풍이 이동에 따라 대기의 진행방향은 변한다. 이동하는 태풍에 의한 바람과 해상풍이 합성됨에 따라 태풍의 우반원에서 속도가 커지게 되고 이를 태풍의 위험위반원이라고 한다.

③ 바람에 의한 수위 상승 : 바람이 불면 수면에 힘이 가해지고, 이 힘에 의해 수면 부근의 물은 바람 방향을 따라 이동한다.

위의 3가지 원인을 결합하여 폭풍해일의 개념도를 제시하면 〈그림 11.1〉과 같다.

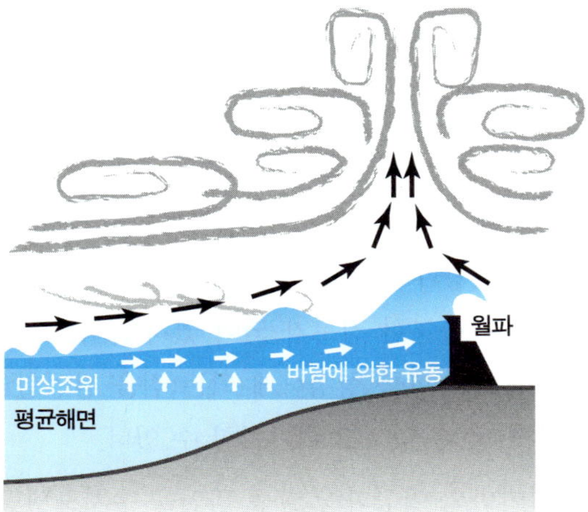

〈그림 11.1〉 폭풍해일의 개념도
자료출처 : 기상청,http://web.kma.go.kr

1.3.2 지진해일(tsunami)

지진해일은 지진에 의해서 바다에서 해일이 발생하는 현상으로, 그 발생 원인은 지진이다. 지진을 동반하는 단층이 수직으로 움직여 올라가거나 내려가면 해수면도 따라서 올라가거나 내려가게 된다. 대부분의 지진은 판 경계에서 단층 운동에 의해 발생한다. 단층에서 지진 및 지진해일의 발생과정은 〈그림 11.2〉와 같다.

지진해일의 다른 발생원인은 상대적으로 발생가능성이 적지만 해저에서의 화산분출활동이 원인이 되기도 한다. 기타 발생원인으로 해저면에서 산사태 또는 낙석과 같은 갑작스러운 해저면의 붕괴 또는 불안정이 발생할 때 지진해일이 발생하기도 한다.

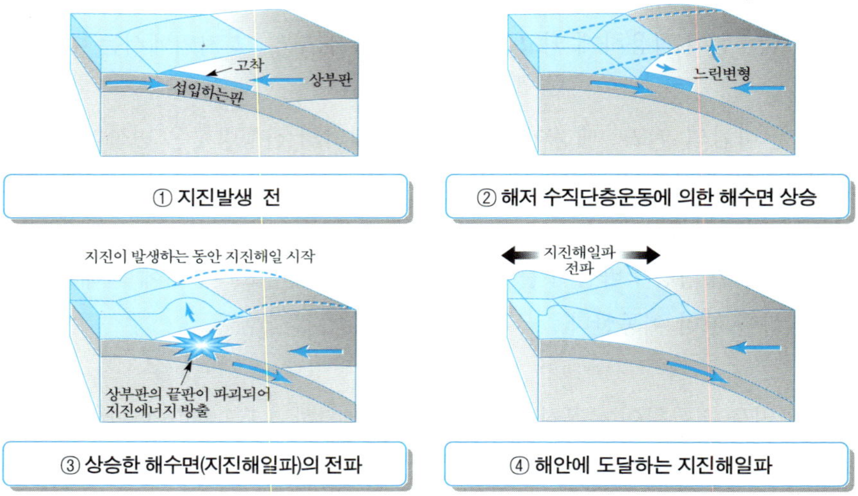

〈그림 11.2〉 단층에서 지진 및 지진해일의 발생하는 과정(기상청, 2010)

1.3.3 이상파랑

이상파랑에 파랑의 발생원인은 아직까지도 정확히 파악되지 않고 있다. 국내의 경우만 보더라도 2008년 보령에서 발생한 이상파랑의 발생원인에 대해서는 전문가들마다 서로 다른 발생원인을 제시하고 있어 이에 대한 충분한 검토가 되어 있지 않다. 다만, 이상파랑은 반드시 여러 공진 조건이 맞아야만 파괴적인 파를 형성하게 되는 점을 감안할 때 공진 조건이 잘 맞는 해안이나 만에서 빈번하게 일어날 수 있다고 이야기할 수 있다.

〈그림 11.3〉은 일본 나가사키만의 이상파랑 발생 원인을 수치모델링을 통해 재현한 것으로, 그림에서 제시된 과정을 살펴보면 중국으로부터 발생한 파랑이 대륙붕을 지나면서 교란된 대

기압과의 공진으로 파고가 16cm 까지 증폭되고, 부분반사와 천수변형을 통해서 대륙붕 앞에서 파고가 45cm까지 성장한 후, 만에서의 공진으로 약 278cm까지 파고가 성장하는 것을 알 수 있다(국립재난안전연구원, 2009).

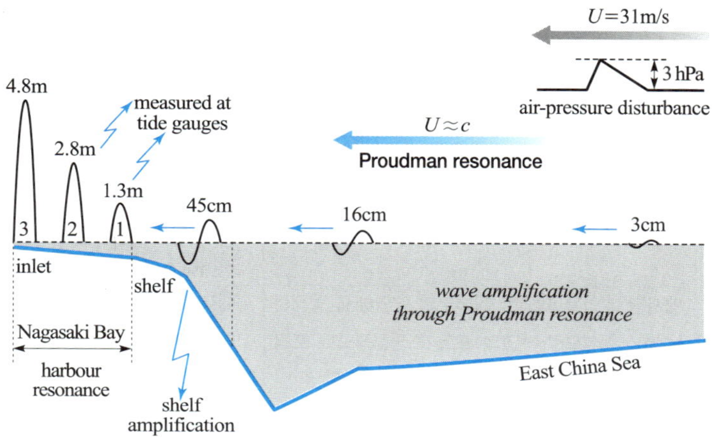

〈그림 11.3〉 1979년 나가사키만 이상파랑의 발생과정

자료출처 : 국립재난안전연구원, 2009

1.3.4 연안침식

연안의 침식은 근본적으로 토사의 공급과 유출과의 차이 즉, 토사수지의 불균형에 의해서 발생한다. 토사공급을 감소시키는 원인은 하천상류의 댐건설, 토사채취, 하천 개수, 해안준설 등 여러 가지 원인이 있다. 〈그림 11.4〉는 토사공급감소에 따른 연안침식의 모식도이다. 연안침식 유형별 현상과 원인을 제시하면 〈표 11.1〉과 같다.

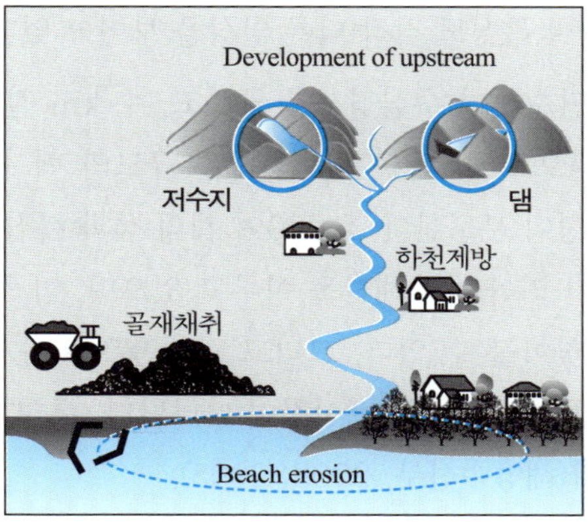

〈그림 11.4〉 토사공급원 차단 또는 변경에 따른 해안침식

자료출처 : 김규한, 2001

〈표 11.1〉 침식유형별 현상 및 원인(해양수산부, 2005)

침식유형	침식현상의 특징	주요원인
백사장 침식	전국적으로 넓게 분포된 백사장 지역에서 발생하는 침식현상으로 해안선이 후퇴하여 배후지 피해가 발생	– 태풍 및 폭풍해일에 의한 침식 – 인공구조물(방파제, 호안 및 해안도로, 도류제 등)의 건설로 인한 표사이동체계의 변화 – 준설 및 해사채취에 의한 모래 총량 감소
사구포락	해안사구 지역에서 발생하는 침식현상으로 사구와 백사장 경계인 전방사구의 후퇴현상이 나타남	– 18.6년 조석주기에 따른 해면 변동으로 10년 주기로 침, 퇴적 반복 – 장기적 해면상승으로 피해범위가 내륙으로 확대 – 해사채취에 의한 모래총량 감소 – 호안 및 구조물 건설에 따른 해안사구의 파괴로 모래이동성 차단
토사포락	백사장 지역을 제외한 대부분의 연안에서 발생하는 침식현상으로 해안의 표토가 점진적으로 포락되어 해안선의 후퇴가 발생하며 배후 토지 및 삼림 등이 손실됨	– 태풍 및 폭풍해일에 의한 연약지반의 침식, 침강 – 침강된 토사는 복원되지 않고, 외해로 유출되는 지형적 특성으로 지속적인 침식발생 – 장기적인 해면상승으로 피해범위가 내륙으로 확대
호안(석축)붕괴	호안 붕괴가 발생한 지역은 대부분 선단 부분의 세굴이나 내부사석 흡출에 의한 붕괴가 많이 나타나며, 농경지, 도로 등의 배후지에 직접적인 피해가 발생	– 태풍 및 폭풍해일 – 호안의 노후 – 선단부분의 세굴이나 내부사석 또는 토사의 흡출에 의한 붕괴

2절 우리나라 연안의 특성과 주요 피해사례

2.1 우리나라 연안의 특성

우리나라 연안은 전 세계적으로 그 예를 찾아보기 힘들만큼 다양한 해안지형으로 구성되어 있으며, 동, 남, 서해의 해역별 특성도 각각 다른 양상을 보이고 있다.

우선 동해안은 해안선이 단순하며 수심경사가 급하고, 수 km 길이의 넓은 백사장과 석호가 분포하는 지역이 많으며, 곶으로 경계가 구분된 작은 규모의 백사장(pocket beach), 그리고 암석해안 등 다양한 해안지형이 분포한다. 2,000여 개의 섬과 복잡한 해안선으로 이루어진 남해안과 남서해안은 전형적인 리아스식 해안을 이루고 있으며, 암석해안, 사질해안, 간석지 등 다양한 형태의 해안지형을 찾아볼 수 있다. 그리고 서해안은 조차가 크고 넓은 간석지로 이루어져 있으며, 지역에 따라 갯벌이나 넓은 백사장이 나타난다. 특히, 백사장과 해안사구로 이루어진 지역을 많이 볼 수 있다(해양수산부, 2003; 2005).

2.2 주요 피해사례

2.2.1 폭풍해일

한반도 주변의 해일 현상에 대한 과거의 기록을 보면, 조선왕조실록에는 1516년부터 1837년까지 43회의 해일현상이 기록되어 있다. 재해연보의 기록을 살펴보면 1900년대 이후 약 67회의 태풍내습과 해일 피해가 발생한 것으로 기록되어 있다. 지금 시점에 고려해야만 하는 대표적인 태풍피해로는 태풍 사라(Sarah), 태풍 셀마(Thelma), 태풍 올가(Olga), 태풍 루사(Rusa), 태풍 매미(Maemi) 등이 있다.

폭풍해일의 의한 피해사례 중 가장 대표적인 것은 2003년 9월 태풍 '매미'에 의해 발생한 해일이었다. 2003년 태풍 매미가 남해안 지역을 강타해 마산, 창원, 부산 등의 지역에 큰 피해를 남겼다. 해일의 피해 유형은 주로 방파제의 파괴, 가옥 침수, 연안 양식 시설 등의 재산피해가 주를 이루고 있지만, 2003년 태풍 매미에 의해서는 다수의 인명사고가 발생하였다. 태풍 매미에 의한 남해안의 주요피해 특징을 살펴보면 다음과 같다.

가. 2003년 우리나라 남해안 지역의 태풍 매미에 의한 피해 사례

2003년 9월 발생했던 태풍 매미(Maemi)는 비와 강풍을 동반하여 한반도에 상륙하였다. 제주지역 중앙재해대책본부가 집계한 태풍 매미에 의한 피해상황에 따르면 인명피해가 132명(사망 119명, 실종 13명), 부상 366명, 이재민 21,970세대(61,034명), 재산피해는 약 4조 8천억 원에 달하며, 공공시설은 33,000여 개소에 피해액 3조 3,000여억 원, 사유시설의 피해액은 1조 4,000여억 원으로서 침수피해는 건물 20,389동, 농경지 24,153ha, 기타 323ha이며, 이로 인한 농경지피해는 피해액이 1,005여억 원, 피해규모는 5,100여 ha이었으며 농작물피해의 규모는 123,000여 ha에 이르렀다. 또한, 선박피해는 피해액이 350여억 원으로서 전파된 선박이 2,666척(12,565.75톤), 반파된 선박이 3,167척(12,958.06톤)에 이르렀다. 태풍이 상륙한 제주도 남단의 서귀포 외항과 남해안 일대에는 일부 지역에 따라 큰 해안구조물 피해를 유발하였으나, 그 양상은 일률적이지 않고 지역적인 특성을 보였다.

태풍 매미는 북상할 때 속도가 느리게 진행되었으며, 우리나라 남해상 부근의 해수면 온도가 높아 태풍의 세력을 계속 유지하면서 육상으로 상륙한 후에도 중심기압이 950hPa로 태풍의 위력이 강하여, 우리나라 관측 이래 순간최대풍속 극값을 경신하였다. 경남 사천시 부근 해안에 상륙할 때의 중심기압은 950hPa, 중심 부근 최대풍속은 40m/s, 풍속 15m/s 이상의 태풍 중심반경은 약 330km 이내, 태풍의 강도는 '강', 크기는 '중형' 이었던 것으로 보고되었다. 순간최대풍속이 60.0 m/sec로 나타났으며(1959년 태풍 사라호의 경우에는 46.9m/sec를 기록), 9월 12일 20시 사천시 부근 해안으로 상륙하여 함안, 대구, 청송을 경유한 후 13일 02시 30분 울진 동해상으로 빠져나갔다. 중심기압은 과거 1959년 사라의 경우 952hPa, 2002년 태풍 루사의 경우 967hPa과 비교하여 큰 차이는 없으나 순간 최대 풍속이 커서 많은 피해를 유발하였다. 〈그림 11.5〉는 태풍 14호 매미의 경로를 인공위성으로 촬영한 것이다. 〈그림 11.6〉은 태풍 14호 매미의 이동경로를 보인 것이다.

〈그림 11.5〉 태풍 매미의 경로(인공위성 사진)

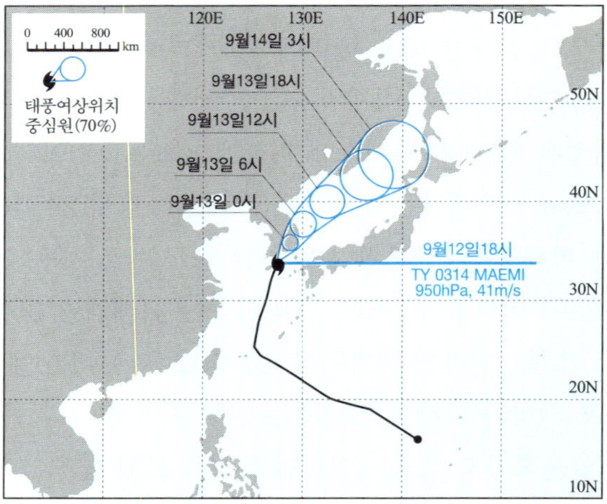

〈그림 11.6〉 태풍 매미의 이동경로

1) 제주지역 피해

외항방파제(회차장 구간) 전면 T.T.P(72톤급) 유실 및 상치콘크리트 파손이 100m, 8부두는 상치콘크리트, 콘크리트블록, 매립재 등 유실이 180m이며, 7부두는 상치콘크리트블록

변위 발생(5cm) 및 단부 콘크리트블록의 파손, 방파제 보강구간은 삼각블록 및 기초사석 유실이 400m, 오탁방지막 설치구간이 300m 유실되었다. 피해원인으로는 본 설계 시 적용된 50년 빈도의 설계파고가 9.3m(SSE방향)이었으나, 금번 태풍 내습시에는 육안 관측 결과 여러 방향으로 설계파고 이상의 파랑이 내습한 것으로 보고되고 있다(표 11.2). 특히, 회차장 구간은 코너부로서 상대적으로 더 큰 파랑이 집중되어 T.T.P가 유실되고 상치콘크리트가 파손된 것으로 보고되고 있다. 〈그림 11.7〉은 당시 공사 중인 서귀포항의 피해를 보인 것이다.

〈표 11.2〉 설계파 비교

구분	원 설계 시	태풍(매미) 내습 시	비고
설계 파고	9.3m(SSE)	10.0m 이상으로 추정 (S, SE, SSE)	마라도 관측시스템 점검 중
설계 풍속	44.0m(NNE)	60.0m	고산, 제주측후소 관측

■ 피해원인 분석

- 원 설계 시(2001. 2) 적용된 50년 빈도의 설계파고는 9.3m(SSE)이었으나, 금번 태풍(매미) 내습 시에는 육안 관측 결과 여러 방향으로 설계파고 이상의 파랑이 내습하였다.
- 서귀포항 남방파제 및 안벽축조 실시설계 시(2001. 2)에는 외항방파제의 마루높이를 DL(+)15.00m로 보강토록 계획하였으나, 현재 방파제의 마루높이는 과거 설계 시(1991.12)에 결정된 월파를 허용하는 DL(+) 8.50m로 축조되어 있다.
- 방파제 보강공사 이전에 설계파고 이상의 파랑이 내습함으로써 월파에 의한 피해가 발생하였다.
- 특히, 회차장 구간은 우각부로서 상대적으로 더 큰 파압이 집중되어 T.T.P 유실 및 상치콘크리트 파손이 발생하였다.

■ 검토결과

- 천재지변으로 인해 파손된 구조물 복구를 위하여 정밀 피해조사 및 세부 복구설계의 시행이 필요하다.

외항방파제(회차장구간)

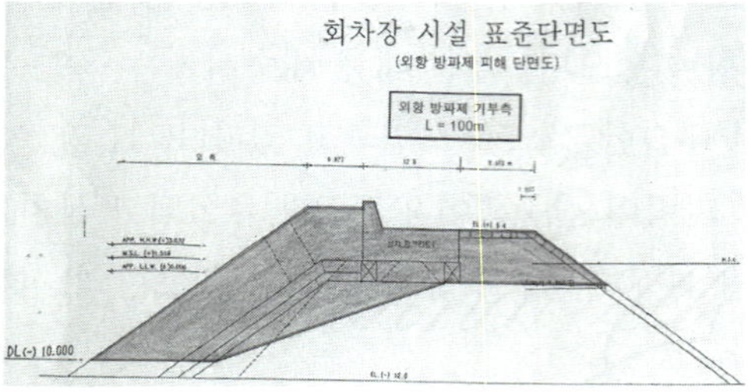

단 면 도

피 해 사 진

☞피해내용: 전면 T.T.P(72tf) 유실 및 상치콘크리트 파손(100m)

(a)

8부두

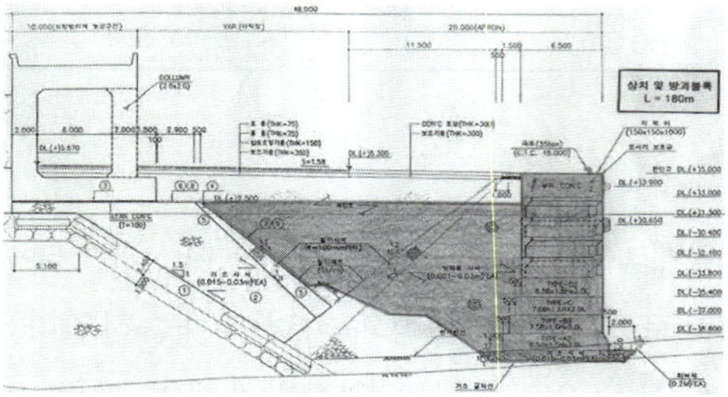

단 면 도

피 해 사 진

☞피해내용: 상치콘크리트, 콘크리트블록, 매립재 등 유실(180m)

(b)

7부두

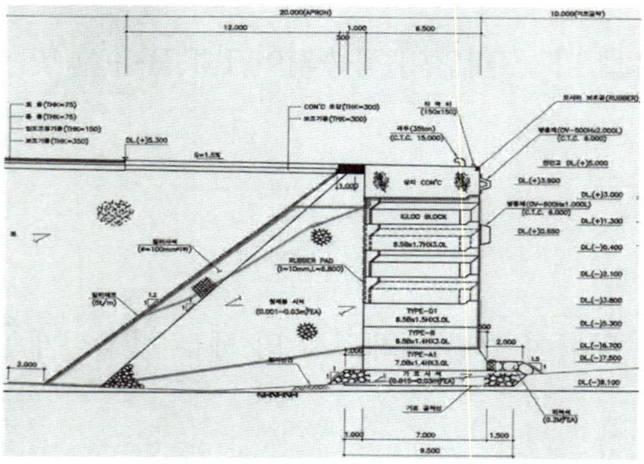

단 면 도

피 해 사 진

☞피해내용: 상치콘크리트블록 변위 발생(5cm) 및 단부 콘크리트블록 파손

(c)

방파제 보강구간

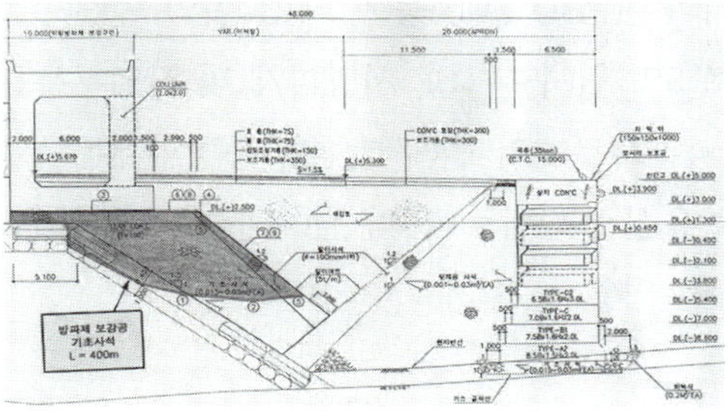

단 면 도

피 해 사 진

☞피해내용: 삼각블록 및 기초사석 유실(400m)

(d)

〈그림 11.7〉 서귀포항의 피해

- 향후 피해를 최소화하기 위하여 설계파고 재추정 및 보다 안전한 구조물 보강 계획이 필요하다.
- 월파 방지를 위하여 피해복구 이후 외항방파제 보강공이 조속히 시행되어야 할 것으로 사료된다.

〈그림 11.7〉의(d)에서 보는 바와 같이 서귀포항은 대규모 월류수맥에 의한 공사 중, 후부가 파괴되었으며 특히 배후지 직하부 피해가 눈에 띄어 이에 대한 관심이 고조되고 있다.
삼각블록(Tri-Block)은 우측의 사진에서 보는 바와 같이 투과율이 큰 거치의 경우, 기초사석이 유실된 모습을 보인다. 즉, 기초사석이 유실되어 뒤쪽이 수북이 쌓여 사면형상이 파괴되어 있다. 실제로 폭풍 매미에 의한 서귀포항의 피해양상을 보면 27톤 삼각블록과 코아부의 흡출피해가 매우 크게 나타났다.
상기한 삼각블록의 약점을 보완할 수 있는 중간피복블록으로 하프록(Half-loc)을 들 수 있다. 삼각블록은 반사파 증가로 인해 전사면피복블록의 안정성이 저하되고 기초사석의 유실이 우려되어 중간피복블록으로서의 기능을 만족할 수 없는 형상으로 판단된다.

2) 부산지역 피해

건설 중인 부산 신항만에서는 호안, 부두, 잔교, 방파제, 수로 등에 피해를 입었으며, 피해액이 238여억 원에 달했다. 〈그림 11.8〉은 태풍 매미에 의한 파랑이 구항(부산)으로 내습하는 정도를 보인 것이다. 〈그림 11.9〉는 부산신항의 피해 현황도이다. 호안(1공구 및 2공구)에서 사석유실 57만m³, 오탁방지막 및 기타 유실 피해로 159여억 원(구분 ①, ②), 민자부두는 매립토, 재하성토 유실 35만m³, 장비파손(PBD 6대) 등 기타 37여억 원(구분 ③), 연결잔교는 오탁방지막 40span 등의 유실로 5억 원(구분 ④), 서방파제 및 작업부두는 진입도로 포장 20m와 작업부두 B구간 50m² 파손으로 2억 원(구분 ⑤), 동방파제는 두부상치 콘크리트 20m 파손과 두부 T.T.P(32톤) 유실 200개로 40억 원(구분 ⑥), 용원수로는 수로 5만m³의 매몰로 4억 원(구분 ⑦)의 피해를 입었다.

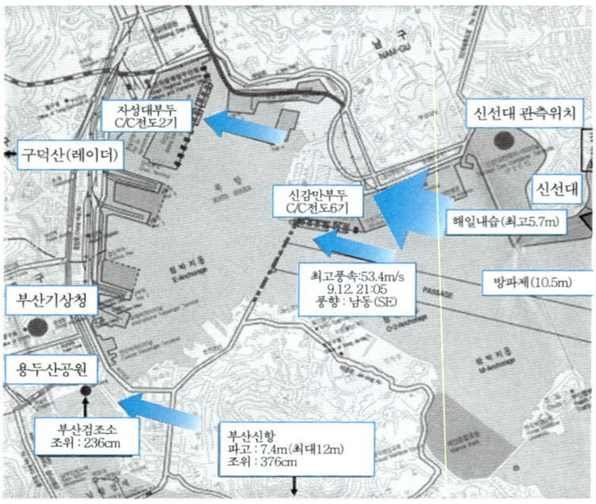

〈그림 11.8〉 구항(부산)

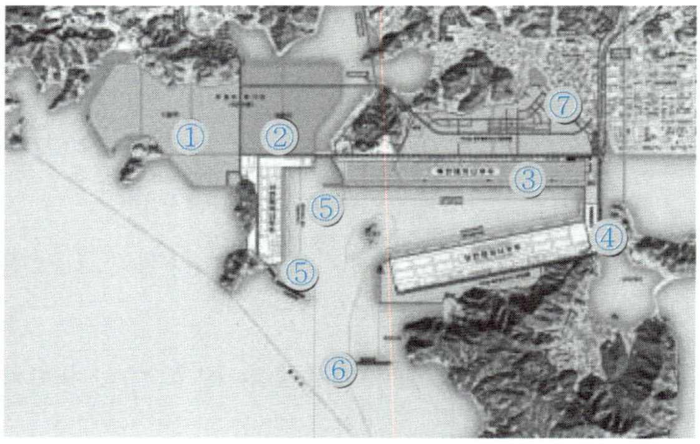

〈그림 11.9〉 신항(부산) 피해 현황도

부산일대의 피해는 광범위하게 분포되어 있으며 신항(부산)의 피해 현황은 〈표 11.3〉과 같다. 〈그림 11.10〉은 신항(부산)의 조위표를 시간대에 따라 표시한 것으로 최대가 350cm를 상회하고 있음을 알 수 있다.

〈표 11.3〉 부산 신항만의 피해 현황 (단위: 백만 원)

구분	시설명	피해 현황		
		내용	피해액	복구액
①	호안(1공구)	사석유실 29만m³ 등 오탁방지막 및 기타 유실	8,785	8,785
②	호안(2공구)	사석유실 28만m³ 등 오탁방지막 및 기타 유실	6,182	6,182
③	민자부두	매립토, 재하성토 유실 35만m³, 장비파손(PBD 6대) 등 기타	3,700	4,250
④	연결잔교	오탁방지막 40span 등 유실	500	650
⑤	서방파제 및 작업부두	진입도로 포장파손 20m, 작업부두 B구간 파손 50m³	200	410
⑥	동방파제	두부상치 콘크리트 파손 20m, 두부 T.T.P(32톤) 유실 200개	4,000	4,000
⑦	용원도수로	수로 5만m³ 매몰	400	500
계			23,367	24,277

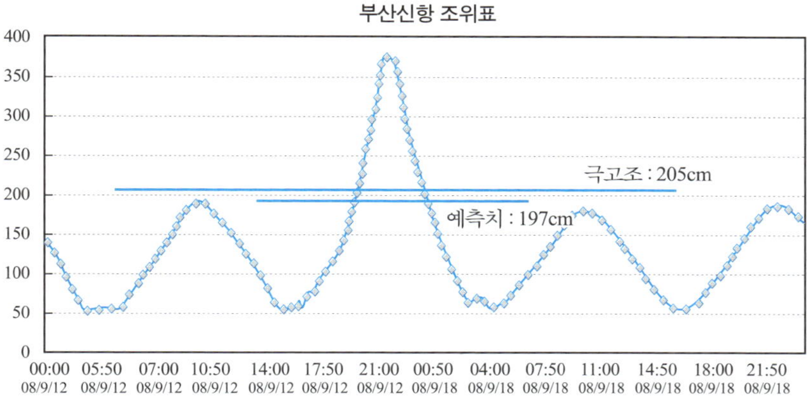

〈그림 11.10〉 그림 2.6 부산신항의 조위(공사중)

부산항 일대의 피해는 수위상승에 의한 피해뿐만 아니라 태풍에 의한 시설물의 파괴로 이어졌다. 〈그림 11.11〉은 크레인이 바람의 영향으로 파괴된 모양이다. 공사현장에서도 피해자가 발생하였는데 〈그림 11.12〉는 공사현장의 준설장비가 넘어져 있는 모양이다.

〈그림 11.11〉 바람에 의한 크레인의 연속추돌(부산)

〈그림 11.12〉 공사현장의 피해(부산신항)

(a)

(b)

〈그림 11.13〉 전복된 해상호텔

〈그림 11.13〉과 같이 수위상승에 따라(a)의 왼쪽 물양장이 역할을 상실하면서 선박이 옆으로 쓰러져 있음을 볼 수 있다. 이러한 경우 물양장에 간단한 울타리를 설치하여 선박이 옆으로 기댈 수 있는 기능을 염두에 두고 수위상승에 대비하는 것도 하나의 방법이라고 할 수 있다.

3) 마산지역

마산지역에는 해일피해와 이로 인한 내수침수 피해가 발생하였는데, 해운동 해운프라자(사망 8명)를 비롯하여 건물 33개소의 지하층에 침수피해가 있었다. 인명피해는 2003년 9월 21일 사망 18명, 재산피해는 약 1,800억 원이다. 〈그림 11.14〉는 마산항 일대 배후지의 광범위한 침수 지역을 보인 것이다.

〈그림 11.14〉 폭풍해일에 의해 광범위한 침수지역 발생(마산항)

〈그림 11.15〉 시내에 들어온 목재

〈그림 11.15〉는 마산항 부두에 적재되었던 목재가 월류와 함께 시내로 진입하여 구호장비의 접근을 방해한 사례이다.

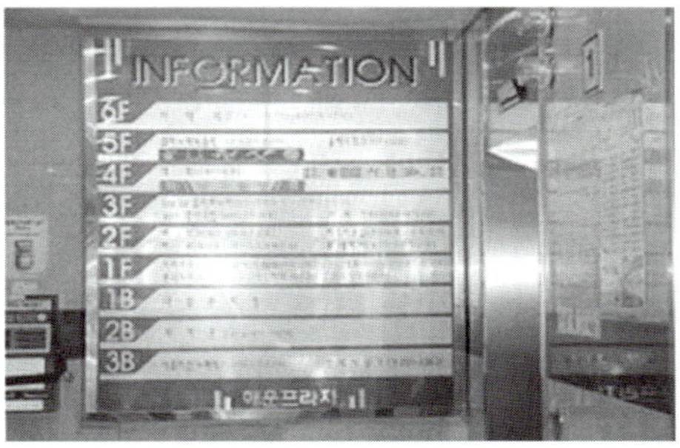

〈그림 11.16〉 지하실이 있는 건물의 인명피해

〈그림 11.16〉은 당시 지하실에서 수명의 인명피해가 발생한 건물이다. 본 건물은 사진에서와 같이 지하 3층까지 있으며 당시 주차장 입구를 통하여 많은 월류 유량이 유입되면서 참사가 발생했다. 본 건물의 주차장 입구가 바다방향으로 설치되어 있었는데 이를 반대방향으로 하면 유입유량을 감소시켜 대피시간을 확보할 수도 있었을 것으로 판단된다.

4) 울릉도지역 피해

매미에 의한 피해는 〈그림 11.6〉의 경로에서 보듯이 9월 13일 6시경 울릉도 일대를 통과하면서 피해를 주었다. 〈그림 11.17〉은 공사 중인 현장에서 태풍 전후에 거치한 구조물이 파랑에 의해 이탈한 상태를 나타낸 것이다.

(a) 태풍 전

(b) 태풍 후

〈그림 11.17〉 울릉도지역 피해

2.2.2 지진해일

20세기 이후 우리나라에서 발생한 지진해일 중 피해규모가 크고 기록이 비교적 잘 남아있는 예는 1983년 지진해일과 1993년 동해 지진해일이 있다. 이 지진해일은 일본 북서 해역에서 발생한 지진해일로 인해 발생한 것이다. 두 지진해일 피해 사례를 제시하면 〈표 11.4〉와 같다.(출처 : 기상청, www.kma.go.kr)

가. 1983년 지진해일 피해

1983년 지진해일은 우리나라 연안에 가장 큰 피해를 준 지진해일이었다. 국립재난안전연구원(1999)에서 수행한 1983년 지진해일 재조사 분석자료를 이용해 당시의 피해상황을 제시하면 다음과 같다.

1983년 지진해일의 피해는 조사 당시에도 16년이라는 시간이 흘렀기 때문에 지진해일 흔적을 찾는 일은 거의 불가능했고, 당시의 상황을 기억하고 있는 주민들의 진술에 의존하는 방법으로 조사되었다. 피해를 본 연안지역에 새로운 시설물이 건설되어 과거의 피해상황을 분석하는데 어려움이 있었으나 구가옥의 기초부분과 기둥이 그대로 남아있는 곳이 있어 그 지점을 기준으로 침수심을 측정하였다. 또한 관측기록을 분석하여 지진해일의 최고 높이를 분석하였다.

〈표 11.4〉 동해안 지진해일 피해사례

지진	발생시기	1983.5.26	1993.7.12
	진원시	1983년 5월 26일 11시 59분	1993년 7월 12일 22시 17분
	규모	7.7	7.8
	진앙	일본 혼슈 아키다현 서쪽 근해	일본 홋카이도 오쿠리시섬 북서쪽 근해
지진해일	제1파 도착시간	울릉도 : 13시 17분 묵호 : 13시 35분 속초 : 13시 43분 포항 : 13시 52분	울릉도 : 23시 47분 묵호 : 00시 00분 속초 : 00시 09분 포항 : 01시 18분
	최대파고(cm)	울릉도 : 126 묵호 : 200 이상 속초 : 156 포항 : 62	울릉도 : 119 묵호 : 203 속초 : 276 포항 : 92
	평균주기	8~12분	8~10분
	지속시간(시) : 큰수위변동/전체	3~5시간/24시간 이상	2~4시간/24시간 이상
	피해사항	인명 : 사망 1, 실종 2, 부상 2 선박(소형) : 81척 건물시설 : 100여건	인명 : 피해없음 선박(소형) : 35척 어망 어구 : 3000여통
	총 피해액(당시금액)	3억 7천만 원	3억 9천만 원

조사결과 최대 지진해일고를 기록한 곳은 임원항으로 715cm가 관측되었다. 이 값은 정확히 말하면 임원항에 도달한 지진해일의 처올림 높이를 나타낸다.

〈그림 11.18〉은 1983년 지진해일 발생 당시 임원항의 범람관경을 나타내고 있다(국립재난안전연구원, 1999). 그림은 육지에서 항을 바라다 본 관경으로 그림 왼쪽 위쪽에 임원천의 하구가 보인다. 그림은 해일이 내습하고 있는 광경으로 육지에는 해수가 범람하고 있으며, 화면 중앙에 있는 선박도 해수에 의해 떠밀려 오르고 있다. 항의 중앙부에는 와가 형성되어 선박들이 침몰하고 있는 관경을 볼 수 있다. 그림에서 사각형 내의 건물이 여객선 터미널이고 그 왼쪽에 오일탱크가 있었는데 피해를 입어 기초로부터 약 10 미터 가량 이동하였다. 주민들의 기억에 의하면 해일 발생 당시 여객선 터미널이 물에 잠겼다고 증언하고 있다.

〈그림 11.18〉 임원항의 범람관경

자료출처 : 국립재난안전연구원, 1999

〈그림 11.19〉은 해일의 빠져나가 후의 모습을 나타내고 있다. 많은 선박들이 육지로 떠밀려 올라와 있으며, 선박이 위치하고 있는 곳은 〈그림 11.18〉의 화면 좌측에 위치한 방파제 부근이다. 육지 쪽으로 가장 많이 이동한 흰 선박은 1층의 슬라브 건물 옥상에 부딪쳐있다. 이 건물에 배가 걸쳐 있음은 당시 해수면의 높이가 이 건물의 옥상보다 높았음을 나타낸다.

〈그림 11.19〉 1983년 5월26일 지진해일 내습 후의 임원항

자료출처 : 국립재난안전연구원, 1999

국립재난안전연구원(1999)년 조사에서 1983년 당시 선박이 부딪쳐 있던 곳을 조사한 결과, 그 후 수리를 하였지만, 〈그림 11.20〉에 제시된 것처럼 수리한 곳에 도색작업을 하지 않아 당시의 피해를 짐작할 수 있었다. 이 부분의 표고를 측정한 결과 그 당시의 해수면의 높이는 359cm를 기록하였음을 알 수 있었다.

〈그림 11.20〉 선박의 충돌에 의해 파손된 가옥의 흔적

자료출처 : 국립재난안전연구원, 1999

해일에 의한 다른 유형의 피해 상황을 보면, 해일이 임원천을 따라서 역상하였다. 남아있는 기록과 사진(그림 11.21), 주민들의 증언에 의하면 해일이 임원 초등학교까지 올라왔다고 한다. 하천은 임원 초등학교 옆을 돌아 상류로 향하고 있는데, 역상 위치를 기준으로 수준측량을 한 결과 7.15m의 범람고를 나타내었다.

〈그림 11.21〉 임원천을 역상하는 지진해일

자료출처 : 국립재난안전연구원, 1999

〈그림 11.22〉는 임원천을 따라 작은 보트가 역상하였다는 주민 증언에 따라 보트가 있던 곳의 표고를 측정한 결과로 하구로부터 약 700m 떨어진 곳으로 표고는 약 563cm 였다.

〈그림 11.22〉 임원천으로 역상한 보트의 위치

자료출처 : 국립재난안전연구원, 1999

1983년 지진해일 발생 당시 임원항 이외에도 울진의 부구에서 침수피해가 발생하였다. 부구 인근에는 원자력 발전소가 위치하고 있다. 〈그림 11.23〉은 부구 연안의 모습을 나타낸다.

〈그림 11.23〉 부구 해안

자료출처 : 국립재난안전연구원, 1999

그림에서 청색 슬레이트 건물이 보이는데 해일 당시의 연안선은 이 집의 입구부근에 있었고, 집 앞으로는 폭 2m 정도의 작은 도로가 있었다고 한다. 이 집이 해일에 의해 침수되어 방 입구의 문턱까지 해수가 침입했다고 전한다. 그 높이를 측정하면 247cm 였다. 〈그림 11.24〉는 그 당시 해일에 의해서 이동된 바위의 모습인데 주민들에 따르면 바위가 약 20m 정도 이동하였다고 증언하고 있다. 이 바위의 평균 직경이 1.5m 정도 임을 감안할 때 지진해일의 파괴력을 짐작할 수 있다.

〈그림 11.24〉 바다쪽에서 본 부구 해안과 이동 된 바위
자료출처 : 국립재난안전연구원, 1999

다른 피해지역으로는 읍남 지역이 있다. 〈그림 11.25〉는 읍남에서 해수피해를 입은 가옥의 사진으로 화면 좌측에 위치하는 부서진 건물은 83년 당시 해일에 의해 파괴되었다고 지역 주민이 주장하고 있다. 이것은 지진해일 발생 시 부유해 온 부유물의 충격으로 파괴된 것으로 추정된다. 이곳은 해일 높이는 266cm 로 측정되었다.

〈그림 11.25〉 지진해일에 의해 파괴된 가옥
자료출처 : 국립재난안전연구원, 1999

〈그림 11.26〉 내륙에서 바라본 읍남일대
자료출처 : 국립재난안전연구원, 1999

〈그림 11.26〉은 〈그림 11.25〉의 읍남지역의 피해지역을 내륙에서 바라다 본 것이다. 파괴된 가옥은 〈그림 11.26〉의 왼쪽 위 부분에 위치한 연안 부락의 해안가에 위치하고 있다. 해일 발생당시 그림에 제시된 전신주 주변의 농경지까지 전체가 범람하였다고 한다. 측정결과 그 거리는 해안에서 약 400m 이상 떨어져 있었다.

위에 제시된 피해 사례로 볼 때 지진해일은 발생 횟수는 많지 않지만, 그 파괴력은 상상을 초월하고 있음을 알 수 있다. 특히 2000년대 이후 연안지역의 개발이 본격화됨에 따라 콘도, 리조트, 호텔 등의 관광시설이 밀집되고 있음을 감안할 때 적절한 지진해일 피해 저감대책이 수립되어야 할 것이다.

2.2.3 이상파랑

이상파랑의 발생 메카니즘에 관한 연구는 전 세계적으로도 시작단계에 있고 우리나라의 경우 2008년 보령에서 이상파랑에 의한 인명피해가 발생한 이후 관심을 갖게 되었다. 이상파랑은 기후변화와는 직접적 관련이 없다고 알려져 있으며, 이상 파랑을 연구하기 위해서는 대상지역의 기상, 파랑, 지형 등 관련된 자료의 분석이 필요하다(국립재난안전연구원, 2009). 여기서는 국립방재교육원 방재연구소(2009)에서 제시한 피해현황 자료를 요약하여 제시하였다.

가. 2007년 전남 법성포 이상파랑

이상파랑 발생 당시 육지와 해상에 기상특보가 발표되지 않았고 조위가 7m 정도 발생한 상태였다. 갑자기 해안가로 파도가 내습하여, 사명 4명의 인명피해와 2,245백만 원의 재산피해가 발생하였다. 재산피해를 구체적으로 살펴보면 선박 전복 및 유식 150척, 주택침수 158동, 차량 침수 20대, 양식장 유실 4.5ha, 영광원전 침수 등이 발생하였다.〈그림 11.27〉은 2007년 이상파랑 피해지역을 제시한 것이다.

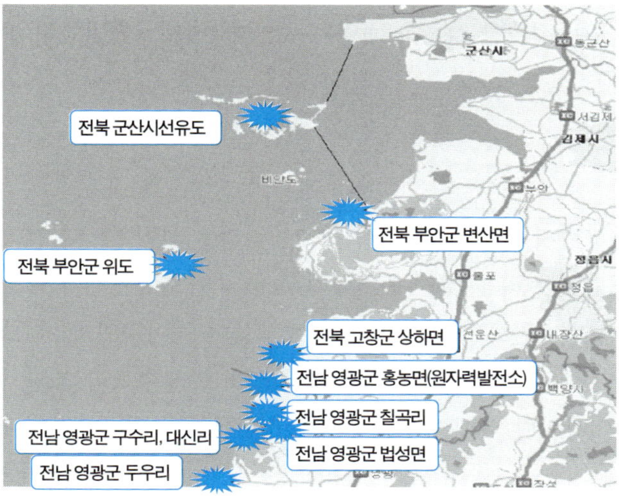

〈그림 11.27〉 2007년 이상파랑 피해지역

자료출처 : 국립재난안전연구원, 1999

국립기상과학원 및 분석자료에 의하면, 당시 서해안에는 아주 긴

주기를 갖는 파랑이 발생하였으며, 약 19분간 지속된 것으로 보고되었다. 〈그림 11.28〉은 해창포구의 피해사진을 제시한 것이다.

〈그림 11.28〉 해창포구 피해사진

자료출처 : 국립재난안전연구원, 1999

법성포에서 이상파랑이 발생한 이유는 먼 해역에서 발생한 장주기파가 남서해안으로 접근하면서 천수효과, 지형적 효과, 기상현상 등에 의해 증폭된 것으로 생각되나, 관측된 결과자료로부터 원인분석을 수행하는데 어려움이 있어 정확한 결론을 내릴 수 없다(국립재난안전연구원, 2009).

나. 2008년 충남 보령 이상파랑

이상파랑에 의한 피해가 발생한 충남 보령시 남포면 월전리 죽도는 원래는 섬이었으나 간척농지 개발을 위해 보령시 신흑동과 남포면 월전리를 잇는 총연장 3.7km의 남포방조제가 축조되면서 육지와 연결되게 된 지역이다. 사업이 완료된 후 죽도에 관광객들이 늘어나면서 2003년 4월부터 2004년 8월까지 27억 원을 들여 진입도로와 주차장을 확장하고 상수도와 조경시설을 조성하였다. 〈그림 11.29〉는 보령 이상파랑 피해지역을 제시한 것이다(국립재난안전연구원, 2009).

2008년 5월 4일 12시 41분경 충남 보령에서 발생한 이상파랑으로 인해 사망 9명, 입원 2명,

완치 후 퇴원 13명, 총 24명의 인명피해가 발생하였다. 사망자들은 죽도 선착장과 해안 바위지 지역에서, 관광 및 낚시객 7명이 파도에 휩쓸려 사망하였고, 죽도에서 약 4 km 정도 떨어진 갓바위 지역에서도 2명이 높은 파도에 의해 사망하였다. 전북 군산시 옥도면 개야도에서도 이상파랑에 의해서 개야도 선착장에 정박 중이던 소형선박 5척이 파손되었고, 전북 어청도에서도 이상파랑 및 조수현상이 발생되었다.

사고지역은 반일주조가 우세하며, 일조부등은 적고 일반적으로 1일 2회조를 나타내고 있다(보령항 기준). 죽도 주변해역은 조차가 크고 유속도 상대적으로 빠른 패턴을 보이고 있다. 사고시간 12시 41분경 죽도 주변해역은 만조 약 1시간 전으로 조석예보치보다 약 23cm 정도 높은 조위를 보이고 있으나 특이한 조석현상은 나타나지 않았다. 해일주위보 기준값은 844 cm 이고, 해일경보의 기준값은 864cm 이지만, 5월 4일 최대 조위는 14시 21분경에 발생하였던 685cm에 불과하다. 5월 4일 우리나라와 인근 해역, 중국 동해안에서는 지진 및 지진해일이 발생하지 않으며, 중국기상청에 의하면 서해상에 해일 발생이 없었다. 〈그림 11.30〉과 〈그림 11.31〉에 제시된 것처럼 사고주변지역인 죽도유원지는 방조제 중앙부에 위치하고 있으며, 방조제 및 죽도유원지 입구로는 아주 완만한 사석제로 이루어져 기상청에서 사고원인으로 지목된 반사파가 발생할 만한 지형적 조건을 갖추고 있지 않다.

이와 같은 조건을 미루어 볼 때 이상파랑은 기상적인 요인, 지형적인 요인, 해역조건, 구조물 배치 등 다양한 원인이 결합되어 나타나는 것으로 판단되며, 정확한 발생원인을 파악하기 위해서는 체계적인 연구가 지속적으로 수행되어야 한다.

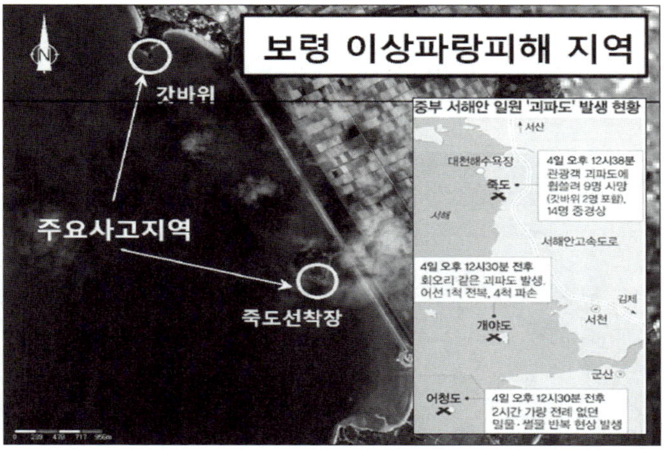

〈그림 11.29〉 보령 이상파랑 피해지역

자료출처 : 국립재난안전연구원, 1999

〈그림 11.30〉 죽도 유원지 방조제 전경
자료출처 : 국립재난안전연구원, 1999

〈그림 11.31〉 죽도 유원지 진입로
자료출처 : 국립재난안전연구원, 1999

사망사고가 발생한 죽도선착장 주변은 고파랑 내습에 대비한 소파제가 설치되어 있고, 해안선을 따라 난간이 설치되어 있으나, 끝 구간에는 설치되어 있지 않아 관광객의 출입이 용이한 상태이다〈그림 11.32〉. 대천해수욕장 남단의 갓바위는 돌출된 지형으로 파랑의 집중현상이 나타날 수 있는 지형적 특징을 가지고 있다〈그림 11.33〉.

〈그림 11.32〉 죽도선착장 사고발생 지역
자료출처 : 국립재난안전연구원, 1999

〈그림 11.33〉 갓바위 사망사고 발생지역
자료출처 : 국립재난안전연구원, 1999

최근 지진, 태풍 등의 직접적인 기상현상이 발생하지 않았음에도 불구하고, 아직 그 원인이 불분명한 너울성 파도가 발생하여 물적, 인적 피해가 증가하고 있다. 최근 사고 중 대표적인 2008년 강릉 안목항의 피해사례들 보면 다음과 같다.

다. 2008년 강릉 안목항 피해

〈그림 11.34는〉 2008년 2월 24일 오후 4~5시경 안목항 부근에서 너울성 파도가 월파하는 상황을 제시한 것이다. 이 너울성 파도에 의해 관광객들의 인명피해가 발생하였다.

〈그림 11.34〉 안목항의 너울성 파랑 월파사진

자료출처 : 국립재난안전연구원, 1999

인명피해가 발생한 방파제 내측에는 줄 형식의 추락방지 펜스가 설치되어 있었으나, 너울성 파도에 휩쓸린 관광객이 펜스의 줄 사이로 빠져나가게 되어 사망하게 되었다. 〈그림 11.35〉는 현장에 설치된 펜스의 모습을 제시한 것으로 중간부분부터 줄 형식으로 변경되어 있다. 그러나 대부분의 방조제는 이와 같은 형태의 펜스조차도 설치되어 있지 않다. 이와 같은 사고의 재발을 방지하기 위해서는 추락방지 펜스의 설치를 의무화해야 할 것이다.

사고 당일 강원도와 경북 지역에서도 평상시보다 큰 파랑이 관측된 것으로 볼 때 너울이 광범위하게 영향을 준 것으로 판단되나, 해상 측의 모니터랑 자료가 전무하여 명확한 원인규명에는 어려움이 있다.

〈그림 11.35〉 안목항 방파제 추락방지 펜스

자료출처 : 국립재난안전연구원, 1999

2.2.4 연안침식

우리나라에서는 연안지역의 지형적 특성에 따라 백사장 침식, 사구포락, 토사포락, 호안붕괴의 4가지의 침식유형으로 분류하고 있다(해양수산부, 2003). 동해안은 백사장 침식, 남해안은 사구포락과 호안붕괴, 서해안은 사구포락 및 토사포락이 주를 이루고 있다. 여기서는 해양수산부(2003)와 한국환경정책 · 평가연구원(2006)에 제시된 연안침식의 사례를 인용하여 제시하였다.

〈표 11.5〉 침식지역의 유형분류 기준 *자료출처 : 해양수산부, 2003*

구 분	내 용
사빈침식	침식에 의해 해안선 후퇴 현상이 나타나는 사빈 지역 중 사구가 없다고 판단되는 지역, 사빈 배후지 호안설치지역을 포함
사구포락	사빈과 해안사구가 동시에 존재하는 곳으로 해안사구와 사빈이 만나는 지점에서 사구의 포락이 발생하는 지역, 사구 전면에 호안 설치지역 포함
토사포락	대상지역의 입자가 모래가 아닌 지역으로 해안 암벽이나 토사가 포락하여 침식이 발생하고, 해안선이 후퇴하는 지역
호안(석축)붕괴	사빈 및 사구 지역의 호안은 제외, 물양장이나 해안에 설치된 호안(석축)이 설치된 지역 중 침식에 의해 안정성에 문제가 있는 지역

가. 백사장 침식 사례

1) 강원도 속초시 조양동

〈그림 11.36〉은 강원도 속초시 조양동의 해안의 변화를 보여주는 사진으로, 1972년 속초항 건설 전에는 조양동 전면의 백사장은 일정하게 분포하였으나, 1997년 속초항 개발 및 방사제 축조로 인해 조양동 전면해안에서 침식현상이 발생하는 것을 확인할 수 있다. 배후지 및 방파호안 보호를 위해 2001년에 백사장 전면에 소파제를 설치하였으나, 지속적인

〈표 11.6〉 우리나라 해안침식 현황

자료출처 : 해양수산부, 2003

해역 / 침식유형	동해안	남해안	서해안	소계
백사장 침식	20	10	5	35
사구포락	–	–	15	15
토사포락	3	52	37	92
호안붕괴	2	27	7	36
총계	25	89	64	178

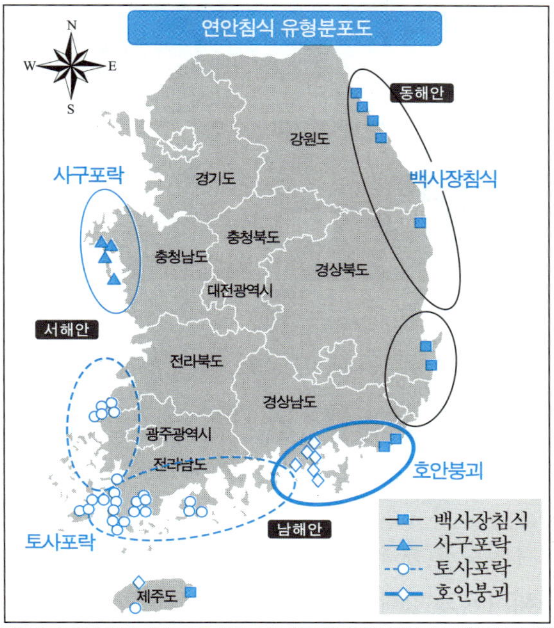

침식으로 2003년에는 호안 전면의 세굴이 심화되었다. 속초항 건설 후 침 · 퇴적의 변화가 발생하였으며, 호안 및 소파공 설치 후에도 지속적인 침식이 발생하고 있다.

2) 부산광역시 해운대해수욕장

해운대 해수욕장은 우리나라의 대표적인 해수욕장이지만 침식이 점진적으로 진행되고 있다. 특히 해빈 폭의 감소뿐만 아니라 해수욕장 전체 길이도 점진적으로 감소하는 경향을 보이고 있어 이에 대한 대책 마련이 시급한 실정이다. 〈그림 11.37〉은 1975년부터 2001년까지의 해운대 해수욕장의 해안변화를 나타내고 있다. 과거에는 해운대 해수욕장 중심부의 춘천과 수영천 하구에서 모래공급이 원활하였으나, 유로변경, 수영만 매립 등으로 모래공급의 차단되어, 침식이 가속화되고 있다.

나. 사구포락 침식 사례

1) 충청남도 보령시 독산해수욕장

보령시 독산해수욕장은 완만한 사빈이 넓게 분포하여 배후에 송림사구, 민가, 농경지가 위치하고 있으나 사구포락으로 배후 송림이 지속적으로 유실되고 있다(그림 11.38). 송림의

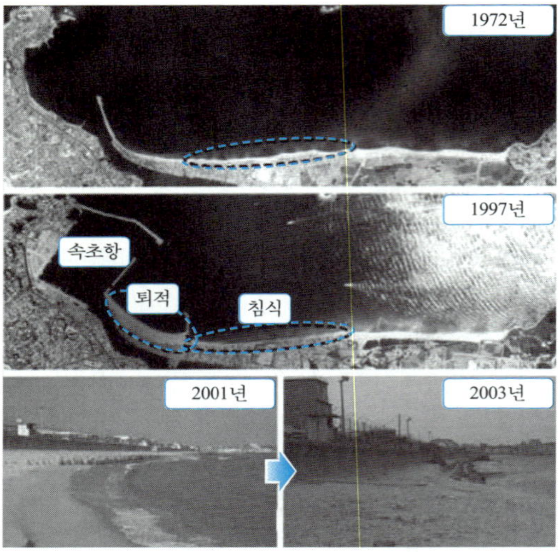

〈그림 11.36〉 조양동 해안의 변화(1972~2003)
자료출처 : 한국환경정책 · 평가연구원, 2006

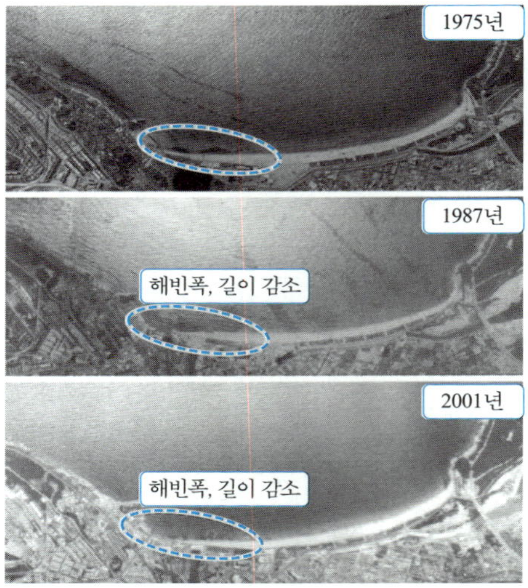

〈그림 11.37〉 해운대해수욕장 해안변화(1975~2001)
자료출처 : 한국환경정책 · 평가연구원, 2006

유실로 인해 해안선이 후퇴되고 있으며 북쪽의 선착장 건설로 인해 선착장 양쪽에 모래가 퇴적되고 있다.

〈그림 11.38〉 송림사구의 지속적 유실(독산해수욕장)
자료출처 : 한국환경정책 · 평가연구원, 2006

2) 전라남도 신안군 자은면 뒷뿔해수욕장

뒷뿔해수욕장은 해빈에서는 침식이 거의 일어나지 않고 있으나 고조 시 파랑에 의한 후빈의 침식이 심각하게 발생하고 있다. 침식된 후빈은 거의 직립에 가까운 급경사를 이루고 있어, 그 높이가 2~3m 정도로 해수욕장으로의 접근이 어렵다. 이 해역의 침식원인은 고파랑의 내습 및 해안 인근의 모래채취로 알려져 있다(그림 11.39).

다. 토사포락 사례

토사포락은 토사 및 암반이 지속적으로 침식되어 해안선이 후퇴하고, 그 결과 배후지의 토지 및 산림이 손실되는 현상으로, 백사장 지역을 제외한 우리나라 대부분의 연안에서 발생한다. 토사포락은 주로 많은 섬들로 이루어진 침식성 해역에서 발생한다. 〈그림 11.40〉은 부산, 통영, 강진 및 신안의 토사포락 사례를 제시한 것이다.

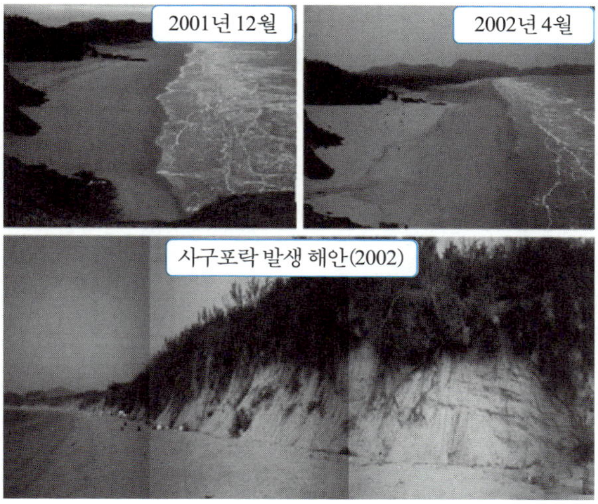

〈그림 11.39〉 뒷뿔해수욕장의 해안전경

자료출처 : 한국환경정책 · 평가연구원, 2006

(a) 부산 강서구 눌자동 :
이상 파랑에 의한 배후산지, 농지 피해발생

(b) 경남 통영시 산양읍 영운리:
암석해안이 지속적인 파랑작용으로 탈락

(c) 경남 강진군 도암면 망호리
이상 파랑에 의한 지속적인 토사 및 암반유출

(d) 전라남도 신안군 압해면 복용리
파랑, 흐름에 의한 연약한 토사지반 유실

〈그림 11.40〉 토사포락 사례지역

자료출처 : 한국환경정책 · 평가연구원, 2006

라. 호안붕괴사례

호안붕괴는 주로 호안이 노후되었거나 선단부의 세굴, 내부사석 또는 토사 흡출 등에 의해 붕괴되는 것으로 조사되었고, 내습파랑이 비교적 큰 지역에서 발생하는 것으로 나타났다. 피해지역의 호안은 대부분 파랑 및 흐름에 취약한 석축으로 축조되어 있어, 피해발생 위험이 높은 것으로 나타났다. 〈그림 11.41〉은 고성, 하동, 영광, 안산의 호안붕괴 사례를 나타낸 것이다.

(a) 경남 고성군 거류면 화당리
노후된 석축호안의 붕괴

(b) 경남 하동군 노량리
토사흡출에 의한 호안 붕괴, 지반침하, 도로피해발생

(c) 전남 영양군 염산면 두우리 내습에
의한 선단세굴 호안전도, 붕괴

(d) 경기도 안산시 대부남도
토사흡출에 의한 붕괴

〈그림 11.41〉 호안붕괴 사례지역

자료출처 : 한국환경정책 · 평가연구원, 2006

3절 연안재해 저감대책

3.1 폭풍해일 피해 저감대책

폭풍해일은 발생빈도가 다른 재해에 비해서 낮기 때문에 그 특성을 고려한 피해저감 대책이 제대로 수립되어 있지 않다. 여기서는 국립재난안전연구원(2002)에서 수행한 "폭풍해일예측을 통한 상황대처 방안 연구"에 수록된 폭풍해일 방재대책을 요약해서 제시하였다.

폭풍해일 피해 방재대책은 연안지역에서 폭풍해일 내습 시 연안지역 주민의 생명, 신체 및 재산을 보호하는 것을 목적으로 한다. 폭풍해일방재대책은 해안, 배후지의 지형, 지역의 자연특성 및 사회적 특성 등을 고려하고, 폭풍해일에 대한 방호효과와 피해경감효과가 최대한 발휘되도록 방재시설을 정비, 지역조성의 측면에서 방재대책을 추진하여 경계 · 피난 등을 중심으로 방재체제의 강화 등 3가지 관점에서 대책을 강구한다.

대상연안지역의 폭풍해일 방재대책의 책정은 다음의 순서에 따라 행하도록 한다.

3.1.1 계획책정을 위한 기초조사

본 계획의 책정을 행하는 연안지역에서 대상으로 하는 폭풍해일을 설정함에 있어서, 과거의 폭풍해일의 특성과 피해실태를 파악한다. 또, 대상으로 하는 폭풍해일에 의한 연안지역의 위험성의 평가를 행하는데 있어서, 각 연안지역의 기상, 해상, 지역, 토지이용, 인구 산업 등의 집적, 주민구성, 대책의 진보도, 지역 고유의 특성을 파악한다. 또한, 현재의 폭풍해일 방재대책의 진보상황 등 지역의 실정에 대해서도 현상 파악을 행한다.

3.1.2 대상 폭풍해일의 설정

폭풍해일방재계획 책정의 제안조건이 되는 외력으로 대상 폭풍해일을 선정한다. 대상 폭풍해일에 대해서는 과거에 해당 연안지역에서 발생하여 조위편차 등의 폭풍해일 정보가 비교적 정확도 높게 기록된 경우, 그 중 최대의 폭풍해일을 선정하고 태풍의 규모와 그 경로 등에 따라 얻을 수 있는 최대규모의 폭풍해일을 검토하고, 과거에 발생한 최대의 폭풍해일과의 비교검토를 행한 후, 안전을 고려한 대상 폭풍해일을 선정하도록 한다.

3.1.3 침수피해액의 추정

대상으로 하는 폭풍해일에 의한 침수역을 추정하고 그 결과에 따라 대상 연안지역의 범위를 확정하며, 지역특성으로부터 본 재해에 대한 빈약성과 폭풍해일 방재 대책에 대한 대비성 등을 충분히 고려하여 대상의 폭풍해일에 의한 피해의 형태, 규모 등을 상정하고 위험성을 평가한다.

3.1.4 폭풍해일 방재상의 과제의 명확화

대상으로 하는 연안지역에서 필요한 폭풍해일 방재대책을 검토할 때, 각종 조사와 위험성의 평가결과로부터, 폭풍해일 방재시설, 폭풍해일 방재의 관점으로부터의 지역조성, 방재체제의 각 분야마다 폭풍해일방재상의 과제를 명확히 한다.

3.1.5 폭풍해일방재계획의 책정

폭풍해일방재상의 과제 중 각 대책의 재정사정, 방재효과, 일상생활에 주는 영향과 폭풍해일 방재시설, 폭풍해일 방재의 관점으로부터 지역조성, 방재체제의 3가지 분야에 있어서의 대책의 조합으로부터 얻을 수 있는 종합적인 효과 등에 대해 충분히 배려한다. 이로부터 해당 연안 지역에서의 구체적인 폭풍해일 방재계획의 책정을 실시한다.

〈그림 11.42〉는 지역방재계획에서의 폭풍해일방재계획의 책정 순서를 제시한 것이다. 〈그림 11.43〉은 시군구에서의 일반적인 해일재해 대응의 흐름과 방지대책을 제시한 것이다. 재해대

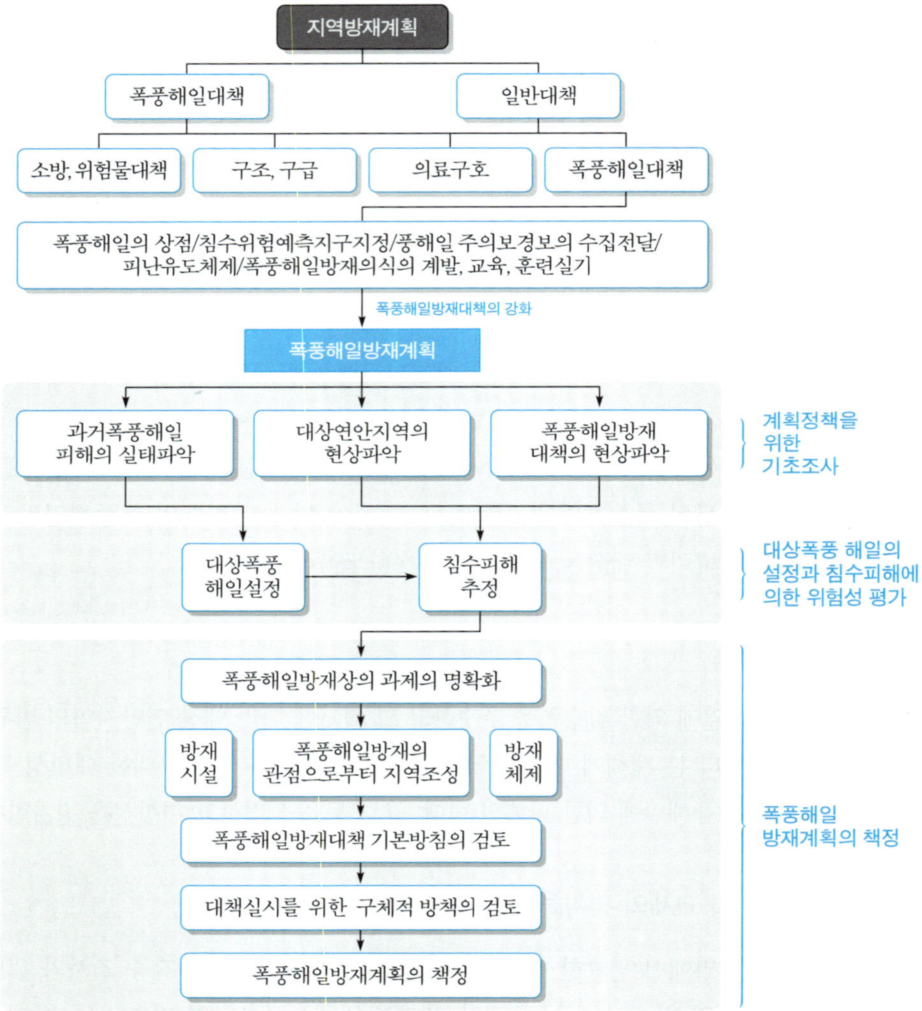

〈그림 11.42〉 지역방재계획에서의 폭풍해일 방재계획의 책정
자료출처 : 국립재난안전연구원, 2002

응의 흐름이 원활하게 수행될 수 있도록 평상시로부터 일차적인 대응주체인 방재관계기관이 서로 연계되어 대책을 강구할 필요가 있다.

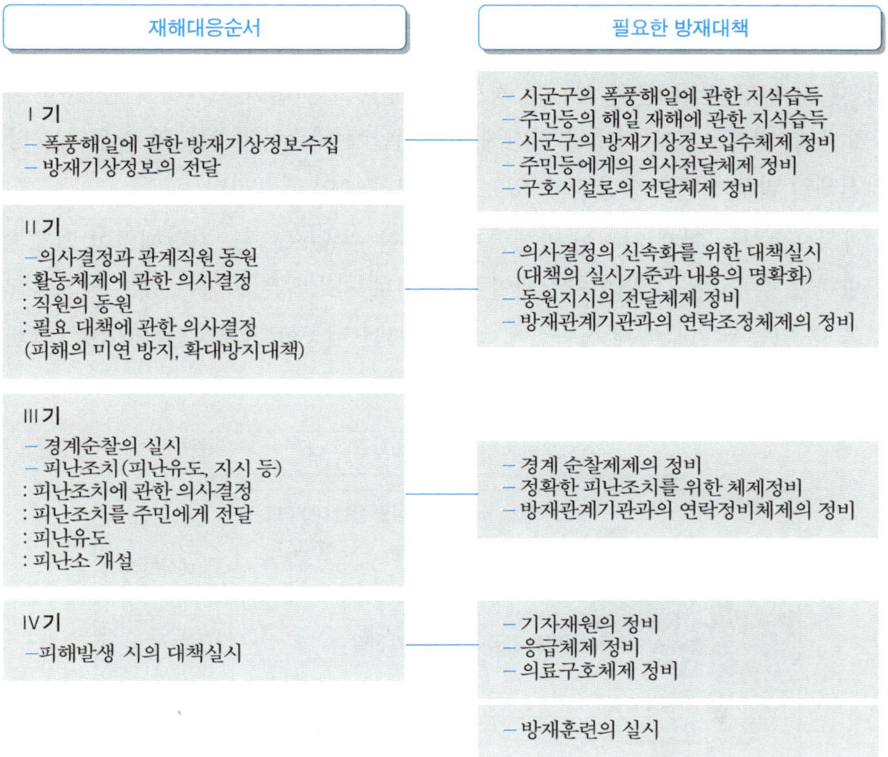

〈그림 11.43〉 폭풍해일 내습 시의 재해대응 순서와 필요한 방재대책
자료출처 : 국립재난안전연구원, 2002

3.2 지진해일 피해 저감대책

우리나라에서 지진해일에 대한 관심은 1983년 동해 지진해일 피해를 겪은 후부터 시작되었다. 2004년 동남아시안 지진해일과 2011년 동일본대지진에 의한 지진해일에서 확인할 수 있는 바와 같이 지진해일은 막대한 재산과 인명피해를 유발할 수 있으며, 2016년 9월 경주 지진으로부터 우리나라도 더 이상 지진의 안전지대가 아님을 확인 할 수 있었다. 지진해일 방재대책으로 국립재난안전연구원(1998)에 의해 수행된 “동해안의 쯔나미 위험도 평가”보고서에 대한 내용을 요약하여 정리하였다.

3.2.1 지진해일 경보의 발령

우리나라 동해안의 경우 지진해일 발생 후 어떤 경로를 거친다 하더라도 한국 연안에 도달하기까지는 약 100분 정도의 시간이 소요된다. 일본 서해안에 위치하는 진앙의 위치에 따라 지진해일이 동해안에 도달하는 시간의 편차는 있지만, 모두 1시간 30분 이후에 도달한다는 사실을 감안할 때 최소 1시간 30분의 시간은 경보를 발령하고 적절한 조치를 취할 만한 여유가 있다. 지진 발생 후 짧게는 5분 이내에 지진해일이 연안에 내습하는 일본의 경우와는 달리 지진 감지와 지진해일 발생여부를 결정할 수 있는 체계의 구축이 필요하다.

현재의 과학으로서는 언제 지진이 발생할지 예측할 수 없으므로, 지진해일이 언제 발생할지 정확하게 판단할 수 없다. 그러나 지진해일 조기 경보 시스템은 위험이 있는 지진을 감지하여 피해를 입을 수 있는 국가들에게 신속하게 조기 경보를 제공한다(기상청, 2010). 〈그림 11.44〉는 지진해일 조기경보 시스템의 예를 제시한 것이다.

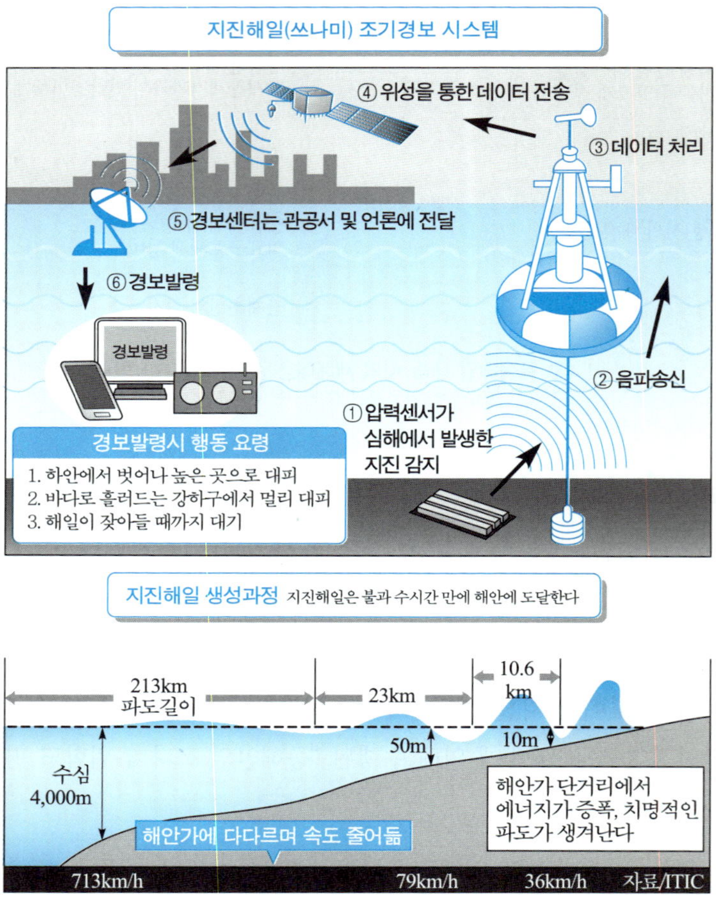

〈그림 11.44〉 지진해일 경보시스템

자료출처 : 동아일보

3.2.2 지진해일 방재교육

지진해일 발생 상황에서 잘 정리된 시스템에 의해서 30분~1시간 이내에 경보발령과 대피 및 대책 마련에 성공했다 할지라도, 명령을 받은 주민들의 행동은 대책과는 다른 결과를 보일 수 있다. 사전에 지진해일에 대한 정보의 습득과 상황의 심각성 등 재해에 대한 주의심이 적을 경우 큰 피해를 일으킬 가능성이 높다. 각 지역에서의 지진해일 내습 시 행동요령에는 다수 공통적인 부분이 있을 수 있지만, 에너지 집중지역 등 지진해일 위험지구는 특별히 제작된 행동요령이 있어야 한다.

3.3 이상파랑 피해 저감대책

이상파랑에 대한 연구는 전 세계적으로 초기단계에 있고, 이상파랑은 연안 재해중에서 비교적 규모가 작고 국지적인 것으로 알려져 있기 때문에 이에 대한 연구가 제대로 이루어지지 않고 있다. 여기서는 국립재난안전연구원(2009)에서 수행한 "이상파랑과 너울성파랑에 대한 방재대책 기획연구"에서 제시한 피해저감 대책을 요약하여 제시하였다. 이 연구에 의하면 피해저감대책으로 이상파랑 예 · 경보시스템의 구축을 제안하고 있다. 이를 위해서는 먼저 장기간의 파고관측 데이터가 우선적으로 축척되어야 한다. 이와 더불어 기상모델과 파랑모델을 결합하여 실시간으로 수치모의하는 기술이 요구되며 이 처리된 정보를 유관기관으로 실시간으로 전송하여 예 · 경보할 수 있는 시스템의 개발을 제안하고 있다.

이상파랑에 의한 피해저감을 위한 대책으로는 테트라포드 등 파고 저감시설 설치가 대표적이다. 이는 설치에 따른 비용 및 기간이 오래 소요되나 별도의 시스템 구축 없이 피해저감 효과가 큰 구조적 대책이다. 또한 선착장 및 방파제 등의 해안구조물에 안전조치를 강화하는 방향으로 설계기준을 높일 필요가 있다. 해양경찰청의 이상 파랑 발생 시 방파제, 부두, 해안가, 선박에 대한 대응 계획은 〈그림 11.45〉와 같다.

이상파랑의 크기와 도달시간을 정확히 예측하는 것이 불가능하기 때문에 주민들과 관광객들이 안전불감증을 가질 가능성이 높다. 이를 방지하기 위해서는 과거 피해사례에 대한 홍보와 대처방법 등을 소개하여야 한다. 또한 악기상에서 갯벌 작업 시 신고제 등 부가적인 방안도 마련할 필요가 있다. 방파제, 선착장, 갯바위, 어항 등의 입구에 이용객들이 쉽게 볼 수 있도록 위험구역에는 "안내표지판"을 설치하고 과거 인명피해가 발생했던 장소는 "인명피해 발생 표지판"을 병행 설치하여 경각심을 높일 필요가 있다.

상황전파

- 내용 : 너울성 파도 발생위치, 상황, 피해내용 등
- 전파경로 : 상황실(신고접수 및 상황인지) → 지휘통계, 유관기관

↓

초동조치

- 가용 가능한 최인근 수색구조세력 사고발생부근 출동 조치
- 관할 수협, 어촌계, 선주에게 너울성 파도 상황전파 피해최소화 조치

※ 해안가 주민, 행락객, 어민대상 마을 앰프, 순찰차 가두방송

↓

대응활동

- 본청 : 상황판단회의 개최 현장상황 및 사고규모분석, 구조본부 운영 등 수색구조대응지침 하달
- 지방청 해경서 : 구조본부 설치운영 및 수색구조계획 수립

↓

사후관리

- 주관 : 자치단체(지역 광역재난대책본부)
- 내용 : 치료비, 장례, 보상, 유실물처리, 분쟁조정 등
- 지원 : 자치단체 협조사항

〈그림 11.45〉 해안가 안전사고를 막기위한 해양경찰청의 대응계획

자료출처 : 국립재난안전연구원, 2009

3.4 연안침식 피해저감대책

연안침식 피해저감 대책은 연안침식을 방지하는 것을 의미하므로, 여기서는 해양수산부(2002, 2004, 2005, 2006)에서 수행한 연안침식 관련 연구보고서에 수록된 연안침식 방지공법에 대해 소개하였다.

연약침식방지공법은 침식방지를 위해 대상지역에 적용하는 수단을 총칭한다. 연약침식방지공법은 침식현상 차단 및 재발 방지를 위해 적용되는 다양한 수단이다. 대규모 토목구조물을 이용하는 방법에서 친환경적 재료(목재, 모래, 식생)를 이용하는 방법까지 다양한 침식방지공법은 사업대상지역의 자연환경, 침식유형, 지역특성 등에 대한 고려를 통해 선정된다. 연안침식방지공법을 기능상 구분하면 연안방호공법, 사빈안정화공법, 사빈회복공법으로 구분할 수 있다.

3.4.1 연안방호공법

① 직립호안

연안방호를 위해 건설되는 기본적인 연안구조물로서 직립, 혹은 급경사 형식으로 건설되

며, 재료는 철근콘크리트, 자연석 등 다양하게 적용된다.

호안의 특징은 공사비가 저렴하고 시공이 간단하며, 내습파랑을 직접 차단하여 보전대상지역의 포락방지 및 안정성을 확보하기 위해 건설된다. 도로, 임시접안시설 등 생활기반시설 건설 시 필요에 따라 해안지역에 건설된 경우가 많으나 파도가 높은 연안지역, 특히, 백사장이나 사구지역에 적용할 경우 침식현상을 증가시킬 수 있으므로, 사질해안의 해안선 부근에 적용하는 것이 적합하지 않다. 국내 사빈해안에서 백사장 침식이나 사구포락이 발생하는 지역은 호안건설이 사빈침식의 가장 큰 원인이 되는 경우가 많으며, 선진국에서는 백사장 지역 호안건설을 최대한 지양하고 있다.

② 친수성호안

직립호안건설 시 접근성 및 이용성을 고려하여 친수성호안을 건설할 수 있다. 친수성 호안은 파도를 차단하는 기능과 함께 관광지의 기능을 동시에 만족할 수 있는 구조물이다.

③ 경사식호안

완만한 경사로 건설된 호안으로 국내에는 1/1.5경사로 건설되는 경우가 많으며, 선진국에서는 1/3이상의 완경사 호안도 있다.

경사식 호안의 재료는 자연석, 친수형 콘크리트 블록 등이 다양하게 이용가능하며, 전면파고에 따라 천단고, 피복석 중량 등 설계조건이 결정된다. 연안의 이용성 및 친수환경 조성이 가능하며 직립호안보다 파도의 에너지 소산효과가 크다. 자연적인 연안유지가 불가능한 지역의 수변공간 확보 등을 위해 적용할 수 있다. 파도가 높은 지역에 호안건설이 필요한 경우 완경사 호안을 적용할 수 있다. 특히, 백사장침식, 사구포락이 발생하는 지역 중 배후지 개발이 진행되어 배후지 보전이 반드시 필요한 지역에서 대표적인 사빈회복공법인 양빈과 완경사 호안을 적용할 수 있다.

3.4.2 사빈안정화공법

① 이안제(내습파랑저감)

해안으로 내습하는 파랑을 직접 차단하기 위해 이용되는 구조물로 내습파랑 차단 효과는 좋으나 조망권을 차단하는 단점이 있다. 해안선에서 일정한 거리에 방파도(도제)형식으로 건설하는 이안제의 단면은 방파제와 유사하며, 설계조건의 검토는 방파제 설계과정이 적용된다. 내습파랑을 직접 차단하므로 연안침식의 직접적인 외력을 감소시키는 효과는 있지만, 침식발생지역의 모래총량 증가 효과는 없으며, 톰보로 현상에 의해 해안지형의 급격한 변화가 발생될 수 있다. 또한 구조물에 의해 조망권이 악화될 수 있으므로, 관광자원으로서의 연안지역가치가 하락할 수 있다. 이안제에 의한 2차 침식발생이 나타날 수 있으므로, 적용 시 이안제의 규모, 시공순서 등에 대한 단계별 계획을 수립한 후 시공해야 한다.

② 잠제(내습파랑저감)

내습파랑을 저감시키는 기능과 함께 조망권을 유지할 수 있는 구조물이며, 파랑 저감을 위해 넓은 폭을 유지해야 하므로 건설비가 고가인 구조물이다. 해안선과 일정한 거리를 두고 평행하게 시공되는 잠제는 천단이 해수면 아래에 위치하므로 조망권 확보가 가능하여 유명 백사장 등 관광자원으로 가치가 높은 지역에 적용할 수 있다.

설계 시 내습파랑을 고려하여 단면을 설계하며, 천단폭 및 천단의 수심을 전달률을 고려하여 산정한다. 일정규모 이상의 파랑저감효과를 위해 수십 m의 광폭으로 건설해야 하므로 건설비가 고가인 구조물이다. 표사이동을 차단하는 수중보 역할 및 어초 기능이 가능한 반면, 항행선박의 좌초 위험이 있다. 또한 천단에서 쇄파에 의해 해빈류가 강하게 나타나 표사이동을 증가시킨다는 보고가 있으며, 조차가 큰 지역에 적용하기 어렵다.

③ 인공곶(연안표사제어)

대규모 연안표사제어 구조물로 인공적으로 포켓비치를 조성하는 기능이 있으며, 인공곶 사이의 백사장은 안정상태를 보인다. 단, 공사비가 많이 소요된다. 백사장 침식 발생지역에 인공적으로 곶을 만들어 연안표사이동을 제어하는 방법으로 모래의 이동을 인공적으로 제어하는 시설이다. 이동한계수심을 고려하여 깊은 수심까지 구조물을 연장하며, 인공곶 선단부는 방파제의 부두 설계개념을 이용하여 설계한다. 구조물의 천단고가 너무 높은 경우, 조망권을 차단하므로 관광지의 기능을 고려하여 천단을 정한다. 백사장 침식이 심각하게 나타나는 지역은 양빈과 병행하는 것이 효과적이다.

구조물을 활용한 친수공간 조성이 가능하여 관광자원의 역할을 수행할 수 있으나, 대규모 예산 투입이 필요한 구조물이므로 철저한 조사, 연구를 통해 체계적인 사업추진계획이 반드시 선행되어야 한다. 특히 연속사질해안에 건설 시 2차 침식이 발생할 수 있으므로, 적용지역 선정 시 지역의 특성을 충분히 고려해야 한다.

④ 돌제(연안표사제어)

연안표사이동을 제어하여 백사장 침식을 감소시키는 구조물로서 해안선과 직각으로 건설하여 연안을 따라 이동하는 모래(연안표사)를 제어하는 구조물로서 전 세계적으로 이용되고 있다. 다양한 단면의 돌제가 전 세계적으로 이용되고 있으며, 돌제의 규모와 평면배치, 단면 등은 침식발생지역의 특성을 고려하여 결정한다. 천단 결정 시 해당지역의 경관성을 고려하는 것이 바람직하다. 돌제는 직선형을 기본으로 하고 T형, Y형 등 대상 해역의 특성에 따라 다양한 형태가 있다. 과거에는 선진국에서는 백사장 침식이 발생하는 연속적인 사질해안에 돌제를 적용하였으나. 최근에는 백사장 침식 발생지역의 모래 총량을 증가시키는 양빈을 주로 수행하고 돌제의 적용을 지양하고 있다.

⑤ 모래포집기(비사방지)

바람에 의한 모래 이동을 차단하기 위해 이용되는 구조물로, 사구지역, 배후지 개발이 완료된 백사장 지역에 이용된다. 모래포집기는 백사장이나, 사구지역의 비사제어를 목적으로 적용된다. 모래포집기는 그물형, 말뚝형 등 다양한 형식이 있으며, 설치도 1열, 다열 등 건설이 가능하다.

인공구조물 건설을 최소화할 수 있는 방법으로 친환경적 재료(목재, 갈대매트 등)를 이용하며, 신속한 설치 및 이동이 가능한 시설이다. 배후지 개발이 완료된 백사장 지역 등의 비사방지를 위해서 적용할 수 있다. 모래포집기 적용 시 비사에 대한 사전조사가 반드시 필요하며, 대상지역 특성을 고려해서 설치지역을 선정한다. 모래포집기는 대상지역의 모래총량은 그대로 유지되므로, 모래가 집적되는 지역이 발생하며, 모래가 감소하는 부분도 발생할 수 있다.

⑥ 식생(비사방지)

넓은 백사장이나 사구지역에 적용가능한 사빈안정화공법으로 인공적으로 식생을 조성하여 비사를 방지하는 방법이다.

대상지역 사질조건에 맞는 염생식생을 이용하여, 모래의 이동을 감소시켜 비사를 방지하는 친환경적인 공법이다.

자연환경의 변화를 최소화하는 방안으로 사빈 폭이 넓은 백사장 후빈지역이나 인공으로 조성된 사구 등에 적용한다.

식생을 이용하므로 식생에 대한 체계적인 유지관리가 필요하며, 관광지 인근에 적용 시 관광객 및 차량의 출입을 차단하고 접근로를 신설해야 한다.

⑦ 지하수위저감

지하수위를 인위적으로 저감하여 백사장 침식 및 토사포락을 방지하는 공법으로서 백사장 침식지역에 내습파랑의 수립자가 사빈으로 침투하여 배출될 수 있는 지하수위 저감시설을 매설하여 파랑 내습 후 전빈을 따라 내려오는 바닷물에 모래입자가 연행되어 사빈이 침식되는 현상을 방지할 수 있다. 토사포락 발생지역의 경우 지하수위 저감공법은 포락면을 따라 지하수가 누출되면서 사면의 포락을 유도하는 현상을 방지하기 위해 적용하며, 집수정을 매설하거나, 펌프를 이용한 배수 등 다양한 적용방법이 있다. 지하수위 저감공법의 적용을 위해 실험적 연구 및 현장 적용 등의 단계가 필요하다.

3.4.3 사빈회복공법

① 양빈

백사장 침식, 사구포락 등 사질해안의 모래유실에 의해 연안침식이 발생하는 지역에 인공적으로 모래를 공급하는 친환경적인 공법이다. 백사장 침식지역이나 사구포락지역에 인공적으로 모래를 공급하는 양빈은 최근에 선진국에서 가장 많이 시행하고 있는 사질해안 침식방지공법이다. 양빈에 이용하는 해사는 수심 20m 이상의 지역에서 채취하여 모래 채취로 인한 백사장 침식 발생가능성을 최소화한다. 선진국에서는 침식이 발생하는 유명 해수욕장의 침식방지를 위해 2차 침식 발생이 거의 없다는 양빈을 주로 이용하고 있다. 양빈은 일회성사업으로 추진하는 것보다, 장기적인 침식발생 사질해안 관리의 개념으로 시행하는 것이 경제적이다.

② 모래환원(Sand Cycle)

백사장 침식 발생지역에서 다른 지역으로 이동한 모래를 제자리로 공급하는 공법이다. 모래가 이동하여 침식이 발생한 경우, 이동한 모래를 원위치로 이송하는 공법으로, 연안지역의 개발에 따른 모래이동 특성변화가 나타나는 경우 이를 바로잡기 위해 시행된다. 시행 전 모래이동현상을 조사 · 연구하여 침식의 원인을 차단할 수 있는 방안을 수립하여 침식이 발생하는 백사장의 안정상태를 확보한 후 시행한다. 원래 모래를 제자리로 이동시키므로, 재료의 동질성이 확보되는 장점이 있다. 항내 매몰과 백사장 침식이 나타나는 지역에 적용할 수 있다.

③ 모래강제이송(Sand Bypassing)

연안방향으로 이동하는 모래가 인공구조물에 의해 차단될 경우 적용하는 공법이다. 연안방향 모래이동이 탁월한 지역에 돌제, 도류제 등이 모래이동을 차단하여 구조물을 경계로 침식과 퇴적이 나타날 경우 펌프를 이용하여 모래를 강제로 이송시키는 공법이다. 모래 이송량, 시공시기 등 실행계획 수립 시 모니터링과 주변 환경에 대한 조사연구를 선행한다. 인공적으로 모래이동을 수행하여 지역적인 침식, 퇴적현상을 해결할 수 있으나, 백사장 지역 모래 총량의 변화는 없으므로, 백사장에서 전체적인 해안선 후퇴가 나타날 경우 양빈과 병행한다.

제12장 | 대설방재

우리나라에서 겨울철에 관찰되는 기상 현상의 하나인 눈(雪)은 우리에게 정서적 · 문화적으로 많은 의미를 가지고 있다. 그리고 이러한 의미는 시(詩)나 소설과 같은 문학작품으로, 또는 그림 · 음악과 같은 예술작품으로 표현되기도 한다. 과학적으로 눈은 기상현상의 하나로 기온이 섭씨 0℃ 아래로 떨어져 있을 때 구름 안의 물 입자나 대기중의 수증기가 얼어서 결정화되어 내리는 현상을 말한다.

눈은 쾨펜(Wladimir Koppen)이 구분한 5개 지역 기후 분류시스템 중 주로 온대기후 이상의 지역에서 관찰되는 현상이다. 인간은 겨울철 기상현상인 추위와 눈의 강하, 결빙현상으로부터 자신의 생명과 재산을 보호하기 위해 기술과 문명을 발전시켰다. 그러나 산업사회가 발전하기 전에는 인간의 이동이 보편화되어 있지 않았고, 겨울철에 발생하는 강설과 결빙은 고지대와 가파른 도로구간에서의 수송과 통행을 어렵게 만들었다. 따라서 산업혁명 이전사회에서 겨울철 대설기간 동안 인간이 준비할 수 있는 최선의 대책은 눈과 얼음이 녹을 때까지 자신과 가족의 생존을 위해 자신의 거주지에 충분한 식량과 땔감을 준비하는 것이었다.

지난 반세기 동안 우리나라의 경제는 비약적으로 발전하여 세계 10대 경제규모에 도달하게 되었고, 우리나라의 도시통행량도 이러한 추세에 따라 증가하고 있다. 수도권 가구통행실태조사 자료에 의하면 수도권의 총 목적통행량은 1996년 4,234만 통행에서 2002년에는 4,710만 통행(1996년 기준 111%)으로, 2006년에는 5,106만 통행(1996년 기준 121%)으로 계속 증가하였으며, 그 결과 도로 교통량은 출퇴근 시간 이외에도 수도권 곳곳에서 교통혼잡이 지속되고 있다. 이러한 도시교통의 한계상태는 대설이 발생할 경우 즉시 교통류 와해현상을 초래하여 도로교통이 마비되고, 도시 경제활동이 혼란에 빠지게 되면서 도시재앙을 초래하는 결과로 이어지게 된다. 최근 이슈가 되고 있는 기후변화는 지구상 곳곳에 여름철 기상악화뿐만 아니라,

겨울철 기상재난에도 영향을 미쳐 대설로 인한 도시교통의 마비는 앞으로도 더욱 악화될 것으로 예상되고 있다.

1절 눈의 특성

1. 눈의 개념

1.1 눈이란?

겨울철에 관찰되는 기상현상의 하나인 눈은 과학적으로는 기온이 0℃ 이하일 때 구름속의 물 입자나 대기중의 수증기가 얼어서 결정화되어 내리는 현상이라 할 수 있으며, 이외에도 문명적 · 정서적 · 문화적으로도 더욱 다양한 의미를 내포하고 있다.

〈그림 12.1〉 다양한 눈의 결정체

자료출처 : W. Bentley, 1902

특히 눈은 수증기를 포함하고 있고, 상공의 기온이 낮아질 때 대기중의 미립자를 핵으로 하여 얼음의 결정이 발생한다. 이 결정은 액체의 물이 얼어서 생긴 것이 아니라, 주로 기체의 수증기가 승화하여 직접 고체로 되어 생긴 것이다. 이 미세한 결정의 주위에는 높은 밀도에서 과냉각한 미세한 물방울이 떠다니고 있고, 물방울이 증발해서 결정의 표면에 승화하는 것으로, 결정이 점차 성장해간다. 또한 결정형태의 대부분은 이 과정에서 온도나 바람 등의 조건에 따라 다양한 형태가 된다. 성장한 눈은 직경 0.5~10mm 정도이지만, 큰 것은 3cm 전후가 되기도 한다. 이것들이 점차 성장해가면서 낙하를 시작하고, 낙하과정에서 눈송이끼리 맞부딪쳐 더욱 크게 되기도 한다. 성장한 눈이 낙하하는 사이에 주위의 기온이 0℃이상이 되지 않고 지상에 도달하게 되면, 눈으로서 관측되게 된다.

1.2 눈의 분류와 속성[1)]

1.2.1 결정의 형태(Symbol : F)

눈 결정의 형태에서 주요 결정형태의 등급은 기호나 독특한 두 개의 대문자로 된 약자를 사용하여 구분된다. 하위분류는 적절한 기호를 사용하거나 네 글자로 된 약어의 둘 중 하나로 분류되며, 주요 등급코드에는 그 중 두 개의 소문자가 추가된다. 색상은 어느 공간이나 시간(예를 들어, 눈으로 뒤덮인 들판 모형의 표현)에서 지속적으로 표현하기 위해 사용되지만, 약어는 전자 데이터 교환 형시에 유용하게 사용된다. 〈표 12.1〉은 결정 모양의 주요 형태학적 등급을 설명하고 있으며, 이러한 형태학적 분류 및 물리적 공정이 나란히 표현되는 것은 다양한 사용자들에게 보다 안정적인 분류를 할 수 있게 하고 관찰하는 데 있어 물리적 해석에 도움을 주게 된다.

〈표 12.1〉 눈 결정 모양의 주요 형태학적 등급

등급	기호	코드
강수 입자	+	PP
인공 눈	◎	MM
분해되고 조각난 강수량 입자	／	DF
둥근 입자	●	RG
결정의 측면	□	FC
서리의 깊이	∧	DH
서리의 표면	∨	SH
녹은 형태	○	MF
얼음의 구조	−	IF

1.2.2 입자의 크기(Symbol : E)

눈 레이어의 고전적인 결정의 크기 E는 눈 알갱이의 평균 크기로서, 결정이나 입자의 크기는 mm(밀리미터)로 측정한 것이 가장 큰 측정값이다. E는 〈표 12.1〉에 있는 조건을 사용하여 표현할 수 있고, 때에 따라서는 최대 평균크기인 Emax 또는 크기의 분포까지도 지정하여 표현하기도 한다.

현장에서 측정하는 간단한 방법은, mm의 격자 형식으로 되어 있는 접시 위에 결정의 샘플을 올려놓고 측정하는 것으로, 평균크기와 최대 평균크기 모두 접시 위의 그리드 선의 간격으

1) 「UNESCO IHP-VII 수문학기술보고서 NO.83 : 지표면 계절 강설에 대한 국제분류보고서(International Association of Cryospheric Sciences : 2009)」

로 결정의 크기를 비교하는 방법으로 측정한다. 이러한 측정은 모두 영상처리에 의해 검색된 값과 잘 부합하지만, 사분이나 입체학에 의해 얻은 것과는 다른 결과를 얻을 수도 있다.

〈표 12.2〉 눈 입자의 크기

용어	크기(mm)
매우 부드러운 눈	< 0.2
부드러운 눈	0.2 – 0.5
중간 눈	0.5 – 1.0
거친 눈	1.0 – 2.0
매우 거친 눈	2.0 – 5.0
심하게 거친 눈	> 5.0

1.2.3 눈의 밀도(Symbol : Ps)

밀도, 즉 단위부피당 질량(kg/m^3)은, 일반적으로 알려진 눈의 무게에 의해 결정된다. 때때로 눈의 전체 밀도와 마른 눈의 밀도는 별도로 측정되는데, 마른 눈의 밀도가 오로지 얼음과 공기만을 의미하는 반면, 눈의 전체 밀도는 눈의 모든 성분(얼음, 액체상태의 물과 공기)을 포함하고 있기 때문이다. 밀도를 측정하는 또 다른 방법으로는, 눈의 유전체적 특성의 이점을 활용하는 방법이 있다.

1.2.4 눈의 경도(Symbol : R)

경도는 눈으로 침투하는 개체에 대한 저항을 말한다. 경도 측정은 특정 장치가 사용되며, 널리 알려진 기구로는 Swiss Rammsonde가 있다. 이것은 이른바 푸쉬풀게이지(push-pull gauges)를 사용하여 눈 구덩이의 벽면으로부터 그 값을 얻을 수 있다.

De Quervain(1950)는 램(압력 또는 충격을 주는 부품)에 대한 저항력 범위를 6단계로 구분하였으며, 그 각각의 단계에 해당하는 기준을 손을 이용한 실험을 통해 대응시켰다(표 12.3).

1.2.5 수분함유도(Symbol : θw, LWC)

눈의 수분함유도는 눈이 액체상태가 될 때, 눈 속에 있는 수분의 양을 의미하며, 〈표 12.4〉와 같이 분류할 수 있다.

〈표 12.3〉 눈의 경도

용어	손을 이용한 테스트			Ram저항력(N)		기호
	손을 이용한 경도지수	개체	코드	범위	의미	
매우 부드러움	1	주먹	F	0–50	20	
부드러움	2	4손가락	4F	50–175	100	／
중간	3	1손가락	1F	175–390	250	×
딱딱함	4	연필*1	P	390–715	500	//
매우 딱딱함	5	칼날	K	715–1200	1000	〉〈
얼음	6	얼음	I	> 1200	> 1200	–

*1 여기서 '연필'은 뾰족한 연필의 끝부분을 의미한다.

〈표 12.4〉 눈의 수분함유도의 분류기준

용어	습기 지수	코드	설명	θw, V의근사범위 (부피율:%)*1		부호
				범위	평균	
마른	1	D	보통 Ts는 0℃이하이다. 하지만 마른 눈은 0℃이상의 어떠한 온도에서도 발생할 수 있다. 분해된 눈 알갱이는 눈덩이를 뭉치는 등 함께 누르면 서로 붙으려는 미세한 경향이 있다.	0	0	
촉촉한	2	M	Ts = 0℃, 물은 10배 확대하여도 보이지 않는다. 가볍게 으깰 때, 눈은 함께 대항하는 독특한 경향이 있다.	0~3	1.5	I
젖은	3	W	Ts = 0℃, 물은 인접한 눈 알갱이 사이에서 일어나는 메니스커스 현상으로 인해 10배 확대했을 때 인식된다. 하지만 물은 손으로 눈을 적당히 누름으로 인해 압축될 수 없다.	3~8	5.5	II
매우 젖은	4	V	Ts = 0℃, 물은 손으로 눈을 적당히 누름으로 인해 압축될 수 있다. 하지만, 감지할 수 있는 양의 공기는 구멍내에 국한된다.	8~15	11.5	III
흠뻑 젖은	5	S	Ts = 0℃, 눈은 물에 흠뻑 젖어 있고, 공기의 20~40% 부피를 차지하고 있다.	〉15	〉15	IIII

*1 부피에서 질량을 나누어 백분율로 변환하기 위함

1.2.6 눈의 온도(Symbol : Ts)

눈의 온도는 섭씨 온도로 측정되며, 일반적으로 다음과 같은 기호로써 표시된다.

Ts(H) : 지상으로부터 높이 H 지점의 눈 온도

Ts(−H) : 표면 아래의 깊이 −H 지점의 눈 온도

Tss : 눈 표면 온도

Ta : 눈 표면 위로 1.5m의 공기 온도

Tg : 지표면 온도(영구동토층에서의 BTS, 눈 아래의 온도)

2. 우리나라 겨울철 기상의 특성

우리나라는 지리적으로 중위도 온대성 기후대에 위치하여 봄, 여름, 가을, 겨울의 사계절이 뚜렷하게 나타난다. 여름에는 고온다습한 북태평양 고기압의 영향으로 무더운 날씨를 보이고, 겨울에는 한랭건조한 대륙성 고기압의 영향을 받아 춥고 건조하며, 봄과 가을에는 이동성 고기압의 영향으로 맑고 건조한 날이 많은 것이 특징이다.

우리나라의 대설은 겨울철 시베리아 대륙에서 확장하는 찬 대륙성 고기압의 세력이 서해상과 동해상으로 확장할 때 상대적으로 서해상에 따뜻한 저기압이 발달하게 되며, 이때 서해상에 있는 저기압으로부터 남서기류에 의하여 따뜻한 공기가 다량 유입됨에 따라 서해상에 많은 눈이 오게 된다.

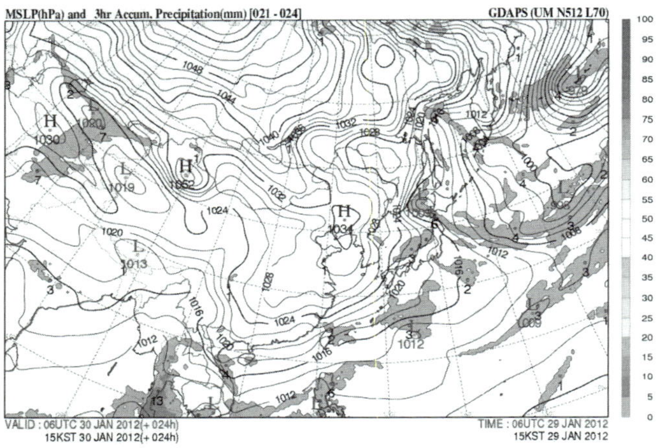

〈그림 12.2〉 겨울철 기압배치도

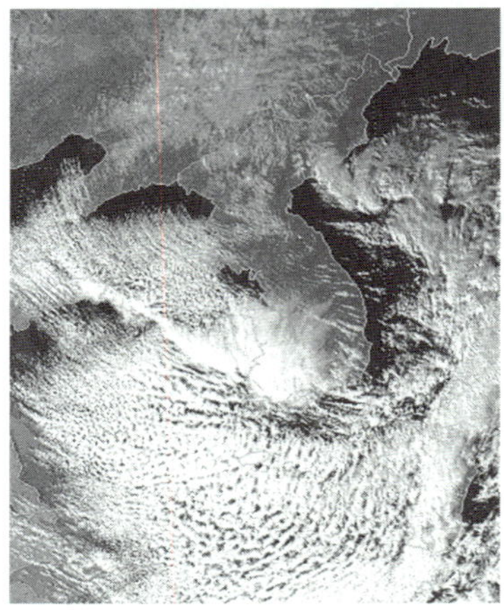

〈그림 12.3〉 호남지역 대설 위성영상 (2005.12월)

영동지역의 경우, 태백산맥을 넘는 차고 건조한 공기와 동해에 위치한 상대적으로 따뜻한 습윤한 북동기류가 만나 대설의 원인이 되며, 1, 2월에 많이 발생된다. 호남지역의 경우, 시베리아 고기압에 의해 형성된 찬 공기가 따뜻한 해상을 지날 때 해수면으로부터 가열과 수분 공급으로 대기가 불안정해지면서 발달한 구름이 북서풍의 영향을 받아 해안지역까지 강설이 발생하는 전형적인 기단변질형으로 눈이 내리게 된다. 기단변질형 강설은 시베리아 대륙성고기압의 지상부근 온도(-10도)와 +10도를 유지하는 서해 해수면 사이의 20도 가량 온도차에 의해 발생하고 있고, 지구 온난화의 영향으로 해수면의 온도가 과거에 비해 상승하였으며, 그 영향에 의하여 강설패턴이 기습적이며 집중적인 대설형태로 나타날 징후가 이미 표면화되고 있다.

눈은 일반적으로 비와 마찬가지로 저기압 때문에 내리지만 한반도의 겨울철 눈은 저기압과 관련없이 내리는 경우도 많다. 오히려 고기압의 영향을 받고 있을 때 대설이 쏟아지는 경우가 많은데, 우리나라가 아시아 대륙의 동쪽에 위치해 있고 3면이 바다로 둘러 쌓여있는 독특한 지형 때문이다.

2절 대설의 개념 및 예 · 경보

1. 대설의 개념

겨울철 자연재난의 3대 위험요인인 추위와 눈의 강하, 결빙현상 중에서 가장 중요한 위험요인은 눈의 강하, 즉 강설(降雪)이다[2]. 특히 짧은 시간에 많은 양의 눈이 내리는 기상현상을 대설이라고 하며, 이는 자연재해에 속하며 각종 피해를 유발한다. 기상학적 측면에서 보면, 대설은 12시간에 10cm 이상의 신적설 또는 24시간에 15cm 이상의 신적설이 발생하는 것을 말한다. 대설 발생 시 신적설량에 따라 대설특보(대설주의보와 대서경보)가 발령되는데, 우리나라의 경우 대설주의보는 24시간에 신적설이 5cm 이상 예상될 때 발령되고, 대설경보는 24시간에 신적설이 20cm 이상, 산지의 경우에는 30cm 이상이 예상될 때 발령된다.

대설에 의한 피해는 일반적으로 ① 눈이 많이 쌓여서 발생하는 적설피해, ② 눈압력에 의해서 발생하는 설압피해, ③ 쌓인 눈이 가파른 경사면에서 미끄러져 발생하는 눈사태피해, ④ 젖은 눈이 송전선이나 기타 가설물에 부착되어서 발생하는 착설피해, ⑤ 도로 빙판화에 따른 교통사고 피해, ⑥ 대설발생 후 관리 소홀에 의한 피해 등 크게 6가지로 나누어 볼 수 있다.

2. 국내의 대설기준과 예 · 경보체계

기상청에서는 일기도와 기타 자료 등에 기초하여 앞으로 다가올 날씨를 미리 알리는 예보와, 태풍이 접근하거나 강설 등이 발생할 것이 예상되어 주의를 환기시킬 필요가 있을 때 기상정보(주의보 또는 경보 등 포함)를 발표한다.

먼저 일기예보는 그 예보 기간에 따라 단기예보와 장기예보로 나눈다. 단기예보는 72시간까지, 즉 오늘 · 내일 · 모레까지의 예보이며, 최근에는 3시간 · 6시간 예보도 발표한다. 장기예보에는 주간예보 · 순별예보 · 1개월예보 · 계절예보 · 6개월예보 등이 있다. 최근에는 기상위성

2) 기상청의 지상기상관측지침(2009.8.17.)은 구름이나 공기 중의 수증기 응결체가 지면에 떨어지는 강수현상 중에서 눈, 진눈깨비, 소낙눈, 소낙성 진눈깨비, 싸락눈, 가루눈 등 고체의 강수 기상현상을 「강설」이라 정의하였으며, 고체상의 강수, 즉 눈이 지면에 내려 노장 또는 노장 주위의 지면을 반 이상 덮었을 때 그 쌓여있는 수직 깊이를 「적설」이라고 정의하고 있다.

및 레이더, 자동기상관측소 자료, 수치예보모델자료를 이용함으로써 보다 정확한 일기예보를 할 수 있게 되었다. 단기예보에서는 고기압 · 저기압 · 전선 등의 이동 · 발달 등을 구체적으로 예상할 수 있으나, 장기예보에서는 개략적인 기상 전망만을 나타낸다. 따라서 단기예보와는 그 작성 방법을 달리한다. 계절예보는 계절의 일기 개황을 미리 예보하는 것으로, 여름의 더위, 겨울철의 추위와 눈, 장마 기간, 태풍 활동 등의 예보 내용을 포함한다. 농업 · 상업 · 항공 등 여러 분야에서 매우 중요한 역할을 하고 있다. 계절예보의 방법으로는 그 해의 기후변화와 비슷한 해의 변화를 토대로 하는 유사법, 일기 변화의 전조(前兆)를 수량적으로 구하여 예보하는 상관법, 기상요소의 주기성에 착안하여 예보하는 주기법, 수치예보모델을 이용한 앙상블예보법 등이 있다. 계절예보보다 더 먼 기간의 예보로는 6개월예보가 있다.

또한 각종 기상현상이 특보의 발표기준에 도달할 것이 예상될 때에는 해당 기상현상에 대한 주의보 및 경보를 발표한다. 대설의 경우, 24시간 신적설이 5cm 이상 예상될 때 대설주의보가 발령되며, 24시간 신적설이 20cm 이상 예상될 때, 또는 산지의 경우 24시간 신적설이 30cm 이상 예상될 때 대설경보가 발령된다. 이와 같은 기준에 의해 기상특보가 발령되면, 각 지역에서는 이에 대한 대비와 행동요령에 따라 대처함으로써, 기상재해의 방지 및 피해경감에 유용하게 활용되게 된다.

3. 강설자료 수집체계

3.1 자료수집 시스템[3)]

3.1.1 적설판 · 설척

설척이나 적설판을 사용하여 적설을 관측하는 것으로, 설척은 주로 적설이 많은 지방에서 cm 눈금을 새긴 기둥을 미리 대표적인 적설을 나타낼 만한 지면에 세워두고 적설이 있을 때에 설면에 상당하는 설척의 눈금으로 적설의 깊이를 측정하는 것이다. 적설판은 약 50cm의 백색 페인트를 칠한 정방형 나무나 플라스틱 판을 지상에 수평으로 지면의 높이와 일치하게 설치하여 적설이 있을 때에 눈의 깊이를 cm자로 측정한다.

적설은 자체의 무게로 다져지기도 하고 녹아내리기도 하므로 새로 눈이 내리지 않을 때나, 눈이 내리더라도 적설이 전 관측 시보다 낮아지는 경우가 있다. 적설판 위의 눈은 표면이 균일하지 않아 깊이가 일정하지 않으므로 관측자는 평균값을 관측하여야 한다. 일별 최심적설은 적설을 측정하는 적설판상에서 측정이 가능하며 정확한 최심적설의 깊이와 시간을 재기 위해

3) 지상기상관측지침(2010.7), 기상청

서는 세심한 주의가 필요하다. 신적설 관측을 위해서는 별개의 적설판을 사용해야 하며 관측 시마다 측정이 끝나면 적설판 위의 눈을 털어 버리고 다음 관측 시의 측정에 대비해야 한다.

일최대적설, 일최대신적설은 24시간 중 눈이 가장 많이 쌓였을 때의 적설값(단위: 0.1cm)과 시각을 기록하되, 최대적설은 일계와 무관하게 계속해서 누적된 눈을 관측대상으로 하며 임의 시각의 최심과 시각을 기록한다. 일별 최심신적설은 24시간 동안에 새로 내려 쌓인 눈이 제일 깊었을 때의 깊이와 그 시각을 측정하는 것이다. 따라서 이러한 최심신적설을 측정하기 위해서는 별도의 적설판이 필요하다. 3시간 최심적설과 최심신적설은 정시관측 3시간 중 눈이 가장 많이 쌓인 임의 시각의 적설값(단위: 0.1cm)과 시각을 기록하며 적설과 신적설의 구분은 위에서 설명한 것과 원리가 같으나 일별최심적설, 최심신적설은 일계를 기준으로 하고, 3시간 최심적설과 최심신적설은 3시간을 기준으로 한다는 것만 다르다.

3.1.2 초음파식 적설심도계

원리는 초음파센서를 바닥면으로부터 일정 높이에 설치하고, 바닥면을 향해 초음파를 발사하여 되돌아오는 시간을 측정함으로써 적설심도를 산출하며, 필요한 경우 온도보상을 해야 한다. 강설현상이 있을 경우, 측정기 바닥면에 낙엽 등 이물질이 쌓이면 오차요인이 발생하는 단점이 있다.

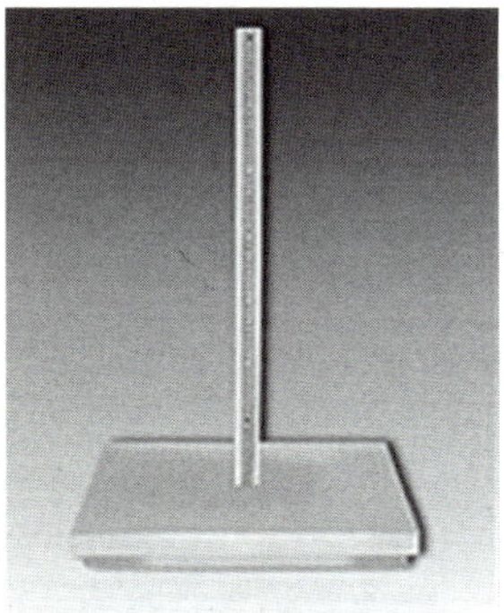

〈그림 12.4〉 적설판

〈그림 12.5〉 초음파식 적설심도계

3.1.3 광학식 적설심도계

측정장소에 광학측정봉을 설치하고 관할 기상관서에서 적설을 임의시각에 모니터 할 수 있도록 원격기능을 갖고 있는 적설관측장비이다. 원리는 검출봉안에 일정한 간격으로 발광부와 수광부가 여러 쌍이 배열되어 있으며, 적외선 발광부로부터 검출봉이 외부로 향하여 발사한다. 수광부는 발광부에서 발사한 적외선에 의해 반응하는 특성을 가지고 있으며, 적설층에서 반사된 적외선의 위치를 검출하여 적설심도를 측정한다. 그러나 눈 입자가 검출봉에 부착되었을 경우 오차요인이 발생하는 단점이 있다.

3.1.4 영상식 적설심도계

원격영상시스템은 대기과학에서 정의된 원칙에 입각한 관측자의 목측 적설관측방법을 그대로 구현할 수 있는 측정방법을 사용하고 있다. 측정방법은 동기식으로 구동되는 발광부의 빛이 중앙제어장치에 의해 제어되는 CCD 카메라를 통하여 영상으로 얻어지고, 이를 목측 인식방법으로 알고리즘화하여 영상을 인식한다. 획득된 영상을 가공하여 적설이 측정되며, 보조측정장치(광학식, 초음파식)에서 관측된 값은 주변 환경 상황에 의해 발생할 수 있는 오차값을 보정한다. 또한 주변 환경감시용 CCD 카메라를 통하여 적설강도 및 주변 환경을 감시할 수 있다.

3.1.5 기상레이더와 이중편파기상레이더

기상레이더(Meteorological RADAR)는 전자기파(수평편파)를 송신하여 비, 눈, 우박 등의 기상 목표물에 부딪혀 되돌아오는 반사파의 신호를 분석함으로써, 강수 구름의 위치와 이동상태, 강수강도 등을 감시, 추적하는 기상관측장비이다. 또한 이중편파기상레이더(Dual Polarization RADAR)는 수평편파만을 사용하는 기상레이더와 달리 수평 · 수직편파를 동시에 송수신하여 비, 눈 또는 우박과 같은 강수형태(입자의 크기 및 분포상태)를 구분하여 강수량을 산출하는 기상레이더로 강수분석과 예측에 유용하게 활용되는 기상장비이다. 이중편파기상레이더는 대형 기상레이더 관측망 사이에 발생하는 관측사각지대를 보완하는 기능을 수행한다.

〈그림 12.6〉 광학식 적설심도계

〈그림 12.7〉 영상식 적설심도계

〈표 12.5〉 대형 기상레이더와 이중편파기상레이더의 비교

종류	대형 기상레이더(현업용)	소형 이중편파기상레이더
밴드(주파수)	S 또는 C Band(2~8GHz)	> X-Band(8~36GHz)
거리 분해능력	150~600m	3~15m
출력소자	마그네트론, 클라이스트론	안정적인 Solid-State 펄스압축기술 활용
탐지거리	100~300km	수십 km
송신출력	250~750KW	수십 KW 이하
가 격	약 40억 원	약 20억 원

자료출처 : 지상기상관측지침(2010.7), 기상청

3.2 기상청에서 제공하는 강설자료

기상청에서 제공하는 기상자료는 자료 표출 시간단위에 따라 매분 표출되는 매분 기상자료, 정시에 표출하는 정시 기상자료가 있으며, 이들 자료를 가공하여 일별 기상자료, 연별 기상자료를 제공하고 있다. 기상자료는 이진수 파일로 저장되어 있으며, 풍속 및 풍향, 기온, 강수, 습도 그리고 기압에 대한 정보가 수록되어 있다[4]. 이를 바탕으로 〈표 12.6〉과 같이 강설에 대한 자료를 정리할 수 있다.

〈표 12.6〉 기상청 기상관측소 통계 자료(서울특별시)

지역	서울특별시	관측소명	서울기상청

계절별 (단위 : 빈도수)

구분	10월	11월	12월	1월	2월	3월	4월	5월	Total
1cm미만	0	6	51	66	49	19	0	0	191
1cm이상~5cm미만	0	12	60	65	39	19	0	0	195
5cm이상~10cm미만	0	1	14	17	14	4	0	0	50
10cm이상~20cm미만	0	0	2	8	1	2	0	0	13
20cm이상	0	0	0	1	1	0	0	0	2
Total	0	19	127	157	104	44	0	0	451

계절별 (단위 : 빈도수)

구분	1979.9~1989.8	1989.9~1999.8	1999.9~2009.8	2009.9~2014.8	Total
1cm미만	63	53	42	33	191
1cm이상~5cm미만	58	53	56	28	195
5cm이상~10cm미만	19	6	12	13	50
10cm이상~20cm미만	7	4	2	0	13
20cm이상	0	0	1	1	2
Total	147	116	113	75	451

자료출처 : 지역별 특성을 고려한 맞춤형 제설대응체계 구축연구 2차년도 보고서, 2016.6. 행정안전부

4) 이승수, 강풍 및 대설위험도 산정기법개발(2009.5), 행정안전부 R&D과제보고서

3절 제설 재난 관리 및 대응

1. 제설작업의 역사

18세기 산업혁명이 시작되면서 런던 · 파리 등 서구도시에서 도시로의 인구이동이 폭발적으로 발생하였고, 곧이어 도시 내 이동이 중요한 과제가 되었다. 겨울철에 도시에서 내리는 눈으로 인해 사람들의 이동에 많은 제약이 발생하게 되자 제설장비에 대한 세계 최초의 특허가 1840년에 승인되어 마차에 제설장비를 장착한 제설차량이 1862년 미국 밀워키시에서 처음으로 사용되기 시작하였다. 또한 인류역사에서 도시제설을 위해 최초로 1880년 프랑스 파리에서 염화나트륨이 제설제로 살포되기도 하였다. 그러나 그때까지 도시제설을 위해 주로 사용된 것은 마차와 삽, 그리고 쐐기형태의 나무쟁기였다[5].

1908년 미국 포드 자동차회사가 모델 T를 발표하고, 1913년 자동생산 시스템을 통해 자동차 대량생산시대를 개막하자 자동차가 도시민들의 이동을 위해 중요한 수단으로 자리매김하게 되었다. 1914년 미국 클리블랜드시에서 교통신호등이 최초로 설치되었고, 자동차의 진보와 더불어 도로포장 · 교통신호 · 사고방지 등을 위한 기술과 시스템이 상호 연계되어 발전하기 시작하였다. 그 결과 교통의 발전이 도시의 성장을 촉진하게 되면서 1900년 세계인구의 10%였던 도시인구는 1950년 두 번의 세계대전에도 불구하고 세계인구의 $\frac{1}{3}$로 증가하게 되었다. 새로운 거주민들을 받아들이게 된 세계 각지의 도시들은 직장으로의 출퇴근과 쇼핑 · 교육 · 여가활동이 더욱 활발해지면서 도로 교통량이 폭발적으로 증가하게 되었다.

농업사회와 달리 도시에서 거주민들의 통행은 겨울철에도 예외없이 이루어지며 경제가 발전함에 따라 지속적으로 증가하고 있다. 따라서 도시의 진화가 상대적으로 일찍 진행된 서구의 도시들은 대설재난에 대해 우리보다 선행하여 고민하게 되었다. 1930년대 미국의 도시정부들은 트럭과 트렉터를 제설차량으로 활용하여 도시교통에서의 대설문제에 대처하였다. 1938년 11월 독일의 도로연구기관은 「지방도로의 빙판 방지를 위한 염화칼슘 사용설명서」를 발간함으로써 겨울철 도로의 신속한 제설을 위한 액상 염화칼슘 살포방식을 도입하게 되었다. 곧이어 이 방식은 이탈리아, 프랑스, 스위스 등으로 확산되었고, 도시도로 대설방재시스템의 중요한 한 축을 담당하게 되었다. 오늘날 이 국가들은 도시제설시스템과 제설방재자원에서의 축적된 기술을 기반으로 세계 제설산업의 선진국으로 군림하고 있다.

5) Handbuch StraBenwinterdienst(겨울철 도로작업개론), 2004, Walter Durth · Horst Hanke, Kirschbaum Verlag Bonn

2. 도로 제설 업무

2.1 우리나라의 제설 책임기관 구분

우리나라는 겨울철 대설에 의해 노면적설과 도로결빙으로 인해 교통사고유발, 교통소통불편, 고립 등의 피해가 발생하고 있다. 이러한 피해를 최소화하기 위해서 각 지방자치단체와 도로관리기관 등 도로의 유지 및 관리를 담당하고 있는 기관에서 도로제설작업을 수행하고 있다. 우리나라 도로행정의 총괄부서는 국토교통부이고, 도로법상의 고속도로, 일반국도, 특별·광역시도, 지방도, 시·군·구도 등 도로등급에 따라 관리주체가 구분되어 있다. 우리나라의 도로관리기관은 국토교통부 소속의 행정기관인 지방국토관리청과 한국도로공사가 있다.

〈표 12.7〉 도로관리청별 도로현황(2017.12)

구분 / 도로의 종류	도로관리청	책임부서		연장 (km)	포장연장 (km)	포장율 (%)
		건설공사	관리			
계				105,703	88,184	83.4
고속국도	국토교통부장관	국토교통부장관 (대행 : 도공사장) (민간사업자)	국토교통부장관 (대행 : 도공사장) (민간사업자)	4,044 (3,625) (419)	4,044 (3,625) (419)	100.0
일반국도	국토교통부장관 (시구역 : 시장)	국토교통부장관 (시구역 : 시장)	국토교통부장관 (시구역 : 시장)	13,766 (2,149)	13,432 (2,110)	97.6 (98.1)
특별시도 광역시도	특별시장 광역시장	특별시장 광역시장	특별시장 광역시장	19,464	19,298	99.0
지방도 (국가지원지방도)	도지사 (시구역 : 시장)	도지사 (필요시 : 국토교통부장관) (시구역 : 시장)	도지사 (시구역 : 시장)	18,162 (3,828)	15,230 (3,233)	83.9 (84.4)
시도	시장	시장(필요시 : 도지사)	시장	27,670	21,094	77.6
군도	군수	군수(필요시 : 도지사)	군수	22,597	15,086	67.2
구도	구청장	구청장 (필요시 : 특별·광역시장)	구청장	(11,376)	(11,279)	(99.1)

자료출처 : 국토교통부, 도로업무편람, p64, 2018

2.1.1 지방국토관리청

지방국토관리청은 도로와 하천을 관리하는 담당기관으로 서울지방국토관리청, 원주지방국토관리청, 대전지방국토관리청, 익산지방국토관리청, 부산지방국토관리청으로 총 5개가 있다.

서울은 경기지역을 관할하고, 원주는 강원지역, 대전은 충청지역, 익산은 전라지역, 부산은 경상지역을 관할하고 있다. 지방국토관리청은 국도의 건설과 관리, 국가하천의 정비와 관리를 담당한다.

2.1.2 한국도로공사

한국도로공사는 고속도로의 설치 및 관리를 담당하고 있는 기관으로 고속도로의 신설 및 확장, 고속도로 유지관리, 고속도로 연접지역의 개발사업 등의 업무를 맡고 있다.

2.1.3 지방자치단체

우리나라 각 지방자치단체에서는 안전관리계획, 설해백서 등을 통해 설해대책 및 제설대책 추진계획을 수립하여 지정노선별, 상황별 제설 수행방법 등을 제시하고 있다.

2.2 제설 작업도로 분류

우리나라 도로법에서 도로의 분류는 고속도로, 일반국도, 특별시, 광역시도, 지방도, 시·군·구도 등으로 구분한다. 도로별 관리주체의 총괄부서는 국토교통부이며 도로관리는 도로등급에 따라 관리주체가 다르다.

〈표 12.8〉 도로법에 의한 우리나라 도로등급별 정의

구분	정의
고속도로	자동차 교통망의 주축을 이루는 중요한 도시를 연결하는 자동차 전용의 고속교통에 기여하는 도로
일반국도	중요도시, 지정항만, 중요한 비행장 또는 관광지 등을 연결하는 도로
특별시도	특별시와 광역시 구역내에 있는 도로 중 고속도로, 일반국도를 제외한 도로
광역시도	
지방도	지방의 간선도로망을 이루는 도로
시도, 군도, 구도	시·군·구 내에 있는 도로

국토교통부에서 발간한 「도로 제설업무 수행요령(2014.10)」에 따르면 우리나라의 제설작업 도로는 자동차 전용도로·주간선도로, 보조간선도로, 이면도로의 3단계로 구분하고 있다. 용인시에서 발간한 「2014년 안전관리계획」에 의하면 도로등급을 크게 교통두절 예산지역, 중점관리도로, 고속도로진입도로, 상습결빙지역 등의 도로구간과 일반국도·지방도·시군도 도로구간의 2단계로 구분되며 일반국도·지방도·시군도 도로구간은 다시 국도·대로 및 시군 간

연결도로, 지방도 · 시군도로서 읍면 간 연결도로, 농어촌 도로 등 기타도로로서 마을 간 연결도로의 3단계로 세분화된다.

2.3 제설수준 선정

우리나라에서 도로등급에 따른 제설수준을 처음으로 규정한 것은 「도로 제설업무 수행 요령(2002)」으로 다음과 같이 제시하였다.

〈표 12.9〉 도로 등급에 따른 제설수준

제설수준	목표도달시간	지방부	도시부	적용수준
A	2시간	– 고속도로 – 4차로 이상 일반도로(20,000대/일 이상)	– 도시고속도로 – 주간선도로	평시운행수준의 50~60%
B	3시간	– 4차로 이상 일반도로(20,000대/일 이하) – 2차로 일반도로(5,000대/일 이상)	– 보조간선도로 – 집산 도로	평시운행수준의 40~50%
C	5시간	– 2차로 일반도로(5,000대/일 미만)	– 집산 도로 – 국지 도로	통행로 확보
D	–	– 2차로 일반도로(500대/일 미만)	– 국지 도로	추후 제설

주 : 1) 위의 도로 제설수준에서 이상기후 등으로 인한 폭설에서는 위의 제설수준을 하향 조정하여 적용할 수 있음
2) 고속도로 : 고속국도, 자동차 전용도로
3) 지방부 일반도로 : 일반국도, (국가지원)지방도, 군도
자료출처 : 국토교통부(2002), 도로제설 업무 수행 요령

도로 제설업무 수행 요령은 제설장비의 현장조건별 적용 범위도 설정하여 적설량과 온도에 따른 장비 적용 범위는 결빙 또는 압설에서 적설량에 상관없이 그레이더, 결빙파쇄기, 고체살포기로 제설을 수행한다고 규정하였다. 비결빙시에는 −7℃를 기준으로 적설량 3cm, 10cm, 50cm로 구분하여 장비를 활용할 것을 제시하였다. 도로 제설업무 수행요령은 적설량과 온도에 따른 다양한 도로제설 장비에 대한 우리나라 적용범위를 〈그림 2.12〉와 같이 설명하였다.

국토교통부는 2014년 10월에 개정한 「도로 제설업무 수행요령」에서 강설량이 5cm이내일 경우 도로종류별 제설수준을 〈표 12.10〉과 같이 재정립하였다.

〈표 12.10〉 우리나라의 현행 제설수준(2010년 10월 기준)

도로구분	제설수준
자동차전용도로/주간선도로	평시 운행 수준의 50~60%(전 차로 운행)
보조간선도로	평시 운행 수준의 40~50%(전 차로 운행)
이면도로 등	통행로 확보(부분 차로 운행)

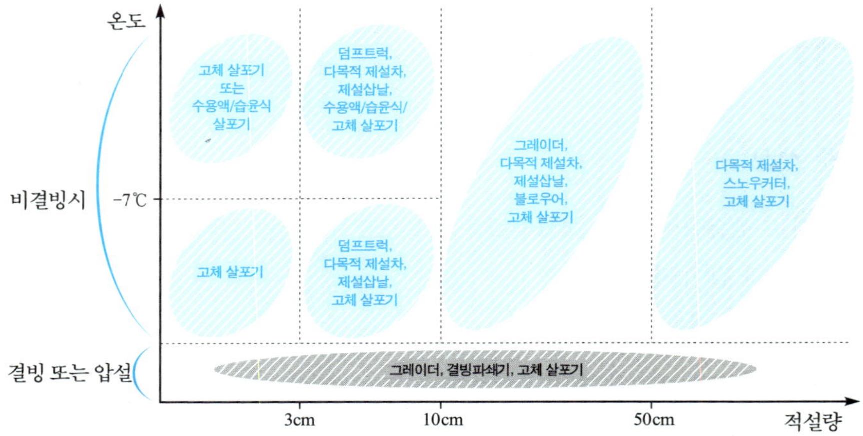

〈그림 12.8〉 적설량과 온도에 따른 장비 적용범위

2.4 도로제설 시 강설기준 및 대응시간 선정

우리나라 도로제설 시 강설기준은 지자체별로 매우 유사하지만 약간씩 차이가 있으며 동일 지자체 내에서도 다른 경우가 있다. 용인시 2014 안전관리계획(2014)은 적설량 예보기준으로 1cm 미만, 1~5cm 미만, 5cm 이상, 10cm 이상으로 구분하였다. 서울시 대설 상황판단회의에서 활용하는 상황판단기준표(2015)는 예상적설량 1~4cm(1단계 "주의"에서 준비 · 대응), 예상 적설량 5~10cm(2단계 "경계"에서 대응), 10cm 이상(3단계 "심각"에서 대응)으로 구분하고 있다. 서울시의 도로제설 시 강설기준(2015년)은 3cm 미만은 제설제를 살포하고, 3cm~10cm 미만은 제설삽날을 이용해 밀어내기를 실시하고, 제설제를 살포하며 10cm 이상은 밀어내기와 제설제 살포를 반복하고 밀어내기 업무를 실시하는 것으로 규정하고 있다.

도로제설 시 대응시간은 국토교통부 도로제설업무 수행요령(2014.10)에서 자동차 전용도로 및 주간선도로의 경우 눈 그친 때로부터 2시간, 보조간선도로의 경우 눈 그친 때로부터 4시간, 이면도로 등은 눈 그친 때로부터 8시간으로 규정하고 있다.

〈표 12.11〉 우리나라의 도로제설시 대응시간

도로구분	대응시간
자동차전용도로/주간선도로	눈 그친 때로부터 2시간
보조간선도로	눈 그친 때로부터 4시간
이면도로 등	눈 그친 때로부터 8시간

자료출처 : 국토부 도로제설업무 수행요령(2014.10)

3. 제설 방재 자원

3.1 제설차량

제설차량이란 제설작업을 수행할 수 있는 차량으로서 전용제설차량, 전문제설차량, 다목적 제설차량, 덤프트럭, 그레이더 등이 있다. 전용제설차량은 오직 제설용도로만 사용가능한 차량으로써, 제설장비를 탈거하는 것이 불가능하거나 매우 어려우며, 주로 활주로용 제설작업 차량으로 많이 사용되고 있다. 전문제설차량은 제설장비를 장착하여 제설용으로 사용하기에 매우 적합하도록 제조된 차량으로써, 제설장비의 탈 · 부착이 용이한 4륜구동 차량이 이용되고 있다. 또한 다목적 제설차량은 사계절용 다목적 도로유지 · 보수차량으로, 차량의 정면에 특수 제작된 장착판을 부착하여 선택적으로 제설용 장비와 청소용 장비를 탈 · 부착함으로써 도로 유지관리를 종합적으로 수행할 수 있도록 특수 설계된 차량을 말한다. 특히 다목적 제설차량은 제설삽날, 살포기, 브러쉬, 블로우어 등 여러 가지 부수장비를 장착하여 다목적으로 제설관련 작업을 수행할 수 있는 특징을 갖고 있다. 또한 차량동력이 4륜구동으로써 제설작업 시 큰 힘을 필요로 할 때 사용할 수 있고, 제설작업 속도도 다른 장비에 비해 빠른 편이며, 제설작업 외에도 다른 관련 부수장비를 장착하여 노측풀깎기, 가드레일이나 포지병 청소, 노면 모래수거 등의 작업에도 활용할 수 있다. 다목적 제설차량의 제설작업 속도는 평지에서 약 30~40km/h 정도이다.

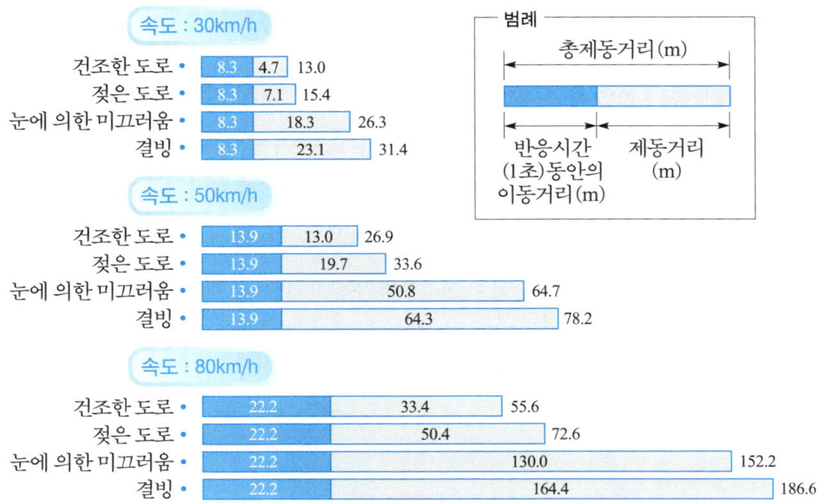

〈그림 12.9〉 도로상태와 속도에서의 제동거리

자료출처 : Handbuch StraBenwinterdienst((2004), Walter Durth · Horst Hanke, Kirschbaum Verlag Bonn

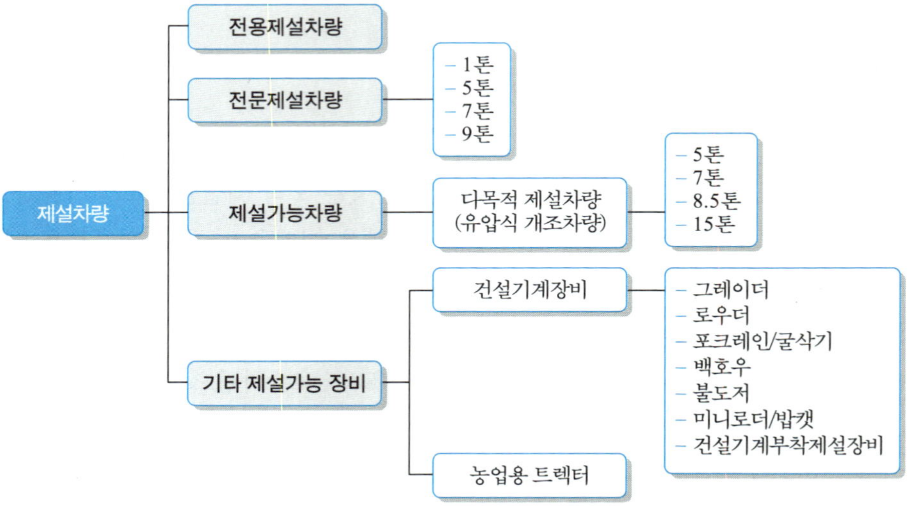

(a) 전용제설차량 (b) 전문제설차량 (c) 제설가능차량 (d) 기타제설가능장비

〈그림 12.10〉 제설차량의 분류 기준

제설가능차량은 인력 제설작업 시 적재함에 제설제를 적재하여 운반하는 일반화물트럭과, 직접 제설작업을 하지는 않지만 제설작업 시 상차작업을 도와주는 건설기계장비(그레이더, 로우더, 백호우, 굴삭기 등), 농업용 트랙터 등이 있다. 특히 대설 등으로 인하여 제설작업 시 큰 힘이 필요하거나 초동 제설대응이 부족하여 도로의 노면이 암설 또는 결빙되었을 때, 다목적 제설차량에 제설삽날을 부착하여 제설작업을 수행하는데는 한계가 있으므로, 이 경우 그레이더를 활용하여 효과적으로 제설작업을 수행할 수 있다. 또한 굴삭기는 토목, 건축, 건설현장에서 땅을 파는 굴삭작업이나 토사를 운반하는 적재작업, 건물을 해체하는 파쇄작업, 지면을 정리하는 정지작업 등의 작업을 행하는 건설기계로서 별도 장치의 장착이 필요없이 본연의 기능을 사용하여 제설작업 시 유용하게 사용될 수 있는 장점을 갖고 있다.

3.2 제설장비

제설장비는 동력을 가지고 있지 않고 독립장비에 각각의 제설용도에 따라서 부착하는 장비로서, 제설삽날, 모래살포기, 염화물 살포기, 블로우어, 노면 결빙 파쇄기, 스노우 컷터 등이 있다. 제설삽날은 밀어내기 작업 때 사용되는 장비로, 종류로는 크게 정면 제설삽날(Front plow), 측면 제설삽날(Wing plow)로 구분할 수 있다. 정면 제설삽날은 덤프트럭이나 다목적 제설차의 정면에 부착하는 삽날로, 작업 중에도 유압이나 공기를 이용하여 삽날의 각도를 조정할 수 있다. 정면 제설삽날의 변형형태로는 V형(가변형) 제설삽날이 있다. V형(가변형) 제설삽날은 삽날판이 2개(다판식)로 분리되어 있어, 삽날을 접거나 펼 수 있고, 삽날을 V형태로 만든 후 제설작업을 실시할 경우 최초 눈이 많이 왔거나, 왕복 2차로 도로에서 최초 통행로 확보에 사용될 수 있다. 또한, V형(가변형) 삽날은 제설과 더불어 적설 제거용으로도 사용된다.

정면 제설삽날은 차량 폭 이상의 제설을 수행하지 못하는 단점이 있기 때문에 광폭제설을 위해서는 측면 제설삽날(Wing plow or Side-mounted plow)을 사용한다. 측면 제설삽날은 정면 제절삽날에 부가적인 삽날을 부착시켜 광폭도로의 제설작업을 수행할 수 있게 한 것으로 제설차량의 작업량을 줄일 수 있다.

제설제 살포기는 고체살포기와 고체 및 습염살포기, 액체살포기가 있으며, 살초기의 폭은 4~8m 사이에서 조절할 수 있으며 살포속도도 제설제의 배출속도와 차량의 진행속도에 따라 조절이 가능하다. 고체살포기는 주로 염화칼슘과 모래를 혼합하여 살포할 때 사용하며, 소금, 염화칼슘 또는 모래를 단독으로 살포할 때도 사용할 수 있다. 살포기의 구조는 크게 호퍼, 벨트, 배출구(회전판, spinner)로 되어 있으며, 고체 살포량은 벨트의 속도와 배출구에 부착된 Gate의 개폐 정도에 따라 결정되며 0.01~0.2㎥/분 정도의 배출량 속도로 살포할 수 있다. 실제 노면에 살포되는 양은 이 배출속도와 살포 차량의 속도 등에 따라 달라진다. 일반 살포기의 경우 살포폭은 최대 8m까지이며 더 넓은 영역을 살포할 때는 배출구가 2개인 살포기(광폭 살포기)를 장착하여 사용하기도 한다. 고체 및 습염살포기는 기존 고체살포기에 액체제설제을 살포할 수 있는 장치를 추가 장착함으로써, 고체제설제와 액체제설제를 동시에 살포할 수 있도록 한 장치이다. 이는 고체 저장호퍼와 액체제설제 저장탱크에 고체융설제와 액체제설제를 각각 상차하여 동시에 살포하며, 입구에서 용액과 고체가 혼합되도록 하는 방식이다. 액체살포기는 고체살포기에 있는 고체 호퍼 대신 액체 살포기 저장탱크를 장착한 것으로, 배출구는 분사 노즐로 되어 있다.

스노우 블로워는 도로의 가장자리에 쌓인 눈을 도로 바깥으로 투설하는 장비로서, 눈을 회전날로 분쇄하여 유도관을 통하여 바깥으로 투설하는 불어내기 방식이다. 스노우 블로워 중 Single-element 블로워는 1개의 분쇄기가 눈을 빨아들여 투설하는 장치로, scoop 방식과 milling drum 방식으로 구분할 수 있다.

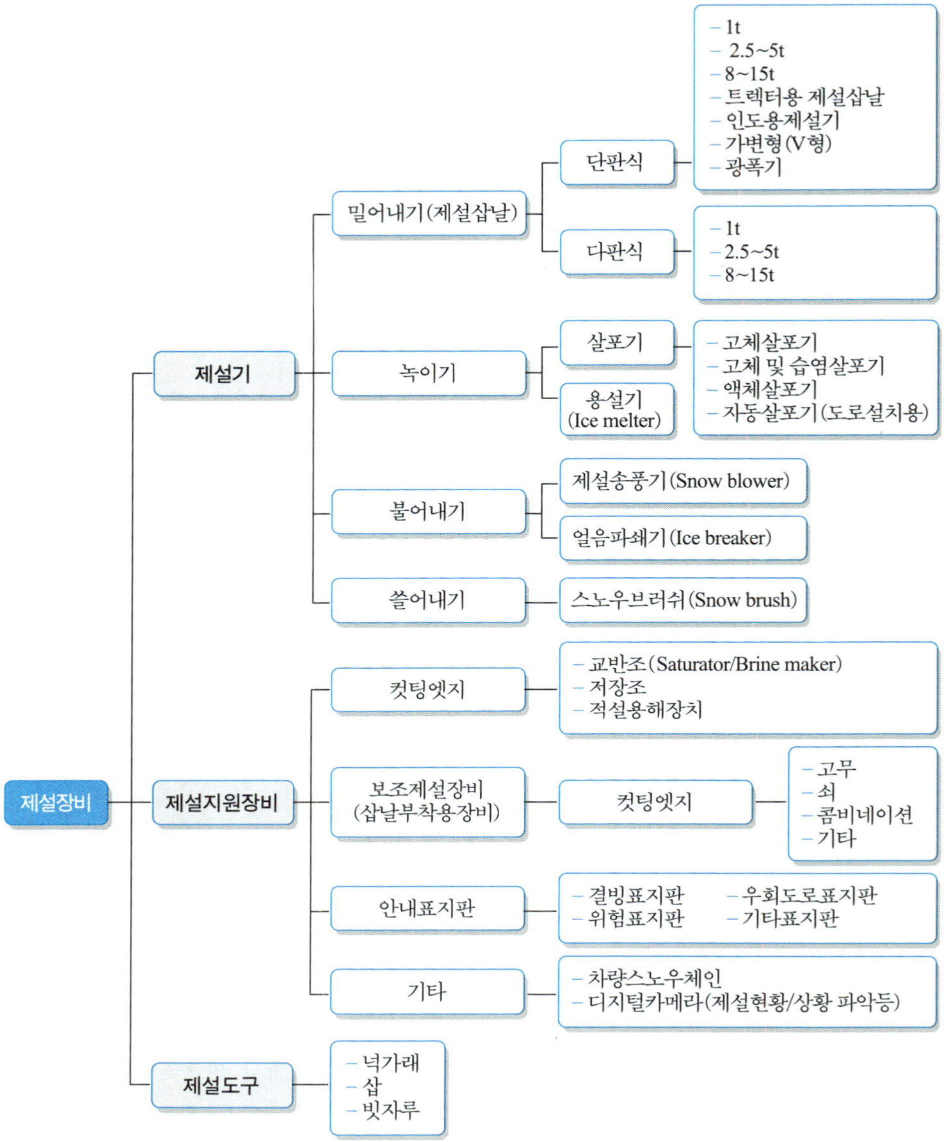

(a) 제설삽날(밀어내기) (b) 살포기(녹이기)

〈그림 12.11〉 제설장비의 분류 기준

3.3 제설자재

제설자재는 제설제와 지원자재로 크게 구분되며, 제설제는 강설 시 눈을 치우기 위한 방편으로 사용되는 물질로서, 일반적으로 눈 위에 살포되었을 때, 눈과 반응하여 화학작용을 일으키며 발열 또는 흡열반응으로 인해 직접 눈을 녹이는 융설(융빙)제와, 눈을 녹이지는 못하지만 압설 또는 결빙노면에서 일시적 마찰력을 높이기 위한 마찰제 등으로 구분할 수 있다. 지원자재는 모래주머니, 월동피복 볏짚거적, 마대류 등으로 제설지원을 위해 소모되는 자재를 말한다.

제설제 가운데 융설(융빙)제는 염화물계와 비염화물계로 나눌 수 있으며, 현재 전 세계적으로 가장 널리 사용되고 있는 것은 염화물계인 소금, 염화칼슘, 염화마그네슘 등으로 성능, 가격 면에서 가장 효과적이나 과다 사용 시 환경적으로 부정적인 영향이 발생하는 단점이 있다. 이러한 부정적 영향에 대한 융설(융빙)제를 개발하여 일부 사용되고 있으나, 가격 및 성능 면에서 비효율적인 단점이 있다.

마찰제는 일반적으로 모래가 사용되고 있는데, 모래는 살포초기 일시적으로 마찰력의 개선효과는 있으나, 입자가 빙층의 심부에 차츰 침강하면서 다음 강설 시에는 적설의 중심부에 묻히게 되어 큰 효과를 기대하기 어렵고, 배수관이나 집수정이 막히게 되는 등의 부차적인 피해가 발생하기도 한다. 따라서 오르막구간이나 음지, 상시 결빙지역, 지열이 없는 교통구간 등 마찰력이 필요한 지역에 한하여 제한적으로 사용되고 있다.

그동안 동절기 월동작업을 위하여 융설(융빙)제로 주로 염화칼슘을 사용하여 왔으나, 최근 염화칼슘 공급사정이 원활하지 않고 수급이 불안정하여 이를 대체할 융설(융빙)제로 소금을 사용하고 있다. 소금은 기온이 높을 경우(-8℃이상), 융설 및 융빙효과가 양호할 뿐만 아니라, 가격이 저렴하며 확보가 용이하기 때문에, 염화칼슘과 병행하여 적절하게 사용하면 경제적이고 효과적인 제설작업이 될 수 있다. 소금의 종류는 천일염, 암염, 기계염, 재제염, 가공염 등이 있으며 유럽의 경우 융설(융빙)제로 소금 및 소금용액을 주로 사용하고 있다.

이에 반해 염화칼슘은 소금보다 흡소성이 강하며 초기 융빙효과가 우수해 국내에서 가장 많이 사용되고 있다. 염화칼슘은 습도가 낮을 때에는 물과 결합하여 노면에 부착되고 소금보다 조기에 해빙작용이 시작되며, 용해과정에서는 소금과 반대로 열을 발산하여 이 열에 의해 용해작용을 돕는다. 20% 농도의 용액은 -20℃까지 얼지 않으며, 30%의 용액은 -54℃까지 얼지 않는다.

이와 같이 염화칼슘은 어는점을 영하로 낮추어 얼음상태의 눈을 순식간에 녹게 만들기 때문에 제설효과가 매우 크다. 그러나 광합성 작용을 막아 가로수를 말라죽게 하고 부식성이 강해보도와 차도 사이 경계블록과 고가도로 방호벽을 마모시켜 환경과 도로 훼손 및 교통사고를 유발한다는 지적을 받아왔다. 따라서 정부는 2002년 겨울부터 친환경 제설제인 알카오(석회석, 초산, 모래의 화합물인 비염화물계 제설제) 등을 시험적으로 사용하였다. 하지만, 알카오의 경우 제설효과는 염화칼슘과 비슷하며 구조물에 주는 피해는 염화칼슘에 비해 적으나, 가격이 염화칼슘보다 비싼 것이 단점이라 할 수 있다.

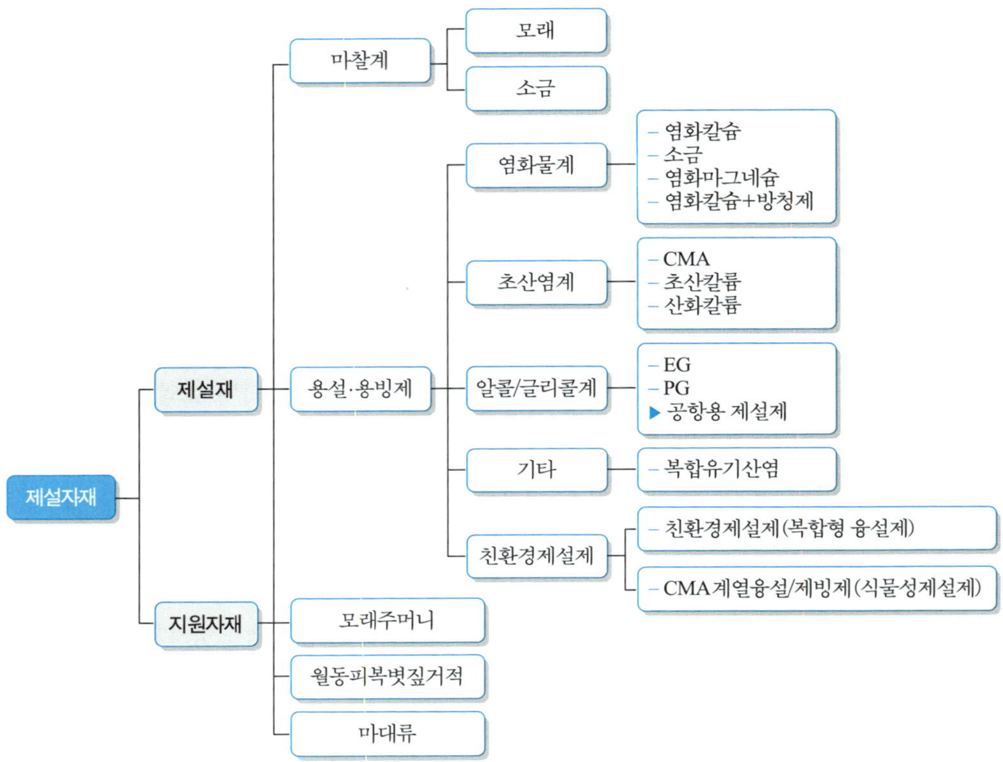

(a) 제설제(염화칼슘)　　(b) 친환경제설제 액상 저장차량

〈그림 12.12〉 제설자재의 분류 기준

그 외 염화마그네슘도 사용되고 있으나, 가격은 소금보다 비싸고 저장이나 운반에서 훨씬 경비가 많이 소요되며 공기 중의 수분을 흡수하는 성질이 강하고 물에 용해될 때 열을 발생한다. 국내에서는 해빙제로 그리 많이 쓰이고 있지 않으며, 방진제, 냉매, 불연성가구 등에 일부 사용되고 있고 북미의 추운 지방에서는 소금과 혼용하여 제설제로 사용하고 있다.

4절 대설에 의한 피해

1. 대설의 피해현황

최근 전 세계적으로 기후변화에 의한 기상이변으로 여름철 자연재난인 태풍 · 호우 뿐만 아니라 겨울철 자연재난인 대설 · 한파 등의 강도도 점차 강해지는 추세이다. 해외의 사례로 지난 2010년 1월에 미국 동부지역에서 111년 만에 기록적인 대설이 발생하였고, 플로리다주에서는 112년 만에 한파가 발생하였다. 또한 중국 베이징에서는 59년 만에 대설이, 영국에서는 30년 만에 한파가 닥치는 등 겨울철 재난의 발생도 더욱 강해지고 있는 상황이다. 그 결과 2010년 2월 5~6일 동안 미국 워싱턴 DC 일원에서는 36시간 동안 82.3cm의 강설이 내려 22만 가구가 정전되는 등 도시기능이 마비되는 사태가 발생하였으며, 2005년 후반부터 2006년 초반까지의 겨울기간 동안 일본 서부지역에서는 일일 적설량이 92~280cm에 달하면서 사망자 152명, 주택 전 · 반파 4,826동의 심각한 대설피해를 경험하였다.

우리나라도 이러한 전 세계적인 겨울재난의 발생추이와 그 흐름을 같이 하여 최근 들어 한기(寒氣)축이 동아시아로 이동하면서 우리나라에 잦은 한파와 기록적인 대설이 발생하고 있다. 특히 예보 적설량을 초과하는 기습 강설이 자주 발생하고 있어 지난 2010년 1월 3일에는 서울, 경기, 충청, 강원, 경북북부에 평균 2~7cm의 적설이, 많은 곳은 10cm의 적설이 있을 것으로 예보되었으나, 실제로는 1월 4일 서울에서 73년 만에 신적설 최대 기록인 25.8cm의 적설이 발생하여 적설예보가 매우 어렵다는 것을 실감하게 하였다. 또한 2010년 2월 10~13일에는 양양 면옥치에서 172cm의 적설이, 백봉령에서 140cm, 고성에서 105cm, 대관령에서 109cm의 적설이 각각 기록되어 강원도지역의 대설위험을 실감하게 하였으며, 2010년 3월 9일에는 서울 · 경기 · 충청지역에 5~8cm의 강설이 예보되었으나 실제로는 3월 10일 서울지역 적설량이 6년 만에 3월 최고 기록인 13.5cm를 기록하여, 통상적인 겨울재난 기간인 12~2월 뿐만 아니라 11월과 3월에도 겨울재난의 위험을 보다 철저하게 대비하여야 한다는 사실을 일깨워주었다.

또한 2011년 2월 11~14일 동안에는 강원 삼척시에 110cm가 넘는 기록적인 강설이 내려 도시기능이 마비되고, 학교는 임시로 휴교하였으며 중앙시장 비가림 지붕이 붕괴되고, 7번 국도에 고립됐던 차량들이 22시간 만에 대피하는 등 막대한 피해가 발생하였다. 그 결과 시가지 주요도로 및 간선도로 제설을 위해 제설장비 379대와 공무원 820명, 군인 1,100명, 경찰 310명, 소방서 155명 등 총 3,585명의 인력을 투입하였으나 도로에 방치된 차량과 쌓인 눈들로 인해 제설작업에 상당한 어려움 겪었다.

2006~2015년간 자연재해 유형별 사망자 · 이재민 · 재산피해 규모를 살펴보면 우리나라 자연재해 관리측면에서 대설이 간과해도 좋을 정도로 사소한 재난유형이 아님을 알 수 있다. 〈그림 12.13〉은 2006~2015년간 우리나라 자연재해 유형별 피해규모의 비중을 나타낸 도표이다. 자연재해 사망자 측면에서 태풍 · 호우 · 강풍 등 풍수해가 82.1%를 점유하고 있으나 대설은 사망자 발생측면에서 상대적으로 그 위험이 적은 재난유형인 것을 확인할 수 있다.

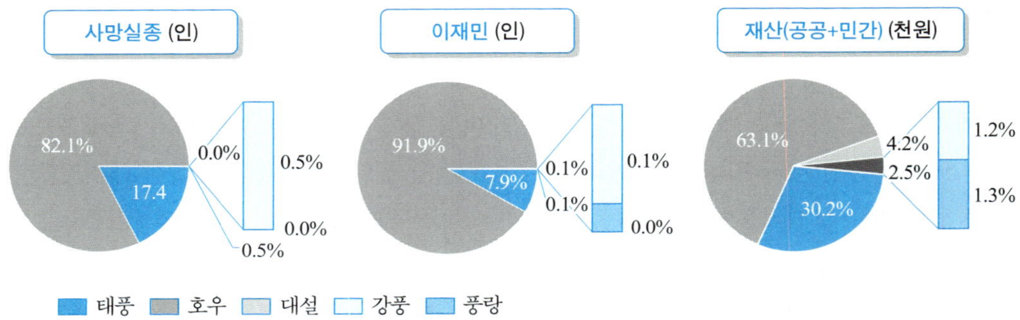

〈그림 12.13〉 2006~2015년간 우리나라 자연재해 유형별 피해규모 비중

자료출처 : 행정안전통계연보, 2015

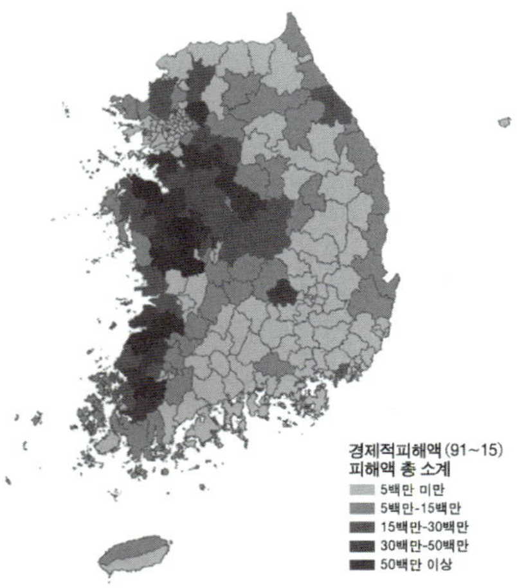

〈그림 12.14〉 대설에 의한 경제적 피해(1991~2015년)

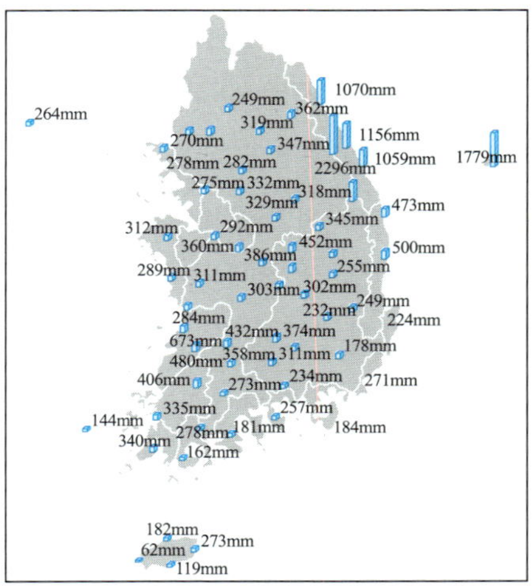

〈그림 12.15〉 100년 빈도 대설위험도

그러나 이재민 측면에서는 태풍 7.9%, 대설 0.1%, 호우 91.9%, 강풍 0.1%로 대설은 사망자를 적게 발생시키나 이재민은 조금 더 많이 발생시키는 것을 알 수 있어, 대설에 대한 대처가 미흡할 경우 다수의 인명피해를 발생시킬 수 있는 피해발생 잠재력이 매우 높은 재난유형임을 알 수 있다. 또한 재산피해 측면에서도 대설로 인한 피해가 4.2%를 각각 점유하고 있는 것으로 나타나, 경제적으로 취약한 지방자치단체에서 대설이 발생할 경우 지역경제에 대한 심각한 영향이 있다는 것을 보여주고 있다.

〈그림 12.14〉는 지난 25년(1991~2015년)간 지자체의 대설 연평균 피해액 자료를 대상으로 지리정보시스템 소프트웨어인 ESRI사의 ArcMap10.3을 사용하여 분석한 피해액의 지리적 분포를 나타낸 것이며, 〈그림 12.15〉는 2009년에 수행된 행정안전부 R&D과제인 「강풍 및 대설 위험도 산정기법 개발(이승수, 2009)」과제에서 제시된 지역별 100년 빈도 대설위험도를 표현한 도면이다. 이를 비교해보면, 우리나라는 강원도의 대설 위험도가 타 지역에 비해 매우 높고, 그 다음으로 전라 남·북도가 위험한 것으로 나타났으나, 대설 피해는 인천·경기를 포함한 수도권지역과 충청 남·북도, 그리고 전라남·북도 등 주로 서해안 지역이 높은 것으로 분석되었다. 이것은 강원도와 같이 과거부터 대설이 빈번하게 발생하여 대설 위험도가 높은 지역에서는 상대적으로 대설에 대한 대비가 되어 있어 대설피해가 적으나, 우리나라 국토에서 다수의 도시가 입지하여 인구밀도가 상대적으로 높은 서해안지역은 기후변화로 최근에 더 강도가 강해진 대설에 대한 대비가 미비하여 그 피해규모가 높게 나타나는 것으로 해석할 수 있다.

2. 대설에 의한 피해특성 분석

2.1 피해의 유형구분

대설에 의한 피해는 시기상으로는 연중 12월부터 2월 사이에 주로 발생하며, 도시지역의 교통체증과 차량의 미끄럼 사고와 함께 출근길의 대혼잡을 초래하기도 한다. 또한 눈이 쌓여 그 하중을 견디지 못하고 구조물이 붕괴되는 사고나 도시 이외의 지역에서의 비닐하우스, 축사 등의 붕괴 등 건축물 및 시설물의 붕괴사고도 빈번히 발생하고 있다. 이처럼 대설에 의한 피해는 매우 다양하게 나타나며, 이를 유형별로 보면 대설에 의한 위험지역과 위험시설로 나누어 볼 수 있다. 그 중 단위 건축물이나 시설물이 아닌 지역적·공간적 범위에서 피해가 주로 발생되는 유형을 대설 위험지역으로 정의할 수 있으며, 단위 건축물이나 시설물에서 피해가 주로 발생하는 유형을 대설 위험시설로 정의할 수 있다.

대설 위험지역은 그 피해 양상과 지역적 특성 등을 고려할 때, 여러 가지로 구분할 수 있다.

특히, 자연재해대책법 및 시행령에서는 위험지역을 3~5개 지역을 제시하고 있으며, 고립지역 · 눈사태 · 교통두절 · 농수산시설물 피해지역 · 산악지역의 등산로 통제구역 등을 그 대상으로 하고 있다. 또한 기상청에서는 유사한 개념으로 대설특보구역이라는 용어를 사용하고 있으며, 중앙정부 및 지자체의 대설대비계획도 위의 요소들을 대상으로 수립되고 있다.

대설 위험시설은 대상시설의 종류와 특성 등을 고려할 때, 건축물과 시설물(저장시설)로 나누어 볼 수 있다. 건축물은 노후주택, 시장 아케이드, 슬레이트 지붕, 체육관, 공장 · 창고나 가설주택과 같은 가설건축물 등이 포함되며, 시설물은 창고 · 축사 등의 시설이 포함된다.

〈그림 12.16〉 대설로 인한 마을의 고립
(강원도 삼척시)

〈그림 12.17〉 체육관 건물 지붕의 붕괴
(강원도 동해시)

2.2 대설재해 주요 사례

2.2.1 2004년 중부지방 대설(3월5일~6일)

2004년 3월 5일부터 6일까지 이틀에 걸쳐 경기도를 비롯한 중부지방 대부분과 충청도를 비롯한 남부지방의 일부에 대설이 내렸다. 이 대설로 인해 1904년 기상청 관측의 시작 이래 3월에 내린 하루 적설량의 최고기록을 갱신하였다. 5일 적설량은 대전과 문경이 49.0cm, 청주 32.0cm, 보은 39.9cm를 기록하였다. 갑작스러운 대설로 경부고속도로 등이 마비되어 최고 37시간동안 고속도로 내에 발이 묶이기도 하였으며, 도시기능도 완전히 마비되어 내린 눈을 다 치우는데 일주일 이상이 소요되었다. 이때의 대설로 인한 피해액은 당시 대설 피해 사상 최고인 6,700여억 원이나 되었다.

2.2.2 2010년 중부지방 대설(1월3일~8일)

2010년 1월 3일~8일 중부지방에 내린 대설은 서울을 중심으로 수도권과 강원도 등을 비롯한 중부지방 대부분 지역에 내린 대설이다. 영하 40도 안팎의 매우 찬 공기를 지닌 상층 기압골이 한반도 북부의 지상 약 5km 상공을 통과하면서, 중부지방 상공에는 영하 30도 안팎의 찬 공기가 머물렀다. 동시에 중국 중부내륙에서 접근하던 저기압이 서해를 지나면서 많은 수증기를 공급받아 한국 중부 내륙의 찬 공기와 충돌해 강한 눈구름대가 발생하였다. 특히 이 저기압의 후면으로는 대륙성 고기압이 확장하여 찬 공기가 강하게 유입되었고, 상대적으로 저기압의 북쪽에 있는 수도권, 강원도에 많은 눈을 내리게 하였다[6]. 적설량은 서울이 25.8cm, 인천 22.3cm, 수원 19.5cm를 비롯하여, 대관령 31.5cm, 춘천 23.0cm, 충주 15.5cm, 울진 10.5cm 등 수도권과 강원도 일대의 중부지방에 많은 적설량을 기록하였다. 이 대설은 '100년만의 대설' 이라고 칭하면서 많은 미디어에서 보도할 만큼, 그 피해가 심각하였다. 특히, 눈이 내린 시간과 출근시간이 겹치면서 수도권내 주요 도로에서 '교통대란' 이라 불릴 정도의 극심한 정체가 이어졌고, 하루 종일 영하권의 기온을 보이면서 쌓인 눈이 녹지 않아 퇴근길 또한 극심한 정체가 계속되었다. 이로 인해 크고 작은 교통사고가 급증하였고, 운전자들의 운전포기로 인한 차량방치, 보험사들의 긴급출동서비스 이용 전화의 폭주 등, 도로교통이 제기능을 하지 못하면서 운송 · 물류의 피해도 매우 크게 발생하였다. 뿐만 아니라 쌓인 눈으로 인해 시설물의 피해가 발생하여, 비닐하우스와 축사, 인삼재배시설의 파손 등, 농업시설의 피해도 매우 컸다. 이때의 대설로 인해 비닐하우스 610여동, 축사 57동, 인삼재배시설 17.5ha 등 총 106억여 원의 재산피해가 발생한 것으로 나타났다[7].

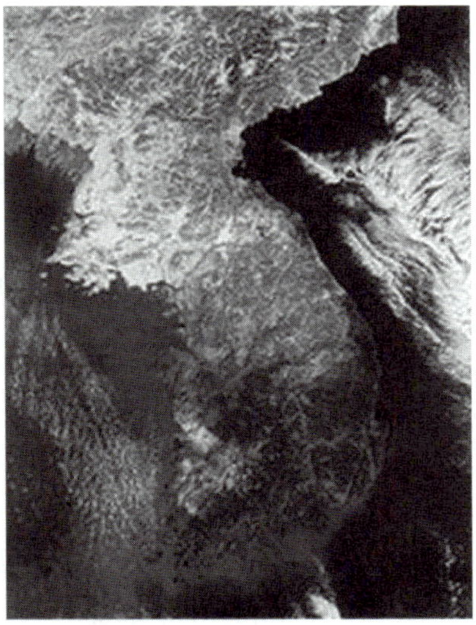

〈그림 12.18〉 대설이 내리기 전이 1월 3일 찍은 한반도 위성사진

자료출처 : 위키백과

〈그림 12.19〉 대설이 내린 후인 1월5일 찍은 한반도 위성사진

자료출처 : 위키백과

6) 기상청 보도자료(2010.1.4)

7) 국가재난정보센터(http://www.safekorea.go.kr) 종합상황실

2.2.3 2011년 동해안 대설(1월2일~4일, 2월11일~14일)

2011년 1월부터 2월에 걸쳐 함경도에서 부산광역시에 이르는 동해안 지역에 잦은 대설과 함께 많은 피해가 발생하였다. 이 기간 중 강릉, 동해, 울진, 포항, 울산 등 동해안 곳곳에서 기상관측 이래 가장 많은 일최심신적설을 기록하였고, 특히 2월 11일부터 2월 14일 사이에 강원도 영동지방을 중심으로 국지적으로 1m 이상의 눈이 내려 큰 피해를 입었다.

1월 2일~4일에 걸쳐 내린 눈은 특히 포항 지역에 국지적으로 집중되었다. 포항은 3일 기상관측상 최심신적설이 28.7cm에 달하여 이 지역 기상관측 이래 최고값을 기록했으며, 포항시 남부지역에는 40~50cm에 이른 적설량을 기록하기도 하였다. 이후 약 한달가량 눈 · 비가 내리지 않으면서 겨울가뭄이 계속되었고, 특히 강원도 영동지방은 2010년 11월 이후 누적 강수량이 평년의 30% 이하로, 예년의 같은 기간 중 40년 만에 가장 적었다. 이로 인하여 속초시 등지에서는 제한급수를 시행하였으며, 건조특보가 발령된 곳도 있었다.

한편, 2월 9일 밤 무렵부터 강원도 영동지방에 눈과 비가 오면서 이 지역의 건조특보가 해제되었고, 10일 밤부터 영동지방의 눈이 강해져 집중적인 대설이 쏟아지기 시작하였다. 11일 동해와 강릉에서는 일최심신적설이 70cm 이상을 기록하였고, 울진도 41cm, 속초 30cm 이상을 기록하는 등, 강원도 속초에서 경북 영덕에 이르는 지역은 30cm에서 100cm의 눈이 하룻동안 내렸다. 눈은 12일에도 이어져, 동해는 최심적설이 100cm를 넘는 등, 이 지역에서 50~150cm에 달하는 눈이 쌓였다.

이로 인해 1월의 대설(2일~4일)때에는 총 약 175억 원의 피해가 발생하였으며(사유시설 피해액), 그 중 경북 160억 원, 강원 15억 원 정도의 피해가 발생하였다. 또한 2월의 대설(11일~14일)때에는 총 약 542억 원의 피해가 발생하였으며(사유시설 피해액), 그 중 강원 384억 원, 경북 149억 원 정도의 피해가 발생하였다. 특히 2월의 대설 때에는 공공시설의 경우 109개소 98억 원의 피해가 발생하였으며, 이재민(80세대, 167명) 피해도 발생하였다[8].

2.3 대설에 의한 인명 및 시설물 피해분석

우리나라의 대설피해는 기상특성, 지리적 여건, 기반시설의 특성, 거주인구 · 사회 · 경제현황에 따라 지역별로 차이가 있다. 우리나라의 지역별 강설 특성을 파악하기 위해서는 지역별

8) 국민재난안전포털(http://www.safekorea.go.kr)

9) GIS분석은 행정안전부에서 발간하는 재해연보의 시 · 군 · 구 지자체별 자료를 활용하였으며, 총 232개 시 · 군 · 구를 분석의 공간적 범위로 하였다.

과거의 기상현상 및 강설자료의 수집 · 분석이 선행되어야 하며, 대설 피해특성을 이해하기 위해서는 지역별 강설 특성 뿐만 아니라 지역별 대설피해 예방 · 대응체계의 조사 및 분석, 대설 피해규모의 조사 및 분석이 수반되어야 한다. 그 중 대설 피해규모의 조사 및 분석은 그 첫 단계로 지역적 과거의 피해현황에 대한 이해의 폭을 넓히는데 있어서 중요한 역할을 하게 한다.

우리나라의 각종 재해에 관한 정보와 피해현황을 정리한 재해연보를 바탕으로, 1991~2015년의 25년간 대설피해 현황을 지리정보시스템(GIS)을 활용하여 지역별로 분석하여 보면 다음과 같다(그림 12.20 및 그림 12.21)[9].

GIS분석 결과, 대설에 의한 사망, 실종 및 부상과 같은 인명피해는 거의 나타나지 않았으나, 일부 강원도 · 동해안 및 충청남도 일부 지역에서 피해가 발생한 것으로 나타났다〈그림 12.20(a)〉. 또한 주택피해에 따른 이재민 발생은 충청도와 서해안 부근에서 높게 나타났으며, 동해안 부근에서도 일부 지역에서 피해가 발생한 것으로 나타났다〈그림 12.20(b)〉.

한편, 건물피해와 같은 재산피해는 유실 · 전파 및 반파의 피해가 강원도와 전라남도 해안가 부근에서 다소 피해가 발생한 것으로 나타났으며, 내륙지역에서도 일부 피해가 발생했다. 또한 대설에 따른 농작물 피해액을 살펴보면, 전체적으로 서해안지역과 중부 내륙지역에서 피해가 많이 발생하였으며, 특히 해안가의 피해가 내륙지역의 피해보다 많음을 알 수 있다〈그림 12.21(a)(b)〉.

총 피해액을 분석해보면, 대설로 인한 1991~2015년의 25년간 전국 총 피해액은 2조 2716억 원으로, 전체적으로 볼 때, 경기지역과 충청지역의 피해액이 가장 높았으며, 그 중 충남 논산시의 피해액은 1,037억 원으로 가장 많았다〈그림 12.14 참고〉.

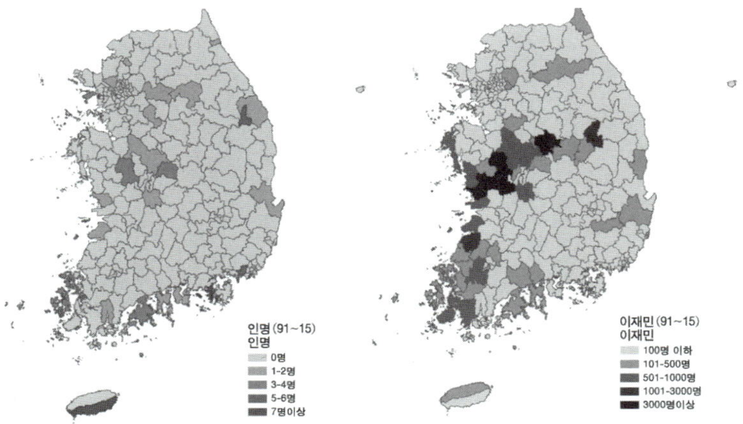

(a) 인명피해　　　　(b) 이재민피해

〈그림 12.20〉 대설로 인한 인명 피해현황 분석(1991~2015년)

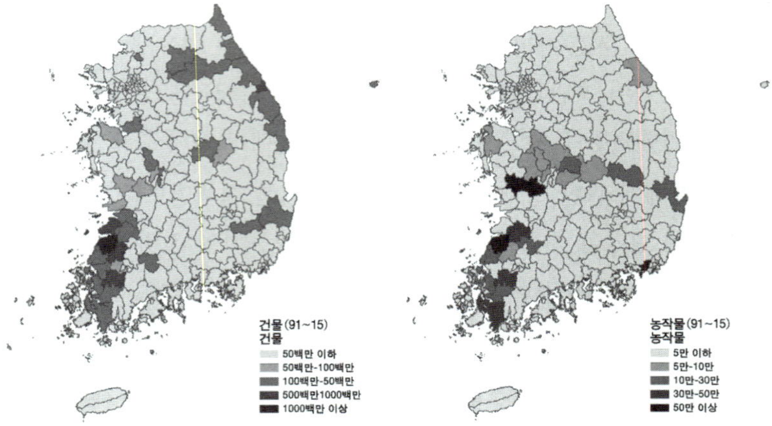

(a) 건물피해액 (b) 농작물피해액

〈그림 12.21〉 대설로 인한 재산 피해현황 분석(1991~2015년)

이상의 분석을 통해, 대설은 사망이나 실종, 부상과 같은 인명피해의 측면에서 볼 때, 다른 풍수해에 비해 상대적으로 그 위험성이 낮은 재난유형임을 유추할 수 있다. 하지만 이재민 측면에서는 넓은 지역에서 피해가 발생하는 재난으로서, 대설에 대한 대처가 미흡할 경우, 다수의 인명피해를 발생시킬 수 있는 높은 가능성을 갖고 있다고 볼 수 있다.

제13장 | 환경방재

1절 환경방재학 개론

1. 환경방재학의 의의

환경은 크게 두 가지로 구분할 수 있다. 환경은 자연환경과 사회환경으로 나뉘는데 자연환경에는 대기, 산악, 삼림, 바다, 호수, 강 등이 대표적이고, 자연환경은 다시 두 가지로 구분된다. 지구차원에서 생각하는 경우에는 지구환경, 지역수준에서 생각하는 경우에는 지역환경이라고 한다. 환경의 범위에서 인간이 집단적으로 생활하고 이루어가는 외계를 사회환경이라고 부른다. 이와 같은 사회환경에서는 몇 가지 문제점이 나타나는데, 거대도시의 과밀, 산촌지역의 과소, 슬럼가의 형성 등이 있다. 사회환경은 주택환경, 생활환경 및 문화환경 등으로 나눌 수 있는데, 주택환경은 인간이 집중적으로 살고 있는 도시에서 나타나는 주택난, 교통사고 및 정체, 소음, 대기오염, 수질오염, 폐기물 등의 다양한 도시환경 문제가 크게 일어나는 주택 주변의 녹지, 도로, 경관, 집의 넓이나 여유 면적 등을 주택환경이라고 하며, 건강, 운송, 관광, 주거, 식사, 취사, 세탁, 쇼핑 등의 일상의 활동 공간을 생활환경이라고 말한다. 문화환경은 언어 및 정보 등을 말한다.

지구규모에서 자연환경이 파괴되고, 이러한 파괴로 인하여 생물 등이 영향을 받는 것을 지구오염이라고 한다. 지역규모에서 나타나는 환경파괴는 공해, 또는 지역오염이라고 한다.

최근, 지구나 지역에서 환경오염이 나타나면서 환경이라는 표현은 다양하게 사용되게 되었다. 1972년 6월 스톡홀름에서는 국제연합 인간환경회의가 개최되었는데, 이 회의에서는 국제연합 환경계획(UNEP)이 설립되어 '인간 환경 선언' 및 '국제연합 국제 행동계획'을 실행에 옮기게 되었다. 우리나라 또한 공해 및 오염의 방지를 위해서 환경부가 설립되었다. 최근 인간의 삶의 권리가 커져가면서 환경파괴를 미리 방지하고, 쾌적한 환경에서 살아갈 권리를 말하는 환경권도 요청되고 있다. 개발 및 다른 이유로 환경이 파괴되는 것을 방지하기 위해서 환경평가라는 제도가 마련되었다. 기업에서도 자연을 피해를 주지 않는 환경윤리가 요구되어지며, 환경에 관련된 상품 개발 및 인간의 환경에 대한 배려, 환경을 생각한 디자인, 환경기금 등의 구체적이고 다양한 행동들이 요구되어지고 있다. 이를 위해서 환경보전운동이 널리 행해지고 있고, 환경교육 등을 학교에서 실시하고 있다.

이러한 환경(Environment)이라는 용어는 사상, 과학기술, 국제관계, 정치, 경제, 사회, 생활, 교육 등의 다양하고 많은 분야에서 사용되어지고 있다.

2. 환경의 특성, 방재학 연구 개념 및 필요성

환경의 정의에서도 언급했지만 환경이라는 개념은 우리 인간생활과 밀접한 상호관련성이 있다고 할 수 있다. 환경은 우리 인간에게 수많은 이로움과 편리함을 제공하고 때로는 고난과 어려움을 주기도 한다. 이는 인간이 환경을 어떻게 받아들이고 이용하고 하는가에 달려있다고 말할 수 있다. 하지만 우리 인류는 많은 이로움을 제공하는 환경을 수직적 관계로서 한껏 이용만 하고 보존하고 소중히 다루고자 하는 인식이 미흡했다. 인간은 환경을 보존하고 소중히 다루고자 하는 마음가짐과 인식이 필요시 된다. 이는 환경은 한번 오염이 되면 복원하는데 수많은 비용과 시간이 요구되고, 인류는 환경 없이는 존재할 수 없기 때문이다. 이에 인간과 환경은 아주 밀접한 관계하에 있다고 할 수 있다.

환경문제는 환경오염의 발생시점부터 즉각적으로 드러나지 않는다는 시차성과(예를 들면 미국의 러브커넬(Love Cannel)사건으로, 유해폐기물의 매립 후 30-40년이 지나서 피해가 발생한 사례), 오염발생 시 오염이 먼 거리까지 영향을 끼칠 수 있다는 광역성(예를 들면 중국 황사먼지가 봄철에 영향을 주어서 가시거리를 감소시키는 사례) 등이 대표적이라 할 수 있다. 환경문제는 일종의 용수철과도 같다고 할 수 있는데 어느 정도의 환경악화는 환경이 갖는 자체 정화 능력인 자정작용에 의하여 환경문제가 극복될 수 있다. 하지만 환경의 자정능력을 초과하는 많은 오염물질량이 유입되고 이에 따라 환경의 오염이 심각해지면 이를 해결하는 것에 어려움이 따르게 된다. 따라서 환경의 자정능력의 범위를 벗어나는 환경오염은 인간에게 재앙으로 다가오기도 한다. 또한 자연재해인 지진이나 홍수, 가뭄, 그리고 최근 가장 큰 이슈가 되고 있는 기후변화까지 모두 환경재해로 분류될 수 있다. 이러한 넓은 의미의 자연재해로 인한 재앙과 좁은 의미인 인간의 인위적인 활동에 의해서 환경오염이 유발되고 그로 인해서 인간에게 영향을 주는 것까지 모두 환경의 재해라고 분류될 수 있다. 이러한 환경의 재해를 사전에 예방하고, 피해를 최소화하고, 환경재해가 발생한 후에는 효과적으로 대처하고 처리하기 위한 행위 모두를 환경방재의 범위에 둘 수 있고 이를 연구하는 학문을 환경방재학(Environment Hazard Mitigation Science)이라고 할 수 있다. 환경재해에 효과적으로 대처하고 해결하는 것은 피해를 줄이고 국가의 재화낭비를 방지할 수 있다는 것이 환경방재학(Environment Hazard Mitigation Science)이 갖는 의의라 할 수 있다.

3. 환경방재의 필요성

3.1 환경방재의 특수성

환경오염을 발생시키는 요소들이 다양하기 때문에, 이러한 환경오염원들을 제어, 제거, 모니터링하기 위해서는 환경방재의 계획에서 실행까지의 모든 단계에 종합과학기술을 필요로 한다. 물리, 화학, 생물학 등 기초과학을 중심으로 기계, 화공, 토목, 전기 등 응용과학이 접목되는 종합분야이다. 산업적으로 환경방재산업은 공공복지를 우선시하며 사회간접자본의 성격이 강하여 산업시장 자체가 정부의 각종 환경정책 및 국제 환경규제, 그리고 국제 협약에 매우 민감하게 반응한다. 그러므로 시장 외적인 요소에 의해 인위적으로 시장이 창출되는 경향을 나타낸다.

3.2 환경방재 현황

환경방재의 현황은 위에 2절에서 제시한 바와 같이 환경시장의 급속한 성장과 더불어 환경방재산업의 활성화로 인해서 환경방재를 위한 새로운 기술들의 개발이 활발히 이루어지고 있으며, 이러한 기술들은 기존의 단일 기술이 아닌 여러 기술들이 복합적으로 융합되어서 개발, 이용되고 있는 추세이다. 기존에 미생물을 이용한 오염물질 처리가 80년대에 주를 이루었고, 90년 후반 이후부터 고도산화처리(Advanced Oxidation Process)가 주목을 받고, 연구가 되면서 환경오염을 방어, 복원하는 주 기술이 이루었으며, 최근에는 나노기술(Nano Technology)을 이용한 환경오염방지를 위한 신기술들이 주를 이루면서 현장에서 이용되고 있는 실정이다.

3.3 환경방재 기술

환경방재기술을 크게 분류하면 수질분야, 대기분야, 토양 · 지하수분야, 유해물질 및 폐기물분야로 구분된다. 또한 이러한 각 분야의 환경방재기술 분야는 크게 물리 · 화학적 그리고 생물학적 처리기술로 구분되어질 수 있다. 수질분야의 대표적인 환경방재기술로는 물리·화학적 흡착처리와 미생물을 이용한 폐수 내의 유기물질 처리가 있고 대기분야의 환경방재기술로는 집진시설을 이용한 대기오염입자를 포집하는 기술이 있다. 토양·지하수분야의 환경방재기술은 대표적으로 유류나 중금속으로 오염된 토양을 물리·화학적 흡착을 이용하여 제거하는 기술과 이러한 오염물질을 먹이로 이용하는 미생물을 배양하여 제거하는 기술이 있다. 유해물질 및 폐기물 분야의 방재기술로는 유해물질을 이용한 후 단단히 밀봉을 한 후 땅 속에 안전하게 매립을 하여 처리하는 기술과 재이용 가능한 폐기물을 재활용하는 기술이 대표적이라 할 수 있다. 마지막으로 환경방재분야에서 신중히 다루어야 할 기술부분으로 모니터링 기술을 이용한 사전 환경방재기술이 있다. 이는 최근 세계적인 이상기후로 인한 국지성 집중호우, 폭설 등에 따른 대규모 국가재난 피해가 속출하는데서 그 필요성과 중요성이 부각되었고, 또한 게릴라성 중호우와 홍수로 인한 비점오염원(특히 도심지역)의 환경부하가 급속히 증가하여 수인성 질병에 쉽게 노출됨에 따른 환경오염 사전방재의 기술로서 중요시되고 있다. 이는 재난 발생 후 사후 처리가 아닌 지속적인 모니터링과 기존의 사건을 통해 재난의 신속한 대응과 예방을 하기 위한 핵심 기술이라 할 수 있다. 모니터링기술을 이용한 환경방재기술은 오염이 예상되는 곳에서 오염사고 발생 시 예상 경로를 역추적하여 오염원을 비교, 판단하는 방법이라고 할 수 있다. 또한 사고 발생 후의 경우는 오염원의 오염원 추적기술(Contaminant Source Tracking)을 이용하여 오염원의 출처를 밝힌 후 광역지역으로의 심각한 2차 오염을 방재하는데 이용할 수 있다.

2절 수질분야 방재

1. 수질오염의 정의 및 개념

1.1 수질오염의 정의

수질오염이란 보편적으로 자연정화능력을 초과하는 오염물질이 수계에 배출되어 이용이 적합하지 않게 된 상태를 말한다.

1.2 수질오염물질의 유형

수질오염물질에는 크게 유기물질, 무기물질로 그리고 중금속류, 부유물질, 유류, 세제류, 미생물류, 페놀류(Phenol), 산(Acid) 및 알칼리류(Base) 등으로 나눌 수 있다.

1.3 대표적 수질오염지표

수질오염의 지표라 함은 수계내의 오염된 정도를 표시하는 상대적인 척도로서 수질이 좋고 나쁨에 대하여 정량적으로 표현이 가능하고 얼마만큼 오염이 되어 있는지를 표시하는 지표를 일컫는다. 이러한 대표적인 수질오염의 지표로는 크게 물리 · 화학적 지표, 생물학적 지표 등이 존재한다.

1.4 수질오염물질의 발생원

수질오염물질의 발생원은 크게 비점오염원(Non-Point Source)과 점오염원(Point Source)으로 나눌 수 있다.

1.4.1 점 오염원(Point Source)

오염물질의 배출원이 한 곳에 집중되어서 배출원으로부터의 배출구 및 배출되는 정도를 파악할 수 있는 오염원을 일컫는다. 일례로는 가정하수나 산업단지로부터의 폐수가 있다. 점오염원의 경우는 오염물질의 배출경로가 명확하여서 여러 오염물질 처리장 건설 및 관리가 비점오염원에 비해서 상대적으로 용이하다는 장점이 존재한다

1.4.2 비 점오염원(Non-point Source)

오염물질의 배출이 한 곳에 있는 것이 아니라 여러 지역에 널리 퍼져있어서 배출원으로부터의 배출구 파악이 불가능한 오염원을 말한다. 일례로는 지하수나 농경지배수가 있다. 이러한 비점오염원은 오염물질의 배출경로 및 유출의 지점이 명확하지가 않아서 위치의 추적이 어렵고 발생량과 배출량이 계절적 영향과 기상조건에 의해서 크게 변화할 수 있는 가능성이 크다. 또한 비점오염원은 농경지에서 쓰고 남은 여러 화학물질, 가축의 분뇨 등의 축산폐수 등이 비점오염에서 배출될 가능성이 크다.

1.5 수질현황 및 수질기준

우리나라는 수질 및 수생태계 환경기준을 수역과 항목별로 나누어서 관리하고, 수역은 하천, 호소로 구분하고 항목은 17개로 구분하고 있다 또한 하천과 호소는 7등급으로 구분관리가 이

루어지고 있는 상태이다. 현재로서는 수질환경 기준을 달성하기 위하여 총 1,476개의 수질측정망을 운영 중이며 전국하천 115개 지점과 호소 49개 지점에 대하여 수질 및 수 생태 기준을 설정관리하고 있는 실정이다. 또한 수질 및 수 생태 환경기준을 정하고 이를 통해 수질환경을 보호하고 있다. 하천, 호소, 해양의 3가지가 있는데 아래의 〈표 13.1〉은 그 중 하천의 수질 및 수생태계 환경기준 중 생활환경기준을 나타내고 있다.

〈표 13.1〉 하천의 생활환경기준

등급		상태(캐릭터)	기 준							
			수소이온농도(pH)	생물화학적 산소요구량(BOD)(mg/L)	화학적 산소요구량(COD)(mg/L)	부유물질량(SS)(mg/L)	용존산소량(DO)(mg/L)	총인(T-P)(mg/L)	대장균군(군수/100mL)	
									총 대장균군	분원성 대장균군
매우 좋음	Ia		6.5~8.5	1 이하	2 이하	25 이하	7.5 이상	0.02 이하	50 이하	10 이하
좋음	Ib		6.5~8.5	2 이하	4 이하	25 이하	5.0 이상	0.04 이하	500 이하	100 이하
약간 좋음	II		6.5~8.5	3 이하	5 이하	25 이하	5.0 이상	0.1 이하	1,000 이하	200 이하
보통	III		6.5~8.5	5 이하	7 이하	25 이하	5.0 이상	0.2 이하	5,000 이하	1,000 이하
약간 나쁨	IV		6.0~8.5	8 이하	9 이하	100 이하	2.0 이상	0.3 이하	–	–
나쁨	V		6.0~8.5	10 이하	11 이하	쓰레기 등이 떠있지 아니할 것	2.0 이상	0.5 이하	–	–
매우 나쁨	VI		–	10 초과	11 초과	–	2.0 미만	0.5 초과	–	–

1.6 국내 · 외 수질환경 방재 사례

1.6.1 수질오염사례

국내의 대표적인 수질오염의 사건사례로는 낙동강 페놀유출 오염사고사례가 있다. 1차 사고는 1991년 3월에 구미공단 내 두산전자에서 페놀 30톤이 낙동강으로 유출되면서 일어난 사건으로 낙동강을 수원으로 사용하는 그 지역 일대 주민들에게 악취와 수원공급의 어려움을 초래하였다. 이로 인해서 수돗물에는 악취가 발생하였고 당분간 주민들에게 급수가 중단되는 상황이 발생하였다. 2차 사고는 동년 4월에 일어난 것으로 이때의 원인은 조업이 정지된 후 재가동관을 하는 관정에서 페놀 원액 1.3톤이 누출된 것이 계기가 되었고, 이때도 역시 수돗물에서 악취가 발생하여서 급수가 중단되는 사건이 있었다. 이후 1994년에 다시 한 번 3차 낙동강 페놀유출사건이 존재하였다. 이때는 정확한 원인을 찾을 수 없음으로 판명되었고 당시에 물금정수장에서는 벤젠이 0.04ppm 검출되었다. 이로 인해서 경북 달성군의 하류지역 수돗물에 악취가 발생하여 급수가 중단된 경우가 있었다. 서울시의 경우를 살펴보면 서울시는 한강이 수계원으로서 대표적으로 이용되고 있다. 현재는 환경단체와 정부의 적극적인 노력으로 한강 및 주변 하천의 수질이 많은 부분 회복, 향상되었다. 이로 인해서 많은 생태종들이 한강에 다시 돌아오고, 깨끗한 수 환경에서 사는 지표종 생물들이 다시 나타나고 있다. 하지만 아직까지도 영업장이나 산업체 등에 의해서 수질오염 사건이 종종 일어나고 있다. 서울시의 대표적인 수질오염 사건으로는 중랑천, 안양천, 청계천의 물고기 폐사사고를 들 수 있다. 중랑천에서는 2000년 4월에 수만 마리의 물고기가 폐사한 사고가 발생하였으며, 청계천에서는 2006년 6월에 청계천 복원 후에 수백 마리의 물고기 폐사사고가 발생하였다고 한다. 안양천의 경우에는 2005년 5월에 수천 마리의 물고기가 폐사하였다. 전국적인 수질오염사고 발생 현황은 아래의 〈표 13.2, 12.3〉에서 보는 바와 같이 1999년 이후부터 점차 감소하는 추세이다. 그에 따른 원인도 다양함을 알 수 있다. 하지만 주로 기기 고장과 같은 것보다는 인간에 의한 부주의 및 실수가 대부분을 차지함을 알 수 있다. 이는 그동안의 수질오염 사고의 대책을 위한 효과적인 대

〈표 13.2〉 유형별 전국 수질오염사고 발생현황

구분	계	유류유출	수환경변화	유해물질 유출	기타
1999	88	55	7	9	17
2000	82	33	17	15	17
2001	81	39	19	9	14
2002	60	34	8	11	7
2003	55	28	11	6	10
2004	45	24	6	5	10

책으로부터 기인한다고 여길 수 있다.

국외의 대표적인 수질오염사건 사례는 첫 번째로 일본에서 카드뮴에 의해 '이따이이따이병'이 일어난 사고가 있다. 이 사고는 일본의 하천 상류에 위치한 한 광업소에서 폐기한 폐광석에서 카드뮴이 하천에 용출되면서 발생한 수질오염사고이다. 이 사고는 즉각적인 증상이 주민들에게 나타나지 않고 시일이 흐른 후에 가까운 지역 광산촌 주변 주민들에게서 발견이 되었다. 이 병에 걸린 주민들은 카드뮴이 용출된 수원을 이용하여 농업용수로 사용하였고, 이것이 농토에 축적되고 이곳에서 수확한 쌀에 카드뮴이 농축되어 이것을 대략 30년 정도의 장기간 섭취한 주민들에게 많이 발생하였다. 이 사고로 중년 여성의 약 130명 정도가 사망하고 260명 정도가 카드뮴 중독증상을 보였다. 또한 비슷한 질병으로 일본에서 수은이 원인 물질이 되어서 발생한 '미나마타병'이 있다. 이 사고는 공장폐수에 섞여서 배출되던 수은이 생물체 및 인간에게 축적되면서 나타난 질병이다.

〈표 13.3〉 원인별 전국 수질오염사고 발생현황

구분	계	운전 및 취급주주의	온도상승 등 자연현상	기계고장	기타
1999	88	44	7	16	21
2000	82	32	16	13	21
2001	81	24	19	20	18
2002	60	23	9	11	17
2003	55	32	6	4	13
2004	45	31	4	1	9

자료출처 : 친수하천의 수질사고발생시 대응방안 연구, 서울연구원, 2007

두 번째 국외의 대표적 수질오염사건으로는 1986년 11월 스위스의 바젤시의 라인 강에서 일어난 라인 강 오염사건이 있다. 이는 라인강 근처에 위치한 화학 및 의약품 제조회사의 한 창고에서 화재가 발생하였고 이 불을 진압하기 위해서 물을 뿌렸는데 그곳에 있던 살균제와 솔벤트(Solvent)가 라인 강에 흘러들었다. 이에 그곳에 있던 수은 1.9톤이 수계 내로 흘러들어서 그곳에 수많은 수생동식물들이 떼죽음을 당하고 얼마간의 기간 동안 상수가 공급되지 못하는 불편을 겪었다. 세 번째로 중국에서는 우리나라의 낙동강 페놀사건과 유사한 대형 수질오염사고로 2005년 쑹화 강 벤젠 유출사고 등이 발생하였다. 벤젠은 발암물질의 한 가지로 심각한 독성물질로 알려져 있다. 이때의 사고로 벤젠이 수십 km 구간에 걸쳐서 유출된 것으로 확인이 되었다. 이 사고로 인해서 엄청난 규모의 국가적 손실과 사후처리 비용, 생태계 파괴 등이 일어났다. 이 사고로 초기대책의 중요성이 강조되었다. 네 번째는 미국의 수질오염물질 누출사고이다. 이는 미국의 제임스 강(James River)에서 살충제가 누출되어서 오염을 일으킨 사건으로 1975년에 살충제 공장에서 일을 하던 종업원들이 건강에 이상이 생겨서 원인을 조사하던 중 그 원인물질이 살충제인 키폰으로부터 비롯되었음을 확인하였고 이에 살충제를 모두 하수구에 버렸다고 보고되었다. 이 버려진 살충제 키폰은 결국 하수구의 물을 따라서 제임스 강으로 흘러들어갔고 그 일대의 생태계를 모두 파괴하여 버렸다. 키폰의 살충제로 인해서 그 영향이 오랜 시간 지속되고 있으며 그 일대에서 재배되는 해산물은 일체 섭취 및 채취가 금지되었다. 마지막으로 최근에 이슈가 되고 있는 것은 해양오염사건이다. 해양오염 사건은 주로 유류를 적재 또는 수송하는 유조선이나 선박 간 충돌에 의한 좌초가 가장 큰 부분을 차지하고 있으며 국내의 경우는 이러한 경우가 92% 가까이 된다. 국내에서 발생한 사건 중 가장 대표적인 예가 2008년 태안의 허베이 스프리트호의 원유 유출로, 이로 인해 태안 일대가 해양오염으로 막대한 손실을 입었다. 국외의 경우는 1989년 Exxon Valdez 호의 유류 유출사고로 4조 원이 넘는 피해가 발생하였다. 1996년에는 Sea Empress 호가 영국해안의 바위에 부딪혀서 좌초되었고, 이로 인해 원유가 유출되어 심각한 피해를 끼쳤다.

3절 대기분야 방재

1. 대기오염의 정의와 개념

대기 중에는 수많은 가스 또는 입자들이 존재하는데 이러한 대기가 열, 빛, 복사열, 오염물질 또는 공기의 파동 등과 같은 형태의 에너지 및 물질의 유입 또는 유출로 인해 물리화학적 구성 특성이 변화되어 대기환경의 질이 저하된 상태를 대기오염상태라고 말할 수 있다.

위에서 말한 바와 같이 대기오염물질들은 대부분 새로 발명된 물질들이 아니다. 즉, 예전에도 대기 중에 존재하였던 것이지만 인간활동, 예를 들면 난방, 산업활동, 자동차 등에서 배출되는 오염물질들이 대기의 자정작용을 초과하게 되어 발생하게 되는 것이다.

우리나라에서는 일반적으로 대기오염을 “정상상태인 공기 중에 존재하지 않는 물질이 발생하거나 존재하는 물질의 농도가 인위적 및 자연적으로 증가되는 상태. 즉, 대기 중의 매연, 먼지, 가스 및 악취 등이 사람의 보건위생상 위해를 주며 생태계의 변화를 일으켜 인간의 생활에 밀접한 관계가 있는 재산과 동식물 및 그 생육환경에 해를 미칠 정도로 어떤 지역에 단위 부피상 다량으로 존재하는 상태가 되는 현상.”라고 정의하고 있다.

미국 대부분의 주들은 대기오염을 “환경대기 중에 하나 또는 그 이상의 오염물질이 존재하여 그 양과 지속시간이 인간의 건강, 동/식물의 생육 또는 재산에 악영향을 미치거나, 생활 또는 재산을 향유하거나 사업을 수행할 권리를 부당하게 방해받는 현상"이라고 정의하고 있다. 여기서, 오염물질이란 주로 먼지, 가스, 액체방울, 매연, 검댕, 유해증기, 악취물질이나 이들의 혼합물질을 말한다.

또한, 독일은 "인위적 영향(즉, 발전소에서의 배기가스)과 자연적 현상(즉, 화산)에 의하여 대기로 도달되거나 또는 대기 중에서 발생하여, 일정 기간 동안 존재하는 인간 및 인간의 환경에 해로운 물질 또는 혼합물질에 의하여 자연적인 공기구성(질소, 산소, 이산화탄소 등)이 오염되는 현상."이라고 정의 하고 있다.

세계보건기구(WHO)에서는 대기오염의 정의를 '대기 중에 인위적으로 배출된 오염물질이 한 가지 또는 그 이상이 존재하여, 오염물질의 양, 농도 및 지속시간이 어떤 지역의 불특정 다수인에게 불쾌감을 일으키거나 해당지역에 공중 보건상 위해를 끼치고, 인간이나 동물, 식물의 활동에 해를 주어 생활과 재산을 향유할 정당한 권리를 방해받는 상태' 라고 정의하고 있다.

대기오염물질은 크게 가스상 대기오염물질과 입자상 대기오염물질로 나눌 수 있다. 가스상 대기오염물질은 일반적으로 물질의 연소, 합성 및 분해과정에서 발생되는 기체상 오염물질을 말하며, 황화합물, 질소화합물, 탄소화합물, 할로겐화합물 등을 들 수 있다. 입자상 대기오염물질은 물질의 파쇄, 선별, 퇴적, 기타 기계적 처리 또는 연소과정에서 발생되는 액체 또는 고체상의 미세한 물질을 말하며, 연소먼지 및 비산먼지, 매연, 퓸 등을 들 수 있다.

또, 다른 구분으로는 1차 대기오염물질과 2차 대기오염물질로 나눌 수 있다. 1차 대기오염물질은 산업시설, 발전소, 자동차 등의 배출원에서 대기 중으로 직접 배출되어 존재하는 오염물질을 말하는데, 여기에는 아황산가스(SO_2), 일산화질소(NO), 일산화탄소(CO), 탄화수소(hydrocarbons), 먼지 및 중금속화합물 등이 있다.

2차 대기오염물질은 대기 중에서 1차 오염물질과 대기의 조성물질이 물리적, 화학적 반응을 일으켜 생성되는 물질을 말하는데, 오존(O_3), PAN(Peroxy Acetyl Nitrate), 황산염 등이 있다.

우리나라 대기환경보전법 시행규칙상 대기오염물질의 종류를 보면 다음과 같다.

〈표 13.4〉 대기환경보전법 시행규칙상 대기오염물질의 종류

대기오염물질(대기환경보전법 시행규칙 별표[1])			
1. 입자상물질	17. 황화수소	33. 납 및 그 화합물	49. 포름알데히드
2. 브롬 및 그 화합물	18. 황화메틸	34. 크롬 및 그 화합물	50. 아세트알데히드
3. 알루미늄 및 그 화합물	19. 이황화메틸	35. 비소 및 그 화합물	51. 벤지딘
4. 바나듐 및 그 화합	20. 메르캅탄류	36. 수은 및 그 화합물	52. 1,3-부타디엔
5. 망간화합물	21. 아민류	37. 구리 및 그 화합물	53. 다환 방향족 탄화수소류
6. 철 및 그 화합물	22. 사염화탄소	38. 염소 및 그 화합물	54. 에틸렌옥사이드
7. 아연 및 그 화합물	23. 이황화탄	39. 불소화물	55. 디클로로메탄
8. 셀렌 및 그 화합물	24. 탄화수소	40. 석면	56. 테트라클로로에틸렌
9. 안티몬 및 그 화합물	25. 인 및 그 화합물	41. 니켈 및 그 화합물	57. 1,2-디클로로에탄
10. 주석 및 그 화합물	26. 붕소화합물	42. 염화비닐	58. 에틸벤젠
11. 텔루륨 및 그 화합물	27. 아닐린	43. 다이옥신	59. 트리클로로에틸렌
12. 바륨 및 그 화합물	28. 벤젠	44. 페놀 및 그 화합물	60. 아크릴로니트릴
13. 일산화탄소	29. 스틸렌	45. 베릴륨 및 그 화합물	61. 히드라진
14. 암모니아	30. 아크롤레인	46. 프로필렌옥사이드	62. 아세트산비닐
15. 질소산화물	31. 카드뮴 및 그 화합물	47. 폴리염화비페닐	63. 비스(2-에틸헥실)프탈레이트
16. 황산화물	32. 시안화물	48. 클로로포름	64. 디메틸포름아미드

〈표 13.5〉 대기환경보전법 시행규칙상 특정대기유해 물질의 종류

특정대기유해 물질(대기환경보전법 시행규칙 별표 [2])			
1. 카드뮴 및 그 화합물	10. 불소화물	19. 이황화메틸	28. 디클로로메탄
2. 시안화수소	11. 석면	20. 아닐린	29. 스틸렌
3. 납 및 그 화합물	12. 니켈 및 그 화합물	21. 클로로포름	30. 테트라클로로에틸렌
4. 폴리염화비페닐	13. 염화비닐	22. 포름알데히드	31. 1,2-디클로로에탄
5. 크롬 및 그 화합물	14. 다이옥신	23. 아세트알데히드	32. 에틸벤젠
6. 비소 및 그 화합물	15. 페놀 및 그 화합물	24. 벤지딘	33. 트리클로로에틸렌
7. 수은 및 그 화합물	16. 베릴륨 및 그 화합물	25. 1,3-부타디엔	34. 아크릴로니트릴
8. 프로필렌옥사이드	17. 벤젠	26. 다환 방향족 탄화수소류	35. 히드라진
9. 염소 및 염화수소	18. 사염화탄소	27. 에틸렌옥사이드	

2. 대기방재 사건 분류

2.1 런던 스모그 사건

〈그림 13.1〉 런던 스모그 당시 모습
자료출처 : ffffound.com

2.1.1 런던의 석탄 난로

수 세기 동안 런던은 세계에서 석탄난로가 가장 많은 곳이었다. 공기도 제일 나빴으며 일상적으로 안개가 끼었다. 13세기경 런던에는 해상무역 때문에 텅 빈 배의 균형을 유지하기 위해 바닥짐으로 석탄을 사용했다. 석탄이 나무보다 더 오래 타며 더 높은 온도를 낼 수 있다는 사실이 밝혀졌다. 1257년 엘리노어 여왕은 노팅엄 성에서 석탄을 대량으로 사용하는 바람에 생긴 매연을 피해 도망친 후 석탄사용을 금지하는 칙령을 내렸다. 그 후에도 여러 번의 석탄 사용금지 칙령이 내려졌지만 석탄을 필요로 하는 현실 때문에 주물공장과 석회공장 그리고 그 외의 작은 공장들의 석탄 사용을 막지 못했다. 14세기가 되 석탄이 점점 넓어져 가는 도시의 경계선 안에서 베어낼 수 있는 나무들이 줄어들고 취사와 난방을 위한 장작 구하기가 어려워지자 가정의 난방에도 석탄이 사용되기 시작했다. 15세기에 런던의 하늘이 석탄 연기 때문에 검게 변하는 것은 이미 일상적인 일이었다.

2.1.2 살인 스모그 발생

1952년 12월 8일 영국해협을 건너온 서늘한 공기가 템스 강 계곡에 자리를 잡고는 꼼짝하지 않았다. 800만 런던 시민은 수 세기 동안 해오든 대로 행동했다. 수많은 굴뚝에서 석탄연기가 나왔으나 꼼짝도 않는 공기 속에서 다시 땅 위로 내려앉았다. 연기가 하도 짙어서 가시거리가 거의 제로에 가까웠다. 강에서는 증기선 한 척이 정박해있던 배를 들이받았다. 기차와 자동차들도 충돌사고를 일으켰다. 한 시민은 집을 찾아가는 것을 포기하고 낙담해서 길가에 주저앉았다. 그 때 시각장애인이 지팡이로 바닥을 두드리며 걷는 소리를 들었다. 결국 그 시각장애인이 그 사람을 집까지 데려다 주었다.

2.1.3 런던의 경제적 상황

수수께끼의 살인안개라는 구절이 신문 1면을 장식했다. 단 일주일 만에 발생한 사망자수는 1,850명이었다. 이렇게 엄청난 사망자 수와 왕실의 직접적인 탄원에도 불구하고 당시의 주택장관은 석탄의 연소를 줄이거나 기존 공장의 효율을 개선해야 한다는 압력에 대해 저항했다. 그런 작업을 감당할 경제적 여유가 없다는 것이었다. 당시 영국은 엄청난 경제적 압박을 받고 있었고, 식량배급제도는 1954년이 되어서야 완전히 사라질 정도였다. 영국 정부는 전쟁으로 빚진 엄청난 채무를 상환하기 위해 쓸 외화를 마련하려고 좀 더 깨끗하게 연소되는 석탄은 미국과 유럽의 기업들에 판매하고 그 밖의 석탄은 국내용으로 돌리는 형편이었다.

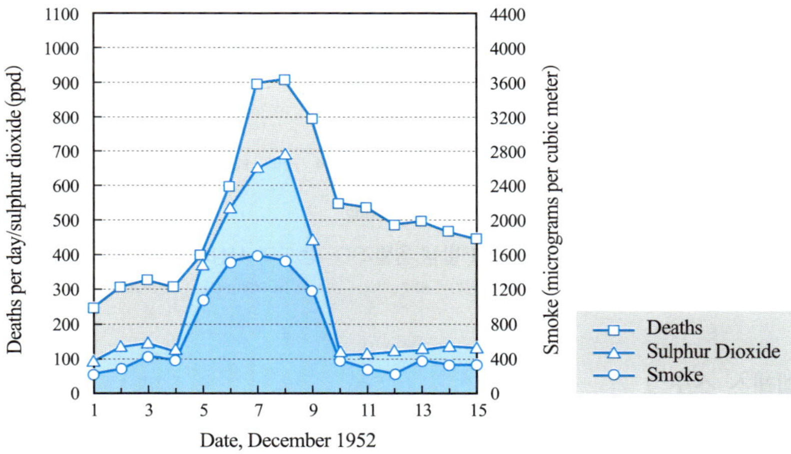

〈그림 13.2〉 런던 스모그 당시의 SO2 농도와 사상자수 비교

자료출처 : Atmosphere, Climate & Environment Information Programme

2.1.4 경제발전의 대가

수 세기 동안 아무도 오염된 공기가 위험하다는 충고에 주의를 기울이지 않았다. 왕실위원회와 엄숙한 성직자들의 발표와 경고는 아무런 결과도 만들어내지 못했다. 검댕투성이의 건물들, 더러운 셔츠, 가끔 발생하는 사망자 등은 발전의 대가로 받아들였다. 정부는 오히려 마스크 사용을 권장하였다.

2.1.5 권력자들의 마음에 드는 보고서

스모그가 끼어있던 시기 동안 이산화황과 미세먼지의 농도는 모두 1950년대 높은 정상치에 비해서 3-10배나 되었다. 그리고 이러한 대기상태는 석 달 동안 정상을 회복하지 못했다. 1952년부터 1962년까지 런던에서 여러 차례 스모그가 발생했으며 매번 평소보다 높은 사망률을 기록했다. 1952년 런던을 뒤덮었던 안개에 대한 공식적인 보고서가 1954년에 발표되었다. 그 기간 동안 대기오염의 증가율과 사망률의 증가가 제시되었다. 그 기록 밑에는 1953년의 독감이라는 구절이 삽입되어 있었다. 그러나 당시 독감이 그렇게 유행했다는 독감의 증거는 찾지 못했다. 1961년 런던은 청정공기법을 제정하였다.

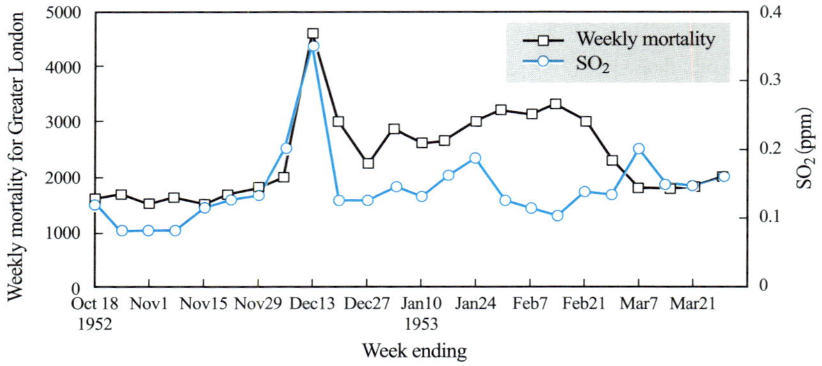

〈그림 13.3〉 런던스모그 발생 월별 SO_2 농도와 사상자 수 비교

자료출처 : Cooperative Research Centre for Coal in Sustainable Development

2.2 로스앤젤레스 스모그

2.2.1 스모그 발생원인

로스앤젤레스 분지의 면적은 약 2,600km²로 3면이 산으로 둘러 싸여 있어 공기가 정체되기 쉽다. 주위의 산이 모두 300m 내외이긴 해도 태평양에서 불어오는 바람은 대개 부드럽고 변

화무쌍했다. 1955년에 이 분지에 500만 명이 살고 있었고, 그들 중 절반이 자동차를 갖고 있었다. 그들은 매일 58,000톤의 천연가스, 석유, 휘발유, 쓰레기 등을 태웠으며 여기서 3,000톤 이상의 대기오염물질이 배출되어 남부 캘리포니아의 산들을 담요처럼 둘러쌌다. 질소산화물의 농도가 $1m^3$당 2.34g까지 이를 정도였다. 8월 10일 동안 로스앤젤레스의 사망자 수가 평소보다 1,200명이 많았다는 것이 조사되었다. 그 10일간은 바로 스모그성 공기가 고약하게 역전되어 계곡 위에 내려앉았던 기간이었다. 이에 따라 대기오염물질과 열기의 복합적인 작용이 사망자 증가의 가장 큰 원인으로 의심되었다.

2.2.2 자동차 공해로 인한 인체 위해성 확인

로스앤젤레스 시청 소속 화학자 에어리 하겐스미트는 햇빛과 자동차가 로스앤젤레스 스모그로 점점 널리 알려지고 있는 갈색 안개의 생성에 핵심적인 역할을 한다는 사실을 발견했다. 하겐스미트는 1940년대 말과 1950년대 초 실험실에서 행한 일련의 조사를 통해 자동차의 배기관에 나온 질소산화물과 탄화수소가 쉽게 갈색의 자욱한 안개로 바뀐다는 사실을 증명했다. 또한 이 두 물질은 한데 합쳐져서 달콤한 냄새가 나는 무색의 오존가스를 만들었다. 오존은 반응성이 대단히 높은 산소 원자 3개를 함유한 기체로서 세포벽을 파괴하고 점액을 진하게 만들며, 허파에 나뭇가지처럼 퍼져있는 섬세한 공기 통로에 들러붙을 수 있다. 천식 환자들이 오존에 노출되면 마치 빨대를 통해 숨을 쉬는 것 같은 느낌을 경험한다. 그걸 경험해보면 오존의 농도가 평소보다 조금 높은 날 천식 환자들이 왜 호흡용 흡입기를 항상 가까이 드는지 이해할 수 있을 것이다.

2.2.3 런던 스모그와 로스엔젤레스 스모그의 차이점

위의 설명을 종합하여 보면 런던 스모그와 로스엔젤레스 스모그는 스모그라는 사건은 같지만 원인물질과 발생원, 시기의 경우, 피해 대상에서 많은 차이를 보이고 있다. 차이는 다음의 표와 같다.

〈표 13.6〉 **런던 스모그와 로스엔젤레스 차이점 요약**

구분	런던 스모그	로스엔젤레스 스모그
원인물질	아황산 가스, 안개	질소산화물, 탄화수소
색	짙은회색	연한갈색
발생원	난방연료(석탄)	자동차(석유)
발생시기	밤	낮
피해대상	사람의 호흡기, 건식부식	식물, 사람의 눈

4절 폐기물 및 유해화학물질 분야 방재

1. 방재폐기물 및 유해화학물질의 정의 및 개념

1.1 폐기물의 개념 및 분류

현행 폐기물관리법에서는 폐기물을 '사람의 생활이나 사업활동에 필요하지 아니하게 된 물질' 로서, '쓰레기, 연소재(燃燒滓), 오니(汚泥), 폐유(廢油), 폐산(廢酸), 폐알칼리 및 동물의 사체(死體) 등' 을 포함하는 것으로 정의하고 있으며(폐기물관리법 제2조), 발생원에 따라 '생활폐기물' 과 '사업장폐기물', '지정폐기물', '의료폐기물' 로 크게 구분하고 있다.

1.2 유해화학물질의 정의 및 개념

유해화학물질이란 유독물, 관찰물질, 취급제한물질 또는 취급금지물질, 사고대비물질, 그 밖에 유해성 또는 위해성이 있거나 그러할 우려가 있는 화학물질을 말한다.

여기서 유해성이란 화학물질의 독성 등 사람의 건강이나 환경에 좋지 않은 영향을 미치는 화학물질 고유의 성질을 말하며 위해성이란 유해한 화학물질이 노출되는 경우 사람의 건강이나 환경에 피해를 줄 수 있는 정도를 말한다. 환경방재에서 다루는 유해화학물질은 여기에 국한되지 않고 내분비 교란물질 등 상당수에 달한다.

2. 유해화학물질 및 폐기물 방재 사례 분류

2.1 러브 커낼 사건.

러브 커낼(Love Canal) 사건은 유독성 화학 폐기물 사고의 상징적인 에피소드이다. 이 이야기의 시작은 1892년 윌리엄 러브(William T. Love)가 나이아가라 폭포의 나이아가라 강 상류에 길이 약 10km에 이르는 운하를 건설하겠다는 야심찬 계획을 세우는 것에서 비롯된다. 에리 호와 온타리오 호를 연결하는 나이아가라 폭포는 이들 호수의 수면 차이가 85m인 까닭에 그 큰 낙차로 세계적인 장관을 연출하는 명소이다.

2.1.1 러브 커낼, 재난의 시작

윌리암 러브는 여기에 운하를 건설한다면 중부 내륙에서 대서양 연안으로 배가 드나들 수 있으리라는 데 착안, 더 나아가 거대 규모의 수력 발전소까지 건설하는 계획을 세운다. 19세기

말 당시의 송전기술은 직류를 사용했던 관계로 장거리 송전이 제한됐던 탓에, 발전소 건설은 공단 조성에 매우 유리한 조건이 될 것이었다. 그리고 싼 전기 값으로 공장이 몰리게 되면 자연히 인구 1백만 정도의 공업도시까지 생기리라는 계산도 섰다. 그의 이 매력적인 프로젝트는 정부의 적극적인 지원을 얻기에 충분했고, 그는 수자원과 토지를 마음대로 쓸 수 있도록 조치됐다.

이 프로젝트에는 밑 빠진 독에 물 붓기 식의 자본이 필요했다. 그러나 땅 파기가 3–13m 깊이, 15m 폭, 1.6km 길이쯤 진전됐을 때, 경제 상황은 겉잡을 수 없는 파국 양상으로 치닫는다. 이른바 대공황의 국가적 시련 속에서 은행이 파산하고, 러브 회사가 문을 닫게 됐던 것이다. 더욱이 이 무렵에는 교류 전류 방식의 장거리 송전 기술이 실용화됨으로써 당초 러브 프로젝트의 기술적 의미가 퇴색하고 말았던 것도 러브에게는 악재였다. 그로써 1910년 경 이 사업은 종말을 맞게 된다.

이후 러브 웅덩이는 나이아가라 폭포의 남동쪽에 파여진 채 한 겨울의 스케이트 마당이 됐다. 그러는 동안 값싼 수력 발전이 미끼가 되어 화학공장들이 모여들기 시작한다. 나이아가라의 수력 발전은 1881년에 첫발을 디뎠던 것인데, 수력의 급격한 팽창과 전기 가격 하락으로 특히 전기화학 공정에 기초한 화학 산업체들의 메카가 됐다. 그리하여 이곳은 염소, 수산화나트륨, 알루미늄, 철 함유 합금이 다량 생산되는 공장 터가 됐다. 이러한 산업 발전이 인근 지역의 경제 성장에 기여한 바가 컸음은 말할 나위가 없다.

그러나 1940년 경 후커 케미컬(Hooker Chemical Co.)이 러브 커낼에 산업폐기물을 매립하기 시작하면서 금세기 대표적 환경 재난은 본격화된다. 이 회사는 유기염소계의 농약, 가소제 등의 제조원으로 그 공정의 폐기물을 철제 드럼에 넣어 이 웅덩이에 매립하고 있었는데, 40년대(1942–50)에 파묻은 양은 2만여 톤에 달했다. 그 중 여러 가지 화학물질의 증류에서 남는 찌꺼기가 특히 말썽거리였다. 예컨대 헥사 클로로 사이클로 펜타디엔은 살충제의 중간 생성물로 주요 증류 물질이었고, 그 자체와 그 증류 불순물이 다 같이 러브 커낼 폐기물로서 검출됐다.

1953년에 이 부지는 나이아가라 시 교육위원회에 기증된다. 그리고 그 터에는 초등학교와 주택이 들어선다. 그러면서 50년대에는 폐기물 매립지를 덮은 운동장에서 놀던 애들이 눈과 기도의 자극 증세를 호소하고, 심지어 땅 위로 스며 나온 화학물질에 화상을 입었다는 얘기들이 나돈다. 그러나 50년대는 무심히 흘러갔고, 70년대부터 이런저런 사고가 감출 수 없는 형태로 나타나기 시작했다. 70년대 건물 지하실에서는 이상한 물질이 스며나오고 하수구는 검은 액체에 의해 부식되고 있었다. 시민들은 피부병과 두통에 시달렸다.

그러나 이 사태가 더 이상 묵과할 수 없는 지경으로 번진 것은 1976년의 홍수로 러브 커낼의 폐기물이 온통 물에 포화되면서였다. 1977-78년의 겨울 무렵 이 지역은 슬러지로 만신창이가 된다. 그리고 이들 유독 물질로 인한 피부질환(chlorance 등)과 기형아 출산, 유산율 증가 등이 두드러진다. 이 무렵 이 문제에 손을 댄 시 당국은 유독 물질에 의한 지하수의 극심한 오염을 확인했으나, 별다른 조치는 취하지 않았다. 이 가운데 학부형인 깁스(Loris Gibbs)는 자기 아들의 만성천식, 신장과 간질환의 원인이 학교 터 밑의 유독 물질이라는 확신을 갖고, 학교 당국에 전학을 청원했으나 거절당하는 일이 벌어진다. 깁스는 가정 방문 끝에 대부분의 애들이 갖가지 질환에 시달리는 것을 확인, 학교의 폐쇄를 청원하기에 이른다.

이런 우여곡절 끝에 뉴욕 주 보건 당국은 이 지역의 역학 조사에 나선다. 그 결과 이 지역의 유산율이 다른 곳에 비해 4배가 높고, 1973-78년 사이에 출생한 16명 가운데 9명이 정신박약, 심장. 신장질환의 선천성 기형아라는 등의 보고가 나오게 된다. 미국 환경청(Environmental Protect Agency)은 1978년 2월 러브 커낼 지역에 가장 인접한 주택의 지하실에서 26가지의 유기 화합물을 검출했다. 그리고 8월에 정밀 조사를 실시한 결과 82종의 오염물질을 검출하고 그 중 11가지가 사람의 발암물질로 추정된다는 결론을 내게 된다. 그로써 카터 대통령은 이 지역의 남부를 재난지역으로 선포, 239가구를 이주 조치한다. 1980년 5월까지는 이주 대상으로 710가구가 추가된다.

러브 커낼 사건이 정치사회적 문제로 떠오르면서 1981년까지 투입된 예산만도 8천만 달러에 달했다. 1979년 이래로 폐기물 매립 지역 인근 첫째, 둘째 줄의 집들은 철조망으로 둘러싸인 금단구역이 됐고, 학교는 물론 폐쇄됐다. 이곳에는 유독물질의 증발과 침출을 막고 빗물이 스며드는 것을 막기 위해 플라스틱 덮개가 씌워졌고, 0.5m 가량의 흙이 입혀진 뒤 잔디가 심겨졌다. 그리고 사람이 얼씬하지 못하도록 2.5m 높이의 울타리가 둘러쳐졌다. 다름 아닌 유령도시의 탄생이었다.

주민들은 수십억 달러에 이르는 손해 배상 소송을 청구했으나, 책임의 대상을 규정하는 일이 쉬울 턱이 없었다. 이런 과정에서 이 환경 사건은 들끓는 여론을 불러일으키게 되었다. 그리하여 이 사건은 슈퍼펀드 법안(Superfund Act: The Comprehensive Environmental Response, Compensation and Liability Act)을 제정, 시행토록 하는 변화를 불러 왔다. 이 특별기금법의 제정은 환경정책에서 중요한 전환을 의미했다. 이전의 환경 배상법 체계 하에서는 피해 지역 발생의 경우 피해자와 가해자의 소송 관계를 통해 줄다리기 끝에 배상액이 결정되고 있었다. 그런데 슈퍼펀드 법은 손해 배상법의 관행을 초월, 환경청의 특별조성 기금으로 피해 지역에 대해 신속히 배상 처리하고 사후 가해자를 가려 이미 배상된 비용의 최대 3배까지 요구할 수 있도록 한 것이었기 때문이다.

1980년 12월에 제정된 슈퍼펀드 법은 향후 5년간 러브 커낼 등의 유해 지역의 피해를 신속히 복구하기 위한 재원으로 160억 달러의 연방 기금을 조성, 피해 조사와 보상에 들어갔다. 그 시효인 1985년 9월 30일까지 환경청은 20,766 지역의 유해 지역을 찾아내 독성 물질 제거 작업을 실시했다. 그 뒤 1986년 10월 레이건 행정부는 이 한시적 법을 연장시키는 조치(The Superfund Amendments and Reauthorization Act)를 취해 86억 달러의 기금을 추가시켰다. 그러나 이 막대한 예산의 투입으로도 이 문제가 해결될 수 없음은 분명했다. 곳곳에 널린 이들 유해 산업폐기물을 미국 내에서 웬만큼 제거하려면 적어도 5천억 달러가 소요된다는 계산이 나온 것을 보면, 환경오염의 사전 예방의 중요성이 얼마나 큰 것인가를 실감할 수 있다. 미국 환경청은 유해 폐기물 처분장이 3만 군데가 방치된 것으로 파악하고 있는데, 그 중 시급한 처리를 요하는 곳만 해도 1,200 곳이나, 80년대 말까지 단지 34 곳만이 처리된 것으로 집계되고 있다.

2.2.2 사건 파헤치는 데 언론의 힘 컸다.

정부가 이런 특별법의 제정으로 유해 폐기물의 처리에 적극적으로 나서게 된 데에는 매스컴 보도의 위력이 컸던 것으로 분석된다. 과학기술이 고도화될수록 과학문맹은 심화되고, 과학문맹은 정치적 참여를 가로막는 걸림돌로 작용한다. 그런 상황에서 국민의 과학에 대한 이해를 증진시키는 데 중요한 구실을 맡은 주요 부분은 미디어이다. 그런데 미디어는 드라마틱한 위기나 쟁점을 주제로 경종을 울리려는 것이 속성이기 때문에, 예컨대 개가 사람을 무는 것은 기사거리가 못되고 사람이 개를 물어야 기사거리가 된다는 말에서 그 특성이 드러나는 듯하다. 그러나 환경 문제의 사안의 중요성에 비추어 센세이셔널리즘을 벗어나 언론이 과학기술에 대한 다양한 견해를 소개함으로써 균형을 잡아주는 일은 매우 중요한 시대적 사명이라 생각된다.

미국 환경사에서 러브 커낼 사건의 경우는 언론의 비판적 시각이 정부와 기업이 경시하기 쉬운 위험을 파헤쳐 방지하는 역할을 해낸 사례로 평가된다. 요컨대 러브 커낼 사건은 환경에 대한 무지가 얼마나 큰 대가를 치르게 하는가를 극명하게 보여준 교훈적 사례이나, 문제의 심각성은 이보다 더 심각한 유해 폐기물 처분장이 세계 곳곳에 몇 군데인지도 알 수 없게 널려 있다는 데 있다.

2.2. 인도 보팔 참사 사건

1984년 12월 3일 인도 보팔시에 있는 유니언 카바이드 사의 비료공장에서 다량의 메틸이소시아네이트(M.I.C:Methyliso-cyanate)가 누출되는 사고가 일어났다. 40여 톤에 달하는 메틸이소시아네이트는 순식간에 보팔시 전체로 퍼져 나갔으며 이로 인해 많은 인명피해가 발생하였다. 메틸이소시아네이트는 무색무취의 독성물질로, 호흡기 장애, 중추신경 장애, 면역체계 이상, 실명 등의 치명적인 피해를 일으키는 화학물질이다. 이 사고로 하룻밤 사이에 약 2천 명의 주민들이 사망하고 60만 명의 부상자가 발생하였으며, 그중 5만 명은 영구적인 장애자가 되었다. 인구 75만 명의 보팔시 시민 대부분이 이 유독물질의 피해를 입은 것이다. 누출 사고의 원인은 저장탱크 속의 압력이 높아지면서 밸브가 파열된 것으로 밝혀졌다. 다국적 기업인 유니언 카바이드 사는 이 사고에 대한 보고서에서 운전원의 실수로 인한 사고로 추정하고 있다. 그러나 밸브 파열에 대비한 안전장치가 되어있지 않았고, 안전관리가 소홀하였던 것도 주된 사고원인 중 하나로 알려져 있다. 더욱이 조기경보체제가 작동하지 않아 더 큰 사고를 초래하였다. 인도 보팔시의 참사는 다국적 기업이 운영하는 위험산업 내지 공해산업의 해외진출에서 비롯된 것이다. 미국, 유럽, 일본 등의 선진 국가들은 1970년대 이후 환경적으로 유해한 위험산업에 대한 법적 규제를 강화하게 되었다. 선진 국가들은 이들 산업에 대해 엄격한 안전관리시설과 공해방지시설을 요구하게 되었고, 다국적 기업들은 이러한 규제를 피해서 아시아, 아프리카 등지로 진출하게 되었다. 미국계 다국적 회사가 인도 보팔시에 비료공장을 세운 것 역시 이러한 이유에서이다. 이 사고로 피해를 입은 보팔시민들은 유니온 카바이드 사를 상대로 30억 달러의 민사소송을 제기하였으나 유니언 카바이드는 89년 4억 7천만 달러의 보상금을 지불하는 조건으로 합의를 하였으며, 형사책임을 끝까지 회피함으로서 국제사회의 지탄을 받았다. 보팔참사는 사상 최악의 산업재해 중 하나로 손꼽히고 있다. 불과 두 시간 동안 누출된 독가스로 인해 도시 전체가 처참한 피해를 입은 사고였다. 보팔참사 외에도 화학물질로 인한 크고 작은 사고들이 전 세계적으로 많이 발생하고 있다. 개발도상국들은 이러한 사고의 위험에 항상 노출되어 있다. 유해물질을 생산하는 선진국 다국적 기업들의 개도국 진출로 위험산업이 이들 국가에 집중되어 있으며, 선진국보다 안전시설이 부족하고 법적 규제가 제대로 이루어지지 않아 사고의 위험성이 항상 도사리고 있는 것이다. 또한 선진국 기업들이 자국 내에서는 유통이 금지된 독성물질을 개도국에 수출하여 이를 사용한 개도국 국민들이 피해를 입는 경우도 많이 있다.

이러한 개도국의 입장을 특히 고려하여 유해 화학물질과 살충제의 유통을 규제하는 협약이 체결되었다. 보팔참사가 일어난 때로부터 14년 후인 1998년 9월 11일에 체결된 유해물질과 살충제에 관한 로테르담 협약(Rotterdam Convention on Harmful Chemicals & Pesticides)이 그것이다. 이 협약은 특히 개발도상국에서 독성물질의 오용과 사고에 의한 누출로부터 사용자들의 건강과 환경을 보호하기 위해 체결된 협약이다. 이 협약은 우선 국내적인 차원에서 화학물질의 안전한 이용을 증진시키고 유해 화학물질과 살충제의 수입을 규제하도록 규정하고 있다. 적어도 2개 국가 내에서 판매 금지 또는 제한되는 유해 화학물질과 살충제는 수입국가의 명시적인 승인이 없는 한 수출할 수 없도록 되어 있으며, 국내 생산도 중지된다. 이 협약은 50개국 이상이 비준하여야 발효되며 발효될 때까지는 각 국가가 자발적으로 이행하도록 되어 있지만, FAO와 UNEP의 잠정적인 연합하에 PIC(Prior Informed Consent) 리스트에 오른 모두 22개 종목의 화학물질과 7개의 살충제를 수출금지 또는 제한 물질로 규제하고 있다. 우리나라에서는 1990년에 제정된 유해화학물질 관리법(1996년 개정)에 따라서 유해 화학물질을 관리하고 있다. 우리나라에서 제조, 수입, 사용, 판매되는 화학물질은 이 법에 따라 규제를 받고 있으며, 유해물질의 취급이 제한되고 있다.

제14장 | 기후변화방재

1절 기후변화와 기후변동

1. 기후변화의 정의 및 기본개념

기후변화란 일반적으로 지구공전궤도, 화산활동, 지각활동 등의 자연적인 요인과 온실가스와 에어러솔의 농도 증가에 의한 인위적인 요인에 의해 기후계가 점차 변화하는 것을 의미한다. IPCC(Intergovernmental Panel on Climate Change; 기후변화에 관한 정부 간 협의체) 제4차 및 5차 평가보고서는, 인위적 요인에 의한 지구온난화는 의심할 여지없이 명백하며 그 과정은 온실효과에 기인한다고 밝히고 있다. 대기 중 온실가스 농도가 증가할수록 기온 상승폭도 증가한다. 온실효과란 지구 표면에서 방출되는 복사에너지를 흡수, 재 방출함으로써 지표의 기온을 높이는 현상을 의미하며(그림 14.1), 교토의정서에서 규정한 주요 온실가스는 이산화탄소(CO_2), 메탄(CH_4), 아산화질소(N_2O), 과불화탄소(PFCs), 수불화탄소(HFCs), 육불화황(SF_6)로 총 6종이다.

대기 중의 온실가스 농도는 화석연료, 농업과 토지이용도 변화 등 인간 활동의 영향으로 증가하는데, 전세계의 대기 중 CO_2 농도는 산업혁명이전에 280ppm이었으나 '05년에는 379 ppm으로 증가하였다. 최근 6년간('00~ '05년) 이산화탄소의 평균 배출량은 '90년대에 비해 약 12% 증가하였으며, 온실가스 배출량은 당분간 지속적으로 증가할 것으로 예상되고, 이로 인한 온난화는 지속될 것으로 전망된다.

기후변화는 기상이변의 잦은 출현으로 인한 자연 재해의 증가, 환경오염으로 인한 대기 및 수질의 악화, 그리고 식량과 물 부족을 초래할 수 있기 때문에 인류의 복지와 생존에 직결되는 문제로 인식되면서 이에 대한 연구와 투자가 증가하고 있다. 정부 간 기후변화 협의체(IPCC)

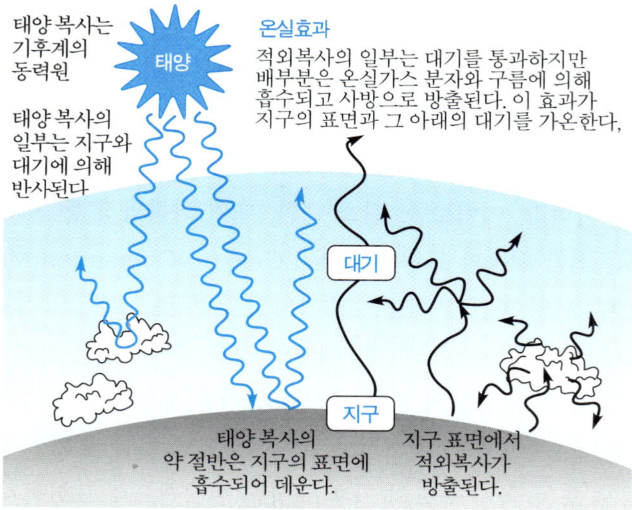

〈그림 14.1〉 온실효과의 이상화 모형

자료출처 : 기후변화 2007 과학적 근거, 2007

에서 발간한 3차 과학평가보고서(2001)에 따르면 인간 활동으로 인한 온실가스 배출이 증가하고 있으며, 그로 인하여 지난 50년간 온난화가 발생하였고, 21세기에도 지구 평균기온과 해수면 상승이 지속될 것이라고 보고하였다. 20세기에 나타난 주요 기후변화 추세를 살펴보면 이산화탄소의 농도는 280ppm에서 370ppm으로 30% 이상 증가하였고, 전지구 평균기온은 약 0.6℃ 상승하였는데 이는 과거 일 만년 중에서 가장 빠른 속도의 기온 상승에 해당한다. 우리나라의 경우도 지난 75여 년 동안 연 평균 기온이 약 1.1℃ 정도 상승하였으며, 그 중 지구온난화로 인한 기온 상승은 약 0.7℃ 정도로 추정하고 있다(Kim과 Kang, 1997). 최근에는 빈번한 악기상의 발생, 어느 때보다 강한 엘니뇨 및 라니냐의 출현 등, 기후변화에 기인하는 것으로 추정되는 기상학적 또는 기후학적 징후가 뚜렷하게 나타나고 있는 바, 인위적 요인에 의하여 가속되는 지구온난화 등의 기후변화에 대하여 현명하게 대처하지 못하면 인류가 어려운 상황에 직면하게 될지도 모른다. 21세기에도 온실가스의 농도 변화에 따라 전 세계 평균기온은 1.4~5.8℃ 상승하고 강수량도 증가할 것이며 지역적인 차이 또한 커서 홍수와 가뭄 등의 자연재해 발생 빈도가 증가할 것으로 알려져 있다.

대기 온도의 지속적 상승은 해양과 대기의 에너지와 물 순환 변동의 원인이 되어 경제, 환경을 포함한 사회 전반에 영향을 미치게 되며 특히, 물 순환(Hydrological cycle)은 강수량, 증발량과 토양 함수량 변화로 이어져 가장 중요한 요소로 인식되고 있다. 현재 기후변화가 물 순환에 미치는 영향을 평가하기 위한 기본적인 도구로 IPCC 권장 시나리오인 SRES(Special Report on Emission Scenarios) 기반의 대기대순환모형(General Circulation Model,

GCM)과 지역기후모형(Regional Climate Model, RCM) 자료가 이용되고 있다.

지구의 기후를 연구하기 위하여 1970년대 중반을 전후하여 개발되기 시작한 GCM은 현재까지도 매우 중요한 도구로 사용되어오고 있으며, 컴퓨팅 기술의 급격한 발전에 힘입어 최근 10여 년 동안에는 기후변화 연구에 초점을 두고 지구 기후 시스템을 구성하는 중요한 요소인 대기, 해양, 지면뿐만 아니라, 에어로졸, 탄소 순환, 대기 화학과정 등 거의 대부분의 기후 시스템 요소를 포함하는 접합 대순환 모형(Coupled General Circulation Model, CGCM)로 발전하고 있다. 현재 CGCM의 공간 분해능은 대기의 경우 수평으로는 약 250km, 연직으로는 경계층 이상의 고도에서 약 1km 정도이며, 해양의 경우 수평으로는 125~250km, 연직으로는 200~400m 정도이다. 지구 규모의 기후 모형의 공간 분해능과 모의 성능이 급속도로 발전하고 있는 것은 분명한 사실이지만, 상대적으로 저해상도의 공간 분해능과 물리 과정의 단순화로 인하여 지역 규모 또는 국지 규모의 기후 현상을 현실적으로 표현하지 못하는 한계를 가지고 있는 것은 잘 알려진 사실이다. 특히 우리나라를 포함하는 동아시아 지역은 세계에서 지형이 가장 높고 복잡한 티베트 고원이 위치하고 바다와 인접하고 있으며, 지면 피복의 종류도 사막에서 열대 우림에 이르는 매우 다양한 종류로 이루어져있다. 이러한 지역에서 시 · 공간적으로 상세한 지역 기후를 재현하고 예측하는 것은 현재 보편적으로 사용하고 있는 수백 km의 공간 분해능을 가지는 CGCM만으로는 거의 불가능하다. 또한 온실기체의 증가로 인한 인위적 요인에 의한 지구온난화가 가설이 아니라 과학적 근거를 가지는 사실로 밝혀지면서 지구 규모의 기후변화가 구체적으로 동아시아와 우리나라에는 구체적인 기상 및 기후 현상이 어떤 형태로 나타날 것인가, 또 지역 기후 변화는 궁극적으로 인류 삶의 질에 어떠한 영향을 미칠 것인

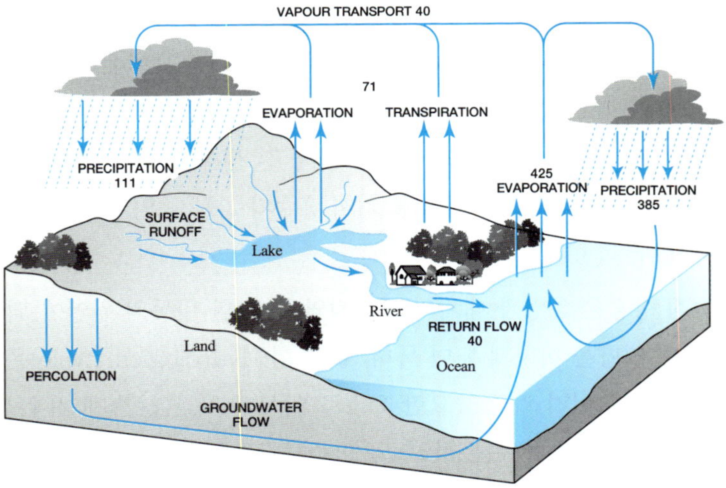

〈그림 14.2〉 지구의 물 순환

가에 대한 연구는 매우 중요하면서도 시급한 과제이다.

최근에 전 지구적 기상학적 패턴과 함께 국지적인 기상학적 패턴을 동시에 이해하고 정보를 구축하는 것이 중요한 이슈로 대두되고 있다. 지난 10년 동안, GCM과 RCM 모형은 대규모 지역기상학적 관점에서 바람장(wind field), 해수면 온도(sea surface temperature), 온도, 강수량을 예측하는데 매우 효과적으로 이용되어 오고 있다.

2. 기후변화의 원인

기후변화(climate change)는 전 지구적 규모의 기후 또는 지역적 기후의 시간에 따른 일련의 변화를 의미한다. 또한, 기후변화는 짧게는 수년에서부터 길게는 수백만 년의 기간 동안 대기의 평균적인 상태 변화를 의미하는데, 이러한 변화는 지구 내부의 작용(dynamic processes on earth), 태양 복사의 변화와 같은 외력에 작용(external force), 인간의 활동(human activity) 등으로 기인되는 것으로 알려지고 있다. 언급된 각 원인별로 자세하게 살펴보면 다음과 같다.

2.1 지구 기후의 내부 변화

우리가 일상적으로 사용하는 날씨(weather)는 기상학적으로 대기(atmosphere)의 일 단위(day-to-day) 상태를 의미하며, 상대적으로 매우 무질서한 비선형 체계이다. 반면, 기후변화에서 사용되는 기후(climate)는 일상적으로 나타나는 날씨의 평균 상태를 의미하며 상대적으로 매우 안정적이며 예측이 가능하다. 기후는 강수량, 평균온도, 일조시간 등 일정한 위치에서 측정될 수 있는 여러 기상변수들을 포함한다. 이러한 기후가 지구의 내부 변화로 인해 영향을 받을 수 있다.

2.1.1 빙하 작용

빙하는 기후 변화의 가장 민감한 지표의 하나로서 인식되며, 빙하는 냉각기(ice age)에는 상대적으로 형성이 활발하고, 기후 온난화시기에는 빙하 생성이 후퇴하게 된다. 빙하가 가지는 영향력으로 인해 빙하의 변화양상은 기후변화에 영향을 주게 되며, 더욱 중요한 것은 외부 요소에 의한 기후변화를 증폭시킬 수 있다는 것이다. 지난 100년간, 빙하로부터 사라지는 양만큼 겨울에 빙하의 재생산이 이루어지지 못했다. 밀란코비치의 순환 궤도[1](Milankovitch cycles) 변동 이론에 의하면 대륙의 빙하층을 포함하는 내부 반응과 130m의 해수면 변화(sea level change)가 세

1) Milankovitch, Milutin(1998). Canon of Insolation and the Ice Age Problem. Belgrade: Zavod za Udžbenike i Nastavna Sredstva

계 여러 지역에서 기후 변화가 나타날 수 있는 중요한 역할을 하고 있다고 지적하고 있다.

2.1.2 해양의 변화

기후 변화는, 수십 년 규모로 대기와 해양의 반응을 일으킬 수도 있다. 많은 기후 변동(climate variability), 특히 ENSO(El Nino-Southern Oscillation), 태평양의 10년 주기의 PDO(pacific decadal oscillation) 진동, 북대서양의 NAO(north atlantic oscillation), 북극의 AO(artic oscillation) 진동 등은 열이 해양에 저장되고 이를 순환시킴으로 기후변화를 일으키는 일부 원인이 될 수 있다. 더 장기적인 과정으로는 최근에 많이 알려진 열염순환(thermohaline circulation)이 열을 재분배하는 중요한 역할을 담당하며, 기후변화에 영향을 준다고 알려지고 있다.

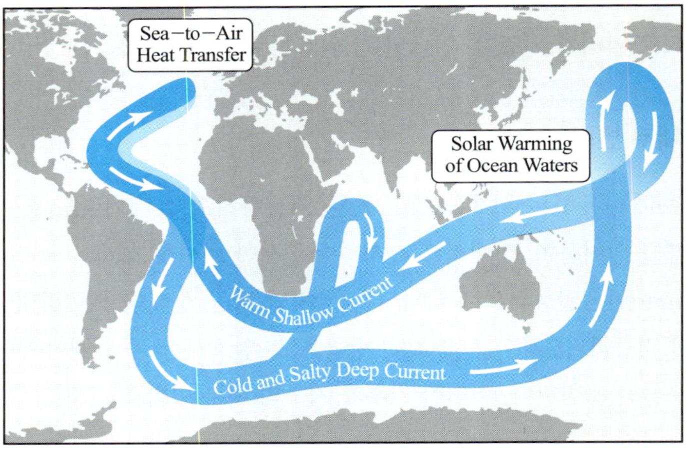

〈그림 14.3〉 최근 밝혀진 Thermohaline Circulation

2.1.3 기후의 장기기억

기후 시스템에서 나타나는 대부분의 내적요인에 의해 변화하는 성질의 형태는 장기기억으로 표현되는 이력현상(hysteresis)의 형태로 나타나게 된다. 다시 말해서, 기후의 현재 상태를 나타내게 하는 원인뿐만 아니라 현재에 상태에 도달하게 되는 여정도(history) 반영하고 있다는 것이다. 예를 들면, 장기간의 건조한 기상상태는 호수가 메마르게 할 수 있고, 땅을 건조시켜 사막을 확장시킬 수 있다. 결국, 이러한 상태는 미래에 강우의 패턴을 변화시킬 수 있다는 것이다. 즉, 기후변화는 연속되는 과정으로서 여러 기상학적 양상이 불가항력적으로 발생하는 변동에 서로 형태와 양상으로 반응하기 때문이다.

2.2 기후 변화를 초래하는 외적 요인

2.2.1 온실 가스

최근 지난 5억 년 간의 이산화탄소의 변화 연구(IPCC)에 따르면, 온실가스로 인한 복사강제(radiative forcing)가 기후변화를 일으키는 주요 원인으로 언급하고 있다. 다시 말해서, 온실효과는 열을 대기에 가두어 온도를 상승시키게 되며 지구의 온도를 변화시키는 데에 결정적인 역할을 한다.

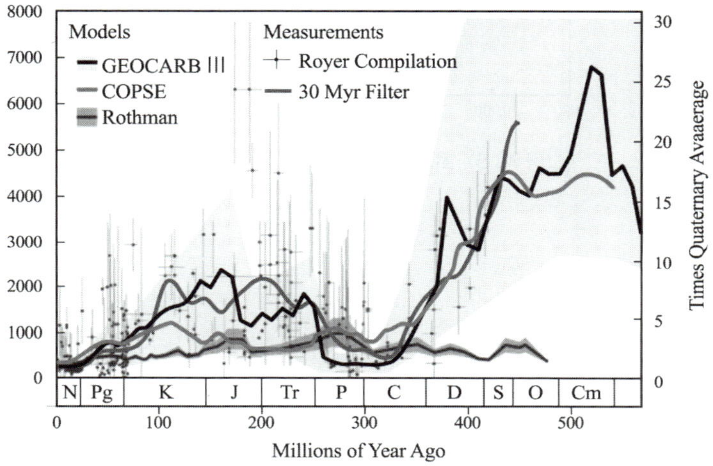

〈그림 14.4〉 지난 5억 년간의 이산화탄소 변화 양상

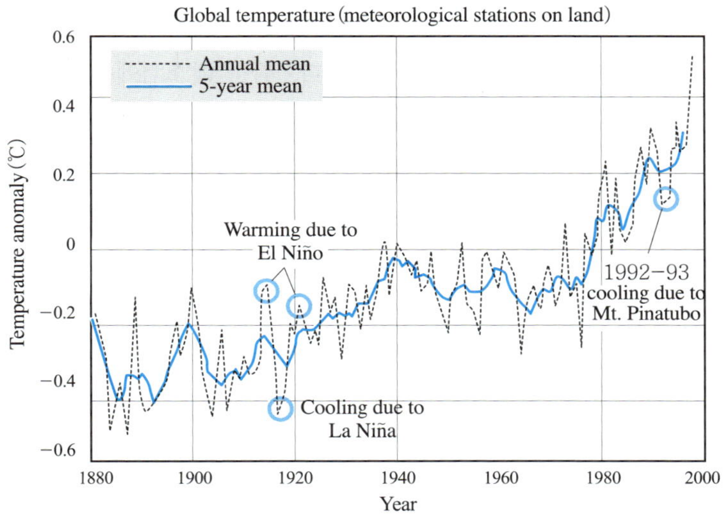

〈그림 14.5〉 전지구적 평균온도와 5년 이동평균

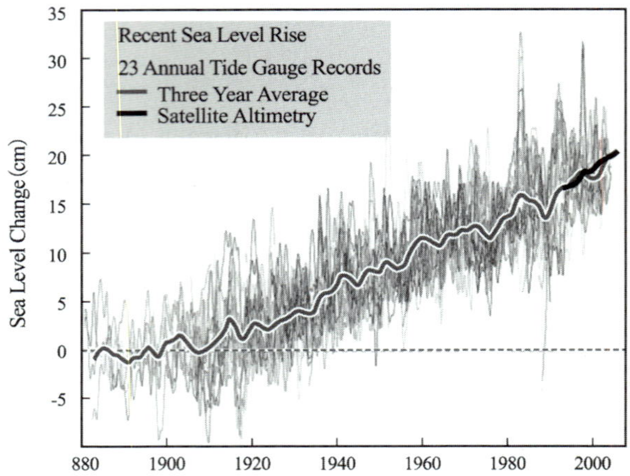

〈그림 14.6〉 최근 전지구적 평균 해수면 온도 상승

2절 기후변화와 자연재해

1. 기상이변과 자연재해

전 세계적으로 지구 온난화 현상으로 기상이변이 발생하고 있으며 이로 인한 태풍, 홍수, 가뭄, 산불 등의 기상재해가 지진, 산사태, 화산활동 등과 같은 지질재해에 비해 급격히 증가하고 있다. 여기서 기상이변이란 짧은 기간 중에 사회나 인명에 중대한 영향을 끼친 기상현상이 발생했거나, 1개월 이상에 걸쳐 날씨가 평년보다 어느 한쪽으로 치우쳤을 때를 의미하며 이러한 관점에서 엘니뇨도 기상이변으로 정의할 수 있다. 최근 매스컴에서도 지구상에 나타나는 기상재해의 원인을 엘니뇨에서 찾고 있으며 기상재해에 의한 인명피해는 엘니뇨가 발생했을 때가 다른 기간에 비해 매우 큰 것으로 알려져 있다. 엘니뇨가 발생했던 1972년은 '기상이변의 해'라고 불릴 정도로 각종 기상재해가 세계 각지에서 발생했다. 예를 들면, 러시아는 극심한 가뭄으로 곡물 생산이 최악의 상태였으며, 중남미, 아프리카 서부, 인도, 중국, 호주 및 케냐 등지에도 극심한 가뭄이 발생했다. 1972년의 엘니뇨와 기상이변으로 인한 막대한 재해는 기후변화에 따른 지역적인 영향에 대한 연구를 시작하는 계기가 됐다. '세기의 엘니뇨'라고 불렸던 1982/83년 엘니뇨에 의해, 아프리카, 오스트레일리아, 인도네시아, 인도, 필리핀 등지에서 극심한 가뭄에 의한 피해가 속출했으며, 볼리비아, 에콰도르, 페루, 미국 등지의 홍수 등 전 세계에서 2천여 명의 사망을 비롯해 약 65만 명의 이재민들과 130억 달러의 피해가 발생했다. 이렇게 막대한 피해가 발생한 이후에야 엘니뇨 예측에 관한 연구의 필요성이 크게 대두되었다.

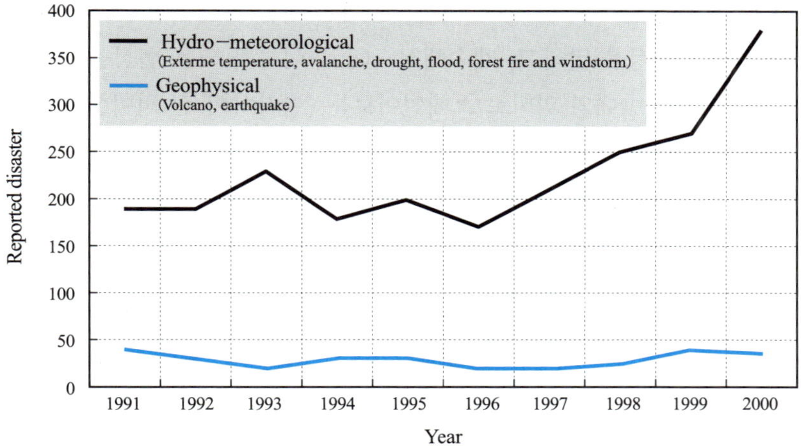

〈그림 14.7〉 기상관련 재해와 지질 관련 재해의 연도별 발생수

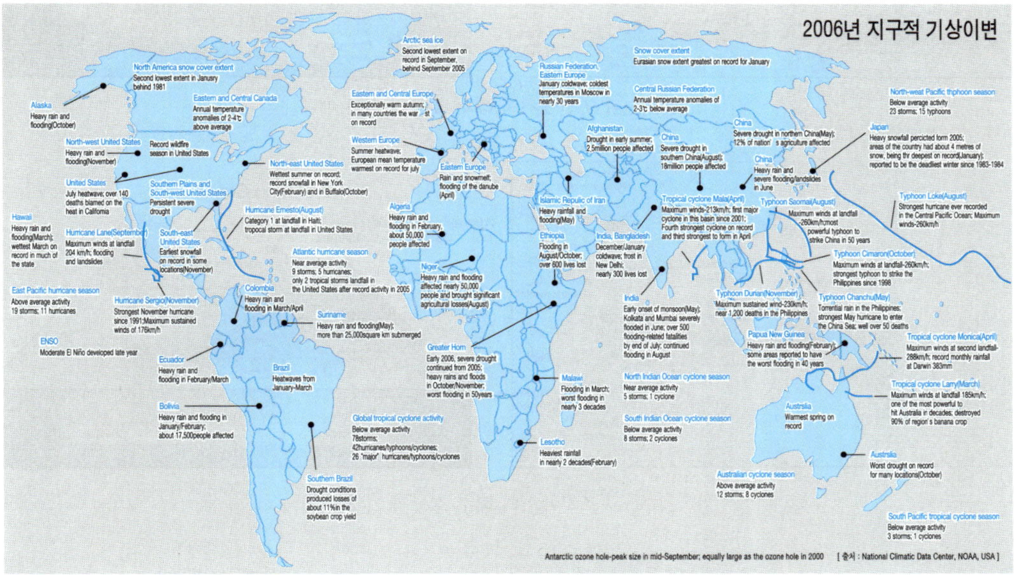

〈그림 14.8〉 전 세계 기후변화로 인한 피해현황(2006)

2. 엘리뇨와 라니뇨

스페인어로 '남자아이'라는 뜻을 지닌 El Nino는 1726년부터 관찰되고 기록되어진 현상(Cane, 1983)으로 원래는 매년 크리스마스 시즌에 남미 페루연안의 해수면 온도가 올라가는 계절적인 특성으로서 바닷물의 온도가 올라가면 연안의 바다에서 물고기 떼가 다른 지역으로 이동하고 비가 많이 내리는 현상을 말한다. El Nino 현상은 태평양 동부 적도 해역(4°S~4°

N, 150° W~90° W)의 월평균 해수면 온도 편차의 5개월 이동 평균값이 약 6개월 이상 계속해서 +0.5℃ 이상이 되는 현상을 말하고, 계속해서 −0.5℃이하가 되는 현상을 La Nina라고 한다. La Nina란 El Nino와 반대의 의미로 스페인어로는 '여자아이'란 의미한다.

El Nino가 발생하게 되는 가장 큰 원인은 바람인 것으로 알려져 있다. 평년에는 열대 태평양에서 바람(무역풍)이 동쪽에서 서쪽으로 불게 되며 그 결과로 서태평양에서는 따뜻한 바닷

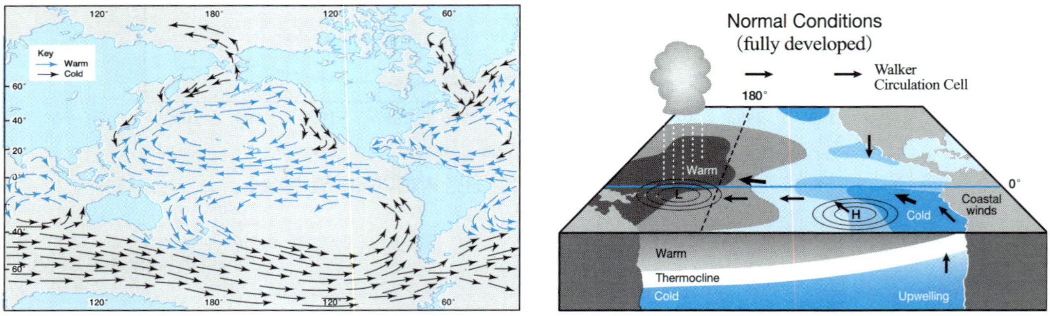

(a) Normal 조건에서의 해수 흐름과 기압 배치

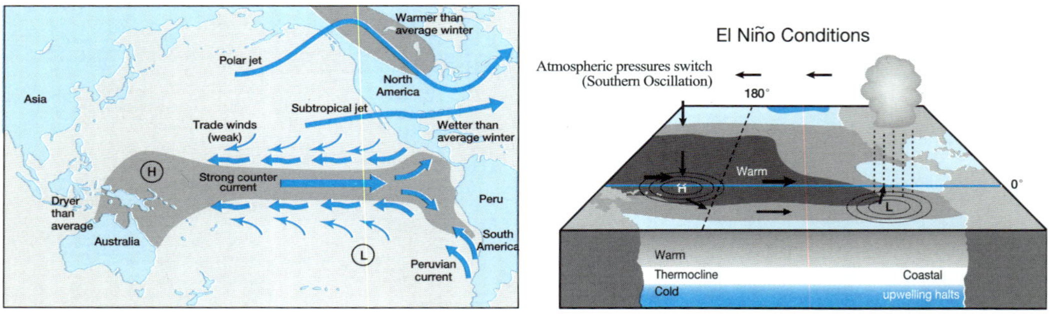

(b) El Nino 조건에서의 해수 흐름과 기압 배치

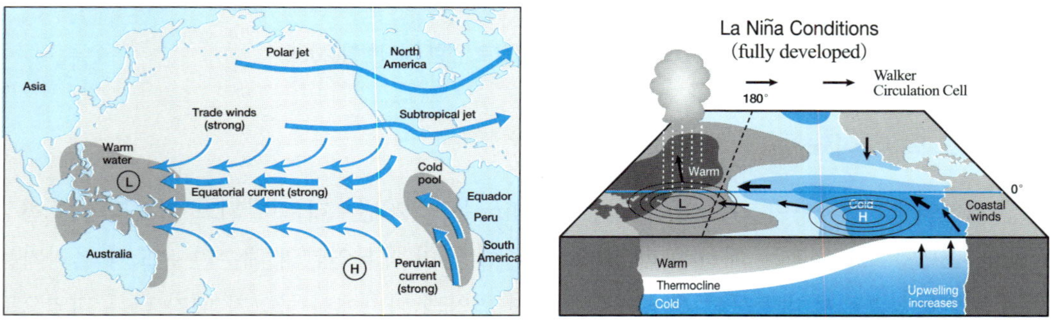

(c) La Nina 조건에서의 해수 흐름과 기압 배치

〈그림 14.9〉 ENSO 따른 전지구적 해수흐름과 기압배치의 변화

물이 쌓여서 서태평양의 인도네시아 연안은 동태평양의 남미 지역보다 바닷물의 높이 및 온도가 상승하게 된다. 따라서 서태평양은 전 세계적으로 바닷물의 온도가 가장 높은 지역이 되며 반대로 남미 연안에서는 서쪽으로 쓸려간 바닷물을 보충하기 위해서 바다 밑의 차가운 해수가 솟아오르는 용승(upwelling) 현상이 일어나며 해수의 온도가 낮아지게 되는 La Nina 현상이 발생하게 된다. 그러나 El Nino 해에는 바람의 강도가 약해지며 반대의 현상이 발생한다. 즉, 서태평양으로 이동하는 따뜻한 바닷물의 움직임은 약해지고, 이에 따라 동태평양의 바닷물 용승현상이 약해지며 적도 부근에서 가열된 따뜻한 바닷물이 정체되어 물의 온도가 올라가는 El Nino 현상이 일어나게 되는 것이다. 이러한 해수 온도의 변화는 평년에 서태평양 지역에 형성되는 강우지역을 동쪽으로 이동시켜서 동태평양 부근의 기압을 떨어뜨리고 반면에 서태평양 부근의 기압을 상승시키게 되어 여러 가지 이상기후를 야기하는 원인이 된다.

일반적으로 서태평양에 위치하고 있는 필리핀, 인도네시아, 호주 북부에서의 강수는 감소하게 되고 아열대지역과 적도태평양 중부 미국 서부 및 아르헨티나 그리고 중앙아프리카 동부와 페루지역에서는 홍수가 발생하는 등 평소보다 강수가 늘어난다〈그림 14.10〉. 과거 기후기록을 찾아보면, 특히 엘니뇨가 매우 강하였다고 알려졌던 1982 – 1983년 동안에는 인도네시아, 인도, 중앙아메리카 등지의 극심한 가뭄 및 산불, 북미 및 유럽 지역 등지에서의 홍수 등으로 전 세계 피해액이 무려 130억 달러에 달하였으며 금세기 들어 가장 강력하고 파괴적이었다는 1997–1998년이 엘니뇨로 인해 전 세계적으로 21,706명이 숨지고 총 399억 달러의 피해를 입었다. 특히, ENSO 온난화와 연관된 남부 아프리카의 가뭄재해로 인한 추정 경제적 손실(US 70억)은 세계은행(The World Bank)이 다음 해에 사하라 남부 Africa에 빌려준 액수의 20배에 달하며 개발도상국에서 ENSO에 의한 자연재해로 인한 피해는 유엔 개발 프로그램(The United Nations Development Program, UNDP)이 매년 투자하는 공식적인 개발 보조액과 거의 동일하다고 추정하고 있다. 〈표 14.1〉과 〈표 14.2〉는 금세기의 대표적인 엘니뇨가 발생했던 1982–1983년과 1997–1998년의 전 세계 자연재해 피해현황을 정리한 것이다.

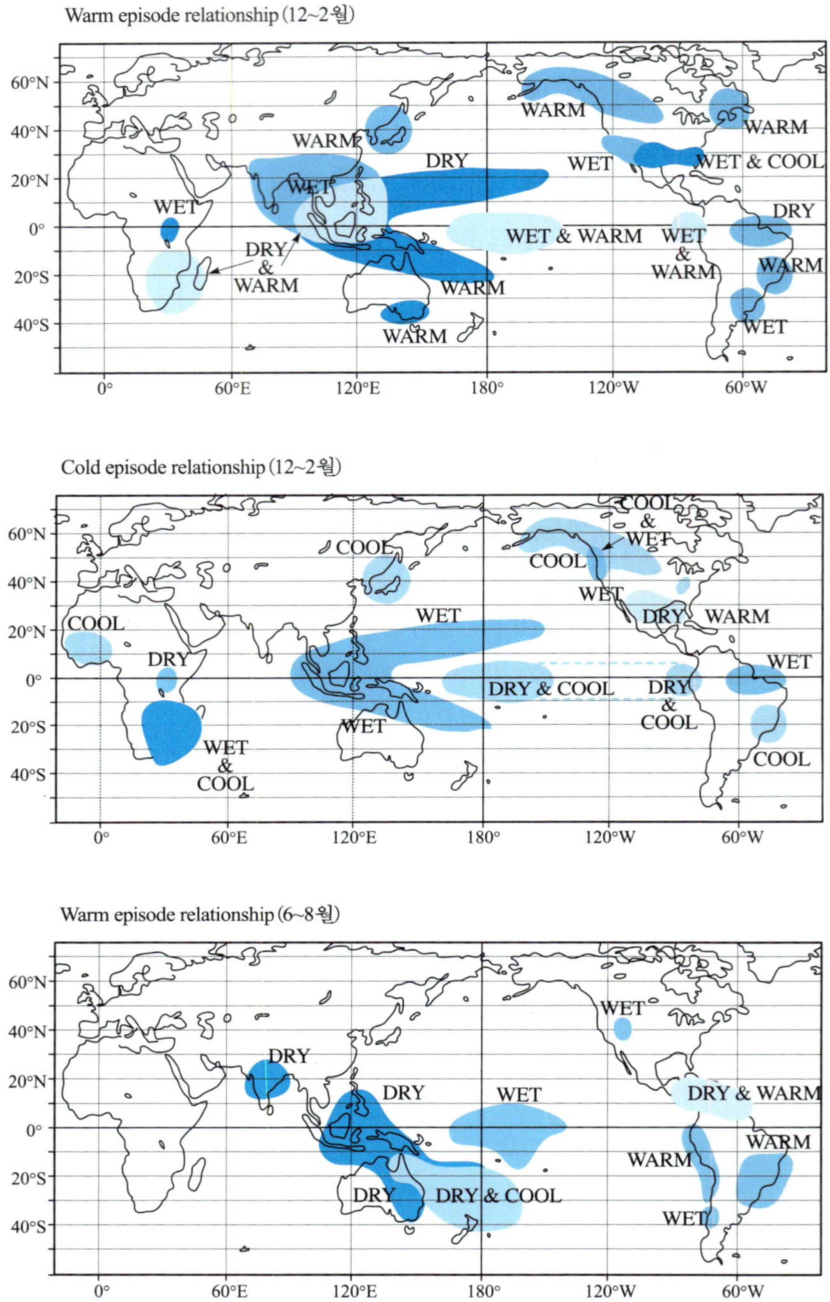

〈그림 14.10〉 ENSO에 의한 겨울철과 여름철의 전 세계 기후에 미치는 영향

Cold episode relationship (6~8월)

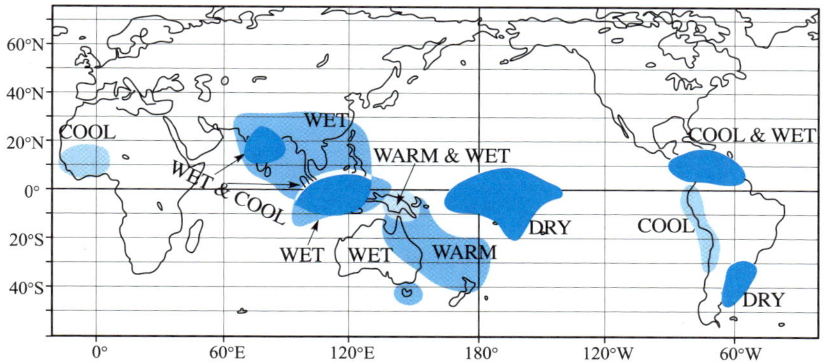

〈그림 14.10〉 ENSO에 의한 겨울철과 여름철의 전 세계 기후에 미치는 영향(계속)

〈표 14.1〉 1982~1983년에 발생한 엘리뇨로 인한 전세계적 자연재해 피해현황

지역	원인	인명피해	피해액($)
미국 산악지역과 태평양에 위치한 주	폭우	45명 사망	11억
미국 걸프만에 위치한 주	홍수	50명 사망	11억
하와이	태풍	1명 사망	2.3억
미국 북동부	폭우	66명 사망	n/a
쿠바	홍수	15명 사망	1.7억
멕시코와 중앙 아메리카	가뭄		6억
에콰도르와 페루 북부	홍수	600명 사망	6.5억
페루 남부와 볼리비아 서부	가뭄	n/a	2.5억
브라질 남부, 아르헨티나 북부, 파라과이 동부	홍수	170명 사망	30억
볼리비아	홍수	50명 사망	3억
타이티	태풍	1명 사망	0.5억
호주	가뭄, 화재	71명 사망	25억
인도네시아	가뭄	340명 사망	5억
필리핀	가뭄		4.5억
중국 남부	습한기후	600명 사망	6억
인도 남부, 스리랑카	가뭄	n/a	1.5억
중동. 레바논	추위, 눈	65명 사망	0.5억
남아메리카	가뭄	사망, 질병	10억
이베리아 반도, 북아프리카	가뭄		2억
서부유럽	홍수	25명 사망	2억

〈표 14.2〉 1997~1998년에 발생한 엘리뇨로 인한 전세계적 자연재해 피해현황

지역	재해원인	피해
파키스탄	홍수	3백 명 사망, 1천 2백여 명 실종, 2만 5천여 명 이재민 발생
아프가니스탄	눈사태	70여 명 사망
인도	사이클론	1백 45명 사망, 5백여 명 실종
인도네시아 동부	가뭄	10개월째 계속된 가뭄으로 수천명 사망
필리핀	가뭄	최근 9개월간 계속된 가뭄으로 17명 아사, 3만 5천여 ha의 농사 피해
프랑스	우박과 눈을 동반한 폭풍	1만 6천여 가구 전력 끊김, 7명 사망
영국 중동부지방	홍수	5명 사망, 15억 파운드의 피해액 발생
미국 남부	토네이도	11명 사망, 1백50명 부상, 수백 채의 건물파괴
중국 북서부 중국 장시와 후난성	태풍 및 모래폭풍	20여 명 사망, 44명 실종, 1천여 명 부상, 3만 8천 채 가옥 파괴, 가축 10만 두 몰사
중남미	홍수	10만여 명 대피, 15억 달러 상당의 피해
중국	우박을 동반한 강풍	24명 사망, 수백만 달러 상당의 피해 발생
인도	폭염	3천여 명 사망자
중국	폭우	3004명 사망
칠레	홍수	20여 명 사망
인도네시아	화재	30만 ha의 열대우림 파괴
소말리아	홍수	1천 5백 44명 사망, 1백여만 명의 이재민 발생
러시아, 멕시코	한파	22명 사망, 22명 입원, 수백 건의 교통사고 발생
페루	폭우	3백여 명 사망, 수십만 명 이재민 발생
태국 중북부	산불	야생동식물보호구역의 밀림 3천 40ha가 불에 탐
캐나다 동부미국 북동부	폭설	15명 사망, 각종 사고 발생
호주 북동부	집중호우	1명 사망, 20여 명 실종
프랑스	눈사태	32명 사망
브라질	산불	330만 ha의 초원과 열대림이 황폐화, 1만2천 마리의 가축 소실, 농작물의 30%가 불탐
인도네시아	산불	15만 5천 ha의 숲이 파괴, 3억 1400만 달러의 피해
미국 플로리다주	토네이도	39명 사망, 7명 실종, 250명 부상자 발생
페루	홍수	200여 명 사망, 화이콜로로강과 네페나강 범람

3. 기후변화로 인한 물 분쟁

기후변화로 인한 강수의 양과 양상의 변화는 물 부족 현상을 심화시킬 것으로 예상되고 있다. 인간의 생존에 있어서 물은 상당한 비중을 차지하고 있다. 따라서 물 부족 현상은 인간의 생존에 심각한 위협을 초래할 수밖에 없다. 실제로 물 부족으로 인해 사망하는 사람은 증가하고 있으며 위생급수를 공급받지 못해 수인성 질병 등으로 사망하는 사례도 빈번히 발표되고 있다. 이제는 물이 무한한 천연재가 아니라 희소한 경제재로 자리바꿈한 것이다. 이러한 절대용수의 부족은 물 분쟁의 발생가능성을 높이게 될 것이며, 이러한 분쟁은 주로 후진국을 중심으로 발생하게 될 가능성이 크다고 할 수 있다. 따라서 선진국들은 물 분배에 대한 중요성을 인식하고 범지구적 차원에서 물 분배 문제를 해결할 수 있도록 노력을 기울이고 있다.

4. 기후변화로 인한 국토유실

기후변화로 인한 해수면의 상승은 풍랑, 저지대 침수, 습지의 유실과 같은 피해를 증폭시키고 있다. 특히 저지대의 침수는 국토의 유실을 초래한다는 점에서 가장 큰 문제라고 할 수 있다. 해수면 상승으로 인한 국토유실을 산술적으로 계산해보면 다음과 같다. 우선 우리나라 해안선의 총연장은 11,543km로 이 중 인공해안이 1,632km(14.1%), 사빈 586km(5.1%), 암빈 980km(8.5%) 및 기타 산지, 구릉지 등으로 이루어진 해안이 8,345km(72.3%)이다. 이들 중 사빈 해안만이 해수면의 상승에 따라 침수될 것으로 전제하고 사빈해안이 1m 해수면 상승으로 후퇴하는 면적을 구하면, 서 · 남해안은 중생대의 침강작용에 의해 이루어진 것으로 추정되는 리아스식 해안이므로 해안선의 후퇴폭이 클 것이며, 동해안은 융기해안이므로 작을 것이다. 따라서 서해안은 1m 해수면 상승에 대해 해안선이 육지 쪽으로 200m 후퇴하고 남해안은 100m, 동해안은 50m 후퇴하는 것으로 전제하였을 때, 유실될 국토의 면적은 [사빈 해안선 길이 후퇴폭]의 공식에 의하여 구하면 합계 50.4km에 이른다.

실제로 인구밀도가 높은 우리나라의 경우 국토의 유실은 삶의 터전 상실이라는 큰 문제를 가지게 된다. 자연적 환경에 대해 기후변화의 영향은 관광산업에 잠재적 영향을 미치는데, 관광사업에 높은 의존도를 보이는 지역의 경우 이의 영향은 더욱 크다. 기후변화로 인한 식생과 야생종의 수 변화, 연안역의 습지나 해수욕장 유실 등으로 인한 경제적 수입원의 감소는 또 다른 사회적 문제로 작용할 수 있다.

〈표 14.3〉 해수면 상승에 의해서 유실된 국토 면적

구분	사빈해안의 길이(km)	유실폭(m)	유실면적
서해안	78.3	200	15.7
남해안	238.1	100	23.8
동해안	218.3	50	10.9
계			50.4

5. 기후변화로 인한 위생재해

기후변화는 보건위생측면에도 영향을 미친다. 지구온난화로 인한 기온의 지속적 상승은 혹서(heat wave)발생을 증가시킨다. 영국에서 1976년에 관측된 혹서는 310년 만에 발생한 매우 드문 기상현상이었다. 이러한 혹서의 피해는 심혈관, 뇌혈관, 호흡기 질환과 관련되어 있고, 노인 및 기존에 질환을 가지고 있었던 환자에게 집중되어 수많은 인명피해를 초래하였다. 최근 유럽의 혹서 피해로 인해 수천 명이 사망한 것도 기후변화의 위협에 적절히 대처하지 못했기 때문으로 생각된다.

기후변화로 인한 잦은 홍수나 가뭄도 보건위생측면에 영향을 미치게 된다. 개발도상국의 경우 범람지, 연안지역과 같이 잠재위험도가 높은 지역에 인구가 집중되는 경우가 많으며, 공중보건체계 역시 매우 취약한 상태이다. 따라서 이런 지역에 홍수가 발생한 후 제대로 된 관리가 이루어지지 않을 경우, 신체적 상해와 영양결핍 증상을 보일 수 있다. 이러한 직접적인 피해 외에도 주거지 상실과 경제적 손실에 대한 충격으로 불안감, 우울증과 같은 정신적 질환의 환자도 급증할 수 있으며, 이로 인한 자살과 소아의 행동장애의 증가도 우려되기도 한다.

엘니뇨의 경우 라틴아메리카와 남아시아의 말라리아의 발병률을 증가시켰으며, 뎅기열, 한타 바이러스, 콜레라, Murray Valley 뇌염과 같은 질환의 발생을 증가시켰다.

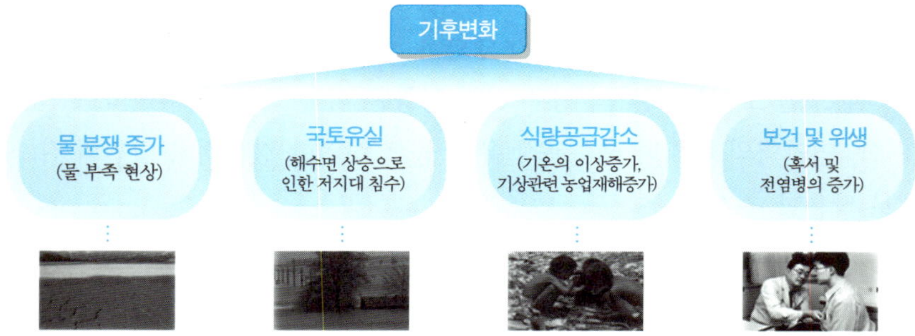

〈그림 14.11〉 기후변화가 미치는 영향

기후변화는 삼림의 화재 위험성을 높이게 된다. 산불의 증가로 인하여 말레이시아와 브라질에서는 호흡기 질환 환자의 발생률이 증가하였다. 또한 따뜻한 겨울날씨는 목초 화분발산시기를 촉진시키고 대기 중 자작나무 화분농도를 증가시켜 알레르기성 비염의 발생률, 증상의 강도, 지속기간을 증가시키기도 한다.

6. 기후변화가 건설관리에 미치는 영향

6.1 자연재해의 증가로 인한 피해 부담 문제

기후변화에 따른 강우량의 증가는 댐과 같은 수공구조물의 설계홍수에 영향을 끼치게 된다. 댐의 수문학적 설계 시에는 가능 최대강우량(PMP)을 고려하고 있으며, 가능최대강우량은 대기중의 수분량과 이슬점온도에 의해 결정하게 된다. 일반적으로 온도가 1℃상승하면 해수면 위의 포화수증기압은 약 10%증가 하는데, 만약 앞으로 몇 세기 동안 해수면 온도가 1~2℃ 상승한다고 가정하면 가능최대강우량이 10% 이상 증가하는 것은 충분히 가능한 일이며, 결과적으로 가능최대홍수량(PMF)도 크게 증가할 것이다. 즉, 기후변화로 인하여 수공구조물의 설계홍수량을 변화시키게 되고 이는 곧 구조물의 건설비나 관리 비용이 증가로 이어질 수 있음은 자명한 일이다.

2002년 여름의 경우 태풍 '루사'로 인하여 한반도 전역에서 210여 명의 인명피해와 5조 원이 넘는 재산피해를 가져왔다. 뿐만 아니라 2003년 8월 한 달 동안 서울에 비가 온 날의 수는 26일에 달했다. 이러한 자연재해로 인해 교량, 도로, 댐, 건물 등의 붕괴를 유발하여 생명과 재산 피해가 발생하였을 경우 이에 대한 책임의 부담 문제를 유발할 수 있다. 즉, 기후변화로 인한 자연재해의 발생에 대비하여 건축 법규 및 관련 기준의 정비가 없는 상태에서 건설업체는 적정공사를 수행하였음에도 불구하고 "부실공사"의 오명을 쓰고 책임을 부담할 가능성이 매우 높아진다는 것을 의미한다.

6.2 건설 현장에 미치는 영향

6.2.1 건강 및 안전 리스크의 증가

건설현장에서는 안전사고 방지가 중요하며, 안전사고의 발생은 공사 기간에도 큰 영향을 끼친다. 기후변화로 인해 높은 습도와 바람이 많이 불게 될 경우 현장사고의 발생 가능성이 높아질 수 있다. 이에 대해 새로운 현장의 기후조건에 적합한 안전관리 지침을 마련하여 적절한 운영이 필요하게 된다. 특히 바람이 많이 부는 기후조건의 경우 사고 발생률이 높아지고 비계(scaffolding, 발판)의 고정은 반드시 재점검이 요구된다.

하절기 기후변화의 영향으로 인한 폭염의 경우 현장 작업의 수행을 더 곤란하게 하는 직접적인 영향을 미치게 되고, 현장 작업자에 대한 온도와 일조량이라는 직접적인 영향 외에 하절기 온도의 상승은 현장의 비산 · 먼지의 발생과 특정 화학물질의 폭발하한계를 증가시키게 된다. 따라서, 이러한 기후변화에 대비하여 현장의 작업 수행과 공사 계획의 변경이 없다면 시공자에게 현장작업 지연의 증가, 작업수행의 지연, 구조물의 안전, 저하, 분쟁의 증가 등의 영향을 미치게 될 것이다. 이로 인해 시공자의 생산성과 이익성은 저하될 것이며, 이 부담은 소비자에게 전가되는 결과를 가져오게 된다.

6.2.2 건설 자재의 문제

건설자재의 상당 부분은 온도 및 강우량의 많은 영향을 받는다. 기후변화로 인한 온도의 상승의 경우 시멘트 자재의 경화를 촉진시켜 현장에서의 타설에 소요되는 작업시간을 단축시켜야 하는 문제점을 야기한다. 또한, 건설현장의 폐기물을 증가시키고, 건설 품질저하의 문제가 발생한다. 온도의 상승으로 인해 콘크리트 타설 시 충분한 강도를 갖지 못하고 적절하지 못한 양생이 이루어지지 않으면 응결이 지연되는 문제를 발생시키기도 한다.

강수량의 증가는 건축물의 습기함량을 증가시켜 건축물의 구조공사 때와 공사종료 후에 복잡한 문제를 발생시킨다. 또한 기후변화로 인한 태풍의 증가는 적절하게 보관되지 않은 경량자재(lightweight materials)의 바람에 의한 사고를 증가시키는 결과를 가져온다. 마지막으로 오존층 파괴로 인한 자외선 양의 증가로 인해 태양의 중파장자외선(UV-B) 하에서 변형이 심각하게 발생하는 플라스틱 기초 자재에 대한 현장 보관 문제가 발생한다.

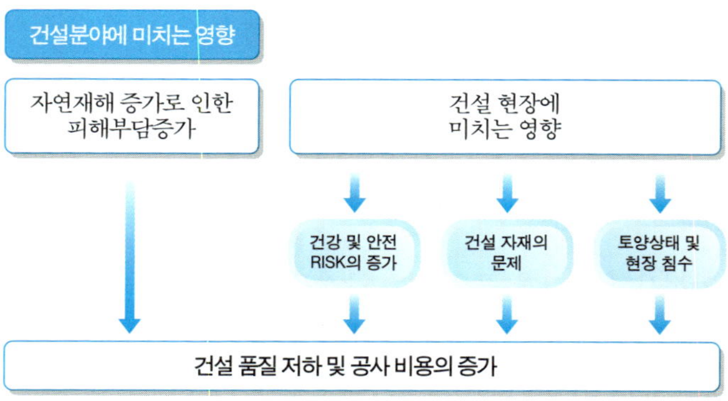

〈그림 14.12〉 기후변화가 건설현장에 미치는 영향

6.2.3 토양의 상태

고온 다습한 기후 조건하에서 토양의 경우 현재의 토양 보호 체계를 파괴하는 황산염(sulfates)과 같은 건설자재에 영향을 미치는 오염물질의 운동성을 증가시켜 공사에 지장을 초래하게 된다.

6.2.4 현장 침수(Site Flooding)

기후변화로 인한 폭우는 강수량의 증가와 건설 현장의 침수가능성을 증가시키고 이는 곧 건설 공기를 지연시키는 결과를 가져오게 된다.

3절 기후변화시나리오의 이해

1. 기후변화시나리오

1.1 온실가스 방출 시나리오

IPCC의 온실가스 방출 시나리오(Emission Scenarios)에 의하면 1990년도를 기준으로 2100년에는 CO_2가 35~170%, CH_4는 22~175%, N_2O는 26~40% 증가하는 것으로 나타났다(IPCC, 1996). 지구대기 조성변화에 따른 기후변화예측은 IPCC를 중심으로 이루어지고 있다. IPCC는 6개의 표준이 되는 배출 시나리오(IS92a-f)를 제시하였고, 기준 시나리오인 IS92a에 따르면, 기준년도인 1990년도의 CO_2 농도는 약 350ppmv이고 100년 후인 2090년에는 약 670ppmv가 될 것으로 추정되었다. IS92a 시나리오에 따른 기후변화 예측결과, 향후 100년 동안에 전 지구의 평균온도는 2.5℃ 상승할 가능성이 가장 높으며, 1.5~4.5℃ 범위에서 상승할 것으로 예측된다(IPCC, 1992). 에어로졸 효과를 고려하면, 2.0℃ 상승 가능성이 가장 높게 나타난다. 이들 시나리오의 산출에 사용된 주요내용은 〈표 14.4〉와 같다.(KEI, 2001). IPCC의 WG III(Worker Group-III)는 2000년 보고서에서 기술의 발달 및 에너지 사용과 관련하여 IS92 시나리오의 결점을 보완하는 SRES(Special Report on Emission Scenario) 시나리오를 제안하였다. 이러한 다양한 시나리오는 IPCC에서 IS92a 시나리오의 기후 변화와 많은 차이를 나타낸다.

미래의 인구, GDP, CO_2 농도 및 순환 등을 가정하는 시나리오는 IPCC 1차 보고서(First Assessment Report, FAR)에서 제시한 SA90(Scientific Assessment 1990)에서 시작하여 현재는 5차 보고서(Fifth Assessment Report, AR5)와 함께 RCPs(Representative

Concentration Pathways)시나리오를 제공하고 있다.

2차보고서에서는 1992년에 IS92a부터 IS92f까지 총 6개의 시나리오를 제시하였으며, 당시까지 채택된 기후관련 정책을 제외하고는 다른 향후 정책에 대한 고려 없이 미래의 온실가스 배출에 대한 영향만을 가정하였다. 따라서 IS92시나리오는 사회, 경제, 환경적 상황에 따라서 결과가 상당히 다양하게 모의되었기 때문에 미래의 온실가스 배출범위 또한 매우 다양하게 나타나게 된다. IS92를 위한 이러한 가정들은 국제기구나 전문가들에 의해서 예측된 미래시나리오로 광범위한 검토의 대상이었다.

IS92시나리오 중 IS92a, Is92b 시나리오는 1990년도에 발간된 IPCC 1차 보고서에서 사용한 SA90시나리오를 기반으로 개선된 시나리오이다. 특히 IS92a는 제시된 6개의 시나리오 중에서 가장 대표적으로 사용되었던 시나리오로써 당시 주로 사용하던 연료와 미래의 신재생에너지를 동시에 사용한다는 가정하에 2100년까지 인구가 113억 명이 되고 1990년부터 2100년까지 연간 2.3%의 경제성장을 고려한 시나리오이다. 또한 온실가스를 가장 많이 배출하는 시나리오인 IS92e는 다른 가정은 동일한데 반해서 적정한 인구증가와 화석연료에 대한 높은 의존도 그리고 핵 발전이 점차 줄어들게 될 것이라는 가정을 하고 있다. 이외에도 IS92c의 경우, 1990년대 이전의 온실가스방출량 이하로 떨어진다는 시나리오로 인구의 경우 초반에는 증가하나 21세기 중반부터 감소하게 되고, 경제성장도 둔화되고 화석연료가 과다 공급되게 된다는 시나리오이다.

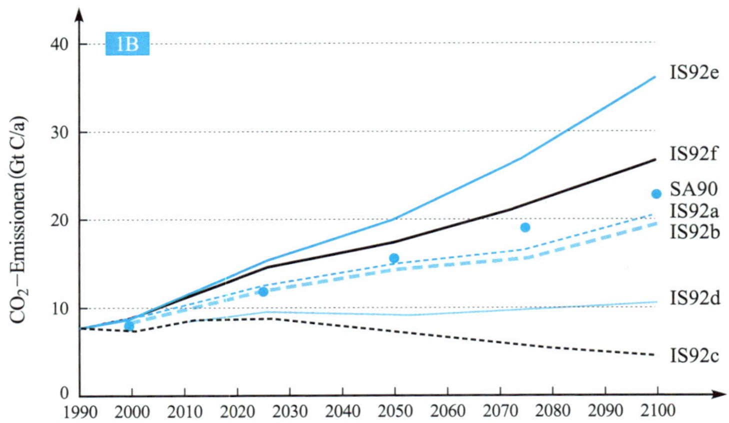

〈그림 14.13〉 IS92 시나리오의 CO_2 배출량

자료출처 : Girod and Flueler, 2009

〈표 14.4〉 IPCC 1992 시나리오

시나리오	2100년 세계인구	경제 성장률	에너지 공급	기타	CFCs
IS92a	세계은행 (1991) 113억	1990~2025 2.9% 2025~2100 2.3%	• 석유 ; 12000EJ • 천연가스 ; 13000EJ 태양에너지비용은 0.75$/Kwh로하며, 연간 191EJ의 바이오 매스연료는 70$/배럴(=6GJ)로 산정	SO_x, NO_x, NMVOC의 배출규제가 입법화되고, 국제적인 합의가 이루어지며, 개발도상국의 SO_x, NO_x, CO 배출감소 노력이 다음 세기 중반까지 이루어짐	몬트리올 의정서의 부분적 준수, 기술이전의 결과 비협약국도 2075년까지 CFC를 단계적으로 전폐함
IS92b	세계은행 (1991) 113억	1990~2025 2.9% 2025~2100 2.3%	IS92a와 동일	IS92a와 함께 많은 OECD 국가들이 이산화탄소 감소 또는 안정화	범 지구적으로 몬트리올 의정서의 일정 준수
IS92c	UN (1991) 중저 경우 64억	1990~2025 2.0% 2025~2100 1.2%	• 석유 ; 8000EJ • 천연가스 ; 7300EJ 원자력비용은 연간 0.4% 감소	IS92a와 동일	IS92a와 동일
IS92d	UN (1991) 중저 경우 64억	1990~2025 2.7% 2025~2100 2.0%	석유와 천연가스는 IS92c와 같으며, 태양에너지비용은 0.065$/Kwh, 바이오 매스 연료는 50$/배럴	CO, CO_x, NMVOC와 SO_x에 대한 배출규제가 전 세계적으로 확산 삼림벌채 멈춤	공업국은 1997년까지 CFC생산을 전폐하고 HCFC도 전폐
IS92e	세계은행 (1991) 113억	1990~2025 3.5% 2025~2100 3.0%	석유 18,400EJ, 천연가스는 IS92a와 같으며, 원자력은 2075년까지 전폐	화석에너지비용을 30%증가시키는 배출규제	IS92d와 동일
IS92f	UN (1991) 중저경우 64억	1990~2025 2.9% 2025~2100 2.3%	석유와 천연가스는 IS92e와 같으며, 태양에너지비용은 0.09$/Kwh로 증가	IS92a와 동일	IS92a와 동일

자료출처 : IPCC(1992), Climate Change 1992 : The supplementary report to the IPCC Scientific Assessment, J. T. Houghton, B. A. Callander, and S. K. Varneyl, Cambridge University Press, Cambridge, UK, pp.331–339

2001년 발간된 IPCC 3차보고서(Third Assessment Report, TAR)에서는 2000년에 제시된 SRES(Special Report on Emissions Scenarios) 시나리오를 사용하였다. SRES시나리오는 미래의 온실가스와 에어로졸 방출에 따른 미래의 다양한 지구환경을 대변하는 시나리오를 포함하고 있으며, 다음과 같은 용어를 사용하여 정의하고 있다.

- Storyline: 시나리오에 대한 설명으로 "a family of scenarios"라고도 한다. 시나리오의 주된 특성에 대한 설명과 시나리오에 영향을 주는 주요 요소들 간의 관계에 대한 설명을 나타냄.
- Scenario: Storyline에 기반한 명확한 논리로부터 기후변화에 따른 미래의 잠재적 영향에 대한 예측을 의미함.
- Scenario family: 하나 또는 하나 이상의 시나리오 집단으로 각각의 집단은 유사한 인구, 정치-사회, 경제, 기술을 가정하고 있음.

SRES 시나리오는 〈그림 14.14〉와 같은 storylines을 가지고 있으며, A1, A2, B1, 그리고 B2로 나누어 각각 21세기 전 지구를 대상으로 기후변화에 영향을 주는 사회경제적 요소와 온실가스 등 에어로졸 배출에 대한 관계를 설명하고 있다. 각각의 storylines는 다음과 같이 각기 다른 사회경제적 요소를 가지고 있다.

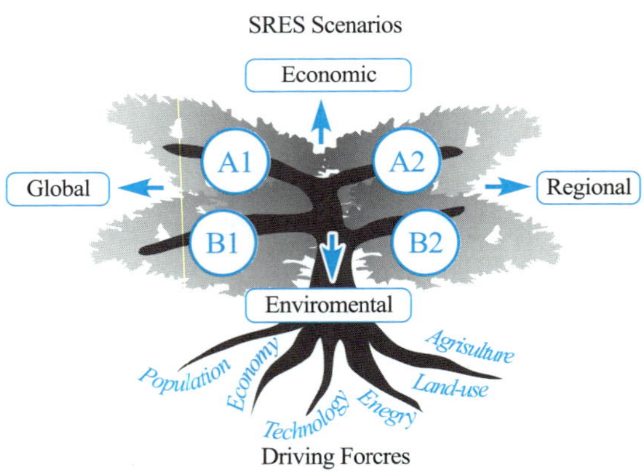

〈그림 14.14〉 4개의 SRES stroyline에 대한 설명
자료출처 : http://www.ipcc-data.org/

- A1 storyline and scenario family : 매우 빠른 경제 성장을 전제로 21세기 중반에 인구가 최고조에 달한 후, 감소하게 되는 것을 가정하고 있으며, 자원의 효율을 높이기 위한 신기술이 매우 빠르게 개발되는 미래사회를 가정한 시나리오
- A2 storyline and scenario family : 국가 간에 상당한 차이를 보이며 세계의 인구는 지속적으로 증가하게 되고 지역 간의 경제성장에 대한 불균형이 가장 심한 시나리오
- B1 storyline and scenario family : A1시나리오와 동일하게 세계의 인구는 21세기 중반에 점차 수렴하게 되고 서비스와 정보 중심의 산업구조를 가지게 되는 시나리오로써 화석연료의 사용이 줄어들고 새로운 친환경 내지는 재생에너지에 대한 기술이 개발된다는 가정의 시나리오
- B2 storyline and scenario family : 기후변화에 따른 경제, 사회, 환경적 문제를 지역적으로 해결하는 사회로 지속적인 인구증가와 중간정도의 경제 성장을 가정하고 있는 시나리오

4개의 기본적인 storyline을 결정한 후, 신뢰성 있는 미래의 인구, 경제, 사회에 대한 데이터를 활용하여 통합평가 모형(Integrated Assessment Model)에 적용하여 총 40개의 시나리오가 개발되었다. 이중 검증을 거쳐 A2, B1, B2 storyline에는 오직 하나의 시나리오만 결정되었고 A1 시나리오만 A1FI(화석연료의 주된 사용), A1T(비화석연료의 주된사용), A1B(에너지자원의 효율적사용)의 scenario family를 가지게 되었다. 다음 〈그림 14.15〉는 SRES시나리오의 CO_2 배출량을 보여준다.

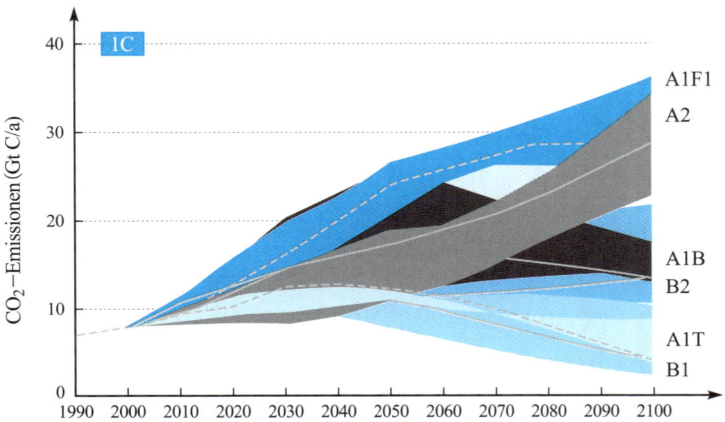

〈그림 14.15〉 SRES 시나리오별 CO_2 배출량

자료출처 : Girod and Flueler, 2009

IPCC는 제4차 평가보고서('07)에 사용된 온실가스 배출량 시나리오(SRES) 대신, 제5차 평가보고서를 위해 새로운 온실가스 시나리오인 대표농도경로(RCP)를 도입하고 그 결과를 제시하였다.

1.2 IPCC 4차보고서의 기후변화 시나리오

2007년 IPCC는 4차보고서와 함께 시나리오들을 제시하고 각각의 시나리오를 대상으로 국가별 연구소들은 기후모형을 개발하여 DDC를 통해서 제공하고 있다. 이 중 COMMIT 시나리오는 가장 이상적인 시나리오로 장기간 지속되는 온실가스가 대기에 미치는 영향이 AD2000 수준으로 고정되는 시나리오다. PIcntrl 시나리오는 온실가스의 농도가 산업혁명 이전의 수준으로 꾸준하게 유지된다는 가정 하에서 모의된 시나리오로 기간은 1/1/1850~31/12/1999 이다. 20c3m 시나리오는 지난 20세기를 통해서 관측된 온실가스의 증가량을 고려해서 모의를 진행한 시나리오로 일반적인 모의 기간은 1/1/1850~1/1999 이다. A2 시나리오는 지역적 다양성이 중요시되는 시나리오로 지역적으로 발생하는 문제는 지역의 문화나 사회적 특성을 고려해서 해결하고자 하며, 무엇보다 자국민의 이익이나 해당 지역의 전통이 중요시되는 시나리오이다. 인구 성장율은 매우 크다고 가정하는 반면에 급속한 경제발전은 크게 고려하지 않는다. 모의기간은 일반적으로 1/1/2000~1/1/2099 이다. A1B 시나리오는 급속한 경제성장을 기반으로 한 시나리오이다. 인구의 증가율은 낮은(low) 단계로 가정하고 새롭고 효율적인 기술이 빠르게 개발된다고 가정하는 시나리오이다. 주로 고려되는 사항은 국가 간의 경제 및 문화적 차이가 수렴하고 국가 간 일인당 소득의 격차가 상당히 줄어든다는 가정 하에 모의되는 시나리오로 사람들은 환경적 가치보다는 개개인의 이득을 추구하게 된다. B1 시나리오는 A1계열의 시나리오들과 마찬가지로 인구 증가율은 낮은 단계로 수렴한다고 가정하고 있다. B1시나리오의 경우, 세계의 경제구조가 서비스와 정보 경제 중심으로 급속하게 변화하는 사회를 의미하며 청정기술과 자원의 효율성을 높이기 위한 기술이 다양하게 소개되는 세계를 가정하여 묘사하고 있다. 1%2X 시나리오는 산업혁명 이전을 기준으로 매년 1%씩 증가한다는 가정 하에 이산화탄소가 2배가 되는 시점까지 증가하고 그 이후로는 온실가스의 양이 일정하게 유지된다는 시나리오를 말한다. 1%4X 시나리오는 산업혁명 이전을 기준으로 매년 1%씩 증가한다는 가정 하에 이산화탄소가 4배가 되는 시점까지 증가하고 그 이후로는 온실가스의 양이 일정하게 유지된다는 시나리오를 말한다.

앞에서 설명한 시나리오들을 기간에 따라서 정리하면 다음 〈그림 14.16〉과 같고, 또한 각각의 시나리오에 해당하는 사회경제적 요소들의 정량적인 값들은 〈표 14.5〉와 같다.

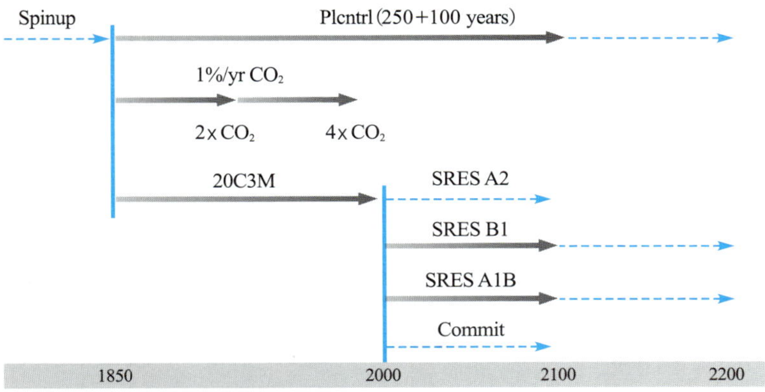

〈그림 14.16〉 AR4 시나리오의 시간적 범위

〈표 14.5〉 AR4 SRES 시나리오에서 가정하는 사회경제적 지표(IPCC, 2007)

Emissions Scenario	Global population (billions)	Global GDP 10^{12}US $\$a^{-1}$	Per capita income ratio	CO_2 concentration (ppm)	Global ΔT (℃)	Global sea level rise (cm)
1990	5.3	21	16.1	354	0	0
2000	6.1~6.2[2]	25~28[3]	12.3~14.2[3]	367[4]	0.2	2
2050						
SRES A1B	8.7	181	2.8	536	1.6	17
SRES A2	11.3	82	6.6	536	1.4	16
SRES B1	8.7	136	3.6	491	1.2	15
2100						
SRES A1B	7.1	529	1.6	711	2.9	39
SRES A2	15.1	243	4.2	857	3.8	42
SRES B1	7.0	328	1.8	538	2.0	31

SRES시나리오는 CO_2 농도를 각각의 시나리오별로 규제를 하고 있으며, AR4 시나리오에 포함된 SRES 시나리오의 CO_2 안정화 시나리오는 다음과 같다. A2 시나리오를 최악의 시나리오라고 하는 이유는 기본적으로 A2 시나리오에서 가정이 되는 온실가스의 농도가 안정화되지 않고 지속적으로 증가하기 때문이다.

〈표 14.6〉 AR4 SRES 시나리오의 온실가스 안정화 시나리오(IPCC, 2007)

SRES illustration	Description of emission	Surrogated stabillisation scenario
A1B	Intermidiate case	750ppm
A2	High case	Dose not stabilise
B1	Low end of SRES range	550ppm

IPCC는 제4차 평가보고서('07)에 사용된 온실가스 배출량 시나리오(SRES) 대신, 제5차 평가보고서를 위해 새로운 온실가스 시나리오인 대표농도경로(RCP)를 도입하고 그 결과를 제시하였다. SRES는 인위적인 기후변화 요인 중에서 온실가스와 에어러솔의 영향에 의한 강제력만 포함하였다면, RCP는 토지이용변화에 따른 영향까지 포함한 것이다.

〈표 14.7〉 SRES 시나리오와 RCP 시나리오 비교

〈SRES 시나리오〉 ※ 미래 사회구조를 중심으로 선정	〈RCP 시나리오〉 ※ 기후변화 대응정책과 연계하여 선정
	• RCP2.6 : 온실가스 배출을 당장 적극적으로 감축하는 경우
• B1(지속발전형 사회) : 지역간 격차가 적고, 인구감소, 청장자원 절약기술 도입	• RCP4.5 : 온실가스 저감 정책이 상당히 실현되는 경우
• A1B(고성장 사회) : 화석에너지와 비화석에너지원 균형, 신기술, 고효율화 기술 도입	• RCP6.0 : 온실가스 저감 정책이 어느 정도 실현되는 경우
• A2(다원화 사회) : 인구증가, 경제성장은 낮고, 환경에의 관심도 상대적으로 낮음	• RCP8.5 : 현재 추세(저감없이)로 온실가스가 배출되는 경우(BAU 시나리오, 실현 불가)

SRES (AR4)	CO_2 농도	RCP (AR5)	CO_2 농도
A1FI	970		
A2	830	RCP8.5	936
A1B	720	RCP6.0	670
B2	600		
B1	550	RCP4.5	538
A1T	540	RCP2.6	421

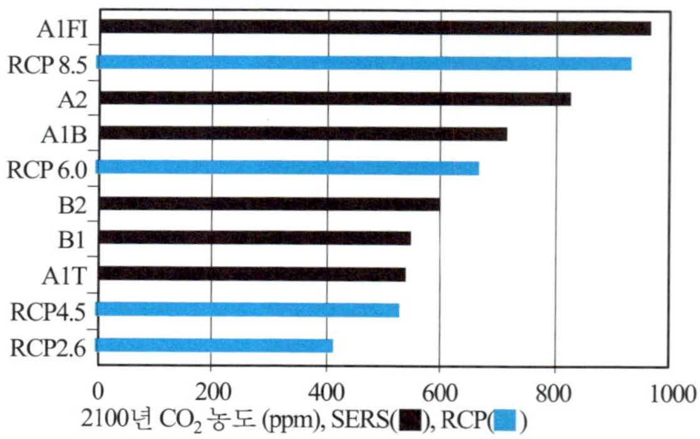

〈그림 14.17〉 AR4와 AR5의 온실가스 시나리오 비교(21세기말 CO_2농도, 단위ppm)

4절 기후변화영향평가

1. 기후변화 영향 평가기법

기후변화 영향 평가에는 1) 기후와 환경변화가 인류사회에 미치는 상호연관성을 평가하기 위한 과학적 근거를 파악하는 것과 2) 미래의 환경과 경제적, 사회적 변화가 정확히 예측되고, 그에 대한 대책을 마련할 수 있도록 정책적 자료를 공급하는데 그 목적이 있다. 따라서 기후변화 영향의 평가목적과 대상에 따라 다음 몇 가지로 분류할 수 있다(환경부, 과학기술처, 1995).

(1) 기후가 미래에 미치는 수자원 활용과 같은 물리적 영향, 식생과 농작물의 성장에 관련된 생물학적 영향, 산업의 발달과 근로고용 등에 얽힌 경제 및 사회적 영향에 대한 불확실성을 확정적으로 밝히고, 인간 활동과 자연계의 상호관계에 미치는 영향을 이해하는 것
(2) 미래에 발생할지도 모를 기후변화 시나리오에 따른 그 영향의 민감도를 파악하는 것
(3) 인류가 기후변화에 적응하기 위한 방법의 모색과 기후변화에 대한 한계성을 찾는 것
(4) 인류의 복지와 공존을 위한 해결책을 모색하고 이를 이해하기 위한 교육 등으로 분류된다.

기후변화 영향평가 방법은 다음 몇 가지로 구분할 수 있다(IPCC, 2002).

① 직접적 영향평가(impact approach) – 비 기후인자들의 영향을 고려하지 않은 가정에는 원인과 결과로부터 직접적인 영향만 밝히는 것이다. 예를 들어 강수나 온도의 변화가 동식물의 생육과 수자원, 농업, 산림 등에 미치는 결과만을 실측치로 평가하는 것이다. 그러나 이 방법에는 기후자체에 미치는 되먹임(feedback) 영향을 밝힐 수 없는 단점이 있다.
② 상호 연관된 간접 영향평가(interaction approach) – 기후변화 시 각각의 기후요소가 정도의 차이를 나타내며 파생적으로 환경요소 혹은 비 환경요소 등에 영향을 주어서 변화를 일으키고 그 결과가 다시 기후에 되돌아오는 물리적 과정을 파악하는 것으로서 환경과 인류에 의한 반응(sensitivity) 등이 평가된다.
③ 종합적 영향평가(Integrated Approach) – 위의 두 가지 접근방법을 다 고려한 방법으로 기후변화가 지구 환경과 인간 활동에 미치는 현상적 결과를 평가하고, 이들이 다시 기후에 미칠 수 있는 영향의 법칙성을 찾아 재이용하는 것이다.

2. 기후모형

2.1 기후모형의 개념

인간에 의한 지구온난화에 잠재적 영향을 평가하는데 일반적으로 사용되는 모형이 기후모형이다. 따라서 기후모형이 무엇이며, 기후모형이 어떻게 모의가 되고 한계가 무엇인지에 대해서 이해하는 것이 중요하다.

2.1.1 컴퓨터를 활용한 수치해석 모형

기후모형은 수학적 방정식을 기반으로 작성된 컴퓨터 프로그램이다. 이러한 방정식들은 태양에 의해서 가열되어 지표면과 대기에 반응하는 대기의 온도, 기압, 바람, 증기, 구름, 강수 등을 정량적으로 산정하는데 사용된다.

또한 대기 중의 온실가스요소(수증기, 구름, 이산화탄소, 메탄)가 지표면에서 가까운 대기의 온도를 얼마나 따뜻하게 유지해줄 수 있는지에 대한 방정식을 포함하고 있다. 이러한 방정식의 해는 〈그림 14.18〉과 같이 지구 전체를 3차원의 개별적 그리드로 구성하여 산정된다.

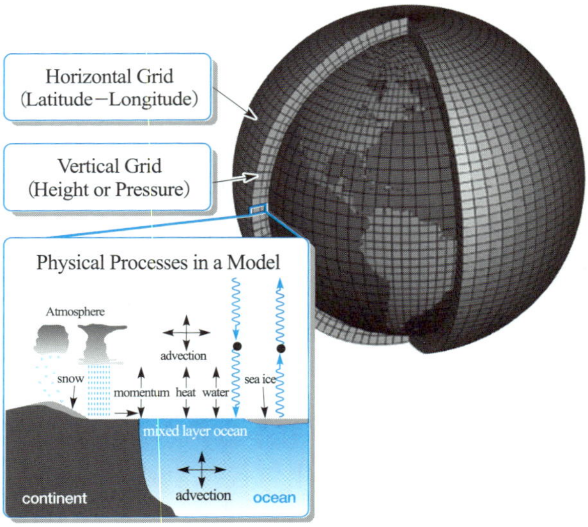

〈그림 14.18〉 기후모형의 구조

자료출처 : Sperneer, 2009

접합기후모형(Coupled climate model)에서는 3차원 해양순환을 표현할 수 있는 방정식을 포함하고 있다. 즉, 지구로 흡수된 태양에너지에 대한 이동과 대기 중의 열과 수증기 사이의 교환 과정을 수식으로 표현하고 있다. 최근의 접합기후모형은 지표면의 토양, 식생, 눈, 얼음층과 대기 사이의 에너지 및 수증기의 교환에 대한 고려가 가능하다. 〈그림 14.19〉는 기후모형 중 하나인 NCAR(National Center for Atmospheric Research)의 CCSM의 모의 과정을 보여준다.

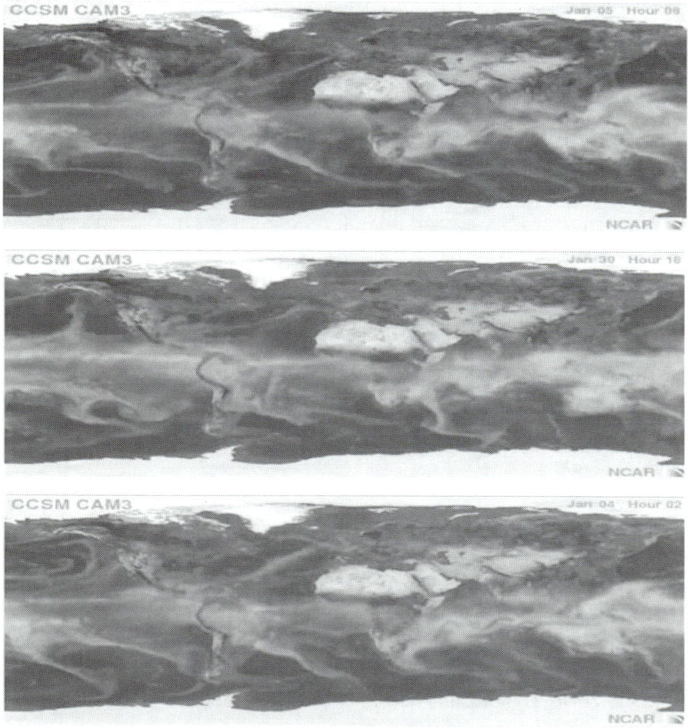

〈그림 14.19〉 기후모형의 모의과정 개념도(NCAR, CCSM)

2.1.2 기후모형에서 에너지평형(Energy balance)

기후모형은 지구에 흡수되는 태양빛의 작은 변화에 지구의 기후가 어떻게 반응하는지에 대한 연구나 인간에 의한 지구온난화의 영향을 분석하는데 평가하는데 주로 사용된다. 태양에너지와 기후시스템 외부의 열에너지의 복사에너지의 흐름에 의해서 장기간의 기후시스템의 평균온도를 컨트롤하게 된다. 만약 두 복사에너지의 흐름이 균형을 이루게 되면, 기후시스템의 온도는 일정하게 유지되나 균형이 깨지게 되면, 기후시스템의 온도도 변화하게 된다.

이러한 에너지균형에 대한 기본개념이 어렵게 보일지 모르나 일상생활에서 항상 접하고 있는 현상이다. 예를 들어 주전자에 물을 끓이고 있다고 하면 외부에서 공급되는 열이 주전자가 주변의 온도에 의해서 냉각되는 정도보다 크게 될 경우, 주전자 내부의 온도는 지속적으로 올라가게 된다. 이와 유사하게 자동차 안에 있을 경우, 태양에 의해서 공급되는 열에 의한 자동차 내부의 온도와 외부의 온도에 의해서 변화되는 자동차 내부의 온도가 평형에 도달하게 될 때까지 자동차 내부의 온도는 증가하게 될 것이다.

같은 원리로 인해서 태양에 의한 지구 내부의 온도와 외부의 온도와의 차이가 생겼을 경우에 지구의 평균온도는 변화하게 된다. 지구 평균적으로 235의 열을 흡수하고 240의 열을 외부로 잃는다고 가정하면 기후모형에서는 더 많은 태양에너지를 흡수하는 동시에 외부로 뺏기는 열을 감소시킴으로써 지구의 열평형에 근접하려고 조정하게 된다. 이 때 모형이 실제의 지구의 기후시스템을 합리적으로 반영한다고 했을 경우, 모형은 미래의 지구온난화를 모의할 수 있다고 여겨지게 된다. 또한 중요한 것은 기후모형이 지구 기후시스템을 95% 정도로 정확하게 묘사할 수 있다고 구성되었다고 하더라도 모형의 예측 정확도가 95%를 의미하는 것은 아니다. 왜냐하면 모형이 중요한 하나의 순환과정을 잘못 묘사한다 하더라도 심각한 오류가 발생할 수 있기 때문이다. 예를 들어 모형이 구름층(cloud cover)을 어떻게 해석하느냐에 따라서 지구의 기후에 심각한 문제를 발생시킬 수도 있고 기후의 자연적 변동으로 간주되어 무시될 수도 있다.

2.1.3 온난화 모의 시 주요 결정 요인

기후모형에서의 가장 큰 불확실성 요인은 기후시스템에서의 이산화탄소에 의한 온난화의 영향을 어떻게 반영할 것인가이다.

기후모형뿐만 아니라 실제의 기후시스템에서도 이산화탄소 증가에 따른 지구의 에너지 불균형을 복구하는데 있어서 서로 다른 방법이 존재한다. 온도 측면에서 가장 쉬운 방법은 온도의 증가이다. 예를 들어 대기 중의 이산화탄소의 농도가 지난 150년 동안 40%가 증가했고 결과적으로 온도만 0.5℃시 상승시켰다고 이론적으로 쉽게 계산할 수 있다. 이러한 계산에서는 온도외에 다른 요소가 고려가 되지 않았기 때문에 되먹임(feedback)이 고려가 되지 않는다.

그러나 기온의 변화는 구름, 수증기와 같은 기후시스템의 다른 요소들에게도 영향을 미칠 수 있으며 이러한 영향은 다시 기온에 영향을 주게 된다. 이러한 상호간의 영향관계를 고려하는 방법을 되먹임(feedback)방법이라고 한다. 되먹임 방법은 이산화탄소에 의한 온도상승영향을 증가시키기도 하고 감소시키기도 한다. 일반적으로 온도상승을 증가시키는 경우는 주요 온실가스 중 하나인 수증기의 양을 증가시키거나 중-저 고도의 구름의 양을 감소시키기 때문이며 가장 크게는 더 많은 태양열을 기후시스템에 공급하게 만들기 때문이다.

2.2 기후모형의 종류

2007년에 AR4 시나리오를 제시한 국가로는 중국, 노르웨이, 캐나다, 호주, 독일, 한국, 미국, 러시아, 프랑스, 일본, 영국, 이탈리아가 있으며, 각각의 국가별로 1개~3개의 연구소에서 월 단위 GCM을 DDC를 통해서 제공하고 있다〈표 14.8〉.

〈표 14.8〉 국가별 기후변화 모형(AR4 시나리오)

Center	Center Acronym	Model
Beijing Climate Center, China	BCC	CM1
Bjerknes Centre for Climate Research, Norway	BCCR	BCM2.0
Canadian Center for Climate Modelling and Analysis, Canada	CCCma	CGCM3(T47 solution)
		CGCM3(T63 solution)
Centre National de Recherches Meteorologiques, France	CNRM	CM3
Australia's Commonwealth Scientific and Industrial Research Organisation, Australia	CSIRO	Mk3.0
Max-Planck-Institut for Meteorology, Germany	MPI-M	ECHAM5-OM
Meteorological Institute, University of Bonn, Germany	MIUB	ECHO-G
Meteorological Research Institute of KMA, Korea	METRI	
Model and Data Groupe at MPI-M, Germany	M&D	
Institude of Atmospheric Physics, China	LASG	FGOALS-g1.0
Geophysical Fluid Dynamics Laboratory, USA	GFDL	CM2.0
		CM2.1
Goddard Institute for Space Studies, USA	GISS	AOM
		E-H
		E-R
Institute for Numerical Mathematics, Russia	INM	CM3.0
Institut Pierre Simon Laplace, France	IPSL	CM4
National Institute for Environmental Studies, Japan	NIES	MIROC3.2 hires
		MIROC3.2 medres
Meteorological Research Institute, Japan	MRI	CGCM2.3.2
National Centre for Atmospheric Research, USA	NCAR	PCM
		CCSM3
UK Met. Office, UK	UKMO	HadCM3
		HadGEM1
National Institute of Geophysics and Volcanology, Italy	INGV	SXG 2005

3. 축소기법

현재의 단계에서 강수량 및 하천 유출량 예측에 GCM을 사용하는데 중요한 문제점은 공간적인 분해능이 낮다는 것이다. 대부분 모형의 격자간격은 위도와 경도 5° 내외로서 거리로 환산하여 500km 이상이 된다. 그러므로 우리나라와 같이 500km 이하인 반도나 섬은 무시되어 표면이 바다인 것으로 취급되기도 한다. 또한 기후요소를 결정하는데 중요한 지형효과는 해안선과 산맥인데 미국의 애팔래치아 산맥도 분해가 되지 않을 정도로 분해능이 낮으므로, GCM의 결과는 이러한 지형효과가 나타나지 않는다(Cooter 등, 1993). 그러므로 우리나라의 기후에 중요한 역할을 하는 태백산맥은 물론 한반도의 존재가 무시되기도 하므로 지역적인 기후요소의 계산에는 오차가 생긴다. 또한, GCM의 결과를 이용하는데 있어서 중요한 문제점은 시간분해능이다. 현재 이용 가능한 GCM의 결과는 대부분 월 평균치이지만, 기후의 변화에 따른 영향을 평가하기 위하여 매 시간 또는 매일별 값이 필요한 경우에 이용이 곤란하다(Cooter 등, 1993). GCM 모의에서 사용되어지는 변수들이 시공간적으로 비현실적일지라도 축소기법(Downscaling Techniques)을 통해서 이런 문제를 해결할 수 있다. 이때 GCM으로부터 축소기법을 사용함으로써 관측치와 뚜렷한 연관성을 잘 반영할 수 있어야 하며, 실제로 관측 자료와 GCM 자료는 미래기후 시나리오를 생성해 내는데 있어서 필요하므로, 이 두 자료에 대한 이용가능성을 고려하여 축소기법을 선택해야 한다. 축소기법은 크게 지역기후모형(RCM)을 이용하는 경우와 경험/통계 그리고 통계/역학적 기법을 이용하는 경우로 구분된다. 각각의 기법을 간단히 요약하면 다음과 같다.

3.1 지역기후모형을 이용한 동역학적 축소화

GCM과 병행하여 지역기후모형인 중규모의 기상모형을 둥지모형(nest model)으로 사용하는 방법인데, 둥지 지역기후 모형화 기법은 고분해 RCMs를 가동하기 위하여 초기 조건, 시간에 따라 변하는 측면 기상 조건 그리고 지표 경계조건을 사용하는 것을 담고 있다. 이 초기 자료는 GCMs(또는 관측 분석)로부터 얻어지며, 이 자료에는 온실효과 기체와 에어러졸 강제력이 포함될 수 있다. 이 기법에서의 한 변화는 전 영역에 걸쳐서 RCM 해(solution)의 대규모 성분에 역시 강제력을 주는 것이다(IPCC, 1996).

현재까지, 이러한 기법은 RCM 모의로부터 가동 GCM으로의 되먹임이 없이 단-방향 형태로만 사용되어 왔다. 대규모 강제력과 RCM에 대한 전 지구 순환의 반응을 모의하기 위하여 전지구 모형을 사용하는 것이 기본 전략인데 이는 물리적으로 근거가 있는 방법으로 해양대기

순환모형(Oceanic General Circulation Model , OGCM)격자 규모 강제력을 설명하고, 보다 자세하게 대기순환과 기후 변수들을 모의할 때 품질을 증대시키기 위한 것이다.

둥지 지역 모형화 기법은 수치 일기 예보에서 시작되었으며, 기후에 적용하기 위한 RCMs의 사용은 Dickinson 등(1989)과 Giorgi(1990)에 의하여 처음 시도되었다. 현재, RCM은 고기후부터 인류에 의한 기후변화 연구에 이르기까지 넓은 범위의 기후 응용에 사용되어진다. 이 모형들은 고분해능(10~20km 또는 더 작은 거리)을 갖고 있고 수십 년 모의를 할 수 있으며, 또한, 지역규모로 작용하는 기후 되먹임 메커니즘을 표현할 수 있는 능력을 갖고 있다. 널리 이용되어 지는 몇 개의 제한 영역 모형화 시스템들이 기후 응용을 위하여 적절하게 변형되어지거나 또는 기후 응용을 위하여 개발되어져 왔다. 보다 최근에, RCMs는 기후모형과 다른 기후과정 모형들, 예를 들어 수문, 해양, 해빙, 화학/에어러졸 그리고 육지-생물권 모형들을 결합하기 시작하였다.

전 지구모형이 제공하는 가동 장(driving fields)의 체계적인 오차의 영향과 그리고 지역과 전 지구 기후 사이의 양 방향 상호 작용이 없다는 것이 이 기법의 두 가지 이론적인 주요 제약이다. 실제적으로, 어떤 응용을 하기 위하여, 물리 매개변수화, 모형 영역의 크기, 분해능, 그리고 대규모 기상 조건을 동화하기 위한 기법과, 그리고 경계 강제력과 관련이 없는 비선형 역학에 기인한 내부변동성에 대한 고려가 필요하다(Giorgi와 Mearns, 1991). 모형 영역의 크기와 분해능에 따라 RCM 모의에서 많은 계산이 필요해질 수 있어 현재에도 많은 실험들의 기간이 제한적이다. 최종적으로, RCM 경계조건으로 요구되는 GCM 장은 짧은 시간 간격(6-시간 이하)으로 규칙적으로 보관되지 않는다. 따라서, RCM 실험들을 실행하기 위해서는 전 지구 그리고 지역 모형을 만드는 사람들 사이에서 세심한 조정이 요구되어 진다(IPCC, 2002).

3.2 통계적 축소화

통계적인 축소화는 지역기후의 두 가지 요인, 즉, 대규모 기후상태, 그리고 지역 또는 국지 지형 특색에 의하여 제약을 받을 수도 있다는 견해를 바탕으로 하고 있다. 이러한 관점에서, 대규모 기후 변수들(또는 예측인자)을 지역 그리고 국지 변수들(또는 예측량)에 연결시켜 주는 통계모형을 처음으로 결정함으로써 지역 또는 국지 기후정보가 얻어진다. 따라서, GCM 모의로부터 얻어진 예측인자들은 통계모형의 입력자료로 들어가 대응되는 국지 그리고 지역기후 특성들을 산출하게 된다. 모형 계산을 위해 이용이 가능한 질 좋은 자료들이 있는 지역에서는 회귀법에서 신경망 네트워크 그리고 유사법에 이르는 다양한 통계 축소화모형들이 개발되어 왔다. 통계-역학 축소화라고 불리우는 통계 축소화 방법의 특별한 형태에서는 통계적인 상관성을 찾기 위해 중간 규모 대기모형들의 출력 자료가 이용된다. 통계 규모축소화 기법들은 종관 기후학(Synoptic Climatology)과 수치 일기 예보에 그 뿌리를 두고 있으나, 이 기법들 역시 현재에도 역사적인 기후의 재현에서 지역기후변화 문제에 이르기까지 광범위한 기후 응용에 이용되어지고 있다. 다수의 논문들은 규모축소화 개념, 전망 그리고 한계점들을 다루어 왔다(IPCC, 2002).

통계학적 축소기법들의 주요 장점들의 하나는 계산할 때 경제적이라는 점이다. 따라서 이 기법들을 다른 GCM 실험들로부터 얻어진 출력 자료에 쉽게 응용할 수 있다. 또 다른 장점은 많은 기후변화 영향 응용에서 가장 필요로 할 수 있는 지역 정보를 산출할 때 이 기법들이 이용될 수 있다는 점이다. 축소화 기법의 타당성은 지역, 공간 그리고 시간규모, 예측인자와 예측량의 형태, 그리고 기후 통계에 따라 광범위하게 달라진다. 게다가, 경험적인 규모축소화 방법은 종종 경험적으로 찾아진 대규모와 소규모 기후 사이의 연관성을 모의하는 물리 모형의 수행능력을 테스트하기 위한 기본 틀을 제공한다(IPCC, 2002).

통계 규모축소화 방법의 주요 이론적인 약점은 현재 기후를 위해 개발된 통계학적인 상관성이 미래 기후의 다른 강제력 조건하에서도 역시 유지된다는 점과 지역 강제력 조건 또는 되먹임(feedback) 과정을 설명할 수 없다는 점이다.

지역기후변화를 평가하기 위하여 통계 규모축소화 방법을 사용하기 위해서는 다음과 같은 몇 가지 가정이 필요하다.

① 예측인자는 유도된 국지 기후 변수와 관련된 변수들이며, 그리고 GCM에 의해서 사실에 가깝게 예측인자를 만든다. GCM은 지역 또는 격자 규모에서의 강수량보다는 온도 또는 지위 고도와 같은 대류권과 관련된 양들이 보다 더 정교하게 표현된다(Osborn와 Hulme, 1997; Agnew와 Palutikof, 1999).

② 미래의 기후 조건하에서 통계적 상관성이 유지된다. 통계적 축소화 방법은 예측인자에 의한 모든 가능한 미래의 예상을 포함하는 관측기록이 필요하기 때문에, 이러한 것은 미리 증명되어질 수 없다.

현재 이용되고 있는 통계학적 축소화 기법의 방법(모형)으로는 전이함수(Transfer function), 일기발생기(weather generators), 일기분류(weather type) 등이 있으며 각각의 방법은 국지적 기후를 표현하는데 있어 상대적인 장단점을 가지고 있다.

3.2.1 전이함수

전이함수(Transfer function)법은 GCM 격자 값을 국지 온도와 같은 지표변수들에 대한 예측인자로 하여, 다중 회귀 모형을 만드는 것이다. 이때 회귀모형을 전이함수라고 부르며, 전이함수의 형태로는 선형, 구분적 선형, 비선형 회귀방정식 등이 있다. 또한, 인공 신경망(Artificial Neural Networks, ANNs)을 이용하기도 한다. 예를 들어, Crane과 Hewitson(1998)은 국지적 기후변화를 예측하기 위하여 대기 순환과 습도를 예측인자로 사용하는 인공신경망을 전이함수로써 이용하였다. 이러한 접근 방법은, 전이 함수로 국지 기후를 정확하게 이끌어낼 수 있음을 보여 주었다.

3.2.2 일기발생기

일기발생기(Weather generator, WGEN) 방법은 연속적으로 관측한 일기 변수들에 대한 통계적인 모형들이다(Wilks와 Wilby, 1999). 많은 영향평가모형이 요구하는 것처럼, 그것들의 대부분은 일일 시간규모에 초점이 맞춰져 있으나, 반일 모형들도 이용이 가능하다(Katz, 1999). 매일의 강수 발생을 모형화하는 연구 방법에 근거를 둔, 다양한 형태의 일 일기발생기들의 이용이 가능하고 이것들은 항상 통계적인 과정에 의존한다. 일반적인 두 가지는 Markov chain 방법과 spell length 방법이다(Richardson, 1981; Wilks, 1999). 이 연구에서 분석된 통계모형의 타당성은 그 지역의 기후적인 특색에 따라 달라진다. 예를 들어, Wilks(1999)는 1차 Markov chain 모형이 미국의 중부와 동부 지역에 대해 적절한 반면, spell length 모형은 미국의 서부지역에 대해 더 좋은 수행능력이 있음을 찾아내었다.

강수 빈도와 강도를 위한 통계모형 뿐만 아니라, 일기발생기도 가장 일반적인 최고와 최저 온도, 태양복사와 같은 다른 변수들의 시계열을 항상 만든다. 강수 이외의 변수들을 포함하는 가장 흔한 방법들은 대부분 복합적인 1차 자기회귀적인 과정을 거쳐, 강수 발생의 유무에 따라 그들에게 조건을 지우는 것이다(Richardson, 1981). 대규모 상태를 근거로 하여 일기 발생기의 매개변수들에게 조건을 지울 수 있으며, 또는 일련의 대규모 매개변수와 국지규모 매개변수의 관계식들을 개발할 수 있다(Wilks, 1999).

3.2.3 일기형태

일기형태(Weather type)는 대순환 패턴(Atmospheric Circulation Pattern)을 이용하여 GCM 자료를 지역규모의 강수량으로 축소하기 위한 방법으로써, 관측 일 기압분포의 자료가 순환 패턴을 이해하기 위해 이용된다. 대기순환의 분류는 신경망 기법, K-means, Fuzzy, 주관적 군집을 이용한다. 다변량 추계학적 모형(multivariate stochastic model)을 이용하여 다지점의 관측 일 강수량을 연결할 수 있도록 구성한다. 기후변화하에서의 강수량을 산정하기 위해 GCM 결과 값 중의 하나인 일 기압자료로부터 유도된 대기순환 패턴을 추계학적 강수모형의 제한조건으로 이용한다.

GCM은 기압같은 대기변수는 정확히 모의한다. 강수량은 기압이송과 관계가 있다. 그러므로, 넓은 지역에 대한 기압분포와 국소 강수량과의 관계성이 존재한다. 대기순환 패턴은 전형적인 일 기압 분포로써 정의할 수 있다. 단일한 GCM의 격자로부터 얻은 정확성이 낮은 값을 사용하는 것 대신 격자로부터 추출된 순환패턴을 사용하였다. 관측 자료는 순환패턴의 조건하에 추계학적 모형을 전개하기 위해 이용한다. 이 기법의 개념은 Bardossy 등(1991)에 의해서 기술된 적이 있으며 유사한 방법이 Hay등(2000)에 의해 이용된 적이 있다. 그들은 기압, 풍향, 구름 등을 이용하여 날씨의 타입을 정의하였다. 이때 GCM 현재기후와 배증될 CO_2의 상황하에서의 GCM의 모의결과 값을 이용한다. Wilson 등(1991)은 대기순환패턴에 종속하여 많은 관측소의 일 강수량을 모의 할 수 있는 모형을 개발하였다.

03 PART

제3편
사회재난

제15장 | 산불

1절 산불의 개념

1. 산불의 개념

산불(山火, 山林火災, forest fire, wildland fire)이란 산림내의 낙엽, 낙지, 초류, 임목 등의 가연물질이 산소와 열과 화합하여 열과 빛을 발생하게 하는 산화반응의 작용에 의한 현상이다. 즉, 불에 탈 수 있는 물질이 산소와 화합하여 열과 빛을 수반하는 화학변화의 현상이 진행하는 것이며, 이와 같이 산불은 연료, 공기, 열이 있어야 발생하며 이를 산불의 3요소라고 한다.

산불의 특징은 화학적, 물리적, 생물적 분해과정이 대부분의 화염발생 사실로부터 얻는다. 연소는 일반적인 열분해 과정으로 넓고 다양한 조건에서 발생한다. 연소는 다른 종류의 연료를 소비하고 여러 종류의 생산물을 만들어 낸다.

산불은 연소 환경 내에서 발생하여 열, 산소, 연료를 함유하여 상호작용하며, 산불의 행태 결정은 바람, 연료, 지형 등의 매개변수에 의해 영향을 받는다. 또한, 대형 산불에서의 기상인자는 연료와 산소의 결합을 유도하고 열 보다는 전체적인 불의 행동을 결정하는 주요인자로 변한다.

2. 산불의 영향

산불은 나무의 손실뿐만 아니라 종자, 천연갱신지의 치수(稚樹), 인공조림지의 유령임분 등이 큰 피해를 받는다. 화재를 입고 나무들이 고사하지 않았더라도 생장력이 쇠퇴되고, 재질이 훼손되며, 피해목은 다시 병충해의 발생을 유치(誘致)하게 되고, 더욱이 야생조수의 보금자리를 파괴시킨다. 특히 치수는 불에 대한 저항력이 극히 약해서 약한 지표화(地表火)에도 완전히 고사하는 경우가 많다.

산불은 토양에 대해서도 여러 가지 영향을 미친다. 산불은 낙엽층과 부식층을 태워서 임상(林床)이 노출되어 토양(土壤) 침식이 일어나 이수기능(理水機能)을 저하시키는 등 간접피해가 매우 크다. 따라서 산불이 발생한 임지에서는 지표유량(地表流量, surface run-off)이 증가되고 투수성(透水性)이 감소되므로 이로 인하여 지중 저수능력이 감퇴되어 홍수를 일으키는 원인이 되기도 한다. 또한, 산불은 산림이 가지고 있는 수원함양(水源涵養)기능, 국토보전(國土保全)기능, 풍치보전(風致保全)기능, 휴양(休養)기능, 대기정화(大氣淨化)기능과 야생동식물 서식지(野生動植物棲息地) 등 산림의 공익기능(公益機能)을 감퇴시키거나 상실시킨다.

3. 산불의 종류

산불의 종류는 산불의 연소상태 및 연소부위에 따라서 지표화(surface fire), 수간화(stem fire), 수관화(crown fire), 지중화(ground fire) 등 4종류로 분류할 수 있다.

3.1 지표화

지표화(地表火, surface fire)는 지표에 쌓여 있는 낙엽과 지피물 · 지상관목층 · 갱신치수 등이 불에 타는 화재이며, 산불 중에서도 가장 흔히 일어나는 산불이다.

지표화는 처음 발화점을 중심으로 원형으로 퍼져 가는 것이 보통이고, 바람이 있을 때에는 바람이 부는 방향으로 타원형이 되어 퍼지며, 바람이 세지면 바람이 불어오는 방향으로 퍼지는 속도가 느려지고, 바람이 불어가는 방향으론 속도가 빨라진다. 바람이 강해지면 바람이 불어오는 방향에서는 불길이 꺼지게 되며, 바람이 불어가는 방향으로만 빠른 속도로 퍼지며, 이와 같이 바람을 타고 빨리 번져 가는 불을 주화(走火, running fire)라고 한다.

보통 키가 큰 초본류로 되어 있을 때 지표화의 번지는 속도는 풍속에 의하여 달라지나, 1시간에 4~7km, 바람이 강할 때에는 10km정도 번진다. 지표화에 의하여 갱신수종은 전부, 성목은 수간의 하부 지표와 닿는 부분이 피해를 받게 되는데, 성숙목의 경우에는 지름이 굵고 수피가 두꺼워서 보통 지표화에는 지표에 접한 부분, 특히 바람이 불어오는 방향과 반대쪽의 껍질이 그을릴 정도이며, 죽지 않을 경우가 많다. 그러나, 연소속도(延燒速度, fire spread)가 느릴 때에는 불이 머무는 시간이 길어져서 수피 내부의 형성층 조직이 고열의 피해를 받을 때가 있다. 지표화는 모든 산불의 시초가 되며, 지표화에서 부터 수간화 또는 수관화로 번지는 경우가 많다.

3.2 수간화

수간화(樹幹火, stem fire)는 나무의 줄기(樹幹)가 타는 불이며, 지표화로부터 연소(延燒)되는 경우가 많다. 드물게는 낙뢰에 의해서 수간에서 내려오는 때가 있고, 속이 썩어서 공동목(空洞木)을 이루고 있는 경우에는 이것이 굴뚝과 같은 작용을 하여 강한 불길로 타올라 불꽃을 공중에 흩어 뿌려 수간화를 일으키게 되는 때도 있다. 그러나 수간화는 흔히 일어나는 것은 아니다.

3.3 수관화

수관화(樹冠火, crown fire)는 나무의 수관에 불이 붙어서 수관에서 수관으로 번져 타는 불을 말한다. 수관화는 과열에 의하여 나무를 죽이는 동시에 한번 일어나면 끄기가 힘들어 큰 손실을 가져오므로 가장 무서운 산불이다.

대개의 경우 지표화에서부터 임목의 밑가지에 불이 닿아 바람과 불길이 세어지면 수관부로 올라붙어서 수관화를 이루게 된다. 흔히 수지(樹脂)가 많은 침엽수림에 한하여 일어나나, 때로는 마른 잎이 수관에 남아 있는 활엽수에서도 일어날 때가 있다

수관화는 바람을 타고 바람이 부는 방향으로 V자형으로 뻗쳐 가는데, V자의 선단은 보통 20~40m의 나비를 가지게 되지만, 큰 불이 되면 이와 같이 선단이 많이 생기게 된다.

또한, 지표화로 시작된 산정부에 수관화 발생 시 임분 전체가 전소하지만 능선을 넘어 산불이 약할 때에는 지표화로 진행하여 살아나는 경우도 있다. 그러나 수관화 발생시에는 중심부 화염의 최고온도는 1,175℃가 되고, 주변의 화염온도도 1,125℃로 나타나 화세가 매우 강하여 임목의 대부분은 전소하게 된다. 수관화의 연소속도는 보통 1시간에 2~4km/h 진행하지만 강풍의 경우에는 1시간에 15km에 달할 때도 있다. 또한 산불 중에 생긴 대류의 결과 수십미터의 상승기류가 발생하여 수피, 구과, 소재편(小材片) 등이 전방으로 비산화(spotting fire)되는 현상이 발생하여 때로는 수십 미터 또는 수 킬로미터에 떨어진 곳에서 산불이 발생하는 수가 있어 소화도 매우 어렵고 피해도 매우 크게 나타나고 있다.

3.4 지중화

지중화(地中火, ground fire)는 낙엽층 밑에 있는 Hesselman의 AF층, 즉 낙엽이 다소 분해되어서 그 본래의 조직을 현미경에 의하여 알아볼 수 있는 유기질 층의 하부와 AH층, 즉 낙엽이 분해되어 현미경에 의해서도 알아볼 수 없게 된 유기질층 또는 이탄(泥炭, peat)층이 타는 산불이며, 산소의 공급이 막혀 연기도 적고 불꽃도 없이 서서히, 그러나 강한 열로 오래 계속되며, 균일하게 피해를 준다.

낙엽층의 분해가 아주 더딘 고산지대, 깊은 이탄이 쌓여 있는 저습지대에서 표면은 습하고 속은 말라 있을 때 이러한 지중화가 나기 쉬우며, 지표가까이에 몰려 있는 연한 뿌리들이 뜨거운 열로 죽게 되므로 지상부는 아무렇지도 않은 채 나무가 죽게 된다. 이러한 지중화는 우리나라에서는 극히 드문 불이다.

4. 산불과 환경

큰 산불의 특성은 화재환경에서 연료, 지형, 기후라는 세 가지 요인에 의해 설명할 수 있다. 이 3개의 요인에 관한 충분한 정보를 얻으면, 우리는 산불양상을 잘 이해하고 예측할 수 있다.

4.1 연료

산불화재의 연료는 유형, 크기, 양, 배열 및 수분함량에 따라 복잡 다양하다. 연료의 종류는 나뭇잎들, 작은 나뭇가지 그리고 숲 표면의 풀들, 각종 관목, 나무 부스러기 그리고 성장하고 있는 나무들이다. 그러나 가늘고 작은 연료들은 쉽게 타버리고 커다란 나무재료들이 화재의 원인이 된다. 만일 질병이나 폭풍으로 인하여 많은 나무들이 쓰러지면 15~30년 후에는 나무들이 말라버리거나 일부는 부식되고, 이것이 산불화재 동안의 연소를 지속되게 해주는 것이다. 연료의 배열 또한 중요하다. 산사태, 토네이도, 허리케인은 나무 잔해나 더미 등을 지면의 다양한 곳으로 배열한다.

4.2 지형

지형은 몇 가지 이유에서 불에 심각한 영향을 미칠 수가 있다. 첫째 북반구에 남쪽 경사면은 따뜻함과 건조함에 관련이 있고, 경사면에 있는 연료는 연소를 촉진하도록 더 낮은 수분함량을 가진다. 바람이 많은 쪽에 노출되어 있는 경사면은 바람이 불어오는 쪽이나 바람으로부터 보호된 경사면에 비해 건조한 식물의 생장을 보인다.

또한, 산악지역의 바람은 낮 동안에 협곡의 오르막 비탈(사면) 위쪽으로 이동하는 경향을 보이고, 산불 이동이 쉬운 경로가 되며, 오르막 경사면의 연료를 예열시킨다. 이와 같이 경사면에 있는 연료가 예열되는 것은 이동률과 오르막 경사면(비탈)으로 이동하는 산불확산을 증가시킨다. 특별히 바람이 수반된 화재라면 내리막 경사면 산불 또한 촉진할 수 있다.

4.3 날씨(기후)

예측할 수 없는 통제 불가능한 날씨는 산불에 주요한 영향을 끼친다. 큰 산불은 특히, 연료의 수분 함량을 줄이는 가뭄 다음으로 오는 것이 일반적이다. 바람은 산불화재의 확산, 강도 및 형태에 매우 큰 영향을 미친다. 거센 바람 및 바람의 변화 상태는 근접해 있는 불붙지 않은 연료를 예열하는 데 도움을 준다. 바람은 또한 불씨나 잔화를 화재 현장에서 멀리 떨어진 곳으로 옮겨 화염전방보다 앞서서 비화를 일으킨다.

산불은 임내에 있는 가연물이 습해 있을 때에는 일어나기 어렵고 말라 있을 때에 일어나기 쉬우므로 자연히 기후와 계절에 따라서 좌우된다. 비가 많이 또는 자주 올 때에는 산불이 나기 어려우며, 가물고 공중습도가 낮아서 낙엽이나 마른 풀이 건조해 있을 때에 일어나기 쉽다.

우리나라의 기후는 3, 4, 5월의 3개월이 가장 강우량이 적고 공중습도가 낮아서 숲 속의 낙엽과 풀들이 가장 말라 있을 때이며, 어느 곳에나 많이 있는 소나무의 수관도 말라 있을 때이므로 산불이 가장 많이 일어난다.

이상에 의하여 1년 중 3, 4, 5월의 3개월간에 산불발생이 가장 많은 것을 알 수 있는데, 이것은 주로 그 계절의 공중습도와 밀접한 관계를 가지고 있다. 즉, 3, 4, 5월 중에서 공중습도가 낮은 날일수록 산불발생의 위험성이 많아진다.

공중의 관계습도와 산불발생위험도와의 관계는 표에서 보는 바와 같으며, 일반적으로, 산불이 발생하기 쉬운 것은 공중의 관계습도가 50% 이하인 때이며, 수관화의 대부분은 25%이하에서 발생한다고 한다.

〈표 15.1〉 공중의 관계습도와 산화발생위험도와의 관계

공중의 관계습도(%)	산불발생의 위험도
〉60	산불이 잘 발생하지 않는다.
50~60	산불이 발생하나, 진행이 더디다.
40~50	산불이 발생하기 쉽고, 또 속히 연소된다.
〈40	산불이 대단히 발생하기 쉽고, 소방이 곤란하다.

5. 수목의 내화력

잎이 타기까지에는 상당한 시간이 걸리고 연소시에도 불꽃을 내지 않는 수종, 즉 내화력(耐火力)이 강한 수종과 그와 반대되는 수종 즉, 내화력이 약한 수종으로 나누어서 열거해 보면 다음과 같다.

5.1 내화력이 강한 수종

- **침엽수(針葉樹)**: 은행나무(Ginkgo) · 잎갈나무(Larix) · 분비나무(Abies) · 가문비나무(Picea) · 개비자나무(Cephalotaxus) · 대왕송(Pinus palustris) 등
- **상록활엽수(常綠闊葉樹)**: 아왜나무(Viburnum) · 굴거리나무(Daphniphyllum) · 후피향나무(Ternstroemia) · 붓순(Illicium) · 협죽도(Nerium) · 황벽나무(Phellodendron) · 동백나무(Camellia) · 빗죽이나무(Sakakia) · 사철나무(Euonymus) · 가시나무(Cyclobalanopsis) · 회양목(Buxus) 등
- **낙엽활엽수(落葉闊葉樹)**: 피나무(Tilia) · 고로쇠나무(Acer mono) · 마가목(Sorbus) · 고광나무(Philadelphus) · 가중나무(Ailanthus) · 네군도단풍나무(Acer negundo) · 난티나무(Ulmus laciniata) · 참나무(Quercus) · 사시나무(Populus) · 음나무(Kalopanax) · 수수꽃다리(Syringa) 등

5.2 내화력이 약한 수종

- **침엽수(針葉樹)**: 소나무(Pinus densiflora) · 곰솔(Pinus thunbergii) · 삼나무(Cryptomeria) · 편백(Chamaecyparis) 등
- **상록활엽수(常綠闊葉樹)**: 녹나무(Cinnamomum) · 구실잣밤나무(Castanopsis) 등
- **낙엽활엽수(落葉闊葉樹)**: 아카시아(Robinia) · 벚나무(Prunus) · 능수버들(Salix) · 벽오동나무(Firmiana) · 참죽나무(Cederla) · 조릿대(Sasa) 등

6. 산불재난관리 체계

재난관리는 재난통제에 비해 좀 더 넓은 접근방법을 의미하는 것으로 인간에게 피해를 끼칠 수 있는 폭발적 사건의 위험을 인지하고 통제하는 것으로 이해된다. 이러한 의미에서 재난관

리(disaster management)란 사전(事前)에 재난을 완화시키고 재난에 대비하며, 재난 발생 후 그로 인한 물적 · 인적 피해를 최소화하며 본래의 상태로 시설을 복구하기 위한 모든 측면을 포함하는 총체적 용어로 재난에 대한 위협과 재난으로 인한 결과를 관리하는 것을 말한다. 이러한 총체적 의미로서의 재난관리는 편의상 완화관리단계(Mitigation management) – 준비계획단계(Preparedness Planning Phase) – 대응단계(Response Phase) – 복구단계(Recover Phase)로 구분되며 재난관리는 이러한 4단계의 국면에 걸쳐 순차적이고 총체적 관리를 위해 통합적 메카니즘을 구성하여 관리한다.

이러한 재난관리단계를 산불재난에 접목시켜 산불을 효율적으로 관리하기 위한 단계별 주요 활동 사항은 다음과 같다. 즉, 〈표 15.2〉에서와 같이 재난단계별 위기관리활동을 보면, 예방단계에서는 산불에 대한 국민적 경각심 고취를 위한 다양한 홍보활동, 산불원인별 합리적인 예방활동으로 산불요인 제거, 지상과 공중의 입체적 산불감시 · 계도활동 전개가 수행되며, 대비단계에서는 산불방지대책본부 구성 · 운영 및 범정부적 공조체제 구축, 산불방지 대응역량을 강화하기 위한 협정제도 활성화, 지상진화 역량강화를 위한 교육훈련 실시, 긴급 지원체계의 점검 및 확인이 이루어지며, 대응단계에서는 조기발견 및 신고체계 확립, 신속한 피해상황 파악 및 보고, 긴급대응 조치 시행 및 현장지휘소 설치 운용 및 필요시 "특별재난지역" 선포가 이루어진다. 또한, 복구단계에서는 신속한 피해조사 및 복구 지원과 피해 기록 및 평가가 이루어진다.

〈표 15.2〉 **산불재난 단계별 위기관리활동**

단계	위기관리활동
예 방	• 산불에 대한 국민적 경각심 고취를 위한 다양한 홍보활동 • 산불원인별 합리적인 예방활동으로 산불요인 제거 • 지상과 공중의 입체적 산불감시 · 계도활동 전개
대 비	• 산불방지대책본부 구성 · 운영 및 범정부적 공조체제 구축 • 산불방지 대응역량을 강화하기 위한 협정제도 활성화 • 지상진화 역량강화를 위한 교육훈련 실시 • 긴급 지원체계의 점검 및 확인
대 응	• 조기발견 및 신고체계 확립 • 신속한 피해상황 파악 및 보고 • 긴급대응 조치 시행 및 현장지휘소 설치 운용 • 필요시 "특별재난지역" 선포
복 구	• 신속한 피해조사 및 복구 지원 • 피해 기록 및 평가

2절 산불피해지 복구

1. 산불에 의한 피해

1.1 성숙림분에 대한 피해

성숙목은 수피(樹皮, bark)가 두껍고 코르크(cork)층이 발달되어 형성층(形成層)이 고열에 대해서 잘 보호되어 있어 산불에 대한 저항력은 많으나 일단 산불에 의하여 피해를 받게 되면 큰 손실을 가져다준다.

성숙되어 수확기에 달한 임분이 소각될 때에는 수십년 동안 투입된 온갖 예산과 노력이 헛것이 될 뿐만 아니라 기대하였던 수익이 없어져서 산주에게 막대한 손해를 끼치며, 또한 산림경영계획에 대수정을 요하게 되어 이 때문에 예기치 않았던 비용이 들게 된다. 성숙림이 산불에 의하여 완전히 죽었는지 살았는지 외형만 보고서는 판단하기 어려울 때가 있는데, 이때에는 한 생장기간을 완전히 보아야 확실히 알 수 있게 된다. 그러나 산불에 의하여 완전히 죽지는 않았다 하더라도 그 생장력이 대단히 쇠약해졌을 경우에는 남겨둘 가치가 없게 된다.

성숙림이 산불의 피해를 받으면 피해임목 체내의 수분이 감소되어 유해곤충, 특히 소나무좀의 번식에 알맞게 되어 그 소굴이 되므로 그 부근의 소나무 임분(林分)에 대하여 나무좀의 피해를 크게 받게 하며, 2차적인 산림피해를 가져오게 한다. 그러므로 산불의 피해를 받은 성숙목은 병해충의 방제 면에서는 하루속히 벌채하여 제거하는 것이 병해충 피해를 막는 일이 된다.

1.2 유령림 및 장령림에 대한 피해

수목의 형성층 치사온도(致死溫度)는 55~65℃로서 유령목(幼齡木)과 수피가 엷은 임목은 산불에 대해서 가장 약하여 경도(經度)의 지표화(地表火, surface fire)에 의해서도 고사하는 일이 많다. 특히, 이른 봄 세포분열이 왕성한 때에는 형성층의 조직이 고열에 대하여 더욱 약하므로 봄철에 일어나는 산불에 의하여 더욱 피해를 많이 받게 된다. 유령목이 피해를 받게 되면 갱신치수가 전멸하게 되므로 식재지에서는 다시 조림을 해야 하며, 천연갱신지에서는 그대로 방치해두면 천연갱신이 불가능하므로 산불이 났던 갱신지면을 정지해 주어 천연갱신을 가능하게 하여 주든지, 또는 인공식재에 의하여 목적한 수종에 의한 성림이 가능하게 해주어야 한다.

장령림이 피해를 받게 되면 그간에 투입된 자본과 노력이 헛것이 될 뿐만 아니라 경영계획에 큰 차질을 가져와서 많은 수정을 요구하게 된다.

1.3 토양에 대한 피해

산불이 일어나면 낙엽층이 소실되고, 부식층까지 타게 되어 토양의 이화학적 성질을 악화시킨다. 부식질은 토양의 이학적 성질, 특히 토양을 다공질로 만들어 투수성을 증가시켜 주며, 화학적 양료를 공급해 주어 토양을 개량하는 일이 그 중요한 역할인데, 산불에 의하여 이것이 소실되면 지표의 보호물을 잃게 되어 지표유하수(地表流下水, surface run-off)가 늘고 낙엽이 탄 후 생성된 재로 인하여 불투수성 막을 형성하기 때문에 투수성(透水性, permeability)이 감소되어 토양의 이학적 성질이 악화되는 동시에 지하의 저수능이 감퇴되어 호우 시에는 일시적인 지표유하수의 증가로 말미암아 홍수의 원인이 된다.

산불이 비록 부식질을 소각시킬 정도로 심하지 않을 경우일지라도 산불에 의하여 수관이 완전히 개방될 때에는 직사광이 임지에 들어오게 되어 부식질을 빨리 분해시키는 동시에 낙엽이 없어져서 부식질이 계속 보급되지 않으므로 토양 내의 부식질은 점점 없어져서 토양의 이학적 성질이 나빠진다.

산불에 의해 타고 남은 재에는 질소분은 이미 날아가 버리고 인산석회 및 칼리 등 광물질 성분을 함유하고 있으나, 빗물에 의하여 유실되므로 자주 산불의 피해를 받을 때에는 토양이 곧 척박해진다.

1.4 산림의 생산능력감퇴

일반적으로, 용재가치가 높은 수종은 산불에 약하므로 산불이 일어나면 이러한 가치 있는 나무가 먼저 타 죽고 가치가 낮은 수종들이 남아 있게 되어 임분의 질이 퇴화하게 된다. 산불이 자주 일어나면 교목대신 산불에 강하나 경제적 가치가 훨씬 떨어지는 관목이 번성하게 된다. 이와 같이, 산불이 나면 경제적 가치가 떨어지는 수종으로 임분이 변화되어 그 생산능력이 떨어지게 된다.

1.5 산림의 다목적 기능감퇴

산림은 목재를 생산하는 기능 이외에 수원함양 · 국토보전 · 풍치보존 · 휴양처제공 · 공해방지 · 야생동물번식 등 다목적인 기능을 가지고 있다. 따라서 산불에 의하여 산림이 파괴될 때에는 이러한 기능들이 감퇴 또는 소멸된다.

1.6 산불에 의한 인명 및 재산피해

산불로 인한 피해는 산림피해 뿐 만 아니라 인명, 재산피해가 있으며, 재산피해 중 부동산의 경우는 주택, 부속사, 축사피해가 있고, 동산의 경우는 집기류, 농기계, 가축사료, 유실수와 농작물의 피해가 있다

2. 산불에 의한 피해복구

2.1 산불피해 복구 개념

산불재난의 특징을 보면, 그 피해의 규모가 대형화하고, 여러 가지 형태의 재산상 피해는 물론 인명피해를 발생시킨다. 자연재해대책법에 구체적인 정의는 없으나 홍수, 가뭄, 황사 등의 구체적인 재해와 더불어 그밖에 이에 준하는 자연재해에 상응하는 산불도 있었으며, 우리나라 산불의 경우 자연적 현상보다는 인간의 활동에 의해 자연현상 조건의 이상(異常)에 의해 발생하는 경우가 대부분이므로 현재의 시점으로는 "인위재해"로 볼 수 있고, 이에 대한 예방과 복구를 규정하여 관리함이 타당하다고 할 수 있다.

그 예로, 2000년 4월 7일 강원도 고성군 토성면 학야리에서 처음 발생하여 4월 15일까지 총 9일간 총 23,794ha의 산림피해를 입은 동해안 산불은 4월 17일 재난관리법 제51조 및 동시행령 제48조 규정에 의하여 「특별재난지역」으로 선포되어(대통령 공고 제166호) 자연재난으로 관리되어 보상 및 복구가 이루어 졌다.

2.2 외국의 산불피해 복구체계

산불피해지 복구에 있어서 우리나라는 재난 및 안전관리기본법과 자연재해대책법이 기본법령이지만, 미국은 STAFFORD법, 일본은 공공토목시설재해복구사업비국고부담법령에 근거하여 지원하고 있다. 또한 우리나라는 복구예산을 피해합동조사보고서를 토대로 복구비를 지원하지만, 미국은 PL93-288에 따라 재해복구비의 75%까지 지원 및 추가원조를 하고, 일본은 국고부담법, 격재법 등에 의해 복구예산을 보존하고 있다. 〈표 15.3〉은 한 · 미 · 일 복구체계를 비교한 것이다.

〈표 15.3〉 한 · 미 · 일 복구체계 비교

구분		한국		미국		일본	
법령	기본법	○	- 재난 및 안전관리기본법 - 재연재해대책법	○	- STAFFORD법	○	- 공공토목시설재해복구 - 사업비국고부담법
	관련법령	○	- 중앙재해대책본부 중앙합동조사단 운영규정 - 재난구호 및 재난복구 비용 부담기준 등에 관한 규정	○	- 연방법 - 주법	○	- 동법 시행령, 시행규칙, 사무취급요강 - 방침, 합의 - 격재법 - 재해대책기본법
재해긴급공사		○	-	○	- 재난 피해 잔해 - 비상보호 조치 등	○	- 광역에 걸친 대규모 재해, 또는 특별한 재해인 경우 실시
복구계획		○	- 재해구호 및 재해복구비용부담기준 등에 관한 규정	○	- 복구 소요비 규모에 따른 복구계획 - 복구의 긴급성에 따른 복구계획 - 복구 후 기능향상에 따른 복구계획 - 대체복구	○	- 복구계획 수립권자는 지방공공단체의 담당자에게 있으나, 일부는 위탁실시
응급복구		○	- 응급복구는 원칙적으로 방재책임자부담으로 시행	○	- FEMA, 26개 연방기관, 주정부, 지방정부 당국 등이 응급복구 추진	○	- 원칙적으로 관리자의 부담에 있어서 시행
복구예산		○	- 피해합동조사보고서를 토대로 복구비 지원	○	- PL93-288에 따라 재해복구비의 75%까지 지원, 추가원조	○	- 국고부담법, 격재법 등에 의해 복구예산 보조
복구사업		○	- 부처 및 시도, 시군 구의 사업시행은 복구계획수립 확정 후 사업시행	○	- 복구계획이 FEMA의 승인을 받아 복구비지원이 완료되면 자율적으로 추진	○	- 재해조사 등에 의해 결정된 해복구사업은 청부공사의 형태로 발주
사전협의		×	-	○	- 재난에 대한 정보와 예상되는 피해숙지 - 조사활동을 할 지역을 미리 확정 등	○	- 사정전에 협의조정 - 사정의 신속한 처리 및 되돌아가기 등이 생기지 않도록 행함
국고부담 신청		×	-	○	- 지방정부의 주 정부에 대한 지원은 재해 복구비가 지방정부의 재원 역량을 넘었을 때만 신청	○	- 지방공공단체의 장은, 재해복구사업계획서 및 재해복구사업지를 결정받음

3. 산불에 의한 피해액 산정

3.1 산불피해조사 과정

산불은 그 피해가 소규모 임야에서 인명피해와 재산피해까지 발생하여 특별 재난지역의 선포가 이루어지는 경우까지 다양한 양상을 보여주고 있다. 특히, 강원도에서 발생한 1996년 고성 · 양양 산불, 2000년 동해안 산불 그리고 2005년 양양산불에 이르기까지 대형 산불의 발생과 그로 인한 피해 조사와 복구계획 수립을 통해, 정부와 지자체 차원에서의 산불 피해 조사방법과 복구 지침을 만들어 왔다.

산불의 피해조사는 그 피해가 임야에만 한정된 소규모 산불피해의 경우 산불 담당 부서에서 피해를 조사한다.

산불의 피해가 농지, 과수원 등의 재산상의 피해가 야기하였을 때, 그 피해 조사는 농업 담당 부서에서 실시하며, 임야 피해액에 농지 및 과수원의 실 피해액을 합산하여 피해액으로 산출한다.

산불의 피해가 재산상의 피해 뿐 만 아니라, 인명의 손실과 가옥의 전소 등을 야기하였을 경우, 각 지자체의 재난 담당 부서에서 각 피해 소관 부서에서 산출한 피해를 집계 및 관리한다.

즉, 임야는 매년 산림청에서 고시하는 경제수 조림단비 금액을 이용하며, 농지 또는 과수원 피해에 대하여는 농림식품부 등 기관에서 고시 또는 산출하는 그에 해당하는 금액을 이용 피해를 산출하고, 기타 인명, 가옥 등의 피해액에 대하여는 소방관서에서 그에 대한 피해 금액 등 모든 피해액을 종합적으로 합산한 금액을 피해액으로 산출하여, 지자체의 재난 담당 부서에서 집계한다.

또한, 피해의 정도가 커지면 이를 종합하여 해당 지자체의 건의에 따라 중앙정부에서 이에 대한 심의를 통해 대통령이 특별 재난 지역으로 선포한다. 다음 〈그림 15.1〉은 산불 피해조사 과정에 대한 일련의 피해조사 과정을 나타낸 것이다.

3.1.1 직접피해 분야

가. 인명 및 이재민 피해

사망 및 부상자 빛 이재민 피해로 구분조사

나. 재산피해

– 주택피해분야

• 피해구분은 전소, 반소, 경미한 피해로 구분하되, '전소(全燒)' 는 기둥, 벽체, 지붕 등

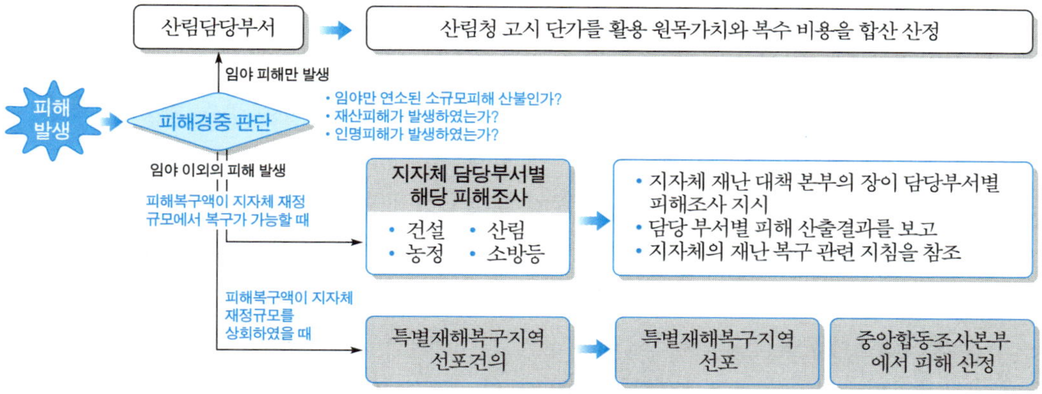

〈그림 15.1〉 산불피해조사 과정 흐름도

건축법상 주요 구조부가 파손되어 재건축하지 않고는 그 사용이 불가능한 건축물인 경우, '반소(半燒)' 는 기둥, 벽체, 지붕 등 건축법상 대수선에 해당되는 수리를 요하는 건축물인 경우, '경미한 피해' 는 상기 이외의 피해를 입은 건축물인 경우로 구분 조사

– 농업피해분야
- 조사대상작물 : 채소류는 마늘, 채소 육묘(고추, 오이), 과수류는 사과, 배 등, 버섯류는 느타리, 양송이, 팽이 등, 기타 화훼, 인삼 등으로 구분하여 조사
- 농업시설물분야 : 비닐하우스, 버섯재배사, 농산물 집하장, 상온저장고, 저온저장소, 예냉시설, 잠실, 농산물 가공시설, 농산물 건조장, 생약 제조시설, 선과시설, 보일러, 온풍 난방기, 수송차량(일반, 냉장차), 지게차, 스프링쿨러, 무인방제기, 양액시설 등의 장비류, 농산물 간이집하장, 농산물 저온저장고등의 창고류, 냉동탑차, 선별기, 포장기, 파렛트, 결속기 등의 피해도 구분하여 조사

– 축산피해분야
- 축사 부문 : 피해농가수는 한우사, 유우사, 번식돈사, 비육돈사, 산란계사, 유계사, 기타축사로 구분하여 조사
- 가축 부문 : 조사대상 가축은 한우, 젖소, 돼지, 닭, 기타로 구분하고, 가축별로는 성축, 육성축, 자축으로 구분 조사 및 축종별 피해가격은 산불 당시 실거래 가격을 기준
- 축산기자재 부문 : 축산전용 자동화시설, 사료 등으로 구분 조사, 피해액 산출은(기자재의 구입단가×감가상각비)의 계산식을 이용하고, 기타 사료비는 구입가격 기준으로 피해액을 산출 및 여러 종류일 경우에는 평균가격으로 산출

– 산림피해분야

- 피해면적, 재적 및 피해액조사는 소관별 · 임상별로 실시. 재적 및 피해액은 별도의 산정방법에 의하여 조사하고, 조사결과는 축척 1/25,000 지형도에 표시
- 산림복구 소요액 : 벌도비, 조림비, 사방복구비로 구분하여 조사하고, 산림복구액은 ha당 단비에 의한 소요액 산출방법에 따라 산정
- 송이 피해조사 : 산불피해지 내의 송이 발생임지 피해면적조사로서, 과거에 조사하여 작성 비치하고 있던 송이 발생임지 관리대장과 도면을 대조한 후 발췌하여 확정. 송이 피해 수량과 피해액은 최근 5년간 산림조합에 수매한 실적을 평균하여 확정

– 공공시설피해분야
- 공공시설피해분야 : 군사시설 및 공공시설, 도로, 기타시설(송 전, 통신시설, 전력소, 상수도 등)로 구분

– 사찰 등 문화재 피해분야
- 사찰, 문화재 피해로 구분조사

3.1.2 간접피해 분야

가. 산불의 생태환경적 피해

산불은 임목피해 뿐 만 아니라 산림토양, 식생, 수자원, 야생동물, 곤충, 미생물 등 자연생태계와 수자원함양 등 공익적 기능 등을 파괴시킨다. 또한, 산불은 엘니뇨와 라니냐와 같은 기후변화에도 영향을 주어 장기간 건조현상을 일으키며, 인도네시아 산불과 같이 초대형산불이 발생한 경우에는 연무 등 유해가스가 다량 발생하여 호흡기질 환자발생 및 교통장애 까지 유발시킨다.

나. 산불로 인한 공익기능 피해

– 산림의 공익기능

산림의 공익기능이란 산림 내에서 생산되는 환경적, 문화적 기능 등을 통틀어서 말하는 것으로서 이러한 기능은 공공재(公共財)로서의 성격이 강하기 때문에 비경합성(非競合性)과 비배제성(非排除性)으로 시장에서 거래가 되지는 않지만 국민들에게 없어서는 안 될 무한의 다양한 혜택을 무상으로 제공해 주는 공공재이다. 주요 기능들로는 수자원함양 및 수질정화, 이산화탄소 흡수 및 산소공급, 자연 생태계 보호와 생물다양성의 보전, 보건휴양 및 생활환경 개선, 토사의 유출 · 붕괴방지 등으로서 산림이 발휘하는 유형 · 무형의 기능 등이 있다.

- 수원함양기능 : 홍수를 막아주고 가뭄시에도 끊임없이 물을 공급해주는 기능
- 국토보전기능 : 토사유출과 산사태 등의 지표 토양침식을 막아주는 기능
- 산림정수기능 : 깨끗한 물을 제공하는 정수기의 역할을 하는 기능
- 대기정화기능 : 광합성 작용을 통하여 이산화탄소나 대기오염 물질을 흡수하고 맑은 공기를 만들어 내는 기능
- 산림휴양기능 : 쾌적한 휴식공간을 제공하는 기능
- 야생동물보호기능 : 새와 짐승들의 살기 좋은 보금자리를 제공하는 기능
- 기타 : 소음과 바람을 막아주거나 기상을 완화하며 다양한 생물 종을 보전하는 기능 등

다. 연무에 의한 건강위험성 피해

산불발생으로 인해 인명피해가 발생할 경우 대부분의 인명피해는 연기 질식에 의한 것으로 농촌 고령자의 연기 질식에 의한 사망 및 부상 사례가 매년 발생되고 있다. 외국의 경우, 80만 ha의 산림피해와 251명의 사망자를 기록한 1997년 7월 인도네시아 칼리만탄 산불(Kalimantan Fire)로 발생된 연무로 인해 인접 7개국으로 이동되어 도시형 대기오염과 겹쳐져 주민에게 호흡곤란 등을 일으켜 7,000만 명의 환자와 2,000만 명의 입원환자가 발생하였고, 이중 17명의 사망자가 발생하였으며 연무로 인한 시계감소로 항공기가 추락하여 234명의 사망자를 발생시켰다. 극동러시아에서도 매년 산불로 발생되는 연무로 인해 연기 질식 및 호흡기 질환자가 증가한다.

라. 산불로 인한 지역경제(장사)의 피해

2005년 4월 강원도 양양 산불로 인하여 보물 제179호인 낙산사 동종 등 천년 고찰 낙산사가 소실되는 피해가 발생하였고, 이 주변에서 화재 피해 후 방문객(관광객) 감소와 지역경제(장사)의 변화가 예상되어 피해지 주변 상가 및 음식점을 중심으로 설문을 받아 본 결과 85명의 응답자 중 매우 줄었다가 61%, 줄었다가 39%를 나타냈다.

또한, 산불로 인한 낙산사 피해 후 지역경제(장사)의 변화에 대해 설문을 받아 본 결과 응답자 56명 중 매우 위축되었다가 59%, 위축되었다가 36%, 변화 없다가 5%를 나타내어 산불 후에 주요관광지 주변에는 많은 경제적 피해를 체감하고 있는 것으로 나타났다.

3.2 산불피해 유형별 조사방법

산불피해조사 항목과 담당부서 및 근거는 다음 표에서와 같이 인명 및 이재민 피해와 재산피해로 구분하여 지자체, 행정안전부 및 관련부서에서 자연재난조사 및 복구계획 수립지침 등의 피해조사 근거에 의하여 조사한다.

〈표 15.4〉 산불 피해조사 항목과 담당부서 및 근거

구분	피해유형			조사부서	조사방법	피해조사근거
직접피해	인명 및 이재민		사망, 부상자, 이재민 발생	지자체 관련 부서	관할 시군구에서 피해조사 이재민 구호는 응급구호와 장기 구호를 구분하여,주생계수단이 피해를 입었는지 감안하여 조사 불가항력여부를 엄격히 확인, 산업재해보상보험법 시행령에의해 향후 후유증까지 감안하여 조사 재난으로 인해 주 생계수단이 피해를 입은 대상에 대해 조사	지자체 인명피해관리지침(사망자), 산업재해보상보험법시행령(부상자), 에 의거
	재산피해	주택	전소, 반소, 경미한 피해	국토해양부 관련부서	직접주거용으로 사용중인 주택에 대해, 전소, 반소로 구분	자연재난조사 및 복구계획 수립 지침
		농업	농작물, 농업시설물	농림수산 식품부 관련부서	관련시설은 건축관리 대장을 근거로 전소, 반소로 구분하며, 농작물은 피해면적만으로 재난 지수를 활용하여 피해조사 및 학생유무에 따라 학자금 지원관계로 가족현황을 병행 조사	행정안전부에서 발표한 재난 지수, 농업통계조사 규칙, 지자체 자연재난 조사 및 복구계획 수립 지침
		축산	축사, 가축, 축산기자재, 사료	농림수산 식품부 관련부서	축사 등 시설은 건축관리 대장을 근거로 전소, 반소로 구분하며, 폐사등의 피해는 현지 답사를 통한 피해확인 조사를 작성하고, 당해 현지 재난 지수를 활용하여 피해조사	행정안전부에서 발표한 재난 지수, 농업통계조사 규칙, 지자체 자연재난 조사 및 복구계획 수립 지침
		산림	피해면적, 재적 및 피해액, 산림복구, 송이피해	농림수산 식품부 관련부서	국,공,사유림 등으로 소유별로 구분 조사하며, 피해액 산정은 피해물량×기준단가로 표시	자연재난조사 및 복구계획 수립 지침
		공공시설	군사시설, 도로, 기타(송전, 통신, 전력, 상수도)	국방부(군사시설),도로(국토해양부), 지식경제부(통신, 전력), 국토해양부(그외의 시설)	각 시설별 관리법에 의거하여 파손된 시설을 조사	각 시설별 관리법
		사찰/문화재	사찰, 문화재 피해	문화재청 관련부서	문화재보호법에 의해 지정된 시설을 대상으로 기준단가를 이용하여 피해액 산정	문화재관리 대장, 문화재청 표준설계금액

3.3 산불 피해 유형별 보상 및 복구방법

3.3.1 산불피해에 대한 보상

가. 산불피해에 대한 보상과 관련하여, 일반적으로 산불피해에 대하여는 산출된 피해 항목별 피해금액에 대해 국가배상법 규정과 재난관리에 관련된 법률에 의거 원인자가 배상한다. 그러나 원인자가 미상, 자연발화 등으로 배상능력이 없으면, 인명 및 재산피해 등에는 "자연재난조사 및 복구계획수립지침"에 의해 국가 및 지자체에서 일부 배상을 하되, 임목피해에 대해서는 보상을 안 한다.

나. 특히, 산림복구에서는 "보조금의 예산 및 관리에 관한 법률 시행령"에 의해 사방분야의 경우 산주는 부담이 없고, 국고 70%, 도,군비 30%를 지원하며, 피해지 조림부분에 대해서는 장기수의 경우 국고 70%, 도,군비 20%, 산주자부담 10%로, 큰나무의 경우에는 국고 50%, 도,군비 40%, 산주자부담 10%로 복구를 실시한다.

다. 산림 부산물인 송이의 경우 보상기준은 특별이 없으나, 과거 산림조합 공판시 수량을 근거로 보상을 해주는 경우는 있고, 단기소득임산물(곰취, 장뇌)인 경우도 송이의 경우와 같이 확인만 되면 보상을 해 줄 수는 있다.

라. 기타, 어장피해 등에 대해서는 특별재난지역선포시 의무사항은 아니나 위로, 격려차원에서 보상해주는 경우는 있으며, 산불피해지는 재나 토양의 유실이 심한 경우에는 산사태로 발전할 수 있고 이로 인해 주거지역 주변에서는 2차 재난의 우려가 있어 봄철 산불 후에는 반드시 응급복구를 실시하여야 하며, 이를 위한 예산지원이 필요하다.

마. 더불어, 산불시기가 대부분 봄철(2~5월)에 발생하므로 이때는 조림 묘목수급이 어려운 점을 감안하여 단가가 다소 높더라도(' 2009년 2~0년생 소나무 시설양묘 단가: 502원/그루, 1~1년생 소나무 노지양묘 단가 255원/그루) 시설양묘에 의한 묘목수급이 활착률면이나, 묘목수급 면에 있어야 양호 하므로 시설양묘를 위한 예산 투자가 필요하다.

바. 산불의 피해에 대한 보상과 관련하여, 과거 사례 중 1996년도 고성산불인 경우 원인자(군부대)가 있어 재난지역으로 선포가 되지 않았으며, 이에 따른 보상금은 별도 산출하지 않았던 사례가 있는 것으로 조사되었다. 즉, 산림에 관하여는 국고보조사업으로 년차별 복구계획을 수립하여 복구하였으며, 주택에 대하여는 1996년 고성 산불 사례에서 주택건립 시 국가배상금으로는 비용이 부족하여 재난관리법상 정부 30%, 정부융자금 30%, 도비 30%, 자부담(국가 배상금) 10%로 주택을 복구하였고, 정부융자금은 연리 5% 5년 거치 15년 균등상환 조건의 정주권 개발사업 자금 지원을 실시한 사례가 있다. 또한 2000년 동해안 산

불로 인한 특별 재난지역 선포 시, 재난 관리법에 의거하여해 피해액 산출, 보상비 지급 대상 선정 등을 결정하여, 보상비를 지급한 사례가 있는 것으로 조사되었다.

따라서, 향후 산불의 피해의 복구와 보상에 대해 현재의 각 담당 부서별로 유형화된 피해에 대해 조사한 결과를 토대로 국가 보상 및 복구 규정인 "재난 및 안전관리기본법"에 근거하여 보상 및 복구를 실시하되, 주택복구비 지원비율의 현실화가 필요하며, 현재는 재난지역으로 선정된 지역에서만 국가지원을 받았지만, 금후에는 비 재난지역 산불의 경우도 재난으로 규정하여 주민구호 및 복구지원을 현실에 맞게 지원을 받는 제도를 정립하여야 하며, 2005년 양양산불 당시 지역기업체 및 주변상가의 경우도 특별재난지역 지원기준에 입각한 보상지원도 필요하다. 〈표 15.5〉는 산불피해 조사항목과 담당 부서 및 조사 근거를 나타낸 것이다.

〈표 15.5〉 산불 피해 복구 및 보상 항목과 근거

구분	피해유형	피해 형태	관련부서	보상방법	보상근거
직접 피해	인명 및 이재민	사망, 부상자, 이재민 발생	거주지 관할 지자체 국민 안전처	• 사망자 실종자에 대한 지원 기준 지수 : 행정안전부장관이 고시 • 세대주와 세대원을 구분하되, 지원지수는 세대주 1인당 10,000, 세대원 5,000 적용 • 다른 법령에 의해 유족급여, 장제비 등을 기 지급 받았거나, 지급 대상인 경우에 복구 대항에서는 제외 • 부담률 : 지원 100%(국고 및 지방비) • 부상자에 대한 지원지수는 세대주 5,000, 세대원 2,500으로 하되, 의사진단 결과에 따라 신체 등급 7등급 이상 시 구호금을 지급 • 이재민의 응급 구호는 최초 7일간 실시 – 1인 1일당 6,000원 지급 – 시도 재해기금에서 지급 • 장기구호는 지원 지수 1인 1일 6적용 – 주택반소 시 : 23일 간 이재민 구호비 – 주택전소 시 : 53일 간 이재민 구호비 – 부담률 : 지원 100%(국고 및 지방비) – 소관부처 : 행정안전부 • 생계지원은 양곡 80kg를 기준으로 지원 총 양곡 5가마에 해당하는 지수를 적용 구호금지급 – 부담률 : 지원 100%((국고 및 지방비)) – 소관부처 : 농림축산식품부, 산림청, 지식경제부에서 관리, 행정안전부에서 지원	행정안전부장관 고시 자연재난조사 및 복구계획 수립 지침

〈표 15.5〉 산불 피해 복구 및 보상 항목과 근거(계속)

구분	피해유형		피해 형태	관련부서	보상방법	보상근거
직접피해	재산피해	주택	전소, 반소, 경미한 피해	국토교통부 관련부서, 행정안전부	• 지원지수는 피해규모에 상관없이 동당 9,000을 기준하되, 반소 시 1/2 적용 – 부담률 : 국고 및 지방비 지원 30%, 융자 60%, 자부담 10% 반소 주택도 이축 및 개축 시 전소 기준으로 지원 – 주택 구입 시도 재난 지원금 및 융자금 전액 지원 – 전월세 입주자도 지원 및1인소유 부지 내 2동이 있을 경우 1동만 지원 대상 • 세입자 지원 지수 3,000 범위에서 실제 계약금을 환산한지수를 근거로 세입자 지원 – 부담률 : 지원 100%(국고 및 지방비) – 소관부처 : 행정안전부	자연재난조사 및 복구계획 수립 지침
		농업	농작물, 농업 시설물	농림축산식품부 관련부서	• 피해면적에 지원기준 지수 가중치는 매몰은 0.5, 유실은 1.24 적용 – 부담률 : 국고 및 지방비 지원 60%, 융자 30%, 자부담 10%/농지매입 시 실매입비 계상은 국고50%, 지방비 50%로 지원 • 시설에 대한 재난 지수 산정 방법은 피해면적*시설별 지원기준지수 – 부담률 : 국고 및 지방비 지원 35%, 융자 55%, 자부담 10% – 소관부서 : 농림축산식품부에서 관리, 행정안전부에서 지원	행정안전부에서 발표한 재난 지수, 농업통계조사 규칙, 지자체 자연재난 조사 및 복구계획 수립 지침
		축산	축사, 가축, 축산 기자재, 사료	농림축산식품부 관련부서	• 시설에 대한 재난 지수 산정 방법은 피해면적*시설별 지원기준지수 – 부담률 : 지원 35%, 융자 55%, 자부담 10% – 소관부서 : 농림축산식품부에서 관리, 행정안전부에서 지원 • 초지에 대해 피해면적*초지면적별 조성지원 지수로 산정/부담률 융자 70%, 자부담 30% • 가축에 대해 재난 지수를 폐사 수*가축별 지원기준에 의해 지원 – 부담률 : 국고 및 지방비 지원 50%, 융자 30%, 자부담 20% – 소관부서 : 농림축산식품부에서 관리, 행정안전부에서 지원	행정안전부에서 발표한 재난 지수, 농업통계조사 규칙, 지자체 자연재난 조사 및 복구계획 수립 지침
		산림	피해면적, 재적 및 피해액, 산림복구, 송이피해	산림청	• 년차별 산림복구 계획에 의해 복구 실시 – 생계지원 : 국고 및 지방비 : 100% – 자목 및 표고버섯재배사 : 국고 및 지방비 : 35%, 융자 : 55%, 자부담 : 10% – 산림작물복구 : 종자 및 비료대(국고 : 50%, 지방비 : 30%, 자부담 : 20%/ 농약 : 국고100% – 공공시설 : 국유(100% 국고), 지자체, 사유림(국고 50%, 지방비 50%) 등	자연재난조사 및 복구계획 수립 지침

〈표 15.5〉 산불 피해 복구 및 보상 항목과 근거(계속)

구분	피해유형		피해 형태	관련부서	보상방법	보상근거
직접피해	재산피해	공공시설	군사시설, 도로, 기타(송전, 통신, 전력, 상수 도)	국방부(군사시설), 도로(국토교통부), 산업통상자원부(통신, 전력), 국토교통부(그외의 시설)	• 각 시설별 관리법에 의거하여 파손된 시에 대해 개선복구를 목표로 복구비 산정 후 복구 공사 실시 – 공공건물(국가시설 : 100%국고) – 지방시설 : 소규모시설(소교량, 농로, 마을회관 등 국고 100%)을 제외한 공공시설은 국고 50%, 지방비 50%)	각 시설별 관리법
		사찰/문화재	사찰, 문화재 피해	문화재청 관련부서	• 산정된 피해액을 기준으로 전액 국고에서 지원하여 복구 실시 – 국가지정문화재 : 국고 100% – 국가지정(위탁)문화재 : 국고 70%,지방비 30% – 지방지정문화재 : 국고 50%, 지방비 50%	문화재관리 대장, 문화재청 표준설계금액

3.4 산불관련 관련 특별재난지역 선포기준 설정

3.4.1 특별 재난 지역의 선포사례

2000년 4월 7일 강원도 고성군 토성면 학야리에서 처음 발생하여 4월 15일까지 총 9일간 총 23,794ha의 산림피해를 입은 동해안 산불은 4월 17일 당시법령인 재난관리법 제51조 및 동시행령 제48조 규정에 의하여 『특별재난지역』으로 선포되었다(대통령 공고 제166호).

또한, 양양산불은 2005. 4. 4(월) 23:53에 강원도 양양군 양양읍 화일리 도로변(군도 1호선)에서 원인 미상으로 발생하여 산불이 급속도로 확산되고 주택과 상가 등이 연소되어 피해가 커지자 4월 7일 15시 30분 중앙재난안전대책본부장이 당시의 재난 및 안전관리기본법 제61조 및 시행령 제68조 제3호의 규정을 적용하여 양양지역을 『특별재난지역』으로 선포하였다. 즉, 양양산불은 재난 및 안전관리기본법, [별표 2] 〈개정 2004.11.03, 2005.11.30〉 자연재난으로 인한 특별재난지역 선정기준(제68조제1호관련)에 의거〈표 15.6〉 최근 3년간의 보통세 · 조정교부금 및 재정보전금을 합산한 금액의 연평균액이 600억원 이상 850억원 미만인 시 · 군 · 구에 해당하고, 산불 피해액이 80억원 이상에 해당되어 특별재난지역으로 선포하게 되었다.

다음 그림은 당시 기준에 의한 특별 재난지역으로 선포되기까지의 일련의 과정을 나타낸 것으로 산불로 인한 피해가 발생하면, 지자체는 1차적으로 자체 조사를 실시하며, 이의 결과를 시도 및 중앙 재난안전대책 본부에 보고하고 그 피해의 복구비용이 국고지원대상 기준에 대해 2.5배를 초과한 피해가 발생하였을 경우 중앙정부에 특별재난 지역의 선포를 건의하고, 중앙정부는 국무총리가 주제하는 중앙안전관리위원회를 개최하여, 이를 심의확정하여 대통령에게 선포를 건의한다.

현재의 재난 및 안전관리 기본법 제7장 제2절에서는 특별재난지역 선포 및 지원을 다음과 같이 규정하고 있다.

> **제2절 특별재난지역 선포 및 지원** 〈신설 2013. 8. 6.〉
>
> **제60조(특별재난지역의 선포)** ① 중앙대책본부장은 대통령령으로 정하는 규모의 재난이 발생하여 국가의 안녕 및 사회질서의 유지에 중대한 영향을 미치거나 피해를 효과적으로 수습하기 위하여 특별한 조치가 필요하다고 인정하거나 제3항에 따른 지역대책본부장의 요청이 타당하다고 인정하는 경우에는 중앙위원회의 심의를 거쳐 해당 지역을 특별재난지역으로 선포할 것을 대통령에게 건의할 수 있다.
>
> ② 제1항에 따라 특별재난지역의 선포를 건의받은 대통령은 해당 지역을 특별재난지역으로 선포할 수 있다.
>
> ③ 지역대책본부장은 관할지역에서 발생한 재난으로 인하여 제1항에 따른 사유가 발생한 경우에는 중앙대책본부장에게 특별재난지역의 선포 건의를 요청할 수 있다.
>
> [전문개정 2013. 8. 6.]
>
> [제59조에서 이동, 종전 제60조는 삭제
>
> **제61조(특별재난지역에 대한 지원)** 국가나 지방자치단체는 제60조에 따라 특별재난지역으로 선포된 지역에 대하여는 제66조제3항에 따른 지원을 하는 외에 대통령령으로 정하는 바에 따라 응급대책 및 재난구호와 복구에 필요한 행정상ㆍ재정상ㆍ금융상ㆍ의료상의 특별지원을 할 수 있다. 〈개정 2013. 8. 6.〉
>
> [전문개정 2010. 6. 8.]
>
> **제61조의2** 삭제 〈2013. 8. 6.〉

〈표 15.7〉은 과거 산불로 인한 특별재난 지역 선포가 이루어진 2000년 5월에 발생한 동해안 산불과 2005년 발생한 양양산불의 두 가지 사례에 대한 지원사례를 나타낸 것이다.

〈표 15.6〉 **일반지역 및 특별재난 지역 선정 기준(2005년 기준)**

선정범위	일반지역	특별재난지역 선정기준
최근 3년간의 보통세 · 조정교부금 및 재정보전금을 합산한 금액의 연평균액이 100억 원 미만인 시 · 군 · 구	14억 원 이상	35억 원 이상
최근 3년간의 보통세 · 조정교부금 및 재정보전금을 합산한 금액의 연평균액이 100억 원 이상 350억 원 미만인 시 · 군 · 구	20억 원 이상	50억 원 이상
최근 3년간의 보통세 · 조정교부금 및 재정보전금을 합산한 금액의 연평균액이 350억 원 이상 600억 원 미만인 시 · 군 · 구	26억 원 이상	65억 원 이상
최근 3년간의 보통세 · 조정교부금 및 재정보전금을 합산한 금액의 연평균액이 600억 원 이상 850억 원 미만인 시 · 군 · 구	32억 원 이상	80억 원 이상
최근 3년간의 보통세 · 조정교부금 및 재정보전금을 합산한 금액의 연평균액이 850억 원 이상인 시 · 군 · 구	38억 원 이상	96억 원 이상

**재난 및 안전관리기본법, [별표 2] 〈개정 2004.11.03, 2005.11.30〉 자연재난으로 인한 특별재난지역 선정기준(제68조제1호 관련).*

〈표 15.7〉 특별재난지역 지원사례

구분	동해안 산불	양양산불
발생시기	2000.5	2005.4
발생지역	강원도 고성군, 삼척시, 강릉시, 동해시, 경상북도 울진군	강원도 양양군
최근3년간 보통세, 교부금, 재정보전금액	–	63,758, 380천 원
피해액	산림피해면적 23,448ha, 인명피해 사망 2, 부상 15명 재산피해 총1,001억 원	피해사항은 산림시설 973ha 를 포함한 17개 분야에 총 393억 원, 이재민들은 163가구에 418명이 발생
지원액	주민재산피해 지원(311억 원) 산림 응급 복구를 위해 중앙정부와 지자체에 총 529억 원(보조 272억 원, 융자 257억 원) 지원	중앙정부와 지자체에 총 304억 원을 지원
비고	응급복구에 중앙지원 대상에 대해 국고 70%, 지방 30%를 지원	응급복구에 중앙지원 대상에 대해 국고 100%를 지원
	항구복구는 국고 90%, 지방비 10%	항구복구는 국고 90%, 지방비 10%

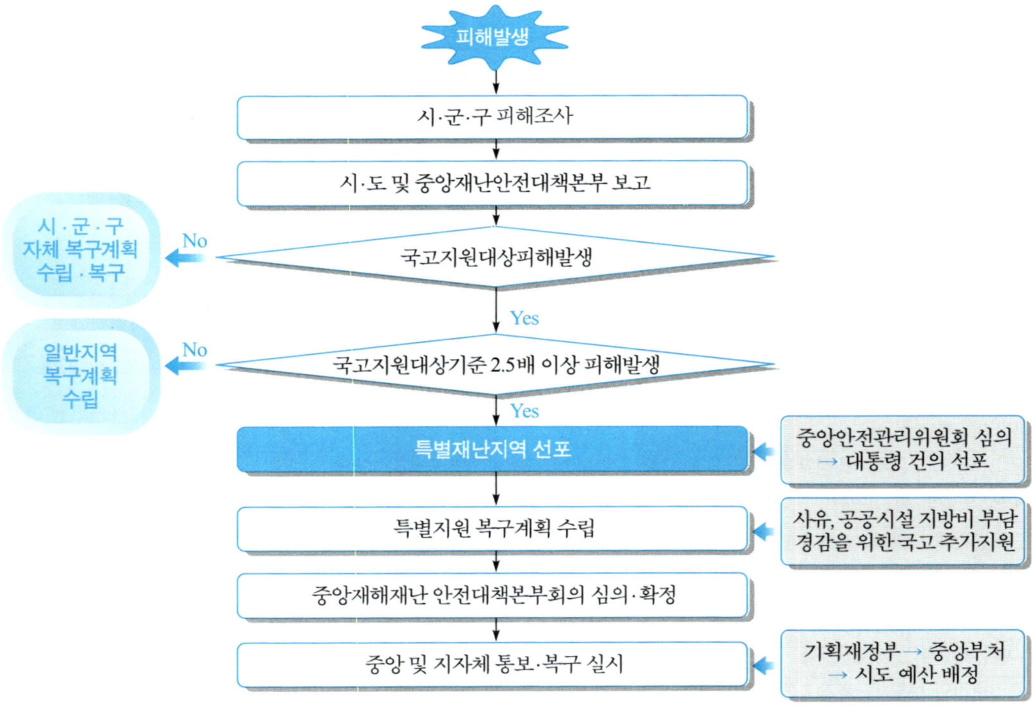

〈그림 15.2〉 특별 재난 지역 선포 과정

제16장 | 교통사고

1절 교통사고의 이해

1. 교통사고의 개념

교통사고는 차의 운전 등 교통으로 인하여 사람을 사상하거나 물건을 손괴를 말한다(「도로교통법」제 54조). 「도로교통법」상 교통사고는 도로에서 발생한 사고를 말하며, 「교통사고처리특례법」상 교통사고(제2조 2항)는 차의 교통으로 인하여 사람을 사상하거나 물건을 손괴하는 것을 말한다. 여기서 '차' 라 함은 자동차, 건설기계, 원동기장치자전거, 자전거, 사람 또는 가축의 힘이나 그 밖의 동력에 의하여 도로에서 운전되는 것을 말한다. 다만, 철길이나 가설된 선에 의하여 운전되는 것, 유모차와 행정안전부령이 정하는 보행보조용 의자차는 제외한다(「도로교통법」 제2조).

교통사고를 분류하면

① 피해의 경중에 따라 사망(교통사고가 주 원인이 되어 72시간 내에 사망한 경우)사고와 중상(의사의 진단결과 3주 이상의 치료를 요하는 부상)사고, 경상(5일 이상 3주 미만의 치료를 요하는 부상)사고, 부상신고(5일 미만의 치료를 요하는 부상) 및 물적피해(물건의 피해와 기타 재산상의 손해)사고로 구분되며,

② 사고장소에 따라
- 노외교통사고(도로 외의 장소에서 발생한 사고),
- 노상교통사고(차도 또는 도로상에서 주행중인 차와 관계되어 발생한 사고)로 구분되고,

③ 사고종별에 따라

- 충돌사고(차 대 차, 차 대 사람, 차 대 물건, 차 대 기타 등 서로 부딪쳐서 발생한 사고),
- 전복 · 전도사고(차 단독으로 뒤집혀 엎어지거나, 넘어진 상태의 사고),
- 추락사고(차 단독으로 떨어진 추락한 사고로 충돌사고가 원인이 되어 추락한 경우는 제외),
- 추돌사고(차 대 차 사고의 일종으로 앞에서 진행하는 차의 뒷부분을 뒤차의 앞부분으로 충돌하는 상태의 사고),
- 접촉사고(차 대 차의 앞지르기, 교행 등으로 서로 접촉하여 일어난 사고)로 분류된다(교통사고처리지침).

교통사고는 발생원인이 다양하며, 사람, 차마, 도로환경이 각각의 원인인 경우도 있으나 거의 이들 요인이 상호작용한 복합적 요인이 많은 것으로 분석된다. 그러나 사람이 원인인 사고에 비하여 차마 또는 도로환경적 요인에 의한 사고발생시에는 인명피해가 크고, 치명적인 경향이 많다(경찰학사전, 2012).

2. 교통사고의 특징

교통사고는 빈번한 도로에서 우발적으로 발생되므로 현장이 즉시 변경될 뿐만 아니라 현장보존이 곤란하고 또 목격자 확보 등 인적 증거 및 유류품 수집 등의 물적 증거 확보가 곤란하다. 그렇기 때문에 인적 증거의 경우 사후에 조작되는 경우가 자주 발생하게 된다. 아울러 사고처리에 신속을 기하지 못할 때에는 교통혼잡을 초래하게 되므로 원인규명에 필요한 최소한의 현장보존만을 하고 신속하게 교통회복조치를 취하여야 한다(교통경찰, 2012).

2.1 우발성

교통사고는 과실에 의한 것이 보통이기 때문에 언제 어디서든지 발생할 수 있으며 그 예측이 곤란한 우발적인 사고이다.

2.2 현장보존의 곤란성

교통이 빈번한 장소에서 우발적으로 발생되므로 현장이 변경되기 쉽고 교통소통을 위하여 현장을 계속적으로 보존하기 곤란하다.

2.3 증거확보의 곤란성

자동차교통은 점차 고속화하고 있으며 범인과 목격자, 참고인 등은 유동성이 있어서 인적 증거 확보가 곤란한 데다 사고현장에 유류된 물적 증거자료 역시 번잡한 교통의 흐름으로 인하여 멸실되므로 그 수집이 곤란하다. 따라서 이러한 교통사고의 특성을 평소에 충분히 이해하고 가급적 신속히 현장에 출동하는 것이 증거확보의 요체가 된다.

3. 교통사고의 원인

일반적으로 자동차의 운전은 자동차를 단순히 움직이는 것으로 잘못 이해하고 있는 경향이 있으나 운전을 할 때의 인간행동은 주행 중 연속적으로 변화하는 도로 환경에 대한 지각, 사고, 감응 작용에의 각 단계를 거친다. 특히, 단시간에 연속되는 것으로 실제로는 0.5초 내지 2.5초 정도의 짧은 시간인 것이다. 이 과정 중 한 단계라도 실패할 경우 사고에 연결되는 확률이 크다고 볼 수 있다. 따라서 교통사고 발생원인은 인적 요인, 차량적 요인, 도로 환경적 요인으로 구분할 수 있다.

3.1 인적요인

교통사고는 크게 사람, 도로환경 및 시설, 자동차 등의 여러 요인 중 하나 또는 그 이상이 복합적으로 결합되어 발생하게 되므로 종합적 측면에서 근본적인 사고유발 요인을 살펴보아야 한다. 교통 활동의 주체인 사람에 의한 사고영향은 교통수단인 차량이나 교통 환경에 속하는 도로시설에 비해 상대적으로 중요하여 운전자와 보행자의 신체적, 정신적 상태와 사고현장에서의 직 · 간접적인 행동, 그리고 사람으로부터 파생되는 인적 요인이 교통사고에 결정적인 영향을 미치는 경우가 대부분이다. 사고관련 운전자와 보행자를 포함한 인적 사고원인은 대부분 운전자의 교통법규 위반이 주를 이루고 있다. 운전은 부단한 주의를 요한다.

R. Parasuraman(1991) 등은 주의가 안전과 관련이 있으며, Shinar 등(1978)은 운전부주의가 사고의 25~50%를 차지하고 있다고 하였으며 Treat 등(1977)은 약 45%의 사고가 사고 직전에 적절한 주의를 했더라면 막을 수 있었다는 것을 밝히고 있다. 제한된 주의는 감각기능 저하를 악화시킨다고 하였다. 도로교통 안전관리공단에서 인명피해를 수반한 1,070건의 교통사고를 정밀 조사하여 인적 사고원인을 〈표 16.1〉과 같이 규명한 결과를 운전자 및 보행자의 사고관련 인적원인을 중심으로 살펴보면 〈표 16.2〉와 같다.

〈표 16.1〉 인적 사고원인별 발생비율

구분	사고원인		발생건수	구성비(%)	사고원인	발생건수	구성비(%)
운전자	전방 주시태만	졸음, 방심, 딴생각	85	7.9	음주(전날 주취포함)	56	5.2
		다른생각, 한눈 팜	23	2.1	기타 심신불량	1	0.1
		전화, 기타	200	18.7	과속	46	4.3
	환경요인에 의한 발견지연	시계불량 영향	24	2.2	신호지시 위반	87	8.1
		이상기후 영향	13	1.2	안전거리 미 확보	12	1.1
		야간시인성 영향	14	1.3	중앙선 침범	162	15.1
		전조등 현혹 영향	2	0.2	진로양보 불 이행	16	1.5
		기타	8	0.7	횡단, 회전, 후진	33	3.1
	판단 잘못	상대행동 판단착오	31	2.9	난폭, 경쟁운전	1	0.1
		주변상황 판단착오	48	4.5	갑작스런 행위	50	4.7
	차량조작 잘못	급브레이크, 엑셀조작	8	0.7	보행자 무단횡단	2	0.2
		급핸들 조작	31	2.9	기타 인적원인 있음	21	2.0
		기타 조작잘못	12	1.1	인적원인 없음	38	3.6
		조작방해 요인에 영향	4	0.4	기타/불명	40	3.7
		과로, 피로	2	0.2	계	1,070	100

자료출처 : 도로교통공단(2008)

〈표 16.2〉 인적 사고원인별 발생비율

구분	사고원인	발생건수	구성비(%) 총	주간	야간	보행자 진행 상태		발생건수	구성비(%)
보행자	무단횡단	73	37.6	28.8	40.8	횡단중	소계	147	75.8
	갑자기 뛰어 듬	12	6.2	13.5	3.5		신호기 횡단보도/계	13	6.7
	방심	21	10.8	15.4	9.2		신호위반 횡단보도/부근	25	12.9
	판단착오	13	6.7	11.5	4.9		신호없는 횡단보도/부근	46	23.7
	기타 보행자 요인	40	20.6	21.2	20.4		기타	63	32.5
	없음/불명	35	18.0	9.6	21.1	길가장자리 통행중		7	3.6
						기타/불명		40	20.6
	계	194	100	100	100	계		194	100

자료출처 : 도로교통공단(2008)

3.2 차량 요인

차량의 결함(정비불량)으로 인한 사고는 전체사고에 비하면 매우 미미하지만 주행 중에 차량의 결함으로 인해 위험상황에 처하게 되면 대형사고로 연결될 가능성이 높으며, 이로 인한 교통사고는 증가 및 감소를 반복되고 있는 실정이다. 교통사고의 원인이 될 수 있는 자동차 요인은 크게 엔진장치, 동력전달장치, 제동장치, 조향장치, 등화장치, 현가장치, 주행장치, 타이어 및 윈드실드 와이퍼 결함으로 분류할 수 있으나 대부분 제동장치의 결함 및 타이어 관련 결함이 대표적인 원인이라 할 수 있다. 이러한 정비불량으로 인한 교통사고는 자동차의 제작기술 향상에도 기인하지만 교통사고 조사시에 자동차적 결함을 발견하기 어려운 것도 한 이유이다.

3.3 도로환경 요인

도로환경적 요인으로는 도로선형 불량(급커브, 급경사) 및 도로구조 결함, 야간 시인성 또는 교통안전시설 미비, 교통운영 및 규제사항 부적절, 장애물 및 이상기후에 의한 시계불량, 노상장애물, 교통장애물, 노면 미끄러움, 도로손괴 및 요철, 도로부대시설 미비, 도로구조와 시설의 부조화 등으로 나열할 수 있으며 도로교통 안전관리공단에서 인명피해를 수반한 사고를 정밀조사하여 안전 사고원인을 구명한 결과 도로구조 및 시설, 운영측면에서 사고관련 원인과 도로환경별 사고발생 요인으로 살펴볼 수 있다.

2절 교통사고의 구성요건

1. 차에 의한 사고

우선 자동차 등의 개념과 관련한 「도로교통법」 제2조 제16호의 정의에 비추어 볼 때 기차, 전동차, 항공기, 선박 등이 차에 포함되지 아니함은 명백하다. 그리고 동조 제17호의 규정에 비추어 볼 때 「자동차관리법」 제3조의 규정에 의하여 건설교통부령으로 정한 승용자동차, 승합자동차, 화물자동차, 특수자동차, 이륜자동차는 모두 차에 해당하고, 원동기장치자전거, 그 밖의 일반자전거, 우마차, 경운기, 사람이나 가축의 힘, 그 밖의 동력에 의하여 도로에서 운전되는 것 등도 위의 차에 해당하나, 전동차 등 궤도차와 케이블카, 소아용의 자전거(예컨대 세발자전거), 유모차, 그리고 신체장애자용의 휠체어 등은 차에 해당하지 아니한다(손기식, 1992).

1.1 경운기, 트랙터의 경우

「자동차관리법」 제2조 제1호에 의하면 '자동차라 함은 원동기에 의하여 육상에서 이동할 목적으로 제작한 용구를 말한다.' 고 규정하고 있는 바, 경운기는 이동할 목적으로 제작한 용구가 아니라 영농을 위하여 제작된 농업기계로서 「자동차관리법」 소정의 장치를 갖추지 못하였으므로 자동차에는 해당하지 아니한다(단, 차에는 해당됨). 설령 통상의 경운기와 엔진부분은 동일하나 운전과 화물적재의 편의를 위하여 통상의 경운기중 핸들부분을 원형으로, 적재함부분을 철판으로 개조하여 자동차등록원부에 등록하지 아니한 채 운행하였다 하더라도 「자동차관리법」 소정의 등록대상에 포함되지 않은 이상 자동차로 볼 수 없고 농업기계에 해당한다. 따라서 「도로교통법」 소정의 운전면허를 받지 아니하고 경운기, 트랙터를 운전하거나 주취 중에 운전하였다 하더라도 동법에 의한 처벌대상이 되지 아니한다.

1.2 건설기계의 경우

「건설기계관리법」 제26조 제1항 단서 규정에 따라 「도로교통법」 제80조 소정의 1종 대형면허를 취득하지 아니하고 덤프, 콘크리트믹서 등 건설교통부령이 정하는 건설기계를 운전한 경우, 주취중에 이를 운전한 경우에는 모두 「도로교통법」 소정의 처벌 대상에 해당하게 된다. 다만 위 건설교통부령이 정하는 일정한 건설기계 이외의 일반건설기계(불도우저, 굴삭기, 지게차, 기중기, 롤러, 콘크리트 살포기, 쇄석기, 준설선, 기타 중기 등 20종)는 건설기계조종사면허를 받으면 운전이 가능하다.

1.3 50cc 미만 원동기장치자전거의 경우

「도로교통법」 제2조 제18호에 '원동기장치자전거라 함은 「자동차관리법」 제3조의 규정에 의한 이륜자동차 중 배기량 125cc 이하의 이륜자동차와 50cc 미만의 원동기를 단 차를 말한다'고 규정하여 배기량 126cc 이상은 자동차에 해당하고 배기량 50cc 미만과 정격출력 0.59kW 미만은 원동기장치자전거에 포함된다. 따라서 50cc 미만 원동기장치자전거는 「도로교통법」 소정의 운전면허를 받지 아니하고 운전하거나 주취 중에 운전하면 동법에 의하여 처벌된다.

2. 차의 "교통"으로 인하여 발생한 사고

2.1 교통의 의의

교통이라 함은 차의 운전을 말하는데 이는 사람의 왕래나 화물의 운반을 위한 운행을 뜻하는 것으로서 차를 본래의 사용방법에 따라 사용하는 것을 말하며 조종을 포함한다. 이는 직접적인 차의 운행뿐 아니라 차의 운행과 밀접하게 관련된 부수적인 행위를 포함하며, 차체에 의하여 발생한 경우 뿐만 아니라 차량에 적재된 화물 등 차량과 밀접하게 연결된 부위에 의하여 발생된 경우를 포함한다.

본래의 사용방법이란 자동차 등을 원동기를 사용하여 움직이게 하는 것을 의미하므로 운행중 일시 주 · 정차하다가 일어난 사고, 정류장에서 정차중인 버스 택시의 승하차시의 사고, 고장난 차를 끌고 가거나 견인 중에 일어난 사고, 운행중 화물이 떨어져 발생한 사고 등은 교통사고에 해당하나, 자동차 등을 우마로 끌거나 인력으로 밀어서 움직이는 것은 사용방법에 따른 사용이 아니므로 운전이라 할 수 없다는 것이 통설이며, 비탈길에서 시동을 걸지 않은 채 타력만으로 주행시킨 경우는 원동기를 사용한 것이 아니므로 운전이 아니다. 또한 정차한 차량에 타고 있는 사람이 갑자기 차문을 열어 옆차와 부딪친 경우, 또는 정차하고 있던 차량의 사이드 브레이크가 제대로 작동하지 못하여 미끄러진 경우, 정차한 차량을 발로 민 경우, 원격시동장치로 시동 발차하여 사고가 발생한 경우는 운전에 의한 것이 아니므로 운전과 관련된 부분에 대하여 「도로교통법」이나 「교통사고처리특례법」 적용은 어렵다.

다만, 자동차 등의 본래의 사용방법에 따른 운전으로 볼 수 없는 경우에는 운전을 행위요소로 하는 무면허운전, 음주운전 등을 처벌할 수 없다는 것이므로 교통사고에 있어서 '교통' 은 차를 그 본래의 사용방법에 따라 사용하는 것, 즉 자동차의 원동기를 사용하여 움직이게 하는 것을 의미하는 「도로교통법」상의 '운전' 과 자동차를 당해 장치의 용법에 따라 사용하는 것, 즉 자동차의 용도에 따라 그 구조상 설비되어 있는 각종의 장치를 각각의 장치 목적에 따라 사용하는 것을 의미하는 「자동차손해배상보장법」상의 '운행' 을 포함하는 보다 넓은 구성요건 상 의미 있는 행위로서 파악하고, 차에 해당여부와 피해결과 그리고 운전자의 과실여부에 따라 처벌여부가 결정된다는 점에 유의할 필요가 있다.

운전의 시작은 승차하여 발진조작으로서 진행하지는 않더라도 단지 엔진을 시동시켰다는 것만으로는 부족하고, 시동을 걸어 기어조작을 통해 구체적으로 발진할 수 있는 상태에서 개시되었다고 봄이 타당하고 자동차 등이 현실적으로 움직일 필요까지는 없고, 움직일 수 있는 제반장치가 이루어지면 운전이 있었다고 보아야 할 것이다. 즉 자동차의 시동을 걸고 기어를 작동시켜 출발하려다 적발된 경우 등은 운전행위에 해당한다.

운전의 종료시점은 자동차의 시동을 끄는 시점이라고 할 것이며, 하차하여야 할 것까지는 요하지 않는다(서울지방검찰청, 1996).

2.2 도로에서의 사고이어야 하는지 여부

「도로교통법」상의 사고는 도로에서 일어나는 교통상의 모든 위험과 장애를 방지, 제거하여 안전하고 원활한 교통을 확보함을 목적으로 하기 때문에 모든 장소가 아닌 도로에서의 사고에 한한다. 그러나 「교통사고처리특례법」 제3조 제2항에 '차의 교통으로 인하여 「도로교통법」 제151조의 죄를 범한 운전자에 대하여라고 규정하고 있으므로 반드시 도로에서의 사고에 한하는 것은 아니고 도로 이외의 장소에서 일어난 경우에도 교통사고에 해당한다.

3. 피해의 결과 발생

교통사고는 타인의 생명 · 신체 · 재산에 대한 피해의 결과가 발생하여야 한다. 차의 운행 중 충돌, 접촉 등으로 인한 것이라 해도 피해가 없을 경우에는 교통사고로 되지 않으며, 다만 행정법규위반 여부를 고려할 문제가 됨에 그친다. 여기서의 피해는 타인에 대한 생명, 신체, 재산에 대한 것으로 1일간의 관찰을 요하는 정도나 피해자가 임신 6주이면 2주의 안정관찰을 요할 정도는 이를 부상으로 볼 수 없고(경찰청, 1997), 가해운전자 자신과 운전하던 차량이나 범행의 수단 또는 도구로 제공된 차량 자체는 포함하지 않으며, 재물은 유형적 재물만을 의미하며 정신적 손해 등 무형적인 피해는 제외된다.

4. 업무상 과실이 있을 것

모든 차의 운전자는 조향장치 · 제동장치 그 밖의 장치를 정확히 조작하여야 하며, 도로의 교통상황과 그 차의 구조 및 성능에 따라 다른 사람에게 위험과 장해를 주는 속도나 방법으로 운전하여서는 안 된다. 차의 운행행위는 업무에 해당하며 운전을 업무로 하는 사람으로서의 특별한 지위에 있는 사람은 운전을 하지 않는 보행자보다 더 강한 주의의무가 있다. 따라서 항상 차의 운행 중에 요구되는 정상의 주의를 소홀히 하여(주의의무 태만) 피해의 결과를 발생시킨 과실을 말한다.

즉, 교통사고는 기본적으로 과실과 고의가 결합되어 「특정범죄 가중처벌 등에 관한 법률」을 위반(도주차량)한 경우를 제외하고는 과실범이고 결과범이므로 교통사고 조사시에는 운전자의 과실을 명백히 가리고 피해 발생 여부 및 정도를 조사하는 것이 반드시 필요하다(경찰청, 1997).

3절 교통사고 관련법

1. 형법

「형법」 제268조는 "업무상 과실 또는 중대한 과실로 인하여 사람을 사상에 이르게 한 자는 5년 이하의 금고 또는 2천만 원 이하의 벌금에 처한다"라고 규정하고 있다. 업무상 과실치사상죄에 있어서 업무란 사람이 사회생활상의 지위에 기초하여 계속·반복적으로 행하는 사무를 말한다. 대법원의 견해에 따르면 운전자가 무면허로 운전을 하다가 사고를 낸 경우에도 계속적으로 운전에 종사할 의사가 있는 경우에는 업무상 과실이 된다.

보통의 과실상해죄는 반의사불벌죄로 취급되고 있지만(「형법」 제266조 제2항), 업무상 과실 또는 중과실에 의한 상해의 경우는 반의사불벌죄가 아니다. 그러므로 「형법」에 따르면 피해자가 가해자를 형사처벌하는 것을 원하지 않는다고 하더라도 일단 공소가 제기되면 유죄판결의 대상이 된다.

차의 운전자가 교통사고로 인하여 업무상 과실치사상죄를 범한 경우에는 「교통사고처리 특례법」에 따라서 규율하게 된다(「교통사고처리 특례법」 제3조 제1항). 「교통사고처리 특례법」은 교통사고의 경우에 차의 운전자가 이른바 뺑소니(구호조치 미이행 후 도주 및 유기 후 도주)나 음주운전을 비롯한 11가지의 예외사유에 해당하지 않는다면 업무상 과실·중과실치상의 경우에는 피해자의 명시한 의사에 반하여 공소를 제기할 수 없다고 규정하고 있다. 요컨대 「형법」과 달리 「교통사고처리 특례법」은 업무상 과실·중과실치상의 경우에 대한 소추조건을 반의사불벌죄로 규율하고 있다.

2. 도로교통법

「도로교통법」은 도로에서 일어나는 교통상의 모든 위험과 장애를 방지, 제거하고 안전하고 원활한 교통을 확보함을 목적으로 하고 있다(「도로교통법」 제1조).

「도로교통법」에서 말하는 「도로법」에 의한 도로, 「유료도로법」에 의한 유료도로, 「농어촌 도로 정비법」에 따른 농어촌도로, 그 밖에 현실적으로 불특정 다수의 사람 또는 차마의 통행을 위하여 공개된 장소로서 안전하고 원활한 교통을 확보할 필요가 있는 장소라고 정의하고 있다(「도로교통법」 제2조).

자동차의 개념을 살펴보면, 우선 「도로교통법」 제2조 제16호에서 차마라 함은 자동차, 건설기계, 원동기장치자전거, 자전거 또는 사람이나 가축의 힘 그 밖의 동력에 의하여 도로에서 운전되는 것으로서, 철길 또는 가설된 선에 의하여 운전되는 것과 유모차와 행정안전부령이 정하는 신체장애용 의자차 이외의 것을 말하며, 우마라 함은 교통, 운수에 사용되는 가축을 말한다. 「도로교통법」 제2조 제16호의 정의에 비추어 볼 때 기차, 전동차, 항공기, 선박 등이 차에 포함되지 않음이 명백하고, 동조17호의 규정으로 보아 승용자동차, 승합자동차, 화물자동차, 특수자동차는 모두 차에 해당하며, 이륜자동차 등을 자동차로 보고, 그 밖의 원동기장치자전거, 일반자전거, 우마차, 경운기 등도 차에 해당하나 케이블카, 소아용자전거, 유모차, 신체장애자용 휠체어 등은 차에 해당하지 않는다.

「도로교통법」에서 운전이라 함은 도로에서 자동차 등을 그 본래의 사용방법에 따라 사용하는 것을 말한다. 본래의 사용방법이란 자동차 등을 원동기를 사용하여 움직이게 하는 것을 의미하고, 자동차 등을 우마로 끌거나 인력으로 밀어서 움직이는 것은 사용방법에 따른 사용이 아니므로 운전이라 할 수 없다. 또한 운전행위의 장소는 현실적으로 불특정 다수의 사람 또는 차량의 통행을 위하여 공개된 장소로서 교통질서유지 등을 목적으로 하는 일반 교통경찰관이 미치는 공공성이 있는 곳을 의미하고, 특정인들 또는 그들과 관련된 특정한 용건이 있는 자들만이 사용할 수 있고 자주적으로 관리되는 장소는 이에 포함되지 않는다. 운전행위는 도로에서 이루어져야 한다. 주차장으로 사용되는 공터나 사유지, 일반 공중이나 차량들이 자유로이 통행할 수 있는 통행 장소가 아니라면 「도로교통법」의 도로라고 할 수 없어 「도로교통법」상의 운전에 해당되지 않는다.

3. 교통사고처리 특례법

「교통사고처리 특례법」은 업무상과실 또는 중대한 과실로 교통사고를 일으킨 운전자에 관한 형사처벌 등의 특례를 정함으로써 교통사고로 인한 피해의 신속한 회복을 촉진하고 국민생활 편익을 증진함을 그 목적으로 한다(「교통사고처리 특례법」 제1조).

「교통사고처리 특례법」 제2조 제2호에서 교통사고라 함은 차의 교통으로 인하여 사람을 사상하거나 물건을 손괴하는 것을 말하는 것으로 규정하고 있을 뿐 장소적 적용범위에 대하여 구체적인 언급이 없다. 그러나 판례는 도로가 아닌 모든 곳에서 발생한 사고라 하더라도 차의 교통에 의한 것이면 모두 「교통사고처리 특례법」의 적용을 받는다는 점을 분명히 하고 있다.

「교통사고처리 특례법」 제3조 제1항 처벌의 특례는 차의 운전자가 「형법」 제268조(업무상과실, 중과실치사상)의 죄를 범한 때에는 5년 이하의 금고 또는 2천만원 이하의 벌금에 처한다고 규정되어 있다. 그러나 「교통사고처리 특례법」에서 피해자가 사망한 경우는 처벌의 특례가 없다. 「교통사고처리 특례법」 제4조 제1항은 교통사고를 일으킨 자가 종합보험 또는 공제조합에 가입된 경우에 운전자에 대하여 공소를 제기할 수 없다고 규정하고 있다(「보험법」 제4조 및 제126조부터 제128조). 이는 교통사고로 인한 물적 피해만 야기한 경우이거나 인적 피해가 있더라도 사망하지 않았을 경우 피해자가 처벌을 원하지 않는다는 의사표시를 하거나 사고차량이 종합보험 또는 공제조합에 가입된 경우에는 처벌하지 못한다는 것이다.

다만, 다음 각 호의 어느 하나에 해당하는 경우에는 그러하지 아니하다.

① 제3조 제2항 단서에 해당하는 경우

② 피해자가 신체의 상해로 인하여 생명에 대한 위험이 발생하거나 불구(不具) 또는 불치나 난치의 질병에 이르게 된 경우

③ 보험계약 또는 공제계약이 무효 또는 해지되거나 계약상의 면책규정 등으로 인하여 보험회사, 공제보험 또는 공제사업자의 보험금 또는 공제금 지급의무가 없게 된 경우 등을 들 수 있다.

4. 특정범죄 가중처벌 등에 관한 법률

「특정범죄 가중처벌 등에 관한 법률」 제5조의 3은 「도로교통법」 제2조에 규정된 자동차, 원동기장치자전거, 궤도차의 교통으로 인하여 업무상 과실 또는 중과실치사상죄를 범한 당해 차량의 운전자가 피해자를 구호하는 등 「도로교통법」 제54조 제1항(차의 교통으로 인하여 사람을 사상하거나 물건을 손괴한 때에는 그 차의 운전자나 그 밖의 승무원은 즉시 정차하여 사상자를 구호하는 등 필요한 조치를 하여야 한다)에 의한 구호조치를 취하지 아니하고 도주한 경우의 가중처벌에 관하여 규정하고 있다. 특정범죄 가중처벌 위반의 도주사고는 다른 사람을 치사 또는 치상케 하는 경우를 말하며, 본인 자신의 사망이나 부상피해 사고는 제외되는 것이다. 그러나 「도로교통법」상 사고 후 미 조치는 인적피해 외 물적 피해도 해당된다. 단순 물적 피해만 야기하고 도주한 경우는 「도로교통법」상 사고 후 미조치의 적용을 받게 되며 특정범죄 가중처벌에 규정된 도주차량과는 달리 차의 교통으로 사고를 야기하면 되고 사고야기에 있어서 과실을 전제로 하지 않는다. 「특정범죄 가중처벌법」상 도주운전은 피해자의 생명과 신체에 중대하고 긴급한 위험을 야기하고 나아가 그 가족을 정신적, 경제적 파탄에 이르게 할 수 있는 죄질 불량한 범죄에 속하는 것으로 「특정범죄 가중처벌법」에 의해 가중 처벌하고 있다. 또한 위급환자의 방치, 이탈은 순관실 치사가 아닌 미필적 고의로 살인 다음의 악질적 범죄로 피해 당사자와 그 가족에게 엄청난 재난을 주고도 자기만 살겠다는 정상참작의 여지가 없는 반사회적 범죄라는 특징이 있다.

4절 교통사고 처리절차

본 절에서는 교통사고 처리절차, 즉, 교통사고 발생 시 대처 요령, 교통사고 원인 규명, 교통사고의 조사 종결 등을 살펴본다(송진오, 2006).

1. 교통사고 발생 시 대처요령

1.1 즉시정차

침착하게 교통상황을 살핀 후 사고지점이나 사고지점 부근의 안전한 곳(갓길)에 정차해야 한다. 만약 정차하지 않고 그대로 계속 운행할 경우 도주 차량으로 간주되어 불이익을 당하는 경우가 발생할 수 있다.

1.2 부상자 구호

자동차를 정차시킨 후 부상자 발생 여부를 확인해야 하는데 그 순서는 차내 승객 그리고 밖으로의 순으로 하고 피해상황을 살펴볼 때에는 지나가는 차량에 특히 주의해야 한다. 경미한 부상사고인 경우에는 가까운 병원으로 옮겨 치료 받도록 하고 출혈이 심하거나 골절 등의 중상이라고 판단될 때에는 응급조치를 한 후 119에 전화를 해 전문 구급요원의 도움을 받아 병원으로 이송해야 한다.

1.3 위험 방지조치

현장보존은 교통소통에 지장이 없는 범위 내에서 꼭 필요한 경우에 한하고, 이 때는 경고등이나 그 밖의 안내표지(차량 고장표지판)를 설치해 제2의 사고가 발생하지 않도록 예방조치를 해야 한다. 차량 통행의 속도가 빠른 도로나 심야, 커브길 뒤편, 터널 안에서는 추돌사고의 위험이 크기 때문에 특히 조심해야 한다.

1.4 사고의 신고

신고의무는 시간적인 제한은 없으며 당시 사고 상황으로 보아 피해자의 구호 및 교통질서의 회복을 위하여 사고 당사자의 개인적인 조치를 넘어 진행차량에 지장을 주거나 경찰관의 조직적인 조치가 필요한 상황일 때에만 신고의무가 있다. 운전자로서 적절히 조치할 수 있는 일반적 사고인 경우는 신고의무가 없다.

「도로교통법」제54조 제2항의 입법 목적과 「헌법」상의 보장된 진술거부권에 비추어 볼 때 교통사고를 낸 자의 신고의무는 교통사고를 일으킨 모든 경우에 항상 요구되는 것이 아니라 사고의 규모나 당시의 구체적인 상황에 따라 피해자의 구호 및 교통질서의 회복을 위하여 경찰공무원이나 경찰관서의 조직적 조치가 필요한 경우에만 요구되는 것이라고 해석하여야 한다.

- 피해가 큰 교통사고라도 사망사고 · 도주(뺑소니)사고 · 중대법규위반 10개항의 치상사고만 아니면 형사처벌 면제(공소권 없다)

  종합보험에 가입된 경우 형사처벌이 면제(공소권 없다)되어 행정벌(범칙금과 면허정지)만을 받게 되므로 신고하지 않아도 된다. 중대법규위반 10개항 사고라도 경찰에 정식으로 신고하여 처리해도 8주 미만의 피해면 불구속 처리함을 원칙으로 하고, 또한 피해자의 피해가 8주 이상이라도 교통사고는 과실에 의한 사고로 피해자와 합의되면 특별한 경우가 아니면 정상 참작되어 대부분 불구속으로 처리되고 있다.

- 경찰이 '가해자의 처벌을 원합니까?' 라는 피해자의 의사를 묻게 될 때

  보험가입 여부가 확인되지 않는 경우는 법대로 처리하는 것으로 표시해야 한다. 교통사고는 사망 · 도주 · 중대법규 10개항 사고가 아니면 피해자가 '처벌을 원하지 않습니다.' 라고 의사표시(반의사불벌죄)를 하면 가해자의 형사처벌은 면제되므로 피해자의 권리보호에 차질이 생길 수도 있다.

- 뒤차가 추돌하여 피해를 입었는데 경찰에 신고하지 않고 명함만 받고 헤어졌는데 연락이 되지 않는 경우

  경찰서에 신고하여 사고처리 하는 것이 바람직하다. 경찰서에 신고할 때는 미리 피해견적서(진단서)를 첨부 제출하면 경찰에서 가해자를 소환 사고처리하게 되어 가해자가 종합보험 접수 처리하거나 종합보험에 가입하지 않은 경우는 피해자와 직접 합의하지 않으면 대물사고의 경우 500만 원 이하의 벌금형에 처한다.

1.5 사고 내용의 메모

사고관련 사항은 6하 원칙에 의해 모두 메모(관련자 차량번호, 운전자 면허번호, 피해자의 성명 · 연령 · 주민등록번호, 병원 기타 필요한 사항 등) 하는 것이 좋다.

1.6 증거 확보

사고 현장을 카메라로 찍어놓고 페인트 분무기 등으로 사고현장을 표시해야 한다. 또 쌍방이

서명한 확인서를 작성해야 하며 될 수 있으면 목격자를 확보하는 것이 좋다. 휴대폰이나 디지털카메라 등 변형(재편집)이 가능한 카메라로 촬영한 사진은 증거자료로 인정되지 않을 수 있다.

1.7 보험회사에 통보

응급조치(환자의 병원이송, 위험방지 조치)를 한 후 보험회사에 사고발생 상황을 통보한다. 통보 시는 사고관련 사항을 빠짐없이 통보하고 보상 담당자에게 사고처리 방법 및 기타 조치 사항에 관한 자문을 구하는 것이 좋다.

- 현장에서는 괜찮다고 하였는데 며칠 지나 아프다고 할 경우
  - 피해자가 정상의 경우 보험회사에 사고 접수하고 보험처리 해줄 수 있으나 30~40만원 정도 소요되는 경미한 피해라면 자부담으로 처리하는 것도 보험료 할증을 생각하면 더 이득일 수 있다. 그러나 피해자가 입원 처리해야 하는 등 상당금액이 소요될 사항이면 보험으로 처리하는 것이 바람직하다.
    ※ 물적 피해 50만원 이하를 보험처리 할 경우 할증은 없으나 할인을 적용 받지 못하므로 실질적으로는 할증 효과가 있다.
  - 피해자가 사고내용으로 보아 의외의 피해 진단이 나왔거나 사후 후유증 등 문제소지가 있으면 경찰에 신고하여 적법한 사고처리가 되도록 하는 것이 좋다. 며칠이 지난 사고를 뒤늦게 신고했다고 처벌하지 않으며 사고처리 후 처벌도 5만원(승용차 경우) 정도의 범칙금만 부과되므로 경찰서에서의 사고처리에 대해 크게 우려하지 않아도 된다.
- 일반적 사고라서 보험처리를 다 해주었는데 피해자가 경찰서에 신고하여 출두하라는 경우

  형사적 처벌은 면제되고 행정적 처벌로 범칙금(최고 10만원)과 운전면허 벌점의 처분을 받을 것이며 민사적 책임은 종합보험으로 처리하면 된다.
- 보험처리 않으려 했으나 부담액이 많아 상당기일 지나 보험처리 하려는 경우

  구체적인 사고발생 사실(내용)과 늦게 통보하게 된 경위를 보험회사에 통보하면 보험처리를 받을 수 있다. 기 지급한 치료비 영수증 및 수리비 계산서를 함께 제출하면 그 금액도 보상받을 수 있다. 그러나 피보험자가 지불한 치료비 또는 수리비 중 지연통보로 늘어난 일부 손해에 대하여는 보상하지 않는 경우가 있다.

2. 교통사고의 원인규명

2.1 발생과정의 구분 조사

- 사고 전 ⇒ 사고 당시⇒ 사고 후로 진행과정 구분 조사
- 인지가능지점 ⇒ 인지지점 ⇒ 예방지점 ⇒ 회피지점 ⇒ 접촉지점 ⇒ 정지지점 등으로 진행과정 구분 조사

2.2 합리적인 원인 규명 방법

- 발생과정의 재현(진실 발견의 최상)
  - 사고대상 차량 간의 충돌장면 가상 재현
  - 노면 사고흔적(스프레이로 표시하고 사진촬영)과 대조 발생과정 확인
  - 충돌 직전 대상차량의 결정적 사고원인 도출
- 가급적 최초 현장검증 시 운전자 과실 구증
  - 발생과정 재현으로 사고 당사자 과실 확인(시인 · 서명 확행)
  - 사고현장의 물적 증거 확인서명 확행(중앙선 침범, 신호위반, SM(Skid Mark)길이 등)
  - 물적 증거의 상황변경 · 소멸 우려 시 촬영유지, 특히 공사장 관련 사고

3. 교통사고의 조사 종결

3.1 교통사고의 조사 처리

- 단순 물적 피해사고 및 인명 피해사고로써 사고 관련자 간에 합의(보험가입) 되었을 경우 24시간 내 종결
- 사고 관련자 간에 합의되지 않았을 때에는 진단서 등 기타 조사서류를 신속히 구비하여 48시간 내 종결
- 진단서 미 발급, 견적서 · 합의서 · 보험서류 제출 지연 등 특별한 경우는 사유보고하고 2주일을 초과하여서는 아니 된다.

3.2 종합보험 미 가입 차량 사고의 경우

사고 원인행위가 사망 · 도주 및 「교통사고처리 특례법」예외사항인 10개항 위반 사고가 아니

며 합의될 가능성이 있는 경우 피해자와의 합의 유예기간을 14일간 부여한다.

사고 원인행위가 사망 · 도주 및 「교통사고처리 특례법」이 명시한 10개항 위반사고의 경우와 행위자의 도주 염려가 있거나 합의될 가능성이 없는 때에는 합의 유예기간 없이 신속히 조치하여야 한다.

3.3 대물 교통사고 관련 처벌기준 및 처리방법

- 사고현장에서 당사자 간 다툼이 없는 경우
  - 명백한 중요 법규 위반행위는 현장에서 통고처분, 종결
  - 경미한 위반 행위는 교통질서 협조장 발부
- 다툼이 있어서 경찰서에 인계된 경우
  - 명백한 중요 법규위반이 밝혀지면 통고처분, 경미한 위반행위는 교통질서 협조장 발부

5절 교통사고 재난관리

본 절에서는 교통사고 재난관리의 예방단계에서부터 대응단계에 이르기 까지 재난관리체계에 필요한 교통사고 재난관리시스템의 기능과 연계방안을 살펴보고, 효과적인 교통사고 재난대응을 위해 대응전략을 살펴본다(강연수 등, 2008).

1. 예방단계

1.1 교통재난관리지도 작성

현재 건물 내, 역사 내에서의 대피시설, 대피경로에 대해서는 법령에 의해 규정되어 있지만, 주요 건물, 교량, 시설물은 대피경로에 대한 정보가 미비하다. 따라서 교통의 주요 교통결절점[1], 재난 위험지역을 중심으로 기존 교통상황 및 정보를 바탕으로 적정 대피경로 및 이를 위한 임시 대피소 설치가 필요하고 관련 정보제공도 수반되어야 한다.

재난발생 중점관리지역 선정을 위한 방안으로 상습 침수지역, 화재발생 가능성이 높거나 화재발생 시 대형 참사를 야기할 수 있는 구역 및 단지 등을 선정하기 위한 재난관리지도 제작이 필요하다. 특히 교통재난관리지도 제작을 통해 주요 재난 발생 시 응급구조를 위한 접근 이동경로(예 : 소방로) 및 대피 이동경로를 지정하고, 재난발생이 높은 지역은 정기적으로 중점 관

1) 철도나 노선버스의 집중에 의한 교통의 편의성이 기초가 되는 도시 기능의 만난점. 이들 사이의 부분을 링크라 한다.

리 및 재난발생요인 제거를 위한 예방 및 점검을 수행해야 한다.

GIS를 이용한 재난관리지도는 국토 및 도시재난관리, 재난관리계획 부문 등에 GIS를 응용한 것으로, GIS를 기반으로 과거 재해정보를 데이터베이스화하고 재난관리 계획과 일상적인 재난관리 업무에 활용되는 자동화된 정보지도 시스템이다. 기존 재난관리지도의 성격상 지역 · 지형적 특성에 따라 지도를 제작함으로써 교통체계와의 연계가 미흡하여 적용 시 도로망상의 실제 이동기능 측면에서 불리한 조건을 갖추고 있다. 따라서 재난관리지도의 작성 시 실질적인 재난발생에 대비하여 해당 교통현황자료를 바탕으로 한 실시간 대피경로, 긴급구조 및 응급을 위한 접근경로 등과의 연계가 요구된다.

기존에는 홍수대피지도 작성 시 교통운영과 무관하게 지형적 특성(예 : 침수 흔적도. 범람 예상지도 이용, 도로폭 등) 만으로 대피경로 및 방향을 설정하였다. 개선방안으로서 침수대비 대피경로 수립 시 홍수 대피지도와 교통재난 관리시스템과의 유기적 연계를 통해 교통 혼잡을 최소화하고 실시간으로 최적 대피경로를 설정할 수 있는 방법이 요구된다. 또한 재난발생 지역 내의 대피소 이외의 인근 재난영향 또는 안전지역으로의 이동에 대한 대피이동 경로 확보도 필요하다. 태풍과 같은 재난에 대한 교통재난 관리지도상의 대피경로를 지정하기 위해서는 다음 사항을 고려할 필요가 있다.

- 재난규모

  태풍 규모에 따라 일시적/단계별 대피 전략이 필요한데, 소형 태풍인 경우 일시적으로 대피시킬 수 있는 대피경로가 필요하고, 대형 태풍인 경우 재난 영향이 큰 지역부터 단계별로 대피시킬 수 있는 대피경로가 필요하다.

- 대피규모

  태풍 규모에 따라 대피규모를 고려하여 도로망의 기능·용량에 따른 대피경로 규모를 정할 필요가 있다.

- 간선도로망 구조

  대피방향(outbound or safety-bound)에 대한 주요 간선망(예 : 고속도로)을 지정할 수 있다.

- 대피장소 및 대피지역

  소형 태풍인 경우 주변 가까운 대피장소로 이동하거나 대형 태풍인 경우에는 대피지역으로 이동하기 위한 경로가 필요하다.

- 대피유도용 교통시설

  진입 및 진출 연결로에 대한 물리적인 시설 및 주변 정보제공 시설은 대피이동 경로를 물리적으로 지정하여 그 기능을 높일 수 있다.

재난발생 지역에서 재난안전 지역 방향(out-bound or safety-bound)의 대피이동 경로도 중요하지만 기존(또는 사전에) 배치된 대피장소 및 대피지역 위치나 구급물품 접근이 용이한 지점을 경유하는 경로도 고려할 필요가 있다.

더불어, 폭설과 같은 상습 재난발생 지역의 도로망에 대해서는 전용대피 노선(예 : Snow Routes)을 지정하여 대비 또는 대응단계에서 우선적으로 제설 및 방재작업을 수행함으로써 폭설로 인한 전체 도로망의 정체현상을 예방할 수 있다.

1.2 재난구조용 전용차로 지정

고속도로상의 교량 및 터널과 같이 진출 · 입의 제약이 많은 시설물 또는 구간은 재난 발생 시 응급구조차량의 접근이 보다 신속하게 이루어져야 한다. 이를 위해 구조차량 전용도로(예 : emergency routes)를 지정하여 평상시에는 일반차량 이용이 가능하지만 비상시에는 일반차량의 통행을 금지 시키고 구조차량이 전용으로 이용할 수 있도록 법적 제도 마련이 필요하다. 또한 평상시에 일반차량 이용이 가능하더라도 주 · 정차는 엄격히 통제함으로써 통행자로 하여금 해당 노선이 재난 구조차량 접근 이동기능 확보 및 제공을 위한 전용도로라는 사실을 인식시켜 주고 비상시 전용차로를 이용하는데 불편이 없도록 해야 한다.

1.3 재난 이동경로 관리

재난 예방단계에서는 재난이 발생하게 될 주요 건물, 교량, 시설물을 중심으로 한 대피경로 및 접근경로를 미리 지정하여 이동기능 강화를 위한 부대시설(예 : 교통안내 및 통제 표지판)을 구축해야 한다. 더불어, 지역주민뿐만 아니라 여행자를 대상으로 관련 재난 이동경로에 대한 정보를 홍보할 필요가 있으며, 실제 해당 대피 이동경로 또는 접근 이동경로를 통행 시 ITS 기술(예 : VMS, 텔레메틱스, 무선방송 등)을 통하여 실시간으로 관련 정보를 지속적으로 제공할 필요가 있다.

그리고 재난대비 모의훈련을 실행할 때 기존 재난관리 시스템과 교통재난관리 시스템을 연계하여 첨단 재난관리 시스템으로서의 제 기능을 수행할 필요가 있다. 또한 예방단계에서 평상시에도 대피경로 및 접근경로에 대한 이동기능 확보 및 제공을 위한 도로 관리 및 정비가 필요하다.

2. 대비단계

앞에서도 강조했듯이 대비단계의 중요성은 재난의 예측가능 여부에 달려있다. 예측 가능성은 재난 유형별 해당 재난발생 예측시스템에 의한 물리적 예측과 주변 상황에 따른 잠재적 예측으로 나눌 수 있다. 예를 들어, 기상관측 시스템의 예·경보 시스템에 의한 자연재해 발생예측은 전자에 해당하며, 악천후(예 : 짙은 안개 또는 폭설) 상황이나 인위적 목적(예 : 테러위협 및 사회혼란 등)에 의하여 잠정적으로 발생할 수 있는 재난의 예측은 후자에 해당된다.

물리적 예측시스템에 의한 재난은 요구되는 예측기술 수준에 따라 다소 차이가 있지만 재난발생 예측에 대한 정확성이 보장되기 때문에 재난정보에 따른 체계적인 대비전략 수립이 가능하고, 이에 따른 대피이동 기능 확보 및 제공이 효율적으로 이루어질 수 있다. 하지만 잠재적 예측은 재난발생의 불확실성이 존재하기 때문에 불필요한 대피전략이나 정보제공은 해당 주민의 혼란만 가중시키는 결과를 초래할 수도 있다. 반대로 전혀 대비전략이 없는 상태에서 재난이 발생할 경우에는 그 피해가 엄청날 수 있기 때문에 재난발생 예측시스템의 기능과 역할이 매우 중요하다. 첨단 교통재난 관리시스템 측면에서는 위 두 가지 경우에 따른 대비전략 수립이 필요하다.

2.1 물리적 예측시스템에 의한 대비전략

첨단 교통재난관리 시스템에는 대부분이 재난발생을 예측할 수 있는 기능을 갖고 있지 않다. 따라서 기존 또는 새롭게 구축된 재난유형별 발생예측 시스템과의 연계가 필수적이다.

예를 들어, 기상관측 시스템을 통하여 예측된 자연재해(예 : 태풍 또는 집중호우) 관련정보(예 : 재난발생 지역 및 시점, 규모, 지속시간 등)를 바탕으로 해당지역에 대한 교통재난 관리지도를 통하여 실시간 모니터링을 수행한다. 동일 지역을 중심으로 기존 재난발생 경험이 있거나 예방단계에서 지정한 대피경로가 있으면 실시간 모니터링 정보를 가지고 최적의 대피경로를 정하게 된다.

해당 대피경로에 따른 대피 이동기능을 확보 및 제공하기 위하여 앞에서 설명한 재난대비 도로망 상의 교통제어 및 운영전략이 필요하다. 이를 위하여 담당기관(예 : 한국도로공사 및 경찰서)과의 실시간 연계시스템 구축이 필요하다. 즉 실시간 대피경로를 바탕으로 고속도로 첨단교통관리시스템(FTMS : Freeway Traffic Management System)에서 실시간 교통정보를 이용한 최적의 우회경로 및 우회교통량을 산정하고 이를 처리하기 위한 고속도로 첨단교통운영전략(예 : 램프미터링, 차로운영, 속도제어 등)과 도시 내 간선도로 첨단신호 운영전략이 적용되어야 한다. 이러한 교통 운영전략을 적용하기 위해서는 통행자에게 재난관련 대피정보가 적극적으로 제공되어야 한다.

2.2 잠재적 예측시스템에 의한 대비전략

주요 전철 또는 대중교통 환승시설에서의 테러 위험이나 악천후로 인한 교통사고 등의 잠재적 재난은 물리적 검증기술을 이용하여 재난발생 예측이 불가능하지만 주변 상황을 바탕으로 재난발생 가능성이 크거나 초기대응 미비로 인한 대형 참사를 불러일으킬 수 있는 경우에 대비전략이 필요하다.

대중교통 시설에 대한 테러 위험이 존재하여 해당 대중교통 시설이 폐쇄되는 경우 주변 접근통제가 불가피하기 때문에 이를 대비하여 대체 대중교통 시설을 지정하고 해당 재난발생 지역에 인접한 재난영향 지역 및 안전지역으로의 대피전략이 적용되어야 한다. 즉 잠재적 재난상황에 대한 지속적인 교통 모니터링을 통하여 재난발생이 미칠 수 있는 영향권 설정을 통한 해당지역내의 재난대비를 강화해야 한다. 예방단계에서 주요 교통시설을 중심으로한 대피경로가 사전에 지정되어 있지 않을 경우에는 대비단계에서 첨단 교통재난 관리시스템을 통하여 실시간으로 최적의 대피경로가 마련되어야 한다.

짙은 안개나 폭설 등 악천후가 발생한 경우에는 단순한 교통사고 수준의 위험정보를 제공하기보다는 적극적인 교통운영 및 제어전략이 필요하다. 예를 들면, 고속도로 상에 짙은 안개나 폭설이 일정수준 이상으로 발생하게 되면 상류부에서부터 적극적인 속도제어가 실시간으로 적용되어야 하며(예 : 가변속도제어) 운영기능을 강화하기위한 조치(예 : 경고메세지 및 단속카메라)가 지원되어야 한다. 뿐만 아니라, 해당 구간 및 지역 도로망을 중심으로 차량운행을 통제할 수 있는 물리적인 진 · 출입 제어시설이 필요하다. 악천후 상황이 심한 경우에는 도로통행을 금지하고 대체할 수 있는 우회경로 및 접근경로를 실시간으로 지정하고 해당 경로로 유도할 수 있는 재난대비 교통운영 전략이 필요하다.

3. 대응단계

대응단계는 재난발생 후의 재난관리단계로서 재난발생 전의 대비단계와는 예측정도에 따라 실제 재난상황이 다를 수 있기 때문에 대응할 수 있는 전략이나 방안이 제한적이고 복잡할 수 있다. 무엇보다 대응단계에서 중요한 것은 재난발생으로 인한 인명피해를 최소화하기 위한 첨단교통 대응전략이 필수적이다. 즉 재난이 발생한 해당지역(예 : 지점 및 구간 포함)에서 재난관리 주체의 신속한 구조 및 응급기능이 가능하도록 접근이동 기능을 확보 및 제공해야 한다.

뿐만 아니라, 비록 예측 가능한 재난이라 할지라도 대비단계에서는 완전한 대피가 이루어지지 않을 경우에는 추가적인 대피가 필요하다. 이 경우에는 재난안전 지역으로의(safety-bound or out-bound) 대피이동과 재난발생 지역으로의(danger-bound or in-bound) 접근이동이 동시에 이루어져야 한다. 여기서는 실제 발생한 재난으로서 서해대교 다중충돌 사고로 인한 대형 참사 상황을 바탕으로 첨단교통 운영방안을 살펴보고자 한다.

3.1 교통상황

서해대교 다중충돌 사고 시 교통상황은 짙은 안개가 끼어 있었고, 가시거리 10~15m 정도, 안개주의보 발령 상태로 한국도로공사에서 오전 1시부터 서해대교에 설치된 교통정보 안내 전광판 2개를 통해 단순히 '안개주의 감속운행' 문자정보를 내보내고 있었다. 하지만 교통상황을 파악하는 CCTV 화면은 짙은 안개로 인하여 해당 도로 주행상태나 사고정도를 정확히 인식하지 못하는 상황이었다. 따라서 서해대교 다중충돌 사고와 같은 상황에서는 교통정보 안내 전광판(VMS)은 보다 구체적이고 긴급한 경고 메시지(예 : 안개경보발령, 추돌사고위험, 전조등작동, 앞차와의 간격유지 등)를 제공해야 하며, 통행속도는 운행속도의 절반 이하로 줄일 수 있도록 현실적인 가변속도제어(VSL : Variable Speed Limit)를 적용해야 한다. 그리고 기존 기상관측 시스템이나 해당 구간의 첨단 기상감지 시스템과의 연계를 통하여 악천후 상황이 일정 수준 이상으로 악화될 경우에는 교량 구간의 상 · 하류부 지점에 진입금지와 우회경로를 제공해야 한다.

3.2 재난발생 초기 현황

재난발생 접수 후 인근 소방출장소의 소방차량이 상 · 하행선을 통해 출동하였지만, 재난발생 현장에 소방차량이 도달하는데 많은 시간이 소요되었다. 가장 큰 이유는 사고로 인한 상 · 하행선 구간의 교통정보를 정확하게 모니터링 하여 이에 적용할 수 있는 교통재난 대응전략을 고려할 수 있는 기능이 미비했기 때문이다.

재난 발생 시에는 해당 구간 주변의 통행상황을 기존 교통관리 시스템(예 : 감지기)을 통하여 알 수 있다. 재난발생 방향(상행선)의 하류부 통행이 감지되지 않는 경우에는 사고로 인하여 전체 차로가 폐쇄됨을 의미하기 때문에 이를 이용한 적극적인 접근이동 기능이 확보 및 제공되어야 한다.

3.3 사고발생 진행 현황

서해대교 다중충돌 사고는 사고현장이 바다 위 고속도로 교량이고, 인터체인지와도 거리가 멀어 소방차와 견인차 등의 접근이 쉽지 않았기 때문에 적극적인 대응전략 및 사고수습이 어려웠다. 재난발생 후 기존 통행방향(하행선)으로 출동한 구조대가 갓길로 운행한 일부 얌체 운전자들 때문에 사고현장에 신속하게 접근하지 못해 인명피해를 더 키웠으며, 특히 정체되는 도로의 갓길을 이용하여 어렵게 현장 400m 앞까지 도착했으나 현장접근이 불가능하였다. 응급차량을 위한 갓길에 일반차량이 모두 가로막고 있었으며, 이 때문에 현장에서 부상자들을 구조해 병원으로 후송하는 것도 쉽지 않았다.

이를 위하여 재난관리 주체(예 : 소방차 및 응급차) 등이 신속한 대응대책을 수행할 수 있도록 사고방향(상행선)을 역주행(contra-flow)하여 재난발생 지점에 최단시간에 도달할 수 있도록 해야 하며, 마찬가지로 주변 응급시설(예 : 병원)까지의 최적경로도 동시에 마련되어야 한다. 뿐만 아니라 예방단계에서 언급한 바와 같이 교량과 같은 진출 · 입이 제한된 교통시설에서는 긴급 대피소가 마련되어 실제 대응단계에서 운영되어야 한다. 교량 상 · 하류부에서는 주변 도로와의 연결 시(예 :인터체인지) 우회경로를 지정하고 이를 효율적으로 운영할 수 있도록 주변 교통흐름에 대한 진출 · 입 제어를 실시해야 한다. 더불어, 교량진입 시 갓길사용 금지정보 및 운영을 생활화할 수 있도록 적극적인 홍보 및 정보제공이 필요하다.

6절 교통사고 인명구조

본 절에서는 교통사고현장의 특징과 자동차 사고 대응, 교통사고 인명구조 등을 살펴보겠다(경기도소방학교, 2016).

1. 교통사고 현장의 특징

최근의 교통사고 통계에 의하면 2000년에 29만 여건을 정점으로 차츰 줄어드는 추세에 있기는 하지만 매년 구조 · 구급대의 출동 순위는 교통사고가 최상위를 차지하고 있다. 자동차 사고가 발생하면 요구조자는 심각한 부상을 입는 경우가 많기 때문에 안전하고 신속한 구조활동이 매우 중요하다.

구조대원이 가장 빈번하게 출동하게 되는 현장은 벌 관련사고, 화재사고 등이지만 구조인원은 교통사고 현장이 가장 많다. 이와 같이 자동차 사고는 출동건수에 비해 구조인원이 많으며 여타의 사고현장과는 다른 특징을 가지고 있다.

① 현장 접근이 용이하고 활동공간이 넓다.

자동차 사고는 대부분 차량과 차량이 출동하는 형태로 도로상에서 발생한다. 따라서 수난 사고나 산악사고와 달리 사고발생 현장에 접근하기가 용이하고 구조활동에 장애가 되는 환경적인 요인이 적은 편이다.

② 출동 장애요인이 많다.

자동차 사고가 발생하면 주변의 차량이 정체되어 현장접근이 지연되는 경우가 많다. 특히 출, 퇴근 정체 시간에 사고가 발생하면 현장 접근이 심각하게 지연되고 주변의 차량과 군중으로 구조활동에 심각한 장애를 받을 수도 있다.

③ 사상자가 발생한다.

자주 출동하는 사고중의 하나인 엘리베이터 고장의 경우 요구조자는 많이 발생하지만 부상을 입거나 사망자가 발생하는 경우는 매우 드물다. 그러나 교통사고는 거의 대부분의 경우에 사상자가 발생하고 경우에 따라서는 예상보다 훨씬 심각한 상황이 전개되는 경우도 있다.

④ 2차 사고의 발생 위험이 높다.

사고로 차량이 손상되면 연료가 누출되어 화재나 폭발이 발생하기도 하며, 적재된 위험물질이 누출되는 등 2차 사고가 발생할 위험성이 높다. 특히 안개, 강우, 강설 등으로 시야가 확보되지 않고 운전여건이 좋지 않을 때에는 다수의 차량이 연쇄 충돌하는 사고가 발생하기도 한다.

⑤ "재난" 수준의 대형사고가 발생할 수도 있다.

버스 등 대중교통수단의 사고나 위험물질 적재 차량에서 사고가 발생하면 많은 사상자가 발생하는 "재난" 수준의 사고가 발생할 수 도 있다.

2. 교통사고 대응

2.1 사전 대응

구조대원들은 다양한 사고에 대응할 수 있도록 항상 체력과 기술을 연마하여야 하며 특히 자동차 사고의 경우에는 많은 사람들이 용이하게 접근하여 관찰할 수 있는 도로상에서 발생하는 만큼 신속한 현장 도착이 더욱 중요하다.

구조대원이 현장에 늦게 도착하는 경우 사고현장에 운집한 시민들로부터 심한 질책을 받을 수 있다. 특히 요구조자가 있는 경우에 현장에서 지켜보는 사람들에게는 1분이 10분 이상 경과한 것으로 느껴지며 구조대원의 도착이 조금만 지연되어도 심한 비난을 피할 수 없다.

2.1.1 도로 상황의 파악

평소 관할 구역 내의 간, 지선 도로현황과 병목구간 공사 중인 도로, 건설현장 등 출동에 필요한 도로현황을 면밀히 파악해 두어야 한다.

2.1.2 교통흐름의 파악

구조대는 거리상의 최단 경로를 이용해서 출동하는 것이 아니라 최소시간으로 현장에 접근할 수 있는 길을 택하는 것이 중요하다. 사고 발생시간이 오전 8시라면 도심의 사무실 밀집지역을 피하는 것이 좋고 명절이나 연말연시에 사고가 발생하면 백화점 주변이나 대형 상가가 밀집한 지역은 우회하는 것이 좋다. 이와 같이 평소 시기별, 시간대별 교통의 흐름도 파악하고 있어야 한다.

2.2 현장상황의 파악

구조대원이 사고현장으로 출동하라는 지시를 받았을 때 사고에 관한 유효한 모든 정보를 파악해야 하며 가능한 한 모든 대원에게 사고차량의 유형이나 대수, 사상자의 수, 부상정도, 위험물을 적재한 차량이 있는지의 여부와 그로 인한 특별한 사전조치의 필요여부 등을 미리 알려주어야 한다. 이와 같이 출동하기 전에 유효한 정보를 파악하게 되면 필요한 장비를 미리준비하고 인접 소방서나 유관기관의 지원을 요청하는 등 상황에 대처할 수 있는 능력을 배가시킬 수 있다. 현장에 도착하기 전에 신고자로부터 또는 유 · 무선 통신망을 활용해서 파악 가능한 사항은 대체로 다음과 같다.

- 사고장소, 대상 : 자동차만의 사고인가? 다른 요인이 결합된 복합적인 사고인가?
- 사고차량의 상태 : 정면충돌, 추돌 혹은 전복인가? 화재가 발생했는가? 등의 상황
- 요구조자의 상황 : 요구조자는 몇 명 정도인가? 사상자가 있는가? 부상자는 심각한 상태인가? 차량에 깔리거나 끼인 사람이 있는가? 등

2.3 출동 도중에 취할 조치

때에 따라 구조대원이 현장에 도착할 때까지 사고와 관련된 정보를 전혀 파악할 수 없는 경

우도 있다. 이때에는 다음과 같은 상황을 고려하여 발생 가능한 최대규모의 사고를 염두에 두고 있어야 한다. 물론 출동하는 도중에도 유 · 무선 통신망을 활용하여 계속적으로 최대한 많은 현장 정보를 파악하여야 한다.

2.3.1 도로의 상황 : 교통량, 도로 폭, 도로 포장여부 등

도로 또는 교통상황에 따라 출동 경로를 변경하여 가장 신속히 현장에 도착할 수 있는 길을 선택한다.

2.3.2 지형 : 높은 곳, 낮은 곳, 지반의 강약, 주변의 가옥밀집도 등

주변의 지형을 고려하여 구조대원이 접근할 경로를 선택하고 상황에 따라 주변지역을 차단하거나 주민을 대피시킬 수 있도록 지원을 요청한다.

2.3.3 철도와 관계된 사고

역 구내 여부, 고가궤도 또는 지하철인가를 판단하고 고압선의 차단여부와 환기시설의 상태를 주목한다.

2.4 구조에 필요한 장비의 준비

사고의 개략적인 내용이 파악되면 사고의 양상, 사고발생 시간대의 관내 도로 · 교통상황, 기상조건 등 구조활동에 필요한 제반 요인을 확인하고 필요한 구조장비를 준비하여 이후 전개되는 구조활동에 지장이 없도록 조치하여야 한다. 만약 필요한 장비가 없는 경우 유관기관이나 업체에 지원을 요청한다.

2.4.1 현장의 안전을 확보하기 위한 장비

도로에는 많은 차량이 고속으로 통행하기 때문에 항상 안전사고에 주의해야 한다. 유도표지, 경광봉, 호각 등이 안전을 확보하기 위해 사용된다.

2.4.2 구출을 위한 장비

• 유압구조장비(유압전개기, 유압절단기, 유압램)는 큰 힘을 발휘하면서도 유압엔진과 작동

부분이 분리되어 있어 진동이나 압력이 차체나 요구조자에게 절단되지 않는다. 따라서 도어의 해체나 계기판에 의한 신체의 압박해소, 차체의 전달 또는 파괴 분해에 광범위하게 사용한다.

- 에어백 세트휴대와 사용이 간편하며 압축공기로 작동됨에 따라 안전성이 높다. 고중량의 물체를 들어올릴 수 있기 때문에 전복된 차량을 고정하거나 압착된 부분을 벌릴 때 많이 사용한다.
- 이동식 윈치휴대와 설치가 간편한 이동식 윈치는 계기판, 페달에 의한 신체의 압박 해소에 사용한다.
- 동력절단기 또는 가스절단기 손상된 차량 부근에서 동력절단기나 가스절단기 등 불꽃이 발생하는 장비를 사용하면 누출된 연료에 착화되거나 요구조자에게 화상을 입힐 우려가 있으므로 특별한 주의가 필요하다. 부득이 해당 장비를 사용하게 되는 경우에는 누출된 연료를 제거하고 경계관창을 배치하며 요구조자를 보호할 수 있는 안전조치를 취하고 작업토록 한다.

2.4.3 차량인양

전복된 차량 내에 요구조자가 있는 경우 굳이 차량을 복구하려하지 말고 인명구조에 필요한 조치를 먼저 취하여야 한다.

- 전복된 차량크레인, 윈치 또는 견인차량 등을 이용하여 복구한다.
- 수중에서 전복된 차량의 경우 인양잠수장비를 이용하여 수중구조 및 수색 작업을 펼치고 차량의 인양이 필요한 경우에는 인양크레인이나 견인차량을 이용한다.

3. 교통사고 현장의 안전조치

3.1 현장파악

현장상황을 파악하는 것은 구조작업을 효율적이고 성공적으로 수행하는 필수 조건이다. 현장파악은 구조대원이 현장에 처음 도착하는 순간부터 시작하여야 한다. 무턱대고 현장에 접근하기보다는 현장과 그 주변을 주의깊게 관찰함으로써 구조대원의 안전을 확보하고 구조작업의 실마리를 잡을 수 있다.

3.1.1 구조차량의 주차

사고 현장에 도착한 후에는 구조차량을 조심스럽게 주차시켜야 한다. 즉 구조대원이나 장비가 쉽게 도달할 수 있을 만큼 가깝게 주차시키는 것이 좋지만 너무 가까운 나머지 구조활동에 장애를 주어서는 안 된다.

구조차량은 지나가는 차량들로부터 현장을 보호하기 위하여 일시적으로나마 방벽 역할을 하고 후속 차량들이 구조차량의 경광등을 보고 사고 장소임을 인식할 수 있도록 사고 장소의 후면에 주차하는 것이 좋다. 그렇지만 가능하다면 다른 차량들의 교통흐름을 막지 않도록 최소한 한개 차로의 통행로는 확보하는 것이 좋다.

가. 직선도로인 경우

일반적인 상황이라면 구조대원이 활동할 수 있도록 15m 정도의 공간을 확보하고 주차한다. 구조차량의 경광등이 통행하는 차량들에게 사고가 발생했음을 알려주고 주의를 환기시키지만 안전을 위하여 깔대기(칼라콘) 등으로 유도표지를 설치하고 경광봉을 든 경계요원을 배치하여야 한다.

유도표지의 설치 범위는 도로의 제한속도와 비례한다. 즉 시속 80km인 도로에서 사고가 발생한 경우 사고지점의 후방 15m 정도에 구조차량이 주차하고 후방으로 80m 이상 유도표지를 설치한다(그림 16.1).

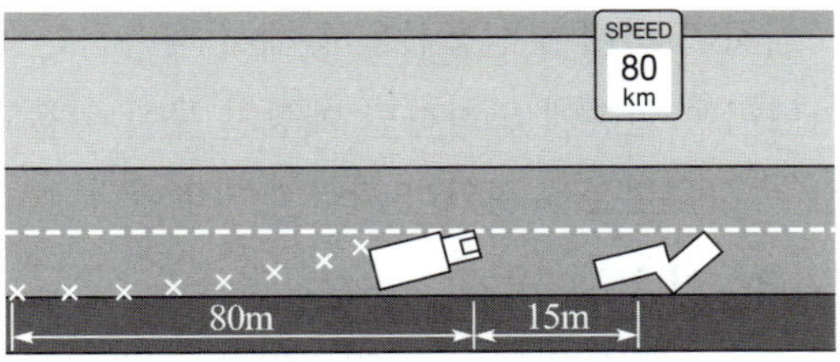

〈그림 16.1〉 구조차량이 주차 유도표지 설치

나. 곡선도로인 경우

곡선도로에서는 구조차량의 주차위치를 더욱 신중하게 고려하여야 한다. 곡선 부분을 지나서 주차하게 되면 통행하는 차량들이 직선 구간에서는 구조차량을 발견하지 못하고 회전한 직후 구조차량과 마주치게 되므로 추돌사고가 발생할 확률이 높다. 따라서 구조차량은 최소한 곡선구간이 시작되는 지점에는 주차하여야 한다(그림 16.2).

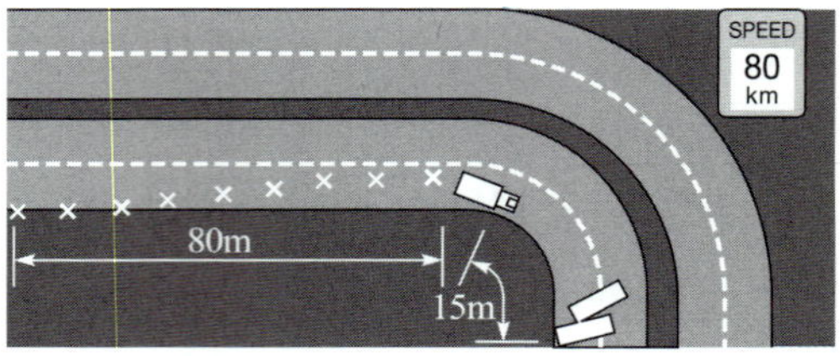

〈그림 16.2〉 곡선도로에서 사고가 발생한 경우 곡선 시작부분에 주차하고 후방으로 80m 이상 유도표지를 설치

3.1.2 교통 통제

교통사고 현장에서 차량을 통제하는 것은 부상자와 구조대원을 2차 충돌 사고로부터 보호하기 위한 것이기 때문에 현장에 도착한 즉시 시행을 수행해야 할 사항이다. 주변지역의 교통흐름을 제한하고 통제함으로써 사고현장을 보호할 뿐만 아니라 구조차량의 접근을 용이하게 하고 다른 운전자들의 불편을 최소화할 수 있다.

경광봉이나 깃발, 호각, 간이분리대 등 적절한 경고장비를 이용해서 사고현장으로 접근하는 차량들에게 양방향으로 신호를 보낼 수 있도록 한다.

3.1.3 현장에 접근하기 전에 조사할 사항

구조대원들은 현장에 도착하기 전에 무선통신을 통해서 계속적인 정보를 얻을 수 있지만 항상 정보가 정확한 것은 아니어서 현장에 도착하면 예상치 못한 일들과 마주치게 된다. 따라서 구조대원은 구조작업에 앞서 사고현장을 정확히 파악하여야 한다.

- 다른 차량들에 의한 위험성이 있는가?
- 어떤 차종에서 발생한 사고이며 얼마나 많은 차량이 사고와 관련되어 있는가?
- 차량들이 흩어져 있는 정확한 위치는 어디이며 차량의 손상정도는 어떠한가?
- 화재가 발생했는가? 혹은 잠재적인 화재위험이 있는가?
- 유독물이나 폭발물 등 다른 위험물질이 있는가?
- 차량의 엔진이 동작중인가? 전기나 누출된 가스에 의한 위험요인은 없는가?
- 추가적인 구조장비나 물자가 필요한가?

3.1.4 구조작업을 위한 상황파악

가. 사고차량의 확인

구조대원은 사고현장에서 어떤 조치를 취하기에 앞서 정확한 상황판단을 해야 한다. 구조대원들은 차량 주변 지역을 관찰하고 사고 현장의 전 지역을 자세히 살펴보아야 한다. 사고차량 안팎에 있는 사고자의 숫자를 파악하고 부상의 정도를 파악해야 한다. 또한 구조대원은 차량 상태와 필요한 조치 그리고 도사리고 있는 위험요인들도 파악한다.

각 차량별로 1명씩 전담 구조대원을 지정하는 것이 좋지만 구조대원이 부족한 경우에는 구조대장이 대원들에게 조사할 차량과 주변지역을 명확히 지정해 주고 보고를 받도록 한다.

나. 주변 지역의 확인

대원들이 각 차량을 확인하는 동안 제3의 구조대원이 현장 주변지역을 수색하도록 한다. 일반적인 도로에서는 한 눈에 사고 장소 주변 지역을 확인할 수 있지만 숲길이거나 절벽부근 제방길 등에서 발생한 사고인 경우에는 차량으로부터 멀리 떨어진 곳에 튕겨나간 요구조자가 있을 수도 있다.

다. 요구조자의 상태 파악

구급대원이나 응급처치 교육을 받은 구조대원은 요구조자의 부상 정도와 갇힌 상태를 등급별로 분류하고 구조대장은 그 분류에 따라 구조 우선순위를 결정한다. 대부분의 경우 중상자의 구조가 경상자보다 우선되어야 하지만 차량에 화재가 발생했거나 생명을 위태롭게 할 다른 위험요인이 있다면 그 차량의 탑승자를 최우선적으로 구조한다.

요구조자가 차량에 갇혀있지 않다면 구조를 위한 작업공간을 확보하기 위해 그 요구조자를 먼저 운반토록 한다. 대원들은 모든 조사가 끝나면 구조대장에게 결과를 보고해야 한다.

3.2 사고 차량의 안정화

현장파악이 완료되면 사고차량이 움직이지 않도록 고정한다. 이것은 차량손상의 확대, 요구조자의 부상악화 또는 구조대원의 부상 방지를 위해 반드시 조치해야 할 사항이다. 가장 적절한 고정 방법은 바퀴에 고임목을 설치하고 차량과 지면 사이에는 단단한 버팀목을 대는 것이다. 사고 차량과 지면의 접촉면적을 최대한 넓게 하면 차량의 흔들림은 최소화 된다.

간혹 구조대원들이 차량을 흔들어서 균형이 유지되고 있는지를 시험하려고 한다. 그러나 사고 장소의 지반이 연약하거나 제방, 벼랑 등에서는 살짝 건드리는 것만으로도 차량이 움직일 수 있기 때문에 이러한 행동은 금지하여야 한다.

대부분의 경우 사고차량은 똑바로 서 있다. 그러나 차량의 바퀴가 모두 지면에 닿아있다고 하더라고 고정 작업은 반드시 필요하다. 사고 차량을 고정함으로써 상하좌우 흔들림을 최소화 할 수 있다.

① 차량이 평평한 지면 위에 있다면 바퀴의 양쪽 부분에 고임목을 댄다.

차량이 많이 손상되지 않았다면 핸드브레이크나 변속기어로 차량을 고정할 수 있지만 반드시 바퀴에 고임목을 대서 완전하게 고정해야 한다. 고임목은 바퀴의 양쪽 부분에 모두 넣어야 한다. 고임목이 없다면 적당한 크기의 나무 조각이나 벽돌 등으로 대체할 수 있다.

② 경사면에 놓인 차량은 바퀴가 하중을 받는 부분에 고임목을 댄다.

3.3 차량의 위험요인 제거

3.3.1 누출된 연료의 처리

모든 차량은 그 차량을 운행하기 위한 연료를 탑재하고 있다. 일반적으로 승용차는 휘발유, 승합차나 RV차량은 경유, 택시의 경우에는 LPG를 사용하는 경우가 많지만 모든 차량이 이러한 것은 아니다. 모든 경우에 연료가 안전하게 처리될 때 까지 차량 주변에서 화기사용을 엄금하고 화재가 발생하면 신속히 진압할 수 있도록 소화기 또는 경계관창을 배치 후 구조작업에 임하도록 한다.

가. 액체 연료

휘발유나 경우와 같이 액체 연료인 경우에는 모래나 흡착포를 이용해서 누출된 연료를 흡수시켜 처리하는 것이 좋다. 사용된 모래나 흡착포는 완전히 수거해서 소각 또는 전문 업체에 처리를 위탁한다.

나. 기체 연료

일부 승용차나 택시, 승합차는 LPG를 연료로 사용한다. 기체 연료는 특성상 공기 중에서 신속히 기화하며 극히 적은 농도(LPG의 폭발 범위는 대략 2%~10% 정도이다)에서도 폭발할 수 있다. 가스가 누출되는 것이 확인되면 주변에서 화기 사용을 금지하고 사람들을 대피시킨다. 가스가 완전히 배출될 때 까지 구조작업을 연기하는 것이 좋지만 긴급한 경우라면 고압 분무 방수를 활용해서 가스를 바람 부는 방향으로 희석시키면서 작업하도록 한다.

현장에 접근하는 구조대원은 반드시 바람을 등지고 접근하며 구조차량도 사고 장소보다 높은 지점으로 풍상 측에 위치하여야 한다.

3.3.2 에어백

많은 차량이 탑승자를 충격으로부터 보호하기 위한 에어백 시스템을 장착하고 있다. 이 에어백 시스템은 차량에 충격을 가하면 돌발적으로 작동하여 구조대원이나 요구조자에게 위협이 될 수 있다. 에어백은 322km/h의 엄청난 속력으로 팽창하면서 요구조자나 구조대원에게 충격을 가할 수 있다.

일반적인 차량은 전원이 제거된 후에도 10초 내지 10분간 에어백을 동작시킬 수 있다. 따라서 에어백이 부착된 차량에서 구조작업을 할 때에는 배터리 케이블을 차단하고 잠시 대기하는 것이 좋다. 배터리의 전원을 차단할 때에는 −선부터 차단한다. 차량의 프레임에 −접지가 되어 있으므로 + 선부터 차단하다 전선이 차체에 닿으면 스파크가 발생하기 때문이다. 그러나 일부 에어백은 차량의 배터리와 별도로 동작하기 때문에 각별한 주의가 필요하다.

4. 교통사고 현장의 구조활동

차량에서의 요구조자를 구출하는 과정은 두 가지 형태, 즉 장애물에서 요구조자를 구출하는 것과 요구조자에게서 장애물을 제거하는 것이다.

장애물 제거는 핸들이나 좌석, 도어, 유리창 등 차량의 구성 부분들을 부수고 해체하여 구조활동에 적합한 환경을 만드는 것이다. 요구조자 주변의 장애물을 모두 제거하고 구출할 수 있다면 장애물이 있는 상태에서 구출하는 것보다 구조활동이 용이할 것이고 요구조자가 추가 손상을 입을 우려도 작을 것이다. 따라서 구조대원들은 최대한 요구조자 주변의 장애물을 제거하여 요구조자를 안전하게 구출할 수 있는 환경을 만들어야 한다.

그러나 교통사고뿐만 아니라 모든 사고는 그 양태가 매우 다양하고 비록 유사한 경우는 있지만 똑같은 형태로 일어나지는 않는다. 요구조자에게 접근하는 것뿐만 아니라 장애물을 제거하는 작업도 많은 부분을 구조대원 개개인의 기술과 숙달정도, 응용능력에 의지할 수밖에 없다.

장애물의 구조나 크기, 주변의 위험요인 등 현장상황에 따라서 더 이상 장애물을 제거할 수 없는 경우에는 현 상태에서 가장 용이하게 요구조자를 구출할 수 있는 방법을 강구해야 한다. 어느 경우에나 구출과정에서 요구조자에게 심각한 2차 손상을 가져올 수 있으므로 현재 파악된 상황뿐만 아니라 예상되는 추가 손상도 고려해야 한다.

4.1 유리창의 파괴, 제거

일반적으로 차량 내에 있는 요구조자에게 접근하는 방법은 다음의 3가지이다. ① 차량의 문을 연다. ② 차량의 유리를 파괴한다. ③ 차체를 절단한다.

단순한 접근 방법을 택할수록 구조작업은 순조롭게 진행된다. 차량의 손상이 심해서 요구조자에게 접근하기가 쉽지 않다면 구조는 지연되고 사고위협은 더욱 가중된다. 우선 차문을 열려고 시도하는 것이 순리이지만 열리지 않는다면 창문을 여는 것이 두 번째로 택할 방법이 된다.

파괴된 차문을 열거나 차 지붕을 제거하는 등 구조작업을 전개하기 위해서 유리창을 파괴하여 제거해야 할 경우도 많다. 유리창을 자르기 전에 가능하면 요구조자를 모포나 방화복 등으로 감싸서 추가 부상을 입지 않도록 해야 한다.

4.1.1 차량 유리의 특성

유리창의 일부가 파손된 경우에는 완전히 제거하여 유리조각에 의한 부상을 방지하여야 하지만 유리창이 완전한 경우에도 유리창을 파괴, 제거하는 것이 요구조자의 구출에 필수적인 경우가 많다. 유리를 안전하게 파괴하기 위해서는 차량에 사용되는 2가지 유리의 특성을 파악할 필요가 있다.

어느 경우에나 부상 우려가 있으므로 요구조자에게 파편이 튀지 않도록 보호조치를 취하고 구조대원은 헬멧과 보안경, 장갑을 착용한다.

가. 안전유리(Safety Glass)

이 유리는 유리판 두장을 겹치고 그 사이에 얇은 플라스틱 필름을 삽입, 접착한 것이다. 이 유리는 전면의 방풍유리(Wind Shield)에 사용되며 일부 차량은 뒷 유리창에도 사용한다. 이 유리에 충격을 가하면 중간의 필름층 때문에 유리가 흩어지지 않고 붙어있게 된다. 이 유리는 파편으로 운전자와 승객이 부상당하는 것을 막기 위해서 사용한다.

나. 강화 유리(Tempered Glass)

열처리된 강화유리는 측면 도어의 유리창과 후면 유리창에 사용된다. 이 유리는 충격을 받으면 유리면 전체에 골고루 금이 가도록 열처리되었다. 즉 충격을 받으면 전체가 작은 조각들로 분쇄된다. 따라서 일반 유리와 같이 길고 날카로운 조각들이 생기지 않아 유리파편에 의한 부상 위험이 줄어든다. 반면 분쇄된 유리조각에 의해 손이나 노출된 피부에 작은 손상을 입을 수 있고 특히 눈에 유리조각이 박힐 수도 있다.

4.1.2 유리창 파괴 장비

가. 안전장비

유리창을 제거할 때는 날카로운 파편에 손이나 발, 눈에 부상을 입을 가능성이 높다. 헬멧에 있는 전면 실드는 눈을 완전히 보호할 수 없으며 면장갑에는 작은 유리파편이 붙게 된다. 눈을 보호하기 위해서는 반드시 별도의 고글을 착용하고 장갑은 손목까지 보호되는 가죽장갑을 착용한다.

나. 파괴장비

- 센터 펀치

스프링이 장착된 펀치로 열처리 유리를 파괴할 때 사용한다. 유리창에 펀치 끝을 대고 누르면 안으로 눌려 들어갔다 튕겨 나오면서 순간적인 충격을 주어 유리창을 깨뜨린다.

- 차유리절단기

톱날 부분으로 안전유리를 잘라서 제거할 수 있다. 도구 뒷부분으로 유리창 모서리에 충격을 가하여 구멍을 뚫고 톱날부분을 넣어 잘라낸다.

- 기타 장비들

전문적인 유리창 제거 장비가 없을 때에는 도끼나 드라이버, 커플링스페너 등을 이용해서 유리창을 파괴할 수 있다. 이러한 장비를 사용할 때에는 요구조자에게 손상을 입히지 않도록 각별한 주의가 필요하다.

4.1.3 유리창 파괴 방법

가. 전면 유리 제거하기

전면의 안전유리는 깨어져 흩어지지 않기 때문에 파괴도구로 내려치는 것만으로는 유리창을 파괴할 수 없다. 가장 좋은 방법은 차 유리 절단기를 이용해서 유리창을 톱으로 썰어내듯 절단하는 것이다. 만약 이 장비가 없다면 손도끼를 이용해서 유리창을 차근차근 절단해 낸다.

- 차 유리 절단기의 끝 부분으로 전면 유리창의 양쪽 모서리를 내려쳐서 구멍을 뚫는다.
- 유리 절단기를 이용해서 유리창의 세로면 양쪽을 아래로 길게 절단한다. 그런 다음 절단된 세로면에 연결된 맨 아래쪽을 절단한다. 절대로 절단 과정에서 차 위에 올라서거나 손으로 유리창을 누르지 않도록 주의한다.
- 유리창 절단이 완료되면 유리창의 밑 부분을 부드럽게 잡아당겨 위로 젖힌다. 그러면 유리

창은 자연스럽게 벌어지기 시작하고 결국 차 지붕 위로 젖혀 올릴 수 있게 된다.
- 유리창을 떼어 안전한 곳에 치우고 창틀에 붙은 파편도 완전히 제거한다.

나. 측면 유리 제거하기

열처리된 유리를 사용하는 측면이나 후면 유리창은 비교적 간단한 방법으로 제거할 수 있다. 이 유리창들은 모서리 부분을 날카롭고 뾰족한 도구로 강하게 치면 쉽게 파괴 할 수 있다. 센터 펀치를 사용할 때에는 한 손은 버팀대 역할을 해서 구조대원의 손이 유리창 안으로 끼어 들어가지 않도록 조심한다.

- 깨어진 유리창이 요구조자나 구조대원에게 손상을 입히지 않도록 유리창에 테이프를 붙인다. 다른 방법으로는 판매되는 끈끈이 스프레이를 뿌리는 것이다. 이 스프레이는 유리창에 끈끈한 막을 형성시켜 유리가 조각조각으로 떨어지지 않도록 해 준다.
- 센터 펀치를 유리창의 모서리 부분에 대고 누른다. 펀치 끝이 튕기면서 유리창에 충격을 가하여 유리창이 깨지게 된다. 이 센터 펀치를 사용할 때에는 손 위치에 주의하여 펀치를 잡은 손이 유리창 속으로 뚫고 들어가지 않도록 주의해야 한다.
- 유리가 깨어지면 위쪽에 손을 넣어 차 밖으로 조심스럽게 들어낸다. 만약 유리가 테이프에 붙어있지 않고 조각조각으로 깨어지면 손을 안쪽에 넣고 차 바깥으로 털어낸다.

4.2 신체가 끼인 요구조자

때때로 요구조자의 상체가 핸들에 눌리거나 발이 페달에 끼는 경우가 있다. 유압장비를 이용하여 차량을 해체하거나 계기판을 밀어낼 수도 있지만 다음과 같은 방법으로 비교적 간단하게 처리할 수도 있다.

4.2.1 발이 페달에 끼인 경우

- 잘 늘어나지 않는 스테틱 로프나 슬링테이프를 준비하고 한쪽 끝을 페달에 단단히 묶는다.
- 차문을 거의 다 닫은 상태에서 반대쪽 로프 끝을 창틀에 묶는다.
- 차문을 천천히 열면 로프가 당겨지면서 페달을 당기게 되고 이때 벌어진 틈으로 요구조자의 발을 빼낼 수 있다.

4.2.2 핸들이나 계기판에 상체가 눌린 경우

차량이 전면에서 충격을 받은 경우 요구조자의 신체가 계기판이나 핸들과 좌석 사이에 끼어 있는 경우가 많이 발생한다. 가장 손쉬운 방법은 좌석 조정레버로 의자를 뒤로 이동시키는 것이지만 차량이 심하게 파손되었을 때에는 이 방법은 사용할 수 없다.

이때에는 핸들에 체인을 감고 윈치 또는 유압 전개기를 이용하여 당기거나 유압전개기 또는 유압 램으로 밀어내는 방법을 사용 할 수 있다. 체인으로 핸들을 감아 당기는 방법은 다음과 같다.

- 수동식 윈치와 체인 2개를 준비한다.
- 체인 1은 핸들을 감고 전면 유리창 밖을 통해 빼낸다.
- 체인 2는 차량 하단 견인줄을 거는 고리에 걸고 후드(본넷) 위로 체인을 올린다.
- 체인 1, 2를 이동식 윈치에 연결한다. 차량과 체인이 닿는 부분에는 압력을 분산시키기 위하여 나무 받침목을 대준다. 요구조자의 상태를 살피며 윈치를 천천히 당긴다. 윈치 대신 유압전개기를 최대한 벌려서 체인을 감고 전개기를 닫으면 동일한 효과를 얻을 수 있다.

4.3 운전석 의자 분리하기

차량 중에는 해치백(Hatch Back) 스타일, 즉 뒷문을 위로 잡아당겨 여는 방식이 있다. 주로 RV(Recreation Vehicle) 나 SUV(Sport Utility Vehicle) 차량이 해당되는데 이런 종류의 차량은 차문이 열리지 않으면 사고 상황에 따라서 뒷문을 열고 진입해서 요구조자가 앉아있는 의자 자체를 떼어낼 수 있다.

4.3.1 뒷좌석 의자 분리하기

뒷문을 열고 뒷좌석 의자를 분리한다. 절단기로 연결부분을 절단할 수도 있고 스페너로 볼트를 풀어내도 된다. 이때 차량이 흔들려서 요구조자에게 추가적인 부상을 입히지 않도록 조심한다. 일반 스페너나 몽키스페너 보다는 볼트 머리에 꼭 들어맞는 6각 스페너가 작업하기 편리하다.

4.3.2 운전석 의자 분리

차량 뒷부분의 의자를 모두 제거했으면 운전석 의자를 분리한다. 먼저 의자에 요구조자를 고정하여 움직이지 않도록 한다. 의자 전면 좌우에 있는 볼트를 먼저 풀어내고 뒤쪽 볼트를 푼다. 일부 차량의 경우 볼트에 커버가 씌워져 있거나 변속기 커버에 가려져 보이지 않는다. 드라이버나 지렛대 등을 이용해서 커버를 벗기고 볼트를 풀어내면 된다.

4.3.3 의자 들어내기

볼트를 모두 풀어냈으면 차내에 공구나 볼트, 장식물 등 장애물이 남아 있는지 다시 한번 확인한다. 안전벨트가 채워져 있으면 잘라낸다. 요구조자를 의자에 앉힌 채로 뒤로 약간 기울이면서 그대로 뒷문을 통해서 빼내면 된다. 구출하기 전에 요구조자에게 경추보호대를 채우고 머리를 헤드 레스트에 고정하면 경추보호에 도움이 된다.

5. 교통사고 현장의 구출 및 환자이송

신체적 충격을 입은 부상자는 구급대원이 현장에 도착하기 전까지는 이동시키지 않는 것이 원칙이지만 요구조자나 구조대원의 생명이 위험할 때에는 이러한 원칙은 무시할 수 있다. 화재, 가연성 기체나 액체, 절벽에서의 차량의 요동 혹은 다른 직접적 위험으로부터 상황이 위급하다면 요구조자를 신속하게 다른 장소로 옮겨야 한다.

현장에 구조대원이나 요구조자에게 특별한 위험이 없는 상황이라면 사고차량에서 부상자를 구출하는 것은 다음의 3단계 순서로 진행한다.

5.1 인명구조를 위한 응급처치

응급처치는 구출작업 이전 또는 작업 중이나 구출 후를 막론하고 계속 진행되어야 한다. 그러나 가장 좋은 것은 구출작업이 약간 지연된다 하더라도 응급구조사가 구조과정에 참여하여 부상정도를 확인하고 필요한 응급처치를 취한 다음 구조하는 것이다.

먼저 기도를 확보하고 혈압과 생체징후를 확인한 후 환자의 상태에 따라 심폐소생술 또는 경추 · 척추의 보호, 심각한 출혈을 제어하는 등의 즉각적인 응급처치가 필요하지만 사고현장에서 이러한 조치를 실시하는 것이 곤란한 경우도 많다. 그러나 이는 환자의 구명을 위해 매우 중요한 사항이므로 가능한 한 현장에서 최선의 응급처치가 이루어 질 수 있도록 하여야 한다.

5.2 구출

구출 활동은 요구조자에게 접근해서 응급처치를 완료하고 환자의 상태가 안정된 후에 실시한다. 요구조자를 구출할 때에는 외상이 없더라도 반드시 경추 및 척추보호대를 착용시키는 것이 원칙이다. 다만 위험물질 적재 차량의 화재 사고와 같이 화재나 폭발, 기타 긴급한 위험요인에 직접 노출되어 있는 경우에는 응급처치에 앞서 현장에서 이동 · 구출하는 예외적인 조치를 취할 수도 있다.

차량의 구조물과 잔해 등 다른 방해물이 제거되면 환자를 차량으로부터 구급차로 이동시킬 준비를 하고 추가 부상을 입지 않도록 보호한다.

5.3 이송

환자의 이동은 단순히 들것으로 구급차로 운반하는 경우일 수도 있지만, 급경사면을 오르거나 하천을 건너야 하는 등 이송에 어려움이 있는 경우도 있다. 이러한 경우에는 환자를 들것에 확실히 고정하고 보온에도 주의를 기울여야 한다.

구급차로 이송한 후에도 계속 요구조자의 상태를 주시하여 필요한 응급처치를 취하고 필요하면 통신망을 이용하여 전문의의 도움을 받도록 하며 병원으로 이송하기 전에 가까운 응급의료센터에 연락을 취하여 즉시 필요한 처치를 받을 수 있도록 조치하여야 한다.

제17장 | 방사능 사고

우리나라는 반도국가라는 지리적 여건으로 인해 전기에너지의 자급자족이 필수적인 나라로서 통계청자료에 의하면 대략 석탄에너지 40%, 원자력 30%, LNG 22%, 유류 5%, 신재생 3%, 수력1% 등을 차지하고 있다. 이중 원자력발전소는 25개 호기가 운영되고 있다(2016년 12월 기준).

원자력발전소를 운영하기 위해서는 정부(원자력안전위원회)로부터 건설 및 운영허가를 받아야 하는데, 정부는 심사를 통해 안전성을 확인하게 되며 주기적인 검사를 통해 안전성 유지를 확인하게 된다. 그러나 만에 하나 방사선비상이 발생하면 방사성물질 방출로 인해 원자력시설 인근지역 주민들에게 방사선 위해가 가해질 수 있으므로, 방사선비상 발령시 주민을 보호할 수 있도록 원자력 발전소는 비상계획서를 작성하여 조속한 완화조치를 수행해야 하고, 정부는 주민보호를 위해서 효율적인 위기관리 체계를 구축하여야 한다. 따라서 중앙행정기관, 지방자치단체, 원자력 사업자, 군 · 경 · 소방기관, 원자력안전 · 방사선의료전문기관 등 관계기관은 「원자력시설 등의 방호 및 방사능 방재 대책법(이하 방사능 방재 대책법)」 및 「원전안전분야(방사능누출)' 위기관리 표준매뉴얼」 등에 규정된 임무 · 역할에 따라 대처하여야 한다.

2011년 3월 11일 동일본 대지진과 쓰나미로 인한 일본의 피해는 막대하였으며, 일본 경찰청이 공식 집계(2012년 09월)한 사망자는 15,878명, 실종자는 2,713명, 부상자는 6,126명이었다. 또한 동일본 대지진으로 인해 후쿠시마 1발전소(1~4호기)가 정지한 후 비상발전기로 원자로를 냉각하였으나, 이후 쓰나미로 인하여 비상발전기도 정지하게 되고 냉각기능을 상실하게 되어 수소폭발 및 방사능물질 방출을 경험한바 있다. 후쿠시마 원전사고로 인하여 주민들의 방사선에 의한 피폭은 그리 높지는 않았으나, 후쿠시마 원전인근 20km까지 주민들은 소개(evacuation)를 실시했고, 방사능 오염지역에 거주할 경우 연간 50mSv 이상의 피폭이 예상되는 지역은 거주지로 복귀를 허용하지 않게 되었다. 따라서 많은 후쿠시마 오염지역 주민들은 삶의 터전을 잃게 되었으며 지역 경제가 침체되어 원전사고의 영향은 막대하다는 것을 확인할 수 있었다.

후쿠시마 사고 시 우리나라의 국민들도 원전 안전 및 방사능방재에 대해서도 더욱더 많은 관심을 갖게 되었다고 할 수 있다. 방사능방재분야는 원자력발전소 사고의 완화조치와, 방사능물질 누출로 인한 원전인근 주민보호 대책으로 나눌 수 있는데, 주민들의 보호에 필요한 방사능방재대책에 관하여 다루고자 한다.

1절 원자력발전소 안전특성

1. 원자력발전소 심층방어

원자력발전소는 높은 신뢰도를 확보함으로서 사고를 사전에 예방하고, 모든 사고가능성에 대응이 가능하도록 설계되어야 하며, 중대사고가 일어나지 않도록 안전이 확보되어야 한다. 이러한 안전성 확보를 위하여 원전은 심층방어개념과 다중방호벽으로 설계되어 있다.

심층방어개념이란 먼저 이상상태의 발생을 가능한 방지하되, 이상상태가 발생하였을 때에는 이의 확대를 최대한 억제하며, 만일 이상상태가 확대되어 큰 사고로 진전되었을 때에는 그 영향을 최소화하고, 주변 주민을 보호하도록 사고의 진전 단계마다 적절한 방어체계를 갖추는 것을 말한다. 이상상태의 발생 방지 수단으로서 모든 시설에 대하여 충분한 안전 여유도를 갖도록 설계하고 있으며 안전에 중요한 설비는 고장에 대비하여 설비를 다중으로 갖추어 두고 있다. 따라서 확률적으로 이상상태의 발생가능성이 매우 낮지만 만일 기기의 고장이나 운전원의 실수가 겹쳐 이상상태가 발생하면 원자로보호설비가 이를 자동적으로 감지하여 원자로를 안전하게 정지시킴으로써 원전연료가 손상되는 등의 중대한 사고로 진전되는 것을 방지해 준다. 그럼에도 불구하고 만에 하나 중대한 사고가 발생하거나 발생할 가능성이 있는 경우 비상노심 냉각장치와 원자로건물 등 안전설비가 사고의 진전을 완화시키고 방사성물질이 주변 환경으로 누출되는 것을 방지하도록 설계되어 있다. 이처럼 원자력발전소는 발생 가능한 모든 사고를 고려해 그 원인을 근본적으로 제거하고 만일의 이상상태가 발생하더라도 방사성물질이 외부로 누출되는 것을 막기 위해 다중의 방어시스템을 갖추도록 하는 심층방어 개념으로 설계되어 있다.

2. 다중 방호벽

다중 방호벽은 방사성물질이 외부로 누출되는 것을 방지하기 위해 여러겹의 물리적인 방호벽을 설치하는 것을 말한다. 원자력발전소는 기본적으로 5중의 방호벽으로 이루어져 있으며 최종방호벽인 원자로건물의 중요성은 미국 쓰리마일(TMI) 원전 사고시 발생한 방사성물질이 대부분 원자로 격납용기 내에 갇혀서 외부환경으로 누출이 차단되어 피해가 없었기 때문에 입증되었다고 할 수 있다. 또한 원자력발전소 주변의 제한구역으로 설정된 지역은 일반인의 거주나 자유로운 출입을 허용하지 않기 때문에 방사선사고시에도 주민의 피해를 최소화 할 수 있는 가상의 방벽역할을 할 수 있다. 그리고 이러한 다중의 물리적인 방호벽은 충분한 여유도를 가지고 보수적으로 설계하기 때문에 방사성물질의 외부유출을 근원적으로 차단할 수 있다.

〈표 17.1〉 원전의 다중방호벽

번호	방호벽	내용
제1방호벽	연료 펠렛	핵분열 시 발생된 방사성물질은 압축소결 및 성형 가공된 산화우라늄의 연료펠렛 내에 갇히게 됨
제2방호벽	연료 피복관	핵분열 시 발생된 방사성물질 중 연료 펠렛을 빠져나온 미소량의 방서성물질은 지르코늄 합금의 피복관안에 밀폐됨
제3방호벽	원자로 용기	연료 피복관의 결함으로 원자로 내에 방사성물질 발생 시 두꺼운 원자로용기가 방사성물질의 누출을 차단함
제4방호벽	원자로건물 내벽	원자로 격납건물 내벽(6cm)의 강철판이 설치되어 있어서 원자로에서 누출된 방사성물질을 원자로 격납건물 내에 가둠
제5방호벽	원자로건물 외벽	최종적으로 120cm 두께의 철근콘크리트 원자로 격납건물 외벽이 있어서 방사성물질의 외부환경 누출을 차단함

3. 원자력발전소 보호계통

원자력발전소의 사고를 예방하기 위해서는 안전설비가 필수적이라 할 수 있으며, 사고가 발생하였을 경우 이를 완화시킬 수 있는 사고완화 설비도 필수적이라고 할 수 있다. 대표적인 사고예방 설비로서는 원자로의 이상을 감지하여 원자를 정지시키는 원자로보호계통이 있다. 원자로정지계통은 다른 원리의 독립된 2개의 정지계통을 보유하고 있다. 1개의 계통은 제어봉을 이용하여 원자로를 정지하는 계통이며, 다른 1개의 계통은 보완장치로서 붕산주입계통이 사용되고 있다. 비상노심냉각계통은 노심 내에 축적된 열과 붕괴열을 제거하기 위한 설비로서 다른 원리의 독립된 계통을 다중으로 설치하고 있다.

사고완화 설비는 매우 다양하며 원자로격납건물, 원자로격납건물 살수계통(Spray

System), 공기 재순환계통 등이 있으며, 이밖에도 후쿠시마 이후에 중대사고 대처설비로서 이동형발전차량, 원자로비상냉각수 외부주입유로, 피동형수소제거설비 등 다양한 설비를 구축하였다. 원자로격납건물은 강화된 철근 콘크리트 건물로서 만일의 사고시에도 방사성물질의 외부누출을 방지하도록 설계되어 있다. 원자로격납건물 살수계통(Spray System)은 사고시 격납건물 내의 압력을 단시간 내에 저하시켜 외부로의 방사성물질 누출을 감소시키고 요오드 등의 방사성물질을 격납건물 안에서 제거하기 위한 계통이다.

〈그림 17.1〉 가압형 경수로(PWR), 한울4호기 전경

원자력발전소 안전설비의 설계특성은 다중성(Redundancy), 독립성(Independence), 다양성(Diversity), 견고성(Durability), 운전 중 상시 점검기능(Testability), 고장 시 안전한 작동(Fail-safe), 연동 기능(Interlock) 등이 있다.

다중성은 한 계열의 기능이 상실되었을 때 똑같은 기능을 발휘하는 다른 계열이 본래의 기능을 발휘할 수 있도록 같은 기능을 갖는 설비를 2계열 이상 중복해서 설치한다. 독립성은 2개 이상의 계통, 또는 기기(각각의 기능이 동일하거나 다른 경우 포함)의 기능이 한 가지 원인에 의해 상실 또는 저해되지 않도록 물리적 · 전기적으로 분리(독립)하여 설치하는 것이다. 다양성은 한 가지 기능을 달성하기 위하여 성질이 다른 계통이나 기기를 2개 이상 설치한다. 견고성은 안전성관련 구조물이나 기기 및 설비는 지진 등 예상되는 각종 정상 및 비정상 상태에서도 그 구조적 건전성을 유지하여야 한다. 운전 중 상시 점검기능을 통해 안전성 기능 확인이 운전중에도 항상 가능하여야 한다. 또한 어떤 원인에 의해 설비 본래의 기능이 상실될 때 발전소가 안전한 방향으로 유도되도록 설계하여 고장시 안전한 방향으로 작동 되어야 한다. 그리고 설비 또는 기기의 오작동에 의한 발전소 손상이나 사고를 방지하기 위해 정해진 조건이 만족되지 않으면 작동하지 않도록 연동기능이 작동되어야 한다.

2절 원자력발전소의 방사선 비상대응

1. 방사선비상특성

원자력발전소가 심층방어개념을 기반으로 건설되어 있으며 중대사고를 예방하기 위한 여러 설비들이 설치되어 있지만, 만에 하나 발생할 수 있는 방사선비상 시 시설내의 사고를 완화조치하고, 누출된 방사선에 의한 주민의 피해를 최소화하기 위하여 방사선 비상대응(EPR: Emergency Preparedness and Response) 체계가 범국가적 차원에서 구축되어야 한다. 방사선 비상은 원자력시설로부터 방사성물질 또는 방사선이 누출되거나 누출될 우려가 있어, 긴급한 대응 조치가 필요한 상황을 말한다. 원자력시설의 방사성물질 또는 방사선의 이상방출로 주변 환경에 미치는 영향의 크기, 영향을 주기까지의 시간은 방사선사고의 양상, 시설특성, 기상조건, 주변 환경조건, 주민의 거주상황에 따라 다르며, 발생한 구체적인 상황에 따라 방호조치 이행의 정당성 확보와 더불어 최적화가 요구된다.

2. 방사능방재 목표

방사선비상대응의 목표(objective)는 원자력 또는 방사선 비상에 효과적으로 대응하기 위해서 운영 시설 및 기관 내에, 그리고 기초지차제, 광역지자체 및 국가적 차원뿐만 아니라 국제적 차원에서 반드시 적정한 역량이 갖추도록 하는 것이 목표라고 할 수 있다. 이 능력은 통합적 인프라 요소들에 관련되는데, 이 요소들에는 권한과 책임, 조직구성 및 인력확보, 조직화, 계획서 및 절차서, 수단, 장비 및 시설, 교육, 훈련 그리고 어떤 관리체계를 포함하되 이에 한정하지는 않는다. 원자력 또는 방사선 비상대응의 목표(IAEA GS-R-Part7)는 다음과 같다.

- 상황을 완화하여 관리가 가능한 상태로 회복
- 인명 구조
- 결정론적 영향(severe deterministic effects) 방지
- 응급처치 및 의료제공 등 방사선피폭환자를 치료
- 확률적 영향(stochastic effects)의 위험도 저감
- 일반대중에게 신속한 정보전달 및 신뢰관계(pubic trust) 유지
- 비방사선적 사건결말(non-radiological consequences)을 완화
- 재산 및 환경 보호
- 정상적인 사회적 · 경제적 활동의 재개준비

3. 방사선비상의 일반기준

원자력발전소 비상의 분류 및 비상대응을 위한 의사결정에 활용하기 위해 IAEA(International Atomic Energy Agency)가 제시한 일반기준(Generic Criteria)은 비정상적인 시설의 상태에 따른 비상조치준위(EAL: emergency action level), 현장의 상황에 따른 판단

(observables/indicators), 그리고 사고현장의 방사선측정치를 의사결정에 활용하는 운영개입준위(OIL: operational intervention level)가 있다. 일반기준은 비상사태시 긴급보호조치(urgent protective actions) 및 조기보호조치(early protective actions), 비상사태 시 필요한 기타 대응조치를 위해 확립되었다.

IAEA는 비상발령기준 설정 시 매우 낮은 확률을 갖는 상정 가능한 모든 범위의 비상사고를 고려할 것을 권고하고 있다. 이는 비상계획구역 설정 시 고려하는 사고의 수준에 대한 권고와도 일맥상통한다. 또한 증상(징후) 기반의 한계치(threshold)를 반영하되 비상 상황에서 활용 가능한 정보에 기반하며, 이를 판단하기 위한 비상요원의 노력을 최소화 할 것을 권고하고 있다.

IAEA TECDOC-955은 각 국가가 비상대응시 활용 가능한 절차 및 기준(일반개입기준(GIL), 운영개입준위(OIL) 등)을 제공하는 문서이다. 비상발령기준에 관한 사항은 Procedure A1(accident classification, 사고분류)에 비상등급(General Emergency, Site Area Emergency, Alert)별로 비상발령기준을 제시하고 있다. 모든 비상발령기준에 관하여 운전모드를 적용하고 있으며, 운전모드를 크게 두 부류(A1 : 운전(operating), 대기(stand-by) 또는 고온 정지(hot shutdown) / A2 : 저온정지(cold shutdown) 또는 재장전(refueling))로 구분하여 적용하는 체계이다. 또한 5개 주요 범주별로 사고 진입 조건에 따라 비상발령기준을 제시하고 있으며, 주요 범주는 다음과 같다.

- Critical safety function impairment(중대한 안전기능 손상)
- Loss of Fission Product(FP) barriers(핵분열생성물 장벽 상실)
- Radiation levels(방사선 준위)
- Security, fire, natural and other events(보안, 화재, 자연사건 및 기타사건)
- Spent Fuel Pool(SFP) events(사용후핵연료 저장조 사건)

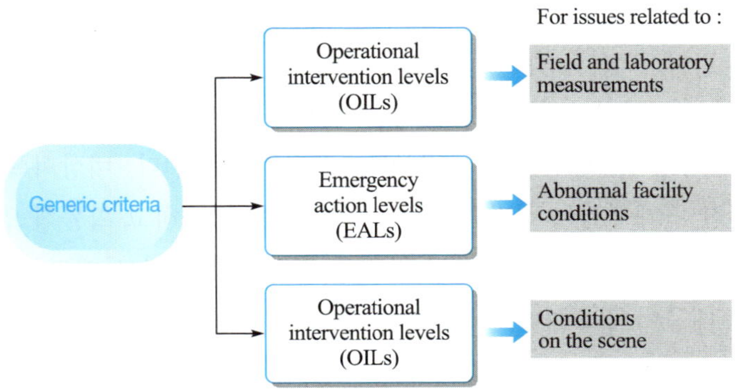

〈그림 17.2〉 방사선비상의 분류 및 비상대응을 위한 일반기준(generic criteria)

4. 비상대응의 단계

방사선 비상사태에서는 주민건강, 생활기반 및 환경에 미치는 영향을 적시에 효과적인 방법으로 완화하여, 영향을 받은 지역이 가능한 한 통상의 사회적 · 경제적 활동에 복귀하도록 사업자, 지방자치단체 및 정부에 다양한 활동이 요구된다.

관계기관이 비상사태의 시간적인 진전에 대해 일관된 공통의 의사결정 전략을 수립하기 위해 비상사태관리의 시간적 추이와 비상사태 각 단계를 〈그림 17.3〉에 나타낸다(NEA, 2010). 비상사태는 준비, 대응 및 복구의 세 가지 단계로 나누며, 대응단계는 초기대응과 중기대응으로 구분된다. ICRP(International Commission on Radiological Protection) 2007년 권고에서의 비상피폭 상황의 개념은 대응단계에 적용하고 기존피폭상황의 개념은 복구단계에 적용할 수 있다. 따라서 각 단계별로 유효한 대책을 강구하기 위해서는 미리 적절한 비상계획을 작성하고 정비를 하여 이를 유지하며 훈련을 통해 효율성을 갖출 필요가 있다.

<table>
<tr><th>준비단계</th><th colspan="4">대응단계</th><th>복구단계</th></tr>
<tr><td rowspan="3">계획</td><td colspan="2">초기</td><td colspan="2">중기</td><td>말기</td></tr>
<tr><td>사고발생/초기대응</td><td>위기관리</td><td>영향관리</td><td>복구계획</td><td>복구/장기적 복귀활동</td></tr>
<tr><td colspan="4">비상피폭상황</td><td>기존피폭상황</td></tr>
</table>

〈그림 17.3〉 방사선비상 대응의 단계

준비단계에서는 지역, 정부 및 국제적인 모든 수준에서 대응활동 계획이 작성되고 유지되고 개선되도록 관계자가 협력하여 비상계획을 검토하여야 한다. 특히, 지역방재계획 수립 시에는 사업자의 충분한 참여에 따라 시설고유의 위험성 평가를 바탕으로 구체적인 비상계획이 수립되어야 한다.

초기대응 단계에서는 비상사태발생 감지와 함께 대응이 시작되고 사고 진행에 대한 완화책, 방출원 제어와 함께 위기관리 관점에서 비상보호조치가 강구된다. 비상피폭 상황의 초기정보가 제한된 불확실한 단계에서는 심각한 결정적인 영향을 방지하고 확률적 영향을 합리적으로 달성 가능한 낮게 유지하는 방사선방호의 목적을 달성하기 위해 사태의 확실한 정보를 얻기 전에 매우 신속한 대응이 필요하다. 이를 위해 준비 단계에서 검토된 시나리오에 따라 계획된 절차에 맞춰 긴급보호조치를 강구하게 된다.

중기대응 단계는 선원의 일정한 제어가 회복되고 주요한 방출이 종료되어 환경으로 발생한 오염의 영향관리 단계이다. 이 단계에서는 환경 감시 및 분석으로 방사선 상황을 충분히 파악하여 초기단계에서 실시되었던 보호조치의 변경, 해제, 농업 관련대책 및 제염대책 등 새로운 장기보호조치 검토 등이 관계자와의 충분한 대화를 통해 실시될 필요가 있다. 또한 복구로의 이행단계에서는 피해를 입은 지역의 장기적인 복구대책을 시작하기 위한 특정한 계획이 수립되어 통상적인 사회 · 경제적 활동으로 복귀하도록 지원된다.

5. IAEA 방사선비상계획구역 권고

IAEA는 원자력시설에서 방사선비상이 발생했을 때 주민을 보호하기 위하여 비상대책을 집중적으로 마련할 필요가 있는 지역을 방사선비상계획구역으로 설정하도록 권고하고 있다. 특히 IAEA는 비상계획구역의 개념을 목적에 따라 방사선비상계획구역을 2개 구역(PAZ, UPZ)으로 구분하여 구역별 반경에 대한 기본값을 제시하고 있으나, 이는 일반적인 평가에 근거한 값으로 각국에서 독립적 분석을 통해 자국의 노형, 기상조건 등의 특수성을 고려하여 적절한 구역 범위를 결정할 수 있음을 명시하고 있다.

예방적 보호조치구역(Precautionary Action Zone, PAZ)은 원자력발전소에서 방사선비상이 발생하는 경우, 현장 밖의 심각한 결정론적 영향의 위험을 실질적으로 줄이기 위해 즉시 예방적인 긴급보호조치가 실시되어야 하는 지역이다. 이 지역 내에서의 방호 조치는 그 시설에서 유효한 조건에 근거하여 비상발령 시 방사성 물질 방출 전이나 직후에 실시한다(예 : 방사성물질 방출 이전 적색발령 시 PAZ 지역에 대한 주민을 예방적 차원에서 소개).

긴급 보호조치 계획구역(Urgent Protective action planning Zone, UPZ)은 원전부지 외부에서 국제적 안전기준에 해당하는 선량을 회피하기 위하여, 긴급 보호조치가 실시되어야 하는 지역이다. 이 지역 내에서의 방호조치는 비상발령 시 환경감시 결과 또는 해당 시설의 유효한 조건에 근거하여 실시한다. 방호조치의 효과를 고려할 때, 지체될 경우 효과가 현저하게 감소할 수 있으므로 일반적으로 수 시간 이내에 신속하게 방호조치가 취해져야 한다. 가장 일반적으로 고려되는 비상보호조치는 소개, 사람들의 제염, 옥내대피, 호흡방호, 요오드 예방, 오염 가능성이 있는 식료품 소비 통제이다(예 : 공간선량률 측정 결과 1mSv/h를 초과하면 동 지역에 대해 주민을 소개).

PAZ와 UPZ는 대체적으로 시설주변의 원형지역이어야 하며, 이들 지역의 경계는 그 지방의 경계표(예를 들어, 도로 또는 강)로 정의하여 대응 중에 식별이 용이하도록 하고, 구역들이 국경에서 끝나지 않도록 유의해야 한다.

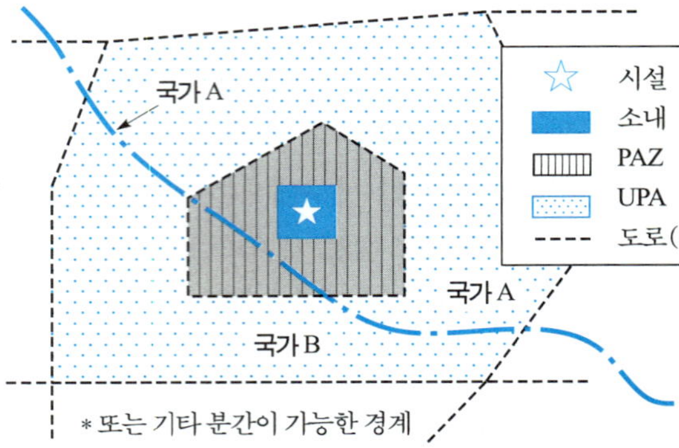

〈그림 17.4〉 IAEA의 비상계획구역 개념도

다음 〈표 17.2〉는 위협범주 Ⅰ 및 Ⅱ 내 시설을 위한 비상계획구역의 반경에 대한 근사값을 제시한 것이다. 제시한 거리는 관련 불확도가 크다는 점을 적절히 인식하고 제안하는 값들이며 상세한 안전해석을 통해 실증되는 경우에는 다양한 거리가 적용될 것이다. 이들 반경을 제안하는 것은 효율적인 대응을 보장하고 우선 조치를 취하는 것에 대한 타당성을 갖기 위함이다. 특정한 비상시에 보호조치들은 구역들의 일부분에서만 정당화될 수도 있으며, 가장 심각한 비상의 경우에 보호조치들은 제안된 반경을 벗어난 구역에 대해서 취해질 수도 있을 것이다.

〈표 17.2〉에 나타낸 반경은 일반적인 분석에 근거하는 제안값이다. 각국은 독립적 분석을 수행하여 자국의 특수성을 고려하여 적절한 구역 크기를 결정할 수도 있다. 단, 그 분석은 발생확률이 낮은 사고를 포함하여 가능한 전범위의 사고를 고려하여 평가해야 한다. 방사선비상계획구역의 크기는 방출 또는 임계 가능성이 있는 선원을 중심으로 한 원의 반경으로 나타낸다. 그러나 실제적인 구역은 원형이 될 수 없으며, 〈그림 17.4〉에 나타낸 것처럼 도로 또는 강과 같은 물리적 및 지리적 특징 또는 정치적 경계에 적합하게 설정되어야 한다.

〈표 17.2〉 IAEA의 제안된 비상계획구역 및 면적 크기

시설	예방조치구역(PAZ) 반경	긴급보호조치구역(UPZ) 반경
위협범주 Ⅰ 시설		
원자로 >1000 MW(th)	3 ~ 5km	0.5 ~ 3km
원자로 100 ~ 1000MW(th)	5 ~ 30km	5 ~ 30km
위협범주 Ⅱ 시설		
원자로 10 ~ 100MW(th)	없음	0.5 ~ 5km
원자로 2 ~ 10MW(th)	없음	0.5km
부지경계 500m 이내에 핵분열(핵임계) 가능 질량이 존재하는 경우	없음	0.5 ~ 1km

자료출처 : IAEA, 2007, GS-G-2.1[4] Appendix Ⅱ Table 8

6. IAEA의 방사선방호 및 방재분야 안전요건

IAEA는 GSR Part 7에서 비상피폭과 기존피폭의 경계에 해당하는 20 mSv/y를 제시하고 있으며, 비상피폭과 기존피폭의 참조기준은 각각 20–100 mSv, 1–20 mSv 이며, 피폭기간은 '급성'(acute) 혹은 '연간'(annual)으로 제시하고 있다. 이를 반영하여 IAEA는 비상상황의 종료와 비상피폭에서 기존피폭으로의 전환을 위한 전망선량 평가를 위한 기간으로써 1년을 권고하고 있다.

IAEA는 2011년에 발간된 GSG-2(Preparedness and Response for a Nuclear or Radiological Emergency)를 통해 20–100 mSv 범위의 참조준위의 개념을 바탕으로 예상선량(Projected dose) 형태의 일반기준(Generic Criteria)를 제시하였다. 일반기준(Generic Criteria)은 국가 수준에서 결정되는 기준이며, 각 국가는 ICRP의 참조준위를 고려하여 재설정할 수 있다. 이는 국제기구의 과학적 기술 근거 외에 국가의 방재 역량, 원자력시설 주변 이해당사자의 의견 등 다양한 입력자료(input)를 반영하여 최종적으로 각 국가별 및 시설별 최적화 된 기준을 수립해야 함을 의미한다. GSG-2에서는 심각한 결정론적 영향을 방지 또는 최소화하기 위해 방호조치 및 기타 대응이 필요한 경우 급성선량에 대한 일반기준을 제시하고 있으며, 비상피폭상황에서 확률론적 영향의 위험을 줄이기 위한 방호조치 및 기타 대응에 대한 일반기준을 다음과 같다.

〈표 17.3〉은 심각한 결정론적 영향을 방지 또는 최소화하기 위해 급성선량(acute dose) 형태로 제시된 일반기준(Generic Criteria)이다. 일반기준은 예방적 긴급보호조치, 즉 매우 높은 급성 피폭선량에 의한 심각한 결정론적 영향이 발생하지 않도록 어떠한 상황에도 누출 또는 피폭의 실질적 위험에 근거하여 사태가 발생하기 전에 실시되어야 하는 보호조치의 실시 기준으로 활용되어야 한다. 즉 〈표 17.3〉은 방재계획 단계에서 비상계획구역 중 예방적보호조치구역(PAZ: Precautionary Action Zone) 설정 시 선량평가 기준으로 활용하는 것이 적절하다. PAZ구역은 심각한 결정론적 영향을 방지하기 위해 시설의 상태에 근거하여 보호조치를 취하는 구역이며, 발전용원자로의 중대사고 시 방사성물질의 환경방출 인한 심각한 결정론적 영향 방지를 위해 적절한 범위를 설정하여 적용해 한다.

〈표 17.4〉는 확률론적 영향 감소를 위해 유효선량 형태로 제시된 일반기준이다. 〈표 17.4〉의 기준은 ICRP 103 신권고 체계를 근간으로 하고 있다. 갑상선방호를 위한 일반기준(Generic Criteria)이 50 mSv로 제시되었으며. 옥내대피와 소개 모두 '100 mSv/7일' 의 선량준위에 대하여 실시하는 것으로 제시되었다. 〈표 17.4〉에 제시된 일반기준(Generic Criteria)은 태아에 대한 선량 기준을 별도로 제시하였으며, 예상선량 뿐 만 아니라, 이미 피폭된 선량에 대해서도 후속조치(의학적 추적관리 등) 수행의 근거를 제시하고 있다.

〈표 17.3〉 심각한 결정론적 영향을 방지하기 위해 방호조치 및 기타 대응이 필요한 경우 급성선량에 대한 일반기준

일반기준		방호조치 및 기타 대응의 예시
체외급성피폭(10시간 미만)		예상선량
AD Red marrow[a]	1Gy	– 예상선량을 일반기준 이하로 유지하기 위해 곤란한 상황에도 예방적 긴급보호조치를 즉시 실시
AD Fetus	0.1Gy	
AD Tissue[b]	0.5cm에서 25Gy	– 일반인에게 정보 및 경고 전달
AD Skin[c]	$100cm^2$에 10Gy	– 긴급제염 실시
급성섭취로 인한 체내피폭		피폭선량
(A = 30일)[d]		
AD(△)Red marrow	Z > 90[e]인 핵종 0.2Gy	– 즉각적인 검진, 필요한 상담 및 치료 실시
	Z > 89[e]인 핵종 2Gy	– 제염 실시
AD(△)Thyroid	2Gy	– 즉시 체내제염f(가능한경우)
AD(△)Lung[g]	30Gy	– 장기적 보건감시 등록(의학적 추적관리)
AD(△)Colon	20Gy	– 종합적 정신과 상담 제공
AD(△)Fetus[h]	0.1Gy	

자료출처 : IAEA GSG-2, Table 2

a ADRed marrow는 강투과방사선의 균일방사선장 내 피폭으로 인한 수정체, 체내조직 또는 장기(예: 적골수, 폐, 소장, 생식선, 갑상선)의 평균 RBE 가중흡수선량이다.

b 방사선원에 대한 직접적 접촉(예: 손 또는 주머니에 담는 경우)으로 인해 신체표면에서 0.5cm 깊이의 $100cm^2$에 전달되는 선량.

c $100cm^2$의 진피(신체표면에서 $40mg/cm^2$(또는 0.4 mm) 아래에 있는 피부조직)에 전달되는 선량.

d AD(△)는 피폭인구의 5%에 심각한 결정론적 영향을 미치는 방사선원을 △시간 동안 섭취(I05)한 경우 전달되는 RBE 가중흡수선량이다.

e 이 분류의 핵종의 핵종별 섭취한계치는 상당한 차이가 있으므로, 다른 기준을 사용.

f 제염에 대한 일반기준은 제염 없는 예상선량을 근거로 한다.

g 본 일반기준의 목적상 "폐"는 호흡기도의 폐포-기질 부위를 의미한다.

h 이 항목에서 △는 자궁발달기간을 의미한다.

〈표 17.4〉 비상피폭상황에서 확률론적 영향의 위험을 줄이기 위한 방호조치 및 기타 대응에 대한 일반기준

일반기준		방호조치 및 기타 대응의 예시
예상선량이 아래의 일반기준을 초과하는 경우: 긴급방호조치 및 기타 대응 실시		
$H_{Thyroid}$	최초 7일간 50mSv	요오드 갑상선 차단
E	최초 7일간 100mSv	대피소, 대피, 제염, 음식, 우유, 식수 섭취 제한, 오염 통제, 일반인 안심
H_{Fetus}	최초 7일간 100mSv	
예상선량이 아래의 일반기준을 초과하는 경우: 방호조치 및 기타 대응 실시		
E	연간 100mSv	일시적 이주, 제염, 음식, 우유, 식수 교체, 일반인 안심
H_{Fetus}	자궁발달 전기간 동안100mSv	
피폭선량이 아래의 일반기준을 초과하는 경우: 방사선에 의한 보건상 영향을 효과적으로 검출 및 치료하기 위한 장기적 의료조치		
E	1개월간 100mSv	특정한 방사선 민감장기의 등가선량에 기반한 스크리닝(의학적 추적관리의 기초로 사용), 상담
H_{Fetus}	자궁발달 전기간 동안100 mSv	각 환경에 대한 충분한 정보를 확보하고 결정을 내릴 수 있도록 상담

자료출처 : IAEA GSG-2, Table 3

주석 : HT – 조직 T 또는 장기의 등가선량 ; E – 유효선량.

IAEA가 제시한 일반기준(Generic Criteria)은 흡수선량 혹은 유효선량의 형태이다. 이는 현장에서 바로 적용할 수 없는 양이다. 이를 보완하기 위해 IAEA는 운영기준(Operational Criteria)을 제시하였다.

운영기준 중 운영개입준위(Operational Intervention Level, OIL)는 과거 GIL에 상응하도록 계산된 준위로서 방사선 측정기로 측정되거나 실험실 분석 등에 의해 결정되는 값, 즉 일반적으로 공간선량률, 방출된 방사능, 공기농도, 지표 또는 표면농도, 환경이나 식품, 음용수 중 방사성핵종농도 등으로 표현되는 준위였다. OIL은 환경측정을 기초로 하여 적절한 방호조치를 결정하기 위해 추가적인 평가 없이 직접적이고 즉각적으로 사용되는 준위이다. 개입준위(intervention level) 개념은 과거 행위와 개입의 프로세스 중심 방호 체계하에서는 준위 이상에서는 방호조치가 요구되고 그 아래에서는 조치하지 않는 것을 의미하였다. ICRP 103 간행물은 참조준위 이하에서도 방호조치의 최적화 노력을 경주할 것을 권고하고 있다. IAEA는 일반기준(Generic Criteria)에 대해서 상응하는 OIL을 신규로 제시하고 있다(표 16.5 참조).

〈표 17.5〉 Generic Criteria와 OIL간의 관계

<table>
<tr><th colspan="2">일반 기준
(Generic Criteria)</th><th>방호조치 및 기타 대응조치 사례</th><th colspan="3">OIL</th></tr>
<tr><td colspan="3">다음과 같은 일반개입준위 초과 예측 선량: 긴급 보호조치 및 기타 대응 조치 실시</td><td colspan="3">긴급 보호 조치</td></tr>
<tr><td>갑상선 등가선량</td><td>50mSv 초기 7일</td><td>옥소의 갑상선 축적 방지</td><td colspan="3">OIL 설정 없음</td></tr>
<tr><td>유효선량</td><td>100mSv 초기 7일</td><td rowspan="2">옥내대피, 소개, 제염, 음식물 · 우유 · 물의 섭취 제한, 오염관리, 공중의 안심확보</td><td>OIL1</td><td>1mSV/h</td><td>소개</td></tr>
<tr><td>태아 등가 선량</td><td>100mSv 초기 7일</td><td>OIL3</td><td>1μSV/h</td><td>섭취제한※</td></tr>
<tr><td colspan="3">다음과 같은 일반개입준위 초과 예측 선량:
사고 대응 조기에 보호 조치 및 기타 대응 조치를 실시</td><td colspan="3">조기 방호 조치</td></tr>
<tr><td>유효선량</td><td>100mSv/년</td><td rowspan="2">일시 소개, 제염, 음식물 · 우유 · 물 대체품 제공, 공중의 안심확보</td><td>OIL2</td><td>100μSV/h</td><td>일시 소개</td></tr>
<tr><td>태아 등가 선량</td><td>100mSv 자궁내 발육기간</td><td>OIL4</td><td>10cm 거리에서 1μSV/h</td><td>신체 표면 제염</td></tr>
<tr><td colspan="3">다음과 같은 일반개입준위 초과 피폭을 받은 경우 :
방사선 유발 건강영향을 감지하고 효과적으로 처리하기 위한 장기 의료 조치를 취한다.</td><td colspan="3"></td></tr>
<tr><td>유효선량</td><td>100mSv/월</td><td>의료적 후속 검사 및 상담</td><td colspan="3">OIL 설정 필요 없음</td></tr>
<tr><td>태아 등가 선량</td><td>100mSv 자궁내 발육기간</td><td>의료 상담</td><td colspan="3"></td></tr>
</table>

3절 원자력발전소 및 해외원전 중대사고 발생사례

1. 원자력발전소 중대사고 사례

우리나라는 중대사고 및 방사선피해 사례가 발생한 적은 없으나 해외사례를 살펴보면 1979년도에 미국 TMI 2호기 사고, 1986년 구 소련의 체르노빌 4호기 사고, 2011년 일본 후쿠시마 제1원전(1~4호기) 사고를 들 수 있다.

1979년 미국의 TMI 2호기 원전 사고는 방사성물질 방출 측면에서는 미약하였지만 원전의 핵연료가 심하게 손상되었음이 확인되었고, 이로 인해 당시 운전 중이던 원전에 대해 개선 필요성이 제기되었다. 설계 측면에서 인적 요소의 미흡한 고려가 원전 사고의 주원인으로 제기되면서 원자력발전소 설계에서 인간-기계 연계 요소(MMI: Man Machine Interface)가 반영되어야 함이 부각되었다. 이에 따라 원자로 조종사의 체계적인 교육 훈련 강화 및 절차서 개선 등과 함께 인간-기계 연계성을 강화한 설계 반영 등 관련 후속 보완조치가 이루어졌으며, 이러한 개선 사항은 우리나라 원자력발전소에도 적용되었다.

1986년의 체르노빌 4호기 사고는 방사성물질 방출 측면에서 원전 역사상 최악의 사고로 기록되었으며, 저출력에서의 출력 불안정성과 원자로 격납건물의 취약성 등 설계상의 문제점과 함께 원자력발전소 종사자의 절차서 미준수를 포함한 안전의식 결여가 주된 원인으로 지목되었다. 이에 따라 원자력발전소의 건설 및 운영에서 원자력안전을 최우선으로 여기는 종사자의 태도가 절대적으로 중요함을 일깨웠고, 이른바 원자력발전소에서의 '안전문화'가 국제원자력기구의주도 아래 전개되어 우리나라를 포함한 전 세계 원자력발전소에 적용되기에 이르렀다.

2011년 일본에서 발생한 후쿠시마 원전사고는 예상을 뛰어넘는 쓰나미에 대한 대책이 부족하였으며, 이후 발생 가능한 중대사고 대처설비 및 대응전략이 미흡하였다. 또한 사고에 대해 일본 정부와 국회 등은 자연재해를 포함한 '복합재해'에 대한 예측과 대비가 미흡하였으며 이에 따른 비상대응 체계도 미흡하였다고 할 수 있다. 이러한 교훈에 대해 전 세계적으로 자연재해에 대한 재평가 및 사고에 대비한 설비 및 관리에 대한 개선 · 추가가 이루어지게 되었다.

〈표 17.6〉 각 원전별 비교

사고별 비교	TMI 2호기 사고 (1979.3.28.)	체르노빌 4호기 사고 (1986.4.26.)	후쿠시마 제1원전 사고 (2011.3.11.)
방사상물질 누출량	I-131 약 15Ci	CS-131 약 2.3×10^6Ci I-131 약 4.6×10^7Ci	CS-131 약 4.0×10^5Ci I-131 약 4.6×10^6Ci
사고 원인	운전원 실수	각종 안전장치를 차단한 상태에서 무리한 시험 강행	지진(9.0)과 쓰나미에 의해 전원 완전 상실, 주요기기 침수 및 손상
사고 결과	핵연료 일부가 용융되었으나 격납용기에 의해 방사능불질 차단 되어 인명피해 없음	원자로 및 원자로건물 일부파손, 격납용기가 없어서 방사능이 누출되었음. 사망31명, 237명 부상	노심용융 및 수소폭발로 원자로건물 손상되었으며 방사능물질 누출됨
사후조치	사고 원전 2호기 폐쇄	사고원전 4호기 폐쇄 및 인근 1~3호기 폐쇄	사고원전 1~4호기 폐쇄 및 인근 5,6호기 폐쇄

자료출처 : ① US NRC, Three Mile Accident Backgrounder, 2013.2.
② OECD/NEA, Chernobyl: Assessment of Radiological and health Inpact, 2002.
③ IAEA, The Fukushima Daiichi Accident Report by the Director General, 2015.5.14. 등

2. 후쿠시마 제1원전 사고

2011년 3월 11일 오후 2시 46분. 일본 동북부 지방에 일본 관측 사상 최대의 지진 규모 9.0의 대지진이 발생하였다. 지진은 동일본 도호쿠(Tohoku)지역의 Oshika 반도지역 해안으로부터 약 70km 지역(지하 29km)에서 초대형 지진이 발생하였으며, 뒤따른 거대한 쓰나미가 해변도시를 덮쳤고, 2만 명 가까운 사망자와 실종자가 발생하였으며 많은 이재민이 발생했습니다. 지진 발생 후, 인근 원자력발전소(Onagawa원전, Fukushima 제1 및 제2원전, Tokai 원전)들은 안전하게 정지되었다. 특히 진앙지로부터 90km 가령 떨어진 Onagawa 원전은 정지 후 원자로 냉각이 정상적으로 이루어졌으나, 진앙지로부터 160km 가량 떨어진 후쿠시마 제1원전은 상대적으로 낮은 지대에 건설되어 쓰나미가 순식간에 원전을 덮치게 되었고, 이로 인해 소내에 전원을 공급하던 비상디젤발전기가 정지하게 되어 모든 소내 전원이 상실되었다. 전원상실로 인해 냉각계통의 전원공급이 중단되어 원자로내의 온도가 상승하였고, 핵연료 피복관이 산화어 발생한 다량의 수소가 폭발로 이어져 원자로 외부 건물이 파손되었다. 결국 후쿠시마 원전(1,2,3,4호기)은 원자로의 냉각에 실패하여 핵연료의 용융이 발생하였으며, 다량의 방사성 물질이 외부로 방출되어 토양오염 및 해양오염을 유발하였습니다.

지진 발생 후 바로 일본 원자력 안전 보안원(NISA)을 주체로 원자력재해대책본부가 설치되

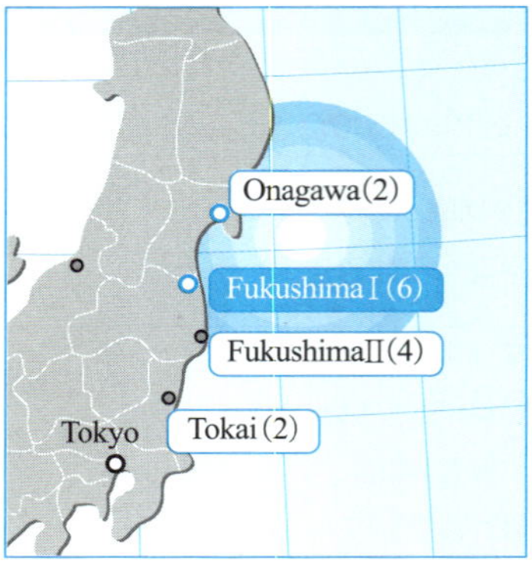

(a) 동일본 대지진 인근의 원전분포　　(b) 후쿠시마 제1원전 쓰나미

〈그림 17.5〉 동일본 대지진 및 후쿠시마 제1원전 쓰나미

었다. 약 5시간 후 총리에 의한 원자력긴급사태가 선언 되고, 원자력재해대책본부와 현지대책본부가 설치되었다. 당일 저녁 8시 50분. 현지 본부에서 원전반경 2km 이내 주민소개를 지시하게 되며 여러 가능성들을 고려하는 대응체계를 구축하게 된다. 다행히 다량의 방사성물질의 방출이전에 원전반경 20km 이내 주민들의 소개가 마무리되어 일반인의 피폭은 미미하였으나, 구호소에서의 장기간 공동생활을 한 사람들의 피해는 상당하였다. 지진과 쓰나미로 인한 후쿠시마 원전사고를 계기로 우리나라를 비롯한 세계 각 원전국은 중대사고 예방과 대처능력을 개선하고, 안전 문화와 비상대응체계를 강화하는 등 많은 개선이 이루어지고 있다.

후쿠시마 제1원전 원전사고 초기대응에 있어서의 교훈은 먼저 원전이 쓰나미에 취약한 지대에 건설되었으며, 또한 쓰나미로 인해 발생이 예측되는 중대사고 대처능력의 미흡이라고 할 수 있다. 동일본 대지진의 진앙지와 70km로 가장 가까웠던 Onagawa 원전과 후쿠시마 제1원전 중 다소 높은지대에 건설된 5, 6호기는 지진과 쓰나미로부터 무사하였다. 그러나 후쿠시마 제1원전 중 1,2,3,4호기는 쓰나미로 인하여 모든 전원이 상실되었고, 원자로의 냉각능력상실로 인해 원자로의 온도가 상승하였다. 결국 핵연료의 피복관에서 발생한 수소가스가 원자로 건물에서 폭발하였으며, 이후 지속된 원자로 냉각기능 상실로 인하여 핵연료 용융이 발생하여 다량의 방사성물질을 방출하는 등 중대사고 대처능력이 상당부분 미흡하였다. 원자로의 냉각능력 상실의 주요 원인은 쓰나미로 인해 비상발전기가 침수되어 전원공급이 중단됨에 따라 원자로 냉각계통 가동이 불가능하게 된 것이 원인이었다. 또한 방사성물질의 방출 시기와 방출 장소, 방출 높이, 풍향, 풍속의 변화 시기나 빗물에 의한 지상 침적 예측에 어려움이 있었다.

이로 인해 주민소개 결정을 위한 혼란이 가중되는 등 사고초기에 수행해야하는 주민보호조치 의사결정에 많은 어려움이 발생하였다. 따라서 우리나라를 비롯한 각국은 후쿠시마 교훈 반영을 위해 중대사고 대처설비 및 주민보호조치 체계를 강화하였다.

3. 후쿠시마 비상대응 및 교훈

후쿠시마 제1원전 사고로 인한 일본 정부의 초기 비상대응조치에는 여러 문제점들이 노출되었다. 먼저 중앙본부의 주민 소개에 대한 의사 결정이 지연되었으며 여러차례 소개구역이 번복되어 주민들의 혼란을 가중시켰다. 이는 원전 반경 20km 이내의 모든 주민들을 일시에 소개하도록 지시하여, 초기에 즉시 소개되어야 하는 원전 인근지역 주민들의 소개가 오히려 지연되는 등 초기에 소개범위를 결정하는데 혼란이 가중 되었다고 할 수 있다. 이는 사전 '예방적보호조치구역(PAZ)' 및 '긴급보호조치계획구역(UPZ)'이 설정되어 있지 않은 것에 원인이 있다고 할 수 있다. 국제원자력기구는 예측하지 못한 사고를 대비하여 원전의 상태에 따라 적색비상(General Emergency)이 발령되면, 원전 인근지역의 예방적보호조치구역(3~5km) 이내 모든 주민들을 먼저 즉각 소개하도록 하여 결정론적 영향을 방지하도록 규정하고 있다. 그리고 이후 원전 상황 및 방출이후 환경탐사 결과를 바탕으로 추가적인 보호조치를 결정하도록 규정하고 있다. 이러한 방사성물질의 방출과 관련하여 실시되어야 하는 주민보호조치는 방사성물질에 의한 오염은 대기확산에 의해 이루어짐으로써, 적색비상이 발령되면 예방적보호조치 구역내의 주민들은 즉시 소개를 실시하여야 한다. 그리고 방사성물질 방출 이전단계에서는 예상되는 방사성물질 방출량(선원항)과 실제 기류분석을 바탕으로 주민보호조치가 이루어

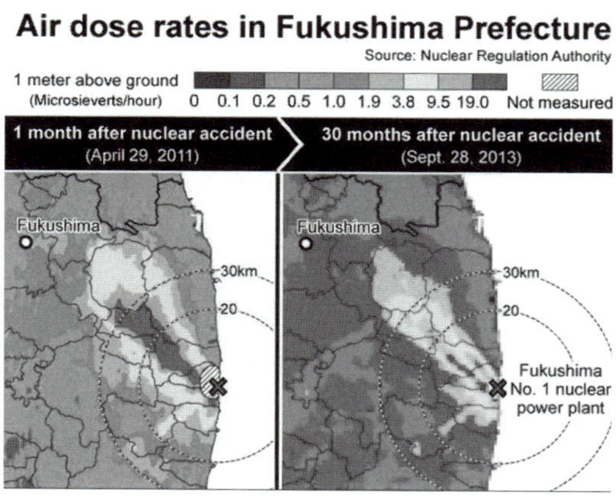

(a) 후쿠시마지역 방사선 환경탐사 결과

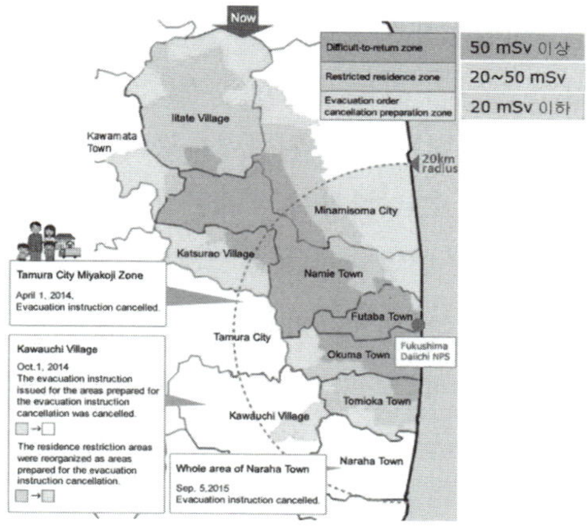

(b) 복귀허용지역, 2015년6월기준

〈그림 17.6〉 후쿠시마 지역 환경탐사 결과 및 방사선오염 현황

져야 하며, 방사성물질 방출 이후단계에서는 조속히 방사선환경 탐사를 실시하여 그 결과를 바탕으로 주민보호조치를 실시하여야 한다.

후쿠시마 원전사고 이후 방사선탐사 결과 북서방향 약 30km까지 길게 방사성물질에 오염되었으며, 오염이 저감되기는 하였으나 아직 상당한 오염지역이 남아 있다. 현재 상당히 많은 지역이 제염이 완료되어 주민들이 복귀하였으나, 아직도 많은 지역의 주민들이 복귀하기 위해서는 제염이 지속적으로 이루어져야 한다. 일본정부는 연간 50mSv의 선량피폭이 예상되는 지역은 복귀를 허용하지 않고 있으며, 20~50mSv가 예상되는 지역은 일시방문만 허용하고 있다. 그리고 20mSv 이하로 예상되는 지역은 복귀를 허용하고 있으며, 일본정부는 지속적으로 제염을 실시하여 사고 이전단계와 유사한 1mSv 이하로 낮추는 것을 목표로 제염을 실시하고 있다.

4절 우리나라의 방사선비상시 대응체계

1. 방사능방재대책법

우리나라의 방사능방재대책은 「원자력시설 등의 방호 및 방사능방재대책법」, 「재난 및 안전관리 기본법」, 「민방위기본법」에 그 근거를 두고 있다. 2003년 5월, 정부에서는 원자력시설에 대한 대테러 · 사보타지 등을 방지하기 위한 시설방호체계를 강화하고, 원자력재해의 특수성과 방사능방재에 대한 전문성 등을 고려하여 원자력재난에 대한 예방 및 신속하고 완벽한 방사능방재체제를 구축하기 위하여 「원자력시설 등의 방호 및 방사능방재대책법」(이하 방사능방재대책법)을 제정 · 공포하였다.

방사능방재대책법은 「핵물질의 물리적 방호협약」의 국내 이행과 원자력법과 재난관리법의 상호 보완적 기능의 수행을 위하여 입법을 추진된 것으로서 동 법의 시행에 필요한 많은 사항들이 대통령령 등 하위법령으로 위임되어 있다. 따라서 동 법의 제정에 따라 이의 시행을 위하여 필수적으로 예상되는 제반 후속조치에 대한 검토와 하위 법령의 마련을 통한 방사능방재대책을 위한 법령체제를 구축하였다. 특히 방사능방재대책과 관련하여서는 기존 재난관리법에 근간을 두되 방사능재난의 특수성을 감안한 방사능재난 관리체제를 구축하여 재난관리법의 상호 보완적인 기능을 수행할 수 있도록 하는 것을 기본방향으로 하고 있다. 동법의 하위법령인 시행령 및 시행규칙은 2004년 3월 및 5월에 각각 제정 · 공포하였다.

2. 방사능방재 체계

방사선 비상은 원자력시설로부터 방사성물질 또는 방사선이 누출되거나 누출될 우려가 있어, 긴급한 대응 조치가 필요한 상황을 말한다. 방사선 비상이 발생하면 신속하고 체계적인 대응을 위하여 중앙행정기관(원자력안전위원회 및 관련 부처), 지방자치단체, 원자력 사업자, 군 · 경 · 소방기관, 한국원자력안전기술원 및 원자력의학원 등 전문기관 등은 방사능방재 대책법 및 원전안전분야(방사능누출) 위기관리 표준매뉴얼 등에 규정된 임무 · 역할에 따라 대처하여야 한다. 이들은 방사선 비상 계획에 따라 방사능 재난대응 총괄(중앙방사능방재대책본부), 현장 사고수습 총괄(현장방사능방재지휘센터), 주민보호조치 이행(지역방사능방재대책본부) 등의 대응 활동을 수행한다.

원자력 시설에서의 방사성물질 누출로 인해 비상발령 조건을 충족하는 방사선 비상시 해당 기관 및 관련 기관 소속으로 별도의 비상 대응 기구를 설치 · 운영한다. 중앙방사능방재대책본부(원자력안전위원회)는 주민보호와 환경 보전 등 방사능 방재 대책을 총괄 · 조정하고, 현장 방사능방재지휘센터(원자력안전위원회 주관, 지방자치단체 및 한국원자력안전기술원 등 참

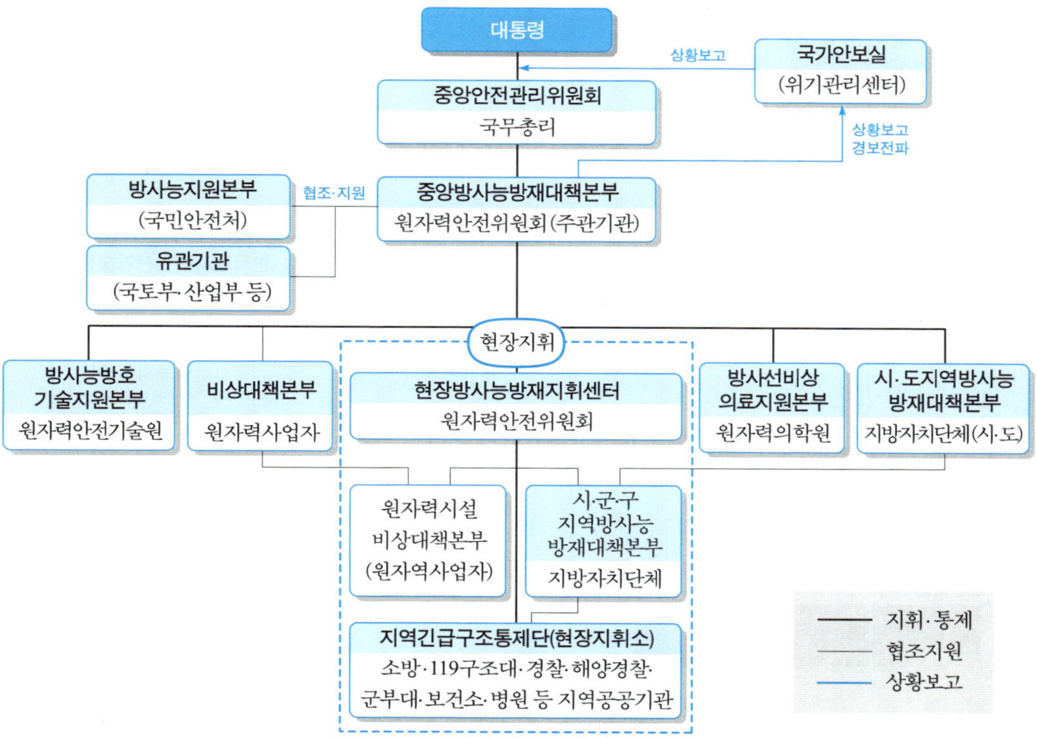

〈그림 17.7〉 국가방사능방재 체계

여)는 재난 현장에서 사고수습 총괄 및 주민보호조치(옥내 대피, 소개, 음식물 섭취 제한 등) 결정 및 이행지시 등의 임무를 수행한다. 이와 더불어 방사능 방재에 관한 기술적인 사항을 지원하기 위한 방사능방호기술지원본부(한국원자력안전기술원), 방사선 비상 진료 활동을 총괄하기 위한 방사선비상의료지원본부(한국원자력의학원), 지역주민보호조치 이행을 위한 지역방사능방재대책본부(지방자치단체), 원자력 시설 사고수습과 사고 확대 방지 및 시설 복구 등을 수행하는 원자력 사업자방사선비상대책본부가 설치 · 운영된다.

한편, 방사선 비상 및 방사능 재난 발생 시 현장 중심의 대응을 위해 현장방사능방재지휘센터를 구축하여야 하는데 이를 위해 원자력 시설이 위치한 인접 지역에 방사능방재센터를 설치 · 운영하고 있다. 월성방사능방재센터를 시작으로 울진, 영광, 고리, 대전 지역에 연차적으로 건설하여 총 5개의 현장방사능방재지휘센터가 운영 중이다. 현장방사능방재지휘센터는 의사결정 자문기구로 합동방재대책협의회를 운영하며, 방사능 재난에 대해 정확하고 통일된 정보를 제공하기 위한 연합정보센터와 사고분석반, 주민보호반 등 분야별 실무반을 두고 방사능 재난에 대해 신속한 지휘와 상황 관리, 재난 정보의 수집과 통보, 주민보호 등의 임무를 수행한다.

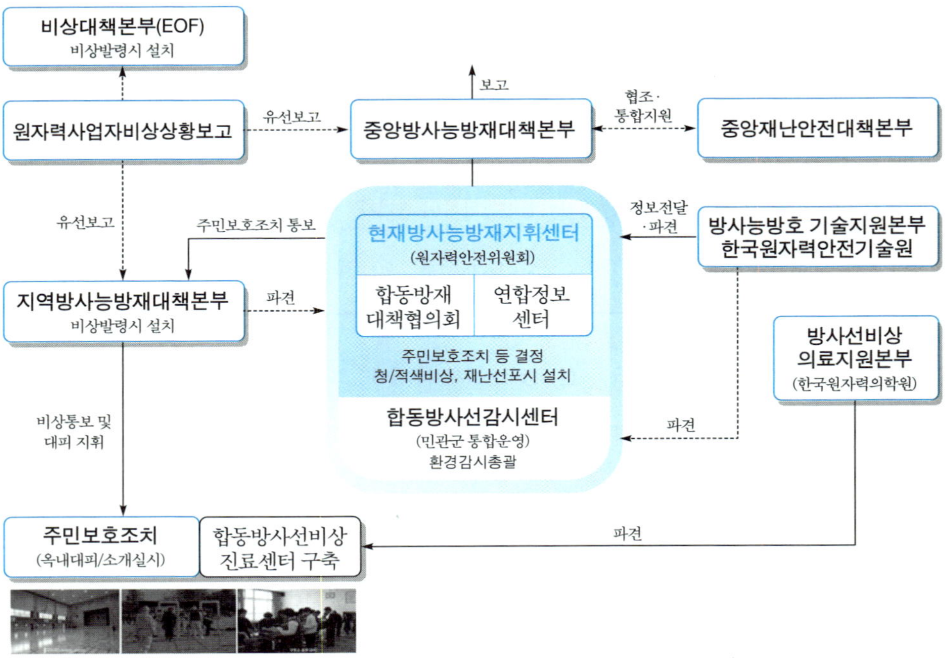

〈그림 17.8〉 국가방사능방재절차

3. 방사능방재 시설

원자력안전위원회는 방사능 재난 발생 시 사고 대응 총괄 지휘를 위해 방사능중앙통제상황실을 확보하고 있으며, 비상시 현장방사능방재지휘센터를 구축하여 현장에서의 신속한 상황관리 업무를 수행하기 위해 원자력 시설 인근 지역에 방사능방재센터를 구축하여 유지 · 관리하고 있다. 원자력 사업자의 비상 대응 시설에는 비상 초기 대응 및 원자로운전을 총괄하는 주제어실(MCR: Main control Room), 비상운전 시 사고수습을 위한 기술 지원 및 비상관리의 임무를 수행할 비상기술지원실(TSC: Technical Support Center), 정비 · 보수 인력의 대기 장소인 동시에 비상 대응 지원 활동을 수행할 비상운영지원실(OSC: Operation Support Center) 그리고 비상시 발전소 비상 대책을 총괄 · 조정할 비상대책실(EOF:Emergency Operation Facility)이 있다.

또한 원자력 시설 내 계통과 주변지역 방사능 감시를 위한 기기, 방사선 방호 장비, 제염 시설, 방사성물질의 외부 방출량을 계산하고 그 영향을 지속적으로 평가하기 위한 시설 · 장비(풍향, 풍속, 강수량, 대기안정도 측정 기상탑 등)와 환경실험실, 기후 및 지진과 같은 자연재해 정보를 획득할 수 있는 시설 · 장비를 보유하고 있다. 그리고 원자력발전소의 경우에는 발전소로부터 반경 5km 이내의 지역 주민에게 방사성물질 누출 우려 등 긴급 상황을 신속히 전파할 수 있도록 비상경보용 방송망을 갖추고 있다. 한편, 원자력안전위원회는 방사능 재난 발생 시 방사선 피폭자 등의 신속한 치료를 위해 한국원자력의학원을 중심으로 한 국가방사선비상진료체제를 구축 · 운영하고 있으며, 방사성요오드에 의한 갑상선 피폭 방지를 위해 비상시 주민에게 갑상선방호약품(안정옥소제)을 배포할 수 있는 체계를 구축하고 있다.

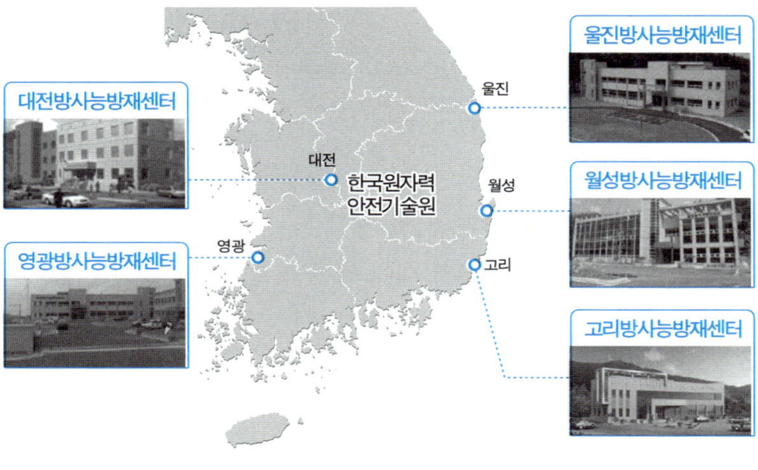

〈그림 17.9〉 현장방사능방재지휘센터

4. 원자력시설의 방사선비상발령 기준

방사능방재 대책법 제20조에는 원자력사업자로 하여금 원자력시설등에 방사능재난 등이 발생할 경우에 대비하여 방사선비상계획을 수립할 것을 규정하고 있다. 아울러 동법 시행령 제22조에는 방사선비상계획에 방사선비상의 종류별 세부기준에 관한 사항을 포함하여 작성할 것을 규정하고 있다. 방사선비상의 종류는 방재대책법 제17조에 제시하고 있으며, 동법 시행령 제19조(별표 3)에 상세 기준을 제시하고 있다. 상기 조항들은 사업자 비상계획서 내에 원자력 발전소 운영자가 비상사건들과 조건들의 분류를 위한 계획 및 절차를 개발할 것을 요구한다. 이 계획은 현장 요원(운전원)이 사전에 계획된 비상 대응 수단들을 신속하게 구현할 수 있게 한다는 점에서 방사선비상계획의 근본적인 구성요소라 할 수 있다. 방사선비상의 종류별, 즉 비상 등급별 분류 절차는 소외 방재유관기관(현장방사능방재대책본부 및 주민보호조치 실질적 수행자인 지역방사능방재대책본부 등)의 대응 조직이 대중을 위한 사전 예방 또는 보호조치의 시행에 관하여 적기의 의사결정을 하도록 돕는다. 원자력발전소는 시설을 운영하기 전에 방사선비상계획(Emergency Plan)을 수립하고 시설의 비상시 방사선비상을 발령하기 위한 조건 등을 상세히 기술하여 허가를 받아야 한다.

〈표 17.7〉 방사선비상의 종류에 대한 기준

구분	기준
백색비상	방사성물질의 밀봉상태의 손상 또는 원자력시설의 안전상태 유지를 위한 전원공급기능에 손상이 발생하거나 발생할 우려가 있는 등의 사고로서 방사성물질의 누출로 인한 방사선영향이 원자력시설의 건물 내에 국한될 것으로 예상되는 비상사태
청색비상	백색비상에서 안전상태로의 복구기능의 저하로 원자력시설의 주요 안전기능에 손상이 발생하거나 발생할 우려가 있는 등의 사고로서 방사성물질의 누출로 인한 방사선영향이 원자력시설 부지 내에 국한될 것으로 예상되는 비상사태
적색비상	노심의 손상 또는 용융 등으로 원자력시설의 최후방벽에 손상이 발생하거나 발생할 우려가 있는 사고로서 방사성물질의 누출로 인한 방사선영향이 원자력시설 부지 밖으로 미칠 것으로 예상되는 비상사태

우리나라의 방사선비상기준은 IAEA 안전기준 GSG-2를 근간으로 하고 있다. 방사성물질의 누출로 인한 방사선 영향이 원자력 시설 건물 내에 국한될 것으로 예상되는 백색비상(Facility Emergency), 원자력 시설 부지 내에 국한될 것으로 예상되는 청색비상(Site Area Emergency), 원자력시설 부지 외부까지 확대될 것으로 예상되는 적색비상(General Emergency)으로 구분한다.

5. 방사능방재훈련

방사능 방재 대책법은 원자력 시설에서 방사선사고가 발생할 경우를 대비해 방사능 방재 훈련을 주기적으로 실시하도록 하고 있으며 실전적 방사능 방재 훈련을 위해 훈련 주기를 강화하였다. 방사능 방재 훈련은 원자력 시설 부지의 비상 조직별로 참여하는 부분 훈련과, 원자력 시설 부지 내 전 비상 조직이 참여하는 전체 훈련이 있다. 그리고 소규모 원자력 사업자를 제외한 원자력 사업자, 원자력안전위원회, 지방자치단체 및 전문 기관 등이 참여하는 합동 훈련, 관련 중앙행정기관을 비롯한 국내 전 대응 기관이 참여하는 연합 훈련 등이 있다.

방사능 방재는 원자력 시설 등의 방사선 비상 시 효과적으로 대처하기 위한 모든 단계를 의미한다. 여기에는 방사능 재난이 발생하지 않도록 예방하는 단계와 방사능 재난 발생에 대비한 계획을 사전 수립하는 단계, 방사능 재난이 발생하였을 때 이에 대처하고 수습하기 위한 전 단계를 포함하고 있으며 사고에 대비해 주기적으로 방재 훈련도 실시하고 있다.

〈표 17.8〉 방사능방재 훈련 주기

구분	주관기관	참역기관
연합훈련 (국가, 매년) 개정중	원자력안전 위원회	원자력안전위원회, 중앙부처, 지방자치단체, 사업자, 관계기관, 군 · 경 · 소방 등
합동훈련 (부지별, 매 2년)	관할 지자체	지방자치단체, 사업자, 관계기관, 군 · 경 · 소방 등
주민보호조치훈련 (부지별, 매년)	관할 지자체	지방자치단체, 군 · 경 · 소방 등
전체훈련(매년) 부분훈련(분기)	원자력 사업자	원자력 사업자 자체 비상 조직

5절 방사선비상시 주민보호조치

1. 방사선비상계획구역

방사선비상계획구역은 IAEA 권고 및 후쿠시마 원전 사고의 교훈을 반영하여 방사선 비상 대책을 집중적으로 마련하기 위한 지역으로서, 기존의 8~10km이던 방사선비상계획구역을 예방적보호조치구역(PAZ, 원전 반경 3~5km)과 긴급보호조치계획구역(UPZ, 원전반경 20~30km)으로 확대 · 세분화한 방사능 방재 대책법(방사능 방재 대책법 제20조의2 및 원자력안전위원회 고시 제2014-82호 별표1 참조)이 개정되었다. 개선된 방사선비상계획구역 해당 지역은 광역지자체 8개 지역, 기초지자체 21개 지역으로 구성되어 있으며 해당 인구수는 약

210만 명에 이른다.

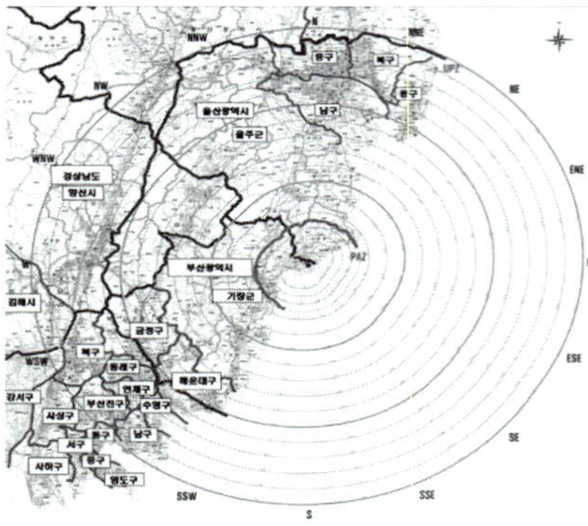

(a) 고리지역

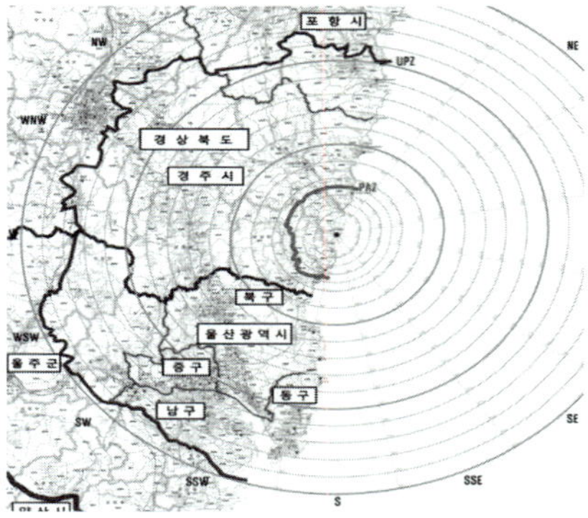

(b) 월성지역

(c) 울진지역

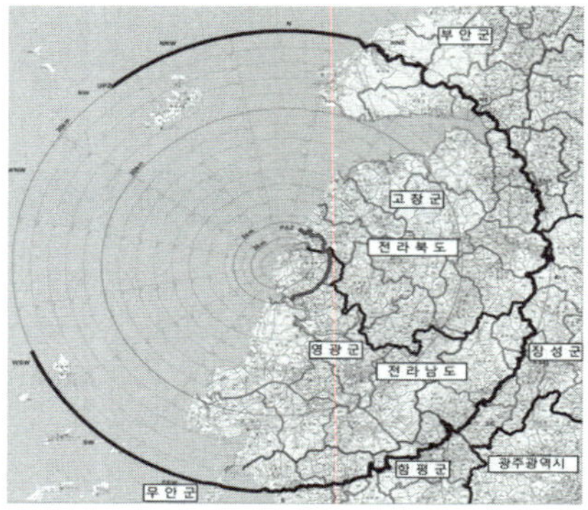

(d) 영광지역

〈그림 17.10〉 확대 개편된 방사선비상계획구역(2015년)

방사선비상계획구역은 원자력안전위원회가 원자력 시설별로 고시하는 지역을 기초로 원자력 사업자가 인구 분포, 도로망, 지형 등 그 지역의 고유한 특징과 비상 대책 시행의 실효성 등을 종합적으로 고려, 방사선비상계획구역 관할 광역자치단체장과 협의하여 설정한 후 원자력안전위원회의 승인을 받아 확정한다.

2. 방사능방재 대응절차

방사능방재 대응조직은 원자력시설 백색비상 발령시 원자력사업자와 초동대응조직 발족, 상황감시/경계태세를 유지하게 된다. 원자력시설 청색비상/적색비상 발령 및 원자력안전위원장이 방사능재난을 선포하는 경우, 중앙행정기관을 포함한 전체 방사능방재대응조직 발족이 발족되어야 한다. 방사선 비상발령, 보고와 상황정보 제공은 원자력사업자가 수행하며, 현장방사능방재지휘센터장은 각 관련 기관으로부터 파견된 방재요원을 지휘 · 감독하며, 방재대응활동을 종합하게 된다. 또한 현장지휘센터장은 합동방재대책협의회의 자문을 받아 주민보호조치에 대한 의사결정을 하게 되며, 결정사항은 광역지자체 및 시 · 군 · 구의 지역방사능방재대책본부로 전달되어 주민보호조치를 수행하게 된다. 방재기관의 방재대책, 대응활동발표 및 정보의 공개는 현장지휘센터의 연합정보센터를 통하여 발표하게 되며, 환경방사선감시활동은 현장지휘센터의 합동방사선감시반이 수행하게 된다. 또한 방사선비상진료활동은 현장지휘센터의 합동방사선비상진료반이 수행하며 지역 의료기관의 의료 활동을 지원한다.

원자력 시설에서 방사선 비상이 발생하면 원자력사업자는 사고의 영향을 최소화하기 위한 긴급조치를 취해야 한다. 동시에 원자력안전위원회 및 지방자치단체, 한국원자력안전기술원 등 관계기관에 사고 상황을 신속히 알려야 한다. 주민 스스로 원자력 시설의 방사성물질 누출 사고를 알기 어려우므로 주민에게 사고 내용을 신속하고 정확하게 알리는 것이 중요하다. 따라서 사고 초기에 인근 주민을 대상으로 동원 가능한 모든 방법으로 비상 통보를 하고 사고가 확대될 경우 대중매체(라디오, TV) 등을 활용한다. 발표 내용은 사고 발생 사실뿐만 아니라 행동 요령 등을 이해하기 쉽게 짧고 정확히 전달해야 하며, 주기적으로 변화된 상황에 대한 정보를 계속 제공해야 한다.

3. 주민보호조치 결정기준

방사능 재난 발생 시, 지역 주민의 소개와 같은 주민보호조치를 효과적으로 수행하기 위해 원자력시설 주변에 방사선비상계획구역을 설정 · 운영하고 있다. 지방자치단체는 방사선비상계획구역 내의 주민 소개를 위해 소개 예상 인원, 소요 시간, 거리 등을 고려해 지역별로 공공건물을 지정하여 사고 발생 시 현장방사능방재지휘센터장이 결정한 주민 소개 조치를 이행한다. 또한 방사능 재난의 특수성을 감안하여 원자력 사업자와 함께 원자력 시설 주변 주민에 대

〈표 17.9〉 긴급 주민보호조치 결정기준

주민보호조치	결정 기준
옥내 대피	10mSv/2일
소개	50mSv/1주일
갑상선 방호약품 배포	100mGy(갑상선 장기 피폭에 따른 흡수선량을 의미함)
일시 이주	30mSv/처음 1월, 10mSv/그 다음 1월
영구 정착	1Sv/평생(70년)

한 비상 통지를 실시한다. 원자력 사업자는 지방자치단체에 주민보호조치를 위한 정보를 제공할 의무가 있다. 방사능 재난 발생 시 방사성물질의 방출로 인한 음식물 섭취 제한 조치는 현장방사능방재지휘센터장이 결정하며 농림축산식품부, 환경부, 식품의약품안전처 등 관련 중앙행정기관 및 지방자체단체 등에서 이를 이행한다.

4. 초기단계의 주민보호조치

원자력시설에서의 방사선사고시 각 개인의 방사선피폭은 내부 및 외부피폭이 있을 수 있으며 다양한 경로를 통해 발생될 수 있다. 외부피폭은 공기 중 또는 지표면에 침적된 방사성구름에 존재하는 핵종으로부터 발생된다. 내부피폭은 구름속의 방사성 물질, 오염된 표면으로부터 재 부유된 물질 또는 오염된 음식물의 섭취를 통해 발생한다.

초기단계는 공기 중 방사선구름에 의한 전신의 외부피폭 및 시설로부터의 직접적인 피폭 등이 발생할 수 있다. 또한 방사능구름속의 방사성물질의 흡입으로 인한 내부피폭도 발생된다. 만약 불활성 기체만이 누출된 경우 사고시설 자체에 의한 직접적인 피폭을 제외한다면 방사능구름의 통과만이 대중피폭의 주요 원인될 것이다. 실제로 사고시설 자체에 의한 직접피폭은 대부분의 경우에 있어서 방사능구름에 의해 받는 직접피폭에 비하여 무시할 수 있는 수준이다. 만약 사고 상태가 심각하고 불활성 기체 이외에 핵분열 물질의 누출을 포함한다면 지표면에 침적된 물질에 의한 외부피폭선량도 중요해지며 특히 강우가 있는 경우 침적은 크게 증가한다. 이러한 초기단계의 주민보호조치로서 옥내대피(sheltering), 소개(evacuation), 출입통제 등이 있다.

옥내대피는 통보, 연락이 용이할 뿐만 아니라 건물이 갖고 있는 차폐효과와 기밀성 등을 고려할 때 매우 유용한 보호조치이다. 적색비상시 예방적보호조치구역 내는 즉각 소개가 이루어져야하나, 그 외부지역은 다음과 같은 상황에서 동요나 혼란 등이 초래될 우려가 높은 소개에 우선하여 옥내대피가 고려될 수 있다.

- 예상선량이 크지 않은 경우
- 방사성 물질의 확산시간이 방재요원 동원, 지시, 주민 이동시간 등에 비해 짧은 경우
- 소개를 할 경우 더 심각한 상황(눈, 폭풍 등)이 발생할 가능성이 있는 경우
- 피폭에 의한 조기 사망과 상해의 위협이 있는 지역에서 떨어진 지역. 즉, 비상계획구역을 벗어난 지역
- 비상계획구역 외부의 높은 인구밀도가 예상되는 지역

사고발생 초기에 소개는 시설 주변의 기본적인 방사선 방어목적을 성취할 수 있는 최선의 보호조치라 할 수 있지만 신중한 배려가 있어야 한다. 사전에 계획된 방법에 따라 소개가 시행된다 하더라도 주민의 심리적 동요와 이에 따른 혼란 때문에 방사선 이외의 위험성이 높다는 것을 인식해야 한다. 따라서 주민소개를 고려하는 경우에는 소개에 따르는 부수적인 사고에 대한 대책도 함께 마련하고 검토할 필요가 있다.

소개는 일반적으로 장시간의 방사성 물질의 환경방출이 예상되는 상황에서 시행되며, 적색비상이 발령되었을 때 즉시 예방적보호조치구역 내의 모든 주민은 소개를 실시하여야 한다. 그러나 그 외부지역에서 방사성 물질의 영향이 소량이며 단 시간 내에 종료될 것으로 예상되는 경우에는 옥내대피가 보다 효과적인 보호대책이 될 수 있다. 사고초기단계에서 소개의 장점은 다음과 같다.

- 환경방출 직후 또는 직전에 소개가 시작되면 방사능 구름에 의한 외부피폭의 일부를 회피할 수 있다.
- 오염된 지표면으로부터의 외부피폭을 회피할 수 있다.
- 오염된 공기의 흡입을 회피할 수 있다.
- 사람과 피폭선원과의 거리가 두 배가되면 피폭은 약 1/4로 감소한다.

사고초기단계에서의 소개가 불가능한 경우에는 환경방출에 따르는 지표면 오염에 대한 방사능 모니터링을 실시하여 이를 기반으로 주민보호조치를 실시하여야 한다.

방사능 오염지역, 사고지역, 주민 소개지역 등에는 불필요한 방사선 피폭을 줄이고 일반 주민의 접근을 통제하며 비상 작업자 및 물자의 효과적인 수송을 도모하며 오염확대를 방지하기 위해 비상경계구역을 설정하여 출입을 통제하여야 한다. 출입통제에는 사고지역을 출입하는 인원통제, 차량통제, 물품반출 통제 등이 포함된다.

그리고 각 지자체별로 구비하고 있는 갑상선방호약품은 소개 및 옥내대피가 필요한 지역을 중심으로 배포가 이루어지게 되며, 선량이 방호약품 복용기준을 넘을 것으로 예상되면 복용을 지시하게 된다. 그러나 갑상선방호약품은 갑상선에 대한 방호역할만 하게 되므로, 소개와 옥내대피가 사전에 적절하게 실시하는 것이 매우 중요하다고 할 수 있다.

5. 중기단계의 주민보호조치

중기단계의 경우 누출이 지속되지 않는 이상 방사능구름에 의한 피폭은 없는 것으로 가정한다. 따라서 주요 관심대상은 침적된 물질로부터의 외부피폭과 이 방사능이 식품으로 전달된 경우 및 재부유 물질의 섭취에 의한 예탁선량이 중요한 고려사항이 된다. 예측선량은 영향을 받은 지역별로 차이가 나타날 것이며, 중기단계동안의 보호활동 실시는 수일에서부터 수주, 혹은 그 이상까지 지속될 수 있다. 대중 각 개인의 선량은 후기단계의 기준이 개발될 때까지 중기단계의 개입준위에 근거하여 통제된다. 호흡과 섭취의 경우에 있어서 개입준위는 단기간의 흡입에 의한 예탁선량에 대하여 적용한다. 음식물 처리와 분배체계 및 지표수의 흐름은 지역 외부로까지 내부피폭경로를 형성하므로 중기단계 후반에 있어서는 더 넓은 지역에 대한 감시활동이 고려되어야 한다.

말기단계에 있어서 피폭경로는 지표면이나 건물에 흡착된 방사성물질에 의한 외부피폭, 오염 지역으로부터 생산된 오염식품의 섭취를 통한 내부피폭 등 중기단계에서의 피폭경로와 유사하다. 이 단계에서의 의사결정은 주로 초기 및 중기단계에 시작된 보호활동의 해제와 관련된다. 중기단계 및 말기단계의 주민보호조치로서는 일시이주와 영구정착이 있다.

6. 음식물 섭취제한

사고 발생 후 식품에 대한 오염수준은 식품의 종류, 침적 패턴, 핵종의 물리적, 생물학적 반감기, 토질 및 농업방법 등 많은 요소들에 의하여 크게 달라질 수 있다. 세척 및 요리 등 정상적인 식품 처리는 최대 10배까지 식품의 방사능농도를 감소시킬 수 있다. 전체 주민이 한 가지 식품공급원을 가지고 있는 경우는 대체식품의 공급이 불가능한 경우 영양결핍과 낮은 선량과의 필요성을 적절히 고려해야 한다. 방사능방재대책법 시행규칙 별표4에 음식물 섭취제한기준을 제시하고 있다.

음식물섭취제한은 방사성동위원소가 식품으로 유입되는데 시간이 걸리기 때문에 일반적으로 대피나 소개에 비하여 긴급한 대책으로 분류되지 않는다. 예로써, 우유는 초기 Cs-137의 목초로 침적 후 약 1일이 경과하기 전까지는 심각하게 오염되지 않으며 육류의 경우 몇 주 후에야 방사능농도가 최대치에 도달한다. 그럼에도 불구하고, 방사능구름의 통과에 의한 오염을 방지하기 위하여 환기구를 닫는 것과 같은 일부 농업대책은 적절한 시기에 수행되어야만 효과가 있다. 또한, 비상계획에 있어서는 식품에 대한 조치기준이 명확하게 제공되어야 한다. 실제 사고 발생 후 한 달 이상이 지난 말기단계에 있어서는 초기에 사용된 조치기준과 다른 기준이 사용되어야 할지에 대하여 자세한 정보에 근거한 결정이 필요하다.

7. 주민홍보

방사능 사고는 일상에서 경험할 확률이 극히 낮다는 점과 '방사능' 그 자체가 주는 공포감, 방사선 · 방사능의 특수성으로 인해 개인 차원에서의 효과적 대응이 어렵다. 따라서 주민의 혼란을 방지하기 위해 평상시에 주민행동 요령에 대한 홍보와 교육이 충분히 이루어져야 한다. 방사능 재난의 특수성을 감안하여 원자력 사업자 및 지방자치단체로 하여금 원자력발전소 주변 주민에게 방사능 사고 시 행동 요령 등에 대한 홍보 활동을 지속적으로 수행하도록 하고 있으며, 원자력사업자로 하여금 방사선비상계획구역 내의 주민에 대하여 비상계획 관련 정보를 제공하고 평시 및 비상시의 홍보 대책을 지방자치단체와 협의하여 마련하도록 하고 있다.

8. 장기적인 피해 복구대책

지방자치단체장은 '지역 방사능방재계획'에 따라 방사능 오염 제거에 필요한 장비 동원 등 모든 조치를 취한다. 사고가 나면 비상 상황이 끝나기 전에 복구계획을 수립하여 원자력 시설의 상태가 안정되고 시설 외부의 방사능 오염 분석 및 범위가 확인되면 즉시 복구 조치를 시행해야 한다. 원자력사업자는 시설 안전 조치 후 장기적인 복구체제를 강구해야 한다.

9. 방사선비상진료

정부는 방사선비상시 진료활동을 총괄조정하기 위해 국가방사선비상진료체제를 구축한다. 이는 한국원자력의학원의 국가방사선비상진료센터와 전국 권역별로 지정된 23개의 1차 및 2차 방사선비상진료기관들로 구성되어 있다. 한국원자력의학원은 방사능재난 발생 시 방사선비상의료지원본부를 설치하여 의료구호에 관한 자문, 기술적 지원, 방사선 상해자 또는 상해우려자에 대한 의료상의 조치 등 방사선비상진료활동을 총괄한다. 방사선비상의료지원본부에서는 현장파견의료지원단을 파견하여 합동방사선비상진료센터를 설치 · 운영하고, 사고지역에 현장방사선비상진료소의 설치 · 운영을 지원한다. 재난 시 효율적인 의료대응 및 상호지원을 위해 국군화생방방호사령부 · 국군의무사령부 · 중앙119구조본부 · 방사선보건원 · 국립의료원 및 중국 NIRP(National Institute of Radiological Protection) · 일본 NIRS(National Institute of Radiological Sciences) · 러시아 FMBA(Federal Medical and Biological Agency) · 프랑스 IRSN(Institute for Radiological Protection and Nuclear Safety) · 우크라이나 RCRM(Research Center for Radiation Medicine) · 일본 히로사키대학과 국내외 공조협약을 맺고 있다.

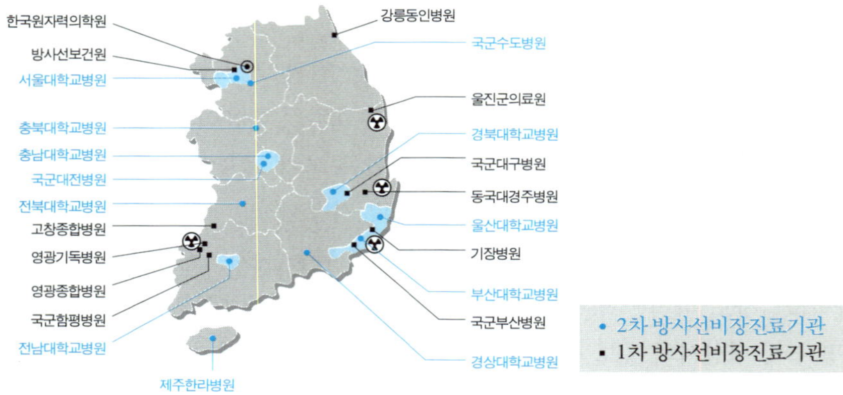

〈그림 17.11〉 방사선비상진료기관 현황

6절 방사능방재 기술지원시스템 및 환경방사능감시

1. 방사능방재 기술지원시스템

한국원자력안전기술원은 방사선비상발생 시 방사능방호기술지원본부를 설치하여 방사능방재대책에 관한 기술적인 사항 지원, 사고 분석 및 평가, 전국 134개소의 방사능 측정소 비상운영, 환경방사선/능 및 방사선영향 평가, 기술지원단 현장파견 등의 임무를 수행한다. 비상초기 신속한 대응조치를 위하여 국군화생방방호사령부와 협약을 맺고 있다. 또한, 원전의 방사선비상시 주민과 환경 보호를 위한 기술지원 활동을 효율적으로 수행하기 위하여 원자력비상대응기술지원시스템(AtomCARE, Atomic Computerized Technical Advisory System for a Radiological Emergency)을 개발 · 운영하고 있다. AtomCARE 시스템 운용으로 방사선비상사고와 방사선영향을 신속하게 분석 · 평가하고 주민보호조치에 관한 정보의 종합적인 관리가 가능하게 되었다. AtomCARE 시스템의 구성도는 〈그림 17.12〉와 같다.

한국원자력안전기술원에서 운영하는 원자력비상대응기술지원시스템(AtomCARE)은 원전안전정보망(SIDS, Safety Information Display System)으로부터 원자력발전소의 주요 운전변수를 제공받고, 자동기상정보망(REMDAS, Radiological Emergency Management Data Acquisition System)에서는 기상정보를, 환경방사능감시망(IERNet, Integrated Environmental Radiation Network)으로부터는 환경방사능 정보를 제공받는다. 제공된 정보를 이용하여 자동정보인지시스템(AINS, Automatic Information Notification System)에는 비상시 방재분야비상요원에게 관련 경보와 정보를 제공한다. 발전소 노심이 손상되었을 경우, 방사선원항평가시스템(STES, Source Term Evaluation System)은 노심손상정도, 방출경로, 방출량을 계산하여 선원항을 예측하게 된다.

또한 기상청으로부터 실시간 기류분석자료를 수신하여 바람장을 계산하게 되며, 방사선영향평가시스템(ADAMO, Accident Dose Assessment Model)로 사고 발생 발전소 인근지역 뿐만아니라 전국토에 대한 상세한 방사성물질 확산예측 및 방사선 예상선량 평가를 실시하게 된다. 후쿠시마 원전사고 이후 방사선비상계획구역 확대 및 방사능 누출사고시 전국토 피폭선량평가 필요성이 요구되면서 원전주변 지역을 포함하는 전국토 영역에 대한 예상선량평가가 가능한 ADAMO를 개발하여 운영하고 있다. 주민보호조치를 효과적으로 지원하기 위해 원자력방재 지리정보시스템(GIS, Geographic Information System)은 방사선영향평가시스템의 선량평가결과, 자동기상정보망으로부터의 기상정보, 환경방사능감시망의 환경방사능정보를 이용하여 지리정보, 부지별 바람장, 주민소개경로, 소개현황, 지역별 방재시설, 인구분포, 차량분포 등의 정보를 관련기관에 제공한다. 한편 사고발생 시 원자력사업자, 지자체, 규제기관은 비상대응정보교환시스템(ERIX, Emergency Response Information eXchange system)을 이용하여 사고에 신속히 대응하고, 관련정보를 빠르고 효과적으로 공유할 수 있다.

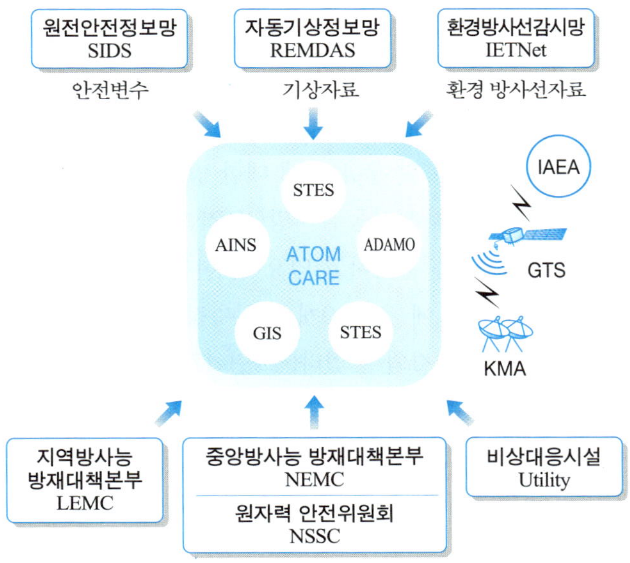

〈그림 17.12〉 원자력비상대응 기술지원시스템(AtomCARE)

2. 환경방사능감시

국내 원자력발전소 사업자는 원자력이용시설 주변의 방사선환경조사 및 방사선환경영향평가에 관한 고시(원자력안전위원회고시 제2014-12호)에 의거하여 승인된 방사선환경 조사계획서에 따라 수립된 방사선환경조사절차 및 품질관리절차에 따라 방사선환경감시 활동을 수행하고 있다. 원자력이용시설 주변 공간방사선량률 연속감시를 위한 지형, 인구분포, 대기확산인자 등을 고려하여 원자로시설 주변 30km 이내의 10여개 지점에 환경방사선감시를 설치하여 지상 1m의 공간방사선량률을 연속으로 감시하고 있다. 측정된 값은 온라인으로 중앙제어실과 환경실험실로 전송되어 감시기 상태 및 측정치를 실시간으로 확인하고 있다. 또한 원전부지별로 원자로시설 주변 30km 이내 지역의 26~41개 지점에 열형광선량계(TLD)를 설치하여 공간집적선량을 분기별로 측정 · 평가하고 있다. 환경 시료채취 지점은 원자로시설 주변 30km 이내에서 인구분포, 기상상태, 지역의 특성 등을 고려하여 방사능 오염여부 및 축적경향 파악을 위해 선정되며, 대상시료는 공기중미립자, 육상시료(토양, 솔잎), 물시료(해수, 지하수, 빗물), 해양시료(해저퇴적물, 저서생물), 식품류(우유, 어패류, 곡류, 달걀, 육류, 해조류) 등으로서 측정주기는 시료의 종류 및 분석내용에 따라 연속채집부터 연 1회까지로 구분되어 있다. 한편 한국원자력안전기술원은 원자력사업자의 환경감시 활동을 확인 감시할 목적으로 별도의 방사선환경조사를 수행하고 있다.

한국원자력안전기술원은 전국토의 환경방사능 및 공간감마선량률 실시간 감시를 통해 방사능 영향에 따른 이상사태나 징후를 조기에 탐지하고 적절히 대처하기 위하여 공기 부유진, 낙진, 빗물, 축산물, 농산물, 토양, 상수 및 우유 등에 대한 방사능 오염 유무를 상시 측정하고 있다. 또한 1997년부터 국가환경방사선자동감시망(IERNet, Integrated Environmental Radiation Monitoring Network)을 운영하고 있으며, 현재 동 감시망에는 한국원자력안전기술원의 중앙측정소를 중심으로 전국에 총 160개소의 측정소(지방방사능측정소 15개소 및 간이측정소 144개소)가 온라인으로 연결되어 있다(〈그림 17.13〉 참조). 또한 한국원자력안전기술원은 매년 지방방사능측정소의 측정요원 교육 및 방사능분석 숙련도시험을 통해 방사능 분석능력 향상에 노력하고 있으며, 국내 원자력용시설 환경방사능 분석실험실을 대상으로 교차분석을 정기적으로 실시하여 환경방사능 감시결과의 품질관리를 위하여 노력하고 있다.

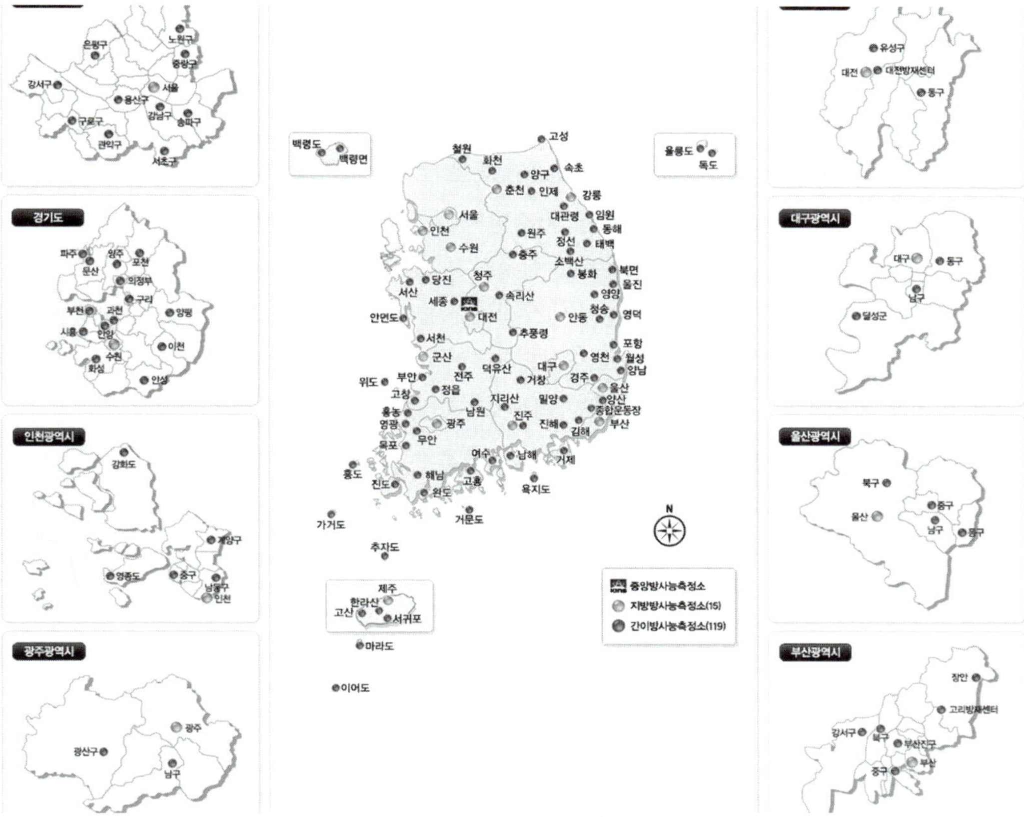

〈그림 17.13〉 국가 환경방사선 감시망

우리나라 해양환경에서의 환경방사능 준위분포 및 변동의 추이 분석을 위해 해수, 해양생물 및 해저퇴적물을 대상으로 방사능농도(^{137}Cs, ^{3}H, ^{90}Sr, $^{239+240}$PU) 및 Pu 동위원소비(^{240}Pu/^{239}Pu)를 조사하고 있다.

표층 해수의 방사능 감시는 주변 해역 21~22개 정점에서 1994년 이후 연 2회 실시하고 있으며, 심층 해수 및 해저퇴적물은 각각 6개 정점과 16개 정점에서 연 1회, 해양생물(어류, 해조류, 패류)은 연 2회 채취하여 이들 시료 중 방사능 농도와 동위원소비를 분석하고 있다.

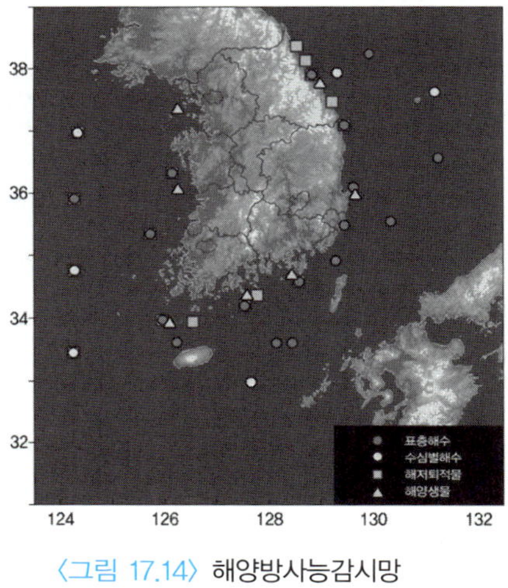

〈그림 17.14〉 해양방사능감시망

3. 비상시 환경방사능감시

원자력 비상시 방사성물질 방출 이후에는 환경방사선 탐사 결과에 따라 방사선오염지역에 대한 주민보호조치가 결정된다. 환경방사선 탐사 결과를 반영한 주민보호조치 결정시 운영개입준위(OIL, Operational Intervention Level)를 조치기준으로 적용하고 있다. 이를 위해 고정 및 이동형 환경방사선 감시기를 이용한 환경방사선 공간감시 및 분석결과 등을 실시간으로 통합하고, 실시간 원격감시 및 분석을 통한 신속하고 통합된 방사선환경정보를 주민보호조치에 활용하기 위해 국가방사능상황관리시스템(SIREN, The System for Identifying Radiation in Environments Nationwide)을 구축하여 운영하고 있다. 또한 주변국의 원자력 사고에 대비한 환경방사선 모니터링 정보관리에도 SIREN을 활용하게 된다.

SIREN은 환경방사능감시망 통합 및 공간분석 모듈, 국외 방사능사고 대비 모듈, 현장방사능탐사 통합관리 프로그램(M-SIREN) 등의 세 가지 주요 기능모듈로 구성되어 있다. SIREN의 공간분석 모듈은 기존에 운영 중인 환경방사선자동감시망의 결과를 통합 분석하여 전국토의 환경방사선 양을 등고선(contour) 형태로 그려내는 기능을 탑재하고 있다. SIREN의 공간분석 모듈은 환경방사선감시기가 없는 공간의 방사선량을 계산할 수 있는 알고리즘을 가지고 있어 방사능 오염의 이동을 쉽게 관측할 수 있다.

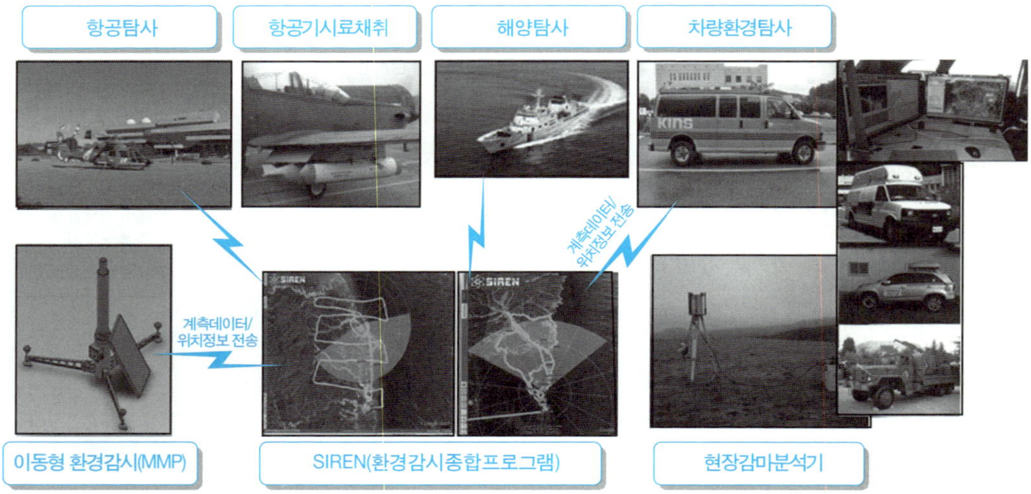

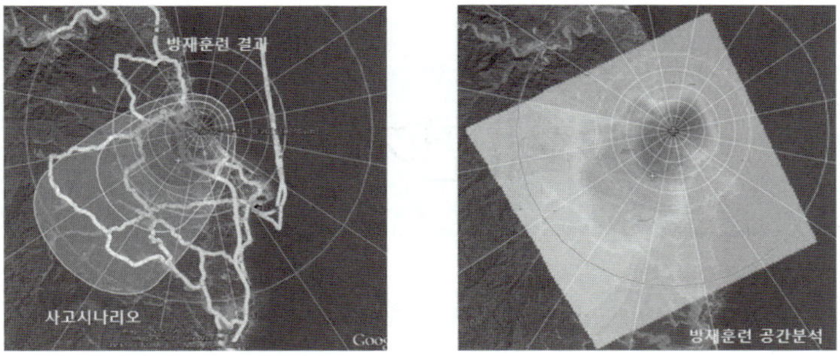

〈그림 17.15〉 SIREN 구성 체계 및 분석결과 예상도

제 3 편 사회재난

제18장 | 미세먼지

1절 미세먼지의 이해

1. 미세먼지의 개요

1.1 미세먼지의 정의

우리나라의 먼지와 같은 대기 오염원에 대한 법령의 역사는 1964년「공해방지법」을 시작으로 환경기준이 도입되면서 단순한 오염원 관리에서 대기질이 포함된 환경의 질적 수준을 관리하는 1990년「환경정책기본법」이 제정되면서 기틀이 마련되었다. 대기 중에 떠다니는 입자상의 물질을 총칭하여 먼지라고 하며 지름의 크기는 보통 0.1~500㎛ 정도의 크기이다. 대기 중의 먼지는 크기에 따라 무거워서 가라앉기 쉬운 '강하분진' 과 가벼워서 장기간 대기 중에 떠다니는 '부유분진' 등으로 구분되며 최근 우리생활에 많은 영향을 미치는 미세먼지, 초미세먼지 등은 부유분진에 포함되어 있다.

「대기환경보전법」 제2조(정의) 제6호에 따르면, '먼지' 는 대기 중에 떠다니거나 흩날려 내려오는 '입자상물질' 을 의미한다. 여기서, '입자상물질' 이란「대기환경보전법」 제2조(정의) 제5호에 의해 물질이 파쇄 · 선별 · 퇴적 · 이적될 때, 그 밖에 기계적으로 처리되거나 연소 · 합성 · 분해에 발생하는 고체상 또는 액체상의 미세한 물질을 뜻한다. 미세먼지 또는 초미세먼지의 입자의 크기는 PM(Particulate Matter)로 구분되며 사람의 머리카락의 지금이 대략 50㎛~70㎛, 꽃가루 알레르기를 일으키는 꽃가루의 지름이 15㎛~75㎛이며 미세먼지가 10㎛, 초미세먼지가 2.5㎛으로 <그림 18.1>과 같다.

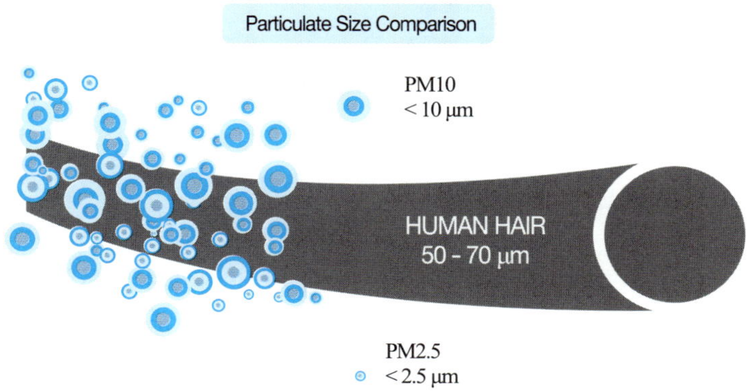

〈그림 18.1〉 미세먼지 또는 초미세먼지의 입자의 크기 모식도

자료출처 : California Air Resources Board(https://ww2.arb.ca.gov/resources/inhalable-particulate-matter-and-health)

우리나라에서는 미세먼지의 기준은 「환경정책기본법 시행령」의 [별표1] 환경기준(제2조 관련)에서는 미세먼지(PM_{10})는 연간 평균치 50㎍/m^3 이하, 24시간 평균치 100㎍/m^3 이하, 초미세먼지($PM_{2.5}$)는 연간 평균치 15㎍/m^3 이하, 24시간 평균치 35㎍/m^3 이하로 규정하고 있다. 「미세먼지 저감 및 관리에 관한 특별법」의 제2조(정의)에서는 미세먼지(PM_{10})를 입자의 지름이 10㎛이하인 먼지, 초미세먼지($PM_{2.5}$)를 입자의 지름이 2.5㎛이하인 먼지로 정의하고 있다〈표 18.1〉. 2019년 3월에는 「재난 및 안전관리 기본법」에 미세먼지를 사회재난으로 포함시키는 등 미세먼지에 대한 재해저감 등의 대책들이 수립되고 있다.

〈표 18.1〉 미세먼지의 기준

기준	환경정책기본법 시행령	미세먼지 저감 및 관리에 관한 특별법
미세먼지(PM_{10})	연간 평균치 50㎍/m^3 이하, 24시간 평균치 100㎍/m^3 이하	입자의 지름이 10마이크로미터 이하인 먼지
초미세먼지($PM_{2.5}$)	연간 평균치 15㎍/m^3 이하, 24시간 평균치 35㎍/m^3 이하	입자의 지름이 2.5마이크로미터 이하인 먼지

세계보건기구(World Health Organization, WHO)에서는 미세먼지(PM_{10}, $PM_{2.5}$)에 대한 대기질의 가이드라인을 1987년부터 제시해오고 있으며 2013년 세계보건기구(WHO)산하의 국제 암연구소(International Agency for Research on Cancer, IARC)에서는 대기오염물질 중 미세먼지를 사람에게 발암물질로 확인된 1급 발암물질로 규정하였다(표 18.2).

입자상 물질(PM)인 미세먼지는 천식악화, 만성폐쇄성폐질환 등 호흡기계 관련 질환과 불규

〈표 18.2〉 세계보건기구(WHO)가 지정한 발암물질

분류		개수	항목
1군	암을 발생시키는 것이 확인된 물질	120	미세먼지와 대기오염, 디젤 엔진 배기가스, 석면, 그을음, 벤조피렌, 방사성 요오드, 방사성 핵종, 라듐, 고엽제, 담배, 흡연 및 간접 흡연, 자외선, X선, 감마선, 가공육 등

자료출처 : International Agency for Research on Cancer(https://monographs.iarc.fr/agents-classified-by-the-iarc/)

칙한 심장박동, 혈관 기능 장애, 부정맥 등 심혈관계 관련 질환의 발생위험을 높이는 것으로 보고되고 있다(Adar et al.(2014) 또한, 세계 여러 지역을 대상으로 한 연구에서 입자상 물질은 급성 및 만성 조기사망과도 유의한 관련성이 있는 것으로 보고되었다(Atkinson et al., 2014). 세계보건기구(WHO)뿐만 아니라 미국, 유럽 등에 많은 국가에서도 미세먼지에 대한 많은 연구를 통해 발암물질로 확인하고 위험성을 확인하였다.

1.2 미세먼지의 환경기준

미세먼지의 환경기준은 인간의 건강을 보호하며 동시에 쾌적한 생활환경을 유지하기 위해 설정된 행정적 목표치이다. 미세먼지의 위해성을 인지하기 위해 우리나라를 포함한 세계 여러 국가에서 미세먼지의 환경기준을 설정하여 일정 수치 이하로 관리하고 있다. 세계 국가별 환경기준은 오염 정도, 사회적 및 경제적 상황, 기술수준 등에 따라 설정되기 때문에 국가마다 설정 시기 및 기준 등이 상이하다.

우리나라는 1978년 아황산가스(SO_2)에 대한 환경기준을 처음으로 도입한 이후 전차 다양한 대기오염물질에 대한 기준을 적용하고 강화하였다. 먼지에 대한 환경기준은 1983년 총먼지(TSP)에 대하여 처음 도입하였으며 미세먼지(PM_{10})에 대한 환경기준은 1993년에 추가되었다. 2011년에 새로 추가된 초미세먼지($PM_{2.5}$)에 대한 미세먼지 기준은 2015년부터 적용되기 시작하였으며, 현재 미세먼지와 초미세먼지로 대하여 대기환경기준이 〈표 18.3〉과 같이 운영 중이다.

우리나라의 미세먼지의 환경기준을 처음 도입할 당시의 미세먼지(PM_{10})의 기준은 일평균 100$\mu g/m^3$, 연평균 50$\mu g/m^3$이며 초미세먼지($PM_{2.5}$)에 대한 기준은 일평균 50$\mu g/m^3$, 연평균 25$\mu g/m^3$으로 기준이 수립되었다. 이 기준은 세계보건기구(WHO)가 제시한 미세먼지의 잠정목표2에 해당하는 기준으로 권고기준에도 훨씬 미치지 못하는 기준이다.

〈표 18.3〉 WHO의 미세먼지 권고기준 및 잠정목표

기준	PM_{10}(㎍/㎥)		$PM_{2.5}$(㎍/㎥)		건강영향
	연평균	일평균	연평균	일평균	
권고기준	20	50	10	25	심폐질환과 폐암에 의한 사망률 증가 최저 수준
잠정목표1	70	150	35	75	권고기준에 비해 사망 위험률 약 15% 증가 수준
잠정목표2	50	100	25	50	잠정목표1보다 약 6%(2~11%) 사망위험률 감소
잠정목표3	30	75	15	37.5	잠정목표2보다 약 6%(2~11%) 사망위험률 감소

자료출처 : 산업경제리서치(2018)

최근 미세먼지에 대한 사회적 관심이 높아지고 국민적 경각심이 높아지자 환경부는 2018년 3월에 강화된 환경기준을 발표하였다. 미세먼지에 대한 우리나라의 환경기준 변경내역 및 주요국의 현재 환경기준은 〈표 18.4〉와 같다. 현재 우리나라의 미세먼지 기준은 2018년 개정이후 미국와 일본과 동일하게 적용되고 있으나 세계보건기구(WHO)에서 설정한 기준보다는 연평균 기준에서는 5㎍/m^3, 일평균 기준에서는 10㎍/m^3이 높게 설정되었다.

〈표 18.4〉 우리나라 및 주요국의 미세먼지 환경기준

(Unit : ㎍/m^3)

기준	미세먼지(PM_{10})			초미세먼지($PM_{2.5}$)				
	한국			한국		미국	일본	WHO
	1993	2001	현재 (2007~)	개정전 (2015)	개정후 (2018)	현재	현재	현재
연평균	80	70	50	25	15	15	15	10
일평균	150	150	100	50	35	35	35	25

자료출처 : 산업연구원(2018)

2. 미세먼지의 성분 및 발생원인

2.1 미세먼지의 성분

미세먼지는 다양한 원인에 의해서 자연적으로 또는 인공적으로 발생할 수 있으며 지역특성, 계절, 기상조건 등에 따라 달라질 수 있다. 자연적으로 발생하는 미세먼지에는 흙먼지, 식물의 꽃가루, 바닷물에서 생기는 소금 등이 있으며 인공적으로 발생하는 미세먼지에는 자동차 배기가스, 발전시설, 보일러 등에서 화학연료가 연소될 때 발생되는 매연, 건설현장에서 발생하는 먼지, 공장 내 원자재 및 부자재 취급공정에서 발생하는 가루성분, 소각장 연기 등이 있다.

미세먼지는 고체나 액체 또는 고체와 액체 모두의 형태로 존재하고 있으며 대기오염물질이

공기 중에서 반응하여 생성된 질산염(NO_3), 황산염(SO_4) 등과 화석연료인 석탄과 석유 등을 연소시키는 과정에서 발생하는 탄소류의 유기탄소(Organic Carbon, OC), 원소 탄소(Elemental Carbon, EC), 검댕 그리고 지표면 흙먼지 등에서 생가는 광물 등으로 〈그림 18.2〉와 같이 구성된다. 우리나라의 주요 지역에서 관측한 미세먼지(PM_{10})의 구성은 황산염과 질산염이 전체 미세먼지에 58.3%으로 가장 큰 비중을 차지하고 있으며 단일 오염물질로는 탄소류와 검댕이 16.8%로 두 번째로 비중이 크며 그 외에 광물이 6.3%, 기타 18.6%으로 구성되어 있다.

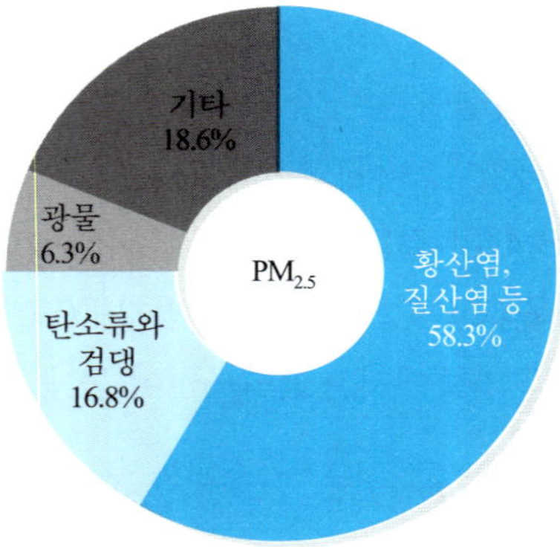

〈그림 18.2〉 미세먼지의 구성 성분(%)

자료출처 : 바로 알면 보인다. 미세먼지, 도대체 뭘까?(2016, 환경부)

주요 지역은 관측된 미세먼지는 수도권(서울), 중부권(대전), 남부권(광주), 백령도(최북단)로 구분성분을 〈그림 18.2〉와 같이 관측하였다. 황산염과 질산염 등은 전국에서 약 15㎍/m³이 발생하였으며 수도권(서울)과 중부권(대전)에서 남부권(광부)와 백령도(최북단)보다 높은 수치가 측정되었다. 탄소류와 검댕은 수도권(서울), 중부권(대전), 남부권(광부)에서는 약 5㎍/m³가 발생하였으며 백령도(최북단)로 다른 지역보다는 작은 수치가 측정되었다. 광물은 전국적으로 비슷한 수치가 나타났으며 기타는 수도권(서울)을 제외한 나머지 지역에서 약 5㎍/m³가 관측되었다.

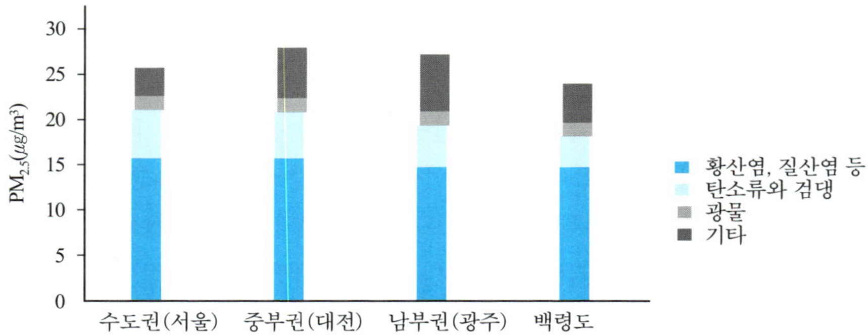

〈그림 18.3〉 미세먼지의 구성 성분(%)

자료출처 : 바로 알면 보인다. 미세먼지, 도대체 뭘까?(2016, 환경부)

2.2 미세먼지의 발생원인

미세먼지의 발생원인은 크게 직접배출 미세먼지의 1차 발생원인과 간접배출 미세먼지의 2차 발생원인으로 〈그림 18.4〉와 같이 구분된다. 직접배출되는 미세먼지의 1차 발생원인은 산불/쓰레기 등 불법 소각, 자동차 등 배기가스, 도로/빈 집터, 공장, 건설현장 등에서 고체 상태로 발생 된다. 간접 배출되는 미세먼지의 2차 발생원인은 전구물질로서 화석연료, 자동차 배기가스, 공장 제조공정 등에서 배출되는 질소산화물(NOx), 황산화물(SOx) 등이 대기 중의 암모니아(NH_3), 수분 등과 반응하여 생성된다. 간접 배출 미세먼지의 경우 〈그림 18.2〉와 같이 전체 미세먼지 발생량에 약 60%로 상당 부분을 차지하기 때문에 미세먼지 관리 차원에서 매우 중요하다.

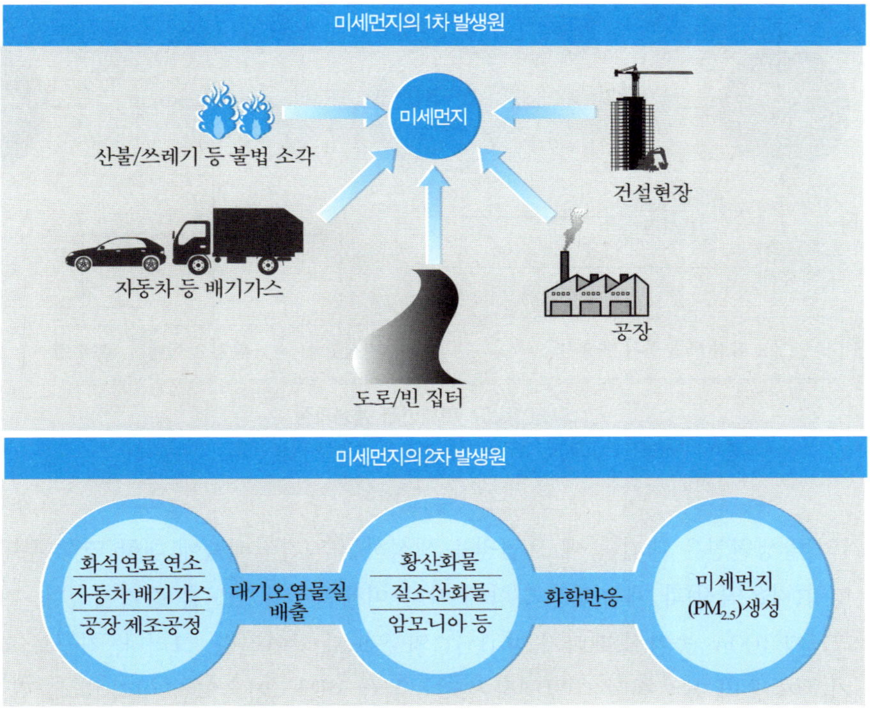

〈그림 18.4〉 미세먼지의 발생원인

자료출처 : 바로 알면 보인다. 미세먼지, 도대체 뭘까?(2016, 환경부)

간접배출 미세먼지의 2차 발생원인의 생정과정은 대기오염물질인 휘방성 유기화합물, 질소산화물, 황산화물 등의 미세먼지로 전화되는 과정은 〈그림 18.5〉와 같다. 화석연료 연소, 자동차 배기가스 공장 제조공정 등에서 배출되는 휘발성 유기화합물(VOCs)은 반응성이 강한 수산화 이온(OH)와 오존(O_3) 등과 화학반응으로 2차 유기입자(Secondary Organic Particles)가 생성된다. 다양한 연소과정에서 발생되는 질소산화물(NOx)는 대기 중 오존(O_3) 등과 반응해 산성물질인 질산(HNO_3)을 생성한다. 대기 중에 알칼리성 물질인 암모니아(NH_3)와 반응하여 질산암모늄(NH_4NO_3)이 생성되는데, 입자상 물질인 질산암모늄(NH_4NO_3)이 간접배출 미세먼지이다. 또한, 아황산가스(SO_2)는 수증기 등과 반응하여 황산(H_2SO_4)이 되고, 이는 다시 암모니아 등과 반응하여 황산암모늄($(NH_4)_2SO_4$) 등 미세먼지 입자를 생성한다. 이와 같이 미세먼지의 생성은 입자로 배출되는 1차 메세먼지와 가스상으로 배출되는 화학반응에 의해 입자화되는 2차 미세먼지로 구분할 수 있다.

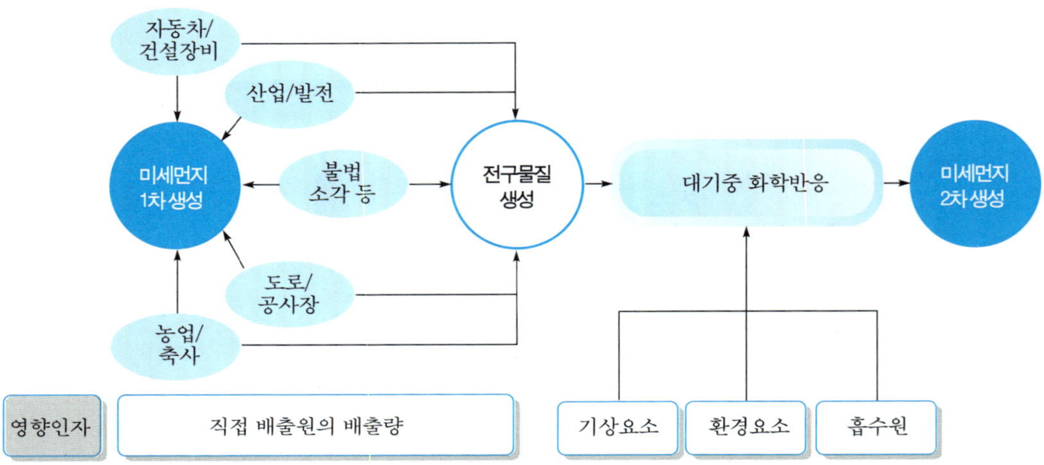

〈그림 18.5〉 미세먼지 생성과정

자료출처 : 미세먼지 농도의 시·공간적 분포 현황 및 잠재영향인자 고찰(2019, 국토연구원)

미세먼지의 발생원인은 대기 중에 오염원을 생성하는 직간접배출에 대한 영향 뿐만 아니라 기상학적 영향(기온역전)과 계절적인 영향에 따라 미세먼지의 농도를 증가시킨다. 기온은 일반적으로 고도가 100m 높아질 때마가 약 0.6℃의 온도가 낮아진다. 그러나, 거꾸로 고도가 높아질수록 기온이 올라가는 현상이 발생하기도 하는데 이를 '기온역전'이라고 〈그림 18.6〉과 같다. 일반적으로 공기는 더울수록 밀도가 낮아져 더운 공기는 위로, 차가운 공기는 아래로 이동한다. 그러나, 기온역전이 발생하면 고도가 낮은 쪽에 무거운 공기가, 높은 쪽에 가벼운 공기가 위치해 무게 차에 의한 공기의 상하이동이 일어나지 않는다. 이러한 현상으로 지상에서 주로 발생하는 미세먼지 등 대기오염물질이 지상층에 머무르게 되고 계속 쌓이면서 결과적으로 대기오염 농도가 증가하게 되는 것이다.

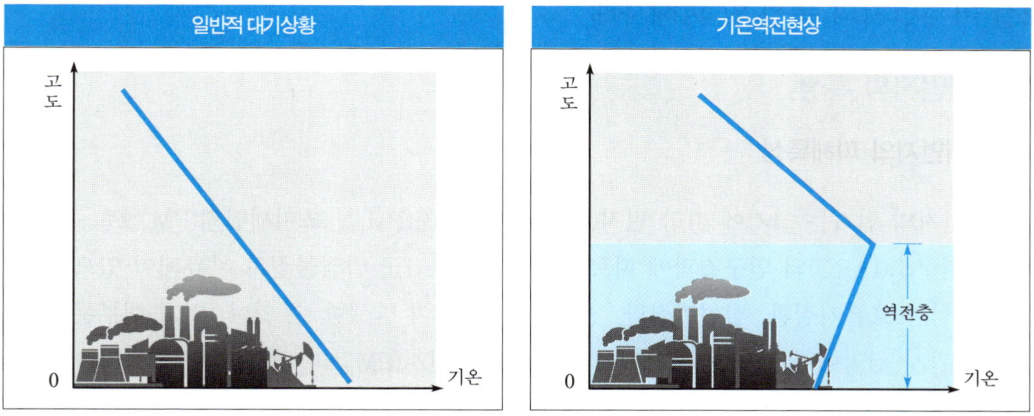

〈그림 18.6〉 미세먼지의 기상학적 영향

자료출처 : 바로 알면 보인다. 미세먼지, 도대체 뭘까?(2016, 환경부)

미세먼지는 계절별 대류현상으로 큰 차이가 발생한다. 봄에는 이동성저기압과 건조한 지표면의 영향으로 중국의 미세먼지를 동반한 고농도 미세먼지가 발생할 가능성이 크다. 여름에는 우리나라 연강우량의 약 60%~70%가 발생하는 기간으로 장마전선이나 집중호우로 인한 강우로 인해 미세먼지의 농도가 감소할 가능성이 높다. 가을은 한반도에 동풍, 북풍 등의 기압계의 흐름이 빨라 지역적인 대시의 순환이 원활하기 때문에 미세먼지의 영향이 가장 작다. 겨울에는 난방 등 연료사용이 증가하여 미세먼지의 농도가 다시 증가하게 된다. 서울시의 경우 〈그림 18.7〉과 같이 2019년 기준 계절별 미세먼지(PM10) 농도는 10㎍/m³~40㎍/m³로 겨울과 봄에 미세먼지 농도가 높았고 여름과 가을에는 상대적으로 낮았다.

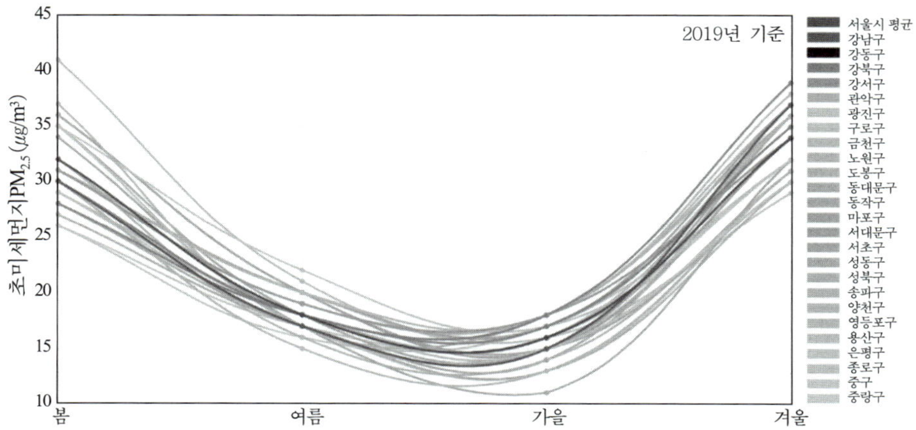

〈그림 18.7〉 계절별 미세먼지 현황(2019년, 서울시)

자료출처 : 서울특별시 대기환경정보(https://cleanair.seoul.go.kr/2020/)

2절 미세먼지의 특성 및 피해사례

1. 미세먼지의 특성

1.1 미세먼지의 피해특성

미세먼지의 입자는 크기에 따라 먼지(TSP), 미세먼지(PM_{10}), 초미세먼지($PM_{2.5}$)로 구분되며 국제암연구소(IARC)의 연구결과에 따르면 미세먼지는 1군 발암물질로 분류되어 있으며 미세먼지로 인한 호흡기질환, 심혈관질환, 천식 등의 질병이 발생할 수 있다. 먼지 대부분은 코털이나 기관지 점막에서 걸러져 배출된다. 반면, 미세먼지(PM_{10})의 입자 지름은 사람 머리카락 굵기의 1/5~1/7 정동인 10㎛이하로 매우 작아 코, 구강, 기관지에 걸러지지 않고 〈그림 18.8〉과 같이 우리몸속까지 스며든다.

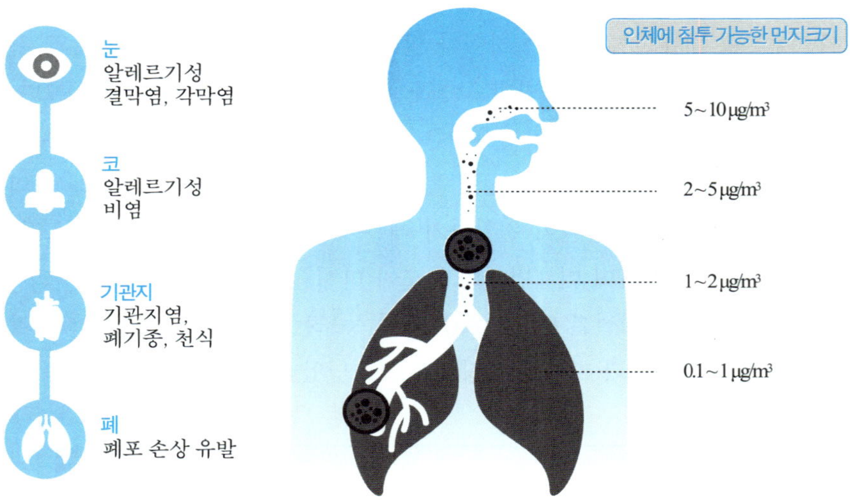

〈그림 18.8〉 미세먼지로 발생하거나 악화되는 질병

자료출처 : 건강한 숨을 되찾기 위한 미세먼지 행동 가이드북(2018, 환경운동연합)

미세먼지가 몸속에 들어오면 면역을 담당하는 세포가 먼지를 제거하여 몸을 지키도록 작용하게 되는데, 이 때 부작용인 염증반응이 발생한다. 이러한 염증의 발생은 기도, 폐, 심혈관, 뇌 등 우리 몸의 각 기관에서 천식, 호흡기, 신혈관계 질환 등을 유발시킨다. 취약계층인 노인, 유아, 임산부나, 신장 질환, 순환기 질환자등은 미세먼지로 인한 영향이 일반인보다 더 크므로 각별한 주의가 필요하다.

세계보건기구(WHO)에서는 2014년 1년 동안 미세먼지로 인하여 기대수명보다 일찍 사망한 사람들이 약 700만명에 이른다고 발표하였다. 세계보건기구(WHO) 산하의 국가암연구소(IARC)에서는 미세먼지가 인간에서 암을 유발시키는 물질로 확인하여 1군(Group 1) 발암물질로 2013년에 분류하였다. 발암물질에 대한 구분에 대한 주요 내용과 물질은 〈표 18.5〉와 같다.

〈표 18.5〉 국제 암연구소(IARC)가 분류한 발암물질 분류

분류	주요내용	물질(예시)
1군(Group1)	인간에게 발성이 있는 것으로 확인된 물질	석면, 벤젠, 미세먼지
2A군(Group2A)	인간에게 발성이 있을 가능성이 높은 물질	DDT, 무기납화합물
2B군(Group2B)	인간에게 발암성이 있을 가능성이 있는 물질	가솔린, 코발트
3군(Group3)	발암성이 불확실하여 인간에서 발암성이 있는지 분류하는 것이 가능하지 않은 물질	페놀, 톨루엔
4군(Group4)	인간에서 발암성이 없을 가능성이 높은 물질	카르로락담

자료출처 : International Agency for Research on Cancer (https://monographs.iarc.fr/agents-classified-by-the-iarc/)

미세먼지에 노출되어 건강에 미치는 영향으로는 호흡기질환, 심혈관질환, 천식 등이 발생할 수 있다. 미세먼지는 입자의 크기가 매우 작은 대기오염물질로서 흡입시 폐의 깊은 곳까지 도달할 수 있어 호흡기뿐만 아니라 심혈관에도 다양한 건강피해가 〈그림 18.9〉와 같이 발생할 수 있다.

호흡기 기관에 미세먼지가 쌓이면 가래가 발생하고 기침이 잦아지며 기관지 점막이 건조해지면서 세균이 쉽게 침수할 수 있어 만성 폐질환이 있는 사람은 폐렴과 같은 감염성 질환의 발생률이 증가하게 된다. 질병관리본부에 따른 미세먼지(PM_{10}) 농도가 10㎍/m^3 증가할 때마다 만성 폐쇄성 폐질환(Chronic Obstructive Pulmonary Disease, COPD)로 입원발생률은 2.7%, 사망률은 1.1%가 증가하게 된다. 특히, 초미세먼지($PM_{2.5}$) 농도가 10㎍/m^3 증가할 때마다 폐암 발생률이 9%씩 증가하는 것으로 나타났다.

미세먼지는 크기가 매우 작아 기도의 맨 끝부분에 있는 포도송이 모양의 작은 공기주머니인 폐포를 통해 혈관에 침투해 염증을 일으킬 수 있다. 이 과정에서 혈관에 손상을 주어 협심증, 뇌졸중의 질환으로 발전할 수 있다. 특히, 심혈관 질환을 앓고 있는 취약계층은 미세먼지가 쌓이면 산소 교환이 원활하지 않아 병이 악화될 수 있다. 질병관리본부에 따르면, 초미세먼지($PM_{2.5}$)에 장기간 노출될 경우 심근경색과 같은 허혈성심질환의 사망률이 30%~80% 증가하는 것으로 보고되었다. 미세먼지는 기도에 염증을 일으켜 천식을 유발하거나 악화시킬 수 있어 질병관리본부에 따르면 미세먼지에 장기간 노출될 경우 폐 기능을 떨어뜨리고 천식조절에 부정적 영향을 미쳐, 심한 경우에는 천식 발작으로도 이러지게 된다.

〈그림 18.9〉 미세먼지가 건강에 미치는 영향

자료출처 : 호흡기질환자, 천식환자, 심혈관질환자 미세먼지 심한 날 이렇게 대처하세요(2018, 질병관리본부)

호흡기 질환자는 우선 미세먼지에 장시간 노출되지 않도록 주의하는 것이 가장 중요하다. 만성 폐쇄성 폐질환(COPD) 환자는 미세먼지 농도가 '나쁨' 이상인 날 부득이하게 외출할 때에는 치료약물(속효성 기관지 확장제)를 준비하는 것이 좋다. 심혈관 질환자도 가급적 미세먼지에 대한 노출이 되지 않는 것이 중요하다. 미세먼지 농도가 '매우나쁨' 또는 '나쁨' 일 때뿐만 아니라 '보통' 일 경우에도 몸의 상태가 좋지 않다면 가급적 창문을 닫고 불필요한 외출을 삼가는 것이 좋다. 천식 환자도 미세먼지의 농도가 '나쁨' 이상인 날에는 실외활동을 자제하는 것이 바람직하며 어린이 천식환자의 경우 유치원이나 학교 보건실에 증상완화제를 맡겨 두어 필요한 경우 언제든 사용할 수 있도록 하는 것이 좋다.

호흡기 질환자, 심혈과 질환자, 천식 환자의 경우 미세먼지에 따른 마스크 착용시 공기순환이 잘 되지 않아 위험할 수 있다. 그러므로 식품의약품안전처에서 인증한 보건용 마스크 착용 여부를 사전에 의사와 상의하는 것이 바람직하고, 마스크 착용 후 호흡곤란, 두통 등 불편감이 느껴지면 바로 벗어야 한다. 또한, 비염과 같은 질환을 함께 앓고 있는 천식환자의 경우 고농도 미세먼지에 장기간 노출된 경우 의사와 상담하여 미세먼지로 인한 질병이 악화되었는지 확인하는 것이 안전하다. 마지막으로 미세먼지에 노출된 후 호흡곤란, 가래, 기침, 발열 등 호흡기 증상이 악화될 경우에는 병원에 가는 것이 좋으며 기저질환자에 대한 미세먼지의 대처방안은 〈그림 18.10〉과 같다.

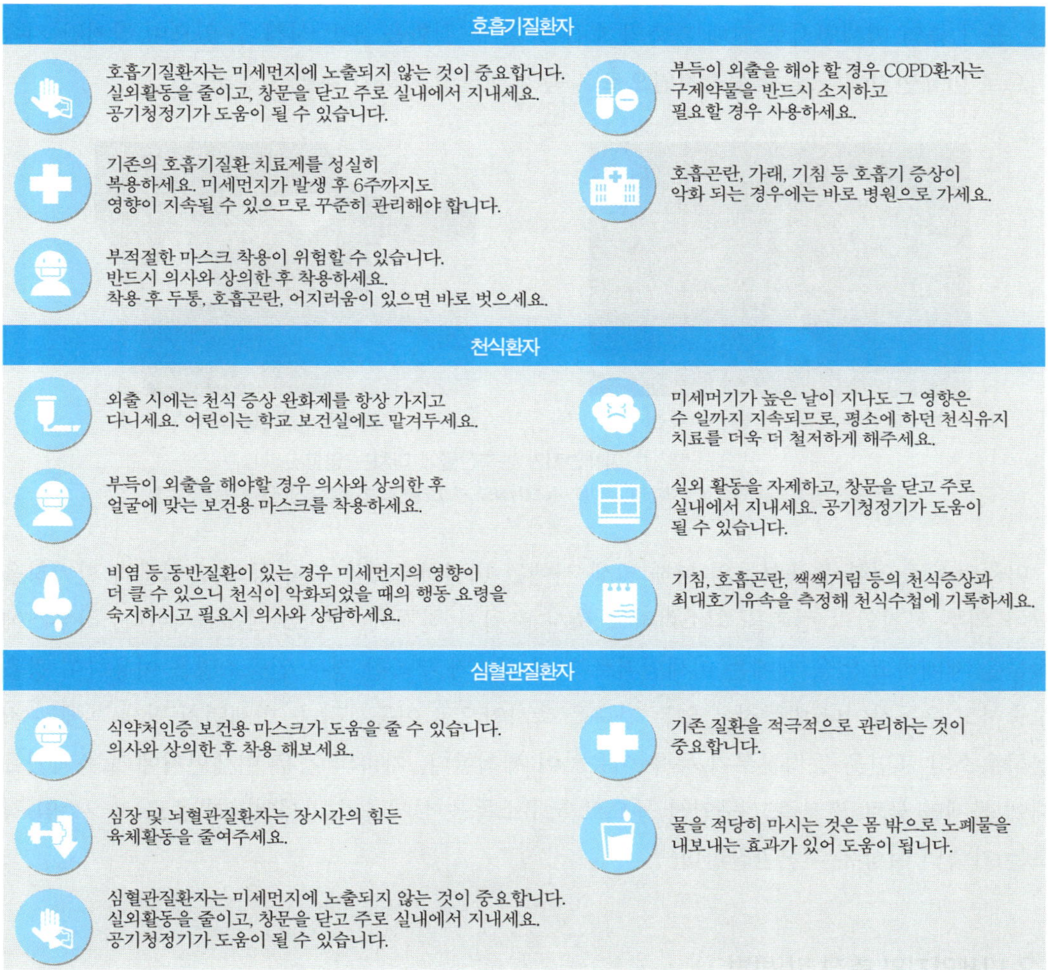

〈그림 18.10〉 기저질환자에 대한 미세먼지 대처방안

자료출처 : 호흡기질환자, 천식환자, 심혈관질환자 미세먼지 심한 날 이렇게 대처하세요(2018, 질병관리본부)

미세먼지는 농축산물 및 시설물에도 피해를 줄수 있다. 대기 중 이산화황(SO_2) 이나 이산화질소(NO_2)가 많이 묻어있는 미세먼지는 산성비를 내리게 해 토 양과 물을 산성화 시키고, 토양

황폐화, 생태계 피해, 산림수목과 기타 식생의 손상 등을 일으킬 수 있다. 또한, 공기 중에는 카드뮴 등 중금속이 미세먼지에 묻게 되어 농작물, 축산물, 토양, 등에 피해를 줄 수 있다.

미세먼지가 농작물에 미치는 직접적인 영향으로 작물의 기공에 흡착하여 숨구멍이 닫히게 되며 기공의 저항이 증가하여 물질대사의 이상이 발생하여 정상보다 웃자람, 낙과가 발생하게 된다. 간접적인 영향으로는 하우스 표면에 부착하여 햇빛 투과량을 감소시켜 작물의 광합성 작용을 억제하고, 온도 상승을 지연시켜 농작물의 생육를 〈그림 18.11〉과 같이 저하시킨다. 또한, 공기 중의 미세먼지로 인해 가축의 호흡기 및 눈 질환을 유발 시킬 수 있으며 장기간 지속적으로 미세먼지에 노출시 성장지연으로 가축의 생산성 저하가 유발 가능하다.

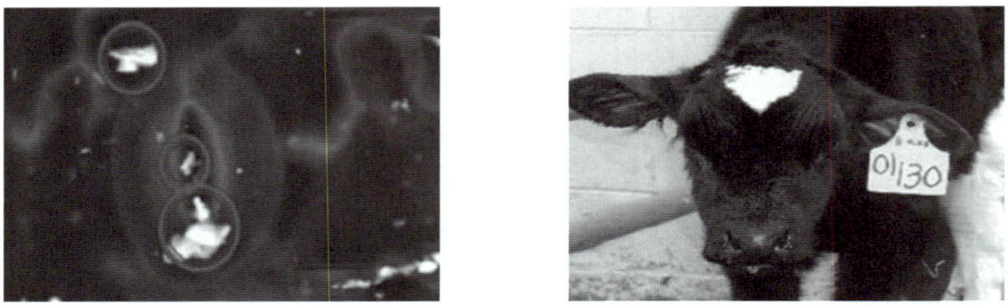

〈황사로 인한 기공차단 현미경 사진〉 〈황사에 의한 환축 모습 〉

〈그림 18.11〉 미세먼지가 농축산물에 미치는 영향

자료출처 : 불청객 황사(미세먼지)대비 농작물 · 농업시설물 관리요령(2019, 농림축산식품부, 농촌진흥청)

미세먼지로 인한 농축산물의 피해 발생 시에는 비닐하우스와 축사 등의 출입문과 환기창을 닫아 외부 공기와의 접촉을 최소화하고 축사 출입시 철저한 개인소독을 실시한다. 하우스에 작물을 재배하고 있을 때에는 미세먼지로 인해 일조가 부족한 경우 인공조명을 이용하여 광을 보충하고 운동장이나 방목장에 있는 가축을 축사안으로 이동시킨다. 미세먼지 발생 후에는 비닐하우스의 표면을 동력분무기 등을 이용하여 세척한다. 가축의 경우 미세먼지에 노출되었을 때에 몸체를 물로 씻겨주고 구연산 등으로 분무소독을 실시하며 미세먼지가 종료 후 2주일 정도는 가축의 이상유무를 관찰한다.

1.2 미세먼지의 측정 및 방법

우리나라의 대기오염물질의 측정망은 환경부 및 지방자치단체에서 운영 중인 총 11개 종류의 측정망(도시대기 측정망, 도로변대기 측정망, 국가배경농도 측정망, 교외대기 측정망, 산성강하물 측정망, 대기중금속 측정망, 유해대기물질 측정망, 광화학대기오염물질 측정망, 지구대기 측정망, $PM_{2.5}$ 성분 측정망, 대기오염집중 측정망)은 전국 114개 시 · 군에 총 584개소가 설치되어 있다. 총 584개소의 측정소 중 약 57%가 도시지역의 평균 대기질 농도를 파악하여 환경기준 달성 여부를 판단하기 위해 설치된 '도시대기 측정망'에 포함된다. 그 외에도 도시지역 또는 공단 인근 지역에서 중금속에 의한 오염 실태를 파악하기 위해 설치된 '대기중금속 측정망' 및 자동차 통행량과 유동 인구가 많은 도로변 대기질을 파악하기 위해 설치된 '도로변대기 측정망'에 이용되는 측정소가 다수 설치되어 있다. 대기 중 오염물질의 건성 침착량 및 강우 · 강설 등에 의한 오염물질의 습성 침착량을 파악하기 위해 설치되었다. 우리나라에서 11개의 대기오염측정망에 대한 설치현황은 〈표 18.6〉과 설치목적에 따른 측정항목은 〈표 18.7〉과 같다.

〈표 18.6〉 **전국 대기오염측정망 설치현황**

구분	설치목적	지정수		
		소계	환경부	지자체
도시대기 측정망	도시지역의 평균 대기질 농도를 파악하여 환경 기준 달성 여부 판정	333 (114개 시 · 군)	–	333 (114개 시 · 군)
도로변대기 측정망	자동차 통행량과 유동 인구가 많은 도로변 대기질을 파악	40 (17개 시 · 군)	–	40 (17개 시 · 군)
국가배경농도 측정망	국가적인 배경농도를 파악하고 외국으로부터의 오염물질 유입, 유출상태 등을 파악	3 (3개 시 · 군)	3 (3개 시 · 군)	–
교외대기 측정망	도시를 둘러싼 교외 지역의 배경 농도를 파악	22 (22개 시 · 군)	22 (22개 시 · 군)	–
산성강하물 측정망	대기 중 오염물질의 건성 침착량 및 강우 · 강설 등에 의한 오염물질의 습성 침착량 파악	41 (38개 시 · 군)	41 (38개 시 · 군)	–
대기중금속 측정망	도시지역 또는 공단 인근 지역에서의 중금속에 의한 오염 실태를 파악	56 (23개 시 · 군)	–	56 (23개 시 · 군)
유해대기물질 측정망	인체에 유해한 VOCs, PAHs 등의 오염 실태 파악	34 (24개 시 · 군)	34 (24개 시 · 군)	–
광화학대기 오염물질 측정망	오존생성에 기여하는 VOCs에 대한 감시 및 효과적인 관리대책의 기초자료 파악	18 (13개 시 · 군)	18 (13개 시 · 군)	–
지구대기 측정망	지구 온난화 물질의 대기 중 농도 파악	1 (1개 시 · 군)	1 (1개 시 · 군)	–
성분 측정망	인체위해도가 높은 미세먼지($PM_{2.5}$)의 농도 파악 및 성분파악을 통한 배출원 규명	30 (29개 시 · 군)	30 (29개 시 · 군)	–
대기오염집중 측정망	국가 배경지역과 주요권역별 대기질 현황 및 유입 · 유출되는 오염물질 파악, 황사 등 장거리 이동 대기오염물질을 분석하고 고농도 오염현상에 대한 원인 규명	6 (6개 시 · 군)	6 (6개 시 · 군)	–
총계		584 (114개 시 · 군)	155 (52개 시 · 군)	429 (96개 시 · 군)

자료출처 : 대기환경연보 2018(2019, 국립환경과학원)

〈표 18.7〉 측정망별 측정항목

<table>
<tr><th colspan="3">구분</th><th>운영
주체</th><th>주기</th><th>항목</th></tr>
<tr><td rowspan="12">일반측정망</td><td rowspan="4">일반대기오염측정망</td><td>도시 대기</td><td>지자체</td><td>1시간(연속)</td><td>SO_2, CO, NO_X, PM_{10}, $PM_{2.5}$, O_3, 풍향, 풍속, 온도, 습도</td></tr>
<tr><td>도로변 대기</td><td>지자체</td><td>1시간(연속)</td><td>SO_2, CO, NO_X, PM_{10}, $PM_{2.5}$, O_3, 풍향, 풍속, 온도, 습도
※ 필요시 Pb, HC, 교통량 추가</td></tr>
<tr><td>국가 배경 농도</td><td>국가</td><td>1시간(연속)</td><td>SO_2, CO, NO_X, PM_{10}, $PM_{2.5}$, O_3, 풍향, 풍속, 온도, 습도</td></tr>
<tr><td>교외 대기</td><td>국가</td><td>1시간(연속)</td><td>SO_2, CO, NO_X, PM_{10}, $PM_{2.5}$, O_3, 풍향, 풍속, 온도, 습도</td></tr>
<tr><td rowspan="8">특수대기오염측정망</td><td rowspan="3">산성 강하물</td><td rowspan="3">국가</td><td rowspan="3">건성: 6일간격
습성: 강수시
수은: 2시간 연속
※ 수은습성 침적량은 수동</td><td>건성: $PM_{2.5}$, $PM_{2.5}$중
이온성분(SO_4^{2-}, NO_3^-, Cl^-, Na^+ Na_4^+, K^+, Mg^{2+}, Ca^{2+})</td></tr>
<tr><td>습 성 : pH
이온성분(SO_4^{2-}, NO_3^-, Cl^-, Na^+ Na_4^+, K^+, Mg^{2+}, Ca^{2+})
전기전도도, 강수(설)량</td></tr>
<tr><td>수은(총가스상 수은), 수은 습성침적량</td></tr>
<tr><td>대기 중금속</td><td>지자체</td><td>월5회
(매월 2째주)</td><td>Pd, Cd, Cr, Cu, Mn, Fe, Ni, As, Be
※ 황사기간 중에는 Al, Ca, Mg 등 3개 항목 추가</td></tr>
<tr><td rowspan="2">유해 대기 물질</td><td rowspan="2">국가</td><td rowspan="2">월2회(수동)
→
VOC_S는 순차적으로 자동전환</td><td>VOCs 16종 : Benzene, Toluene, Ethylbenzene, o–Xylene, m,p–Xylene, Styrene, Chloroform, 1,1,1–Trichloroethane, Trichloroethylene, Tetrachloroethylene, 1,1–Dichloroethane, Carbontetrachloride, 1,3–Butadiene, Dichloromethane, Vinyl chloride, 1,2–Dichloroethane</td></tr>
<tr><td>PAHs 16종 : Benzo(a)anthracene, Chrysene, Benzo(b)flouranthene, Benzo(k)flouranthene, Dibenzo(a,h)anthracene, Benzo(a)pyrene, ndeno(1,2,3–cd)pyrene, Naphthalene, Acenaphthylene, Acenaphthene, Fluorene, Phenanthrene, Anthracene, Fluoranthene, Pyrene, Benzo(g,h,i)perylene</td></tr>
<tr><td rowspan="2">광화학 대기 오염 물질</td><td rowspan="2">국가
지자체</td><td rowspan="2">1시간 연속</td><td>NO_x, NO_y, PM_{10}, $PM_{2.5}$, O_3, CO, 풍향, 풍속, 온도, 습도, 일사량, 자외선량, 강수량, 기압, 카르보닐화합물(포름알데하이드,아세트알데하이드,아세톤)</td></tr>
<tr><td>VOCs 56종 : Ethane, Ethylene, Propane, Propylene, i–Butane, n–Butane, Acethylene, trans–2–Butene, 1–Butene, Cis–2–Butene, Cyclopentane, i–Pentane, n–Pentane, trans–2–Pentene, 1–Pentene, Cis–2–Pentene, 2,2–Dimethylbutane, 2,3–Dimethylbutane, 2–Methylpentane,3–Methylpentane, Isoprene, 1–Hexene, n–Hexane, Methylcyclopentane, 2,4–Dimethylpentane, Benzene, Cyclohexane, 2–Methylhexane, 2,3–Dimethylpentane, 3–Methylhexane, 2,2,4–Trimethylpentane, n–Heptane, ethylcyclohexane, 2,3,4–Trimethylpentane, Toluene, 2–Methylheptane, –Methylheptane, n–Octane, Ethylbenzene, m/p–Xylene, Styrene, o–Xylene, n–Nonane, Isopropylbenzene, n–Propylbenzene, m–Ethyltoluene, –Ethyltoluene, 1,3,5–Trimethylbenzene, o–Ethyltoluene, 1,2,4–Trimethylbenzene, n–Decane, 1,2,3–Trimethylbenzene, –Diethylbenzene, p–Diethylbenzene, n–Undecane, n–Dodecane</td></tr>
</table>

〈표 18.7〉 측정망별 측정항목(계속)

구분		운영 주체	주기	항목
	지구 대기	국가	1시간 연속	CO_2, CFC(−11, −12, −113), N_2O, CH_4
	$PM_{2.5}$ (성분)	국가	1회/일	$PM_{2.5}$ 질량, 탄소성분(OC, EC), 이온성분(SO_4^{2-}, NO_3^-, Cl^-, Na^+, Na_4^+, K^+, Mg^{2+}, Ca^{2+}), 중금속성분(Pd, Cd, Cr, Cu, Mn, Fe, Ni, As, Be)
집중측정망	백령도 수도권 호남권 중부권 제주권 영남권	국가	연속	SO_2, CO, NO_X, PM_{10}, $PM_{2.5}$, O_3, 풍향, 풍속, 온도, 습도, $PM_{2.5}$ 질량, 탄소성분(OC, EC), 이온성분(SO_4^{2-}, NO_3^-, Cl^-, Na^+, Na_4^+, K^+, Mg^{2+}, Ca^{2+}), 중금속성분(Pd, Cd, Cr, Cu, Mn, Fe, Ni, As, Be)

미세먼지는 11개의 측정망 중 8개의 측정망에서 측정되고 있으며 측정망에 따라 운영주체 및 측정주기, 구체적인 측정 항목 등이 상이다. 미세먼지의 측정은 오염물질에 따라 각기 다른 측정 방법이 적용되는데 미세먼지(PM_{10})는 베타선흡수법, 초미세먼지($PM_{2.5}$)는 중량농도법 또는 자동측정법으로 측정하고 있다. 미세먼지(PM_{10})의 측정방법인 베타선흡수법, 광산란법 등은 방사선 또는 빛의 물지적 특성을 이용하여 간접적으로 측정하는 방법이며 초미세먼지($PM_{2.5}$)의 중량농도법은 미세먼지의 질량을 저울로 직접(수동) 측정하는 방법이다. 미세먼지의 측정방법에 따른 장비는 〈그림 18.12〉와 같다.

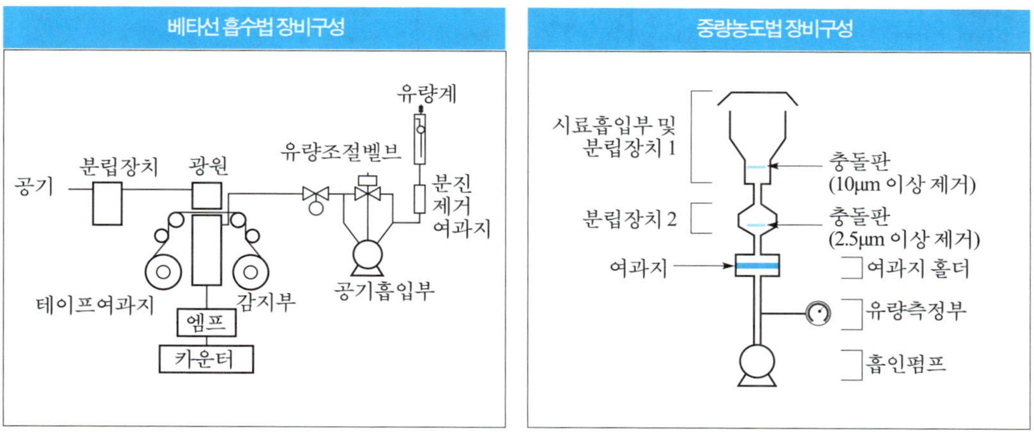

〈그림 18.12〉 미세먼지의 측정 장비

자료출처 : 바로 알면 보인다. 미세먼지, 도대체 뭘까?(2016, 환경부)

측정된 미세먼지 자료는 수도권대시환경청, 한국환경공단, 지자체 보건환경연구원 등 관할 기관에 의해 1차 확정된 후 국가대기오염정보관리시스템(NAMIS)으로 전송된다. 한국환경공단은 2003년 12월 기존에 구축되어 있는 대기오염측정망 관련 인프라를 이용하여 대기오염도의 실시간 공개에 대한 국민적 요구에 부응하고 보다 양질의 대기환경정보를 제공하고자 전국의 모든 측정소를 대상으로 대기오염도를 공개할 수 있는 확대방안을 마련하였다. 2004년 4월부터 전국의 대기오염측정망에서 측정되는 아황산가스, 일산화탄소, 이산화질소, 오존, 미세먼지 등 대기오염도 자료를 수집 · 관리하는 국가대기오염정보관리시스템(NAMIS)을 구축하여 국가와 지방자치단체 등 행정기관에서 대기환경정책 자료로 활용할 수 있도록 정보를 제공하였다.

국가대기오염정보관리시스템(NAMIS)에 수집된 막대한 양(연간 3억4천만건)의 대기오염도

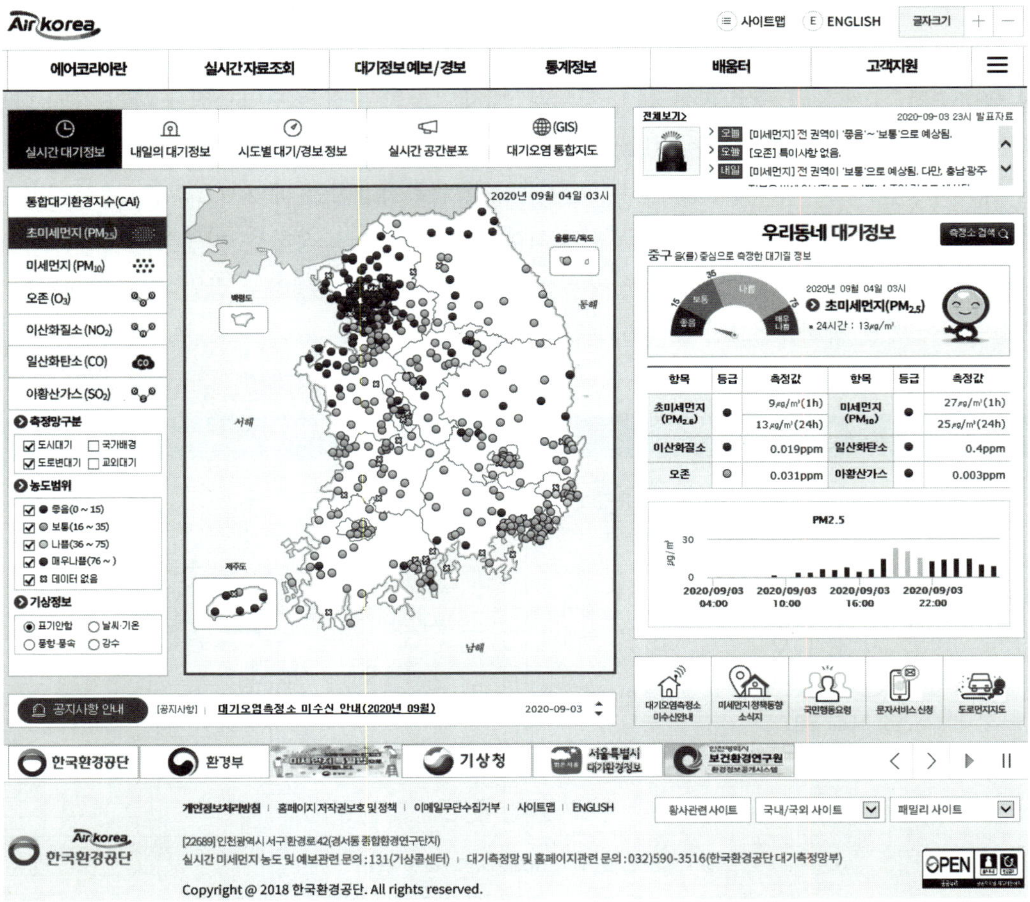

〈그림 18.13〉 전국 실시간 대기오염도 홈페이지 '에어코리아'

자료출처 : 에어코리아(https://www.airkorea.or.kr/web)

자료는 보다 알기 쉽고 편리하게 국민이 접할 수 있도록 시스템의 최적화, 표출방식, 대국민 의견수렴 및 시범운영 등을 통해 2005년 12월 '에어코리아' 라는 전국 실시간 대기오염도 공개홈페이지(www.airkorea.or.kr)를 〈그림 18.13〉과 같이 오픈하였다. 에어코리아는 총 11종의 대시오염측정망 중 4종인 도시대기 측정망, 도로변대기 측정망, 국가배경 측정망, 교외대기 측정망에서 측정된 대기환경기준물질의 전국 112개 시 · 군에 설치된 398개의 측정 자료를 다양한 형태로 표출하여 국민들에게 실시간으로 제공하고 있다. 또한, 기상청에서 운영하는 황사경보제와 지자체에서 운영하는 오존경보제 등의 자료도 함께 공개하고 있어 대기오염으로 인한 국민의 피해예방에 크게 기여하고 있다.

2. 미세먼지의 발생 특성

2.1 국내 미세먼지의 배출 현황

국내의 미세먼지의 도시별, 월별, 관측별 농도자료는 한국환경공단에서 운영하고 있는 에어코리아(https://www.airkorea.or.kr/web)에서 제공하고 있다. 국립환경과학원에서는 미세먼지의 관측자료를 이용하여 매년 '대기환경연보' 를 발간하고 있다. 우리나라에 발생한 미세먼지(PM_{10})의 관측은 1995년부터 시작되었으며 측정 이래로 점차 감소하고 있으며 초미세먼지($PM_{2.5}$)의 관측은 2015년부터 시작되었으며 20㎍/m³이상이 지속적으로 측정되었다. 2010년 이후에 관측된 미세먼지와 초미세먼지의 농도는 〈그림 18.14〉와 같다.

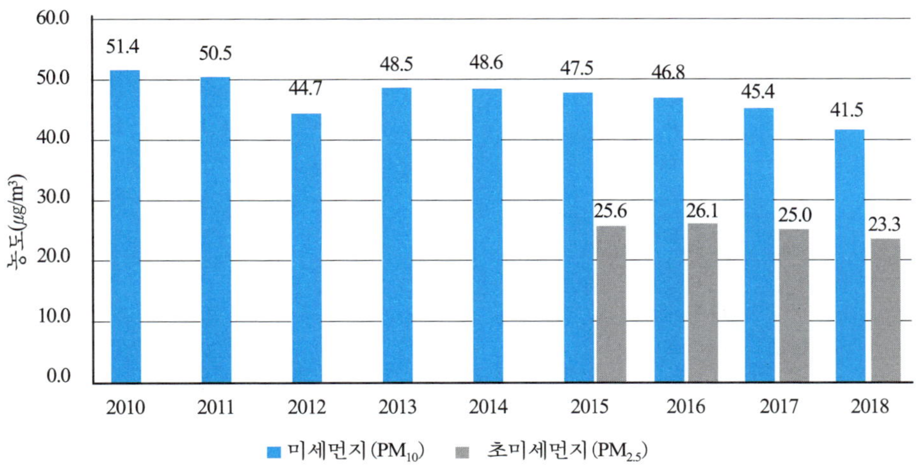

〈그림 18.14〉 미세먼지(PM_{10})와 초미세먼지($PM_{2.5}$)의 연평균 농도의 시계열적 변화

자료출처 : 미세먼지 농도의 시 · 공간적 분포 현황 및 잠재영향인자 고찰(2019, 국토연구원)

전국 연평균 미세먼지(PM_{10})의 농도와 초미세먼지($PM_{2.5}$)의 농도는 꾸준히 감소추세에 있다. 미세먼지(PM_{10})의 농도는 2010년 51.4㎍/m^3이었으나 2018년 41.5㎍/m^3로 9.9㎍/m^3가 감소되었으며 초미세먼지($PM_{2.5}$)의 농도는 2015년 25.6㎍/m^3이었으나 2018년 23.3㎍/m^3으로 2.3㎍/m^3이 감소되었다. 국내 미세먼지(PM_{10})와 초미세먼지($PM_{2.5}$)의 발생량은 전국적으로 매년 약 1㎍/m^3이 감소하고 있다.

지역별 미세먼지(PM_{10})와 초미세먼지($PM_{2.5}$)의 발생특성은 2018년부터 2018년까지로 초미세먼지($PM_{2.5}$)의 관측이 시행된 년도를 기준으로 〈표 18.8〉과 같이 비교하였다. 지역별 미세먼지(PM_{10})의 연평균 농도는 전국 평균보다 높은 지역이 연도별로 지역적 변동이 발생하지만 인천, 경기, 전북은 3개년도 이상 미세먼지(PM_{10})의 연평균 농도가 전국 평균보다 상회하는 것으로 나타났다. 특히 경기와 전북의 경우 4개년 연속으로 전국 연평균 농도보다 매년 2㎍/m^3~6㎍/m^3이 높게 관측되었다. 지역별 초미세먼지($PM_{2.5}$)의 연평균 농도는 전국 평균보다 높은 지역이 미세먼지(PM_{10})와 동일하게 연도별로 지역적 변동이 발생하였다. 3개년 연속으로 초미세먼지($PM_{2.5}$)의 농도가 전국 평균보다 상회하는 지역으로는 경기, 충북, 전북이며 특히, 전북의

〈표 18.8〉 지역별 미세먼지(PM_{10}) 및 초미세먼지($PM_{2.5}$) 연평균 농도 (Unit : ㎍/m^3)

지역	미세먼지(PM_{10})				초미세먼지($PM_{2.5}$)			
	2015	2016	2017	2015	2015	2016	2017	2018
전국	48	47	45	41	26	26	25	23
서울	45	48	44	40	23	26	25	23
부산	46	44	44	41	26	27	26	23
대구	46	43	42	39	26	24	23	22
인천	53	49	46	40	29	26	25	22
광주	43	40	40	41	26	23	24	24
대전	46	44	45	44	28	21	21	22
울산	46	43	43	40	25	23	25	23
세종	–	46	47	40	–	23	23	21
경기	53	53	51	44	26	28	27	25
강원	50	47	44	38	26	28	26	23
충북	51	45	44	44	30	26	27	27
충남	46	48	44	39	29	26	23	21
전북	50	51	48	43	35	31	29	25
전남	38	37	36	35	25	24	20	20
경북	45	40	40	44	28	23	23	24
경남	46	45	43	41	25	25	23	20
제주	44	41	37	35	23	22	22	19

자료출처 : 미세먼지 대응 사업 분석(2019, 국회예산정책처)

경우 미세먼지(PM_{10})와 동일하게 4개년 연속으로 전국 연평균 농도보다 매년 2㎍/m³~5㎍/m³이 높게 관측되었다.

지역별 연평균 미세먼지(PM_{10}) 및 초미세먼지($PM_{2.5}$)의 발생은 전국 연평균 농도는 매년 감소하는 것으로 관측되었다. 그러나, 일부 지역에서는 2016년에 미세먼지(PM_{10}) 및 초미세먼지($PM_{2.5}$)가 증가하였다가 다시 감소하는 경향이 〈그림 18.15〉와 같이 관측되었다. 미세먼지(PM_{10})의 경우는 서울, 충남, 세종, 전북에서 2015년보다 2016년 또는 2016년에 미세먼지(PM_{10})의 농도가 증가하였다가 감소하는 경향이 나타났다. 초미세먼지($PM_{2.5}$)의 경우는 서울, 경기, 강원, 충북, 대전, 경북, 광주, 울산, 부산에서 단년도 증가하고 감소, 매년 증감을 반복, 급감 후 증감하는 경향이 발생하였다. 미세먼지(PM_{10})의 경우 대부분 서해 인근에 위치한 지역이 대부분이며 초미세먼지($PM_{2.5}$)의 경우 전국적인 증감의 경향이 관측되었다.

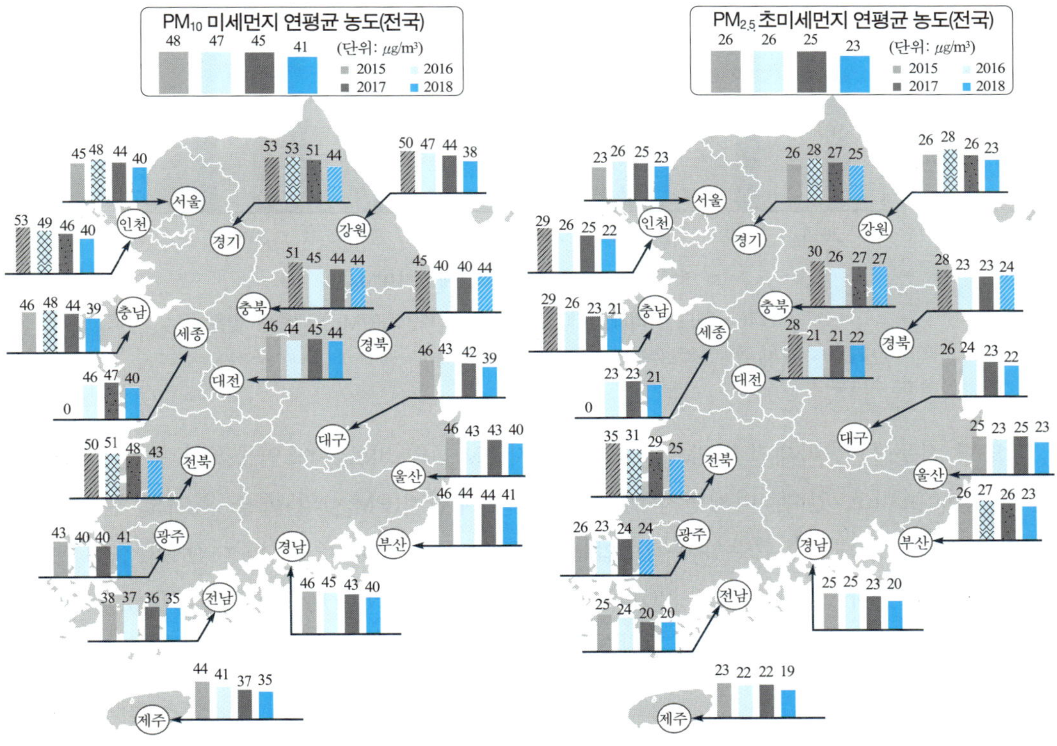

(a) 미세먼지(PM_{10}) (b) 초미세먼지($PM_{2.5}$)

〈그림 18.15〉 지역별 미세먼지(PM_{10}) 및 초미세먼지($PM_{2.5}$) 발생 현황

자료출처 : 미세먼지 대응 사업 분석(2019, 국회예산정책처)

국내 미세먼지(PM_{10})와 초미세먼지($PM_{2.5}$)의 직접 배출량은 2010년부터 2014년까지 미세먼지(PM_{10})는 약 100,000 천톤을 초미세먼지($PM_{2.5}$)는 약 70,000 천톤을 2011년 이후에는 감소 추세를 보였다. 그러나, 2015년부터 2017년을 기준으로 미세먼지(PM_{10})는 약 230,000 천톤으로 약 2.3배, 초미세먼지($PM_{2.5}$)는 약 100,000 천톤으로 약 1.4배가 〈그림 18.16〉과 같이 증가하였다. 2015년 이후 미세먼지(PM_{10})와 초미세먼지($PM_{2.5}$)의 증가는 비산먼지와 생물성연고의 공식배출원이 추가되어 배출량이 증가하게 되었다.

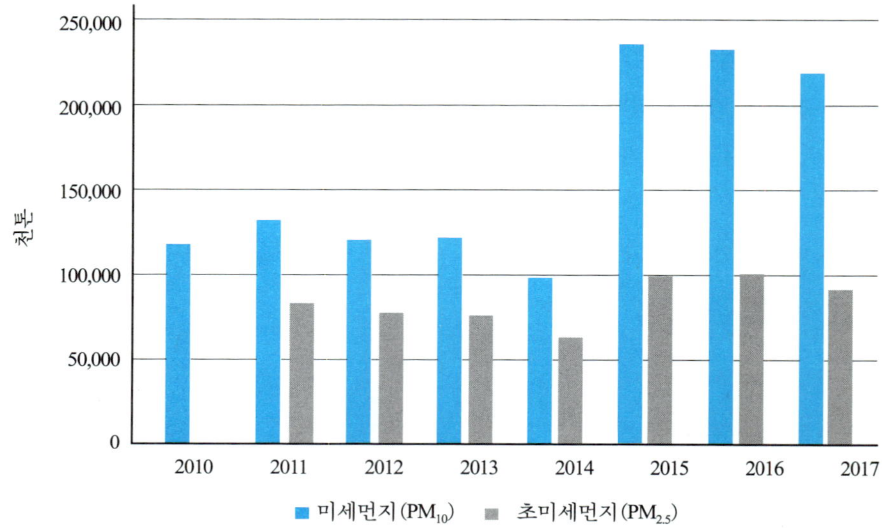

〈그림 18.16〉 **연도별 미세먼지(PM_{10}) 및 초미세먼지($PM_{2.5}$) 배출량 현황**

자료출처 : 국가미세먼지정보센터(https://airemiss.nier.go.kr/mbshome/mbs/airemiss/index.do)

시도별 전구물질, 미세먼지(PM_{10}), 초미세먼지($PM_{2.5}$)의 비율은 오염물질의 종류에 따라 다른 특성을 보이고 있다. 미세먼지(PM_{10}) 및 초미세먼지($PM_{2.5}$)의 배출 외에도 질소산화물(NOx), 황산화물(SOx), 휘발성 유기화합물(VOC) 등 2차 발생원인이 되는 간접물질의 배출량도 고려해야 한다. 2010년부터 2017년까지 질소산화물(NOx), 황산화물(SOx), 미세먼지(PM_{10}), 초미세먼지($PM_{2.5}$) 그리고 휘발성 유기화합물(VOC)에 대한 시도별 배출량 비율은 〈표 18.9〉와 같다.

질소산화물(NOx)의 직접 배출량 비율은 경기도가 15.8%로 가장 높으며 충청남도가 12.4%, 전라남도가 9.3%, 경상북도가 9.0%, 경상남도가 8.5%로 상위권에 위치하고 있다. 황산화물(SOx)의 직접 배출량 비율은 충청남도와 전라남도가 18.6%로 가장 높으며 울산광역시가 14.4%, 경상북도가 9.9%, 경상남도가 8.2%로 상위권에 위치하고 있다. 미세먼지(PM_{10})의 직접 배출량 비율은 경상북도가 20.0%로 가장 높으며 전라남도가 16.1%, 충청남도가 14.6%, 경기도가 10.2%, 강원도가 10.0%로 상위권에 위치하고 있다. 초미세먼지($PM_{2.5}$)의 직접 배출량 비율은 경상북도가 21.3%로 가장 높으며 충청남도가 16.7%, 전라남도가 16.4%, 경기도가 9.1%로 상위권에 위치하고 있다. 휘발성 유기화합물(VOC)의 직접 배출량 비율은 경기도가 18.9%로 가장 높으며 경상남도가 10.8%, 울산광역시가 9.7%, 전라남도가 8.4%로 상위권에 위치하고 있다.

배출원에 대한 대기오염물질 발생 비율은 오염물질의 종류에 따라 다른 특성을 보이고 있다. 배출원별 특성은 도로이동오염원, 비도로이동오염원, 기타 면오염원, 비산먼지, 비산업 연소, 생물성 연소, 생산공정, 에너지수송 및 저장, 유기용제 사용, 에너지산업 연소, 제조업 연소, 폐기물처리로 총 12종에 대하여 분석하였다. 배출원별 발생특성을 보면, 〈그림 18.17〉과 같이 산업관련 분야는 미세먼지(PM_{10}), 초미세먼지($PM_{2.5}$), 황산화물(SOx), 휘발성 유기화합물(VOC) 발생에 기여하고 있으며 질소산화물(NOx)은 자동차 및 기계 등의 화석연료 사용이 큰 기여를 하고 있다.

〈표 18.9〉 시도별 대기오염물질 배출량 비율

(Unit : %)

지역	NOx	SOx	PM_{10}	$PM_{2.5}$	VOC
서울특별시	5.9	1.2	2.9	2.4	7.4
부산광역시	4.6	5.5	2.8	3.0	4.5
대구광역시	2.4	1.1	1.5	1.4	3.3
인천광역시	4.3	4.0	2.7	2.5	5.6
광주광역시	1.1	0.2	0.6	0.6	1.7
대전광역시	1.3	0.3	0.6	0.6	1.7
울산광역시	4.9	14.4	2.8	3.0	9.7
세종특별자치시	0.4	0.0	0.4	0.3	0.5
경기도	15.8	4.2	10.2	9.1	18.9
강원도	7.5	7.3	10.0	7.7	2.2
충청북도	5.8	3.1	4.1	3.8	3.5
충청남도	12.4	18.6	14.6	16.7	7.1
전라북도	3.5	1.9	3.4	2.8	6.6
전라남도	9.3	18.6	16.1	16.4	8.4
경상북도	9.0	9.9	20.0	21.3	6.7
경상남도	8.5	8.2	5.5	6.0	10.8
제주도	1.2	0.6	1.1	0.9	0.9
바다	2.2	0.8	0.8	1.5	0.5
합계	100.0	100.0	100.0	100.0	100.0

자료출처 : 국가미세먼지정보센터(https://airemiss.nier.go.kr/mbshome/mbs/airemiss/index.do)

질소산화물(NOx)의 직접 배출량 비율은 비도로이동오염원이 33.2%로 가장 높으며 기타 면오염원이 22.3%, 제조업 연소가 24.4%, 에너지수송 및 저장이 14.6%로 전체의 약 90%가 4개 배출원에서 발생되고 있다. 황산화물(SOx)의 직접 배출량 비율은 생산공정이 27.6%로 가장 높으며 제조업 연소가 24.4%, 에너지수송 및 저장이 23.4%, 기타 면오염원이 13.8%로 전체의 약 90%가 4개 배출원에서 발생되고 있다. 미세먼지(PM_{10})의 직접 배출량 비율은 제조업 연소가 45.9%로 가장 높으며 비산먼지가 25.8%, 비도로이동오염원이 9.1%로 전체의 약 80%가 3개 배출원에서 발생되고 있다. 초미세먼지($PM_{2.5}$)의 직접 배출량 비율은 제조업 연소가 44.2%로 가장 높으며 비도로이동오염원이 9.1%, 도로이동오염원이 25.8%로 전체의 약 70%가 3개 배출원에서 발생되고 있다. 휘발성 유기화합물(VOC)의 직접 배출량 비율은 에너지산업 연소가 60.1%로 가장 높으며 생산공정이 18.1%로 전체의 약 80%가 2개 배출원에서 발생되고 있다.

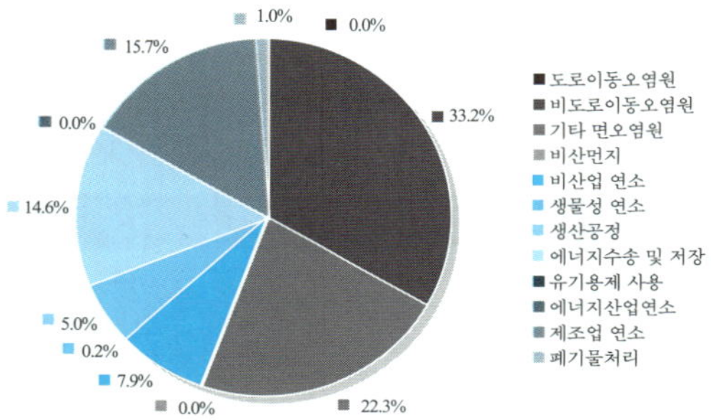

(a) NOx

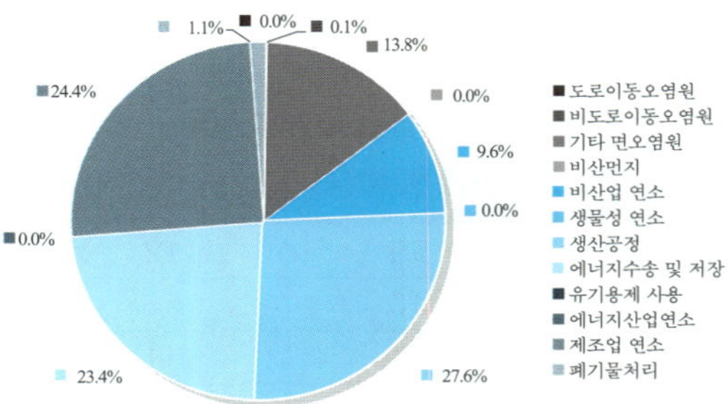

(b) SOx

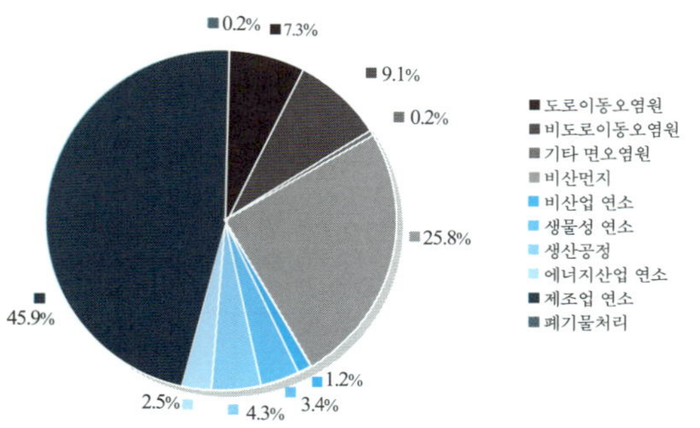

(c) PM_{10}

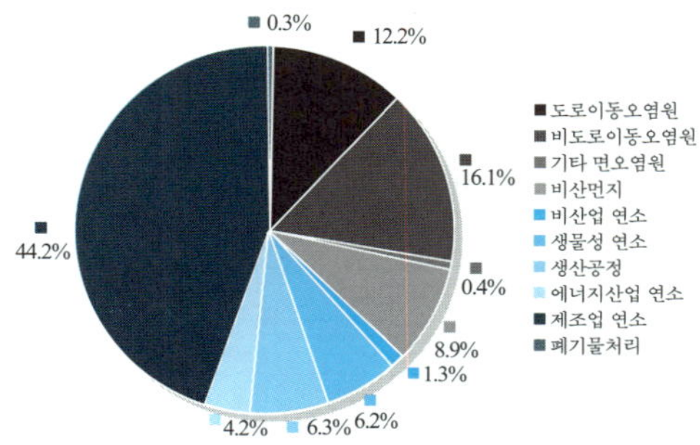

(d) $PM_{2.5}$

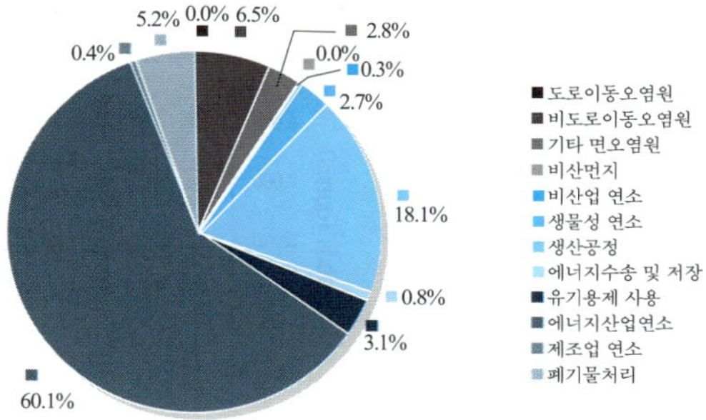

(e) VOC

〈그림 18.17〉 배출원별 대기오염물질 배출량 비율

자료출처 : 국가미세먼지정보센터(https://airemiss.nier.go.kr/mbshome/mbs/airemiss/index.do)

2.2 국외 미세먼지의 배출 현황

국외의 다양한 국가 중 미세먼지(PM_{10})와 초미세먼지($PM_{2.5}$)의 배출량의 정도를 확인할 수 있는 주요 국가에 대하여 연도별 배출량 추이를 살펴보았다. 국외 국가에 대한 미세먼지(PM_{10})와 초미세먼지($PM_{2.5}$)의 배출량의 자료는 'OECD.Stat'에서 조사한 자료를 활용하였으며 대상국가는 캐나다, 독일, 한국, 미국, 프랑스, 이탈리아, 영국으로 총 7개 국가를 선정하였다. 2000년부터 2017년까지 발생한 국가별 미세먼지(PM_{10})와 초미세먼지($PM_{2.5}$)의 배출량은 각 국가별로 면적, 인구수 그리고 경제 등의 영향으로 차이가 〈그림 18.18〉과 같이 크게 발생하였다.

연도별 미세먼지(PM_{10})의 배출량은 캐나다와 한국은 증가하는 반면 독일, 미국, 프랑스, 이탈리아에서는 감소하는 추세가 나타났다. 초미세먼지($PM_{2.5}$) 배출량의 경우 모든 국가에서 감소하는 추세이거나 현재의 배출량을 유지하고 있다. 2016년을 기준으로 국가별 미세먼지(PM_{10})의 배출량은 미국이 가장 높고 캐나다, 프랑스, 독일, 이탈리아, 영국, 한국의 순서이며 초미세먼지($PM_{2.5}$)도 미국이 가장 높으며 캐나다, 프랑스, 이탈리아, 영국, 독일, 한국의 순서로서 가장 배출량이 많은 국가와 가장 적은 국가는 동일하며 나머지 국가에서는 일부 순위가 변경되었다. 미세먼지(PM_{10})의 국가별 배출량을 보면 미국은 캐나다의 약 2.0배, 프랑스는 약 60배, 독일과 이탈리아는 약 80배, 영국이 약 90배, 한국이 약 100배로 국가로 큰 차이가 발생하였다. 초미세먼지($PM_{2.5}$)의 국가별 배출량을 보면 미국은 캐나다의 약 2.4배, 프랑스와 이탈리아는 약 25배, 독일과 한국은 약 45배로 미세먼지(PM_{10})보다는 배출량의 차이가 작지만 국가별 차이가 발생하였다.

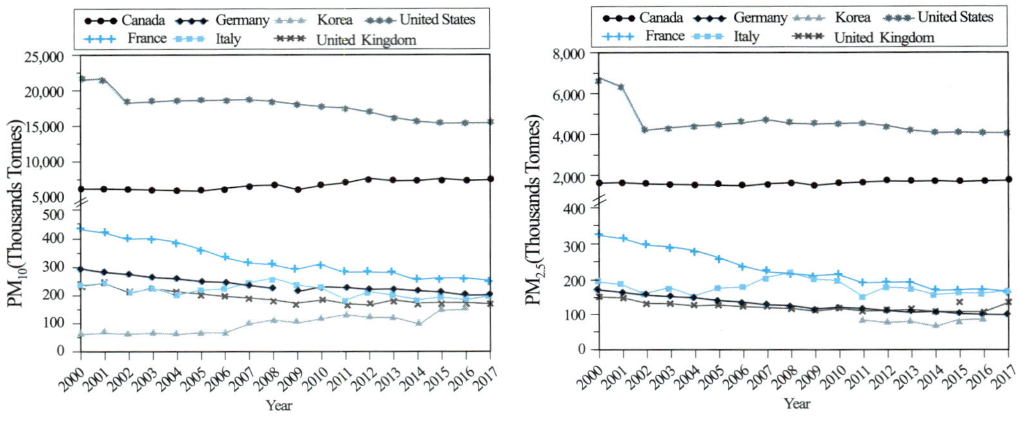

(a) PM_{10} (b) $PM_{2.5}$

〈그림 18.18〉 주요국가의 연도별 미세먼지(PM_{10}) 및 초미세먼지($PM_{2.5}$) 배출량

자료출처 : OECD.Stat (http://www.oecd.org/)

국외의 미세먼지(PM_{10})와 초미세머지의 연도별 배출집약도의 추이를 살펴보았다. 배출집약도는 국가별 인구, 생산, 소비, GDP 등 다양한 기준을 적용하여 산정할 수 있으며, 본 연구에서는 다양한 국가의 배출집약도를 국내총생산(GDP)에 대하여 〈그림 18.19〉와 같이 비교하였다. 국내총생산(GDP)를 고려한 배출집약도는 국가별 생산활동에 대한 미세먼지(PM_{10})와 초미세먼지($PM_{2.5}$)의 배출량을 나타내며 경제규모에 따른 국가 간의 배출량을 비교하는 데 적합하다고 할 수 있다.

국가별 미세먼지(PM_{10})와 초미세먼지($PM_{2.5}$)의 배출집약도는 캐나다와 미국이 타 국가에 비해 높은 반면 나머지 국가들의 배출집약도는 큰 차이없이 비슷한 수준을 유지하고 있으며 연도별 감소하는 추세를 보이고 있다. 2016년을 기준으로 국가별 배출집약도는 미세먼지(PM_{10})의 경우 캐나다가 가장 높으며 미국, 프랑스, 이탈리아, 한국, 영국, 독일 순서이며 초미세먼지($PM_{2.5}$)의 경우도 캐나다가 가장 높으며 미국, 이탈리아, 프랑스, 한국, 영국, 독일 순서로서 가장 배출량이 많은 국가는 캐나다, 가장 적은 국가는 독일로 동일하며 프랑스와 이탈리아만 순위가 변경되었다. 미세먼지(PM_{10})의 국가별 배출집약도를 보면 캐나다는 미국의 약 5.3배, 프랑스와 한국은 약 50배, 영국와 독일은 약 70배~80배로 국가별로 큰 차이가 발생하였으나 배출집약도의 양은 캐나다와 미국을 제외한 그 외 국가에서는 0.20kg/1,000USD 이하가 발생하였다. 초미세먼지($PM_{2.5}$)의 국가별 배출집약도를 보면 캐나다는 미국의 약 4.5배, 프랑스는 약 1.5배, 한국과 영국은 약 25배, 독일은 약 40배로 국가별로 큰 차이가 발생하였으나 캐나다와 미국을 제외한 그 외 국가에서는 0.10 kg/1,000USD 이하가 발생하였다.

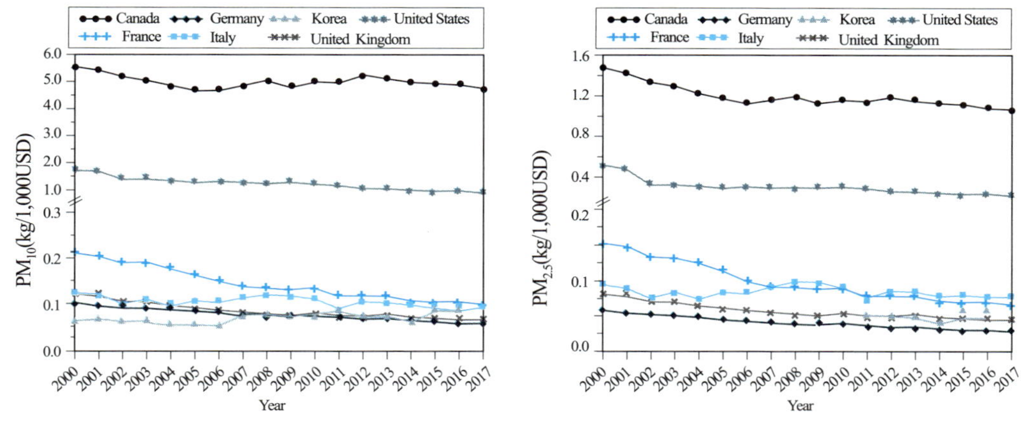

(a) PM_{10} (b) $PM_{2.5}$

〈그림 18.19〉 주요국가의 연도별 미세먼지(PM_{10}) 및 초미세먼지($PM_{2.5}$) 배출집약도

자료출처 : OECD.Stat (http://www.oecd.org/)

국가별 산업부분에서 발생되는 미세먼지(PM_{10})와 초미세먼지($PM_{2.5}$)의 배출량은 전체 배출량과 동일하게 미국이 가장 많이 배출되며 한국이 그 뒤를 잇고 있다. 2016년을 기준으로 산업부문의 배출량은 미세먼지(PM_{10})의 경우 미국이 가장 높으며 한국, 캐나다, 영국, 프랑스, 이탈리아, 독일 순서이며 초미세먼지($PM_{2.5}$)의 경우도 미국이 가장 높으며 한국, 영국, 캐나다, 프랑스, 이탈리아, 독일 순서로서 가장 배출량이 많은 국가는 미국, 가장 적은 국가는 독일로 동일하다. 그러나, 한국의 경우 전체 배출량에서는 다른 국가에 비해 낮은 수준이였으나 산업부문에서는 미세먼지(PM_{10})와 초미세먼지($PM_{2.5}$)가 2번째로 많은 배출량이 나타나고 있으며 그 외의 국가는 전체 배출량과 비슷한 순위를 유지하고 있다. 산업부문에서 발생되는 국가별 미세먼지(PM_{10})와 초미세먼지($PM_{2.5}$)의 배출량은 〈그림 18.20〉과 같다.

산업부문에서 미세먼지(PM_{10})의 연도별 배출량 추이를 보면 미국, 캐나다, 프랑스, 독일, 이탈리아는 감소하는 추세를 보이는 반면 한국의 경우 2007년을 기점으로 약 4배이상의 폭발적인 증가량이 나타났으며 영국의 경우 2010년을 기준으로 감소추세가 증가추세로 변경되었다. 초미세먼지($PM_{2.5}$)의 연도별 배출량 추이를 보면 캐나다, 프랑스, 이탈리아 한국의 경우 감소하는 추세를 보이는 반면 영국은 2010년을 기준으로 감소추세가 증가추세로 변경되었다. 미국의 경우 2002년 큰 폭으로 감소한 이후에 2010년까지 배출량을 유지하다가 이후에 증가 후 유지하고 있으며 독일의 경우 지속적으로 비슷한 배출량을 유지하고 있다.

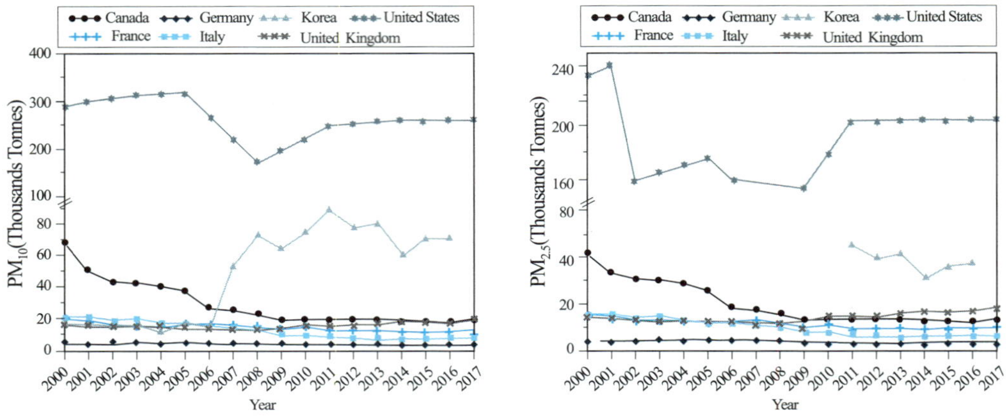

(a) PM_{10} (b) $PM_{2.5}$

〈그림 18.20〉 주요국가의 연도별 산업부분의 미세먼지(PM_{10}) 및 초미세먼지($PM_{2.5}$) 배출량

자료출처 : OECD.Stat (http://www.oecd.org/)

3절 미세먼지의 저감대책

1. 미세먼지의 법체계 및 예경보

1.1 미세먼지의 법체계 현황

미세먼지와 관련된 법령으로는 「대기환경보전법 시행령」, 「수도권 대기환경개선에 관한 특별법」, 「미세먼지 저감 및 관리에 대한 특별법」, 「대기관리권역의 대기환경개선에 관한 특별법」, 「항만지역등 대기질 개선에 관한 특별법」 등이 대표적이다. 미세먼지의 관리는 2018년 이전까지는 「대기환경보전법 시행령」, 「수도권 대기환경개선에 관한 특별법」에서 대기물질의 하나로 관리되었으며 범위도 일부 수도권에 한정되어 적용되었다. 그러나. 미세먼지로 인한 국민의 건강과 환경의 피해가 심각해짐에 따라 2019년 2월 「미세먼지 저감 및 관리에 대한 특별법」을 시행하여 미세먼지를 대기오염에 관한 심각한 오염원 중 하나로 정의하고 체계적인 저감 및 관리 대책의 기반을 마련하였다.

2018년 「미세먼지 저감 및 관리에 대한 특별법」의 제정으로 미세먼지 저감 및 관리 등에 대한 법적기반이 마련되면서 기존에 「수도권 대기환경개선에 관한 특별법」에 따라 수도권에 한하여 한정적으로 적용되던 미세먼지의 일부 제도들을 2019년 「대기관리권역의 대기환경개선에 관한 특별법」이 제정되고 2020년 4월 시행되면서 전국 단위로 확대 적용되었다. 또한, 「항만지역등 대기질 개선에 관한 특별법」 이 2020년 1월부터 시행되면서 항만지역 등의 대기질 관리를 위한 각종 지원과 규제를 시행할 수 있는 법적기반이 마련되었다.

2019년에는 미세먼지에 대한 특별법이 시행되면서 각종 법률에서 미세먼지에 대한 내용이 개정되면서 미세먼지 대응을 위한 관리범위와 지원 등이 확대 적용되었다. 2019년 3월에는 「재난 및 안전관리 기본법」의 미세먼지로 인한 피해가 사회재난의 하나로 지정되어 관련 법의 개정으로 대규모 재난 수준의 미세먼지 발생시에는 중앙재난안전대책본부를 운영하여 행정적 및 재정적 체계적인 예방, 대비, 대응, 복구에 대한 조치를 취할 수 있게 되었다. 그 외에 미세먼지 저감과 관리가 필요한 「액화석유가스의 안전관리 및 사업법」, 「학교보건법」, 「실내공기질 관리법」, 「대기환경보전법」 등이 개정되었다. 미세먼지에 대한 관련 법령에 대한 제개정 현황은 〈표 18.10〉과 같다.

〈표 18.10〉 미세먼지 관련 법률 및 제 · 개정 현황

구분	법률명(시행일)	주요내용
기존	대기환경보전법 (1991.2.시행)	• 대기환경개선 종합계획 수립 • 사업장 및 생활환경 대기오염물질 배출 규제 • 저공해자동차 보급 및 행정기관 등의 의무구매 등
	수도권 대기환경개선에 관한 특별법 (2005.1.시행)	• 수도권대기환경관리기본계획의 수립 등 • 사업장 총량관리, 자동차 배출가스 관리 ※ 「대기관리권역의 대기환경개선에 관한 특별법」 제정으로 폐지 예정
제정	미세먼지 저감 및 관리에 관한 특별법 (2019.2.시행)	• 미세먼지 정의, 미세먼지관리종합계획 수립 등 • 미세먼지특별대책위원회 및 개선기획단 설치 • 비상저감조치, 집중관리구역, 간이측정기 인증 등
	대기관리권역의 대기환경 개선에 관한 특별법 (2020.4.3.시행)	• 대기오염이 심한 지역을 지정 관리하는 '대기관리권역' 이 전국으로 확대 • 대기관리권역 내 배출허용총량제 실시, TMS부착 의무 • 저공해조치 미이행 노후경유차 운행제한 등
개정	항만지역등 대기질 개선에 관한 특별법 (2020.1.1.시행)	• 항만 대기질관리구역 지정 • 하역장비 배출가스 허용기준 신설 등 • 친환경 항만인프라(육상전원공급설비 등) 구축
	미세먼지 저감 및 관리에 관한 특별법(2019.3.26.시행)	• 국가미세먼지정보센터 근거 강화(임의규정 → 강행규정) • 미세먼지연구 · 관리센터 지정 근거 신설
	재난 및 안전관리 기본법 (2019.3.26.시행)	• 사회재난 대상에 미세먼지 피해 추가
	액화석유가스의 안전관리 및 사업법 (2019.3.26.시행)	• 차량의 LPG연료 이용 전면 허용
	학교보건법(2019.7.3.시행)	• 교실 내 공기정화설비 및 미세먼지 측정기 설치 의무화
	실내공기질 관리법 (2020.4.3.시행)	• 적용대상 확대(가정어린이집, 실내 어린이 놀이시설 등) • 지하역사 공기질 측정기 부착 의무화 등
	대기환경보전법 (2020.1.1.시행)	• 자동차 판매사의 저공해차 보급목표제, 정부 · 지자체 · 공공기관의 저공해차 신차 · 임차 의무 전국으로 확대 • 대기오염물질 측정결과 실시간 공개

자료출처 : 미세먼지 대응 사업 분석(2019, 국회예산정책처)

미세먼지에 대한 주요법령인 「미세먼지 저감 및 관리에 대한 특별법」, 「대기관리권역의 대기환경개선에 관한 특별법」은 피해저감과 재난관리를 위한 미세먼지에 대한 기준과 관련 수립기준을 제시하고 있다. 「미세먼지 저감 및 관리에 대한 특별법」 법령의 주요 내용으로는 부유먼지, 호흡성 먼지 등이 정리되지 않았던 미세먼지의 용어를 미세먼지(PM_{10})와 초미세먼지($PM_{2.5}$)로 정의하고 있으며, 5년마다 미세먼지관리종합계획의 수립을 명시하고 있다. 미세먼지 대책 등의 최종 의사결정기구인 미세먼지 특별대책위원회와 사무국인 미세먼지개선기획단, 미세먼지 관련 정보 수집 · 분석을 위한 국가미세먼지정보센터의 설치를 규정하고 있으며, 그간 수도권 공공행정기관을 대상으로 시범시행 중이던 '고농도 미세먼지 비상저감조치'를 시행할 수 있는 근거를 명시하고 있다. 미세먼지 저감 및 관리에 대한 특별법의 주요내용은 〈표 18.11〉과 같다.

〈표 18.11〉 미세먼지 저감 및 관리에 관한 특별법의 주요 내용

구분	주요내용
용어 정의	• 흡입성 먼지 중 입자의 지름이 10㎛이하인 먼지(PM_{10} : 미세먼지)와 입 자의 지름이 2.5㎛이하인 먼지($PM_{2.5}$: 초미세먼지)로 구분
미세먼지관리 종합계획 수립	• 정부는 5년마다 종합계획을 수립하여 미세먼지특별대책위원회의 심의를 거쳐 확정하고, 시 · 도지사는 시행계획을 수립
미세먼지특별 대책위원회 설치	• 국무총리 및 민간위원장 2인을 위원장으로 하는 국무총리 소속 위원회로 설치(40명 이내)하여 종합계획, 시행계획 등을 심의
미세먼지 개선기획단 설치	• 미세먼지 저감 · 관리의 원활한 추진과 위원회의 사무 및 운영지원을 위해 국무총리 소속으로 기획단을 설치
국가미세먼지정보센터 설치	• 미세먼지 등의 발생원인, 정책영향 분석, 배출량 관련 정보의 수집 · 분석 및 체계적인 관리를 위해 환경부 소속으로 설치
비상저감조치	• 고농도 미세먼지 발생이 예측되는 경우 시 · 도지사는 자동차 운행제한, 배출시설 가동시간 변경, 가동률 조정 등을 시행

자료출처 : 미세먼지 대응 사업 분석(2019, 국회예산정책처)

「대기관리권역의 대기환경개선에 관한 특별법」 법령의 주요내용은 대기오염이 심한 지역에 대해서 추가적으로 관리하기 위한 특별법으로, 기존에 「수도권 대기환경개선에 관한 특별법」에 따라 수도권에 한하여 적용되던 제도들을 전국 단위로 시행되는 법령이다. 대기오염이 심한지역을 지정하고 관리하는 대기관리권역을 규정하고 대기관리권역 내에서 발생되는 오염물질이 일정수준을 초과되어 배출하는 사업장에 대해서는 오염물질 총량관리제 적용을 제시하고 있다. 또한, 오염물질 총량관리제 대상 사업장에 대한 오염물질 배출량의 자동측정기기(TMS) 의무 부착과 노후경유차에 대한 저공해조치명령, 운행제한, 일정규모 이상의 공공 토목사업 등에 대한 저공해 건설기계 사용 의무화 등을 규정하고 있다.

〈표 18.12〉 대기관리권역의 대기환경개선에 관한 특별법의 주요 내용

구분	주요내용
대기관리권역의 확대	• 기존 수도권(서울, 경기, 인천)에서 전국으로 확대 ※ 대기관리권역 : 대기오염이 심각하다고 인정되는 지역 및 대기오염물질이 대기오염에 크게 영향을 미친다고 인정되는 지역
대기관리권역별 대기환경관리 기본계획 수립	• 환경부장관은 5년마다 대기오염물질을 줄이기 위한 대기환경관리 기본계획을 대기관리권역별로 수립
사업장 오염물질 총량관리	• 대기관리권역에서 총량관리대상 오염물질을 일정수준 초과하여 배출하는 사업장(이하 총량관리 대상 사업장)의 설치 · 변경은 환경부장관이 허가(일반사업장 허가는 시 · 도지사 소관임) • 총량관리대상 사업장 배출허용총량 할당 및 배출량 관리 • 총량관리대상 사업장 오염물질배출량 자동측정기기(TMS)부착 의무화
자동차배출가스의 억제 등	• 노후경유차에 대한 저공해조치명령, 운행제한 • 어린이 통학버스, 택배화물차의 신규 운영 · 증차 · 교체(대폐차) 시 경유차 사용 제한
건설기계, 선박 등의 배출가스의 억제 등	• 일정 규모 이상 공공 토목사업 등에 저공해 건설기계 사용 의무화 • 가정용 보일러는 기준에 적합함을 인정받은 제품만 제조 · 판매 · 사용

자료출처 : 미세먼지 대응 사업 분석(2019, 국회예산정책처)

1.1.1 대기환경보전법 시행령

「대기환경보전법 시행령」은 대기오염으로 인한 국민건강이나 환경에 관한 위해를 예방하고 대기환경을 적정하고 지속가능하게 관리 · 보전하여 모든 국민이 건강하고 쾌적한 환경에 생활하는 것을 목적으로 「대기환경보존법」의 시행에 필요한 사항을 규정한다. 법령에 대한 내용으로는 사업장 등의 대기오염물질 배출규제, 생활환경상의 대기오염물질 배출규제, 자동차 · 선박 등의 배출가스 규제에 대하여 제시되어 있다. 이와 관련하여 「대기환경보전법 시행령」에서 제시하고 있는 미세먼지에 대한 주요 내용은 제1조의4에 대기오염도 예측 · 발표 대상 등과 제2조에 대기오염경보의 대상 지역 등에 대한 조항으로 〈표 18.13〉과 같다.

〈표 18.13〉 대기환경보전법 시행령에 대한 주요 내용

주요내용
제1조의4(대기오염도 예측 · 발표 대상 등) ① 법 제7조의2제3항에 따른 대기오염도 예측 · 발표의 대상 지역은 다음 각 호의 사항을 고려하여 환경부장관이 정하여 고시한다. 〈개정 2016. 7. 26.〉 1. 대기오염의 정도 2. 인구 3. 지형 및 기상 특성 ② 법 제7조의2제3항에 따른 대기오염도 예측 · 발표의 대상 오염물질은 「환경정책기본법」 제12조에 따라 환경기준이 설정된 오염물질 중 다음 각 호의 오염물질로 한다. 〈개정 2019. 2. 8.〉 1. 미세먼지(PM-10) 2. 초미세먼지(PM-2.5) 3. 오존(O3) ③ 법 제7조의2제3항에 따른 대기오염도 예측 · 발표의 기준과 내용은 오염의 정도 및 오염물질의 인체 위해정도 등을 고려하여 환경부장관이 정하여 고시한다. ④ 환경부장관은 대기오염도 예측 · 발표를 위하여 관계 기관의 장에게 필요한 자료의 제출을 요청할 수 있다. 이 경우 관계 기관의 장은 특별한 사유가 없으면 이에 따라야 한다.
제2조(대기오염경보의 대상 지역 등) ① 법 제8조제4항에 따른 대기오염경보의 대상 지역은 특별시장 · 광역시장 · 특별자치시장 · 도지사 또는 특별자치도지사(이하 "시 · 도지사"라 한다)가 필요하다고 인정하여 지정하는 지역으로 한다. 〈개정 2013. 1. 31., 2014. 2. 5., 2016. 7. 26.〉 ② 법 제8조제4항에 따른 대기오염경보의 대상 오염물질은 「환경정책기본법」 제12조에 따라 환경기준이 설정된 오염물질 중 다음 각 호의 오염물질로 한다. 〈개정 2012. 7. 20., 2014. 2. 5., 2019. 2. 8. 1. 미세먼지(PM-10) 2. 초미세먼지(PM-2.5) 3. 오존(O3) ③ 법 제8조제4항에 따른 대기오염경보 단계는 대기오염경보 대상 오염물질의 농도에 따라 다음 각 호와 같이 구분하되, 대기오염경보 단계별 오염물질의 농도기준은 환경부령으로 정한다. 〈개정 2014. 2. 5., 2019. 2. 8.〉 1. 미세먼지(PM-10): 주의보, 경보 2. 초미세먼지(PM-2.5): 주의보, 경보 3. 오존(O3): 주의보, 경보, 중대경보 ④ 법 제8조제4항에 따른 경보 단계별 조치에는 다음 각 호의 구분에 따른 사항이 포함되도록 하여야 한다. 다만, 지역의 대기오염 발생 특성 등을 고려하여 특별시 · 광역시 · 특별자치시 · 도 · 특별자치도의 조례로 경보 단계별 조치사항을 일부 조정할 수 있다. 〈개정 2013. 1. 31., 2014. 2. 5.〉 1. 주의보 발령 : 주민의 실외활동 및 자동차 사용의 자제 요청 등 2. 경보 발령 : 주민의 실외활동 제한 요청, 자동차 사용의 제한 및 사업장의 연료사용량 감축 권고 등 3. 중대경보 발령 : 주민의 실외활동 금지 요청, 자동차의 통행금지 및 사업장의 조업시간 단축명령 등

1.1.2 수도권 대기환경개선에 관한 특별법

「수도권 대기환경개선에 관한 특별법」은 대기오염이 심각한 수도권지역의 대기환경을 개선하기 위하여 종합적인 대책을 추진하고 대기오염원을 체계적으로 관리함으로써 지역주민의 건강을 보호하고 쾌적한 생활환경을 조성함을 목적으로 필요한 사항을 규정한다. 법령에 대한 내용으로는 수도권 대기환경관리 기본계획의 수립 등, 사업장 오염물질 총량관리, 자동차배출가스의 억제 등, 휘발성유기화합물 배출 억제 등, 벌칙에 대하여 제시되어 있다. 이와 관련하여 「수도권 대기환경개선에 관한 특별법」에서 제시하고 있는 미세먼지에 대한 주요 내용은 제7조의2에 대기오염도의 측정 등과 제8조에 기본계획의 수립 등에 대한 조항으로 〈표 18.14〉와 같다.

〈표 18.14〉 수도권 대기환경개선에 관한 특별법에 대한 주요 내용

주요내용
제7조의2(대기오염도의 측정 등) ① 환경부장관은 수도권지역의 대기오염 실태 등을 파악하기 위하여 측정장비를 탑재한 차량 등을 이용하여 대기관리권역에서의 미세먼지 등 대기오염도를 측정하고, 그 결과를 환경부령으로 정하는 바에 따라 공개하여야 한다. ② 환경부장관은 제1항에 따른 측정결과가 대통령령으로 정하는 기준을 초과하는 경우에는 관계 행정기관의 장에게 필요한 조치를 할 것을 요청할 수 있다. ③ 제2항에 따라 요청을 받은 관계 행정기관의 장은 특별한 사유가 없으면 그 요청에 따라야 한다. 제8조(기본계획의 수립 등) ① 환경부장관은 수도권지역의 대기환경개선을 위하여 관계 중앙행정기관의 장과 서울특별시장 · 인천광역시장 · 경기도지사(이하 "서울특별시장등"이라 한다), 그 밖에 관계 도지사의 의견을 들어 10년마다 다음 각 호의 대기오염물질을 줄이기 위한 수도권 대기환경관리 기본계획(이하 "기본계획"이라 한다)을 수립하여야 한다. 〈개정 2015. 7. 20.〉 1. 질소산화물 2. 황산화물 3. 휘발성유기화합물 4. 먼지 5. 미세먼지(PM-10) 6. 미세먼지(PM-2.5) 7. 오존(O3)

1.1.3 미세먼지 저감 및 관리에 관한 특별법

「미세먼지 저감 및 관리에 관한 특별법」은 미세먼지 및 미세먼지 생성물질의 배출을 저감하고 그 발생을 지속적으로 관리함으로써 미세먼지가 국민건강에 미치는 위해를 예방하고 대시환경을 적정하게 관리 · 보전하여 쾌적한 생활환경을 조성하는 것을 목적으로 필요한 사항을 규정한다. 법령에 대한 내용으로는 총 31조에 대하여 미세먼지에 대한 저감 및 관리에 관한 내용에 대하여 제시되어 있다. 이와 관련하여 「미세먼지 저감 및 관리에 관한 특별법」에서 제시하고 있는 미세먼지에 대한 주요 내용은 제7조에 미세먼지관리종합계획의 수립 등, 제8조에 시행

계획의 수립 등, 제18조의 고농도 미세먼지 비상저감조치 등, 제21조 계절적 요인등으로 인한 집중관리 등, 제22조 미세먼지 집중관리구역의 지정 등에 대한 조항으로 〈표 18.15〉와 같다.

〈표 18.15〉 미세먼지 저감 및 관리에 관한 특별법에 대한 주요 내용

주요내용
제7조(미세먼지관리종합계획의 수립 등) ① 정부는 「대기환경보전법」 제11조에 따른 대기환경개선 종합계획을 고려하여 5년마다 미세먼지 저감 및 관리를 위한 종합계획(이하 "종합계획"이라 한다)을 수립·시행하여야 한다. ② 종합계획에는 다음 각 호의 사항이 포함되어야 한다. 1. 미세먼지 농도 개선 목표 및 기본방향 2. 미세먼지 농도 현황 및 전망 3. 미세먼지등의 배출량 현황 및 전망 4. 미세먼지등의 배출 저감 목표와 이를 달성하기 위한 분야별·단계별 대책 5. 미세먼지가 국민건강에 미치는 영향에 관한 조사·연구 6. 미세먼지 취약계층 보호에 관한 사항 7. 종합계획 시행에 필요한 재원의 규모와 재원조달계획에 관한 사항 8. 그 밖에 미세먼지등의 배출 저감 및 관리를 위하여 필요하다고 인정하여 대통령령으로 정하는 사항 ③ 정부는 종합계획을 수립할 때에는 미리 특별시장·광역시장·특별자치시장·도지사 또는 특별자치도지사(이하 "시·도지사"라 한다)의 의견을 들은 후 제10조에 따른 미세먼지특별대책위원회의 심의를 거쳐 확정한다. 종합계획을 변경(대통령령으로 정하는 경미한 사항의 변경은 제외한다. 이하 같다)할 때에도 또한 같다. ④ 정부는 종합계획을 수립하거나 변경하기 위하여 필요한 경우 시·도지사에게 종합계획의 수립·변경에 필요한 자료의 제출을 요구할 수 있다. 이 경우 자료의 제출을 요구받은 시·도지사는 정당한 사유가 없으면 이에 따라야 한다. ⑤ 정부는 종합계획을 수립하거나 변경하였을 때에는 이를 관보에 고시하고, 시·도지사에게 통보하여야 한다. ⑥ 그 밖에 종합계획의 수립·변경 등에 필요한 사항은 대통령령으로 정한다. 제8조(시행계획의 수립 등) ① 시·도지사는 해당 관할구역에서 종합계획을 시행하기 위한 세부 시행계획(이하 "시행계획"이라 한다)을 수립하여 환경부장관에게 보고하여야 하며, 이를 변경하는 경우에도 또한 같다. 다만, 「대기관리권역의 대기환경개선에 관한 특별법」 제10조에 따른 시행계획에 이 법에 따른 종합계획이 반영된 경우에는 이 법에 따른 시행계획을 수립한 것으로 본다. 〈개정 2020. 3. 31.〉 ② 시·도지사는 매년 시행계획의 추진실적을 환경부장관에게 보고하여야 한다. ③ 환경부장관은 제2항에 따라 보고받은 시행계획의 추진실적을 종합하여 제10조에 따른 미세먼지특별대책위원회에 보고하여야 한다. ④ 그 밖에 시행계획의 수립·시행과 그 추진실적의 보고 등에 필요한 사항은 환경부령으로 정한다. 제18조(고농도 미세먼지 비상저감조치) ① 시·도지사는 환경부장관이 정하는 기간 동안 초미세먼지 예측 농도가 환경부령으로 정하는 기준에 해당하는 경우 미세먼지를 줄이기 위한 다음 각 호의 비상저감조치를 시행할 수 있다. 다만, 환경부장관은 2개 이상의 시·도에 광역적으로 비상저감조치가 필요한 경우에는 해당 시·도지사에게 비상저감조치 시행을 요청할 수 있고, 요청받은 시·도지사는 정당한 사유가 없으면 이에 따라야 한다. 1. 대통령령으로 정하는 영업용 등 자동차를 제외한 자동차의 운행 제한 2. 「대기환경보전법」 제2조제11호에 따른 대기오염물질배출시설 중 환경부령으로 정하는 시설의 가동시간 변경, 가동률 조정 또는 같은 법 제2조제12호에 따른 대기오염방지시설의 효율 개선 3. 비산먼지 발생사업 중 건설공사장의 공사시간 변경·조정 4. 그 밖에 비상저감조치와 관련하여 대통령령으로 정하는 사항

〈표 18.15〉 미세먼지 저감 및 관리에 관한 특별법에 대한 주요 내용(계속)

주요내용

② 시 · 도지사는 제1항에 따른 비상저감조치를 시행할 때 관련 기관의 장 또는 사업자에게 대통령령으로 정하는 바에 따라 휴업, 탄력적 근무제도 등을 권고할 수 있다.

③ 제1항에 따라 비상저감조치를 요구받은 자는 정당한 사유가 없으면 이에 따라야 한다.

④ 제1항에 따른 비상저감조치의 대상지역, 발령의 기준 · 기간 · 절차 등에 필요한 사항은 대통령령으로 정한다. 다만, 제1항제1호에 해당하는 자동차 운행 제한의 방법 · 대상지역 · 대상차량 · 발령시간 · 발령절차 등에 필요한 사항은 시 · 도의 조례로 정한다.

제21조(계절적 요인 등으로 인한 집중관리 등) ① 환경부장관은 계절적인 요인 등으로 초미세먼지 월평균 농도가 특히 심화되는 기간(12월 1일부터 다음 해 3월 31일까지를 말한다. 이하 "미세먼지 계절관리기간"이라 한다)과 대규모 화재 등 비상시적 요인으로 미세먼지등의 배출 저감 및 관리를 효율적으로 수행하기 위하여 필요하다고 인정하는 경우에는 관계 중앙행정기관의 장, 지방자치단체의 장 또는 「공공기관의 운영에 관한 법률」 제4조에 따른 공공기관이 운영하는 시설의 운영자에게 다음 각 호의 조치를 요청할 수 있다. 〈개정 2020. 3. 31.〉

1. 「대기환경보전법」 제2조제11호에 따른 대기오염물질배출시설의 가동률 조정 및 가동시간 변경
2. 「대기환경보전법」 제2조제12호에 따른 대기오염방지시설의 효율 개선
3. 사업장(「대기환경보전법」 제23조제1항 또는 제38조의2제1항에 따라 허가를 받거나 신고하여야 하는 사업장을 말한다)에서 비산배출되는 먼지 저감 등 미세먼지등의 배출 저감 및 관리를 위한 조치
4. 「해양환경관리법」 제2조제16호에 따른 선박에 대한 연료 전환, 속도 제한 또는 운행 제한
5. 그 밖에 미세먼지등의 배출 저감 및 관리를 위하여 대통령령으로 정하는 사항

② 제1항에 따른 요청을 받은 중앙행정기관의 장, 지방자치단체의 장 또는 시설운영자는 정당한 사유가 없으면 환경부장관의 요청에 따라야 한다.

③ 제1항에 따른 조치 요청의 방법 및 절차 등에 관하여 필요한 사항은 환경부령으로 정한다. 〈개정 2020. 3. 31.〉

④ 제1항에도 불구하고 시 · 도지사는 해당 지역의 미세먼지등의 배출 저감 및 관리를 위하여 필요하다고 인정하는 경우에는 미세먼지 계절관리기간에 다음 각 호의 조치를 시행할 수 있다. 〈신설 2020. 3. 31.〉

1. 제18조제1항제1호 · 제3호 및 제4호의 조치
2. 농업을 영위하는 과정에서 발생하는 볏짚 등 잔재물(殘滓物)의 수거, 보관, 운반, 처리 등의 조치
3. 그 밖에 미세먼지등의 배출 저감 및 관리를 위하여 시 · 도의 조례로 정하는 조치

⑤ 시 · 도지사는 제4항제2호에 따른 조치를 효율적으로 수행하기 위하여 전문기관 또는 단체로 하여금 그 업무를 수행하게 할 수 있다. 이 경우 예산의 범위에서 그 조치에 필요한 비용의 전부 또는 일부를 지원할 수 있다. 〈신설 2020. 3. 31.〉

⑥ 제4항에 따른 조치의 방법 및 절차 등에 관하여 필요한 사항은 시 · 도의 조례로 정한다. 〈신설 2020. 3. 31.〉

제22조(미세먼지 집중관리구역의 지정 등) ① 시 · 도지사, 시장 · 군수 · 구청장은 미세먼지 오염이 심각하다고 인정되는 지역 중 어린이 · 노인 등이 이용하는 시설이 집중된 지역을 미세먼지 집중관리구역(이하 "집중관리구역"이라 한다)으로 지정할 수 있다.

② 시 · 도지사, 시장 · 군수 · 구청장은 집중관리구역에서 환경부령으로 정하는 바에 따라 다음 각 호의 사항을 우선적으로 지원할 수 있다.

1. 「대기환경보전법」 제3조에 따른 대기오염도의 상시 측정
2. 살수차 · 진공청소차의 집중 운영
3. 어린이 등 통학차량의 친환경차 전환
4. 학교 등에 공기 정화시설 설치
5. 수목 식재 및 공원 조성
6. 그 밖에 환경부령으로 정하는 사항

③ 집중관리구역의 지정 · 해제 요건, 절차, 지원방법 등에 필요한 사항은 환경부령으로 정한다.

1.1.4 대기관리권역의 대기환경 개선에 관한 특별법

「대기관리권역의 대기환경 개선에 관한 특별법」은 대기오염이 심각한 지역 등의 대시환경을 개선하기 위하여 종합적인 시책을 추진하고, 대기오염원을 체계적이고 광역적으로 관리함으로써 지역주민의 건강을 보호하고 쾌적한 생활환경을 조성함을 목적으로 필요한 사항을 규정한다. 법령에 대한 내용으로는 대기환경관리 기본계획의 수립 등, 사업장 오염물질 총량관리, 자동차배출가스의 억제 등, 건설기계, 선박 등의 배출가스의 억제 등, 재원의 확보 및 관리 등에 대하여 제시되어 있다. 이와 관련하여 「대기관리권역의 대기환경 개선에 관한 특별법」에서 제시하고 있는 미세먼지에 대한 주요 내용은 제8조에 대기오염도의 측정 등과 제9조 기본계획의 수립 등에 대한 조항으로 〈표 18.16〉과 같다.

〈표 18.16〉 대기관리권역의 대기환경 개선에 관한 특별법에 대한 주요 내용

주요내용
제8조(대기오염도의 측정 등) ① 환경부장관은 측정장비를 탑재한 차량 등을 이용하여 대기관리권역의 미세먼지 등 대기오염도를 측정하고, 그 결과를 환경부령으로 정하는 바에 따라 공개하여야 한다. ② 환경부장관은 제1항에 따른 측정결과가 대통령령으로 정하는 기준을 초과하는 경우에는 관계 행정기관의 장에게 필요한 조치를 할 것을 요청할 수 있다. ③ 제2항에 따라 요청을 받은 관계 행정기관의 장은 특별한 사유가 없으면 그 요청에 따라야 한다. 제9조(기본계획의 수립 등) ① 환경부장관은 대기관리권역의 대기환경개선을 위하여 관계 중앙행정기관의 장과 대기관리권역을 관할하는 특별시장 · 광역시장 · 특별자치시장 · 도지사 또는 특별자치도지사(이하 "시 · 도지사"라 한다)의 의견을 들어 5년마다 다음 각 호의 대기오염물질을 줄이기 위한 대기환경관리 기본계획(이하 "기본계획"이라 한다)을 대기관리권역별로 수립하여야 한다. 1. 질소산화물 2. 황산화물 3. 휘발성유기화합물 4. 먼지 5. 미세먼지(PM-10) 6. 초미세먼지(PM-2.5) 7. 오존(O3)

1.1.5 항만지역등 대기질 개선에 관한 특별법

「항만지역등 대기질 개선에 관한 특별법」은 항만지역 등의 대기질을 개선하기 위하여 종합적인 시책을 추진하고, 항만배출원을 체계적으로 관리함으로써 항만지역 등 및 인근 지역 주민의 건강을 보호하고 쾌적한 생활환경을 조성함을 목적으로 필요한 사항을 규정한다. 법령에 대한 내용으로는 항만지역등 대기질 개선 종합계획의 수립 등, 배출원의 관리 및 친환경 항만

구축에 대하여 제시되어 있다. 이와 관련하여 「항만지역등 대기질 개선에 관한 특별법」에서 제시하고 있는 미세먼지에 대한 주요 내용은 제7조에 종합계획의 수립 등에 대한 조항으로 〈표 18.17〉과 같다.

〈표 18.17〉 항만지역등 대기질 개선에 관한 특별법에 대한 주요 내용

주요내용
제7조(종합계획의 수립 등) ① 해양수산부장관은 항만지역등의 대기질 개선을 위하여 5년마다 다음 각 호의 대기오염물질을 줄이기 위한 항만지역등 대기질 개선 종합계획(이하 "종합계획"이라 한다)을 수립하여야 한다. 이 경우 해양수산부장관은 환경부장관과 사전에 협의하여야 한다. 1. 질소산화물 2. 황산화물 3. 휘발성유기화합물 4. 먼지 5. 「미세먼지 저감 및 관리에 관한 특별법」 제2조제1호의 미세먼지 6. 오존(O3) ② 종합계획에는 다음 각 호의 사항이 포함되어야 한다. 1. 항만지역등 대기질 개선의 기본목표 및 방향 2. 항만배출원별 대기오염물질 배출량의 현황과 그 전망 3. 항만대기질관리구역의 항만배출원별 대기오염물질 배출량의 저감계획 4. 항만지역등 대기질 실태조사 등에 관한 사항 5. 선박의 배출규제 해역의 지정 등에 관한 사항 6. 환경친화적 선박 및 제15조제1항에 따른 환경친화적 하역장비 보급에 관한 사항 7. 항만지역등의 대기질 개선사업을 위한 지방자치단체 또는 사업자에 대한 지원 8. 종합계획의 시행에 필요한 재원의 규모와 재원조달계획에 관한 사항 9. 그 밖에 항만지역등의 대기질 개선을 위하여 필요하다고 인정하여 대통령령으로 정하는 사항 ③ 해양수산부장관이 종합계획을 수립하거나 변경할 경우 미리 관계 중앙행정기관의 장과 협의하고, 광역시장 · 도지사 · 특별자치도지사(이하 "시 · 도지사"라 한다)의 의견을 들은 후 「해양수산발전 기본법」 제7조에 따른 해양수산발전위원회의 심의를 거쳐 확정하여야 한다. 다만, 대통령령으로 정하는 경미한 사항을 변경하는 경우에는 그러하지 아니하다. ④ 해양수산부장관은 종합계획의 수립 및 변경을 위하여 필요한 경우 공청회 등을 열어 국민과 관계 전문가 등의 의견을 수렴할 수 있다. ⑤ 해양수산부장관은 종합계획을 수립 또는 변경하는 경우 관계 중앙행정기관의 장 또는 시 · 도지사(이하 "관계 행정기관의 장"이라 한다)에게 필요한 자료의 제출을 요청할 수 있다. 이 경우 제출을 요청받은 관계 행정기관의 장은 특별한 사정이 없으면 이에 따라야 한다. ⑥ 해양수산부장관은 종합계획이 수립 · 변경된 경우 지체 없이 국회 소관 상임위원회에 그 내용을 제출하여야 한다.

1.1.6 재난 및 안전관리 기본법

「재난 및 안전관리 기본법」은 각종 재난으로부터 국토를 보존하고 국민의 생명 · 신체 및 재산을 보호하기 위하여 국가와 지방자치단체의 재난 및 안전관리체제를 확립하고, 재난의 예방 · 대비 · 대응 · 복구와 안전문화활동, 그 밖에 재난 및 안전관리에 필요한 사항을 목적으로 필요한 사항을 규정한다. 법령에 대한 내용으로는 안전관리기수 및 기능, 안전관리계획, 재난의 예방, 재난의 대비, 재난의 대응, 재난의 복구, 안전문화 진흥 등에 대하여 제시되어 있다. 이와 관련하여 「재난 및 안전관리 기본법」에서 제시하고 있는 미세먼지에 대한 주요 내용은 제3조에 정의에 대한 조항으로 〈표 18.18〉과 같다.

〈표 18.18〉 재난 및 안전관리 기본법에 대한 주요 내용

주요내용
제3조(정의) 이 법에서 사용하는 용어의 뜻은 다음과 같다. 〈개정 2009. 12. 29., 2011. 3. 29., 2012. 2. 22., 2013. 3. 23., 2013. 8. 6., 2014. 11. 19., 2014. 12. 30., 2015. 7. 24., 2016. 1. 7., 2017. 1. 17., 2017. 7. 26., 2018. 9. 18., 2019. 3. 26., 2019. 12. 3.〉 1. "재난"이란 국민의 생명 · 신체 · 재산과 국가에 피해를 주거나 줄 수 있는 것으로서 다음 각 목의 것을 말한다. 가. 자연재난: 태풍, 홍수, 호우(豪雨), 강풍, 풍랑, 해일(海溢), 대설, 한파, 낙뢰, 가뭄, 폭염, 지진, 황사(黃砂), 조류(藻類) 대발생, 조수(潮水), 화산활동, 소행성 · 유성체 등 자연우주물체의 추락 · 충돌, 그 밖에 이에 준하는 자연현상으로 인하여 발생하는 재해 나. 사회재난: 화재 · 붕괴 · 폭발 · 교통사고(항공사고 및 해상사고를 포함한다) · 화생방사고 · 환경오염사고 등으로 인하여 발생하는 대통령령으로 정하는 규모 이상의 피해와 국가핵심기반의 마비, 「감염병의 예방 및 관리에 관한 법률」에 따른 감염병 또는 「가축전염병예방법」에 따른 가축전염병의 확산, 「미세먼지 저감 및 관리에 관한 특별법」에 따른 미세먼지 등으로 인한 피해 다. 삭제 〈2013. 8. 6.〉 2. "해외재난"이란 대한민국의 영역 밖에서 대한민국 국민의 생명 · 신체 및 재산에 피해를 주거나 줄 수 있는 재난으로서 정부차원에서 대처할 필요가 있는 재난을 말한다. 3. "재난관리"란 재난의 예방 · 대비 · 대응 및 복구를 위하여 하는 모든 활동을 말한다. 4. "안전관리"란 재난이나 그 밖의 각종 사고로부터 사람의 생명 · 신체 및 재산의 안전을 확보하기 위하여 하는 모든 활동을 말한다. 4의2. "안전기준"이란 각종 시설 및 물질 등의 제작, 유지관리 과정에서 안전을 확보할 수 있도록 적용하여야 할 기술적 기준을 체계화한 것을 말하며, 안전기준의 분야, 범위 등에 관하여는 대통령령으로 정한다. 5. "재난관리책임기관"이란 재난관리업무를 하는 다음 각 목의 기관을 말한다. 가. 중앙행정기관 및 지방자치단체(「제주특별자치도 설치 및 국제자유도시 조성을 위한 특별법」 제10조제2항에 따른 행정시를 포함한다) 나. 지방행정기관 · 공공기관 · 공공단체(공공기관 및 공공단체의 지부 등 지방조직을 포함한다) 및 재난관리의 대상이 되는 중요시설의 관리기관 등으로서 대통령령으로 정하는 기관 5의2. "재난관리주관기관"이란 재난이나 그 밖의 각종 사고에 대하여 그 유형별로 예방 · 대비 · 대응 및 복구 등의 업무를 주관하여 수행하도록 대통령령으로 정하는 관계 중앙행정기관을 말한다.

〈표 18.18〉 재난 및 안전관리 기본법에 대한 주요 내용(계속)

주요내용
6. "긴급구조"란 재난이 발생할 우려가 현저하거나 재난이 발생하였을 때에 국민의 생명 · 신체 및 재산을 보호하기 위하여 긴급구조기관과 긴급구조지원기관이 하는 인명구조, 응급처치, 그 밖에 필요한 모든 긴급한 조치를 말한다.
7. "긴급구조기관"이란 소방청 · 소방본부 및 소방서를 말한다. 다만, 해양에서 발생한 재난의 경우에는 해양경찰청 · 지방해양경찰청 및 해양경찰서를 말한다.
8. "긴급구조지원기관"이란 긴급구조에 필요한 인력 · 시설 및 장비, 운영체계 등 긴급구조능력을 보유한 기관이나 단체로서 대통령령으로 정하는 기관과 단체를 말한다.
9. "국가재난관리기준"이란 모든 유형의 재난에 공통적으로 활용할 수 있도록 재난관리의 전 과정을 통일적으로 단순화 · 체계화한 것으로서 행정안전부장관이 고시한 것을 말한다.
9의2. "안전문화활동"이란 안전교육, 안전훈련, 홍보 등을 통하여 안전에 관한 가치와 인식을 높이고 안전을 생활화하도록 하는 등 재난이나 그 밖의 각종 사고로부터 안전한 사회를 만들어가기 위한 활동을 말한다.
9의3. "안전취약계층"이란 어린이, 노인, 장애인 등 재난에 취약한 사람을 말한다.
10. "재난관리정보"란 재난관리를 위하여 필요한 재난상황정보, 동원가능 자원정보, 시설물정보, 지리정보를 말한다.
11. "재난안전통신망"이란 재난관리책임기관 · 긴급구조기관 및 긴급구조지원기관이 재난관리업무에 이용하거나 재난현장에서의 통합지휘에 활용하기 위하여 구축 · 운영하는 무선통신망을 말한다.
12. "국가핵심기반"이란 에너지, 정보통신, 교통수송, 보건의료 등 국가경제, 국민의 안전 · 건강 및 정부의 핵심기능에 중대한 영향을 미칠 수 있는 시설, 정보기술시스템 및 자산 등을 말한다.

1.2 미세먼지의 예보 및 경보 기준

1.2.1 미세먼지의 예보제

미세먼지 예보제는 국민의 건강 · 재산이나 동식물의 생육 및 산업 활동에 미치는 영향을 최소화하기 위하여 대기예측 모형 등을 활용하여 대기오염도를 예측하고 그 결과를 방송사, 신문사, 통신사 등 보도 관련기관을 이용하거나 그 밖에 일반인에게 알릴 수 있는 적정한 방법으로 미세먼지로 인한 피해를 줄이기 위한 제도이다. 미세먼지 예보는 매일 4회(오전 5시, 오전 11시, 오후 5시, 오후 11시)에 걸쳐 대기오염 농도 등급을 예측하여 발표하고 있다. 대기 오염도 예측 · 발표의 대상 지역은 대기오염의 정도, 인구, 지형 및 기상 특성을 고려하여 권역을 세분화 하였다.

미세먼지 예보는 수도권의 서울특별시, 인천광역시, 경기남부, 경기북부의 4개 지역, 수도권 외 권역은 영동지역, 영서지역, 대전광역시, 세종특별시, 충청남도, 충청북도, 광주광역시, 전라남도, 전라북도, 부산광역시, 대구광역시, 울산광역시, 경상남도, 경상북도 제주특별자치도의 15개 지역으로 우리나라 19개 시도에 대하여 예보를 제공하고 있다. 미세먼지의 예보는 대기오염도 예측결과에 따라 좋은, 보통, 나쁨, 매우나쁨으로 예보한다. 미세먼지의 예보등급 및 예보 내용은 〈표 18.19〉와 같다.

〈표 18.19〉 미세먼지 예보등급 및 행동요령

예보 내용		등급(μg/m³)			
		좋음	보통	나쁨	매우나쁨
예보 물질	미세먼지 (PM_{10})	0~30	31~80	81~150	151이상
	초미세먼지 ($PM_{2.5}$)	0~15	16~50	51~100	101이상
행동 요령	민감군	–	실외활동시 특별히 행동에 제약을 받을 필요요는 없지만 몸상태에 따라 유의하여 활동	장시간 또는 무리한 실외활동 제한, 특히 천식을 앓고 있는 사람이 실외에 있는 경우 흡입기를 더 자주 사용할 필요가 있음	가급적 실내활동, 실외활동시 의사와 상의
	일반인	–	–	장시간 또는 무리한 실외활동 제한, 특히 눈이 아픈 증상이 있거나 기침이나 목의 통증으로 불편한 사람은 실외활동을 피해야 함	장시간 또는 무리한 실외활동제한, 목의 통증과 기침 등의 증상이 있는 사람은 실외활동을 피해야 함

자료출처 : 고농도 미세먼지 비상저감조치 시행 지침(2019, 환경부)

미세먼지의 예측되는 대기오염도 등급 및 인체 위해도를 고려한 국민 행동요령을 예보하고 있다. 미세먼지의 예보는 미세먼지와 초미세먼지를 모두 고려하여 발표하고 있으며 예보등급이 따라 발표하고 있으며 예보 등급이 다를 경우 더 높은 등급을 미세먼지의 예보 등급으로 발표한다.

미세먼지의 예보절차는 관측 → 모델 → 예측 → 전달로 4단계로 구성되어 있다. 첫 번째 관측은 기상과 대기질을 감시하고 추체를 파악하는 단계이며 기상 관측망과 국내 · 외 실시간 대기질 특정자료가 이에 활용된다. 두 번째 모델은 당양한 기상 조건에서 오염물질 배출량을 대기 중 농도로 변환하는 과정이다. 기상 · 배출처리 · 대기화학 · 수송 등의 요소로 구성된다. 셋째 예측은 관측자료와 모델 결과에 예보관의 지식 · 경험 · 노하우를 더하여 예보를 생산하는 과정이다. 넷째 전달은 생상된 미세먼지 예보결과를 TV, 라디오, 홈페이지(에어코리아), 문자, 모바일 앱(우리동네 대기질) 등을 통해 국민에게 알리는 것이다. 미세먼지의 예보절차는 〈그림 8.21〉과 같다.

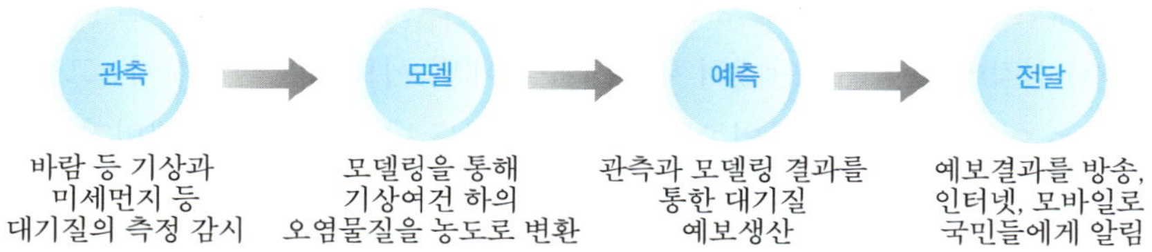

〈그림 18.21〉 미세먼지 예보절차

자료출처 : 바로 알면 보인다. 미세먼지 도대체 뭘까?(2016, 환경부)

1.2.2 미세먼지의 경보제

미세먼지 경보제는 고농도 미세먼지가 발생하였을 때 이를 신속하게 국민에게 알려 행동요령이나 조치사항을 실천하도록 함으로써 미세먼지로 인한 피해를 줄위기 위한 제도이다. 미세먼지 예보가 미래의 대기질을 예측하여 발표하는 반면, 미세먼지의 경보는 실제 발생한 대기질이 건강에 유해한 수준인 경우에 발생하는 제도이다. 미세먼지의 경보는 특별시장 · 광역시장 · 특별자치시장 · 도지사 또는 특별자치도지사가 환경기준을 초과하여 주민의 건강 · 재산이나 동실물의 생육에 심각한 위해를 끼칠 우려가 있다고 인정되면 그 지역에 대기오염경보를 발령한다.

미세먼지 대기오염경보 단계는 대기오염경보 대상의 오염물질 농도에 따라 주의보와 경보로 구분한다. 미세먼지의 대기오염경보 단계별 대기오염물질은 미세먼지와 초미세먼지로 분류되며 주의보와 경보의 발령기준과 해제기준은 〈표 18.20〉과 같다.

〈표 18.20〉 미세먼지 예보등급 및 행동요령

대상물질	경보단계	발령기준	해제기준
미세먼지 (PM_{10})	주의보	기상조건 등을 고려하여 해당지역의 대기자동측정소 PM-10 시간당 평균농도가 150㎍/㎥ 이상 2시간 이상 지속인 때	주의보가 발령된 지역의 기상조건 등을 검토하여 대기자동측정소의 PM-10 시간당 평균농도가 100㎍/㎥미만인 때
	경보	기상조건 등을 고려하여 해당지역의 대기자동측정소 PM-10 시간당 평균농도가 300㎍/㎥이상 2시간 이상 지속인 때	경보가 발령된 지역의 기상조건 등을 검토하여 대기자동측정소의 PM-10시간당 평균농도가 150㎍/㎥ 미만인 때는 주의보로 전환
초미세먼지 ($PM_{2.5}$)	주의보	기상조건 등을 고려하여 해당지역의 대기자동측정소 PM-2.5 시간당 평균농도가 75㎍/㎥ 이상 2시간 이상 지속인 때	주의보가 발령된 지역의 기상조건 등을 검토하여 대기자동측정소의 PM-2.5 시간당 평균농도가 35㎍/㎥ 미만인 때
	경보	기상조건 등을 고려하여 해당지역의 대기자동측정소 PM-2.5 시간당 평균농도가 150㎍/㎥ 이상 2시간 이상 지속인 때	경보가 발령된 지역의 기상조건 등을 검토하여 대기자동측정소의 PM-2.5 시간당 평균농도가 75㎍/㎥ 미만인 때는 주의보로 전환

자료출처 : 고농도 미세먼지 비상저감조치 시행 지침(2019, 환경부)

고농도 초미세먼지가 발생하면 환경부 장관은 농도 수준과 고농도 지속 일수를 고려하여 관심-주의-경계-심각에 대하여 4단계의 위기경보를 개별 시도별로 발령한다. 고농도 초미세먼지의 발령기준은 여러기준 중 하나의 여건만 충족되어도 발령한다. 초미세먼지의 위기경보 기준은 〈표 8.21〉과 같다.

〈표 18.21〉 고농도 초미세먼지 위기경보 기준

단계	발령기준	
관심	비상저감조치 발령기준	
주의	150$\mu g/m^3$이상 2시간 지속 + 다음날 75$\mu g/m^3$ 초과 예보	'관심' 단계 2일 연속 + 1일 지속 예상
경계	200$\mu g/m^3$이상 2시간 지속 + 다음날 150$\mu g/m^3$ 초과 예보	'주의' 단계 2일 연속 + 1일 지속 예상
심각	400$\mu g/m^3$이상 2시간 지속 + 다음날 200$\mu g/m^3$ 초과 예보	'경계' 단계 2일 연속 + 1일 지속 예상

자료출처 : 고농도 미세먼지 비상저감조치 시행 지침(2019, 환경부)

미세먼지 경보가 발령되면 계층별로 행동요령을 확인하여 대응해야 한다. 미세먼지의 주의보 · 경보가 발령되면 해당 지자체의 주민들은 현재 대기질 상황을 신속히 알리고, 실외활동 자제, 외출시 마스크 착용 등 건강보호를 위해 조치사항을 확인한다. 또한, 지역의 오염물질 배출사업장 중 공공기관이 운영하는 대형 사업장의 조업시간 단축, 사업장의 연료사용 감축, 야외 공사장의 조업시간의 단축 등 오염물질 저감노력에 참여한다. 어린이와 노인, 호흡기 질환자 등은 가급적 외출을 자제하고 창문을 닫아 외부의 미세먼지 유입을 차단한다. 실내청소를 하는 경우에는 청소기 대신 물걸레를 사용하며 부득이하게 외출시 식품의약품안전처가 인증한 보건용 마스크를 착용한다〈그림 18.22〉. 어린이, 학생이 활동하는 어린이집, 유치원, 학교 등 교육기관은 질환자를 파악하고 지료, 조기귀가, 등하교 시간을 조정하고 휴업을 권고한다. 노인요양시설 같은 경우 질환자를 파악하고 진료 등 특별관리를 한다.

〈그림 18.22〉 미세먼지 경보 발령시 행동요령

자료출처 : 바로 알면 보인다. 미세먼지 도대체 뭘까?(2016, 환경부)

고농도 초미세먼지의 단계별 위기경보의 대응체계는 관심은 공공부문 차량 2부제, 건설공사장의 공사시간 조정 · 단축, 도로청소차 운행 확대 등 시행한다. 주의는 관심 경보시의 조치에 더해 공공부문의 조치 강화로 필수차량을 제외한 공공부문 차량의 운행을 전면 제한하고, 공공사업장의 연료사용량을 감축하는 등 추가 조치를 시행한다. 또한, 어린이집 등 취약계측 이용시설에서 보건용 마스크 지급 등 건강 보호조치와 함께 관계기관 합동 이행점검을 실시한다. 경계와 심각에서는 상황의 위중함을 고려하여 가용수단과 자원을 총 동원하는 전면적인 재난 대응을 실시하고 경계에서는 자율 2부제, 심각에서는 강제 2부제를 시행한다.

2. 미세먼지의 저감대책

2.1 국내 미세먼지의 저감대책

2.1.1 중앙정부

미세먼지 관리 종합계획(2020~2024)은 대기환경개선 종합계획('16~'25), 미세먼지 관리 종합대책('17), 비상 · 상시 미세먼지 관리 강화대책('18)에 대하여 적합성 고려와 추진사항을 반영하여 2016년부터 진행되어온 미세먼지 대응에 대한 최신 · 최상위 종합계획을 수립하였다. 미세먼지 관리 종합계획에서는 2022년까지 미세먼지 국내 배출량을 35.8% 감축하는 것을 정부의 목표로 달성하기 위해 정부 관계부처(12개)가 합동 제안한 종합대책이며, 각 분야별로 중점 추진과제를 선정하여 미세먼지 저감 방안을 구체적으로 제시하였다. 미세먼지 관리 종합계획의 분야별 비전 및 추진체계는 〈그림 18.23〉과 같다.

국내배출감축으로 산업부문에서는 미세먼지 다량배출지역을 대기관리권역으로 염격관리하기 위해 권역별 관리체계로 전환하여 오염원을 관리한다. 사업장의 허가부터 사후관리까지 사업장 배출허용기준 강화, 대기오염물질 총량관리지역 확대 등의 정책 · 제도 시행을 제안하였다. 도로 수송부분에서는 노후 경우차의 등록대수 대비 높은 배출 지중, 인체 위해성을 고려하여 조기폐차 및 전환사업 등을 확대한다. 또한, 저공해차 구매 보조, 보급목표제를 도입하여 저공해탕의 대중화 시대를 조기 실현을 목표로 한다. 선박과 항만의 경우 항행시 배출되는 황산화물감축과 연료 기준 강화 · 저속운항 유도 등을 조치하고 항만 정박시 선박 발전기 가동에 따른 오염물질 저감을 위한 침환경 항만인프라를 구축한다. 건설 · 농업기계는 배출가스 허용기준 강화 및 저공해 조치 지원 등의 저감정책을 수립한다.

비전	맑고 깨끗한 공기, 미세먼지 걱정 없는 대한민국
목표	'16년 대비 초미세먼지 연평균 농도 35% 이상 저감 * 전국 초미세먼지($PM_{2.5}$) 연평균 농도: '16년 26$\mu g/m^3$ → '24년 16$\mu g/m^3$

분야		15대 중점 추진과제
국내 배출 감축	• 산업부문	① 배출총량제 전국 확대 ② 사업장 점검 및 단속 강화
	• 수송부문	③ 노후경유차 감축 강화 및 저공해차 보급 확대 ④ 선박 및 항만 관리기준 강화 ⑤ 노후건설기계 관리 강화
	• 발전부문	⑥ 석탄발전 미세먼지 저감 ⑦ 친환경에너지 전환(중장기)
	• 농업 · 생활부문	⑧ 축산 환경 관리 강화 ⑨ 저녹스 보일러 보급 확대
국민 건강	• 국민건강 보호	⑩ 미세먼지 고농도 계절관리제 도입 ⑪ 실내공기질 관리 강화
국제 협력	• 동아시아 대기협력	⑫ 동아시아 미세먼지 저감 협약 추진(중장기) ⑬ 실체적 협력사업 확대
기반 · 소통	• 과학적 접근 · 실천 • 국민참혀 · 소통	⑭ 미세먼지 해결 다부처 기술개발 사업 ⑮ 참여와 숙의를 통한 사회적 합의 도축

* 감축 잠재량, 비용효과성, 타 정책과의 연계성, 사회적 영향 등에 대해 분석 및 평가를 실시하여 15대 중점 추진과제 선정

〈그림 18.23〉 미세먼지 관리 종합계획의 비전 및 추진체계

자료출처 : 미세먼지 관리 종합계획(2020~2024)(2019, 관계부처 합동)

발전부문에서는 안정적인 전력수급을 전제로 석탄발전 미세먼지 배출량 최대 감축을 위한 조치를 시행한다. 또한, 재생에너지 확대, 환경급전 시행 등 친환경에너지 전황을 위한 기반 확충을 중장기적으로 계획한다. 농업 및 생화부문에서는 농촌 지역의 영농폐기물 및 영농부산물 불법소각을 방지하고 축산 · 경종분야의 암모니아 발생을 억제하여 미세먼지를 저감한다. 생활 주변 발생으로 인한 위해성 고려, 도심 외 분산된 소규모 배출원에 대한 다각적 저감 정책과 에코인프라를 확충한다.

국민건강으로 국민건강보호부문에서는 고농도 미세먼지 발생시 국민 건강 보호를 위한 재난대응 연계 비상저감조치 강화, 고농도 발생 억제를 위한 계절관리제 시행을 추진하였다. 초미

세먼지는 재난 위기관리 표준매뉴얼에 따라, 위기경보 발령시 국가적 대응체계 운영 등 재난 대응을 실시하고 있다. 위기경보 상향에 따른 고농도 미세먼지 비상저감조치는 단계적 강화 및 부문별 조치사항을 철저히 이행하고 있다. 고농도 미세먼지의 단계적 비상저감조치와 주요 내용은 〈표 18.22〉와 같다.

〈표 18.22〉 고농도 미세먼지의 단계적 저감조치 및 내용

위기경보	관심	주의	경계/심각
비상저감조치	단계 1	단계 2	단계 3
주요내용	현행 제도 이행 강화	+ 공공부문 조치강화	+ 민간부분 조치강화/ 재난 대응

자료출처 : 미세먼지 관리 종합계획(2020~2024)(2019, 관계부처 합동)

미세먼지의 고농도 시기 계절관리제는 고농도 미세먼지의 발생이 잦은 시기에 평상시보다 강화된 배출저감 정책을 시행하고 기저 농도를 낮추어 고농도 발생 강도 및 빈도를 완화하고자 한다. 매년 우리나라의 고농도 시기인 12월~3월이 도래 전에 계절관리제를 시행하여 기간 내 추가적인 저감조치를 시행한다. 산업부문, 발전부문, 수송부문, 생활부문에 대한 계절관리제 추진사항은 〈표 18.23〉과 같다.

〈표 18.23〉 고농도 초미세먼지의 부문별 계절관리 시행사항

부문	주요 시행 내용
산업	• 사업장 불법배출 집중점검(민관합동 점검단, 첨단감시 장비 활용) • 대형사업장 자발적 감축 유도(특별배출허용기준 설정 및 인센티브 제공)
발전	• 기간내 석탄화력발전 가동 중단* 및 상한제약 확대 * 겨울철(12~2월) 9~14기(국가기후환경회의 정책제안), 봄철(3월) 22~27기
수송	• 5등급 차량 수도권 운행제한 실시(일정 계독기간 부여 후 실시) • 100억원 이상 관급공사장 노후 건설기계('04년 Tier 1) 사용제한 (수도권) • 주요 항만의 선박 저속운항 프로그램 조기도입 및 시행
생활	• 집중관리도로 선정 및 관리 강화 • 공사장 비산먼지 배출 감시 강화

자료출처 : 미세먼지 관리 종합계획(2020~2024)(2019, 관계부처 합동)

실내공기질 관리를 위해 환기시설 의무설치 시설범위 확대와 실내 유입 미세먼지 차단율 향상을 위해 정화설비 성능기준 및 필터규격 표준화 등에 대하여 체계화하여 노인요양시설, 소규모 영화관, 30세대 이상 신축 공동 주택 등에 적용하고자 한다. 또한, 지하역사, 학원, 대규모 점토, 대중교통차량 등에 대하여 공기청정기를 설치하고 실내공기질 관리가 우수한 시설에

인증을 부여하여 다양한 인센티브를 제공한다.

국제협력으로 동아시아 대기협력부문에서는 동북아시아 및 국제사회와의 대기오염 물질 저감에 대한 공조 노력을 추진한다. 한국, 중국, 일본, 북한, 몽고, 러시아가 모인 동북아청정대기파트너십(North East Asia Clean Air Partnership, NEASPEC) 내 대기오염저감 파트너십을 설립하여 역내 대기오염 물질에 대한 과학적 정보 공유 및 기술 · 정책 대응방안을 추진한다. 중장기적으로는 유럽 및 북미지역 등 대기오염 협약 모델을 참고하여 동북아지역 대기오염 공동 대응 국제협약제계를 마련하고 기후선도국 및 UN, OECD, APEC등 국제기구를 통한 대기오염 공동 대응의 기반을 강화한다.

기반 · 소통으로 과학적 접근 · 실천부문에서는 미세먼지의 측정과 예보의 고도화를 이해 기상-해양-환경의 정지궤도 복합위성('20년 발사), 항공기, 선박, 지상 · 라이다 측정망 등을 활용하여 3차원 입체 측정 자료를 확보한다. 미세먼지 측정망을 지속 확충하여 측정 사각지대를 해소하고 신뢰도 높은 측정 DB를 구축한다. 중앙-지방을 연계하는 연구기관을 설립 · 운영하여 미세먼지 배출량 정보의 체계적인 통계관리뿐만 아니라 발생원인별 원인규명 및 저감방안 연구를 강화한다. 이러한 미세먼지 대응력 제고를 위해 중장기/단기의 R&D 및 배출원 특성에 따른 특성화 R&D로 구분하여 연구방향을 설정한다. 미세먼지에 대한 건강, 수송, 지하철, 농업 등 부문별 특성을 및 기술 수요에 따른 맞춤형 대응 기술개발이 지속적으로 수행되어야 하며 미세먼지 저감 신기술 · 제품을 개발을 위한 판로 제공과 인증체계를 마련한다. 미세먼지 저감을 위한 예상되는 기술개발과 신제품은 〈그림 18.24〉와 같다.

국민참여 · 소통부문에서는 전략적 홍보대상 설정 · 맞춤형 홍보, 미세먼지 교육 · 홍보 강화를 통해 미세먼지에 대한 막연한 불안감을 해소하고 국민 참여 · 양방향 소통 확대한다. 취약 · 특정계층을 대상으로 학교 교원 직무연수, 교육청 환경 · 보건 교육 담당자 직무연구, 교사연수 등에 미세먼지 교육을 추진하여 전문성을 향상시키고 생애주기별 수요자에 따라 맞춤형 교육을 통해 미세먼지의 예방과 대응을 강화한다. 수요자별 맞춤형 주요과제는 〈표 18.24〉와 같다.

(a) 미세먼지 저감기술(지하철 모식도)

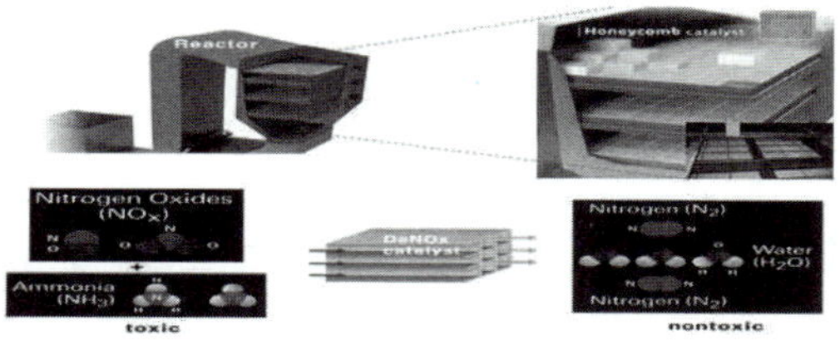

(b) 미세머지 저감기술(촉매 작동 개념)

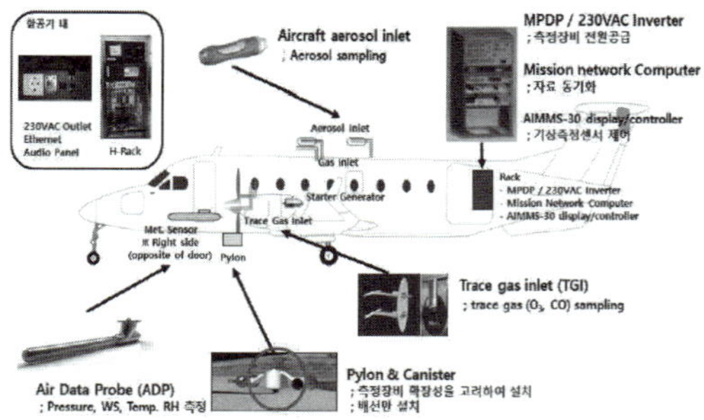

(c) 항공측정 시스템

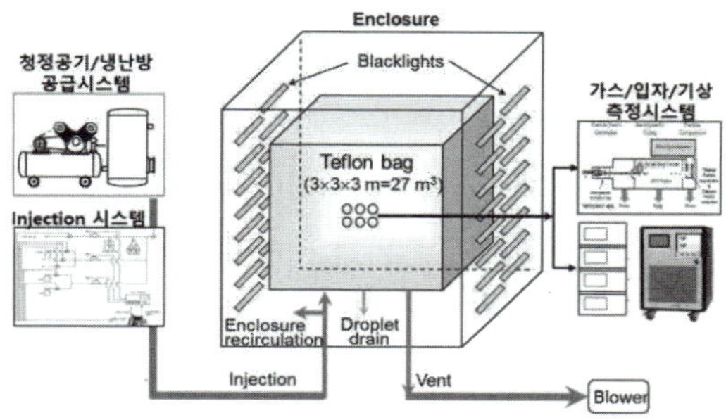

(d) 중형 스모그 챔버

〈그림 18.24〉 미세먼지 저감을 위한 예상되는 기술개발과 신제품

자료출처 : 미세먼지 관리 종합계획(2020~2024)(2019, 관계부처 합동)

〈표 18.24〉 생애주기별 수요자 맞춤형 교육 과제

대상	주요 과제
유아	• 누리과정 연계 유아환경교육관 운영 활성화
초 · 중 · 고	• 푸름이 이동환경교실* 운영 및 자유학기제 연계 창의적 환경체험 프로그램 및 환경동아리 운영 내실화 * 대형 트럭 및 버스 개조, 교육기자재 탑재 연 6만명 이상 교육 추진
대학 · 일반	• 대학 교양교재 개발 및 강좌 개설, 국가 · 지자체 · 교육단체 · 기관간 네트워크 구축 및 종교 · 사회단체 협력으로 시민참여 및 실천 확산

자료출처 : 미세먼지 관리 종합계획(2020~2024)(2019, 관계부처 합동)

정보가 부족한 일반국민을 대상으로 생활 속 미세먼지 대처요령, 주요 대책 등 다양한 홍보 콘텐트를 제작하여 국민 실생활 속 친숙한 매체를 활용하여 집중적 홍보한다. 또한, 참여의지가 높은 일반국민을 대상으로 사회 각계 참여와 숙의를 통한 사회적 합의 도출 및 국민 생활 속 자발적인 미세먼지 저감의 실천을 유도하고 국민이 직접 참여하는 행사를 기획 · 운영하여 대국민 소통을 확대 한다. 국민이 실생활 속에서 미세먼지 저감 실현을 위한 시민 교육프로그

램을 운영하고 시민 · 환경단체, 전문가 등이 참여하는 민간주도 줄이기 행동 네트워크 구축과 대국민 캠페인 추진을 확대한다.

2.1.2 수도권

서울시는 시민 생활공간과 가까이 있는 생활권 오염원 관리 강화를 위해 '시민체감형 미세먼지 대책(2019, 서울특별시)'으로 생활권 미세먼지의 그물망 대책과 녹색교통지역 운행제한 계획을 발표했다. 생활권 그물망 대책으로는 총 10가지의 대책이 발표되었으며 생활도로, 집과 주변, 주변 오염원 관리 등이 수립되었다.

생활도로 자동차 저공해화에서는 오염원 관리 분야에서는 법적 규제가 미비했던 이륜차를 전기이륜차로 전환하고 배출가스 규제를 강화할 계획이다. 시민생활과 밀접한 마을버스나 어린이 통합차량 등의 친환경차량 전환 지원사업도 확대되었다. 가정 및 대형건물 미세먼지 관리에서는 가정용 친환경 콘덴싱보일러 설치의무화를 위한 확대보급과 영업용 저녹스버너의 확대 교체보급을 제안하였다. 공동주책에서는 미세먼지 정화장치(공조기)를 공동관리를 시행하였다. 점오염원 촘촘한 관리에서는 미세먼지 집중관리구역 지정 및 운영하고 IoT 기반 간이측정기 활용과 생활권 오염원 상시 관리를 제시하였다. 도심경찰버스의 친환경차 도입 및 공회전 방지대책을 추진하고 자동차 정비업소 · 검사소에서 배출가스를 관리하도록 하였다. 서울시의 미세먼지 그물망 대책은 〈표 18.25〉와 같다.

〈표 18.25〉 서울시 미세먼지 그물망 대책

구분		주요 내용
생활권 미세먼지 그물망 대책	생활도로 자동차 저공해화	• 전기이륜차 전환 및 이륜차 배출가스 규제 강화 친환경 • 경유 마을버스를 전기버스로 전량 교체 • 어린이 통학차량 친환경차 전환 지원사업 확대
	가정 및 대형건물 미세먼지 관리	• 가정용 친환경콘덴싱보일러 설치의무화에 따른 확대보급 • 영업용 저녹스버너 확대 교체보급 • 공동주택 미세먼지 정화장치 (공조기) 공동관리 시행
	점오염원 촘촘한 관리	• 미세먼지 집중관리구역 지정 · 운영 • IoT 기반 간이측정기 활용, 생활권 오염원 상시 관리 • 도심경찰버스 친환경차 도입 및 공회전 방지대책 추진 • 자동차 정비업소 · 검사소 관리를 통한 배출가스 관리

자료출처 : 시민체감형 미세먼지 대책(2019, 서울특별시)

서울시는 2019년 4월 미세먼지 특별법 제정에 따라 조례를 제정하고 고농도 미세먼지 비상저감조치 세부계획을 수립하였다. 주요 대책은 배출가스 5등급 차량 운행제한, 공사장 공사기간 단축 및 관리 강화, 대기오염물질 배출시설 가동률 하향조정 및 단축권고, 취약계층 보호 등으로 〈표 8.26〉과 같다.

〈표 18.26〉 서울시 고농도 미세먼지 비상저감조치 추진계획

구분	주요 내용
배출가스 5등급 차량 운행제한	• 단속대상 : 배출가스 5등급, 총중량 2.5톤 이상 수도권 등록 차량 40만대(서울 10만대) • 제외차량 : 배출가스 저감장치 부착차량, 긴급 · 외교 · 장애인차량 등 • 유예차량 : 수도권 대기관리권역 외 등록차량, 총중량 2.5톤 미만 차량('19.5.31.까지 유예, 6.1. 이후 단속)
공사장 공사시간 단축 등 관리 강화	• 대상 : 모든 공사장(민간 공사장 포함) • 내용 : 공사장 공사시간 변경 · 조정 ※ 관급공사장 : 공사시간 단축 ※ 민간공사장 : 공사시간 조정 ※ 공사시간 단축 · 조정은 비산먼지가 다량 발생하는 철거, 터파기, 기초공사 등 공정 진행중인 공사장에 한정 그 외 공사장은 비산먼지 발생 억제 강화(좌동)
대기오염물질 배출시설 가동률 하향조정 및 단축 권고	• 대상 : 공공 · 민간 1~3종 대기배출시설 40개소 ※ 민간부문 대기배출시설 : 가동율 하향 조정 및 운영 시간 단축 권고 ※ 공공부문 대기배출시설 : 좌동 ※ 서울시는 '19.2월 현재 미세먼지 특별법 제18조에서 규정한 조치대상 대기배출시설이 없음
학교 · 유치원 · 어린이집의 휴업 · 휴원 또는 수업시간 단축 등 권고	• 적용대상 : 각급 학교, 어린이집, 사업장 등 • 조치내용 : 휴업(휴원) 또는 수업(보육)시간의 단축, 탄력적 근무제도 운영
미세먼지 취약계층 건강보호 조치	• 보건용 마스크 지급(비상시), 공기청정기 지원(상시) • 야외작업자 작업제한 등

자료출처 : 서울시 미세먼지 특별법 및 조례 시행에 따른 고농도 미세먼지 비상저감조치 추진계획(2019, 서울특별시)

경기도도 서울시와 마찬가지로 경유차 관리 및 친환경차 보급, 비산먼지 관리, 저녹스 보일러 보급 확대 등을 공통적으로 포함하고 있다. 이동오염원에서는 전기 · 수소자동차, 친환경버스, 충전 인프라 구축, 노후 자량 관리 등의 저공해 자동차에 대한 보급을 주로 다루고 있다. 생활에서는 도로변, 공사장에서 발생되는 비산먼지의 관리와 저녹스 버너의 보급 그리고 불법 소각 행위 근절을 제시하였다. 사업장에서는 사업장 미세먼지 배출저감 및 관리를 위해 지속적으로 추진해온 영세사업장 노후 대기오염 방지시설 교체지원을 확대한다. 환경복지에서는 미세먼지로 인한 건강보호 조치, 실내공기질 조사, 알림서비스 및 홍보강화 그리고 거버넌스

구성 및 운영을 다루고 있다. 관리기반 구축에서는 미세먼지에 대한 측정소 확충과 정보확인 시스템 구축을 통해 미세먼지 저감을 위한 기반을 구축한다. 미세먼지에 대한 국내외의 협력을 통해서 동북아의 미세먼지 저감을 위한 협력도 강화하고 있다. 경기도의 미세먼지 저감을 위한 종합대책은 〈표 18.27〉과 같다.

〈표 18.27〉 경기도 미세먼지 저감 종합대책

구분	주요내용
이동 오염원	• 전기 · 수소자동차 보급 확대 • 경유버스 단계적 친환경버스 전환 • 친환경차 타기 좋은 충전 인프라 구축 • 노후 경유차 및 건설기계 저공해화 확대 • 공해유발 노후 차량 등 효율적 관리
생활	• 공사장 등 비산먼지 발생 현장 관리 강화 • 도로변 재비산먼지 집중 관리 • 가정용 및 산업용 저녹스 버너 보급 확대 • 영농폐기물 불법소각행위 근절 및 조림사업 확대
사업장	• 사업장 미세먼지 저감을 위한 행 · 재정적 지원 확대 • 미세먼지 배출사업장 효율적 관리
환경복지	• 미세먼지 민감계층 건강보호 조치 확대 • 다중이용시설 실내공기질 조사 강화 • 도민 미세먼지 알림서비스 및 홍보강화 • 민관이 함께하는 미세먼지 거버넌스 구성 운영
관리기반 구축	• 미세먼지 성분측정소 확충 및 정보지원시스템 구축 • 신재생에너지 보급 확대를 통한 미세먼지 저감
국내 · 외 협력강화	• 대기질 개선을 위한 정부 · 지자체 협력 확대 • 동북아 주요 도시와의 환경외교 강화 • 북한발 미세먼지 저감 위한 남북협력 추진

자료출처 : 경기도 미세먼지 저감 종합대책(2018, 경기도)

인천시도 서울시와 마찬가지로 경유차 관리 및 친환경차 보급, 비산먼지 관리, 저녹스 보일러 보급 확대 등을 공통적으로 포함하고 있다. 인천시의 경우 해안가의 위치하고 있어 발전산업으로 여흥화력 등 발전소, 정유사, 항만, 보일러 질소산화물 등의 미세먼지를 저감대책을 수립하였다. 수송에서는 서울시와 경기도와 비슷하게 경우차량 제한과 관리시스템 구축, 친환경차량의 보급 및 전환을 지원하였다. 도로에서는 먼지발생 억지와 청소를 생활에서는 친환경생활을 위한 공원 과 숲 조성을 계획하였다. 측정분석에서는 수도권매립지 등의 오염 측정시설 구축 및 감시기반을 확충하며 경보제에서는 대기오염의 경보제와 미세먼지 비상저감조치를 시행하였다. 그 외에서 다양한 국가시설과 산업단지가 위치한 상황을 고려한 지역적 특성을 고려한 미세먼지 저감대책은 〈표 18.28〉과 같다.

〈표 18.28〉 인천시 미세먼지 저감대책

구분	주요내용
발전산업	• BLUE SKY협의회를 통한 오염물질 배출량 저감 • 클린공사협의회를 통한 오염물질 배출량 저감 • 영흥화력발전소 미세먼지 고농도 시 상한제약 시행 • 보일러 질소산화물 감축 • 굴뚝자동측정기(TMS) 설치 및 운영지원 • 소규모 영세사업장 방지시설 지원
수송	• 노후 경유 차량 운행제한 시스템 구축 • 경유 차량 및 건설기계 저공해 조치 • 수소차 및 충전 인프라 구축 • 전기자동차 보급 • 어린이 통학 경유 차량의 LPG차 전환 지원 • 공항 및 항만지역 미세먼지 저감사업 추진
도로	• 도로 재비산먼지 제거 청소차량 보급 지원 및 도로청소 시행 • 1사1도로 클린제 • 나대지(학교 운동장) 먼지발생 억제사업
생활	• 도시공원 조성 • 바람길 숲 및 가로숲 길 조성 • New green city 나무 심기
측정분석	• 도시대기오염 측정소 확대 운영 20개소 • 수도권매립지 등 대기이동오염 측정, 재비산먼지 측정 • 미세먼지 분석 평가 및 감시기반 확충 • 측정자료 수집 및 정보제공 기반 강화
경보제	• 고농도 미세먼지 비상저감조치 시행 • 4개 권역별 대기오염 경보제 운영
기타	• 지하역사 공기질 개선 • 취약계층 실내공기질 관리사업 지원 및 시스템 구축 • 지하역사 및 실내공기질 관리

자료출처 : 인천광역시 미세먼지 저감대책(2019, 인천광역시)

2.2 국외 미세먼지의 저감대책

2.2.1 미국

미국의 여러 주정부에서는 겨울철에 미세먼지가 악화되는 원인 중 하나를 난방용 등으로 사용되는 목재 연소로 보고 있다. 화목 연소를 관리하는 정책을 겨울철에 특화하여 오염물질 발생의 계절 특성을 고려해 사전 대응하는 사례들이 많다. 로스엔젤레스, 리버사이드 등의 대기권역을 관리하는 South Coast Air Quality District는 2011년부터 매년 11월~2월까지 4개월 동안 'Check Before You Burn' 프로그램을 운영하고 있다. 이 시기에는 미세먼지 농도가 높고 난방 등의 목적으로 화목 연소가 많기 때문에 초미세먼지 농도가 30μg/m^3 초과로 예측되면 'NO-Burn Day Air Alerts'이 발령되고, 다음 날 24시간 동안 실내외에서 화목 연소가 금지된다. 'NO-Burn Day Air Alerts'의 1차 위반자는 관련 교육과정을 완료하거나 $50의 패널티를 지불해야 한다. 2차 위반자는 $150 패널티 지불 또는 90일 이내에 가스연료기기로 교체 설치한 증거자료를 제출해야 한다. 3차 위반자는 $500 패널티 지불 또는 협의과정을 통해 환경친화적 방안을 도입해야 한다. 미세먼지가 문제되는 겨울철에 미세먼지의 주요 원인이 되는 특정 배출원에 대한 규제를 특화해 시민들에게 사전에 인식시키고 대비한다.

샌프란시스코 등의 지역 대기관리를 관장하는 'Bay Area Air Quality District'는 겨울철 대기오염의 주요 배출원을 화목 연소로 지목하고, 11~2월을 대상으로 매년 'Winter Spare The Air' 프로그램을 운영하고 있다. 매일 오후 2시 다음날의 대기질 예측결과가 나쁨으로 예측되면 'Winter Spare The Air Alert'을 발령하고 다음 날 24시간 동안 실내외 화목 연소를 금지한다. 1차 위반자는 관련 교육을 이수하거나 $100 벌금을 내야하고, 2차 위반자는 $500 벌금이 부과되는 등 횟수에 따라 벌금액을 증액하고 있다. Bay Area Air Quality District의 프로그램은 <그림 8.25>와 같다.

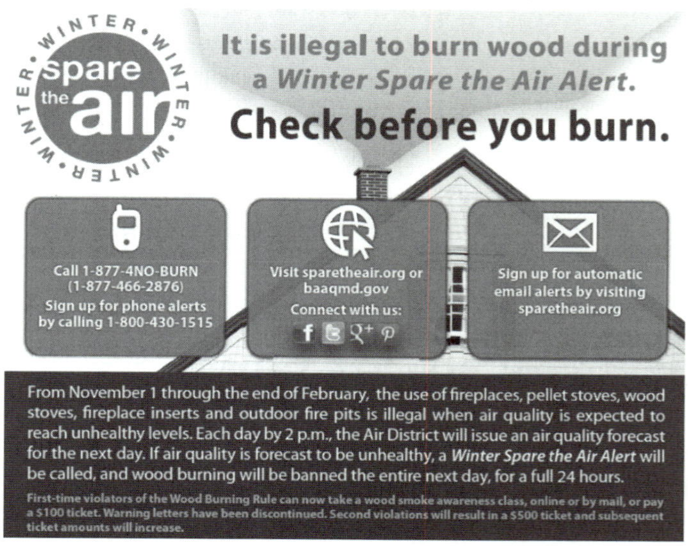

<그림 18.25> Winter Spare The Air 프로그램

자료출처 : Bay Area Air Quality District(https://www.baaqmd.gov/)

유타주에서는 가장 인구가 많은 지역인 워새치 프런트(솔트 레이크 시티 등 포함)는 분지 협곡 형태의 지형적 특성으로 기온역전층이 형성되면 오염물질이 협곡에 갇혀 대기오염 농도가 상승하다. 겨울철 기온역전층 형성으로 인한 초미세먼지가 문제로 'Serious PM2.5 Nonattainment Area' 로 분류되고 있다. 매년 11월부터 3월 초까지 초미세먼지 사전대응을 위한 'Winter Control Program' 을 운영한다. 지역의 초미세먼지 농도가 35$\mu g/m^3$을 초과할 때까지 기다리는 대신, 환경국의 기상전문가들이 지역에 기온역전층이 형성될 상황을 초기에 진단해 3일 예보를 하고 예측결과에 따라 'Action Alert(forecast)' 라는 대기오염경보를 발령한다. 대기오염경보는 'Action Alert' 과 'Health Guidance' 로 구분되며 'Action Alert' 은 그날의 대기오염수준에 대응하기 위해 필요한 배출저감 실천을 시민들에게 알리는 것이 목적이다. 'Health Guidance' 는 그날의 대기오염도가 시민들의 건강에 어떤 영향을 미치는지를 통해 노출저감을 위한 행동요령을 알리는 것이 목적이다.

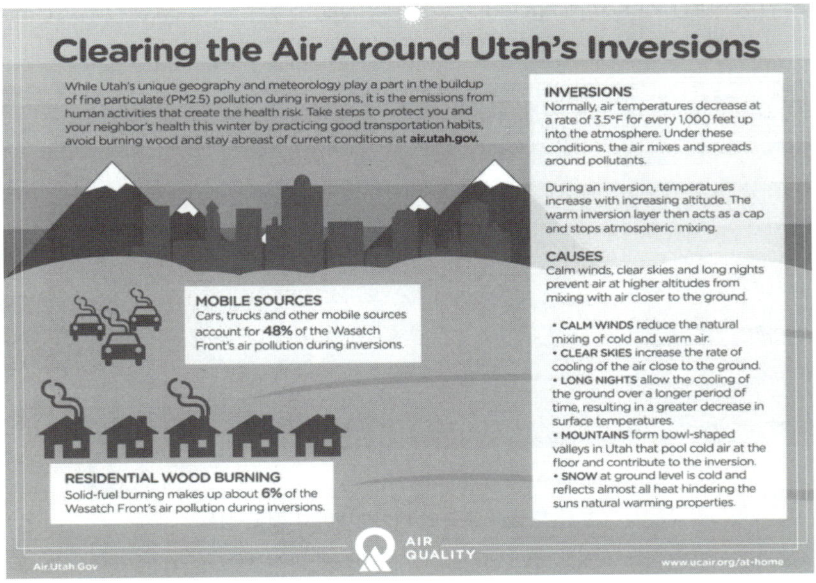

〈그림 18.26〉 유타주 초미세먼지 고농도 발생의 주요 원인

자료출처 : Utah Gov(https://www.utah.gov/index.html)

2.2.2 중국

중국의 베이징 등의 주요 도시를 중심으로 발생되고 있는 대기오염 문제에 대한 개선요구가 2013년 이후 초미세먼지 배출량의 정보가 공개된 후 대두되고 있다. 중국은 초미세먼지에 대한 사회적 요구가 높아지기 이전부터 대기오염 관리를 위한 「대기오염방지법(1987)」 등의 법률을 제정하였으나, 경제개발 및 인구집중 등에 의한 이유로 대기오염도 증가를 충분히 제어하는 어려움을 겪고 있다. 대기오염 문제를 해결하기 위해 산업구조의 변화 친환경에너지 사회로의 전환과 같은 국가적 혁신을 시도하고 있으나, 현재의 문제를 해결하기 위한 단기적 처방 중심으로 대책이 마련되는 것을 주요한 원인으로 볼 수 있다. 그러나 국가 전체가 빠른 속도로 공업화, 산업화를 달성하며 대기오염 수준이 높아진 징진지(베이징, 톈진, 허베이)를 중심으로 개선에 관한 노력이 요구되었다. 이를 바탕으로 2013년 '대기오염방지 행동 계획(Air Pollution Action Plan, 2013.10)' 에서 초미세먼지의 개선 목표와 정책방향이 제시되었으며 기존 「대기오염방지법」보다 규체적인 내용을 〈그림 18.27〉과 같이 포함하고 있다.

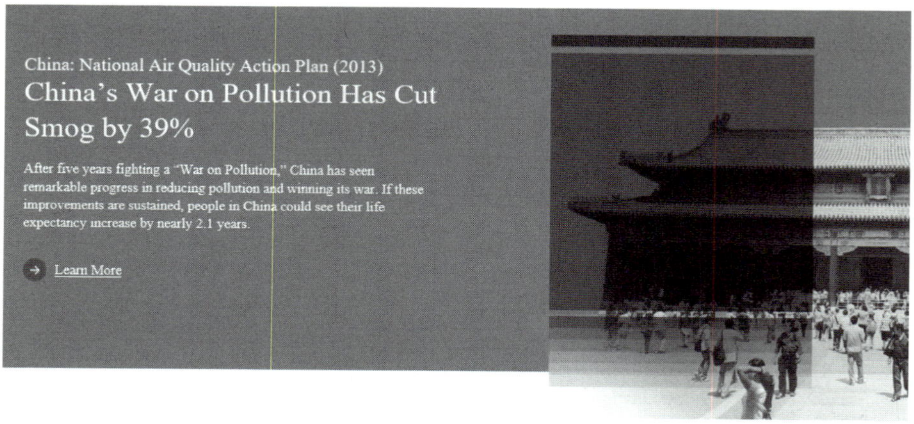

〈그림 18.27〉 중국의 대기오염방지 행동 계획

자료출처 : Air Quality Life Index (https://aqli.epic.uchicago.edu/policy-impacts/)

'대기오염방지 행동계획' 에서는 2012년 대비 2017년의 미세먼지 농도 감소 목표치를 도시지역은 10% 이상, 징진지, 장삼각, 주삼각 지역은 각각 25%, 20%, 15%로 제시하였다. 징진지 및 주변 지역은 2017년 대기오염방지 업무방안에서 발표하였으며, 대기질 개선을 위해 겨울철 난방 등으로 발생되는 대기오염을 방지하기 위해 조치 계획을 제시하였다. '대기오염방지 행동계획' 의 후속 조치의 개념으로 '2020 대기오염행동계획(2018~2020)' 이 발표되었다. 그럼에도 불구하고 베이징 등 주요 도시지역의 대기오염 개선정도는 WHO 등의 국제적 기준을 미치지 못하고 있어 사회 전반의 저감대책과 체계수립 등의 노력이 필요한 상태이다. 중국의 주요도시별 미세먼지의 개선 현황은 〈그림 18.28〉과 같다.

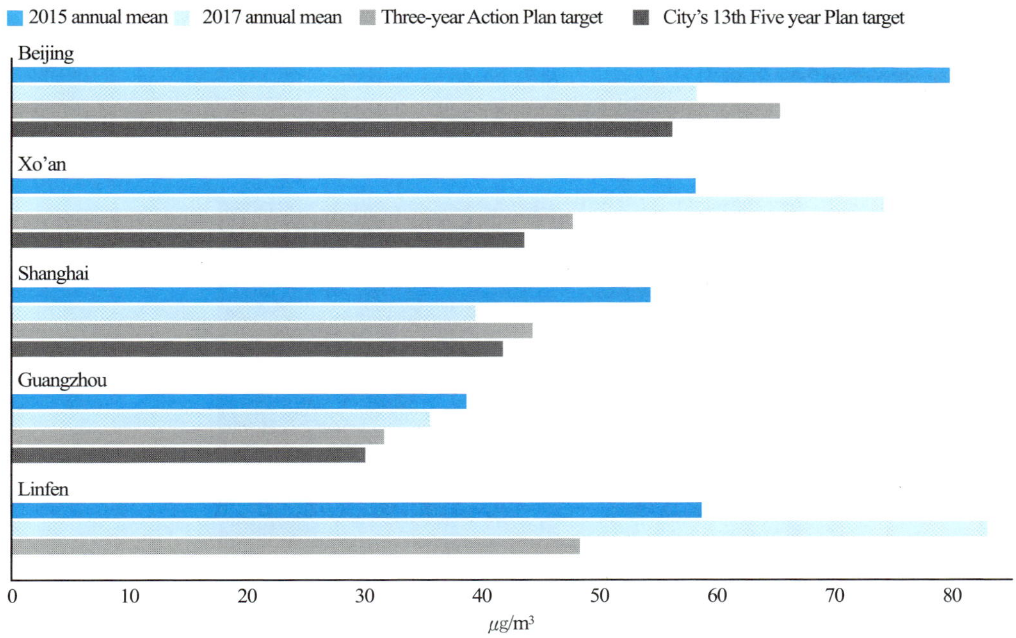

〈그림 18.28〉 중국의 주요도시별 미세먼지 개선 현황

자료출처 : China Dialogue(https://chinadialogue.net/en/pollution/10711-china-releases-2-2-action-plan-for-air-pollution/)

2.2.3 독일

독일 내에서도 지형적 특성으로 대기오염도가 높은 슈투트가르트시는 매년 10월 15일부터 4월 15일까지 Fine Dust Alarm을 별도로 운영한다. Fine Dust Alarm은 독일 기상예보서비스가 최소 연속 2일 이상 풍속이 약하고 대기가 정체되는 등 오염물질의 축적이 예상되어 대기질이 악화될 것으로 판단하면 발령된다. 독일 기상예보서비스(DWD)는 다음의 6가지 조건으로 Alarm 발령 여부를 판단한다: ① Fine dust 농도가 30㎍/m³ 이상이고 무강우, ② 무강우, ③ 대기확산에 효과적인 풍향의 바람 미미, ④ 야간의 역전층 현상, ⑤ 주간의 혼합층 발달 미미, ⑥ 낮은 풍속. 이 중 ①번 조건일 경우 Alarm은 무조건 발령되고, ①번 조건을 충족하지 않을 경우 ②~⑥번 조건 중 최소 4개의 조건 을 충족하면 판단해 Alarm을 발령한다. 독일의 Fine Dust Alarm 표시는 〈그림 18.29〉와 같다. Alarm이 발령되면 시민들에게 대중교통, 자전거 등을 이용하도록 권고하며 벽난로 사용을 금지한다. 대중교통 등 시민들의 친환경 교통

수단 사용 촉진을 유도하기 위해 이 기간 동안 버스 또는 기차의 티켓을 평상시 가격보다 20~35% 할인해 제공 한다. 또한, 전기차 카셰어링 프로그램을 인하된 이용료로 이용할 수 있고, 전기차 주차료도 무료로 제공된다. 이 지역에서도 오염물질 배출차량의 운행을 제한하는 슈투트가르트 환경존(Environmental Zone)이 연중 운영 중으로, 2019년 1월부터는 Euro 4 이하 경유차 운행을 전면 금지하고 있다. 향후 Euro 5 경유차 운행 금지 여부는 2019년 중순까지의 대기오염을 검토해 결정될 예정이다.

〈그림 18.29〉 독일의 Fine Dust Alarm 표시

자료출처 : stuttgart(https://feinstaubalarm.stuttgart.de/item/show/584398)

2.2.4 이탈리아

이탈리아의 인구 3만명 이상의 도시지역인 에밀리아 로마냐, 롬바르디아, 피에몬테, 베네토 지역 등은 매년 10월 1일부터 3월 31일까지 Euro 3 이하의 경유차 운행을 제한하는 정책을 시행하고 있다. 이 중 에밀리아 로마냐주에서 시행하고 있는 겨울철 오염물질 관리제도를 정리했다. 이탈리아 북부에 위치한 에밀리아 로마냐주는 PM_{10}, NO_2 등이 특히 대기오염에 문제가 되는 매년 10월 1일부터 3월 31일까지 강화된 대기정책인 Winter Emergency Measures를 2017년부터 시행하고 있다. 이 기간에는 평상시보다 강화된 배출원 관리 대책을 시행하고, 실제로 고농도가 발생하면 더 강화된 대책을 단계별로 적용한다. 이 기간에 자동차 배출원에 대한 대책은 〈표 18.29〉와 같다. PM_{10} 농도가 기준을 초과하지 않는 날의 평일과 매달 첫 주 일요일에는 경유차는 Euro 4, 휘발유차는 Euro 2, 이륜차는 Euro1 이상의 차량만 운행 가능하다. 다만, PM_{10}의 기준이 50㎍/m^3를 연속 3일 또는 10일을 초과하면 Emergency smog alert이 발령되어 경유차에 대해서는 보다 강화된 운행 제한을 적용한다.

〈표 18.29〉 이탈리아의 Winter Emergency Measures 자동차 운행제한 대책

<table>
<tr><th rowspan="2">적용 시기</th><th rowspan="2">월~금
8:30~18:30
매달 첫 주 일요일
(Ecological Sunday)</th><th colspan="2">Emergency Smog Alert</th></tr>
<tr><th>PM_{10} 농도 기준($50\mu g/m^3$)
연속 3일 초과시 다음날
8:30~18:30</th><th>PM_{10} 농도 기준
연속 10일 초과시 다음날
8:30~18:30</th></tr>
<tr><td rowspan="2">운행 대상</td><td>휘발유차(Euro 2 이상)
경유차(Euro 4 이상)
이륜차(Euro 1 이상)</td><td colspan="2">휘발유차(Euro 2 이상)
경유차(Euro 5 이상)
이륜차(Euro 1 이상)</td></tr>
<tr><td>2020년 강화 예정: 경유차(Euro 5),
휘발유차(Euro 3), 이륜차(Euro 2)
2025년 강화 예정: 경유차(Euro 6)</td><td>운행 제한: 8:30–12:30
영업용 경유차(Euro 3 이하)</td><td>운행 제한: 8:30–12:30
영업용 경유차(Euro 4 이하),
8:30–18:30 영업용 경유차
(Euro 3 이하)</td></tr>
</table>

자료출처 : Urban Access Regulations in Europe(https://urbanaccessregulations.eu/stakeholders)

제19장 | 감염병

1절 감염병으로 인한 재난과 공중보건위기

1. 공중보건위기와 감염병

1.1 사회재난의 하나로 감염병 재난과 공중보건위기

재난의 분류는 다양하여 자연적 재난과 인적 재난, 사회적 재난으로 구분할 수 있으며[1], 공중보건위기도 자연적 위기와 인적 위기, 사회적 위기로 구분할 수 있다. 나라마다 공중보건위기를 다양하게 분류하고 있는데, 미국 질병통제센터(Centers for Diseases Control and Prevention)는 ① 생물테러, ② 화학물질에 의한 응급 상황, ③ 감염병의 집단발병, ④ 자연재해와 이상 기후와 기상, ⑤ 방사선에 의한 응급 상황, ⑥ 폭발과 사고로 인한 대규모 살상 등으로 구분하고 있다[2]. 한편 1988년에 설립된 재난역학연구센터(CRED, Centre for Research on the Epidemiology of Disasters)는 재난을 자연적 재난과 기술적 재난으로 구분하고 감염병은 자연재난 중 생물 병원체에 의한 재난으로 분류하고 있다[3]. 우리나라 행정안전부는 재난을 자연재난과 사회재난, 생활안전으로 구분하고 있으며, 감염병에 의한 재난은 사회재난으로 분류하고 있다[4].

1) 정지범. 범정부적 국가위기 재난관리시스템 연구. 2012. 한국행정연구원.

2) USDHHS, CDC. Crisis emergency risk communication. 2014 Edition. U.S. Department of Health and Human Services. Available from URL; https://emergency.cdc.gov/cerc/resources/pdf/cerc_2014edition.pdf

3) Centre for Research on the Epidemiology of Disasters. Genral classification of disaster. Available from URL; http://www.emdat.be/classification

4) 행정안전부. 재난유형별 정보. Available from URL;
http://www.mpss.go.kr/home/safetys/disasterInfo/disasterTypeInfo1/0003/

감염병은 재난과 위기 상황이 발생한 뒤 일정 기간 동안 확산되는 특징을 갖고 있고, 재난과 위기가 발생하는 시기와 장소, 대상들을 정확하게 예측할 수 없다. 또한 같은 감염병이라도 다양한 경로를 통하여 전파되기 때문에 집단 발병 혹은 유행 양상의 전개를 예측하기 어려운 경우가 많음으로 다른 재난보다 위기 상황으로 전개될 가능성이 높다.

위기는 1) 심각한 위험과 어려움이 있는 불안정한 상황 혹은 2) 상황이 악화되는 전환점을 의미한다. 공중보건위기란 수요 혹은 필요가 매우 커서 일상적인 보건의료체계로는 감당할 수 없는 상황으로, 즉각적인 대처를 요구하는 의학적이고 사회적이며 심리적인 문제를 의미한다[5]. 이러한 공중보건위기를 적절하게 대응하지 못하게 되는 경우 보건의료체계에 대한 신뢰가 훼손될 수 있다[6]. 한편, 같은 수준의 보건 문제가 발생하였을 때 위험 소통에 실패하면 위기 상황으로 전개될 수 있다.

과거의 감염병에 의한 재난과 위기 상황을 파악하고 분석하여 향후 발생할 수 있는 재난과 위기 상황에 대한 대비와 대응 체계를 구축하고 개선하는데 활용해야 한다. 대비와 대응 활동을 수행할 보건기관과 의료기관의 역량을 강화하고, 유관 기관 및 단체가 긴밀하게 협력하고, 적극적으로 참여할 수 있도록 평상시에 준비하는 것이 필요하다.

1.2 공중보건위기를 야기하는 감염병의 특성

감염병은 인간의 역사 속에서 국가와 사회에 큰 영향을 주었다. 감염병의 유행은 많은 사람들을 희생시켰으며, 전쟁에서의 감염병 유행은 승패 결정의 중요한 요인이었고, 나라의 존망을 결정하는 요인이 되기도 하였다. 이와 같은 역사적인 배경 때문에 감염병 발생과 유행은 공중보건위기 상황으로 인식되고, 전개되는 경우가 많았다.

전파는 감염병만이 가지고 있는 독특한 특성으로 감염자는 다른 사람을 감염시킬 수 있다는 특성이 있고, 같은 감염병일 경우라도 발생하는 여건에 따라 그 규모와 중증도의 변이의 폭이 커서 예측이 불가능하다는 특성이 있는데, 이들 특성도 감염병이 공중보건위기 상황으로 쉽게 전개되는 요인으로 작용할 수 있다.

많은 경우 새로운 감염병이 처음 발견되는 점에서는 실제보다 치명률이 높은 것으로 인지되고, 병원체가 규명되지 않거나 감염원과 감염 경로를 파악하지 못한 경우 불안과 공포심이 커져 위기상황이 될 수 있다.

5) JM Last. A dictionary of public health. Oxford University Press, 2007

6) USDHHS, CDC. Crisis emergency risk communication, 2012 edition. pp 6. Available from URL; http://emergency.cdc.gov/cerc/pdf/CERC_2012edition.pdf

이와 같이 감염병이 공중보건위기 상황으로 진행하는 여러 요인들을 살펴보았는데, 이 요인들을 정리하면 아래의 〈표 19.1〉과 같다. 하나의 상황에서 여러 요인들이 중복하여 나타날 수 있는데, 그 요인의 수가 많아지면 위기 상황으로 전개될 가능성은 높아진다.

〈표 19.1〉 감염병에 의한 공중보건위기 상황이 야기되는 요인

내 용
1) 과거에 없던 새로운 신종감염병이 유입되거나 새로이 발견된 경우.
2) 감염병을 의심할 수 있는 질환이 발생하고 있는데, 그 원인이 밝혀지지 않은 경우.
3) 과거 역사에서 큰 피해를 주었던 병원체와 유사한 병원체에 의하여 감염병이 발생하는 경우.
4) 사람간 접촉으로 전파되어 환자 격리와 접촉자 검역, 사회적 격리가 필요한 경우.
5) 감염원과 전파 경로가 파악되지 않는 경우.
6) 감염병을 전파하는 매개체의 관리가 어렵거나, 불가능한 경우.
7) 식품매개감염병에서 매개 식품의 유통 범위가 커서 넓은 지역에서 감염자가 발생하는 경우.
8) 지진과 태풍 등에 의하여 감염병을 관리하는 기반 역량이 파괴된 상황에서 발생하는 감염병의 경우.
9) 예방접종대상감염병에서 예방접종 조치를 취했음에도 불구하고 해당 감염병이 유행하는 경우.
10) 대규모 행사 등으로 국내외로 감염병이 전파되는 경우.
11) 생물테러에 의하거나 생물테러가 의심되는 감염병이 발생한 경우.
12) 위기 소통이 부적절하게 시행된 경우.

2. 새로이 등장하는 감염병

근래 감염병에 의한 공중보건위기 상황이 과거에 비하여 많이 발생하고 있는데, 이 현상을 이해하기 위해서는 1990년대 이후 '새로이 등장하는 감염병(emerging infectious diseases)' 이라는 개념에 대한 이해가 필요하다.

수렵과 채집에 의존하여 생활하던 구석기 시대에는 소수의 사람들이 이동하면서 생활을 하였기 때문에 사람간에 감염병이 전파될 수 있는 위험성이 낮아서 보건문제로서의 부담이 상대적으로 적었다. 신석기 시대에 경작이 시작되면서 사람들은 집단생활을 하게 되고 사람간 전파가 늘어나면서 감염병은 사람들의 건강뿐만 아니라 생존의 문제까지 위협할 수 있는 중요한 보건문제로 대두되었다.

이후 고대와 중세시대를 거치면서 감염병은 주요한 보건문제로 지속되어 이 시기를 역질과 기근의 시기(age of pestilence and famine)가 지속되었다. 유럽에서 르네상스 이후에 과학과 기술이 발전하고 사회의 생활수준이 올라가면서 감염병이 점차 감소하는 범유행감축 시기(age of receding pandemics)가 시작되는데, 감염병의 감소에는 과학과 기술의 발전과 산업혁명, 농업혁명, 사회변화, 생활 여건의 개선 등이 기여하였다.

19세기 중반부터 시작된 젬멜바이즈(Ignaz Philipp Semmelweis. 1818-1865)의 산욕열의

원인을 규명하여 산욕열 예방에서 손 씻기의 중요성을 밝힌 역학조사 결과와 스노(John Snow, 1813–1858)의 런던 콜레라 유행에서의 오염된 상수 섭취가 원인이었음을 밝힌 역학조사 결과 등과 같은 연구 업적들이 발표되면서 감염병 예방과 관리를 위하여 환경위생과 식품위생, 개인위생사업이 시작되었다. 19세기 말에는 코호와 파스퇴르 등의 과학자가 병원체를 발견하고, 이어 백신을 개발하여 예방접종사업이 본격적으로 시행되었고, 20세기 전반기에는 페니실린을 필두로 여러 항생제 개발이 시작되면서 감염병의 감소가 더욱 가속화되어 20세기에는 만성병과 퇴행성인조질환 시기에 들어가게 되었다.

감염병이 크게 감소하면서 일부 학자들은 인류에게 감염병이 더 이상 위협이 되지 않을 것이라고 예상하였고, 1980년 5월 세계보건기구가 지구상에서 두창이 박멸되었다고 선언하였을 때는 앞으로 더 많은 감염병이 퇴치되고 박멸될 것으로 기대하였다. 그러나 이와 같은 기대와 달리 세계 여러 곳에서 감염병이 지속적으로 발생하였으며, 여러 새로운 병원체들이 발견되었다. 1960년대 동남아시아에서 시작된 콜레라는 1990년대까지 세계적인 대유행을 일으켰고, 1976년 자이르에서 에볼라 출혈열이 발생한 이후 30개 이상의 새로운 병원체에 의한 감염병이 발생하였으며, 페스트와 디프테리아, 콜레라, 황열, 뎅기열, 말라리아 등 그동안 감소했던 감염병의 발생이 다시 증가하였다. 주요 학자들과 연구기관들은 이 질병들을 새로이 등장하는 감염병(emerging infectious diseases)이라고 명명하고, 전 세계와 국가들은 중요한 보건문제로 다루기 시작하였다[7)8)9)]〈그림 19.1〉.

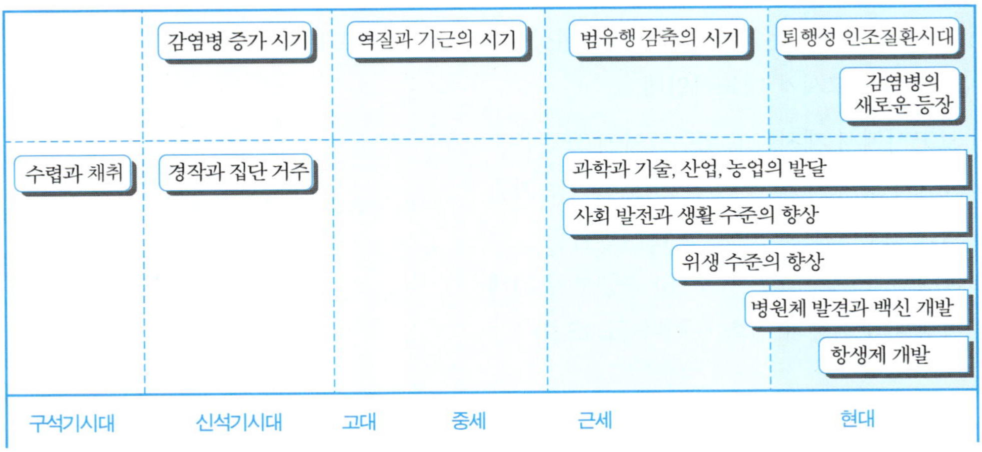

〈그림 19.1〉 감염병의 역학적 변천사

7) Omran AR. The epidemiologic transition: A theory of the epidemiology of population change. Milbank Memorial Fund Quarterly 1971;49:509–538.

2.1 새로이 등장하는 감염병의 정의

새로이 등장하는 감염병(emerging infectious diseases)이라는 용어는 다양한 정의로 사용되고 있다. 과거에 없었으나 새로이 질병을 일으키는 '신종감염병(emerging infectious diseases)' 으로, 과거에 발생하다가 사라졌으나 근래 다시 발생하고 있는 '재출현 감염병(re-emerging infectious diseases)' 으로 구분하여 사용하는 경우도 있다. 다른 한편에서는 1990년대 이후 다시 주목을 받게 된 감염병 전체를 의미하는 용어로 사용한다. 미국 CDC가 발간하는 'Emerging Infectious Diseases' 라는 잡지에서 'emerging infectious diseases' 를 '과거 20년간 사람에서 발생이 증가한 감염병과 가까운 미래에 증가가 의심되는 감염병' 이라고 하면서 다음과 같은 4가지 군으로 분류하였다[10)11)].

1) 기존의 병원체가 변화 혹은 진화 등으로 인하여 발생하는 새로운 감염병
2) 새로운 지역 혹은 인구 집단으로 전파되어 발생하는 기존의 감염병
3) 생태학적인 변화로 과거에 인지하지 못하였으나, 새로이 발견된 감염병
4) 여러 요인으로 인하여 다시 재출현하는 기존의 감염병

2.2 감염병이 새로이 등장하는 요인

이와 같이 새로운 감염병이 등장하여 유행하고, 과거 감염병이 다시 유행하며, 한 지역 혹은 한 국가에서 발생한 감염병이 다른 지역과 다른 나라로 전파되는 감염병이 등장하는 배경으로 여러 가지 요인들이 논의되고 있다. 이 현상에 대한 설명으로 1992년 미국 IOM의 'Emerging infections' 보고서가 대표적인데,

이 보고서에서 제시하고 있는 7가지 요인은

1) 사회적 상황　　　2) 보건의료 기술
3) 식품 생산　　　4) 생활습관
5) 환경변화　　　6) 공중보건 체계
7) 미생물의 적응과 변화 등이다〈표 19.2〉[12)].

8) Barrett R, Kuzawa CW, McDade T, Armelagos GJ. Emerging and re-emerging infectious diseases: the third epidemiologic transition. Ann Rev Anthropol 1998;27:247-271.
9) 김정순, 정해관. 우리나라 전염병의 역학적 변천과 전염병 예방 및 관리사업에 대한 역학의 역할. 한국역학회지 2006;28:4-21.
10) CDC. Emerging infectious diseases. Available from URL; http://wwwnc.cdc.gov/eid/page/background-goals
11) 최보율. 감염병의 새로운 등장. 한국역학회 2008;30:147-155.
12) Institute of Medicine. Emerging infections: microbial threats to health in the United States. Washington, DC: National Academy Press; 1992.

〈표 19.2〉 새로이 감염병이 등장하는 요인*

구분	내용
사회적 상황	경제적 빈곤, 전쟁/분쟁, 인구증가와 이주, 도시 슬럼화
보건의료 기술	새로운 의료장비, 조직/장기이식, 면역억제약물, 항생제 사용
식품 생산	식품공급의 전세계화, 식품가공과 포장의 변화
생활습관	성행태, 약물남용, 여행, 식이 습관, 여가활동, 보육시설
환경 변화	삼림벌채/재조림, 수자원 생태계 변화, 홍수/가뭄, 기근, 지구 온난화
공중보건 체계	예방사업의 축소, 부적절한 감염병 감시체계, 전문요원의 부족
미생물의 적응과 변화	미생물 독성 변화, 약제내성 출현, 만성질환 공동인자 미생물 출현

자료출처 : Source; Institute of Medicine. Emerging infections: microbial threats to health in the United States. Washington, DC: National Academy Press; 1992.

2.3 1970년대 이후 새로이 등장한 감염병

1973년부터 1994년까지 미국 CDC가 정리한 새로운 감염병의 병원체와 그 이후에 세계적으로 문제가 되었던 병원체들을 제시하였다[13]. 1997년도 홍콩에서 발생한 조류 독감 바이러스에 의한 인체 감염증[14]과 1999년도 말레이시아에서 발생하여 싱가포르로 퍼져 나간 니파 뇌염 바이러스에 의한 뇌염[15], 2003년도에 발생한 SARS 등이 있다[16]. 2003년 이후 동남아시아를 중심으로 H5N1 조류 독감 인체감염 사례들이 발생하여 보고되었으며[17], 2009년에는 전세계에서 H1N1 신종인플루엔자(pandemic influenza)가 유행하였다.

2011년 중국에서 중증열성혈소판감소증후군(severe fever with thrombocytopenia syndrome)이 처음 발견되었으며[18], 그 이후 일본에서도 발생하였으며, 우리나라에서는 2013년 이후 전국에서 발생하고 있다. 2012년에는 중동호흡기증후군이 사우디아라비아에서 발견된 뒤[19], 중동의 여러 나라에서 발생하였고, 다른 지역으로 발병한 환자들이 이동하였으며, 우리나라에서는 2015년도에는 중동에서 감염되어 한국으로 유입된 환자에 의해 큰 유행이 발생하여 공중보건위기 상황을 초래하였다.

2013년에는 H7N9 조류 인플루엔자가 중국에서 발견되었고[20], 2014년에서 서아프리카 기니

13) Institute of Medicine. Emerging infections: microbial threats to health in the United States. Washington, DC: National Academy Press; 1992.

14) Chan PKS. Outbreak of avian influenza A(H5N1) virus infection in Hong Kong in 1997. CID 2002; 34:S58-s64.

15) CDC. Update: Outbreak of Nipah Virus – Malaysia and Singapore, 1999. MMWR 1999;18:335-337.

16) WHO guidelines for the global surveillance of SARS Updated recommendations. October 2004.

17) WHO. Influenza at the human-animal interface. Summary and assessment as of 20 December 2013. Available from URL; http://www.who.int/influenza/human_animal_interface/Influenza_Summary_IRA_HA_interface_20December13.pdf

18) Yu X, et al. Fever with Thrombocytopenia Associated with a Novel Bunyavirus in China. N Engl J Med 2011;364;16

19) Breban R. Rioua J, Fontanet A. Interhuman transmissibility of Middle East respiratory syndrome coronavirus: estimation of pandemic risk. Lancet 2013; 382: 694-699

와 시에라리온, 리베리아에서 총 28,616명의 에볼라바이러스병 환자가 발생하여 11,310명이 사망하였다. 이어 3개국에서 7개 나라에 36명의 환자(사망자 15명)가 전파되어 세계 공중보건응급상황(PHEIC, public health emergencies of international concern)이 선언되었다. 2016년에서는 남아메리카와 아시아에서 지카바이러스병이 발생하여 세계보건기구는 또다시 공중보건응급상황을 선언하였다[21][22]〈표 19.3〉. 1976년 이후 발견된 새로운 감염병을 나열한 것이다.

〈표 19.3〉 1976년 이후에 발견된 새로운 감염병

Year	Pathogen	Country
1976	Cryptosporidiosis	USA
1977	Legionnaire disease	USA
1977	Ebola Haemorrhagic fever	Zaire
1977	Hantaan virus	Korea
1980	Heaptitis D	Italy
1980	HTLV 1	Japan
1981	AIDS	USA
1986	Bovine spogiform encepalopathy	UK
1988	Salmonella enteritides PT4	UK
1989	Hepatitis C	USA
1991	Brazilian haemorrhagic fever	Brazil
1991	Venezuelan haemorrhagic fever	Venezuela
1992	Vibrio cholerae 0139	India
1993	HPS virus	USA
1994	Human and equine morbillivirus	Australia
1997	Bird's influenza virus	Hong Kong
1999	Nipah encephalitis virus	Malaysia
2003	SARS virus	Global
2003	H5N1 Avian influenza	Global
2009	H1N1 pandemic influenza	Global
2009	Severe fever with thrombocytopenia syndrome	China
2012	Middle East respiratory syndrome	Saudi Arabia
2013	H7N9 Avian influenza	China
2014	Ebola virus disease in West Africa	West Africa
2016	Zika virus disease	Latin America, Asia

20) WHO. Human infection with avian influenza A(H7N9) virus-update. Available from URL; http://www.who.int/csr/don/2013_10_16/en/index.html

21) WHO. Ebola virus disease outbreak-west Aftrica. Available from URL; http://www.who.int/csr/don/2014_09_04_ebola/en/

22) CDC. Countries with Former Widespread Transmission and Current, Established Control Measures. Available from URL; https://www.cdc.gov/vhf/ebola/outbreaks/2014-west-africa/case-counts.html

2.4 해외에서 유입되는 감염병

우리나라 국민의 해외여행 자유화가 시작되었던 1989년 이후 해외 여행객 수는 급속하게 증가하고 있고 2009년도 한해 기준 약 9,494천명의 내국인이 해외여행을 하여 전세계적으로 인구 당 해외 여행객 수가 가장 높은 나라 중에 하나이다. 2010년도 해외여행객은 2009년도에 비하여 31.5% 증가하였으며, 특히 아시아 지역 여행객은 평균 34%이상 증가하였다. 해외 여행객의 증가와 더불어 여행지역 다양화로 인해 해외 감염병의 국내 유입 빈도가 증가하고 있다〈표 19.4〉.

〈표 19.4〉 해외유입감염병 환자 발생 현황

단위 : 명

감염병	2007	2008	2009	2010	2011	2012	2013	2014	2015
콜레라	6	5	0	8	3	0	3	0	0
장티푸스	19	10	12	20	148	129	156	251	121
파라티푸스	11	8	11	17	56	58	54	37	44
세균성 이질	41	62	35	104	171	90	294	110	88
말라리아	35	29	26	51	826	542	445	638	699
뎅기열	97	51	59	125	72	149	252	165	255

자료출처 : 질병관리본부, 주간 건강과 질병(2016) – vol.9 no.43 / 42th week(10.9 – 10.15)

외국에서 감염되어 유입되고 있으나 토착화가 이루어지지 않는 감염병으로 콜레라와 열대열 말라리아, 뎅기열, 웨스트나일병 등이 대표적인 감염병이다. 최근에 해외여행이 증가하면서 유입되는 감염병도 증가하고 있는데, 앞으로도 더욱 증가할 것으로 예측된다.

우리나라 국민이 여행하는 국가들도 점점 많아지면서 향후 더 많은 종류의 감염병이 유입될 수 있다. 이와 같은 감염병 유입 양상과 감염병과 관련 요인들의 변화 양상을 고려해 볼 때 해외에서 유입된 일부 감염병은 국내에서 토착화 혹은 자생적으로 발생할 가능성이 있어 이에 대해서도 관심을 가져야 한다.

3. 공중보건위기 감염병 사례

공중보건위기 상황은 다양한 감염병들에 의하여 야기될 수 있다. 미국 CERC(Crisis & Emergency Risk Communication)에서 감염병에 의한 위기를 사람과 동물, 식물의 질병과 사망을 초래하는 바이러스와 세균, 그 외 병원체 등에 의해 응급 조치를 야기하는 위기 상황으로 정의하고 있다. 그 예로 콜레라와 장출혈성대장균감염병, 대유행인플루엔자, 항생제내성 병원체에 의한 감염, 백일해, 살모넬라 감염증 등의 다양한 병원체들을 제시하고 있다[23].

그동안 공중보건위기를 야기할 수 있는 감염병을 선정하여, 향후 위기 상황을 대비하고 대응할 수 있는 기반 자료가 되도록 사례들을 정리하였다. 이렇게 선정된 감염병을 전파 경로별로 분류하여 ① 호흡기 전파 감염병, ② 수인성/식품매개감염병, ③ 곤충매개/인수공통감염병, ④ 출혈성바이러스감염병, ⑤ 예방접종대상감염병, ⑥ 생물테러감염병 등으로 범주화하여 소개하였다.

3.1 호흡기 전파 감염병

공중보건위기를 야기하였던 사람간 호흡기로 전파되는 감염병 5개를 선정하여 기술하였는데, 이들 중 3개는 인플루엔자 바이러스에 의한 것이며, 2개는 코로나 바이러스에 의한 것이다 〈표 19.5〉.

〈표 19.5〉 공중보건위기를 야기하는 호흡기 전파 감염병

질병	나라(지역)	연도
SARS	전세계	2003
Avian Influenza	한국, 아시아 지역	2003
Influenza H1N1	한국, 전세계	2009
MERS	중동과 영국	2012
Influenza A(H7N9)	중국	2013

3.1.1 2003년 SARS

SARS는 2002년 겨울 중국에서 발생이 시작된 이래 수개월 만에 홍콩, 싱가포르, 캐나다 등 전 세계적으로 확산되었던 새로운 감염병이었다. 26개국에서 8,098명의 환자가 발생하여 774명이 사망하였다[24]. 국내에서도 3건의 추정환자, 17건의 의심환자가 발생하였다. 2003년 7월 5일 마지막 발생지역인 대만이 여행 제한 지역에서 해제되면서 SARS 유행은 종료되었으며, 그 이후 지역사회에서 발생한 SARS 사례는 없었다. SARS 유행에 의한 사회적 비용은 매우 커서, 아시아개발은행은 국가 GDP 중 SARS로 인한 사회적 비용이 차지하는 비율을 홍콩과 중국은 약 3%로 추산하였으며, 우리나라의 추정 수치는 0.5%이었다[25].

23) USDHHS, CDC. Crisis emergency risk communication, 2012 edition. pp 6. Available from URL; http://emergency.cdc.gov/cerc/pdf/CERC_2012edition.pdf

24) WHO guidelines for the global surveillance of SARS Updated recommendations. October 2004.

25) Asian Development Bank, "Assessing the impact and cost of SARS in developing Asia", in Asian Development Outlook 2003 Update(Manila, Asian Development Bank, 2003), available at 〈http://www.adb.org/Documents/Books/ADO/2003/update/sars.pdf〉.

3.1.2 조류인플루엔자 A(H5N1)

조류인플루엔자 A(H5N1)는 2003년 이후 주로 동남아시아를 중심으로 인체감염 사례들이 산발적으로 발생하고 있으며, 가금류 또는 그 배설물로 오염된 표면이나 물체와의 직접적인 접촉이 인체감염의 주요 전파 경로인 것으로 추정된다. 우리나라는 2003년 12월부터 2004년 3월까지 19개 농장, 2006년 11월부터 2007년 3월까지 7개 농장에서 고병원성 조류인플루엔자 A(H5N1) 감염이 발생한 바 있으며, 2008년 4월부터 19개 시군구 42개 농장에서 동일한 고병원성 조류인플루엔자 발생이 확인되었지만, 인체 감염 사례는 없었다.

3.1.3 신종인플루엔자

2009년에 유행한 인플루엔자는 돼지인플루엔자(swine influenza)에서 생긴 새로운 형태의 H1N1 인플루엔자 바이러스이며, 이 인플루엔자를 신종인플루엔자(Influenza A/H1N1)이라고 명명하였다. 이는 2009년 4월, 미국에서 새로운 인플루엔자 A/H1N1 2009 바이러스에 의한 감염이 공식적으로 확인되면서 시작되었다.

세계보건기구(World Health Organization; WHO)는 4월 27일 인플루엔자 대유행 단계를 3단계에서 4단계로, 4월 29일에는 5단계로 격상시켰다. 그 후 WHO는 신종인플루엔자가 전 세계로 급속히 확산되자 6월 11일에 인플루엔자 대유행 최종단계인 6단계를 선언하였다.

우리나라는 4월 28일 멕시코를 다녀온 신종인플루엔자 추정 환자(5월 1일 확진)가 처음 보고되면서 국가 전염병위기단계를 '관심' 에서 '주의' 로 상향 조정하여 초기에 검역강화 및 환자격리를 통해 해외유입을 차단하고, 지역사회로 전파되는 것을 예방하는데 역점을 두었다. 7월 이후 신종인플루엔자의 지역사회에서 지속적으로 확산됨에 따라 7월 21일 국가 감염병 위기단계를 '주의' 에서 '경계' 로 상향 조정하여 정부의 대응방향을 기존의 '전파 차단' 에서 '피해 최소화' 로 바꾸었다. 이후 11월 3일에는 '심각' 단계로 상향 조정되었으며, 10월 21일부터 백신 접종이 이루어지고 환자수가 감소하게 되어 12월 11일에는 '심각' 에서 '경계' 로 하향 조정되었다. 그리고 2010년 3월 8일에는 '경계' 에서 '주의' 로 다시 환원되었고, 그 이후 신종인플루엔자 환자 및 사망자 발생 수가 지속적으로 감소되어 3월 31일에는 국가 감염병 위기단계가 '주의' 에서 '관심' 단계로 하향 조정되었다[26].

26) 보건복지부. 신종 인플루엔자 대응 백서 2009-2010. 2010

3.1.4 중동호흡기증후군(Middle East Respiratory Syndrome)

신종코로나바이러스(MERS-CoV)가 병원체인 중동호흡기증후군의 첫 번째 사례는 2012년 사우디아라비아를 여행한 Qatari 남성에게서 나타났으며, 전체 발생한 환자의 80%가 사우디아라비아에서 발생하였다. WHO는 2013년 1월 3일까지 총 177명이 확진되었고 74명(치명률 41.8%)이 사망한 것으로 보고하였고, 중동호흡기증후군의 기본재생산지수는 0.6-0.69로 지역사회에서 대유행이 일어날 가능성은 낮을 것으로 평가하였다[27].

그러나 높은 치명률로 인하여 이 감염병이 유입되면 위기 상황으로 전개될 것이므로 우리나라도 유입에 대비하여 중동호흡기증후군에 대한 감시와 검역을 시행하였으며, 중동지역에서의 발생 정보를 수집하고 최신 연구동향 모니터링 지속하였다. 2013년 8월에는 사우디아라비아에서 한 한국인 근로자가 중동호흡기증후군 코로나바이러스 유사증상으로 사망하고, 이어 입국한 동료 근로자 중 증상이 있어 관찰이 필요한 3명을 국가지정격리병상이 있는 병원으로 격리하여 치료하였으나, 확진검사에서 음성으로 판정되어 위기 상황이 종료된 사례가 있었다.

그러나 2015년 5월 중동을 여행하고 돌아온 한 환자가 발단이 되어 국내의 여러 병원을 중심으로 전파가 이루어져 총 186명의 환자가 발생하였으며 38명이 사망하여 이전에 볼 수 없었던 국가와 사회에 커다란 영향을 끼친 국가적인 공중보건위기 상황을 초래하였다[28][29][30].

3.1.5 조류인플루엔자 A(H7N9)

조류인플루엔자 A(H7N9) 바이러스는 조류에서 발견되는 인플루엔자 바이러스의 하나로 사람에게서는 발견되지 않았으나, 2013년 2월 중국에서 첫 환자 발견 후 2013년 12월 17일까지 총 145명 발생 중 45명 사망한 것으로 보고되었다.

H7N9형 인플루엔자 유행에 대한 R값은 약 0.1로 사람간 전파로 유행이 일어날 가능성은 낮으나[31], 우리나라는 중국과 인접 국가이기 때문에 사람과 동물에서의 감염을 지속적으로 감시

27) Breban R. Rioua J, Fontanet A. Interhuman transmissibility of Middle East respiratory syndrome coronavirus: estimation of pandemic risk. Lancet 2013; 382: 694-699

28) Ki M. 2015 MERS outbreak in Korea: hospital-to-hospital transmission. Epidemiol Health 2015; 37: e2015033.

29) Korea Centers for Disease Control and Prevention. Middle East respiratory syndrome coronavirus outbreak in the Republic of Korea, 2015. Osong Public Health Res Perspect 2015; 6: 269-278.

30) Kim KM, Ki M, Cho S, Sung M, Hong JK, Cheong H, Kim J, Lee S, Lee C, Lee K, Park Y, Kim SW, Choi BY. Epidemiologic features of the first MERS outbreak in Korea: focus on Pyeongtaek St. Mary's Hospital. Epidemiol Health 2015; 37: e2015041

31) Chowell G, Simonsen L, Towers S, Miller MA, Viboud C. Transmission potential of influenza A/H7N9, February to May 2013, China BMC Medicine 2013;11:214

할 것이 권고하고 있다[32]. 최근 대만과 홍콩에서도 H7N9형 인플루엔자 환자가 발생함에 따라 국내 유입의 가능성을 배제할 수 없어 지속적으로 감시를 시행하고 있다.

3.2 수인성/식품매개 감염병

공중보건위기를 야기하는 수인성 식품매개 감염병은 많이 있으나, 여기서는 6개의 사례를 선정하여 기술하였다(표19.6).

〈표 19.6〉 공중보건위기 수인성/식품매개 감염병

질병	나라(지역)	연도
Cyclosporiasis	미국	1996
Shigella	한국, 충북 옥천	1998
Norovirus infection	한국, 경인지역	2006
E. coli O157:H7	미국, 전역	2006
Cholera	아이티	2010
E. coli O104:H4	독일과 유럽	2011

3.2.1 1996년 북미의 Cyclosporiasis 집단 발병

1996년 5월부터 6월까지 미국과 캐나다 등 북미의 여러 지역에서 동시 다발적으로 55개의 Cyclosporiasis 집단발병 사례들(미국 47개, 캐나다 8개)이 있었고 환자 발생은 8월까지 이어졌다[33]. 이어지는 역학 조사 초기에는 전파 매개 식품을 딸기로 잘못 추정하였으나, 이후 유행 조사에서 감염을 매개한 식품이 과테말라에서 수입한 라즈베리임을 규명하였고 그에 대한 조치를 취하여 유행을 종결하였다.

3.2.2 1998년 충청북도 옥천에서의 세균성이질 유행

충청북도 옥천군에서 1998년 6월에 세균성이질 유행이 시작되어 7월 말에 가장 많은 환자가 발생하여 정점을 찍은 뒤, 9월까지 환자 발생이 이어졌다. 단순 설사환자 1,270명과 세균성이질 의심환자 664명이 발견되었으며, 53명이 실험실적으로 확진되었다. 옥천군의 전체 읍면에서 환자가 발생하자 군의 보건의료 인력을 동원하여 방역 활동을 시행함으로써 3개월 만에 유

32) WHO. Human infection with avian influenza A(H7N9) virus - update. Available from URL; http://www.who.int/csr/don/2013_10_16/en/index.html

33) Herwaldt BL, Ackers M, The Cyclospora Working group. an outbreak in 1996 of cyclosporiasis associated with imported raspberries. NEJM 1997;336:1548-56.

행을 종료하였다.

이 기간 중에 보건소와 군청 소속 100여 명의 공무원이 방역 활동을 시행하였고, 군내의 병원과 의원, 약국 등이 환자 관리에 참여하였으며, 사회적 격리 조치도 시행되었다. 이 사례는 다른 군으로 확산되지 않고 한 군에서만 발생한 공중보건위기 사례로 간주될 수 있다[34].

3.2.3 2006년 수도권 학교에서 유행한 Norovirus 집단 발병

2006년 6월 13일부터 19일까지 서울과 인천, 경기도의 31개 학교와 1개의 사업장에서 노로바이러스 감염증 집단발병이 발생하여 2,872명의 환자가 발생하였다. 이 집단발병 유행조사를 위해 질병관리본부와 시·도 교육청, 시·도 보건환경연구원, 19개 보건소, 국립환경과학원이 참여하여 역학조사를 시행하였다. 역학조사 결과 병원체의 염기서열이 100% 일치하는 단일 유전체형(G I -11)을 발견하였으며, 감염경로는 한 식품공급업체가 노로바이러스에 오염된 식재료를 공급하여 공동으로 노출되었을 것으로 추정하였다. 이 집단 발병 사례는 2007년부터 식중독 바이러스 국가 감시망 사업(K-CaliciNet)이 추진되는 계기가 되었다.

3.2.4 2006년 미국에서 대장균 감염증의 유행

2006년 8월 2일부터 9월 13일까지 미국 26개 주에서 E. coli O157:H7으로 확진된 183명의 환자가 보고되었다. 그 중 95명(52%)이 입원하였으며, 29명(16%)이 용혈성 요독증으로 진단되었고 1명이 사망하였다. 그 외 2명의 환자가 사망하였는데, 이들도 이 집단발병과 연관성이 있을 것을 의심하여 조사를 하였다. 조사 결과 캘리포니아의 한 농장에서 생산한 시금치가 매개 식품으로 조사되었으며, 미국 식품의약품안전청은 시금치 섭취를 금지하였다[35]. 이 사례는 식품매개에 의한 대장균 감염증이 공중보건위기 상황을 야기한 사례이다.

3.2.5 2010년 아이티에서 발생한 콜레라

2010년 1월 12일 아이티에서는 수도에서 26km 떨어진 진원지에서 진도 7.0의 지진이 발생하였다. 당시 31만 6천명이 사망하였으며, 150만 명이 집을 잃었다. 이후 전세계에서 아이티를 지원하기 위한 활동이 있었고, 네팔에서도 평화유지군을 파견하여 Mirebalais 지역에 주둔

34) 한양대학교 지역사회보건연구소. 1998년 충청북도 옥천군 세균성이질 유행에 관한 역학적 연구. 1999년 2월.

35) CDC. Ongoing Multistate Outbreak of Escherichia coli serotype O157:H7 Infections Associated with Consumption of Fresh Spinach - United States, 2006:55(Dispatch):1-2

하였다. 2010년 10월에 평화유지군 주둔 지역에서 콜레라 유행이 일어났고, 이어서 Artibonite 강 하류로 유행이 퍼지고 아이티 전역으로 유행이 확산됨으로써[36] 아이티의 공중보건위기 상황으로 전개되었다. 이 유행으로 아이티에서 2012년까지 7,000여 명이 사망하였으며, 이후에도 콜레라 환자 발생이 지속되었다.

또한, 아이티와 국경을 맞대고 있는 나라인 도미니카 공화국에서도 21,000명이 발생하여 363명이 사망하였다고 보고하였다[37]. 이 사례는 지진과 같은 재난이 발생하여 보건의료를 포함한 사회 기반이 붕괴된 상황에서 감염병이 발생하면 큰 유행으로 발전하여 공중보건위기 상황으로 발전될 수 있음을 보여 주는 사례이다.

3.2.6 2010년 독일과 유럽에서 발생한 E. coli O104:H4 집단 발병

2011년 5월 독일 북부지역에서 식품매개감염병이 집단발병하였다. 이 감염병의 병원체는 Escherichia coli O104:H4이었다. 이 집단발병의 병원체는 extended spectrum beta lactamase 형질을 갖고 있어 항생제에 내성을 갖고 있었다. 2011년 5월 1일부터 용혈성 요독증(hemolytic uremic syndrome) 환자가 발생하기 시작한 뒤 65일 동안 환자 발생이 지속되어 4,000여 명이 발병하였고, 900명의 용혈성 요독증 사례가 발생하여 53명이 사망하였다. 독일 이외에 스위스, 프랑스, 폴란드, 네델란드, 스웨덴, 덴마크와 영국 등의 유럽 지역뿐만 아니라, 미국과 캐나다 등지에서도 환자들이 발생하였다. 감염된 모든 환자들은 독일과 프랑스에 거주한 과거력이 있었다.

초기 역학조사에서 이 집단발병이 스페인의 오염된 농작물에 의한 것으로 잘못 조사되어 스페인은 농작물 회수와 생산 손실로 인해 큰 피해를 입었다. 그러나, 이후 시행된 역학조사 결과 이 집단발병은 새싹 섭취와 연관성이 있는 것으로 보고하였다. 독일에서는 2011년 5월부터 새싹들을 소비하였고, 프랑스에서는 6월 8일에 새싹을 발아시켜 소비하였던 것으로 조사되어 6월에 독일정부의 새싹 채소 소비에 대한 조치가 시행된 이후, 감염환자 발생이 감소하여 유행이 종료되었다[38) 39) 40)]. 이 사례는 다른 대장균감염증(EHEC O157)에 비하여 독성이 강한 특성

36) Piarroux R, et al. Understanding the Cholera Epidemic, Haiti. EID 2011;17:1161-1167

37) Donna Leinwand Leger, USA TODAY Updated 1/8/2012 1:23 PM

38) 2011 Germany E. coli O104:H4 outbreak. Available from URL; https://en.wikipedia.org/wiki/2011_Germany_E._coli_O104:H4_outbreak

39) Frank C, et al., on behalf of the HUS investigation team. Large and ongoing outbreak of haemolytic uraemic syndrome, Germany, May 2011. Euro Surveill. 2011;16(21):pii=19878.

40) Karch H, et al. The enemy within us: lessons from the 2011 European Escherichia coli O104:H4 outbreak. EMBO Mol Med. 2012;4:841-848

을 지니고 있어 치명률이 높았고, 초기에 정확한 감염원을 몰라서 효과적인 유행 종식을 위한 조치들이 이루어지지 않았다. 그로인해 유행이 오래 지속되어 국민들에게 불안과 공포를 야기한 공중보건위기 사례이다.

3.3 곤충매개/인수공통 감염병

곤충매개 · 인수공통 감염병의 발생 혹은 유행도 공중보건위기 상황으로 발전할 수 있는데, 연구자들은 그 사례로서 1998년도 말레이시아에서 발견된 니파 뇌염과 1999년도 미국 뉴욕주와 인근 주에서 발생한 웨스트 나일 뇌염, 2013년도 우리나라에서 발생한 중증열성혈소판감소증후군, 그리고 2016년에 세계보건기구가 공중보건응급상황으로 선언한 지카바이러스병에 대하여 기술하였다(표19.7).

〈표 19.7〉 공중보건위기 곤충매개/인수공통 감염병

질병	나라(지역)	연도
Nipah encephalitis	말레이시아	1998
West Nile encephalitis	미국 뉴욕/인근 주	1999
Severe fever with thrombocytopenia syndrome	한국	2013
Zika virus disease	남아메리카와 아시아	2016

3.3.1 1998년 말레이시아에서 발생한 니파 뇌염

니파바이러스 감염증은 돼지, 사람 등 다양한 동물에서 발생되는 급성, 열성 바이러스성 인수공통감염병이다. 이 감염병은 1998년 말레이시아에서 처음 확인된 감염병으로 감염 시 호흡기증상 및 신경증상을 보이며, 사람에게 치명적인 뇌염을 유발하여 사망에까지 이르게 하는 질병이다[41]. 1998년 10월부터 1999년 5월 사이 말레이시아에서 258명의 환자가 발생하여 104명이 사망하였는데, 돼지와 접촉한 사람들에서 발생하였고, 약 90만 마리의 돼지를 도축한 뒤 환자 발생이 감소하였다.

싱가포르에서는 도축장 종사자 중 11명이 니파바이러스 감염증에 감염되어 1명이 사망하였는데, 이 도축장에서 도축한 돼지는 말레이시아에서 수입한 것이었고, 이어, 말레이시아에서의 돼지 수입을 금지하고 도축장을 폐쇄한 뒤 환자 발생이 감소하였다[42].

말레이시아 방역당국은 미국 CDC, 호주, 일본의 협조 아래 역학 조사를 수행하였으며, 조사

41) 나진주. 니파바이러스질병, 국립수의과학검역원.

42) Centers for Disease Control and Prevention. Update: Outbreak of Nipah Virus -- Malaysia and Singapore. MMWR 1999;48:335-337.

결과 말레이시아 반도의 야생 박쥐에서 가축인 돼지로 바이러스 감염이 전파되고 이어 사람이 돼지와 접촉하는 과정에서 감염되어 발생한 것으로 추정되었다[43].

일반적으로 야생동물에 있던 병원체가 사람으로 전파되는 경우 높은 치명률을 보이는데, 니파 뇌염도 치명률이 높아 공중보건위기 사례로 전개된 사례이며, 말레이시아로부터 수입된 돼지를 싱가포르의 도축장에서 도축하는 과정에서 감염되어 유행이 일어나 국가 간 교역에서의 갈등을 야기한 사례이기도 하다.

3.3.2 미국 뉴욕주와 인근 주에서 발생한 웨스트 나일 뇌염

1937년 우간다 북부 웨스트나일 지역의 발열성 환자 혈액에서 처음으로 플라비 바이러스가 분리되었으며, 이 바이러스는 사람과 다양한 종류의 동물에서 감염이 일어난다. 자연계에서 모기-조류-모기의 전파 고리를 이루고 있으며 사람은 주로 모기에 의하여 감염되는 것으로 알려져 있다.

웨스트나일열은 아프리카, 아시아, 유럽, 호주지역에서 토착화된 질병으로 1990년대 말에 루마니아와 러시아, 이스라엘에서 대규모 유행이 있었다. 1999년 8월 미국 뉴욕 주에서 처음 뇌염 환자가 발병한 뒤 1999년에 총 62명이 발병하고, 7명이 사망하였다. 발병 지역은 코네티컷과 메릴랜드, 뉴저지, 뉴욕 등 4개 주였다. 이후, 2000년도에는 총 12개 주로 확산되었으며, 2004년 이후 미국 전역에서 발생되고 있다[44].

1999년 뉴욕에서 처음 이 질병이 인지되었을 때, 공중보건위기 상황으로 전개되었다. 뉴욕의 한 지역병원에서 한 달 동안 3명의 뇌염 환자가 발생하여 신고 보고하여 역학조사가 시작되었다. 역학조사를 통해 기존에 미국에서 토착 발생하는 세인트루이스 뇌염과 다른 새로운 감염병임을 알게 되고, 이후 조사를 통해 웨스트나일 뇌염을 확진하였다. 이 사례에 대하여 생물테러를 가능성이 제기되고 언론을 통해 주민들에게 전달되어 위기 상황으로 발전되었는데[45][46], 이는 부적절한 위기 소통이 위기 상황을 야기할 수 있음을 보여 주는 사례였다.

43) Yob JM, Field H, Rashdi AM, Morrissy C, van der Heide B, Rota P, bin Adzhar A, White J, Daniels P, Jamaluddin A, Ksiazek T. Nipah virus infection in bats(order Chiroptera) in peninsular Malaysia. Emerg Infect Dis. 2001;;7(3):439-41.

44) CDC. West Nile Virus. Available from URL; http://www.cdc.gov/westnile/index.html.

45) New York Times. DIALOGUE: Is That an Epidemic - or a Terrorist Attack?; Bioterrorism Is the Least of Our Worries.http://www.nytimes.com/1999/10/16/opinion/dialogue-that-epidemic-terrorist-attack-bioterrorism-least-our-worries.html

46) Stern J. Dialogue: Is that an epidemic or a terrorist attack?; A lethal weapon we must learn to recognize. New York Times. October 16, 1999

3.3.3 2013년 우리나라에서 발생한 중증열성혈소판감소증후군

중증열성혈소판감소증후군(SFTS; severe fever with thrombocytopenia syndrome)은 2011년 중국에서 처음 확인된 SFTS 바이러스 감염에 의해 발생하는 질병이다[47]. 중국에서는 2011년부터 2012년 2년간 총 2,047건(129례 사망, 치명율 약 6%)이 확인됐다. 일본(2013년 5월말 기준)에서는 2013년 1월 첫 사망자 발생하였고, 이어 17명의 감염자(사망 9명)가 발생하였다[48].

우리나라에서는 2013년 5월 6일 국내에 서식하는 작은 소참진드기에서 바이러스가 분리되었고, 2013년 5월 21일 최초 감염사례 확인된 뒤, 2013년 6월 초에 국내 9명의 감염자(사망 4명)를 확인하였다[49]. 이 사례는 언론과 국민의 주목을 받았으며, 국민들이 야생진드기에 대한 두려움으로 한동안 위기 상황으로 전개되었다.

3.3.4 2016년 남아메리카와 아시아에서 발생한 지카바이러스병

1947년 아프리카 우간다의 지카 숲에서 처음 발견된 지카바이러스병은 2007년도부터 2016년까지 남태평양 섬 국가를 경유하여 남아메리카로 퍼진 뒤 이어 중미와 북미, 동남아시아에서도 자생적으로 환자들이 발생하였다. 지카바이러스병에 감염된 임산부에서 태어난 출산아에게서 소뇌증이 발견되고, 성인에서 길랑-바레증후군이 발현되는 등 위중한 후유증을 야기하는 감염병으로 세계보건기구는 공중보건응급상황으로 선언하였다[50].

2007년 이후 2016년도 12월 12일까지 중남미 48개국과 오세아니아 13국, 아시아 10개국, 북미 1개국, 아프리카 4개국 등 총 76개 국가에서 환자들이 자생적(autochthonous)으로 발생하였으며, 우리나라는 2016년 12월까지 남아메리카와 동남아시아에서 감염된 환자 15명이 입국하였고, 국내에서 자생적으로 발생한 환자는 없었다[51].

3.4 예방접종 대상 감염병

공중보건위기 상황을 야기한 예방접종 대상 감염병 사례는 많이 있으나, 연구자들은 1987년

47) Yu X, et al. Fever with Thrombocytopenia Associated with a Novel Bunyavirus in China. N Engl J Med 2011;364;16
48) 중증열성혈소판감소증후군 바이러스(SFTS Virus) 생물안전정보, 질병관리본부
49) 중증열성혈소판감소증후군 바이러스(SFTS Virus) 생물안전정보, 질병관리본부
50) WHO. Zika virus. Available from URL; http://www.who.int/mediacentre/factsheets/zika/en/
51) 질병관리본부. 질병정보; 지카바이러스 감염병. Available from URL;
http://cdc.go.kr/CDC/health/CdcKrHealth0101.jsp?menuIds=HOME001-MNU1132-MNU1147-MNU0746-MNU2423&fid=7956&cid=68928

과 2000년의 사우디아라비아에서의 수막구균 수막염과 2000년과 2001년 우리나라의 홍역 유행, 2012년 전남 영암 지역에서 유행한 백일해를 선정하여 검토하였다〈표 19.8〉.

〈표 19.8〉 공중보건위기 예방접종 대상 감염병

질병	나라(지역)	연도
Meningococcal meningitis	사우디아라비아	2000
Mealses	한국	2000~1
Pertussis	한국, 영암	2012

3.4.1 수막구균 수막염

수막구균 수막염은 전세계에서 산발적으로 발생하고 있으나, 아프리카의 사하라 이남 지역(잠비아, 세네갈, 말리, 부르키나파소, 가나, 니제르, 나이지리아, 카메룬, 차드, 중앙아프리카, 수단, 우간다, 케냐, 에티오피아, 에리트레아)은 매년 수막구균성 뇌수막염이 창궐해, 세계보건기구(WHO)에서는 이 지역을 '수막구균 벨트(Meningitis Belt)'로 칭하고 있다[52].

사우디아라비아도 토착 발생 지역으로 1987년 하지 순례기간 중에 사우디아라비아에 유행이 있었다. 전세계에서 96만 명의 순례객이 사우디아라비아를 방문하여 다른 나라로 유행이 퍼질 가능성이 높아 세계적인 위기 상황으로 간주되어 세계보건기구를 중심으로 감시 네트워크를 가동하여 순례객 중 735명의 사례가 발병한 것으로 파악되었다[53].

2000년에도 하지 기간 중에도 사우디아라비아에 수막구균 수막염 유행이 일어나 199명이 발생하고 55명이 사망한 상황에서 약 130만 명의 순례자들이 메카를 방문하여 세계적인 위기 상황으로 전개되었고, 각 국가에서 순례자들을 대상으로 하는 감시망을 가동하여 순례자들에게 예방접종을 권하는 등 방역조치를 수행하였다. 2000년 메카 순례자 및 접촉자와 관련하여 2월 말부터 5월 말까지, 3개월 만에 12국가에서 330건의 감염 사례가 보고되었다. WHO는 메카 순례자들에게 4가지 혈청군에 예방효과를 갖는 백신 접종을 권고하였으나 접종률이 100%에 이르지는 못하였다. W135혈청군과 관련한 감염 사례는 2001년에 재발하였고, 그 후 2002년 이후 이 4가 백신이 메카지역 순례자들의 필수 예방접종이 되었다[54].

52) WHO, Control of epidemic meningococcal disease. WHO practical guidelines : p6

53) Moore PS, Harrison LH, Teizak EE, Ajello GW, Broome CV. Group A meningococcal carriage in travelers returning from Saudi Arabia. JAMA 1988;260:2686-9.

54) http://www.nathnac.org/pro/factsheets/meningococcal.htm

3.4.2 2000-2001년 우리나라의 홍역 유행

대표적인 예방접종대상감염병인 홍역은 백신이 개발된 이후 선진국에서는 그 발생이 현저하게 줄었으나 개발도상국에서는 아직도 흔히 발생하며 특히 소아에서 생명을 위협하는 주요 질병으로 남아있다. 우리나라는 1965년 홍역 백신이 도입된 이후 꾸준히 환자 발생률이 감소하고 있는 추세이지만 예방접종률이 질병 퇴치 수준인 95%에 미치지 못하는 상황에서 4~6년을 주기로 홍역의 유행이 되풀이 되고 있는 상황이었다.

2000~2001년도에 총 홍역 환자수가 55,000여 명에 달하는 대규모 유행이 발생하여 공중보건위기 상황으로 전개되었다. 전국 94개 보건소 관할 282개 학교가 참여하여 수행된 홍역 예방접종률 및 면역도 조사에 의하면, 1차 접종률은 전체적으로 84.2%이었고, 2차 접종률은 전체적으로 37.7%으로 유행을 억제할 만한 수준이 아니었다. 학생들을 대상으로 한 항체양성률 조사에서 초등학생은 85.5%, 중학생은 92.8%, 고등학생은 94.5%으로 유행을 예방하기 충분한 면역도 수준이 아니었다.

이 홍역의 집단면역 수준을 높이기 위하여 2001년에 8-16세 연령층의 560만 명을 대상으로 홍역 예방접종을 일제히 시행하여 유행을 종결시켰다[55]. 예방접종률이 충분하지 못한 경우 감수성자가 누적되어 일정 수준 이상이 되면 국가적인 유행이 발생하여 공중보건위기 상황이 만들어 질 수 있음을 보여 주는 사례이다.

3.4.3 2012년 전라남도 영암군의 백일해 유행

예방접종대상감염병의 하나인 백일해는 전염력이 강한 소아 감염질환으로 백신 사용이 확산됨에 따라 유행이 감소한 질병이다. 그러나 2003년 WHO에 따르면 아직도 전세계적으로 매년 500만 명이 감염되고 그 중 30만 명이 사망하고 있으며 신생아 감염은 집중 치료에도 불구하고 치사율이 4%에 이르는 심각한 감염질환이다.

2012년 5월 전남 영암군의 한 고등학교에서 전교생 280여 명 가운데 약 200여 명이 두 달 가까이 기침과 인후통을 앓았다. 2012년 5월 14일 한 고등학교의 중간고사 시험 중 감독교사가 평소보다 기침하는 학생들이 많음을 인지하고, 해당학교 보건교사를 통하여 보건소에 신고하였으며, 이후 역학조사를 시행하여 병원체 검출을 시도하였으나 초기에는 바로 원인 질환을 밝혀내지 못하였고, 5월 25일 백일해가 원인으로 최종 확인되었다. 이후 역학조사에서 이 고

55) 보건복지부, 질병관리본부. 국가홍역퇴치선언 5개년 사업 백서. 2006년 11월

등학교 외에도 주변의 중학교에도 백일해가 유행한 것으로 파악되었다[56].

이와 같이 백일해가 확산되는 상황에서 원인을 파악하지 못한 10일 동안 영암지역은 위기 상황이 조성되었다. 이어 현성 환자와 무증상 감염자, 접촉자에 대하여 적절하게 치료하고 관리하였고, 예방적 화학요법을 시행하여 유행을 종식시켰다. 영암 지역에 유행이 발생한 것은 이 지역 학생들의 예방접종률이 낮아 유행을 예방하기에 충분한 집단면역 수준이 되지 않아 유행이 일어난 것으로 추정한다. 백일해 면역도가 낮은 지역이 다른 지역에도 있을 수 있어 다른 지역에서도 유행이 나타날 가능성이 있다.

3.5 출혈성 바이러스 감염병

세계보건기구는 바이러스성 출혈열(viral hemorrhagic fever)을 여러 종류의 바이러스에 의하여 발병하고, 임상증상으로 출혈을 보이는 심각한 감염병이라고 정의하고 있다. 해당하는 감염병에는 Arenaviridae 속에 Lassa fever, Bunyaviridae 속에 Crimean-Congo haemorrhagic fever, Rift Valley Fever, Hantaan haemorrhagic fevers가 있으며, Filoviridae속에 Ebola와 Marburg 출혈열, Flaviviridae 속에 yellow fever, dengue fever 등이 있다〈표 19.9〉.

〈표 19.9〉 공중보건위기 출혈성 감염병

질병	나라(지역)	연도
Lassa hemorrhagic fever	서아프리카	1969~
Ebola hemorrhagic fever	자이레	1976
Lift valley fever	이집트	1977~8
Marburg viral hemorrhagic fever	앙골라	2005

국내에서 1950년에 처음 발견되었고, 토착 발생하고 있는 신증후출혈열도 출혈성바이러스 감염병에 속하는데, 상대적으로 치명률이 높지 않아 위기 상황으로 전개되지 않고 있다. 황열과 뎅기열은 해외유입감염병으로 토착 지역으로의 해외 여행객 수가 증가하면서 유입 사례들이 증가하고 있다. 출혈성 감염병 중 Lassa 열과 Rift valley 열, Ebola와 Marburg 출혈열 등의 출혈성바이러스감염병이 우리나라에 유입된 적은 없으나, 치명률이 매우 높아 유입되는 경우 위기 상황으로 전개될 가능성이 있다.

56) 질병관리본부 질병예방센터 예방접종관리과. 영암 백일해 역학조사 보고서.

3.6 생물테러 감염병

생물테러로 가장 잘 알려진 사례에는 2001년 미국 911 테러 이후에 발생한 탄저테러 사례가 있고, 2003년도 미국이 이라크를 침공할 때 두창 테러의 위협이 높아져 미국 군인과 보건의료인을 대상으로 두창 예방접종을 시행한 사례가 있다. 우리나라는 예방접종을 시행하지는 않았으나, 이에 대한 대비로 두창 백신을 확보하여 유지하고 있다. 2001년 911 테러 이후에 발생한 탄저 테러 사례에서 볼 수 있듯이, 비록 사례 수가 적거나, 테러 위협만으로도 공중보건위기 상황이 이루어지고, 그로 인한 사회적인 영향은 매우 크다는 것은 잘 알려져 있다. 우리나라의 경우 질병관리본부의 생물테러대응과에서 이에 대한 대비를 하고 있다〈표 19.10〉.

〈표 19.10〉 공중보건위기 생물테러 감염병

질병	나라(지역)	연도
Anthrax	미국	2001
Smallpox	미국, 이라크, 한국 등	2003

생물테러를 일으킬 수 있는 병원체는 위에 기술한 탄저와 두창 이외에도 여러 종류가 있으며 〈표 19.11〉은 생물테러에 이용될 수 있는 병원체들을 나열한 것이다〈표 19.11〉[57].

〈표 19.11〉 생물테러에 이용가능한 병원체

제1군	제2군	제3군
Variola major(smallpox). Bacillus anthracis(anthrax). Yersinia pestis(plague). Filoviruses. – Ebola hemorrhagic fever. – Marburg hemorrhagic fever. Arenaviruses. – Lassa(Lassa fever). – Junin(Argentine hemorrhagic fever) and related viruses. Clostridium botulinum toxin(botulism). Francisella tularensis(tularaemia).	Coxiella burnetti(Q fever). Brucella species(brucellosis). Burkholderia mallei(glanders). Alphaviruses. – Venezuelan encephalomyelitis. – Eastern & western equine encephalomyelitis. Ricin toxin from Ricinus communis. Epsilon toxin of Clostridium perfringens. Staphylococcus enterotoxin B. Salmonella species. Shigella dysenteriae. Escherichia coli O157:H7. Vibrio cholerae. Cryptosporidium parvum.	Nipah virus. MDR tuberculosis.

57) 서울대학교 보건대학원, 보건복지부. 생물무기 또는 원인불명 전염병 발생대비 보건의료분야 대응책 마련을 위한 연구. 2001.

4. 감염병에 의한 재난과 공중보건위기의 대비와 대응

공중보건위기가 발생하는 시기와 장소, 그리고 대상들을 정확하게 예측할 수는 없으나, 미래 불특정한 시기와 장소에서 취약한 대상자에게 다양한 원인과 요인에 의하여 위기 상황이 나타날 것으로 예상할 수는 있다. 이와 같은 위기 상황을 대비하기 위하여 과거의 공중보건위기 상황을 파악하고 분석하여 특성을 파악함으로써 향후 발생할 수 있는 재난과 공중보건위기 상황에 대한 대비와 대응 체계를 구축하고 개선하는데 활용하여야 한다.

감염병에 의한 재난과 위기상황이 발생하였을 때 감염병 예방과 관리 활동을 수행하는 보건기관과 의료기관들이 협력하여 공중보건위기 대비와 대응 체계를 구축하고, 역량을 강화하는 것이 필요하다. 아울러 감염병에 의한 재난과 위기상황 대비와 대응을 보건기관과 의료기관뿐만 아니라 다른 영역의 유관 기관과 단체와 협력 관계를 구축하여 역량을 강화하는 것이 중요하다.

감염병으로 인한 공중보건위기를 대비하고 대응하는 단계와 일반적인 원칙, 그리고 우리나라 감염병위기 대응의 틀을 아래와 같이 소개하였다.

4.1 재난과 위기관리의 틀과 위기의 경보 수준

재난과 응급, 위기에 대한 포괄적 접근 방법은 4단계로 구분하는데, 여기에는 ① 예방(prevention), ② 대비(preparedness), ③ 대응(response), ④ 회복(recovery) 등의 단계가 있다. 이 개념은 처음 미국의 응급 상황 대비를 위하여 개발되었는데, 근래에는 대부분의 나라에서 이 개념을 도입하여 적용하고 있다[58) 59)].

예방 단계란 평상시에 재난과 위기 상황으로 전개되는 위험요인을 파악하여 전개 가능성을 최소화하는 단계이다.

대비 단계는 재난과 위기의 가능성이 높아진 상황에서 이에 대하여 준비하는 단계로 이 단계에서는 대응 계획을 세우고, 시설과 장비를 준비하며, 대응팀을 구성하여 인력을 교육하고 훈련한다.

위험성이 높아지고 대상 집단의 취약성(vulnerability)이 높아질 경우 위기 상태가 발생하게

58) UNESCO. Disaster planning - prevention, preparedness, response, recovery. Available from URL; http://webworld.unesco.org/safeguarding/en/pdf/txt_sini.pdf

59) 정지범, 김근세. 위기관리의 협력적 거버넌스 구축. 법문사, 2009, 31쪽.

된다. 재난 혹은 위기가 발생하면 대응 단계에 들어가게 되는데, 이 시기에는 이미 마련된 대응 계획에 따라 신속하게 활동을 개시하여 인적 피해와 사회경제적인 피해를 최소화해야 한다. 이 상황에서는 대응 지휘본부(control tower)를 구성하여 재난과 위기의 특성에 따라 준비된 대응 팀을 가동하여 신속하고, 체계적이며, 효율적인 활동을 시행한다.

회복 단계를 공학 분야에서는 복구 단계라고도 부르는데, 재난 혹은 위기 상황으로부터 원래의 정상 상태로 돌아가도록 하는 단계이다. 이 단계에서는 재난과 위기에 대한 예방과 대비, 대응, 회복 단계의 과정을 세세하게 정리하고 심층적으로 분석하여 문제점과 교훈을 파악한 뒤, 대안을 만들어 이후 재난과 위기를 예방하는 단계로 이어진다〈그림 19.2〉.

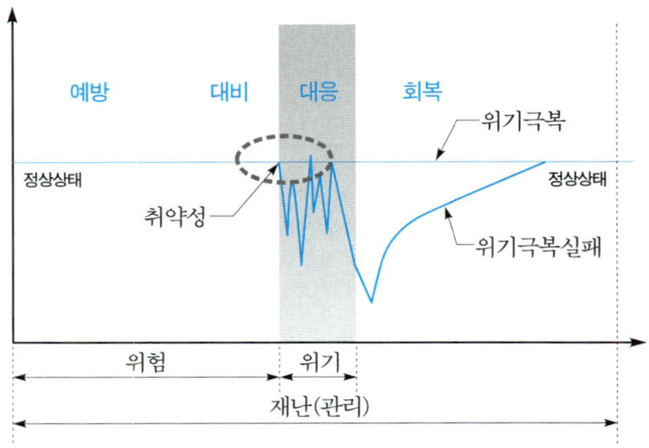

〈그림 19.2〉 위험관리, 위기관리, 재난관리의 과정적 정의

자료출처 : 정지범, 김근세. 위기관리의 협력적 거버넌스 구축. 법문사, 2009, 31쪽.

우리나라의 위기 경보 수준은 관심과 주의, 경계, 심각 단계로 구분하는데, 이 단계는 위의 위기 단계에서 주로 대응 단계를 세분화하여 구분한 것으로 일부는 대비와 회복 단계를 걸치고 있다. 아래의 표는 감염병 위기관리 표준매뉴얼에 있는 우리나라 감염병 위기 경보 수준이다〈표 19.12〉[60].

60) 보건복지부. 감염병 위기관리표준매뉴얼. 2016.

〈표 19.12〉 우리나라 감염병 위기 경보 수준

수준	내용	비고
관심 (Blue)	**〈해외 신종 감염병〉** • 해외의 신종감염병 발생 및 유행* *국제보건기구(WHO)의 제공중보건위기상황(PHEIC) 선포 **〈국내 원인불명 · 재출현 감염병〉** • 국내 원인불명 · 재출현 감염병 발생	징후활동 감시 대비계획 점검
주의 (Yellow)	**〈해외 신종 감염병〉** • 해외 신종감염병의 국내 유입 및 제한적 전파 **〈국내 원인불명 · 재출현 감염병〉** • 국내 원인불명 · 재출현 감염병의 제한적 전파	협조체제 가동
경계 (Orange)	**〈해외 신종 감염병〉** • 해외 신종감염병의 국내 유입 후 추가전파에 따른 지역사회 전파 **〈국내 원인불명 · 재출현 감염병〉** • 국내 원인불명 · 재출현 감염병 추가전파에 따른 지역사회 전파	대응체제 가동
심각 (Red)	**〈해외 신종 감염병〉** • 해외 신종감염병의 전국적 확산 징후 **〈국내 원인불명 · 재출현 감염병〉** • 국내 원인불명 · 재출현 감염병의 전국적 확산 징후	대응역량 총동원

** 상기 기준을 바탕으로 자체 위기평가회의를 통해 탄력적으로 위기경보 발령*

** 자료출처 : 보건복지부. 감염병 위기관리표준매뉴얼. 2016*

4.2 감염병 재난과 위기의 대비/대응의 원칙과 틀

감염병에 의한 재난과 위기 상황에 대한 대비와 대응의 기본적인 원칙들이 다른 재난과 큰 차이가 있는 것은 아니지만 나름 독특한 특성들을 갖고 있으므로 감염병으로 인한 재난과 위기의 대비와 대응을 위한 원칙들과 틀을 설명하였다.

4.2.1 우리나라 위기경보 단계별 대응체계

앞에서 기술한 바와 같이 우리나라 위기경보의 수준은 관심과 주의, 경계, 심각의 4단계로 구분한다. 관심단계에서는 감염병의 예방과 관리에 대한 일상적인 업무를 질병관리본부에서 시행한다. 주의단계부터 심각단계까지 중앙방역대책본부의 역할은 질병관리본부가 수행한다. 주의단계 중 감염병의 제한적 전파가 이루어지는 경우부터 경계수준까지는 총리 주재 범정부 회의를 한다. 심각수준에서는 행정안전부장관 또는 국무총리가 중앙재난안전대책본부장의 역할을 수행하고, 보건복지부는 중앙사고수습본부, 행정안전부가 범정부지원본부 역할을 수행한다〈그림 19.3〉[61].

61) 보건복지부. 감염병 위기관리 표준매뉴얼. 2016

위기경보 단계	대응체계	
① 관심 -해외감염병유행	일상업무(질병관리본부) -상황모니터링, 공항검역, 예방교육, 홍보 등	
② 주의 -국내유입	중앙방역대책본부 (질병관리본부)	
-제한적 전파 (병원 등 감염)	중앙방역대책본부 (질병관리본부)	총리주재 범정부 회의 중앙사고 수습본부 (보건복지부) / 범정부 지원본부 (국민안전처)
③ 경계 -지역사회전파	중앙방역대책본부 (질병관리본부)	총리주재 범정부 회의 중앙사고 수습본부 (보건복지부) / 범정부 지원본부 (국민안전처)
④ 심각 -전국적 확산 징후	중앙방역대책본부 (질병관리본부)	중앙재난안전대책본부 (국민안전처장관 또는 국무총리) 중앙사고 수습본부 (보건복지부) / 범정부 지원본부 (국민안전처)

〈그림 19.3〉 우리나라의 감염병 위기경보 단계별 대응체계

자료출처 : 보건복지부. 감염병 위기관리 표준매뉴얼. 2016

여러 중앙부처 기관들은 주의와 경계, 심각 수준에서 중앙방역대책본부와 중앙재난안전대책본부, 중앙사고수습본부의 활동에 협력 혹은 지원 임무를 수행하는데, 각 단계별 관계 부처의 주요 임무는 부록 표에 제시하였다(〈부록표1, 2, 3〉).

4.2.2 감염병 위기대응 지휘본부

재난과 위기 상황에서 중앙방역대책본부는 각종 자료와 정보를 수집하여 현황을 파악하고 진단하여 대비와 대응 조치 시행을 위한 의사결정을 하고 구체적인 활동을 기획하고 조정하는 위기대응지휘본부를 설치하여 운영한다. 이 지휘본부는 재난과 위기 상황 발생 시 현황을 진단하고, 원인과 위험요인을 파악하여 대비와 대응 조치를 기획하여 시행하며, 재난과 위기 상황의 진행 과정을 모니터링을 하여 대비와 대응 조치를 수정하고 보완하며, 상황이 끝난 뒤에

는 대비와 대응 활동을 평가하는 역할을 수행한다. 또한 재난과 위기 상황이 종식된 뒤에는 회복 활동을 기획/조정하여 시행하며, 평가 결과를 바탕으로 다음에 발생할 수 있는 재난과 위기 상황을 예방하고 대비한다.

광역자치단체와 기초자치단체도 재난 혹은 위기를 야기하는 감염병의 종류, 발생 규모와 범위, 심각성의 정도, 감염원과 전파경로 등의 특징에 따라 위기대응 지휘본부를 설치하여 운영하는데, 감염병의 발생 규모가 크고 범위가 넓은 경우에는 중앙과 지방정부 모두 설치하여 운영한다.

우리나라 중앙정부의 감염병으로 인한 공중보건위기 담당기관은 질병관리본부인데, 질병관리본부는 위기 상황뿐만 아니라 평상시에도 긴급상황센터를 운영한다. 평상시 예방 단계에는 주로 위기로 전개될 수 있는 감염병에 대한 감시를 통하여 위험 분석을 시행하고, 재난과 위기 상황을 예방하고 대비와 대응 역량을 강화하는 활동을 수행한다. 이 긴급상황센터는 주의와 경계, 심각 단계로 전개되면서 대책본부의 조직을 강화하고 인력을 보강하여 재난과 위기 대응을 위한 지휘부로서의 역할을 수행한다.

광역자치단체의 경우 2014년에 처음으로 경기도에 감염병관리본부를 설립하여 운영해 오고 있다. 2016년도에는 5개 광역자치단체(서울시와 부산시, 경기도, 전라북부, 제주도)에 감염병관리본부를 확대 설치하여 운영하고 있고 점차적으로 모든 시 · 도에 본부를 설치할 예정이다. 광역자치단체에 감염병관리본부가 있는 경우는 적정 규모의 위기대응지휘본부를 구성하여 운영하여 재난과 위기상황을 준비하는 것이 바람직하다. 감염병관리본부가 없는 광역자치단체는 재난과 위기 시를 대비하여 위기대응지휘본부 구성 계획을 세워 준비하는 것이 필요하다.

재난과 위기 상황의 발생 빈도와 행정 규모를 고려하였을 때, 평상시에 시 · 군 · 구의 기초자치단체는 위기대책본부를 설치할 필요는 없으나, 재난과 위기 상황에서 운영할 위기대응지휘부에 대한 구성 계획을 세워 재난과 위기 상황에서 즉시 구성하여 가동할 수 있도록 준비를 하는 것이 필요하다.

4.2.3 효과적인 대비와 대응, 구조를 위한 과학적 근거의 확보 ; 감시와 역학조사

재난과 위기 상황이 전개되는 상황에서 대비와 대응, 구조에 참여하는 사람들은 재난과 위기 상황에 대한 진단 단계를 생략하고 바로 대응 조치에 들어가는 경우가 있는데('act first, think later'), 효과적인 대비와 대응 조치를 수행하기 위해서는 먼저 상황을 신속하게 평가하여 조치의 목표와 내용을 정한 뒤에 수행하여야 한다. 이를 위해서는 신속하게 감시체계를 가동하고, 역학조사를 시행하여 과학적인 근거를 확보한 뒤 대비와 대응 조치를 수행하는 것이 원칙이다('immediately think, then act').

과학적 근거를 확보하기 위해 가동하고 시행하는 감시체계와 역학조사에서 수집하는 자료와 정보에는 다양한 것들이 있는데

- 재난과 위기 전의 평상시의 감염병 발생 자료
- 비행기와 헬리콥터, 위성 등을 이용한 원거리 자료
- 현장 방문을 통해 수집하는 자료와 정보
- 신속한 표본조사의 시행을 통한 자료와 정보
- 대상자와 구조 요원에 대한 건강검진 결과
- 감시체계를 통한 환자 발생과 위험요인 노출 자료
- 일상적인 표본조사를 통한 자료와 정보 등이 있으며
- 대상 지역사회 지도자와의 면담도 자료원으로써 중요하다.

감시체계를 통해 수집되는 자료와 그를 바탕으로 이어지는 역학조사를 시행한 결과들은 재난과 위기상황의 기획과 수행, 평가의 핵심적인 역할을 하는데, 그 역할은 아래와 같다〈표 19.13〉[62].

〈표 19.13〉 재난과 위기 상황에서 감시체계와 역학조사의 역할

내용
• 재난과 위기의 공중보건학적 문제의 규모를 파악함.
• 재난과 위기에 처한 인구집단의 필요도를 평가함.
• 역학적인 정보를 활용하여 대비 대응 자원을 효과적으로 배정함.
• 공중보건 조치 시행의 가이드로 활용함.
• 공중보건 조치의 진행 상황을 모니터함.
• 대응 활동의 효과를 평가함.

가. 감염병 감시체계의 구축과 운영

질병 감시(disease surveillance)란 '질병의 예방과 관리(기획과 집행, 평가)를 위하여 적정한 자료와 정보를 체계적이고 지속적으로 수집하고, 분석과 해석하여 그 결과를 필요로 하는 사람과 기관, 단체에 배포하는 것' 이다[63].

62) Sosin DM, Besser RE, Field Investigation of Natural Disasters and Complex Emergencies by In Field Epidemiology. 3rd Edition. By Michael Gregg. Oxford University Press

63) Lee LM, Teutsch SM, Thacker SB, St. Louis M, Eds. Principles and practice of public health surveillance.3rd ed. Oxford, England: Oxford University Press; 2010.

감시체계의 기능에는

- 보건문제의 평가
- 주요한 공중보건문제 수준의 시계열적인 평가
- 여러 보건문제들이 있는 경우 우선순위 파악
- 보건사업의 평가 등의 다양한 기능이 있다

재난과 위기 상황에서 감시체계는 대상 감염병의 사례(case)와 집단발병(outbreak), 유행(epidemic)을 조기에 발견하고 추적하여 향후 상황을 예측하는 핵심적인 기능을 한다.
감시체계에서 수집하는 자료와 정보의 자료원은 매우 다양하여

- 감염병 환자를 발견하는 의료기관
- 사람의 생체시료(human specimen)로 감염병을 확진하는 임상검사기관
- 집단발병 발견하는 기관과 단체, 보건실 이용자와 결근자를 보고할 수 있는 학교와 사업체
- 감염병을 일으키는 병원체를 운반하는 매개체와 병원체에 오염된 식수 혹은 식품 등을 검사하여 보고하는 기관 등이 있다.

감시체계에서는 위와 같은 다양한 자료원으로부터 자료와 정보를 수집하게 되는데, 이들 자료들을 통합 분석(integrated surveillance)하여 의사결정을 위한 과학적 근거를 생산하여야 한다[64]. 근래에는 이와 같은 대규모의 다양한 자료들 분석하기 위하여 여러 수리통계분석 기법들이 개발되어 사용되고 있으며, 자료 분석에 대규모 컴퓨터가 이용된다.
평상시에 감시체계는 의료인과 의료기관, 유관 기관과 단체로부터 사례들을 수동적으로 신고와 보고를 받는 수동적인 감시체계(passive surveillance)를 가동하여 위기 상황을 조기에 발견한다. 그러나, 재난과 위기 상황이 전개되는 경우 감시체계를 운영하는 기관(예; 위기대응센터)은 감염병을 진료하는 의료인과 의료기관, 감염병 위험요인을 모니터링하는 기관과 단체에 전화와 메일, 방문 등의 적극적인 접촉을 통하여 사례들을 수집하는 능동적 감시체계(active surveillance)를 가동하여 재난과 위기의 변화 상황을 예민하고 정확하게 파악하여 위기의 진행 상황을 모니터하고, 대비와 대응 조치의 효과를 평가한다.
그러나, 재난과 위기 상황에서는 정보의 전달이 원활하지 못한 경우가 대부분이므로 재난과 위기 상황을 잘 평가하여 꼭 필요한 최소한의 자료와 정보를 정의하여 신속하고 효율적

64) WHO. Emergencies preparedness, response, Integrated disease surveillance, Available URL; http://www.who.int/csr/labepidemiology/projects/diseasesurv/en/

으로 자료를 수집한 뒤 지체없이 자료를 분석하고 해석하여 방법과 전략을 개발함으로써 대비와 대응 활동에 활용하여야 한다.

각 국가는 다양한 감시체계를 가동하여 국내에서 발생하는 감염병의 발생과 위험요인의 변화 양상을 파악하나, 근래의 감염병 유행은 국제적으로 전파되는 양상을 보이므로 세계보건기구(WHO)와 같은 국제보건기관에서는 세계적인 감염병 감시 네트워크를 가동하여 세계적인 감염병 발생 양상을 파악하고, 그 결과를 세계 모든 국가에 배포하여 적정하게 대비와 대응할 수 있도록 한다[65].

나. 역학조사

감염병 위기 상황에서의 역학조사는 공중보건위기가 될 수 있는 감염병 사례가 발생하였을 때 시행하는 사례조사(case investigation)와 감염병이 집단발생하거나, 유행(epidemic)이 발생하였을 때 시행하는 유행조사(epidemic investigation)가 있다. 위기 상황에서 역학조사를 신속하게 시행하여 해당 감염병의 발생 규모를 파악하고 감염원과 전파경로, 위험 요인들을 규명하여 향후 전개 상황을 예측한다.

정밀하고 정확한 역학조사도 중요하지만, 가장 우선 시 되어야 할 것은 신속성이다. 이와 같은 신속성의 중요성을 강조하기 위하여 재난과 위기 상황에서 시행하는 역학조사를 'quick and dirty survey'라고 표현한다. 이 역학조사의 내용은 대비와 대응 활동을 위한 의사결정에 반드시 필요한 내용으로 국한하여 신속한 조사가 될 수 있도록 해야 하며, 조사 결과들을 즉각 데이터베이스로 만들어 통계분석을 시행하고 해석하여 대비와 대응 활동에 활용할 수 있어야 한다.

사례와 집단발병 사례에 대한 역학조사에 대하여 표본조사가 필요한 경우도 있다. 대부분의 경우 전수 조사가 불가능하고 평상시와 같은 대표성 있는 조사를 시행할 수 없으므로 비확률적 표본을 선정하여 조사를 시행할 수 있다. 대표성 확보를 위한 완전한 확률표본추출(probabilistic sampling)은 불가능하더라도 조사 대상자가 특정 집단에 치우치지 않고 대표성을 확보할 수 있는 손쉬운 표본추출 방법을 선택하여 시행한다[66].

---

65) WHO. Public health surveillance, Available URL; http://www.who.int/topics/public_health_surveillance/en/

66) Gregg M. Field Epidemiology. 3rd Edition. 2008. Oxford University Publication.

4.2.4 재난과 위기 대비/대응을 위한 협력과 유관기관 네트워크 구축

감염병의 발생은 예측이 어렵고, 집단발병의 발생과 전개에 관여하는 요인이 많아 복잡하고, 관련된 기관과 단체들이 많아 책임 소재가 애매하고 모호하기 때문에 위기대응본부가 중심이 되어 여러 수준의 여러 분야의 유관기관과 단체, 전문가뿐만 아니라 시민 사회도 참여하고, 협력하여 대비하고 대응하는 것이 필요하다[67]. 감염병으로 인한 재난과 위기의 대비와 대응은 정부의 담당 부서(보건복지부 질병관리본부)가 중심이 되어 협력체계를 구축하는데, 이 협력의 기본적인 틀은 중앙정부와 지방정부를 연결하는 수직적 협력체계와 각 정부 수준에서 유관 기관과 단체들이 협력하는 수평적 협력체계가 있다〈그림 19.4〉.

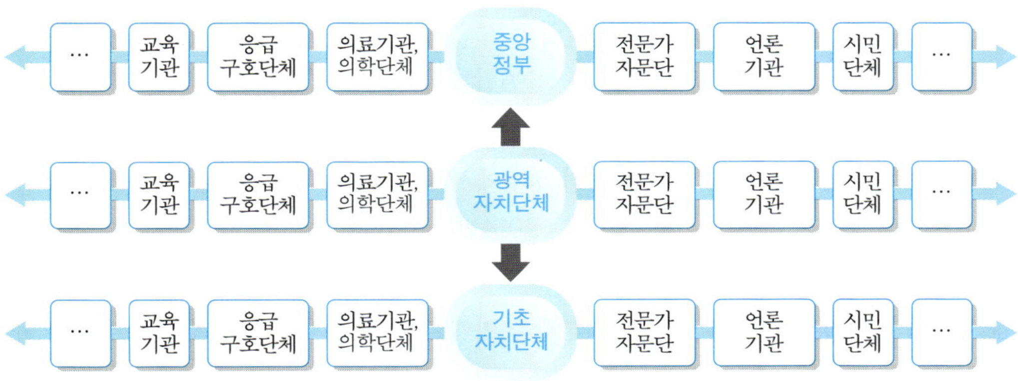

〈그림 19.4〉 감염병 재난과 위기 대비와 대응을 위한 수직과 수평적 협력 모식도

이와 같이 관련 기관과 전문가들의 참여와 협력을 위해서는 평상시에 네트워크를 구성하여 위기가 발생하였을 때 즉각 가동하여 활동을 수행하여야 한다. 이러한 유관기관과 전문가 네트워크의 역할을 정리하면 〈표 19.14〉와 같다.

이 유관기관 네트워크는 평상시에 정기회의를 시행하여 현황을 파악하고 예방과 대비/대응 체계를 평가하고, 네트워크 전문가간의 정보와 의견을 교환하고, 재난과 위기의 위험이 높아지는 경우에는 임시회의를 시행하여 상황을 검토하여야 한다. 재난과 위기 상황이 발생한 경우에는 대비와 대응 역할을 수행하는 조직으로 전환하여 활동해야 한다. 또한, 네크워크에 참여하는 전문가들을 대상으로 도상 훈련과 현장 훈련 등의 교육과 훈련을 시행하여 해당하는

67) International Risk Governance Council. An introduction to the IRGC Risk Governance Framework. 2008. Available from URL: http://irgc.org/wp-content/uploads/2012/04/An_introduction_to_the_IRGC_Risk_Governance_Framework.pdf

〈표 19.14〉 감염병 재난과 위기 대비와 대응을 위한 유관기관과 전문가 네트워크의 역할

내 용
1. 공중보건위기를 야기할 수 있는 대상 감염병을 선정하여 발생 현황을 파악하고 위기 평가에 참여함.
2. 영역별 대비/대응 역량 평가하고 대책을 마련함.
3. 대비/대응 지침과 매뉴얼, 국민행동지침 등을 검토하여 개발하거나, 기존에 개발되어 있는 지침과 매뉴얼을 검토하여 수정과 보완 의견을 제안함.
4. 대상 감염병에 의한 재난 혹은 위기 상황의 발생 위험이 커지거나, 발생하였을 때 질병관리본부의 대비/대응 활동의 자문위원 혹은 전문위원으로 활동이 가능함.
5. 유관기관과 단체를 대표하여 위기대책본부와의 연락관으로서의 역할을 하며, 필요시 관련된 정보를 교환하고, 의견을 전달하고 제안하는 소통 창구의 역할을 함.
6. 관련 기관과 단체의 전문가와 회원을 대상으로 필요한 정보를 제공하고 홍보하며, 필요한 경우 교육과 훈련의 함.

재난과 위기 상황을 간접적으로 경험하고 상황 발생 시의 네트워크 구성원과 기관, 단체가 각자의 역할을 숙지하고 현장에서 맡은 임무를 원활하게 수행할 수 있는 역량을 강화하는 것이 필요하다.

아래의 표는 감염병에 의한 재난과 위기 상황에서의 주요 영역과 영역별 상세 활동과 관련 기관과 단체를 정리한 것이다. 〈표 19.15〉는 2014년도 에볼라바이러스병의 위험이 있을 때 정리한 대응 영역별 관련 기관과 단체를 정리한 것이다.

에볼라바이러스병 이외의 재난과 위기상황을 야기할 수 있는 다른 감염병들도 적합한 유관기관과 단체를 정리하여 네트워크를 구축하여 대비하는 것이 필요하다. 각각의 감염병별로 네트워크를 구성하는 것보다 감염병 군별로 네트워크를 구성하여 대비하고 대응하는 것이 적정한데, 이 감염병 네트워크를

- 호흡기 전파 감염병 네트워크
- 수인성/식품매개감염병 네트워크
- 인수공통감염병 네트워크
- 곤충매개감염병 네트워크
- 출혈성 바이러스 감염병 네트워크
- 해외유입감염병 네트워크 등으로 구분할 수 있다.

또한, 대비와 대응 활동 분야에 따라 기관 혹은 단체, 전문가 네트워크를 구성하여야 한다. 네트워크의 예로는

- 감염병관리를 위한 공중보건기관 네트워크

• 감시와 역학조사 전문가 네트워크
• 국가지정격리병상과 지역거점외래, 중환자실 등의 의료기관 네트워크
• 위기소통을 위한 전문가 네트워크 등과 같이 다양한 영역의 네트워크가 있다.

〈표 19.15〉 에볼라바이러스병에 의한 재난과 위기 상황의 영역과 활동별 관련 기관과 단체

영역	활동	관련 기관과 단체
대비와 대응의 기획 관리	모든 영역의 상세 활동을 파악하여 대비/대응 활동을 기획하고 평가함	대비/대응 본부
감시와 역학조사, 연구개발 (자료와 정보 수집과 과학적 근거 확보)	검역과 감시를 통한 환자 조기 발견	검역소, 의료기관, 학교 등 집단 거주 시설, 건강보험심사평가원, 국민건강보험공단
	환자와 접촉자에 대한 사례조사와 역학 조사	질병관리본부, 시 · 도 감염병관리본부, 시 · 군 · 구 보건소
	수집된 감시와 역학 조사 자료의 통합 관리	위기 대응반의 역학/정보팀
	국내외 역학과 임상, 진단과 치료, 예방과 관리 자료 확보와 통합을 통한 근거 마련	위기 대응반의 역학/정보팀, 역학/감염/임상 전문가
	확보한 감시와 역학 자료와 정보를 통합/분석/해석/예측을 통한 근거 마련	위기 대응반의 역학/정보팀, 역학/수리/통계 전문가
환자 치료와 관리	환자와 검체 이송	119 구조대를 포함한 응급환자이송업체, 검체 이송을 위한 의료기관 혹은 방역기관, 사망자 장례업체, 소독/폐기물 처리 업체
	진단을 위한 검사	의료기관 검사실, 사설검사기관, 보건소검사실, 보건환경연구원, 국립보건연구원
	치료기관의 적정한 시설과 장비, 소모품	국가지정병원, 지역거점병원, 일반 의료기관, 병원협회, 의사협회, 장비/소모품 제공 업체, 소독/폐기물 처리 업체
	교육과 훈련을 통한 치료기관 의료요원의 역량 강화	국가지정병원, 지역거점병원, 일반 의료기관, 병원협회, 의사협회, 관련 학술단체
접촉자 관리	환자와 밀접하게 접촉한 사람의 파악	질병관리본부, 시 · 도 방역당국, 시 · 군 · 구 보건소
	접촉한 사람들에 대한 추적 관리	질병관리본부, 시 · 도 방역당국, 시 · 군 · 구 보건소, 추적 관리를 위한 숙소 제공 업체, 개인보호구 제공 업체
	교육과 훈련을 통한 방역기관의 관리요원의 역량 강화	질병관리본부, 시 · 도 방역당국, 시 · 군 · 구 보건소
소통과 홍보	일반 국민들의 질병에 대한 질병과 대비/대응 요령 관련 지식과 인식 등 상황 파악	위기 대응반의 역학/정보팀, 커뮤니케이션 전문가, 역학자, 심리학자
	언론과 디지털미디어를 통한 홍보와 소통	위기 대응반의 역학/정보팀, 언론계, 포탈 사이트를 포함한 디지털 미디어 운영자

4.2.5 재난과 위기 대비와 대응 인력에 대한 교육과 훈련

감염병에 의한 재난과 위기의 경우 환자와 감염자, 접촉자들을 적정하게 치료하여 관리하고, 예방조치를 취하기 위해서는 의료기관과 보건기관의 의료인력과 소방방재의 응급구조 인력들은 대상 감염병의 역학적 특성과 임상적 특성, 예방, 진단과 치료, 관리와 관련된 제반 지식을 이해하고, 기술을 습득하여야 한다. 감염병의 경우 환자와 감염자로부터 대비와 대응 인력도 감염이 될 수 있으므로 대응 인력의 건강 보호와 안전을 위한 지식과 기술도 습득하여야 한다.

평상시 교육과 훈련(도상 및 현장 훈련)에는 재난과 위기의 특성, 대비와 대응의 원칙, 재난과 위기를 야기할 수 있는 주요 감염병의 특성과 관리 방법을 습득할 수 있도록 하여야 한다. 대비와 대응 인력의 특성에 따라 적정한 교육과 훈련 과정을 개발하여 시행하는 것이 필요한데, 전문가들의 상황에 맞게 특별교육과정을 개발하여 시행할 수도 있으며, 일상적인 보수교육과정에 교육 훈련 시간을 배정하여 시행하는 방법도 있다. 이러한 교육은 한 두 번 시행하는 것으로 끝나서는 안되고, 지속적으로 교육을 시행하는 것이 필요하다.

대비와 대응 인력을 교육하는 대학과 대학원의 학생들을 대상으로 재난과 위기 대비와 대응 관련 내용을 교과과정에 도입하고, 교육과 훈련을 위한 교과서와 교육 자료와 도구를 개발하고, 교육자를 위한 교육 프로그램을 개발하여 시행하는 것이 필요한데, 이를 위해서는 대학과 대학원의 교육 단체와 학교, 관련 학회 등과의 협력이 필요하다.

실제 감염병에 의한 재난과 위기 상황이 발생하였을 때는 그 상황에 맞는 교육자료를 신속하게 개발하여 재난과 위기 상황에 투입되기 전에 적절한 교육과 훈련을 시행하여야 한다.

4.2.6 위기 소통

재난과 위기 대비와 대응에서 소통은 매우 중요하나, 실제 만족할 만큼 원할한 소통이 이루어지는 경우는 많지 않았다. 또한, 소통의 영역을 보면

- 중앙과 지방정부간의 소통
- 주관기관과 유관기관간의 소통
- 보건기관과 의료단체간의 소통
- 전문가 집단간의 소통
- 일반 대중과의 소통 등이 있어 다양한 영역에서 소통하여야 한다.

재난과 위기 상황에서의 소통을 위한 일반적인 원칙으로

- 돌봄과 공감
- 솔직함과 정보 공개
- 약속과 헌신
- 역량과 전문성 확보 등이 있는데, 감염병의 경우는 다른 재난에 비하여 문제의 크기와 심각도에 비하여 환자와 접촉자는 물론 일반 대중도 불안과 공포가 크므로 이에 대하여 충분히 고려하면서 소통을 하여야 한다. 이를 위해서는 불안과 공포를 야기하는 요소가 무엇인지 정확하게 파악하는 것이 필요하다.

언론 매체는 소통의 중요한 도구로 적정한 보도 자료의 작성하여 적시에 배포하고 설명하는 자리를 마련해야 한다. 최근에서는 인터넷의 사회관계망(social network)이 소통 도구로 널리 이용되고 있으므로 이에 대한 이해와 이를 통한 적정한 소통을 하여야 한다.

4.2.7 인권과 인도적 접근을 위한 노력

일반적으로 감염병 대응을 위한 공중보건 개입 활동은 개인을 보호하는 것보다는 사회를 보호하는데 우선을 두는 경향이 있다. 사회에서 감염병 환자와 감염자들이 낙인(stigma)이 찍히고 사회적으로 격리되는 경향이 있다. 한편, 환자와 감염자, 접촉자는 물론 일반인도 감염병에 대한 불안과 공포를 실제의 위험과 위협보다 더 크게 느끼는 경향이 있다.

이와 같은 상황에서 생물학적 접근과 사회보호 측면만 강조하면 인권을 훼손하게 되고 환자나 감염자는 자신의 상황을 숨기는 행태를 보이며, 이는 감염병 관리의 큰 장애 요인으로 나타난다.

환자와 감염자, 접촉자들의 인권을 보호하고 한걸음 나아가 인도주의 측면에서 접근을 하는 것이 필요하다. 검역을 위하여 이동에 제한을 받거나, 환자 치료를 위해 격리를 받는 사람들에게 생길 수 있는 문제점을 파악하고 해결해 주기 위한 세심한 노력을 기울여야 한다.

4.2.8 연구와 개발

그동안 감염병에 의한 재난과 위기 분야에 대한 연구는 소홀하거나 무시되어 왔다. 이와 같은 상황에서 감염병이 새로이 등장하면서 어떤 감염병이 발생하더라도 그 규모와 범위에 있어 차이는 있지만, 대부분 위기 상황으로 전개되었다.

21세기에 들어와 감염병에 의한 재난과 위기 발생의 위험이 증가하는 상황 속에서 감염병의 예방과 대비, 대응, 회복을 위한 연구와 개발 과제들을 파악하여 지속적으로 연구하는 것이 필요하다.

5. 감염병대응 방향

역사상 감염병은 여러 나라와 지역사회에서 지속적으로 발생하여 국가와 사회의 존망을 결정하는 큰 보건문제로 자리매김을 하고 있다. 21세기에 들어서면서 세계화 시대에서 인구사회학적 변화와 보건의료 기술의 변화, 식품 생산과 유통 체계의 변화, 사람들의 행태 변화, 기후변화를 포함한 생태학적인 변화, 병원체의 적응과 변화 등의 요인으로 인하여 감염병으로 인한 재난과 위기상황은 더욱 빈발하고 있다.

과거 감염병에 의한 재난과 위기상황 사례들을 정리한 결과, ① 호흡기 전파 감염병, ② 수인성/식품매개 감염병, ③ 곤충매개/인수공통감염병, ④ 출혈성 바이러스 감염병, ⑤ 예방접종 대상 감염병, ⑥ 생물테러 감염병 등 거의 모든 종류의 감염병이 재난과 위기상황을 야기하였고, 감염병 군별로 많은 개별 감염병들이 있음을 알 수 있었다.

감염병에 의한 집단발병이 있을 때 적절한 대비와 대응 조치를 수행하면 위기 상황으로 전개되지 않을 수 있다. 그러나, 같은 수준의 집단발병이라 할지라도 대상감염병을 조기에 발견하지 못하고, 원인 병원체를 밝히지 못하고, 감염원과 감염경로를 밝히지 못하거나, 적정한 위기소통을 하지 못하면 재난과 위기 상황으로 전개될 수 있었다. 따라서, 평상시에 대비와 대응을 위한 보건의료 분야의 위기관리체계를 구축하여, 재난과 위기 상황에서 대비와 대응 활동을 신속하게 적절하게 수행하여야 한다.

우리 사회에서 감염병에 의한 재난과 위기상황을 최소한을 줄이기 위해서는 과거의 재난과 위기 상황을 초래하였던 사례들을 거울삼아 재난과 위기 상황에 대하여 예방과 대비, 대응 전략과 방법을 개발하고 체계를 구축하며, 관련 인력을 대상으로 교육하고 훈련하여 역량을 개발하여야 한다.

감염병의 발생은 예측이 어렵고, 집단발병의 발생과 전개에 관여하는 요인이 많아 복잡하고, 관련된 기관과 단체들이 많아 책임 소재가 애매하고 모호하여 예방과 대비, 대응, 복구의 과정을 소수 기관과 단체, 전문가만으로 감당할 수 없기 때문에 재난과 위기 대응본부가 중심이 되고, 여러 분야와 여러 수준의 유관기관과 단체, 전문가가 참여하고, 협력하는 것이 필요하다.

〈표 19.16〉 주의수준에서의 감염병대응 관계기관의 주요 임무

부처	임무
보건복지부	• 각 기관별 비상방역 체계 점검 • 유관기관과의 업무협의체 구성 및 협조 요청 • 중앙사고수습본부(본부장:보건복지부차관) 설치 · 운영 등 정부 비상 대응체계 가동 및 본부장(보건복지부장관) 격상에 따른 운영 준비 • 위기상황 모니터링 및 평가 • 국가 방역 인프라 가동 • 감염병 전문 자문위원회 회의 소집 정례화 • 감염병 환자 감시체계 및 치료대응체계 강화 • 실험실 진단체계 강화 및 대량환자 발생 대비대응책 마련 • 감염병 예방에 대한 대국민 홍보 지속 및 언론 브리핑
행정안전부	• 지역별 동향파악, 수집자료 분석 · 보고 및 전파 • (중앙소방본부) 감염병 환자 이송체계 가동 지원 지원 지속, 감염병 환자 이송 정보 주관기관 신속 전파 • (해양경비안전본부) 해상검역 및 밀항자 격리, 해상을 통한 출입 통제 및 질서유지
농림축산식품부	• 국내 · 외 가축질병 발생동향 감시 · 예찰 체계 운영 강화 • 필요시 가축방역협의회 개최를 통해 위협 및 위험 수준 평가 • 검역 · 검사 활동 및 여행객 홍보 강화 등
환경부	• 감염가능성 높은 야생동물의 이동경로와 개체군 조사 • 감염 가능성 높은 야생동물의 정밀검사 및 역학조사 실시 • 주요 감염 야생동물 서식지 출입 통제 및 예찰활동 강화
기획재정부	• 국가 감염병대응 예산(예비비) 편성 및 지원
외교부	• 해외 감염병 발생 동향에 대한 신속한 정보 입수 • 재외국민에 대한 감염병 예방 홍보 및 교육
국방부	• 군 인력에 대한 예방조치시행 • 군 인력 및 시설지원 준비태세 점검 • 군병원 응급실/중환자실 감염병 감시체계 시행 등
교육부	• 학교 및 학원 등 감염병예방관리
법무부	• 내 · 외국인 출입국기록 제공 등 지원 및 출입국관리 강화 대책 시행 • 교도소 등 수용 · 보호시설 감염병 예방 · 관리
국토교통부	• 항공, 철도, 버스 등 종사자 및 여행객(승객)에 대한 예방관리
해양수산부	• 선박 종사자 및 여행객(승객)에 대한 예방관리 지원
문화체육관광부	• 감염병 관련 대국민 홍보
산업통상자원부	• 기업 업무지속계획(BCP) 수립
고용노동부	• 근로자에 대한 감염병 관리 및 홍보 · 교육
식품의약품안전처	• 감염병 치료제 등 신속 허가 · 검정 방안 검토 • 감염병 유발 의심(수입)식품 관리 방안 검토
경찰청	• 국가필수시설(비축물자 보관 · 관리 시설 등) 경비 지원 • 환자격리 및 출입통제 등 지원으로 사회 질서유지 • 가용 범위 내 인력지원 및 전 · 의경 감염병 예방관리 • 환자 등 추적 관리 대상자 거주여부 확인 요청 시 협조

〈표 19.17〉 경계수준에서의 감염병 대응 관계기관의 주요 임무

부처	임무
보건복지부	• 각 기관별 비상방역 가동 협조체계 준비 • 중앙사고수습본부(본부장:보건복지부장관) 운영 • 위기상황 모니터링 및 평가 • 국가 방역체계 활동 강화 • 국가 방역 · 검역 인력 보강 검토 • 치료제 등 비축물자의 수급체계 적극가동 • 실험실 진단체계 운영 및 변이주 감시 강화 • 각종 언론매체를 통한 대국민 홍보 강화 및 언론 브리핑
행정안전부	• 중앙재난안전대책본부 구성 · 운영 준비 • (중앙소방본부) 감염병 환자 이송체계 가동 지원 강화, 감염병 환자 이송 정보 주관기관 신속 전파 • (해양경비안전본부) 해상검역 및 밀항자 격리, 해상을 통한 출입 통제 및 질서유지
농림축산식품부	• 인수공통감염병의 발생 종식을 위한 가축방역활동 강화 • 야생동물에 대한 수입금지 조치
환경부	• 감염 가능성 높은 야생동물 서식지 및 주변지역 출입 통제
기획재정부	• 국가 감염병대응 예산(예비비) 편성 및 지원
외교부	• 해외 감염병 정보 신속 입수 및 전파 • 감염병 발생 국가의 재외국민에 대한 예방 교육
국방부	• 군 인력 지원 및 군병원 활용 협조 • 군 인력 감염병 예방관리
교육부	• 학교 및 학원 등 감염병 예방관리 • 학교 휴교 · 휴업 및 학원 휴원 검토
법무부	• 내 · 외국인 출입국기록 제공 등 지원 • 교도소 등 수용 · 보호시설 감염병 예방 · 관리
국토교통부	• 필요시 항공기 감편 내지 운항 조정 등 • 항공, 철도, 버스, 대중교통 다중이용 교통시설 종사자 및 승객(여행객)에 대한 방역 활동
해양수산부	• 여객선 감편 내지 운항 조정 지원 • 선박 종사자, 여행객에 대한 방역 활동 지원
문화체육관광부	• 문화, 체육, 관광 관련 대규모 행사 자제 조치
산업통상자원부	• 기업 업무지속계획(BCP) 가동 준비
고용노동부	• 근로자에 대한 감염병 관리 및 홍보 · 교육
식품의약품안전처	• 감염병 치료제 등 신속 허가 · 검정 • 감염병 유발 의심(수입)식품 검사
경찰청	• 국가필수시설(비축물자 보관 · 관리 시설 등) 경비 지원 • 환자격리 및 출입통제 등 지원으로 사회 질서유지 • 가용 범위 내 인력지원 및 전 · 의경 감염병 예방관리 • 환자 등 추적 관리 대상자 거주여부 확인 요청 시 협조

〈표 19.18〉 심각수준에서의 감염병 대응 관계기관의 주요 임무

부처	임무
보건복지부	• 중앙사고수습본부(본부장:보건복지부장관) 운영 • 상황 모니터링 및 위기경보 발령 • 범정부적 대응체계 구축 · 운영강화 지속 • 국가 모든 가용자원 파악 및 동원방안 마련 • 대국민 홍보강화
행정안전부	• 중앙재난안전대책본부 구성 · 운영 • 지방자치단체에 현장상황관리관 파견 • (중앙소방본부) 감염병 환자 이송체계 가동 지원 강화, 감염병 환자 이송 정보 주관기관 신속 전파 • (해양경비안전본부) 해상을 통한 출입 통제 및 질서유지
농림축산식품부	• 인수공통감염병의 발생 종식을 위한 가축방역활동 강화 지속 • 야생동물에 대한 수입금지 조치
환경부	• 감염 야생동물 이동 경로 · 확산속도 검토를 통한 야생동물 집단 서식지 출입통제, 포획 등 대응 관리
기획재정부	• 국가 감염병대응 예산(예비비) 편성 및 지원
외교부	• 해외 감염병 정보 수집 및 국내 감염병 동향 해외 전파
국방부	• 군 인력 및 시설지원(군의관, 간호장교 등 필수인력 지원) • 군 인력 감염병 예방관리
교육부	• 학교 및 학원 등 감염병예방관리 • 학교 휴교 · 휴업 및 학원 휴원 검토
법무부	• 내 · 외국인 출입국기록 제공 등 지원 • 교도소 등 수용 · 보호시설 감염병 예방 · 관리
국토교통부	• 필요시 항공기 감편 내지 운항 조정 • 항공, 철도, 버스, 대중교통 다중이용 교통시설 종사자 및 승객(여행객)에 대한 방역 활동 및 운행제한
해양수산부	• 여객선 감편 내지 운항 조정 지원 • 선박 종사자, 여행객에 대한 방역 활동 지원 계속 및 선박 운행제한 요청시 협의 지원
문화체육관광부	• 문화, 체육, 관광 관련 대규모 행사 금지 조치 • 국내외 여행상품 판매자제 조치
산업통상자원부	• 기업 업무지속계획(BCP) 가동
고용노동부	• 근로자에 대한 감염병 관리 및 홍보 · 교육
식품의약품 안전처	• 감염병 치료제 등 지속 생산 독려
경찰청	• 국가필수시설(비축물자 보관 · 관리 시설 등) 경비 • 환자격리 및 출입통제 등 사회 질서유지 • 인력지원 및 예방관리(전 · 의경 포함) • 환자 등 추적 조사자 주소지 제공

제20장 | 테러방재

1절 테러의 이해

1. 테러와 테러리즘의 개념

테러(terror)의 용어는 "떠는 또는 떨게 하는 상태 그리고 죽음을 야기하게 하는 행위나 속성에 기인한 것으로 커다란 공포 또는 죽음의 심리적 상태"라는 의미의 라틴어 'Terrere' 에서 기원한 것이다. 테러리즘(terrorism)은 테러의 보다 '조직화된 상태(the more organized form of terror)' 로 이해된다. 테러란 '마음의 상태(a state of mind)' 를 의미하며, 테러리즘은 '조직화된 사회적 활동(organized social activity)' 으로 간주한다. 테러는 테러리즘이 없이도 발생가능 할 뿐만 아니라 테러리즘의 중요한 요체(terror is the key of terrorism)이기도 하다.

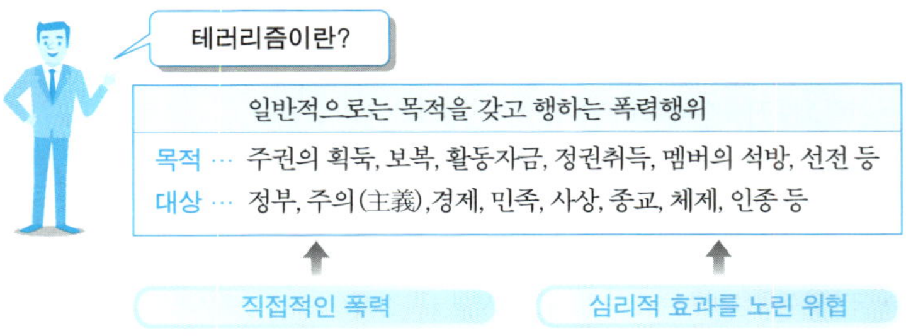

〈그림 20.1〉 테러리즘의 개념

자료출처 : 강영숙 · 이민용(역), 「테러의 이해」(서울: 백산출판사, 2002), p.75.

2. 뉴테러리즘의 개념

2.1 뉴테러리즘의 특징[1)]

첫째, 전쟁 수준의 무차별 공격으로 피해가 상상을 초월한다. 과거의 테러는 요인암살, 항공기 인질납치, 중요시설 점거 등 상징성을 띤 대상을 공격함으로써 자신들의 대의명분을 선전하고 공포심을 유발하는 수법을 선택, 많은 희생자를 내기 보다는 극단적 수단을 동원한 의사소통 행위의 측면이 강했으나, 뉴테러리즘은 전쟁의 한 형태로써 자행되며, 전쟁에서는 적의 궤멸이 목적이므로 무차별적인 인명살상으로 상대방에게 최대한 타격을 가하려고 기도, 피해가 상상을 초월한다.

둘째, 그물망 조직으로 무력화가 곤란하다. 과거의 전통적인 테러조직은 카리스마적인 지도자가 지배하는 수직형체제로서 정점의 지도부를 제거하면 테러조직을 무력화할 수 있었지만, 뉴테러리즘에서는 상대가 단일화된 조직이 아니라 여러 국가, 지역에 걸쳐 그물망 조직으로 연결된 이념결사체로서 인터넷 비밀사이트, 전자메일, 채팅룸 및 첨단 이동통신 등을 연락수단으로 활용하며, 중심이 다원화되어 하나의 중심을 제거해도 다른 중심이 그 역할을 대신하므로 조직의 무력화가 어려운 특징이 있어 "정보화 시대의 망전쟁(Netwar)"으로 불린다.

셋째, 테러의 긴박성으로 대처시간이 부족하다. 미국 9 · 11 테러의 경우 수년에 걸쳐 항공기 조종술을 습득하도록 하는 등 치밀한 준비과정을 거쳤으나, 정작 테러시간은 초대형 여객기를 납치, 빌딩에 자살충돌 하기까지 40~50분 만에 상황이 종료, 대처 시간이 절대적으로 부족함에 따라 더욱 신속하고 효율적인 테러 대응체계 확립이 필요하며, 또한 2005년 7월 영국 런던 지하철 폭탄테러와 2003년 스페인 마드리드 역사 폭탄테러 사건에서도 50분 내외의 시간에 테러를 자행함으로써 대처시간이 부족하였다.

넷째, 테러장비가 따로 없어 방어가 곤란하다. 전통적 테러장비(무기)로는 저격용 총기나 폭발물 등이 사용되어 공항만이나 행사장 보안검색 강화 시 어느 정도 색출이 가능했으나, 9 · 11 테러에서는 서류절단용 칼만으로 여객기를 납치, 빌딩에 충돌시키는 초유의 수단을 사용하였으며, 스페인 마드리드 열차 폭탄테러에서는 폭발물 기폭(점화)장치로 휴대폰(알람)을 시한장치로 사용하여 동시다발적으로 폭탄을 폭파시켜 테러를 감행하였다. 우리 생활 주변의 모든 문명 이기들이 그 지배권만 탈취되면 모두 테러장비가 될 수 있어 방어, 색출이 어려워졌다.

다섯째, 대량살상무기 사용으로 새로운 대처방식이 필요하다. 과거 화생방 무기의 사용은 1 · 2차 세계대전, 걸프전 등 주로 전쟁이나 대규모 분쟁에서 사용되었는데, 1995년 일본 옴진

1) 국가정보원,「뉴테러리즘의 특징과 외국의 대테러 강화동향」, 2001, pp.1-6.

리교의 동경 지하철 독가스 살포사건을 시작으로 9 · 11 테러에서는 처음으로 세균무기(탄저균)를 사용하여 인명피해의 극대화를 기도하였다. 특히 세균을 상용하는 생물테러는 저렴한 비용과 엄청난 인명살상 효과로 '빈자의 핵' 으로 불리고 있으며, 전통적인 테러와는 전혀 다른 대처방식을 필요로 한다.

여섯째, 언론매체의 발달로 공포의 확산이 용이하다. 현대는 '개방화 시대' 로 언론에 대한 상황통제가 어려울 뿐 아니라 'Global Communication' 시대로 지구촌의 어느 한쪽에서 발생한 사건도 반대쪽으로 신속히 전파되는데, 미국의 9 · 11 테러에서는 CNN이 24시간 상황을 보도했고, 국내에서도 거의 전 방송국이 정규 프로그램을 중단하고 보도함으로써 테러리스트들이 노리는 공포가 확산되었다. 특히 TV는 테러사건 현장의 생생한 동영상 화면을 방영, 절실한 공포감을 유발시켰다.

일곱째, 사건 대형화로 정치적 부담이 증대하다. 종전의 테러는 협상팀, 특공대의 투입으로 대부분 현장처리가 가능하였으나, 뉴테러리즘에서는 사건이 국가적 재난으로 인식될 만큼 대형화됨에 따라 최고 통치자의 결심을 받아야 할 경우가 많아져 정치적 부담이 증대되고 있다. 미국 前 부시 대통령은 테러의 긴박성을 감안, 피랍 항공기 격추명령 권한을 공군 장성들에게 위임했는데, 실제 민간여객기 격추 시 큰 정치적 문제 야기도 가능했다.

여덟째, 중산층, 인텔리를 충원하여 테러가 지능화되고 있다. 1990년대까지의 테러 행동대원들은 대부분 사회적 소외계층 출신으로 기초 교육조차 받지 못한 경우가 많았으나, 뉴테러리스트들은 비교적 풍요로운 중산층 출신들로 대부분 대학 재학생 이상이고, 특히 공학 또는 과학 분야 전공자들이 선호되는데 이 경우 비행기 조종이나 폭탄의 기능 등에 대한 이해도가 높아 임무 성공률이 높아지고 있다. 또한 과거에는 중동과 북아프리카, 서남아시아 등 이슬람권 국가에서 테러 행동대원들을 직접 모집했으나 최근에는 유럽과 미주권의 이민 2세들을 충원하는 경향으로 바뀌고 있는데, 이들은 테러 실행 전부터 각종 범죄기록을 갖고 있던 과거의 테러리스트들과는 달리 전혀 범죄흔적이나 정치적 활동이 없어 경찰과 정보기관의 감시망에 좀처럼 잡히지 않는다. 뉴테러리스트들은 정신병적인 종교적 · 정치적 신념으로 무장하고 테러를 감행하는 경우가 많아 더욱 위험하다.

1968년부터 2005년 5월까지 테러발생 건수를 살펴보면 2만 1,972건의 테러사건이 발생하였으며 대부분 존속기간 1년 미만인 672개의 테러단체 소행이었다[2]. 이러한 통계로부터 알 수 있는 것은 수십 년 동안 전 세계의 테러사건 수가 증가하지는 않았지만 사상자 및 사망자의 수가 눈에 띄게 증가했다는 점이다.[3] 즉 뉴테러리즘으로 인한 국제적 테러발생 수는 감소추세를

2) Rand Corporation, MIPT Terrorism knowledge Base, 2005.

보이고 있으나, 국제적 테러공격에 대한 피해 및 사상자 수는 급격히 증가하는 추세이다.

2.2 전통적 테러리즘과 뉴테러리즘의 비교[4)]

테러리즘과 뉴테러리즘을 전술적으로 명확히 구분할 이론적 근거는 없다. 그러나 상기 자료 및 다양한 테러사건을 통해 전술적 목표, 대상, 공격수법 등을 분석하면 몇 가지 확연한 전술적 차이점을 도출해 낼 수 있다.

첫째, 테러리스트 혹은 테러조직이 특정 국가의 시설이나 시민을 중심으로 공격하고 있다. 뉴테러리즘의 대부분은 미국과 그 동맹국의 국민이나 시설, 이스라엘과 그를 보호하고 지원하는 가장 강력한 국가인 미국 그리고 기독교를 대상으로 한다. 아울러 악의 무리인 미군과 이교도들의 군대가 사우디에 주둔하는 것을 이슬람에 대한 모독으로 보고 있다. 바로 이러한 사실이 뉴테러리즘이 등장하게 된 배경이며, 이 원인을 제공한 국가와 그 국민들이 테러의 대상이다.

둘째, 테러리스트나 테러조직의 거시적 목적이 불특정하다. 일반적으로 테러리즘은 정치적 목적이나 테러조직 그리고 테러리스트 개인의 신념이 분명하다. 그러나 뉴테러리즘에서는 무조건적인 반미, 강력한 이슬람 원리주의 국가건설, 목적 불명의 종교적 신념 그리고 맹목적인 테러 자체를 목적으로 한다. 이에 따라 테러사건의 배후나 테러조직이 베일에 싸이는 경우가 많다.

셋째, 테러조직이나 테러리스트 간에 시공을 초월하는 네트워크화 현상이 뚜렷하다. 러시아의 체첸반군과 알 카에다가 혼합되어 있으며, 알 카에다와 인도네시아 등지의 제마 이슬라미아와 같은 조직이 반미와 이슬람 원리주의 국가건설이라는 기치 아래 전략적으로 네트워크하고 있다. 뿐만 아니라 스페인 철도 테러나 영국의 지하철 테러처럼 테러조직과 테러리스트가 국적에 상관없이 같은 종교를 신봉하는 민족이라는 이유로 형제적 네트워크를 만들고 있다. 이것은 시사하는 바가 매우 크다. 왜냐하면 반미라는 관점에서 대량살상무기를 보유하고 있는 북한과 같은 불량국가가 알 카에다나 체첸반군 등과 같은 과격 테러단체와 네트워크를 형성하여 동지가 될 수 있고, 구축된 네트워크를 통해 장소와 시간에 구애없이 테러를 자행할 수 있기 때문이다.

넷째, 테러리스트의 공격방법이 대량살상을 위한 무기체계로 바뀌고 있다는 것이다. 뉴테러

3) Clarke, Ronald V. and Graeme R. Newman, Outsmarting the Terrorists. New York: Praeger, 2007.

4) 장기봉, "뉴테러리즘의 전략과 이에 대응한 국가 네트웍 전략", 영남대학교 대학원, 2007, pp.51-54의 재구성.

리즘은 테러리즘과 달리 엄청난 양의 폭탄을 몸에 두르거나 차량에 탑재한 후 순교하는 형식으로 자살테러를 감행하거나, 핵 및 생화학적 무기를 이용하려 한다는 것이다. 뉴테러리즘에는 수많은 사람을 한꺼번에 극적으로 살상함으로써 보다 쉽게 그들의 성전을 승리로 이끌 수 있다는 전략적 판단이 내포되어 있다. 미국을 포함한 대부분의 서방국가들이 가장 긴장하고 있는 대목이며, 이러한 점에서 북핵은 세계적인 문제를 내포하고 있다.

다섯째, 테러리스트의 공격 목표물이 경성목표물(hard target)에서 연성목표물(soft target)로 이동하였다는 점이다. 과거 테러리즘은 상징적인 시설이나 정부기관 그리고 정부 주요인사에 대해 공격하였다. 불필요한 민간인의 살상은 국내외 여론을 나쁘게 하고, 이로 인해 자신들의 궁극적인 목표달성이 어려워질 수 있다. 그러나 뉴테러리즘의 대상은 이러한 강성목표에서 아무나 대량으로 살상할 수 있는 연성목표물로 바뀌고 있다. 이처럼 표적 대상이 바뀌게 된 것은 세계 유일의 강대국인 미국이 자국중심 정책을 펴고, 일방적으로 이스라엘을 비호하기 때문이라는 것이다. 이것은 결국 많은 이슬람 테러조직에게 좌절감만을 안겨주었다.

이와 같이 뉴테러리즘은 새로운 수법, 무기체계, 네트워크화된 조직의 운영, 무차별성 그리고 대량살상 등에서 과거의 테러리즘과 다른 특징을 보인다. 물론 이러한 기준이 완벽한 잣대가 되는 것은 아니다. 그러나 상기 내용 중 적어도 2가지 내용이 있다면 그것을 뉴테러리즘이라 보아도 무방할 것으로 보인다. 현재 뉴테러리즘은 계속 진화하고 있어 그 대응체계 또한 변화가 불가피해지고 있다.

〈표 20.1〉 과거 테러리즘과 뉴테러리즘의 특성 비교 · 분석

<table>
<tr><th rowspan="2">구분</th><th colspan="2">특성</th></tr>
<tr><th>뉴테러리즘</th><th>과거 테러리즘</th></tr>
<tr><td rowspan="2">요구조건</td><td colspan="2">• 요구조건이나 공격주체가 불명확(또는 없음)
• 추적이 어려움</td></tr>
<tr><td>– 막연한 서구 · 미국에 대한 반감
– 종교적 이질감 · 문화 저항
* 색출이 어렵고 공포감 증대</td><td>• 뚜렷한 목적을 가지고 성명을 통해 주체를 밝힘
– 탈식민주의 및 민족해방
– 반자본주의</td></tr>
<tr><td rowspan="2">공격수준</td><td colspan="2">• 현대적 대량살상무기나 장비(항공기 등)에 의한 전쟁 수준의 피해</td></tr>
<tr><td>• 무차별적 대량살상 목표에 대한 피해확산
– 항공기 납치 후 2차 목표 타격
– 중요기관, 다량살상 가능 목표선정</td><td>• 상징성을 가진 선전효과를 노린 대상 선정
– 요인암살, 인질납치
– 항공기, 주요시설, 기관</td></tr>
<tr><td rowspan="2">집단 및 조직</td><td colspan="2">• 정보통신기술의 활용으로 세계 각지가 네트워크로 연결된 조직망 관리
– 정보화시대의 네트워크</td></tr>
<tr><td>• 여러 국가에 분산된 이념 결사체조직으로 인터넷 전자메일, 채팅룸을 이용한 네트워크화
– 조직의 파악, 무력화가 곤란</td><td>• 일정거점의 지도자에 의한 피라미드식의 조직체 운용
• 무력에 의한 소탕 가능</td></tr>
<tr><td rowspan="2">대응시간</td><td colspan="2">• 많은 시간(수개월 또는 수년간)을 가지고 준비하나 테러리즘 행위의 돌발적, 긴박성으로 인한 대처시간 부족</td></tr>
<tr><td>• 돌발적인 공격과 공격자의 자살 등 대응실체가 없거나 긴박성으로 대처 불가능
– 사전예방 외 방법 없음</td><td>• 공격 후 협상 등으로 현장소탕 가능</td></tr>
<tr><td rowspan="2">수 단</td><td colspan="2">• 공격수단의 다양성으로 방어와 예방책 마련이 곤란</td></tr>
<tr><td>• 항공기 납치 후 2차 추돌, 가스, 생화학무기 등 다양성 및 예측 불가능한 방법이 동원되어 방어와 색출 곤란</td><td>• 살상무기(칼, 총), 폭발물 등 사용
– 사전대비와 훈련 가능</td></tr>
<tr><td rowspan="2">무 기</td><td colspan="2">• 대량살상무기 사용으로 새로운 차원의 대비책 필요(핵무기, 생화학, 가스 등)</td></tr>
<tr><td>• 독가스 세균(탄저균) 등 무차별적으로 사용되고 미사일, 핵무기 등이 사용 예상</td><td>• 전쟁 무기 및 재래식 무기에 의한 표적 공격</td></tr>
<tr><td rowspan="2">언론 매체 활용</td><td colspan="2">• 테러현장이 실시간 공개됨으로써 효과가 빠르고 위협이 확산</td></tr>
<tr><td>• 사건현장의 생중계로 위협이 확산됨
• 수사의 어려움 발생</td><td>• 목적이나 협상조건의 제시 등으로 활용</td></tr>
<tr><td rowspan="2">사건 규모</td><td colspan="2">• 전쟁을 방불케 하는 대량파괴와 희생으로 확산</td></tr>
<tr><td>• 국가적 재난으로 발전
– 정치적 부담, 경제적 파탄</td><td>• 훈련된 진압, 협상팀 및 복구 요원에 의한 국지적인 해결 가능</td></tr>
</table>

자료출처 : 국가정보원, 「테러정세」(서울: 국가정보원, 2002).

〈표 20.2〉 국가별 테러리즘의 법률적 개념 정의

국가	근거규정	발표년도	정의
미국	「반테러법」	2001.10.26	미합중국 영토 내 또는 영토 외에서 일반시민에 대한 협박, 강요를 통해 정부정책에 영향을 주거나 대량파괴, 암살, 납치를 통해 정부조치에 영향을 주기 위하여 미연방 그리고 각 주 형법상 범죄행위로 규정되어 있는 사람의 생명에 위험을 가하는 행위
영국	「테러법」	2000.7.20	정치적 · 종교적 또는 이념적 목적달성을 위하여 신체의 폭력, 재산상 피해, 타인의 생명, 건강 또는 안전의 위해, 전자장치의 차단 및 방해, 총기류 또는 폭발물을 이용한 행위
프랑스	「테러리즘과 국가안보침해에 관한 법률」	1986.9.9	공공질서를 심각하게 혼란시킬 목적으로 위협이나 공포를 이용한 행위
스페인	형법 제8장 제571조		무장한 집단 내지 조직 또는 헌법질서를 전복하거나 심각하게 공공안녕을 훼손시킬 목적을 가진 집단에 소속되어 있거나 그 집단의 무력활동에 종사하거나 협력하는 행위
캐나다	「반테러법」	2001.12	국내외에서 발생한 작위 · 부작위 또는 이를 통한 협박 행위
러시아	「연방대테러법」	2006.3.6	주민을 위협하고 여타 불법적 강압행동으로 국가기관, 지방자치기관 또는 국제기구의 결정 채택에 영향을 미치기 위한 행위와 폭력 이데올로기
인도	「테러방지법」	2002.3.28	인도의 안보 또는 주권, 영토의 보전을 위협 또는 일반대중의 공포심을 유발할 목적으로 불법단체 조직원이거나 자발적으로 단체의 목적달성을 지원 또는 조장하기 위해 불법적으로 무기, 탄약, 폭발물 또는 대량파괴를 유발할 수 있는 기타 물질을 이용하여 인명을 살상하거나 재산상 중대한 피해를 유발시킨 행위
일본	「테러자금처벌법」	2006	공중 · 국가 · 지방자치단체 또는 외국정부 등을 협박할 목적으로 행해지는 범죄행위
유럽 연합 및 유럽 평의회	테러자금 방지 조약	2002.6.13	정치 · 헌법 · 경제 · 사회상의 불안정화 또는 파괴를 일으키는 목적을 위하여 성질상 또는 상황상 해당행위의 목적이 주민을 위협하고 정부 또는 국제기관에 대해 강요하는 행위
한국	「국민보호와 공공안전을 위한 테러방지법」	2016.3.3	국가 · 지방자치단체 또는 외국 정부(외국 지방자치단체와 조약 또는 그 밖의 국제적인 협약에 따라 설립된 국제기구를 포함한다)의 권한행사를 방해하거나 의무 없는 일을 하게 할 목적 또는 공중을 협박할 목적으로 하는 각각의 행위

자료출처 : 김태환 · 권정훈, 「대테러학」(천안: 국립방재교육연구원, 2009), p.29; 법제처, 「국민보호와 공공안전을 위한 테러방지법」의 재구성.

〈표 20.3〉 테러리즘의 학술적 개념 정의

학자		정의
국외	Boaz Ganor	정치적 목적을 달성하기 위하여 민간인이나 민간 목표에 대한 의도적인 폭력의 사용 또는 사용 위협
	B. O'Neill	개인이나 소규모 집단에 의해서 행해지는 분쟁의 한 형태이며, 장기적인 정치적 목적을 달성하기 위해 체계적이고 독단적으로 비도덕적인 폭력의 사용
	Brain Jenkins	정치적 목적달성을 위해 폭력을 사용하거나 이러한 폭력사용을 위협하는 것
	Cline & Alexander	정치적 목적을 달성하기 위한 수단이며 폭력사용의 한 형태로 저강도 수준의 폭력을 사용하는 전쟁
	Frederich J. Hacker	대중의 행동, 사상, 감정을 테러리스트 자신들의 행동, 사상, 감정과 일치하는 방향으로 변화시키려는 것을 목적으로 하는 최종적인 수단
	Grant Wardlaw	기존의 권위를 지지하거나 반대하는 개인이나 집단에 의한 폭력의 사용 · 위협이며, 또한 이러한 테러행위는 정치적 요구에 순응하도록 강요할 목적으로 즉각적인 희생자보다는 국가나 집단에 극단적인 공포 · 두려움을 유발할 목적으로 수행되는 행위
	James P. Poland	정치적, 전술적으로 유리한 지위를 얻기 위하여 두려움이나 공포를 조성하여 무고한 사람에 대한 계획적, 체계적 살인이나 무차별 폭력 또는 위협
	O. Zinam	개인이나 조직된 집단이 공포와 항복을 유발하여 경제적 · 정치적 · 사회심리적 · 이데올로기적 목표를 획득하기 위하여 폭력을 사용하거나 폭력을 사용할 것으로 위협
	Paul Wilkinson	조직적인 살해 및 파괴 그리고 살해와 파괴에 대한 협박을 함으로써 개인, 단체, 특정 공동체 혹은 정부를 공포의 분위기로 몰아넣어 테러리즘 집단의 정치적 목적을 달성하려는 행위
	Schmid & Jongman	폭력의 희생자 발생이 무작위적이고 상징성을 띠는 조직적인 전투방법
	Thackrah	민주주의 국가 내부에서 불안정을 창출하기 위해 행해지는 폭력적이고 극단적인 협박의 조직적 체계
	Walter Laquer	한 나라의 체제를 새로운 체제로 변화시키는 현상으로, 지도층에 대항해서 또는 소수 인종이나 종교를 향해 가해지는 폭력행위로써 내란 · 쿠데타 · 게릴라 활동과 같은 다른 형태의 정치폭력과 혼동해서는 안됨
국내	최진태	주권국가 혹은 특정단체가 정치 · 사회 · 종교 · 민족주의적인 목표달성을 위해 조직적이고 지속적인 폭력의 사용 혹은 폭력의 사용에 대한 협박으로 광범위한 공포 분위기를 조성함으로써 특정 개인, 단체, 공동체 사회 그리고 정부의 인식 변화와 정책의 변화를 유도하는 상징적 · 심리적 폭력행위의 총칭
	조광래	정치적 · 사회적 목적을 가진 집단이나 개인 또는 어떤 국가의 비밀공작원이 그 목적달성 또는 상징적 효과를 얻기 위한 수단으로 비전투 요원인 타인의 생명 · 재산에 위해를 가하고자 사용하는 계획적인 폭력행위
	장기붕	정치적 혹은 사회적 영향력을 증대하기 위해 테러조직이 주도면밀한 계획 하에 비합법적인 폭력을 사용하거나 위협함으로써 특정인물을 포함하여 불특정 다수에게 공포심을 주는 행위
	김두현	정치적 · 사회적 목적을 가진 집단이나 개인이 그 목적을 달성하거나 상징적 효과를 얻기 위한 수단으로 타인의 생명 및 재산 또는 시설에 위해를 가하고자 하는 계획적인 불법폭력행위

〈표 20.3〉 테러리즘의 학술적 개념 정의(계속)

학자		정의
국내	장석헌	정치적 · 종교적 · 민족적 목적을 달성하기 위하여 개인, 단체, 국가에 대하여 무차별적인 폭력을 사용하여 일반인들의 공포심을 조성하고 이를 매개로 하여 테러집단의 목적을 달성하려는 비인간적, 반문명적인 폭력행위
	조홍제	정치적 · 종교적 · 사회적 주장 등의 일정한 목적을 위한 암살 · 살해 · 폭력 · 납치 등 생명이나 신체의 안전을 위협하는 폭력의 행사로서 조직적 · 집단적 · 계획적으로 행해지며, 그 결과 직접적인 피해자뿐만 아니라 사회 전반에 대하여 공포 및 불안 심리를 야기하는 일련의 행위
	최윤수	정치적 목적으로 개인이나 집단이 의도적으로 사용하는 폭력의 사용이나 위협이다. 이러한 행위는 테러의 직접적인 대상보다 더 광범한 대상 집단을 위협하는 효과를 목적으로 정권을 전복시키려고 인지된 집단이 국가의 정치질서를 파괴하려는 의도에서 사용하는 폭력
	안경환	정치적 또는 사회적 영향력을 증대하기 위한 목적으로 조직적이고 계획적으로 비합법적인 폭력을 사용하거나 위협함으로써 상징적인 인물이나 불특정 다수에게 심리적인 공포심을 부여하는 행위

자료출처 : 김태환 · 권정훈, 전게서, 2009, pp.32-33.

2절 테러리즘의 역사

1. 테러리즘의 기원

테러리즘이란 용어는 1798년 프랑스에서 발간된 사전(Dictionnaire of the Academie Francaise)의 증보판으로 조직적인 폭력의 사용으로 정의되면서부터이다.[5] 이 사전에서 언급한 테러리즘은 1793년부터 1794년까지 프랑스 혁명을 의미하는 것으로, 공포 정치의 동의어로 사용하였다.

공포정치라는 용어는 프랑스혁명 당시 주도적인 역할을 했던 마라(Jean Paul Marat), 당통(George Jacques Danton), 로베스피에르(Maximilien Francois Marie Isidore de Robespierre) 등이 공화파(共和派) 집권 정부의 혁명 과업 수행을 위해 왕권 복귀를 꾀하던 왕당파(王黨派)를 암살, 고문, 처형하는 등 공포정치를 자행했던 사실에서 유래하였다.[6]

프랑스 혁명 시기의 테러리즘은 국가가 정치적 억압과 사회를 통제하기 위하여 사용한 수단으로, 합법적인 권력을 가진 지배층에 의해서 자행되는 관제 테러리즘(State Terrorism)의 성격이다.[7]

5) Laquer, Walter, Terrorism(Boston: Little Brown), 1977, p.6.

6) 민석홍,「프랑스혁명사론」, 서울: 까치, 1989, pp.290-297.

7) Friedlander, Robert A, Terrorism: Document of International and Local Control, Vol. I(New York: Oceana Publications), 1979, p.6.

관제 테러리즘(State Terrorism)은 위로부터의 테러리즘(Terrorism from the above)으로 불리기도 하며, 이후에는 이와 상반된 개념인 아래로부터의 테러리즘(Terrorism from the below)이 세계적으로 더욱 보편화되었다.[8)]

정치적 의미에서 테러리즘의 대표적인 사건은 로마 귀족계급의 정치적 목적 달성을 위해 자행된 B.C. 44년 3월 14일 쥴리어스 시저(Gaius Julius Caesar)의 암살사건이다.

종교적 의미의 테러리즘은 서기 1세기 중 '지어랏츠(Zeolots)' 라고 불리는 유대민족주의자들이 로마의 지배층에 대항하여 격렬하고 무자비한 테러를 감행했으며, 이들은 '시카리(Sicarii)', 즉 자객(刺客)이라고 불리는 전문암살자를 채용하여 로마의 통치에 협조하는 부유한 유태인을 살해한 데서 찾는 견해이다.[9)]

11세기에서 13세기에는 주요인물에 대한 암살이 성행하였다. 당시 이슬람 과격 종교단체들은 암살자(Assassins)를 고용하여 기독교 지도자들을 살해함으로써 공포분위기를 확산하였다. 18세기에는 프랑스 혁명의 공포정치로 발전하였다. 미국에서는 남북전쟁(1861~1865년)이 종결된 후 정부에 도전하는 극우파 남부인들이 소위 'KKK(Ku Klux Klan)' 라는 테러리스트 단체를 결성하여 남부 재건론자들을 협박하였다.

역사적으로 가장 활발했던 테러단체는 19세기 말 러시아에서 활동했던 인민 의지파(Narodnaya Volya)였으며, 이후 테러리즘은 대체로 19세기 후반부터 20세기 초반까지 미국・러시아・서유럽 등지에서 활동했던 무정부주의자들로 이루어졌다. 이들은 정치적・사회적 변화를 위한 수단으로 주요 인물들에 대한 암살의 방법을 선택하였다. 이러한 테러리즘 행위는 결국 오스트리아 황태자 부부를 암살함으로써 이 사건을 계기로 세계사를 바꾸어 놓은 제1차 세계대전으로 이어졌다. 그 후 20세기에 들어 테러리즘은 극우에서 극좌로 이르는 수많은 정치운동에 공통으로 나타나는 특징이다.

테러리즘은 히틀러(Adolf Hitler) 독재 치하의 나치 독일이나 스탈린(Iosif V. Stalin) 치하의 구(舊)소련과 같은 전체주의 국가에서 국가 정책의 중요한 수단으로 이용되었다. 또한 20세기 중반에는 식민제국에 대항하기 위한 민족 운동의 일환으로 테러리즘의 방법을 선택하기 시작하였다.

8) 김상범, "테러리즘의 발전추세와 미래양상", 국방연구(제45호 제1호), 국방대학교 안보문제연구소, 2002, p. 1131.

9) Paul Wilkinson, Political Terrorism(New York: John Wiley and sons), 1982, p.205; 한종욱, "테러리즘에 대한 법적 대응책의 고찰", 경찰대학 경찰학연구, 2001, p.146에서 재인용.

2. 테러리즘의 역사적 변천

〈표 20.4〉 테러리즘의 변천과정

시기	특징 및 사례

고전적
Terrorism 시대
(18세기 이전~
테러리즘 용어 등장
시기까지)
	• 인류의 등장과 함께 생존과 지배, 이익을 위한 원초적 무력사용
	• 주로 생존권적 이익이나 정치적 대립, 종교적 갈등에서 폭력적 위협이나 암살 등이 주로 자행
	• 인류 역사상 최초의 테러리즘
	  – 구약성경의 카인의 아벨살인
	• 정치적 테러리즘의 대표적 사건
	  – BC 43년 로마원로원의 줄리어스 시저 암살사건
	• 종교적 테러리즘
	  – BC 66~77년의 팔레스타인 종교집단 '시카리' 테러단체가 결성되어 로마통치에 협력하는 유대인 공격
	• 11~13세기 이슬람 과격단체가 암살자를 고용하여 기독교 지도자 암살
	  – 십자군의 군사력에 테러리즘으로 대항하면서 사령관 지사 칼리프 등의 주요요인 암살

근대적
Terrorism 시대
(18세기~
1960년대 이전)
	• 근대적 테러리즘은 민족국가 형성과정에서 민족해방운동을 위한 폭력적 저항과 국가형성 후 정치적 대립관계에서 국가권력에 의한 관계의 테러리즘이 주로 행해짐
	• 미국 남북전쟁 후 극우 남부인들의 백인 우월주의 KKK(Ku Klux Klan)단의 테러리즘
	• 러시아 및 서유럽 무정부주의자들의 정치적 테러리즘: 세르비아계의 가브리엘 로프린체프에 의한 오스트리아 프란츠 페르디난트 황태자 부부살해(1914년 6월 28일 사라예보사건)
	  – 제1차 세계대전의 원인 제공
	• 20세기 러시아(레닌, 스탈린), 독일(히틀러), 이탈리아(무솔리니) 등의 자국민들의 탄압을 위한 관제 테러리즘
	• 제2차 세계대전과 제국주의에 대한 식민지 독립투쟁
	  – 안중근 의사

현대적
Terrorism 시대
(1960년대~
1990년대
뉴테러리즘
등장 이전까지)
	• 현대적 테러리즘의 태동으로 그 양상에 역사상 커다란 변천시기
	  – 국가지원 테러리즘, 국제 정치상황과 연결된 국제 테러리즘의 대형화 · 정치화
	• 이스라엘의 형성과 아랍민족주의의 형성, 이슬람 원리주의의 표면화
	• 항공기 테러리즘 등장, 성행(항공기납치, 공중폭파, 승객공격 등)
	• Guerrilla international의 형성으로 국제 테러리즘의 협력기반 형성
	  – 1966년 쿠바, 83개 단체 531명 참가
	• 1972년 '검은 9월단'의 뮌헨올림픽 이스라엘 선수단 살해
	  – 세계적으로 대테러리즘 특수부대의 필요성 및 양성하는 계기(델타포스, GSG-9, SAS 등)
	• 팔레스타인 문제를 중심으로 민족주의적 종교이념 대립에 의한 국가지원 테러리즘이 본격화되면서 불특정 다수인에 대한 무차별공격이나 살상무기의 현대화 등 뉴테러리즘의 양상 시작

New Terrorism 시대 (1990년대 후반 이후)	• 종교적 이념대립에 의한 문화적 단층에서 기인하는 민족적 · 종교적 테러리즘의 심화 • 불특정 다수인에 대한 무차별적 대형 공격 발생 – 국외(동경 지하철 사린가스 테러, 9 · 11 테러, 3 · 11 테러, 7 · 7 테러, 인도네시아 발리섬 테러 등) – 국내(김선일 피살사건, 윤장호하사 사망사건, 마부노 1 · 2호 피랍사건, 샘물교회 자원봉사자 피랍사건 등) • 테러리즘 방지를 위한 선제공격 전쟁 발생 – 테러리즘과 전쟁의 악순환

출처: 최기남, "중동 Terrorism의 대두와 전망", 경호경비연구 제10호, 한국경호경비학회, 2005, p.421의 재구성.

3절 테러리즘의 분류[10]

1. 인적 측면

1.1 국가 주요요인

요인 테러는 정치적 · 사회적 목적을 가진 개인이나 집단이 목적달성 또는 상징적 효과를 얻기 위한 수단으로 국가원수 등 그 나라의 국익과 관련된 업무에 종사하는 공적인 인사를 살상하고자 하는 계획적인 폭력행위이다.[11]

1.2 유괴 · 납치

유괴 · 납치는 테러리스트가 사람의 신체를 강점하여 자신의 뜻을 관철하려는 행위로, 은밀하게 이루어지며 일정 기간 유괴 · 납치 사실이나 자신들을 노출시키지 않는다. 인질 억류행위는 즉각적으로 대중들에게 알려지는 반면, 유괴와 납치는 장기화되는 경우가 많다. 이 전술은 테러리스트의 입장에서 볼 때 위험도가 낮은 반면에 보상이 클 뿐만 아니라 발달된 정보통신기술을 이용하여 자신들을 노출하지 않고 목적을 달성할 수 있는 이점이 있어 더욱 증가될 전망이다.[12]

1.3 인질

인질을 이용해 자신들의 물리적인 이윤이나 개인 혹은 단체의 목적을 달성하고자 하는 것을 말한다.[13]

인질 테러리즘이 빈번히 발생하는 이유로는 테러범들 자신의 협상력을 높이고, 선전효과도 최대화할 수 있기 때문이다. 비록 납치는 테러단체들이 성공하기 어려운 방법 중 하나이지만, 일단 이것이 성공할 경우 테러자금을 얻을 수 있고, 수감되어 있는 동료들을 석방시킬 수도 있으며, 장시간 자신들의 대의명분을 널리 선전할 수도 있다. 이러한 인질 테러의 전형적인 방식으로는 그들의 요구가 정해진 시간 안에 관철되지 않으면 인질을 살해하겠다고 위협하는 것이 대부분이다.[14]

10) 김태환 · 권정훈, 전게서, 2009, pp.95-140의 재구성
11) 박준석, 「대테러정책론」(서울: 백산출판사, 2009), p.114.
12) 민병설, "국제 테러리즘의 양상과 대응전략", 제2회 항공보안세미나, 2005, p.8.
13) Bartol, C. R, "Criminal Behavior: A Psychosocial Approach". New Jersey: Upper Saddie River, 2002.
14) 이창용, 「뉴테러리즘과 국가위기관리」(서울: 대영문화사, 2007), pp.127-128.

1.4 암살

암살은 역사적으로 가장 오래된 테러리즘의 수법으로 혁명 등의 목적, 정치이념의 괴리 그리고 보복테러의 형태로 특정인물을 은밀하게 살해하는 행위이다.[15]

암살은 권력자에 의하거나 또는 권력자를 대상으로 한 행위, 백색테러, 적색테러, 정치적 목적이 있는 행위, 개인적 동기에 의한 행위 등으로 그 이유가 다양하지만 어떤 행위이든 정치적 불안과 긴장을 촉발하는 요인이 되고 있다.[16]

1.5 폭파

폭파는 폭발물을 이용하여 사람을 살상하거나 건물 등 시설물과 비행기 등 장비를 파괴하는 전술형태를 말한다.[17]

이러한 폭탄 테러리즘은 용기에 충전된 폭약을 폭발시킴으로써 시설파괴 및 인명살상을 목적으로 하는 것으로 테러조직의 상투적인 전술이라 할 수 있다. 건물파괴는 물론 인명피해를 노리며, 대중교통 수단인 열차나 차량 등을 주요목표로 삼기도 한다.[18]

테러조직이 폭탄테러를 선호하는 이유로는 첫째, 테러를 준비하는 시간이 다른 테러 방식에 비해 상대적으로 짧으며 둘째, 제조방법이 간단하고 원료도 손쉽게 구입할 수 있다는 점이다. 셋째, 목표물의 은밀한 곳에 은닉하거나 위장이 용이하고 넷째, 목표물에 접근하기 쉽다는 점이며 다섯째, 다수 인원에 대한 살상 효과가 있다는 점이다. 여섯째, 성공률이 높으며 흔적 제거가 쉽다는 점 등을 들 수 있다.[19]

폭파방법으로는 첫째, 부비트랩이 장착된 폭파차량, 폭탄을 가득 실은 차량, 둘째, 폭발물이 장치된 짐 꾸러미를 이용하는 방법과 손으로 설치한 폭탄, 셋째, 발사장치가 부착된 폭탄과 손으로 던지거나 모터장치에 의한 발사, 넷째, 우편물 폭탄,[20] 자살폭탄 그리고 9 · 11 테러에서 사용된 항공기에 의한 자살폭파 등이 있다.

15) 장기붕, 「근접경호론」(대구: 홍익출판사, 2007), p.49.
16) 김태환 · 권정훈, 전게서, 2009, p.97.
17) 구상회, 「테러학개론」(서울: 동문출판사, 1999), pp.42-47.
18) 김태환 · 권정훈, 전게서, 2009, p.98.
19) 이창용, 전게서, 2007, p.121.
20) 김두현, 「현대테러리즘론」(서울: 백산출판사, 2004), p.93.

1.6 무장공격

무장공격은 테러공격 대상에 대해 권총, 기관총, 수류탄, 로켓포, 미사일 등 소형무기나 대형무기를 이용하여 인명을 살상하거나 시설물을 파괴하는 수법을 일컫는다.[21]

무장공격은 단순하게 주요인사에 대한 공격뿐만 아니라 2003년 11월 알 카에다와 연계된 테러리스트가 케냐의 나이로비 공항에서 이륙하는 이스라엘 항공기를 향해 두 발의 미사일을 발사한 사건과 같이 민간 항공기에 대한 공격수단으로도 이용될 수 있다.[22]

1.7 방화

테러리스트들이 흔히 사용하지는 않지만 공공건물, 정당본부 혹은 상점, 호텔, 공장과 같은 경제산업시설 등을 목표로 한 파괴나 분열을 위해서 보편적으로 방화가 자행되어 왔다. 일반적인 방법은 시한장치로 담뱃갑이나 카세트테이프 등을 이용하며, 숨기기 쉽고 일단 설치되면 찾아내기가 힘들다는 장점이 있다. 또한 폭탄과 함께 소이장치도 매우 저렴하고 제조하기 쉽기 때문에 테러리스트들은 이를 전술의 하나로 이용한다.[23]

1.8 핵무기

대형 테러리즘 가운데서도 핵무기 테러리즘은 가정할 수 있는 최악의 상황을 야기할 수 있는데 아무리 조잡한 수준의 핵폭탄이라 할지라도 TNT의 1~2만 톤에 이르는 폭발력으로 수십만 명의 생명과 주요 시설물에 대해 일시에 막대한 피해를 끼칠 수 있다. 핵 테러의 유형으로는 핵무기 공격, 원자력 시설에 대한 공격, 방사능 물질 투하를 통한 재래식 공격 등 크게 세 가지로 나누어 볼 수 있다. 이 중 특히 현실적 발생 가능성이 높은 유형은 이른바 '더러운 폭탄(dirty bomb)' 으로 불리는 방사능 물질 투하를 통한 공격이다. 즉 재래식 공격 무기에 방사능 물질을 장착해 공격함으로써 순식간에 방사능 오염을 초래한다.[24]

1.9 생물

생물무기는 세균무기의 개념이 확대된 것으로, 미생물을 사용하여 사람, 가축, 식물을 살상

21) 김태환 · 권정훈, 전게서, 2009, p.101.

22) 최진태, 「테러리즘의 이론과 실제」(서울: 대영문화사, 2006), p.93.

23) 김두현, 전게서, 2004, p.94.

24) 이창용, 전게서, 2007, p.125.

또는 무능화시키며, 폭탄과 포탄 등에 넣어서 살포하거나 음식물에 삽입하는 방법으로 공격한다.[25)]

인간 · 동물 · 식물에게 유해한 독소나 미생물을 이용하는 생물학무기는 밀폐공간이 아니어도 큰 효과를 기대할 수 있다. 또한 생물학무기의 경우 발생 원인과 근원지를 추적하기가 매우 어려워서 국민들에게 공포심과 사회적 혼란을 일으킬 수 있다. 예를 들면 보툴리늄 독소는 청산가리의 30만 배의 독성을 가지고 있으며, 탄저균은 6kg만 서울 상공에 살포한다 해도 60만 명의 서울 인구를 몰살시킬 수 있다.

2. 물적 측면

2.1 항공 테러리즘

항공 테러리즘은 비행 중이거나 이륙 준비단계에 있는 항공기 및 기내에 있는 사람들을 대상으로 자행되는 테러 행위를 의미한다. 이러한 항공 테러리즘은 항공기 안전 운행 및 국제 평화 유지에 위협을 주고 있다.[26)]

항공 테러리즘은 세계화의 가속화로 항공교통의 수요가 급증하는 상황에서 대규모 인명피해가 발생할 수 있다는 점과 테러리스트 혹은 단체가 그들의 정치적 목적을 주장하는 데 적은 인력과 비용으로 짧은 시간에 최대의 효과를 낼 수 있다는 측면에서 앞으로도 지속적으로 발생할 것이라는 데 그 심각성이 있다.[27)]

2.2 해상 테러리즘

해상 테러리즘은 테러리스트가 선박, 사용자 및 항만시설 등을 공격하는 행위로서 선박에 대한 강습, 선박의 폭파, 선박 및 승객에 대한 납치 등을 자행하는 것을 말한다.[28)]

각종 수송수단의 발전에도 불구하고 여전히 해상교통의 중요성은 증대하고 있다. 여전히 물류이동의 90% 이상을 해상수송이 담당하고 있으며, 이는 해상교통이 항공 및 육상 교통에 비해 운송비용이 저렴하고 대량수송이 용이하다는 점 때문이다. 이렇듯 해상교통의 중요성이 증대되고 있는 가운데 해상 테러리즘 및 해적행위가 안전한 해상교통의 발전을 위협하고 있다.[29)]

25) 최진태, 상게서, 2006, pp.179-180.
26) 이창용, 전게서, 2007, p.129
27) 장기붕, 전게논문, 2007, p.97.
28) 장기붕, 전게논문, 2007, p.35.
29) 이창용, 전게서, 2007, p.135.

2.3 사이버 테러리즘

사이버 테러리즘은 첨단 정보통신기술을 이용해 물리적 세계가 가상의 세계로 전환되어 있는 공간을 무차별적으로 공격하는 행위를 말한다.

사이버 테러리즘은 첨단 정보통신기술을 이용하여 국가 전산망이나 공정영역의 가상공간을 무차별적으로 공격하는 행위로서 국가 전반에 혼란을 조성하고 경제적 손실을 가용하기 위해 자행된다.[30)]

사이버 테러리즘은 테러리스트들의 목적을 달성하기 위해 트럭에 폭탄을 싣고 공격 목표물을 향해 돌진할 필요가 없고, 비행 중인 항공기 폭파를 위해 미사일을 발사할 필요도 없으며, 특공대를 조직하고 무장하여 국방기관에 침투할 필요도 없다. 또한 테러리즘을 자행하는 동안 목숨을 잃을 염려도 없고 체포될 염려도 없는 등의 특성을 가지고 있기 때문에 점차적으로 확대될 것이다.[31)]

2.4 주요시설 테러리즘

시설물에 대한 테러 수법으로는 무장공격, 방화, 폭파, 시설물 점거 등이 있다. 시설물 점거는 건물을 공개적으로 점거한 후 건물 안의 사람을 인질로 억류해 대치하는 행위로, 정부에 대한 개인 및 단체의 이익주장과 정부의 입장을 난처하게 하고 강압조치를 유발하는 데 그 목적이 있다. 그 대상으로는 외교공관, 정부청사, 국가중요보안시설, 군사시설 등과 언론기관, 국제회의장, 전기시설, 대규모 컴퓨터망 시설, 국제스포츠시설 및 경기장 등[32)]과 다중이용시설 등이 있다.

한편 최근에는 다수의 승객을 수송하는 열차나 지하철 및 버스 등 공공 수송기관을 대상으로 하는 사건이 빈번하게 발생하고 있다. 열차 폭파테러, 고속지하철 폭파테러, 대중버스 폭파테러 등은 사건 수는 적지만 많은 민간인이 이용하는 시설이므로 그 피해 규모가 대단히 크다. 현재 항공기뿐만 아니라 공항 및 항공사와 같은 항공 관련시설에 대한 테러도 계속 증가하고 있다. 특히 국제공항은 국가의 관문이라는 상징성을 가지며 항공교통의 센터이자 중요 연결점이기 때문에 테러의 목표가 될 위험이 그만큼 크다.[33)]

30) 장기붕, 전게논문, 2007, p.36.
31) 김태환 · 권정훈, 전게서, 2009, p.131.
32) 김두현, 전게서, 2004, p.229.
33) 김두현, 전게서, 2004, pp.230.

〈표 20.5〉 테러리즘의 분류

구분	인적	물적
대상	• 국가 주요요인 • 정치인 • 경제인 • 연예인 • 일반인	• 항공 테러리즘 • 해상 테러리즘 • 사이버 테러리즘 • 주요시설 테러리즘
유형	• 유괴 · 납치 • 인질 • 암살	• 항공 테러리즘 – 항공기 테러, 항공기 지상 및 공중 폭파, 항공기 시설과 승객, 항공기에 대한 미사일 공격 • 해상 테러리즘 • 사이버 테러리즘 – 해킹, 악성프로그램 • 주요시설 테러리즘 – 시설물 테러, 교통시설 테러
수단	• 폭파 – 차량폭탄, 자살폭탄, 시한폭탄, 우편물폭탄 • 무장공격 – 권총, 기관총, 수류탄, 로켓포, 미사일 • 방화 • 핵무기 • 생물 • 화학 • 방사능	좌동(사이버 테러리즘 제외)

자료출처 : 김태환 · 권정훈, 전게서, 2009, p.140.

4절 테러리즘의 동향

1. 국제 테러리즘 동향

2014년에는 이슬람 극단주의, 민족 분리주의, 극좌 · 극우주의 등 다양한 요인에 기인하여 전 세계 55개국에서 3,736건(15,909명 사망)의 테러가 발생하였는데, 이는 전년 4,096건(11,889명 사망) 보다 사건은 8.8% 감소한 반면, 사망자 수는 33.8% 증가한 수치이다.[34]

34) 경찰청, 「2015 경찰백서」(서울: 경찰청, 2015), p.317.

〈그림 20.2〉 연도별 테러발생 건수

자료출처 : 경찰청, 전게서, 2015, p.317.

2014년 테러의 위협 양상 및 특징을 살펴보면 첫째, 중동 · 북아프리카 지역에서 정정불안 · 종파갈등을 틈타 ISIL이 급속히 세력을 확대하며 새로운 국제테러 주도세력으로 부상하였다. 둘째, ISIL의 원격(遠隔) 테러리즘 선동에 유인된 전 세계 사회 부적응 · 불만세력의 자생테러 위협이 고조되었다. 마지막으로 테러 단체들이 추적 회피가 용이하고 실시간으로 콘텐츠 전파가 가능한 인터넷 · SNS를 통해 조직원 모집 및 자생테러 선동을 강화하였다는 점이다.[35)]

지역별 테러발생 건수를 살펴보면 중동(2,230건)에서 발생한 테러가 전체 사건의 60%를 차지하였으며, 아 · 태 지역(1,024건), 아프리카 지역(422건), 유럽 지역(28건), 미주 지역(32건) 순으로 나타났다.[36)]

2. 국내 테러리즘 동향

2.1 정치적 요인

1960년대에는 남한에 대한 지속적인 무력 도발을 감행하였다.

1970년에는 6 · 25 전쟁 이후 납북자의 존재를 처음으로 공식 인정하고 납북자와 국군 포로의 생사 확인 문제를 남측과 협의하기 위해 1971년 '남북적십자회담'을 개최하였다. 통일문제의 해결을 목적으로 1972년 '7 · 4 남북공동성명서'를 발표하였다. 1975년 6월 30일 판문점

35) 경찰청, 「2015 경찰백서」(서울: 경찰청, 2015), p.317.

36) 경찰청, 「2015 경찰백서」(서울: 경찰청, 2015), p.318.

미군장교에 대한 집단폭행사건, 1976년 8월 18일 판문점 도끼살인 만행사건이 있었고, 박정희 전 대통령의 3차례 암살시도[37]가 있었다.

1980년대 남한에 대한 대표적인 테러사건은 1983년 10월 9일 미얀마(버마) 아웅산 묘소 폭파사건, 1986년 9월 14일 김포공항 청사 폭파사건, 1987년 11월 28일 KAL기 폭파사건 등이 있었다.

1991년 12월 3일에는 남 · 북한이 화해 및 불가침, 교류 협력 등 3개 부문에 관해 공동 합의한 '남북기본합의서'를 정식으로 교환하였다. 1990년대에도 대남에 대한 북한의 지속적인 테러가 자행되었는데 테러의 유형은 과거 체제를 위협하는 정책적 전환을 위한 목적 테러리즘이 아니라 개인에 대한 보복성 테러로 전환되기 시작하였다. 1996년 10월 1일 러시아 블라디보스토크에서 우리나라 정보기관 소속 최덕근 영사가 암살, 1997년 2월 15일 분당에서 이한영 암살사건 등이 있었다.

'국민의 정부' 시절 우리나라는 북한에 대한 정책 의제로 내세웠던 '햇볕정책'의 결과로, 21세기가 들어서기 전 2000년 6월 13일 김대중 前 대통령이 우리나라 국가원수 중에는 처음으로 북한을 방문하여 남 · 북한의 두 정상이 백화원 영빈관에서 '6 · 15남북공동선언'을 발표하였다. 이러한 선언을 무색하게 하듯 2002년 제2연평해전 사건이 발생하였다. 그 후 2007년에는 남 · 북한 두 정상이 남북관계 발전과 평화 번영을 위한 '10 · 4 남북 정상선언'을 발표하였다. 이러한 진행 상황에서 이듬해 또 다시 원정화 여간첩 사건으로 인해 우리사회는 북한에 대한 긴장감이 여전히 팽배해졌다.

2010년 3월에는 백령도 근처 해상에서 북한의 어뢰공격으로 우리 해군의 초계함이 피격된 천안함 피격 사건이 발생하였다. 이 사건으로 우리 해군 장병 40명이 사망했으며 6명이 실종되었다. 같은 해 11월에는 북한이 對연평도를 향해 포격을 가한 연평도 포격 사건이 발생하여 인명 피해와 각종 시설 및 가옥 파괴로 재산 피해를 입었다. 한국 전쟁의 휴전 협정 이후 북한이 우리나라의 영토를 직접 타격하여 민간인이 사망한 최초의 사건으로 국제 사회의 큰 관심을 끌었으며, 천안함 피격 사건에 이어 8개월 만에 벌어진 사건으로 남 · 북의 갈등은 더욱 심화되었다.

그 후 김정일 국방위원장이 2011년 12월 갑작스럽게 사망한 이후 김정은이 권력을 승계하여 3대 세습이 공식화되었다. 북한은 2006년 1차 핵실험을 강행으로 지금까지 총 4차례의 지속적인 핵실험을 통해 주변 국가들을 위협하고 있다. 이에 국제사회는 이를 강력히 규탄하고, 대

37) 박정희 전 대통령 암살을 시도한 대표적 사건으로는 1970년 6월 22일 국립묘지 현충문 폭파사건, 1974년 8월 13일 경회루 석교 폭파사건, 1974년 8월 15일 국립극장 문세광 암살사건이었다.

북제재 이행과 제재위원회의 구성을 결정한 안보리 결의를 만장일치로 채택하였다. 그럼에도 불구하고 북한의 이러한 만행은 지속적으로 강행되고 있어 한반도 정세는 더욱 불안정한 상태에 놓여 있다.

2.2 경제적 요인

오늘날 우리나라는 빠른 경제 성장으로 1990년대 중반까지도 개발도상국들 중에서도 선두의 위치에 있었고, 무역 규모 면에서는 세계 여러 나라들과 어깨를 나란히 하였으며, 1996년에는 경제협력개발기구(OECD)에 29번째 회원국으로 가입하였다. 그리고 컴퓨터의 보급률, 인터넷 등으로 첨단 정보기술(IT)강국으로 불리는 등 괄목할 만한 성과를 달성해 냄으로써 최근에 들어와 전 세계에서 차지하는 우리의 위상이 급격히 높아지게 되었다. 반면에 보안적인 측면에 있어서는 매우 취약하여 최근에는 산업스파이들의 표적 1호가 되었다. 그 동안 우리나라에서만 수조 원 규모의 산업 기밀이 유출된 것으로 파악되고 있다.

경찰이 적발한 산업기술 또는 영업비밀 유출 사건은 2010년 40건에서 2014년 111건으로 5년 새 세 배 가까이로 늘었다. 개인 이익 추구에 눈이 멀어 회사 기밀을 경쟁 업체에 팔아넘기는 내부 직원의 소행이 가장 많았다. 국가정보원 산업기밀보호센터에 따르면 산업스파이는 피해 회사의 전직 직원 52.8%, 현직 직원 27.1% 등 내부자가 80%를 차지하였다. 한국산업기술보호협회는 기술을 유출당한 업체의 피해가 연평균 50조원에 달한 것으로 추정하였다. 2014년 기준 국내총생산(GDP)의 3%에 해당하는 규모이다. 중소기업(평균 연매출 107조원) 4,700여 개의 연매출과 맞먹는 규모이다. 글로벌 기술전쟁시대에 산업스파이들이 피해 기업은 물론 국익까지 위협하는 것이다.[38)]

이렇듯 산업스파이로 인한 피해는 엄청난데 산업스파이는 그들의 목적을 위하여 모든 수단과 방법을 동원하여 우리의 재산인 산업정보를 해외로 밀반출하기 때문에 이러한 점에 있어서 우리나라는 더 이상 테러무풍지대로 남아 있기 어렵게 되었으며 테러위협에 노출될 가능성이 높아지게 되었다.

2.3 사회 · 문화적 요인

사회에 대한 불만의 보복으로 개인적으로는 원한 관계가 없는 불특정 다수를 대상으로 한 대구지하철 화재사고, 숭례문(남대문) 방화사건 등 사회병리현상은 간과할 수 없는 부분이다. 이

38) 한국경제, 영업비밀 갖고 튄다…“산업스파이 피해 연 50조”, 2015. 09. 12.

러한 범죄가 사회적 분위기에 편승하여 국민의 불안감을 확산시키고 있으며, 마약류의 남용이 보편화되고 있어 개인뿐만 아니라 사회와 국가전체에 악영향을 끼치고 있다.

오늘날 마약류 문제[39]는 테러 및 환경문제와 더불어 세계가 중요한 문제 중의 하나로 인식하고 있다. 대부분의 테러지원 국가나 테러조직은 마약생산을 주 자금원으로 하여 테러자금을 확보하고 있다. 특히 우리나라의 경우 마약청정국으로 불릴 만큼 단속이 다른 나라에 비해 까다롭지 않기 때문에 중간거점지역으로 활용되고 있다. 국내의 마약범죄조직이 외국의 마약 관련 국제 테러조직이나 북한과 연계될 경우 심각한 사회 안전 위협세력으로 등장하여 우리나라의 환경조성에 중대한 영향을 미칠 수 있을 것이다.

5절 테러대응 방향

1. 「국민안전과 공공안전을 위한 테러방지법」의 현실화

지금까지 테러대응 관련 법적 근거는 오로지 「국가대테러활동지침」에 의거, 북한 및 국제 테러리즘에 대처해 왔다. 최근 발생하는 국제 테러는 무차별이고 극단적으로 자행되는 전쟁 수준의 뉴테러리즘 양상을 보이고 있기 때문에 기존의 대응체계로는 효율적인 예방과 대응이 어려운 실정이었다. 9 · 11 테러 이후 각국에서는 새로운 환경에 부합하는 테러 관련법을 제정하고 있어 우리 역시 테러방지법이 제정되어야 하는 것은 필수불가결하다.

이러한 일환으로 2001년 김대중 정부에서 최초로 테러방지법을 정부에서 입법 발의했으나 16대 · 17대 · 18대 국회에서 인권침해 소지 등 여러 가지 난항으로 각 국회 임기가 만료되면서 폐기되었다. 이후 2015년 12월 박근혜 정부에서 재논의가 시작되어 19대 국회에서 통과되어 논의 시작 14년 4개월 여 만에 2016년 3월 3일 「국민안전과 공공안전을 위한 테러방지법」이 법제화되었다.

다만 「국민안전과 공공안전을 위한 테러방지법」이 처음으로 제정 · 시행되면서 법에 명시되지 않은 내용을 시행령에서 다루고 있지는 않았는지, 위헌적 요소는 없는지, 관계기관의 정보 오남용 시 처벌 조항은 있는지 등의 여부를 세밀하게 살펴보면서 국민들의 불안을 최소화하는

39) 1990년대 이후 우리나라에서 거래되고 있는 불법 마약류는 메트암페타민이 대부분이었으나, 최근 국제화 추세에 따라 외국산 마약류가 국제화물특송 및 해외 여행객을 통해 밀반입되어 국내에 유통되고 있으며, 마약남용 계층도 종전의 일부 특정 계층에서 일반 국민으로 확산되는 등 우리나라의 마약류 범죄 유형이 선진국형으로 변화되고 있다. 국내 마약류 사범은 1997년 이후 계속 증가 추세를 보이다가 2010년 이후로 안정된 추세를 유지하고 있다. 구체적으로는, 2002년 월드컵 등 각종 국제행사에 대비한 강력한 단속으로 마약류 공급조직이 와해되어 2003년 검거한 마약류 사범이 전년대비 24.3% 감소하는 하락추세를 보이기도 하였으나, 2007년부터 다시 증가하여 2009년에 8,261명으로 급증하였다가, 이후 전체적으로 안정된 수준의 검거수치를 나타내고 있다(경찰청, 전게서, 2015, p.146).

입장에서 더욱 신중하게 접근할 필요가 있을 것이다.

2. 국제적 공조협력체제 강화

국제 테러리즘은 주권국가에 의해 통제되는 개인이나 집단에 의해 또는 특정 국가들의 지원을 받는 개인 또는 집단에 의해 타국을 대상으로 자행된다. 국제 테러리즘을 예방하거나 대응하기 위해서는 국제사회의 협력에 기반을 두어야 할 것이다.

미국 · 일본 · 중국 · 러시아 등 주요국가 및 중동 · 남미 지역의 테러 취약국가와 상호 테러 관련 정보와 연구실적 교류, 합동대테러훈련 실시, 특수장비 연구개발 등 협력을 단계적으로 강화해야 할 것이다.

국내 관계기관 담당요원, 외국 대테러 전담요원, 민간 대테러 전문가 등이 참가하는 가칭 '대테러 간담회'를 정례적으로 개최하여 국내외 유관기관 간의 정보협력 채널을 확대, 구축해야 할 것이다.

테러 관련 각종 국제회의 · 기구 등에 적극 참여하여 테러정세, 대테러활동 관련 사항 홍보 및 대테러 관련 선진제도 등을 입수하여 활용할 뿐만 아니라 외국 테러대응기관 요원과의 정기 접촉과 더불어 긴급 상황에 대비한 비상연락체제도 상시 유지하여야 할 것이다.

장기적으로는 국가, 지역별로 가칭 '대테러 업무협의체'를 구성하여 대테러 업무 전반에 관하여 각국 간 순회회의를 개최하는 방안이나 외국 테러대응기구와의 정보교류를 위한 직통전산망을 구성하는 문제도 검토되어야 할 것이다.

3. 관 · 학 · 산 · 민 협력체제 확대

3.1 국가중요시설 및 다중이용시설 보호 강화

국가의 테러대응과 안전시스템에서 간과되어왔던 민간경비의 역할에 대한 관심이 늘고 있다. 민간경비의 참여와 역할이 강조되는 이유는 다음과 같은 민간경비의 특성[40]때문이다.

첫째, 민간경비원은 테러 및 범죄사건 현장을 관할하면서 테러 등 각종 사건사고의 발생 시 가장 먼저 상황을 접하는 일차적인 대응자이다. 따라서 이들의 사건 대응 능력은 국가 테러대

40) U.S. Department of Justice, the office of Justice Program, "Engaging the Private Sector to Promote Homeland Security: law Enforcement-Private Security Partnerships", NCJ210678, 2005; 이현희, "테러리즘과 시큐리티 산업동향", 한국민간경비학회보 제7호, 한국민간경비학회, 2006, pp.82-83에서 재인용.

응시스템의 효율적 운영과 직결되어야 한다.

둘째, 민간경비 분야는 풍부한 인적 · 물적 자원을 보유하고 있다. 테러대응시스템에서는 민간경비의 풍부한 인적 · 물적 자원을 공공안전시스템 구축에 효율적으로 동원하는 전략이 필요하다.

셋째, 뉴테러리즘의 공격은 상업시설을 목표로 민간인들에 대한 대량살상을 특징으로 하고 있기 때문에 이러한 영역의 안전을 담당하는 민간경비의 역할이 중요하다.

3.2 테러대응 교육훈련 지원 프로그램 강구

테러대응 관계기관에서 업무를 수행하는 공무원과 민간기업 혹은 시설에 근무하는 보안책임자 등이 테러에 대한 기본적인 이해는 물론 테러 위해 요소 판단기술, 테러 대응요령 등을 숙지하는 것이 중요하다.

테러대응 업무 종사자인 민간경비원과 청원경찰에 대한 교육 및 훈련을 지원함으로써 국가 전체의 총체적 대테러 능력 제고가 가능 되어야 할 것이다.

테러에 대응하는 전략 · 전술뿐만 아니라 대테러 전문가 네트워크를 형성하여 테러대응 종사자 간의 정보와 기법 공유 등 긴밀한 협력체제도 필요로 할 것이다.

4. 테러 안전의식 고취를 위한 대민 홍보

테러에 대한 대응은 정부의 노력만으로는 한계가 있기 때문에 민간부문 및 국민의 적극적 동참이 요구됨을 적극적으로 홍보하여 민간 기업 및 시설 등이 최소한의 자체적 테러대응 체제를 갖추도록 유도해야 할 것이다.

국가의 총체적 대테러 능력 제고는 테러리스트 식별요령 및 신고요령을 포함한 국민 대테러 행동요령 등에 시청각 교육자료 제작 및 배포를 통하여 국민이 정부의 부족한 부분을 채움으로써 대테러 활동을 완성하는 기반으로 활용되어야 할 것이다. 특히 테러는 일반 화재나 재난과 같이 사전에 피해를 예방할 수 없다. 순간적인 폭발로 이어지기 때문에 테러를 시도할 수 없는 환경을 사전에 만들고 거주민들에게 예방홍보가 되어져야 할 것이다. 건물과 시설물에는 교육이나 전문적인 지식을 가진 민간경비원이 상주를 하고 있지만 인원이나 CCTV로는 한계가 있어 상주하는 모든 사람들에게도 홍보나 교육을 통해 사전인지를 시켜두어야만 사전에 테러를 예방 할 수 있을 것이다.

〈그림 20.3〉 국민안전보호를 위한 각종 테러대응 대처메뉴얼

04 PART

제4편

재난관리
(재난위기관리)

제21장 | 재난관리법규와 제도

매년 발생되고 있는 재난으로 인해 전 세계적으로 수많은 인명피해와 재산피해가 발생하고 있다. 이에 우리나라에서는 부처별로 재난관련 법령을 제정하여 각종 재난으로부터 국민의 생명과 안전을 보호하고자 노력하고 있다. 본 장에서는 현재 우리나라에서 운용하고 있는 재난관리법규를 소개하고 이를 기반으로 운용되고 있는 제도에 대해 알아보도록 한다.

1절 재난관리의 법철학

현대사회에서 '재난(災難)' 이라는 용어는 상당히 다의적인 개념으로 해석되고 있다. 우리나라의 경우 재난은 통상적으로 자연재난을 재난으로 인식하였고 특히 태풍 · 홍수 등을 주요한 자연재난으로 인식하였다. 이는 1967년에 제정된 「풍수해대책법」에서 재해를 '홍수 · 호우 · 폭설 · 폭풍 또는 해일 기타 이에 준하는 자연현상으로 인하여 발생하는 피해' 로 규정하는 것에서 볼 때 의심의 여지가 없다. 재난을 해석하는 법률적 기준은 그 이후 1995년 「풍수해대책법」에서 「자연재해대책법」으로 전부 개정을 한 이후에도 변함없이 지속되었다. 재난의 범주에 자연재난 외의 개념이 도입된 것은 2004년 「재난 및 안전관리 기본법」이 제정된 이후의 일이다. 즉 동법에서는 기존의 자연재난 외에 인적재난과 사회적재난의 개념을 추가로 도입함으로서 국가적 재난의 개념을 크게 넓혀 놓았고, 「자연재해대책법」에서 기본법에서 규정된 재난의 개념을 원용하도록 하였다. 현 재난 및 안전관리 기본법 제3조에서는 자연재난과 사회재난에 대해 다음과 같이 정의하였다.

가. 자연재난: 태풍, 홍수, 호우(豪雨), 강풍, 풍랑, 해일(海溢), 대설, 한파, 낙뢰, 가뭄, 폭염, 지진, 황사(黃砂), 조류(藻類) 대발생, 조수(潮水), 화산활동, 소행성 · 유성체 등 자연우주물체의 추락 · 충돌, 그 밖에 이에 준하는 자연현상으로 인하여 발생하는 재해

나. 사회재난: 화재 · 붕괴 · 폭발 · 교통사고(항공사고 및 해상사고를 포함한다) · 화생방사고 · 환경오염사고 등으로 인하여 발생하는 대통령령으로 정하는 규모 이상의 피해와 에너지 · 통신 · 교통 · 금융 · 의료 · 수도 등 국가기반체계(이하 "국가기반체계"라 한다)의 마비, 「감염병의 예방 및 관리에 관한 법률」에 따른 감염병 또는 「가축전염병예방법」에 따른 가축전염병의 확산, 「미세먼지 저감 및 관리에 관한 특별법」에 따른 미세먼지 등으로 인한 피해

다. 삭제 〈2013. 8. 6.〉

2013년 기본법의 개정을 통하여 재난을 자연재난과 사회재난으로 크게 구분하고 있는데 이는 기존 인적재난을 사회재난으로 통합한 것으로 재난관리의 효율성을 높이기 위한 정책적인 결정으로 이해할 수 있다. 법제처의 개정이유를 보더라도 '각종 재난 및 사고로부터 국민의 안전이 확보될 수 있도록 국가와 지방자치단체의 재난 및 안전관리체계를 정비하고, 국민의 안전에 대한 가치와 인식을 높여 안전이 생활화될 수 있도록 안전문화를 진흥시키기 위한 기반을 마련하는 한편, 그 밖에 현행 제도의 운영상 나타난 일부 미비점을 개선 · 보완하려는 것' 으로만 되어 있을 뿐 재난의 유형을 단순화한 이유에 대해서는 명확한 언급을 하고 있지 않다.

기본법 제3조는 재난관리를 '재난의 예방 · 대비 · 대응 및 복구를 위하여 하는 모든 활동' 으로 규정하고 있으며 이는 2004년 기본법의 제정 이후 개정된 바가 없다. 따라서 현행 우리나라 재난관리 법제는 재난을 자연재난과 사회재난으로 구분하고 이러한 2가지 유형에 대한 재난관리를 예방 · 대비 · 대응 및 복구의 4단계로 나누어 총 8개의 형태로 관리하고 있다고 할 수 있다. 이처럼 기본법 상의 재난의 유형 및 재난관리 규정에 따라 조직법 및 시행법이 운용되고 있다.

현행 재난관리 법제가 현대재난에 어느 정도의 적응성을 가지는 것은 논외로 치더라도 법률로서 재난의 형태 및 관리행정을 한정 짓는 것이 법률의 운용측면에서 어느 정도의 효율성을 가지는가 하는 점에 대해서는 검토의 여지가 있다고 할 수 있다. 즉 기본법에서 규정하고 있는 자연재난과 사회재난 외에 또 다른 형태의 재난이 발생하는 경우 어떻게 대응할 것인가 하는 문제를 생각해 볼 수 있다. 우리나라 재난관리법제는 재난의 형태에 따라 재난관리책임기관을 정하고 있는데 재난의 형태가 복수에 걸치거나 혹은 현 시점에서 상정하지 못하는 형태의 재난이 발생하는 경우 어떻게 대응할 것인가 하는 문제가 발생할 수 있다. 마찬가지로 4단계의 재난관리단계가 재난관리행정을 모두 포괄할 수 있는가 하는 점 역시 동일하게 고민해 볼 필

요가 있다. 즉 현재의 예방, 대비, 대응, 복구 외에 다른 형태의 재난관리 유형은 존재하지 않는 것인지, 만약 그러한 경우가 발생하게 된다면 현행 재난관리행정에서 어떻게 대응할 것인지에 대한 고려를 현재의 법제는 하지 않고 있다는 점이다.

이러한 문제를 단순히 우리나라의 재난관리에 대한 법철학의 부재라고 단언하기는 어렵지만, 예를 들어 일본의 재난관리에 관한 기본법인 「재해대책기본법」과 비교하면 차이가 분명히 나타난다. 즉 우리나라의 기본법의 경우 제2조 기본이념에서 '재난을 예방하고 재난이 발생한 경우 그 피해를 최소화하는 것이 국가와 지방자치단체의 기본적 의무임을 확인하고, 모든 국민과 국가 · 지방자치단체가 국민의 생명 및 신체의 안전과 재산보호에 관련된 행위를 할 때에는 안전을 우선적으로 고려함으로써 국민이 재난으로부터 안전한 사회에서 생활할 수 있도록' 하는 것이라고 규정하고 있다. 이 규정을 간단히 요약하면 국민의 안전을 위하여 국가(지방자치단체를 포함)는 최선을 다해야 한다는 것에 지나지 않는다. 이에 반하여 일본 기본법의 경우는 제2조의2에서 다음과 같은 6가지의 기본이념을 규정하고 있다.

1. 우리나라의 자연적 특성을 고려하여 인구, 산업, 기타 사회경제 정세의 변화를 근거로 언제든 재해가 발생할 수 있다고 상정함과 동시에 재해가 발생했을 경우 피해의 최소화 및 그 신속한 회복을 도모하는 것.
2. 국가, 지방공공단체 및 그 외의 공공기관의 적절한 역할 분담 및 상호의 제휴 협력을 확보함과 동시에 이와 더불어 주민 한사람 한사람이 스스로 실시하는 방재 활동 및 자주 방재 조직(주민의 인보협동의 정신에 근거하는 자발적인 방재 조직을 말한다), 그 외의 지역에 있어서 다양한 주체가 자발적으로 실시하는 방재 활동을 촉진하는 것.
3. 재해에 대비하기 위한 조치를 적절히 운용하고 통합적으로 시행함과 더불어 과학적 식견 및 과거의 재해로부터 얻을 수 있는 교훈을 근거로 끊임없이 개선을 도모하는 것.
4. 재해의 발생 직후, 필요한 정보의 수집이 곤란한 경우가 발생하더라도 가능한 한 정확하게 재해의 상황을 파악하고 이것을 근거로 인재, 물자, 기타 필요한 자원을 적절히 배분함으로서 사람의 생명 및 신체를 무엇보다 우선하여 보호하는 것.
5. 재난 이재민에 의한 자발적인 활동을 저해하는 일이 없도록 배려하면서, 이재민의 연령, 성별, 장해의 유무, 기타 이재민의 사정을 고려하여 그 시기에 따라 적절히 이재민을 지원하는 것.
6. 재해가 발생했을 때는, 신속하게 시설의 복구 및 이재민의 지원을 실시하고 재해로부터의 부흥을 도모하는 것.

이상과 같은 규정상의 의미를 유추하더라도 우리나라와 일본의 재난관리 법철학은 그만큼의 차이가 나는 것을 볼 수 있다. 법률 자체의 문언을 비교하여 간단한 예를 들면, 우리나라의 기본법에서는 '국민의 생명 및 신체'라는 표현을 사용하고 있지만 일본 기본법에서는 '사람의 생명 및 신체'라고 규정하고 있다. 즉 재난이라는 상황에서 우리의 기본법은 자국민의 보호만을 규정하고 있지만, 일본의 기본법은 자국민과 외국인의 구분을 두지 않고 인간 자체의 보호를 염두에 두고 있는 점이다. 이러한 차이는 일본의 기본법이 재난의 유형이나 재난관리단계를 굳이 규정하고 있지 않은 점과 동일한 시선에서 파악할 수 있을 것이다.

재난관리를 행정의 일환으로 파악함으로서 나타나는 이러한 한계는, 실제 예상하지 못한 형태의 재난이나 대응이 곤란할 정도로 대규모의 재난이 발생했을 때 행정능력이 미치지 못하는 경우나 법규로서 행정의 능력을 제한(혹은 규정)하는 경우에 특히 두드러질 수 있다. 재난이라는 급박한 상황에 대해서 행정력의 적극성을 최대한 끌어낼 수 있도록 유도하기 위해서는 재난관리행정의 한계를 규정짓는 조항은 재고할 필요가 있다. 이처럼 우리나라의 재난법제가 지나치게 관리행정에 치중되어 있다는 점을 극복하기 위해서는 재난관리에 대한 법철학의 부재라는 문제를 보다 신중하게 고려할 필요가 있을 것이다.

2절 재난관리의 법령

1. 우리나라 재난관리 법체계

재난의 사전적 의미는 국민의 생명과 재산피해를 주는 자연현상과 사고 및 일정 규모 이상의 피해를 말한다. 이와 달리 법률상의 정의에서는 국민의 생명 · 신체 · 재산과 국가에 피해를 주거나 줄 수 있는 것으로 자연재난, 인적재난, 사회재난으로 구분하였으나 2013년 8월 「재난 및 안전관리 기본법」의 개정에 따라 인적재난과 사회적재난이 사회재난으로 통합되어 자연재난과 사회재난으로 구분되었다.

동법에 따르면 자연재난의 정의는 태풍, 홍수, 호우(豪雨), 강풍, 풍랑, 해일(海溢), 대설, 한파, 낙뢰, 가뭄, 폭염, 지진, 황사(黃砂), 조류(藻類) 대발생, 조수(潮水), 화산활동, 소행성 · 유성체 등 자연우주물체의 추락 · 충돌, 그 밖에 이에 준하는 자연현상으로 인하여 발생하는 재해를 말하며, 사회재난은 화재 · 붕괴 · 폭발 · 교통사고(항공사고 및 해상사고를 포함한다) · 화생방사고 · 환경오염사고 등으로 인하여 발생하는 대통령령으로 정하는 규모 이상의 피해와 에너지 · 통신 · 교통 · 금융 · 의료 · 수도 등 국가기반체계(이하 "국가기반체계"라 한다)의 마비, 「감염병의 예방 및 관리에 관한 법률」에 따른 감염병 또는 「가축전염병예방법」에 따른 가축전염병의 확산, 「미세먼지 저감 및 관리에 관한 특별법」에 따른 미세먼지 등으로 인한 피해로 규정되어 있다.

따라서 국가 및 지방자치단체는 다양한 범주에서 발생하는 재난으로부터 국민의 생명, 신체,

재산을 보호할 책무를 지니고 있으며, 또한 재난을 예방하고 피해를 줄이기 위하여 노력을 기하여야 하고, 재난 발생에 따른 신속한 대응 및 복구를 위한 계획을 수립하고 시행하여 해야 한다.

「대한민국 헌법」 제34조 제6항은 '국가는 재해를 예방하고 그 위험으로부터 국민을 보호하기 위하여 노력' 해야 함을 국가의 의무사항으로 규정하고 있다. 이와 같이 재해예방 및 재난관련 법령은 헌법에서부터 하위법령까지 수많은 분야에서 다양하게 구성되어 있지만, 재난관련 기본법은 「재난 및 안전관리 기본법」으로 재난관리의 기본적인 사항을 규정하고 있으며 관련 시행법 및 시행규칙이 운용되고 있다. 또한 전통적 안보개념에서 「민방위 기본법」이 함께 운영되고 있다.

「재난 및 안전관리 기본법」은 우리나라의 재난관리를 위한 기본법으로 재난의 예방, 대비, 대응, 복구체계에 따라 편성되어 있으며, 관련된 법률이 정부조직 13개 부처에 80여개의 개별법으로 운영되고 있다.

다음 〈그림 21.1〉은 우리나라의 재난관련 법령 체계에 대해 나타내고 있다.

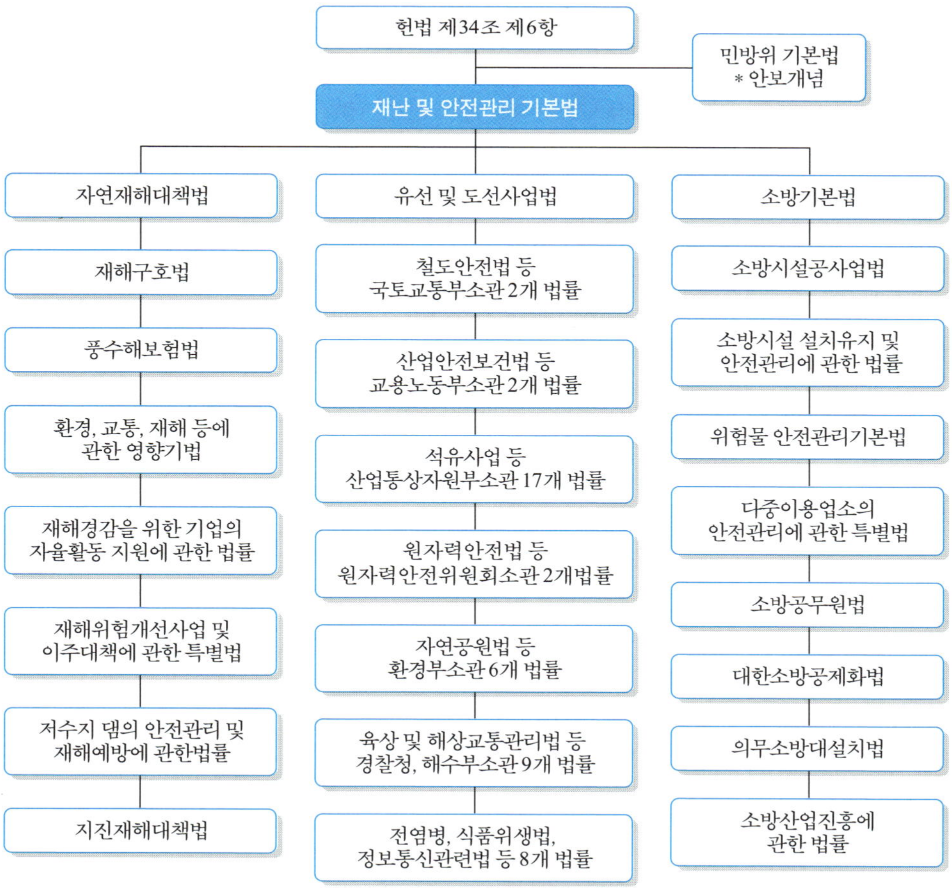

〈그림 21.1〉 재난관련 법령 체계

자료출처 : 한국의 재난관리대책(유인술, 2015)을 수정 · 보완

우리나라는 재난유형에 따라 재난관련 법령체계가 구성되어 있다. 따라서 각 부처별로 관련 행정법령(시행령과 시행규칙을 포함하여 행정기관이 관여하는 법률)을 제정하여 관리하고 있다. 여러 기관 중에서 재난안전관리 주무부서인 행정안전부가 컨트롤타워로서 업무를 총괄하며 재난 및 안전과 관련된 각종 정책을 추진하고 있다. 〈표 21.1〉은 이러한 각 부처별 주요법령 분류이다.

〈표 21.1〉 **부처별 재난관련 주요법령**

부처	법령수	주요 내용
국토교통부	7	건설산업기본법, 교통약자의 이동편의증진법, 교통안전법, 도로법, 철도안전법, 하천법, 항공안전법
고용노동부	2	근로기준법, 산업안전보건법
농림축산식품부	2	가축전염병 예방법, 농어업재해대책법
보건복지부	1	공중위생관리법
식품의약품안전처	1	식품안전기본법
산업통상자원부	6	고압가스안전관리법, 광산안전법, 도시가스사업법, 방사성폐기물관리법, 액화석유가스의 안전관리 및 사업법, 소하천정비법
행정안전부	14	개인정보 보호법, 사격 및 사격장 안전관리에 관한 법률, 급경사지 재해예방에 관한 법률, 민방위기본법, 비상대비자원관리법, 승강기 안전관리법, 어린이놀이시설 안전관리법, 유선 및 도선사업법, 자연재해대책법, 재난 및 안전관리 기본법, 재해경감을 위한 기업의 자율활동 지원에 관한 법률, 재해구호법, 재해위험개선사업 및 이주대책에 대한 특별법, 저수지 · 댐의 안전관리 및 재해예방에 관한 법률, 지진화산재해대책법
경찰청	1	도로교통법
환경부	5	가축분뇨의 관리 및 이용에 관한 법률, 대기환경보전법, 화학물질관리법, 하수도법, 환경보건법
소방청	7	다중이용업소의 안전관리에 관한 특별법, 소방기본법, 소방시설공사업법, 소방시설 설치 · 유지 및 안전관리에 관한 법률, 위험물안전관리법, 재난 및 안전관리 기본법, 저수지 · 댐의 안전관리 및 재해예방에 관한 법률
해양경찰청	1	수상레저안전법
원자력안전위원회	1	원자력안전법

아래 〈그림 21.2〉는 재난의 유형에 따라 운용되는 법령을 도식화하였다.

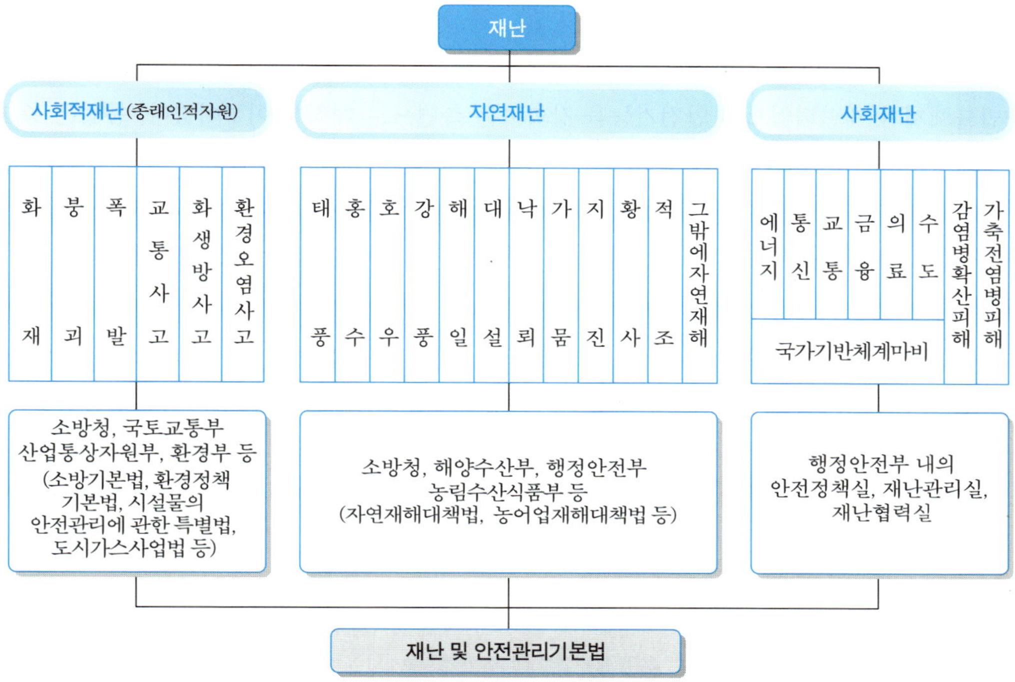

〈그림 21.2〉 재난유형에 따른 법제

자료출처 : 재난 · 안전 관련 법제 개선방안 연구(한국법제연구원, 2014)

이처럼 우리나라의 재난관리법제는 재난의 유형이나 관련부처의 업무 등에 의해 구분될 수 있으나 결국 단일 재난에 대한 단일 대응이라는 단순한 구도로 이루어져 있음을 알 수 있다. 즉 한가지 유형의 자연재해라고 하더라도 그 규모가 크고 복잡한 경우에는 그 피해의 유형이 여러 가지 형태로 나타날 수 있다. 이런 경우 현재의 재난관리체계로는 대응에 한계가 나타날 수 있다. 예를 들어 일본의 311 대지진은 지진의 여파로 쓰나미가 발생하였고 원전사고와 침수와 화재 등으로 도시의 붕괴 등 상상할 수 없는 피해를 초래하였다. 따라서 앞으로의 법체계는 대규모 재난이나 복합 재난에 대한 보다 폭넓은 이해를 바탕으로 재편되어질 필요가 있다.

2. 재난 및 안전관리 기본법 및 하위법령

2.1. 재난 및 안전관리 기본법

「재난 및 안전관리 기본법(이하, 기본법)」은 2004년 3월에 제정되었고 2013년 재난관리별로 법률체계가 개편되었으며 안전기능을 강화하는 측면으로 개정이 이루어졌다. 동법은 총 10개 장과 82개 조항으로 구성되어 있으며 재난의 예방 및 수습과 긴급구조 및 구난, 재난 발생 시 통제관리와 복구를 위한 계획 등에 관하여 상세한 규정을 두고 있다. 이후에 세월호 참사를 통해서 2014년 11월에 재난의 총괄기구로서 행정안전부를 신설하는 「정부조직법」의 개정이 이루어졌다.

기본법은 제1장에서는 목적 및 기본이념, 정의, 책무, 재난 및 안전관리 업무의 총괄 · 조정, 다른 법률과의 관계를 규정하고 있으며, 제2장에서는 중앙안전관리위원회, 안전정책조정위원회, 지역위원회, 재난방송협의회, 지역위원회에 대한 사항을 규정하고 있음. 제3장에서는 안전관리계획을 규정하고 있으며, 제4장에서는 재난의 예방, 제5장에서는 재난의 대비에 대해 규정하고 있다. 제6장에서는 재난의 대응으로 응급조치, 긴급구조에 대한 사항을 규정하고 있다. 제7장에서는 피해조사 및 복구계획과 특별재난지역 선포 및 지원, 재정 및 보상 등에 대해

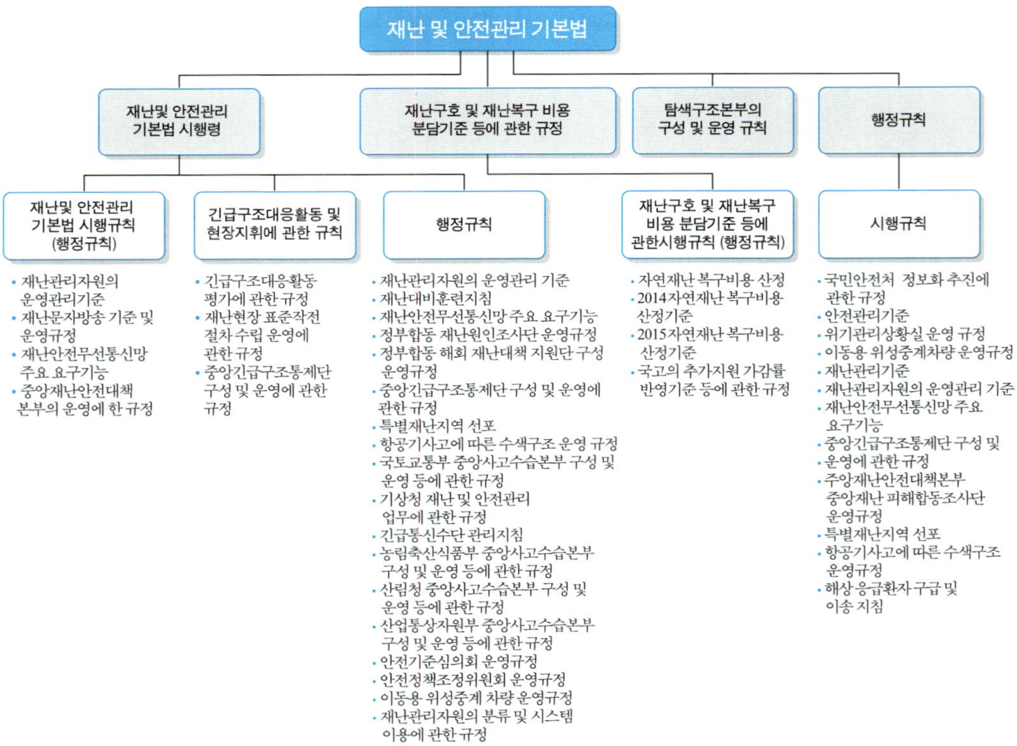

〈그림 21.3〉 재난 및 안전관리 기본법의 체계도

규정하고 있으며, 제8장에서는 안전문화 진흥에 대한 사항을 규정하고 있다.

동법은 종전의 「재난관리법」과 「자연재해대책법」이 정한 화재 · 붕괴 · 폭발 · 교통사고(항공사고 및 해상사고를 포함한다) · 화생방사고 · 환경오염사고 등으로 인하여 발생하는 대통령령으로 정하는 규모 이상의 피해와 에너지 · 통신 · 교통 · 금융 · 의료 · 수도 등 국가기반체계(이하 "국가기반체계"라 한다)의 마비, 「감염병의 예방 및 관리에 관한 법률」에 따른 감염병 또는 「가축전염병예방법」에 따른 가축전염병의 확산, 「미세먼지 저감 및 관리에 관한 특별법」에 따른 미세먼지 등으로 인한 피해 등의 사회적 재난을 포함하여 일원화된 개념으로 정립되었다. 또한 재난 유형별로 국가 재난관리 정책을 수립하고 다원화된 정책 심의 기구 및 재난대책 기구와 조직을 일원화하고, 타법에서 정하고 있는 안전관련 업무의 유기적인 관계를 맺을 수 있도록 재난관련 업무의 통합을 도모하는 구조를 취하고 있다. 한편 지자체에 대해 유관기관의 협조체제를 강화하고, 현장지휘체계를 확립하는 등 현장대응 능력을 높이는 지역안전관리위원회의 법적 지위를 부여하는 한편, 안전문화 지원육성 및 재난 및 안전관리에 필요한 과학기술 증진 등 전문화된 재난관리시스템 기본조성에 필요한 법적 제도를 마련하고 있다고 할 수 있다.

그러나 한편으로는 기본법이 재난 및 사고의 규모 및 발생 빈도의 증가로 중앙정부 주도의 재난 대응 및 안전관리가 한계에 도달함에 따라 현실적으로 재난방지 및 복구에 대한 실효를 거두기가 어려우며 건설안전 등 기타 관련법과의 조화가 미흡하다는 문제점이 지적되는 등 향후 재난에 대한 예측가능성이 낮아짐에 따라 더 많은 문제점이 나타날 수 있다.

기본법 제1조(목적)는 '각종 재난으로부터 국토를 보존하고 국민의 생명 · 신체 및 재산을 보호하기 위하여 국가와 지방자치단체의 재난 및 안전관리체제를 확립하고, 재난의 예방 · 대비 · 대응 · 복구와 안전문화활동, 그 밖에 재난 및 안전관리에 필요한 사항을 규정함을 목적으로 한다.' 고 규정되어 있다. 하위법령으로 시행령과 시행규칙을 가지고 있으며, 재난관리의 기본법으로 재난 및 안전에 대응체계를 제시하는 것으로 중앙과 지방의 이원화된 대응체계를 분리하여 예방 · 대비 · 대응 · 복구의 4단계 과정으로 관리하고 있으며, 단계별 재난관리 역할을 규정하고 있다.

재난 및 안전관리 체계는 재난의 4단계 예방 · 대비 · 대응 · 복구로 구분하여 하는 모든 활동으로 규정하고 있다. 기본법과 시행령은 각각 10개 장과 9개 장으로 구성되어 있으며 주요 내용은 다음 〈표 21.2〉와 같다.

〈표 21.2〉 기본법 및 하위법령 주요 내용

법	주요 내용
재난 및 안전관리 기본법	재난관리책임 기관의 예방활동과 방재자원 비축, 동원명령, 응원 등에 관한 사항
재난 및 안전관리 기본법 시행령	긴급구조지원 기관과 재난 상황관리를 위한 장비운영 및 관리 등에 관한 사항
재난 및 안전관리 기본법 시행규칙	긴급구조지원 기관 세부 사항

〈표 21.3〉 기본법 및 시행령의 구성

재난 및 안전관리 기본법	재난 및 안전관리 기본법 시행령
제1장 총칙	제1장 총칙
제2장 안전관리기구 및 기능	제2장 안전관리기구 및 기능
제3장 안전관리계획	제3장 안전관리계획
제4장 재난의 예방	제4장 재난의 예방
제5장 재난의 대비	제5장 재난의 대비
제6장 재난의 대응	제6장 재난의 대응
제7장 재난의 복구	제7장 재난의 복구
제8장 안전문화 진흥	제8장 안전문화 진흥
제9장 보칙	제9장 보칙
제10장 벌칙	

위의 〈표 21.3〉에서 알 수 있듯이 기본법과 동법 시행령은 거의 동일한 구성으로 이루어져 있다. 많은 법령에서 이와 유사한 형태를 보이는데 이는 하위법령이 본법을 충실히 보완하는 역할에 중점을 두고 있음을 나타낸다. 따라서 기본법의 전부개정 등이 취해지는 경우 하위법령 역시 대폭적인 개정작업을 수행할 수밖에 없다.

기본법에서 알 수 있듯이 우리나라의 재난관리단계는 예방, 대비, 대응 및 복구 의 4가지 단계로 이루어진다. 예방은 재난이 실제로 발생하기 전에 그 발생을 예방하거나 또는 사전 조치를 취함으로서 피해규모를 최소화시키는 단계로 재난예방 활동 단계이고, 대비는 재난 위기발생시 대응활동을 사전에 준비하기 위한 대응능력 개발과 신속한 준비태세를 확립시키는 단계이다. 대응단계는 재난이 발생하였을 경우 인명구조와 재산보호에 관련한 제반사항이며, 복구는 재해관리 마지막 단계로 피해지역이 재난발생 직후부터 재난발생 이전상태로 회복될 때까지의 장기적인 활동단계를 말한다. 이러한 전통적인 재난관리 4단계의 구성에 대해 복합재난이나 대규모 재난 등과 같이 예측이 어렵거나 피해가 여러 분야에 미치는 경우에는 예측이나 조사분석과 같은 관리단계를 추가해야 한다는 의견이 있다.

재난 예방을 위한 계획 수립 절차상으로 국무총리는 국가재난관리체계의 기본방향이 포함된 국가 안전관리 기본계획을 세우고 구체적인 내용은 대통령령으로 정해지도록 규정하고 있다. 또한 관련한 개별법령에 따른 재난 및 안전에 대한 계획이 수립 및 집행되며 시 · 도, 시 · 군 · 구 안전관리계획이 수립된다. 그 외 지방자치단체에 대한 지원, 국가기반시설에 대한 데이터베이스 구축 및 운영, 재난 발생을 사전에 방지하기 위한 재난관리책임기관장의 재난예방조치, 재난관리실태 공시, 재난안전분야 종사자교육, 긴급안전조치, 재난예방을 위한 긴급안전점검, 정부합동 안전 점검 등이 포함되어 있다.

효율적인 재난관리를 위해 재난대응활동계획의 작성 및 활용을 하도록 하고, 재난의 효율적 관리 측면에서 재난관리 책임기관장은 위기관리 매뉴얼 작성 및 운용하도록 규정하고 있으며 재난대비훈련을 규정하고 있다.

재난응급대책은 재난의 발생을 예방하거나 재난으로 인한 피해를 경감시키는 것을 주요 골자로 하고 있으며, 재난관리 책임기관장은 재난 피해상황의 신속한 조사 및 그 결과를 중앙대책 본부장에게 통보하도록 하고 있으며 중앙대책본부장은 필요에 따라 합동조사단 편성 및 재난피해 상황 조사, 재난복구계획을 수립을 하도록 하고 있다. 또한 재난으로 인한 피해를 효과적으로 수습 및 복구하기 위하여 특별한 조치가 필요하다고 인정하면 특별재난구역으로 선포되고, 재난관리책임기관의 장은 재난복구계획을 수립 · 시행할 수 있도록 규정하고 있다.

아래 〈표 21.4〉는 기본법에 따른 재난관리 4단계와 관련된 주요 사항을 규정한 것이다.

〈표 21.4〉 재난관리 단계별 규정

	재난 및 안전관리기본법 주요 규정
예방	사전 예방대책의 수립, 재난관리책임기관의 장의 재난예방조치, 국가기반시설의 지정 및 관리, 특정관리대상시설 등의 지정 및 관리, 재난예방을 위한 긴급안전조치, 재난관리체계 등에 대한 평가 등
대비	재난관리자원의 비축 · 관리(동법 제34조)하고, 재난현장 긴급통신수단을 마련, 재난대응활동계획을 작성 · 활용, 재난유형에 따른 위기관리 매뉴얼을 작성 · 운용 재난대비훈련을 하도록 규정 등
대응	응급조치(동법 제6장 제1절) 및 긴급구조(동법 제6장 제2절) 등, 재난응급대책 ① 재난사태 선포, ② 재난 발생을 예방하거나 피해를 줄이기 위하여 필요한 응급조치, ③ 재난 예보 · 경보의 발령, ④ 재난예보 · 경보체계 구축 종합계획의 수립, ⑤ 재난이 발생하거나 발생할 우려가 있는 경우의 동원 및 대피명령, 위험구역의 설정, ⑥ 강제대피조치 및 통행제한, ⑦ 시 · 도지사, 재난관리책임기관의 장, 지역통제단장의 응급조치 등 재난의 긴급구조대책 ① 긴급구조활동의 역할 분담과 지휘 · 통제를 위하여 중앙(중앙소방본부)과 지역(시 · 도의 소방본부)에 긴급구조 통제단 ② 긴급구조대응계획을 수립 ③ 현장에서의 긴급구조 ④ 긴급구조활동에 대한 평가 및 긴급구조지원기관의 능력에 대한 평가
복구	재난의 복구(동법 제7장) ① 피해조사 및 복구계획, ② 특별재난지역선포 및 지원, ③ 복구 재정 및 재난에 대한 보상 등을 규정 피해보상 ① 재난관리에 필요한 비용부담과 응급지원에 필요한 비용에 대한 규정, ② 긴급조치로 발생한 손실에 대한 보상 및 긴급구조활동과정에서 발생한 부상에 대한 치료와 보상, ③ 재난지역에 대한 국고보조 등

기본법은 재난관리를 위한 조직체계에 대해서도 상세한 규정을 두고 있다. 상술한 바와 같이 우리나라는 재난에 대해 유형별로 관리하고 있으며, 풍수해 발생 시 총 책임을 담당하는 주관기관과 각 기관에 연관되는 사항에 대해 풍수해를 예방 · 대비하고, 대응 및 복구 활동을 하는 유관기관으로 구분할 수 있다. 유관기관은 각 관계부처와 지방자치단체로 구성되는데 우리나라의 재난안전관리체계는 기본법에 따라 안전관리위원회, 재난안전대책본부, 긴급구조통제단 등이 설치 및 운영되고 있다. 각각의 조직은 중앙정부와 지방자치단체별로 구성되는데 재난관리체계는 다음 〈표 21.5〉와 같다.

〈표 21.5〉 재난발생에 따른 조직구성 및 관리체계

<table>
<tr><th>구분</th><th colspan="2">재난</th></tr>
<tr><td>대상</td><td colspan="2">• 사회재난
• 자연재난</td></tr>
<tr><td>근거법</td><td colspan="2">재난 및 안전관리 기본법</td></tr>
<tr><td>수습체제</td><td colspan="2">• 중앙안전관리위원회(위원장 : 국무총리)
– 안전정책조정위원회(위원장 : 행정안전부장관)
• 중앙재난안전대책본부(본부장 : 행정안전부장관)
– 중앙사고수습본부(본부장 : 해당 재난관리주관기관의 장)
– 중앙긴급구조통제단(단장 : 소방청장)
↓
• 지역안전관리위원회(위원장 : 시 · 도지사, 시 · 군 · 구청장)
• 지역재난안전대책본부(본부장 : 시 · 도지사, 시 · 군 · 구청장)
• 지역긴급구조통제단(단장 : 소방본부장, 소방서장)</td></tr>
<tr><td rowspan="2">복구책임</td><td>사회재난</td><td>자연재난</td></tr>
<tr><td>피해 원인자
(보상 및 배상)</td><td>• 방재책임자
– 국가시설 : 국가
– 지방시설 : 지방자치단체
– 개인시설 : 개인
* 재해구호 및 재해복구비용 부담 기준 등에 관한 규정(대통령령)에 따라 국가 일부 보조 및 지원</td></tr>
<tr><td>대규모
재난 발생시</td><td colspan="2">• 재난사태 선포(재난 및 안전관리 기본법 제36조)
– 대통령령으로 정하는 재난이 발생하거나 발생할 우려로 인하여 사람의 생명 · 신체 및 재산에 미치는 중대한 영향 또는 피해를 경감하기 위하여 긴급한 조치가 필요하다고 인정되는 경우 선포
※ 선포 대상 지역 3개 시 · 도 이상 : 선포 → 국무총리
선포 대상 지역 2개 시 · 도 이하 : 선포 → 중앙재난안전대책본부장
• 특별재난지역 선포(재난 및 안전관리 기본법 제59조부터 제60조까지)
– 대통령령으로 정하는 재난의 발생으로 인하여 국가의 안녕 및 사회질서 유지에 중대한 영향을 미치거나 당해 재난으로 인한 피해의 효과적인 수습과 복구를 위하여 특별한 조치가 필요하다고 인정되는 경우 선포
※ 선포 : 대통령</td></tr>
</table>

자료출처 : 행정안전부(2012), 한국법제연구원(2014)

앞서 제시한 재난 관련 대응체계의 대상이 되는 각종 사회재난을 유형별로 〈표 21.6〉에 제시하였다.

〈표 21.6〉 사회재난의 유형

유형	정의
감염병 유행	• 세균, 바이러스, 진균, 기생충과 같은 병원체에 의해 감염되어 발병 및 유행하는 질환으로서 감염병의 예방및관리에관한법률 제2조에 따른 감염병의 확산으로 인명피해를 유발하는 재난 ※ 유행병(epidemic) : 어떤 지역에서 예상범위를 넘어 급격하게 확산되는 질병 ※ 범유행(pandemic) : 어떤 감염병이나 전염병이 세계적으로 유행하는 것
가축전염병 유행	• 세균, 바이러스, 진균, 기생충과 병원체에 의해 감염되어 발병 및 유행하는 전염성 가축질병으로서 가축전염병예방법 제2조 2항에 따른 전염병의 확산으로 가축피해를 유발하는 재난
폭발물사고	• 테러 또는 취급부주의 등으로 인한 폭발물의 폭발로 인명 및 재산피해를 유발하는 재난
가스사고	• 가스 누출이나 폭발로 인해 발생하는 중독 · 화재 · 폭파사고 등으로 인명 및 재산피해를 유발하는 재난
방사능사고	• 방사능 물질의 보관 · 사용 · 운반 · 처리 과정이나 방폐물의 저장 · 처리 · 관리 과정에서 방사능물질 취급기관(원자력발전소, 병원, 관련 연구소 등)의 관리 부주의 또는 자연재해 · 사고 · 테러 등에 의한 원자력시설의 파괴 등으로 인해 발생하는 방사능 누출 · 피폭 사고로 인명 및 재산피해를 유발하는 재난
화학 · 생물테러	• 잠재적으로 사회붕괴를 의도하고 독가스 등의 화학물질 또는 바이러스, 세균, 곰팡이 등의 병원균을 사용하여 살상을 하거나, 사람 혹은 동 · 식물에 질병을 일으키는 것을 목적으로 하는 행위 등으로 인명 및 재산피해를 유발하는 재난
교통사고	다음 유형별 대형 사고로 인명 및 재산피해를 유발하는 재난(단순 교통사고 제외) • 도로교통사고 : 자동차나 원동기 등의 도로운행과 연관되어 발생되는 사고 • 철도 사고 : 기차의 운행 중 발생하는 사고 • 해상 사고 : 선박의 운항 중 유조선 · 가스선 등 대형선박의 난파, 조난, 침몰 등의 사고 • 항공 사고 : 항공기의 운항 중 발생되는 사고로, 우주를 향해 발사하는 발사체 및 인공위성 등의 기술적인 문제 등에 의해 발생하는 사고를 포함
건축물 붕괴	• 불특정 다수가 이용하는 다중이용 시설물(체육관, 종교시설, 백화점, 목욕탕, 16층이상의 대형건물)이나 집단주거용 시설물(고층 아파트, 다세대주택, 빌라 등)의 붕괴나 파괴 등으로 인한 사고로 인명 및 재산피해를 유발하는 재난
에너지 기반시설 파괴	• 발전소 및 변전시설과 같은 에너지 기반 시설 등의 교란 및 파괴로 인해 가정 및 각종 산업시설에 전력의 공급이 마비되는 사고로 인명 및 재산피해를 유발하는 재난
정보통신 기반시설 파괴	• 전산망 및 서버, 광케이블과 같은 전기통신 네트워크나, 무선 · 레이더 시설, 통신전용 단말기 등의 교란 및 파괴로 인해 전산 · 금융 · 통신 업무가 마비되는 사고로 재산피해를 유발하는 재난

〈표 21.6〉 사회재난의 유형(계속)

유형	정의
교통수송 기반시설 파괴	다음 유형별 사고로 인명 및 재산피해를 유발하는 재난 • 도로 : 도로 시설의 차단, 붕괴, 낙석, 결빙 등으로 인해 발생되는 모든 사고 • 교량 : 각종 교량의 변형이나 붕괴로 인해 발생되는 사고 • 터널 : 터널의 침수, 붕괴, 화재, 공기오염 등으로 인해 발생되는 모든 사고 • 고가도로 : 고가시설물의 변형이나 붕괴로 인해 발생되는 사고 • 지하도 : 지하도 시설의 침수, 붕괴, 화재, 공기오염 등으로 인해 발생되는 모든 사고 • 제방 · 댐 : 제방이나 댐의 붕괴나 월류 등으로 인해 발생되는 사고 • 철도 : 철도 시설의 파괴로 인한 전복, 탈선, 추락 등의 사고나, 승객 및 화물의 수송과정에서 피해가 야기되는 모든 관련사고 • 해상교통시설 : 선박의 입출항에 관련된 사고나, 항만 등의 기간시설의 파괴로 인한 승객 및 화물의 해상수송과정에서 피해가 야기되는 사고 • 공항시설 : 항공기의 이착륙에 관련된 사고 및 공항 등의 기간 시설의 마비 혹은 파괴로 인한 승객 및 화물의 항공수송과정에서 피해가 야기되는 사고
보건의료 시설 파괴	• 예방 체계에 취약한 병원균의 급속한 전파나 이를 통제할 수 있는 보건 의료 시설의 운영이 중단될 경우 야기되는 사고로 인명 및 재산피해를 유발하는 재난
폐기물처리시설 파괴	• 고형쓰레기소각장, 폐차처리장, 병원적축물처리시설, 건자재처리장등의 시설물들이 정상적인 처리업무를 못하여 발생되는 사고로 인명 및 재산피해를 유발하는 재난
용수 기반시설 파괴	• 취수시설, 취수펌프, 정수시설, 각종 상수도관이나 기타 상수도시설 등의 파괴로 인해 용수공급에 차질을 빚게 되는 사고로 인명 및 재산피해를 유발하는 재난
화재	• 낙뢰, 누전, 가스폭발, 붕괴, 테러 등 다양한 요인에 의해 발생되는 발화 사고로 인명 및 재산피해를 유발하는 재난
환경오염사고	• 사고 또는 취급 부주의로 인해 기름, 산업폐기물 등과 같은 유독성 물질이 누출, 주변환경에 오염되는 사고로 인명 및 재산피해를 유발하는 재난

사회재난의 이와 같은 법적인 유형은, 그러나 재난의 복잡화 및 대형화로 인하여 하나의 단일 재해에 대하여 그것이 자연재난인지 사회재난인지 구분하는 것 자체를 어렵게 하고 있다. 2011년 동일본대지진의 경우 자연재난인 지진으로 인하여 대규모 쓰나미가 발생하였고, 그것이 원전폭발 및 대형화재 등 사회재난으로 연쇄적인 재난을 불러 일으켰기 때문이다. 결국 재난을 자연재난과 사회재난으로 구분하고 이에 맞춰 재난관리를 수행하는 것 자체가 현대사회의 재난양상에 비추어 문제점을 수반하고 있다고 할 수 있다.

2.2. 재난 및 안전관리 기본법 하위법령

「재난 및 안전관리 기본법」의 하위법령으로는 동법 시행령과 시행규칙이 있다. 시행령의 목적은 기본법에서 위임된 사항을 규정하는 것이며, 시행규칙의 목적은 기본법 및 동법 시행령에서 위임된 사항과 그 시행에 필요한 사항을 규정하기 위해 마련되었다.

시행령은 총 9장 89개 조항으로 이루어져 있으며 2004년 6월 각종 재난으로부터 국토를 보존하고 국민의 생명 · 신체 및 재산을 보호하기 위한 재난 및 안전관리 기법이 제정됨에 따라 국가안전관리계획의 기본사항, 중앙안전관리위원회 및 중앙재난대책본부의 구성 등 기본법에서 위임된 사항과 그 시행에 관하여 필요한 사항을 정하기 위해 제정되었다. 2015년 6월에는 재난 및 안전관리 사업의 평가절차 및 특수기동구조대의 편성 · 파견 등 법률에서 위임된 사항과 그 시행에 필요한 사항을 정하는 한편, 재난안전분야 종사자에 대한 교육을 대행하게 할 수 있는 전문교육기관의 범위를 확대하는 등 현행 제도의 운영상 나타난 일부 미비점을 개선 · 보완하려는 것으로 개정되었고, 12월에는 자체적인 안전점검을 실시하여야 하는 시설의 범위와 그 실시 시기 등에 관한 사항과 위기상황에 대비한 매뉴얼을 작성 · 관리하여야 하는 다중이용시설의 범위 등 법률에서 위임된 사항과 그 시행에 필요한 사항을 정하려는 것으로 개정된 바 있다.

동법 시행규칙은 총 22조로 구성되어 있다. 시행규칙은 동법 시행령과 같이 2004년 6월에 재난관리업무에 종사하는 자의 긴급구조에 관한 교육내용을 정하는 등에 대한 기본법 및 동법 시행령에서 위임된 사항과 그 사항에 필요한 구체적 절차와 방법을 정하기 위해 제정되었다. 2015년 8월에 이루어진 개정에서는 동법 미조치 시 기관경고 및 공로에 대한 포상금과 관련한 기관경고의 방법 및 포상금의 지급 기준 등 법률 및 대통령령에서 위임된 사항과 그 시행에 필요한 사항을 정하려는 것으로 일부개정이 이루어진 바 있다.

3. 자연재해대책법 및 하위법령

3.1. 자연재해대책법의 주요 내용

「자연재해대책법」의 목적은 태풍, 홍수 아래 〈표 21.7〉과 같은 여러 자연현상으로 인한 재난으로부터 국토를 보존하고 국민의 생명 · 신체 및 재산과 주요 기관시설을 보호하기 위하여 자연재해의 예방 · 복구 및 그 밖의 대책에 관하여 필요한 사항을 규정하는 것을 한다.

〈표 21.7〉 자연재해의 유형

유형	정의
태풍	• 적도지방에서 발생하는 열대성 저기압으로서, 호우, 홍수, 강풍을 동반하며 인명 및 재산피해를 유발하는 재해
홍수	• 호우, 태풍, 융설 등의 요인에 의해 하천이 범람하거나 내륙지역의 우수배제 불량으로 발생되는 침수에 의해 인명 및 재산피해를 유발하는 재해
호우	• 일정 시간에 강우가 집중적으로 발생하여 인명 및 재산 피해를 유발하는 재해
강풍	• 바람이 일정 속도 이상으로 발생하여 인명 및 재산 피해를 유발하는 재해
풍랑	• 해상에서 바람이 일정 속도 이상으로 발생하여 파고가 상승함으로써 인명 및 재산 피해를 유발하는 재해
폭풍해일	• 천문조, 태풍, 폭풍, 저기압 등의 복합적인 영향으로 해수면이 상승하여 인명 및 재산 피해를 유발하는 재해
지진해일	• 해저에서 화산폭발, 지진, 지반의 함몰 등의 지각변동에 의해 발생한 지진해일로 해수면이 상승, 육지로 유입되어 인명 및 재산 피해를 유발하는 재해
조수	• 연안이나 하구에서 조석 즉, 기조력의 영향을 받는 현상인 조수와 집중호우 및 태풍 등과 연계될 경우 내륙지방에 범람 피해를 유발하는 재해
대설	• 일정 시간에 강설이 집중적으로 발생하여 인명 및 재산 피해를 유발하는 재해
낙뢰	• 기압의 급작스러운 변동에 의해 발생하는 낙뢰가 인명 및 시설물에 직접 작용하여 피해가 발생되는 재해
가뭄	• 오랜 기간에 걸쳐 비가 적게 내리고 햇볕이 계속 내리쬐어, 수문학적으로 물의 균형이 깨져 물 부족 현상이 발생함으로 인해 인명 및 재산 피해를 유발하는 재해
지진	• 단층 붕괴 등에 의해 지반이 급작스럽게 변동하여 지상구조물과 인명 피해를 유발하는 재해
황사	• 중국에서 발생한 모래먼지의 유입으로 인해 인명 및 재산피해를 유발하는 재해
적조	• 수온의 상승과 영양염류의 이상과다에 의해 해양에서 발생되어 수생생물의 생육에 큰 영향을 끼치는 재해
우박	• 계절에 관계없이 일정 직경이상의 얼음 알갱이가 내려 농작물이나 인명, 시설물 등에 피해를 유발하는 재해
폭염	• 일정 기준 이상의 기온상승으로 인해 인명 및 재산 피해를 유발하는 재해
한파	• 일정 기준 이하의 기온하강으로 인해 인명 및 재산 피해를 유발하는 재해
산사태	• 폭우나 폭설 등과 같은 여러 자연기상학적 요인들에 의해 발생되는 토사나 토석류의 갑작스러운 미끄러짐 현상으로 인명 및 재산피해를 유발하는 재해
산불	• 번개와 같은 자연적인 요소나 담뱃불과 같은 인위적 요인들에 의해 산에서 발생되는 화재로 인명 및 재산피해를 유발하는 재해
화산폭발	• 지하 깊은 곳에서 생성된 용암, 즉 마그마가 벌어진 지각의 틈을 통하여 지표 밖으로 나와, 휘발하기 쉬운 성분은 화산가스가 되고 나머지는 용암이나 화산쇄설물로 분출하는 화산폭발로 인해 인명 및 재산 피해를 유발하는 재해
우주재해	• 태양 흑점 폭발에 의한 전자기기 등의 작동 오류 및 지구 궤도상에 존재하는 우주 잔해물, 운석 등의 지구와의 충돌 등으로 인명 및 재산피해를 유발하는 재해

「자연재해대책법」은 본래 1967년 2월 「풍수해대책법」을 근간으로 하고 있으며 1995년 12월 일에 현재의 명칭인 「자연재해대책법」으로 개정되었다. 동법은 전체 7장의 79개 조항으로 구성 되어 있으며, 하위 법령으로는 동법 시행령 및 시행규칙이 있다.

동법은 제1장은 총칙에 대한 내용이며 제2장은 자연재해의 예방 및 대비, 제3장은 재해정보 및 비상지원 등, 제4장은 재해복구, 제5장은 방재기술의 연구 및 개발, 제6장은 보칙, 제7장은 벌칙을 대한 내용을 다루고 있다.

동법은 자연재해와 관련된 상세한 규정을 두고 있지만, 타법의 많은 경우에서와 마찬가지로 재난의 발생에 따른 문제점을 그때그때 보완하는 형식으로 많은 개정이 이루어져 왔다. 이러한 상황은 얼핏 시간에 따른 보완과 대책의 강화라는 외향적으로 긍정적인 요인이 부각될 수 있지만 실제는 이와 매우 다르다고 볼 수 있다. 앞서 언급한 바와 같이 재난관리에 대한 법철학이 부재된 우리나라 재난관리법제는 재난관리의 문제점이 발생하면 해당 문제를 극복하기 위해 새로운 규정과 제도를 도입하였고, 그러한 개정의 결과는 또 다른 문제를 발생시킬 수 있기 때문이다. 「자연재해대책법」이 제정된 지 50여년이 지난 현재 동법을 새로운 시각에서 재검토할 필요가 있다.

「자연재해대책법」 제2조는 동법에서 사용되는 주요한 용어에 대한 정의를 규정하고 있다. 이와 같은 법적인 정의규정은 재난관리 행정 및 실무에서 매우 중요한 의미를 가지는 바 반드시 숙지할 필요가 있다.

1. "재해"란 「재난 및 안전관리 기본법」(이하 "기본법"이라 한다) 제3조제1호에 따른 재난으로 인하여 발생하는 피해를 말한다.
2. "자연재해"란 기본법 제3조제1호가목에 따른 자연재난(이하 "자연재난"이라 한다)으로 인하여 발생하는 피해를 말한다.
3. "풍수해"(風水害)란 태풍, 홍수, 호우, 강풍, 풍랑, 해일, 조수, 대설, 그 밖에 이에 준하는 자연현상으로 인하여 발생하는 재해를 말한다.
4. "재해영향성검토"란 자연재해에 영향을 미치는 행정계획으로 인한 재해 유발 요인을 예측 · 분석하고 이에 대한 대책을 마련하는 것을 말한다.
5. "재해영향평가"란 자연재해에 영향을 미치는 개발사업으로 인한 재해 유발 요인을 조사 · 예측 · 평가하고 이에 대한 대책을 마련하는 것을 말한다.
6. "자연재해저감 종합계획"이란 지역별로 자연재해의 예방 및 저감(低減)을 위하여 특별시장 · 광역시장 · 특별자치시장 · 도지사 · 특별자치도지사(이하 "시 · 도지사"라 한다) 및 시장 · 군수가 지역안전도에 대한 진단 등을 거쳐 수립한 종합계획을 말한다.
7. "우수유출저감시설"이란 우수(雨水)의 직접적인 유출을 억제하기 위하여 인위적으로 우

수를 지하로 스며들게 하거나 지하에 가두어 두는 시설을 말한다.

8. "수방기준"(水防基準)이란 풍수해로부터 시설물의 수해 내구성(耐久性)을 강화하고 지하 공간의 침수를 방지하기 위하여 관계 중앙행정기관의 장 또는 행정안전부장관이 정하는 기준을 말한다.
9. "침수흔적도"란 풍수해로 인한 침수 기록을 표시한 도면을 말한다.
10. "재해복구보조금"이란 중앙행정기관이 재해복구사업을 위하여 특별시 · 광역시 · 특별자치시 · 도 · 특별자치도(이하 "시 · 도"라 한다) 및 시 · 군 · 구(자치구를 말한다. 이하 같다)에 지원하는 보조금을 말한다.
11. 삭제 〈2013. 8. 6.〉
12. "지구단위 홍수방어기준"이란 상습침수지역이나 재해위험도가 높은 지역에 대하여 침수 피해를 방지하기 위하여 행정안전부장관이 정한 기준을 말한다.
13. "재해지도"란 풍수해로 인한 침수 흔적, 침수 예상 및 재해정보 등을 표시한 도면을 말한다.
14. "방재관리대책대행자"란 재해영향성검토 등 방재관리대책에 관한 업무를 전문적으로 대행하기 위하여 제38조제2항에 따라 행정안전부장관에게 등록한 자를 말한다.
15. "지역안전도 진단"이란 자연재해 위험에 대하여 지역별로 안전도를 진단하는 것을 말한다.
16. "방재기술"이란 자연재해의 예방 · 대비 · 대응 · 복구 및 기후변화에 신속하고 효율적인 대처를 통하여 인명과 재산 피해를 최소화시킬 수 있는 자연재해에 대한 예측 · 규명 · 저감 · 정보화 및 방재 관련 제품생산 · 제도 · 정책 등에 관한 모든 기술을 말한다.
17. "방재산업"이란 방재시설의 설계 · 시공 · 제작 · 관리, 방재제품의 생산 · 유통, 이와 관련된 서비스의 제공, 그 밖에 자연재해의 예방 · 대비 · 대응 · 복구 및 기후변화 적응과 관련된 산업을 말한다.

3.2. 자연재해대책법의 하위법령

「자연재해대책법」의 하위법령은 시행령 및 시행규칙이 있다. 「자연재해대책법 시행령」은 총 6장 제75조로 이루어졌으며 동법 시행령의 목적은 동법에서 위임된 사항과 그 시행에 필요한 사항을 규정하는 것을 목적으로 한다.

「자연재해대책법 시행령」은 1982년 6월 「풍수해대책법 시행령」으로 전문개정이 이루어졌고 1996년 6월에 「풍수해대책법」이 「자연재해대책법」으로 명칭을 변경함과 동시에 지진, 가뭄에 대한 방재대책, 재해대책기금적립운용, 한국방재협회 설립 등에 대한 동법에서 위임된 사항과 그 시행에 관하여 필요한 사항을 정리하기 위해 전문개정이 이루어졌다. 최근에는 2014년에 수해 및 가뭄피해를 줄이기 위하여 5년마다 우수유출저감대책 수립 및 방재관리대책 대행자의 효율적 관리 등을 위한 방재관리 정보체계 구축 · 운영 등의 내용으로 개정된 바 있으며, 2015년에는 제설작업과 관련한 일부개정이 이루어진 바 있다.

「자연재해대책법 시행규칙」은 총 6장 제32조로 이루어졌으며 동법 및 동법 시행령에서 위임된 사항과 그 시행에 필요한 사항을 규정함을 목적으로 제정되었다.

동법 시행규칙은 1991년 7월에 정부의 재해대책기능이관과 관련하여 「풍수해대책법」 및 동 시행령의 소관부처가 건설부에서 내무부로 변경됨에 따른 상위법령의 위임사항과 집행에 필요한 사항을 새로이 정하고자 제정되었다. 이후에 1996년에 「자연재해대책법 시행규칙」으로 개정되었으며 재해위험지구의 정비계획과 정비상황보고, 피행상황보고, 방재업무 종사 명령서 및 재해예방 감시원 증서식 등 상위법령에서 위임된 사항과 그 시행에 관한 필요사항을 정리하는 방향으로 전문개정이 이루어진 바 있다.

4. 기후변화와 재난법제

우리나라 법률에 '기후변화'라는 단어가 채용된 것은 최근의 일이다. 기후변화라는 용어 자체가 불확실성이 많은 단어이며, 기후변화를 법률용어로서 채택한다고 하더라도 법률 혹은 제도적으로 대응하기에는 많은 한계가 있기 때문에 법적으로 상당히 조심스러운 부분이다. 따라서 현재 우리나라에서 기후변화라는 용어를 사용하고 있는 법률은 직제법을 제외하고 48개에 지나지 않는다. 이 중에서 행정안전부 소관의 법률은 「자연재해대책법」이 유일하며, 제2조 및 제16조의6에서 3번 언급되는 정도이다.

기후변화에 대한 법적인 정의는 「저탄소 녹색성장 기본법」제2조에서 '사람의 활동으로 인하여 온실가스의 농도가 변함으로써 상당 기간 관찰되어 온 자연적인 기후변동에 추가적으로 일어나는 기후체계의 변화'로 규정하고 있다. 즉 기후변화라는 인위적인 행위가 자연현상에 영향을 주는 것으로서 변동성 혹은 불확실성이 높다는 것을 의미한다. 왜냐하면 지금까지 인류는 그러한 경험을 하지 못했기 때문인데 이러한 변화를 예측하여 재난을 대비한다는 것은 그만큼 어려운 일이기 때문이다. 기후변화가 우리나라의 재난법제에 적극적으로 채용되지 못하는 것은 이와 같은 현실적인 이유가 크기는 하지만 기술의 발전 및 연구결과의 축적에 따라 그 불확실성이 점점 감소될 것이라는 기대치는 상승하고 있다.

본 절에서 기후변화와 재난법제라는 부제를 채택하고 있지만 언급한 바와 같이 기후변화가 재난법제에 적극적으로 채용되지 못하고 있는 실정을 감안하여 향후 법적으로 고려할 수 있는 몇 가지 문제점을 적시하는 것으로 의의를 찾고자 한다.

첫째, 국내적 관점에서의 기후변화 대응과 국제적 관점에 따른 기후변화 대응을 법적으로 귀결시키는 문제이다. 현재 많은 분야에서 IPCC(Intergovernmental Panel on Climate Change)를 비롯한 국제적인 활동 및 그것을 통해 규율되어지는 국제적인 기준 혹은 지침을 국내규범으로 적용 및 운용하려는 노력이 본격적으로 이루어지고 있다. 일견 타당하게 보이는 이러한 움직임은 그러나 법적 혹은 제도적으로 정착되기 위해서 많은 시행착오와 연구가 필요한 부분이다. 국제적인 기준이 우리나라의 기후조건 및 산업형태, 인구분포, 문화 등과 일치하지 않는 경우 이를 국내법령으로 도입하기 위해서는 법적인 부정합성이 나타날 수 있기 때문이다. 특히 재난관리법제 분야에서 명확한 법철학이 확립되어 있지 않은 우리나라의 경우, 국제적인 기준의 무분별한 준용은 많은 부분에서 행정상의 충돌을 불러일으킬 수 있다.

둘째, 기후변화라는 용어가 내포하는 불명확성, 취약성 등과 같은 용어는 재난관리행정에 있어서 도입이 어렵다는 점이다. 이는 세계의 다른 국가들과 마찬가지로 과학기술의 발전 등으로 예측가능성을 제고함으로서 개선될 수 있는 문제점이기는 하지만 개선되는 정도라는 개념은 법적으로 차용하기 극히 곤란하다는 점에 한계가 있다. 상술한 바와 같이 우리나라의 법제에서 차용되기 시작한 기후변화라는 용어가 제도적으로 정착되고, 기후변화가 초래하는 불확실성을 행정적 혹은 법시행의 차원에서 안정화되어야 할 필요성이 존재한다. 이러한 문제는 특히 지방자치단체에서 두드러지게 나타날 수 있는데, 중앙정부의 지침이 명확하지 않은 상태로 기후변화로 인한 재난에의 대응력 강화는 지역의 특성을 감안하지 않은 천편일률적 제도화라는 문제에 봉착할 수 있기 때문이다. 명칭은 조금씩 상이하지만 이미 각 지방자치단체에서 도입한 기후변화 대응 조례의 내용이 대동소이한 것도 그러한 이유에 기인한다.

끝으로 기후변화가 법적 혹은 제도적으로 정착되고 재난관리행정에 있어서 중요한 요인으로 확립된다는 가정 하에, 현재 우리나라 재난관리 법제와의 정합성을 고려할 필요가 있다. 즉 우리의 재난관리 법제는 예방 · 대비 · 대응 및 복구의 4가지 재난관리단계에 따라 재난관리행정을 수행하도록 하고 있으며, 이러한 재난관리행정에 하자가 없도록 법제를 보완하고 개선하고 있다. 하지만 기후변화로 인한 재난은 그 성격상 정부(중앙 및 지방)의 역량으로 모든 재난상황을 관리하기 어렵기 때문에 재난대국이라 일컬어지는 일본의 경우처럼 '자율방재' 혹은 공조(公助), 자조(自助), 공조(共助)를 기반으로 하는 '지역방재력'을 강화하고 있다. 또한 최근 많은 분야에서 자주 사용되고 있는 레질리언스(resilience)를 예로 들 수 있다. 회복력 혹은 복원력 등으로 번역되는 레질리언스는 재난상황에서도 적용되고 있는데, 이를 규정화하여 재난법제의 구성인자로 도입할 필요가 있다. 즉 재난, 특히 기후변화로 인한 재난의 대응을 정부의 역량으로 모두 커버하려는 기존의 사고방식을 탈피하여 개개인의 방재

역량, 지역사회의 재난대응 레질리언스를 제고시킬 수 있는 방안을 법제화하고 이를 제도적으로 정착시키는 노력을 전개하는 것이 중요하다.

5. 기타 재난관리 법령

이하 법령 및 제 규칙들은 우리나라 재난관리행정에 있어서 빈번하게 운용된다고 예상되어지는 것들을 우선적으로 발췌하였다. 하지만 재난관리행정이라는 것은 반드시 일부 법령 혹은 제도로 이해될 수 있는 것은 아니다. 즉 법률과 제도를 뒷받침하는 수많은 세부기준과 행정규칙들이 존재하며 그것을 운용하는 행정가 혹은 실무자의 경험과 노하우가 전제되어 있다. 따라서 재난관리는 폭넓은 지식과 더불어 해당 분야에 대한 세부적인 전문지식을 요한다고 할 수 있다.

5.1. 건축기본법

목적	이 법은 건축에 관한 국가 및 지방자치단체와 국민의 책무를 정하고 건축정책의 수립 · 시행 등을 규정하여 건축문화를 진흥함으로써 국민의 건전한 삶의 영위와 복리향상에 이바지함을 목적
주요내용	– 종합적인 건축정책 – 건축물 및 공간환경을 안전하게 조성, 안전수준을 지속적으로 유지 – 환경에 대한 영향을 최소화, 자원의 재이용과 재생

■주요 용어정의

- "건축물"이란 토지에 정착하는 공작물 중 지붕과 기둥 또는 벽이 있는 것과 이에 부수되는 시설물
- "공간환경"이란 건축물이 이루는 공간구조 · 공공공간 및 경관
- "공공공간"이란 가로 · 공원 · 광장 등의 공간과 그 안에 부속되어 공중(公衆)이 이용하는 시설물

5.2. 건축물의 피난 방화구조 등의 기준에 관한 규칙

목적	이 규칙은 「건축법」 제49조, 제50조, 제50조의2, 제51조부터 제53조까지 및 제64조에 따른 건축물의 피난 · 방화 등에 관한 기술적 기준을 정함
주요내용	– 국토교통부령이 정하는 소방 등 재난관리를 위한 설비를 갖출 것 – 피난계단 및 특별피난계단의 구조 – 헬리포트 및 구조공간 설치 기준 – 방화구획의 설치기준 – 복합건축물의 피난시설 등 – 방화벽의 구조

5.3 건축법

목적	이 법은 건축물의 대지 · 구조 · 설비 기준 및 용도 등을 정하여 건축물의 안전 · 기능 · 환경 및 미관을 향상시킴으로써 공공복리의 증진에 이바지하는 것
주요내용	- 건축물의 설계, 시공, 공사감리, 유지관리 - 건축물의 피난시설 및 용도제한 - 기존의 건축물에 대한 안전점검 및 시정명령 등 - 옹벽 등의 공작물에의 준용

■주요 용어정의

- "대지(垈地)"란 「측량 · 수로조사 및 지적에 관한 법률」에 따라 각 필지(筆地)로 나눈 토지 (다만, 대통령령으로 정하는 토지는 둘 이상의 필지를 하나의 대지로 하거나 하나 이상의 필지의 일부를 하나의 대지로 할 수 있다)
- "건축물"이란 토지에 정착(定着)하는 공작물 중 지붕과 기둥 또는 벽이 있는 것과 이에 딸린 시설물, 지하나 고가(高架)의 공작물에 설치하는 사무소 · 공연장 · 점포 · 차고 · 창고, 그 밖에 대통령령으로 정하는 것을 말한다.
- "건축"이란 건축물을 신축 · 증축 · 개축 · 재축(再築)하거나 건축물을 이전하는 것

5.4 급경사지 재해예방에 관한 법률

목적	이 법은 급경사지 붕괴위험지역의 지정 · 관리, 정비계획의 수립 · 시행, 응급대책 등에 관한 사항을 규정함으로써 급경사지 붕괴 등의 위험으로부터 국민의 생명과 재산을 보호하고 공공복리 증진하는 것
주요내용	- 급경사지에 대한 안전점검 - 붕괴위험지역의 계측관리 등 - 붕괴위험지역의 안전확보 - 재해예방을 위한 긴급안전조치 등 - 급경사지에 관한 정보체제의 구축

■주요 용어정의

- "급경사"지란 택지 · 도로 · 철도 및 공원시설 등에 부속된 자연 비탈면, 인공 비탈면(옹벽 및 축대 등을 포함한다. 이하 같다) 또는 이와 접한 산지로서 대통령령으로 정하는 것
- "붕괴위험지역"이란 붕괴 · 낙석 등으로 국민의 생명과 재산의 피해가 우려되는 급경사지와 그 주변토지로서 제6조에 따라 지정 · 고시된 지역
- "재해위험도평가"란 급경사지의 붕괴 등과 관련하여 사회적 · 지리적 여건, 붕괴위험요인 및 피해예상 규모, 재해발생 이력 등을 분석하기 위하여 경험과 기술을 갖춘 자가 육안 또는 기구 등으로 검사를 실시하고 정량(定量) · 정성(定性)적으로 위험도를 분석 · 예측하는 것

5.5 긴급구조대응활동 및 현장지휘에 관한 규칙

목적	이 규칙은 각종 재난이 발생하는 경우 현장지휘체계를 확립하고 긴급구조대응활동을 신속하고 효율적으로 수행하기 위하여 재난및안전관리기본법 및 동법시행령에서 위임된 사항 및 그 시행에 관하여 필요한 사항을 규정함을 목적
주요내용	- 재난의 최초접수자의 임무 - 관련지휘관의 통제권한 행사 - 긴급구조체제의 구축 - 통합지휘조정통제센터의 구성 및 기능 - 중앙통제단의 구성 - 재난유형별 긴급구조대응계획의 작성체계

■주요 용어정의

- 긴급구조관련기관이라 함은 다음 각목의 기관을 말함
  가. 재난및안전관리기본법(이하 "법"이라 한다) 제3조제7호의 규정에 의한 긴급구조기관
  나. 법 제3조제8호 및 재난및안전관리기본법시행령(이하 "영"이라 한다) 제4조의 규정에 의한 긴급구조지원기관
  다. 현장에 참여하는 자원봉사기관 및 단체
- "기관별지휘소"라 함은 재난현장에 출동하는 당해기관 소속직원을 지휘 · 조정 · 통제하는 장소 또는 지휘차량
- "현장지휘소"라 함은 법 제49조 제2항의 규정에 의한 중앙긴급구조통제단장(이하 "중앙통제단장"이라 한다) 또는 법 제50조 제2항의 규정에 의한 지역긴급구조통제단장(이하 "지역통제단장"이라 한다) 이 법 제52조 제6항의 규정에 의하여 재난현장에서 기관별지휘소를 총괄하여 지휘 · 조정 또는 통제하는 등의 재난현장지휘를 효과적으로 수행하기 위하여 설치 · 운영하는 장소 또는 지휘차량을 말함

5.6 농어업재해대책법

목적	이 법은 농업 및 어업 생산에 대한 재해를 예방하고 그 사후 대책을 마련함으로써 농업 및 어업의 생산력 향상과 경영 안정을 도모하는 것
주요내용	- 재해대책 - 보조 및 지원 - 재해대책에 필요한 자재 확보 - 응급대책의 지원

■주요 용어정의

- "농업재해"란 한해, 수해, 풍해, 냉해, 우박, 서리, 조해, 설해, 동해, 폭염, 병충해, 일조량 부족, 유해야생동물, 그 밖에 제5조에 따른 농어업재해대책 심의위원회가 인정하는 자연현상으로 인하여 발생하는 농업용 시설, 농경지, 농작물, 가축, 임업용 시설 및 산림작물의 피해
- "어업재해"란 이상조류, 적조현상, 해파리의 대량발생, 태풍, 해일, 이상수온, 그 밖에 제5조에 따른 농어업재해대책 심의위원회가 인정하는 자연현상으로 인하여 발생하는 수산양식물 및 어업용 시설의 피해

5.7 농어업재해보험법

목적	이 법은 농어업재해로 인하여 발생하는 농작물, 임산물, 양식수산물, 가축과 농어업용 시설물의 피해에 따른 손해를 보상하기 위한 농어업재해보험에 관한 사항을 규정함으로써 농어업 경영의 안정과 생산성 향상에 이바지하고 국민경제의 균형 있는 발전에 기여하는 것
주요내용	- 재해보험사업 - 재보험사업 및 농어업재해보험기금 - 보험사업의 관리

■주요 용어정의

- "농어업재해"란 농작물·임산물·양식수산물·가축 및 농어업용 시설물에 발생하는 자연재해, 병충해, 조수해, 질병 또는 화재
- "농어업재해보험"이란 농어업재해로 발생하는 재산 피해에 따른 손해를 보상하기 위한 보험

5.8 사방사업법

목적	이 법은 국토의 황폐화를 방지하고 국토를 보전하기 위하여 사방사업(砂防事業)을 효율적으로 시행함으로써 공공이익의 증진과 산업발전에 이바지하는 것
주요내용	- 사방사업의 구분 - 사방사업 기본계획 - 황폐지 실태에 대한 조사 - 사방사업의 타당성 평가 - 산림공학기술자의 배치

■주요 용어정의

- "황폐지"란 자연적 또는 인위적인 원인으로 산지(그 밖의 토지를 포함한다. 이하 같다)가 붕괴되거나 토석·나무 등의 유출 또는 모래의 날림 등이 발생하는 지역으로서 국토의 보전, 재해의 방지, 경관의 조성 또는 수원(水源)의 함양(涵養)을 위하여 복구공사가 필요한 지역
- "사방사업"이란 황폐지를 복구하거나 산지의 붕괴, 토석·나무 등의 유출 또는 모래의 날림 등을 방지 또는 예방하기 위하여 공작물을 설치하거나 식물을 파종·식재하는 사업 또는 이에 부수되는 경관의 조성이나 수원의 함양을 위한 사업
- "사방시설"이란 사방사업에 따라 설치된 공작물과 파종·식재된 식물(사방사업의 시행 전부터 사방사업의 시행지역에서 자라고 있는 식물을 포함한다)
- "산사태"란 자연적 또는 인위적인 원인으로 산지가 일시에 붕괴되는 것

5.9 산림기본법

목적	이 법은 산림정책의 기본이 되는 사항을 정하여 산림의 다양한 기능을 증진하고 임업의 발전을 도모함으로써 국민의 삶의 질 향상과 국민경제의 건전한 발전에 이바지하는 것
주요내용	- 산사태·산불·산림병해충 등 산림재해의 대응 및 복구 등에 관한 사항 - 산사태·산불·산림병해충 등 산림재해의 예방·복구와 산림재해로 인한 피해를 합리적으로 보전 - 산림정보화의 촉진에 필요한 시책을 수립·시행

■주요 용어정의

- "지속가능한 산림경영"이라 함은 산림의 생태적 건전성과 산림자원의 장기적인 유지·증진을 통하여 현재세대뿐만 아니라 미래세대의 사회적·경제적·생태적·문화적 및 정신적으로 다양한 산림수요를 충족하게 할 수 있도록 산림을 보호하고 경영하는 것
- "산촌"이라 함은 산림면적의 비율이 현저히 높고 인구밀도가 낮은 지역으로서 대통령령이 정하는 지역

5.10 산림자원의 조성 및 관리에 관한 법률

목적	이 법은 산림자원의 조성과 관리를 통하여 산림의 다양한 기능을 발휘하게 하고 산림의 지속가능한 보전(保全)과 이용을 도모함으로써 국토의 보전, 국가경제의 발전 및 국민의 삶의 질 향상에 이바지하는 것
주요내용	- 산림의 기능별 구분·관리 - 벌채지 등에서의 산림 조성 - 산림사업의 대행 등 - 산림자원의 정보화 - 산림과학기술 기본계획의 수립 등

■주요 용어정의

- "산림"이란 다음 각 목의 어느 하나에 해당하는 것을 말한다. 다만, 농지, 초지(草地), 주택지, 도로, 그 밖의 대통령령으로 정하는 토지에 있는 입목(立木)·죽(竹)과 그 토지는 제외
- "산림자원"이란 다음 각 목의 자원으로서 국가경제와 국민생활에 유용한 것
  가. 산림에 있거나 산림에서 서식하고 있는 수목, 초본류(草本類), 이끼류, 버섯류 및 곤충류 등의 생물자원
  나. 산림에 있는 토석(土石)·물 등의 무생물자원
  다. 산림 휴양 및 경관 자원
- "산림사업"이란 산림의 조성·육성·이용·재해예방·복구 등 산림의 기능을 유지·발전 또는 회복시키기 위하여 산림에서 이루어지는 사업과 도시림·생활림·가로수·수목원의 조성·관리 등 산림의 조성·육성 또는 관리를 위하여 필요한 사업으로서 대통령령으로 정하는 사업

5.11 산업안전보건법

목적	이 법은 산업안전·보건에 관한 기준을 확립하고 그 책임의 소재를 명확하게 하여 산업재해를 예방하고 쾌적한 작업환경을 조성함으로써 근로자의 안전과 보건을 유지·증진하는 것
주요내용	- 안전·보건 관리체계 규정 - 안전보건관리규정 - 유해·위험 예방조치 - 근로자의 보건관리 - 감독과 명령

■주요 용어정의

- "산업재해"란 근로자가 업무에 관계되는 건설물·설비·원재료·가스·증기·분진 등에 의하거나 작업 또는 그 밖의 업무로 인하여 사망 또는 부상하거나 질병에 걸리는 것
- "안전·보건진단"이란 산업재해를 예방하기 위하여 잠재적 위험성을 발견하고 그 개선대책을 수립할 목적으로 고용노동부장관이 지정하는 자가 하는 조사·평가
- "중대재해"란 산업재해 중 사망 등 재해 정도가 심한 것으로 고용노동부령으로 정하는 재해

5.12 산지관리법

목적	이 법은 산지를 합리적으로 보전하고 이용하여 임업의 발전과 산림의 다양한 공익기능의 증진을 도모함으로써 국민경제의 건전한 발전과 국토환경의 보전에 이바지하는 것
주요내용	- 산지관리 기본계획 및 산지의 구분 - 보전산지안에서 행위제한 - 재해의 방지 등

■주요 용어정의

- "산지"란 다음 각목의 어느 하나에 해당하는 토지를 말한다.
  가. 입목(立木)·죽(竹)이 집단적으로 생육(生育)하고 있는 토지
  나. 집단적으로 생육한 입목·죽이 일시 상실된 토지
  다. 입목·죽의 집단적 생육에 사용하게 된 토지
  라. 임도(賃搗), 작업로 등 산길
  마. 가목부터 다목까지의 토지에 있는 암석지(巖石地) 및 소택지(沼澤地)
- "산지전용(山地轉用)"이란 산지를 다음 각 목의 어느 하나에 해당하는 용도 외로 사용하거나 이를 위하여 산지의 형질을 변경하는 것
  가. 조림(造林), 숲 가꾸기, 벌채
  나. 토석 등 임산물의 채취
  다. 산지일시사용
- "산지일시사용"이란 다음 각 목의 어느 하나에 해당하는 것을 말한다.
  가. 산지로 복구할 것을 조건으로 산지를 제2호가목 또는 나목 외의 용도로 일정 기간 동안 사용하거나 이를 위하여 산지의 형질을 변경하는 것
  나. 산지를 임도, 임산물을 운반하는 도로, 등산로, 탐방로, 그 밖에 이와 유사한 산길로 사용하기 위하여 산지의 형질을 변경하는 것

5.13 소방기본법

목적	이 법은 화재를 예방·경계하거나 진압하고 화재, 재난·재해, 그 밖의 위급한 상황에서의 구조·구급 활동 등을 통하여 국민의 생명·신체 및 재산을 보호함으로써 공공의 안녕 및 질서 유지와 복리증진에 이바지하는 것
주요내용	- 소방장비 및 소방용수시설 등 - 화재의 예방과 경계 - 소방활동 등 - 화재의 조사 - 구조 및 구급 - 소방산업의 육성·진흥 및 지원 등

■주요 용어정의

- "소방대상물"이란 건축물, 산림, 차량, 선박([선박법] 제 1조의2제1항에 따른 선박으로서 항구에 매어둔 선박만 해당한다), 선박 건조 구조물, 산림, 그 밖의 인공 구조물 또는 물건
- "관계지역"이란 소방대상물이 있는 장소 및 그 이웃 지역으로서 화재의 예방·경계·진압, 구조·구급 등의 활동에 필요한 지역

5.14 소방시설공사업법

목적	이 법은 소방시설공사 및 소방기술의 관리에 필요한 사항을 규정함으로써 소방시설업을 건전하게 발전시키고 소방기술을 진흥시켜 화재로부터 공공의 안전을 확보하고 국민경제에 이바지하는 것
주요내용	– 소방시설업 – 소방시설공사 – 시공 – 감리 – 도급

■주요 용어정의

– "소방시설업"이란 다음 각 목의 영업을 말한다.

가. 소방시설업: 소방시설공사에 기본이 되는 공사계획, 설계도면, 설계 설명서, 기술계산서 및 이와 관련된 서류(이하"설계도서"라 한다)를 작성(이하"설계"라 한다)하는 영업

나. 소방시설공사업: 설계도서에 따라 소방시설을 신설, 증설, 개설 이전 및 정비(이하"시공"이라 한다)하는 영업

다. 소방공사감리업: 소방시설공사에 관한 발주자의 권한을 대행하여 소방시설공사가 설계도서와 관계 법령에 따라 적법하게 시공되는지를 확인하고, 품질 · 시공 관리에 대한 기술지도를 하는(이하"감리"라 한다)영업

5.15 소하천정비법

목적	이 법은 소하천(小河川)의 정비 · 이용 · 관리 및 보전에 관한 사항을 규정함으로써 재해를 예방하고 생활환경을 개선하는 데에 이바지하는 것
주요내용	– 소하천의 정비 – 소하천의 보전

■주요 용어정의

– "소하천"이란 [하천법]의 적용 또는 준용을 받지 아니하는 하천으로서 제3조에 따라 그 명칭과 구간이 지정 · 고시된 하천

– "소하천구역"이란 다음 각 목의 어느 하나에 해당하는 구역

가. 소하천의 형상과 기능을 유지하고 있는 토지의 구역

나. 소하천부속물이 설치된 토지의 구역

다. 제방이 있는 곳은 그 제방으로부터 물이 흐르는 쪽의 토지의 구역

– ""소하천시설"이란 소하천의 이용 · 관리를 위하여 설치하는 다음 각 목의 시설을 말한다.

가. 제방(堤防), 호안(護岸) 등 물길의 안정을 위한 시설

나. 보(洑), 수문(水門), 배수펌프장[제방에 수문 등이 설치되어 소하천과 일체(一體)로 관리할 필요가 있는 시설만을 말한다], 저수지, 저류지 등 소하천 수위의 조절을 위한 시설

다. 그 밖에 대통령령으로 정하는 시설

- "소하천의 정비"란 소하천(소하천구역과 소하천부속물을 포함한다. 이하 같다)의 신설 · 개축 또는 준설 · 보수 등에 관한 공사

5.16 재난구호 및 재난복구비용 부담기준 등에 관한 규정

목적	「재난 및 안전관리 기본법」제66조(국고보조 등)의 규정에 의하여 재난복구사업의 제원 등에 대한 국가 및 지방자치단체의 부담금과 재난지원금의 부담기준에 관하여 필요한 사항을 규정하며, 2019년 4월부터 자연재난과 사회재난을 분리함
주요내용	- 재난복구비용 등의 부담기준 - 재난지원금의 지원 등 - 재난복구비용의 산정 등

■주요 용어정의

- "재난지원금"이라 함은 국가 또는 지방자치단체가 자연현상으로 인하여 사망 · 실종된 자나 부상자와 주택 또는 주생계수단인 농업 · 어업 · 임업 · 염생산업에 재해를 입은 자에 대하여 재난복구사업 및 이재민의 구호를 위하여 지원하는 금액
- "재난지수"라 함은 지원기준지수에 피해물량을 곱하여 산정한 계수와 제4조제1항제1호의 지원항목별 지원기준지수를 합산한 값
- "재난등급"이라 함은 재난지원금을 지원하기 위하여 재난지수를 기준으로 재난의 정도를 등급화 한 것

5.17 재해경감을 위한 기업의 자율활동 지원에 관한 법률

목적	재난이 발생하는 경우 기업활동이 중단되지 아니하고 안정적으로 유지될 수 있도록 하기 위하여 기업의 재해경감활동을 지원함으로써 국가의 재난관리 능력을 증진함을 목적으로 함
주요내용	- 재난관리표준 - 재해경감 우수기업의 인증 및 업무대행 - 우수기업에 대한 지원 - 재해경감활동 기반조성

■주요 용어정의

- "재난"이란 「재난 및 안전관리기본법」 제3조제1호에 따른 것을 말함
- "재난관리"란 재난의 예방 · 대비 · 대응 및 복구를 위하여 행하는 모든 활동
- "재해경감활동계획"이란 기업이 재난으로부터 피해를 최소화하기 위하여 수립하는 전략계획, 경감계획, 사업연속성확보계획, 대응계획 및 복구계획

5.18 재해구호법

목적	이재민의 구호와 의연금품의 모집절차 및 사용방법 등에 관하여 필요한 사항을 규정함으로써 이재민 보호와 그 생활안정에 이바지하는 것
주요내용	– 재해구호계획의 수립 및 구호기관의 활동 등 – 의연금품의 모집 – 배분위원회의 구성 · 운영 및 의연금품의 사용 등 – 전국재해구호협의회의 설립 및 운영 등

■주요 용어정의

– "이재민"이란 「재난 및 안전관리 기본법」제3조 제1호 가목에 따른 재해로 인하여 피해를 입은 사람

※「재난 및 안전관리 기본법」 제3조 제1호 가목

가. 태풍, 홍수, 호우(豪雨), 강풍, 풍랑, 해일(海溢), 대설, 낙뢰, 가뭄, 지진, 황사(黃砂), 적조(赤潮), 그 밖에 이에 준하는 자연현상으로 인하여 발생하는 재해

– "일시대피자"란 재해로 인한 피해가 예상되어 일시대피한 사람

– "구호기관"이란 이재민 및 일시대피자의 거주지를 관할하는 특별시장 · 광역시장 · 도지사 · 특별자치도지사 및 시장 · 군수 · 구청장을 말함

5.19 재해위험 개선사업 및 이주대책에 관한 특별법

목적	재해의 근원적 예방과 항구적 복구 등을 위하여 재해위험지구의 개선에 필요한 재해방지대책 등에 관한 사항을 규정함으로써 국민의 생명과 재산 보호에 기여함을 목적으로 함
주요내용	– 재해위험 개선사업지구의 지정 – 재해위험 개선사업 시행 – 개선사업 시행을 위한 조치 및 지원 등 – 전국재해구호협의회의 설립 및 운영 등

■주요 용어정의

– "재해위험지구 개선사업"이란 상습적으로 풍수해 등이 발생하는 지역을 근원적으로 개선하기 위하여 시행하는 사업

– "이주대책계획"이란 재해위험 개선사업으로 인하여 생활의 근간을 상실하게 되는 주민의 이주를 위한 구체적인 계획

5.20 저수지 · 댐의 안전관리 및 재해예방에 관한 법률

목적	저수지 · 댐의 붕괴 등으로 인한 재해로부터 국민의 생명 · 신체 및 농경지 등 재산을 보호하기 위하여 저수지 · 댐의 안전관리와 재해예방을 위한 사전점검 · 정비 및 재해발생 시 대응 등에 관하여 필요한 사항을 규정함으로써 저수지 · 댐의 효과적인 안전관리 체계를 확립하고 공공의 안전에 이바지하는 것
주요내용	– 저수지 · 댐 안전관리 – 재해위험저수지 · 댐의 지정 및 정비 – 개선사업 시행을 위한 조치 및 지원 등

■주요 용어정의

– "저수지 · 댐"이란 하천의 흐름을 막아 그 저수(貯水)를 생활 및 공업용수, 농업용수, 환경개선용수, 발전, 홍수조절, 주운(舟運), 그 밖의 용도로 이용하기 위하여 설치한 공작물로서 다음 각 목에 해당하는 저수지 및 댐을 말한다. 이 경우 여수로(餘水路) · 보조댐, 그 밖에 해당 저수지 또는 댐과 일체가 되어 그 효용을 다하게 하는 시설 또는 공작물을 포함

가. 「댐건설 및 주변지역 지원 등에 관한 법률」제3조에 따른 댐

나. 「농어촌정비법」 제2조 제5호에 따른 저수지

다. 「전기사업법」 제2조 제16호에 따른 전기설비 중 댐 및 저수지

라. 그 밖에 대통령령으로 정하는 저수지 또는 댐과 유사기능 하는 시설물

– "재해"란 저수지 · 댐의 제체(堤體) 및 그 부속시설의 붕괴 · 유실 등과 그로 인하여 발생되는 모든 피해

– "안전관리"란 저수지 · 댐으로 인한 재해를 방지하고 공공의 안전을 위하여 저수지 · 댐관리자가 「시설물의 안전관리에 관한 특별법」 및 「농어촌정비법」등 관련 법령에 따라 행하는 안전점검, 정밀안전진단, 유지 · 보수 · 보강, 사용제한, 철거 등 모든 행위

5.21 지진 · 화산재해대책법

목적	지진과 지진해일 및 화산활동으로 인한 재해로부터 국민의 생명과 재산 및 주요 기간시설을 보호하기 위하여 지진과 지진해일의 관측 · 예방 · 대비 및 대응, 내진대책과 지진재해를 줄이기 위한 연구 및 기술개발 등에 필요한 사항을 규정
주요내용	– 지진과 지진해일 및 화산활동 관측 – 예방과 대비 – 내진대책 – 대응 – 지진 · 화산재해경감을 위한 연구와 기술개발

■주요 용어정의

- "지진재해"는 「재난 및 안전 관리기본법」 제3조 제1호 가목에 따른 지진 또는 지진해일로 인하여 발생하는 피해로서 지진동에 의한 직접 피해 및 화재, 폭발, 그 밖의 현상에 따라 발생되는 재해
- "화산재해"는 「재난 및 안전관리 기본법」 제3조 제1호 가목에 따른 화산활동으로 인하여 발생하는 피해로서 화산재, 화쇄류, 화산이류, 화산가스, 용암, 화산성 지진 · 홍수 등에 의한 직접 피해 및 그로 인한 화재, 폭발, 그 밖의 현상에 따라 발생하는 재해
- "지진위험도"는 내진설계의 기초가 되는 지진구역을 설정하기 위하여 과거의 지진기록과 지질 및 지반특성 등을 종합적으로 분석하여 산정한 지진의 위험정도
- "내진보강"은 지진으로부터 각종 시설물이 견딜 수 있는 성능을 향상시키는 일체의 행위

5.22 초고층 및 지하연계 복합건축물 재난관리에 관한 특별법

목적	초고층 및 지하연계 복합건축물과 그 주변지역의 재난관리를 위하여 재난의 예방 · 대비 · 대응 및 지원 등에 필요한 사항을 정하여 재난관리체제를 확립함으로써 국민의 생명, 신체, 재산을 보호하고 공공의 안전에 이바지하는 것
주요내용	– 특수건물 소유자의 손해배상책임 – 명칭사용의 제한 – 안전점검

■주요 용어정의

- "특수건물"이란 국유건물 · 공유건물 · 교육시설 · 백화점 · 시장 · 의료시설 · 흥행장 · 숙박업소 · 다중이용업소 · 운수시설 · 공장 · 공동주택과 그 밖에 여러 사람이 출입 또는 근무하거나 거주하는 건물로서 화재의 위험이나 건물의 면적 등을 고려하여 대통령령으로 정하는 건물

5.23 풍수해보험법

목적	풍수해로 발생하는 재산 피해에 따른 손해를 신속하고 공정하게 보상하기 위한 풍수해보험에 필요한 사항을 규정함으로써 국민의 생활 안정에 이바지하는 것
주요내용	– 풍수해보험사업의 운영 – 풍수해보험사업의 지원

■주요 용어정의

- "풍수해"란 「자연재해대책법」 제2조 제2호에 따른 자연재해 중 태풍 · 홍수 · 호우 · 강풍 · 풍랑 · 해일 · 대설로 발생하는 재해
- "풍수해보험"이란 풍수해로 발생하는 재산 피해에 따른 손해를 보상하기 위한 보험

5.24 하천법

목적	하천사용의 이익을 증진하고 하천을 자연친화적으로 정비 · 보전하며 하천의 유수로 인한 피해를 예방하기 위하여 하천의 지정 · 관리 · 사용 및 보전 등에 관한 사항을 규정함으로써 하천을 적정하게 관리하고 공공복리의 증진에 이바지하는 것
주요내용	– 하천의 지정 등 – 조사 및 계획 수립 및 하천공사 등의 시행 – 하천의 점용 등 – 하천환경의 보전 · 관리

■주요 용어정의

- "하천"이라 함은 지표면에 내린 빗물 등이 모여 흐르는 물길로서 공공의 이해에 밀접한 관계가 있어 제7조 제2항 및 제3항에 따라 국가하천 또는 지방하천으로 지정된 것을 말하며, 하천구역과 하천시설을 포함
- "하천구역"이라 함은 제10조 제1항에 따라 결정된 토지의 구역
- "유지 · 보수"라 함은 하천의 기능이 정상적으로 유지될 수 있도록 실시하는 점검 · 정비 등의 활동

5.25 화재로 인한 재해보상과 보험가입에 관한 법률

목적	이 법은 화재로 인한 인명 및 재산상의 손실을 예방하고 화재 발생 시 신속한 재해복구와 인명 및 재산피해에 대한 적정한 보상을 하게 함으로써 국민생활의 안정에 이바지하는 것
주요내용	– 특수건물 소유자의 손해배상책임 – 보험가입의 촉진 – 명칭사용의 제한 – 안전점검

■주요 용어정의

- "손해보험회사"란 「보험업법」제4조에 따른 화재보험업의 허가를 받은 자
- "특수건물"이란 국유건물 · 공유건물 · 교육시설 · 백화점 · 시장 · 의료시설 · 흥행장 · 숙박업소 · 다중이용업소 · 운수시설 · 공장 · 공동주택과 그 밖에 여러 사람이 출입 또는 근무하거나 거주하는 건물로서 화재의 위험이나 건물의 면적 등을 고려하여 대통령령으로 정하는 건물

3절 재난관리 제도 및 행정

1. 재난관리 계획체계

국가안전기본계획은 각종 재난 및 사고로부터 국민을 보호하기 위한 재난 및 안전관리를 위한 최상위 계획으로 법적근거는 「대한민국헌법」 제34조와 「재난 및 안전관리 기본법」 제22조 및 동법 시행령 제26조에 근거하여 제시되고 있으며 내용은 다음 〈표 21.8〉과 같다.

〈표 21.8〉 재난관리계획의 근거법

법	조항	법령 내용
대한민국 헌법	제34조	⑥ 국가는 재해를 예방하고 그 위험으로부터 국민을 보호하기 위하여 노력하여야 한다.
재난 및 안전관리 기본법	제22조	① 국무총리는 대통령령으로 정하는 바에 따라 국가의 재난 및 안전관리업무에 관한 기본계획(이하 "국가안전관리기본계획"이라 한다)의 수립지침을 작성하여 관계 중앙행정기관의 장에게 통보하여야 한다. ~중략~ ④ 국무총리는 제3항에 따라 관계 중앙행정기관의 장이 제출한 기본계획을 종합하여 국가안전관리기본계획을 작성하여 중앙위원회의 심의를 거쳐 확정한 후 이를 관계 중앙행정기관의 장에게 통보하여야 한다. ~중략~
재난 및 안전관리 기본법 시행령	제26조	① 국무총리는 법 제22조 제4항에 따른 국가안전관리기본계획(이하 "국가안전관리기본계획"이라 한다)을 5년마다 수립하여야 한다. ~중략~

국가안전기본계획은 재난 및 안전관리 기본법에 따라 예방 · 대비 · 대응 · 복구 등 4단계 단계별로 운영되고 있으며, 부처별 · 지역별로 책임이 분산되어 있는 재난 및 안전관리에 대해 종합적 통합 · 조정체계로 계획의 방향을 모색하고 있다. 또한, 재난 및 안전관리 기본법 시행령에 따라 향후 5년간 재난 및 안전관리 정책의 통합적 운영을 위해 중점 추진과제를 제시하고 있으며, 중앙 및 지방자치단체를 포함한 재난관리책임기관에서 세부대책의 수립 및 운영지침을 제공한다.

재난환경의 변화에 국민의 재산을 보호하기 위해 1977년~2004년은 풍수해, 가뭄 등 자연재난을 중심으로 재난대비 계획이 이루어졌고, 1996년~2004년에는 화재, 폭발, 붕괴 등에 대한 인적재난을 중심으로 재난대비 계획이 이루어져 왔다. 이후에 2004년 6월에 「재난 및 안전관리 기본법」이 시행됨에 따라 재난관리계획이 안전관리계획으로 통합되어 중앙부처의 기본계획과 집행계획, 시 · 도 및 시 · 군 · 구 안전관리계획, 재난관리책임기관의 세부집행계획으로 구분하여 재난대비 계획이 수립되었다.

「재난 및 안전관리 기본법」상에서 제22조(국가안전관리기본계획의 수립 등), 제23조(집행계획), 제24조(시 · 도안전관리계획의 수립), 제25조(시 · 군 · 구 안전관리계획의 수립) 등이 재난관리 계획 관련 내용으로 주요 내용은 다음 표와 같다.

「재난 및 안전관리 기본법」상에서 제22조(국가안전관리기본계획의 수립 등), 제23조(집행계획), 제24조(시 · 도안전관리계획의 수립), 제25조(시 · 군 · 구 안전관리계획의 수립) 등이 재난관리 계획 관련 내용으로 주요 내용은 다음 〈표 21.9〉와 같다.

〈표 21.9〉 안전관리기본계획의 주요 내용

법	조항	핵심내용	법령내용
재난 및 안전관리기본법	제22조	국가안전관리기본계획의 수립	① 국무총리는 대통령령으로 정하는 바에 따라 국가의 재난 및 안전관리업무에 관한 기본계획(이하 "국가안전관리기본계획"이라 한다)의 수립지침을 작성하여 관계 중앙행정기관의 장에게 통보하여야 한다. ② 제1항에 따른 수립지침에는 부처별로 중점적으로 추진할 안전관리기본계획의 수립에 관한 사항과 국가재난관리체계의 기본방향이 포함되어야 한다. ③ 관계 중앙행정기관의 장은 제1항에 따른 수립지침에 따라 그 소관에 속하는 재난 및 안전관리업무에 관한 기본계획을 작성한 후 국무총리에게 제출하여야 한다. ④ 국무총리는 제3항에 따라 관계 중앙행정기관의 장이 제출한 기본계획을 종합하여 국가안전관리기본계획을 작성하여 중앙위원회의 심의를 거쳐 확정한 후 이를 관계 중앙행정기관의 장에게 통보하여야 한다. ⑤ 중앙행정기관의 장은 제4항에 따라 확정된 국가안전관리기본계획 중 그 소관사항을 관계 재난관리책임기관(중앙행정기관과 지방자치단체는 제외한다)의 장에게 통보하여야 한다. ⑥ 국가안전관리기본계획을 변경하는 경우에는 제1항부터 제5항까지를 준용한다. ⑦ 국가안전관리기본계획과 제23조의 집행계획, 제24조의 시 · 도안전관리계획 및 제25조의 시 · 군 · 구안전관리계획은 「민방위기본법」에 따른 민방위계획 중 재난 관리분야의 계획으로 본다. ⑧ 국가안전관리기본계획에는 다음 각 호의 사항이 포함되어야 한다. 1. 재난에 관한 대책 2. 생활안전, 교통안전, 산업안전, 시설안전, 범죄안전, 식품안전, 안전취약계층 안전 및 그 밖에 이에 준하는 안전관리에 관한 대책
	제23조	집행계획	① 관계 중앙행정기관의 장은 제22조 제4항에 따라 통보받은 국가안전관리기본 계획에 따라 그 소관 업무에 관한 집행계획을 작성하여 조정위원회의 심의를 거쳐 국무총리의 승인을 받아 확정한다. ② 관계 중앙행정기관의 장은 확정된 집행계획을 행정안전부장관, 시 · 도지사 및 제3조 제5호 나목에 따른 재난관리책임기관의 장에게 각각 통보하여야 한다. ③ 제3조제5호나목에 따른 재난관리책임기관의 장은 제2항에 따라 통보받은 집행계획에 따라 세부집행계획을 작성하여 관할 시 · 도지사와 협의한 후 소속 중앙행정기관의 장의 승인을 받아 이를 확정하여야 한다. 이 경우 그 재난관리책임기관의 장이 공공기관이나 공공단체의 장인 경우에는 그 내용을 지부 등 지방조직에 통보하여야 한다.

〈표 21.9〉 안전관리기본계획의 주요 내용(계속)

법	조항	핵심내용	법령내용
	제24조	시 · 도 안전관리 계획의 수립	① 행정안전부장관은 제22조 제4항에 따른 국가안전관리기본계획과 제23조제1항에 따른 집행계획에 따라 시 · 도의 재난 및 안전관리업무에 관한 계획(이하 "시 · 도 안전관리계획"이라 한다)의 수립지침을 작성하여 이를 시 · 도지사에게 통보하여야 한다. ② 시 · 도의 전부 또는 일부를 관할 구역으로 하는 제3조제5호나목에 따른 재난관리책임기관의 장은 그 소관 재난 및 안전관리업무에 관한 계획을 작성하여 관할 시 · 도지사에게 제출하여야 한다. ③ 시 · 도지사는 제1항에 따라 통보받은 수립지침과 제2항에 따라 제출받은 재난 및 안전관리업무에 관한 계획을 종합하여 시 · 도안전관리계획을 작성하고 시 · 도위원회의 심의를 거쳐 확정한다. ④ 시 · 도지사는 제3항에 따라 확정된 시 · 도안전관리계획을 행정안전부장관에게 보고하고, 제2항에 따른 재난관리책임기관의 장에게 통보하여야 한다.
	제25조	시 · 군 · 구 안전관리 계획의 수립	① 시 · 도지사는 제24조 제3항에 따라 확정된 시 · 도안전관리계획에 따라 시 · 군 · 구의 재난 및 안전관리업무에 관한 계획(이하 "시 · 군 · 구안전관리계획"이라 한다)의 수립지침을 작성하여 시장 · 군수 · 구청장에게 통보하여야 한다. ② 시 · 군 · 구의 전부 또는 일부를 관할 구역으로 하는 제3조 제5호나목에 따른 재난관리책임기관의 장은 그 소관 재난 및 안전관리업무에 관한 계획을 작성하여 시장 · 군수 · 구청장에게 제출하여야 한다. ③ 시장 · 군수 · 구청장은 제1항에 따라 통보받은 수립지침과 제2항에 따라 제출받은 재난 및 안전관리업무에 관한 계획을 종합하여 시 · 군 · 구안전관리계획을 작성하고 시 · 군 · 구위원회의 심의를 거쳐 확정한다. ④ 시장 · 군수 · 구청장은 제3항에 따라 확정된 시 · 군 · 구안전관리계획을 시 · 도지사에게 보고하고, 제2항에 따른 재난관리책임기관의 장에게 통보하여야 한다.

제1차 국가안전관리 기본계획은 2005년~2009년으로 자연 · 인적재난에 대한 국가기반보호대책을 수립하였으며, 2010~2014년에는 제2차 국가안전관리기본계획이 수립되었다. 제2차 국가안전관리기본계획은 5대 요소(안전문화, 생활안전, 기업안전, 국가기반체계, 재난관리체계) 목표와 국민의 안전의식 제고를 포함한 9개 추진전략 마련 및 세부과제들을 도출하고자 하였으며 1차와 달리 자연 · 인적분야에서 전반적인 안전한 국민생활로 확장되어 안전관리체계 마련, 안적의식 제고, 기업 재난 · 안전관리 참여 등 다양한 이해당사자의 참여가 강조된 바 있다.

한편으로는 2차 국가안전관리기본계획을 통해 개선과제가 제시되었으며 내용은 다음과 같다.

- 전 국가차원의 대응체계로의 전환이 필요
  - 주민참여를 통한 안전공동체 형성, 안전망 확충, 생애주기 맞춤형 안전교육 및 훈련강

화 등을 통한 국민의 회복력있는 대응능력 향상 도모

- 국민의 신뢰회복과 안전의식 제고
  - 경제사회의 이익과 효율성보다는 안전으로부터 얻는 이익과 효율성을 강조하고 원칙을 지켜 안전을 최우선하는 문화 확산 필요
- 정부주도 재난대응의 한계 극복
  - 초기대응을 비롯한 대응 및 구조체계 개선과 재난전문기관의 교육 · 훈련 확충을 비롯, 소통과 협력을 통한 안전거버넌스와 안전생태계 조성
- 사회전반의 재난관리 기반 조성
  - 안전진단, 안전점검, 안전신고 · 감독 등이 소홀하지 않도록 체계화가 필요하며 재난에 대한 정확한 조사와 평가 및 환류과정을 통해 안전관리 강화
  - 재난안전 산업을 육성하고 기업의 자발적 기술개발을 도모하여 이익을 위해 안전을 소홀히 하지 않도록 하는 기반 구축 필요
- 특수분야별 안전관리대책의 혁신과 불확실한 미래위험에 대하여 국가와 지방자치단체가 함께 종합적인 대응전략 마련 등 대비가 필요

제3차 국가안전관리기본계획을 수립하는 것은 2015년~2019년을 목표로 총 28개 중앙행정기관이 참여하였다. 제2차 계획의 평가로 크게 5가지 사항이 지적되었는데 ① 전 국가차원의 대응체계로의 전환이 필요, ② 국민의 신뢰회복과 안전의식 제고, ③ 정부주도 재난대응의 한계 극복, ④ 사회전반의 재난관리 기반 조성, 그리고 ⑤특수분야별 안전관리대책의 혁신과 불확실한 미래위험에 대하여 국가와 지방자치단체가 종합적인 대응전략 마련 등 대비가 필요하다는 것 등이다. 이를 위하여 안전혁신 추진과제가 설정되었고 이른바 '안전혁신 마스터플랜'이라는 이름으로 발표되었다.

국가안전관리기본계획의 수립절차가 개선되었고(그림 21.4), 재난관리 주요 행정기관의 임무와 역할이 명확하게 설정되었으며(표 21.10) 이를 위하여 국가재난안전관리체계를 명확하게 설정하였다(그림 21.5). 제3차 국가안전관리기본계획의 내용은 제5장 재난 및 안전관리대책이 대부분의 내용을 차지하고 있는데, 1절이 자연재난 관리대책, 2절이 사회재난 관리대책, 그리고 3절이 안전관리대책이다. 이러한 구분은 사실 앞서 지속적으로 지적한 재난유형에 따른 관리행정의 문제를 그대로 답습하는 형태이기는 하지만 현재 재난관리법제의 근본적인 개혁이 없는 상황에서는 최선의 선택이라고 할 수 있다.

국가안전관리기본계획(5년)

지침 작성 · 시달	계획 작성 · 제출	심의 · 확정
국무총리 → 관계 행정기관의 장	관계 행정기관의 장 → 국무총리	중앙안전관리위원회 국무총리 → 행정기관의 장

국가안전관리집행계획

계획작성	계획 승인 · 확정	계획 시달
기본계획에 따라 관계 행정기관의 장 → 국무총리	국무총리 → 행정기관의 장	행정기관의 장 → 시 · 도지사 및 재난관리책임기관

시 · 도지사 안전관리계획

지침 작성 · 달성	계획 수립	심의 · 확정 · 보고
행정안전부장관 → 시 · 도지사	시 · 도지사 및 재난관리 책임기관 종합계획	시 · 도지사 안전관리위원회 시 · 도지사 → 행정안전부장관

시장 · 군수 · 구청장 안전관리계획

지침 작성 · 시달	계획 수립	심의 · 확정 · 보고
시 · 도지사 → 시장 · 군수 · 구청장	시장 · 군수 · 구청장 및 재난관리책임기관 종합계획	시장 · 군수 · 구청장 안전관리위원회 시장 · 군수 · 구청장 → 시 · 도지사

〈그림 21.4〉 국가재난안전관리계획의 수립 절차

자료출처 : 국가안전관리기본계획(2015~2019)

〈표 21.10〉 재난관리 주요 행정기관

중앙재난안전대책본부	중앙재난안전관리위원회
• 본부장 : 행정안전부장관 • 차　장 : 행정안전부차관 • 기　능 : 대규모 재난의 대응 · 복구 등에 관한 사항 총괄 · 조정, 중대본회의 개최 등	• 위원장 : 국무총리 • 간　사 : 행정안전부장관 • 기　능 : 재난안전 사업예산 심의 등 안전관리에 관한 중요 정책 심의 및 총괄 · 조정, 관계부처 협의 · 조정
중앙사고수습본부	**안전정책조정위원회**
• 본부장 : 재난관리 주관기관의 장 • 기　능 : 재난 발생 또는 발생 우려시 재난상황 효율적 관리 및 수습과정 총괄	• 위원장 : 행정안전부장관 • 간　사 : 행정안전부차관 • 기　능 : 중앙위원회 부의안건 검토, 재난 · 안전관리를 위한 부처협의 · 조정

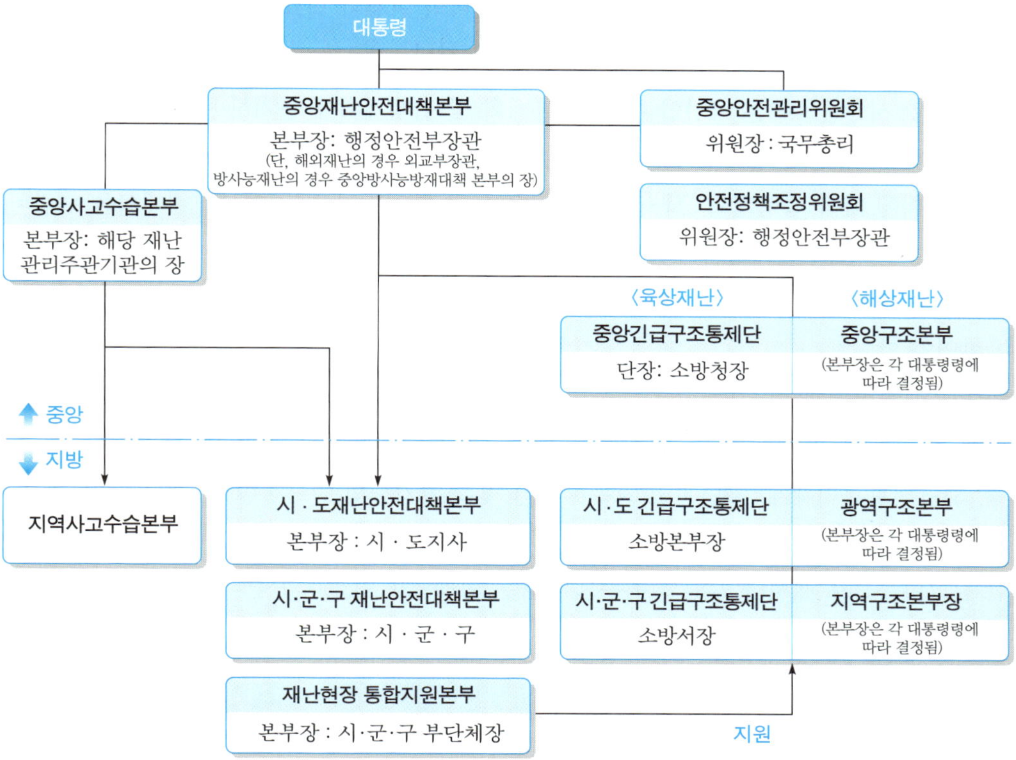

〈그림 21.5〉 국가재난안전관리체계

자료출처 : 국가안전관리기본계획(2015~2019)

2. 재난관리 행정체계

중앙행정기관의 장은 소관 재난 및 안전관리업무를 「재난 및 안전관리 기본법」 제23조(집행계획) 규정에 따라서 기관별로 국가안전관리기본계획을 수립 · 관리 · 시행하여야 하며, 관계기관과의 긴밀한 협조체계를 구축하여야 한다.

〈표 21.11〉 재난관리 행정의 근거법

법	조항	핵심내용	법령내용
재난 및 안전 관리 기본 법	제23조	집행계획	① 관계 중앙행정기관의 장은 제22조제4항에 따라 통보받은 국가안전관리기본 계획에 따라 그 소관 업무에 관한 집행계획을 작성하여 조정위원회의 심의를 거쳐 국무총리의 승인을 받아 확정한다. ② 관계 중앙행정기관의 장은 확정된 집행계획을 행정안전부장관, 시 · 도지사 및 제3조 제5호 나목에 따른 재난관리책임기관의 장에게 각각 통보하여야 한다. ③ 제3조제5호나목에 따른 재난관리책임기관의 장은 제2항에 따라 통보받은 집행계획에 따라 세부집행계획을 작성하여 관할 시 · 도지사와 협의한 후 소속 중앙행정기관의 장의 승인을 받아 이를 확정하여야 한다. 이 경우 그 재난관리책임기관의 장이 공공기관이나 공공단체의 장인 경우에는 그 내용을 지부 등 지방조직에 통보하여야 한다.

계획기간 중에 행정환경 변화 등으로 인해 본 계획의 변경이 필요한 경우 「재난 및 안전관리 기본법」제22조6항에 의거하여 수정 및 변경이 가능하다.

시 · 도 및 시 · 군 · 구는 국가안전관리기본계획 및 집행계획에 근거하여 안전관리계획을 수립하여야 하며, 유관기관, 관련단체 및 주민의 의견 등이 충분히 수렴 및 반영되어야 한다. 또한 기본계획에 따라 집행계획, 시 · 도 및 시 · 군 · 구 안전관리계획, 세부집행계획을 수립하는 기관은 계획간 상호 연계성이 유지되도록 하여야 하며 시 · 도지사는 시 · 도 안전관리계획을 시장 · 군수 · 구청장은 시 · 군 · 구 안전관리 계획을 각각 행정안전부장관 및 시 · 도지사에게 보고하여야 한다.

다음은 국가안전관리기본계획에 대한 집행계획 및 지역안전관리계획 수립 시 예방대책, 대비대책, 대응대책, 복구대책 등 재난관리 단계와 재난관리체계, 대국민 홍보대책, 중장기 재난대책, 재난정보관리체계, 재난관리 교육 · 훈련 및 과학기술의 연구 · 발전, 재난관리체계의 정보화계획, 재난관리대책에 관한 기본적인 계획, 재난관리의 평가 및 개선 등 재난관리 항목에 대한 참고항목으로 제시하고 있으며 주요 내용은 아래 〈표 21.12〉와 같다.

〈표 21.12〉 재난단계별 주요 행정조치

구 분	주요내용
예방대책	재난관리체제 구축, 재난예방대책 수립 · 시행, 징후감시, 각종 안전점검 및 안전문화운동, 재해 위험지구관리, 피해저감 제도개선 및 연구개발, 재난취약시설 점검 · 정비, 정보시스템개선, 시설물비상대처계획 등
대비대책	재난정보 · 상황관리체계 확립, 자원동원계획 및 재난대응 훈련계획 수립 · 시행, 재난관리정보 시스템 구축, 유관기관과의 긴급지원체계 구축, 재난대비 대국민 홍보 및 교육훈련, 행동매뉴얼 정비 및 국민 행동요령 홍보, 응급대응체계 및 비상연락근무체계 정비, 지자체 및 관련 행정기관의 대비대책 조정 및 지원, 재난 예 · 경보체계구축 등
대응대책	재난상황보고체계 구축, 초기대응체제 확립, 유관기관 협조 · 지원 체제구축, 긴급구조, 이재민 대책 및 대책본부 구성 · 운영, 재난 예 · 경보 신속 전파, 민관협력체계 구축, 비상단계 근무 계획, 사고수습기구 운영방안, 2차 재난방지대책, 긴급수송대책, 구조구급 의료대책, 청소 · 방역 대책, 비상급수 및 생필품 보급, 시설물 응급복구계획, 이재민 수용 및 구호물자 공급, 지자체 및 관계행정기관의 대응대책 조정 및 지원 등
복구대책	재난합동조사단 구성운영, 피해배상(보상), 자원봉사단 활용, 항구적 복구 및 재발방지대책, 피해조사, 재난복구비용 지원대책(대상, 기준, 비용산정, 지원절차) 등

우리나라의 재난관리 행정체계는 〈그림 21.6〉과 같다. 재난관리행정은 재난관리주관기관과 재난관리책임기관을 중심으로 분야별로 다양한 정책이 수행되며 이를 일체적으로 서술하는 것은 쉬운 일이 아니다. 재해유형별, 재난관리 단계별로 다르며 재난부처별로도 다양한 재난관리 행정이 수행된다. 또한 시설물에 따라서도 다양한 관리행정이 존재하며, 관리대상에 따라서도 서로 다른 행정조치가 취해질 수 있다.

한편 일반적인 재난관리행정이라고 하더라도 도시지역의 재해대책과 농어촌지역의 재해대책은 구분되어야 함에도 불구하고 현재 우리나라의 재난관리 행정은 동일한 기준에 의해 수행되고 있다. 예를 들어 농촌지역의 경우, 시설물에 대한 지역주민의 접근성이 취약함과 동시에 고령자 등 재난약자의 비율이 도시지역에 비해 높다. 따라서 농촌지역과 도시지역은 각각 지역의 특성에 맞는 재난관리행정이 수반되어야 할 것이다.

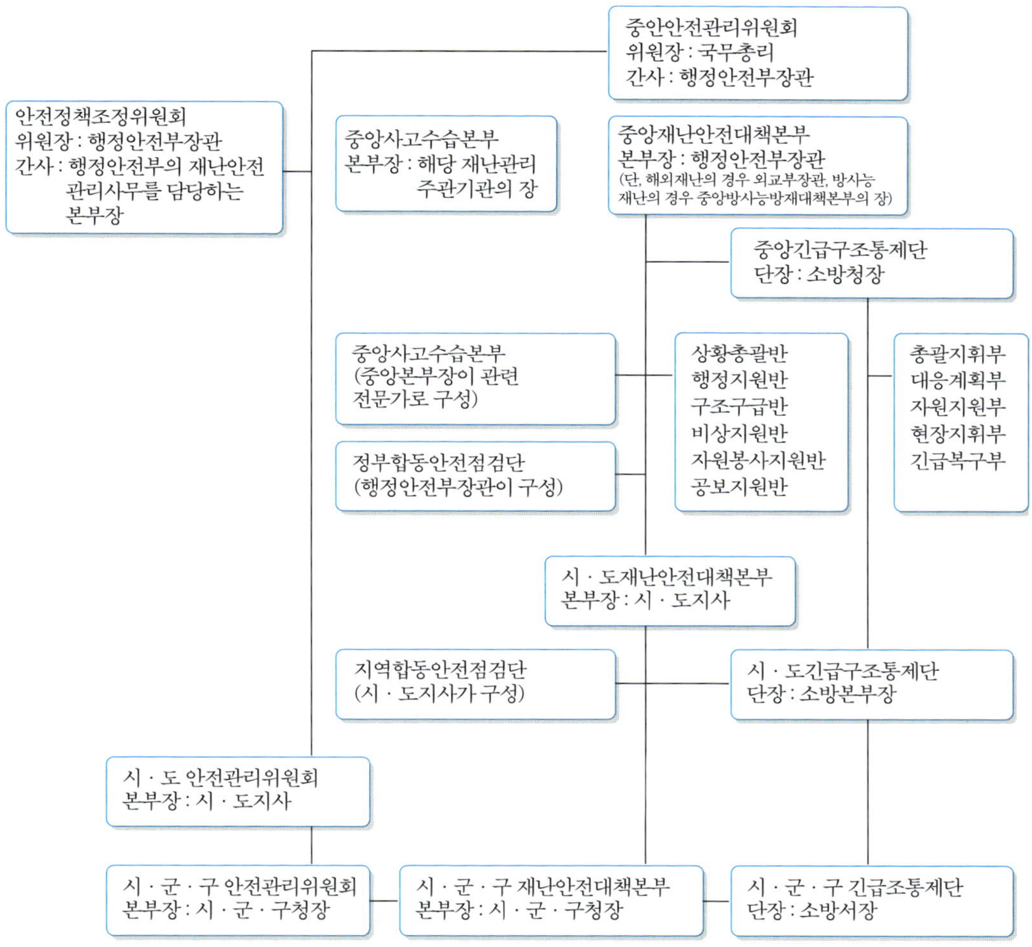

〈그림 21.6〉 우리나라 재난관리 행정조직 체계

제22장 | 재난위기정보

급속한 IT 기술의 발전에도 불구하고 최근에 발생하는 재난은 그 규모와 발생유형이 대형화, 복잡화, 다양화 등으로 진행됨에 따라서 재난을 예측하기는 어렵다.

국내 · 외 재난발생 현황을 살펴보면, 1900년대 초에는 자연재해가 연평균 약 7.3회 정도 발생한 반면, 21세기 이후에 는 연평균 약 465회 정도로 64배 정도 증가하였다. 특히 지진, 태풍, 홍수, 가뭄, 산사태 등과 같은 기상이변으로 인한 자연재난 발생이 빠르게 증가하고 있다.

지진, 태풍이나 홍수 같은 자연현상에 의한 재난은 인간의 힘으로 발생을 막을 수 없다고는 하지만 매년 반복되는 자연재난은 어느 정도 사전에 예방하고 재난발생 이후의 피해를 최소화할 수는 있다. 그런 차원에서 재난위기정보에 대한 역할과 기능은 필수불가결하다.

재난과 같이 혼란한 상황에서 사회의 질서를 유지하고 혼란으로부터 탈피하는데 가장 중요한 역할을 하는 것은 정보이다. 재난 정보는 높은 불확실성과 상호의존적인 재난상황에서 인간의 생명과 재산을 보호하며, 재난 발생 이전의 정 상적인 상태로 복구하는데 있어서 핵심적인 역할을 한다. 또한 재난 정보를 체계적으로 관리한다면, 동일한 상황이 발생하였을 때 인명과 재산 피해를 최소화 할 수 있고, 재난 발생 요인을 제거함으로써 예방과 대비도 가능할 것이다.

1절 재난위기정보의 개념 및 특성

1. 재난위기정보의 정의 및 종류

1.1 재난위기정보의 정의

재난은 수많은 개인의 인명과 재산 피해를 가져올 뿐만 아니라 국가위기 상황으로 확산될 수 있기 때문에 재난 발생 가능성의 완화(예방), 사전 대비계획, 신속한 대응, 복구에 관한 관리체계 가 필요하다. 재난위기정보는 이와 같은 단계별로 재난관리 업무에 필요한 정보를 말한다.

「재난 및 안전관리기본법」제3조(정의)에서는 재난관리를 위하여 필요한 「재난관리정보」로써 재난상황정보, 동원가능 자원정보, 시설물정보, 지리정보로 정의하고 있다.

재난위기정보는 재난의 발생단계에 따라 재난예측정보와 재난발생정보, 재난상황처리정보, 재난복구정보, 사후대책 지원정보 등으로 분류할 수 있으며, 유형(재난성격)에 따라서도 다음과 같이 분류할 수 있다.

자연현상으로 발생되는 자연재난 정보는 크게 기상재난위기정보와 지질재난위기정보 등으로 나눌 수 있다. 기상재난위기정보는 태풍 및 홍수, 호우, 폭풍, 해일, 폭설, 황사, 가뭄, 냉해(冷害) 및 동해(凍害), 우박 · 서리, 조해 · 병충해, 이상조류, 적 · 녹조 현상 등에 의한 기상관측정보이며, 지질재난위기정보 는 지진과 화산 등에 관한 정보이다.

사회재난은 물리적 재난위기정보와 화학적 재난위기정보, 오염재난위기정보, 특수재난위기정보 등으로 나눌 수 있다. 물리적 재난위기정보는 교통사고와 기계사고, 시설물 사고 관련 정보이며 화학적 재난위기정보는 화재 및 폭발정보 등이고 오염재난위기정보는 대기오염과 수질오염, 토질오염 관련 정보이다. 또 특수재난위기정보는 원전사고와 전염, 소요사태, 전쟁 관련 정보로 분류할 수 있다.

재난위기정보를 세분화하면 시점에 따라서 발생하기 전의 예측 정보, 상황 발생 후의 피해정보와 상황을 어떻게 대처할 것인가에 대한 대응정보, 인명과 관련된 긴급구조 정보, 피해 복구 정보 등이 있으며, 그 밖에 방재 교육 및 훈련 정보, 방재자원 정보, 위험성 평가 정보 등으로 분류할 수 있다. 이밖에 재난상황이 실제로 발생했을 때 피해주민들을 어떻게 피난시킬 것인가 하는 피난활용정보와 방재 주체에 대해 사전교육을 실시하는 재난학습정보 등으로 나눌 수 있다. 예를 들면 폭풍 해일이 발생했을 때 이로 인해 발생되는 침수정보와 어떻게 대피하는가를 알려주는 피난정보 등도 재난위기정보의 유형으로 분류할 수 있다. 또 재난학습정보는 해일의 위험성과 기초지식을 소개하는 학습정보와 과거의 해일정보 및 지난 역사에서 나타난 지역정보 등을 기초로 만들 수 있다.

1.2 재난위기정보의 유형과 종류

정보는 하나 이상의 자료로부터 도출된 의미를 말하며, 자료(데이터: DATA)란 현실세계를 표현하는 사실이나 숫자의 단순한 집합을 말하고, 가공되어 있지 않으면, 그 자체로는 의미가 없다. 따라서 많은 자료를 수집하면 그 자료들을 다시 가공하고 압축하여 유용한 정보로 만들어야 한다.

정보는 크게 공간정보와 속성정보로 나누어지는데, 여기서 공간정보란 점, 선, 면 등의 위치 개념을 갖는 그래픽 즉, 시각적으로 표현할 수 있는 정보를 말하며, 속성정보는 시각적으로 만은 알 수 없는 공간정보를 설명하는 즉 해당 공간정보에 속해 있는 성질을 말해 줄 수 있는 문자로 표현된 정보를 말한다. 예를 들면 집의 경우 지도상의 어떤 위치에 점으로 표시할 경우 그 점은 공간정보가 되고, 그 집의 주소나 규모를 설명해주는 것은 속성정보이다.

모든 재난위기정보는 공간정보와 속성정보를 동시에 동반하고 있으며, 따라서 정보의 수집도 함께 이루어져야 한다. 최근 '스마트폰(Smart-Phone)' 의 위치기반서비스(LBS)는 공간정보의 위치를 제공함으로써, 재난발생 위치에 따른 상황별 맞춤형 서비스를 제공하고 있다.

2. 재난위기정보의 속성

정보의 속성은 시스템이 가공하여 서비스하는 정보의 속성을 의미하는 것으로, 재난위기정보는 동시성(Synchronization), 공유성(Collaboration), 지능성(Intelligence)의 3가지 정보의 속성을 가지고 있다.

2.1 정보의 동시성(Synchronization)

재난관리의 단계별 모든 업무(예방, 대비, 대응, 복구)를 언제 어느 곳에서도 모든 기능을 충분히 수행해 낼 수 있는 정보시스템 환경 구축으로 정보수집 및 처리의 동시성을 확보하여 재난현장에서의 시간순서에 따른 상황파악을 위한 정보수집 및 처리는 물론, 재난 관련기관, 민간기관 등이 협업을 통하여 모든 재난대책이 동시에 진행되어 보다 효율적이고 체계적인 통합 재난대책이 가능하게 한다.

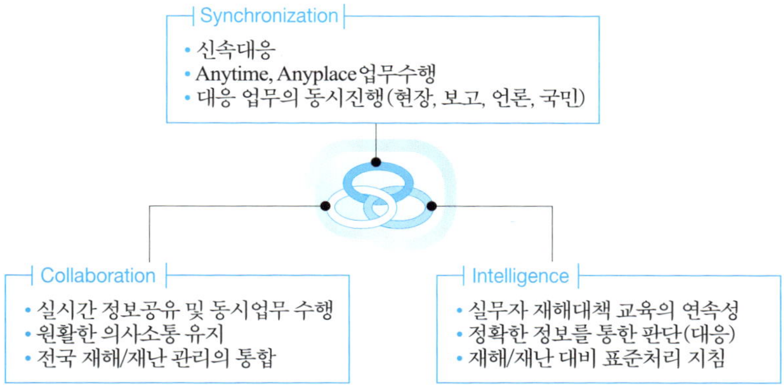

〈그림 22.1〉 재난위기정보의 속성

2.2 정보의 공유성(Collaboration)

재난관련 기관간의 신속 · 정확한 재난위기정보 공유를 통한 종합 대책의 수립 및 예방활동의 강화가 필요하며, 더 나아가 재난발생시 원활한 정보유통과 의사소통을 통한 협력이 가능하다. 하나의 체계로 연계하여 효율적인 재난 대책을 수립할 수 있고, 재난현장에서는 지원 조직과의 원활한 의사소통을 유지하여 효과적인 협력체계의 유지가 가능하게 한다.

2.3 정보의 지능성(Intelligence)

과거의 재난 사례 등의 정보를 DB화하여 KMS(Knowledge Management System, 지식관리 시스템)을 도입함으로써 재난 예방의 기본 자료 및 담당 실무자에 대한 재난 대책 교육 · 훈련의 연속성을 유지하며, 재난 대응을 위한 의사결정 지원이 가능하도록 한다. 재난 유형별로 업무흐름(Work-flow)에 따른 표준처리지침(Standard Operation Plan)을 작성하여 이를 KMS에 등록, 모의훈련 및 실제 사고 발생 시 체계적인 대책 수립 지원이 가능하게 되며, 재난 대책 연계 기관 및 상하 조직 기관별 재난위기정보 공유를 위한 DB간의 연동, 표준 코드개발, 통신 프로토콜 표준화로 정보공동이용을 위한 체계를 마련할 수 있게 한다.

2절 재난위기정보시스템 현황

현재 각 부처에서는 재난유형별로 정보시스템 구축을 통하여 재난위기정보를 생성하고 있다. 또한, 지역별 공간적 재난위기정보 관리 및 재난위기 관련 종합정보 제공을 위한 기타 정보시스템 구축을 통하여 재난위기정보를 제공하고 있다. 대표적인 재난위기정보시스템 현황은 다음 〈표 22.1〉과 같다.

〈표 22.1〉 유형별 정보시스템

구분	유형	정보시스템	소관부처
자연재난	풍수해	국가재난관리시스템(NDMS)	행정안전부
		시군구 재난대응시스템	
		돌발홍수 예측시스템	과학기술정보통신부
		산사태 위험관리시스템	산림청
		종합 기상정보시스템(COMIS)	기상청
	지진	국가 지진종합정보 시스템	기상청
사회재난	시설물(폭발, 화재, 붕괴 등)	시설물정보관리통합시스템	국토교통부
	방사능 및 원전안전	원자력안전정보공개센터	원자력안전위원회
	정전	재해비상상황 관리시스템	한국전력공사
	철도	철도안전종합포탈	한국철도공사
	항공	공항 통합관리시스템	한국공항공사
	해상	해양안전 종합정보시스템	해양수산부
	전염병, 가축질병	국가가축방역통합시스템	농림축산검역본부
	환경오염	화학물질 사고대응정보시스템	환경부
		국가해양환경 정보통합시스템	해양수산부
	산불	산불위험 예보시스템	산림청
	교통사고	교통사고 분석시스템	도로교통공단
기타		국가공간정보포털	국토교통부
		국가수자원관리 종합정보시스템(WAMIS)	환경부

1. 자연재난

1.1 풍수해

1.1.1 국가재난관리시스템(NDMS)

국가재난관리시스템(NDMS, National Disaster Management System)은 국민과 국가의 안전을 저해하는 각종 재난 등 위험요소에 대한 사전예방, 재난에 대한 대비, 상황 발생 시 신속한 대응, 피해복구, 사후 분석 및 평가업무과정을 정보화 하여 지원하는 체제를 구축함으로써 국민의 생명과 재산보호 및 삶의 질 향상을 목적으로 중앙, 지방자치단체 및 유관기관을 상호 연계운영 중이다. 국가재난관리시스템은 경제가 발전함에 따라 산업구조가 고도화되고 생활환경이 밀집화, 거대화 되면서 각종 재난도 점점 대형화되고, 빈번하게 발생하는 추세에 있으며, 지구 온난화 등 기상변화로 전 세계는 예기치 못한 자연 재난이 빈번하게 발생하고 있다. 이러한 환경변화에 따라 매년 호우, 태풍 등으로 국민의 재산과 생명이 위협 받고 있다.

이와 같이, 국가재난관리정보시스템은 풍수해, 대설, 가뭄, 인적재난, 지진, 이재민으로 구성되며 단계별 사회위험 관리 업무에 필요한 재난정보를 실시간 연계 · 공동 활용 및 전파하고 재난관련 정보의 활용 및 분석을 통한 정책수립 의사결정 지원 자료를 제공하며 재난관리 프로세스 수집 및 분석을 통해 재난 상황별 표준행동을 지원한다.

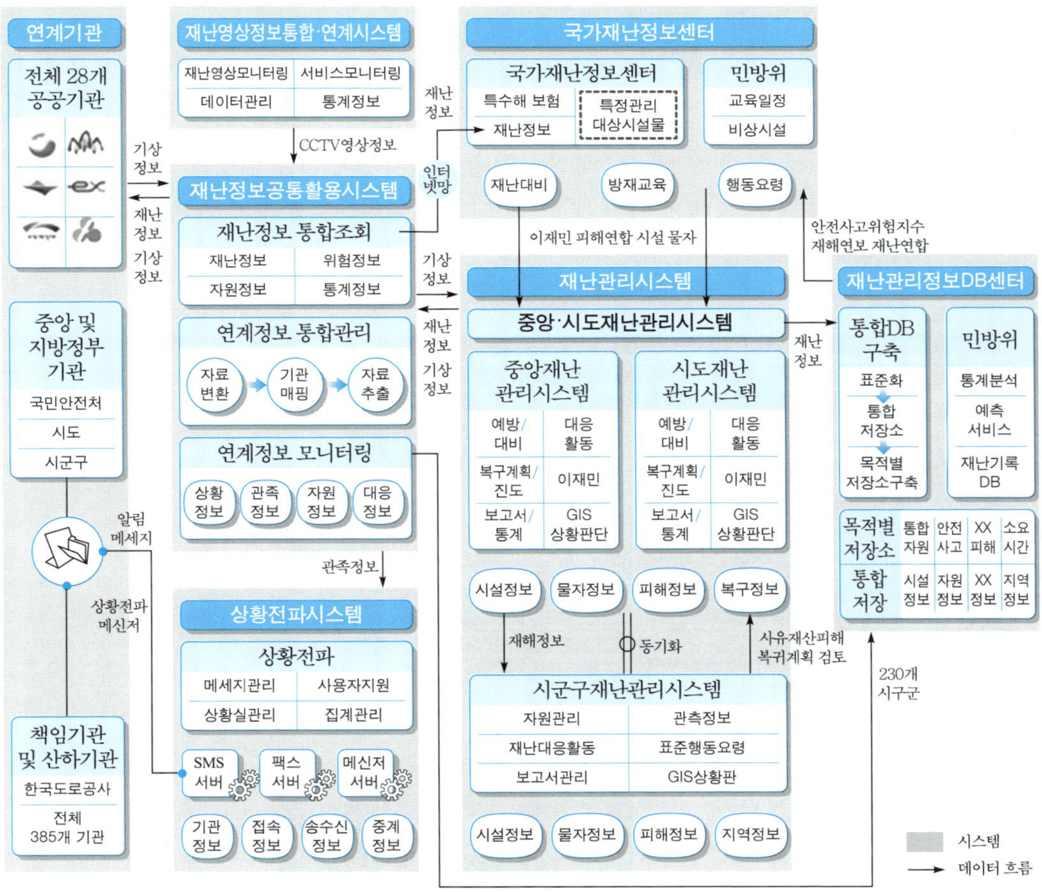

〈그림 22.2〉 국가재난관리정보시스템(NDMS)의 구성도

〈표 22.2〉 국가재난관리정보시스템(NDMS)의 재난위기정보

기관	시스템	정보		
행정안전부	국가재난관리 정보시스템 (NDMS)	• 일일상황정보	• 피해상황정보	• 복구정보
		• 이재민정보	• 지역정보	• 시설물정보
		• 3시간예보 정보	• AWS관측 정보	• 기상청 기상정보
		• 대응기관정보	• 취정수장 정보	• 협력업체 정보
		• 방재장비판매업체	• 대규모공사장	• 특보해제예정시점
		• 연계 기관 ftp 연결정보	• 화학물질취급업체	• 대규모 공사장 정보
		• 재해위험지구 정보	• 구호물자보관창고	• 교통통제상황정보
		• 구호물자보관창고	• 재해위험지구정보	• 산사태위험지구정보
		• 응급복구장비_장비	• 응급복구장비_소유자	• CCTV 정보
		• 우회도로_대피경로		

1.1.2 시군구 재난대응시스템

시군구 재난대응시스템은 과학적 재난대응의 통합적 관리 및 긴급행정서비스별 재난관리의 현장 맞춤형 시스템 구축으로 긴급 행정 서비스별 업무 연속성 확보를 위한 대응시스템 구축을 목적으로 한다. 시군구 재난대응시스템은 시 · 군 · 구의 재난대응 업무를 효율적으로 하기 위하여 업무표준 재정립을 통해 정의된 SOP 및 대응 시나리오를 기반으로 한 시스템인 관측정보 및 GIS 기반의 피해상황통보 등을 제공한다.

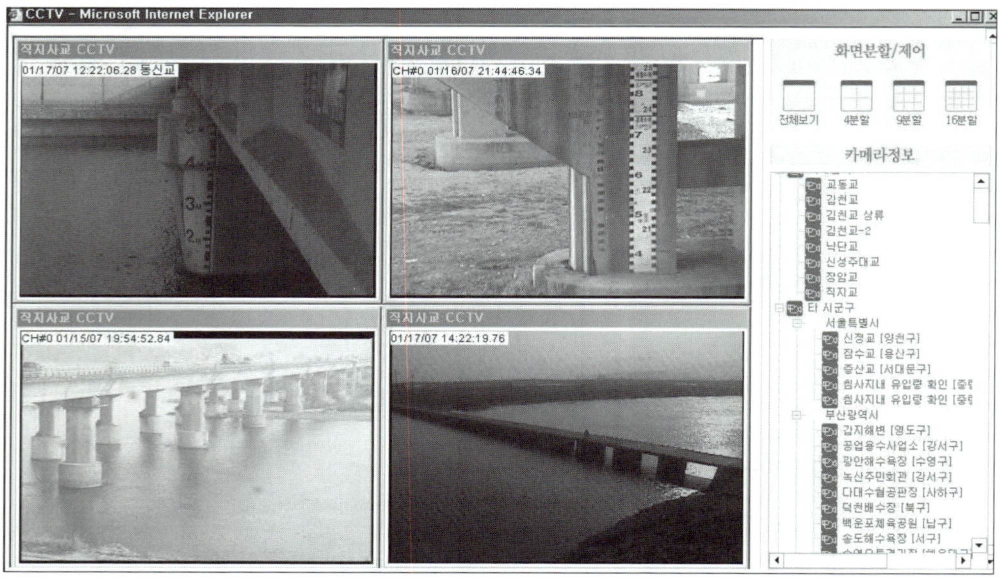

〈그림 22.3〉 시군구 재난대응시스템 CCTV 정보

시군구 재난대응시스템은 재난발생시 상황단계별 표준대응절차에 따라 재난현장에서 효율적으로 대응/신속한 의사결정을 할 수 있도록 긴급행정 서비스 등 현장 밀착형 재난대응기능을 제공한다. 그리고 32개 시 · 군 · 구에 신속 · 정확한 재난상황정보를 분석하여 현장중심 서비스를 지원한다.

〈표 22.3〉 시군구 재난대응시스템의 재난위기정보

기관	시스템	정보		
행정안전부	시군구 재난대응 시스템	• 시설관리 정보 • 행정서비스 시나리오 정보 • 보고서 관리 정보 • 응급복구 현황 정보	• 물자관리 정보 • 상황관리 정보 • 기상정보	• 지역관리 정보 • 활동관리 정보 • 피해정보

1.1.3 돌발홍수 예측시스템

돌발홍수 예측시스템은 강우와 유출량의 관계를 분석하여 범람을 유발하는 강우량을 설정하고, 강우가 예상될 경우, 경보를 발령하는 시스템으로 좁은 지역에 단시간에 발생하는 집중호우에 의한 피해를 예방한다. 돌발홍수 예측시스템은 레이더 및 위성영상의 가상자료를 통하여 수치모형으로부터 강수량을 산정하고, 수문자료를 활용하여 유출량을 선정한다. 돌발홍수 예측시스템의 정보는 레이더 및 위성영상의 기상정보, 예측 강수량 산정 정보, 홍수 유출량 산정정보가 있다. 그리고 구성요소로는 기상과 수문이 있는데 기상은 대기수치모형으로부터 산출된 강우의 지속 시간별 누적 예측 강수량을 산정하고 수문은 돌발 홍수 가능성 산정과 한계유출량을 산정한다.

〈표 22.4〉 돌발홍수 예측시스템의 재난위기정보

기관	시스템	정보
과학기술정보 통신부	돌발홍수 예측시스템	• 레이더 및 위성영상의 기상정보 • 예측 강수량 산정정보 • 홍수 유출량 산정정보

1.1.4 산사태 위험관리시스템

산사태 위험관리시스템은 ① 산사태 발생 위험지역에 대한 판정과 ② 붕괴위험도를 통해 산사 태위험지 대상을 구분하고, 관리한다.

산사태 붕괴위험도의 산사태발생 위험등급 정보는 2004년 구축된 산사태 위험등급을 바탕으로 전국의 산림을 대상으로 집중강우 등 산사태 유발요인이 작용할 경우, 산사태 발생이 진행될 가능성이 높은 지역을 위험도 순으로 발생가능성 정도에 따라 Ⅰ등급~Ⅳ등급으로 구분한다.

〈표 22.5〉 산사태 위험관리시스템 구성

기관	정보 속성
일반정보	사방사업, 산사태
게시판	공지사항, 자유게시판, 재해관리게시판
이용자관리	이용자관리, 이용자로그
위험지정보	WebGIS
대장관리	산림유역, 사방댐, 사방시설, 산사태발생지, 임도시설, 산사태위험지구지정
NDMS	예방, 대응
PDA	PDA

주요 기능인 산사태 위험지역 정보 기능은 주제도 보기 및 정보검색, 위치검색 등을 GPS 등으로부터 획득된 경위도 좌표 값을 이용하여 해당지역을 확인한다. 그리고 산사태 발생위험예보 기능은 시간별 산사태위험예보도를 검색할 수 있다.

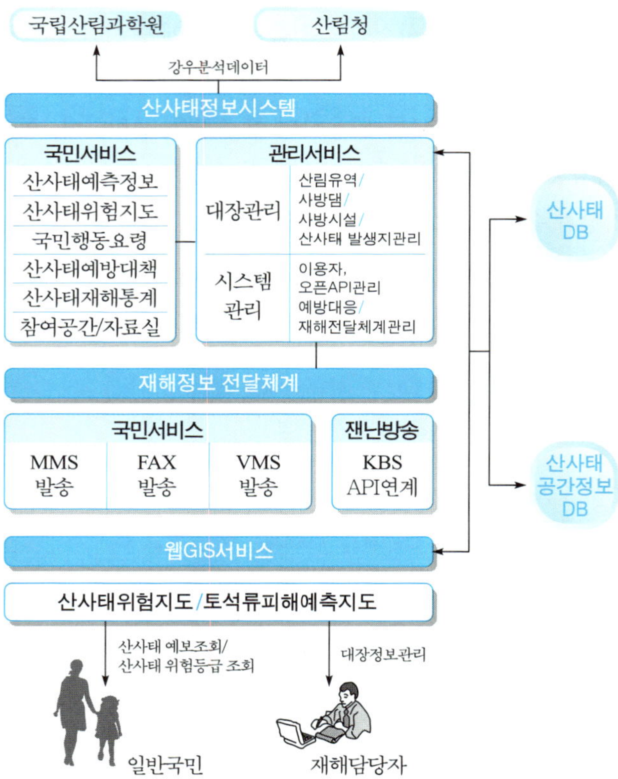

〈그림 22.4〉 산사태 위험관리시스템 개념도

〈표 22.6〉 산사태 위험지관리시스템의 재난위기정보

기관	시스템	정보
산림청	산사태 위험지 관리시스템	• 산사태 발생지 정보 • 산사태 발생지 투입 인원, 투입 장비, 투입 자재 • 산사태 발생지 피해시설 • 사방댐 정보 • 사방댐 상세정보 • 산사태 위험지예보 • 산사태 위험지구 지정현황, 해제내역 • 산사태 위험지 공간정보 • 산사태 위험지 판정 및 산사태 위험지도 정보 • 산사태 발생지역 자료 정보 • 사방사업 내역 자료 정보

1.1.5 종합 기상정보시스템

종합 기상정보시스템은 국내외 모든 기상 정보를 수집, 분석, 저장 등을 하는 시스템으로 기상 특보, 경보, 주의보 발령 등의 상황이 발생하면 방재기상정보를 웹으로 서비스하며 정보전송을 위하여 별도로 서버를 두고 정보를 제공한다.

〈표 22.7〉 종합 기상정보시스템의 재난위기정보

기관	시스템	정보	
기상청	종합 기상정보 시스템 (COMIS)	• 국내기상 • 3시간예보 • AWS관측자료 • 지진속보, 지진통보, 지진정보 • 산악예보 • 특보통보문 • 해일정보	• 해상예보 • 기상정보, 기상개황 • 고속도로예보 • 육상예보 • 주간전망, 주간육상, 주간해상, 주간기온 • 태풍정보 • 낙뢰관측

종합 기상정보시스템은 GrADS, NCAR 그래픽 라이브러리를 활용하여 다양한 통계를 분석한다. 종합 기상정보시스템의 정보는 다음 〈표 22.7〉과 같이 국내기상, 육상예보, 해상예보 등으로 구성되어 있다.

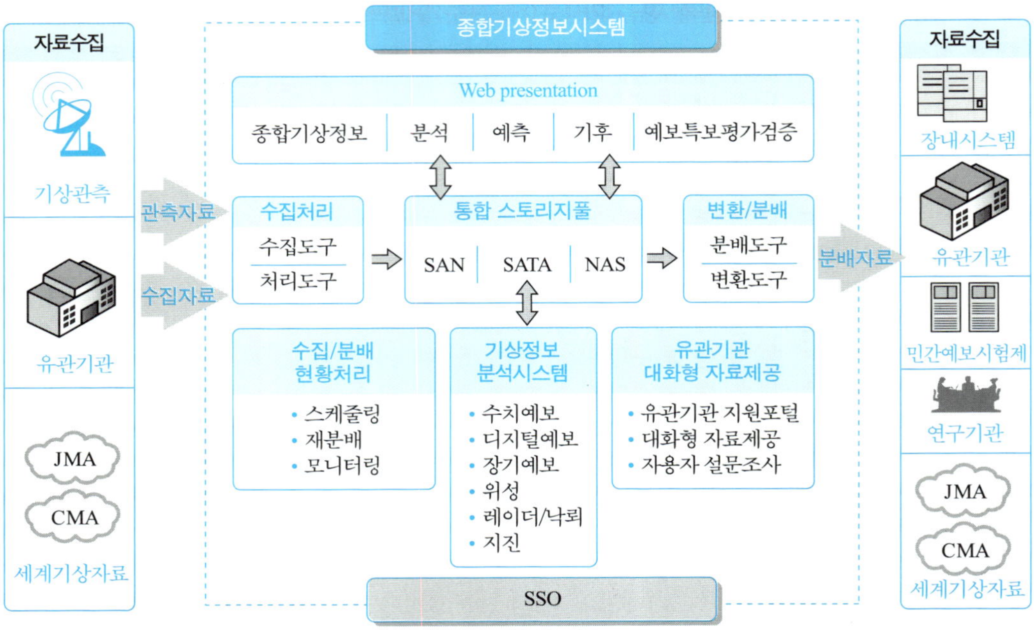

〈그림 22.5〉 종합 기상정보시스템 구성도

1.2 국가 지진정보 시스템

국가 지진종합정보 시스템은 지진 발생시 기상청 연계를 통해 행정안전부와 시도 및 시군구에 실시간으로 지진정보를 전파하고 진도 분포에 따라, 피해 규모를 예측함으로써 신속하고 효율적인 대응을 지원하는 시스템이다.

〈표 22.8〉 국가 지진종합정보 시스템의 재난위기정보

기관	시스템	정보		
기상청	국가 지진종합 정보 시스템	• 지진업무	• 지진일반	
		• 지진속보 정보	• 지진정보	
		• 지진통보(피해정보)	• 진도 분포도 정보	
		• 건축물 피해추정 정보	• 인명피해 추정 정보	
		• 지질 정보	• 지반 정보	
		• 토양 정보	• 행정구역별 건축물 정보	
		• 지진상황 정보	• 대응 조직 및 운영 정보	
		• 긴급대응 정보	• 응급복구 활동 정보	
		• 부서별 임무 및 역할 정보	• 보고서 정보	
		• 대응 메시지 정보	• 비상연락망 정보	• SMS 정보

국가 지진종합정보 시스템은 251개소의 자동경보시스템, 초기대응 매뉴얼 전파시스템, 지역별 진도분 포도 산출 모델 및 영상 자동 표출 시스템, 건축물 및 인명피해 손실 추정 시스템으로 구성된다. 국가 지진정보 시스템의 정보현황은 지진발생현황, 최근지진정보, 지진업무, 지진일반, 지진속보 정보, 지진정보, 지진통보(피해정보), 진도 분포도 정보, 건축물 피해추정 정보, 지질정보, 지반정보, 토양정보, 관측소 정보, 행정구역별 건축물 정보, 지진상황 정보, 대응 조직 및 운영 정보, 긴급대응 정보, 응급복구 활동 정보, 부서별 임무 및 역할 정보 등으로 구성된다.

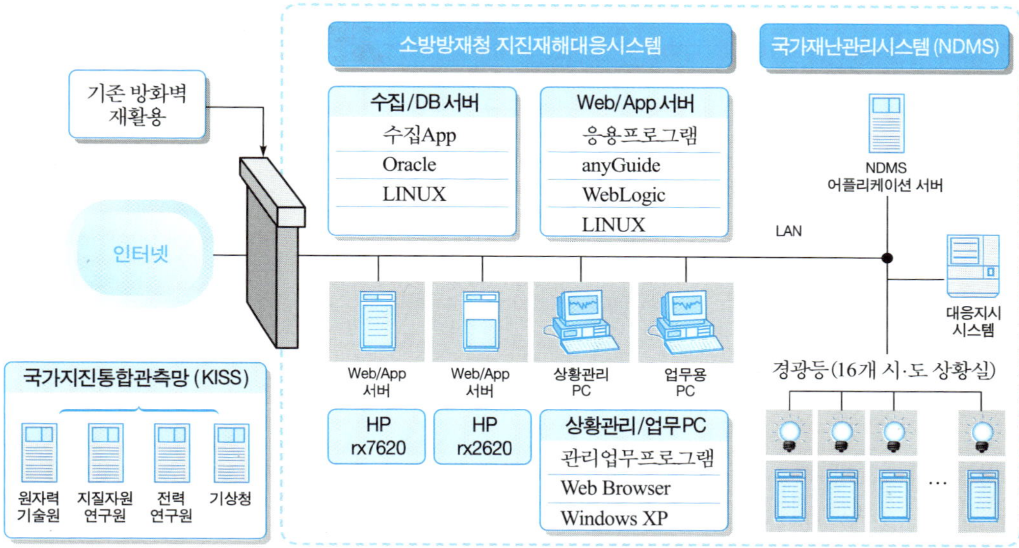

〈그림 22.6〉 국가 지진정보 시스템 구성도

2. 사회재난

2.1 시설물 정보관리 종합시스템

국토교통부 산하기관인 한국시설안전공단의 시설물 정보관리 종합시스템은 국내외 발생된 시설물 사고사례정보가 저장되고 문제가 있는 사례의 정보를 공유하여 유사사고를 미연에 방지하고 시설물을 효율적으로 관리하기위해 구축된 시스템이다.

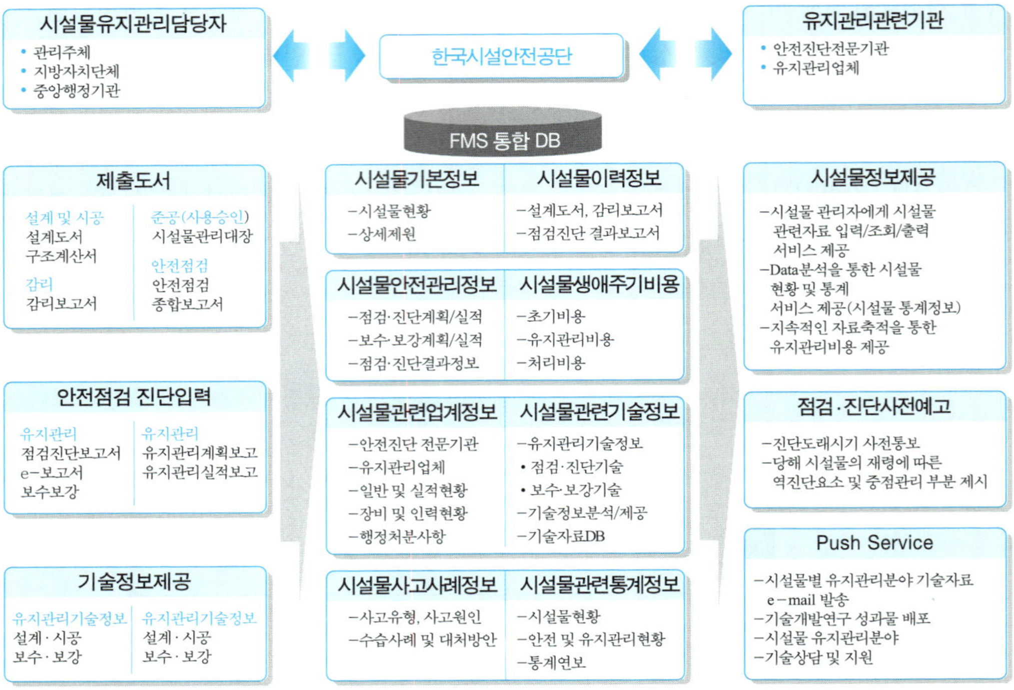

〈그림 22.7〉 시설물 정보관리 종합시스템 구성도

시설물 정보관리 종합시스템은 1,2종 시설물을 대상으로 안전관리 정보 및 기본정보를 관리하고 있고 시설물 사고사례정보, 관련업체정보, 관련기술자료정보, 연계정보 등을 구성하여 안전진단의 사전예고 및 자료보급기능을 수행하고 있다.

〈표 22.9〉 시설물 정보관리 종합시스템의 재난위기정보

기관	시스템	정보	
국토교통부 (한국시설안전 관리공단)	시설물 정보관리 통합시스템	• 시설물 기본정보 • 시설물 생애주기 비용 정보 • 시설물 관련 업계 정보 • 시설물 관련 기술 정보	• 시설물안전관리정보 • 시설물 사고사례 정보 • 시설물 연계 정보

2.2 원자력 방재시스템

교육과학기술부의 원자력 방재시스템은 원자력 재해사고로 국제원자력기구가 설정한 국제평가 척도의 3급 상당을 예상하여, 재해대처작업 중 작업환경의 파악, 재해종식지원 작업, 복

구 작업 지원 등을 대상 작업으로 한 것으로 원자력 발전소 등의 재해 수습에 있어 방사선 피폭 저감화의 일환으로 설계, 구축되었다.

원자력 방재시스템은 환경방사선 자동감시망과 지리정보 시스템으로 구성된다. 환경방사선 자동감시망은 전국 지방 방사능 측정소 감시기기를 통하여 수집된 방사능 수치정보를 관리하고 전국 지방 방사능 측정소 감시기 및 원자력 시설 주변의 환경 방사선 감시망을 구성하여 국가 환경 방사능 정보를 실시간으로 감시하고 종합평가한다.

지리정보 시스템은 사고 정보를 조회 가능하고 예상피해분석을 하고 방사능사고가 발생한 마을의 주민보호조치를 지원하고 시설물을 검색하는 등의 서비스를 제공한다.

〈표 22.10〉 원자력 방재시스템의 재난위기정보

기관	시스템	정보	
교육과학기술부 (원자력안전기술원)	원자력 방재시스템 CARE 시스템	• 방사능누출사고정보 • 원자력 방재관련 정보 • 사고명별예상평가시각리스트 • 비상계획구역(EPZ)내마을정보 • 대피로정보 • 대피소정보 • 원자력발전소출력현황정보	• 방사능 누출사고 피해정보 • 방사능 재난시 비상대응 정보 • 사고명별/누출시각별선원항정보 • 이동수단정보 • 집결지정보 • 피해분석정보 • 국가환경방사선자동감시망정보

2.3 재해비상상황 관리시스템

재해비상상황 관리시스템은 자연 및 인적재난 발생시 전력시설의 피해로 인해 전력공급이 감소하거나 업종 종사자의 업무거부에 따른 전력공급에 차질이 발생할 경우 상황관리체계를 구축한다. 재해비상상황 관리시스템은 기상상황, 비상발령, 근무인원 및 인명피해, 피해복구현황, 정전 및 송전, 안전홍보 및 지원, 피해지역 전력 공급, 옥내설비 점검지원, 재해복구상황 영상정보 등을 통하여 비상시 재난관리 업무를 지원한다.

〈표 22.11〉 재해비상상황 관리시스템의 재난위기정보

기관	시스템	정보	
한국전력공사	재해비상상황 관리시스템	• 비상발령현황 • 인명피해현황 • 송변전설비 피해현황 • 배전설비 피해현황 • 피해지역 국내설비점검 지원현황	• 비상근무인원현황 • 정전 및 송전현황 • 발전설비 피해현황 • 피해지역 전력공급 지원현황

2.4 철도안전 종합정보시스템

한국철도공사는 철도 운영계획과 관련하여 통합정보시스템을 운영하고 있으며 그 중 철도 운행 및 사고의 실시간 상황정보를 실시간 상황정보를 철도안전 종합정보시스템을 통하여 관리하고 있으며, 또한 사고정보 이외에 터널 · 교량 등 철도 시설물을 관리한다.

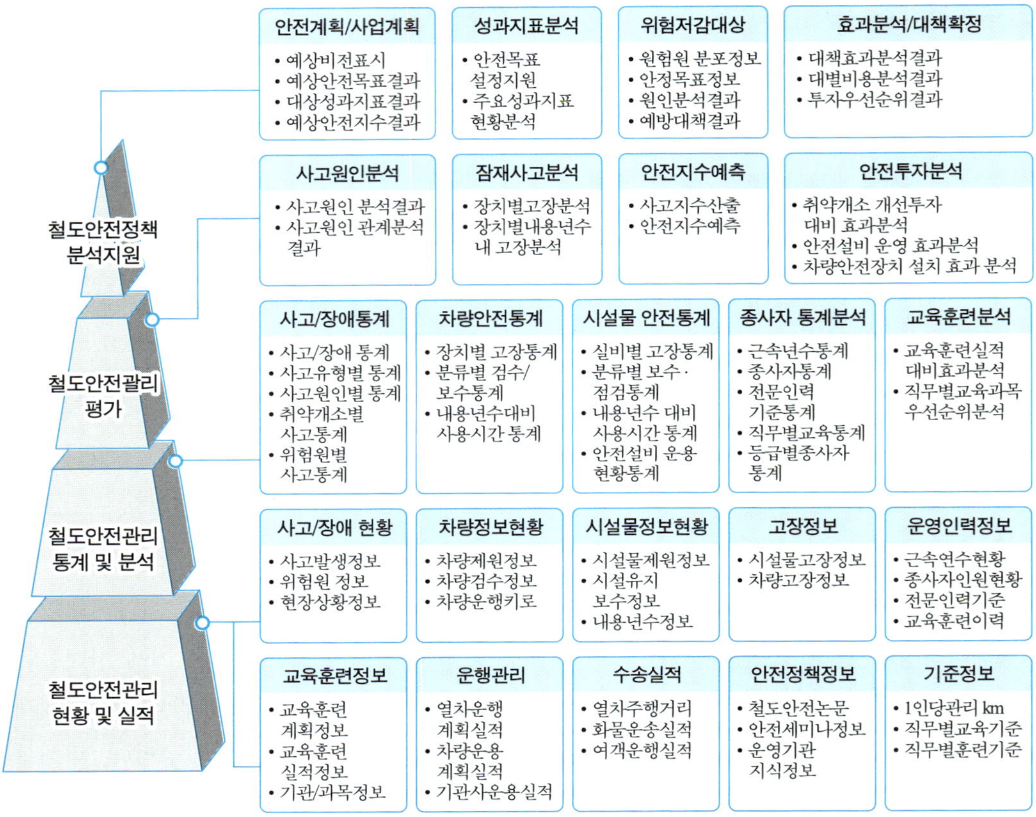

〈그림 22.8〉 철도안전 종합정보시스템 정보

철도안전 종합정보시스템은 운영기관, 시설기관 및 연구기관에서 보유, 운영하고 있는 철도안전 관련 정보를 통합하고 체계화하여 다양한 검색 기능을 통해 이용자가 원하는 정보를 한꺼번에 찾아볼 수 있도록 지원하며, 철도정책기관, 운영기관, 시설기관, 연구기관 등 철도관계기관과의 정보연계 및 분석정보 개발을 통한 철도안전정보의 서비스 정보를 관리한다.

〈표 22.12〉 철도안전 종합정보시스템의 재난위기정보

기관	시스템	정보	
한국철도공사 (교통안전 관리 공단)	철도안전 종합정보 시스템	• 사고/장애현황 • 사고/장애통계현황 • 철도시설정보 • 차량운행정보	• 고장정보 • 시설물정보현황 • 철도사고정보(종결보고)

2.5 공항 통합관리시스템

항공기 사고는 다수의 사상자 발생 및 항공기 운항에 막대한 피해로 국가적 혼란뿐만 아니라 사회적 관심을 불러일으키는 재난으로 항공기 안에 있는 사람이 사망하거나 행방불명되는 등 막대한 인명피해가 발생한다.

〈표 22.13〉 공항 통합관리시스템의 재난위기정보

기관	시스템	정보
인천국제 공항공사 (한국공항공사)	공항 통합시스템 (운항정보관리 시스템-FIS)	• 항공기 사고 정보 • 항공기 시설 정보 • 항공기 탑승자(승객) 정보

이에 국토교통부 산하기관인 인천국제공항공사는 공항 통합관리시스템을 구축하고 운영하여 항 공기결항 정보뿐만 아니라 실시간 항공사고에 필요한 재난 정보를 관리하고 있다. 공항 통합관리시스템은 공항운영센터시스템, 운항정보관리시스템, 자동화재탐지시스템, 통합 시설물관리시스템, 기상정보관리시스템 등 최신의 IT 기술과 노하우가 결합된 최첨단 운영 및 서비스 모델의 시스템이 운영되고 있다.

2.6 해양안전 종합정보시스템

해양안전 종합정보시스템은 해양재난안전 관련 정보시스템을 연계 · 통합하여 범국가적 해양재 난안전 통합관리체계를 마련하고 선박모니터링을 통해 선박의 조난체계 개선으로 인명피해를 최소화하기 위해 구축되고 있다.

해양안전 종합정보시스템은 선박정보, 항만운영, 선원정보, 재난안전, 해상교통, 보안정보로 DB가 구성되어 있고 해양에서 발생한 사고 수습처리에 필요한 각종 자료를 신속하게 조회 및 전 파하는 기능을 수행하고 있다. 그리고 선박위치추적 시스템을 통해 선박의 위치 정보 서비

〈표 22.14〉 해양안전 종합정보시스템의 재난위기정보

기관	시스템	정보	
해양수산부	해양안전종합정보 시스템 (GICOMS)	• 해상재난위기정보 • 항만시설관련정보 • 사고선박정보	• 항해안전정보 • 해양사고정보 • 사고향후조치계획정보

스를 무료로 제공하여 대민서비스 제고 및 선박종사자 안전과 편의를 도모하고 있다.

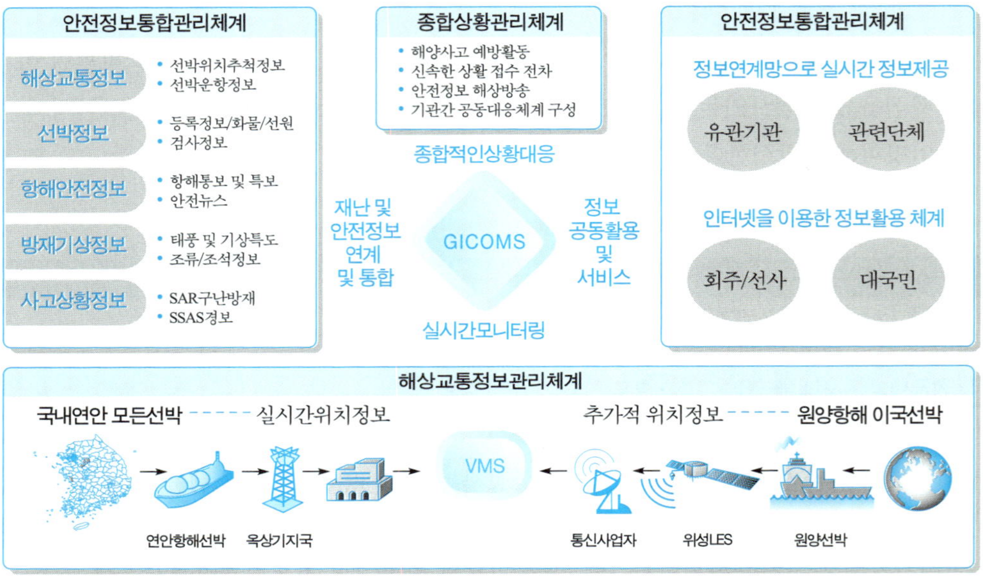

〈그림 22.9〉 해양안전 종합정보시스템 구성도

2.7 국가가축방역통합시스템

농림축산식품부(농림축산검역검사본부)의 가축전염병 대응시스템은 이동가축의 이상여부를 확인하고 문제 발생시 신속한 방역조치와 역학추적을 할 수 있는 시스템으로 가축질병 확진, 방역, 동향 정보를 제공한다.

가축의 이동에 의한 가축전염병의 전파 · 확산 방지 및 돼지콜레라 등 가축전염병 발생 시 조기 발견 · 신속한 방역조치 및 역추적 등으로 피해를 최소화로 하고 민간방역기구, 방역기관별 역할 제고로 현장 방역시스템 강화를 목적으로 두고 있다.

〈표 22.15〉 국가가축방역통합시스템의 재난위기정보

기관	시스템	정보	
농림축산검역 본부	국가가축방역 통합시스템	• 가축전염병의 통계정보 및 실시간 집계정보	• 가축질병발생정보
		• 수출입동물 및 축산물검역정보	• 위해도검사정보
		• 돼지콜레라 항원, 항체 정보	• 돼지콜레라 방역추진 정보
		• 이동가축방역관리정보	

2.8 환경오염

2.8.1 화학물질 사고대응정보시스템

환경부는 사고대비물질 등 유해화학물질의 유해성 · 안전성 · 방제요령 및 응급대응요령 등 화학물질 사고의 대비와 대응에 필요한 정보를 환경부령으로 정하는 바에 따라 소방관서와 지방자치단체 등 사고대응 기관에 제공하기 위하여 화학물질 사고대응정보시스템을 구축 및 운영한다. 화학물질 사고대응정보시스템은 유해화학물질 사고 및 테러 관련하여 실시간 기상정보 및 확산 평가정보, 화학물질의 유해성, 대응요령, 방재정보 등 구성된 종합적인 시스템이며 사고 및 테러 발생 시 지방자치단체, 경찰관서, 소방관서, 군부대 등 초동대응기관에 실시간으로 정보를 제공할 수 있도록 센터와 유관기관 간의 On-line 네트워크를 통한 실시간 사고대응 정보시스템이다. 화학물질 사고대응정보시스템의 주요기능은 취급업체검색, 위치정보검색, 최단거리검색, 물질정보검색, 기상정보 검색, 위험성평가, 상세확산평가, 사고대응정보 기능으로 구성되어 있다.

〈표 22.16〉 화학물질 사고대응정보시스템의 재난위기정보

기관	시스템	정보	
국립환경 과학원	화학물질 사고대응 정보시스템 (CARIS)	• GIS속성정보표출	• 대응기관정보
		• 응급의료시설정보	• 방제정보, 보호구, 보호장비
		• 중독, 해독, 응급처치정보	• 방제약품, 방제방법
		• 화학물질저장시설	• 화학물질시설위치
		• 담당자, 연락처정보	• 시설, 물질, 기상에 따른 비상대응시나리오
		• 대응요원진입로	• 주민대피로
		• 화학물질저장량정보	• 초동대응기관대응요령
		• 주민대피요령	• 화학업체정보
		• 유해화학 물질수송안전정보	• 유해화학물질사고대응정보
		• 유해화학 물질배출량정보	• 유해화학 물질유통량정보
		• 유해물질 취급업체정보	• 유해물질정보
		• 유해물질방재정보	

2.8.2 국가해양환경 정보통합시스템(MEIS)

해양환경관리공단에서 운영중인 국가해양환경 정보통합시스템(MEIS)은 해양환경 유관기관 간의 서버 연계 및 정보통합 기반을 조성하여 해양수산부의 해양관련 정책 수립, 시행, 평가 시 과학적이고 종합적인 의사결정을 지원하며 인터넷기반의 대국민 해양환경 종합정보서비스를 제공한다.

해양 수질, 생태계 등 해양환경에 대한 정보를 공동 이용함으로서 해양환경의 효율적인 관리 및 생태계 보전을 위하여 해양환경의 보전 · 관리 · 개선 및 해양오염방제를 지원한다.

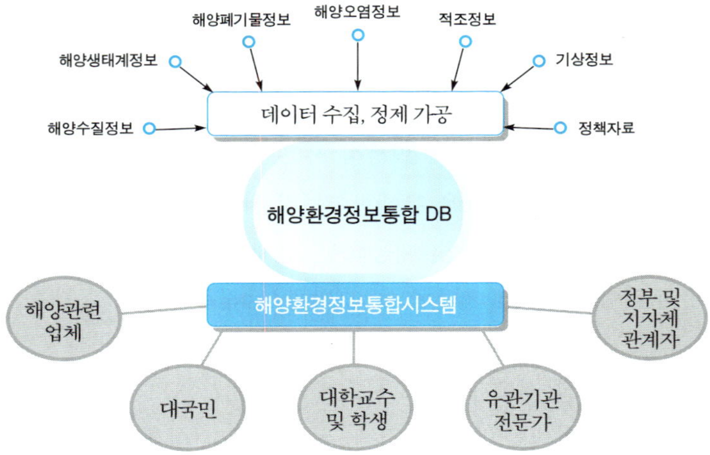

〈그림 22.10〉 국가해양환경 정보통합시스템 이용 현황

2.9 산불위험 예보시스템

산림청에서 운영하는 산불위험 예보시스템은 지형조건, 산림의 상황과 기상청에서 예보하는 온도, 습도, 풍속 등 기상조건을 실시간으로 종합 분석하여 산불위험도가 높은 지역 예측하고 산불위험등급을 4가지로 구분하여 관련유관기관에 산불위험예보 정보를 제공한다.

또한, 산림 GIS분석을 통하여 정책 및 계획수립을 위한 의사결정 지원정보를 제공하고 산림정보화를 통한 실무자, 경영자, 국민 등 정보의 수요자에게 적합한 정보를 제공하며 산림공간정보시스템(FGIS)과 국가공간정보(NSDI)의 연계통합을 통해 공간정보를 활용한 산림재해 예측 및 관리를 한다.

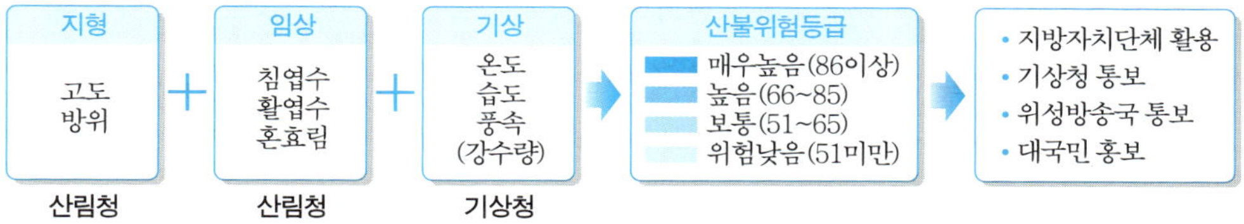

(a) 산불위험등급 산출과정

(b) 산불위험등급 산정 알고리즘 개념도

〈그림 22.11〉 산불위험 예보시스템 이용 현황

2.10 교통사고 분석시스템(TA AS)

도로교통공단에서 운영중인 교통사고 분석시스템(TAAS)은 교통사고와 관련하여 경찰청, 보험회사, 및 공제조합 등 분산관리 되고 있는 정보를 수집 · 분석하고 교통사고 분석시스템을 통하여 교통사고관련 정보를 정부, 유관기관, 학계, 일반시민 등에게 정보를 제공함으로써 관

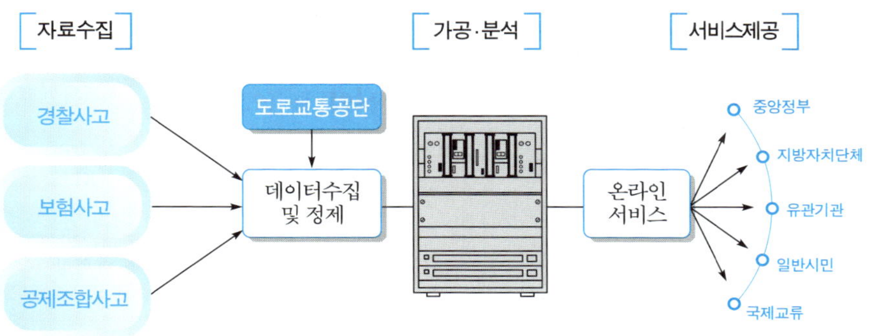

〈그림 22.12〉 교통사고 분석시스템 이용 현황

련 유관기관과의 정보공유를 통해 교통안전 정책수립에 활용될 수 있는 정보를 제공한다.

또한, 교통사고 정보 통합관리(일원화) 및 심층분석을 통한 효율적인 교통안전대책을 마련하고 있고 경찰 미신고 사고의 규모 등 국가 교통사고 파악과 교통사고 정보 개방 및 공유를 통한 수요자 맞춤형 교통사고정보 제공한다.

3. 기타

3.1 국가공간정보 통합체계

국토교통부가 구축한 국가공간정보포털은 국가공간정보의 활용모델 다양화와 유관기관 뿐만 아니라 대국민, 민간 등 수요자를 고려한 적합한 정보 제공하고 있으며 범정부적인 공간정보의 통합 · 공동 활용을 위해 공간 · 속성정보에 대한 생성 · 활용 · 유지관리 체계를 확립하고 공간정보의 수직 · 수평적 연계활용을 통한 업무간, 조직간의 효율적으로 업무수행을 하기 위한 시스템이다.

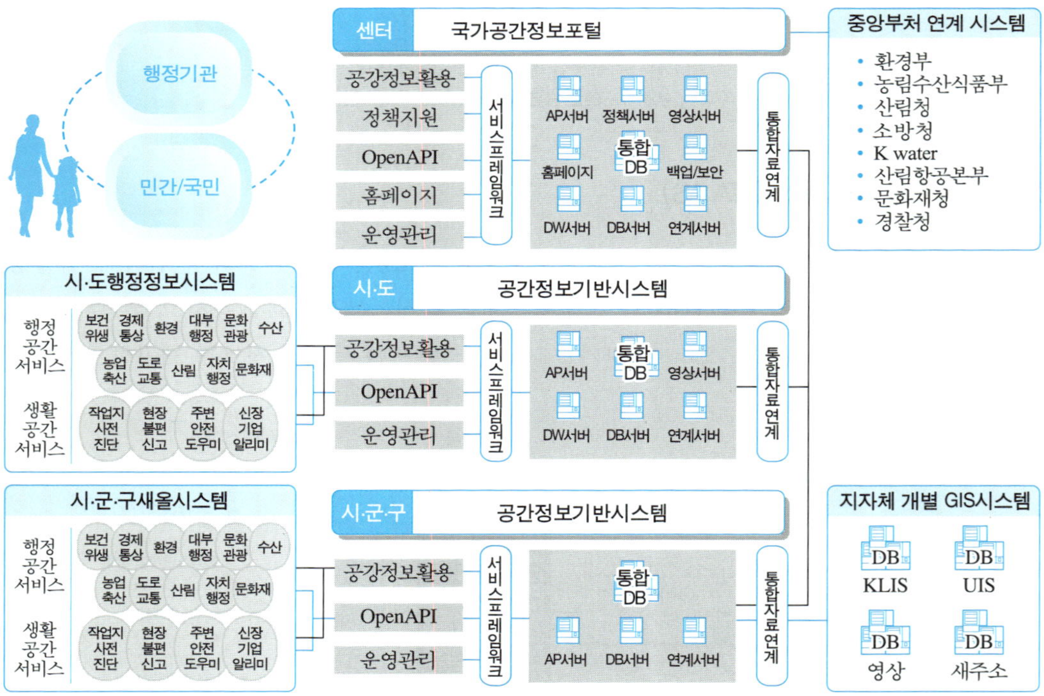

〈그림 22.13〉 국가공간정보 통합체계 시스템 모식도

〈표 22.17〉 국가공간정보 통합체계 시스템 이용 현황

정보자원	공동이용 현황
공간빅데이터	• 공공분야 또는 민간분야의 활용에 필요한 DB와 공간분석 모형 지원 • 데이터제공 기반 구축 및 분석 모델 제공
한국토지정보시스템	• 토지, 지적 데이터웨어하우스(DW)를 통합구축하고 국토의 이용 및 계획을 과학화 하여 행정 투명성 제고 • 택지개발사업 핵심정보 DB 구축, 도면조회 등 기능구축
국가공간정보 유통시스템	• 공간정보의 효과적인 활용을 위하여 인터넷 기반의 전자상 거래 서비스 제공
공간정보사업 공유 및 관리 시스템	• 중앙 및 지방자치단체 등과의 공간정보사업 추진업무 간소화 • 기관 간 업무협의 및 조정업무 관리를 통하여 공간정보사업 관련 업무 능률 향상
국토공간계획지원체계	• GIS와 각종 공간분석기법을 활용한 국토정책 및 공간계획 수립 지원 의사결정

3.2 국가수자원관리 종합정보시스템(WAMIS)

환경부 한강홍수통제소에서 수자원 자료의 정보화를 목적으로 하천법 제 22조에 따른 수자원정보체계 구축/운영에 의거하여 구축한 국가수자원관리 종합정보시스템(WAMIS : WAter Resources Management Information System)은 물관련 기관을 대상으로 산재되어 있는 수자원정보를 체계적이고 과학적으로 수집, 생성, 가공, 분석하여 대국민 서비스를 목적으로 구축/운영되고 있는 인터넷 기반의 포털시스템으로 수문기상, 유역, 하천, 댐, 지하수 등 10개 분야 300여개의 다양한 기초자료 및 물관련 정보 검색을 서비스하고 있는 시스템이다. 국가수자원관리 종합정보시스템은 수자원기초자료 관리를 위하여 기초자료 관리체계, 수자원계획

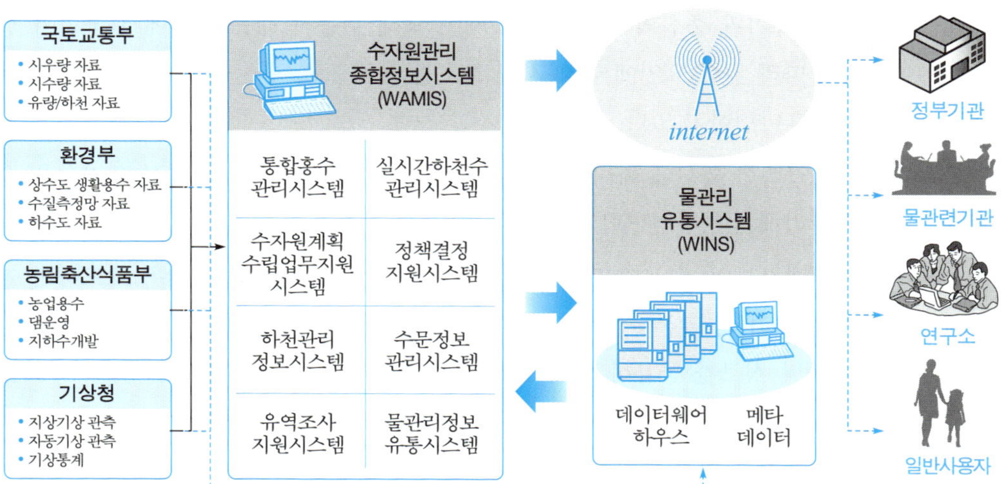

〈그림 22.14〉 국가수자원관리 종합정보시스템(WAMIS) 모식도

수립을 위한 업무지원체계 및 정책결정 지원체계를 마련하였으며, 지속적인 수자원 기초자료 수집 및 제공기반을 확립하고 있다.

〈표 22.18〉 국가수자원관리 종합정보시스템(WAMIS)의 분야별 정보현황

분야	정보현황
수문기상	강우, 수위, 기상, 유량, 유사량, 유출분석
이수	용수이용량, 생활용수, 공업용수, 농업용수, 수리권, 물이용특성
유역	유역특성, 인문사회, 유역자원, 국토개발
수도	수도시설, 운영, 수질
하천	하천현황, 하천시설, 우리가람길라잡이, 하천관리GIS
환경생태	수질, 환경오염, 환경기초시설, 하천공간평가
댐	댐수문정보, 댐수질정보, 수위/저수량곡선
자연재해	홍수,지진, 가뭄, 태풍 등
지하수	지하수이용, 지하수산출, 지하수수질
지형공간	수자원주제도, 유역주제도

3절 재난위기정보 관리체계

1. 빅데이터(Big-Data)를 통한 재난위기정보 관리체계

공공기관이 보유 · 관리하고 있는 데이터의 제공 및 그 이용 활성화에 관한 사항을 규정함으로써 국민의 공공데이터에 대한 이용권을 보장하고, 공공데이터의 민간 활용을 통한 삶의 질 향상과 국민경제발전에 이바지함을 목적으로 제정된 '공공데이터의 제공 및 이용 활성에 관한 법률' 등 정부 및 공공기관 중심의 재난관리 정책에 의해 수동적 대응 중심에서 국민이 정보 취득이 용이해짐에 따라 위험 요인에 대해 자가 보호를 목적으로 하는 웹-모바일 기반의 재난위기정보 관리체계를 마련하고 있다.

또한 스마트폰의 급속한 확산에 따라 스마트폰을 활용한 공공서비스 등 최신 IT기술을 접목한 재난위기정보 관리체계의 환경변화가 일어나고 있다.

지난 아이티 지진대참사의 경우 SNS서비스로 올라온 동영상을 CNN이 단독 보도하여 이슈가 된 후, 미국 재난관리국, 일본 기상청, 우리나라 기상청(2009년 전후) 등에서 SNS서비스 계정을 개설하여 재난 정보를 공유하기 시작하였다. 우리나라도 2008년 대설경보가 내린 12월 서울과 인천, 경기 지역에서는 출근시간대 각지의 교통 상황을 알리는 게시물들이 오전 5시쯤부터 모바일 기기를 이용해 등록되기 시작했고 서울 사당역이나 환승에 30분 이상 소요되는 잠실역의 상황을 이용자가 사진으로 찍어 올리면서 실시간으로 재난위기정보가 공유되었다.

또한, 2016년 발생한 제18호 태풍 '차바' 에 의해 경상도 지역의 태풍 피해상황을 알리는 동영상 및 사진 등 게시물들이 모바일 기기를 통해 등록되어 실시간 태풍 피해에 대한 현장 상황을 파악하고 실시간 교통정보에 반영되어 재난 상황 관리에 활용되었다. 소셜미디어(Social Media) 등 빅데이터를 통해 얻은 재난위기정보는 재난발생 지역에 대한 사항(53%), 대피로 경로(52%), 대피소 위치(50%) 등에 대한 재난위기정보를 얻은 경험이 있었다.

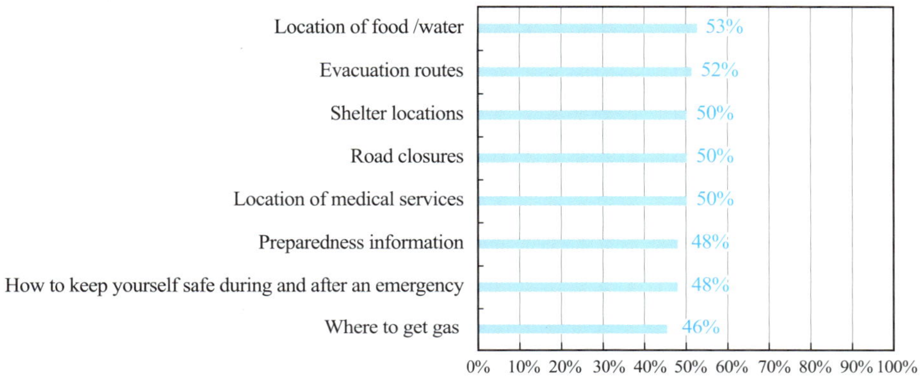

〈그림 22.15〉 소셜미디어 등의 빅데이터를 활용한 재난 정보 습득 유형

1.1 국내 재난관리 기관에서의 빅데이터 활용 현황

1.1.1 행정안전부

행정안전부에서는 국민재난안전포털(www.safekorea.go.kr)을 통하여 공공 빅데이터를 제공하고 있다. 여기에는 크게 자연재난과 사회재난 2개 분야의 공공 빅데이터를 공개하고 있으며, 데이터 시각화를 통하여 공공 빅데이터의 활용 현황을 제공하고 있다. 또한, 트위터를 통해 재난 관련 정보를 제공하고 있다.

그리고 텍스트, 음성 중심에서 애플리케이션(컨텐츠)으로 확대, 적용됨에 따라서 위치 기반(IP-USN, GPS, GIS 등)의 응급 구조, 대피 활동의 재난위기정보를 제공하고 있다.

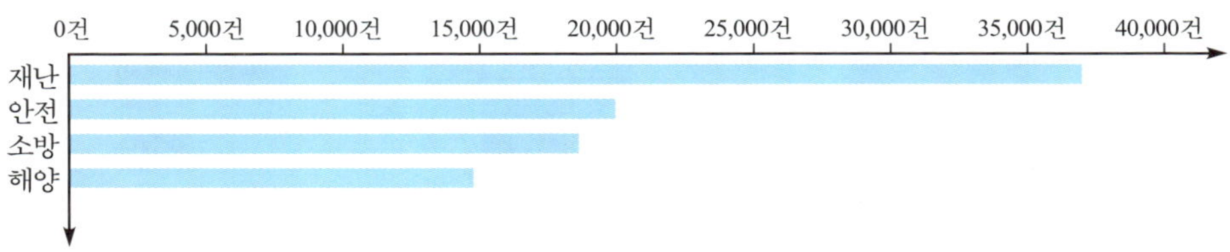

(a) 4개(재난/안전/소방/해양) 분야별 재난안전 공공데이터 활용 현황

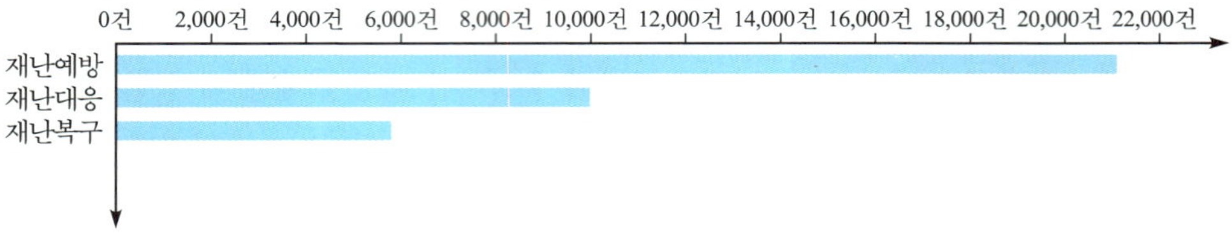

(b) 재난 분야 재난안전 공공데이터 활용 현황

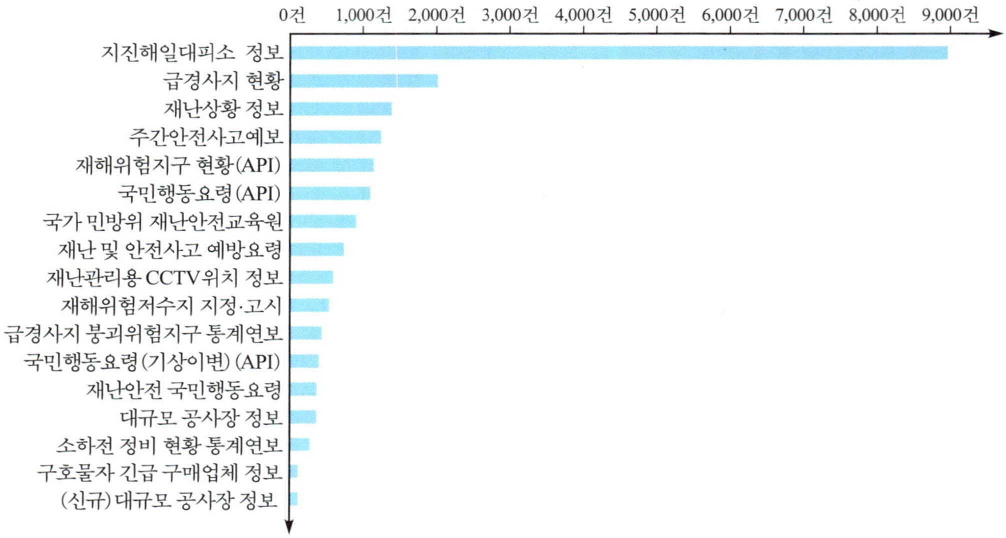

(c) 재난예방 분야 재난안전 공공데이터 활용 현황

〈그림 22.16〉 분야별 재난안전 공공데이터 활용 현황

자료출처 : 행정안전부 재난안전데이터포털, 2017.01

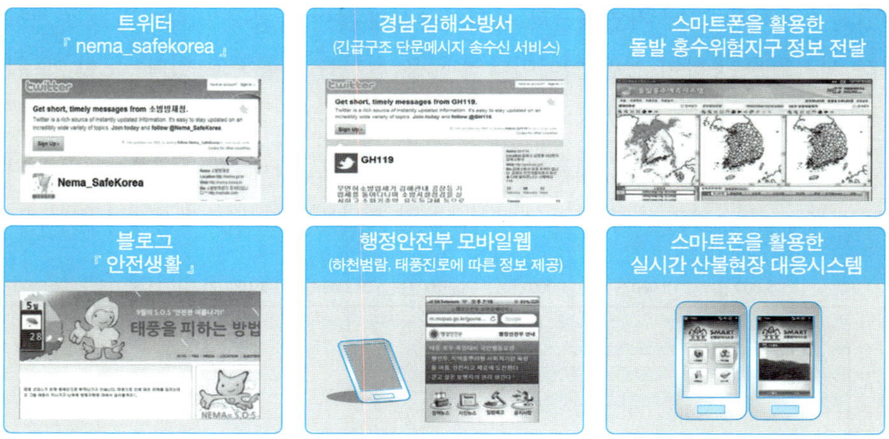

〈그림 22.17〉 행정안전부에서의 소셜미디어 등 공공 빅데이터 기반 서비스 현황

1.1.2 기상청

기상청에서는 기상기후 빅데이터 분석 플랫폼을 구축하여 기상청에서 보유한 다양하고 방대한 기상기후 빅데이터와 타분야 데이터를 융합 분석 할 수 있는 플랫폼 환경을 제공하여 기상기후 데이터 활용을 촉진하고 있다. 기상기후 빅데이터 분석 플랫폼의 이용범위는 중앙행정기관, 지자체, 공공기관, 대학, 기업, 개인, 단체 등 누구나 이용이 가능하며 기상기후 데이터는 기상청에서 생산하는 초단기, 단기(동네), 중기 예보 데이터와 특보 데이터, AWS, ASOS, 황사, 해양 등 관측 데이터, 기상지수 데이터, 수치모델 데이터 등을 제공하고 있다. 또한, 이러한 기상기후 데이터를 기반으로 방재와의 융합서비스인 날씨와 방재 서비스를 제공하여 재난위기정보 관리체계의 기반을 마련하고 있다.

그리고 태풍의 위치정보를 지속적으로 업데이트하며, 호우, 강풍, 황사, 지진 등 각종 기 상

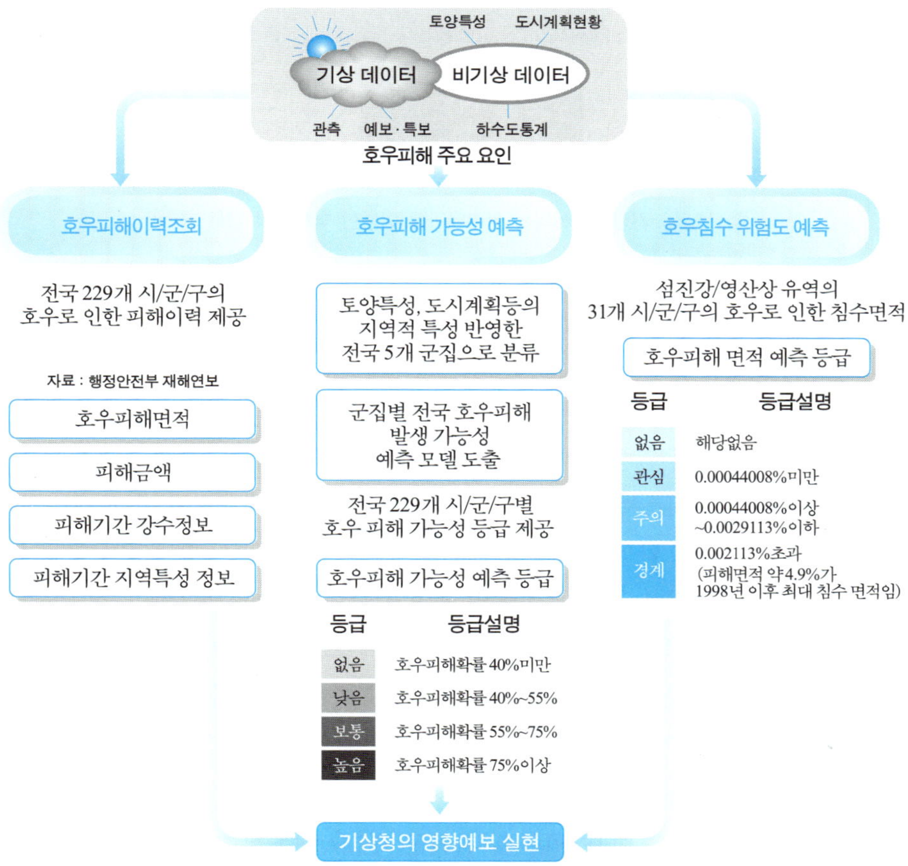

〈그림 22.18〉 날씨와 방재 융합시범서비스 개요

자료출처 : 기상청, 2016

속보 및 특보를 통해 1시간 마다 태풍 상황과 위치 정보를 제공하고 있다. 그리고 평상시에는 현재날씨와 일기예보 등 지역별로 세분화된 재난위기정보(기상관련)를 제공하고 있다.

기상청은 위험 기상 정보(태풍, 지진 등)에 대한 관련 유관기관 방재 담당자 약 1,300명에게 적시에 알릴 수 있는 전파기능이 있으며, 위험기상에 대비한 대응체계를 구축함으로써, 관련 유관 기관에게 대응시간을 추가 확보하여 재해경감 효과를 얻고 있다.

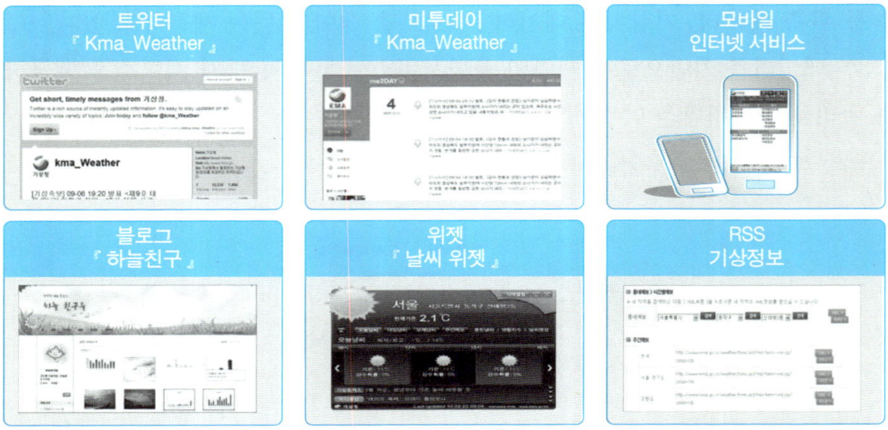

〈그림 22.19〉 기상청에서의 소셜미디어를 이용한 빅데이터 활용 현황

1.2 선진국 재난관리 기관에서의 빅데이터 현황

1.2.1 미국

미국은 전 세계적으로 가장 많은 빅데이터를 보유하고 적극적으로 활용하고 있는 국가로써 그 특징은 구글(Google), 페이스북(Facebook), 아이비엠(IBM) 등 대표적인 민간 기업들이 광고 및 마케팅 분야에서 빅데이터 활용 성과를 내면서 점차 정부의 공공 서비스 영역까지 견인하고 있다. 실제로 구글에서는 엄청난 규모의 검색 및 페이지뷰를 기반으로 독감에 대한 검색 통계를 분석하여 미국 질병통제예방센터 보다 1주일 이상 빠른 예측성과를 내기도 하였다. 여기에 더불어 미국의 민간 기업들은 공공 서비스 부문에서 대통령 직속기관인 '빅데이터 연구 이니셔티브(Big-Data R&D Initiative)' 에 2억 달러를 투자하겠다고 발표하기도 했다.

또한 미국은 국가테러방지센터, 방위 고등 연구 계획국 등을 통해 안전, 범죄, 교통, 통신 분야의 공공데이터를 활용하고 있다. 미국 연방재난관리청(FEMA)에서는 Web 2.0 Tool과 소셜미디어(Social media)를 이용하여 국가재난관리를 대비하고 있으며, 유투브(YouTube), 트위터

(Twitter), 위젯(Widget) 등의 채널을 이용하여 재난위기정보를 제공하고 있다. 초기에는 유투브(YouTube) 사이트를 통해 동영상(Video), 재난 대응 및 복구 활동 노력 등에 대한 사항을 제공하고 있다.

FEMA에서는 "femainfocus"[1]라는 명칭으로 트위터를 운영하고 있으며, 공공의 가용성을 향상시키고 재난 관리 기관의 역할 및 노력에 대해 정보를 제공하기 위해 2008년 이후 트위터를 사용하고 있다.

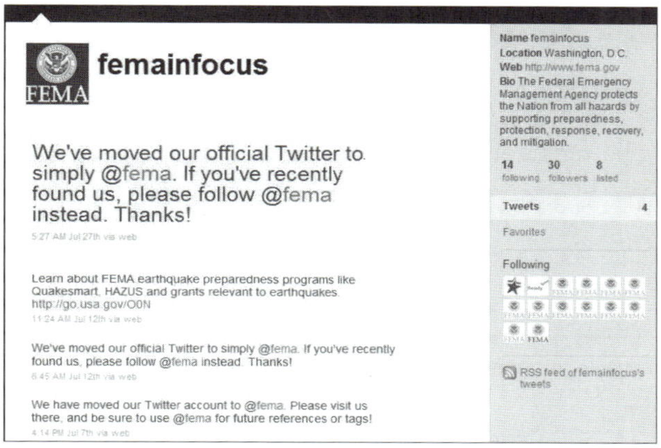

〈그림 22.20〉 FEMA 트위터 채널

〈표 22.19〉 FEMA의 유투브(YouTube) 서비스 현황

구분	내용
가입일	2006년 3월 4일
조회수	5,228,347회
구독자	2.31만명
구분	뉴스
화면	

1) 출처 : http://twitter.com/femainfocus

1.2.2 유럽

유럽에서는 유럽연합기구와 27개 회원국에서 생성되는 공공 정보와 데이터를 활용하게 하는 '데이터 개방 전략(Open Data Strategy)' 에 의해 빅데이터 활용을 촉진하고 있다. 특히, 영국은 빅 데이터 활용을 통한 가치창출과 정보 공유를 위한 데이터 개방 중심의 정책을 펴고 있다. 내각 사무처(Cabinet Office)를 핵심으로 하여 2012년 6월에는 데이터 접근성 강화 및 공개 지침, 개방 데이터 목록 등에 대한 '공개 데이터 백서(Open Data White Paper)' 를 발표하였으며, 이는 부처별로 데이터 개방 플랫폼을 재정비하여 빅 데이터 서비스를 활성화하고 개방 데이터에 대한 평가도 병행하고 있다. 이와 같이 영국은 데이터의 접근성 및 신뢰성 확보, 다방면의 데이터 활용을 통한 재난위기정보의 활용 방안을 마련하고 있다.

영국에서는 'UK policing agency ' 서비스를 통해 위험 기반의 범죄 지도를 구성하여 범죄에 대응하고 사용자가 범죄 지역을 시각적으로 인식할 수 있는 증강현실 앱(APP) 제공하고 있다.

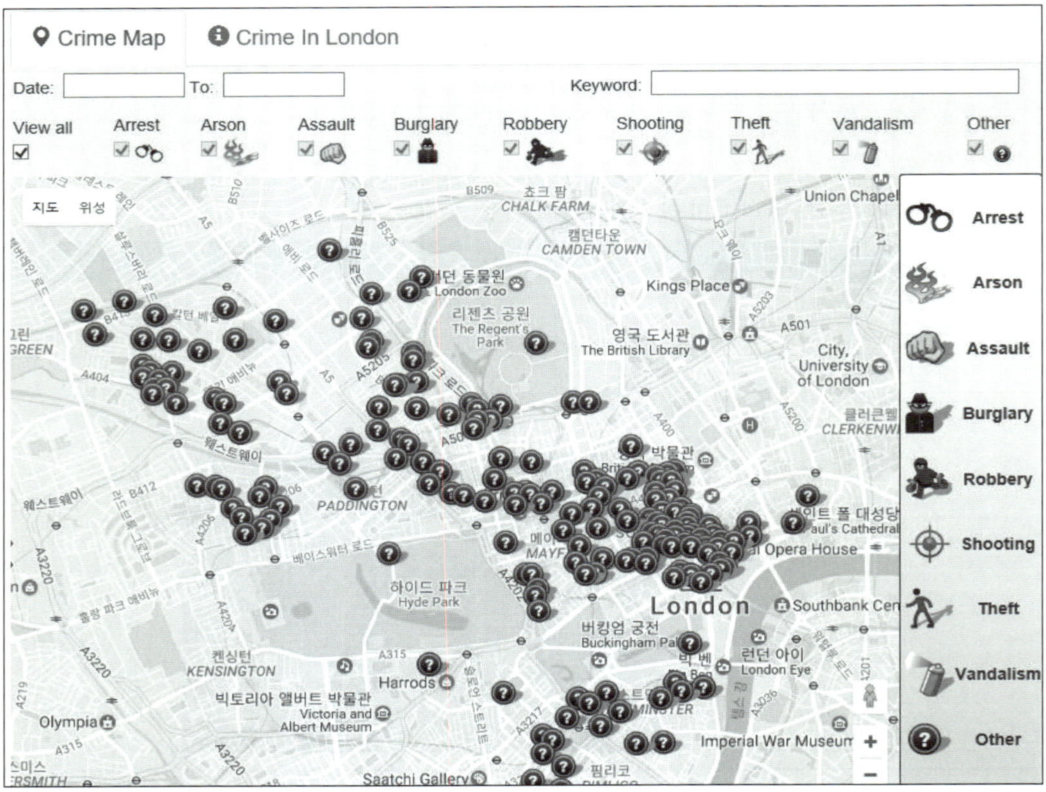

〈그림 22.21〉 영국 'UK policing agency' 서비스 현황

1.2.3 일본

일본의 경우 국가 차원의 공공 부문을 중심으로 태풍, 지진 등의 자연재해를 극복하기 위해 빅 데이터를 활용하고 있다. 일본의 노무라연구소에 따르면 빅 데이터의 공간 정보를 활용한 스마트폰형 지도 서비스인 '전력안내 내비!' 를 이용하여 2011년 대지진때에 피해지역의 실제 도로 교통 상황을 안내하여 교통 체증 피해를 최소화한 사례가 대표적이다. 일본 기상청의 지진정보 모니터링 및 경보시스템인 'Japan Meteorological Agency' 를 통하여 진도 계측기, 각종 관측 장비에 의해 수집된 빅데이터를 분석하여 유사시 재난방송 및 문자서비스를 제공하고 있다. 또한, 일본 지자체(치바시 千葉市)에서는 소셜미디어인 트위터를 이용한 재난 정보 또한 제공하고 있다.

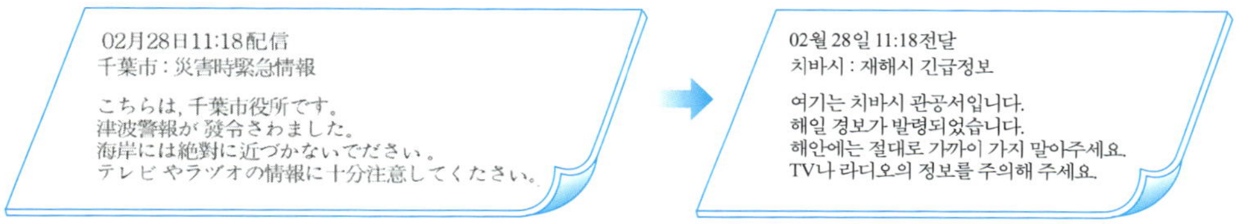

〈그림 22.22〉 일본 치바시의 트위터 채널을 통한 재난위기정보 제공

일본 방재과학기술연구소(防災科學技術研究所)[2]에서는 휴대 전화나 PC로 부터 개인이 정보 발신할 수 있는 트위터 등의 소셜 미디어를 활용한 방재・재해 정보판의 서비스 「디제스터(ディザスッター)」[3]을 개발하였다. 「디제스터(ディザスッター)」는 재해나 방재에 관해서 발언・발신된 정보를 실시간으로 수집・해석해, 지도상에 코멘트를 표출하는 기능을 제공하고 있다. 사용자가 발신한 정보 가운데, 재해나 방재에 관한 키워드를 포함한 재난위기정보를 자동적으로 추출하여 표시하도록 되어 있다.

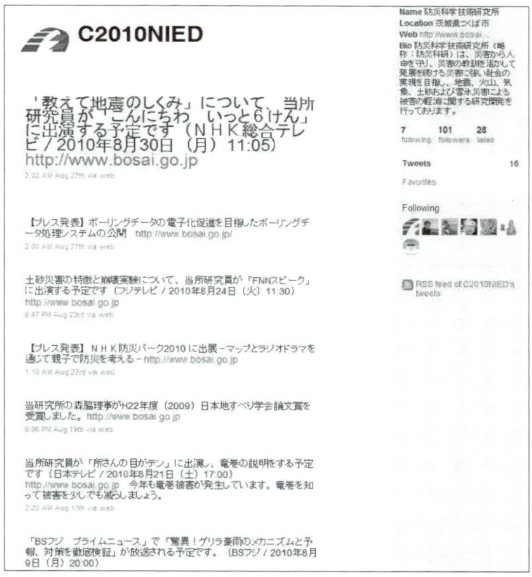

〈그림 22.23〉 일본 방재과학기술연구소 트위터 채널

2) 일본 방재과학기술연구소(防災科・技術・究所) : http://www.bosai.go.jp/

3) 출처 : http://twitter.com/C2010NIED

2. 단계별 재난위기정보체계 구축

재난위기정보시스템은 예방 · 대비 · 대응 · 복구 4가지 단계에 따라 구성되며, 단계별로 그 기능과 역할을 구분하여 원활한 지원이 가능하도록 정보체계를 마련한다.

예방단계에서는 사전 예방대책 마련과 위험요소를 제거를 위한 정보체계 지원이 가능해야 하고, 대비단계에서는 재난 대응 시나리오 구성과 재난 상황에 활용할 수 있는 긴급의사결정을 지원하기 위한 정보체계를 마련해야 한다. 대응단계는 GPS, GIS등을 활용한 긴급대응 및 유관기관과의 정보공유가 가능한 정보체계를 마련해야 한다. 복구단계에서는 피해에 따른 복구지원이 가능한 정보체계가 마련되어야 한다.

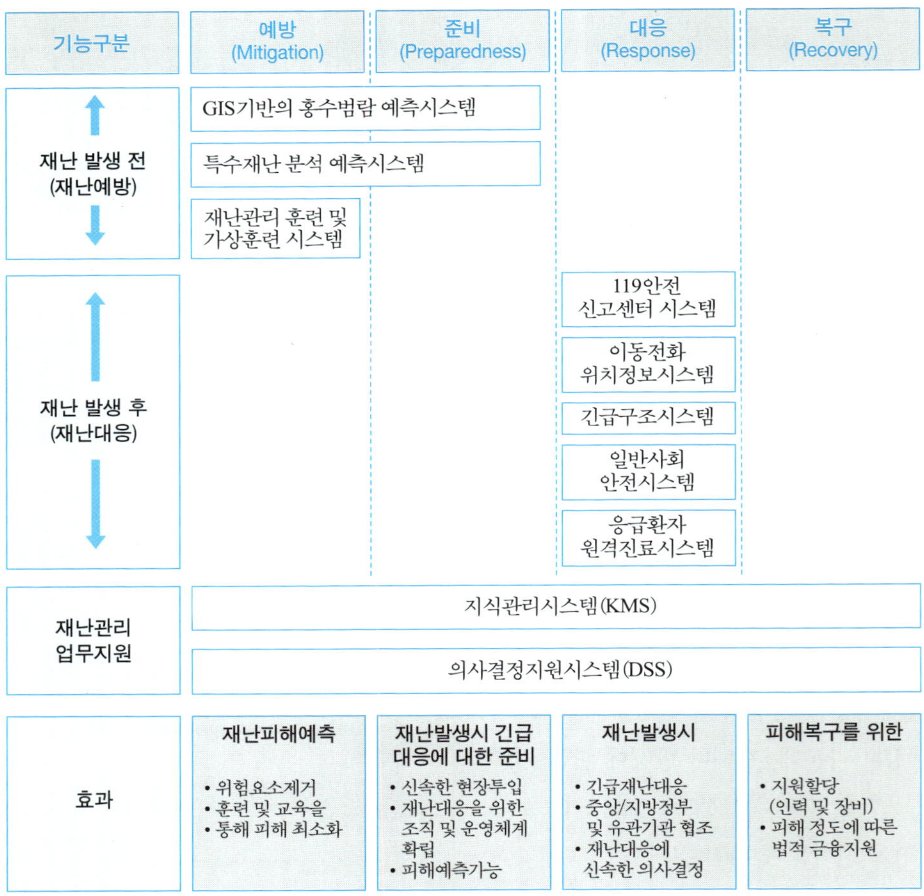

〈그림 22.24〉 단계별 재난위기정보체계 구축

3. 정보처리과정별 재난위기정보체계 구축

재난위기정보는 재난과 관련된 정보를 수집하여, 재난관리 업무에 필요한 서비스(재난 예·경보, 상황관제, Color-Code 등)를 수행할 수 있도록 구축한다.

재난관리 업무에 필요한 서비스를 제공하기 위해서는 센서정보와 기반정보(공간, 시설물 정보 등)를 통한 지능화된 정보 수집/통합/가공체계를 통하여 재난위기정보를 제공(공유)함으로써 정부 기관간 의사결정을 지원하는 처리과정의 플랫폼을 구축해야한다.

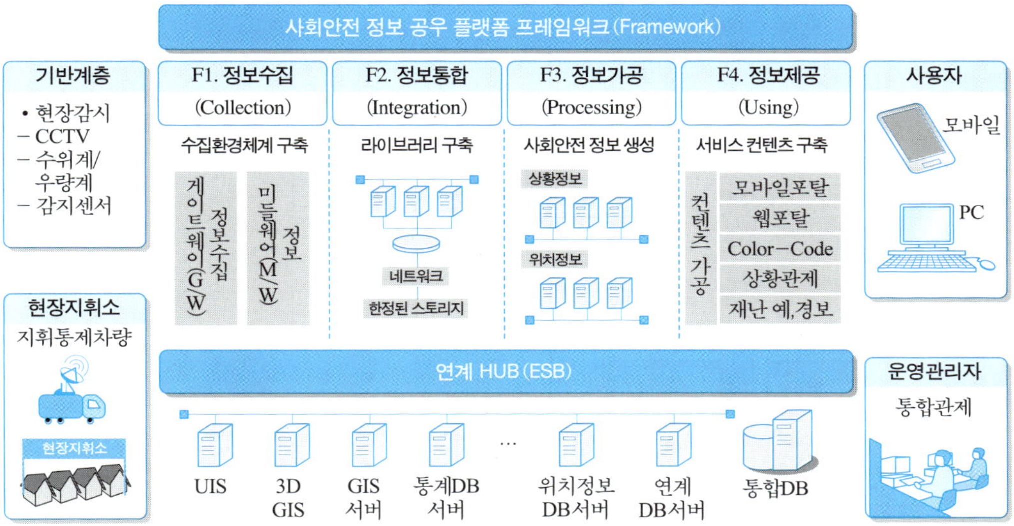

〈그림 22.25〉 재난위기정보 처리과정 플랫폼 목표 구성도

재난위기정보 처리과정에 따른 플랫폼은 다음 〈표 22.20〉과 같이, 4가지 영역의 기능으로 제공된다.

〈표 22.20〉 재난위기정보 처리과정 기능 구성

기능(Function) 분류	내용
1단계 : 정보 수집 (Collection)	• 각종 유·무선 Device, 센서 등으로부터 정보를 센싱(sensing), 취합(gathering), 추출(Extraction)하기 위한 모듈
2단계 : 정보 통합 (Integration)	• 수집된 정보를 통합(분류)하기 위한 모듈 • 서비스 제공을 위하여 수집된 정보를 재구성하기 위한 모듈
3단계 : 정보 가공 (Processing)	• 수집된 원시정보와 서비스 제공을 위한 로직을 이용하여 유용한 정보를 생산하기 위한 모듈 • 수집, 통합된 정보를 언제, 어디서나 사용자가 원하는 형태로 제공하기 위한 모듈
4단계 : 정보 제공 (Using)	• 서비스 제공을 위한 모듈로서, 다양한 정보 이용 단말기에 따라 최적화된 화면과 컨텐츠 제공

3.1 재난위기정보 수집(Collection)

재난과 관련된 각종 센서, CCTV, 음성정보, 기반정보(시설물 정보), 행정정보 등으로부터 정보를 수집하는 활동으로 재난관련 기반시설이나 환경으로부터 각종 원시 데이터를 센싱(Sensing), 취합(Gathering)하고, 수집된 데이터로부터 컨텍스트(Context)를 추출(Extraction)하는 영역으로 구성한다.

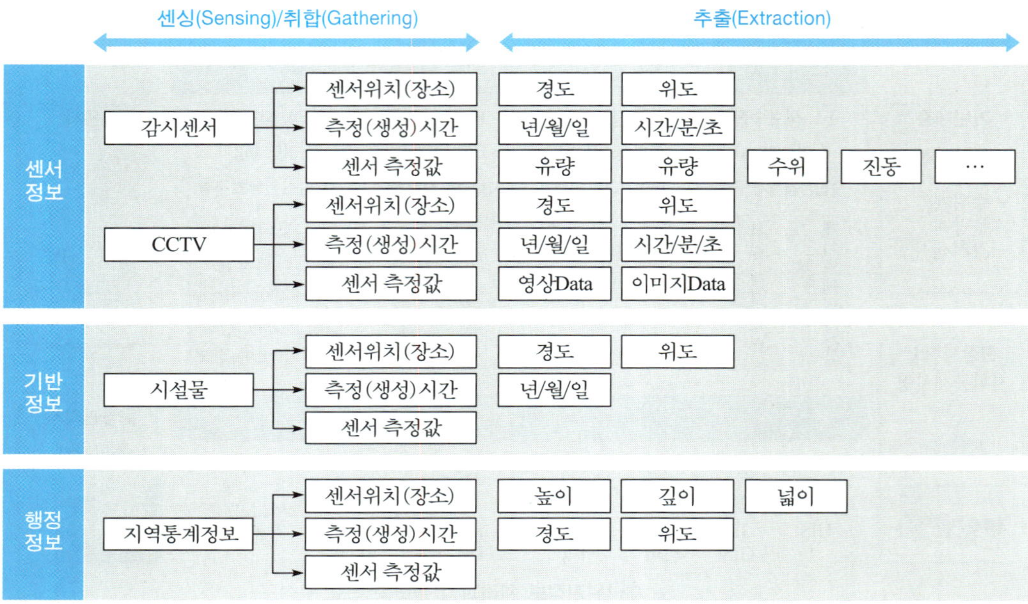

〈그림 22.26〉 재난위기정보 수집(Collection)

재난위기정보 수집(Collection)의 범위는 다음 〈표 22.21〉과 같이 「센서를 통한 관측(측정) 정보」, 국가 시설물(도로, 하천, 건축물 등)의 속성을 나타내는 「기반정보」, 피해 지역의 기본 사항을 나타내는 「행정정보」로 구분한다.

〈표 22.21〉 재난위기정보 수집(Collection) 범위

구분	내용	비고
센서정보	• CCTV, 센서 등 감시(Monitering) 및 측정을 통한 정보	– 센서(수위, 우량 등) – 영상/기상 정보
기반 정보	• 국가 시설물(도로, 하천, 원자력 시설 등 주요 건축물 정보	– 위치 정보 – 속성(면적, 길이 등)
행정 정보	• 국가 지리적, 인구통계학적 정보	– 면적, 인구통계

3.2 재난위기정보 통합(Integration)

센서로부터 수집된 재난위기정보와 연계 대상 기관으로부터 수집된 재난위기정보를 통합하고 수집된 정보를 재난과 관련된 서비스 제공을 위한 의미 있는 정보로 재구성한다.

수집된 재난위기정보를 통합(Integration)하기 위해서는 분류(Classification), 통합(Integration), 그룹핑(Grouping) 로딩(Loading)하는 영역으로 구분된다.

예를 들어,「센서정보」와 「기반정보」를 통한 지능화된 정보 처리를 중심으로 「재난 상황정보」를 제공함으로써, 사용자가 원하는 정보를 활용하여 국가간 의사결정을 지원한다.

재난 상황정보는 재난과 관련된 사고(재난)가 발생한 경우, 센서정보와 기반정보, 행정정보를 바탕으로 생성된 정보로서 상황별 발생정보, 조치, 대응 등의 재난위기정보로 생성한다.

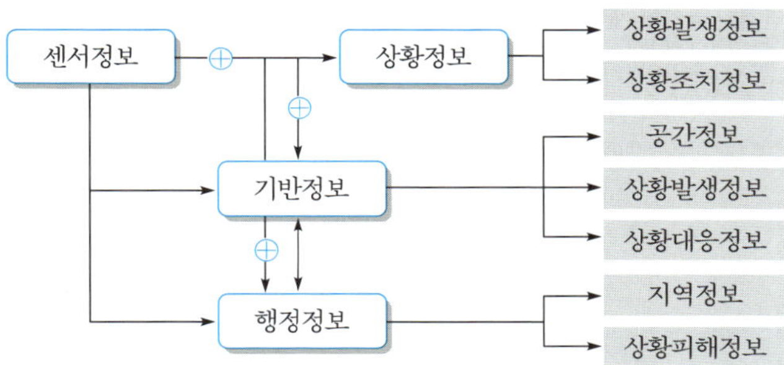

〈그림 22.27〉 재난위기정보 통합(Integration) 모델

3.3 재난위기정보 가공(Processing)

재난위기정보 서비스 제공을 위한 로직 활동으로 유용한 정보를 생산하기 위한 기능화된 모듈의 집합체로 정의한다.

통합된 재난위기정보를 언제, 어디서나 사용자가 원하는 형태로 정보를 제공하기 위한 변환(Transformation)하는 영역으로 구성하는데, 대용량 데이터를 분석하기 위한 메커니즘, 변환 엔진 등 기술을 포함한다.

3.4 재난위기정보 제공(Using)

사용자(운영자)의 재난위기정보 이용 환경을 제공하기 위한 서비스가 기능화된 모듈의 집합체로 사용자의 서비스 제공을 위한 컨텐츠(Contents) 영역으로 구성된다.

제공단계에서는 다양한 정보이용 단말기에 따라 최적화된 화면구성 및 컨텐츠 구축 기술이 포함된다.

다음 〈그림 22.28〉과 같이 재난과 관련된 상황 관리를 위한 CCTV 모니터링/관제 및 3D GIS 등과 연계하며 현장의 재난위기정보를 자동으로 지원한다.

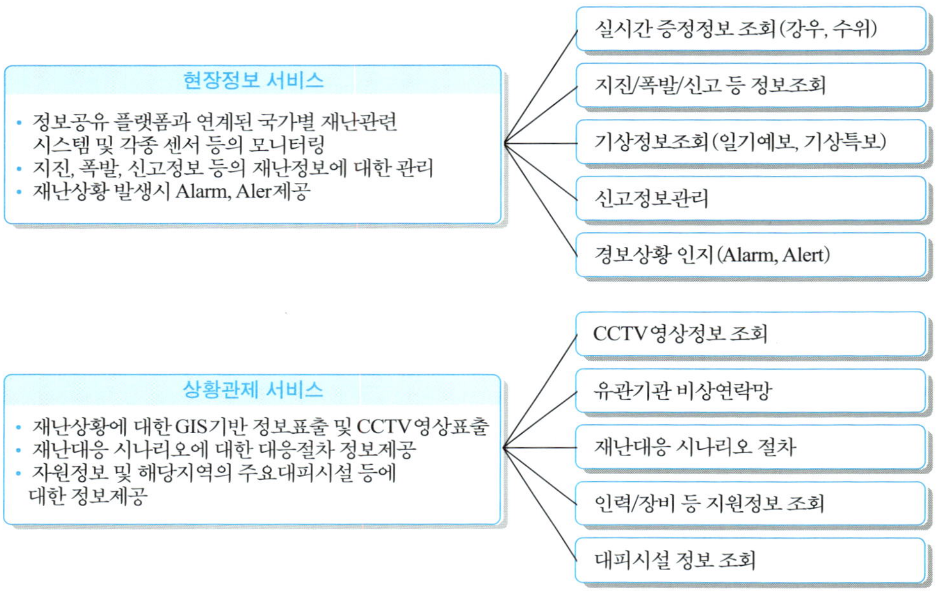

〈그림 22.28〉 재난위기정보 서비스(Service)

제 4 편 재난관리(재난위기관리)

제23장 재난구호

1절 재난구호체계

1. 재난구호의 개념

재난이란 인간의 생존과 재산의 보존이 불가능할 정도의 생활질서를 위협받는 상태를 초래하는 사고 또는 상태를 말하며 그 피해를 재해라 한다.[1) 「재난 및 안전관리기본법」 제3조에서는 자연재난, 사회재난을 포함하여 재난으로 통합하였고, 이를 「자연재해대책법」제2조[2)]에서는 재해로 통합하였다. 따라서 본 서에서도 재해와 재난의 개념을 동일한 개념으로 취급하고자 한다.

「재난 및 안전관리기본법」에서 재난관리를 재난의 예방 · 대비 · 대응 및 복구를 위하여 행하는 모든 활동을 말한다고 규정하고 있어 재난발생의 위험을 제거하고 재난 발생시 피해의 수습과 복구를 행하는 모든 활동을 총괄하는 광의의 개념으로 해석하고 있다.

「재해구호법」 에서는 이재민을 재난으로 인하여 피해를 입은 자로 규정하고 있으며, 이재민 구호활동에 관해 의 · 식 · 주, 의료서비스 및 보건, 심리회복 등의 제공을 규정하고 있다. 그러나 구호서비스 내용에 따라 또는 서비스를 제공하는 기관에 따라 수급권자 요건이 다르기 때문에 급여 대상별 수혜자의 개념은 달라질 수 있다.

1) 재해: 재앙으로 말미암아 받는 피해, 지진, 태풍, 홍수, 가뭄, 해일, 화재, 전염병 따위에 의하여 받게 되는 피해를 이른다. 재난: 뜻밖에 일어난 재앙과 고난(국립국어연구원, 1999).

2) 자연재해대책법 제2조(정) 1. "재해"란 「재난 및 안전관리 기본법」(이하 "기본법"이라 한다) 제3조제1호에 따른 재난으로 인하여 발생하는 피해를 말한다.

3) ① 재해나 재난 따위로 어려움에 처한 사람을 도와 보호함. ② 병자나 부상자를 간호하거나 치료함.(국립국어연구원, 1999)

구호[3]는 이재민을 보호하는 일체의 활동을 말한다. 자원봉사활동은 이재민을 보호하기 위해 이루어지는 행동이므로 자원봉사활동은 구호활동 영역에서 이루어진다고 할 수 있다. 또한 재난관리체제의 특징은 ① 복잡 · 연계성, ② 체제경계의 유동성, ③ 가외성, ④ 일상적 대응능력의 열세이다(류충, 2005). 따라서 재난관리체제의 특성상 구호활동을 민간영역과 공공영역으로 명확하게 구분하기 곤란하므로 포괄적으로 보면 재난관리 영역과 구호활동 영역이 상당히 겹치게 되며, 예방 · 대비 · 대응 · 복구의 전 분야에서 이루어진다고 볼 수 있다.

자원봉사활동에 대해 "사회문제의 예방 및 해결 또는 국가의 공익사업을 수행하고 있는 공사의 공식조직에 자발적으로 참여하여 영리적 반대급부를 받지 않고서도 인간 존중의 정신과 민주주의 원칙에 입각하여 낯선 타인들을 상대로 필요한 서비스를 제공함으로써 사회의 공동선을 높이고 동시에 각 개인의 이타심의 표현을 통해 자기실현을 성취하고자 하는 활동"으로 이야기하고 있으며(한국사회복지협의회, 1997), 자원봉사활동의 특성을 자발성, 이타성, 자아실현성, 무보수성, 조직성. 인권존중 등으로 설명하고 있다(남기철, 2007:25-31). 따라서 재난구호 자원봉사활동은 자원봉사단체 활동과 같은 맥락에서 살펴볼 수 있으며, 자발적인 주민참여를 기초로 지역의 재난을 극복하고자 하는 지역 자율방재조직 활동과 관련된다.

2. 재난구호 조직

2.1 민간부문

2.1.1 조직유형

재해가 발생하였을 때 재해에 대응하는 재해관리조직은 공적인 형태로 이루어질 수도 있고 사적인 조직의 형태로 이루어질 수도 있다. 각종의 재해에 대응하는 조직의 유형은 과업특성이 일상적인가, 비일상적인가 하는 측면과 조직의 구조가 재해 전과 동일한가 아니면 새로 구성되는 조직인가에 따라서 이상팔(1989)은 다음과 같이 네 가지 유형으로 설명하고 있다.

① 확립된 조직(Established Organization)은 평상시 상시적으로 활동을 하고 있는 재해관리 조직을 말하며 공식적으로 재해관리 업무가 부여된 기관을 말한다. 여기에 속하는 조직으로는 경찰, 소방서, 군, 구급대 등이 있다.

② 확대된 조직(Expanding Organization)은 비공식적으로 재해와 관련된 기관으로서 외부 영역에서 아주 적은 활동이나 비활동적인 영역을 담당하지만 재해시에는 규모가 증가하고 일상적인 과업과는 다른 활동을 수행하는 기관이다. 대표적인 기관으로는 대한적십자사, 자원봉사센터, 새마을 등을 들 수 있다.

③ 연장된 조직(Extended Organization)은 멤버십이나 관리를 통하여 재해발생 이전의 구조를 유지하고 있으며, 익숙하지 않은 재해와 관련된 업무를 교섭하는 조직이다. 구조에 필수적인 중장비나 필수장비들을 소유하고 있어 복구사업에 있어서 핵심적인 역할을 수행하게 되는 대형 건설회사, 전기, 전화, 가스회사 등이 여기에 속하는 대표적인 조직이라고 할 수 있다.

④ 응급조직(Emergent Organization)은 제도화되지는 않았지만 이미 확립된 조직이나 연장된 조직, 확대된 조직들의 활동이 미약할 때 활동을 할 수 있다. 이러한 조직의 대부분은 민간인 혹은 민간단체들로서 주로 수색, 구조, 부상자의 응급조치와 후송, 복구활동에 참가하며 일반적으로 자원봉사자라고 칭하고 있다.

이상팔(1989)은 위와 같이 소개하면서 대한적십자사를 확대된 조직으로 분류했었지만 대한적십자사는 평상시 대형재해가 없을 때에도 전국에서 매일같이 일어나고 있는 소규모 화재나 수해, 붕괴사고 등에 의한 이재민들을 대상으로 구호활동을 수행하고 있으며, 재난및안전관리기본법, 자연재해대책법 등에서 재난관리책임기관으로 지정된 된 공식적 기관이라는 점에서 확립된 조직으로서의 특성도 가지고 있다.

대부분의 자원봉사단체들은 확대된 조직, 연장된 조직, 응급조직에 속한다고 할 수 있으며 이들을 통틀어서 민간자원 조직이라고 하고 이들이 제공하는 서비스를 민간자원 봉사활동이라고 할 수 있을 것이다. 노춘희와 송철호(1998)는 우리나라의 경우 경찰, 소방서, 군과 같은 확립된 조직은 그 임무나 역할이 비교적 명확하게 명시되어 있으나 민간자원 활동가들의 영역인 응급조직은 재해관리에 있어서 그 중요성이 날로 증가함에도 불구하고 아직은 그 임무나 역할에 관하여 재해관리계획에 거의 명시되어 있지 않다고 지적하고 있다. 「재난 및 안전관리기본법」, 「재해구호법」 등이 새롭게 정비되고 국민 책임형 자율방재체제를 구축하겠다는 비전은 제시하고 있으나 아직도 재난현장에서는 큰 변화를 보이지 못하고 있다. 재해가 발생하기 전에 이들 민간자원 조직의 참여를 공식적으로 재해관리를 위한 재해계획에 명확히 하여 정부 관련기관들과 협조체계를 구축하는 것이 필요하다.

2.1.2 활동 조직 현황

① 대한적십자사

대한적십자사는 1905년에 고종황제 칙령 제47호에 의하여 창립되었다가 건국 후 1949년에. 「대한적십자사조직법」(법률 제25호)에 의거하여 설립된 특별법인이다. 각국 정부는 제

네바협약에 가입함으로써 적십자사의 인도주의 사업을 지원하도록 되어 있다.[4)]

대한적십자사는 전쟁터에서 부상자를 차별 없이 보호하려는 의도에서 탄생하였으며, 평화시 재난이 발생하면 전문 재난구호기관으로써 인간의 생명과 건강을 보호하며 인간 존중이라는 취지하에 식량, 침구, 의류, 취사도구, 기타 생필품의 제공과 이재민수용보호, 급식, 인명구조 및 응급처치, 의료지원, 심리적 지지 등의 종합적 구호활동을 펼치고 있다. 대한적십자사에는 전문봉사원을 포함해서 10여만 명의 자원봉사원들과 20여만 명의 청소년적십자단원들을 보유하고 있어 대형 재난이 발생하면 적십자직원들과 함께 재난구호봉사단으로 편성되어 구호활동을 전개하고 있다.

② 의용소방대

의용소방대는 「소방기본법」에 의하여 설치된 행정봉사단체로서 소방업무에 관한 일을 돕기 위하여 그 지역주민들의 희망에 따라 자진하여 구성한 비상근 소방대이며 소방상 필요에 의하여 소집된 때에는 소방본부장 또는 소방서장의 소방업무를 보조할 수 있도록 서울특별시, 광역시와 시 · 읍 · 면에 설치하고 있다. 주임무는 화재예방과 초기발견 및 신고, 소화활동은 물론 각종 재난방지에 적극 참여하여 주민의 귀중한 생명과 재산을 보호하는 것이다. 비상근이기 때문에 적은 예산으로 다수 인력자원을 활용할 수 있다는데 장점이 있으며, 의용소방대만 설치되어 있는 시 · 읍 · 면에서는 전적으로 소방업무를 도맡아서 수행하고 있고, 소방본부 등이 설치된 시 · 도 지역에 있어서도 화재예방, 홍보, 진압, 업무의 보조, 풍수해 등 자연재난 시에도 소방기관을 도와 중요한 역할을 담당하고 있다.

행정자치부의 2000년도 소방행정 통계자료에 의하면 2,815개 대에 대원수는 84,525명이고 의용소방대의 소방활동 실적은 화재진압 11,237회 인명구조 및 구급활동 1,982회 화재경계근무 12,642회 교육훈련참가 21,264회 화재홍보 등 지역봉사활동 20,810회 등 총 67,925회에 걸쳐 연인원 1,402,349명이 동원되어 1인당 평균 16,600회의 활동실적을 보이고 있다(박태유, 2001).

4) 정부가 국내 적십자사의 발전과 사업을 지원해야한다는 것은 후에 국제기구들과 국제적십자회의에 의해 승인되었다. 국가들은 평화시 자국 적십자사를 지원하기 위한 국내 법령을 제정해야 한다고 권고하였는데, 각 국 적십자사 발전촉진에 관한 정부 의무는 1919년 UN의 전신인 국제연맹규약에도 명시되어 있다. 동 규약 제25조는 다음과 같이 말한다.: "국제연맹 가맹국들은, 보건의 증진과 질병의 예방 그리고 전 세계의 고통 경감을 목적으로 하여, 정식으로 허가된 자발적 국내 적십자 단체들의 설립과 협력을 지원하고 촉진시키기로 합의한다"(Vincent Bernard: 450-477).

③ 전국재해구호협회

전국재해구호협회는 불시에 발생하는 재난의 복구와 이재민 구호를 위하여 국민의 의연금품 모집과 관리 및 배분을 통하여 피해주민을 돕고자 1961년 7월 13일 발족한 민간기관이다.

전국재해구호협회의 재난의연금품 모집과 집행을 살펴보면 다음과 같다. 즉, 모집의 경우에는 방송사 기탁금, 기업체 모금, 학생 모금, 신문사 기탁금, 공무원 모금, 해외교포 기탁금 등을 통해 모금되고 있으며, 주요 집행 내역으로는 사망자와 부상자에 대한 위로금, 한해대책, 생계구호비, 특별위로금, 주택복구비, 구호물품 제공 등에 사용된다.

④ 자원봉사센터

자원봉사센터는 지역 단위에서 자원봉사 희망자와 수요처를 중개하고, 지역의 자원봉사관리를 위하여 행정자치부에서 시, 군, 구 단위에 설치한 자원봉사조직이다. 자원봉사센터는 지방자치단체 직영과 민간 위탁운영의 두 가지 방식에 의해 운영되고 있다. 우리나라에 자원봉사센터는 1996년부터 설치되기 시작하여 2003년 248개소가 전국에 설치되었으며, 2019년 기준으로 246개의 자원봉사센터를 운영중이다. 자원봉사센터에서는 자원봉사자와 수요처를 연계하는 업무 외에도 자원봉사 데이터 관리 및 정보제공, 자원봉사자 교육과 프로그램 개발 · 보급 등의 업무를 수행한다. 2009년 말 기준 전국에 248개 자원봉사센터가 설치되어 1,221명의 상근인력이 근무하고 있고, 여기에 등록되어 있는 자원봉사자의 수는 159만여명에 이른다(행정안전부, 2010).

⑤ 한국자원봉사협의회

한국자원봉사협의회는 2003년 6월, 우리나라의 자원봉사관련 단체들이 공동 관심사를 중심으로 협력, 조정, 집행하기 위해 설립된 상설적 협의체이다. 이 협의회는 우리사회의 심각한 사회문제 해결을 돕고 사회 구성원들의 공동체 정신과 삶의 질을 높이며 성숙한 시민사회 건설을 목적으로 설립되었다(www.kcv.or.kr).

⑥ 경제계 네트워크

「재난재해극복을 위한 경제계 네트워크」 구성현황을 보면, 전경련이 추진 사무국을 맡게 되고 조직체계는 행정지원반(연락 · 현장조사 · 애로사항 접수 등), 물품지원반(구호물품), 응급복구반(인명구조 · 붕괴시설물 복구), 대민구호반(인력봉사 · 급식 · 통신 · 의료 및 약품 · 가전 및 자동차A/S · 금융서비스 지원), 홍보반 등 5개반으로 편성하였다. 경제계 네트워크에 참여한 기업은 업종단체를 포함하여 200여개사가 넘었으며, 앞으로 더 많은 기업들의 참여로 확대되어질 것으로 보고 있다(전국경제인연합회, 2004).

2.2 정부부문

재난관리심의조직은 「재난 및 안전관리기본법」제정과 함께 인적재난분야인 중앙안전대책위원회와 자연재난과 관련한 심의조직인 재해대책위원회가 통합되어 중앙안전관리위원회로 되었다(위원장: 국무총리). 중앙대책본부의 본부장(이하 "중앙대책본부장"이라 한다)은 행정안전부장관이 되며, 중앙대책본부의 업무를 총괄하고 필요하다고 인정하면 중앙재난안전대책본부회의를 소집할 수 있다. 다만, 해외재난의 경우에는 외교부장관이, 방사능재난의 경우 중앙방사능방재대책본부의 장이 각각 중앙대책본부장의 권한을 행사한다[5]. 지역재난안전대책본부의 경우 시 · 도지사는 시 · 도재난안전대책본부장이 되며 시장 · 군수 · 구청장은 시 · 군 · 구재난안전대책본부장이 된다.

「재해구호법」에 근거하여 지방자치단체에는 재난 시 지역구호센터가 운영된다. 지역구호센터는 동법 제8조 및 동법 시행규칙 제7조에 법정으로 규정되어 있다. 비상시 지역구호센터의 각 실무반은 24시간 교대근무를 실시하고 재난구호 상황총괄은 이재민구호반에서 담당하며, 지역대책본부에서 운영하는 상황실에서 합동근무를 하도록 하고 있다.

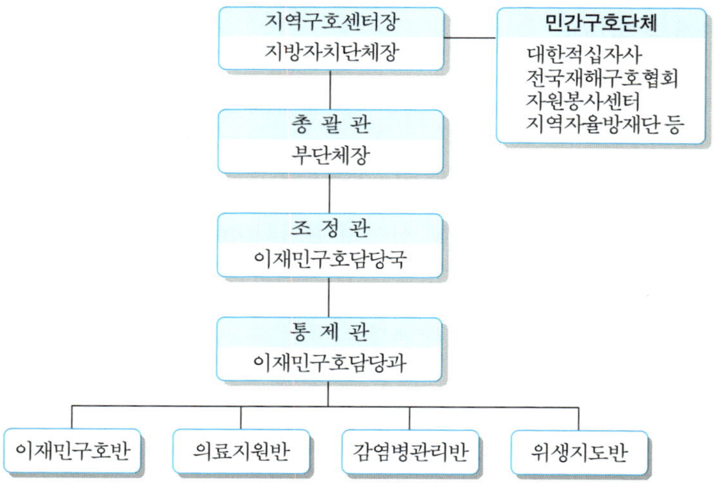

〈그림 23.1〉 지역구호센터 조직도

자료출처 : 행정안전부(2016), 재난구호계획 수립지침

5) 국무총리가 범정부적 차원의 통합 대응이 필요하다고 인정하는 경우 또는 행정안전부장관이 국무총리에게 건의하거나 제15조의2제2항에 따른 수습본부장의 요청을 받아 행정안전부장관이 국무총리에게 건의하는 경우에는 국무총리가 본부장의 권한을 행사할 수 있다.

이재민구호반은 이재민 · 일시대피자 발생상황 파악 및 발생 시 응급구호실시, 재난구호물자 접수 · 배분 · 운반 및 임시주거시설을 제공 · 관리한다. 의료지원반은 보건소를 통하여 피해지역 환자 발생 모니터링 실시, 지역응급의료센터, 보건소를 중심으로 의료지원반 구성 및 진료 활동 실시, 대한의사협회, 대한병원협회 등 민간의료단체에 의료지원 요청, 의료급여 등을 실시한다. 감염병 관리반은 수해지역 방역 기동단을 편성 운영, 방역소독, 인력, 장비 및 약품 확보상황 확인 · 점검, 예방접종 및 소독을 실시하여 감염병 예방 및 방역활동 실시, 감염병 조기 발견 관리체계 확립 및 홍보 · 계몽을 강화한다. 위생 지도반은 식품접객업소에 대한 위생 점검, 식중독 예방활동, 임시주거시설에 식품위생 감시원을 고정 배치하여 급식 지도 점검을 실시한다.

긴급구조에 관한 사항의 총괄 · 조정, 긴급구조기관 및 긴급구조지원기관이 행하는 긴급구조 활동의 역할분담 및 지휘통제를 위하여 행정안전부에 중앙긴급구조통제단을 두며 단장은 소방사무를 담당하는 본부장이 된다.

지역별 긴급구조에 관한 사항의 총괄 · 조정, 당해 지역에 소재하는 긴급구조기관 및 긴급구조지원기관간의 역할분담과 재난현장에서의 지휘 · 통제를 위하여 시 · 도의 소방본부에 시 · 도긴급구조통제단을 두고, 시 · 군 · 구의 소방서에 시 · 군 · 구긴급구조통제단을 둔다.

시 · 도긴급구조통제단 및 시 · 군 · 구긴급구조통제단에는 각각 단장 1인을 두되, 단장은 시 · 도긴급구조통제단의 경우에는 소방본부장이 되고, 시 · 군 · 구긴급구조통제단의 경우에는 소방서장이 된다.

긴급구호의 경우, 「긴급구조 대응활동 및 현장지휘에 관한 규칙」(행정안전부령 제81호)에 의거 대한적십자사가 책임기관으로, 그리고 .소방청, 국방부, 과학기술정보통신부, 보건복지부가 지원기관으로 되어 있다. 긴급구호지원반은 재난심리상담팀, 대피수용팀, 구호자원지원팀 등으로 구성되며, 각 팀은 재난의 규모와 성격에 따라 가동되는데 운용요원들은 25시간 2교대 근무를 기본으로 한다.

대피명령이 내려지면 대피수용팀장은 연락공보담당관(대중정보센터)으로부터 긴급대피소 운영정보를 입수하고 대피소 입구에 대피접수센터를 설치하여 대피자들을 수용 접수한다. 대피수용소팀에서 필요자원을 신청하면 구호자원지원팀은 긴급 의식주 수단을 제공한다.

구호자원지원팀은 재난현장의 희생자 및 긴급구조요원의 식사 등 비상구호품을 제공하기 위하여 임시구호대기지역과 구호자원집결지를 지정 운영한다. 구호품 등 구호자원 수송은 자원지원부 수송지원팀장의 책임하에 제공된다. 긴급구호지원반장은 연락공보담당에게 운송수단이 필요할 경우 사용할 수 있는 비상전화번호를 시민에게 알리도록 요청한다.

현장대응부 대피경계반은 해당지역의 교통정체를 통제하고, 긴급구조요원들의 신속한 현장진입을 지원한다. 재난으로 인한 건물붕괴, 잔해물 등 교통진입 장애요인으로 수송이 불가능한 경우의 교통로 확보는 긴급시설복구반의 책임이다. 자원지원부 서비스지원반은 긴급시설복구반장에게 진입로 임시복구를 요청한다. 대량환자 이송에 따른 구급차 확보는 응급의료소 의료자원지원반(구급차 대기소)과 협의 조정한다.

구호자원지원팀장은 노인, 장애인, 청각장애인, 외국인 등과 같은 특별조치가 필요한 그룹을 식별하고 원조를 제공할 책임이 있다. 재난발생시 대피경계반(안전지원팀)에 해당 명단을 제공하여 긴급대피시 특별히 고려하도록 협조한다.

각 시설별 자원봉사자 지원은 자원지원부 인력지원팀을 통해 지원된다.

자원봉사자등록소는 자원집결지 입구에 설치되고 자원지원부 인력지원팀의 요원이 배치된다. 구호자원지원팀은 구호분야에 할당된 모든 자원봉사자 그룹의 활동을 조정하고 그들에게 임무를 할당한다.

도로차단, 폭설, 홍수 등 불가항력적 환경으로 인해 고립되어 있는 상황 발생시 의식주 물품의 긴급전달, 의료활동과 같은 특별한 지원요구가 있을 때, 구호자원지원팀장은 특별구호임무를 수행한다. 특별구호 임무는 대한적십자사, 소방, 경찰, 사회복지과 등의 자원을 합동으로 제공한다.

구호자원지원팀장은 재난으로 인한 대량의 실직자가 발생한 경우 대책본부의 실직자 지원프로그램과 고용정보센터의 취업정보를 제공한다.

2.3 민관협력체계

재해관리 단계별 민관협력체제가 어떻게 구성하는 것이 바람직할 것인가를 〈그림 23.2〉를 통해 설명해 보고자 한다.

각 단계별로 중요한 사회자본 지표와 민관의 공통 주요과제를 가운데에 표시하였으며, '정부-시장-시민사회간의 삼발이 의자 모델' 에 의해 시민, 기업, 정부로 나누어 각기 추진해야할 역할별로 주요 과제를 정리해 보았다.

예방단계에서는 시민, 기업, 정부가 안전문화를 정착시키기 위해 공동의 노력을 기울여야 할 것이며, 시민은 특히 안전감시활동분야에서, 기업은 안전규칙을 준수함으로써, 그리고 정부는 안전법규는 제정하고 지속적인 방재연구를 통해 안전대책을 마련하고 공영방송을 통해 국민들의 안전의식을 고취토록 해야 하며 안전도 검사를 철저히 하여 다중이용시설들의 안전을 책임지는 활동 등을 전개해야 할 것이다.

대비단계에서는 민관공동의 재해대응계획을 수립하고 민관합동 협의체를 구성하여 운영하며 민관협력으로 재해교육(합동훈련 포함)을 실시하여 대형재해를 준비하는 활동을 전개해야 할 것이다. 이 단계에서 시민조직은 구호물자 및 장비 확보, 분야별 재해구호요원 양성 그리고 장애인, 노인, 아동 등 취약층에 대한 구호프로그램 개발 등의 활동이 필요하다. 기업은 방재자원을 확보하고 피고용인에 대한 훈련을 실시하며 시설안전 점검을 한다. 정부는 구호기금을 적립하고 구호장비 및 물자를 비축하며 방재시설을 점검하고 국가안전관리정보시스템을 구축토록 한다.

대응단계에서는 민관합동재해상황실을 운영하여 각종 재해정보를 교류하면서 자원을 연계해서 활동해야 할 것이다. 시민조직은 재해현장에 봉사센터를 개설해서 각종 구호서비스를 제공하고 의연금품 등의 관리를 하게 된다. 기업은 봉사자 제공, 구호물자 제공, 재정적 지원 등을 통해 지역사회에 기여하며 피고용인의 보호를 위해 활동한다. 정부는 주민을 안전하게 대피시키고 소방, 치안, 교통대책을 마련하며 라이프라인 등의 긴급 수리를 실시하여 주민들을 보호한다.

복구단계에서는 이재민들의 생활을 회복시키고 지역 경제를 재건하기 위해 민간의 공동 노력이 전개되어야 할 것이다. 시민조직은 저소득층에 대한 자활지원이나 외국인들에 대한 지원 등 특별구호활동을 전개하며 이재민들이 조속히 생활안정을 할 수 있도록 복구활동을 전개한다. 기업은 지역 공동체의 재건을 위해 경제적으로 후원하며 정부는 도로, 다리, 공공시설 등에 대한 복구를 전개하고 이재민들의 생활안정을 위해 위로금 지급, 긴급생계금 대출, 세금 감면 등을 실시한다.

한국은 재난관리법과 지방자치단체 조례에 민간조직의 구체적인 역할이 명시되어 있지 않았으며[6] 재정적 지원도 미흡한 상황이었다. 기초자치단체의 '지역방재계획'을 통해 개별적으로 자율방재조직의 활용을 도모할 여지는 있었으나, 지역주민과 함께 재난관리를 하기보다 주민안전의식 함양에 주력하고 있는 실정이었다. 그러나 「재난 및 안전관리기본법」에서는 민간기관의 참여를 활성화하고 육성하기 위한 근거 규정을 마련함으로써 민간단체의 역할과 책임이 강화되었다.

일본은 1972년 미국의 산페르난도 지진을 계기로 최초로 소방청 방재업무계획에서 자주방재조직의 정비규정을 마련하였으며, 1995년 고베지진을 계기로 "재해대책기본법"을 개정하여

6) 재난관리법 제4조(국민의 책무) 국민은 국가 및 지방자치단체 등의 재난관리업무에 최대한 협조하여야 하며, 자기가 소유하거나 사용하는 건물 · 시설 등으로부터 재난이 발생하지 않도록 노력하여야 한다.

방재기본계획에 자주방재조직의 강화를 위해 지도자육성과 지침작성, 기자재 정비촉진을 위한 국고보조제도 신설 등 활성방안을 구체화하였다.[7] 2002년 현재 자주방재조직의 전국조직률은 57.9%로 1995년 대비 12%가 증가하였다(일본소방청, 2002).

일본은 해당지역의 '지역성'을 우선한다는 원칙하에 국가와 지방자치단체, 민간조직간의 역할분담이 명확하며, 1955년부터 국가가 기자재 정비지원 명목으로 기초자치단체에 기자재 정비비의 1/3을 지원하고 있으며, 향후 인력확보, 프로그램개발 등 소프트웨어 측면에도 지원을 계획 중이다. 또한 시정촌의 Volunteer Center를 전국 규모로 통합하여 "재해Volunteer Data Bank"를 설치, 운영하고 있다[8](신은성, 2003: p.68).

일본의 고베지진 때 구출자의 34.9%는 자력으로, 31.9%는 가족에 의해, 28.1%는 친구와 이웃에 의해 2.6%는 통행인에 의해 구출 받았다고 하여, 구출자의 95%가 민간에 의한 것으로 조사된 바 있다. 재난발생유형의 다양화, 복잡화로 공공서비스를 통한 방재효과는 한계가 있으며 자율방재조직에 의한 재난관리는 세계적으로 확대 추세이다(신은성, 2003: p.70).

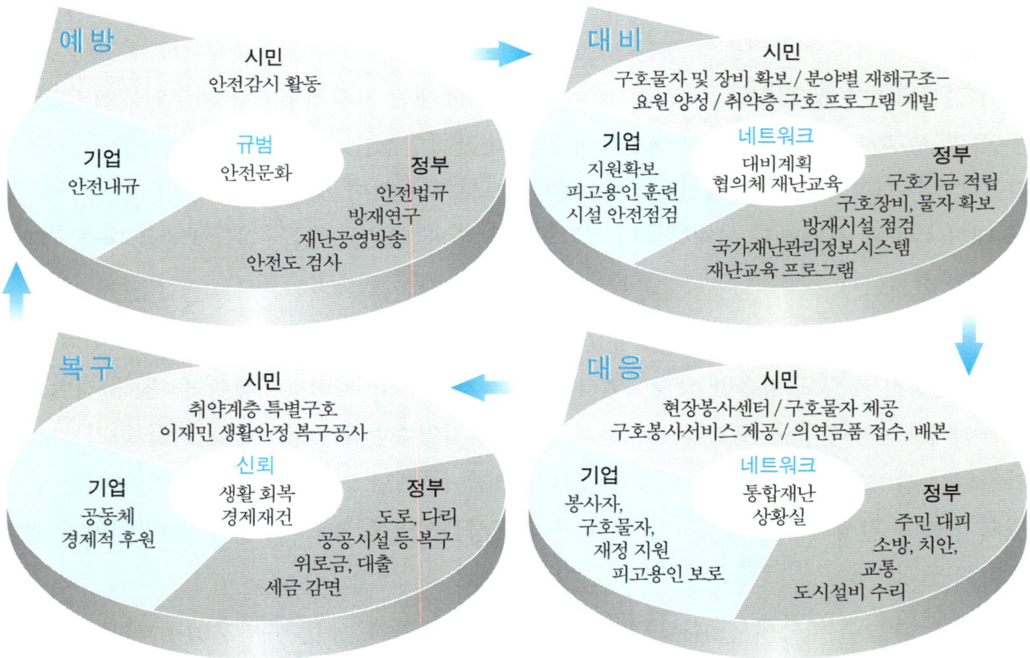

〈그림 23.2〉 재해관리 단계별 민관협력체제

자료출처 : 성기환, 2004

7) "재해대책기본법" 제5조(시정촌의 책무), 제8조(시책에 의한 방재상의 배려 등)제13호

재해지역에 대한 복구는 일차적으로 지역주민이, 이차적으로 정부가 책임을 진다는 인식과 복구에 대한 정부의 지원도 지역주민의 복구의지에 상응하는 지원이어야 한다. 지역주민이 재해관리에 참여한다고 하는 것은 개인적 차원이 아니라 비영리조직과 자원봉사조직을 통한 조직화된 참여가 되어야 하며 지역주민의 적극적인 참여 하에서 재난관리과정이 이루어 질 때 그 효과성이 극대화 될 것이다.

이재민을 위한 취로사업 지원을 비롯하여 소득증대사업, 학자금구호사업과 주택복구사업, 지하수개발사업 등 그 사업의 범위를 넓혀야 하고, 각 지역마다 재난의 종류와 내용이 다르기 때문에 각 지역의 실정에 적합한 지역별 협의체가 설립되어야 한다.

핵심지표인 사회신뢰와 관련하여 봉사단체의 구성원이 다른 단체의 구성원보다 동료시민에 대한 신뢰가 높으며 시민적 의무감도 높다. 사회운동단체와 친목단체가 관용적인 태도를 고취하는 데 우월한 조직유형이라면, 봉사단체는 사회신뢰를 높이는데 가장 적합한 결사체로 보인다. 봉사단체의 구성원은 사회신뢰와 시민적 의무감이 높을 뿐만 아니라 통상적, 비통상적 참여에 적극적이고 정치지식도 많이 보유하고 있다. 요컨대, 봉사단체가 이상적 민주시민과 사회자본을 생성하는데 가장 탁월한 기능을 수행하는 것으로 보인다(유재원, 2000). 따라서 봉사단체들을 중심으로 지역방재조직을 구성하여 현장대응능력을 갖추는 것이 중요하다.

3. 재난구호 법률

재난관리와 관련된 가장 상위의 법은 2004년 3월에 제정된 「재난 및 안전관리기본법」이 있으며, 재해구호에 직접적으로 관련된 기본법은 「재해구호법」이 있다. 지방자치단체에서 구호사업을 실질적으로 집행하는데 지침이 되는 「재해구호지침」의 순으로 체계화되어 있다. 그 외 관련법으로 「재난구호 및 재난복구 비용부담기준 등에 관한 규정」이 있고, 기부금을 모집하기 위한 근거로 「기부금품의 모집 및 사용에 관한 법률」이 있다. 또한 기타 관련법으로 「자연재해대책법」, 「농어업재해대책법」 등이 있다.

재해구호법은 구호의 종류(제4조)[9]와 구호비용의 부담(제13조), 광역자치단체의 재해 구호기금 적립 조항(제14조) 등을 규정하고 있다. 이 법에 의하면 이재민 구호의 목적은 '각종 재난이 발생하였을 때 응급적 구호를 수행함으로써 이재민을 보호하고 재난의 신속한 복구와 사회질서를 유지하기 위한' 것이다. 재해구호의 대상은 중앙지원 대상과 그렇지 않은 경우로 구분

8) 2001년 5월 17일부터 운용되었으며, 약 250단체가 D/B화되어 있고, 지방공공단체의 재해Volunteer 지원시책, 공공기관의 재해Volunteer 지원책, 재해Volunteer 단체의 활동내용 등을 게시하고 있다.

되며, 중앙지원대상이 아닌 소규모 재해 발생 지역은 구호기관이 필요하다고 인정한 경우에는 '이재민 구호기준' 에 따라 구호를 실시할 수 있다. 지방자치단체장은 지역 실정에 맞는 재해구호 계획을 수립하여야 하며, 그 내용은 응급복구 지원계획, 이재민 수용시설 및 비축물자 관리계획, 재해지역 방역 및 의료복구 계획 등을 포함하여야 한다.

구호기관은 지역별 재해발생현황 및 지역실정 등을 감안하여 필요한 재해구호물자를 상시 확보하여 응급지원할 수 있는 체제를 갖추어야 하고, 시장, 군수, 구청장은 구호활동을 함에 있어 재해구호물자가 부족한 경우에는 시, 도지사에게 지원을 요청할 수 있으며, 지원요청을 받은 시, 도지사는 그 지원요청에 대한 조치를 충분히 할 수 없는 경우에는 행정안전부장관에게 그에 필요한 지원을 요청할 수 있다. 또한, 지원요청을 받은 시, 도지사 및 행정안전부장관은 이에 대하여 최대한 지원하여야 한다. 그리고, 행정안전부장관은 구호지원기관(대한적십자사 및 전국재해구호협회 등)이 재해구호물자를 관리하기 위한 창고의 설치, 운영을 지원할 수 있다.

구호기관은 구호를 행하기 위하여 특히 필요하다고 인정하는 때에는 타인 소유의 토지 또는 건물 등을 사용할 수 있다. 또한, 구호기관은 구호를 행하기 위하여 특히 필요하다고 인정하는 때에는 의료, 방역, 급식 또는 물자의 취급을 업으로 하는 자에게 시설 또는 물자의 우선 사용 또는 판매에 관한 협력을 요청할 수 있다. 이 경우 협력을 요청받은 자는 정당한 사유가 없는 한 이에 협력하여야 한다. 또한 구호기관은 재해구호를 원활하게 하기 위하여 경찰관서, 소방관서, 군부대와 대한적십자사, 협회 등 민간재해구호관련 단체와 상호 협조하여야 하고, 이재민과 그 인근 거주자는 구호기관의 구호에 관한 업무에 협력하여야 한다.

9) 구호의 종류는 다음 각 호와 같다: 1. 임시주거시설의 제공, 2. 급식이나 식품, 의류, 침구나 그 밖의 생활필수품 제공, 3. 의료서비스의 제공, 4. 감염병 예방 및 방역활동, 5. 위생지도, 6. 장사(葬事)의 지원, 7. 심리회복 지원, 8. 그 밖에 대통령령으로 정하는 사항

2절 예방단계 구호활동[10)]

1. 안전문화운동의 개념

안전문화라는 용어는 1986년 소련 체르노빌 원자력 누출사고에 따른 원자력안전자문단(INSAG)의 보고서(Post Accident Review Meeting on the Cher Accident)에서 처음 사용되었다. 국제원자력 자문단은 안전문화의 의미를 "조직과 개인의 자세와 품성이 결집된 것으로 모든 개인의 헌신과 책임이 요구되는 것이다"라고 했으며, CCPS(미국화학공업협회)에서는 "공정안전관리를 정확히 실시하기 위해 모든 구성원이 공동으로 안전의식을 가지고 참여하는 것이다"라고 하였다(산업안전보건연구원, 1999). 1970년대의 조직풍토(organizational climate)에 관한 연구의 진전은 1980년대의 조직문화(organizational culture)에 대한 연구가 활발히 이루어질 수 있도록 바탕을 구축하였고, 안전문화라는 개념이 조직문화차원에서 개념이 정립되었기 때문에 안전문화라는 용어는 일반적으로 산업안전분야에서 적용되어 발전되었다고 할 수 있다.

그러나 본 서에서는 산업조직차원의 개념을 범 국민적 안전의식활동의 조직체계로서 국가를 설정하였으며, 안전문화활동이 산업체에서의 안전확보를 위한 사업주의 노력이라는 개념과는 다르게 국가에서 범 국민적 안전의식 확보를 위하여 민간부문에서 자발적으로 추진하는 모든 노력을 의미하는 용어로 개념을 확대하였다.

2. 안전문화운동 추진 전략

안전문화활동은

(1) 안전문화 총괄개념의 정립 및 규제방안,

(2) 교육, 캠페인,

(3) 안전시설설치 및 안전관련 시스템 구축,

(4) 실천적 안전문화운동으로서의 자원봉사활동으로 크게 구분될 수 있다.

"안전제일의 가치관이 충만되어 모든 활동 속에서 의식 관행이 안전으로 체질화되고 또한, 인간의 존엄성과 가치의 구체적 실현을 위한 행동양식과 사고방식, 태도 등의 총체적 의미"로서 안전문화를 정의한다면, 이와 같은 안전문화를 정착시키기 위해서는 정부주관의 활동과 함께 민간주도의 활동의 조화 및 활성화가 요구되어진다고 할 것이다.

10) "안전문화활동 그 지속성 확보를 위하여"(오금호 · 성기환외, 2008)에서 발췌

3. 안전문화운동 활성화 방안

3.1 안전계몽활동

안전사회를 구축함에 있어서 정부주도의 어떠한 규제로서 완결되는 것이 아니라 우리 모두의 마음속에 사고는 우연이 아니고 필연이며, 일상적 삶의 구조에서 '생명가치'가 우선이라는 의식의 전환과 실천이 필요하다. 안전사고를 줄이기 위해서는 우선 국민들에게 안전사고의 실상과 심각성을 제대로 알려 안전사고의 위험성에 대해 위기의식을 느끼게 한 후 이 위기감을 스스로 해소토록 해야 한다. 또한, 안전사고 예방을 위한 구체적 실천방안을 국민들에게 널리 알려 일상생활 속에서 체질화될 수 있도록 교육과 홍보를 담당할 '의식개혁 엘리트군'을 양성하는 것도 중요하다. 또한 범국민적 안전문화추진활동을 적극적으로 전개하여, 주민 스스로 자율성과 자구적 노력을 통해 안전문화가 조기 정착될 수 있도록 사회적 분위기를 조성해 주어야 할 것이다. 이를 위한 시민단체의 안전계몽활동은 다음과 같은 부류의 다양한 방법들이 있을 수 있다.

(1) 안전문화의 날 및 안전문화 주간을 통한 홍보활동 : 사회적 행사에 안전문화 관련 행사 마련, 안전문화주간 기간 동안 안전문화활동 관련 행사 주최 등

(2) 대국민 안전문화 교육 실시 : 시민안전교실, 안전캠프 운영, 안전체험관의 설치 등 주 5일 근무로 인한 레저생활에서 가족중심의 안전교육을 실시하는 방법

(3) 아동안전교육 활동 : 어린이 안전교육, 안전백일장 개최 등 안전에 취약한 대상이면서도 앞으로 국가를 짊어질 차세대에 대한 안전교육의 강화

(4) 문화매체를 활용한 안전의 홍보활동 : 드라마, 영화, 서적 등 다양한 문화매체에 안전관련 주제를 포함하여 주민들이 문화활동을 통하여 자연스럽게 안전의식을 향상

3.2 안전문제에 참여

안전과 관련된 문제에 있어서 시민참여의 문제가 검토되어야 한다. 이를 통해 진정으로 지방자치의 취지에 맞고 대의민주주의를 보완할 수 있다. 이를 위해서는 무엇보다 지역공동체의 문제를 책임을 질 수 있는 주민으로 거듭나야 한다. 공동체의 문제를 해결하기 위하여 무엇이 필요한지 스스로 찾아내고 이를 실현하기 위해 인적, 물적 자원을 결합하여 스스로 집행하며 지방정부가 이를 돕도록 하는 시민주도형 지방자치를 실현해야 한다는 것이다.

참여는 단순한 투표행위 외에도 시위, 집회, 캠페인, 조직가입과 활동 등 다양한 행동으로 나타날 수 있는데, 지역방재역량 강화를 위한 참여방식으로 구체화해보면 지역에 사는 주민이나 전문가들이 지방자치단체에 요구하는 행정행위나 법적근거에 대해 여러 주민들과 함께 의견

을 제시하거나 시민단체를 결성하여 자치단체에 요구하는 방식으로 이루어질 필요가 있다. 이를 위해서는 지역주민의 방재안전에 대한 의식을 고취시키고 실천할 수 있는 방안 등을 개발, 제공해주는, 즉, 지식과 정보를 바탕으로 한 지식사회의 첨병으로서 지역의 대학교수와 담당 공무원의 역할이 매우 중요하며, 고령화사회와 지역애착심의 약화를 대신해줄 수 있는 기능으로서의 시민단체와 자원봉사자의 역할이 중요하게 된다.

안전문화단체는 정부와 국민을 연결시키는 중간조직으로서 국민들로 하여금 정부의 정책을 이해하고 자발적으로 실천토록 하는 한편, 국민들의 요구를 정부에 전달하는 매개자로서의 역할을 한다.

3.3 안전봉사활동의 참여

자원봉사활동은 인간성을 회복하고 가정의 기능을 회복 · 보완하며 지역사회 공동체를 회복하고 개발하기 위한 사랑의 복지활동 즉 순수한 볼런터리즘(voluntarism; 자원복지정신)인 것이다. 시민사회의 발전과 민주주의 발전은 시민의 사회적 역할을 강조하고 있고 자아실현을 위한 욕구의 증대로 사회참여가 활발해지면서 자원봉사활동은 점차 조직적 활동으로 발전되고 있다. 초기의 자원봉사활동의 개념이 인간애를 기본으로 중간 이상의 계층이 중간 이하의 계층에게 베푸는 사회사업적인 자선의 형태이던 것에 반해, 최근에는 산업화 · 도시화로 인한 각종 사회문제를 지역사회주민이 스스로 해결하는 방법론을 모색하기 위한 지역사회개발의 개념으로 변모하고 있다. 즉 모든 사람이 자원봉사자이고 모든 사람이 수혜자인 적극적이고 종합적인 의미의 자원봉사활동으로 그 개념이 변화되고 있다.

자원봉사활동은 각종 사회문제를 해결하고 예방하는데 기여하고 있으며, 정부에서 일정수준의 지역사회발전을 위해 투자하는 노력을 자원봉사활동이 대체하게 됨으로서 공공예산의 절감효과를 기대할 수도 있다. 한편 사회적 · 환경적인 요소에 영향을 받고 또 해결에 있어서도 개인적인 노력으로는 불가능하고 집단적 · 사회적인 노력을 통해서만 가능한 지역사회문제를 주민 스스로 동참하여 효과적으로 해결할 수 있는 토대를 만든다는 관점에서 점차 그 중요성은 부각되어질 것이다. 따라서 안전문화운동의 일원으로서 자원봉사차원에서의 시민봉사의 활성화는 적극적인 노력이 필요하다고 할 것이다.

3.4 안전문화진흥법(가칭) 마련의 필요성

범국가적인 안전문화활동은 대형사고가 발생한 이후 안전에 대한 경각심을 제고하기 위한 일회성의 활동이 아니며, 범 국민적인 안전의식을 체질화하는 활동으로서 민간부문만이 또는 정부부문만이 노력해서 될 수 있는 일개 사업성의 성격보다는 제도화를 통하여 장기적으로 추진되어야 할 종합적 정책방향이라고 판단된다. 제도적 기반이 없이는 수많은 안전의식활동이 시너지 효과보다는 모래알 같이 각각 수행되다가 사라져서 국민의 관심에서 벗어나는 사회적인 비효율적 형태가 나타났다고 할 수 있다. 따라서, 안전한 사회를 구축함에 대한 국민의 여망을 현실화하기 위해서는 제도적 차원의 노력이 있어야하며, 다음과 같은 사항을 고려한 법적 근거가 필요하다고 판단된다.

3.4.1 범국가적 통합체계의 마련

범 국가적인 안전문화활동을 추진하기 위해서는 민간부문–정부부문의 통합적 체계와 전문분야로 구분된 정부부처별 안전업무에 따른 통합적 활동체계가 마련될 필요성이 있다.

① 민간부문–정부부문의 통합체계

범 국가적인 안전문화활동을 추진하기 위해서는 안전문화활동에 참여하는 모든 안전문화단체들이 안전사회를 구축하는데 참여할 수 있으며, 또 다른 한편에서는 안전문화활동이 국가차원의 재난안전정책의 중요한 축으로서 기능을 발휘하기 위한 통합적 추진계획을 마련해야 한다. 이와 같이 두가지 관점을 충족시키기 위해서는 통합적 추진계획을 정부만이 마련할 수도 없으며, 또한 민간부문에서 일방적으로 작성할 수도 없을 것이다. 따라서, 안전문화활동의 관리기능을 담당할 정부에서는 국가안전관리계획의 목적에 따른 안전문화운동의 목표를 설정하고 이를 달성하기 위한 사업목적을 제시하고, 민간부문에서는 사업목적을 달성하기 위해 개별 안전문화단체들이 수행할 세부사업을 작성하는 방법이 바람직할 것으로 판단된다.

② 전문분야로 구분된 정부부처별 안전업무에 따른 통합체계

안전문화활동을 행정안전부에서 총괄하여 주관하여 추진하고 있으나, 타 부처의 안전업무에 관한 안전문화활동을 모두 주관할 수는 없다고 판단된다. 즉, 안전업무를 담당하고 있는 재난관리책임기관[11]에서 안전문화활동을 체계적으로 추진할 필요성이 있다. 단지, 민간부문과 정부부문의 상호적 관계를 정립하는 등의 안전문화활동을 추진함에 있어서 필요한 체계는 법적 근거에 따라 추진해야 할 것이다. 다양한 전문분야별 안전문화활동의 통합체계는 업

11) 재난및안전관리기본법에서는 재난관리책임기관을 안전관련 업무를 담당하고 있는 지방자치단체 및 공공기관으로 규정하고 있으며, 각 재난관리책임기관에서는 담당업무에 대한 대국민 안전문화활동의 필요성이 있을 것이다.

무 및 명령체계의 통합이 아닌 안전문화활동 프로그램에 대한 조정으로서 이루어져야 할 것이다. 국가안전관리계획을 수립함에 있어서 안전문화활동에 대한 종합적 계획을 마련하여 다양한 전문분야별 안전문화활동이 상호관련성을 확보함으로서 시너지 효과를 발휘할 수 있어야 할 것으로 사료된다.

「재난 및 안전관리기본법」상 국가재난관리체계에 있어서 최고의 재난관리정책 · 행정계획의 심의기관은 중앙안전관리위원회이기 때문에 안전문화활동을 범정부적으로 범 부처별로 추진하기 위해서는 국무총리가 의장인 중앙안전관리위원회 산하의 분과위원회[12]로 안전문화위원회가 설치되어 각 재난관리책임기관에서 추진하는 안전문화활동에 대한 종합적인 검토 및 조정하는 기능을 부여하는 것이 매우 중요하다고 할 수 있다.

3.4.2 체계적 안전문화활동 추진계획의 수립

안전문화활동은 안전사회 구축을 위한 기반으로서 국민의 안전의식을 생활화하기 위해 다양한 주체가 다양한 활동을 추진하는 체계라고 할 수 있다. 조직체계 차원에서 획일적인 명령에 의한 사업을 추진하기에는 그 범위가 광범위할 수 있으며, 배타적 조직문화에 그 의미가 왜곡될 가능성이 있다. 따라서 안전문화활동은 안전사회 구축이라는 명제에 대하여 각 주체들이 자발적인 활동계획을 수립할 필요성이 있으며, 다양한 계획들을 어떻게 체계화하고 조정하여 상호간 시너지 효과를 만들어 낼 것인가가 범 국가적 안전문화활동의 중요한 요인이다. 즉, 부처별, 직능별, 분야별 산발적인 안전관리로 나타날 수 있는 안전사각지대를 최소화하기 위해 안전문화활동의 거대한 리더십으로서 또한 재난관리의 새로운 패러다임으로 등장한 시민단체 및 자원봉사단체와의 파트너십의 핵심으로서 안전문화활동을 견인할 안전문화종합계획의 마련이 필수적이라고 할 수 있다.

과거 1세대 안전관리는 정부에 의해 주도되는 관주도형이고, 2세대 안전관리는 민간단체 활성화에 의한 비체계적 · 비효율적 자유방임유형이라고 할 수 있으며, 3세대의 안전관리는 향후 우리가 추구해야 할 체계로서 민관의 파트너십을 기반으로 마련된 조직화되고 체계화된 민관 거버넌스형 안전관리라고 할 수 있다. 이를 위하여 범정부적 안전문화활동 추진계획 수립을 위해서는 계획단계부터 시민단체의 참여를 확보하여 자발적인 시민운동이 현실화되도록 해야 할 것이다.

12) 중앙안전관리위원회에 8개 분과위원회가 구성 · 운영되고 있으나, 각 분과위원회는 주요재난유형별로 구성되어 범 부처, 범 정부적 안전문화활동의 추진이 곤란한 실정이다.

3.4.3 안전문화활동 실천적 방안의 발굴체계의 마련

'안전문화' 라는 용어가 추상적 개념으로 인식됨으로서 안전문화활동에 대한 구체적 실천방안 마련이 미흡한 실정으로 개별적 산발적 안전문화활동으로 인하여 안전사각지대의 발생가능성을 내포하고 있었고, 실 생활속에서 국민이 체감하기 어려운 실정이다.

범 국가적 시스템 구성을 통한 시너지 효과를 형성하기 위해서는 국민이 실천할 수 있는 현실적 방안의 발굴이 필요하며, 안전문화활동 추진에 있어서 정부의 역할로서 민간단체의 활동 및 주민의 참여에 대한 다양한 아이디어와 사업추진에 대하여 필요한 지원방안을 마련할 필요성이 있다. 예를 들어, 앞의 3.1 안전계몽활동에서 소개한 문화매체를 활용한 안전문화의 홍보문제를 검토하면, TV · 드라마 · 영화 · 서적 등 다양한 문화매체는 국민의 생활 속에서 상당한 영향력을 미치고 있다. 이와 같은 문화매체에 어떤 내용의 홍보를 할 것인지는 국민의 선호도에 가장 민감한 문화 콘텐츠 제작자들이라고 할 수 있다. 따라서 문화 콘텐츠 제작자들이 안전문화의 중요성을 인식하고 그 내용을 다양한 방법으로 국민들에게 전달할 수 있도록 정부에서는 간접적으로 지원하는 체계를 마련하는 것이 가장 효율적일 것이다. 즉, 안전문화활동을 추진하는 주체로서의 민간의 활동과 다양한 유형의 안전문화 활동을 간접적으로 지원하는 주체로서의 정부의 역할의 체계적 정립방안이 확립될 필요가 있다고 할 것이다.

3절 대비단계 구호활동

1. 재난구호계획 수립

1.1 구호계획 수립 개요

행정안전부장관은 매년 구호기관 및 구호지원기관의 구호업무에 관한 계획의 수립지침을 작성하여 이를 구호기관 및 구호지원기관의 장에게 시달하여야 하며, 시장 · 군수 · 구청장은 시달 받은 수립지침에 따라 지역실정을 고려하여 매년 시 · 군 · 구 재해구호계획을 수립하여 이를 시 · 도지사에게 제출하여야 한다.

시 · 도지사는 제출받은 시 · 군 · 구 재해구호계획에 따라 지역실정을 고려하여 매년 시 · 도의 재해구호계획을 수립하여 이를 시 · 군 · 구청장에게 통보하고 그 결과를 행정안전부장관에게 제출하여야 하며, 구호지원기관의 장은 시달 받은 수립지침에 따라 해당 구호지원기관의 재해구호계획을 수립하여 행정안전부장관에게 통보하여야 한다(제5조).

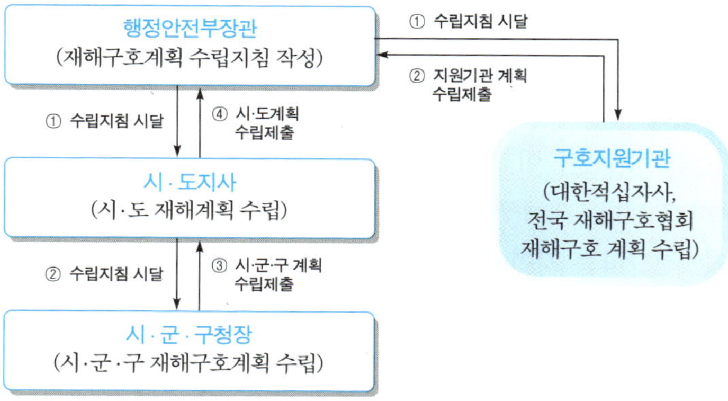

〈그림 23.3〉 재해구호계획 수립절차도

1.2 구호계획 주요 내용

재해구호계획에 포함하여야 할 사항은 다음과 같다(시행령 제4조).

(1) 구호에 필요한 조직 · 인력 및 운영체계에 관한 사항

(2) 재해구호에 대한 교육 및 훈련에 관한 사항

(3) 응급구호 · 의료지원 · 감염병관리 및 위생지도 등 보건의료에 관한 사항

(4) 구호에 필요한 물자 등의 조달(사전 구매처 지정에 관한 사항을 포함한다) · 운송 · 비축 및 관리(지원 · 배분에 관한 사항을 포함한다)에 관한 사항

(5) 심리회복 지원에 관한 사항

(6) 재해구호를 위한 군부대 · 유관기관 및 민간구호단체와의 협력체계에 관한 사항

(7) 그 밖에 재해구호에 관하여 필요한 사항

2. 재난구호 장비와 구호품 관리

재해현장에서는 구호품 전달에 대한 구호기관간 역할분담이 없고, 구호품 지출현황에 대한 상호 정보 교류가 없어 중복지급으로 인한 자원 낭비가 초래되고 있다. 태풍 루사때 실시한 감사원 실태조사에서 보듯이 과잉 중복 지급 또는 불공평한 배분 등이 지적되었다. 이것은 기관간의 물품전달에 있어 역할관계가 정립되지 못함으로 빚어지는 현상으로 볼 수 있다. 앞으로 긴급구호활동을 전개하고 있는 대한적십자사가 소규모재해 구호품 및 대형재해시 응급구호품 전달을 전담하고, 2차적으로 지원되는 재가용 구호품이나 보상비 지급 등 어느 정도 시간적 여유를 가지고 전달해도 되는 것은 전국재해구호협회와 지방자치단체 등에서 보유한 구호품을

전달하는 것으로 구호물품 전달체계를 확립해야 한다.

그리고 신속한 전달체계를 갖추기 위해서는 구호물자를 자원봉사원들을 활용하여 직접 전달할 수 있어야 한다. 인적 재해는 물론 자연재해조차도 인재로서 인식하고 정부에 대해 농성하고 있는 이재민들을 공무원들이 적절히 질서를 잡으며 구호품을 전달하는 것은 많은 어려움과 지체가 발생하게 된다. 재해구호 전문연수를 이수한 그 지역의 자원봉사자들이 이재민들에게 직접 물자를 전달하는 것이 이웃의 온정과 함께 전달되어 원활하게 구호가 이루어 질 수 있다.

현행처럼 잦은 인사이동으로 재해에 대한 이해가 부족한 직원들이 턱없이 부족한 인원으로 농축산물 피해, 산업시설 피해, 도로, 항만 등 공공시설 피해 등을 조사하는 한편 이재민 조사와 구호품 전달을 겸하고 있어 현장에서의 구호품 전달은 지체될 수밖에 없는 실정이다. 피해조사 중 긴급구호에 대한 이재민 피해조사분야만은 피해조사과목을 이수한 전문봉사원을 중심으로 실시토록 하여, 신속한 조사로서 자원봉사자들이 구호품을 전달토록 하여야 한다. 미국적십자사의 경우 500세대에 20명이상의 피해조사자격을 갖춘 봉사원을 파견시켜서 이재민들에 대한 피해상황을 수집하고 있다. 피해조사가 선결되어야 구호물자 전달이라든지 인명구조활동이라든지 신속한 구호활동이 이루어질 수 있다. 미국에서처럼 주택수리, 공공시설 복구 등에 관한 피해조사는 정부가 하고, 이재민들의 생계구호차원의 긴급구호를 위한 피해조사는 봉사원들이 수행할 수 있도록 하여야 한다.

구호품 전달에 있어서 기관간의 공조체계에도 문제가 있었다. 고립된 지역의 이재민들에 대해 신속한 구호품 전달을 위해서 헬리콥터 등을 동원할 수 있도록 관계기관이 적극 협력할 수 있는 협약이 사전에 체결이 되고 지원이 되어야 한다.

3. 구호전문요원 양성

2002년 김해시 재해복구 자원봉사활동에 연인원 2만 7천명이 참가했으나 부산광역시의 모 종교단체의 경우 김해시의 통제(1일 200명씩 순차적으로 방문 요청)를 따르지 않고 장갑, 장화 등 기본 장비조차 갖추지 않은 채 재해현장을 직접 방문(800명)하여 도착하자마자 집단으로 전염병 예방접종을 요구하는 등 부담만 주는 결과를 초래(감사원, 2003)한 것으로 조사되었다.

또한 재해복구 자원봉사활동에 대한 사전교육을 실시하지 않고 있어 대한적십자사의 적십자 봉사원 등 일부 자원봉사자를 제외한 대부분의 자원봉사자는 사전교육도 받지 못하고 준비도 없이 재해현장을 방문하여 복구활동을 방해하는 일도 발생하고 있는 것으로 밝혀졌다.

이는 재해현장에서의 구호기관 업무 수행에 대한 봉사단체들의 몰이해 그리고 현장 상황에 대한 오리엔테이션도 받지 않고 무작정 찾는 봉사자들의 자세에서 비롯되었다고 볼 수 있다. 또한 재해현장을 찾는 봉사단체들에게 적어도 오리엔테이션이라도 사전에 이루어졌어야 한다는 사실을 알지 못하고 있는 정부기관의 이해부족도 함께 지적해야 할 것이다. 미국의 재해구호교육기관(EMI: FEMA's National Emergency Training Institute)에서는 자원봉사자들을 위한 재해구호교육 프로그램을 개발하여 단체들에게 제공하여 주고 있으며, 구호교육을 이수하지 않은 봉사자들은 최소한 하루 정도의 오리엔테이션이라도 받고 현장에 배치되고 있어 우리와 대조를 이루고 있다.

방재 · 안전관리의 전문성을 배양하는 전문행정이 이루어져야 한다. 어느 부처보다도 시민들의 생명과 자산을 보호하고 국가 · 사회기반시설을 보호하는 전문행정을 펼쳐야하는 분야이기 때문에, 특히 재해는 공간적(지역적, 광역적), 시간적(계절적, 순간적) 특성이 강하게 나타나기 때문에 장기적인 관측과 대응 · 관리경험이 필요하다. 따라서 각종 공학적 전문성은 물론 기능적 통합 관리행정의 전문성이 요구된다.

전문기능을 보유한 요원들은 별도의 훈련이 없어도 임무 수행에 지장이 없겠으나, 이재민구호영역은 그 특성상 민간단체와 자원봉사자가 대부분을 담당함으로 사전 훈련이 실시되지 않을 경우 오히려 피해 주민에게 혼란만을 가중시킬 수 있다.

미국적십자사의 경우 대형재해 구호요령, 연방정부의 구호사업, 구호소 운영, 급식, 구호품관리, 재해시 홍보요령, 재해시 보건, 전산운영, 재해구호강사 양성, 가족 지원 등 50개의 과정이 73개의 강좌(3시간부터 4일간의 과정)로 개설되어 실시함으로써 연인원 2천여명이상의 전문봉사원들을 배출해내고 있다. 이 과정은 적십자사 소속이 아닌 봉사원들도 참여할 수 있으며 타봉사단체의 요청에 의해서 재해구호교육을 제공하기도 한다.

평상시 자원봉사자들에 대한 지속적인 재해구호교육을 전담할 단체를 선정하여 올바른 재해에 대한 지식과 이재민에 대한 태도, 재해봉사활동시 유의사항 등을 교육시켜야 한다. 사전에 교육이 되어 있지 않은 상황에서는 무계획적으로 찾아와 현장과 상관없이 자기 마음대로 봉사활동을 하고 가는 일들이 없어 질 수 없을 것이다. 그리고 재해현장에 따른 적절한 통제에 대해 제대로 따르려 하지 않는 일들이 줄어들지 않을 것이다.

재해발생시 자원봉사하려는 자(단체)는 사전에 신청을 받아 등록이 되어 있어야 하며 지속적인 교육을 통해 재해 현장활동에 대한 준비를 갖추어 놓아야 한다. 비상연락망 체계도 갖추어서 재해현장 상황에 따른 적절한 인력과 장비를 동원시켜 적재적소에 배치할 수 있어야 한다.

이러한 활동을 위해서는 재해구호전문기관에서 교육 등을 실시할 수 있도록 하는 제도적 장치를 마련하고 재해발생시 효과적으로 대처할 수 있는 국가차원의 사전준비체계를 갖추는 것이 바람직하다.

재해봉사활동을 신청한 단체에 대해 사전에 자원을 파악하고 재해현장에서 맡을 수 있는 업무의 성격과 범위를 단체장과 사전협약을 체결함으로써 재해발생시 신속하게 물자와 인력을 투입할 수 있는 체계를 구축해야 한다. 이를 위해서는 강제적인 방법보다는 혜택을 주는 방향으로 제도화가 되어야 하는데, 재해구호교육을 이수하면 일정시간 민방위교육 시간을 감해준다던가 교육이수 정도에 따라서 현장구호활동 운영에 주도권을 준다든가 하는 권한을 부여해주는 것이 필요할 것이다. 또한 미국에서처럼 적십자사가 방학기간 중 국공립대학 시설을 이용해서 재해구호연수원을 설치하여 운영할 수 있도록 행정적 지원을 해주는 것도 필요하다고 생각한다.

일반 자원봉사단체 및 국민들에 대한 재해구호 및 안전교육은 세계적인 재해교육 네트워크를 구축하고 있는 적십자사의 교육시스템을 활용하면 된다. 재해구호종합훈련도 적십자사가 실시해 오고 있는 이재민구호활동 중심의 재해구호훈련에 정부는 물론 일반자원봉사단체와 군도 참여하여 민 · 관 · 군 합동훈련을 정기적으로 실시함으로써 기관간의 원활한 업무협력체계를 정립해 나갈 수 있을 것이다.

4절 대응단계 구호활동

1. 긴급구호활동

구조활동 지휘체계가 일원화되지 않은 채 난맥상을 보였는데 인명구조를 종합적으로 지휘하고 통제할 구심점이 없었고 기관간 명령어, 명령체계, 무선통신 주파수가 상이하였다. 대형 재해현장에서는 정부기관만 하더라도 여러 부처가 모여 구호활동을 전개한다. 다수의 기관이 공동의 활동을 수행하기 위해서는 협의된 구체적인 활동 표준화가 이루어져 있었어야 한다. 재해상황에 따른 대응 방안을 중심으로 충분히 기관간에 협의에 의해 도출된 내용을 협정을 통해 분명하게 약속해 놓았었다면 재해현장에서의 혼란상 속에서도 질서를 지켜가며 효율적으로 공동 대응을 할 수 있었을 것이다.

재해현장에서의 활동에 대하여 업무역할이 민관간에 명확히 정립되어 있어야 한다. 그리고 정립된 내용이 협정으로 체결되어지고 그 협정 내용은 구성원들에게 충분히 숙지되어져야 한다.

위기에 대처하는 평시교육과 훈련이 없었던 것이 사고 후 구조구난에 대한 긴급대응 능력의 부실로 드러나 그 한계성이 노출되었는데 기관간에 합동훈련이 있고 봉사자들에 대한 사전 교육체계가 마련되어 있었다면 효율적인 구호활동이 전개될 수 있었을 것이다.

재해에의 대응은 재해현장의 긴급성과 위험성에 의하여 전문화되고 일원화된 통합관리체제에 의하여 운영될 것이 요구되고 있다. 그러나 조정기능의 미약, 공공조직과의 연결접점과 규칙의 미확보 등 일반적인 형성기반상에 문제점이 있는 것으로 나타나고 있다. 이와 같은 점으로 해서 재해발생시에는 현장에 참여하는 다양한 시민단체를 재해통합관리시스템으로 편입시킬 수 있는 대응체제가 이루어지지 않는 데다, 재해현장의 긴급성과 위험성에 대처할 수 있는 교육 · 훈련된 시민단체도 부족하다는 점이 시민단체의 위기상황 대처능력을 어렵게 하는 요인이 되고 있다. 대형 재해 현장에는 다양한 자원봉사자와 조직이 참여하게 된다. 그러나 한국 시민단체의 경우는 현장에서 활동할 요원이 부족함은 물론 훈련된 전문자원봉사자나 단체도 부족하고, 다양한 자원봉사자나 조직을 일원화된 재해통제시스템으로 편입시킬 수 있는 체제가 구축되어 있지 않아 오히려 현장대응활동을 어렵게 하는 요인으로 작용하기도 한다. 따라서 우리나라에서도 대한적십자사 등 사전에 훈련된 구호요원들 중심으로 한 민간참여형 긴급대응단 구축이 필요하다.

2. 긴급대응반 운영

미국에서 지역위기대응팀(CERT)은 재난 자원봉사자들의 조직으로서, 재난 대응과 진화훈련, 기초 의료 훈련과 인명구조훈련을 이수한 자원봉사자들로 구성된다. CERT는 주요 재난이 발생하였을 때, 지역별 재난 대응체계와 협력적으로 활동을 하도록 구조화되어있다.

지역자율방재조직의 성격을 갖는 CERT는 방재안전관리를 위한 응급지원 기능을 수행할 수 있는 기초 자치단체 시군구 단위의 민관합동조직이다. 이 조직은 지역특성에 따라 조직 및 기능을 변화시킬 수 있으며, 지역소방팀, 의용 소방대, 경찰 및 긴급구조 · 구난팀, 적십자사, 지역의 시민단체, 민간봉사단, 종교단체, 민간의료단 등을 포함한다. CERT프로그램은 필요한 모든 활동을 행하는 단일 팀 혹은 각각 지도자가 있는 팀으로 나누어 질 수 있으며 지휘책임자를 중심으로 적어도 3명 이상으로 구성되는데, 일반적으로 CERT의 팀 구성은 다음과 같이 이루어진다.

- CERT 팀리더(1명): 재난 현장에 대한 초기 파악 및 팀 구성원들의 적절한 활동을 결정하는 역할 수행
- 화재진압팀(2명): 팀 리더의 감독하에 지정된 장소에서 진화작업 실시
- 수색 및 구조팀(2명): 팀 리더의 감독하에 피해자 수색 및 구조작업 실시

- 응급처치팀(2명): 팀 리더의 감독하에 재난 현장에서 발견된 피해자에게 응급처치 실시
- 진료팀(2명): 팀 리더의 감독 하에 훈련받은 범위 내에서 피해자에게 의료적 처리 실시

CERT는 일반 주민들을 대상으로 재난 자원봉사교육을 실시함으로써 지역 단위의 자율적인 방재조직을 형성할 수 있도록 하고 있다.

재해의 발생시 일차적으로 피해를 입게 되는 것은 시민 본인과 가족을 포함한 동료라 할 수 있다. 본인의 재해대책능력과 현장의 특성 이해는 긴급구조와 복구가 이루어지기 전에 미국의 CERT(Community Emergency Response Team)와 같은 기구의 업무가 일차적으로 이루어질 경우, 보다 많은 피해경감효과를 기대할 수 있게 할 것이다.

특히, 재해지역이 대응능력을 상실할 경우 지역의 신속한 복구를 위해서는 민간참여형 긴급대응단 운영이 필수적이다. 민간참여형 긴급대응단은 세 가지 기준으로 구성원을 선정하여 구축하는 것이 바람직하다고 본다. 첫째, 전국적인 조직이여야 할 것이다. 전국적인 조직을 갖추어야 국가적인 대형 재해시 어디에서나 현장 대응 활동을 수행할 수 있을 것이며 전국적인 네트워크를 가지고 있어서 피해가 큰 지역에 대해 피해가 적은 지역의 단원들이 지원을 하는 것이 가능할 것이다. 둘째, 법적인 활동 근거를 가진 조직이어야 할 것이다. 대형재해가 발생하였을 때, 임의적으로 활동하는 조직은 구속력이 없어서 책임감 있는 업무를 수행하기 곤란할 것이다. 셋째로는 조직의 주목적이 재난관리 업무여야 한다. 여러 업무 중에 하나에 불과한 업무 비중도를 가지고 있는 조직은 우선순위에 밀려 충분한 재난관리를 수행할 것을 기대하기 어렵다. 세가지 기준을 충족시키는 민간단체로는 대한적십자사, 의용소방대, 민방위대 등을 꼽을 수 있다. 이들 조직은 「재난 및 안전관리기본법」, 「소방기본법」, 「민방위기본법」 등에서 재난관리 업무를 수행하도록 되어 있는 공적인 조직이면서 재난관리를 주임무로 하는 조직이다. 또한 전국적인 조직망을 갖추고 있어서 우리나라 전역에 걸쳐 활동이 가능한 조직이다. 이 조직들이 긴급대응단으로 통합적으로 운영되기 위해, 평시 지역 재해대응을 위한 협력체계를 갖추기 위한 간담회도 갖고, 교육 · 훈련 등을 합동으로 실시하고 비상연락체계 등도 구축한다면, 국가적인 대형재해시 긴급구호활동의 축으로서 중요한 역할을 전담할 수 있을 것이다. 긴급대응단에는 시민자원봉사대나 지역특성을 이해할 수 있는 해당 지역 출신의 공무원이나 전문인도 포함하는 것으로 구성하는 것도 검토할 사항이다. 이러한 긴급대응단의 일차적인 기능은 현장에서 필요로 하는 방재자원의 신속한 투입과 업무협조에 있다. 재해상황의 혼란상속에서 피해상황과 필요한 방재자원을 조사하고 구호품을 신속하게 전달하는 역할을 수행하게 된다. 또한 소방대원이 현장에 도착하기 전까지 초기 진화 작업 및 인명구조활동을 전개하

며, 소방대원이 도착하면 소방대 지휘체계에 편제되어 소방 활동을 보조하는 역할을 담당하게 된다.

5절 복구단계 구호활동 : 재난 자원봉사활동을 중심으로

1. 재난 자원봉사활동의 의의

정부는 재해가 일어날 가능성이 적다는 것 때문에 재해대비에 대한 불확실한 투자보다는 오히려 고용, 범죄나 레저, 매춘 등에 관심을 더 집중하고 있다(A.D. Heide Erik, 1989).[13] 따라서 대규모 재난 시에는 항상 일상적 대응능력의 열세성을 갖고 있어 자원봉사자의 활동이 필요하다. 특히, 인명구조를 위한 초동조치에서 자원봉사자의 역할은 중요하다. 또한 정부 보호의 사각지대 해소 및 이재민 보호 서비스 확대를 위해서도 자원봉사자 활동은 활성화되어야 한다. 그래서 정부부문에서 다루기 곤란한 취약계층에 대한 구호활동에 서비스를 확대해 나가야 한다. 고베 대지진 때에 고베일대에서는 다양한 국적의 외국인이 살고 있었으며 이들 가운데 상당수는 볼런티어 조직이 걱정 말고 상담할 것을 권유해야 할 불법체류자라는 사실이 드러났었다.[14] 지진 이후의 상황 가운데서 말이 통하지 않는 외국인들은 더 한층 심각한 고통을 겪을 수 밖에 없었다. NGO단체들은 오사카에서 "외국인 지진정보센터"를 조직하여(1995.1.22) 13개 언어로 뉴스레터를 발간하고 전화 상담활동을 시작하였다. 4월23일까지 3개월간 844명과 상담하는 활동실적을 보였다(한국언론연구원, 1995 : 181-185).

13) 주와 지방의 의사결정권자들에게 18가지의 중요 문제에 대해 등급을 매기라고 했을 때 그 우선 순위는 인플레이션, 복지, 실직과 범죄였으며 가장 낮은 등급은 홍수, 태풍, 토네이도와 지진이었다(A.D. Heide Erik, 1989).

14) 1994년 6월말 현재 공식적으로 효고현에 거주하는 외국인등록자는 한국 · 조선인 7만 862명, 중국인 1만3,334명, 베트남인 1,622명, 필리핀인 1,316명, 인도인 1,047명, 페루인 778명 등 모두 9만 8,795명이었다. 이는 불법취업자를 감안하지 않은 숫자이다. 재일동포들의 주요 생활수단이었던 「케미컬슈즈」 산업에는 이란, 방글라데시, 파키스탄출신의 불법취업자가 다수 종사하고 있었다. 특히 히가시나다에서 아마가사키에 이르는 공장지대에는 비자에서 허용된 체재기간을 넘겨 불법취업자가 되어 버린 외국인노동자들이 많은 것으로 알려지고 있었다. 나다구에는 외국인 유학생이나 시간제 노동허가를 받고 어학연수를 명분으로 입국한 취학생들이 많았다. 이들 외국인 가운데서 발생한 지진의 피해자는 약 4,500명이다. 효고현에서 공식적으로 파악된(1995.4.14 발표) 외국인 사망자를 보면 9개국 179명이었다. 그러나 불법취업자만이 아니라 90일미만의 단기비자로 입국한 사람들은 외국인등록이 되어 있지 않으므로 이들의 피해 상황은 행정기관에서도 파악이 되어 있지 않다는 점을 감안할 필요가 있다. 지진이 난 다음에 실제로 귀국하겠다고 출입국관리 당국에 출두한 불법 체류자는 158명에 달하고 있었다(1995.4.15현재)(한국언론연구원, 1995).

2. 재난 자원봉사활동의 실태 및 개선방안

군청 재난안전대책본부에 편성된 대부분의 직원들이 재난업무처리를 잘 알지 못해 업무처리에 어려움이 나타났었다. 특히 읍 · 면의 경우 읍면동 기능 전환에 따른 인력 축소로 재난관리에 더욱 취약해져 있어 책임성을 갖고 조직적으로 활동할 수 있는 자원봉사자의 참여가 필요하였다.

그리고 재난 규모 발생에 따른 업무진단을 통해 업무 폭등에 따른 대체인력 소요량을 추정하고 이에 따른 자원봉사 인력확보 방안을 강구해야 할 것으로 판단되었다.[15]

현장 구호활동의 원활한 수행을 위해 자원봉사단체 활용에 대한 체계[16]를 갖추어야 하나 군청 및 면사무소에서는 재난관리에 따른 업무 폭등으로 자원봉사자들간의 협력회의의 장을 마련하거나 자원봉사자들간의 역할분담과 조정을 수행하기는 사실상 어려운 일이다. 따라서 재난발생 이전에 간담회를 개최하여 협력체계를 갖추어 놓아야 하며, 재난상황 발생시에는 재난단계별로 단체들 특성에 맞는 역할이 부여되어 봉사단체들을 중심으로 자치적으로 운영할 수 있어야 할 것이다.

이러한 경향은 인적 재난시에도 마찬가지였다. 2003년도에 대구지하철참사가 발생하였을 때, 지하공간이라는 특수한 점 때문에 자원봉사의 활동이 화재 복구에 직접적으로 참여하지 못하고 화재수습관계자나 유가족들의 편의 제공에 집중이 되었다. 사고의 초기에는 음식물 지원과 같은 급식봉사 활동이 주를 이루었다.[17] 자원봉사 전체 활동기간 동안 음식 지원 및 급식봉사가 참사 후 며칠 동안 집중되다가 급격히 줄어들었고, 많은 자원봉사 단체들이 주로 급식이나 음식 지원 봉사를 준비하였으나 초기에 이러한 단체가 많이 몰렸기에 활동의 중복이 이루어졌다.[18] 이러한 현상으로 여러 단체들이 철수하는 경향이 나타났고 지속적인 자원봉사의 활동이 꾸준히 이어지지 못하였다. 자원봉사단체의 적절한 투입 등의 관리와 지원이 적절히 이루어졌더라면 한 기간에 집중적으로 몰리는 현상이 나타나지 않았을 것이다(이재은 · 양기근, 2004: 357-358).

15) 재난란 "많은 사람들이 자신들이 익숙하지 않은 환경에서 일상적으로 하지 않는 일을 신속하게 해야 하는 상황이다" (Tierney, 1985a:77).

16) 태풍 루사 당시 강원도에서 활동한 봉사자들의 참가 형태를 보면 1,860개 단체에서 95,642명이 참여했고, 개인은 11,274명, 학생은 19,359명으로 단체 참가자가 많았다. 강원도가 실시한 설문조사에 의하면, 응답자인 284명의 절반 가까이인 45.4%는 단체로 참여한 것으로 나타났고, 직장 동료와 함께 참여한 비율이 27.1%를 차지했다. 직장 동료와 함께 참여한 부분을 단체로 참여한 것으로 간주하면, 단체 참여 비율은 전체의 72%를 넘으므로 대부분의 자원봉사 활동이 단체 중심으로 이루어지고 있다고 볼 수 있다(이재은 외, 2006). 따라서 이재민구호를 위해 단체들간의 연계와 조정이 매우 중요하다는 것을 알 수 있다.

17) 기타활동으로는 보급품 지원, 유가족을 위한 청소, 격려, 간병, 금융지원 상담, 주차안내, 성금접수 등이 있었다.

또한 수해 현장 거주의 자원봉사자들은 본인 자신이 수해를 입는 경우가 많아 봉사활동에는 한계가 있어 외부 자원봉사자들의 지원과 협력을 체계적으로 운영할 수 있는 시스템을 개발하고 보급할 필요가 있었다. 또한 재난현장 구호시스템을 개발할 때에는 비전문가들도 쉽게 활용할 수 있도록 가능한 처리 절차를 단순화하도록 해야 할 것이다.

초기의 고립된 지역을 중심으로 가장 긴급한 상황을 언론이 집중 방영함에 따라 한동안은 생수와 라면이 넘쳐날 정도로 초기 비상식량에 편중된 불균형적인 공급이 지속되는 현상을 볼 수 있었다. 따라서 구호품에 대한 시기별 필요 품목에 대한 안내 방송을 통해 이재민들의 욕구에 맞는 구호품이 공급될 수 있도록 하여야 할 것이며,[19] 특히 기업체나 종교단체 등이 대규모로 구호품을 전달하고자 하는 경우는 수해지역 행정기관이나 현지 활동하고 있는 대한적십자사나 자원봉사센터 등 봉사단체를 통해 현장에서 필요한 품목을 확인하고 공급할 수 있도록 해야 할 것이다. 또한 평소 기업체와 봉사단체간에 상호 협력에 대한 협약을 체결하여 재난을 대비해 나가는 노력도 필요하다.[20] 재난시에는 인류는 다 같은 형제이고 가족이라는 정신으로 근처의 사람을 구한다는 사고를 바탕으로 주민과 기업과의 협력관계를 고려해야만 한다. 금후의 자주 방재는 기업과의 협력관계와 기업간의 협력관계를 어떻게 만드는가가 중요하다 할 것이다(三船康道, 1998).

이재민수용소 운영에 있어서도 개선이 필요하였다. 일반적으로 선진국에서는 민원이 많이 발생하게 되는 재난현장에 재난관리에 책임이 있는 공무원들이 직접 관리하기 보다는 주민자치를 통해 그리고 자원봉사자들을 통해 지원함으로써 민원 발생을 최소화하고 있다. 이런 측면에서 진부고등학교에 마련된 수용소에서 주민 자치나 자원봉사자를 통해 수용소 지원을 하

18) 2003년 2월 18일 대구지하철 화재 이후 70여 일간 72개 단체가 자원봉사에 참여하였다. 사고당일 대한적십자사 대구지사 자원봉사자와 대구광역시여성회관 자원봉사자, 그리고 대구광역시 종합자원봉사센터와 중구자원봉사센터 등이 응급구조에 나선 소방대원과 경찰들을 위한 급식과 간식 및 음료를 제공하였으며 사고 다음날에 시민회관 소강당에 사고대책본부와 분향소가 마련되면서 지역의 수많은 자원봉사단체와 종교단체, 그리고 기업자원봉사자들이 자원봉사활동에 참여하였다. 뿐만 아니라, 진료, 투약, 전문상담, 통신서비스, 산소공급 등의 전문적인 자원봉사활동도 이루어졌다(여명길 외. 2003: 891).

19) 재난발생 후 지역별, 피해상황별, 지원시기에 따라 필요 구호품목이 다른데 초기에는 비상식품으로 생수와 라면(혹은 우유와 빵) 등이 필요하고, 응급구호품(의류, 담요, 일용품)이 지원되어야 하며 귀가가 가능하게 된 이재민에게는 쌀, 부식, 가스렌지, 취사용구 등이 필요하다. 기본적인 응급구호품이 지급된 후에도 갈아 입을 속옷, 티셔츠 등 의류가 보충되어져야 하며 신발, 양말, 분유, 기저귀, 생리대 등 개별구호품이 지급되어져야 한다. 특히 고립된 지역의 경우는 정전으로 인해 양초가 필요한데 평소 창고에 장기 비축하기에는 어려움이 있으므로 랜턴형 형광등을 보관하면 좋을 것이다. 혹은 정전으로 인한 두려움으로 마을회관이나 큰 집에 모여 있는 경우가 많으므로 이동용 발전기를 제공하는 것도 필요하다고 생각한다.

20) 종래의 자주방재 활동은 주민이 행하는 것으로 생각되어 왔지만 한신, 아와지 대지진의 교훈으로 지역의 기업과의 협력관계가 부상되었다. 예를 들면, 기업의 자위소방대가 근린 화재 시에 출동하여 초기 소화 활동에 임한다면 주변의 주민들에게는 큰 도움이 된다. 24시간 가동하고 있는 공장이라면 더욱 큰 기여를 할 것이다. 또 기업에 있어서 주변의 화재를 진화시키는 것은 연소를 방지하는 것으로 되고, 그것이 자기 회사의 안전으로 연결된다.

고 있는 것은 바람직하였으나 이재민 등록이나 구호품 관리 등이 체계적으로 운영되는 데에는 미흡하였다. 앞으로 이재민 수용소 운영 매뉴얼을 개발, 제작하여 자원봉사자들이 체계적으로 재난현장에서 활용할 수 있도록 하여야 할 것이다.

진부면 체육공원 콘테이너에 입주해 있는 이재민 대표는 지원에 대해 설명을 듣거나 상담을 하기를 원하지만 적절한 안내를 해주는 공무원이 없다고 호소하기도 하였다. 또한 정부 발표는 평창군에 8천 8백억 원을 지원하다는 데 왜 우리에게는 돌아오는 것이 얼마 안 되냐고 묻기도 하였다. 언론을 통해 지원 규모가 발표되면 이재민들은 그 돈이 자신들에게 모두 오는 것으로 착각하여 기대치는 높아지는데 실상은 얼마 안되므로 실망이 크다는 것이다. 이재민들에게 정부 지원에 대한 충분한 설명을 제공하여 오해를 불식시키고 신뢰를 형성토록 하기 위해 상담봉사원을 양성하여 배치할 필요가 있었다.[21)]

재난피해자 지원 자원활동 관리는 전체 재난 관리 과정에 따라 예상되는 재난과 관련된 문제에 따라 적절한 행동을 수행할 수 있도록 이루어져야 한다. 포괄적인 자원활동 관리는 지역사회가 재난에 잘 대처하고 조직될 수 있도록 한다. 잠재적인 자원봉사자들에게 재난관리체계를 교육하고 경험이 많은 자원봉사자가 될 수 있도록 훈련한다. 효과적이고 잘 기획된 자원활동 관리는 각각의 재난대응 과정에서 자원봉사자들의 에너지가 활성화 될 수 있는 기회를 창출한다.

자생적인 재난 자원봉사자들의 역량은 중요한 재난대응 자원으로 전환될 수 있다. 그러나 잘 조직되고 체계화되지 않으면 오히려 재난대응요원들에게 짐이 될 뿐 아니라 자원이 낭비되는 결과를 초래한다. 재난 지역의 요구를 평가하고 연계될 자원활동의 내용을 예측하고 자원활동에 참여할 사람들을 예측한다. 그러나 자원활동을 희망하는 잠재적 자원활동희망자 가운데 적절한 기능의 인력을 예측하는 것은 쉽지 않다. 따라서 이전의 유사한 재난경험과 자원봉사활동의 연구 자료를 통해서 근거를 마련한다.

우리나라 재해구호 체계의 가장 큰 문제점은 구호관련 민간 조직들의 활동 간에 조정과 연계가 매우 미흡하다는 점이다. 대한적십자사나 전국재해구호협회, 그리고 자원봉사센터와 같은 전국

21) 태풍 "매미" 이재민 대상으로 재난구호자원봉사활동에 참여한 자원봉사자의 활동 중 가장 많은 도움이 되었던 활동에 대해 설문조사한 결과, 전체 응답자 567명 중 387(68.2%)명이 '직접적인 피해복구 활동'이었다고 응답하였으며 다음으로는 88(15.5%)명이 '이재민들을 위로하고 격려한 점'이라고 응답하였다. 이는 직접적인 피해복구 활동만큼이나 이재민들에 대한 자원봉사자들의 위로와 격려가 많은 도움이 되고 있음을 알 수 있다. 그러나 현실적으로 대부분의 자원봉사활동이 노력봉사 중심으로 이루어지고 있으며 이재민과의 접촉이 그리 많이 이루어지고 있지 않기 때문에 이재민에 대한 위로와 격려 등의 심리적 지원은 활발하게 이루어지고 있지 못하다. 따라서 이러한 심리적 지원에 대한 필요성이 더욱 커진다고 볼 수 있다(전국재해구호협회, 2004).

조직들은 나름대로의 활동체계와 구조에 따라 구호활동을 실시하고 있으나, 이 두 조직도 상호 밀접하게 연계되어 활동하고 있다고 보기는 어렵다. 게다가 전국재해구호협회는 지역조직 없이 전국단위의 중앙조직만으로 구성되어 있기 때문에 실제 구호활동은 지방자치단체 등 공공조직을 통하여 이루어지고 있기 때문에 활동의 신속성과 효과성이 떨어지는 문제를 안고 있다.

이러한 조직들 외의 일반적인 자원봉사단체나 기관, 각급 학교의 학생들로 구성된 자원봉사단, 교회나 사찰의 자원봉사자, 그리고 개인적으로 활동하는 자원봉사자들의 활동들의 조정이나 연계상태는 더욱 좋지 않다. 물론, 2002년의 태풍 "루사"와 2003년의 태풍 "매미"의 피해로 인한 재해구호과정, 그리고 2003년 대구지하철 화재참사 사건 당시, 해당 지역의 지방자치단체를 중심으로 자원봉사활동 조정이 이루어지지 않은 것은 아니지만, 주민들의 요구와 자원봉사자들의 특성, 그리고 전문가의 판단 등을 기초로 한 효과적인 서비스 연계나 조정은 매우 미흡하였던 것으로 판단된다. 전국재해구호협회(2003)에서 자원봉사센터의 실무자들과 구호담당 공무원들을 대상으로 실시한 조사에 따르면, 자원봉사활동이 일원화되지 않음으로 인해 문제가 많다는 것을 지적하고 있다.

이렇게 구호활동 상의 조정과 연계가 잘 이루어지지 않음으로 인해 여러 가지 문제가 발생하는데, 이 중 가장 심각한 문제는 재해지역이나 대상, 시기에 따라서 구호물품이나 자원봉사 등 도움이 중복되거나 부족한 문제가 발생하는 것이다. 서비스의 중복은 자원배분에 있어 효율성이 떨어지는 것을 의미하기도 하지만, 특정지역에서의 중복은 다른 지역에서의 서비스 부족과 맞물리는 경우가 많기 때문에 구호활동에서의 공정성(fairness)의 문제가 될 수도 있다. 실제로 재해 피해자들을 만나보면 이러한 문제가 지역 주민들 사이에서 상당히 심각하게 발생하고, 이로 인해 지역 주민들 간의 화합이나 연대가 파괴되는 일도 적지 않은 것으로 나타났다.

서비스의 중복은 행정기관에 대한 불신으로 이어진다. 상당 부분의 재해 구호물품이 지방자치단체를 통해 전달되는 우리나라의 재해구호체계 하에서 물품 지급의 중복이나 부족은 이 일을 담당하고 있는 지방자치단체나 공공기관에 대한 주민들의 불신을 야기 시킨다. 특히, 구호품을 배분하는 일을 맡고 있는 일선 행정조직의 공무원들이나 마을 이장들에 대한 불만이 결국은 지방행정조직에 대한 총체적인 불만으로 확대되어 지자체에 민원을 급격히 증가시키는 원인이 되는 것이다. 이는 재해구호과정에서 발생하는 문제가 불필요한 행정비용을 야기할 수도 있다는 것을 의미한다.

재해구호물품의 배분을 지자체나 공공행정조직이 담당하는 것도 문제를 일으킨다. 우선, 공무원들은 행정의 책임성과 공정성을 유지하기 위해 구호물품의 배분에 있어 지극히 관료주의적인 결정을 내리는 경우가 있다. 예를 들어, 피해주민의 수보다 적은 수의 물품이 접수되면

공정성의 문제가 야기될 것을 우려하여 아예 배분을 하지 않는다든지, 나머지 물품이 도착할 때까지 기다렸다가 배분하는 경우가 많다. 이것은 구호활동에 있어 공정성을 유지하는 의사결정은 될 수 있어도, 신속성과 효과성 측면에서는 상당한 문제를 야기한다. 실제로 재난을 경험한 피해자들의 가장 큰 불만 중 하나는 구호활동이 신속하게 이루어지지 않는다는 점이다.

구호활동에 있어서의 조정과 연계의 부족은 자원봉사자들의 활동기간과 관련되어 있다. 대부분의 자원봉사자들은 재난 발생 직후 피해지역으로 와서 구호활동을 전개하기 때문에 이들 중 상당수는 2~3일 이내에 구호활동을 마치고 돌아가게 된다. 그러다 보니, 구호활동에 있어 응급구호에 비해 사후 복구활동이나 일상생활로의 복귀를 위한, 혹은 일상생활로의 복귀 이후의 문제들을 돕는 구호활동은 상대적으로 부족하게 된다.

구호활동들 간의 조정은 다양한 성격의 조직과 기관, 그리고 단체들의 활동을 유기적으로 조직화함으로써 활동의 효과성을 높이기 위한 것이다. 이러한 관점에서 볼 때, 기업의 재해구호활동은 중요한 문제를 나타낸다. 우리나라에서 주요 기업들이 재해구호에 있어 중요한 역할을 하고 있는 것은 사실이지만, 때로는 이들은 자사의 이미지나 홍보효과에 지나치게 관심을 갖는 것도 사실이다. 이러한 기업의 행태는 한편으론 자연스러운 것일 수도 있으나, 이러한 태도가 재해구호활동의 장애가 되는 일이 있어서는 안 된다. 결국, 기업의 활동도 전체 구호활동의 체계 내에서 반드시 조정되고 연계될 필요가 있다는 것이다.

한편, 재난 발생 시 전문지식과 경험을 갖춘 자원봉사자의 역할이 매우 중요한데, 이러한 자원봉사자들을 확보하고 재난시 효과적으로 동원하는 것이 잘 이루어지지 않는 것도 문제이다. 재난이 발생하면, 각종 전문인력과 장비가 동원되는데, 이렇게 동원된 인력과 장비의 효과적 배분과 활용관리가 이루어지지 않는다. 재난 피해를 최소화하고, 신속하게 대응하기 위해서는 다양한 종류의 인력과 기계 · 장비 등을 요구하고 다른 행정구역의 협력이 필요하다. 재해의 종류에 따라 특수 장비의 필요시에 어떻게 준비하느냐도 중요한 문제이지만 어떻게 효과적으로 관리하느냐의 문제도 중요하다. 다양한 자원봉사자의 능력과 기술을 단시간 내에 효율적으로 활용하는 방법도 고려해야 한다. 자원봉사자들은 각 개인의 보유기술이나 능력이 천차만별이다. 예를 들어 구조나 복구작업의 일부를 맡길 때 얼마나 능숙하게 해낼 수 있는지 예상하기 힘들다. 이를 위해 각자의 능력과 의사에 따라 사전에 역할을 배분하고 교육시키는 것이 필요하다.

제24장 | 재난보험

우리의 생활이 급격히 발전하면서 상호 연계성을 갖게 되어 기업은 물론 개인이나 국가도 각종 위험(risk)에 대비해야 할 필요성이 증가하고 있다.

일반적으로 위험이란 손해의 가능성 또는 불확실성으로 정의하고 있으며, 손해란 원치 않는(undesirable), 비의도적인(unintentional) 가치의 소멸 또는 감소를 의미한다. 따라서 위험을 관리한다는 것은 인명 및 경제적 가치의 소멸 또는 감소의 가능성을 제어함을 뜻하게 된다.

이러한 위험관리의 수단으로는 크게 위험의 회피, 위험의 보유, 위험의 전가나 손해의 통제로 나누어 볼 수 있는데 보험은 위험의 전가방법으로 가장 효과적이고 일반적인 수단이 된다.

보험은 여러 가지 위험을 많은 사람이 공동으로 부담함으로써 개개인의 위험 부담을 줄이고자 하는 것으로서 우연한 재해, 사고, 사망, 손해로 인해 한 순간 목돈이 들 경우를 대비하기 위해, 많은 사람이 미리 일정한 보험료를 적립해 두었다가 사고를 당한 사람의 수요에 충당하게 하는 제도를 말한다.

보험에 대한 정의는 여러 가지가 있으나 전통적 개념과 현재의 개념을 모두 만족할 만한 것은 없다. 그러나 대체적으로 '보험이란 동일한 위험을 가지고 있는 경제 주체 다수가 모여 위험집단을 이루어 커다란 위험을 확실성으로 전환시키고자 하는 사회경제적 제도이다' 라고 말할 수 있을 것이다.

또한, 보험이란 위험(risk)에 대처하기 위해서 존재하는데 손해보험이 대처하고자 하는 주 대상은 경제적 위험이다.

홍수, 폭풍, 태풍, 해일, 지진, 산림화재 등 재난에 대한 위험의 특징으로는 발생확률보다 손해의 정도가 크다는 점이다. 특히 자연재해의 경우 예방이 어렵고 피해범위가 광범위하기 때문에 보험으로 위험을 전가하거나 회피하기 어려워 과거에는 보험의 대상이 되지 못하였으나 최근에는 어느정도 예측하여 예방을 하게 되고, 재해의 위험 크기와 빈도를 측정할 수 있게 되었으며, 한편으로는 국가의 보상 제도를 대신 하는 것으로 보험제도를 활용하고 있는 추세이다.

이 장에서는 보험의 기본적인 개념과 특성, 위험관리 방법과 절차, 재해와 관련된 국내 보험제도에 대해 서술함으로서 방재학에 입문하거나 전공한 사람들이 재무적 측면에서 위험을 관리할 수 있는 소양을 갖추고 나아가 실무에 활용할 수 있는 기반을 제공하고자 하였다.

1절 보험대상

보험은 순수위험을 그 대상으로 하고 있으나, 모든 순수위험이 보험으로 처리되는 것은 아니다. 실제에 있어서 일부 위험은 합리적인 가격으로 보험 처리할 수 없는 것도 있으며, 현실적인 여러 이유 때문에 보험자는 보험청약자가 자신들에게 전가하려고 하는 위험을 인수하지 않기도 한다.

순수위험이 민영보험으로 처리되기 위해서는 아래 언급한 몇 가지 요건이 먼저 충족되어야 한다. 그러한 위험 특성들이 보험가입 대상이 되는 위험 즉, 부보대상 위험의「이상적인」 요건이기 때문에 이들 요건을 모두 갖추는 것이 바람직하겠지만, 이들 요건이 절대적인 것은 아니다.

보험가능위험의 요건 중 일부 또는 하나의 특정 요건만을 갖추고 있는 경우에도 보험으로 처리되기도 한다. 보험가능위험과 불가능위험을 구별하는 특징을 일률적으로 규정할 수 없을 뿐 아니라, 인간에 의해 운영되는 동태적인 사업이므로 예외가 보편화되어 운영될 수 있기 때문이다. 따라서 보험가능위험의 요건이란 절대적이고 필수적인 원칙이 아니라 이상적인 표준이나 지침으로 간주되어야 한다.

보험가능위험(보험사고)의 이상적인 요건을 요약하면 다음과 같다.

① 다수 동질의 위험(a large number of homogeneous exposure units)

② 위험의 독립성(independence among exposure units)

③ 우연한 손해(fortuitous loss)

④ 확정 및 평가 가능한 손해(determinable and measurable loss)

⑤ 대재난(大災難)손해가 아닌 손해(no catastrophic loss)

⑥ 계산가능한 손해의 확률(calculable chance of loss)

⑦ 합리적 보험료(reasonable premium)

1. 다수 동질의 위험

보험가능위험의 첫째 조건은 다수의 동질하거나 유사한 위험이 존재하여야 한다는 것이다. 이것은 보험자가 대수의 법칙을 기초로 하여 손해를 보다 정확히 예측하기 위한 것이다.

손해를 발생시키는 유사한 특성을 가진, 즉 손해의 발생빈도와 심도가 유사한 동질의 손해노출 위험이 등급별로 단체화되고, 그 등급 내에 충분한 다수의 손해노출 위험이 존재하는 경우에 보험자는 손해의 평균 빈도와 심도를 정확히 예측할 수 있다.

이질적인 위험들이 포함되어 있는 경우 보험자가 손해의 빈도와 심도를 정확히 예측할 수 없다. 목조 가옥과 블록 가옥과 같이 구조가 다른 건축물 및 공장, 교회, 학교, 아파트 등 용도가 다른 건물들이 하나의 등급에 포함되지 않는 이유가 여기에 있다. 모든 건물을 하나의 위험으로 동일한 보험료를 부과한다면 공평성은 낮아 질것이며, 부당함을 느끼는 피보험자들은 보험가입을 회피하게 되어 상대적으로 위험이 높은 피보험자들만 남는 역선택 현상이 나타나게 된다.

한편, 인공위성 프로그램, 올림픽 게임, 특정 피아니스트나 선수의 신체 일부와 관련한 보험상품 등은 하나 또는 소수의 손해노출단위로서 다수의 동질위험 요건을 파기하고 있다. 특히 컴퓨터 기술의 발달로 판단요율이나 경험요율의 적용을 용이하게 함으로써 소수의 동질위험 또는 다수의 이질위험들이 보험에 가입될 수 있고, 손해노출 위험에 대한 보험자의 포트폴리오가 아주 충분하고 다양한 경우에는 여러 가지 독특한 위험들도 보험에 가입될 수 있다.

2. 위험의 독립성

위험들이 각각의 손해에 대해 독립적으로 노출되어야 한다. 어떤 피보험자의 손해나 사고가 다른 피보험자들의 손해발생확률이나 그 손해의 심도에 영향을 미치지 않도록 위험들이 독립적이어야 한다는 것이다. 이 요건 만으로는 보험을 가능하게 하는 것은 아니며, 대수의 법칙이 적용되지 않으면 독립성의 요건도 필요 없게 된다.

독립성의 요건이 구비되지 않는 경우 보험은 경제성을 잃게 되어 보험불가능위험이 될 수도 있다. 다시 말하면 손해의 의존관계에 기인한 대재난의 잠재력 때문에 보험보장이 너무 비싸게 되어 보험에 가입될 수 없게 된다. 그러나 의존관계가 합리적으로 정확하게 측정될 수 있으면 적절한 보험가격이 부과된 보험보호가 제공될 수 있다.

3. 우연한 손해

보험가능위험이 되기 위해서는 그 위험의 결과로서 손해가 우연한 것이어야 한다. 손해는 우발적이고 비의도적이어야 하고, 피보험자가 통제할 수 없는 것이어야 한다. 우연한 사고의 결과로서 손해는 발생할 수 있거나 발생하지 않을 수도 있는 것이며, 발생이 확실한 손해가 아니라는 것을 의미한다.

우연한 사고에는 화재나 태풍과 같이 발생 자체가 명확하지 않은 경우와 사망과 같이 발생은 확실하지만 그 시기가 명확하지 않은 경우가 있다. 따라서 방화, 자살과 같이 보험가입자의 고의로 인해 발생하는 사고는 보험의 대상이 되지 않으나, 최근 보험가입 후 정한 기간 내에 자살하지 않은 경우 보험금을 지급하는 상품도 개발되고 있어 우연성에 대한 정의가 점차 모호해지고 있다.

만약 장래 어떤 사건의 발생이 불가피한 것임을 아는 경우, 보험자는 지급하여야 할 확실한 손해에 해당하는 금액을 추가한 보험료를 부과하여야 한다. 따라서 감가상각이나 자연소모와 같은 확실한 손해와 고의적으로 일으킨 손해는 보험으로 처리될 수 없다.

여기에서 손해는 피보험자의 입장에서 우발적일 필요가 있다. 타인에 의해 고의적으로 초래된 손해도 피보험자의 입장에서는 우연한 손해이며, 보험보호를 필요로 하기 때문이다.

우연한 손해의 요건이 필요한 이유는 다음과 같다.

① 만약 고의적인 손해가 지급된다면 도덕적 위험상황(moral hazard)이 증가하고, 그 결과 보험료가 인상될 것이다. 보험료의 현저한 인상 결과는 상대적으로 소수의 사람들만 보험을 구매하게 되고, 보험자는 장래의 손해를 예측할 수 있는 충분한 다수의 동질 위험을 확보할 수 없게 된다.

② 대수의 법칙이 무작위의 사건 발생을 기초로 하고 있으므로 손해는 우발적이어야 한다. 고의적인 손해는 그 손해가 언제 발생할 것인가를 피보험자가 알고 있기 때문에 무작위의 사건이 아니다. 장래의 손해는 과거의 손해경험통계를 기초로 예측되기 때문에 다수의 고의적인 손해 또는 무작위가 아닌 손해가 발생한다면 장래의 손해 예측은 매우 부정확하게 될 것이다.

③ 고의적인 손해가 보험으로 처리되는 경우 사기나 방화와 같은 행동을 조장함으로써 공공질서와 선량한 풍속을 해칠 염려가 있기 때문에 피보험자에 의해 야기된 고의적인 손해는 통상적으로 보험으로 처리가 불가능하다.

4. 확정 및 평가 가능한 손해

보험 대상이 가능한 위험이 되기 위해서는 손해가 확정되고 평가될 수 있어야 한다. 이것은 손해가 원인, 시간, 장소 및 금액에 관하여 한정적이어야 한다는 것을 의미한다. 이것은 손해사정문제를 최소화하고 정확한 손해예측을 가능하게 하기 때문이다.

손해가 발생한 경우 보험자는 손해 또는 사고가 보험계약에 의해 보상되는 것인지 또는 보상된다면 보험자는 얼마를 지급하여야 하는 것인지를 결정하지 않으면 안 된다. 손해의 원인이 무엇이고 손해가 언제, 어디에서 발생하였는가에 관한 의문이 적으면 적을수록, 손해정산과정에서 분쟁은 적게 발생하며, 보험계약에서 규정한 보상액에 대한 문제가 많으면 많을수록, 분쟁과 불만 및 클레임정산비용은 더욱 더 많아질 것이다.

직업병이나 감정적 가치(sentimental value)는 손해액의 결정과 평가가 곤란하기 때문에 문제가 된다. 감정적 가치는 주관적이며 평가가 불가능하지만 금액에 대해 보험자와 사전에 상호합의하고 보험증권에 그것을 명시한 경우에는 보험가능위험이 된다.

5. 대재난 손해가 아닌 손해

보험가능위험의 다섯째 요건은 대재난 손해(catastrophic loss)가 아니어야 한다는 것이다. 이것은 대부분 또는 모든 손해 노출대상들이 동시에 손해를 입지 않아야 한다는 것을 의미한다. 어떤 등급 내에 있는 대부분의 손해노출체가 동시에 손해를 입는다면 손해의 결합(pooling)과 분담(sharing)이라는 보험의 기본 원리가 작용할 수 없기 때문이다.

대재난손해가 발생한 경우 감당할 수 없을 만큼 보험료가 증가하고, 소수의 피보험자가 입은 손해를 전체의 손해노출집단이 분담하는 보험기법이 더 이상 적용되지 못하게 된다. 민영보험에서는 재보험과 손해노출체의 광범위한 지리적 분산을 통하여 위험의 집중을 피하고 대재난 손해의 가능성을 감소시킬 수 있다.

6. 손해 확률 계산

보험가능위험이 되기 위해서는 손해의 확률이 계산될 수 있어야 한다. 화폐가치로 예상손해를 계산할 수 있어야 한다. 보험자는 장래의 손해에 대한 평균 빈도와 심도를 어느 정도 정확히 계산할 수 있어야 한다. 이 요건은 보험기간중의 모든 보험금과 사업비를 지불하고 이익을 실현할 수 있는 충분하고 적절한 보험료를 부과할 수 있기 위해서 필요하다.

보험요율은 장래의 예측을 기초로 하고, 장래의 예측은 예상된 손해의 확률을 기초로 한다. 어떤 손해에 대한 확률은 주관적으로 결정될 수도 있지만, 대부분의 손해확률은 과거의 경험통계를 기초로 객관적으로 계산되어야 한다.

어떤 종류의 손해는 손해확률이 정확히 측정될 수 없기 때문에 보험으로 처리하기가 어렵다. 예를 들면 홍수, 전쟁, 주기적 실업 등은 비정상적으로 발생하여 손해의 평균빈도와 심도에 대한 예측이 곤란하다. 따라서 이들 손해들은 보상한계 범위를 정하거나 정부의 보조를 필요로 하게 된다.

7. 합리적인 보험료

보험료가 경제적으로 적합하여야 하며, 과거 이력이나 위험관리 상태에 따라 할인과 할증이 적합하게 반영되어야 한다. 보험자의 입장에서는 시장성이 필요한데 피보험자가 잠재적 손해의 처리비용, 즉 보험료를 지급할 수 있는 여력과 다수의 선호가 있어야 한다.

보험이 피보험자에게 경제적으로 적합하기 위해서는 손해의 규모(심도)가 피보험자에게 중대한 것이어야 하고, 보험비용이 잠재적 손해에 비해서 적어야 한다. 따라서 보험은 잠재적 손해의 규모가 크고 손해의 확률(빈도)이 낮은 경우의 위험에 가장 적합하다. 왜냐하면 대형 손해는 피보험자들이 보유할 수 없기 때문에 그들에게 중대하고, 대형 손해에 대한 낮은 확률은 상대적으로 적은 보험료를 가능하게 만들기 때문이다.

2절 보험의 분류

보험은 전통적으로 인보험(생명보험)과 손해보험으로 구분되어 시장이 형성되었지만, 학문적 정의, 실물시장, 사회 · 지리적 환경, 정책 등에 따라 다양하게 분류된다.

보험을 대칭적 개념으로 나누어 보면 인보험과 손해보험, 사보험과 공보험, 임의보험과 강제보험, 정액보험과 실손보험, 가계보험과 기업보험, 원보험과 재보험, 영리보험과 비영리보험, 개인보험과 단체보험, 단기보험과 장기보험으로 분류하는 것이 일반적이다.

이러한 분류 방법도 보험 성격에 따라 상호 공통되는 부분이 있으며, 새로운 상품이 개발됨에 따라 달라진다. 또한, 사회 발전과 변화에 따라 인보험과 손해보험의 범위를 벗어나는 분야가 생기고 있어 이를 제3보험으로 처리하고 있는데 사람의 질병, 상해 또는 이로 인한 간병 등이 이에 해당된다. 여기서는 인보험과 손해보험, 의무보험과 강제보험 및 공보험과 사보험에 대해 살펴보고 기타 보험은 손해보험 파트에서 논하기로 한다.

우리나라 상법 제4편에서는 보험을 크게 손해보험(損害保險)과 인보험(人保險)으로 나누고 있다.

1. 인보험과 손해보험

인보험은 보험사고발생 객체가 사람인 경우이기 때문에 이에 대응하는 개념으로 보험가입자의 재산에 대하여 생긴 사고를 보험사고로 하는 물건보험이 있게 된다. 즉, 손해보험은 보험사고로 인하여 생길 피보험자의 재산상의 손해를 보상할 것을 목적으로 하는 보험이고(상법 제665조), 인보험은 사람의 생명 또는 신체에 관하여 보험사고가 생길 경우에 보험계약이 정하는 바에 따라 보험금액 기타의 급여를 하기로 하는 보험이다(상법 제727조). 또한, 인보험은 정액보험(定額保險)인데 반하여 손해보험은 발생한 손해를 보상하는 것을 원칙으로 한다.

손해보험은 보험사고로 보험의 목적에 대하여 피보험자의 재산상의 손해만을 보상하는 보험으로서 화재보험, 운송보험, 해상보험, 책임보험 등 모두가 이에 속한다. 그러나 인보험 가운데도 생명보험을 제외하고 상해보험, 질병보험 또는 의료보험 등에서는 보험사고로 피보험자가 지출한 치료비 또는 휴업보상비 등을 지급하는 이른바 손해보험의 성격을 띠고 있는 것이 있어서, 보험을 손해보험과 인보험으로 크게 구분하는 것은 명확한 구분이 아니라 할 것이다. 실제로 유럽 국가들은 건강보험을 손해보험으로 분류한다.

현행 우리나라의 보험체계상 의료보험은 사회보험의 일환으로 시행되고 있고, 일반 보험회사가 취급하는 것으로는 상해보험과 질병보험이 있다. 의료보험과 구분하여 상해보험과 질병보험을 합하여 건강보험으로 칭한다. 의료보험은 최근 국민건강보험으로 개칭되었다.

2. 임의보험과 강제보험

피해자 보호나 피보험자의 최저생활보장 등의 목적으로 법률에 의하여 보험가입이 강제되는 보험을 강제보험 또는 의무보험이라고 하고 보험계약자가 필요에 의해서 임의로 가입하는 보험을 임의보험이라고 한다.

인위재해와 관련된 대표적인 강제보험으로 자동차보험, 화재보험, 가스사고보험 등이 있으며, 자연재해와 관련된 임의보험으로 농어업재해보험, 풍수해보험 등이 있다.

한편, 동일한 위험에 대하여 강제보험과 임의보험이 결합할 수 있다. 예를 들어 업무상 재해에 대한 산재(근재)보험은 강제보험이지만 사용자배상책임보험은 임의보험이고 자동차대인배상책임 중 자동차책임보험은 강제보험이지만 자동차종합보험은 임의보험이다.

현재 우리나라의 강제보험은 다음과 같은 것이 있다.

① 가스사고배상책임보험 – 고압가스안전관리법 제25조, 도시가스사업법 제43조, 액화석유가스의 안전관리 및 사업법 제57조

② 체육시설업자배상책임보험 – 체육시설의 설치·이용에 관한 법률 제26조

③ 선주배상책임보험 – 유선 및 도선사업법 제33조

④ 자동차책임보험 – 자동차손해배상 보장법 제5조

⑤ 산업재해보상보험 – 산업재해보상보험법 제4조

⑥ 어선원재해보상보험 – 어선원재해보험법 제3조

⑦ 항공보험 – 항공운송사업 진흥법 제7조

⑧ 화재보험신체손해배상특약 – 화재로 인한 재해보상과 보험가입에 관한 법률 제5조

⑨ 유류오염배상책임보험 – 유류오염손해배상 보장법 제5조

⑩ 원자력배상책임보험 – 원자력손해배상법 제7조

⑪ 고용보험 – 고용보험법 제9조

⑫ 관광객 배상책임 – 관광진흥법 제9조

⑬ 국민보건 향상과 사회보장 증진 – 국민건강보험법 제5조

3. 공보험과 사보험

보험의 운영주체에 따른 분류로서 공보험은 국가나 공법인이 경영하는 보험으로 사회보험이 이에 해당한다. 개인이나 민간법인이 운영하는 보험을 사보험이라 한다.

국가나 기타의 공공단체가 공동경제적 목적으로 운영하는 보험을 공보험이라 한다. 여기에는 사회정책적 목적의 공보험과 경제정책적 목적의 공보험이 있다. 산업재해보상보험, 국민건강보험, 연금보험, 고용보험 등은 사회정책적 목적의 공보험이라고 할 수 있으며, 수출보험은 경제정책적 목적의 공보험이다. 이러한 공보험의 특징을 살펴보면 일반적으로 국가나 공공단체가 운영하고 보험관계자의 사회연대적 사상을 기반으로 하여 보험관계가 법률에 의거하여 설정되어 있다. 이와 같이 공보험은 국가나 공공단체가 스스로 보험자가 되어 직접 보험을 인수하는데, 경우에 따라서는 특수한 사법인을 설립하여 간접적으로 보험을 인수하는 경우도 있다.

개인이나 사법인이 사경제적 목적으로 운영하는 보험을 사보험이라 한다. 사보험은 사법상의 법률관계에 따르고 국가의 재정적 원조가 없으며 그 가입이 강제되지 않는 것이 보통이다. 사보험은 영리성의 유무에 따라 영리보험과 상호보험으로 나뉜다.

공보험과 사보험의 양자는 기본적으로 보험의 원리에 입각한다는 점에서는 동일하다. 그러나 제도의 목적이나 재정의 운영방식, 가입의 방법 등에 차이가 있으며 적용법규도 다르다. 한편 최근에는 사보험제도에 공보험제도가 도입되는 경우가 있다. 즉 개인연금보험제도의 허용, 뺑소니자동차사고의 피해자에 대한 정부의 보장사업 등이 이에 속한다.

4. 영리보험과 상호보험

영리보험은 보험의 인수를 영업으로 하는 보험자가 영리를 목적으로 타인과 보험계약을 체결하는 것이며, 상호보험은 동종의 위험에 노출된 다수가 단체를 구성하여 운영주체가 되는 형태이다. 의사결정과정에서 영리보험은 1주 1의결권을 갖는 것과 달리 상호보험회사는 1사 1의결권을 갖는다. 자본주의사회에서 경영적인 면에서는 주식회사의 장점이 많으나 보험이 갖는 공공성, 상호성을 고려하면 상호보험이 갖는 장점도 있게 된다. 기술적인 면에서 보면 동일하며, 동종위험에 노출된 다수가 충분하다면 경영상의 문제도 해결 할 수 있게 된다.

3절 보험계약

보험은 우연한 재해, 사고, 사망, 손해로 인해 한 순간 목돈이 들 경우에 대비하기 위해, 많은 사람이 미리 일정한 보험료를 적립해 두었다가 사고를 당한 사람의 수요에 충당하게 하는 제도이다.

이와 같은 사건들에 대해서는 보험에 대한 계약 서류에 명시되어 있으며, 보험에 관련된 회사(보험모집인, 단체, 법인)와 계약 대상(계약자, 단체)이 문서에 기재된 내용으로 보험법과 기타 관련법을 따르게 된다. 계약 조건에 명시된 내용을 기반으로 하여 명시된 조건이 발생하면 "보험상품과 관련된 보험 법인과 국가"로부터 "보상금 수취인과 법정 상속인"에게 해당 조건에 맞는 보상을 지급한다.

보험계약의 본질에 관하여는 여러 학설이 대립되어 왔다. 해상보험 · 화재보험 등의 손해보험에 생명보험 · 상해보험 등 인보험이 추가됨에 따라, 모든 현상을 포괄하는 정의가 어려워졌기 때문에 물보험 · 인보험의 통일적 설명을 단념하고 이원적 설명에 만족하거나, 개념정립의 의미가 필요 없다는 주장도 제기되었다.

보험계약의 특성으로는 유상 · 쌍무 계약, 불요식의 낙성계약, 사행계약, 최대 선의의 계약, 계속적 계약, 부합계약 등을 들 수 있다.

여기서는 재난과 관련 있는 손해보험계약을 위주로 설명한다.

1. 계약의 의미

계약이란 법으로 이행을 강요할 수 있는 계약당사자 간의 합의를 말한다. 보험계약 역시 계약의 일종이나 보험의 특수성에서 연유하는 다른 일반 계약과는 차이점이 존재한다.

보험의 정의에 있어서 다양한 견해가 있듯이 보험계약에 대한 정의 역시 여러 가지가 있다. 우리 상법에서는 '손해보험계약이란 당사자의 일방(보험계약자)이 약정한 보험료를 지급하고 상대방(보험자)이 불확정한 사고(보험사고)로 인하여 생길 피보험자의 재산상의 손해를 보상할 것을 약정함으로써 효력이 생기는 보험계약이다(상법 제638조, 제665조)' 라고 규정하고 있다.

손해보험계약이란 계약의 성립시에는 보험사고 발생으로 인하여 지급하여야 할 금액을 알 수 없는 불확정보험이라는 점에서 정액보험인 생명보험과 다르고, 물건 기타 재산상의 손해보상을 목적으로 하는 점에서 사람의 생명이나 신체에 대한 사고를 대상으로 하는 인보험 계약과 다르다. 손해보험과 인보험의 분류는 보험법상의 분류방법이다.

손해보험계약의 가장 중요한 의의는 손해보상을 약정한다는 점이다.

2. 성립 및 효력발생 요건

보험계약 역시 계약의 일종이므로 그 성립 및 효력발생에 필요한 요건이 있게 된다.

법률행위의 요건에는 일반적으로 성립요건과 효력요건이 있다. 성립요건으로는 당사자, 목적, 의사표시 및 각개 법률행위의 특별성립조건이 있고 효력발생요건으로는 당사자의 능력, 목적의 기능, 적법, 사회적 타당성 그리고 의사표시에 있어서 표시가 일치하고 의사표시에 하자가 없을 것 등이며 또한 각 법률행위에 요구되는 특별 효력발생요건이 있다.

손해보험계약의 성립 및 효력발생 요건에는 다음과 같은 것들이 있다.

2.1 보험계약은 그 목적이 합법적이어야 한다.

여기서 합법적이어야 한다는 것은 부보대상(付保對象; 보험계약의 대상)이 되는 재산이 합법적이어야 하고 또한 정당한 피보험이익(보험계약의 목적)이 존재하여야 한다는 뜻이다. 피보험이익에 대해서는 4절에서 자세히 논하기로 한다. 밀수품을 위한 화재보험은 무효이며 피보험이익이 없는 경우는 도박계약이 되어 그 효력을 상실하게 된다.

2.2 계약자의 청약과 보험자의 수락이 있어야 한다.

모든 계약은 계약당사자 간의 청약과 승낙에 의하여 성립한다. 보험계약은 당사자간 합의 이외에 당사자의 일방이 물건의 인도 기타 급부를 제공하여야 성립하는 요물계약(要物契約)이 아니고 당사자 간의 합의만으로 성립되는 낙성계약(諾成契約)이다. 따라서 청약과 승낙에 있어서 어떤 방식이 있어야 하는 것은 아니다. 다만, 보험계약이 다수의 경제주체를 대상으로 하기 때문에 청약시에는 보험계약청약서라는 양식을 사용하고 승낙의 경우에는 서면에 의한 승낙통지나 보험증권의 교부를 실시하고 있다.

또한 보험계약을 체결할 때에 보험자는 보험계약자에게 보험약관을 교부하고 그 약관의 주요한 부분에 대한 설명을 하도록 하고 있다. 이것이 보험자의 약관의 교부 · 명시의무이다.

2.3 고지의무의 이행 및 보험료납부가 있어야 한다.

보험계약을 체결할 경우에 문제가 되는 것은 보험자가 보험청약자와 보험의 목적에 대한 정보가 부족하다는 점이다. 소위 말해서 정보의 비대칭(information asymmetry problem) 문제이다. 일반적으로 손해보험 부보대상인 재산의 상태는 물론이고 재산관리자의 성품이나 과거 경력 등에 따라 사고발생의 정도에 많은 차이가 난다. 따라서 보험자는 보험계약 청약에 대한 승낙 여부를 결정하기 위해서 관련된 주요한 정보가 필요하고 청약자는 보험자가 요구하는 이러한 정보들을 정확하게 알릴 것이 요구된다. 청약자의 이러한 정보제공의무가 고지의무(告知義務)이다. 고지의무는 승낙여부 뿐 아니라 보험사고의 범위를 정하고 보험료의 결정 등에 있어서도 큰 역할을 하게 된다. 나아가 보험자는 고지의무를 통해서 역선택을 줄이고 도덕적 위험을 줄이는 효과를 거둘 수 있다.

2.4 보험계약자 당사자들에게 법적 행위능력이 있어야 한다.

보험자의 자격요건은 감독관청의 허가사항이므로 당사자 문제에 있어서 초점은 보험계약자이다. 즉, 보험계약자가 계약체결시에 심신상실이나 미성년자 등의 행위무능력 상태에 있지 않아야 한다는 것을 의미한다.

2.5 보험계약은 적법한 형식을 갖추어야 한다.

보험계약이 불요식의 낙성계약이므로 특정한 요건을 필요로 하는 것이 아니고 당사자간 의사의 합치가 있으면 되나 실제로는 보험계약청약서, 보험약관, 그리고 보험증권 등 다양한 서면양식이 사용되고 있다. 이러한 서식들은 대부분이 감독기관의 승인사항이다. 따라서 사용되는 서식들이 당국의 승인을 받은 것이어야 하고 그 내용에 있어서 보험계약자에게 불이익하지 않도록 하는 등 보험의 이념에 충실하도록 하여야 할 것이다.

4절 법적 성질

보험법의 일반적 특성으로는 보험이라는 제도의 특성에서 나오는 선의성, 기술성, 단체성, 공공성, 상대적 강행법규성 등을 들 수 있다. 사보험(私保險)의 경우 상법상 영업적 상행위임이 분명하나 보험제도가 동일한 위험을 안고 있는 다수의 경제 주체가 모여 위험집단을 구성하고 대수의 법칙에 의한 보험료 납입으로 공동기금을 마련하고 이에 의하여 보험사고에 대비하고자 하는 기술적인 경제제도이기 때문에 일반적인 상행위와는 다른 특성을 갖게 되는 것이다.

1. 선의성

보험제도가 다수의 동일한 위험을 안고 있는 경제주체가 모인 집단이라는 점, 사행성을 갖는다는 점, 보험료는 사전에 예정 · 산정 된다는 점 등에서 선의성 혹은 윤리성이 요구된다. 따라서 보험계약자나 피보험자에게 각종 고지의무, 손해방지 및 경감의무 등이 부과되고, 초과보험의 무효규정이나 고의에 의한 보험사고에 대하여 보험자면책 조항 등을 두게 된다.

계약은 당사자 쌍방이 동일한 수준의 필요한 정보를 가지고 체결하여야 공평하다. 보험계약에 있어서는 보험계약자가 보험자에 비하여 정보에 있어서 우월한 지위에 있고 이에 따라 보험계약자가 소지의무 등을 통하여 보험자에게 필요한 정보를 제공하여야 하는 것이다. 따라서 정보제공에 있어서 정확하고 진실한 정보를 제공하도록 의무를 지우는 것이다. 신의성실은 계약의 기본 원칙이나 보험계약이 사행성을 가지므로 선의가 더욱 강하게 요구되는 것이다.

사행성이란 계약 당사자의 일방 또는 쌍방이 이행하여야 하는 부분이 어떤 우연한 사실에 의하여 결정되는 경우를 말한다. 즉, 당사자가 현실적으로 급부를 받을 수 있는지 여부가 불확실하지만 급부를 받을 수 있는 것으로 기대하여 서로 채무를 부담할 것을 약정하는 것이다. 보험계약은 보험자의 보험금지급 책임이 우연적으로 발생하는 보험사고에 달려있으므로 사행계약성을 갖는다. 영미에서의 사행계약성(aleatory contract)이란 보험자와 보험계약자가 교환하는 내용이 다름을 가리킨다. 다시 말하자면, 보험계약자는 보험료를 납입하고 그 대가로 보험자로부터 보험금을 지급받거나 혹은 아무 반대급부를 지급받지 못한다는 점을 가리키는 것이다. 물론 보험에 가입함으로 얻을 수 있는 심리적 안정효과는 무시한다. 이러한 각 보험계약자 입장에서 바라본 급부와 반대급부의 비등가성은 보험계약자 전체를 놓고 볼 때에는 등가성을 띤다고 하겠다.

2. 기술성

보험에 있어서 다수의 경제주체가 위험집단을 형성하고 이 단체를 통해서 개인적으로는 우발적인 위험을 전체적으로 예측 가능한 위험으로 전환시키게 되며 이 과정에서 대수의 법칙을 기초로 하고 각종 통계, 확률 등의 기술이 동원됨을 말한다. 단체의 규모가 클수록 그리고 단체를 관찰한 자료의 크기가 클수록 예측과 실제 발생한 사실 사이의 오차를 줄일 수 있다.

3. 단체성

보험계약을 하나하나 놓고 본다면 보험자와 보험계약자 간의 개별 계약이고 보험계약자 상호 간에는 아무런 관련이 없다. 하지만 보험제도는 동질의 위험을 소지한 다수가 위험에 따르는 손해를 분담하기 위하여 단체를 형성하기 때문에 단체적 성격을 갖게 마련이다. 단체성의 핵심은 보험계약자 상호 간에 외형상 아무 관련이 없어 보이나 손해의 발생을 통하여 서로 영향을 미치게 된다는 점이다. 그리하여 보험계약법의 고지의무제도, 위험변경증가에 따르는 법적 배려는 보험자와의 관계는 물론 이러한 상호 영향을 고려한 규정이며 보험업법상 보험계약의 포괄적 이전과 관련한 규정 역시 단체성에서 비롯된다고 하겠다. 보험자는 각 보험계약자를 평등하게 대우하여야 하는데, 이는 특정 계약자에게 특별한 대우를 하는 것은 다른 계약자에게 불이익으로 작용하기 때문이다.

4. 공공성

보험은 다수의 보험계약자를 대상으로 이루어지기 때문에 국가와 사회 전반에 큰 영향을 미치며 보험료적립으로 인하여 마련된 기금 역시 국민경제에 큰 작용을 한다. 보험은 공공의 이익과 밀접한 연관을 갖고 있는 것이다. 따라서 보험계약자와 보험자 간의 개별 계약에 있어서 특약으로 보험계약자에게 불리한 계약내용을 두는 것을 막고 있으며(상법 제663조), 보험자의 자격제한, 영업상 각종 규제 및 행정감독을 실시하고 있다.

5. 상대적 강행법성

사보험에 있어서 보험자와 보험계약 자간의 계약은 사인간(私人間)의 계약이나 계약자유의 원칙이 그대로 적용되지는 않는다. 보험계약에는 전문용어나 기술성 등이 포함되어 있어 일반인들이 계약내용을 충분히 숙지하고 계약에 임한다고 보기 어렵고 보험계약자에게 불리하게 계약이 체결될 우려가 있기 때문이다. 이들 일반 계약자를 보호하기 위하여 법적 규제가 가해지고 있으며 그 적용이 보장되도록 하기 위하여 이러한 규정들은 강행법적 성격을 갖도록 하고 있다(상법 제663조 참조). 또한 보험자의 자격조건이 엄격히 제한되고 있으며(보험업법 제5조, 제6조), 보험자가 아닌 자와 보험계약을 체결하거나 이를 중개 또는 대리하지 못하도록 하고 있다(보험업법 제4조).

6. 손해 보상성

손해보험계약이란 일정한 사고로 인하여 피보험자의 재산상의 손해가 발생할 경우, 보험자가 이를 보상할 것을 약속하고 보험계약자가 그 대가로 보험료를 지급할 것을 약정함으로써 효력이 생기는 보험계약이다. 손해보험계약은 이와 같이 피보험자의 재산상의 손해를 보상할 것을 목적으로 하는 것이므로 사람의 생명 또는 신체에 생길 우연한 사고에 대비하는 인보험계약과는 대조된다. 손해보험계약은 또한 보험자가 보험사고로 인한 피보험자의 재산상의 손해를 보상할 책임을 지도록 한다는 점에서 일종의 손해보상계약(contract of indemnity)이며 이 때 정신적인 피해는 고려되지 않는다. 여기서 손해란 사고발생 이전의 재산상태와 사고발생 이후의 재산상태의 차이를 말하고 적극적인 기대이익을 포함한다. 즉, 손해의 의의에 관한 설 중 차액설을 말하며, 정신적 손해는 고려하지 않는다.

기대이익이란 보험사고가 발생하지 않았더라면 얻을 수 있었던 이익을 말한다. 손해를 적극적 손해와 소극적 손해로 나눈다면 기존의 이익이나 재산의 멸실, 감소가 적극적 손해이고 장래의 이익이 감소하거나 사라지는 경우가 소극적 손해이다. 이러한 구분의 목적에서 보면 적극적 손해는 통상의 손해이며, 소극적 손해는 특별한 손해로 취급하는 것이다. 손해보상이란 그 손해를 제거하는 것이 아니고 손해를 메워서 사고 이전의 상태로 원상회복 시키고자 하는 것을 말한다. 법률 용어로는 불법한 원인에 기한 손해의 전보(塡補)를 배상(賠償)이라 하는데 반하여 적법한 원인으로 발생한 손해의 전보를 보상(補償)이라 한다. 다만, 행정법상 보상의 범위를 넓혀가고 있어 배상과의 구분이 모호해지는 부분이 많아지고 있다.

재산상의 손해에 있어서 직접손해를 보상하는 것을 위주로 하나 보험계약 내용에 따라서 채무의 부담, 예상 영업이익의 상실, 지출비용의 증가 등의 간접손해도 보상한다. 다만, 보상의 정도는 궁극적으로 보험금액의 한도로 제한된다. 채무불이행이나 불법행위의 경우에 배상의무자가 본인의 행위와 상당인과관계(相當因果關係)가 있는 모든 손해를 배상할 의무를 지는데 반하여 손해보험계약에 있어서 보험자의 손해보상은 보험료를 받고 위험을 담보한 대가로서 보험계약의 내용에 따라 보험금액의 한도에서 보험사고로 피보험자가 입은 재산상의 손해만을 보상하는 것이다.

손해보상성으로부터 실손보상의 원칙 혹은 이득금지의 원칙이 나오게 된다. 실손이란 재산보험에서 일반적으로 손해의 실제 현금가치로 표현되며, 대체비용에서 감가상각비를 공제함으로써 산출한다. 이러한 원칙을 적용함으로써 손해보험을 통하여 이익을 얻고자 하는 도박화를 방지하고, 도덕적 위태로 고의적으로 보험사고를 일으키고자 하는 현상을 줄이는 효과를 거둘 수 있다. 다만, 오늘날 보험업계에는 실손보상의 원칙이 적용되지 않는 경우가 있으니, 우선 생명보험이나 건강보험이 그렇고 손해보험에서는 기평가보험, 기업휴지보험, 신가보험 등이 그것이다. 기평가보험이란 사전에 평가된 보험가액에 따라 보상되도록 하는 보험계약을 말한다. 골동품이나 예술품 등과 같이 그 재산의 객관적 가치를 평가하기가 곤란한 경우에 적용되는 보험이 기평가보험이다. 이와 유사한 보험으로서 예상 영업이익의 상실이나 특별비용을 보상하도록 약정하는 기업휴지보험 혹은 이익보험이 있다. 기계보험에는 보험사고로 손해가 발생한 경우에 해당 품목의 신품가액을 보상하는 이른바 신가보험이 있다. 이러한 보험의 등장은 손해보상성의 원칙에 어긋나는 것이나, 급격히 변화하는 시장현황이 반영된 것이라 할 것이다.

기평가보험이나 기업휴지보험 등의 목적은 보험가액 산정과 보상과 관련된 분쟁을 사전에 막고 사고의 확인, 손해사정 등 길고 지루한 절차나 과정 없이 곧바로 보상이 실시되도록 하고자 하는 것이다. 따라서 손해발생 후에도 곧바로 영업을 계속 하고자 하는 기업들이 기평가보험을 선호할 것이다. 실재 손해가 손해의 실제현금가치 즉 대체비용에서 감가상각비를 공제함으로써 산출한다는 것은 이미 보았다. 신가보험이란 결국 대체비용을 보상하는 것이고 감가상각비를 공제하지 않는다는 의미이다. 다만, 보통 신가보험에 있어서도 동종 영업을 재개하고자 할 경우에 한하여 신품가약으로 보상을 하나, 영업을 더 이상 계속하지 아니 하고자 할 경우에는 현재가로 보상을 하는 조건이 종종 부가된다.

7. 유상 · 쌍무계약성

보험계약은 계약 당사자 일방(보험자)이 보험금의 지급을 약속하고 상대방(보험계약자)이 그에 대하여 보험료를 지급할 것을 약정하는 계약이다. 이러한 채권계약인 보험계약에 있어서 보험계약자와 보험자가 서로 대가적인 의미를 가지는 계약상의 급여를 행할 것을 약정함을 의미한다(유상계약). 쌍무계약(雙務契約)이란 계약의 효과로서 당사자가 서로 대가적인 의미를 가지는 급여를 행할 채무를 부담하는 것을 의미한다. 이 때 대가적인 의미는 반드시 객관적인 평가에 의해 내려지는 등가(等價)임을 뜻하는 것이 아니라 당사자의 주관적 판단에 의하여 서로 상당하다고 인정되면 족하다.

8. 불요식 · 낙성계약성

보험계약이 불요식성(不要式性)을 갖는다는 것은 계약의 성립에 있어서 당사자 간의 합의 이외에 별도의 요식행위를 필요로 하지 않는다는 것을 말한다. 즉, 보험계약은 보험가입을 원하는 자의 청약과 보험자의 승낙으로 곧 성립하는 것이다. 다만, 이 때 통상적으로 청약시 일정한 형식의 청약서를 사용하게 되는데, 이것 때문에 보험계약이 요식을 갖추어야 하는 계약으로 되는 것은 아니다. 이러한 양식의 사용은 다수의 계약을 효율적으로 처리하기 위한 실무상의 방편의 하나인 것이다. 또한 보험자는 보험계약을 체결할 때에 보험약관을 교부하고, 첫 회 보험료 납부가 있을 경우에는 지체 없이 보험증권을 작성, 교부하여야 한다. 약관이나 보험증권 역시 보험계약을 요식성이 되도록 하는 것은 아니며 실무상 효율성과 편리성을 확보하기 위한 것이다.

낙성계약성이란 계약에 있어서 양 당사자의 의사 합치만 있으면 계약이 성립함을 의미하며 보험계약에 있어서 청약자의 청약과 보험자의 승낙이 있으면 계약이 성립하고 급여의 제공 등 별도의 요식행위를 필요로 하는 것은 아니다. 다만, 보험자의 책임개시는 보험료의 납입이 있어야 한다.

영미에서는 보험계약의 특성 중 하나로 조건부계약을 들고 있다. 조건부계약의 의미는 보험사고가 발생하고 이로 인한 손해가 있어야(조건) 보상이 이루어지는 계약임을 말한다. 즉, 보험사고로 인한 손해발생을 조건으로 하는 급부(보상)제공 계약이란 의미이며 계약의 체결 자체가 조건부란 의미는 아니다. 생명보험에서 청약내용 중에 문제가 있을 경우에 조건부로 승낙을 하는 경우가 있다. 이 경우는 계약성립이 조건부인 것이다.

5절 위험관리

보험에서 위험은 손실, 사상 등이 발생할 가능성을 말한다. 위험에는 경제적 손실과 인명손실 등 바람직하지 않은 사고발생에 관한 불확실성이 내포되어 있음을 나타낸다. 즉 물적, 인적 손실과 같이 의도하지 않는 결과가 나타나지 않거나 이미 발생하였거나 전혀 발생할 가능성이 없는 경우는 위험이라고 하지 않는다.

위험의 요소가 되는 불확실성에 대해서는 전통적으로 발생확률과 피해의 크기로 산정할 수 있다. 그러나 개인이나 집단에 따라서는 예상된 결과와 실제로 나타난 결과의 차이로 해석할 수 있다. 또한, 위험의 본질에 대해서 주관적인 기준이 다를 수 있기 때문에 위험의 크기 역시 달라질 수 있다.

종래의 생산성을 향상시키고 대량생산을 하며 대량판매에 의한 수익의 극대화를 도모했던 경영정책으로부터 최근에는 안정한 성장에 관심을 갖고 경영을 하고 있다. 즉, 생산제일주의로부터 손해에 중점을 두고 「손해극소화」를 도모하기 위해 위험관리를 이용한 경영을 하는 것을 의미한다.

Baglini는 「위험관리란 손해통제(loss control)와 손해재무(loss financing)의 최적결합에 의한 순수위험의 비용을 극소화하기 위한 기업의 자금할당을 하는 경제적 과정이다」라고 정의하고 있다.

RIMS에서는 위험관리란 「될 수 있는 한 적은 비용으로 조직에 주는 우발적 손실의 불이익한 영향을 최소화하기 위한 조직의 자산 및 활동을 계획, 조직, 지휘, 통제하는 과정이다」라고 하고 있다.

위험관리의 목적은 설정하는 정도에 따라 여러 가지 형태가 있으나 궁극적인 목적은 손해의 극소화라 하겠다.

위험관리를 위한 기초 작업은 그 내용이 대단히 복잡하기 때문에 기업 내의 모든 부서의 협력뿐만 아니라 기업 외의 전문가 또는 전문기관을 적극적으로 이용할 필요가 있다.

위험관리의 기본 작업은 위험을 파악하기 위한 실태조사와 실채조사를 위한 참고자료를 수집하는 것이며, 이들 작업에 관련하여 보험회사는 다음과 같은 역할을 담당한다.

① 위험의 실태파악에 대한 협력

② 방재대책의 검토 권고

③ 보험설계의 제공 : 폭발, 전기, 기업휴지, 배상책임, 특약담보 등 검토

④ 필요 코스트의 산출과 경감대책의 검토 등

가계, 기업, 공공기관 등의 각종 기관이 직면하는 모든 위험에 대해서 최저의 비용으로 합리적 관리를 통한 손해의 극소화를 위험관리라고 할 수 있는데 기업이나 공공기관 등이 위험관리를 효율적이고 합리적으로 적용할 경우 다음과 같은 효용성이 있다.

① 수익을 증대시킨다.
② 비용을 절감한다.
③ 기업이미지를 높인다.
④ 재산의 안전가치를 유지할 수 있다.
⑤ 부채의 증가를 예방한다.
⑥ 자기자본을 보존한다.
⑦ 경영의 장기적인 장정을 기할 수 있다.
⑧ 신용창조의 효과가 있다.
⑨ 사고 후의 조업중단을 단축시킨다.
⑩ 종업원의 복지 및 사기앙양에 기여한다.

1. 위험관리 절차

프랑스의 경영관리학자인 Henri Fayol(1841~1925)는「산업과 일반경영」에서 기업의 6개 기능으로,

① 기술(생산, 제조)
② 영업(구매, 판매)
③ 재무(자본 조달과 운용)
④ 보전(자산과 종업원 보호)
⑤ 회계
⑥ 관리(계획, 조직, 명령, 조정, 통제)를 열거하고,
이 가운데 ⑥의 기능을 다시 5단계의 관리과정으로 나누었다.
이러한 5단계의 사이클을 〈그림 24.1〉과 같이 나타낼 수 있다.

관리사이클(A)는 Fayol의 "명령"과 "조정"의 과정이 "지도"에서 통합되어 있으며, 또한 관리사이클(A)는(B)와 같이 간략화 시킬 수 있다.

① 계획(Planning)
② 실시(Doing)

③ 검토(Seeing)

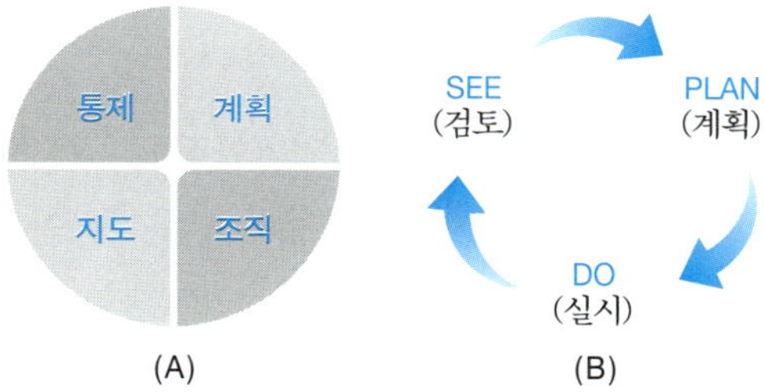

〈그림 24.1〉 관리 사이클

일반경영관리 사이클과 위험관리 사이클 사이의 관계는 〈그림 24.2〉와 같다.

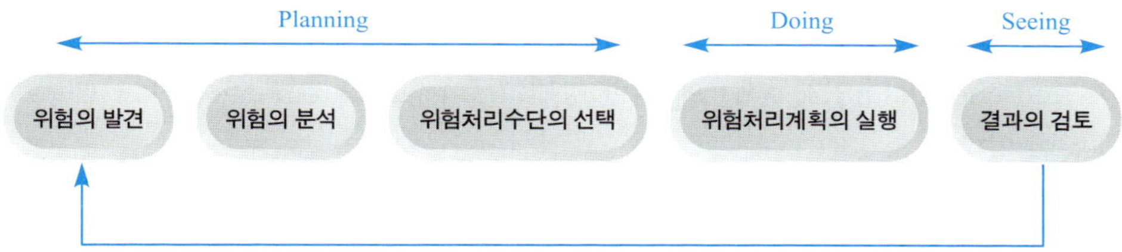

〈그림 24.2〉 위험관리 사이클

이와 같이 위험관리 사이클을 실무에 응용함으로써 기업경영에 수반하여 노출되는 각종 복잡한 위험을 과학적으로 관리하는 것이 가능하게 된다.

2. 위험의 발견

위험의 발견(risk discovery)은 위험의 확인(risk identification)으로도 표시한다. 기업은 경영상의 안전을 위협하는 다수의 위험에 노출되어 있으므로 이를 극복해야만 기업을 계속 존속시킬 수 있다. 따라서 기업의 계속 존속에 관련되는 모든 위험을 합리적으로 관리하기 위해서 우선 기업에 영향을 미치는 모든 위험상황을 정확하게 파악해야 한다.

기업은 회계자료, 경영통계, 업무자료, 계약서철, 과거의 위험관리기록 등의 자료와 기업의 정보관리부문에서 제공되는 경영정보를 활용해야 한다.

결국 위험의 발견은 기업의 모든 영역에 있어서 잠재하고 있는 위험상황을 개략적으로 인식하기 위한 것이다.

위험의 발견은 위험의 객체, 위험의 형태, 위험의 결과를 나열하고 그것을 분류 · 정리하는 것이다.

즉, 위험의 발견은 아래의 내용이 검토된다.

① 기업 내에서 어떤 인적 · 물적자산이 존재하는가?(인적 · 물적자산의 점검, 노출)

② 인적 · 물적자산에 어떤 사고가 발생할 가능성이 있는가?(인적 · 물적위험), 그리고 인적 · 물적자산이 어떤 사고를 일으킬 가능성이 있는가?(책임 · 비용위험)

③ 인적 · 물적자산이 어떤 결과로 나타나고, 어떤 손해의 형태를 취하는가?(인적 · 물적 손해, 채권회수불능, 이용상실, 손해배상책임, 보증책임, 비용부담 등)

그러나 이미 알고 있는 위험에 대해서는 과거의 경험과 경영지식으로 간단히 발견될 수 있지만 잠재적 위험이나 투기적 위험에 대한 발견은 어려운 문제가 된다.

일반적으로 위험의 발견에 사용되는 방법은 체크리스트에 의한 방법(loss exposure surveys and checklists), 재무제표에 의한 방법(financial statements), Flow Chart에 의한 방법 등이 있다.

체크리스트법은 기업의 일반적인 잠재적 손실의 발견에 유효하며, 재무제표는 기업의 재무상의 손실 및 기업고유의 잠재적 손실의 발견에 유효하게 된다. 또한 Flow-Chart는 생산흐름, 공급 · 유통흐름, 기업내 의존관계 흐름을 이용함으로써 부문별 잠재적 손실을 발견하는데 유용한 수단이 된다.

2.1 체크리스트에 의한 방법

기업의 일반적인 잠재적 위험의 발견을 위해 사용되고 있는 대표적인 정량적 위험관리 방법 중 하나이다. 체크리스트는 기업의 일반적인 잠재적 위험을 발견하거나 부보 가능한 기업위험

〈표 24.1〉 이익에 관한 위험의 체크리스트

손실의 객체	위험의 손상	위험의 발생요인	위험의 유 무	위험의 처리방법		
				방재	자기보유	전가
현금, 수표, 어음, 주식, 유가증권, 이익(영업이익), 일반관리비 노무비, 인건비	화재 등에 의한 소실 도난, 분실사고에 의한 휴업중의 수익감소를 방지하기 위한 비용	화재, 폭발, 도난 기계사고, 전기사고				

의 발견에 적합하지만 체크리스트의 내용 여하에 따라서는 반드시 유효하다고 할 수 없으며 상식으로 알 수 있는 것도 번거롭게 조사질문표를 경유해야 하므로 비능률적이며 모든 위험을 확인할 수도 없다.

개별기업에 존재하는 위험관리부문에 있어서 기업고유의 위험을 발견할 수 없는 경우의 체크리스트는 독자적으로 작성하는 것이 보다 합리적이다. 체크리스트의 예로써 중소기업의 정태적 위험을 발견하기 위해서 작성된 체크리스트 중 기업활동상의 위험에 있어서 이익에 관련되는 위험의 체크리스트를 보면 표 1과 같다.

체크리스트 방법이 정성적 개념이라면 정량적 위험평가 개념으로 Fault Tree Analysis, Event Tree Analysis 방법 등이 있다.

2.2 재무제표에 의한 방법

이 방법은 미국의 A. Hawthorne Criddle이 제창한 것인데 기업의 대차대조표, 손익계산서, 자금흐름 등을 활용하여 기업의 인적·물적손실, 배상책임손실 등 해당기업에 특유한 위험을 발견하는 방법으로서 이것은 자사의 재무상태를 파악하는 동시에 타사와의 비교에도 적합한 수단이 된다.

대차대조표를 이용하여 자기자본 구성율에 의해 기업의 안정성을 판단할 수가 있다. 또한 고정비율에 의한 기업의 기계설비, 건물, 토지 등이 고정자산에 대해서 기업이 어떻게 대응하고 있는지 알 수 있다.

대차대조표는 일반적으로 자산, 부채, 자본항목으로 대별시켜 기재되어 있는데 일정 시점에 있어서 기업의 재무상태(자산·부채·자본의 상태)를 표시하는 것이며, 이는 저장(stock)개념으로 작성된다.

대차대조표가 제공하는 중요한 재무정보는,

① 기업의 경제적 자원에 관한 정보
② 기업의 유동성과 지급능력에 관한 정보
③ 기업의 자본구조, 재무구조의 건실성에 관한 정보
④ 기업의 장기계획, 확장, 새로운 계획입안에 도움이 되는 정보
⑤ 채권자 지분·소유자(주주)지분 등에 관한 정보이다.

손익계산서가 제공하는 재무정보는,

① 기업의 기간중 경영활동에 대한 성과측정에 관한 정보
② 기업의 수익성, 미래의 순이익 흐름의 예측에 필요한 정보
③ 기업의 경영계획 및 배당정책 수립에 중요한 자료
④ 경영분석에 중요한 자료
⑤ 경영자의 경영능력, 업적 판단에 관한 정보 등이다.

특히 특별손익항목은 과거에 기업이 직면했던 손실사고의 종류와 그 심도(severity)를 아는데 중요한 자료가 된다.

2.3 Flow Chart에 의한 방법

미국의 위험관리전문가인 A.J.Ingley가 Flow-Chart에 의한 위험의 발견방법을 제시했는데 기업의 각 부문별 활동에 관한 Flow-Chart를 작성함으로써 잠재적 위험을 발견하는 것이다. 다시 말하면 기업의 생산흐름, 판매 · 유통흐름, 사내외 상호의존흐름 등을 차트를 작성하여 위험을 발견한다.

물론 기업조직이 복잡하게 되면 이 방법도 유용한 것은 아니지만 그래도 여전히 위험항목의 누락된 부분을 back-up하는 정도의 효과는 가져온다.

결국 위험의 발견을 위해서는 하나의 방법만을 신뢰해서는 안 되며 가능한 모든 수단(보험브로커, 보험대리점, 위험 컨설턴트 등의 자문)을 취하는 것이 바람직하다

3. 위험의 분석

위험의 분석은 위험의 발견을 통하여 얻은 자료를 기초로 하며 구체적으로 위험발생의 원인을 조사하며 또한 위험이 발생하는 빈도(frequency)와 심도(severity)를 조사하는 것이다. 다시 말하면, 위험을 분석을 통해서 기업에 영향을 미치는 잠재적인 위험상황을 질적, 양적인 측면에서 파악하여 기업이 보다 합리적으로 적극적인 위험관리를 할 수 있도록 필요한 정보를 제공하는 것이다.

위험의 분석에 있어서 위험발생의 빈도나 손해의 심도중 어느 것이 더 중요한 것인가는 대상의 위험을 처리하는 자의 주관에 따라 다르지만 일반적으로 위험발생의 빈도보다 심도를 더 중요시한다. 왜냐하면 그것은 적은 손해보다 큰 재해의 발생으로 인한 기업도산위험이 더 높기 때문이다.

체계적인 위험분석의 실시는,

① 위험의 계량화를 통하여 위험상황의 객관적인 파악이 가능하며,

② 위험의 빈도와 심도를 조사함으로써 상이한 위험에 대한 상호 비교를 할 수 있으며,

③ 기업목표 설정 및 기업의 위험관리계획 수립에 기초 자료가 된다.

위험의 빈도(사고발생의 가능건수)와 심도(사고가 발생한 경우의 손해액의 크기)는 실제로 밀접한 상관관계를 가지고 있으며, 일반적으로 빈도와 심도의 관계를 도식화하면 〈그림 24.3〉과 같이 삼각형 모양이 된다.

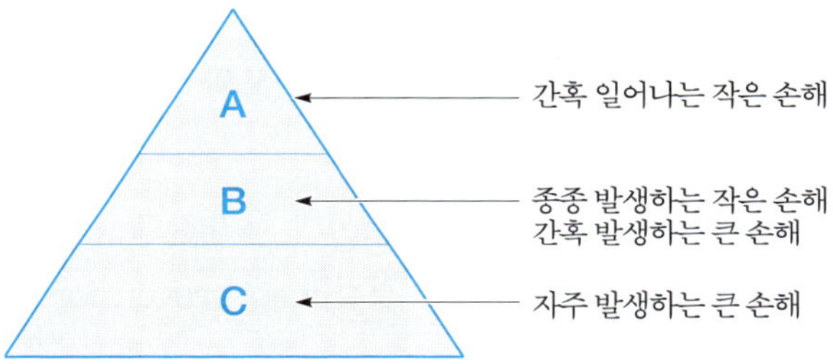

구분	위험의빈도	위험의심도
①	소	소
②	대	소
③	소	대
④	대	대

〈그림 24.3〉 위험의 빈도와 심도

① 위험의 빈도와 손해의 심도가 적은 위험으로 대단히 통제하기도 쉽고, 그에 대한 대비책을 세우기도 쉽다.

② 위험의 빈도가 크고 손해의 심도가 적은 위험이며 이에 대한 대비책으로는 자가적립이나 자가보험의 수단을 이용할 수 있다.

③ 위험의 빈도는 낮지만 손해의 심도가 큰 경우인데, 예를 들면 자동차사고로 인한 대인배상책임, 공장의 화재, 생산물배상책임 등이 이에 해당된다.

④ 위험빈도도 높고 손해의 심도도 큰 경우의 위험으로 통제하기 어렵다.

이와 같은 위험을 회피하기 위해서는 사전적 위험관리와 사후적 위험관리수단을 함께 이용해야만 이러한 위험의 발생으로 인한 손해를 줄일 수 있다.

손해의 경향은 통계적인 방법을 통해서 가능하지만, 통계자료에 나타나있지 않은 예상 밖의 손해가 발생할 가능성이 잠재하고 있다는 점을 배제할 수 없다.

한편, 위험관리자는 위험별로 분석한 다음 기업에 미치는 금전적 손해를 일일이 산출하고 그

다음 보험과 지출능력을 고려하여 PML이나 MPL이 큰 위험부터 보험이나 그 밖의 수단을 통해서 제3자에게 전가시킨다.

① PML(Probable Maximum Loss)은 능률적인 소방시설이 작동하여 유능하고도 유효한 공설소방기관의 구원을 받을 있을 전제하의 추정최대손해를 말한다.
② MPL(Maximum Possible Loss)은 소방시설이 유효하게 작동하지 않으나 유능하고 유효한 공설소방기관의 구원을 받는 경우의 최대가능손해를 말한다.

4. 위험처리 수단

전술한 바와 같이 기업이 당면하는 순수위험을 발견하고 이들 위험의 빈도와 심도를 분석하고 난 후 각종의 위험에 대한 처리수단을 선택해야 한다.

위험처리수단은 위험통제(risk control)와 위험재무(risk financing)의 두가지로 구분할 수 있으며 전자에는 ① 위험회피(risk avoidance) ② 손해예방 및 경감(loss prevention and loss reduction) ③ 노출된 위험의 분산과 결합(separation and combination of exposure), ④ 보험이외의 방법을 통한 위험의 이전(noninsurance risk transfer)이 있고, 후자에는 ① 위험보유(risk retention)와 ② 위험전가가 있다.

위험통제는 위험발생의 예방과 발생위험으로부터의 손해의 경감을 중요시하는데 비하여 위험재무는 우연한 사고의 발생으로 인한 경제적 손해를 복구하기 위해 필요한 자금조달에 중점을 두고 있다.

4.1 위험통제(risk control)

위험통제는 위험의 발생을 예방하고 만일 발생했다면 위험의 결과인 손해를 최소로 줄이는 수단의 선택이다. 바꾸어 말하면 위험통제는 손해발생 전의 손해를 예방 또는 경감하는 기법이라고 한다. 위험통제방법을 이러한 분류에 따라 설명하면 다음과 같다.

4.1.1 위험의 회피(risk avoidance)

위험의 회피란 위험으로부터 발생하는 경제적 손실 가능성에 대한 확률을 0으로 줄이는 행위하고 한다. 예를 들면, 자동차사로로 인한 배상책임을 피하기 위해 자동차를 매각하는 행위를 생각할 수 있다. 그러나 위험의 회피는 행위를 중지하는 것으로 그러한 행위에 의한 효용을 기대할 수는 없다. 목적 달성을 위해서 대체수단을 이용하지만 또다시 대체수단의 사용에 따른 새로운 위험이 발생할 가능성은 배제할 수 없는 것이다.

이와 같이 위험회피가 문제의 해결수단으로서 충족되지 않는 경우가 많다.

4.2.2 손해의 예방 및 경감

어떤 특정의 위험을 예측한 경우 모든 가능한 과학적 수단을 동원하여 사전에 재해를 막는 것이 중요하다.

손해의 예방 · 경감은 특정한 위험으로부터 초래되는 손해발생확률을 줄이고, 사고가 발생한 경우 그 사고로 인한 손실이나 피해를 최소한으로 감소시키는 것이며 위험발생빈도의 감소에 치중한다. 경우에 따라서는 한 방법에 의해 위험의 빈도와 심도를 줄일 수 있다.

예를 들면, 대형건물의 화재발생시 손해를 경감키 위해 방화벽, 방화유리, 건물간의 거리간격 유지, 스프링클러의 설치 등이다.

이와 같이 손해의 예방 · 경감은 위험통제수단 중에서 대단히 중요한 위치를 차지하고 있다. 사회가 발전함에 따라 새로운 위험이 증가하므로 이들 위험을 사전에 방지하는 것은 어려운 문제이다. 하지만 사회적인 차원에서의 손해예방활동은 사회적 재산보존과 위험관리비용의 절약을 가능하게 한다.

일반적으로 손해예방 · 경감시설과 활동을 통하여 얻을 수 있는 효과와 이에 소요되는 비용과 비교 · 검토해서 전자가 후자보다 많다고 판단될 때 손해예방 · 경감시설에 투자하게 된다. 결국 위험관리활동을 하는 것은 주로 손해예방 · 경감이라고 해도 지나친 표현은 아닐 것이다.

4.2.3 노출된 위험의 분산과 결합

위험의 노출은 과학적인 방법에 의한 위험의 발견으로 가능하며 이 같은 노출된 위험의 분산(separation)과 결합(combination)은 대수의 법칙을 적용하여 이루어지고 이는 이 법칙의 적용으로 우연적 사고발생의 예측이 가능해짐으로써 이루어진다.

위험의 분산은 한 기업 내의 위험단위를 증대시키는 것이지만 위험의 결합은 다른 기업을 포함시켜서 위험단위를 증대시키는 것이다. 위험단위를 증대시킴으로서 사고가 발생한 경우에는 손해규모를 줄일 수 있다.

이를테면 공장, 창고, 사업소 등을 하나의 장소에 집중시키거나 지역적으로 분산시키기도 하고 상품이나 원재료의 재고를 분리 보관하는 등의 방법으로 위험단위를 증대시키는 것이다.

한편, 위험에 노출되는 단위가 증가하면 위험발생의 가능성을 예측하기 쉽다. 즉 대수의 법칙에 의해 불확실성을 확실성에 보다 접근시켜 위험관리상의 비용 산출을 쉽게 할 수 있다. 예를 들면, 동종 기업의 합병이나 다른 기업의 흡수 등에 의해 위험단위를 증가시킴으로서 위험비용의 평준화가 가능하게 된다.

4.2.4 보험이외의 수단으로 위험이전

위험이전은 예상되는 기업위험을 타기업에 미리 이전해두는 것이다. 이전은 전가라고도 하지만 이것은 위험통제와 위험재무의 쌍방에 속하는 위험처리수단 이다. 예를 들면 도급은 전자에, 보험은 후자에 속한다. 그래서 위험통제에 속하는 것을 위험의 이전이라고 하며, 위험의 재무에 속하는 것은 위험의 전가라고 부른다.

위험통제방법의 하나로 위험의 이전은 계약에 의한 사전적 위험의 이전이다.

다시 말하면 비보험 방법을 통한 위험이전은 먼저 위험발생 가능요소를 제3자에게 이전함을 말하고 그 경우는 매도나 매각 또는 증여나 기증의 형태를 취하게 되는 것과 위험 자체를 제3자에게 이전하는 경우가 있다. 예를 들면 건물·토목공사나 전기 공사 등에 있어서 그 공사를 도급받은 기업이 원재료나 인건비의 상승, 화재의 제3자에 대한 배상책임 등의 위험부담을 도급업자에게 이전하는 것이다. 이 경우에 계약서에 삽입되는 면책약관이 hold harmless clause 이다.

4.2 위험재무(risk financing)

어느 정도 사전에 손해예방수단을 가지고 있어도 손해발생의 가능성을 완전히 제거할 수 없으므로 차선의 방법으로서 손해가 발생한 경우 그 손해를 복구하는데 필요한 자금을 조달할 수 있도록 미리 대비해 둘 필요가 있다. 이와 같이 손해가 발생한 경우의 자금조달수단을 위험재무라고 한다. 위험재무의 방법에는 위험보유와 위험전가가 있다.

4.2.1 위험보유(risk retention)

손해가 발생한 경우 복구하기 위해 필요한 자금을 차입하거나 자체에서 조달하는 것을 위험보유라 한다.

위험보유에는 위험의 존재를 충분히 의식하고, 보유하는 경우와 의식치 못하는 무의식중에 위험을 보유하는 경우가 있는데 전자를 적극적 보유라 하고 후자를 소극적 보유라 한다.

위험의 소극적 보유(passive risk retention)는 위험의 존재를 인지하지 못하여 보유하는 경우로「불인지에 의한 보유」라고 한다. 위험의 소극적 보유를 하게 되는 경우는 주로 위험의 존재를 인식하더라도 과소평가하여 위험관리대책의 수립을 무한정 지연시키는 경우에 나타날 수 있으며 기존 위험에 대해서 다른 합리적인 위험관리기법을 사용할 수 없을 때도 생길 수 있고, 새로운 위험의 발생으로 인한 대비방법의 결여로 스스로 그 위험을 인수하는 경우도 있다.
한편, 위험의 적극적 보유방법은 일반적으로 자가적립(self-assumption), 자가보험(self insurance), 캡티브(captive) 보험회사 등이 있다.

첫째로, 자가적립은 위험관리를 위해서 필요한 자금을 자체에서 기금이나 준비금의 형태로 적립하는 것이다. 즉 일종의 자기금융수단인 것이다.

둘째로, 자가보험은 위험을 보험형태로 스스로 인수하는 것이다.

셋째로, 캡티브는 자가보험이 발전한 것으로 자가보험회사 혹은 종족보험회사라고 한다.

4.2.2 위험전가(risk transfer)

기업은 가능한 위험을 회피하려고 하며, 회피할 수 없는 위험은 제3자에게 이전하고 이전할 수 없는 경우의 위험은 할 수 없이 보유한다.

위험전가의 전형적인 형태는 보험이므로 가능한 기업에서는 기업경영상 발생하는 위험을 발견 분석하여 보험에 전가하는 것이 바람직하다.

보험은 위험전가의 수단으로서 여러 측면에서 고찰할 수 있는데 이를 보험계약자의 측면에서 보면 위험전가이지만 이를 보험자의 측면에서 보면 일반적으로 위험결합행위라고 볼 수 있다.

6절 재해관련 보험

1. 화재보험

화재보험은 보험가입 당시에 보험가액이 정해지는 기평가보험이 아니라 보험사고가 발생하여 손해가 생긴 때와 장소에서 보험가액이 결정되는 미평가보험이다. 그러나 화재보험의 특별약관 중 서화, 골동품, 설계서 등에 적용하는 협정보험가액 특별약관은 기평가보험이다.

또한, 보험자의 책임이 하물을 선적할 때 개시되고 양륙할 때 종료하는 적하보험과 같은 장소적 기간보험이 아니라 일정한 보험기간을 기준으로 보험자의 책임이 정해지는 기간보험이다.

화재보험은 보험기간 중에 몇 번의 보험사고가 발생하였더라도 보험가입금액이 자동으로 복원되는 자동복원방식이 아니라 지급된 보험금을 공제한 나머지 금액이 보험가입금액이 되는 잔존보험금액방식이다. 그러나 화재보험 보통약관에 재고가액통지특별약관을 첨부하면 보험금을 지급할 때 잔여기간에 대한 보험료를 추징함으로써 보험가입금액이 자동으로 복원되고 기업휴지손해담보특별약관에서는 보상한도내에서 자동복원 된다.

인명 및 재산피해 규모가 클 것으로 예상되는 일정 규모이상의 건물은 화재로 인한 재해보상과 보험가입에 관한 법률에 따라 특수건물로 지정되어 의무적으로 화재보험에 가입하여야 한다.

화재보험은 화재위험으로부터 개인 및 재산상의 손실을 보전하기 위한 손해보험상품으로서 화재는 물론 벼락으로 인한 손해까지도 보상해주며 선택적으로 폭발, 풍수재위험 및 도난위험도 보상하고 있다. 최근에는 재산종합보험(Package insurance)에 화재보험을 포함시키는 추세이며, 이는 국문화재 보험과 달리 명시된 사고를 제외하고 모든 위험을 담보하는 개념이다.

화재로 보험의 목적에 발생하는 손해의 형태는 화재의 직접적인 결과인 소손 이외에 열기나 연기로 인한 손해, 변형 · 변색, 오손, 발효 · 증발, 파열이나 폭발, 방사능조사, 방사능 오염, 물로 인한 손해, 파괴, 도난 · 분실 등 다양하다. 또한, 계약시 청약서에 기재하여야만 보험의 목적이 되는 물건들이 있으므로 담보 받고자 하는 물건은 반드시 누락되지 않도록 명시해야 하며, 보험가입금액은 가입형태에 따라 전액보상 또는 비례보상 되므로 전부가입이 되도록 가입금액을 정하여야 한다.

화재보험을 포함한 물건보험에 있어서 보험가액과 보험금액을 비교하여 당사자가 임의로 정한 보험금액이 피보험이익의 평가액 즉 보험가액을 현저하게 초과하는 보험을 초과보험이라 한다. 이에 대하여 보험금액이 보험가액에 미달하는 보험을 일부보험이라 한다. 전부보험은 보험금액과 보험가액이 일치하는 경우를 말한다. 일부보험은 결국 보험계약자가 보험대상의 일부만을 부보하는 것으로 부보되지 않은 부분은 보험계약자 스스로 담보하는 셈이 된다. 일부보험을 부분가액보험이라고 하며 전부보험을 완전가액보험이라고 하기도 한다.

화재보험에서 취급하는 특별손해는 다음과 같은 것들이 있다.

1.1 벼락으로 인한 손해

벼락은 불과는 다른 위험(손인)이나 보통 화재는 벼락이 친 결과로 발생하기 때문에 화재보험에서 같은 위험(손인)으로 취급한다. 벼락의 결과로 화재가 발생했건 아니건 간에 벼락으로 인한 손해는 담보대상이다. 벼락으로 인하여 전선이나 전기장치 등 전기계통의 설비에 손상을 입힌 경우가 종종 문제가 된다. 손해의 액수가 그리 크지 않기 때문이며 보험자는 흔히 공제(控除)조항을 두어 이에 대비한다.

1.2 파열 및 폭발사고

파열 또는 폭발이란 기체나 열기의 급격한 팽창에 수반하는 파괴 또는 그 현상이다. 폭발에는 화학적 폭발과 수증기 폭발과 같은 물리적 폭발이 있다. 동결로 인한 수도관의 파열과 같은 화재와 연관이 없는 사고는 담보대상에서 제외된다.

1.3 소방 및 피난 손해

화재보험에서 소방 또는 피난에 필요한 조치로 인하여 보험의 목적에 손해가 발생한 경우에 이를 보상하는 것이 일반적이다.

우리 상법은 소방 또는 손해의 감소에 필요한 조치로 인하여 보험의 목적에 생긴 손해에 대하여서도 보험자의 보상책임을 인정하고 있다. 이러한 손해는 연소에 의하여 발생한 손해는 아니나, 불을 끄기 위하여 살포한 물이나 소화제로 인하여 보험의 목적에 발생한 손해, 불이 번지는 것을 막기 위하여 보험의 목적을 파괴한 경우의 피해, 보험의 목적을 대피시키기 위하여 운반하는 도중에 생긴 손해 등에 대하여 보험자의 보상책임을 인정한 것이다.

보험계약자 및 피보험자에게는 손해방지의무가 있다. 화재보험의 경우에도 보험의 목적에 화재가 발생한 경우 소방 또는 손해의 감소에 노력하여야 한다. 이 때 소방 또는 손해의 감소에 필요한 조치를 취하는 과정에서 발생한 손해라 함은 손해방지의무자인 보험계약자 또는 피보험자의 행위로 인한 것 뿐 아니라 소방대원 또는 그 밖의 제3자의 조치로 인한 경우도 포함된다고 볼 것이다. 또한 소방 등의 조치로 인한 손해는 화재의 발생시에 통상 발생하는 것으로 화재와 상당인과관계가 있는 손해라 할 수 있다. 따라서 소방 등의 조치를 위하여 필요하고 유익한 비용은 손해방지비용으로서 보험자가 이를 부담한다.

1.4 잔존물 제거비용

보험의 목적이 멸실 또는 훼손되어 복구할 가치가 없는 잔해로 남은 것을 잔존물이라 한다. 보험사고인 화재에는 잔존물처리 문제가 따르기 마련이므로 잔존물제거 비용을 보상하는 것이 일반적이나 통상 보상의 범위와 보상한도에 일정한 제한을 둔다.

잔존물 제거비용의 범위는 사고현장에서의 잔존물의 해체비용과 청소비용에 한정하고 있으며 오염물질을 제거하는 비용은 제외하고 있다. 또한 잔존물 제거비용의 보상한도는 당해 보험의 목적에 발생한 손해의 10%를 한도로 실비를 보상한다.

2. 가스사고배상책임보험

가스폭발 등의 가스사고로 제3자(타인)의 생명 신체 및 재산상의 손해를 입힘으로써 부담하게 되는 법률상의 배상책임 손해를 보상해 주는 보험으로 사용장소나 사용량에 따라 의무적으로 가입하여야 한다. 가스의 종류는 다음과 같다.

2.1 도시가스(LNG)

도시가스는 도시가스 사업법 제43조에 따라 특정가스 사용자중 월 사용예정량이 3,000m^3 이상인 자(주택용 특정가스 사용시설의 사용자 제외)는 의무적으로 가입하여야 한다.

2.2 액화석유가스(LPG)

액화석유가스는 학교, 유치원, 새마을 유아원, 학원, 병원(의원포함), 도서관, 시장, 공중목욕탕, 호텔 및 여관 또는 지하실내에 있는 식품위생법에 의한 식품접객업소로서 그 영업장의 면적이 100m^2이상이거나 1회 50인 이상 수용업소 중 시장에서 액화석유가스를 최고 100kg 이상 저장하는 자 및 액화석유가스의 저장량이 250kg이상인 저장설비를 갖춘 자는 의무적으로 가입하여야 한다.

2.3 고압가스

고압가스 안전관리법 제25조에 따라 저장능력 250kg 이상인 액화가스 저장설비를 갖추고 특정 고압가스를 사용하고자 하는 자는 의무적으로 가입하여야 한다.

■가스사고로 인한 폭발, 파열, 화재 및 가스의 누출로 타인의 신체에 상해(유독가스를 우연하게 일시에 흡입, 흡수, 섭취하여 발생한 중독증상과 사망을 포함)를 입히거나 재물을 멸실, 훼손 또는 오손케 하여 법률상 배상책임이 있는 손해를 보상한다. 사용주체에 따라 다음과 같이 구분한다.

가. 가스사업자

보험증권에 기재된 가스사업소에서 가스취급 업무의 수행 또는 그 결과에 의해 발생한 가스사고.

나. 가스용기 등 제조업자

피보험자가 제조 또는 판매하거나 대여한 가스의 용기, 냉동기 특정설비 등의 가스용품이나 그에 부수되는 작업의 결함으로 인해 피보험자의 점유를 벗어난 이후에 발생한 가스사고.

다. 일정규모 이상의 가스사용자

가스사용자인 피보험자가 보험증권에 기재된 시설내에서 소유, 사용 또는 관리하는 중 발생한 가스사고.

그러나 피보험자의 고용인이 업무 종사 중 입은 신체장해로 생긴 손해, 배출시설에서 통상적으로 배출되는 배수 또는 배기로 생긴 손해, 가스 사고를 발생시키지 않는 자동차 사고로 인한 손해, 피보험자와 타인 간에 손해배상에 관한 약정이 있는 경우, 그 약정에 따라 가중된 손해 등은 보상하지 않는다.

3. 산업재해보험

산업재해보상보험제도는 고용주의 직접보상제를 지양하고 이를 국가의 사회보상제도에 편입하여 사회보험의 형태로 발전시킨 것이며 산업재해보상보험법에 의한 부상 · 질병 · 신체장애 또는 사망한 경우에 당해 근로자 또는 그의 가족을 보호하기 위한 제도로서 근로자가 업무상 재해를 당하는 경우에 사업주가 근로기준법상의 재해보상 책임을 지게 되는데 국가가 이를 대신해서 사업주로부터 일정액의 보험료를 징수하고 이를 재원으로 하여 재해를 당한 근로자에게 보상하는 제도를 말한다. 다시 말하면 근로자의 업무상 재해를 신속, 공정하게 보상해주기 위하여 일정 규모 이상의 사업에 대하여 사업주의 보험가입의사와는 관계없이 강제적으로 산재보험에 가입시키고 보험료를 전액 부담토록 하여 당해 사업장에서 발생된 산업재해에 대한 보상을 국가가 직접 관장하여 실시토록 하는 제도를 말한다.

산업재해로부터 근로자를 보호하는 방법으로는 산업재해의 발생 자체를 사전에 방지하거나 예방하는 것이 가장 효과적이고 바람직한 일이지만 이미 발생한 산업재해로 인하여 부상당하거나 질병에 걸리거나 사망한 경우에 근로자나 그 가족을 보호하고 적정한 보상을 실시하는 문제도 중요하다.

3.1 무과실책임원칙의 도입(근로기준법의 규정)

근로자에게 산업재해가 발생하는 경우, 피해를 당한 근로자와 그 가족을 보호하기 위해 적절한 보상을 실시하는 문제는 산업화가 진전되면서 노동보호법에 있어서 중요한 과제로 대두되었다. 산업재해에 대해 근대시민법은 개인적 책임이론의 테두리에서 과실책임의 원칙을 바탕으로 손해를 배상하는 체계를 취하였다. 이에 피재근로자가 손해보상을 청구하기 위해서는 직장을 잃은 상태에서 고용주의 과실을 입증하여야 할 뿐 아니라 민사소송의 성격상 많은 시간과 경비가 소요되므로 재해에 대한 보상을 받는 것이 쉽지가 않았다. 이와 같은 모순을 해결하기 위해 독일, 영국 등 선진국가에서는 고용주의 과실과 관계없이 업무로 인한 재해를 보상하는 무과실책임원칙을 도입하게 되었으며, 근로기준법에서도 업무와 재해사이의 인과관계를 기초로 고용주가 근로자의 재해에 대하여 보상하도록 함으로써 무과실책임제도를 도입하고 보상의 내용도 근대화하였다.

3.2 재해보상의 사회보장제도의 편입(산업재해보상보험법의 제정)

근로자의 산업재해에 대해 무과실책임원칙에 입각하여 고용주의 직접보상제를 규정하고 있는 입법도 고용주가 자금난으로 목돈을 마련치 못하거나 피재근로자에 대해 손해배상청구 포기를 유도하는 경우 신속 공정한 보상을 보장할 수 없다. 이러한 문제점을 해결하기 위해 국가가 평소에 사업주로부터 일정액의 보험료를 징수하고 이를 재원으로 하여 재해보상을 하게 되는 사회보험방식을 통한 재해보상의 처리가 요구되었고, 이에 따라 우리나라도 1963년에 산업재해보상보험법(법률 제1438호)이 개정되어 산업재해에 대한 보상을 사회보험차원에서 보장하게 되었다.

4. 풍수해보험

지구의 환경변화의 폭이 커지면서 자연재해로 인한 손실규모도 예상을 넘어서고 있어 이로 인한 피해규모는 국가경제에 영향을 줄 정도가 되고 있다. 특히 기상이변으로 인한 피해가 대부분이어서 우리나라 자연재해의 전체피해 중 90% 정도를 차지하고 있다.

이에 따라 풍수해로 발생하는 재산 피해에 따른 손해를 신속하고 공정하게 보상하기 위한 풍수해보험에 필요한 사항을 규정함으로써 국민의 생활 안정에 이바지하도록 풍수해보험법을 2006년에 제정하여 시행하고 있다.

이 법에서 정하는 풍수해는 「자연재해대책법」제2조 제2호에 따른 자연재해 중 태풍 · 홍수 · 호우(豪雨) · 강풍 · 풍랑 · 해일(海溢) · 대설 · 지진(지진해일을 포함한다)으로 발생하는 재해를 말한다.

풍수해보험법에 따른 풍수해보험사업은 행정안전부에서 관장하고 있으며, 풍수해보험이 담보할 수 있는 보험의 목적물은 다음 각 호의 시설물 및 그에 부수 또는 포함되는 동산으로 하고 있다.

① 「건축법」 제2조 제1항 제2호에 따른 건축물

② 「소상공인 보호 및 지원에 관한 법률」제2조에 따른 소상공인이 운영하는 사업장의 건축물과 시설물

③ 그 밖에 피해의 가능성과 보험의 효용성 등을 종합적으로 고려하여 대통령령으로 정하는 시설

5. 농어업재해보험

과거 농작물재해보험과 양식수산물재해보험을 통합하여 농어업재해보험법을 만들어 2010년 1월부터 시행하고 있다.

농어업재해보험법은 농림축산식품부와 해양수산부에서 주관하고 있으며, 농어업재해로 인하여 발생하는 농작물, 임산물, 양식수산물, 가축과 농어업용 시설물의 피해에 따른 손해를 보상하기 위한 농어업재해보험에 관한 사항을 규정함으로써 농어업 경영의 안정과 생산성 향상에 이바지하고 국민경제의 균형 있는 발전에 기여함을 목적으로 한다.

재해보험의 종류는 농작물재해보험, 임산물재해보험, 가축재해보험 및 양식수산물재해보험으로 한다. 이 중 농작물재해보험, 임산물재해보험 및 가축재해보험과 관련된 사항은 농림축산식품부장관이, 양식수산물재해보험과 관련된 사항은 해양수산부장관이 각각 관장한다.

보험의 대상 및 보상범위는 다음과 같다.

① 농작물 · 임산물 재해보험
- 자연재해, 조수해(鳥獸害), 화재 및 보험목적물별로 농림축산식품부장관이 정하여 고시하는 병충해

② 가축 재해보험
- 자연재해, 화재 및 보험목적물별로 농림축산식품부장관이 정하여 고시하는 질병

③ 양식수산물 재해보험
- 자연재해, 화재 및 보험목적물별로 해양수산부장관이 정하여 고시하는 수산질병

다만, 재해보험사업자는 보험의 효용성 및 보험 실시 가능성 등을 종합적으로 고려하여 위의 대상 재해의 범위에서 다양한 보험상품을 운용할 수 있도록 하고 있다.

제25장 | 재난심리

1절 재난심리의 개념

1. 재난심리의 개념

대부분의 안전 사고는 물리적 환경과 인간적 원인에 의하여 발생한다. 대부분의 사고는 이러한 물적 및 인적 요소가 혼합되어 있으며 물적 및 인적 요소 중 한 쪽 원인으로만 발생하는 사고는 드물다고 하며 대부분 물적 및 인적 요소 중 사고의 원인을 한 쪽으로만 단정짓는 것은 잘못된 경우가 많다.

재난 관리 혹은 안전관리의 기본 방향은 근원적 한계가 있는 불안전한 현장의 환경 개선을 어렵지만 우선적으로 인간적 요소인 불안전한 행위를 배제할 수 있는 방안을 우선순위를 두고 진행하는 것이 안전한 상태 달성이라는 목적에 보다 효율적으로 다가갈 수 있을 것이다.

재난 관리의 인간적 요소는 그에 따른 불안전한 행위가 재난과 관련된 인간의 심리로부터 나온다는 점에서 재난 관리의 핵심은 재난과 관련된 인간 심리의 이해로부터 출발하여야 한다. 따라서 이는 재난 관리가 어려운 이유이다.

2. 인간행동 및 심리

2.1 사고 발생과 관련된 이론

안전사고가 발생하는 이유와 원인의 연쇄반응 등에 관한 이론적 고찰로서 하인리히의 도미노 이론과 최근의 버드의 이론이 있다.

2.1.1 하인리히의 도미노 이론

사고의 원인이 어떻게 연쇄반응을 일으키는가에 대하여설명하고자 할 때 흔히 하인리히의 도미노 이론을 드는 경우가 많다. 하인리히는 안전사고의 원인에서 발생까지의 이르는 전 과정을 크게 5단계로 다음과 같이 정리하였다.

사회적 환경
↑ ↓ 개인적 결함 → 불안전 행동 및 상태 → 사고 → 재난
유전적 요소

이상 5단계의 계열을 도미노에 비유한다면 각 요소는 상호 밀접한 관련을 가지고 일렬로 나란히 서 있기 때문에 한쪽에서 쓰러지면 연속적으로 모두 쓰러지는 것과 같이 사고 발생은 선행 요인에 의해서 일어나고 이들 요인이 겹쳐서 연쇄적으로 생긴다는 것이다.

예시

① 도미노 : 개인의 선천적 요소 및 성장 과정에서 몸에 배인 것들
↓
② 도미노 : 개인의 결함을 형성하고, 그 개인적 결함이
↓
③ 도미노 : 불안전한 상태 및 불안전한 행동으로
↓
④ 도미노 : 안전사고가
↓
⑤ 도미노 : 인명과 재산의 손실

즉 하인리히 이론에서는 연쇄를 구성하는 요인 중 하나라도 제거하면 연쇄적 진행은 저지할 수 있어서 재난은 일어나지 않는다는 것이다. 예시에서 안전관리 활동에 의해 제거할 수 있는 것은 ③의 불안전한 상태 및 불안전한 행동이다. 따라서 사고, 재난을 예방하기 위해서는 불안전한 상태 및 불안전한 행동 둘 다를 모두 없애지 않으면 안 된다는 것이며, 가장 조정하기 용이하다.

2.1.2 버드의 최신 도미노 이론

버드(F. Bird)는 사고가 연쇄적으로 발생하는 첫째 요소로 사업주, 안전보건관리자 및 관리감독자의 통제 부족, 즉 관리적인 측면을 들었고 다음으로는 개인의 지식 및 기능의 부족, 신체적 정신적 문제 등을 기본 원인으로 파악하였다.

통제의 부족 → 기본 원인 → 직접 원인 → 사고 → 재난
(관리) (기원) (징후) (접촉) (손실)

사고의 연쇄성 중에서 가장 중요한 요소로 직접적인 원인, 즉 인간의 불안전한 행동 및 상태를 들었는데 사고를 차단하기 위하여 이 부분을 강력히 차단할 것을 주장하였다. 하인리히 이론에서는 직접 원인만 제거하면 재난은 일어나지 않는다고 하였지만 최신의 도미노 이론에서는 직접 원인뿐만 아니라 기본 원인까지 제거하여야 재난이 일어나지 않게 예방된다고 하였다.

3. 불안전한 상태와 행동

3.1. 불안전한 상태

사고의 직접적인 원인이 되는 불안전한 상태란 인적 물적인 요인에 의하여 이미 조성되어 있는 위험한 제반환경 요소를 말하며 다음의 유형이 있다.

① 위험한 방법과 절차
② 안전복, 장구, 개인 보호장비의 결함
③ 장비의 결함
④ 위험스러운 외부 환경
⑤ 위험물의 존재
⑥ 공공의 위험

2.2. 불안전한 행동

인간의 불안전한 행동은 행하였지만 하지 말았어야 하던가 다르게 했어야만 하는 행동으로 표현할 수 있다.

불안전한 행동을 하는 사람은 자신의 위험한 행동을 인식하지 못하고 있거나 자신의 행동이 타인에게 어떠한 영향을 미칠 것인가에 대해 민감하게 인식하지 못하는 경우가 많아 이러한 행동을 하는 사람 혹은 주우 사람이 부상을 당하기 쉽다.

※ 불안전한 행동의 유형

불안전한 위치와 자세의 선정	장비, 기구, 도구 등의 부적절한 사용
개인 보호장비의 부적절한 사용과 착용	장비의 임의 사용 및 조작
주의 및 경계의 태만	손이나 신체 부위의 부적절한 사용
부적절한 작업 및 활동의 속도	보호 장비의 부적절한 조작
안전장구의 부적절한 조작	

일반적으로 불안전한 행위의 요인은 다음과 같은 경우에 일어나는 것으로 보고 있다.

① 의식에 착오가 있었던 경우

② 의식했던 대로 행동이 되지 않는 경우

③ 의식 없이 행동을 했을 경우

〈표 25.1〉 안전상태 및 종합평가를 위한 범주의 분류

분류	
안전 장치의 무효화	안전 조치의 불이행
불안전한 방치	위험한 상태의 조장
기계 장치 등의 지정 외의 사용	작동 중의 기계 장치 등의 청소, 주유, 수리, 점검

2.3. 사고 유발의 인적 요인

안전 관리는 개인의 성격 및 태도와 깊은 연관이 있으므로 인간적 요인을 제어하기 위해서는 각 개인의 태도를 안전한 방향으로 변화시켜야 한다. 보통 어떤 특정한 개인에게 빈번히 사고가 발생되는 경향이 있으므로 이러한 사람은 사고와 관련된 어떠한 인과 관계가 존재하는 것으로 볼 수 있으며, 사고를 일으킬 수 있는 상황을 조정 통제하지 못하는 신체적 정신적 결함 대문에 더 많은 사고의 발생 가능성을 항상 가지고 있다고 볼 수 있다. 이러한 경우 인적 요소의 조정이 사고의 경감에 기여할 수 있다.

고의로 일으키거나 불가항력적인 상황에서의 잘못을 에러라 하지 않고 알고 있고, 하면 되고, 하려고 하였으나 실수를 하여 할 수 없었던 상황을 에러라고 말할 수 있다.

2.3.1. 주의력

주의란 행동의 목적에 의식 수준이 집중하는 심리상태를 말하고, 부주의란 목적 수행을 위한 행동 전개과정에서 목적으로부터 이탈하는 심리적, 신체적 변화의 현상을 말한다. 인간의 실수를 없애는데 있어서 주의의 집중과 주의의 확장을 잘 조화시키는 것은 매우 중요하다. 인간은 주의를 하는 특성이 있으며, 주의를 집중하는 경우에는 주의의 범위가 좁게 되고 주의의 범위를 확장하게 되면 주의의 정도가 낮아지게 된다. 따라서 이 두 가지 요소를 적절히 조화해 나가는 것이 필요하다. 안전 심리와 관련된 주의력의 특성은 다음과 같은 세 가지로 요약할 수 있다.

① 주의력의 중복 집중 곤란
주의는 동시에 두 개 방향에 집중하지 못한다.(선택성)
② 주의력의 단속성
고도의 주의력을 장시간 지속할 수 없다.(변동성)
③ 주의력의 방향성
한 지점에 주의력을 집중하면 다른 곳의 주의력은 약화된다.

따라서 주의를 집중하는 것은 좋은 태도이나 반드시 최상의 결과를 낳는다고는 할 수 없다.

3.2. 의식 수준

일반적으로 의식의 수준을 대뇌생리학에서는 다음과 같이 5단계로 구분하고 있다.

〈표 25.2〉 의식 수준의 5단계

레벨	내용
LEVEL 0	무의식, 실신 상태이다. 주의 작용은 전무하며, 신뢰성 또한 전무하다.
LEVEL 1	술에 취해 있을 때, 피로하였을 때, 의식이 둔한 상태, 부주의한 상태이며 에러가 일어나기 쉽다.
LEVEL 2	안정을 취하고 있을 때와 같은 게을리하는 의식 상태. 주의는 전향적으로 작용하지 않으며, 예측이나 창조적인 아이디어를 기대할 수 없다.
LEVEL 3	명쾌한 의식 상태이며, 적극적인 활동상태에서 주의가 미치는 범위가 넓고 거의 에러가 일어나지 않는다.
LEVEL 4	긴장이 과대하거나 감정이 고조되었을 때의 의식상태이며, 주의는 목적의 일점에 집중되며, 바른 판단처리가 작용하지 않는다. 에러율이 크다.

일상의 정상 작업은 거의 레벨 2의 상태로 처리되기 때문에 레벨 2의 상태에서도 실수를 하지 않도록 안전 관리상의 배려를 할 필요가 있다. 비정상적인 상황에서는 스스로 레벨 3로 전환할 필요가 있다. 인간의 의식 수준이 변화하여 낮아졌을 때 인간 과오가 생기기 쉽고, 긴장 수준이 저하되면 인간의 기능도 저하되어 여러 가지 불쾌한 증상을 일으킴과 동시에 사고 경향이 커지게 되는데 이는 재난의 발생과 파급에 영향이 있으며, 적절한 재난 관리에도 영향을 준다. 주의력을 유지할 수 있는 긴장의 수준은 다음과 같은 사항으로 요약할 수 있다.

① 피로 시의 긴장 수준
피로한 상태에서는 긴장이 저하되기 쉽지만 그 정도는 크지 않으며 적어도 일을 할 수 있는 범위 내에서 그치는 것이 보통이다.

② 이완 시의 긴장 수준
일반적으로 긴장이 저하된다.

③ 하루의 생리적 리듬에서의 긴장 수준
24시간 생리적 리듬은 낮에는 높고 밤에는 낮게 나타난다. 야간에 긴장 수준이 저하되었을 때 수면이 취해진다.

④ 의식 희박 때의 긴장 수준
졸음 등으로 의식 상실의 시기로서 긴장 수준은 제로이다. 그러나 의식을 각성시키면 되돌아올 수 있다.

⑤ 의식 상실 때의 긴장 수준
내과적 질환, 뇌졸중 등에 의하여 생기며 간단히 의식을 되돌릴 수 없다.

4. 재난심리학

4.1. 과학으로서의 재난심리학

과학의 일반적인 특성은 실험 및 관찰, 체계적인 접근, 그리고 측정이 따라야 하는데 재난심리도 과학으로서 이러한 특성을 갖는다. 재난관리에 있어서의 실험은 보다 많은 연구가 필요하나, 특히 변인의 조작이 쉽지 않기 때문에 제한적일 수밖에 없으며 가능한 분야의 실험은 인적재난이나 자연재난 모두 공통적인 과정이다. 실험의 제약성을 극복할 수 있는 대안은 관찰인데, 관찰은 재난심리를 파악하는데 있어서는 어느 특성보다도 중요성을 지닌다. 관찰은 국내의 것도 중요하지만 외국에서 일어나는 모든 재난에서의 관리를 하는 가운데 그 안에 녹아있는 심리를 연구하게 된다.

과학으로서 또 하나는 체계적인 접근이 될 것이다. 일반적인 연역적 접근과 귀납적 접근방법이 재난심리에서도 동일하게 적용되며, 연구의 대상 및 재난관리의 전 단계에서 일어나는 현상은 개연성에서부터 출발한다. 일반적으로 확립된 심리학의 원리들을 재난관리에 응용 또는 원용을 하고, 실험을 통하여 결론을 얻은 원리를 예측하여 이를 확인하기 위하여 관찰하는 과정이 반복되는 것이다.

다음으로 측정에 관한 것이다. 사회현상에 관하여 측정을 한다는 것은 어려운 과정임에 틀림없으나 논리적인 과학이 되기 위하여는 입증이 되지 않고 측정이 되지 않으면 안된다. 따라서 재난심리에서는 확률적인 수치나 비교 우열의 측정치가 많이 사용된다.

4.2. 재난심리학의 접근방법

재난심리학도 심리학의 한 범주로서 출발할 수밖에 없지만 그 영역을 어떻게 구축하느냐는 심리학의 여러 접근 방법 중에 어느 부분을 더 강조해야 보다 재난관리를 효율적으로 할 것인가에 대한 것이다. 심리학이 구조주의 접근방법으로 시작하여 기능주의, 행태주의, 정신분석학적 접근, 실존주의, 인본주의 및 인지심리학적 접근방법이 있다는 것은 주지하는 바다. 이중에 인지심리학은 최근 재난으로 외상후 심리치료 분야를 연구하는 학자들을 중심으로 관심이 점증하고 있는 것을 볼 수 있다. 실제로 인간이 자극 및 정보를 어떻게 지각하고, 해석하며, 저장하고 또 사용하는가를 연구하는 접근방법은 재난심리에서 앞으로 계속해서 상당한 관심을 가지리라 본다.

또한 심리학은 크게 응용심리학과 기초심리학의 두 분야로 나뉘어 있다. 즉 응용심리학은 임상심리학, 상담심리학, 산업심리학이고, 기초심리학은 지각심리학, 학습심리학, 생리심리학, 성격심리학, 발달심리학, 사회심리학, 실험심리학이 있다. 재난심리는 이 두 분야 중에 어느 한 분야를 채택해서 적용하는 것이 아니라 모든 분야에서 필요한 부분을 원용하고 응용하여 하나의 독립된 영역을 구축해나가는 것이다. 그러나 사회심리학은 가장 가까운 재난심리이론의 바탕이 되고 있다. 따라서 이에 관하여 좀더 상세히 살펴보고자 한다. 사회심리학은 사회행동을 다루기 때문에 임상심리학, 산업심리학, 상담심리학, 경영심리학등 여러 분야의 기초가 된다. 사회심리학이 실험과학으로서 각 현상의 현장을 위주로 하여 실험뿐이 아니고 체계적인 관찰법도 사용하고 있듯이 재난심리학도 결국은 현장을 중심으로 연구되기 때문에 더욱 밀접한 관련이 있다. 여기서 주의할 것은 사회학과의 관계이다. 사회학은 사회현상의 파악을 목적으로 하고 심리학에 비해 보다 기술적인 연구태도를 보이는 반면 재난심리학이나 사회심리학은 그 현상 밑에 깔려있는 심리과정을 이해하려고 보다 분석적인 연구태도를 취한다는 것이다. 또한 재난심리학이 대상으로 하는 집단의 규모가 크다는 점에서 사회학의 사회심리학과 같다.

2절 재난의 사회심리

1. 주체별 재난 심리

재난이 발생하면 구경하는 일반인, 이재민, 피해자, 구호자, 영웅, 범죄자, 공무원, 물건 수집자 등 다양한 사회 계층이 그 관련 주체로서 등장하게 된다. 여기에다 구호자로서, 부를 창출하는 주역으로서의 기업이 있고, 직 · 간접적인 재난 책임자도 생긴다. 이러한 각각의 재난 관련 주체들이 재난을 당하여 어떠한 심리작용을 하는가를 분석하는 것은 현대적인 재난관리에서 중요한 과제가 되었다. 그러나 재난 시 각 주체의 심리작용이 주체적이거나 의도적으로 작동되는 것은 아니다. 여기서는 재난 관련 주체별 재난 심리를 기술한다.

1.1. 국가

재난 시 국가는 국민의 안전을 위하여 공공적인 분야의 모든 역할을 하고 관련 역량을 결집하여 재난에 대처할 책임을 갖고 있다. 국가는 재난 심리적 측면에서 보면 그 자체의 조직을 사회적 유기체로 보는 즉 중앙과 지방과의 각 부처 및 기관, 부서간의 상호 유기체로 인식하고 조직의 단위로 보아야하며, 조직심리로 접근해야 한다. 국가는 우선 그 발전 단계에 놓인 상태, 즉 당시에 어느 수준의 발전단계에 있는가를 판단해야 한다. 이는 경제적인 단계와 정치적인 단계 그리고 사회적인 발전단계에 따라 재난관리에 관한 정책과 관심이 다르기 때문이다. 이는 사람이 성장해 가면서 모든 심리적 작용이 다르게 나타나는 것과 같은 것으로 이해하면 좋을 것이다. 재난관리 또는 위기관리는 국가라는 조직이 정치적으로 접근하느냐, 경제적으로 접근하느냐, 단순히 사회적인 현상으로 보느냐에 따라 달라질 수 있다. 또한 재난관리 업무가 어떠한 업무에 종속된 부수적인 업무로 취급되고 있는가, 아니면 주된 독립적인 업무로 인식하고 있느냐에 따라서도 그 결과는 다르게 나타나게 된다. 두 가지 중 전자의 측면에서는 재난관리에 소요되는 예산은 경비로 인식되어 쓰지 않는 것이 훌륭한 덕목이 될 것이고, 후자라면 그 예산은 투자의 개념으로 받아들여 적극적으로 투입함으로서 부를 창출해내는 산출물을 기대할 수 있을 것이다.

과거 국민소득이 빈약한 중국에서 대홍수가 발생하였을 때 대하천이 범람하여 수십만 명의 도시민에게 피해를 입힐 것을 우려하여, 중간에 작은 소도시가 인접해 있는 지역의 하천제방을 의도적으로 무너뜨려 만여명을 희생시키는 대책을 대수롭지 않게 시행하였다는 소문도 있었다. 반면에 미국에서는 전쟁에서 여군 한 명이 포로가 되었다는 사실이 알려지자 이를 국가의 위기로 단정하고 구출하기 위해 별도의 특공대를 결성한 적이 있다. 또한 2004년 12월의 남아시아에서 지진해일이 발생하였을 때 미국이나 일본에서 이를 사전에 알려 주었고 해당 국가들은 이를 접수하고도(지진이 발생한 후 2시간의 여유가 있었고 이를 사전에 알린 것) 그들 국가가 제1의적 산업으로 여기는 관광산업의 고객들인 관광객이 놀라 철수해버릴 염려와, 관광 수요가 줄고 그 수입에 타개를 입을 것을 우려하여 알리지 않음이 더욱 피해를 키웠다는 보도도 있었다. 시사하는 바가 작지 않다고 할 것 이다.

이렇듯 국가조직을 어떻게 재난관리에 더 적극적이고 과학적인 투자를 하도록 할 수 있겠는가 하는 것은 조직심리의 차원에서 해결해 나가야 할 과제이다. 특히 정치적인 관점에서 재난관리가 영향받지 않도록 해야 하며 재난관리 정책 수립 시에 재난심리가 중요한 역할을 한다는 것을 인식하도록 하는 것이 필요하다. 이를 위해서는 담당공무원을 대상으로한 조직심리와 조직문화 심리를 인식시키는 노력이 강조되어야 한다.

1.2. 피해자

재난 시에 피해자의 범위는 다양하며 사망자, 신체적 부상을 당한 사람, 정신적 피해를 입은 사람을 포함하고, 넓은 의미로는 다양한 재난의 종류에 연관되어 각 분야의 피해를 입은 사름을 모두 포함할 수 있다. 재난관리의 궁극적인 목표 중 하나는 인명피해를 줄이는 것이며 다른 내용은 인명 피해 감소를 위한 노력이 대부분일 것이므로, 피해자에 대한 이해는 매우 중요하다.

재난을 당하면 피해자는 단계적 반응을 나타내는데, 3단계 혹은 5단계의 이론이 있다. 3단계 심리 반응의 경우, 첫번째가 충격반응단계(shock reaction)로서 사람이 재난의 충격을 처음 흡수했을 때 보이는 반응이고, 두 번째가 반동반응단계(recoil reaction)로 위험이 사라진 바로 다음에 오는 반응이며, 마지막으로 회상반응단계(recall reaction)는 재난 그 자체로부터는 멀어졌지만 재난으로 인한 결과가 가져오는 여러 결과에 생각이 미치게 되면서 보이는 반응이다.

〈표 25.3〉 재난 피해자의 3단계 심리

단계	내용
1단계	충격반응단계(shock reaction)
2단계	반동반응단계(recoil reaction)
3단계	회상반응단계(recall reaction)

첫 번째의 충격으로 인한 반응은 사람마다 다르다. 재난 생존자의 약 10 – 20 %만이 냉정을 잃지 않고 행동할 수 있으며, 70%는당황해서 어쩔 줄을 모르고, 나머지 10 %는 완전히 제 정신이 아니어서 심한 공포나 불안에 사로잡히거나 공황상태에 빠지고 또는 분노에 사로잡히고 소리를 질러댄다고 한다. 남아시아의 지진해일이 밀어 닥쳤을 때 방송에 비친 피해자의 태도를 보면, 해일이 밀어닥칠 때 처음에는 의아한 모습으로 있다가 위험을 느끼고는 마구달리는 것 이외는 아무 것도 할 수가 없었던 것을 알 수 있다. 희생을 당하는 장면을 목격한 사람들의 증언을 들으면 너무나 갑작스런 상황이라서 물소리에 뒤를 돌아보고 있던 사람들 중에는 그냥 멍하니 구경하는 것처럼 서 있다가 파도에 휩쓸리는 장면도 있었다고 한다. 대구 지하철 참사 때는 인간의 본능적인 감각적 행동만 나온다고 증언하고 있다. 이성적으로 판단해서는 당연히

화재가 발생하였으면 그곳을 빠져나와야 하겠지만 유리창을 깨고 나왔던 증언자도 다시 죽음의 열차 안으로 들어가고 싶었다고 한다. 너무나 밖은 뜨거워서 그곳을 빠져 나가야겠다는 이성적 판단은 우선 뜨거운 열기를 피하고 싶은 감각적 판단에 밀려버렸다는 것이다.

두 번째 단계인 반동반응단계에서는 일단 위험에서 벗어난 생존자들은 살았다는 것을 깨닫게 된다. 이때 이들은 허탈한 웃음을 웃기도 하고 흐느끼기도 하고, 신경질을 부리기도 한다. 대구 지하철참사의 경우에는 막상 그야말로 구사일생으로 밖으로 탈출했을 때는 모든 사람들이 자기를 구경거리로 생각하고 겨우 119 구급차로 가라는 손가락질 하나해주는 친절 이외는 부축도 없었다는 것에 분노와 원망을 느꼈다고 한다. 걸음도 제대로 걷지 못하는데 연기의 먼지가 옷에 묻을까 겁을 내는 것 같았다고 했다. 이렇듯 사람들은 위험이 지난 직후 단지 정서적 반응만 하는 것이 아고, 여러 가지 행동을 하는데, 그 중에는 남을 돕기 위해서 자신의 위험을 무릅쓰는 영웅이 나타나는가 하면 자신만 살아남으려고 행동하는 사람들도 있고, 또 어떤 사람은 위험이 지난 것을 깨닫게 되면서 물건에 대한 욕심을 채우려는 사람도 나온다. 피해를 당한 사람들이 갈피를 못 잡는 이유 중의 하나는 그들이 상황을 제대로 판단하지 못하기 때문이라고 한다. Fritz에 의하면 정상적인 커뮤니케이션이 단절되기 때문에 피해자들은 재난의 실상과 피해실태를 제대로 파악하지 못한다. 그래서 재난의 피해자는 많은 경우 자신에게만 재난이 닥친 것으로 착각하고 피해가 얼마나 광범한 지를 미처 깨닫지 못하는 경향이 있다고 한다.

마지막 세 번째 단계인 회상반응단계에서는 재난생존자들은 대체로 긴장해 있고 안절부절해 하는 것이 특징이다. 이 단계에서는 재난에 대한 무서운 생각이 자꾸 떠오른다. 또 당한 재난에 집착해서 생존자는 계속 재난에 대해서 이야기 하려고 한다. 남아시아 지진해일을 겪은 생존자들은 화장실의 물이나 물소리만 들어도 몸서리가 쳐진다고 한다. 밤에 자다가 화장실의 물 내리는 소리를 들어도 잠이 깨어 다시는 잠을 이루지 못할 뿐 아니라 고통소리에 시달린다고 한다. 대구 지하철의 생존자 증언에서는 병원의 의사는 병원으로 후송된 지 단 하루 만에 경과를 보고서, 아프고 고통에 시달리는데도 외상이 없으니 괜찮다고 나가라고 한 진단에 대해서 분노를 느끼고 있었다. 함께 대화를 해주고 걱정을 해주는 것에 대해서는 천사와 같다고 한다.

재난에 대한 반응으로 5단계설을 주장하는 학자도 있으며 최근 이를 많이 수용하는 추세이다. Frederick CJ는 재난을 겪은 사람은 심리적으로 ① 불안과 구체적인 공포가 주로 일어나는 초기충격(initial impact) ② 많은 사람들이 재난에서 자신을 구하고 남을 구하기 위해서 신체적으로 정신적으로 혼신의 힘을 쏟는 영웅(heroic)단계 ③ 자신이 생존했다는 사실 그리고 각종 기관으로부터 구원을 받고 있다는 사실에 감사하고 기쁨을 느끼는 신혼(honey moon)단계 ④ 모든 일을 제때에 좀 더 잘 해주지 못한다고 관리나 기관을 원망하고 좌절을 느끼는 환멸(disillusionment)단계 ⑤ 정신적 정동적으로 재건과정이 일어나서 상황을 보다 현실적으로 보게 되고 당면문제의 해결에서 자신이 맡아야 할 책임을 수용하는 재조직(reorganition) 단계로 보고 있다. 이 구분법은 시간적으로 그리고 원조기관에 대한 희생자의 반응을 포함한다는 의미에서 보다 포괄적이기는 하지만 앞에서 본 3단계설 만큼 생존자의 심리적 반응을 구체적으로 제시하지 못하는 흠이 있다.

〈표 25.4〉 재난 시 5단계 심리 반응

단계	내용
1단계	초기충격단계(initial impact) 단계
2단계	영웅(heroic) 단계
3단계	신혼(honey moon) 단계
4단계	환멸(disillusionment) 단계
5단계	재조직(reorganition) 단계

무시하지 못할 피해자의 심리 중의 또 하나는 물적인 욕심내지는 소유물에 대한 애착심이 있다. 이것은 재난의 즉응 심리라기보다는 직전의 심리와 서서히 진행되고 있는 재난의 과정에서 일어나고 있는 심리이다. 화재현장에서 막무가내로 집으로 돌진하여 금전이나 패물을 꺼내오려는 무모한 행동을 생각하면 쉽게 이해를 할 수 있다. 구조하는 사람들에게 자기의 소를 함께 살려줘야 자기도 구조를 받겠다는 경우도 있었다. 태풍 루사 때의 영덕에서의 사건은 이러한 심리를 잘 말해준다. 마을의 다소 떨어진 곳에서 살고 있던 할머니가 태풍으로 인한 피해가 우려되어 한 밤 중에 행정기관에서 대피를 하라는 전갈을 받은 급박한 상항이었는데 할머니는 대피를 하다가 다시 집으로 돌아갔다. 항상 곁에서 대화의 상대였던 TV가 생각났던 것이고, 그것을 안고서 다시 대피를 하다가 결국은 피해를 입고 나중에 생명까지 잃었다고 한다.

1.3. 일반시민

재난에 있어 피해자들을 제외한 일반시민들은 4중적 역할을 갖고 있다고 보아야 한다. 하나는 언제나 어디서나 일어날 수 있는 재난에 노출되어 있는 예비피해자가 될 수 있으며, 둘은 재난현장의 방관자가 될 수도 있고, 셋은 재난을 당한 사람들을 구하는 구호자의 입장도 될 수 있고, 넷은 재난관리를 해야 하는 재난책임자가 될 수도 있다.

〈표 25.5〉 재난 시 시민의 역할

재난 시 시민의 4중적 역할
예비피해자
방관자
구호자
재난책임자

일반시민들은 평소에 재난에 대비해서 교육과 훈련을 받아야 하며, 재난에 대한 안전문화를 조성해 나가야 한다. 그러나 이들 예비 피해자들은 강한 '예외의식'을 가지고 있다. 설마 사고가 난다고 해도, 재난이 닥친다 해도 나에게는 피해가 오지 않을 것이며, 적어도 나는 그러한 국면에 처해도 충분히 빠져 나올 자신이 있다는 생각을 갖고 있다. 또한 위기가 닥친다 해도 만연한 '희석의식'이 있다. 예를 들면 금연을 결심하였을 경우처럼 담배가 건강에 해롭고 당장 끊어야 하는 이상 징후가 나타나도 그러한 정보를 곧이곧대로 받아들이려 하지 않는다. 설령 받아들인다고 해도 어느 의학 관련 인사나 특별한 임상실험에서 확정된 정보가 아니더라도 담배가 긍정적인 효과 있다고 하든가 적어도 피해가 그리 심각성을 갖지 않는다고 하면 바로 담배를 피우게 된다. 이 뿐만 아니라 끊었다고 하여도 '스트레스를 받아서' 등 빌미만 있으면 다시 피우게 된다. 이렇게 재난이나 위기의 개연성을 정상적인 정보로 해석해 버림으로서 평소의 교육이나 훈련이 안전문화의 조성이 일반적인 방법으로 해서는 안 되고 재난심리를 이해한 후 실시하여야 한다.

어떠한 재난이던지 일단 좋은 구경거리가 된다. 그곳에는 사람이 다치고 죽고, 소중한 재산이 파괴되는 현장이다. 따라서 일반 시민들은 방관자가 된다. Fritz는 재난을 지켜보는 사람들은 공황의 환상(illusion of panic)이라는 현상을 일으킨다고 한다. 재난 현장에 몰려드는 구조인력, 피해자의 관련된 사람을 찾으려는 가족들, 재난에 관한 정보를 얻기 위하여 모여드는 사람들이 법석을 떨어서 재난이 실제보다 더 혼란스럽게 보이는 인상을 준다는 것이다. 삼풍백화점 붕괴 사고 시에도 생존자를 발굴하는데 나중에는 예언자나 미신까지 신봉하는 자들이 몰려들어 오히려 체계적인 수습과 구조활동에 지장을 준 경우라든지 대구지하철 사고 때에 자원봉사자나 민간구조단체들이 무질서하게 다가오는 경우와 관객이 되어서 실제로 대피한 자들에게 도움을 주기보다 실망과 허탈감을 준 사례가 되겠다. 이러한 현상은 홍수나 태풍으로 인한 자연재난의 경우도 마찬가지이다. 일반시민들이 구호품이나 의연금을 지원하는 위치에서는 공동체적인 관점에서 그들이 재활을 위해 한다는 것보다는 우월적인 심리로 동정적인 태도를 가지게 된다고 한다.

최소한 얼마가 있어야 또 무엇이 있어야 재활의 의지를 갖고 사회에 복귀하는 것이 아니라 막연한 금품의 모금으로 그 금전 자체에 대한 생존자들의 다툼은 물론 정상적인 사회복귀의 의지마저 꺾어버리는 결과를 초래하기도 한다. 일반시민은 재난의 책임자가 된다는 의식이 있어야 한다. '재수가 없어서 나의 영역에서 재난이 발생하는 것' 이 아닌 내가 평소에 재난예방을 소홀히 하였다는 책임의식을 가지는 문화를 조성할 필요가 있어야 한다는 것이다.

1.4. 구조 · 구급 · 구호자 및 민간단체

구조나 구급, 구호를 하는 개인은 자칫 영웅심리가 작용하여 새로운 재난을 일으키거나 재난을 확장시킬 수가 있으나 그들이 재난의 피해자가 될 수 있는 양면성이 있다. 이들은 아무리 비참한 현장이라도 직무상 그 상황을 기피할 수 없으며, 그것이 자신들의 직무인 이상, 자신들의 고통을 호소하기도 어렵고, 힘들다고 해서 약한 모습을 보일 수도 없다. 그들은 용감하고 강건하다는 이미지를 갖고 있기 때문에 재난이 발생할 시에는 어떠한 일이 있더라도 구조하러 가야 한다는 사회적 기대를 받고 있기 때문이다. Kliman은 재난구조자를 "드러나지 않는 재난피해자(hidden victims)"라고 부르고 있다. 실제로 미국에서는 1980년대의 중반부터 이것에 대한 관심과 대처가 있었고, 소방과 경찰, 군대 등에서 그 성과를 얻고 있다. 한편 자원봉사를 하는 민간단체는 모든 국가에서 그 역할이 날로 증가되고 있으며 중요한 위치를 차지하고 있다. 그것은 재난현장에서의 활동뿐만이 아닌 국가와 함께 재난관리의 주체적인 선도적인 역할을 하고 있기 때문에 이들에 대한 문화와 환경적인 심리도 지원 연구되어야 한다.

1.5. 기업

현대사회에서 기업은 재난관리에 있어 빼놓을 수 없는 역할을 하고 있다. 재난책임자로서의 역할은 기본이고, 재난관리의 전 단계에서 직접적인 수단을 생산하여 제공하는 역할, 재난현장의 수습과 복구를 위한 지원자로서 그리고 기업위기가 국가의 위기가 될 수 있다는 관점이 있다. 또한 기업이 그 스스로의 위기관리를 위하여도 관심을 가지지 않을 수 없다.

기업과 사회의 유기적 관계에서 재난관리에 대한 기업의 심리상 중요한 것은 기업은 그 존립의 가치나 목적이 이윤의 창출에 있다는 것이지 기업이윤의 사회적 환원이라던가 봉사가 그 궁극적인 것이 아니라는 것이다.

기업이 재난관리를 위한 방재산업에 관심을 갖게 하는 것, 자기의 브랜드를 알리면서 재난관리의 각 단계에 참여할 수 있도록 하는 것, 기업의 종업원들이 재난관리에 선도적 역할을 수행할 수 있도록 유도하는 것 등이 기업의 재난 심리 상에서 고려 사항이다.

1.6. 불법행위자

재난관리에 등장하는 도둑이나 범죄행위자는 또 하나의 심리학적인 연구 대상이 되고 있다. 재난의 예방과 재난의 현장에서 보다 의도하는 바대로의 주민대피 등을 위해서는 사회복지적인 차원이나 범죄심리학적인 차원에서 이를 원용하는 것이 필요하다.

2. 단계별 재난 심리

재난관리에 대한 단계는 대체적으로 예방, 대비, 대응, 수습 및 복구로 분류하고 있는 경우가 많아, 여기에서도 이 분류단계를 따라 재난심리적 측면을 보고자 한다. 다만 크게 분류하여 재난발생 이전인 예방과 대비, 재난발생의 직접적인 대응과 구조구급, 재난상황이 끝난 후의 수습과 복구에 있어서의 효율적인 관리를 위한 심리적인 접근을 보도록 하겠다.

2.1. 예방 · 대비 단계에서의 재난심리

선진 재난관리로 갈수록 사후의 복구보다 사전의 예방으로 재난관리로 무게 중심이 이동되고 있어 점점 재난관리단계에서 가장 중요한 비중을 차지하고 있다. 일반시민들의 안전의식을 높이는 데 가장 큰 걸림돌은 사람들이 앞으로 올 위험에 대해서 둔감하다는 것이어서 사람들은 예방에 대해 소홀히 생각하는 경향이 있는데 그 이유는 심리학적으로 몇 가지가 있다.

하나는 예방행위를 하면, 신체손상이나 재산의 손해와 같은 것을 미연에 막게 되는데 그 효과가 불분명한 것이다. 예방행동을 해도 사고가 안 일어나고 예방행동을 안 해도 사고가 안 일어나니까 이런 일이 생기는데, 예방행동을 안 해도 사고가 안 일어난다는 것은 사고가 자주 일어나는 것은 아니기 때문이다. 다른 이유는 통제의 환상이 있기 때문인데, 실제사고를 통제할 수 없는데도 통제가 가능하다고 생각하고 안심하는 것이다. 안전예방행동을 사람이 꾸준히 할 수 있게 하기 위해서는 사람에게 안전예방 행동을 할 때는 그에게 어떤 보상을 제공하고 안전예방활동을 안할 때는 어떤 처벌을 가하는 조치를 마련해 놓고 이를 시행해야 한다. 안전예방이 사고의 침해를 막아 준다는 훈시나 구호로만은 안전예방에 필요한 행동을 정착 시키지 못한다는 점을 유의해야 한다. 예방행동에 관한 규칙도 규칙은 아무리 정해도 규제 자체는 사람을 행동하게 유도하는 힘을 가지고 있지 못한다. 다시 말하면 규칙이 사람으로 하여금 예방적인 행동을 하게 만들지는 못한다. 사람을 행동하게 하는 것은 행동 뒤에 오는 결과이다. 예방행동을 안했을 때 사고가 일어나고 예방행동을 해서 사고가 안 일어나면 사람들은 예방활동을 하게 된다. 문제는 앞서 말한 바와 같이 예방행동을 해도 안 해도 사고는 좀체로 일어나지 않기 때문이다. 즉 결과가 같아 보이기 때문에, 사람들은 예방하는 행동을 안 하기 쉬운 것이어서 예방조치를 취할 이유를 발견하지 못하는 것이다.

예방행동을 확보하기 위해서는 그 행동의 결과로 보상이 오도록 하는 것이 중요하다고 말했는데, 이런 행동을 강화하기 위해서는 먼저 예방활동을 구체적으로 정의해야 할 필요가 있다. 어떤 일을 하는 것이 예방적 행동인지 분명히 명시해야 보상을 줄 수 있는 것이다. 예방이라고 막연히 말하지 말고 예방에 필요한 구체적인 행동들을 규정해 놓고 안전을 관리하는 사람이나 안전과 관련된 업무에 종사하는 실무자에게 이를 주지시키고, 감독자는 그에게서 그 행동이 일어나는지 지켜보고 그 행동이 일어나면 보상을, 일어나지 않으면 처벌을 가해야 한다. 이런 감독행동은 매일 있어야 하겠지만 특히 안전위험이 클때 그런 감독을 꾸준히 해야 하며, 감독자의 자질은 이런 감독업무를 잘 하느냐로 평가되어야 한다.

예방이 재난이 일어나지 않도록 하고 발생하는 재난에 피해가 없도록 하는 것이라면 준비(Preparedness) 단계는 발생 직후에 신속하게 대응능력을 발휘할 수 있도록 능력을 개발 · 향상시키는 행위이다. 따라서 대응절차를 개발하고, 경보체계를 수립하며, 재난에 대비한 훈련, 재난관련 담당자를 훈련시키는 것 등이다.

우선 가장 먼저 고려해야 할 심리적 요소는 공간적으로 설정된 범위의 지역 내 사람들에 대한 집단의식과 문화심리를 파악해야 한다. 공통적인 준비는 있을 수 있겠지만 천편일률적인 준비의 행위는 사람들로 하여금 재난이라는 특수한 상황을 보편화 의식으로 바꾸어 버릴 수 있기 때문이며, 즉 희석의도가 작용한다는 것이다. 따라서 그 지역 그 공간 내의 특수성을 항상 먼저 염두에 두고 준비할 수 있는 재난담당자의 자세가 필요하다.

다음으로는 단순성이다. 재난을 당하면 순간적인 행동이 중요하다. 복잡한 논리를 따져볼 시간적 여유가 없다. 모든 준비됨이 재난이라는 상황에서 발휘되기 위하여는 단순함을 잊어서는 안 된다. 또한 자극적 연상성이 있어야 한다. 특정 재난에 대해서는 어떠한 준비가 필요하다는 일정의 자극에 곧 반응을 할 수 있도록 연상성을 부여하여야 한다는 것이다.

경감(mitigation)이라는 개념은 사실 최근의 재난관리단계에 도입된 개념이라고 할 수 있다. 단어가 주는 의미대로 피해를 줄이는 개념이다. 구조적인 경감은 홍수에 대비하여 댐이나 제방을 쌓는 것, 지진에 견딜 수 있는 구조물을 설치하는 것 등과 비구조적인 경감은 토지이용계획을 개선시키는 것, 재난우려지역을 설정하는 것, 재난고도위험지역에 대한 규제와 세제를 통한 규제 및 부가적인 규제를 하는 것 등이다. 구조적인 분야에 심리적인 측면의 접근이 필요가 없을 것 같지만 비구조적인 것과 마찬가지로 여러 가지 심리적 접근이 필요하다. 그것은 특히 우리나라의 경우에는 토지와 건축물과 같은 부동산가격에 대한 아주 예민한 반응이 일어나므로, 이러한 부동산에 대한 심리를 간과하고서는 경감조치를 성공적으로 수행할 수 없다는 것이다.

한편, 인적재난의 경우에 대피시설을 만들 경우, 마치 장애인의 시설을 설치하면서 장애인의 입장이 아닌 정상인의 입장에서 생각하고 정상인의 판단으로 정상인이 설치하여 장애인이 활용할 수 없거나 전시적인 시설에 지나지 않아 많은 비판을 받고 있듯이, 실제의 재난상황을 정확히 파악치 못하고 일반적인 시각으로 설치하여 실제 재난이 발생하였을 때는 아무런 도움을 주지 못하는 경우가 많다.

2.2. 대응에 있어서의 재난심리

대응은 구조, 구급활동, 대피, 응급치료, 비상음식과 피난처 등 재난 시의 대처반응에 관한 일련의 프로그램을 말한다. 여기서는 집단적인 의식과 심리와 과정에서의 관련된 부문을 보고자한다.

한 TV방송사에서 영화상영중인 극장에서 화재가 발생했을 때를 가상하여 집단적 행동 실험을 한 적이 있었다. 불시에 연기를 뿜어 화재경보기를 울리고 그들의 행동을 관찰하는 것이었다. 그 프로의 목적은 재난 발생시 도우미의 효율적인 역할을 강조한 것이었다. 그런데 그 실험에서 나타난 현상 중의 특이할 만한 것은 관객 출입구가 여러 개 있었고 단상무대 양옆으로도 배우나 관계자들이 출입하는 문이 있었다. 그러나 막상 화재경보가 울리자 대부분의 사람들은 자기가 들어왔던 그 문을 고집하여 대피를 시도했고, 그렇지 않으면 여러 문들 중에도 유독 사람이 몰리는 문으로만 더 몰려가고 있었다. 당연히 실험에서 엄청난 희생자가 난 것으로 판명되었다. 이것이 바로 재난 시 대피하는 또는 대응하는 심리를 엿 볼 수 있는데, 인간의 귀소의식은 들어온 문으로, 다니던 곳으로만 갈려고 하는 행태라고 한다. 또 다른 하나는 군중 또는 집단의식인데 즉 다른 대피로나 피난처가 있음에도 다수 판단을 긍정적인 것으로 인식하여 사람들이 많이 있는 곳으로 함께 간다는 것이다. 재난 시 동조의식, 집단행동, 행동의 맹목성과도 맥락을 같이 한다.

2.3. 수습과 복구단계에서의 재난심리

수습과 복구는 재난의 상태를 그 이전의 상태로 복원시키는 과정이다. 물리적인 것은 교량이나 다리의 복구, 건물의 재건 등이며, 인적인 사안은 치료, 보상 등 재활을 도와 정상적인 생활로 복귀할 수 있도록 도와주는 것이다. 이 단계는 전술한 Wallace의 재난충격의 3단계인 회상반응단계 후의 재난관리 과정이다. 재난을 당한 피해자나 그 지역의 주민들은 공통적으로 일단 결집력을 갖게 되는데 이는 사회적으로 약자의 입장이라고 생각하기 때문이다. 제일 먼저 부각이 되는 것이 책임론인데, 그것이 인적재난일 경우는 당연한 것이며, 자연재난의 경우에도 그러한 피해가 나기까지에 책임의 소재가 있다고 생각하는 것이고, 이는 분명 누군가의 잘못됨이 있을 것이라는 확신에서라기보다는 누군가에게 책임을 돌리고 싶은 심리인 것이다. 이는 심리학에서 어떤 결과를 어떤 원인에 돌린다는 곧 결과에 대한 설명을 찾는다는 귀인(attribution)이라는 개념에서 보면 이해하기 쉽다. 재난이 나면 일단 국가의 탓으로 돌리고 싶은 것이며, 그래야만 가장 확실하게 그 보상을 받을 수가 있다. 또한 불확실한 책임자를 찾아 원망의 대상과 화풀이의 대상으로 하기는 현실적으로 어렵기 때문일 수 있다. 또 그 피해를 부풀리고 싶은 것이고, 재난 이전의 것보다 더 나은 상태로 해주기를 바라게 된다. 여기에서 소위 도덕적 해이 현상이 강하게 나타나 재난관리기관이나 국가를 당황하게 만드는 결과가 초래되기도 한다. 국가와 지자체의 관계에서도 지자체가 국가를 상대로 또는 국민을 상대로 비슷한 행태를 나타내기도 한다.

기업은 복구과정에서 인류애적인 차원으로 접근하기도 하지마는 또 한편으로는 위기라는 기회를 이용한 이윤의 창출의 기회가 되기에 상기한 역기능적인 것을 부추기기도 한다.

최근 UN의 보고서에서는 수습 · 복구단계에서 사회심리학적인 측면의 재난심리를 강구해 나갈 필요가 있다고 하였으며, 사회집단적인 현상으로서 재난이 지난 후에는 사회적 약자인 여성과 어린이의 피해가 급증한다고 하였다. 남아시아의 지진해일 피해 이후 그 지역에서 여성 성폭력이 급증했다고 한다. 이는 Wallace가 지적한 재난충격의 초기단계에서 일어나는 현상이라고 보았던 심리적 공황이 상당시간 연장된다고 보아야 하며, 인간은 공황의 상태에서 재난으로 받은 스트레스를 해소시켜야 하는 강한 욕구가 일어나기 때문이다. 그래서 일단 자기보다 약한 자에게서 보상심리를 얻고자 하는 것이며, 이것이 성폭력으로 이어진다고 보여진다. 또한 재난 후에는 여성의 노동력이 급격히 늘어나 여성들이 스트레스를 받아 새로운 사회문제가 야기될 수 있다고 보고되고 있다.

3절 재난 관리와 재난 심리

1. 재난홍보심리

1.1. 재난홍보심리의 의미

재난홍보심리(PR)는 Public Relation 즉 공공관계로 이해되고 있다. 영국 PR연구소는 조직과 그 대중간의 상호이해를 넓히고 유지하기 위한 노력으로 상호개념 즉 쌍방향 의사소통(two-way communication)을 통하여 상호변화하고 발전하는 것으로 설명하고 있다. 대중을 상대로 하여 어떤 사안에 대해 알리고 그 주체의 뜻하는 바를 바로 이해시키는 동시에 거꾸로 대중의 의사나 마음을 전달받는 상호관계를 뜻하고 있다. 이론적으로 일방적인 선전(propaganda)이나 선무, 홍보나 광고와도 다른 의미이나, 오히려 재난관리에서의 PR은 이러한 다양한 의미를 내포하고 있다고 이해함이 옳을 것이다.

PR을 스위스제 다용도 칼에 비유를 하고 있기도 한데, 스위스칼은 그 안에 손칼은 물론 소형 볼록렌즈, 가위, 끌, 집게, 드라이버, 송곳 등 많게는 10여 개의 기능이 한 몸에 고스란히 들어 있어, 스위스 칼의 멋이 바로 이 다기능성이며, PR은 마치 이 스위스 칼과 같다고 하였다. 이처럼 PR이 우리 생활 전반에서 아주 그 기능과 역할이 크다는 것을 의미한다.

PR에 따라서 기업의 운명이 좌우되기도 하고, 국가의 시책의 성공적인 주요한 열쇠가 되기도 하며, 우리 사회의 위기를 기회로 만들기도 한다. 심지어는 전쟁을 비롯한 국가간의 일에서도 필수 불가결한 요소가 되고 있다.

1.2. 재난관리에 있어서 재난홍보심리의 역할

재난관리에 있어서의 PR은 모든 단계에서 아주 중요한 역할을 하나, 특히 예방단계에서, 즉 평소에 PR에 더욱 관심을 기울이지 않으면 안 된다. 왜 예방을 해야 하는가가 아니라 당위성으로 받아들여야 하며 삶과 함께 하는 것이라는 인식이 되도록 해야 한다. 생명을 걸고 지키고 있던 것들을 재난으로부터 지키기 위한 예방에 소홀할 수 없다는 관점에서 PR이 시작되어야 할 것이다.

특히 자연재난은 예고가 되는 경우가 있으므로 PR의 중대성은 즉시성이 매우 강하다. 재난 발생시 후속 대응과 구호를 위해서 수습 · 복구를 위해서 재난을 당한 사람들은 물론이고 전 국민을 상대로 한 PR이 있게 된다.

2. 재난과 언론

언론이 재난에 관심을 갖고 보도를 하는 것은 한정적일 수 밖에 없는데 이는 한정된 지면이며, 시간이기 때문이다. 국민적 관심이 큰 대형재난의 경우에는 당연히 언론이 관심을 보일 수 밖에 없으나, 예방이나 재난의 대응에 그러한 조치가 없었더라면 엄청난 재앙을 불러일으킬 수도 있었던 것 등에는 언론의 관심은 적을 수 밖에 없다.

상황에 따라서 시기적으로 재난은 주요 기사가 될 수도 있으며 그렇지 않을 수도 있다. 우리가 알고 있는 바와 같이 언론매체는 전달의 속도와 범위가 넓고, 언론의 독자는 그 보도의 진실성을 따지지 않고 우선 신뢰를 하게 된다. 언론은 독자의 관심을 끌 수 있어야지 교육적인 사항을 전달하는 것이 아니다. 예를 들면 우리나라의 중앙 119구조대의 구조견이 나이가 많아 그 역할을 할 수 없어 퇴출시키게 되어서 이것이 뉴스거리가 될 것인가 아닌가를 두고 설왕설래했지만 현실은 아주 크게 보도된 반면에, 소방공무원의 총수가 은퇴한다면 그건 겨우 한 줄짜리 동정기사에 지나지 않는 것과는 대조적이다. 이렇듯이 언론은 독자의 흥미를 먼저 이끌어내야 하므로 언론은 오히려 독자의 수준에 맞출 수밖에 없다. 따라서 긍정적인 측면보다는 부정적인 측면을 더 선호하게 되고 동조적인 것보다는 비난적인 것을 더 좋아하게 되는데 이는 즉 잘하는 것을 보도하는 것보다 잘못하고 나쁜 것을 더 좋아한다는 것이다.

재난을 관리해 나가는 과정에서도 이러한 언론의 생리는 그대로 적용되지만 결코 무시해서도 안 되고 그들과 갈등을 조장해서도 안 된다. 적극적으로 대해 나가야 하며 최대한의 PR효과를 거둘 수 있는 방안을 모색해야 한다. 늘 언론이 좋아하는 자극적인 것만이 주어지는 것이 아니므로 기회를 최대한 활용해야 하며, 국내외의 재난 관련 상황을 최대한 이용하여 언론이 관심을 보이지 않을 수 없도록 주도해 나가야 한다. 대형재난일수록 유언비어가 더 돌기 쉽기에 신속하고 정확하게 언론에 보도될 수 있도록 노력해야 한다.

9.11테러가 있었을 때 미국 언론의 경우 테러인지 단순사고 인지 혼미는 단 하루만의 정부의 판단이 테러로 발표되었고 언론에서는 성조기를 상징적으로 국민의 통합을 이끌고 있었다. 혼란과 당혹스러움을 빨리 안정시키기 위해 언론이 앞장선 것으로서, 어느 청년이 포토맥강가에서 성조기를 흔드는 장면을 연일 계속해서 방송하며 신문보도사진으로 내고 있었다. 뉴욕 세계무역센터의 붕괴 현장에서는 우리도 자주 볼 수 있는 구조대와 수습처리를 하는 사람들에게 확실히 그 가족들이 있는 곳을 아는 유가족들이 그곳을 먼저 수색해 줄 것을 요구하다 흥분한 가족들과 주먹질까지 하기도 하는 충돌이 생기기도 하나, 미국의 어느 언론에서도 그 장면을 보도한 것은 볼 수 없었다. 반면 삼풍백화점 붕괴 사고 때나 대구 지하철 참사에서는 신문에서나 방송에서 쉽게 볼 수 있는 것과는 대조적이었다.

미국에서는 허리케인이나 폭설이 있었을 때 미리 그 위력을 방송하는가 하면 유리창 보호부터 대피요령까지 방송을 하고 보도하는 것과 폭설로 생필품 수송이 끊긴 지역의 주민을 위하여 릴레이식으로 물품을 전달한 사례를 보도한 것과 대조적으로, 태풍으로 인한 피해를 찾아 집중보도하고 잘못된 것을 지적하는 것에 더욱 열성적으로 보도하는 우리와 차이가 있었으며, 국내에서 폭설로 고속도로에 갇힌 운전자들이나 가족들이 다른 라디오 방송들은 말할 것도 없고 심지어는 교통정보를 전문으로 하는 방송까지도 즐거운 음악을 내보낼 때는 짜증에 이어 화가 치밀더라는 피해자들의 말들은 시사하는 바가 크다.

3. 교육 훈련과 재난 심리

재난교육과 훈련은 재난관리 모든 단계에서 그 중요성이 크다고 인정이 되고 있으나 실제로는 잘 이루어지지 않고 있거나 소홀히 다루어지고 있다. 이는 체계적으로 행동발달에 따른 재난교육 · 훈련의 심리를 적용하지 않고 실시하여 실제 재난 시에 큰 소용이 없다는 것에 하나의 원인이 있다. 인간은 환경과의 끊임없는 상호작용을 거듭하면서 여러 가지 신체적 · 심리적 구조와 기능들이 발달 · 변용되어 간다. 이에 따른 아동기, 사춘기, 청년기, 성인기, 노년기의 발달에 따른 교육과 훈련 및 학습이 필요한 것처럼 재난 교육 훈련을 위해서도 단계에 따른 재난교육 · 훈련의 심리를 적용한 학습이 필요하다.

재난관리는 행동을 표출하도록 기억을 시키는 학습이 중요하다. 심리학에서 기억은 정보를 약호화(encoding)해서 저장(storage)하고 그것을 필요시에 인출(retrieval)하는 정보 분류방법을 결정하는 과정이라고 한다. 이 과정에서 어느 하나라도 실패할 경우에는 망각이 온다는 것이다. 따라서 어떻게 해서 약호화를 단순화하여 저장토록 하여 적기에 인출이 되도록 하느냐가 연구과제이며, 학습은 행동의 중심적인 과정인데, 여기에는 강화가 필요하다. 강화란 행동반응의 경향성을 증가시키는 자극이다. 강화효과에 영향을 미치는 변인은 강화의 수와 양과 질이다. 강화의 수가 증가하면 반응의 강도가 증가하는데, 그 증가율은 학습 초기에 가장 크고 시행이 거듭됨에 따라 점차 줄어들게 된다. 강화를 위한 수단에는 보상과 처벌 및 부의 강화가 있다. 처벌이나 부의 강화는 유해한 자극을 포함하지만 각기 행동에 다른 효과를 미친다. 즉 처벌은 특정반응의 경향을 감소시키는 효과가 나지만 부의 강화는 그 자체를 제거함으로서 특정 반응의 효과를 높인다는 것이다.

교육 · 훈련에 있어서 또 하나의 고려점은 집단심리이다. 이 분야에서는 지도력, 집단구조, 집단작업, 그리고 집단의사결정 등 여러 분야가 있다. 집단 안에 들어가면 사람은 혼자 있을 때와는 달리 행동하게 되는데 이에 큰 영향을 미치는 요인은 지도자의 지도력, 집단의 크기나 집단구조 등이 있다. 국내에서실시하고 있는 예비군훈련이나 민방위훈련을 생각해 보면 쉽게 이해할 수 있을 것이다. 집단은 개인이나 집단 전체의 동기, 사기, 작업능률, 판단 등에 영향을 준다.

4절 재난의 심리적 피해

1. 재난 피해자의 심리적 피해

재난의 피해자는 여기서는 사망자, 신체적 부상을 당한 사람, 정신적 피해를 입은 사람을 포함한다. 넓은 의미로는 다양한 재난의 종류에 연관되어 각 분야의 피해를 입은 사름을 모두 포함할 수 있으나 일단 좁은 의미의 피해자로 국한하기로 한다. 재난을 개인이 어떻게 평가하고, 어떤 감정을 느끼고, 어떤 대처 행동을 할 수 있는지가 심신의 건강을 회복하고 적응하는데 중요한 역할을 한다. 특정 재난에 대하여 무엇이 정당하고 누구에게 책임이 있는지 판단하느냐에 따라서 개인은 감정적, 행동적으로 다양하게 반응한다. 정당성에 대한 다양한 감정으로는 죄책, 분노, 좌절감 및 보상받고자 하는 마음 등이 있다. 부당하고 불의한 경험을 한 사람은 책임있는 사람을 고발하거나 재판을 걸 수 있는데, 피해자가 어떤 사건을 부당하다고 생각하는 것은 피해를 극복하는 과정에 있어 부정적인 영향을 준다. 타인을 질책하고 자신에게 왜 그러한 일이 생겼는지 고민에 빠지면 회복하는 것이 어렵고 재활에 더 많은 시간이 든다. 따라서 재난이 발생하였을 경우 진상을 제대로 밝히지 않고 부당성을 강조하여 여론을 악화시키는 것은 피해자의 피해 의식을 강하게 만들어 재활에 부정적인 영향을 미친다.

개인이 자유의지로 스스로 사건을 일으킨 것이 아니라면 자신에게 생긴 손실이 부당하다고 평가하게 된다. 이 때 사건의 부당성에 대한 판단은 흔히 강한 감정적 반응을 일으키는데 가설적 성격이 아닌 강한 신념에 가까운 특성을 띠게 된다. 감정적이고 무의식적인 강한 신념은 관련자간의 정당한 절차를 통한 합리적인 합의를 도출하는 것을 어렵게 한다.

2. 관련인의 심리적 피해

재난 피해자의 주변 사람은 좁은 의미의 피해자의 가족, 사회 동료 등 직접적인 재난 피해자는 아니나 재난의 피해자 주변에서 피해자를 접촉하거나 관찰할 수 있는 사람을 말한다. 개인이 사회적 행동을 할 때 정의가 중요한 가치가 되고 행동 동기로서 작용한다면 정의와 개인의 이익 사이의 혼합된 갈등 상황에서 정의를 위한 결정을 할 수 있다. 피해자가 과거에 부당한 경험을 많이 할수록 정의로운 사회에 대한 믿음이 적고 신체화 증상이 높게 나타난다. 주변 사람이 충격적인 사건의 피해자에게 피해자 본인의 잘못이라고 비난하는 희생자의 재희생자화 현상이 나타나기도 하는데, 이는 자연재해와 같은 피할 수 없는 상황에서도 관찰된다. 이는 주변 사람의 입장에서는 피해자의 잘못이라는 귀인을 하여 응당 벌어질 일이 발생하였다고 생각하며 자신에게 안정감을 주는 정의로운 세상에 대한 믿음을 고수할 수 있게 된다. 이러한 희생자의 재희생자화 현상은 피해자의 주변사람 뿐 아니라 구호를 나온 자원봉사자에게도 의식적 혹은 무의식적으로 발견된다. 따라서 피해자 주변 사람이나 자원봉사자들은 재난에 대한 소극적인 태도보다는 적극적으로 부당한 경험의 고통을 느끼는 피해자와 함께 하고 피해를 극복하여 정의로운 세계로 나가려는 믿음을 갖고 행동하는 것이 중요하다.

3. 재난의 심리적 후유증

충격적인 사건을 겪은 피해자는 정신적으로 불안하여 후유증을 보이는데 이는 이후에 심각한 장애로 발전할 수 있다. 정신장애 진단체계에서는 이러한 충격적인 사건을 외상적 사건이라고 하며 외상적 사건의 진단 기준에는 자신이나 타인의 실제 혹은 위협적인 죽음이나 심각한 상해 또는 신체적 안녕을 위협하는 사건을 경험하거나 목격하는 것을 포함하고 있으며 이후에 개인은 극심한 공포와 무력감을 느끼고 고통을 받게 된다.

외상적 사건을 경험한 개인이 보이는 후유증은 세 가지로 구분하게 된다. 외상적 사건을 마음 속에서 재경험하는 기억의 침투, 외상적 사건을 마음속에서 피하는 회피행동과 마비증상, 마지막으로 고조된 각성 상태로 인한 증상 등이다.

〈표 25.6〉 외상적 사건을 경험한 개인이 보이는 후유증

외상적 사건을 경험한 개인이 보이는 후유증
기억의 침투
회피행동과 마비증상
고조된 각성 상태로 인한 증상

첫째, 기억 속에서 외상적 사건을 마음 속에서 재경험하는 기억의 침투가 일어날 때 개인에게 고통스러웠던 영상이나 생각, 지각이 집요하고 반복적으로 떠오른다. 또한 외상적 사건과 유사한 사건을 경험하거나 상징적인 단서에 노출되었을 때 심각한 심리적 고통을 느끼고 생리적으로 반응한다.

둘째, 회피행동과 마비증상으로는 사건과 관련된 자신의 생각이나 느낌을 피하고 이에 대한 대화도 회피하려 한다. 사건을 떠오르게 하는 사람, 장소, 행동을 피하려고 한다. 또한 외상적 사건에 대한 중요한 부분을 회상할 수 없다. 다른 활동에 대한 흥미나 참여가 저조하고, 타인과 떨어져 격리된 느낌을 갖고 얼어붙거나 무감각해져서 느끼는 정서가 제한되어 있다.

셋째, 고조된 각성 상태로 인한 증상으로서는 수면장애, 분노폭발, 집중장애를 보인다. 항상

믿을 수 없을 것 같은 기분이 들거나 지속적으로 비현실적인 위험한 느낌을 가져서 지나치게 주위를 경계하거나 놀라게 된다.

4. 급성 스트레스반응

재난의 심리적 후유증 중 대표적인 의학적 문제가 급성 스트레스 반응이다. 재난 상황은 일반인들이 경험하지 못하는 극한의 스트레스 상황을 경험할 수 있다. 재난 중에는 부상을 당하거나 생명을 잃기도 하며, 어린 아이의 사망이나 상해를 목격하는 등 끔찍한 장면을 목격하기도 한다. 또한 주위 사람이 부상을 당하거나 사망하기도 하고며, 피해자의 신체를 수습해야 하며, 자신의 능력으로는 처리할 수 없는 극단적 상황에 맞서야 한다(Corneil, 1995). 이러한 특성 때문에 재난 시에는 외상후 스트레스 장애(Post-traurnatic Stress Disorder: PTSD)에 이를 수 있다.

외상후 스트레스 장애는 실제로 신체에 해를 입거나 위협을 당하지 않더라도 나타날 수 있다. 즉, 타인의 죽음이나 심각한 상해, 또는 신체적 안녕에 위협을 가져다주는 사건을 직접 경험하거나 목격한 후 극심한 공포, 무력감, 고통 등을 느끼는 경우 외상후 스트레스 장애로 발전할 수 있다. 직접적인 외상경험 뿐 아니라 대리적 외상에 노출되기 쉬운 소방대원은 외상후 스트레스 장애에 매우 취약하며, 이와 관련된 다양한 증상을 호소할 수 있다(이지영, 유제민, 현명호, 2008). 예를 들어, 사람들은 위협적이었던 사고에 대한 반복적 회상이나 악몽에 시달리는 등의 외상사건을 재경험하고, 그러한 외상을 회상시키는 것을 지속적으로 심리적으로 억압하거나, 지속적으로 과다한 각성 상태에 있다고 한다(이지영, 유제민, 현명호, 2008).

상기한 외상적 증상이 외상적 사건 이후에 적어도 2일 이상 나타나다가 4주 이내에 급격히 사라지면 급성 스트레스 장애(Acute Stress Disorder)를 고려할 수 있으며, 4주 이상 지속되면 외상후 스트레스 장애(PTSD)로 볼 수 있다. 진단을 내릴 때는 위의 증상과 관련하여 임상적으로 심각한 고통이 있거나 사회적, 직업적으로 다른 중요한 기능 영역에서 장해를 갖는지를 고려해야 한다. PTSD 환자가 동시에 보이는 증세로서 불안장애, 우울증, 자살 경향, 알코올 및 약물 남용과 중독, 신체화 장애와 심장-혈액순환 장애 등이 있다.

우리나라 소방대원의 경우, 27.8%가 충격사건에 대한 기억이나 꿈, 출동시의 정서적 불안, 수연장애, 집중력 저하, 충격 상황을 생각하지 않으려 하거나 전보다 예민해지고 무력해지는 등의 증상을 호소하는 것으로 나타났다(최은숙, 2001), 또한 이런 증상으로 인해 대인관계 갈등이나 실직 동의 문제를 겪을 수 있다.

미국의 경우 각종 사고를 겪은 후 나타나는 PTSD의 평생 유병률은 7.6%, 사고와 폭력의 목격자 집단에서 7.0%, 화재와 자연재해를 경험한 후에는 4.5%가 된다. 국내에서는 재해 후 PTSD의 유병률이 더 높을 가능성이 있다는 보고가 있다.

5절 외상후 스트레스 장애(PTSD)

1. PTSD 후유증의 치료

심리적 후유증과 관련된 증상이 사라지지 않고 계속될 때는 심리 치료적 개입이 필요하다. 충격적인 사건을 겪으면서 극심한 공포, 고통과 무력감을 느끼고 이러한 경험을 의식에 통합하기 위해 피해자나 구조원은 부적절한 시도를 하게 되고 회피하거나 중단하려고 한다. 게슈탈트 심리치료 이론에서는 이러한 충격적인 사건이 미해결된 사건으로 해소되기 위해 관련된 기억이 의식에 되풀이되어 떠오른다고 본다. 또한 충격적인 경험을 한 후에 이를 소화할 수 없어서 자꾸 기억에 떠오른다고 보는 이론도 있다. 이 때문에 PTSD치료에서 피해자는 첫째로 외상과 관련된 기억, 중독, 비취약적인 개념에서 벗어나는 것이 필요하다. 둘째, 적당한 속도로 감정을 해소하고 에너지를 낮추는 효과적인 방식을 발전시키면서 충격적인 경험을 천천히 동화시켜야 한다. 충격적인 사건을 겪으면서 느꼈던 분노와 공격 충동이 차단되고, 자신에게 향하게 된 것을 자각하고 이를 천천히 해소하는 게 중요하다. 셋째 단계에서 진공 상태에 이르고서 끝으로 자신에 대한 새로운 깨달음을 얻게 된다.

충격적인 사건을 겪을 때 개인은 극심한 무력감을 느꼈기 때문에 치료 장면에서는 사건의 충격을 버틸 수 있는 자기지지능력을 갖추어야 한다. 이는 외상과 관련된 감정에 쉽게 몰입하여 또다시 충격적인 장면이 재발할 수 있기 때문이다. 인지적, 신체적 자기 지지가 외상이 일으키는 충격을 감소시켜줄 수 있다. 피해자는 자신의 긴장 상태를 조절할 수 있도록 휴식과 이완 기술을 훈련하도록 한다. 충분히 이완된 상태에서는 떠오르는 회상 장면, 관련된 감정, 신체 감각 및 배경과 쉽게 접촉할 수 있는 경험을 하게 된다. 신체적으로 마비가 심할 경우에는 다양한 신체활동을 하는 것이 필요하다.

다른 사람이 겪지 못한 외상적 사건을 경험한 개인은 스스로를 이방인으로 느낄 수 있다. 이들이 사회적 수용감을 느끼기 위해서는 집단 치료가 도움이 된다. 집단에서 비슷한 경험을 한 사람이 이해해주고 수용해주면서 지지적인 사회적 경험을 할 수 있다. 또한 내적으로 미래의 상실감을 느끼기 때문에 예술미디어를 이용해서 미래를 창조해보는 것도 효과적이다.

2. PTSD 예방을 위한 개입

재난이 발생할 때 투입되는 구조대원, 경찰관, 소방관 등 직종들은 평소에 스트레스를 다루는 방법을 익히 알고 있지만 생명을 위협하는 사건, 동료의 죽음, 수많은 시신과 부상자의 구조 등 특별한 고통스러운 경험 후에는 심각한 충격을 받게 된다. 재난 업무에 투입되는 구조원 등의 PTSD 예방을 위해서 위기적 사건에 대한 스트레스 관리(Critical Incident Stress Management) 모델을 이용하여 외상적 사건이 발생한 후에 보고회(Debriefing)를 갖도록 하는 것이 좋다. 보고회는 외상적 사건이 발생한 지 수일 내에 실시되며 투입 대원 간의 협력을 강화하고 동료를 지지하는 것을 목표로 한다. 프로그램을 실시하는 사람은 1-2명의 심리 전문가와 교육을 받은 투입대원으로 구성되어 있다. 여기서 다음의 7단계가 실시된다.

① 안내
보고회의 목적과 절차를 소개한다. 보고가 끝나기 전에 자리를 이동하지 않도록 한다.

② 사실
이름과 업무에서의 기능과 임무를 묻는다.

③ 생각
현장 업무 명령을 들었을 때 처음으로 한 생각과 사태를 파악하고 나서 한 생각이 무엇인지 묻는다.

④ 반응
어떤 기억이나 인상에서 벗어나고 싶은지, 가장 나빴던 것은 무엇이었는지, 무엇이 도움이 되었는지 묻는다.

⑤ 영향
사건 후에 어떤 것을 느꼈는지 어떻게 그 상황을 이탈했고 대처했는지 묻는다.

⑥ 정보
스트레스 반응과 계속적으로 도움을 받을 수 있는 방법에 대한 정보를 준다.

⑦ 종료
질문시간을 갖고 평가를 한다.

6절 재난 시 심리학적 개입

1. 심리학적 개입의 개념

초기 심리적 개입(Early Psychologic Intervention : EPI)이란 재난 혹은 외상적 사건이 발생한 후 첫 4주 동안 제공되는 모든 종류의 심리적 개입을 지칭한다. 심리적 응급처치(Psychologic First Aid : PFA)는 초기 심리적 개입에서 사건 직후 충격단계에 제공되는 개입을 지칭하지만 초기 심리적 개입과 혼용되어 사용되기도 한다.

〈표 25.7〉 심리적 응급처치와 위기상담의 차이

구분	심리적 응급처치	위기상담/심리치료*
기간	몇 분~몇 시간	몇 주~몇 달
주체	일선의 담당자(구호요원, 경찰, 목사, 의사, 간호사, 사회사업가, 교사 등)	상담자 혹은 심리치료사
장소	지역사회 내, 가급적 재난현장에서 멀지 않은 곳	상담소나 병원, 클리닉
목표	즉각적으로 대처를 돕는 개입 : 지원, 정보 제공, 도움 주는 자원과 연결, 치사율 감소	위기를 극복하는 개입 : 사건 해결, 사건을 삶에 재통합
절차	첫 접촉과 관계 형성 → 안전 확인 → 심리적 안정화 → 문제 해결 → 교육	전통적 상담 및 심리치료 기법 사용

* 위기 상담과 심리치료는 엄밀히 보면 구별할 필요가 있으며, 재난의 심각성에 따라 달라지기는 하나 재난 위기 상담은 일정한 기간 지속되는 것으로 재난 위기 상담의 범위에 해당되는 경우에는 지역사회 방문을 통해서 일상생활과 병행하는 상담이 권유되고 있다.

상담소나 병원, 클리닉을 서비스 제공 장소로 지정하는 경우 피해자들에게 사회적 낙인을 찍는 결과를 초래하기 쉽다는 점을 염두에 두어야 하며, 재난 피해자 지원의 기초는 전통적인 상담 및 심리치료 기법을 사용하는 것을 절대적으로 금지하고 있다. 이러한 접근은 재난 이후 심리적 위기활동을 수행하고, 일정한 시간이 지나도록 상태가 호전되지 않거나 또는 오히려 악화된 대상자들에게 시행되도록 권유하는 것이 좋다. 전통적인 치료가 필요하다고 인정하기 위해서는 전문가의 진단이 필요한 경우를 의미한다.

참고로 재난으로 인한 정서적 심리적 문제에 대해서는 비정상적인 상황에 따른 정상인의 반응이라는 것이 학계의 일반적인 견해이며, 심리학적 개입은 위기 개입의 개념으로 사용하는 것이 일반적이다.

2. 심리적 응급처치의 원리 및 원칙

2.1. 심리적 응급처치의 원리

다음은 미국 National Center for PTSD에서 나온 심리적 응급처치 매뉴얼에서 제시한 심리적 응급처치의 원리이다.

심리적 응급처치의 중심원리는 대부분의 사람들이 정상적으로 회복할 것을 기대하는 것이다. 정상적인 상태로 되돌아오게 해 주는 내적인 탄력성이나 강인함을 가지고 있다면 초기 심리적 개입은 이러한 자연적인 회보고가정을 돕는 과정이라는 의미이다.

효과적인 응급처치는 개인이나 집단이나 시스템에 대한 주의 깊은 평가에 기초해야 한다. 재난 후 심리적 개입은 생존자의 고통이 지나치게 심하거나 자기 앞에 놓인 여러 과제나 도전을 감당하지 못할 만큼 기능이 저하되어 있을 때 하는 것이 가장 효과적이다.

위기 개입은 사건 후 경과 단계에 따라 달라져야 한다.

2.2. 심리적 응급처치의 원칙

심리적 응급처치 담당자들은 간혹 상담의 원리를 재난 현장에 그대로 적용하려는 우를 범하기 쉬우므로 다음과 같은 심리적 응급처치의 원칙을 숙지해야 한다. 특히 근접성, 즉시성, 기댕성의 원칙은 급성 스트레스 반응을 다루는데 널리 사용되어온 원칙이다.

2.2.1 근접성

심리적 응급처치는 재난 혹은 외상적 사건이 발생한 지점에서 근접한 장소에서 제공될수록 좋다. 또한 심리적 응급처치 제공자들은 생존자들 누구에게나 접근 가능한 장ㅅ호에 있어야 한다.

2.2.2 즉시성

필요가 생길 때 즉시 개입해야 한다. 즉시적으로 개입할 때 정상적인 기능으로 곧바로 되돌아갈 가능성을 가장 높이게 된다.

2.2.3 기대성

심리적 응급처치의 생존자가 보이는 반응이 보통 사람이면 누구나 나타낼 지극히 정상적인 반응이라는 것을 가정하고, 이에 더하여 이들이 곧 원래의 기능으로 돌아갈 수 있다는 것을 기대하면서 행해져야 한다. 이러한 기대를 가지고 응급처치를 시행하였을 때 서비스를 받은 사람이 원래의 적응상태로 돌아가기 쉽다.

2.2.4 전진성

가만히 앉아서 생존자들이 도와달라고 올 때를 기다리지 말고 도움을 필요로 하는 사람에게로 나아가야 한다. 이것은 생존자에게 심리적 도움을 받으라고 강요하라는 것이 아니라 기본적인 접촉의 가능성을 열어놓으라는 의미이다.

2.2.5 혁신성

새로운 상황을 다루기 위해서 창의적이고 혁신적으로 접근해야 한다. 생존자들은 보통 아무런 선택이 남아있지 않다고 느끼면서 압도적인 상황으로 인해 기동성이 떨어져 있는 상태이다. 다양한 대안과 대처방법을 시도하고 긍정적이고 확산적인 사고를 시도해보는 것이 필요하다.

2.2.6 단순성

재난 상황에서는 짧고 단순한 개입이 효과적이다. 생존자들은 혼란과 무력감을 느끼며 주의나 사고의 폭이 좁아져 있다. 따라서 전문적 용어의 사용이나 심리적 치료 기버의 사용은 적절하지 않다.

2.2.7 실용성

개입은 구체적이고 실용적이어야 한다. 재난 현장 자체가 혼란스럽고 압도적이기 때문에 개입의 방향과 목표를 현실에 맞추어 구체적으로 잡는 것이 좋다.

2.2.8 유연성

재난 현장에서는 예상하지 못한 사건과 상황들이 자주 발생하게 된다. 급박하게 돌아가는 상황을 주시하고 파악한 후 상황에 맞추어 유연성 있게 대처해야 한다.

2.2.9 비밀 보장

생존자들은 스스로를 이상한 사람 혹은 미쳐가고 있는 사람이라고 보기 쉽다. 재난 현장에서

이드의 반응이 지극히 정상적인 반응임을 알려주고 개입의 내용에 대해 비밀 보장을 해주어야 하며, 이를 생존자에게 확인해주는 것이 좋다.

3. 위기 개입의 단계

Myer와 James의 6단계 모델을 보완한 다음의 모델을 사용하여 문제를 해결하는 것이 도움이 된다.

① 관계를 형성하고 문제를 정의한다.

심리적 응급처치 담당자는 배려하는 마음을 가지고 생존자에게 접근하며 관계를 형성한다. 이와 함께 문제를 내담자의 관점에서 정의한다.

② 안전을 도모한다.

재난이나 심한 스트레스 상황에는 폭력의 위험이 언제나 존재하기 때문에 처음부터 끝까지 생존자, 다른 사람 및 자신의 안전을 염두에 두어야 한다. 직접적으로 자살이나 타살의 위험이 있는지 평가하여야 하며 아전을 도모하기 위한 즉각적인 조치를 취한다.

③ 지원을 제공한다.

보통의 심리 지원 상황에서보다 더 직접적으로 지지를 제공한다. 심리적 응급처치 담당자들은 자기도 모르게 생존자를 수동적인 위치에 둘 수 있는데 생존자가 자신의 힘을 되찾을 수 있도록 지원을 제공한다.

④ 다양한 차선책을 찾는다.

생존자들은 심한 스트레스로 인해 무력화되어 보통 아무런 차선책이 남아있지 않다고 느낀다. 따라서 대안책을 찾아보는 데 다양한 방법을 시도해 보는 것이 필요하다. 현재에 초점을 맞추면서 과거에 도움이 되었던 행동이나 환경자원을 생각해보는 것도 도움이 된다.

⑤ 계획을 수립한다.

재난 현장에서는 매우 급박하게 구체적으로 계획을 짜고 이를 실행에 옮긴다.

⑥ 계획을 실행에 옮기고 진행상황에 대한 평가를 한다.

계획이 효과적으로 짜여졌으면 그 계획을 실전에 옮기고 예상된 결과를 얻었는지 평가하고 이에 따라 수정 계획을 세운다.

4. 시간 경과에 따른 심리적 개입

미국 정신보건원에서는 심각한 재난이나 외상 스트레스에 노출된 사람들이 대개 다으모가 같은 반응단계를 거친다고 보았으며, 각 단계에 맞는 개입이 이루어져야 함을 강조하였다.

① 사건 전 단계 : 사건 전

이 단계에 흔히 일어나는 행동은 준비하거나 혹은 부인하는 것이다. 실무 대응자는 사건이 발생하기 전에 사람들을 훈련시키고, 정보를 제공하고, 사건이 일어났을 때 신속히 협력할 수 있는 네트워크를 구축해야 한다.

② 충격단계 : 0~48시간

흔히 관찰되는 행동으로 싸움, 도주 반응이 일어나며, 얼어붙거나 항복하는 등의 행동을 보인다. 이 단계에서의 주요 활동은 생존자의 기본적인 욕구를 파악하고 심리적 응급처치를 하는 것이다. 이 단계의 응급처치의 주 내용은 정보를 주고, 위안을 주며, 실질적인 도움을 주는 것이다.

③ 구출 혹은 반응단계 : 0~1주

사건이 일어난 지 일주일 이내의 단계로서 생존자들은 탄력적 행동 혹은 소진 행동을 보인다. 이 단계에서 심리요원의 역할은 크게 세 가지로 볼 수 있다. 첫째, 생존저들의 현재 상태를 파악하고, 이들의 욕구가 얼마나 잘 다루어지고 있늦지를 파악한다. 둘째, 중증도 분류 작업을 통해 고위험자를 가려내고 이들을 적절한 의료괴관에 의뢰한다. 셋째, 외부와의 연계활동을 한다.

④ 회복단계 : 1~4주

사건이 일어난 후 1주에서 4주간의 기간이 이에 해당하며 생존자들은 이 단계에서 애도하며, 재평가하고, 침습적인 기억을 경험한다. 실무자들은 이 단계에서 회복이 일어나고 있는 환경과 생존자, 제공되는 서비스를 종합적으로 모니터하며 회복과 탄력적 적응을 도와야 한다.

⑤ 재통합단계 : 2주~2년

사건이 일어난 후 2주에서 2년까지의 기간으로 개인에 따라 재통합에 걸리는 기간이 달라진다. 이 단계는 외상적 사건을 자기의 삶에 통합하는 단계로서 심리요원은 필요한 사람을 치료에 의뢰하여 증상을 감소시키고 기능을 증진하도록 돕는다.

7절 국내 재난 정신건강 관리

1. 국내 재난정신건강관리 현황

우리나라는 세월호 사건 이후 국가적 재난관리를 위한 재난안전 총괄부서로 행정안전부를 출범시켰으며 현재는 행정안전부를 중심으로 국가 재난관리체계를 재조직하였다. 재난 시 심리 지원 및 정신건강 관리도 국가 재난관리 내용에 포함되었다.

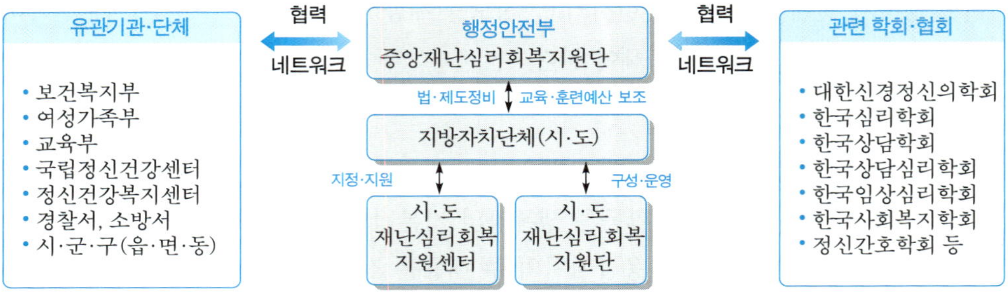

〈그림 25.1〉 재난심리지원 추진체계

자료출처 : 행정안전부 국민재난안전포털(http://www.safekorea.go.kr/)

1.1. 국가 및 지방자치단체 재난관리 기관별 업무

1.1.1 행정안전부(총괄기관)

■재난정신건강관련 업무

※ 관련부서: 행정안전부 재난구호과

① 재난심리지원 관련 법 · 제도 운영

제도 개선 사항 발굴, 자문위원회 운영 및 시 · 도 재난심리지원 전문가에 대한 위촉장 수여 등을 수행한다.

② 관련 기관 · 단계 네크워크 구축 및 전문가 풀 구성 지원

시 · 도 센터에서 구성한 전문가 명단을 재난심리지원 정보센터 사이트에 게시하고, 전문가 인력 풀을 분기별로 정비하고 그 여부를 확인한다.

③ 재난경험자 기초조사 · 연구 및 표준상담 · 교육 프로그램 개발보급

재난심리지원 정보센터 사이트를 운영하고, 재난심리지원 매뉴얼 개발 및 보급한다. 재난피해 극복사례, 사이버 자가진단 프로그램, 각종 자료, 증상 및 궁금증 해소 관련 자료를 홈페이지에 탑재한다. 재난심리지원 전문가 등 양성프로그램 및 교재개발 · 교육 실시한다.

④ 시 · 도 재난심리지원센터 설치 및 운영 규정 제정

⑤ 재난심리지원 예산 확보 및 사업비 지원

1.1.2 지방자치단체(시 · 도, 시 · 군 · 구)

■법적 근거

재난 및 안전관리기본법 시행령 제73조의2(재난피해자에 대한 상담활동 지원 절차)에 의거하여, 시 · 도에서는 재난심리지원 사업이 원활히 추진 · 지원되도록 관련 예산을 민간위탁사업비로 편성하고, 각 재난심리지원센터에서 예산집행에 어려움이 없도록 적극적으로 행정적인 지원을 해야한다.

■업무

재난심리지원에 대한 지방자치단체의 업무는 다음과 같다.

① 행정안전부에서 재난심리지원계획 및 지침이 시달되면 시 · 도 자체 계획 수립 및 시행

② 시 · 도(지역) 중심의 재난심리지원 전략 수립 등

③ 시 · 도 재난심리지원센터, 유관단체, 시 · 도 공무원 등으로 구성된 시 · 도 재난심리지원단 구성 및 운영

④ 재난심리지원사업 자체예산 확보 및 집행 · 결산

⑤ 병원, 대학교, 유관단체 등 1개소를 재난심리지원센터로 지정 및 운영

⑥ 전문가 인력 pool 구성, 관리 운영실태 지도 및 점검

⑦ 재난심리지원센터 운영비 지원

⑧ 정신건강증진센터, 자살예방센터, 청소년상담센터, 대한적십자사 지사 등 유관기관과 업무협력

⑨ 지역 내 대학, 자체 교육원 등에 교육과정을 신설하고 재난심리전문가 양성

1.1.3 재난심리지원센터

■업무

① 지역재난심리지원 계획 수립, 실제 활동 전개

재난으로 재난심리지원 대상자가 발생하면 시 · 도와 협의하여 센터요원을 활용하여 재난심리지원 활동을 전개하여 현장 Control Tower 기능을 하게 하고, 시 · 도에서 먼저 활동계획을 수립하여 센터에 요청하거나 센터에서 먼저 활동계획을 수립하여 시도협의를 거쳐 추진하며, 자체적으로 기초자료 조사연구, 해당지역 재난경험자 심리 기초조사 실시 등의 역할을 한다.

② 재난심리지원 전문가 인력 Pool 구성 · 운영

③ 센터 자체 운영규정 제정

④ 재난심리지원 프로그램 개발 등 연구 활동 실시

재난심리 관련 연구, 심리상담 프로그램 개발, 워크숍/세미나/심포지엄/학술대회 등 개최의 활동을 실시한다.

⑤ 재난심리지원 전문가 양성, 교육 · 훈련프로그램 개발

재난심리지원 전문가 발굴, 교육 및 양성과 재난심리지원 전문가 양성프로그램 및 교재개발을 한다.

⑥ 유관기관 및 단체와의 업무협약 등 네트워크 구축

센터장은 관내 대학, 의료기관, 정신보건센터, 교육기관, 협회, 각종 봉사단체 등 관련 기관 · 단체와의 네트워크를 구축하고, 이웃한 시 · 도 재난심리지원센터 등과도 협약 등을 체결하여 상호협조체제를 유지한다.

1.2. 유관기관 및 단체 별 역할

1.2.1 보건복지부

법적 근거로서 응급의료에 관한 법률 제15조의2(비상대응매뉴얼의 내용)가 신설되면서 국가비상대응매뉴얼에 재난 현장에서 초기 긴급 심리치료 대상자 선정 및 심리치료방법에 대한 사항이 포함되도록 하였다.

1.2.2 정신건강증진센터

현재의 정신건강증진센터의 운영체계와 인력구조 상황으로는 재난정신건강사업 업무를 효

율적으로 수행하기 어렵다는 제한점이 있었다. 반면 실제 주관하고 있는 지역의 재난 발생 시 희생자 및 유가족들에게 심리지원을 신속하게 제공할 수 있다는 장점이 있다.

2. 국내 재난 시 심리지원 대응 지침

2.1. 재난심리지원 서비스의 단계

① 1단계 : DMAT 을 비롯한 모든 지원 인력은 재난 직후 모든 재난경험자들의 심리적 안정을 위해, 일반적인 심리적 지침인 심리적 응급처치(Psychological First Aid) 재난경험자들의 신체적, 정신적 안전을 강화하고, 혼란 상태로부터 안정시키며, 정보 제공 및 이용 가능한 서비스를 연계해 주는 것임. 외상 후 초기에 간단하고 심리치료적인 응급처치를 시행함으로써 피해자는 물론 가족들의 고통을 줄일 수 있다. 심리적 응급처치는 심리학적 접근보다는 실질적인 문제해결 중심으로 접근해야 한다. 이를 위해 재난의료대응팀은 평소에 혹은 재난 직후에 이에 대한 교육을 받을 필요가 있음

② 2단계 : 재난 후 수일~수주일 동안에는 재난정신건강 전문가 혹은 이로부터 교육받은 인력들을 통해 심리적 회복을 위한 기술 향상 프로그램(skills for psychological recovery)에 참여하도록 권장된다. 이는 심리적 응급처치 이후 심리적 회복을 촉진하기 위한 프로그램으로, 8회 내지 10회의 단기적 개입이고 대부분의 피해자와 가족에게 적용할 수 있다. 이 프로그램에는 재난 후 현실에 적응이 어렵거나, 가족 간의 문제가 많거나, 우울감이나 불안감이 있거나, 어떤 활동을 해야 하는지 혼란스러워하는 경우에 도움이 된다.

③ 3단계 : 재난 후 정신건강에 고위험군으로 생각되는 피해자들은 정신건강 전문의에게 진료를 요청해야 한다. 고위험군에 대한 개입을 통하여 재난을 겪은 후 심리적, 정신적, 신경학적 손상, 예를 들어 불안, 우울, 두부 손상, 공포, 인지적 손상 등 여러 장애와 손상을 받은 사람을 선별하여 전문적인 진료가 이루어지도록 한다.

2.2. 재난심리지원 서비스 제공 요청

① 국립정신건강센터 심리위기지원단에 재난심리 서비스를 요청할 수 있다.(심리위기지원단 전화번호: 02-2204-0303, 0304)

② 이외에 보건복지부 산하 정신건강의학전문 국립병원과 대한신경정신의학회 등 학회에서 조직된 심리지원팀, 그리고 민간병원 파견팀 등이 세월호 침몰 사고에서 활동한 적이 있으나 아직 상설팀은 아니며, 학회의 경우 자원봉사 형태로 활동한다.

2.3. 심리적 응급처치(Psychological First Aid)

■심리적 응급처치의 특징

전문가만 할 수 있는 것이 아니며, 전문적인 상담이 아니다.

■심리적 응급처치의 방법

① 접촉/함께하기
② 안전확립/안심시키기
③ 안정
④ 정보 수집 : 현재의 요구와 걱정에 대해 파악
⑤ 실질적인 도움 : 쉼터, 식량, 식수, 위생 등
⑥ 사회적 지지체계와 연결
⑦ 스트레스 대처에 대한 교육
⑧ 정보 제공
⑨ 기타 서비스 부서와 연결

■심리적 응급처치 시의 행동

〈표 25.8〉 심리적 응급처치 시 해야 할 일과 하지 말아야 할 일

심리적 응급처치 시 해야 할 일	심리적 응급처치 시 하지 말아야 할 일
• 공감능력, 진실성을 보여줘라	• 상대방의 행동이나 느낌에 대해 판단하지 말라
• 선입관과 편견 없이 대하라	• 놀람, 혐오, 호기심, 흥분, 분노하지 말라
• 피해자들의 강점과 스스로 대처하고 있는 부분들을 인정하고 칭찬하라	• 피해자가 처한 모든 문제를 해결해 주겠다고 생각하거나 행동하지 말라
• 피해자가 스스로 결정을 내릴 권리를 존중하라	• 지킬 수 없는 약속을 하지 말라
• 간결한 말로, 반복적으로 설명하라	• 잘못된 정보를 제공하지 말라
• 지금은 도움을 거절했어도 필요할 때에는 언제든지 도움을 받을 수 있음을 명확히 알리라	• 이야기를 하라고 강요하지 말라
• 피해자의 사생활을 존중하고 비밀을 지켜라	• 피해자의 이야기를 다른 사람에게 전하지 말라
• 침묵을 용납해라	

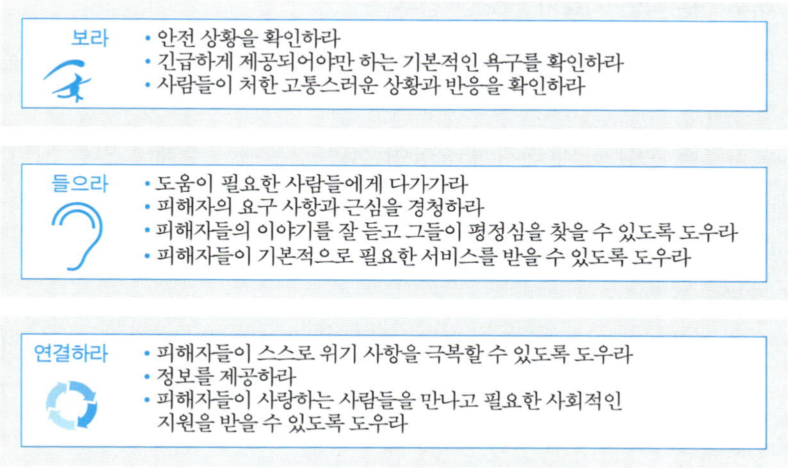

〈그림 25.2〉 심리적 응급처치 행동원칙

〈표 25.9〉 심리적 응급처치 시 가족에게 할 수 있는 말과 해서는 안되는 말

가족에게 할 수 있는 말	가족에게 해서는 안되는 말
유감입니다.	이제 다 끝난 일입니다.
왜 이런 일이 일어났는지 모르겠습니다.	더 좋은 곳으로 가신 겁니다.
어떻게 도와드릴까요?	이제 산 사람은 살아가야지요.
저는 들을 준비가 되어 있습니다.	어떤 심정이신지 잘 압니다.
지금 심정은 어떠신지요?	신께서 그를 더 필요로 하신 것 같습니다.
정말 힘드시겠습니다.	더 이상 고통스럽지 않은 곳으로 가신 겁니다.
가장 힘드신 부분은 무엇입니까?	다 괜찮아 질 겁니다.
다시 연락 드리겠습니다.	하나님의 뜻입니다.
이 얼마나 불공평한 일입니까?	시간이 지나면 좋아질 겁니다.
필요한 것은 무엇이든 말씀해주세요.	이제 와서 후회해봐야 소용없습니다.
솔직하게 말씀해주셔서 감사합니다.	그래도 좋은 기억들이 남아있지 않습니까?

2.4. 고위험군에 대한 개입

고위험군의 선별은 재난관리에 있어서 매우 중요하며, 세부적으로 안정되어 있고 각성 상태가 높은 사람, 비정상적인 행동이나 장애를 보이는 사람, 해리증상이 계속되거나 인지적인 손상을 보이는 사람, 집중력이나 기억력 손상을 보이는 사람 등을 선별하게 된다.

■선별 분류 이후 전문적인 치료가 필요한 경우

① 자해나 타해의 위험이 있는 사람, 자살의 위험이나 증후가 있는 사람은 전문의의 진료와 상담이 필요함

② 집중력과 기억력 손상 등의 인지적 증상이 심한 경우에는 상해로 인한 뇌의 손상이 있는지를 판단하기 위해 전문의의 진료가 필요함

③ 두려움과 각성의 극단적인 상승이 있는 피해자에게는 일시적인 정신과 약물 치료가 도움이 될 수 있음

④ 불면증 등 수면장애가 있는 피해자에게는 일시적인 수면제가 도움이 될 수 있음

제26장 | 재난훈련

1절 재난대응 훈련의 정의와 훈련 주기

신속한 재난 대응을 위해서는 평시 대비가 중요하다. 대비의 방법으로는 훈련계획 수립, 대응 물자 정비 등이 있으나 그중 가장 주요한 부분은 평시에 재난 방재훈련을 내실 있게 실시하여 실제 재난이 닥쳤을 때 얼마나 신속히 대응할 수 있을 것인가가 중요한 관건이라 하겠다.

현재 우리나라에는 최근 들어 빈번히 발생하는 복합 재난에 대비하고자, 합동대응을 중점적으로 훈련하는 재난대응 안전한국 훈련, 전쟁에 대비한 을지훈련, 충무훈련 등을 수행하고 있다. 재난대응 안전한국 훈련은 전국적으로 실시되는 대규모의 훈련이며, 삼일 동안 집중적으로 이루어진다.

1. 재난대응훈련의 정의

국내에서 널리 쓰이고 있는 방재훈련 또는 재난대응훈련에 대한 정의는 다음과 같다.

① 훈련이란 개인이나 기관(부대)에 대하여 군사 전문기술을 가르쳐 이를 숙달시키기 위한 실천적 활동
② 개인 및 기관이 부여된 임무를 효과적으로 수행할 수 있도록 기술적 지식과 행동을 체득하는 조직적 숙달과정으로서 개인훈련과 집단 훈련으로 구분됨
③ 임무수행에 요구되는 행동을 숙달시키는 과정[1)]

1) 정찬권, 국내위기관리 연습, 박사학위논문, 2008

국내에서는 excercise, drill, training이 모두 훈련으로 번역되어 쓰이고 있으나, 그 원문에서의 의미는 조금씩 다르다. 국내에서는 excercise, drill, training이 모두 훈련으로 번역되어 쓰이고 있으나, 그 원문에서의 의미는 조금씩 다르다.

드릴(Drill)은 실제훈련의 한 종류로서 한 기관에서 가지고 있는 하나의 기능을 훈련하는 것을 말한다. Drill은 어떤 특정 종류의 장비를 교육시킨다는지, 새로운 정책이나 훈련 과정을 집중적으로 연습할 때 주로 Drill이라는 용어를 사용한다.[2)]

트레이닝(Training)이라 함은 사람이나 동물에게 어떠한 행동이나 기술을 교육시킬 때 사용되는 용어이다. 이처럼 excercise, drill, training은 비슷한 의미를 가지면서도, 조금씩은 다르게 쓰여 지고 있다.

미국에서 재난 대응 훈련 계획을 수립할 때 널리 쓰이고 있는 가이드라인인 국토안보 훈련 및 평가 프로그램에 나타난 재난대응훈련의 정의는 다음과 같다.

〈표 26.1〉 훈련의 정의

훈련의 정의
훈련이란 위험이 없는 상태(risk-free)에서 보호, 예방, 복구 역량을 높이기 위하여 교육하고 연습을 하는 도구를 말한다. An exercise is an instrument to train for, assess, practice, and improve performance in prevention, protection, response, and recovery capabilities in a risk-free environment.

또한 재난 대응 훈련은 다음과 같은 경우에도 실시한다고 정의되어 있다.

- 정책이나 계획, 절차를 테스트 할 때
- 개인(Personnel)의 역할과 책임을 교육할 때
- 여러 기관간의 조정(coordination)과 의사소통을 향상시키고자 할 때
- 개인의 역량을 향상시키고자 할 때
- 대응자원간의 차이를 알아내고자 할 때

종합하면, 재난대응훈련이란 대비단계에서는 종합적인 전체 재난대응계획을 준비하거나 평시의 훈련을 의미하는 것이다. 따라서 재난대응훈련이란 대비단계에서 일어나는 활동이며, 이를 통해 실제 재난이 일어났을 때 빠르고 효과적인 대응을 통하여 생명과 재산피해를 줄이고 인명을 보호하려는데 그 목적과 의의가 있다.

2) A drill, a type of operations-based exercise, is a coordinated, supervised activity usually employed to test a single specific operation or function in a single agency. Drills are commonly used to provide training on new equipment, develop or test new policies or procedures, or practice and maintain current skills.

2. 재난대응훈련 훈련주기

국내에서 정의하고 있는 재난대응훈련의 주기라고 명시적으로 정의된 것은 없으나, 내용상으로 볼 때 훈련 관리 체계라는 이름으로 대별되고 있다.

다음은 육군본부에서 발행한 훈련관리 체계도이다. 여기서는 임무 분석, 훈련 계획, 준비, 실시, 평가, 사후처리로 단계가 나뉘어 있으며, 특히 임무분석의 단계에서 훈련 임무 선정과 과제도출 과정을 거치게 된다.

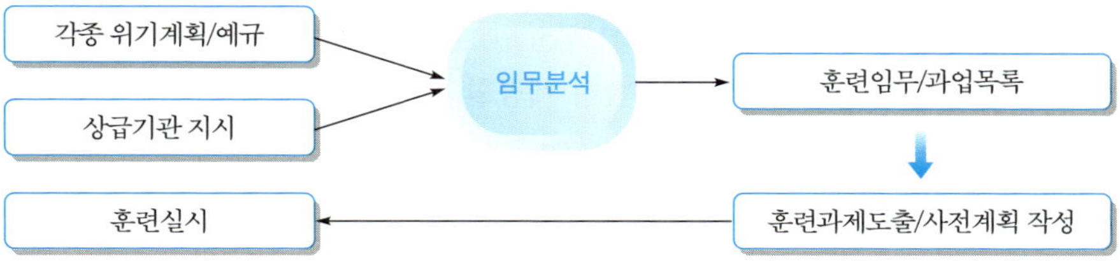

〈그림 26.1〉 훈련과 임무의 관계

이처럼 평시의 재난대응 활동은 매우 중요하며 국가적이 관점에서 일관된 재난 대응 훈련준비를 위해서는 지침이나 가이드라인이 중요하다.

3. 재난대비 활동에 이어 재난대응 훈련의 중요성

우리나라는 2004년 재난 및 안전관리기본법이 공포되면서 동법 제3조에서 재난이라 함은 "국민의 생명 · 신체 · 재산 및 국가에 피해를 주거나 줄 수 있는 것으로 태풍, 홍수, 호우, 강풍, 풍랑, 해일, 대설, 한파, 낙뢰, 가뭄, 폭염, 지진, 황사, 조류 대발생, 조수, 화산활동, 소행성 유성체 등 자연우주물체의 추락 충돌, 그 밖에 이에 준하는 자연현상, 화재 붕괴 폭발 교통사고 화생방사고 환경오염사고 등으로 인하여 발생하는 대통령령으로 정하는 규모 이상의 피해와 에너지 통신 교통 금융 의료 수도 등 국가기반체계의 마비, 전염병의 확산, 미세먼지 등으로 인한 피해"로 정의하고 있다. 이는 기존의 재난 관리법과 자연재해 대책법에서 각각 인위재난과 자연재해를 구분하여 정의하던 것을 통합하였고, SARS, 화물연대 파업에 따른 물류난 등 사회 전반에 걸쳐 기능이 마비되는 사회적 재난까지 포함하여 새로운 재난의 개념을 정의하였다(김기욱,2010).

앞에서 기술하였듯이 재난 대비 활동이라는 것은 재난으로부터 국민의 생명과 재산피해를 줄이기 위한 일련의 활동을 일컫는다. 그중에서도 재난대응에 직접적으로 관련되는 평시의 재난 대응 훈련은 그 중요성이 더더욱 크다 하겠다. 사람은 홍수, 폭설, 지진, 테러 등 모든 재난을 미리 예방할 수는 없다. 따라서 재난은 발생할 수밖에 없고 이에 대한 대비 없이는 대응 시

우왕좌왕하여 인명 및 재산, 환경 피해를 키울 수밖에 없다. 따라서 재난대응과 이를 위한 준비인 대비활동은 매우 중요하다.

대응단계는 사전준비, 대응, 응급복구 단계로 세분화될 수 있다. 사전준비단계와 대비단계의 차이를 살펴보면, 대비단계는 종합적인 전체 재난대응계획이나 훈련을 의미하는 것이며, 대응단계에 포함되어있는 사전준비단계는 태풍, 폭설 등의 예보에 의해 선박, 소하천을 점검하거나 대응자원(예 : 모래포대, 염화칼슘 등)을 미리 배치해두는 등의 활동을 의미한다(방재연구소, 2009).

재난대응 주무부서의 대응능력을 초과하는 대형재난 발생 시 국민의 생명과 재산을 보호하고 피해를 최소화하기 위해서는 각 기관에서 보유하고 있는 재난대응에 필요한 인력, 장비 등의 자원을 일시에 집결하여 재난현장에 신속히 제공할 수 있어야 한다. 이는 시간을 두고 처리할 수 있는 재난예방이나 복구업무와는 달리 재난대응 업무는 시간적 제약을 매우 크게 받는 특성이 있음을 알 수 있다.

2절 재난대응 훈련 관련 법제도

국내에서 실시되는 재난 대응은 관련된 훈련은 헌법 제34조 6항과 재난 및 안전관리 기본법 제34조의 9, 제35조에는 재난으로부터 국민을 보호하기 위한 종합훈련을 실시한다.

재난 및 안전관리 기본법 제73조에서도 재난대응 훈련에 관한 사항을 규정하고 있으며, 그 내용은 다음과 같다.

〈표 26.2〉 재난 및 안전관리 기본법 제 35 조

훈련의 정의
제35조(재난대비훈련 실시) ① 행정안전부장관, 중앙행정기관의 장, 시 도지사, 시장 군수 구청장 및 긴급구조기관(이하 이 조에서 "훈련주관기관"이라 한다)의 장은 대통령령으로 정하는 바에 따라 매년 정기적으로 또는 수시로 재난관리책임기관, 긴급구조지원기관 및 군부대 등 관계 기관(이하 이 조에서 "훈련참여기관"이라 한다)과 합동으로 재난대비훈련(제34조의5에 따른 위기관리 매뉴얼의 숙달훈련을 포함한다)을 실시하여야 한다. ② 훈련주관기관의 장은 제1항에 따른 재난대비훈련을 실시하려면 제34조의9 제2항에 따른 자체계획을 토대로 재난대비훈련 실시계획을 수립하여 훈련참여기관의 장에게 통보하여야 한다. ③ 훈련참여기관의 장은 제1항에 따른 재난대비훈련을 실시하면 훈련상황을 점검하고, 그 결과를 대통령령으로 정하는 바에 따라 훈련주관기관의 장에게 제출하여야 한다. ④ 훈련주관기관의 장은 대통령령으로 정하는 바에 따라 다음 각 호의 조치를 하여야 한다. 1. 훈련참여기관의 훈련과정 및 훈련결과에 대한 점검 평가 2. 훈련참여기관의 장에게 훈련과정에서 나타난 미비사항이나 개선 보완이 필요한 사항에 대한 보완조치 요구 3. 훈련과정에서 나타난 제34조의5 제1항 각 호의 위기관리 매뉴얼의 미비점에 대한 개선 보완 및 개선 보완조치 요구 ⑤ 재난대비훈련의 효율적인 추진을 위한 절차 방법 등에 필요한 사항은 대통령령으로 정한다.

3절 국내외 재난 대응 훈련 현황

1. 재난대응 안전한국 훈련

2005년부터 재난 및 안전관리기본법 제73조에 의거하여 매년 실시되고 있는 훈련이며 최초의 훈련 명칭은 국가재난대응 종합훈련이었으나 국민의 인식 및 참여 제고를 위해 2007년부터 재난대응 안전한국훈련이라는 명칭을 사용하게 되었다. 행정안전부 주관으로 실시되는 이 훈련은 국내에서 발생할 수 있는 각종재난의 상황을 설정하여 중앙부처, 지방자체단체 등의 재난관리책임기관의 대응업무를 실제상황에 가깝게 훈련함으로서 법정부적 재난대응역량강화 및 선진형 재난관리시스템을 구축하고, 재난유형별 집행계획 적용 및 국가위기대응 매뉴얼의 실효성을 검증하는 것을 그 목적으로 하고 있다(조한익, 2008).

현재 훈련주관은 중앙안전관리위원회(위원장 : 국무총리)이며 행정안전부 예방전략과에서 전담하고 있다. 훈련 참여기관은 중앙행정기관, 지방자치단체, 소속기관 및 유관기관이며 2010년도에는 392개 기관 · 단체, 약 77,120명이 훈련에 참여하는 대규모의 실제훈련이다. 2005년부터 2009까지의 실시기간과 훈련 참여기관은 다음과 같다.

〈표 26.3〉 재난 대응 안전한국훈련의 기간과 참여기관

구분	2005년	2006년	2007년	2008년	2009년
실시기간	4.20~4.22	3.29~3.31	5.14~5.16	5.26~5.27	5.27~5.29
참여기관	273개 기관 · 단체 (중앙 23, 지자체 250)	324개 기관 · 단체 (중앙 24, 지자체 250, 공공기관 · 단체 50)	370개 기관 · 단체 (중앙 26, 지자체 246, 공공기관 · 단체 98)	382개 기관 · 단체 (중앙 21, 지자체 246, 공공기관 · 단체 115)	396개 기관 · 단체 (중앙 21, 지자체 246, 공공기관 · 단체 129)

2010년도 훈련내용은 풍수해, 지진(해일), 테러, 화재, 원전사고였으며 1일차부터 3일차로 나누어 시행되었다.

〈표 26.4〉 2010년 재난 대응 안전 한국훈련의 훈련 유형

- 제1일차 : 대규모 풍수해 대응훈련
- 제2일차 : 지진 · 지진해일 대응훈련(전국 주민대피 및 차량통제, 전국 유치원 · 초 · 중 · 고생 대피훈련)
- 제3일차 : 테러, 지하철화재 등 인적재난 대응훈련

현재 재난 대응 안전한국훈련의 훈련 방법은 토의 훈련, 시스템상 훈련, 실제 훈련이 있다. 상세한 사항은 다음과 같다.

① 토론 기반 훈련 : 훈련참가자에게 훈련개요를 설명하는 세미나를 진행 하거나, 훈련용 메시지를 작성, 단계별 조치사항에 대한 의견교환 및 문제점 도출하는 워크숍을 목표로 함
② 시스템상 훈련: 현장훈련의 전단계로서 메시지의 상황 및 그에 대한 조치사항을 NDMS(상황전파시스템)로 전파하는 훈련임. 2010년 메시지 처리건수는 115건(자연재난 74, 인적재난 41)이었음
③ 현장훈련: 일정한 장소에서 실제 인력 · 장비를 동원하는 훈련이며 2010년도 훈련지역은 약 201개소였음

재난 대응 안전한국훈련의 평가 절차는 다음과 같다. 평가 대상은 2010년도 기준으로 하여 약 382개 기관 · 단체(392개 참여)였으며, 중앙평가는 행정안전부가, 자체평가는 중앙행정기관 및 시도 주관으로 시행된다. 평가 방법은 서면평가(10%) + 현지평가(60%) + NDMS평가(30%)로 이루어진다. 서면평가는 대상기관에서 제출한 서면자료를 중심으로 평가하는 것이고, 현지 평가는 평가단이 현장훈련장을 방문, 직접 메시지 전달 후 평가하는 것이다. NDMS를 통한 대응단계 · 시간대별 상황전파 및 조치사항을 평가하는 방법이다.

① 주요 평가요소
 - 상황처리 적정성, 유관기관 공조체계, 국민참여도, 지휘체계, 홍보 등
 - 현장훈련은 단계별 목표를 정하고, 그 실행여부를 객관적으로 평가
② 국민평가단 구성(2010년 최초 운영)
 - 중앙 16개반 80명, 시 · 도 16개반 192명, 시 · 군 · 구 224개반 808명
 - 총 1,080명(국민 706, 관련단체 32, 전문가 32, 공무원 310)

재난대응 안전한국 훈련은 중점 재난 유형을 매년 지정하여 실시하고 있으며 지금까지 실시되었던 재난 유형별 훈련은 다음과 같다.

〈표 26.5〉 재난대응 안전한국훈련 현황 요약

구분	2007년	2008년
훈련명칭	• 2007 재난대응 안전한국훈련 (Safe Korea Ecercise: SKE)	• 2008 재난대응 안전한국훈련 (Safe Korea Ecercise: SKE)
훈련참여	• 참여기관: 370개 기관 · 단체 • 26 중앙부처청 • 246 지자체(16시도, 230시군구) • 98 공공기관 · 단체	• 참여기관: 382개 기관 · 단체 • 21 중앙부처청 • 246 지자체(16시도, 230시군구) • 115 공공기관 · 단체
훈련방법	• 과거 재난사례 적용한 지역별 특성훈련 실시 • 도상 · 현장훈련과 연계 중점	• 시간개념 도입한 현장대응훈련 • 토의형 등 훈련방법의 다양화
훈련예산	• 시 · 도별 10백만원 일괄지원	• 시 · 도별 통합현장훈련에 따라 차등 지원 (2~31백만원)
현장훈련	• 시 · 도별 일관 2개 시 · 군 · 구 실시(32개 지역)	• 시 · 도별 예산규모에 따라 1~5개 시 · 군 · 구 실시 (51개지역)
훈련평가	• 중앙에서 편성한 8개 시 · 도 평가단에서 평가 ※ 평가반별 객관성 확보 곤란	• 1차 평가: 중앙관찰단 시도평가 – 시 · 군 · 구: 시 · 도 평가(1~2개 추천) – 유관기관: 관련 중앙부처(1개 추천) • 2차 평가: 추천된 기관 중앙합동 평가
기타	• 중앙안전관리위원회 개최 • 민방위의 날 훈련과 연계 • 국가위기대응 통합연습 연계	• 중앙안전관리위원회 개최 • 시군구 재난관리시스템 훈련 연계 • 민방위의 날 훈련과 연계 • 지진(지진해일) 훈련 연계

2. 민방위 훈련

민방위 훈련은 민방위 기본법 제 25조 및 동법 시행령 제 34조를 근거로 하고 있으며 매년 2월에서 11월 사이 총 9회 실시된다. 훈련은 상황별로 나뉘어 실시되며 3회의 민방공 대피 훈련, 3회의 재난 대비 훈련, 3회의 민방위 종합훈련으로 이루어진다. 일반적 민방위 훈련의 목적은 민방위대원의 응소 능력과 대별 비상 연락 체계를 점검하여 유사시 신속한 동원 태세를 확립하기 위해 민방위대별 대원별 임무와 사태별 행동요령을 숙지도록 하여 비상사태 시 대처 능력을 배양하기 위함이다.

민방위훈련과 관련된 총괄 사항은 현재 행정안전부 예방안전국 민방위과에서 담당하고 있다. 민방위 훈련은 여러 가지가 있으나, 민방공 대피훈련을 예로 들자면, 적국에 의해 공중에서 가해지는 항공기 · 미사일등의 공격수단으로부터 생명을 보호하기 위하여 가용한 시설 또는 엄폐물을 활용하여 대피하는 훈련을 말한다. 정기대피훈련은 3월과 10월중에 이루어지며, 불시 대피 훈련은 을지훈련과 연계하여 8월에 이루어진다. 2010년도 민방위 훈련 내용을 보면 다음과 같다.

〈표 26.6〉 2010년 민방위 훈련 내용

상 황		훈련내용	지 역	시 기	경보 발령	교통 통제	주민 대피	비 고
계				9회				
민방공 대피 훈련	정기훈련	화생방 상황	전국	3월15일	○	○	○	
		공습 상황	전국	10월15일	○	○	○	
	불시훈련	을지연습과 연계	전국	8월 중	○	○	○	
재난 대비 훈련	전국단위	지진 대비	전국	4월29일	○	○	○	
	시·도 및 시·군·구 단위	풍수해 대비	시·도 및 시·군·구 별	6월15일	△	△	△	현장사태 수습활동중심
	마을단위	복합재난대비	읍·면·동별	11월15일	△	△	△	
민방위 종합훈련		테러 대응	강원(태백)	4월 중	△	×	×	〃
		해상테러 대응	경북(포항)	9월 중	△	×	×	〃
		방사능 방재	대전(유성)	10월 중	△	×	×	〃

3. 미국 국가 훈련 프로그램(NEP: National Excercise Program)

미국 국가 훈련 프로그램은 미국이 국가로서 대응해야 할 위기에 중점을 맞춘 다년간의 스케줄로(Multi-year schedule) 이루어진다. 미국 국가 훈련 프로그램은 국토 안보 및 평가 프로그램 지침에 예시된 방법론과 툴들에 의거하여 작성된다.

미국 국가 훈련 프로그램은 4단계의 레이어로 구성되어 있다. 백악관의 주도로 미국 정부단위의 전략 및 정책을 훈련하는 첫 번째 레이어(Tier 1), 연방의 전략과 정책에 초점을 맞춰 실행하는 두 번째 레이어(Tier 2), 다른 연방 훈련 및 운영, 전략을 초점을 맞춰 행해지는 세 번째 레이어(Tier 3), 주와 지방 정부에 초점을 맞춘 네 번째 레이어로 구성되어 있다(Tier 4).

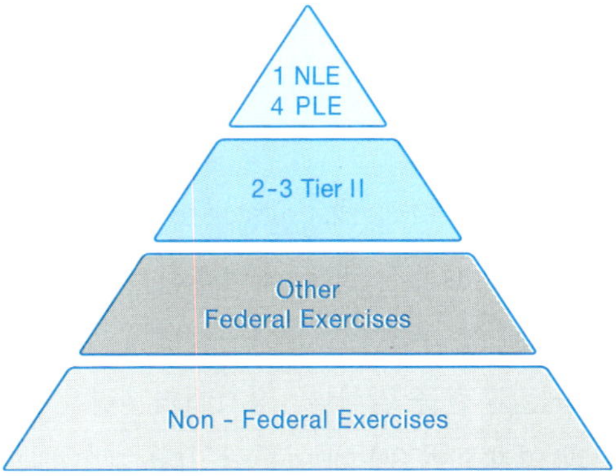

〈그림 26.2〉 미국 국가 훈련 프로그램의 구조

미국 국가 훈련 프로그램에서는 5년간의 다년도 훈련 스케줄로 이루어져 있다. 아래 그림은 레이어 1부터 레이어 3번까지의 5년간의 중점 훈련 스케줄을 달마다 표시한 것이다. 미국의 훈련 계획은 항상 성공적인 훈련 운영을 위한 기술적인 측면을 함께 지원한다. 개선행동프로그램(CAP: Corrective Action Program)은 훈련 이후의 개선계획 및 조치사항들을 입력하고 실제로 이를 개선되었는가에 대한 트랙킹 정보를 제공한다.

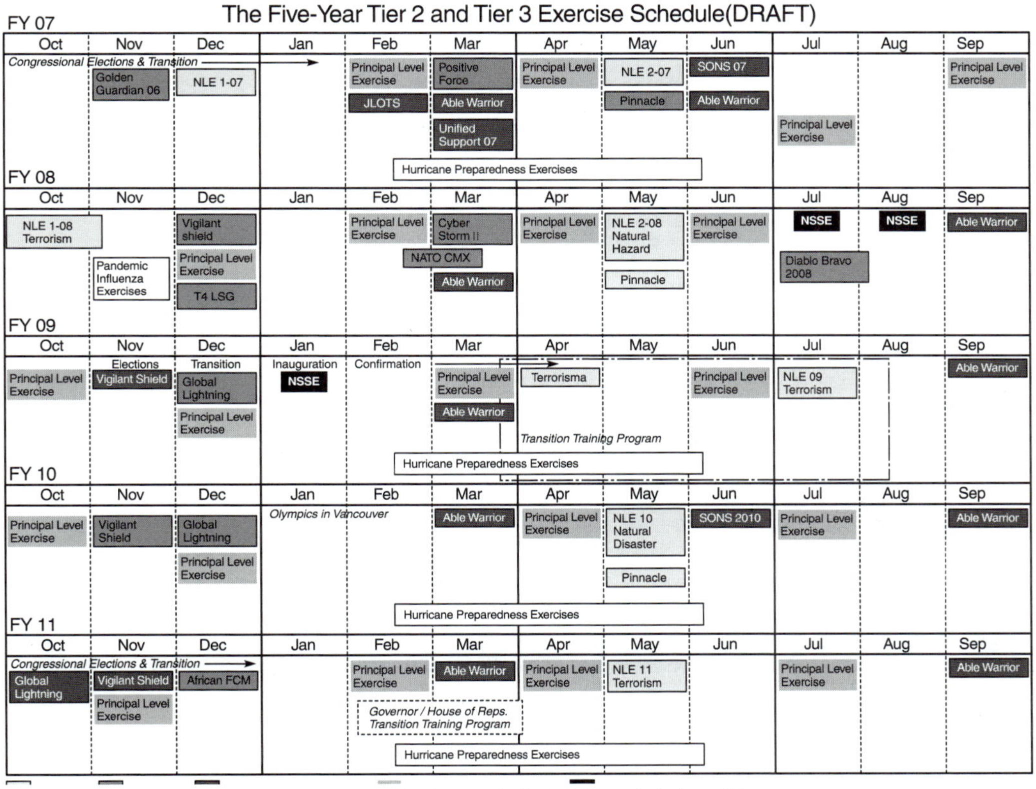

〈그림 26.3〉 미국 국가 훈련 계획 5년간의 스케줄

4절 국내외 재난 대응 훈련 관련 지침

1. 재난대응 안전한국훈련 지침

재난대응 안전한국훈련지침은 매년 재난대응 안전한국훈련을 위해 발간하고 있으며 그 내용이 조금씩 달라진다. 내용은 크게 총칙과 재난 유형별 훈련 계획으로 나뉘어져 있다. 총칙 부분은 예방전략과에서, 풍수해분야는 방재 대책과, 지진분야는 지진방재과, 화재분야는 구조구

급과에서 작성한다. 재난 유형별 훈련 계획에서 다루어지는 재난 유형은 매년 중점 훈련 유형에 따라 달라진다. 지침에서 주목할만한 점은, 당해 연도 재난대응 안전한국훈련에 대한 훈련 목표는 이미 지침에서 지정되어 지자체로 하달된다는 점이다. 따라서 지자체에서 일어나는 개별적 재난 대응 안전한국훈련이 중앙에서 지정한 같은 훈련 목표를 가지고 실시된다. 재난 대응 안전한국훈련이 일 년에 삼일을 지정하여 실시함에 따라, 일자별로 시스템 상 훈련, 현장 훈련, 토의훈련으로 나누어 진행되고 있다. 2010년도에 발간된 재난 대응 안전한국훈련의 지침의 내용은 표 5와 같다.

2. 미국 재난대응 훈련 지침: 국토 안보 훈련 및 평가 프로그램

미국에서 2007년에 총 5권으로 구성된 국토 안보 훈련 및 평가 프로그램은 재난대응과 관련된 공통 훈련 방침 및 지침을 제공하여 훈련과 평가에 관한 국가적 표준을 구성하는데 목적이 있다.

국토안보 훈련 및 평가 프로그램(HSEEP)에는 국가재난대응계획(NRP), 국가사고관리체계(NIMS), 국가대비목표, 일반재난업무 리스트(UTL), 목표역량 리스트(TCL), 현재 사용중인 훈련프로그램, 각급 정부기구의 예방 및 대응규약(프로토콜)으로부터의 언어(용어)와 개념이 통합되어 있다. 또한 국토안보 훈련 및 평가 프로그램(HSEEP)에 기술된 용어와 과정은 국가사고관리체계에 따라 일관성이 확보되도록 노력하였다.

〈표 26.7〉 재난 대응 안전한국훈련 지침의 내용

구분	목차	내 용
1편	지침의 개요	목적, 적용범위 근거
	훈련 체계와 훈련 계획	훈련 방향, 훈련체계 및 임무 분야별 훈련 계획, 훈련 기분 훈련 추진 방법
	훈련 준비와 실시	메시지 작성, 훈련기구 편성 및 운영, 홍보계획 훈련 실시, 훈련보고 및 회의
	훈련결과조치	평가계획, 포상계획 훈련강평보고회
2편	풍수해분야 표준훈련	여름철 자연재난 대책기간에 앞서 재난대응 안전한국훈련기간 중 대규모 풍수해를 가정하여 재난관리기관의 대응 준비태세 점검을 위한 훈련 계획임
3편	지진방재 종합훈련지침	대규모 지진발생을 가정, 시스템상 훈련 및 현장 훈련을 통한 재난 대응능력향상을 위한 훈련 계획임
4편	화재대응분야 훈련지침	화재 발생을 가정한 훈련 지침임

국토안보 훈련 및 평가 프로그램(HSEEP)에는 모든 훈련기획관이 훈련 후원기관 또는 조직의 고유한 특징이나 구성에 관계없이 사용할 수 있는 일관된 전문용어가 포함되어 있고, 훈련 관리자에게는 전반적인 대비태세를 향상시키기 위해 훈련의 계획, 실행, 및 평가를 위한 수단을 제공한다. 또한 기존의 훈련프로그램으로부터의 우수사례와 교훈이 반영되어 있어, 자연재해, 테러, 과학기술에 의한 재해 등 모든 재난 대응 훈련에 적용할 수 있는 지침을 표방하고 있다.

이 지침에서는 무엇보다도 훈련 주기에 따라 지속적으로 훈련을 실시하고 평가하여, 이를 재난 대응 계획 및 문서에 반영할 것을 강조하고 있고 이를 훈련 프로그램 관리라고 칭하고 있다. 이는 연간훈련계획 워크샵 실시(Training and Exercise) 하고 다년간훈련계획을 개발하고 유지하는 것, HSEEP에 소개된 지침에 따라 훈련 및 계획 실행하는 것, 훈련 후 사후조치보고서(AAR: After Action Report) 및 개선계획(IP: Improvement Plan)을 작성하는 것, AAR/IP에 규정된 개선 조치사항을 실행하고 주기적으로 점검하는 것이 포함된다. 표 6은 국토안보 훈련 및 평가 프로그램(HSEEP)에 수록된 7가지 훈련유형의 성격을 설명한 것이다.

또한 이 가이드에서는 훈련 평가와 개선계획의 중요성을 강조하고 있다. 특히 정량적 기법보다는 관찰을 통해 기술하는 정성적 기법을 대부분 채용하고 있다. 훈련평가는 사실상 훈련계획에서부터 시작한다. 훈련계획을 수립할 때, 설계팀의 팀장은 평가팀을 구성하고 팀의 구성원을 선발한다. 평가팀의 팀장 및 팀원은 평가계획의 수립, 평가방법의 개발, 평가활동의 지휘, 훈련 이후 회의 실시, 평가 보고서 작성 등의 역할을 하게 된다.

〈그림24.4〉 국토 안보 훈련 및 평가 프로그램

〈표 26.8〉 국토안보 훈련 및 평가 프로그램(HSEEP)의 7가지 훈련유형

훈련유형/목적		훈련요원 행동유형	훈련기간	실시간 훈련여부	범위
토론기반 훈련	훈련참가자들이 현재의 계획, 정책, 협약 및 절차에 익숙하도록 함 새로운 계획, 정책, 협약 및 절차의 개발	개념적; 훈련참가자의 행동은 상상 또는 가상으로 설정된 것임	8시간 초과는 거의 없음	실시간 아님	가변적
세미나	신규 또는 현행 계획, 자원, 전략, 개념 또는 아이디어에 대한 개요 제시	N/A	2-5시간	실시간 아님	다수 기관 또는 단일 기관
워크샵	특정 목표의 달성 또는 결과물 생산(예: 훈련목적, SOPs, 정책, 계획)	N/A	3-8시간	실시간 아님	다수 기관/단일 기능
도상훈련(TTX)	참석자간 토론을 유도하기 위한 가상의 시나리오를 활용하여 계획과 절차를 검증	개념적	4-8시간	실시간 아님	다수 기관/다수 기능
게임	의사결정과정의 도출 및 의사결정 결과의 검토	개념적	2-5시간	실시간 아님3)	다수 기관/다수 기능
실행기반 훈련	계획, 정책, 협약 및 절차의 검증; 역할과 책임의 명확화; 자원의 부족 및 활용상 문제점 규명	실제훈련 훈련자 행동은 반응, 대응, 이동 및 훈련요원/자원의 배치를 모방	훈련목적, 유형 및 범위에 따라 수시간, 수일, 수주 소요	실시간 훈련	가변적
부분훈련(반복연습, drills)	단일 훈련 또는 단일 기관의 기능 점검	실제훈련	2-4시간	실시간 훈련	단일기관/단일기능
기능수행 훈련(FE)	재난지휘, 통합지휘, 정보센터 또는 다수 기관의 업무조정센터들(예: EOCs)의 역량, 기능, 계획 및 요원을 평가	지휘요원의 행동은 실제; 다른 요원, 장비 또는 적군등의 이동은 가상	4-8시간 또는 수일 또는 수주	실시간 훈련	다수의 기능적 영역/다수기능
전면훈련(FSE)	가상의 시나리오 동안 실제 수행 및 실행을 통해 이전 훈련에서 개발된 계획, 정책, 절차 및 협업적 협약을 검증	실제훈련	24시간(1일) 또는 수일, 수주	실시간 훈련	다수기관/다수기능

3) 비록 일부 시뮬레이션은 실시간 또는 거의 실시간 훈련이 가능하지만 여기서는 실제 훈련이 아님

5절 국내 재난 대응 훈련 개선방향

앞서 살펴본 바와 같이 국내에서는 재난대응 안전한국 훈련, 민방위 훈련, 충무훈련등 여러 재난대응 관련 훈련이 실시되고 있다. 하지만 그 훈련이 실효성이 있는가에 대한 의문은 지금까지 여러 연구들에서 공통적으로 지적되고 있는 국내 재난대응 훈련의 문제점은 다음과 같이 요약 될 수 있다.

① 훈련 계획 수립 시 다년간의 중점 훈련 계획 없이 매년 단위로 훈련을 수립하여 국가전체 훈련의 일관성이 부족하고, 훈련 계획 작성시 위기관리매뉴얼을 활용하지 못하고 있다
② 국내의 재난 대응 훈련은 거의 모든 훈련이 실제 훈련으로 이루어지고 있으며 도상훈련은 시행하고 있지 않지 않고 있다
③ 훈련 평가시에는 훈련 직후의 평가제도인 핫워시를 실시하고 있지 않으며, 개선 계획을 작성하고 있지 않다
④ 개선 계획에서 지적된 문제점들이 위기관리매뉴얼에 반영되지 못하는 등의 훈련 환류 체계가 마련되어 있지 않다

이를 개선하기 위해서는 다음과 같은 개선 방향을 위해 4가지 영역으로 나누어 기술하였다.

1. 재난 대응 훈련 프로그램 영역

1.1 재난 대응 계획 수립 시, 위기대응 실무 매뉴얼등 기존의 재난 대응 관련 문서를 활용하여 작성

도상훈련이나 실제 훈련의 계획 수립 단계에서, 기존의 위기 대응 실무 매뉴얼등 기존의 재난 대응 관련문서를 활용하여 내용을 작성하는 것이 중요하다. 이는 전체적인 재난 대응 훈련 프로그램의 환류 체계와도 연관된다.

위기 대응 실무 매뉴얼의 예를 들면, 위기 형태부분을 도상훈련의 훈련 상황 제시부분으로 활용 할 수 있다. 또한 위기 대응 실무 매뉴얼이 지자체와 주관 기관 중심으로 쓰여졌으므로, 조치사항에 관련된 부분을 훈련자 토의 내용의 질문으로 만들어 도상 훈련의 진행자가 사용하면 된다. 아래 그림은 위기대응 실무 매뉴얼과 토론식 탁상 훈련 계획의 예를 나타낸다.

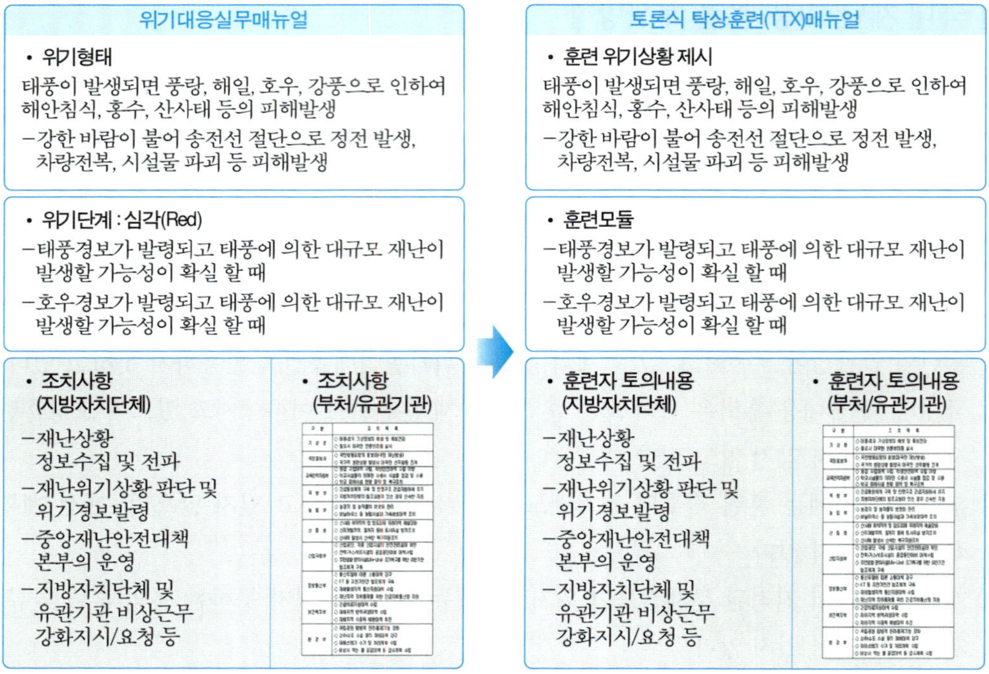

〈그림 26.5〉 위기대응매뉴얼을 활용한 훈련 계획 작성의 예시

이는 도상훈련이나 실제 훈련에 모두 적용이 가능하다. 훈련 시나리오는 위기대응 실무 매뉴얼의 위기 형태에 따라 다음과 같이 설정 될 수 있다. 아래의 예는 풍수해 매뉴얼을 참고하여 다음과 같이 설계 할 수 있다.

〈표 26.9〉 훈련 시나리오

훈련 시나리오의 예
태풍경보가 발령되고 태풍에 의한 재난이 발생할 가능성이 확실 하여 8.4 09:00부로 "위기경보 "심각"이 발령하였으며, 다음과 같은 피해가 발생하였다. – 00일 00시 현재 집중호우가 쏟아진 대전광역시, 충청도, 강원도 등지에서 모두 184동의 주택이 침수됨 – 강원도 횡성 안흥고개에서는 토석 15톤가량이 42번 국도로 무너져 내려 교통이 통제되고 있음 – 비바람에 전신주가 무너져 강원도 춘천시 일대 800여 가구와 경기도 가평군 가평읍 일대 150여 가구의 전기가 끊겼음 – 집중호우로 경부선 영동과 황간 사이 하행선 서울기점 214km 지점의 노반이 침식되어 열차운행 중단됨

도상훈련의 경우, 훈련 진행자(Facilitator)는 사전에 재해 유형에 따른 피해상황을 분석하여 시나리오에 활용한다. 훈련 시나리오에서의 위기상황은 기존의 발생사례 또는 가상의 사례를

대상으로 작성한다. 진행자는 훈련을 준비하면서, 재난유형에 따른 상황제시, 훈련모듈제시, 질의(토론), 답변(답안) 등으로 구성하고, 교육생들의 교재에는 답변(답안)을 제외하고 교재를 작성한다. 이와같이 위기대응 매뉴얼에 주어진 책임과 역할 부분을 참고하여 훈련 진행자는 도상 훈련 및 실제 훈련 계획을 작성 할 수 있다. 특히 도상 훈련 계획 수립 부분은 다음 장에 상세히 설명하였다.

〈표 26.10〉 위기관리 매뉴얼상의 조치 목록의 예

구분	조치목록
기상청	• 신속하고 정확한 호우특보 전파
교육과학기술부	• 응급 수업대책 수립, 학생안전대책 수립 이행 • 학교시설물의 이재민 수용시 시설물 점검 및 수용 • 학교 피해시설 현황 파악 및 복구조치
국방부	• 긴급동원체계 및 인명구조 긴급지원태세 유지 • 지역본부의 협조요청이 있는 경우 신속한 지원 실시
농림수산식품부	• 농경지 및 농작물의 보호와 관리대책 실시 • 비닐하우스 등 농림시설과 가축보호대책 실시
산림청	• 산사태 취약지역 및 임도피해 우려지역 예찰강화 • 산지개발지역, 절개지 등에 토사유실 방지조치 • 산사태 발생시 신속한 복구지원조치
지식경제부	• 산업공단, 각종 산업시설의 안전관리실태 확인 • 전력 · 가스 · 석유시설의 공급중단대비 대책수립 • 주민생활 편의시설(Life-Line) 조기복구를 위한 유관기관 협조체계 구축
보건복지부	• 긴급의료지원대책 추진 • 재해지역 방역 · 위생대책 추진 • 재해지역 식중독 예방대책 추진

1.2 실제 훈련 후 핫워시(Hot wash) 실시

핫워시란 앞에서 훈련 직후 훈련 참여자들이 모여 훈련의 문제점과 개선점을 나누는 것을 말한다. 핫워시는 미국에서 거의 모든 재난 대응 훈련에 쓰이는 기법이며 훈련 직후에 실시된다는 점이 중요하다. 훈련 참가자들은 경찰, 소방 등의 참여 그룹별로 모일 수도 있고, 어떤 한 모듈을 수행한 모듈별로도 핫워시가 가능하다. 핫워시에서는 평가를 맡았던 평가자들이 훈련 실시동안 관찰한 결과를 즉시 브리핑을 실시하며, 훈련 참가자 전원에게 스스로 평가를 해 볼 시간을 주게 된다. 또한 핫워시를 통해 훈련 평가자들이 훈련을 실시한 장소를 떠나기 전에, 훈련 평가결과에 대한 의구점들을 바로 해소할 수 있는 좋은 기회를 제공한다.

핫워시는 보통 핫워시를 진행하는 진행자가 있으며, 이 진행자는 실시한 훈련에 대해 어떠한 점을 개선해야 할지를 집중적으로 토론하게 된다. 평가자들은 참여자 피드백 양식을 훈련 참가자들에게 돌려 기록하게 하며, 이것이 어려울 경우, 토론형식으로 진행되는 사항을 한사람이 모두 기록하게 하기도 한다. 피드백 양식은 4장에서 제시하였다.

국내에서 일어나는 재난 대응 훈련 평가에 있어 핫워시가 이루어지지 못함으로서, 훈련 당시 발생 했던 문제들을 정확하게 현장에서 짚어내지 못하는 문제점이 있으므로, 앞으로는 핫워시를 실시하여 훈련의 질을 더더욱 높이는데 주력해야 할 것이다. 현재 재난대응 안전한국 훈련 시 실시하는 국민 평가단의 평가와 함께 핫워시를 동시에 실시하고, 그 결과를 국민 평가단이 취합하여 개선 계획에 반영한다면 좀더 객관적이고 개선점을 더 많이 담아 낼 수 있는 평가가 가능할 것이다.

1.3 도상 훈련 수시 실시

현재 우리나라 재난 대응 훈련에서 미비하게 시행되고 있는 도상 훈련을 수시로 실시하여야 한다. 도상 훈련을 성공적으로 실시하기 위해서는 진행자의 역량이 매우 중요하다. 도상훈련의 핵심은 참가자들의 활발한 토론을 통해 훈련을 미리 해보는 과정인데, 따라서 참가자들 사이의 토론이 활발하게 진행되도록 미리 준비된 질문 사항을 진행자가 적절한 시기에 물어보아 훈련 참여자들이 적극적으로 대처하게 에게 해야 한다. 도상훈련을 위해서는 시나리오를 준비하고, 이에 따라 모듈을 만들어 훈련을 진행하는것이 일반적이다. 주어진 시나리오에 따라 훈련 진행자가 참가자들간의 활발한 토론을 진행 할 수 있도록 훈련 모듈에 따른 토론 내용을 훈련 진행자가 제시해야 한다.

〈표 26.11〉 도상훈련 참가자의 역할

구분	역할
강사(Facilitator)	시간대별 상황을 훈련대상자(Player)에게 제공함으로써, 논의를 위한 주제를 제공한다. 훈련대상자(Player)들이 추가 정보를 요구하거나, 논쟁이 있을 경우 이에 대한 정보를 제공한다.(필요시 해당 문제에 대한 답을 제공한다) 훈련 진행자는 훈련대상자가 적합한 방향으로 진행되고 있는지 확인한다.
교육생(Player)	훈련진행자(Controller)에게 부여받은 시나리오 상황에 대응하며, 해당 근무 기관의 전문 지식, 강점, 현재 추진계획 등을 바탕으로 해결한다.
평가자	실습 play가 어떻게 TTX 목표에 도달하는지 평가하기 위해 데이터를 수집한다. 평가자들은 활동 후 보고서(After Action Report, AAR)의 최초 작성자가 된다.

〈표 26.12〉 도상훈련시 참가자에게 주어지는 질문 예시

도상 훈련 시 훈련 참가자들에게 주어지는 질문들
• 지진피해를 입은 지역을 대표하는 모든 그룹에게 주어지는 질문 1. 이 시점에서 요구되는 사고 지휘체계(command structure)는 무엇인가? 다음 각 항목에 대하여 지휘체계의 조직도 그래프(organizational chart)를 간략히 그려라. a. 주정부의 재난관리(ESF(Emergency Support function)의 책임을 고려) b. 주정부의 보건당국, 보건 · 의료 서비스(ESF(Emergency Support function)의 책임을 고려) c. 지역 보건 서비스 d. 지역 및 민간 의료 시스템(병원과 간호사, 응급의료요원 등 지역 민 간 의료 시스템) e. 지역정부의 재난관리부서, 경찰, 소방, 구조 등의 공공안전 부서 2. 위에서 제시한 각 항목의 지휘체계가 어떻게 서로 연계될 수 있는가? 이들의 계층구조에 대해서 논의하라.
• 태풍경보가 발령되고, 태풍에 의한 대규모 재난이 발생할 가능성이 확실 할 때, 유관기관에서 대처해야 할 사항은 무엇인가?

진행자의 충분한 준비 아래, 훈련 참가자들의 자발적인 토론으로 이루어진 도상훈련이 실제 훈련만큼의 효과를 거둘 수 있다 할 것이다. 아래의 표는 도상 훈련을 실시할 때 도상 훈련 참가 그룹에게 주어지는 질문의 예시이다. 여기서는 상호지원협약에 의한 보건 · 의료 훈련 도상 훈련의 예를 제시한다.

또한 여러 기관이 모여 도상훈련을 실시할 때, 유관기관 조치 사항 및 목록이 위기관리 실무 매뉴얼에 제시되어 있는 바, 각각의 부처에서 온 훈련 참가자들에게 실무 매뉴얼에 예시된 주어진 역할을 어떻게 수행할 것인가에 대한 질문을 하여 서로 토의하게 한다. 실제로 위기관리 매뉴얼에 나타난 조치사항은 자세한 사항이 기술되어 있지 않아 실제 상황 시에는 위기관리 매뉴얼만으로 상세한 조치가 어려우므로, 이러한 도상훈련의 토론 과정을 통해 그 내용을 좀 더 풍부히 하여 이를 위기관리 매뉴얼에 반영할 필요가 있다.

도상훈련을 마치고 역시 실제훈련과 마찬가지로 미리 구성된 평가팀에 의해 평가를 실시하게 된다. 훈련직후, 참가자들간의 핫워시 또한 이루어지며, 평가팀은 실제훈련과 마찬가지로 개선계획의 작성에 필요한 여러 자료들을 훈련실시 과정을 관찰한 것과 핫워시 과정을 통해 수집하게 된다.

이와 같이 잘 설계된 도상 훈련을 필요에 따라 수시로 실시하게 되면 실제 훈련에 드는 비용을 절감 할 수 있을 뿐만 아니라, 지자체의 실정에 맞는 다양한 재난 유형을 훈련 해 볼 수 있다. 또한 같은 재난 유형 하에 소방, 경찰, 지자체 재난 대응 담당 공무원 등 재난 대응에 참여하는 여러 유형의 대응자들을 모아 같이 훈련해 볼 수 있는 기회도 제공하게 된다. 물론 이를

위해서는 도상 훈련 진행자를 양성하는 교육 프로그램 및 지자체 훈련 담당자들에 대한 도상 훈련 교육이 중요하다 할 것이다.

현재 재난대응 안전한국훈련은 1년에 3일 이루어지고 있으며, 민방위 훈련은 한달에 한번씩 대피훈련을 하고 있다. 도상훈련을 도입하면 중앙이나 지자체의 필요에 따라 훈련을 계획 할 수 있을 뿐만 아니라 부족하다고 생각되는 재난 대응 기능에 대해 훈련을 해 볼 수 있으므로 연중 수시 훈련이 가능해진다.

〈표 26.13〉 도상훈련 평가의 예시

평가사항 1. 현장지휘체계를 마련하여 긴급대응활동을 수행하였는가?			
	예	아니오	수행치 않음
재난피해 현장에 현장지휘체계를 구축하였는가?			
위험물질 대응팀에게 피해현황에 대해 보고하였는가?			
피해현장에 대한 인명구조 및 구급활동을 수행하였는가?			
수행치 못한 이유:			

평가사항 2. 위험물질 사고대응 기관에게 보고해야 할 사항에 대해 전파하였는가?			
	예	아니오	수행치 않음
위험물질 사고대응 관련 기관에게 보고하였는가?			
필요한 사항에 대해 보고하였는가?			
대기경보기를 요청하였는가?			
수행치 못한 이유:			

1.4 훈련 후 개선 계획을 수립을 반드시 수립

훈련 후 훈련강평만 실시하는 대신, 개선계획 작성에 대한 부분을 의무화하여 이를 반드시 실시할 필요가 있다. 개선계획을 수립하는데 필요한 자료는 훈련 실시 중, 평가단으로부터 수집하게 하고, 또한 핫워시를 통하여 세세한 자료를 수집할 수 있다. 수집된 자료를 바탕으로 개선계획을 작성한다. 앞장에서 설명한대로 강평은 잘되지 못한 점을 지적하기 보다는 잘된 점을 부각하여 상장을 수여하는 방식으로 진행되고 있어, 보다 내실 있는 훈련이 되기 위한 평가로서는 부족한 점이 있었다.

1.5 훈련 후 개선 계획을 수립하고 도출된 개선 사항을 재난 대응 문서에 반영할 수 있는 환류 체계 마련

현재 재난 대응 훈련 평가와 개선 계획 작성 후 지적된 개선 사항들을 재난 대응에 반영 할 수 있도록 환류체계를 구성해야 한다. 환류체계에 대한 기본 안은아래와 같다. 예시하다시피 훈련 일반지침을 참고하여, 훈련 전반에 대한 계획을 잡는다. 특히 훈련 계획을 만들때는 현존하는 위기 대응 매뉴얼 문서를 참고하여 그 내용을 만든다. 훈련 실시 후 평가때는 예시한 개선 계획을 만들어 개선계획에 반영된 내용을 위기대응매뉴얼에 반영하여 내용을 내실화 할 수 있도록 점진적으로 개선해 나가야 한다.

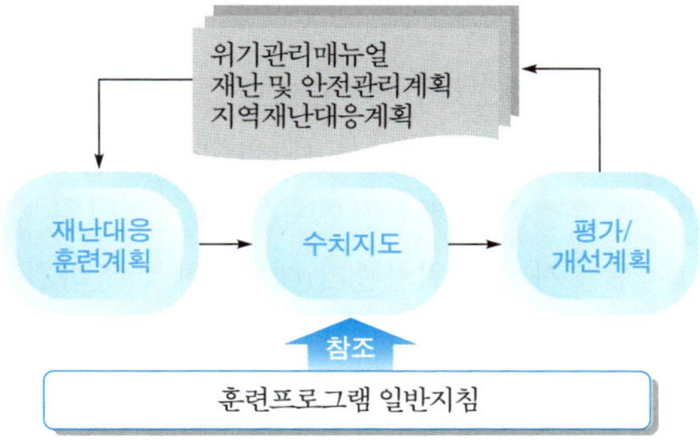

〈그림 26.6〉 재난 대응 훈련 환류 방안

현재 위기관리 매뉴얼을 만드는 과정에서는 훈련 평가의 결과로 만들어진 개선계획의 내용이 반영되고 있지 않은 실정이다. 예를 들면, 현재 서울특별시 위기관리규칙에서는 매뉴얼 작성요령을 아래와 같이 규정하고 있다.

- 대책반 활동과 관련되는 각 기관간의 연계 내용을 분명히 규정
- 각 활동의 실행시기와 책임자, 활동 내용을 일목요연하게 확인할 수 있도록 규정
- 사전 위기상황 및 전개 양상을 상정할 때 여러 원인과 현상이 관련된 복합 위기와 2차 피해 발생도 고려
- 매뉴얼은 분야별 위기관리 주관부서에서 유관부서와 협조하여 작성하고 관계기관 · 유관부서 · 총괄부서와 협의 후 완료

또한 실무매뉴얼의 추진절차에 대해서는 1차 작성 후 전문가 검토를 반드시 필한 후 검토의 견과 유관부서 의견조회를 거친 다음 서울시 방재기획과에 협의 요청한 후 최종안을 확정하도록 하고 있다. 하지만 이러한 과정속에서 재난대응 훈련의 결과물이 어디에도 반영이 되지 않음을 알 수 있다. 따라서 훈련 실시 후에 본 연구에서 제시한 개선 계획 템플릿을 이용하여 작성된 개선계획의 결과물이 반드시 관련된 위기대응실무매뉴얼과 현장 조치 매뉴얼에 반영이 될 수 있는 환류 체계를 마련해야 할 것이다.

현재 위기관리매뉴얼은 행정안전부 소속으로서 관리되고 있으며, 재난대응훈련, 특히 재난대응 안전한국훈련과 민방위 훈련은 행정안전부 관할로 운영되고 있다. 따라서 훈련 개선계획의 결과물을 위기관리 매뉴얼에 반영하려면, 두 주관기관간의 사전 협의가 충분히 이루어져야 한다.

현재 매뉴얼 개정은 1년에 한번 행정안전부 재난안전실 주관으로 이루어지고 있으며, 지자체에서 이루어지는 훈련 계획 및 훈련 실시는 재난관리 과에서, 국가 전체의 대응 훈련인 재난대응 안전한국훈련과 민방위 훈련은 행정안전부에서, 을지훈련은 행정안전부에서 주관하고 있으므로, 각 훈련 실시 후 개선 사항을 위기관리 매뉴얼에 반영하기 위해서는 점진적인 법제도의 수정이 불가피한 실정이다.

1.6 도상 훈련 전문 진행자 양성 및 교육

도상훈련의 핵심이라 할 수 있는 전문 진행자(퍼실리에이터)를 집중 양성하고, 기존의 훈련 담당자들에게 이러한 교육을 받을 수 있도록 조치해야 한다. 현재 천안에 소재하는 국립 방재교육원에서 도상훈련에 대한 교육을 받을 수 있으며, 과정은 부록에 수록하였다. 도상 훈련은 여러 가지 장점이 있음에도 불구하고, 참여자나 진행자의 토론식 탁상훈련에 대한 이해 부족으로 인해 교육 진행시 적극적으로 토론에 참여하지 못할 수도 있다. 다음은 토론식 탁상훈련(TTX) 진행상의 문제점이다.

첫째, 강사가 토론식 탁상훈련(TTX)을 위한 자료 준비가 미흡하여 준비한 자료를 바탕으로 교육생들이 해야 하는 업무나 의사결정 사항에 대해 토론하는데 판단 근거가 되지 못하였다. 따라서 주요 상황관리에 대한 상황별(event)로 제시할 수 있는 자료 작성이 필요하다.

둘째, 토론식 탁상훈련(TTX)에 참여하는 교육생들이 적극적으로 참여할 수 있도록 진행상의 절차 및 운영 매뉴얼이 필요하다. 강사가 질문할 경우 누가 대답을 할 것이며, 대답시

토론을 진행하는데 대답 순서나 강사가 어느 시점에서 정리할 것인지, 강사가 어느 정도에 대한 질문에 대한 답변을 제시할 것인지에 대한 교재나 운영 매뉴얼이 필요하다.

셋째, 토론식 탁상훈련(TTX)에 활용하기 위한 교육생들이 직급이나 관련 업무 등에 따라 교육과정을 운영해야 한다. 서로 다른 직급과 업무가 상이하기 때문에 토론보다는 경청에 가까운 진행이 되고 있다. 따라서 관련 업무별로 교육생을 구성하여 진행한다(국립방재교육원, 2009).

따라서 이러한 탁상훈련의 문제점을 줄일 수 있는 최적의 방안은 탁상 훈련 진행자를 양성하고, 재난 대응 훈련 담당 공무원이 관련 교육을 이수하게 하여, 각 지자체의 도상 훈련을 진행하게 할 수 있다. 또한 재난 대응 훈련 담당자는 1년에 일정시간의 교육을 이수하여야 한다는 강제화 조항을 만드는 것도 중요하다.

참고문헌

제3장 방재사

한국지방자치학회, 국가 · 지방간 소방사무의 합리적 분담 및 재원확보방안, 2012

김은성, 정지범, 안혁근, 국가재난안전관리 정책패러다임에 대한 연구, 한국행정연구원, 2009

김현준. 조선왕조실록에 수록된 홍수기록 조사. 한국수자원학회논문집, 한국수자원학회, 2000, 33.81: 365-370.

김현준. 조선왕조실록의 가뭄 기록. In: 한국수자원학회 2001 년도 기초과제 연구보고서. 2001. p. 1-29.

최예환, 국가안전기관의 효율적인 재난안전관리를 위한 방향성제고,

국사편찬위원회, 조선왕조실록, http://sillok.history.go.kr

제5장 홍수방재

EM-DAT, 2015, 2016

Environmental Protection Administration Executive Yuan, R.O.C(TAIWAN), 2009, https://7plaguesofgod.wordpress.com/200913-flash-flood-taiwan-china/

NOAA 홈페이지(http://www.noaa.gov/)

WAMIS 홈페이지(http://www.wamis.go.kr/)

국가태풍센터 홈페이지(http://typ.kma.go.kr)

국가태풍센터, 2011, 태풍백서

국민안전처, 2016, 2015 재해연보

국토교통부, 2015, 2015 한강하천예보연감

국토교통부, 2014년 한국하천일람

국토해양부, 2005, 안성천수계 유역종합치수계획

국토해양부, 2012, 4대강 살리기 사업

기상청 홈페이지(http://www.kma.go.kr)

기상청, 2010, 1981~2010 한국기후도

기상청, 2012, 최근 20년 사례에서 배우다-집중호우 Top10

김영란, 2010 워터피디아, Part 01. 도시화가 물순환에 미치는 영향과 서울시 현황

네이버 지식백과(http://terms.naver.com/)

도시홍수 : http://www.dailymail.co.uk/news/article-2177773/Floods-kill.html

돌발홍수 : http://www.nssl.noaa.gov/education/svrwx101/floods/

소방방재청, 2008, 재해연보 2007

연합뉴스(http://www.yonhapnews.co.kr/)

위키피디아, Irwin Thompson, 2012

태풍매미 위성영상 : 네이버 지구과학 산책(http://navercast.naver.com/contents.nhn?rid=116&contents_id=37964)

하천홍수 : http://www.weather.gov/dmx/preparefloodintro

한강홍수통제소 홈페이지(http://www.hrfco.go.kr)

한국방재학회, 2012, 방재학

해안홍수 : http://www.nwclimate.org/news/floods-because-of-global-warming/

제6장 가뭄방재

Anglian Water(2014) Drought Plan

Bureau of Meteorology(http://www.bom.gov.au/)

Climate Prediction Center(http://www.cpc.ncep.noaa.gov/)

DEWHA(2008). Cost Effectiveness Analysis of Wels(Water Efficency Labeling and Standards Scheme)

Dracup, J. A., Lee, K. S., and Paulson Jr., E. G.(1980). On the definition of droughts, Water Resour. Res., 16(2), 297-302.

European Drought Observatory(http://edo.jrc.ec.europa.eu/)

Gibbs, W. J. and Maher, J. V.(1967). Rainfall Deciles as Drought Indicators. Bureau of Meteorology Bulletin No. 48, Melbourne, Australia.

Howitt, R. E., MacEwan, D., Medellin-Azuara, J., Lund, J. R., and Sumner, D. A.(2015). Economic Analysis of the 2015 Drought for California Agriculture, Center for Watershed Sciences, University of California, Davis, Davis, CA

MaKee, T. B., Doesken, N. J., and Kleist, J.(1995). Drought monitoring with multiple time scales, 9th Conference on Applied Climatology, January, Dallas, TX, 233-236.

Palmer, W. C.(1965). Meteorological drought, Research paper, No. 45, U.S. Weather Bureau, 1965.

Palmer, W. C.(1968). Keeping track of crop moisture conditions, nationwide: The new crop moisture index. Weatherwise, 21(4), 156-161.

Santa Clara Valley Water District(2008). Water Use Efficiency Strategic Plan

Shafer, B. A. and Dezman, L. E.(1982). Development of a Surface Water Supply Index(SWSI) to Assess the Severity of Drought Conditions in Snowpack Runoff Areas. Proceedings of the Western Snow Conference, Colorado State University, Fort Collins, CO, 164-175.

Tallaksen, L.A., and van Lanen, H.A.J.(2004). Hydrological drought: Processes and estimation methods for streamflow and groundwater, Elsevier, The Netherlands.

The Met Office(http://www.metoffice.gov.uk)

U.S. Drought Portal(https://www.drought.gov/)

U.S. Drought Portal(https://www.drought.gov/)

United States Drought Monitor(http://droughtmonitor.unl.edu/)

Wilhite, D. A., and Glantz, M. H.(1985). Understanding the drought phenomenon : The role of difinition, Water International, 10, 111-120.

건설교통부(1995). 94-95년 가뭄기록조사보고서

건설교통부(2002). 2001년 가뭄기록조사 보고서

국가가뭄정보분석센터(http://drought2.kwater.or.kr)

국민안전처(2015). 가뭄 재난 위기관리 표준매뉴얼

국토교통부(2015). 2025 수도정비 기본계획 변경 보고서

국토교통부(2016). 물과 미래

기상청(http://www.kma.go.kr/)

농림부(2001). 2001 가뭄극복백서

소방방재청(2009) 가뭄 · 황사 · 한파 · 폭염 · 산불재난 피해액 산정기준 등 제도화 방안 연구

한국수자원공사(2002). 가뭄관리 종합대책 수립연구

한국수자원공사(2016a). 2015년 가뭄기록조사 보고서

한국수자원공사(2016b). 가뭄극복 백서

한국수자원공사(www.kwater.or.kr)
한국환경정책평가연구원(2013). 가뭄 유형별 기후변화 적응정책 연구
환경부(2014). 2013 상수도통계

제7장 바람방재

국민안전처 재해연보(2015)
국민안전처, 중앙안전관리위원회, 국가안전관리기본계획(2015~2019)
기상청 보도자료,(2002),(2003)
기상청, 2011, 태풍백서
기상청, 기상백과
김백조, 이성로, 김호경, 유재억, 한반도 강풍 피해 및 발생 특성 분석, 한국강구조학회지 제18권 제3호 통권 68호(2006. 9) pp.79-86
김종락, 강풍에 의한 피해 사례(07), 한국풍공학회 학술발표회논문집, 2008.5, 75-83(9 pages)
노삼규, 이종설, 권기환, 강성희허리케인 '카트리나' 의 피해현황, 방재연구 제7권 제4호 통권 28호(2005. 12) pp.11-22.
논산시 재난안전대책본부 홈페이지(http://safe.nonsan.go.kr/safe.do?mno=sub02_03_03)
美, 허리케인 Sandy 피해, 경제적 영향과 상처, 재난포커스
미국 플로리다주 Daytona Beach 지역 콘도에 대한 허리케인 피해 연구
박기동, 김대영, 한국풍공학회 학술발표회논문집 , 2008.5, 84-89(6 pages)
박동균, 허리케인 샌디 대응을 통해 본 미국 위기관리 시스템의 교훈, 한국민간경비학회보 제23호(2013년 2월) pp.73-95 1738-866X
방재안전직 재난관리론. 한국고시회.
부산시, 2016년 자연재난대비 표준행동 매뉴얼(배포용)
세화, 2001, 화학대사전
소선섭. 2015. 대기측기 및 관측. 청문각
우효섭, 김현준, 대한토목학회지 53(9), 2005.9, 64-70(7 pages) 2005년 8월 미국 걸프 만을 강타한 허리케인 카트리나 (Katrina)의 발생과 피해 현황
유인술. 한국의 재난관리대책. HanYang Medical Reviews. 2015;35:157-173 http://dx.doi.org/10.7599/hmr.2015.35.3.157
윤용남. 2013. 수문학-기초와 응용-. 청문각
이경수, 정소영, 임사랑, 조정훈, 강대언, 한상을. 2011. 수치시뮬레이션을 통한 풍하중 평가기법에 관한 연구. 한국전산구조공학회 24(1)
전원생활, 11/2012, Volume 613
최창근, 이은진, 유원진. 2002. 전산풍공학과 풍동실험의 상호보완성. 한국풍공학회 학술발표회논문집. 106-111pp.
풍수해(태풍 · 호우 및 대설)재난 위기대응 실무매뉴얼. 보건복지부 2015.12
하영철, 1998, 한국풍공학회지. Vol.2. NO.1(4-12p)
하영철. 2011. 내풍설계기술의 현황과 향후 전망. 한국풍공학회지 학술발표회 논문집 15(1). 1-12pp.
한국풍공학회, 한국건축구조기술학회. 2010. 엔지니어를 위한 내풍공학. 기문당.
홍영길. 2013. 전산유체역학 해석에 의한 교량 단면의 공력 특성값 추정. 한국안전학회지 28(1). 57-62pp.
Marion, B, Stephen Thornton, 2002, 고전 동역학
wikipedia the free encyclopedia

제8장 폭염방재

경기도 (2020) 2020년 폭염 종합대책

국가법령정보센터 (2020) 재난 및 안전관리 기본법

국립재난안전연구원 (2012) 우리나라 폭염 대응체계 및 제도 개선방안, 보고서

국립재난안전연구원 (2014) Future Safety Issue '한 달간의 폭염지옥', 2014년, 제2호

관계부처합동 (2020), 2020년 폭염 종합대책

기상청 (2018) 2018년과 1994년 폭염 비교

기상청 (2020) 2019년 이상기후 보고서

대전세종연구원 (2016) 환경재난형 폭염에 관한 기초연구

미국기상청(NWS, National Weather Service) 홈페이지 (2020) https://www.weather.gov/ama/heatindex

소방방재청 (2009) 피해액 산정 기준 마련 등 제도화 방안 연구 – 폭염분야

영국의 국가기상서비스기관 Met Office 홈페이지 (2020) https://www.metoffice.gov.uk/

일본 환경성 홈페이지 (2020) https://www.wbgt.env.go.jp/wbgt.php

환경정책 · 평가연구원 기후변화리스크연구단 (2020) 2020 폭염영향 보고서

제9장 지진방재

강대언, 이원호(2006), 국내 조적조 건물의 내진성능평가 및 지진피해율 상정, 한국콘크리트학회 논문집, pp.535~542

건설교통부, 1992, 도로교표준시방서

건설교통부, 1997, 내진설계기준연구(II)(내진설계성능기준과 경제성평가)

건설교통부, 1997, 내진설계기준연구(II)(내진성능향상)

건설교통부, 2004, 기존건축물의 내진성능 평가요령

건설교통부, 2004, 기존건축물의 내진성능 향상요령

건설교통부, 2004, 기존교량의 내진성능 평가요령

건설교통부, 2004, 기존교량의 내진성능 향상요령

국립방재연구소, 2008, 2008.5.12 중국 쓰촨성 원촨 대지진

국립방재연구소(2010), 2010.1.12 아이티 포르토프랭스 지진

국립방재연구소(2010), 2010.2.27 칠레 규모 8.8 지진 피해 현황

김소구, 2007, 지진학개론, 한국학술정보(주)

변진섭, 1998, 우리가 알아야 할 지진, 일공일공일

소방방재청, 국립방재연구소, 1999, 1999.9.21 타이완 지지 지진

소방방재청, 2005, 제2차 지진방재종합대책

소방방재청, 2007, 2007.1.20 강원도 오대산 지진

소방방재청, 2009, 제3차 지진방재종합대책

소방방재청, 2009, 2009.4.6 이탈리아 라퀼라지진

오상훈 외, 2004, 기존 철골건축물의 내진성능 평가 및 보강, 대한건축학회지, pp.76~84

유은종 외, 2010, 기존 건축물의 내진성능평가 및 향상요령의 개정보완, 한국시설안전공단

이동우 외, 2003, 방재과학개론, 시그마프레스

이원호 외, 1995, 효고현 남부지진과 철근콘크리트 건물의 내진설계, 대한건축학회 국제세미나, pp.89~110

이원호, 2001, 한국 철근콘크리트 건물의 내진진단법 개발에 관한 연구, 한양대학교 초대형 구조시스템 연구센터

이원호 외, 2002, 조적조 건물의 내력도 평가, 광운대학교 에센스구조연구센터

이원호, 2004, 기존 철근콘크리트 건물의 내진성능 평가 및 보강, 대한건축학회지, pp.63~75

이원호 외, 2006, 건축구조물의 상시모니터링 기술과 재해 · 재난피해 예측기술 동향에 관한 연구, 건설교통부, 한국시설안전기술공단

이원호 외, 2008, 국내실정에 맞는 취성파괴형 및 삼중수평저항 시스템 건축물의 내진성능평가기법 개발, 한국시설안전공단

이강석 외, 2008, 학교시설 개축 및 내진성능 판정을 위한 가이드라인, 교육과학기술부,(사)한국교육환경연구원

한국건설기술연구원, 2000, 사회기반 시설물의 내진성능향상 기술 개발, 연구보고서 건기연 2000-080

한국도시방재학회, 2002, 구조물의 내진성능평가 및 보수 · 보강사례, 한국도시방재학회 세미나

한국방재학회, 2006, 주요시설물의 지진대비 필수기능 유지방안 연구, 소방방재청

ATC, 1983, Seismic retrofitting guidelines for highway bridges, Report to ATC-6-2, Applied Technology Council, Redwood City, California

Bolt, B. A. 2004, Earthquakes, 5th ed. San Francisco: W. H. Freeman

Boore, D. M., 1973, The effect of simple topograph on seismic waves: Implications for the recorded accelerations at Pacoima Dam. Bulletin of Seismic Society of America, 63: pp 1603-1609.

Dowrick, D., 2003, Earthquake risk reduction, John Wiley & Sons.

Elms, D. G. and Silvester, D., 1978, Cost effectiveness of terms for probabilistic seismic-risk and hazard analysis. Earthquake Spectra, 1: pp 33-40.

Erdey, C. K., 2007, Earthquake Engineering, Application to Design, John Wiley & Sons.

Hollings, J. P., 1971, The economics of earthquake engineering. Bull NZ Soc for Earthq Eng. 4(2), pp. 205-221.

Keller, A, E. and Blodgett, R. H.(이동우 외 옮김) 2007, 자연재해와 방재, 시그마프레스

NCEER, 1994, Seismic retrofitting guidelines for highway bridges, Report to FHWA, National Center for Earthquake Engineering Research, State University of New York at Buffalo

Nuttli, O.W. and Kim, S.G., 1975, Surface-wave magnitudes of Eurasian earthquakes and explosions, Bull. Seis. Soc. Am., 65, pp 693-709.

Richter, C. F, 1958, Elementary Seismology, W. H. Freeman and Company, San Francisco and London, 768pp.

Smolka, A. 2000, Earthquake research and the insurance industry. NZ Geophys Soc Newsletter No. 55: pp 22-25

Steinbrugge, K. V., 1982, Earthquakes, Volcanoes, and Tsunamis-an Anatomy of Hazards. Skandia America Group, New York.

Udias, A., 1999, Principles of Seismology, Cambridge University Press, 475pp.

USGS, 2000, Earthquakes, facts and lists, http://neic.usgs.gov

USGS, 1974, Earthquake information bulletin 6(5)

제10장 지반방재

대한지질공학회, 2014, 암반분류, 씨아이알, p.548

산림청, 2014, 개정 사방기술교본, p.432

전근우, 2011, 신고 사방공학, 향문사, p.426

이병주, 선우춘, 2010, 토목기술자를 위한 한국의 암석과 지질구조, 씨아이알, p.283

이정인, 1997, 암반사면공학, 엔지니어스, p.459

이천용, 2014, 산지토사재해론(산사태, 토석류), 구미사, p.305

한국지반공학회, 2010, 사면안정, 구미서관, p.468

한국지반공학회, 2007, 지반재해와 저감기술, p.828
한국시설안전공단, 2011, 토사유출현상과 토사재해대책, 씨아이알, p.467
한국지반공학회, 2009, 지반기술자를 위한 지질 및 암반공학, 씨아이알, p.719
Hoek & Bray, 1981, Rock Slope engineering
John J. Clague and Douglas Stead, 2012, Landslides-Types, Mechanisms and Modeling, Cambridge, p.420
Lee, Dai- Sung, 1988, Geology of Korea
日本道路公團, 1986, 道路土工 のり面工斜面安定工 指針, 社團法人, 日本道路協會

제11장 연안방재

1. 국립방재교육원 방재연구소, 이상파랑과 너울성 파랑에 대한 방재대책 기획연구, 2009.
2. 기상청, 그것이 알고 싶다 지진해일, 2010.
3. 김규한, 해안침식에 대한 종합 방재계획의 수립, 방재연구, 제3권 제4호, pp. 42-51.
4. 안희도, 김남형, 남수용, 진재율 역, 해안침식 -실태와 해결책-, 도서출판 과학기술, 2006
5. 한국환경정책평가연구원, 해안개발사업에 따른 해안침식 영향 저감방안 연구, 2006.
6. 해양수산부, 연안침식방지 종합대책수립을 위한 조사 연구용역(Ⅰ), 2002
7. 해양수산부, 연안침식방지 종합대책 수립을 위한 조사 연구용역(Ⅱ), 2003.
8. 해양수산부, 연안침식방지 기술개발연구용역(Ⅰ), 2005
9. 해양수산부, 연안침식방지 기술개발연구용역(Ⅱ), 2006
10. 행정자치부 국립방재연구소, 동해안에서의 쯔나마 위험도 평가, 1998.
11. 행정자치부 국립방재연구소, 동해안에서의 지진해일 재해저감을 위한 연구(1), 1999.
12. 행정자치부 국립방재연구소, 폭풍해일예상을 통한 상황대처 방안연구, 2002.

제12장 대설방재

국민안전처(구 소방방재청), 1979~2015, 재해연보
국민안전처, 2016, 지역별 특성을 고려한 맞춤형 제설대응 체계 구축연구 2차년도 보고서, 국민안전처 R&D과제
국토교통부(구 건설교통부), 2002, 도로제설업무 수행요령
국토교통부, 2013, 도로업무편람
국토교통부, 2014, 도로제설업무 수행요령
기상청, 2009, 지상기상관측지침
기상청, 2010, 지상기상관측지침
서울시, 2015, 2015년 겨울철 제설대책 추진계획
용인시, 2014, 2014 안전관리계획
이승수, 2009, 강풍 및 대설 위험도 산정기법 개발, 소방방재청 R&D과제
Walter Durth, and Horst Hanke(2004), Handbuch StraBenwinterdienst, Kirschbaum Verlag Bonn

제13장 환경방재

한기주(2003) 세계 환경산업 시장 전망, 월간 KIET 산업경제
한국환경자원공사(2005) 환경산업통계조사 보고서, 환경부

박영우(2000) 세계 환경산업시장 현황 및 전망(1), 현대환경연구원
이동률(2005) 지속 가능한 수자원 관리를 위한 수자원계획, 한국건설기술연구원
한국수자원공사(2010) 물과 미래, 국토해양부
김민온(2008) 지능형 차세대 무선 환경 오염물질 모니터링 기술, 한국전자정보통신산업진흥회
국과환경정보센터(2009) 대체 수자원 확보기술, 한국과학기술기획평가원
우완기(2006) 대기오염개론, 신광문화사
환경부(2006) 대기오염측정망 운영지침, 환경부
한화진(1997) 외국의 대기오염관리 성공사례 및 정책적 시사점, 한국환경정책평가연구원
최주섭(2001) 환경과학개론, 동화기술
배우근(2000) 환경오염개론, 국립환경연구원
김상헌(2004) 독일의 완전순환경제법과 유럽연합의 환경규제, 환경자원
환경부(2008) 유해물질 사고사례 : 화학사고와 테러 예방을 위한 사업장화학물질관리 방안, 환경부
데브라 데이브스(2004), 대기오염, 그 죽음의 그림자, 에코리브르
최석순(2004) 해양오염 및 방제작업 기술
김신종(2004) 2004년도 대기보전정책방향, 환경기술정보
M. H. 브라운(1981) 폐기물 투기-유독성 화학물질에 의한 미국의 오염, New York; Washington Press
Climate Change Impacts on Biodiversiry in Australia(2008) Effect of Climate Change on, agreculture, land resources, water resources and biodiversiry in U.S
IPCC(2008) Climate Change and Water, IPCC techical paper IV

제14장 기후변화방재

강경석(2000). 다지점 일 강우모형에 의한 밀 유출량의 모의발생, 인하대학교, 박사논문
강상혁, 권재혁, 전병덕(2001). GIS를 이용한 도시화 진행상황의 평가 및 유출에 미치는 영향에 관한 연구, 한국도시방재학회논문집, 한국도시방재학회, 제1권, 제2호, pp.85-92
강영옥, 박수홍(2000). 서울대도시지역 도시성장 예측에 관한 연구, 대한지리학회지, 대한지리학회, 제35권, 제4호, pp.621-639
강원도(1990). 홍천강 하천정비기본계획
강종수(1998). 충주댐 우안 Land Slide지역의 공학적 처리내용(댐 안정에 관련된 오도를 바로 잡으면서), 대한토목학회지, 대한토목학회, Vol. 46, No.4, pp.106-111
건설교통부, 한국수자원공사(1997). 기존댐 용수공급능력조사(한강수계)
건설교통부(2000). 1999년도 수자원관리기법개발연구조사 보고서 제1권 한국 확률강우량도 작성
건설교통부(2002). 북한강 수계 하천정비기본계획(보완)(북한강, 소양강, 양구서천, 섬강)
건설교통부(2002). 한강 하천정비기본계획(보완)(팔당댐~하구)
건설교통부(2004). 한강홍수예보〈임진강 · 안성천 포함〉
건설교통부(2006). 수자원장기종합계획(2006~2020) 보고서
건설기술연구원(2001). 댐 설계기준
경민수, 시바쿠마르 밸리, 김형수, 김병식(2008). 카오스를 이용한 일 강우자료의 시간적 분해, 한국수자원학회논문집, 한국수자원학회, 제41권, 제9호, pp. 959-967
과학기술부(2004). 21세기 프론티어연구개발사업-수자원의 지속적 확보기술개발사업-지표수 수문성분 해석기술 개발
과학기술부(2007). 21세기 프론티어연구개발사업-수자원의 지속적 확보기술개발사업- 기후변화에 의한 수자원 영향평가 체계 구축

과학기술부(2007). 21세기 프론티어연구개발사업 -수자원 지속적 확보기술개발사업- 유역통합물수지 분석 및 수자원 계획기술개발

국정브리핑(2007.12.31) 서울평균최저기온 100년만에 최고/기상관측자료분석 전국 평균기온은두번째로높아 http://korea.kr/newsWeb/pages/brief/categoryNews/news Poprint.p?newsDataId =148646624

국토해양부(2008). 기후변화대비 국가 물안보 확보방안(1차년도)

권현한, 문영일, 최병규, 윤용남(2004).신뢰성 분석을 통한 기존 댐 재개발의 적정규모 결정의 관한 연구, 한국수자원학회 논문집, Vol.38 No.2, pp.97-110

권현한, 문영일(2005a). Nino3.4지역 SST 및 여름강수량의 독립성분분석, 한국수자원학회 논문집, 한국수자원학회, 제38권 12호, pp. 985-994

권현한, 문영일(2005b). Wavelet Transform을 이용한 수문시계열 분석, 한국수자원학회 논문집, 한국수자원학회, 제38권 6호, pp. 439-448

권현한, 문영일(2007). 기상정보 및 태풍특성을 고려한 계절 강수량의 확률론적 모형 구축, 대한토목학회 논문집, Vol.27 No.1B, pp.45-52

권현한, 김병식, 김보경(2008). 기후변화에 따른 수자원 영향 평가를 위한 Regional Climate Model 강수 계열의 특성 분석, 대한토목학회논문집, 대한토목학회, 제28권, 5B호, pp.525-533

김규호(2003). 극한홍수 어떻게 대응할 것인가, 한국수자원학회지, Vol. 36, No.5

김남원, 이정은, 이병주(2007). 한강유역의 다목적댐 운영에 따른 유황변동 특성 분석 및 평가, 대한토목학회논문집, 대한토목학회, 제27권 1B호, pp.53-63

김병식, 서병하, 김형수, 김남원(2003a). SLURP모형을 이용한 하천유출량 모의, 대한토목학회논문집, 대한토목학회, 제23권 제4B호, pp.289-303

김병식, 김형수, 서병하, 김남원(2003b). 전이함수모형과 일기발생모형을 이용한 유역규모 기후변화시나리오의 작성, 한국수자원학회논문집, Vol.36, No.3, pp.345-363

김병식, 김형수, 서병하, 김남원(2004a). 기후변화가 용담댐 유역의 유출에 미치는 영향, 한국수자원학회 논문집, 한국수자원학회, 제37권 2호, pp. 185-193

김병식, 김형수, 서병하(2004b). SLURP모형의 증발산 모형에 대한 평가, 한국수자원학회 논문집, 한국수자원학회, 제37권 9호, pp. 745-758

김병식(2005). 기후변화에 따른 유역의 수문요소 및 수자원 영향평가, 인하대학교 대학원 토목공학과, 박사학위논문

김병식, 김경탁, 박정술, 김형수(2006). 준 분포형 수문모형에서의 원격탐사자료의 적용 및 평가, 한국지리정보학회지, 한국지리정보학회, 제9권, 제2호, pp.144-158

김병식, 경민수, 이건행, 김형수(2007). 기후변화를 고려한 IDF곡선 추정방안에 대한 연구, 한국수자원학회 학술발표회논문집, 한국수자원학회, pp. 774-779

김병식, 김보경, 경민수, 김형수(2008). 기후변화가 극한 강우와 I-D-F분석에 미치는 영향 평가, 한국수자원학회 논문집, 한국수자원학회, 제41권 4호

김보경, 김병식, 김형수(2008). 극한지수를 이용한 극한 기상사상의 변화분석, 대한토목학회논문집, 대한토목학회, 제28권, 제1B호, pp.41-53

김보경, 김병식, 권현한(2009). 준분포형 모형을 이용한 농업용 저수지가 안성천 유역의 유출모의에 미치는 영향 평가, 대한토목학회논문집, 대한토목학회, 제29권, 1B호, pp.11-22

김석규, 김 철(2002). PRMS를 이용한 황룡강 유역의 유출모의, 대한토목학회2002년 학술발표회-한국건설비전2025-, 대한토목학회, pp.100-103

김성준, 박근애, 전무갑(2005). 토지이용의 변화가 홍수유출에 미치는 영향분석, 한국수자원학회논문집, 한국수자원학회, 제38권, 제4호, pp.301-311

김성준, 정인균(2006). 셀룰라 오토마타와 Markov Chain 모형을 이용한 토지이용 변화 예측, 한국관개배수, 제13권, 제1호, pp.110-117

김성준, 이용준(2007). 면적규모 및 공간해상도가 CA-Markov기법에 의한 미래 토지이용 예측결과에 미치는 영향, 한국지리정보학회지, 한국지리정보학회, 제10권, 제2호, pp.57-69

김윤수, 정응호, 류지원, 김대욱(2005). 원격탐사 자료를 활용한 시가지화지역의 변화에 관한 연구, 한국지리정보학회지, 한국지리정보학회, 제8권, 제2호, pp.1-9

김의홍(1994). 공간적 토지피복 예측을 위한 모형에 관한 연구, 한국GIS학회지, 한국GIS학회, pp.47-51

김재철, 박철현, 신동훈, 이규석(2006). Landsat TM과 ETM+ 영상을 이용한 도시하천 집수구역의 토지이용변화 파악, 대한원격탐사학회지, 대한원격탐사학회, 제22권, 제6호, pp.575-579

김정훈(2002). GIS와 로지스틱 회귀분석을 이용한 도시외곽지역의 토지이용변화분석, 국토연구원, pp.175-200

김종석, 문영일, 오태석(2005). 횡성댐 유역의 가능최대홍수량산정을 위한 매개변수 추정방법에 대한 연구, 산업기술연구소논문집, 서울시립대학교 산업기술연구소 Vol.13, pp.51-57

김주훈, 김경탁, 신사철(2003) 원격탐사 및 GIS에 의한 잠재증발산량 산정, 대한토목학회 2003년 정기학술대회 논문집, 대한토목학회, pp.2512-2515

김태희(2007). 1991년 이후 한반도 8월 강수의 증가와 원인, 부경대학교대학원, 석사학위논문, 부경대학교.

김현준(2001). 2매개변수 쌍곡선형 일유출모형의 개발. 서울대학교 박사학위논문

김형수, 최시중, 김중훈(1998). DVS 알고리즘을 이용한 일 유량자료의 예측, 대한토목학회논문집, 대한토목학회, 제18권, 제II-6호, pp. 563-570

뉴스한국(2007.07.05/정영석) 한반도 슈퍼태풍 상륙 임박했다 http://www.newshankuk.com/news/news_view.asp?articleno=w20070705091700n7486&g2=301

문영일, 차영일(2004). 비동질성 마코프 모형을 이용한 일강수자료 모의발생 I -이론-, 대한토목학회 논문집, 대한토목학회, Vol. 24, No. 5B, pp.431-435

박대규, 조원철(2003). 카오스 특성을 갖는 일 유출량 자료의 비선형 예측, 대한토목학회 논문집, 대한토목학회, 제23권, 제6B호, pp. 479-487

박민지, 박근애, 김성준(2007). 농업용 저수지 운영을 고려한 SLURP모형의 수문학적 거동 분석, 대한토목학회 논문집, 대한토목학회, 제27권, 제5B호, pp.515-523

박봉진, 김준태, 장창래, 정관수(2008). 수문변화 지표법에 의한 영천댐이 하류하천에 미치는 유량변화 분석, 대한토목학회 논문집, 대한토목학회, 제41권, 제2호, pp. 163-172

박상덕(2003). 자연하천의 무차원 유황곡선, 대한토목학회논문집, 대한토목학회, 제36권, 제1호, pp.33-44

박성우 외(1995). 응용수문학. 향문사

박수영(1994). 도시행정론, 박영사, pp.1-23

배덕효(2005). 기후변화가 수자원에 미치는 영향과 과제, 국토연구원 제281권, pp.32-38

배덕효, 정일원, 이병주(2007). A2시나리오에 따른 국내 수자원의 변동성 전망, 한국수자원학회 논문집, 한국수자원학회, 제40권 12호, pp. 921-930

성효현, 박옥준(2000). 토지피복 변화에 따른 식생지수(NDVI)분포 및 변화에 관한 연구, 한국GIS학회지, 한국GIS학회, 제8권, 제2호, pp.275-288

세계일보(2007.08.12/이진경) 기후변화로 여름철 강우패턴 변해...국지성 호우 증가 http://www.segye.com/Articles/News/Society/Article.asp?aid=20070812000105&ctg1=01&ctg2=00&subctg1=01&subctg2=00&cid=0101080100000&dataid=200708121554000101

수자원관리정보시스템(WAMIS) http://www.wamis.go.kr/

신사철, 최윤수, 안기원(1996). NDVI를 이용한 한반도의 피복 분류, 대한토목학회 논문집, 대한토목학회, 제16권, 제Ⅲ-2호, pp.139-146

신임철, 김태룡, 이은정, 김은희, 김은숙, 박연옥, 배선희, 이희일(2007). 한반도의 2007년 8월과 2007년 여름의 기후특성 및 8월과 여름의 장기 기후변화, 한국기상학회, 대기편, 제17권, 제4호, pp.471-481

신현석, 강두기, 김균태(2004). SWAT모형을 이용한 대화강유역 장기유출 분석, 대한토목학회2004년도 정기학술대회 논문집, 대한토목학회, pp.732-736

신형진, 강수만, 권형중, 김성준(2005). 미래 기후변화에 따른 융설의 변화가 유역수문에 미치는 영향-충주댐 유역-, 대한토목학회2005년도 정기학술대회 논문집, 대한토목학회, pp.221-224

안소라 , 이용준 , 박근애 , 김성준(2008). 미래토지이용 및 기후변화에 따른 하천유역의 유출특성 분석, 대한토목학회 논문집, 대한토목학회, Vol.28(2B). pp. 215-224

안재현, 유철상, 윤용남(2001). GCM결과를 이용한 지구온난화에 따른 대청댐 유역의 수문환경 변화 분석, 한국수자원학회 논문집, 한국수문학회, 제 34권, 제4호, pp. 335-345

연합뉴스(2008). 연합뉴스 2008년 3월 4일자 3면(news)

유철상, 이동률(2000).기후변화에 따른 강수일수 및 강수강도의 변화연구, 대한토목학회 논문집, Vol. 20(4B), pp.535-544

윤용남, 강병석, 김웅태, 김재형, 고익환(1998b). 댐 건설전후 유역의 장기유출특성변화의 분석 II. 모형의 매개변수 산정을 통한 유역 장기유출특성 변화 분석, 대한토목학회논문집, 대한토목학회, 제18권, Ⅱ-5권, pp.461-468

윤용남, 유철상, 안재현, 양인태, 고덕구(1998a). 댐 건설전후 유역의 장기유출특성변화의 분석 Ⅰ. GIS를이용한 NWS-PC 모형의 매개변수 추정, 대한토목학회논문집, 대한토목학회, 제18권, Ⅱ-5권, pp.449-459

이동률, 김웅태, 유철상(2004). 기후변화가 기상학적 가뭄과 홍수에 미치는 영향, 한국수자원학회 논문집, 한국수자원학회, 제37권 4호, pp. 315-328

이상기후연구단(2008), 이상기후에 대비한 시설기준 강화, 이상홍수평가기술개발

이상신, 이상일, 정병화(2003). 소유역의 장기유출분석을 위한 HSPF모형의 적용성 검토, 대한토목학회2003년도 정기학술대회논문집, 대한토목학회, pp.2329-2334

이용준, 김성준(2007). 미래 토지이용변화 예측을 위한 개선된 CA-Markov기법의 제안 및 적용, 대한토목학회논문집, 대한토목학회, 제27권, 제6D호, pp.809-817

이용준, 김성준(2007). 미래 토지이용변화 예측을 위한 개선된 CA-Markov기법의 제안 및 적용, 대한토목학회논문집, 대한토목학회, 제27권, 제6D호, pp.809-817

이진원, 김형섭, 우효섭(1993), 댐건설로 인한 5대수계 본류의 유황변화 분석, 대한토목학회논문집, 대한토목학회, 제13권, 제3호, pp.79-91

이창훈, 김승(1995).회귀분석에 의한 한국의 연 · 월평균 강수량의 추정, 대한토목학회 논문집, Vol. 1(5), pp.1255-1266

임창호, 최대식(2002). 셀룰러오토마타 모형을 이용한 미시적 토지이용변화 예측, 국토계획, 대한국토도시계획학회, 제37권, 제4호, pp.229-239

임혁진, 권형중, 김성준, 배덕효(2005). CA-Markov기법을 이용한 기후변화에 따른 소양강댐유역의 수문분석, 대한토목학회 2005년도 정기학술대회 논문집, 대한토목학회, pp.274-277

정건희, 김태웅(2007). 저수지와 수계운영을 통한 물배분모형의 비교, 한국수자원학회논문집, 한국수자원학회, 제40권 10호, pp. 38-43

정영훈, 이충성, 김형수, 심명필(2005). 갑천 유역의 빈도별 갈수유량에 따른 필요유량 산정, 대한토목학회 논문집, Vol.25 No.2B, pp.97-105

정일원, 이병주, 전태현, 배덕효(2008). "유출모형이 기후변화 수자원 영향평가에 미치는 영향 분석." 한국수자원학회논문집, 한국수자원학회, 제41권, 10호, pp. 907-917

정재준, 김용일(2000). 셀룰라 오토마타를 적용한 도시성장 모델링, 2000년 토목학회 추계학술발표회, 대한토목학회, pp.785-788

정재준, 김용일(2000). 셀룰라 오토마타를 적용한 도시성장 모델링, 2000년 토목학회학술발표논문집, 대한토목학회, pp.785-788

정재준, 한동엽, 김용일, 이재원(2001). 셀룰라 오토마타를 이용한 수도권의 도시성장 예측, 한국GIS학회지, 한국GIS학회, 제9권, 제3호, pp.34-48

정종호, 나창진, 김중훈, 윤용남 2002). 한강유역의 면적감소계수 산정, 한국수자원학회논문집, v.35, no.6, pp. 715-727

정창삼, 허준행, 배덕효(2004). 국내 유역에 대한 GCM 정보의 확률론적 불확실성 분석, 한국수자원학회 논문집, 한국수자원학회, 제37권 3호, pp. 173-184

조하만, 최영진, 권효정(1997). 우리나라 여름철 강수량의 기후적 분포 특성, 한국수자원학회논문집, 제30권3호, pp.247-256

주용진, 박수홍(2003). 시계열 위성영상을 이용한 토지이용 변화예측 확률모형의 구현, 지리학연구, 제37권, 제4호, 대한

지리교육학회, pp.213-226

하림, 신형진, 박근애, 김성준(2007). "NOAA AVHRR 위성영상과 기후변화 시나리오에 의한 기상자료를 이용한 미래 식생정보 예측 기법 개발", 한국GIS학회2007공동춘계학술대회 논문집, 한국GIS학회, pp.162-168

하림, 신형진, 박근애, 김성준(2008). MODIS 위성영상으로부터 추출된 엽면적지수(LAI)가 SLURP모형의 Penman-Monteith 증발산량에 미치는 영향 평가, 대한토목학회논문집, 대한토목학회, 제28권, 제5B호, pp.495-504

하창현(2005). 공간적 자기상관분석을 이용한 연담도시권의 공간구조 분석에 관한 연구, 경상대학교 대학원 도시공학과, 박사학위 논문

한국건설기술연구원(2000). 수자원계획의 최적화 연구(1).

한국건설기술연구원(2000). 수자원계획의 최적화 연구(IV) ; 기후변화에 따른 수자원계획의 영향 평가. 건설교통부

한국수자원공사(2002). 한국의 댐

한국토양총론(1992). 농촌진흥원, 농업진흥연구소

한국환경정책 · 평가연구원(2004). 기후변화영향평가모형개발 -물관리 부문을 중심으로

허준행(1997). 수문통계학의 기초(V), 한국수문학회지, 제30권, 제1호, pp.88-95

허창회(2005). '8월 집중습격' 강우패턴이 달라졌다, 조선닷컴, http://www.chosun .com/national/news/200508/200508270117.html

홍준범, 김병식, 윤석영(2006). VfloTM모형을 이용한 물리기반의 분포형 수문모형의 정확성 평가, 대한토목학회논문집, 대한토목학회, 제26권 제6호, pp.613-622

환경부(2006). 국제환경현안 대응 · 해결기술:기후변화에 의한 물순환의 예측 및 영향 평가

Allen, R.G., Jensen, M.E., Wright, J.L., and Burman, R.D.(1989). "Operational estimates of reference evapotranspiration", Agrono. J., Vol. 81, No. 4, pp.650-662

Arnell, N.W., and Reynard, N.S.(1996). "The Effects of Climate Change the to Global Warming on River Flows in Great Britain", Journal of Hydrology, Vol.183, pp.397-424

Arora, V.K., Boer, G.J.(2001). "Moisture processing at the land surface in CCCma AGCM3, CAS/JSC WGNE Research Activities in Atmospheric and Oceanic Modelling", Report No. 31, April 2001, WMO/TD No. 1064.

ASCE Task committee on Application of Artificial Neural Networks in Hydrology.(2000a). "Artificial neural networks in hydrology, Ⅰ:Preliminary concepts. Journal of Hydrologic Engineering, ASCE, Vol. 5, No. 2, pp.115-123.

ASCE Task committee on Application of Artificial Neural Networks in Hydrology(2000b). "Artificial neural networks in hydrology, Ⅱ:Hydrologic applications. Journal of Hydrologic Engineering, ASCE, Vol. 5, No. 2, pp.124-137

Babovic, V., and Keijzer, M.(2000). "Genetic programming as a model induction engine. Journal of Hydroinformatics", Vol. 2, No. 1, pp.35-60

Bardossy, A. and Plate, E.J.(1992). "Space-time model for daily rainfall using atmospheric circulation patterns", Water Resources Research, 28, pp.1247-1259.

Batty, M., Xie, Y. and Sun, Z.(1999). "Modeling urban dynamics through GIS-based cellular automata", Computers, Environments and Urban systems, Vol.23, pp.205-233

Bayley, P.B.(1995). "Understanding large river-floodplain ecosystems", BioScience Vol.45, pp.153-158

Bishop, C.M.(1994). "Neural networks and their applications", Rev. Scien. Instru. Vol. 65, pp. 1803-1832

Bo, Z., Islam, S., and Eltahir, E.A.B.(1994). "Aggregation-disaggregation properties of a stochastic rainfall model", Water Resources Research, Vol. 30, No. 12, pp. 3423-3435

Bras, R. and Rodriguez-Iturbe, I.(1976). "Rainfall generation: a nonstationary time varying multidimensional model", Water Resources Research, 12, pp.450-456

Bras, R. and Rodriguez-Iturbe, I.(1985). Random Functions and Hydrology. Addison-Wesley, Reading, MA.

Briegleb, B.P.(1992). "Delta-Eddington approximation for solar radiation in the NCAR community climate model". J. Geophys. Res., Vol. 97, pp.7603-7612

Burger, G.(1996). "Expanded downscaling for generating local weather scenarios", Clim. Res., 7, pp.111-128

Cherkassky, V., and Mulier, F.(1998). Learning from data:concept, theory, and methods, Wiley, New York.

Chiew, F.H.S., Whetton, P.H., McMahon, T.A., and Pittock, A.B.(1995). "Simulation of the impacts of climate change on runoff and soil moisture in Australian catchments", Journal of Hydrology, Vol.167, pp.121-147

Chiew, F.H.S., McMahon T.A.(1994). "Application of the daily rainfall-runoff model MODHYDROLOG to twenty eight Australian catchments", Journal of Hydrology Vol. 153, pp.383-416

Clark, S.C., Starr, J., Foresman, T.W., Hinzman, D., Wiggins, H., Acevedo, W., and Solomon, C.(1996). "Development of the temporal transportation database for the analysis of urban development in the Baltimore-Washington region", Proc. ASPRS/ACSM Annual Convention and Exhibition, Baltimore, MD, Vol. 3, p.77-88.

Clarke, K.C., Hoppen, S. and Gaydos, L.(1996). "Methods and techniques for rigorous calibration of a cellular automaton model of urban growth", Third International Conference/Workshop on Integrating GIS and Environmental Modeling, Santa Fe, NM, January 21-25, 1996. Santa Barbara: National Center for Geographic Information and Analysis.

Cox, D.R. and Isham, V.(1988). "A simple spatial-temporal model of rainfall", Proceedings of the Royal Society London, A415, pp. 317-328

Crosby, D.S. and Maddock, T. Ⅲ.(1970). "Estimating coefficients of a flow generator for monotone samples of data", Water Resources Research, 6, pp.1079-1086

Dagnachew, L., Christine, V.C., and Francoise, G.(2003). "Hydrological Response of a Catchment to Climate and Land Use Changes in Tropical Africa:Case Study South Central Ethiopia", Journal of Hydrology, Vol.275, pp.67-85

Davies and Turner(1977). "Updating prediction models by dynamical relaxation: an examination of the technique Quarterly", Journal of the Royal Meteorological Society, vol. 103, issue 436, pp.225-245

Dibike, Y.B., Velickov, S., Solomatine, D., and Abbott, M.B.(2001). "Model induction with support vector machines : Introduction and Applivations", Journal of Computing in Civil Engineering, ASCE, Vol. 15, No. 3, pp208-216

Dickinson, R.E., Errico, R. M., Giorgi, F. and Bates, G.T.(1989). "A regional climate model for the western United States", Climatic Change, 15, pp.383-42

Dingman, S. L.(1994). "Physical Hydrologic. Prentice Hall, Englewood Cliffs", New Jersey, USA, pp.575

Drogue, G., Pfister, L., Leviandier, T., Idrissi, A.E., Iffly, J.F., Matgen, P., Humbert, J. and Hoffmann, L.(2004). "Simulating the spatio-temporal variability of streamflow response to climate change scenarios in a mesoscale basin", Journal of Hydrology, Vol. 293, pp.255-269.

Dubrovsky, M.(2001)."Interdiurnal And Interannual Variability in Stochastic Daily Weather Generator:Modelling and the Role in Agricultural And Hydroligic Studies", 8th international Meeting on the Statistical

Epstein, D., Ramirez, J.A.(1995). "Spatial disaggregation for studies of climate hydrologic sensitivity.", Journal of Hydraulic Engineering., Vol. 120, pp. 1449-1667.

Epstein, D., Ramirez, J.A.(1995). "Spatial disaggregation for studies of climate hydrologic sensitivity", Journal of Hydraulic Engineering., Vol. 120, pp.1449-1667

Fahlman, S.E., and Lebiere, C.(1990). The cascade-correlation learning architecture. Rep. CMU-CS-90-100, Carnegie Mellon University, Pittsburgh, PA.

Finlayson, C.M., Bailey, B.J. and Cowie. I.D.(1989). "Macrophyte Vegetation of the Magela Creek Floodplain, Alligator Rivers Region, Northern Territory", Supervising Scientist for the Alligator Rivers Region, Australian Government Publishing Service, Canberra

Fohrer, N., Moller, D. and Steiner, N.(2002). "An interdisciplinary modelling approach to evaluate the effects of land use change", Physics and Chemistry of the Earth, Vol.27, pp.655-662

Foufoula-Georgiou, E. and Lettenmaier, D.P.(1987). "A Markov renewal model for rainfall occurrences", Water Resources Research, 23, pp.875-884

Franks, S.W., and Kuczera, G.(2002). "Flood frequency analysis: Evidence and implications of secular climate variability", New South Wales, Water Resour. Res., Vol.38, No.5, 1062

Fu, C.B., S.Y. Wang, Z. Xiong, W.J. Gutowski, D.K. Lee, J.McGregor, Y.Sato, H. Kato, J-W. Kim, M-S. Su.(2003). "Regional Climate Model Intercomparison Project for Asia(RMIP)", Submitted to Bulletin of the American Meteorological Society

Gallant, S.I.(1993). Neural network learning and expert systems, MIT Press, Cambridge, MA.

Ganguly, A.R.(2007). "Climate Extremes Hydro-Meteorological Extremes and Impacts", Fall Creek Falls 2007 Workshop(www.ccs.ornl.gov)

Gates, W.L., Henderson-Sellers, A., Boer, G.J., Folland, C.K., Kitoh, A., McAvaney, J.B., Semazzi, F., Smith, N., Weaver, A.J. and Zeng, Q.C.(1996). Climate models-evaluation. Climate change 1995, Houghton, J. T., Filho, L. G., Callander, B. A., Harris, N., Kattenburg, A. and Maskell, K(eds.), Cambridge University Press, Cambridge, pp. 229-284

Gellens, D. and Rouline, E.(1998). "Streamflow Responses of Belgian Catchments to IPCC Climate Change Scenarios", Journal of Hydrology, Vol.210, pp.242-258

Gellens, D., Roulin, E. and Gellens-Meulenberghs, F.(1998). "Impact of climate change on the water balance in the river Meuse basin(Belgium). Results obtained by moving scale from 200 to 2000㎢", Proceedings of the Second International Conference on Climate and Water. Espoo, Finland, 17-20 August, Vol. 2, pp.820-828

Giorgi, F.(1990). "Simulation of regional climate using a limited area model nested in a general ciculation model", J. Climate, 2, pp.941-963

Giorgi, F. and Mearns, L.O.(1991). "Approaches to simulation of regional climate change: a review", Rev. Geophys., 29, pp.191-216

Giorgi, F., Marinucci, M.R. and Bates, G.T.(1993a). "Development of a second-generation regional climate model(RegCM2). Part I: Boundary layer and radiative processes", Mon. Wea. Rev., 121, pp.2794-2813

Giorgi, F., Marinucci, M.R. and Bates, G.T.(1993b). "Development of a second-generation regional climate model(RegCM2). Part II: Boundary layer and radiative processes", Mon. Wea. Rev., 121, pp.2814-2832

Giorgi, F. and Shields, C.(1999). "Tests of precipitation parameterizations available in the latest version of the NCAR regional climate model(RegCM) over the continental U.S.A.", J. Geophys. Res., 104, pp.6353-6376

Giorgi, F. and Mearns, L.O.(2002). "Calculation of average, uncertainty range, and reliability of regional climate changes from AOGCM simulations via the Reliability Ensemble Average(REA) method", Journal of Climate, Vol.15, pp.1141-1158.

Gochis, David J., W. James Shuttleworth and Zong-Liang Yang.(2002). "Sensitivity of the Modeled North American Monsoon Regional Climate to Convective Paramete- rization", Monthly Weather Review, 130, pp.1282–1298

Gordon, N.D., McMahon, T.A. and Finlayson, B.L.(1992). "Stream Hydrology:An Introduction for Ecologists", John Wiley & Sons, New York

Goudriann, J. and Unsworth, M.H.(1990). "Implications of increasing carbon dioxide and climate change for agricultureal productivity and water resources. Chapter 8 in:Impact of Carbon Dioxide, Trace Gases, and Climate Change on Global Agriculture", Special Publication No.53, American Society of Agronomy, Madison, WI, pp.111-130

Graf, W.L.(2006). "Downstream Hydrologic and Geomporphic Effects of Large Dams on American Rivers", Geomorphology, Vol. 79, pp.336-360

Grell, G.A.(1993). "Prognostic evaluation of assumptions used by cumulus parameterizations", Mon. Wea.

Rev., Vol. 121, pp.764–787

Grell, G.A., J. Dudhia, and Stauffer, D.R.(1994). "A description of the fifth-generation Penn State/NCAR mesoscale model(MM5)" NCAR/TN-398+STR, NCAR Technical Note, NCAR, Boulder, CO. pp.122

Grotch, S.L. and MacCracken, M.C.(1991). "The use of general circulation models to predict regional climate change", J. Clim., 4, pp.286–303

Grubaugh, J.W., and Anderson, R.V.(1988). "Spatial and temporal availability of floodplain habitat: Long-term changes at Pool 19, Mississippi River", American Midland Naturalist, Vol.119, pp.402–411

Gutowski, W.J., McMahon, G.F., Shluchter, S.S., and Kirshen, P.H.(1994). "Effects of Global Warming on Hurricane-induced Flooding", Journal of Water Resources Planning and Management, Vol.120, No.2, pp.177–185

Haan, C.T., Allen, D.M., and Street, J.O.(1976). "A Markov Chain Model of Daily Rainfall", Water Resour. Res., Vol. 12, No. 3, pp.443–449.

Hanson, C.L., Cumming, K.A., Woolhiser, D.A. and Richardson, C.W.(1994). Microcomputer program for daily weather simulations in the contiguous United States. USDA/ARS, ARS-114, pp. 38

Hargreaves, G.H.(1966). Consumptive use computations from evaporation pan data., In Irrigation and Drainage Special Conference, ASCE, Las Vegas, NV, pp.35–62

Haykin, S.(2003). Neural networks:A comprehensive foundation, 4th Indian Reprint, Pearson Education, Singapore.

Heap, C., Kemp-Benedict E. and Raskin P.(1998). "Conventional Worlds:Techinical Description of Bending the Curve Scenarios", Polestar Series Report.

Hewston, B.(1994). "Regional climates in the GISS general circulation model: Surface air temperature", J. Climate, 7, pp.283–303

Holtslag, A.A.M., E.I.F. de Bruijin, and H.L. Pan(1990). "A high resolution air mass transformation model for short-range weather forecasting", Mon. Wea. Rev., 118, pp.1561–1575

Houghton J.(1997). Global warming: The complete briefing. Cambridge University Press, pp.251

IACWD(1982). Guidelines for Determining Flood Flow Frequency, Bulletin #17B US Geological Survey, Office of Water Data Coordination, Reston, VA.

IPCC(1996). Climate Change, Impacts, Adaptations And Mitigation of Climate Change.

IPCC(2001). Climate Change 2001:The Scientific Basis. Contribution of working group I to the third Assessment Report of the Intergovernmental Panel on Cliamate Change, Houghton et al.,(Eds.) Cambridge University Press, UK.

IPCC(2001). Intergovernmental Panel on Climate Change, Climate Change 2001. Third Assessment Report of the IPCC.(Cambridge, United Kingdom, and New York: Cambridge University Press). Includes

IPCC(2001). Third Assessment Report of the Intergovernmental Panel on Climate Change. Cambridge University Press, Cambridge

IPCC(2001a). The Scientific Basis, a contribution of Working Group I.

IPCC(2001b). Impacts, Adaptation, and Vulnerability, a contribution of Working Group II.

IPCC(2001c). Mitigation, a contribution of Working Group III.

IPCC(2001d). Synthesis Report. A Contribution of Working Groups I, II, and III

IPCC(2007). Climate change 2001:Impacts, Adaptation, and Vulnerability Contribution of Working Group Ⅱ to the Third Assessment Report of the Intergoverment Panel on Climate Change, Cambridge University Press.

Jain, A., and Srinivasulu, S.(2004). "Development of effective and efficient rainfall-runoff models using integration of deterministic, real-coded genetic algorithms and artificial neural network technique", Water Resources Research, Vol. 40, No. 4, W04302

Jain, S., and Lall, U.(2000). "Magnitude and timing of annual maximum floods: Trends and large-scale climatic associations for the Blacksmith Fork River, Utah", Water Resour. Res., Vol.36, No.12, pp.3641–3651

Jang, Sun Geun; Lee, Bang Yong; Jeong, Ho Seong; Gang, Seong Ho(2001). "Climate Change 2001: The Scientific Basis. Contribution of working group I to the third Assessment Report of the Intergovernmental Panel on Climate Change", Cambridge University Press, UK. pp.884

Junk, W.J.(1982). "Amazonian floodplains:Their ecology, present and potential use", In Proceedings of the International Scientific Workshop on Ecosystem Dynamics in Freshwater Wetlands and Shallow Water Bodies, pp. 98-126, Scientigic Committee on Problems of the Environment(SCOPE), United Nations Environment Program(UNEP), New York

Junk, W.J. and Howard-Williams, C.(1984). "Ecological of aquatic macrophytes in Amazonia", In The Amazon:Limnology and Landscape Ecology of a Mighty Tropical River and Its Basin, ed. By H. Sioli, pp. 269-309. Dr. W. Junk Publishers, Dordrecht, The Netherlands.

Junk, W.J., P.B. Bayley, and R.E. Sparks.(1989). The flood pulse concept in riverfloodplain systems", In Proceedings of the International Large River Symposium(LARS), ed. by D. P. Dodge, pp. 110-127. Canadian Special Publication of Fisheries and Aquatic Sciences, Ottawa, Canada.

Junk, W.J.(1997). "Structure and function of the large central Amazonian River floodplains:Synthesis and discussion", In The Central Amazonian Floodplain, ed. by W. J. Junk, pp.455-472, Springer-Verlag, Berlin

Kanamitsu, Masao; Ebisuzaki, Wesley; Woollen, Jack; Yang, Shi-Keng; Hnilo, J.J.; Fiorino, M.; Potter, G. L.(2002). "NCEP–-DOE AMIP-II REANALYSIS(R-2)", American Methodology Society, pp.1631 - 1643

Kang, H-S., D-H. Cha and D-K. Lee.(2005). "Evaluatioin of the mesoscale model/land surface model(MM5/LSM) coupled model for East Asian summer monsoon simulation", J. Geophys. Res., 110, D10105, doi:10.1029/2004JD005266

Kattenberg, A., Giorgi, F., Grassl, H., Meehl, G. A., Mitchell, J. F. B., Stouffer, R. J., Tokioka, T., Weaver, A. J. and Wigley, T. M. L.(1996). Climate models-projections of future climate. Climate change 1995, Houghton, J. T., Filho, L. G., Callander, B. A., Harris, N., Kattenburg, A. and Maskell, K(eds.), Cambridge University Press, Cambridge, pp.285-357

Katz, R.W.(1977). "Precipitation as a chain-dependent process", Journal of Applied Meteorology, 16, pp.671-676

Katz, R.W.(1996). "Use of conditional stochastic models to generate climate change scenarios", Clim. Change, Vol. 32, pp.237–255

Kiehl, J.T., J.J. Hack, G.B. Bonan, B.A. Boville, B.P. Briegleb, D.L. Williamson, and P.J. Rasch(1996). Description of the NCAR Community Climate Model(CCM3). NCAR Technical Note. Boulder, Colorado

Kim, Byung Sik, Kim, Hung Soo, Seoh, Byung Ha and Kim, Nam Won.(2007). "Impact of Climate Change on Water Resources in Yongdam Dam Basin, Korea", Stochastic Environmental Research and Risk Assessment, Vol.21(4), pp.355-357

Kim, M.K., I.S. Kang, and C.H. Kwak.(1997). "The estimation of urban warning amounts due to urbanization in Korea for the recent 40 years", Journal of the Korean Meteorology Society, 35, pp.118-126

Kim, S., and Jee, H.(2006). "An expansion of the ungaged pan evaporation using neural networks model in rural regions, South Korea", Proc. World Environmental & Water Resources Congress 2006, ASCE/EWRI, Omaha, NE.[Printed in CD]

Kim, S., and Kim, H.S.(2008). "Neural networks and genetic algorithm approach for nonlinear evaporation and evapotranspiration modeling", J. Hydro,, Vol.351, pp.299-317

Kistler, R., E. Kalnay, W. Collins, S. Saha, G. White, J. Woollen, M. Chelliah, W. Ebisuzaki, M. Kanamitsu, V. Kousky, H. van den Dool, R. Jenne, M. Fiorino.(2001). "The NCEP–-NCAR 50-Year Reanalysis: Monthly Means CD-ROM and Documentation", American Meteorological Society, Vol. 82, No. 2, February, pp.247- 268

Kite, G.W.(1978)."Development of a hydrological model for a Canadian watershed. Canadian Journal of Civil Engineering", Vol. 5, No. 1, pp. 126~134.

Kite, G.W., A. Dalton, and K. Dion(1994). "Simulation of streamflow in a macro-scale watershed using GCM data", Water Resources Research, Vol. 30, No. 5, pp.1546-1559

Kite, G.W., Haberlant, U.(1999). "Atmospheric model data for macroscale hydrology", Journal of Hydrology, Vol. 217, pp.303-313

Kite, G.W.(1995)."Scaling of input data for macroscale hydrologic modeling", Water Resources Research, Vol. 31, No. 11, pp. 2769-2781.

Kite, G.W.(1997). Manual for the SLURP hydrological model. NHRI, Saskatoon, SK, pp.111

Kite, G.W.(2000)."Using a basin-scale hydrological model to estimate crop transpiration and soil evaporation, Journal of Hydrology, Vol. 229, pp. 59-69.

Kite, G.W.(2007). Manual for the SLURP Hydrologic Model version 12.7

Knox, J.(1993). "Large increase in flood magnitude in response to modest changes in climate", Nature, Vol.361, pp.430–432

Kohler, M.A., Nordenson, T.J., and Fox, W.E.(1955). Evaporation from pans on lakes, US Department of Commerce, Weather Bureau Research Paper 38, Washington, DC.

Kwadijk, J. and Rotmans, J.(1995). "The Impact of Climate Change on the Discharge of the River. Rhine: a scenario study, Climate Change, Vol. 30, pp.397-426

Kwadijk, J., Middelkoop, H.(1994). "Estimation of climate change on the peak discharge probability of the river Rhine", Climate Change, Vol. 27, pp.199-224.

Kwon, H-H., Lalll, U. and Obeysekera, J.(2008a). "Simulation of Daily Rainfall Scenarios with Interannual and Multidecadal Climate Cycles for South Florida", Stochastic Environmental Research and Risk Assessment, in press.

Kwon, H-H, Khalil, A.F. and Lall, U.(2008b). "Nonhomogeneous Hidden Markov based Daily Rainfall Simulation Using Seasonal Climate Forcing: Application to Everglades National Park", Florida, Water Resources Research, in press.

Kwon, H-H., Brown, C. and Lal, U.l(2008). "Climate informed flood frequencyand prediction in Montana using hierarchical Bayesian modeling", Geophys. Res. Lett., 35, doi:10.1029/2007GL032220.

Lacroix, Martin; Martz, Lawrence, W.(1998). "The Application of Digital Terrain Analysis Modelling Techniques for the Parameterization of a Hydrological Model in the Wolf Creek Research Basin", Wolf Creek Research Basin: Hydrology, Ecology, Environment pp.79-88

Lajoie, F., Assani, A,A., Roy, A,G., Mesfioui, M.(2007). "Impacts of Dams on Monthly flow characteristics-The Influence of Watershed size and Seasons", Journal of hydrology, Vol. 334, pp.423-439

Lall, U., Moon, Y-I, and Bosworth, K.(1993). "Kernel flood frequency estimators: bandwidth selection and kernel choice, Water Resources Research", Vol. 29, No. 4, pp.1003-1015

Lee, D-K. and H-S. Kang.(1999). "Coupling of the NCAR/LSM into the MM5 and Its Application for the East Asian Summer Monsoon", Preprints of the ninth PSU/NCAR Mesoscale Model Users' workshop, 23-25 June 1999, Boulder, CO., 201-203.

Lee, Dong-Kyou, Chun-Ji Kim, Dong-Hyun Cha and Suk-Jin Choi.(2005). "Current and Future Climate over Asia Simulated by SNU Regional Climate Model", The 4th Workshop of Regional Climate Model Studies, January 17-19, 2005, Seoul, Korea.

Lee, Dong-Kyou, Dong-Hyun Cha and Suk-Jin Choi.(2004). "A sensitivity study of regional climate simulation to convective parameterization schemes for 1998 East Asian summer monsoon", Terres. Atmos. ocea. Sci, 16, pp.989-1015

Lettenmaier, D.P. and Sheer, D.P.(1991). "Climatic sensitivity of California water Resources", Journal of Water

Respirces Planning and Management, Vol.117, No.1, pp.108–125

Lettenmaier, D.(1995). Stochastic modeling of precipitation with applications to climate model downscaling. Analysis of Climate Variability: Application of Statistical Techniques, von Storch, H. and Navarra, A.(eds.), Springer–Verlag, Berlin, pp. 197–212

Leung, LR, Y Qian, J Han, Jongil.(2003). "Intercomparison of global reanalyses and regional simulations of cold season water budgets in the western United States", J. Hydrometeorol. 4, pp.1067–1087

Magilligan, F.J. and Nislow, K.H.(2005)."Change in Hydrologic Regime by Dams", Geomorphology, Vol. 71, pp.61–78

Maheshwari, B.L., Walker, K.F. and McMahon, T.A.(1995). "Effects of regulation on the flow regime of the River Murray, Australia", Regulated Rivers, Vol.10, pp.15–38

Mearns, L.O., Schneider, S.H., Thompson, S.L. and McDaniel, L.R.(1990). "Analysis of climate variability in general circulation models:comparison with observations and changes in variability in 2×CO2 experiments", J. Geophy Res, 95, pp.20469–20490

Miguez–Macho, G., Stenchikov, G.L. and Robock, A.(2004). "Spectral nudging to eliminate the effects of domain position and geometry in regional climate model simulations", J. Geophys. Res., 109

Miguez–Macho, G., Stenchikov, G.L. and Robock, A.(2005). "Regional Climate Simulations over North America: Interaction of Local Processes with Improved Large–Scale Flow", J. Climate, 18, pp.1227–1246

Miller, B.A.(1990). "Sensitivity of Southeastern Inland Water Resources to Climate Change", Proceedings of Southeast Regional Climate Symposium

Miller, N.L., and J. Kim.(2001). "Coupled Precipitation–Streamflow Simulations at the GAME/HUBEX Site:Xixian Basin", Journal of the Meteorological Society of Japan, Vol.79, pp.985–998

Miller, N.L. and J.W. Kim.(2001). "Coupled Precipitation–Streamflow Simulations at the GAME/HUBEX Site: Xixian Basin", Journal of the Meteorological Society of Japan, Vol(79). pp.985–998

Milly, P.C.D., Wetherald, R.T., Dunne, K.A. and Delworth, T.L.(2002). "Increasing risk of great floods in a changing climate, Nature", 415(6871), pp.514–517

Monteith, J.L.(1965). "The state and movement of water in living organism. Proc., Evaporation and Environment", XIXth Symp., soc. For Exp. Biol., Swansea, Cambridge Univ. Press, NY, pp.205–234

Moon, Y–I, Lall, U., and Bosworth, K.(1993). "A comparison of tail probability estimators", Journal of Hydrology, Vol. 151, pp.343–363

Mosheni, O., Stefan, H.G., Erickson, T.R(1998). "A non–linear regression model for weekly temperatures", Water Resources Research, Vol. 34(10), pp.2685–2692

Mundia, C.N. and Aniya, M.(2006). "Dynamics of landuse/cover changes and degradation of Nairobi City, Kenya", Land Degradation and Development, Vol.17, pp.97–108

National Research Council(1992). "Restoration of Aquatic Ecosystems", National Academy Press, Washington, DC.

Nature Conservancy(2007). Indicators of Hydrologic Alteration Version 7 User' s Manual

Neuroshell 2.(1993). Ward systems group, Inc., MD.

Niering, W.(1994). "Wetland vegetation change: A dynamic process", Wetland Journal, Vol.6, pp.6–15

Nord, J.(1975). "Some Applications of Markov Chains, Proceedings Fourth Conference on Probability and Statistics in Atmospheric Science", Tallahas, pp.125–130

NRC(2001a). National Research Council, Committee on the Science of Climate Change, Climate Change Science: An Analysis of Some Key Questions(Washington, DC: National Academy Press).

NRC(2001b). Panel on Improving the Effectiveness of U.S. Climate Modeling, Board on Atmospheric Sciences and Climate, National Research Council, Improving the Effectiveness of U.S. Climate Modeling(Washington, DC:National Academy Press).

Nuss, W.A. and D.W. Titley.(1994). "Use of multiquadric interpolation for meteorological objective analysis", Mon. Wea. Rev., 122, pp.1611–1631

Oki Taikan.(2003). "Global water resources assessment under climatic change in 2050 using TRIP", IAHS Publ. no. 280.

Oki Taikan, Agata Yasushi, Kanae Shinjiro, Sarujashi Takao, Yang Dawen, Musiake Katumi.(2001). "Global assessment of current water resources using total runoff integrating pathways", Hydrological Sciences Journal des Sciences Hydrologiques, 46(6), pp.983–995

Olden, J.D. and Poff. N.L.(2003). "Redundancy and the Coice of Hydrologic Indices for Characterizing Streamflow Regimes", River Research and Applications, Vol.19, pp.101–121

Olivera, F., Famiglietti, J., Asante, K.(2000). "Global-Scale Flow Routing Using a Source-to-Sink Algorithm", Water Resources Research, Vol. 36(8), pp.2197–2207

Olsson, J., Uvo, C,B., Jinno, K., Kawamura, A., Nishiyama, K., Koreeda, N., Nakashima, T., and Morita, O.(2004). "Neural networks for rainfall forecasting by atmospheric downscaling", Journal of Hydrologic Engineering, ASCE, Vol. 9, No. 1, pp.1–12

Pancura, M. and Lines, G.(2005). "Variability and Extremes in Statistically Downscaled Climate Change Projections at Greenwood Nova Scotia". Science Report Series 2005–10, Meteorological Service of Canada, Atlantic Region, Environment Canada, Dartmouth, Nova Scotia, pp.35

Park, S. and Wagner, D.F.(1997). "Incorporating cellular automata simulators as analytical engines in GIS". Transactions in GIS, Vol.2, No.3, pp.213–231.

Park, S. and Wagner, D.F.(1997). "Incorporating cellular automata simulators as analytical engines in GIS", Transactions in GIS, Vol. 2, pp.213–231

Penman, H.L.(1948). "Natural evaporation from open water, bare soil and grass", Proc. R. Soc. London, 193, pp.120–146

Pettorelli1, N., Vik, J.O., Mysterud1, A., Gaillard, J.M. Tucker, C.J. and Stenseth, N.C.(2005). "Using to satellite-derived NDVI to assess ecological response to environmental change", TRENDS in Ecological and Evolution, Vol.20, No.9, pp.503–510

Pilling, C., and Jones, J.A.A.(1999). "High Resolution Climate Change Scenarios:Implications for British runoff", Hydrological Processes, Vol.13, pp.2877–2895

Pitman, A.J. and Chiew, F.H.(1996). "Testing a GCM land surface scheme against catchment-scale runoff data", Climate Dynamics, Vol(12), pp.685–699

Pizaro, G., and Lall, U.(2002). "El Nino and Floods in the US West: What can we expect?", Eos Trans. AGU, Vol.83, No.32, pp.349–352

Porparto, A., and Ridolfi, L.(1998). "Influence of weak trends on exceedance probability", Stochastic Hydrol. Hydraul., Vol.12, No.1, pp.1–15

Powell, M.J.D.(1987). Radial basis functions for multivariable interpolation:A review. In Algorithms for the Approximation of Functions and Data, Mason, J.C., and Cox, M.G., eds., Oxford, England : Clarenden Press, pp. 143–167.

Press, W.H., Flannery, B.P., Teukolsky, S.A. and Vetterling, W.T.(1986). "Numerical recipes:The art of scientific computing", Cambridge Univ. Press, pp.488–493

Principe, J.C., Euliano, N.R., and Lefebvre, W.C.(2000). Neural and adaptive systems:fundamentals through simulation, John Wiley & Sons, Inc., NY.

Principe, J.C., Euliano, N.R., and Lefebvre, W.C.(2000). Neural and adaptive systems; fundamentals through simulation, John Wiley & Sons, Inc., NY.

Propastin, P.A. and Kappas, M.(2008). "Spatio-Temporal drifts in AVHRR-NDVI-Precipitation relationship and their linkage to land use change in central Kazakhstan", EARseL eProceedings 7, pp.30–45

Rajagopalan, B., Lall, U. and Tarboton, D.(1996). "Nonhomogeneous markov model for daily precipitation",

Journal of Hydrologic Engineering, Vol. 1, No. 1, pp.33-40

Richter, B.D., Baumgatner, J.F., Powell, J., and Braun, D.P.(1996). "A Method for Assessing Hydrologic Alterations within Ecosystems", Conservation Biology, Vol. 10, No. 4, pp.1163-1174

Richter, B.D., Baumgartner, J.V., Wiginton, B. and Braun, D.P.(1997). "How Much Water Does a river need?", Freshwater Biology, Special Applied Issues Section, No.37, pp.231-249

Richter, B.D., Baumgartner, J.V., Braun, D.P. and Powell, J.(1998). "A Spatial Assessment of Hydrologic Alteration within a River Network", Regulated Rivers:Research & Management, No.14, pp.329-340

Robock, A., R.P. Turco, M.A. Harwell, T.P. Ackerman, R. Andressen, H.S. Chang, and M.V.K., Sivakumar.(1993). "Use of general circulation model output in the creation of climate change scenarios for impact analysis", Climate Change, 23, pp.283-335

Rodriguez-Iturbe, I., Cox, D.R., and Isham, V.(1987) "Some models for rainfall based on stochastic point processes", Proceedings of the Royal Society of London. Series A, Mathematical and Physical Sciences, Vol. 410, Issue 1839, pp.269-288

Rodriguez-Iturbe, I., Cox, D.R., and Isham, V.(1988) "A point process model for rainfall: Further developments", Proceedings of the Royal Society of London. Series A, Mathematical and Physical Sciences, Vol. 417, No. 1853, pp. 283-298

Rouse, J,W., Haas, R.H., Schell, J.A. and Deering, D.W.(1974). "Monitoring Vegetation Systems in the Great Plains with ERTS, Proceedings", Third Earth Resources Technology Satellite-1 Symposium, Greenbelt, NASASP-351, pp.301-317

Salas JD, Delleur JR, Yevjevich V, and Lane WL.(1980). Applied modeling of hydrologic time series. Water Resources Publication:Littleton, CO, USA.

Sanderson, J.(2007)."Sustaining Streams: Environmental Flows for Aquatic Ecosystems", Thursday, Nov. 15, Sustainable Operations Summit 2007

Sefton, C.E.M., and Boorman, D.B.(1997). "A Regional Investigation of Climate Change Impacts on UK Steramflows", Journal of Hydrology, Vol.195, pp.26-44

Semenov, M.A. and Barrow, E.M.(1997). "Use of a stochastic weather generator in the development of climate change scenarios", Clim Change, 35, pp.397-414

Sharma, R.H., and Shakya, N.M.(2006). "Hydrologic changes and its impacts on water resources of Bagmati watershed, Nepal", Journal of Hydrology, Vol.327, pp.315-322

Sivakumar, B., Sorooshian, S., Gupta, H.V., and Gao, X.(2001). "A chaotic approach to rainfall disaggregation", Water Resources Research, Vol. 37, No. 1, pp.61-72

Smith and Ward.(1998). Flood : Physical processes and Human Impacts, John Wiley & Sons, New York.

Smith, J.A. and Karr, A.F.(1985). "Parameter estimation for a model of space-time rainfall", Water Resources Research, 21, pp. 1251-1257

Smith, R.E. and Schreiber, H.A.(1974). "Point processes of seasonal thunderstorm rainfall. Part 2: rainfall depth probabilities", Water Resources Research, 10, pp.418-423

Song-You Hong and Yign Noh.(2006). "A New Vertical Diffusion Package with an Explicit Treatment of Entrainment Processes", American Meteorological Society, MONTHLY WEATHER REVIEW VOLUME, 134, pp.2318-2342

Sparks, R.E., Bayley, P.B., Kohler, S.L. and Osborne. L.L.(1990). "Disturbance and recovery of large floodplain rivers", Environmental Management, Vol.14, pp.699–709

Specht, D.F.(1991). "A general regression neural network", IEEE Trans. on Neural Networks, Vol. 2, No. 6, pp.568-576

STARDEX, STAtistical and Regional dynamical Downscaling of EXtremes for European regions.(2005) http://www.cru.uea.ac.uk/projects/stardex/

Stern, R.D. and Coe, R.(1984). "A model fitting analysis of daily rainfall data", Journal of Royal Statistical

Society, A147, pp.1–34

Szilagyi, J., Rundquist, D.C. and Gosselin, D.C.(1998). "NDVI relationship to monthly evaporation", Geophysical research letters, Vol.25, No.10, pp.1753–1756

Todorovic, P. and Woolhiser, D.A.(1975). "A stochastic model of n–day precipitation", Journal of Applied Meteorology, 14, pp.17–24

Tripathi, S., Srinivas, V.V., and Nanjundiah, R.S.(2006). "Downscaling of precipitation for climate change scenarios:A support vector machine approach", J. of Hydrol., Vol. 330, pp.621–640

Tsoukalas, L.H. and Uhrig, R.E.(1997). Fuzzy and neural approaches in engineering, John Wiley & Sons Incorporated, New York, NY.

Turner, M.G.(1987)."Spatial simulation of landscape change in Geogia, A comparison of three transition models",Ecology, Vol.1, pp.29–36

UN, UNDP, UNEP, FAO, UNESCO, WMO, W. Bank, WHO, UNIDO, and SEI(1997) Comprehensive Assessment of the Freshwater Resources of the World. World Meteorological Organization.

Valencia, D., and Schaake, Jr.(1973). "Disaggregation processes in stochastic hydrology", Water Resor. Res., Vol. 9, No. 3, pp.580–585

van der Valk. A. G.(1981). "Succession in wetlands: A Gleasonian approach", Ecology, Vol.62, pp.688–696

Vapnik, V.N.(1992). "Principle of risk mimization for learning theory", Adv. Neural Inf. Processing Syst. Vol. 4, pp. 831–838

Vapnik, V.N.(1995). The Nature of statistical learning theory, Springer Verlag, NY.

Vapnik, V.(1998). Statistical learning theory, Springer, New York.

Von Storch, H., Zorita, E. and Cubasch, U.(1993). "Downscaling of global climate change estimates to regional scales:an application to Iberian rainfall in wintertime", J Clim, 6, pp.1161–1171

Von Storch, H., H. Langenberg, and F. Feser.(2000). "A spectral nudging for dynamical downscaling purposes", Mon. Wea. Rev., 128, pp.3664–3673

Von Storch, J–S., Muller, P., Bauer, E.(2001). "Climate variability in millennium integrations with coupled atmosphere–ocean GCMs: a spectral view", Climate Dynamics, 17, no.5–6, pp.375–89

Vorosmarty, C.J., Green, P., Salisbury, J., and Lammers, R.B.(2000). "Global water resources: vulnerability from climate change and population growth", Science 289, pp.284–288

Walden, A.T. and Guttorp, P.(eds.), John Wiley, New York, pp.71–89

WANG, J., RICH, P.M. and PRICE, K.P.(2003). "Temporal responses of NDVI to precipitation and temperature in the central Great Plains, USA", International Journal of Remote Sensing, Vol.24, No.11, pp.2345–2364

Wang, W. and Seaman, N.L.(1997). "A comparison study of convective parameter– ization schemes in a mesoscale model", Mon. Wea. Rev., 125, pp.252–278

Wasserman, P.D.(1993). Advanced methods in neural computing, Van Nostrand Reinhold, New York, NY.

Waymire, E. and Gupta, V.K.(1981). "The mathematical structure of rainfall representations. 1. A review of the stochastic rainfall models", Water Resources Research, 17, pp.1261–1272

Waymire, E., Gupta, V.K. and Rodriguez–Iturbe, I.(1984). "A spectral theory of rainfall at the meso–β scale", Water Resources Research, 20, pp.1453–1465

White, R. and Engelen, G.(2000)."High–resolution integrated modeling of the spatial dynamics of urban and regional systems, computers", Environments and Urban systems, Vol. 24, pp. 383–400

Wigley, T.M.L., Jones, P.D., Briffa, K.R. and Smith, G.(1990). "Obtaining sub–grid–scale information from coarse–resolution general circulation model output", J. Geophys Res, 95, pp.1943–1953

Wilby, R.L. and Wigley, T.M.L.(1997). Downscaling general circulation model output: a review of methods and limitations. Prog Phys Geogr, 21, pp. 530–548

Wilks, D.S.(1995). "Statistical Methods in the Atmospheric Sciences", Academic Press. pp.160–176

Wilks, D.S.(1992). "Adapting stochastic weather generation algorithms for climate change studies", Clim Change, 22, pp.67–84

Wilks, D.S.(1998). "Multisite generalization of a daily stochastic precipitation generation model", Journal of Hydrology, 210, pp.178–191

Woo, M.K.(1992). "Application of stochastic simulation to climate-change studies", Climate Change, 20, pp.313–330

Woolhiser, D.A. and Pegram, G.S.(1979). "Maximum likelihood estimation of Fourier coefficients to describe seasonal variation of parameters in stochastic daily precipitation models", Journal of Applied Meteorology, 18, pp.34–42

Woolhiser, D.A.(1992). Modeling daily precipitation-progress and problems. Statistics in the Environmental and Earth Sciences

Xie, P., and Arkin, P.A.(1997). "Global Precipitation: A 17-Year Monthly Analysis Based on Gauge Observations, Satellite Estimates, and Numerical Model Outputs", Bull. Amer. Meteor. Soc., 78, pp.2539–2558

Xu, C.Y. and Singh, V.H.(1996)."Review on regional water resources assessment under stationary and changing climate", Water Resources Management, Vol. 18, No. 6, pp.591–612

Xu, C.Y., Singh, V.P.(2004). "Review on regional water resources assessment under stationary and changing climate",Water Resour. Manag. Vol.18, No.6, pp. 591–612

Yates, D.N., and Strzepek, K.M.(1998). "Modeling the Nile Basin Under Climate Change", Journal of Hydrologic Engineering, Vol.3, No.2, pp.98–108

Yu, P.S., Yang, T.C., and Chow, C.C.(2002). "Impact of climate change on water resources in southern Taiwan", Journal of Hydrology, Vol.260, pp.161–175

Yu, Z.(1999). "Simulation of the hydrologic response to atmospheric forcing in large river basins : linking a mesoscale meteorological model and a hydrologic model system.", Journal of Hydrology, Vol. 218(1–2), pp. 72–91

Zhang, G.J., and McFarlane, N.A.(1995). "Sensitivity of climate simulations to the parameterization of cumulus convection in the Canadian Climate Center general circulation model", Atmosphere-ocean, 33, pp.407–446

Zhang, X., Srinivasan, R. and Hao, F.(2007). "Predicting hydrologic response to climate change in the Luohe River Basin using the SWAT model", ASABE, Vol. 50, No. 3, pp.901–910

제15장 산불

김윤정, "산불 예측 모델에 관한 연구", 이화여자대학교 석사학위 논문, 1995

김천, "IKONOS 화상 기반의 산불피해등급도 작성을 위한 정규산불피해비율(NBR)평가", Korean Journal of Remote Sensing, 2008

김태훈, "포항 산불 피해 지역의 실태와 그 곳의 식물 생태에 관한 연구 2002", 숲과 문화, 2002

농림부. 대형산불 예방 및 위해방지를 위한 산림기능 고도화 기술 개발. p333. 2004.

대한불교조계종, 삼척대학교, 국회정각회, 사찰화재에 대한 예방 및 방재시스템 제안, 2005

과학기술부, 국가9대 자연재난 · 안전관리 대응기술개발사업 기획연구, 2001

산림청, 동해안 산불백서 I, 2001

산림청, 산림자원 조성 및 관리에 관한 법령집(산불의 예방 · 진화 관련 조항), 2007

산림청 국립산림과학원. 지속가능한 산림자원관리 표준매뉴얼. pp.203~216. 2005.

우종춘, 최인화, 송병민, "동해안 산불발생지역의 경제적 손실평가에 관한 연구", 삼림과학연구, 2001

양양군, 2009 자연재난조사 및 복구계획수립 지침, 2009
양양군, 양양산불백서, 2008
이명보 외. 산림청, 대형산불 특성 및 확산요인 분석. 2005산불방지연찬회 심포지엄자료집. pp.12~25. 2005.
이시영 외. 산불예방과 진화. 산림청. 1996.
이시영 등. 산불에 대비한 문화재 보호방안(사찰을 중심으로). 방재연구(2006. 3). pp. 95-104. 2006.
중앙소방학교, 산불재난대응론, 2008
중앙소방학교, 산불재난대응론/재난관리론, 2009
석현덕, "산불재해의 지원 방향", 삼림과학연구, 2000

제16장 교통사고

강연수 · 강경표 외 3(2008), 재난대응 첨단교통관리체계 구축방안 연구, 한국교통안전연구원
경기도소방학교(2016), 소방전술Ⅱ, 우리사
경찰교육원(2012), 교통경찰, 경찰교육원
경찰청(1997), 교통사고조사교본
신현기외 10(2012), 경찰학 사전, 법문사
도로교통공단(2008), 교통사고 요인분석
손기식(1992), 교통형법, 고시계
송진오(2006), 교통사고 예방과 처리요령, 맥스타
서울지방검찰청(1996), 교통형벌법
신현기, 박억종, 안성률 외 8명(2012), 경찰학 사전, 법문사
R. Parasuraman and P.G. Nestor, Attention and driving skills in aging and Alzheimer's desease, HUMAN FACTORS, 1991, 33(5), 539-557.
D. Shinar et al., Driver performance and individual differences in attention and information processing, Vol. 1: Driver Inattention, Report DOT HS 8-01819, NHTSA, US DOT.
Treat, J. R., Tumbas, N. S., McDonald, S. T., Shinar, D., Hume, R. D., Mayer, R. E., Stanisfer, R. L. and Castellan, N. J., Tri-level study of the cause of traffic accident, Report No. DOT-HS-034-3-535-77(TAC), Indiana Univ. Mar. 1977.

제17장 방사능 사고

1. IAEA GS-R-Part7 Safety Requirements: Preparedness and Response for a Nuclear or Radiological Emergency
2. IAEA GS-R-2 Safety Requirements: Preparedness and Response for a Nuclear or Radiological Emergency
3. IAEA GS-G-2 General Safety Guide: Criteria for Use in Preparedness and Response for a Nuclear or Radiological Emergency
4. IAEA GS-G-2.1safety guide: Arrangements for Preparedness for a Nuclear or Radiological Emergency
5. IAEA EPR-NNP(2013): Action to Protect the Public in an Emergency due to Severe Conditions at a Light Water Reactor
6. IAEA TECDOC-955: Generic Assessment Procedures for Determining Protective Actions during a Reactor Accident
7. NEA, 2010. Strategic Aspects of Nuclear and Radiological Emergency Management, OECD, Paris, France

제18장 미세먼지

Adar, S.D., Filigrana, P.A. Clements, N., Peel, J.L. (2014) Ambient Coarse Particulate Matter and Human Health: A Systematic Review and Meta-Analysis, Current Environmental Health Reports, Vol. 1, pp. 258-274.

Atkinson, R.W., Kang, S., Anderson, H.R., Mills, I.C., Walton, H.A. (2014) Epidemiological time series studies of PM2.5 and daily mortality and hospital admissions: a systematic review and meta-analysis, Thorax, Vol. 69, No. 7, pp. 660-665.

경기도(2018) 경기도 미세먼지 종합대책

관계부처 합동(2019) 미세먼지 관리 종합계획(2020~2024)

국립환경과학원(2019) 대기환경연보 2018

국토연구원(2019) 미세먼지 농도의 시 · 공간적 분포 현황 및 잠재영향인자 고찰

국회예산정책처(2019) 미세먼지 대응 사업 분석

농림축산식품부, 농촌진흥청(2019) 불청객 황사(미세먼지)대비 농작물 · 농업시설물 관리요령

산업경제리서치(2018) 2018 (초)미세먼지 국내외 관련 산업 정책현황 및 주요 핵심 산업기술과 시장동향

산업연구원(2018) 대기오염 문제의 국내경제 영향 및 문제점

서울특별시(2019) 서울시 미세먼지 특별법 및 조례 시행에 따른 고농도 미세먼지 비상저감조치 추진계획

서울특별시(2019) 시민체감형 미세먼지 대책

인천광역시(2019) 인천광역시 미세먼지 저감대책

질병관리본부(2018) 호흡기질환자, 천식환자, 심혈관질환자 미세먼지 심한 날 이렇게 대처하세요

환경부(2016) 바로 알면 보인다. 미세먼지, 도대체 뭘까?

환경부(2019) 고농도 미세먼지 비상저감조치 시행 지침

환경운동연합(2018) 건강한 숨을 되찾기 위한 미세먼지 행동 가이드북

국가법령정보센터, 공해방지법

국가법령정보센터, 대기관리권역의 대기환경 개선에 관한 특별법

국가법령정보센터, 대기환경보전법

국가법령정보센터, 미세먼지 저감 및 관리에 관한 특별법

국가법령정보센터, 수도권 대기환경개선에 관 한 특별법

국가법령정보센터, 실내공기질 관리법

국가법령정보센터, 액화석유가스의 안전관리 및 사업법

국가법령정보센터, 재난 및 안전관리 기본법

국가법령정보센터, 학교보건법

국가법령정보센터, 항만지역등 대기질 개선에 관한 특별법

국가법령정보센터, 환경정책기본법

국가법령정보센터, 환경정책기본법 시행령

California Air Resources Board
(https://ww2.arb.ca.gov/resources/inhalable-particulate-matter-and-health)
International Agency for Research on Cancer
(https://monographs.iarc.fr/agents-classified-by-the-iarc/)

서울특별시 대기환경정보
(https://cleanair.seoul.go.kr/2020/)
에어코리아
(https://www.airkorea.or.kr/web)
국가미세먼지정보센터
(https://airemiss.nier.go.kr/mbshome/mbs/airemiss/index.do)
OECD.Stat
(http://www.oecd.org/)
Bay Area Air Quality District
(https://www.baaqmd.gov/)
Utah Gov
(https://www.utah.gov/index.html)
Air Quality Life Index
(https://aqli.epic.uchicago.edu/policy-impacts/)
China Dialogue
(https://chinadialogue.net/en/pollution/10711-china-releases-2-2-action-plan-for-air-pollution/)
STUTTGART
(https://feinstaubalarm.stuttgart.de/item/show/584398)
Urban Access Regulations in Europe
(https://urbanaccessregulations.eu/stakeholders)

제20장 테러방재

강영숙 · 이민용(역)(2002). 「테러의 이해」, 서울: 백산출판사.
경찰청(2015). 「2015 경찰백서」, 서울: 경찰청.
구상회(1999). 「테러학개론」, 서울: 동문출판사.
국가정보원(2001). 「뉴테러리즘의 특징과 외국의 대테러 강화동향」, 서울: 국가정보원, pp.1-6.
(2002). 「테러정세」, 서울: 국가정보원.
김두현(2004). 「현대테러리즘론」, 서울: 백산출판사.
김상범(2002). "테러리즘의 발전추세와 미래양상", 국방연구(제45호 제1호), 국방대학교 안보문제연구소, p.1131.
김태환 · 권정훈(2009). 「대테러학」, 천안: 국립방재교육연구원.
민병설(2005). 국제 테러리즘의 양상과 대응전략, 제2회 항공보안세미나, p.8.
민석홍(1989),「프랑스혁명사론」, 서울: 까치.
박준석(2009), 「대테러정책론」, 서울: 백산출판사.
「국민보호와 공공안전을 위한 테러방지법」(법률 제14071호, 2016.3.3. 제정)
이창용(2007), 「뉴테러리즘과 국가위기관리」, 서울: 대영문화사.
이현희(2006), "테러리즘과 시큐리티 산업동향", 한국민간경비학회보 제7호, 한국민간경비학회, pp.82-83.
장기붕(2007), 뉴테러리즘의 전략과 이에 대응한 국가 네트워 전략, 영남대학교 대학원 박사학위논문.
(2007), 「근접경호론」, 대구: 홍익출판사.
최기남(2005), "중동 Terrorism의 대두와 전망", 경호경비연구 제10호, 한국경호경비학회, p.421.
최진태(2006), 「테러리즘의 이론과 실제」, 서울: 대영문화사.

한국경제(2015. 09. 12), 영업비밀 갖고 튄다…"산업스파이 피해 연 50조".
한종욱(2001), "테러리즘에 대한 법적 대응책의 고찰", 경찰대학 경찰학연구, p.146.
Bartol, C. R(2002), "Criminal Behavior: A Psychosocial Approach". New Jersey: Upper Saddie River.
Clarke, Ronald V. and Graeme R. Newman(2007), Outsmarting the Terrorists. New York: Praeger.
Friedlander, Robert A(1979), Terrorism: Document of International and Local Control, Vol. I(New York: Oceana Publications), P.6.
Laquer, Walter(1977), Terrorism(Boston: Little Brown), p.6.
Rand Corporation(2005), MIPT Terrorism knowledge Base.
www.police.go.kr

제21장 재난관리법규와 제도

국민안전처(2015), 국가안전관리기본계획(2015-2019).
국민안전처(2015), 재난관리 민관협력 효율화 방안.
죤 파인 저, 안재현, 김태웅, 이상원 역(2016), 재해분석론, 북코리아.
지민수(2009), 방재행정학, 홍애원,
한국방재학회(2015), 재난관리론 제2판, 구미서관.
生田長人(2013), 防災法, 信山社.
津久井進(2012), 大災害と法, 岩波新書.

제22장 재난위기정보

Anglian Water(2014) Drought Plan
Bureau of Meteorology(http://www.bom.gov.au/)
Climate Prediction Center(http://www.cpc.ncep.noaa.gov/)
DEWHA(2008). Cost Effectiveness Analysis of Wels(Water Efficency Labeling and Standards Scheme)
Dracup, J. A., Lee, K. S., and Paulson Jr., E. G.(1980). On the definition of droughts, Water Resour. Res., 16(2), 297-302.
European Drought Observatory(http://edo.jrc.ec.europa.eu/)
Gibbs, W. J. and Maher, J. V.(1967). Rainfall Deciles as Drought Indicators. Bureau of Meteorology Bulletin No. 48, Melbourne, Australia.

제23장 재난구호

감사원(2003) 자연재해 대비실태 감사결과, 감사원, 서울.
국립국어연구원(1999) 표준국어대사전, 국립국어연구원, 서울.
남기철(2007) 자원봉사론, 나남출판, 경기도 파주시.
노춘희, 송철호(1998) 도시 재난관리시 민간자원 활용방안에 관한 연구, 도시행정학보 제11집, 한국도시행정학회.
류충(2005) 재난관리론, 서울 : 한성문화.
박태유(2001) 의용 소방활동 이론과 실무, 도서출판 에프피엔(주), 서울.
산업안전보건연구원(1999) 안전문화 정착 및 활성화 방안 연구, 연구보고서 S-RD-1-99-22-92.

성기환(2004) 도시방재를 위한 민관협력체제 구축방안에 관한 연구, 서울시립대학교 대학원.

신은성(2003) 국가재난관리 효율제고를 위한 자율방재체제 구축과 발전방안, 방재연구 5권 3호, 국립방재연구소, 서울

여명길 · 전규엽 · 박경현 · 홍원화(2003) 대구지하철 화재 조사분석(4): 재난복구를 위한 자원봉사 활동 및 지원체계의 특성, 대한건축학회 추계학술발표대회 논문집, 23권 2호, pp.889-892.

오금호 · 성기환 · 김경상 · 문현철(2008) 안전문화활동 그 지속성 확보를 위하여, 한국방재학회 학회지 8(2).

유재원(2000) 사회자본과 자발적 결사체, 한국정책학회보 9(3), 서울.

이상팔(1989) 위기관리조직의 과업환경관리에 영향을 미치는 변수에 관한 연구: 중앙재해대책본부를 중심으로, 고려대 대학원.

이재은 · 양기근(2004) 재난관리의 효과성 제고방안 : 시민참여를 중심으로, 2004년도 국제학술대회 및 추계학술대회 발표논문집, 한국행정학회.

이재은, 성기환 외(2006) 재난관리론, 대영문화사.

전국경제인연합회(2004) 재난관리와 경제계 네트워크, 전국경제인연합회, 서울.

전국재해구호협회(2004) 재해구호활동에 관한 실태조사 보고서, 전국재해구호협회.

한국사회복지협의회(1997) 자원봉사 프로그램 백과, 한국사회복지협의회.

한국언론연구원(1995) 일본의 위기대응 체제와 행위에 관한 연구, 한국언론연구원, 서울

三船康道(1998) 防災と市民ネットワーク, 學藝出版社, 京都市.

Bernard, Vincent(1996) How government fiscal concessions can strengthen Red Cross and Red Crescent Societies, International Review of the Red Cross no 313, International Committee of the Red Cross.

Heide, Erik Auf Der(1989) Disaster Response : Principles of Preparation and Coordination,the C.V. Mosby Company.

Tierney K.J.(1985) Emergency medical preparedness and response in disaster: the need for interorganizational coordination, In Petak W.J.: Emergency management: a challenge for public administration, Public Admin Rev 45(Special Issue) : 77.

제24장 재난보험

손순형 외, “위험관리와 보험”, 세학사, 2012.

소방방재청, “풍수해보험 실무교재”, 재해보험과, 2009.

정창영 외, “재난관련 사회안전망의 현황과 개선방안”, 2008.

한낙현 외, “위험관리와 보험”, 우용출판사, 2008.

김인태, 김광섭, “자연재해 위험관리”, 한국화재보험협회, 2006.

김성재 외, “보험과 위험관리”, 문영사, 2006.

김효신, “보험법의 법리”, 경북대학교출판부, 2005.

김광미, “산업재해보상보험제도에 관한 연구”, 한양대환경대학원, 2000.

George, E. Rejda, “Principles of Risk Management and Insurance”, Pearson

Education, 10th ed., 2008.

■집필위원

분야			성명	소속
제1편 방재일반	1장	총론	정상만	공주대학교
	2장	방재학	김문모	신구대학교
			김 영	경상대학교
			김태환	용인대학교
	3장	방재사	이승오	홍익대학교
	4장	방재의 분류	김현주	국립재난안전연구원
제2편 자연재해	5장	홍수방재	한우석	국토연구원
			김중훈	고려대학교
			이재수	전주대학교
	6장	가뭄방재	김태웅	한양대학교
			박무종	한서대학교
	7장	바람방재	전계원	강원대학교
	8장	폭염방재	유도근	수원대학교
			정동휘	고려대학교
	9장	지진방재	강익범	한국지질자원연구원
			이원호	광운대학교
			윤기용	선문대학교
	10장	지반방재	김만일	산림조합중앙회
			구호본	한국건설기술연구원
			김학준	대전대학교
	11장	연안방재	이호진	충북대학교
			권혁민	경주대학교
	12장	대설방재	박근오	충남연구원
			황진수	(주)태조엔지니어링
	13장	환경방재	강 헌	수원대학교
	14장	기후변화방재	김병식	강원대학교
제3편 사회재난	15장	산불	이시영	강원대학교
	16장	교통사고	채 진	경기소방학교
	17장	방사능 사고	정승영	한국원자력안전기술원
	18장	미세먼지	송영석	대구공업대학교
			주진걸	동신대학교
	19장	감염병	최보율	한양대학교
	20장	테러방재	권정훈	충남도립대학교
제4편 재난관리 (재난위기관리)	21장	재난관리법규와 제도	이영근	방재관리연구센터
	22장	재난위기정보	양동민	노아솔루션
			정덕훈	동국대학교
	23장	재난구호	성기환	서일대학교
	24장	재난보험	김인태	한방유비스
	25장	재난심리	왕순주	한림대학교
	26장	재난훈련	김윤희	국립방재연구원

제3판 방재학 정가 37,000원

저자 : (사)한국방재학회

발행인 : 임해진
발행처 : 도서출판 구미서관

발행 : 2012년 9월 25일 초 판 1쇄
2017년 2월 27일 제2판 1쇄
2021년 2월 25일 제3판 1쇄

등록 : 1979년 6월 29일 No.9-6호

주소 : 서울시 마포구 신촌로 2길 5-15 구미빌딩
전화 : 02-333-1101
팩스 : 02-335-2201
http://www.goomibook.com

ISBN : 979-11-6257-136-1 (93530)

학회와의 협의하에 인지를 생략합니다.